KB005976

산업안전보건법

이 "법"은 2000.8.5.부터 전 사업장으로 확대 적용됐습니다.

※ 사업주는 이 법과 이 법에 따른 명령의 요지를 각 사업장에 게시하거나 갖추어 두어 근로자로 하여금 알게 하여야 한다.(법 제34조)
이를 위반한 자는 법 제175조제5항제3호의 규정에 의하여 500만원 이하의 과태료에 처한다.

노 문 사

⊙ 산업안전보건법의 연혁

이 법은 과거 근로기준법중 제6장에 안전과 보건으로 편입되어 시행되어 오다가 1981년 12월 31일 법률 제3532호로 독립법으로 제정 공포된 법률로써, 산업안전·보건에 관한 기준을 확립하고 그 책임의 소재를 명확하게 하여 산업재해를 예방하고 쾌적한 작업환경을 조성함으로써 근로자의 안전과 보건을 유지·증진함을 목적으로 하고 있다. 2019.1.15. 법률 제16272호로 전부개정되었고, 최근 2020.3.3.과 2020.6.9.에 일부 개정되었으며, 법의 구성은 제1장 총칙, 제2장 안전보건관리체제등, 제3장 안전보건교육, 제4장 유해·위험 방지조치, 제5장 도급 시 산업재해 예방, 제6장 유해·위험 기계등에 대한 조치, 제7장 유해·위험물질에 대한 조치, 제8장 근로자 보건관리, 제9장 산업안전지도사 및 산업보건지도사, 제10장 근로감독관 등, 제11장 보칙, 제12장 벌칙 및 부칙으로, 본문 177조문과 법시행에 따른 시행령, 시행규칙, 산업안전보건기준에 관한 규칙, 유해·위험작업의 취업제한에 관한 규칙으로 되어 있다.

⊙ 산업안전보건법 · 령 · 규칙 개정주요골자

◆ **법**(일부개정 2020.6.9.)

산업재해를 예방하고 법률의 실효성을 확보하기 위하여 안전보건교육 대상이 되는 근로자의 범위를 명확히 하고, 중대재해 발생 시 해당 사업장에 대한 작업중지 명령 위반, 도급인의 사업장에 대한 작업환경측정 의무 위반에 대한 벌칙을 신설하는 등 현행 제도의 운영상 나타난 일부 미비점을 개선 · 보완하려는 것임. 〈법제처 제공〉

◆ **법**(일부개정 2020.3.31.)

국가전문자격증을 대여 · 알선 등을 통해 돈벌이 수단으로 악용하는 것을 방지하기 위하여 산업안전지도사와 산업보건지도사의 자격증의 대여 · 알선 등을 한 자에 대한 제재를 강화하고, 산업체에서 현장실습을 실시하고 있는 현장실습생의 안전도 근로자와 같은 수준으로 보호하기 위하여 「산업안전보건법」 상의 안전 · 보호 관련 주요 규정을 현장실습생에 적용하도록 하는 한편, 이수명령의 실효성을 확보하기 위하여 이수명령 이행 지시에 불응한 경우에 대한 벌칙을 신설 하는 등 현행 제도의 운영상 나타난 일부 미비점을 개선 · 보완하려는 것임.

◇ 주요내용

가. 산업안전지도사와 산업보건지도사 자격증 · 등록증의 대여 · 알선 행위 등을 금지하고, 이

를 위반한 경우 1년 이하의 징역 또는 1천만원 이하의 벌금을 부과하도록 함(제153조제2항 및 제170조제7호·제8호 신설).

나. 현장실습을 받기 위하여 현장실습산업체의 장과 현장실습계약을 체결한 직업교육훈련생에 대해서는 제5조(사업주 등의 의무), 제29조(근로자에 대한 안전보건교육) 등의 조항을 적용하도록 특례규정을 신설함(제166조의2 신설).

다. 이수명령을 부과받은 사람이 보호관찰소의 장 등의 이수명령 이행에 관한 지시에 불응하여 경고를 받은 후 재차 정당한 사유 없이 이수명령 이행에 관한 지시에 불응한 경우에 대한 벌칙 조항을 신설함(제170조의2 신설).

라. 수강명령은 형의 집행을 유예하는 경우에 그 집행유예기간 내에서 병과하고, 이수명령은 벌금 이상의 형을 선고하거나 약식명령을 고지하는 경우에 병과하도록 함(제174조제2항 신설).

〈법제처 제공〉

◆ **법**(전부개정 2019.1.15.)

산업재해로 인한 사고사망자 수가 연간 천 여명에 이르고 있고, 이는 주요 선진국보다 2배 이상 높은 수준으로서 산업재해로 인한 피해는 당사자뿐만 아니라 국가적으로도 큰 손실을 초래함. 이에 산업재해를 획기적으로 줄이고 안전하고 건강하게 일할 수 있는 여건을 조성하기 위하여 이 법의 보호대상을 다양한 고용형태의 노무제공자가 포함될 수 있도록 넓히고, 근로자가 작업을 중지하고 긴급대피할 수 있음을 명확히 규정하여 근로자의 작업중지권 행사를 실효적으로 뒷받침 하고자 함.

또한, 근로자의 산업 안전 및 보건 증진을 위하여 도급작업 등 유해·위험성이 매우 높은 작업에 대해서는 원칙적으로 도급을 금지하고, 도급인의 관계수급인 근로자에 대한 산업재해 예방 책임을 강화하며, 근로자의 안전 및 건강에 유해하거나 위험한 화학물질을 국가가 직접 관리할 수 있도록 하고, 그 밖에 법의 장·절을 새롭게 구분하며 법 조문을 체계적으로 재배열하여 국민이 법 문장을 이해하기 쉽도록 하기 위하여 「산업안전보건법」을 전부개정하려는 것임.

◇ 주요내용

가. 법의 보호대상을 확대(제1조, 제77조부터 제79조까지 등)

1) 최근 변화된 노동력 사용실태에 맞게 법의 보호대상을 넓히려는 입법취지를 명확히 하기 위하여 이 법의 목적을 노무를 제공하는 자의 안전 및 보건을 유지·증진하는 것으로 확대함.

2) 특수형태근로종사자의 산업재해 예방을 위하여 그로부터 노무를 제공받는 자는 특수형태근로종사자에 대하여 필요한 안전조치 및 보건조치를 하도록 하고, 이동통신단말장치로 물건의 수거·배달 등을 중개하는 자는 물건을 수거·배달 등의 노무를 제공하는 자의

산업재해 예방을 위하여 필요한 안전조치 및 보건조치를 하도록 함.

3) 가맹본부는 가맹점사업자에게 가맹점의 설비나 기계, 원자재 또는 상품 등을 공급하는 경우에 가맹점사업자와 그 소속 근로자의 산업재해 예방을 위하여 가맹점의 안전 및 보건에 관한 프로그램을 마련・시행하도록 하는 등 일정한 조치를 하도록 함.

나. 근로자에게 작업중지권 부여와 실효성 확보수단 마련(제52조)

산업재해가 발생할 급박한 위험이 있는 경우에는 근로자가 작업을 중지하고 대피할 수 있음을 명확히 규정하고, 산업재해가 발생할 급박한 위험이 있다고 근로자가 믿을 만한 합리적인 이유가 있을 때에는 작업을 중지하고 대피한 근로자에 대하여 해고나 그 밖의 불리한 처우를 금지하도록 함.

다. 도금작업 등 유해·위험한 작업의 도급금지(제58조)

유해성·위험성이 매우 높은 작업의 사내도급 등 외주화로 인하여 대부분의 산업재해가 수급인의 근로자에게 발생되고 있는 문제점을 개선하기 위하여, 지금까지 사업주 자신의 사업장에서 도금작업 등 유해·위험성이 매우 높은 작업을 고용노동부장관의 인가를 받으면 도급할 수 있던 것을, 앞으로는 사업주 자신의 사업장에서 그 작업에 대한 도급을 원칙적으로 금지하되, 일시·간헐적으로 작업을 하는 등의 경우에만 도급할 수 있도록 함.

라. 도급인의 산업재해 예방 책임 강화(제63조 및 제65조제4항)

1) 관계수급인 근로자에 대하여 도급인이 안전조치 및 보건조치를 하여야 하는 장소를 도급인의 사업장뿐만 아니라 도급인이 제공하거나 지정한 장소로 확대하여 도급인의 관계수급인에 대한 산업재해 예방 책임을 강화함.

2) 도급인이 폭발성·발화성·인화성·독성 등의 유해성·위험성이 있는 화학물질을 제조·사용·운반·저장하는 저장탱크 등으로서 고용노동부령으로 정하는 설비를 개조·분해·해체 또는 철거하는 작업 등을 수행하는 수급인에게 관련 안전 및 보건에 관한 정보를 제공하지 아니하는 경우에는 수급인은 해당 도급 작업을 하지 아니할 수 있고, 계약의 이행 지체에 따른 책임을 지지 아니하도록 함.

마. 물질안전보건자료의 작성·제출 등(제110조 및 제112조 등)

1) 현재 화학물질 및 이를 함유한 혼합물을 양도하거나 제공하는 자가 이를 양도받거나 제공받는 자에게 물질안전보건자료를 작성하여 제공하도록 하였으나, 앞으로는 해당 화학물질 등을 제조하거나 수입하는 자가 물질안전보건자료를 해당 물질을 양도받거나 제공받는 자에게 제공하도록 하는 외에 고용노동부장관에게도 제출하도록 함으로써 국가가 근로자의 건강장해를 유발하는 화학물질에 대한 관리를 강화하여 산업재해를 예방하고 건강장해를 유발하는 사고에 대하여 신속히 대응하도록 함.

2) 현재 화학물질 등을 양도하거나 제공하는 자는 영업비밀로서 보호할 가치가 있다고 인정되는 화학물질 등에 대하여 물질안전보건자료에 스스로 판단하여 적지 아니할 수 있었으나, 앞으로는 영업비밀과 관련되어 화학물질의 명칭 및 함유량을 적지 아니하려는

자는 고용노동부장관의 승인을 받아 그 화학물질의 명칭 및 함유량을 대체할 수 있는 자료를 적도록 함.

바. 법 위반에 대한 제재 강화(제167조)

안전조치 또는 보건조치 의무를 위반하여 근로자를 사망하게 한 자에 대하여 7년 이하의 징역 또는 1억원 이하의 벌금에 처하도록 하던 것을, 앞으로는 제1항의 죄로 형을 선고받고 그 형이 확정된 후 5년 이내에 다시 같은 죄를 범한 자는 그 형의 2분의 1까지 가중처벌을 할 수 있도록 함.

사. 그 밖에 법의 체계 정비

법의 장·절을 새롭게 구분하고, 위임근거가 필요한 경우 그 근거를 마련하며, 법 조문을 체계적으로 재배열하는 등 법 체계를 일괄적으로 정비함으로써 국민이 법 문장을 이해하기 쉽게 함. 〈법제처 제공〉

◆ 시행령(일부개정 2021.1.12.)

특수건강진단기관이 없는 시·군 또는 제주특별자치도의 행정시에서 특수건강진단 대상인 야간작업 근로자의 원거리 진단의 부담을 줄이고 해당 근로자의 건강 보호를 위하여 한시적으로 시행 중인 특수건강진단기관 지정 특례제도의 유효기간을 2021년 1월 17일에서 2023년 1월 31일까지로 연장하되, 고용노동부장관이 2021년 1월 17일까지 그 연장 대상 특수건강진단기관을 다시 지정할 수 있도록 하려는 것임. 〈법제처 제공〉

◆ 시행령(전부개정 2019.12.24.)

◇ 개정이유

산업재해를 획기적으로 줄이고 안전하고 건강하게 일할 수 있는 여건을 조성하기 위하여 법의 보호대상을 다양한 고용형태의 노무제공자가 포함될 수 있도록 넓히고, 산업재해 예방 책임 주체를 확대하며, 근로자의 산업 안전 및 보건 증진을 위하여 일정한 작업에 대해서는 도급 승인제도를 도입하는 등의 내용으로 「산업안전보건법」이 전부개정(법률 제16272호, 2019. 1. 15. 공포, 2020. 1. 16. 시행)됨에 따라 대표이사가 회사의 안전 및 보건에 관한 계획을 수립하여 이사회에 보고해야 하는 회사 및 근로자의 산업재해 예방을 위한 조치를 해야 하는 가맹본부 등을 구체적으로 정하고, 타워크레인 설치·해체업 등록 요건 등을 정하는 등 법률에서 위임된 사항과 그 시행에 필요한 사항을 정하는 한편, 그 밖에 안전관리자·보건관리자 선임 대상 사업을 확대하는 등 현행제도의 운영상 나타난 일부 미비점을 개선·보완하려는 것임.

◇ 주요내용

가. 공공행정 등의 현업업무 종사자의 법 적용 대상 명확화(제2조 및 별표 1 제4호)

1) 현재 공공행정 및 교육 서비스업의 경우 안전보건 관리체제 등에 관한 규정을 적용하지 않도록 되어 있어, 공공행정 및 교육 서비스업에서 산업재해 발생의 위험성이 높은 청소, 시설관리, 조리 등 현업업무에 종사하는 사람도 법의 적용 대상에서 제외되는 것으로 해석될 수 있는 여지가 있음.

2) 「산업안전보건법」의 일부를 적용하지 않는 공공행정 및 교육 서비스업에서 현업업무에 종사하는 사람 중 고용노동부장관이 고시하는 사람은 법 적용이 제외되지 않도록 명확히 규정하여 청소, 시설관리, 조리 등 현업업무 종사자에 대해 산업 안전 및 보건이 증진되도록 함.

나. 도급인 및 관계수급인 산업재해 발생건수 등 통합공표 대상 사업 확대(제12조)

최근 발전분야 사망사고가 빈발함에 따라 도급인의 사업장에서 관계수급인 근로자가 작업을 하는 경우에 도급인의 산업재해 발생건수 등에 관계수급인의 산업재해 발생건수 등을 포함하여 공표해야 하는 사업장에 전기업이 이루어지는 사업장을 추가함으로써 도급인의 관계수급인 근로자의 산업재해 예방을 위한 책임을 강화함.

다. 대표이사의 안전 및 보건에 관한 계획 수립 및 보고(제13조)

1) 회사의 대표이사가 회사의 안전 및 보건에 관한 계획을 수립하여 이사회에 보고하고 승인을 받아야 하는 대상을 상시근로자 500명 이상을 사용하는 회사 또는 시공능력의 순위 상위 1천위 이내의 건설회사로 함.

2) 안전 및 보건에 관한 계획에는 안전 및 보건에 관한 경영방침, 안전・보건 관련 예산 및 시설현황, 안전 및 보건에 관한 전년도 활동실적 및 다음 연도 활동계획 등의 내용이 포함되어야 함.

라. 건설업 안전관리자 선임 기준 확대(제16조제1항 및 별표 3 제46호)

공사금액 50억원 이상 120억원 미만의 건설업의 경우 유해위험방지계획서 제출 대상인 공사만 안전관리자를 1명 이상 두도록 하던 것을 앞으로는 유해위험방지계획서 제출 대상과 관계없이 안전관리자를 1명 두도록 하고, 공사금액별로 세분하여 안전관리자 수 및 선임방법을 정함으로써 건설현장에서의 안전관리체계 구축 및 활동 강화를 통해 산업재해 감소에 기여하도록 함.

마. 공정안전보고서 제출대상 유해·위험물질 규정량 조정(제43조, 제45조 및 별표 13)

1996년에 공정안전보고서가 도입된 이후 산업·기술이 변화하고 2014년에 대상물질 30종이 새롭게 추가되어 유해·위험물질 전체에 대한 체계적인 검토 및 보완이 필요함에 따라, 총 51종의 유해·위험물질의 유해·위험성, 국내외 사례를 토대로 각각의 물질을 체계적으로 분류하고 유해·위험성을 비교하여 공정안전보고서 제출대상 유해・위험물질 규정량을 합리적으로 조정함.

바. 도급승인 대상 작업(제51조)

사업주가 자신의 사업장에서 도급하려는 경우 고용노동부장관의 승인을 받아야 하는 작업을 유해화학 물질 중 산업재해율이 높은 황산, 불화수소, 질산 또는 염화수소를 취급하는 설비의 개조·분해·해체·철거 작업 등으로 정함으로써 수급인 근로자의 건강권 보호를 강화함.

사. 산업재해 예방 조치 대상인 가맹본부(제69조)

가맹점사업자와 그 소속 근로자의 산업재해 예방을 위하여 조치를 해야 하는 가맹본부를 「가맹사업거래의 공정화에 관한 법률」에 따라 등록된 정보공개서상 업종의 대분류가 외식업인 경우와 대분류가 도소매업으로서 중분류가 편의점인 경우로 정함으로써 가맹점사업자 및 그 소속근로자의 산업 안전을 도모함.

아. 타워크레인 설치·해체업 등록 기준 마련 등(제72조, 제73조 및 별표 22)

1) 타워크레인 설치·해체업 등록에 필요한 인력 기준을 타워크레인 설치·해체작업 교육기관에서 교육을 이수하고 수료시험에 합격한 사람으로서 합격 후 5년이 지나지 않은 사람 등을 4명 이상 보유하도록 하고, 송수신기 등 장비를 갖추도록 하는 등 인력·시설 및 장비 기준을 구체적으로 정함.

2) 안전조치를 준수하지 않아 벌금형 또는 금고 이상의 형의 선고를 받은 경우 또는 법에 따른 관계 공무원의 지도·감독 업무를 거부·방해 또는 기피한 경우를 등록 취소 또는 업무 정지 사유로 추가함.

〈법제처 제공〉

◆ **시행규칙**(일부개정 2021.1.19.)

소규모 건설공사도급인의 서류 작성 및 보존에 관한 부담을 덜어주기 위하여, 산업안전보건관리비의 사용명세서를 작성·보존해야 하는 건설공사의 범위를 2천만원 이상인 건설공사에서 4천만원 이상인 건설공사로 축소하는 한편, 직장 내 괴롭힘, 고객의 폭언 등으로 인한 건강장해 예방 및 관리에 관한 사항을 근로자 등의 안전보건교육 내용에 추가하려는 것임.

〈고용노동부 제공〉

◆ **시행규칙**(전부개정 2019.12.26.)

◇ 개정이유

산업재해를 획기적으로 줄이고 안전하고 건강하게 일할 수 있는 여건을 조성하기 위하여 법의 보호대상을 다양한 고용형태의 노무제공자가 포함될 수 있도록 넓히고, 산업재해 예방 책임 주체를 확대하며, 근로자의 산업 안전 및 보건 증진을 위하여 일정한 작업에 대해서는 도급 승인제도를 도입하는 등의 내용으로 「산업안전보건법」이 전부개정(법률 제16272호, 2019. 1. 15. 공포, 2020. 1. 16. 시행)됨에 따라, 특수형태근로종사자로부터 노무를 제공받는 자가 특수형태근로종사자에 대하여 실시해야 하는 안전·보건교육에 관한 사항을 정하고, 중대재해 발생에 따른 작업중지명령의 해제 절차, 도급승인 등의 절차·방법·기준, 타워크레인 설치·해체업의 등록 등 법령에서 위임된 사항과 그 시행을 위하여 필요한 사항을 정하려는 것임.

◇ 주요내용

가. 중대재해 발생에 따른 작업중지명령의 해제(제69조 및 제70조)

1) 사업주가 작업중지명령의 해제를 요청하기 전에 유해·위험요인 개선내용에 대하여 중대재해가 발생한 해당작업 근로자의 의견을 듣도록 함으로써 근로자의 안전 보호를 위한 절차를 강화함.

2) 지방고용노동관서장은 작업중지명령 해제를 요청받은 경우 그 요청일 다음 날부터 4일 이내에 지방고용노동관서의 장, 공단 소속 전문가 및 해당 사업장과 이해관계가 없는 외부전문가 등을 포함하여 4명 이상으로 구성된 작업중지해제 심의위원회를 개최해야 하고, 작업중지해제 심의위원회가 작업중지명령 대상 유해·위험업무에 대한 안전·보건조치가 충분히 개선되었다고 심의·의결하는 경우에 작업중지명령의 해제를 결정하도록 작업중지명령의 해제 절차를 마련함.

나. 도급승인 등의 절차·방법 및 기준 등(제74조부터 제78조까지)

1) 도급승인 등을 받으려는 자는 도급승인 등을 신청하기 전에 안전 및 보건에 관한 평가를 받아야 하고, 도급승인 등 신청서에 안전 및 보건에 관한 평가 결과 등의 서류를 첨부하여 관할 지방고용노동관서의 장에게 제출하도록 하는 등 도급승인 등의 절차를 정함.

2) 안전보건관리계획과 안전 및 보건에 관한 평가 결과의 적정성 등을 도급승인의 공통 기준으로 정하고, 유해한 작업 등에 대하여 작업별 도급승인의 기준을 구체적으로 정함으로써 수급인 근로자의 안전 및 건강 보호를 강화함.

다. 건설공사발주자의 기본안전보건대장 등 작성(제86조)

건설공사 계획단계에서 건설공사발주자가 작성해야 하는 기본안전보건대장에 공사 시 유해·위험요인과 감소대책 수립을 위한 설계조건이 포함되도록 하는 등 산업재해 예방을 위하여 건설공사의 단계별로 건설공사발주자가 작성해야 하는 기본안전보건대장 등에 포함되어야 할 사항을 정함.

라. 기계·기구 등에 대한 건설공사도급인의 안전조치(제94조)

건설공사도급인은 기계·기구 등이 설치되어 있거나 작동하고 있는 등의 경우에 합동 안전점검, 작업을 수행하는 사업주의 작업계획서 작성 및 이행여부 확인, 작업자의 자격 등을 확인하도록 하고, 기계·기구 등의 결함 등으로 위험이 예상되는 경우에는 작업중지 조치 등을 하도록 함으로써 기계·기구 등 작업 시 유해·위험을 방지함.

마. 특수형태근로종사자에 대한 안전·보건교육(제95조, 별표 4 및 별표 5)

건설기계 운전자, 골프장 캐디, 택배원, 퀵서비스 배달원, 대리운전자 등 특수형태근로종사자로부터 노무를 제공받는 자는 특수형태근로종사자에 대하여 2시간 이상의 최초 노무제공 시 교육(특별교육 시 면제), 16시간 이상의 특별교육(단기·간헐적 작업 시 2시간 이상)을 하도록 함으로써 특수형태근로종사자에 대한 산업재해 예방을 도모함.

바. 가맹본부의 안전 및 보건에 관한 프로그램의 내용 등(제96조)

가맹본부의 안전 및 보건에 관한 프로그램에는 가맹본부의 안전보건경영방침 및 안전보건활동 계획 등이 포함되어야 하고, 가맹본부는 가맹점사업자에 대하여 안전 및 보건에 관한 프로그램을 연1회 이상 교육하도록 함으로써 가맹점사업자와 그 소속 근로자의 산업재해 예방을 도모함.

사. 타워크레인 설치·해체업의 등록(제106조 및 별표 26)

1) 타워크레인 설치·해체업을 등록하려는 자는 설치·해체업 등록신청서를 관할 지방고용노동관서의 장에게 제출해야 함.

2) 타워크레인 설치·해체업자가 거짓이나 부정한 방법으로 등록한 경우 등에 대한 등록취소 및 업무정지 등의 행정처분 기준을 정함.

아. 물질안전보건자료 제출 및 비공개 승인(제157조 및 제161조부터 제165조까지)

1) 근로자의 건강장해를 일으키는 화학물질 등의 유해성·위험성 분류기준에 해당하는 화학물질등을 제조하거나 수입하는 자에 대하여 제조·수입하기 전에 물질안전보건자료 등을 한국산업안전보건공단에 제출하도록 함으로써 근로자의 건강장해를 유발하는 화학물질에 대한 관리를 강화함.

2) 영업비밀과 관련되어 물질안전보건자료에 화학물질의 명칭 및 함유량을 대체할 수 있는 명칭 및 함유량으로 적기 위하여 승인을 신청하려는 경우 물질안전보건자료대상물질을 제조·수입하기 전에 비공개 승인신청서 및 관련 정보를 제출해야 하되, 연구・개발용 화학물질의 경우에는 일부 서류의 제출을 생략할 수 있고, 승인 결과에 이의가 있는 경우에는 이의신청을 할 수 있도록 절차를 마련함.

자. 건강진단 결과에 따른 필요 조치 결과 보고(제210조)

특수건강진단·수시건강진단·임시건강진단 결과 특정 근로자에 대하여 근로 금지 및 제한, 작업전환, 근로시간 단축, 직업병 확진 의뢰 안내의 조치가 필요하다는 소견이 있는 건강진단 결과표를 송부 받은 사업주는 해당 근로자에 대한 조치 결과를 관할 지방고용노동관서의 장에게 제출하도록 함으로써 근로자의 건강 보호를 도모함. 〈고용노동부 제공〉

목 차

⊙ 산업안전보건법 연혁 및 법 · 령 · 규칙 개정골자

※ 조문별 찾아보기 ··· (1)~(31)

제1편 산업안전 · 보건법령

● 산업안전보건법 ··· 1
(제정 : '81.12.31., 최근개정 : 2020.6.9.)

● 산업안전보건법 시행령 ··· 1
(제정 : '82.8.9., 최근개정 : 2021.1.12)

○ 산업안전보건법 시행규칙 ··· 1
(제정 : '82.10.29., 최근개정 : 2021.1.19)

○ 산업안전보건기준에 관한 규칙 ··· 725
(제정 : '90.7.23., 최근개정 : 2019.12.26)

○ 유해 · 위험작업의 취업제한에 관한 규칙 ··· 907
(제정 : '92.3.21., 최근개정 : 2020.12.31.)

○ 중대재해 처벌 등에 관한 법률 ··· 939
(제정 : 2021.1.26)

제2편 참고자료

※ 산업재해보상보험업무처리실무 및 권리구제제도 ··· 947
※ 관계기관주소록 ··· 967

산업안전보건법

제1장 총칙
제1조 목적/1
제2조 정의/2
제3조 적용 범위/4
제4조 정부의 책무/5
제5조 사업주 등의 의무/7
제6조 근로자의 의무/8
제7조 산업재해 예방에 관한 기본계획의 수립·공표/9
제8조 협조 요청 등/9
제9조 산업재해 예방 통합정보시스템 구축·운영 등/11
제10조 산업재해 발생건수 등의 공표/11
제11조 산업재해 예방시설의 설치·운영/13
제12조 산업재해 예방의 재원/13
제13조 기술 또는 작업환경에 관한 표준/14
제2장 안전보건관리체제 등
제1절 안전보건관리체제
제14조 이사회 보고 및 승인 등/15
제15조 안전보건관리책임자/15
제16조 관리감독자/17

산업안전보건법 시행령

제1장 총칙
제1조 목적/1
제2조 적용범위 등/4
제3조 산업재해 예방을 위한 시책 마련/5
제4조 산업 안전 및 보건 경영체제 확립 지원/5
제5조 산업 안전 및 보건 의식을 북돋우기 위한 시책 마련/7
제6조 산업재해에 관한 조사 및 통계의 유지·관리/8
제7조 건강증진사업 등의 추진/9
제8조 사업주 등의 협조/9
제9조 산업재해 예방 통합정보시스템 구축·운영/11
제10조 공표대상 사업장/11
제11조 도급인이 지배·관리하는 장소/13
제12조 통합공표 대상 사업장 등/14
제2장 안전보건관리체제 등
제13조 이사회 보고·승인 대상 회사 등/15
제14조 안전보건관리책임자의 선임 등/16
제15조 관리감독자의 업무 등/17

산업안전보건법 시행규칙

제1장 총칙
제1조 목적/1
제2조 정의/2
제3조 중대재해의 범위/4
제4조 협조 요청/5
제5조 통합정보시스템 정보의 제공/9
제6조 도급인의 안전·보건 조치 장소/10
제7조 도급인과 관계수급인의 통합 산업재해 관련 자료제출/11
제8조 공표방법/13
제2장 안전보건관리체제 등
제1절 안전보건관리체제
제9조 안전보건관리책임자의 업무/15
제10조 도급사업의 안전관리자 등의 선임/15
제11조 안전관리자 등의 선임 등 보고/16
제12조 안전관리자 등의 증원·교체임명 명령/17
제13조 안전관리 업무의 위탁계약/18
제14조 보건관리자에 대한 시설·장비 지원/19
제15조 업종별·유해인자별 보건관리전문기관/19

법 률	시 행 령	시 행 규 칙
제17조 안전관리자/19 ※ 기업활동규제완화에관한특별조치법 발췌 제29조 안전관리자의 겸직허용/24 제30조 중소기업자 등에 대한 안전관리자 고용의무의 완화/25 제31조 두종류 이상의 자격증 보유자를 채용한 중소기업자 등에 대한 의무고용의 완화/26 제36조 산업안전관리자 등의 공동채용/27 제39조 공동채용자의 관리 등/27 제40조 안전관리 등의 외부위탁/27 제42조 법령제정・개정시의 협의/27 제18조 보건관리자/28 제19조 안전보건관리담당자/29 제20조 안전관리자 등의 지도·조언/30 제21조 안전관리전문기관 등/35 제22조 산업보건의/37 ※ 특조법 제28조 기업의 자율고용/37 제23조 명예산업안전감독관/38 제24조 산업안전보건위원회/42 제2절 안전보건관리규정	제16조 안전관리자의 선임 등/ 19 제17조 안전관리자의 자격/21 제18조 안전관리자의 업무 등/22 제19조 안전관리자 업무의 위탁 등/28 제20조 보건관리자의 선임 등/28 제21조 보건관리자의 자격/29 제22조 보건관리자의 업무 등/29 제23조 보건관리자 업무의 위탁 등/31 제24조 안전보건관리담당자의 선임 등/32 제25조 안전보건관리담당자의 업무/33 제26조 안전보건관리담당자 업무의 위탁 등/34 제27조 안전관리전문기관 등의 지정 요건/35 제28조 안전관리전문기관 등의 지정 취소 등의 사유/36 제29조 산업보건의의 선임 등/37 제30조 산업보건의의 자격/37 제31조 산업보건의의 직무 등/38 제32조 명예산업안전감독관 위촉 등/38 제33조 명예산업안전감독관의 해촉/41 제34조 산업안전보건위원회 구성 대상/42 제35조 산업안전보건위원회의 구성/42 제36조 산업안전보건위원회의 위원장/44 제37조 산업안전보건위원회의 회의 등/44	제16조 안전관리·보건관리전문기관의 지정 신청 등/20 제17조 안전관리·보건관리전문기관의 평가기준 등/35 제18조 둘 이상의 관할지역에 걸치는 안전관리·보건관리전문기관의 지정/37 제19조 안전관리·보건관리전문기관의 업무수행 지역/37 제20조 안전관리·보건관리전문기관의 업무수행 기준/37 제21조 안전관리·보건관리전문기관의 비치서류/38 제22조 안전관리·보건관리전문기관의 지도·감독/39 제23조 산업보건의 선임 등 보고/42 제24조 근로자위원의 지명/42 제2절 안전보건관리규정 제25조 안전보건관리규정의 작성/46 **제3장 안전보건교육** 제26조 교육시간 및 교육내용/48 제27조 안전보건교육의 면제/50 제28조 건설업 기초안전보건교육의 시간·내용 및 방법 등/53 제29조 안전보건관리책임자 등에 대한 직

제25조 안전보건관리규정의 작성/46

※ 특조법 제55조의6 안전관리규정등의 통합 작성/47

제26조 안전보건관리규정의 작성·변경 절차/47
제27조 안전보건관리규정의 준수/47
제28조 다른 법률의 준용/47

제3장 안전보건교육

제29조 근로자에 대한 안전보건교육/48
제30조 근로자에 대한 안전보건교육의 면제 등/51
제31조 건설업 기초안전보건교육/53
제32조 안전보건관리책임자 등에 대한 직무교육/53
제33조 안전보건교육기관/59

제4장 유해·위험 방지 조치

제34조 법령 요지 등의 게시 등/63
제35조 근로자대표의 통지 요청/64
제36조 위험성평가의 실시/64
제37조 안전보건표지의 설치·부착/65
제38조 안전조치/66
제39조 보건조치/67
제40조 근로자의 안전조치 및 보건조치 준수/69
제41조 고객의 폭언 등으로 인한 건강장해

제38조 의결되지 않은 사항 등의 처리/45
제39조 회의 결과 등의 공지/46

제3장 안전보건교육

제40조 안전보건교육기관의 등록 및 취소/59

제4장 유해·위험 방지 조치

제41조 고객의 폭언등으로 인한 건강장해 발생 등에 대한 조치/63
제42조 유해위험방지계획서 제출 대상/64
제43조 공정안전보고서의 제출 대상/69
제44조 공정안전보고서의 내용/71
제45조 공정안전보고서의 제출/74
제46조 안전보건진단의 종류 및 내용/85
제47조 안전보건진단기관의 지정 요건/86
제48조 안전보건진단기관의 지정 취소 등의 사유/86
제49조 안전보건진단을 받아 안전보건개선계획을 수립할 대상/88
제50조 안전보건개선계획 수립 대상/88

제5장 도급 시 산업재해 예방

제51조 도급승인 대상 작업/99
제52조 안전보건총괄책임자 지정 대상사업/103
제53조 안전보건총괄책임자의 직무 등/104
제54조 질식 또는 붕괴의 위험이 있는 작업/106

무교육/53
제30조 직무교육의 면제/55
제31조 안전보건교육기관 등록신청 등/56
제32조 안전보건교육기관의 평가 등/59
제33조 건설업 기초안전·보건교육기관의 등록신청 등/60
제34조 건설업 기초안전·보건교육기관 등록 취소 등/62
제35조 직무교육의 신청 등/62
제36조 교재 등/63

제4장 유해·위험 방지 조치

제37조 위험성평가 실시내용 및 결과의 기록·보존/63
제38조 안전보건표지의 종류·형태·색채 및 용도 등/65
제39조 안전보건표지의 설치 등/66
제40조 안전보건표지의 제작/67
제41조 고객의 폭언등으로 인한 건강장해 예방조치/69
제42조 제출서류 등/69
제43조 유해위험방지계획서의 건설안전분야 자격 등/72
제44조 계획서의 검토 등/72
제45조 심사 결과의 구분/74
제46조 확인/75

법 률	시 행 령	시 행 규 칙

법 률

예방조치/69
제42조 유해위험방지계획서의 작성·제출 등/70
※ 특조법 제48조 액화석유가스시설 등에 대한 중복검사의 완화/73
제43조 유해위험방지계획서 이행의 확인 등/74
제44조 공정안전보고서의 작성·제출/75
제45조 공정안전보고서의 심사 등/76
제46조 공정안전보고서의 이행 등/77
제47조 안전보건진단/85
제48조 안전보건진단기관/86
제49조 안전보건개선계획의 수립·시행 명령/88
제50조 안전보건개선계획서의 제출 등/89
제51조 사업주의 작업중지/90
제52조 근로자의 작업중지/90
제53조 고용노동부장관의 시정조치 등/91
제54조 중대재해 발생 시 사업주의 조치/93
제55조 중대재해 발생 시 고용노동부장관의 작업중지 조치/93
제56조 중대재해 원인조사 등/94
제57조 산업재해 발생 은폐 금지 및 보고

시 행 령

제55조 산업재해 예방 조치 대상 건설공사/108
제56조 안전보건조정자의 선임 등/109
제57조 안전보건조정자의 업무/111
제58조 설계변경 요청 대상 및 전문가의 범위/112
제59조 건설재해예방 지도 대상 건설공사도급인/116
제60조 건설재해예방전문지도기관의 지도기준/117
제61조 건설재해예방전문지도기관의 지정요건/118
제62조 건설재해예방전문지도기관의 지정신청 등/118
제63조 노사협의체의 설치 대상/119
제64조 노사협의체의 구성/119
제65조 노사협의체의 운영 등/121
제66조 기계·기구 등/121
제67조 특수형태근로종사자의 범위 등/122
제68조 안전 및 보건 교육 대상 특수형태근로종사자/124
제69조 산업재해 예방 조치 시행 대상/124
제6장 유해·위험 기계 등에 대한 조치
제70조 방호조치를 해야 하는 유해하거나

시 행 규 칙

제47조 자체심사 및 확인업체의 확인 등/76
제48조 확인 결과의 조치 등/77
제49조 보고 등/78
제50조 공정안전보고서의 세부 내용 등/ 78
제51조 공정안전보고서의 제출 시기/81
제52조 공정안전보고서의 심사 등/81
제53조 공정안전보고서의 확인 등/82
제54조 공정안전보고서 이행 상태의 평가/83
제55조 안전보건진단 명령/85
제56조 안전보건진단 의뢰/85
제57조 안전보건진단 결과의 보고/85
제58조 안전보건진단기관의 평가 등/86
제59조 안전보건진단기관의 지정신청 등/86
제60조 안전보건개선계획의 수립·시행 명령/88
제61조 안전보건개선계획의 제출 등/88
제62조 안전보건개선계획서의 검토 등/89
제63조 기계·설비 등에 대한 안전 및 보건조치/89
제64조 사용의 중지/90
제65조 작업의 중지/91
제66조 시정조치 명령서의 게시/91
제67조 중대재해 발생 시 보고/92
제68조 작업중지명령서/92

등/95
제5장 도급 시 산업재해 예방
제1절 도급의 제한
제58조 유해한 작업의 도급금지/97
제59조 도급의 승인/99
제60조 도급의 승인 시 하도급 금지/100
제61조 적격 수급인 선정 의무/100
제2절 도급인의 안전조치 및 보건조치
제62조 안전보건총괄책임자/103
제63조 도급인의 안전조치 및 보건조치/104
제64조 도급에 따른 산업재해 예방조치/105
제65조 도급인의 안전 및 보건에 관한 정보 제공 등/106
제66조 도급인의 관계수급인에 대한 시정 조치/107
제3절 건설업 등의 산업재해 예방
제67조 건설공사발주자의 산업재해 예방 조치/108
제68조 안전보건조정자/109
제69조 공사기간 단축 및 공법변경 금지/110
제70조 건설공사 기간의 연장/110
제71조 설계변경의 요청/112
제72조 건설공사 등의 산업안전보건관리비 계상 등/115
제73조 건설공사의 산업재해 예방 지도/116

위험한 기계·기구/125
제71조 대여자 등이 안전조치 등을 해야 하는 기계·기구 등/125
제72조 타워크레인 설치·해체업의 등록요건/127
제73조 타워크레인 설치·해체업의 등록 취소 등의 사유/128
제74조 안전인증대상기계등/133
제75조 안전인증기관의 지정 요건/147
제76조 안전인증기관의 지정 취소 등의 사유/148
제77조 자율안전확인대상기계등/149
제78조 안전검사대상기계등/153
제79조 안전검사기관의 지정 요건/157
제80조 안전검사기관의 지정 취소 등의 사유/158
제81조 자율안전검사기관의 지정 요건/163
제82조 자율안전검사기관의 지정 취소 등의 사유/163
제83조 성능시험 등/164
제7장 유해·위험물질에 대한 조치
제84조 유해인자 허용기준 이하 유지 대상 유해인자/170
제85조 유해성·위험성 조사 제외 화학물질/173
제86조 물질안전보건자료의 작성·제출 제

제69조 작업중지의 해제/92
제70조 작업중지해제 심의위원회/93
제71조 중대재해 원인조사의 내용 등/94
제72조 산업재해 기록 등/94
제73조 산업재해 발생 보고 등/95
제5장 도급 시 산업재해 예방
제1절 도급의 제한
제74조 안전 및 보건에 관한 평가의 내용 등/97
제75조 도급승인 등의 절차·방법 및 기준 등/97
제76조 도급승인 변경 사항/100
제77조 도급승인의 취소/100
제78조 도급승인 등의 신청/101
제2절 도급인의 안전조치 및 보건조치
제79조 협의체의 구성 및 운영/103
제80조 도급사업 시의 안전·보건조치 등/104
제81조 위생시설의 설치 등 협조/105
제82조 도급사업의 합동 안전·보건점검/105
제83조 안전·보건 정보제공 등/106
제84조 화학물질/107
제85조 질식의 위험이 있는 장소/107
제3절 건설업 등의 산업재해 예방
제86조 기본안전보건대장 등/108
제87조 공사기간 연장 요청 등/110
제88조 설계변경의 요청 방법 등/112
제89조 산업안전보건관리비의 사용/115

법　　률

제74조 건설재해예방전문지도기관/118
제75조 안전 및 보건에 관한 협의체 등의 구성·운영에 관한 특례/119
제76조 기계·기구 등에 대한 건설공사도급인의 안전조치/121
제4절 그 밖의 고용형태에서의 산업재해 예방
제77조 특수형태근로종사자에 대한 안전조치 및 보건조치 등/122
제78조 배달종사자에 대한 안전조치/123
제79조 가맹본부의 산업재해 예방 조치/124
제6장 유해·위험 기계 등에 대한 조치
제1절 유해하거나 위험한 기계 등에 대한 방호조치 등
제80조 유해하거나 위험한 기계·기구에 대한 방호조치/125
제81조 기계·기구 등의 대여자 등의 조치/127
제82조 타워크레인 설치·해체업의 등록 등/127
제2절 안전인증
제83조 안전인증기준/133
제84조 안전인증/133
제85조 안전인증의 표시 등/144

시　행　령

외 대상 화학물질 등/182
제87조 제조 등이 금지되는 유해물질/198
제88조 허가 대상 유해물질/200
제89조 기관석면조사 대상/202
제90조 석면조사기관의 지정 요건 등/205
제91조 석면조사기관의 지정 취소 등의 사유/205
제92조 석면해체·제거업자의 등록 요건/207
제93조 석면해체·제거업자의 등록 취소 등의 사유/207
제94조 석면해체·제거업자를 통한 석면해체·제거 대상/209
제8장 근로자 보건관리
제95조 작업환경측정기관의 지정 요건/218
제96조 작업환경측정기관의 지정 취소 등의 사유/219
제97조 특수건강진단기관의 지정 요건/236
제98조 특수건강진단기관의 지정 취소 등의 사유/237
제99조 유해·위험작업에 대한 근로시간 제한 등/243
제100조 교육기관의 지정 취소 등의 사유/245
제9장 산업안전지도사 및 산업보건지도사

시　행　규　칙

제90조 건설재해예방전문지도기관의 지정 신청 등/115
제91조 건설재해예방전문지도기관의 평가 기준 등/118
제92조 건설재해예방전문지도기관의 지도·감독/118
제93조 노사협의체 협의사항 등/119
제94조 기계·기구 등에 대한 안전조치 등/121
제4절 그 밖의 고용형태에서의 산업재해 예방
제95조 교육시간 및 교육내용 등/122
제96조 프로그램의 내용 및 시행/123
제97조 안전 및 보건에 관한 정보제공 방법/124
제6장 유해·위험 기계 등에 대한 조치
제1절 유해하거나 위험한 기계 등에 대한 방호조치 등
제98조 방호조치/125
제99조 방호조치 해체 등에 필요한 조치/126
제100조 기계등 대여자의 조치/127
제101조 기계등을 대여받는 자의 조치/129
제102조 기계등을 조작하는 자의 의무/130
제103조 기계등 대여사항의 기록·보존/130
제104조 대여 공장건축물에 대한 조치/131
제105조 편의 제공/131
제106조 설치·해체업 등록신청 등/131

제86조 안전인증의 취소 등/145
제87조 안전인증대상기계등의 제조 등의 금지 등/146
제88조 안전인증기관/147
제3절 자율안전확인의 신고
제89조 자율안전확인의 신고/149
제90조 자율안전확인의 표시 등/150
제91조 자율안전확인표시의 사용 금지 등/151
제92조 자율안전확인대상기계등의 제조 등의 금지 등/152
제4절 안전검사
제93조 안전검사/153
제94조 안전검사합격증명서 발급 등/156
제95조 안전검사대상기계등의 사용 금지/157
제96조 안전검사기관/157
제97조 안전검사기관의 보고의무/158
제98조 자율검사프로그램에 따른 안전검사/158
제99조 자율검사프로그램 인정의 취소 등/159
제100조 자율안전검사기관/163
제5절 유해·위험기계등의 조사 및 지원 등
제101조 성능시험 등/166
제102조 유해·위험기계등제조사업 등의 지원/166
제101조 산업안전지도사 등의 직무/248
제102조 산업안전지도사 등의 업무 영역별 종류 등/249
제103조 자격시험의 실시 등/249
제104조 자격시험의 일부면제/250
제105조 합격자 결정/252
제106조 자격시험 실시기관/253
제107조 연수교육의 제외 대상/254
제108조 손해배상을 위한 보증보험 가입 등/254
제10장 보칙
제109조 산업재해 예방사업의 지원/262
제110조 제재 요청 대상 등/264
제111조 과징금의 부과기준/265
제112조 과징금의 부과 및 납부/265
제113조 도급금지 등 의무위반에 따른 과징금 및 가산금/268
제114조 도급금지 등 의무위반에 따른 과징금의 부과 및 납부/268
제115조 권한의 위임/268
제116조 업무의 위탁/274
제117조 민감정보 및 고유식별정보의 처리/277
제118조 규제의 재검토/278
제11장 벌칙
제2절 안전인증
제107조 안전인증대상기계등/133
제108조 안전인증의 신청 등/133
제109조 안전인증의 면제/134
제110조 안전인증 심사의 종류 및 방법/137
제111조 확인의 방법 및 주기 등/142
제112조 안전인증제품에 관한 자료의 기록·보존/144
제113조 안전인증 관련 자료의 제출 등/144
제114조 안전인증의 표시/144
제115조 안전인증의 취소 공고 등/145
제116조 안전인증대상기계등의 수거·파기명령/146
제117조 안전인증기관의 지정 신청 등/147
제118조 안전인증기관의 평가 등/148
제3절 자율안전확인의 신고
제119조 신고의 면제/149
제120조 자율안전확인대상기계등의 신고방법/149
제121조 자율안전확인의 표시/150
제122조 자율안전확인 표시의 사용 금지 공고내용 등/151
제123조 자율안전확인대상기계등의 수거·파기명령/152
제4절 안전검사

법 률

제103조 유해·위험기계등의 안전 관련 정보의 종합관리/168

제7장 유해·위험물질에 대한 조치

제1절 유해·위험물질의 분류 및 관리

제104조 유해인자의 분류기준/170

제105조 유해인자의 유해성·위험성 평가 및 관리/170

제106조 유해인자의 노출기준 설정/171

제107조 유해인자 허용기준의 준수/172

제108조 신규화학물질의 유해성·위험성 조사/173

제109조 중대한 건강장해 우려 화학물질의 유해성·위험성 조사/181

제110조 물질안전보건자료의 작성 및 제출/182

제111조 물질안전보건자료의 제공/185

제112조 물질안전보건자료의 일부 비공개 승인 등/186

제113조 국외제조자가 선임한 자에 의한 정보제출 등/192

제114조 물질안전보건자료의 게시 및 교육/193

제115조 물질안전보건자료대상물질 용기

시 행 령

제119조 과태료의 부과기준/280

부칙(2019.12.24)

제1조 시행일/323

제2조 공정안전보고서 제출 대상 등의 적용에 관한 일반적 적용례/323

제3조 유효기간/324

제4조 산업재해 발생건수 등의 공표에 관한 적용례 등/325

제5조 건설업의 안전관리자의 선임에 관한 적용례/325

제6조 유해·위험방지계획서 제출에 관한 적용례/326

제7조 대여자 등이 안전조치 등을 해야 하는 기계·기구 등에 관한 적용례/326

제8조 안전인증대상기계등에 관한 적용례/326

제9조 특수건강진단기관의 지정 취소 등의 사유에 관한 적용례/327

제10조 제재요청 등의 대상 확대에 관한 적용례/327

제11조 과징금의 분할 납부 등에 관한 적용례/327

제12조 공공행정 등에서의 도급인의 안전

시 행 규 칙

제124조 안전검사의 신청 등/153

제125조 안전검사의 면제/154

제126조 안전검사의 주기와 합격표시 및 표시방법/155

제127조 안전검사 합격증명서의 발급/156

제128조 안전검사기관의 지정 신청 등/157

제129조 안전검사기관의 평가 등/157

제130조 검사원의 자격/158

제131조 성능검사 교육 등/160

제132조 자율검사프로그램의 인정 등/160

제133조 자율안전검사기관의 지정신청 등/163

제134조 자율안전검사기관의 평가 등/165

제135조 자율안전검사기관의 업무수행기준/165

제5절 유해·위험기계등의 조사 및 지원 등

제136조 제조 과정 조사 등/166

제137조 유해·위험기계등제조사업 등의 지원 및 등록 요건/166

제138조 등록신청 등/166

제139조 지원내용 등/168

제140조 등록취소 등/169

제7장 유해·위험물질에 대한 조치

제1절 유해·위험물질의 분류 및 관리

제141조 유해인자의 분류기준/170

등의 경고표시/196
제116조 물질안전보건자료와 관련된 자료의 제공/198
제117조 유해·위험물질의 제조 등 금지/198
제118조 유해·위험물질의 제조 등 허가/200
제2절 석면에 대한 조치
제119조 석면조사/202
제120조 석면조사기관/205
제121조 석면해체·제거업의 등록 등/207
제122조 석면의 해체·제거/209
제123조 석면해체·제거 작업기준의 준수/210
제124조 석면농도기준의 준수/211
제8장 근로자 보건관리
제1절 근로환경의 개선
제125조 작업환경측정/212
제126조 작업환경측정기관/218
제127조 작업환경측정 신뢰성 평가/219
제128조 작업환경전문연구기관의 지정/220
제2절 건강진단 및 건강관리
제129조 일반건강진단/222
제130조 특수건강진단 등/226
제131조 임시건강진단 명령 등/232
제132조 건강진단에 관한 사업주의 의무/232
및 보건 조치에 관한 적용례/327
제13조 건설업의 안전관리자 선임에 관한 적용례/327
제14조 건설업의 보건관리자 선임에 관한 적용례/327
제15조 과징금에 관한 적용례/328
제16조 유해작업 도급금지에 관한 적용례/328
제17조 공표대상 사업장에 관한 특례/328
제18조 재직 중인 안전관리자 등에 관한 경과조치/329
제19조 보건관리대행기관 등에 관한 경과조치/330
제20조 공정안전보고서 제출 대상에 관한 경과조치/331
제21조 안전인증대상기계등에 관한 경과조치/331
제22조 석면조사기관 지정취소 등에 관한 경과조치/332
제23조 발전업을 하는 사업주의 안전관리자 선임에 관한 경과조치/332
제24조 건설업의 안전관리자 선임에 관한 경과조치/332
제25조 육상운송 및 파이프라인 운송업을 하는 사업주의 보건관리자 선임에 관한
제142조 유해성·위험성 평가대상 선정기준 및 평가방법 등/170
제143조 유해인자의 관리 등/171
제144조 유해인자의 노출기준의 설정 등/172
제145조 유해인자 허용기준/172
제146조 임시 작업과 단시간 작업/173
제147조 신규화학물질의 유해성·위험성 조사보고서의 제출/173
제148조 일반소비자 생활용 신규화학물질의 유해성·위험성 조사제외/176
제149조 소량 신규화학물질의 유해성·위험성 조사제외/177
제150조 그 밖의 신규화학물질의 유해성·위험성 조사제외/178
제151조 확인의 면제/178
제152조 확인 및 결과 통보/179
제153조 신규화학물질의 명칭 등의 공표/179
제154조 의견 청취 등/180
제155조 화학물질의 유해성·위험성 조사결과 등의 제출/181
제156조 물질안전보건자료의 작성방법 및 기재사항/182
제157조 물질안전보건자료 등의 제출방법 및 시기/183
제158조 자료의 열람/184

법 률	시 행 령	시 행 규 칙
제133조 건강진단에 관한 근로자의 의무/234 제134조 건강진단기관 등의 결과보고 의무/234 제135조 특수건강진단기관/236 제136조 유해인자별 특수건강진단 전문연구기관의 지정/237 제137조 건강관리카드/237 제138조 질병자의 근로 금지·제한/243 제139조 유해·위험작업에 대한 근로시간제한 등/243 제140조 자격 등에 의한 취업제한 등/245 제141조 역학조사/245 **제9장 산업안전지도사 및 산업보건지도사** 제142조 산업안전지도사 등의 직무/248 제143조 지도사의 자격 및 시험/249 제144조 부정행위자에 대한제재/250 제145조 지도사의 등록/251 제146조 지도사의 교육/254 제147조 지도사에 대한 지도 등/255 제148조 손해배상의 책임/256 제149조 유사명칭의 사용 금지/256 제150조 품위유지와 성실의무 등/256 제151조 금지 행위/256	경과조치/333 제26조 보건관리자의 자격에 관한 경과조치/333 제27조 안전관리전문기관 등에 재직 중인 사람에 관한 경과조치/333 제28조 안전보건교육기관의 등록요건에 대한 경과조치/335 제29조 과징금 부과기준에 관한 경과조치/336 제30조 과태료 부과기준에 관한 경과조치/336 제31조 종전 부칙의 적용범위에 관한 경과조치/337 제32조 다른 법령의 개정/337 제33조 다른 법령과의 관계/350 **부칙** 〈2021.1.12.〉/351 * * * 별표1. 법의 일부를 적용하지 않는 사업 또는 사업장 및 적용 제외 법 규정/352 별표2. 안전보건관리책임자를 두어야 하는 사업의 종류 및 사업장의 상시근로자 수/354 별표3. 안전관리자를 두어야 하는 사업의 종류, 사업장의 상시근로자 수, 안전관리자의 수 및 선임방법/355	제159조 변경이 필요한 물질안전보건자료의 항목 및 제출시기/184 제160조 물질안전보건자료의 제공 방법/185 제161조 비공개 승인 또는 연장승인을 위한제출서류 및 제출시기/186 제162조 비공개 승인 및 연장승인 심사의 기준, 절차 및 방법 등/187 제163조 이의신청의 절차 및 비공개 승인 심사 등/189 제164조 승인 또는 연장승인의 취소/190 제165조 대체자료로 적힌 화학물질의 명칭 및 함유량 정보의 제공 요구/191 제166조 국외제조자가 선임한 자에 대한 선임요건 및 신고절차 등/192 제167조 물질안전보건자료를 게시하거나 갖추어 두는 방법/193 제168조 물질안전보건자료대상물질의 관리 요령 게시/194 제169조 물질안전보건자료에 관한 교육의 시기·내용·방법 등/195 제170조 경고표시 방법 및 기재항목/196 제171조 물질안전보건자료 관련 자료의 제공/198 제172조 제조 등이 금지되는 물질의 사용

제152조 관계 장부 등의 열람 신청/257
제153조 자격대여행위 및 대여알선행위 등의 금지/257
제154조 등록의 취소 등/258
제10장 근로감독관 등
제155조 근로감독관의 권한/259
제156조 공단 소속 직원의 검사 및 지도 등/260
제157조 감독기관에 대한 신고/261
제11장 보칙
제158조 산업재해 예방활동의 보조·지원/262
제159조 영업정지의 요청 등/264
제160조 업무정지 처분을 대신하여 부과하는 과징금 처분/265
제161조 도급금지 등 의무위반에 따른 과징금 부과/266
제162조 비밀 유지/268
제163조 청문 및 처분기준/269
제164조 서류의 보존/270
제165조 권한 등의 위임·위탁/273
제166조 수수료 등/277
제166조의2 현장실습생에 대한 특례/279
제12장 벌칙
제167조 벌칙/280
별표4. 안전관리자의 자격/361
별표5. 보건관리자를 두어야 하는 사업의 종류, 사업장의 상시근로자 수, 보건관리자의 수 및 선임방법/362
별표6. 보건관리자의 자격/366
별표7. 안전관리전문기관의 인력·시설 및 장비 기준/366
별표8. 보건관리전문기관의 인력·시설 및 장비 기준/370
별표9. 산업안전보건위원회를 구성해야 할 사업의 종류 및 사업장의 상시근로자 수/372
별표10. 근로자안전보건교육기관의 인력·시설 및 장비 등 기준/373
별표11. 건설업 기초안전보건교육을 하려는 기관의 인력·시설 및 장비 기준/374
별표12. 직무교육기관의 인력·시설 및 장비 기준/376
별표13. 유해·위험물질 규정량/380
별표14. 안전보건진단의 종류 및 내용/383
별표15. 종합진단기관의 인력·시설 및 장비 등의 기준/384
별표16. 안전진단기관의 인력·시설 및 장비 등의 기준/385
별표17. 보건진단기관의 인력·시설 및 장비 등의 기준/386
승인 신청 등/198
제173조 제조 등 허가의 신청 및 심사/200
제174조 허가 취소 등의 통보/202
제2절 석면에 대한 조치
제175조 석면조사의 생략 등 확인 절차/202
제176조 기관석면조사방법 등/204
제177조 석면조사기관의 지정신청 등/205
제178조 석면조사기관의 평가 등/206
제179조 석면해체·제거업의 등록신청 등/207
제180조 석면해체·제거작업의 안전성 평가 등/208
제181조 석면해체·제거작업 신고 절차 등/209
제182조 석면해체·제거작업 완료 후의 석면농도기준/211
제183조 석면농도측정 결과의 제출/211
제184조 석면농도를 측정할 수 있는 자의 자격/211
제185조 석면농도의 측정방법/211
제8장 근로자 보건관리
제1절 근로환경의 개선
제186조 작업환경측정 대상 작업장 등/212
제187조 작업환경측정자의 자격/214
제188조 작업환경측정 결과의 보고/214
제189조 작업환경측정방법/215
제190조 작업환경측정 주기 및 횟수/217

법 률	시 행 령	시 행 규 칙
제168조 벌칙/280 제169조 벌칙/281 제170조 벌칙/283 제170조의2 벌칙/284 제171조 벌칙/285 제172조 벌칙/285 제173조 양벌규정/285 제174조 형벌과 수강명령 등의 병과/286 제175조 과태료/288 **부칙**〈제16272호, 2019.1.15.〉 제1조 시행일/327 제2조 산업재해 발생건수 등의 공표에 관한 적용례/328 제3조 건설공사발주자의 산업재해 예방 조치에 관한 적용례/328 제4조 타워크레인 설치·해체 작업에 관한 적용례/328 제5조 건강진단에 따른 조치결과 제출에 관한 적용례/328 제6조 역학조사 참석 등에 관한 적용례/329 제7조 물질안전보건자료의 작성·제출에 관한 특례/329	별표18. 건설재해예방전문지도기관의 지도기준/387 별표19. 건설재해예방전문지도기관의 인력·시설 및 장비 기준/389 별표20. 유해·위험 방지를 위한 방호조치가 필요한 기계·기구/391 별표21. 대여자 등이 안전조치 등을 해야 하는 기계·기구·설비 및 건축물 등/391 별표22. 타워크레인 설치·해체업의 인력·시설 및 장비 기준/392 별표23. 안전인증기관의 인력·시설 및 장비 기준/393 별표24. 안전검사기관의 인력·시설 및 장비 기준/398 별표25. 자율안전검사기관의 인력·시설 및 장비 기준/404 별표26. 유해인자 허용기준 이하 유지 대상 유해인자/407 별표27. 석면조사기관의 인력·시설 및 장비 기준/408 별표28. 석면해체·제거업자의 인력·시설 및 장비 기준/410 별표29. 작업환경측정기관의 유형별 인력·시설 및 장비 기준/411	제191조 작업환경측정기관의 평가 등/218 제192조 작업환경측정기관의 유형과 업무 범위/219 제193조 작업환경측정기관의 지정신청 등/219 제194조 작업환경측정 신뢰성평가의 대상 등/221 제2절 건강진단 및 건강관리 제195조 근로자 건강진단 실시에 대한 협력 등/222 제196조 일반건강진단 실시의 인정/223 제197조 일반건강진단의 주기 등/224 제198조 일반건강진단의 검사항목 및 실시방법 등/224 제199조 일반건강진단 결과의 제출/225 제200조 특수건강진단 실시의 인정/226 제201조 특수건강진단 대상업무/226 제202조 특수건강진단의 실시 시기 및 주기 등/226 제203조 배치전건강진단 실시의 면제/228 제204조 배치전건강진단의 실시 시기/229 제205조 수시건강진단 대상 근로자 등/229 제206조 특수건강진단 등의 검사항목 및 실시방법 등/230 제207조 임시건강진단 명령 등/232

제8조 물질안전보건자료의 제공에 관한 특례/330
제9조 물질안전보건자료의 일부 비공개 승인에 관한 특례/330
제10조 유해한 작업의 도급금지에 관한 경과조치/331
제11조 안전보건조정자의 선임에 관한 경과조치/331
제12조 타워크레인 설치·해체업의 등록 등에 관한 경과조치/331
제13조 안전인증 신청에 관한 경과조치/332
제14조 물질안전보건자료의 작성·비치 등에 관한 경과조치/332
제15조 과징금에 관한 경과조치/332
제16조 안전관리대행기관 등에 관한 경과조치/333
제17조 산업위생지도사에 관한 경과조치/333
제18조 지도사 연수교육에 관한 경과조치/333
제19조 벌칙과 과태료에 관한 경과조치/334
제20조 다른 법률의 개정/334
제21조 다른 법령과의 관계/343

부칙 〈제17187호, 2020.3.31.〉/343
부칙 〈제17326호, 2020.5.26.〉/344
부칙 〈제17433호, 2020.6.9.〉/344

별표30. 특수건강진단기관의 인력·시설 및 장비 기준/414
별표31. 지도사의 업무 영역별 업무 범위/415
별표32. 지도사 자격시험 중 필기시험의 업무 영역별 과목 및 범위/417
별표33. 과징금의 부과기준/419
별표34. 도급금지 등 의무위반에 따른 과징금의 산정기준/420
별표35. 과태료의 부과기준/422

제208조 건강진단비용/233
제209조 건강진단 결과의 보고 등/233
제210조 건강진단 결과에 따른 사후관리 등/234
제211조 특수건강진단기관의 지정신청 등/236
제212조 특수건강진단기관의 평가 등/239
제213조 특수건강진단 전문연구기관 지원 업무의 대행/239
제214조 건강관리카드의 발급 대상/240
제215조 건강관리카드 소지자의 건강진단/240
제216조 건강관리카드의 서식/241
제217조 건강관리카드의 발급 절차/241
제218조 건강관리카드의 재발급 등/242
제219조 건강진단의 권고/243
제220조 질병자의 근로금지/243
제221조 질병자 등의 근로제한/244
제222조 역학조사의 대상 및 절차 등/245
제223조 역학조사에의 참석/247
제224조 역학조사평가위원회/247

제9장 산업안전지도사 및 산업보건지도사
제225조 자격시험의 공고/248
제226조 응시원서의 제출 등/248
제227조 자격시험의 일부 면제의 신청/250
제228조 합격자의 공고/251
제229조 등록신청 등/251

시 행 규 칙

제230조 지도실적 등/253
제231조 지도사 보수교육/253
제232조 지도사 연수교육/254
제233조 지도사 업무발전 등/255
제234조 손해배상을 위한 보험가입·지급 등/256

제10장 근로감독관 등

제235조 감독기준/259
제236조 보고·출석기간/259

제11장 보칙

제237조 보조·지원의 환수와 제한/262
제238조 영업정지의 요청 등/264
제239조 과징금의 납부통지 등/265
제240조 지정취소·업무정지 등의 기준/270
제241조 서류의 보존/270
제242조 수수료 등/277
제243조 규제의 재검토/278

부칙 〈제272호, 2019.12.26.〉

제1조 시행일/344
제2조 특수건강진단 주기에 관한 적용례 등/344
제3조 건강진단 결과의 보고에 관한 적용례/345
제4조 건강진단에 따른 사후관리 조치결과 보고서 제출에 관한 특례/345
제5조 자체심사 및 확인업체 선정기준에 관한 적용례/345
제6조 작업환경측정 및 특수건강진단 대상 유해인자에 관한 적용례/345
제7조 특수건강진단 등의 검사항목에 관한 적용례/346
제8조 유해성·위험성 조사보고서 제출에 관한 특례/346
제9조 물질안전보건자료의 작성·제출에 관한 특례/346
제10조 물질안전보건자료 제공에 관한 특례/347
제11조 물질안전보건자료의 일부 비공개 승인에 관한 특례/347
제12조 안전검사기관 종사자 등 직무교육에 관한 경과조치/347
제13조 건설업체 산업재해발생률 산정 기준에 관한 경과조치/348
제14조 타워크레인 신호업무 종사 근로자 교육에 관한 경과조치/348
제15조 재해예방 전문지도기관의 종사자에 대한 신규교육 면제에 관한 경과조치/349
제16조 안전관리전문기관·보건관리전문기관 및 석면조사기관의 종사자의 직무교육에 관한 경과조치/349
제17조 유해·위험방지계획서 확인에 관한 경과조치/350
제18조 종전 부칙의 적용범위에 관한 경과조치/350
제19조 다른 법령의 개정/350
제20조 다른 법령과의 관계/351

부칙 〈제308호 2021.1.19.〉/351

* * *

별표1. 건설업체 산업재해발생률 및 산업재해 발생 보고의무 위반건수의 산정 기준과 방법/450
별표2. 안전보건관리규정을 작성해야 할 사업의 종류 및 상시근로자 수/453
별표3. 안전보건관리규정의 세부 내용/453
별표4. 안전보건교육 교육과정별 교육시간/455
별표5. 안전보건교육 교육대상별 교육내용 /457
별표6. 안전보건표지의 종류와 형태/473
별표7. 안전보건표지의 종류별 용도, 설치·부착 장소, 형태 및 색채/475
별표8. 안전보건표지의 색도기준 및 용도 /478
별표9. 안전보건표지의 기본모형/479
별표10. 유해위험방지계획서 첨부서류/481
별표11. 자체심사 및 확인업체의 기준, 자체

심사 및 확인방법/485
별표12. 안전 및 보건에 관한 평가의 내용/486
별표13. 안전인증을 위한 심사종류별 제출서류/487
별표14. 안전인증 및 자율안전확인의 표시 및 표시방법/489
별표15. 안전인증대상기계등이 아닌 유해·위험기계등의 안전인증의 표시 및 표시방법/490
별표16. 안전검사 합격표시 및 표시방법/491
별표17. 유해·위험기계등 제조사업 등의 지원 및 등록 요건/493
별표18. 유해인자의 유해성·위험성 분류기준/495
별표19. 유해인자별 노출 농도의 허용기준/498
별표20. 신규화학물질의 유해성·위험성 조사보고서 첨부서류/500
별표21. 작업환경측정 대상 유해인자/502
별표22. 특수건강진단 대상 유해인자/509
별표23. 특수건강진단의 시기 및 주기/515
별표24. 특수건강진단·배치전건강진단·수시건강진단의 검사항목/516
별표25. 건강관리카드의 발급 대상/574
별표26. 행정처분기준/578

* * *

별지1. 통합 산업재해 현황 조사표/594
별지2. 안전관리자·보건관리자·산업보건의 선임 등 보고서/596
별지3. 안전관리자·보건관리자·산업보건의 선임 등 보고서(건설업)/597
별지4. 관리자(증원, 교체)명령서/598
별지5. 안전·보건관리 업무계약서/599
별지6. 지정신청서/600
별지7. 지정서/602
별지8. 변경신청서/603
별지9. 근로자안전보건교육기관(등록, 변경등록)신청서/604
별지10. 직무교육기관(등록, 변경등록)신청/605
별지11. 근로자안전보건교육기관 등록증/606
별지12. 직무교육기관 등록증/607
별지13. 건설업 기초안전·보건교육기관(등록, 변경)신청서/608
별지14. 건설업 기초안전·보건교육기관 등록증/609
별지15. 직무교육 수강신청서/610
별지16. 제조업 등 유해위험방지계획서/611
별지17. 건설공사 유해위험방지계획서/612
별지18. 유해위험방지계획서 자체심사서/613
별지19. 유해위험방지계획서 산업안전지도사·산업보건지도사 평가결과서/614
별지20. 유해위험방지계획서 심사 결과 통지서/615
별지21. 유해위험방지계획서 심사 결과(부적정) 통지서/616
별지22. 유해위험방지계획서 산업안전지도사·산업보건지도사 확인 결과서/617
별지23. 확인 결과 통지서/619
별지24. 확인결과 조치 요청서/620
별지25. (종합, 안전, 보건)진단명령서/621
별지26. 안전보건개선계획 수립·시행명령서/622
별지27. (사용중지, 작업중지)명령서/623
별지28. 중대재해 시 작업중지 명령서/624
별지29. 작업중지명령(전부, 일부) 해제신청서/625
별지30. 산업재해조사표/626
별지31. 유해·위험작업 도급승인 신청서/629
별지32. 유해·위험작업 도급승인 연장신청서/630
별지33. 유해·위험작업 도급승인 변경신청서/631
별지34. 유해·위험작업 도급승인서/632
별지35. 공사기간 연장 요청서/633
별지36. 건설공사 설계변경 요청서/634
별지37. 건설공사 설계변경 승인 통지서/ 635
별지38. 건설공사 설계변경 불승인 통지서/636
별지39. 기계등 대여사항 기록부/637
별지40. 타워크레인 설치·해체업(등록, 변경) 신청서/638
별지41. 타워크레인 설치·해체업 (변경)등록증/639

시 행 규 칙	시 행 규 칙	시 행 규 칙
별지42. 안전인증신청서/640	별지62. 화학물질 확인서류/664	별지78. 석면해체·제거작업 변경 신고서/684
별지43. 안전인증 면제신청서/641	별지63. 물질안전보건자료 비공개(승인,연장승인)신청서/665	별지79. 석면해체·제거작업(신고,변경)증명서/685
별지44. 안전인증 면제확인서/642	별지64. 물질안전보건자료 비공개(승인,연장승인)결과 통지서/667	별지80. 석면농도측정 결과보고서/686
별지45. 심사결과 통지서/643	별지65. 물질안전보건자료 비공개 승인 이의신청서/668	별지81. 석면농도측정 결과표/687
별지46. 안전인증서/644	별지66. 물질안전보건자료 비공개 승인 이의신청 결과 통지서/669	별지82. 작업환경측정 결과보고서(상,하반기)/688
별지47. 안전인증확인 통지서/646	별지67. 물질안전보건자료 비공개 승인 취소결정 통지서/670	별지83. 작업환경측정 결과표(상,하반기)/ 689
별지48. 자율안전확인 신고서/647	별지68. 국외제조자에 의한(선임서,해임서/671	별지84. 일반건강진단 결과표/695
별지49. 자율안전확인 신고증명서/648	별지69. 국외제조자에 의한 선임(해임) 사실신고증/672	별지85. (특수,배치전,수시,임시)건강진단결과표/698
별지50. 안전검사 신청서/649	별지70. 제조등금지물질(제조,수입,사용)승인신청서/673	별지86. 사후관리 조치결과 보고서/701
별지51. 안전검사 불합격 통지서/650	별지71. 제조등금지물질(제조,수입,사용)승인서/675	별지87. 근로자 건강관리카드/702
별지52. 자율검사프로그램 인정신청서/651	별지72. (제조,사용)허가신청서/676	별지88. 건강관리카드(발급,재발급,기재내용)변경 신청서/703
별지53. 자율검사프로그램 인정서/652	별지73. 허가대상물질(제조,사용)허가증/677	별지89. 지도사 자격시험 응시원서/704
별지54. 자율검사프로그램 부적합 통지서/653	별지74. 석면조사의 생략 등 확인신청서/678	별지90. 지도사 자격시험 응시자 명부/706
별지55. (등록,변경) 신청서/654	별지75. 석면해체·제거업(등록,변경)신청서/680	별지91. 지도사의(등록,갱신,변경)신청서/707
별지56. 등록증/655	별지76. 석면해체·제거업 (변경)등록증/681	별지92. 지도사 등록증/708
별지57. 신규화학물질의 유해성·위험성 조사보고서/656	별지77. 석면해체·제거작업 신고서/682	별지93. 지도사 등록증재발급신청서 /709
별지58. 신규화학물질의 유해성·위험성 조사보고서 검토 자료제출 요청서/658		별지94. 지도사 등록부/710
별지59. 신규화학물질의 유해성·위험성 조치사항 통지서/659		별지95. 지도사 등록증 발급대장/712
별지60. 신규화학물질의 유해성·위험성 조사제외 확인 신청서/660		별지96. 지도사(연수교육,보수교육)이수증/713
별지61. 화학물질의 유해성·위험성 조사결과서/662		별지97. 보증보험가입 신고서/714
		별지98. 보증보험금 지급사유 발생확인신청

서/715
별지99. 보증보험금 지급사유 발생확인서/716
별지100. 과징금(납부기한 연장, 분할 납부) 신청서/717
별지101. 공사 개요서/718
별지102. 산업안전보건관리비 사용계획/719
별지103. 유해위험방지계획서 자체확인 결과서/721
별지104. 기술지도계약서/722
별지105. 기술지도 완료증명서/723

산업안전보건기준에 관한 규칙

제1편 총칙
제1장 통칙
제1조 목적/725
제2조 정의/725
제2장 작업장
제3조 전도의 방지/725
제4조 작업장의 청결/725
제4조의2 분진의 흩날림 방지/725
제5조 오염된 바닥의 세척 등/725
제6조 오물의 처리 등/726
제7조 채광 및 조명/726
제8조 조도/726
제9조 작업발판 등/726
제10조 작업장의 창문/726
제11조 작업장의 출입구/726
제12조 동력으로 작동되는 문의 설치 조건/727
제13조 안전난간의 구조 및 설치요건/727
제14조 낙하물에 의한 위험의 방지/728
제15조 투하설비 등/728
제16조 위험물 등의 보관/728
제17조 비상구의 설치/728
제18조 비상구 등의 유지/728
제19조 경보용 설비 등/728
제20조 출입의 금지 등/728
제3장 통로
제21조 통로의 조명/730
제22조 통로의 설치/730
제23조 가설통로의 구조/730
제24조 사다리식 통로 등의 구조/731
제25조 갱내통로 등의 위험 방지/731
제26조 계단의 강도/731
제27조 계단의 폭/731
제28조 계단참의 높이/731
제29조 천장의 높이/732
제30조 계단의 난간/732
제4장 보호구
제31조 보호구의 제한적 사용/732
제32조 보호구의 지급 등/732
제33조 보호구의 관리/732
제34조 전용 보호구 등/732
제5장 관리감독자의 직무, 사용의 제한 등
제35조 관리감독자의 유해·위험 방지 업무 등/733
제36조 사용의 제한/733
제37조 악천후 및 강풍 시 작업 중지/733
제38조 사전조사 및 작업계획서의 작성 등 /733
제39조 작업지휘자의 지정/734
제40조 신호/734
제41조 운전위치의 이탈금지/734
제6장 추락 또는 붕괴에 의한 위험 방지
제1절 추락에 의한 위험 방지
제42조 추락의 방지/735
제43조 개구부 등의 방호 조치/735
제44조 안전대의 부착설비 등/735
제45조 지붕 위에서의 위험 방지/736
제46조 승강설비의 설치/736
제47조 구명구 등/736

시 행 규 칙

제48조 울타리의 설치/736
제49조 조명의 유지/736
제2절 붕괴 등에 의한 위험 방지
제50조 붕괴·낙하에 의한 위험 방지/736
제51조 구축물 또는 이와 유사한 시설물 등의 안전 유지/736
제52조 구축물 또는 이와 유사한 시설물의 안전성 평가/737
제53조 계측장치의 설치 등/737

제7장 비계
제1절 재료 및 구조 등
제54조 비계의 재료/737
제55조 작업발판의 최대적재하중/737
제56조 작업발판의 구조/737
제2절 조립·해체 및 점검 등
제57조 비계 등의 조립·해체 및 변경/738
제58조 비계의 점검 및 보수/738
제3절 강관비계 및 강관틀비계
제59조 강관비계 조립 시의 준수사항/739
제60조 강관비계의 구조/739
제61조 강관의 강도 식별/740
제62조 강관틀비계/740
제4절 달비계, 달대비계 및 걸침비계
제63조 달비계의 구조/740

시 행 규 칙

제64조 달비계의 점검 및 보수/741
제65조 달대비계/741
제66조 높은 디딤판 등의 사용금지/741
제66조의2 걸침비계의 구조/741
제5절 말비계 및 이동식비계
제67조 말비계/741
제68조 이동식비계/741
제6절 시스템 비계
제69조 시스템 비계의 구조/742
제70조 시스템비계의 조립 작업 시 준수사항/742
제7절 통나무 비계
제71조 통나무 비계의 구조/742

제8장 환기장치
제72조 후드/743
제73조 덕트/743
제74조 배풍기/744
제75조 배기구/744
제76조 배기의 처리/744
제77조 전체환기장치/744
제78조 환기장치의 가동/744

제9장 휴게시설 등
제79조 휴게시설/744
제79조의2 세척시설 등/744
제80조 의자의 비치/745

시 행 규 칙

제81조 수면장소 등의 설치/745
제82조 구급용구/745

제10장 잔재물 등의 조치기준
제83조 가스 등의 발산 억제 조치/745
제84조 공기의 부피와 환기/745
제85조 잔재물등의 처리/745

제2편 안전기준

제1장 기계·기구 및 그 밖의 설비에 의한 위험 예방
제1절 기계 등의 일반기준
제86조 탑승의 제한/746
제87조 원동기·회전축 등의 위험 방지/747
제88조 기계의 동력차단장치/747
제89조 운전 시작 전 조치/748
제90조 날아오는 가공물 등에 의한 위험의 방지/748
제91조 고장난 기계의 정비 등/748
제92조 정비 등의 작업 시의 운전정지 등/748
제93조 방호장치의 해체 금지/748
제94조 작업모 등의 착용/749
제95조 장갑의 사용 금지/749
제96조 작업도구 등의 목적 외 사용 금지 등/749
제97조 볼트·너트의 풀림 방지/749

제98조 제한속도의 지정 등/749
제99조 운전위치 이탈 시의 조치/749
제2절 공작기계
제100조 띠톱기계의 덮개 등/750
제101조 원형톱기계의 톱날접촉예방장치/750
제102조 탑승의 금지/750
제3절 프레스 및 전단기
제103조 프레스 등의 위험 방지/750
제104조 금형조정작업의 위험 방지/750
제4절 목재가공용 기계
제105조 둥근톱기계의 반발예방장치/751
제106조 둥근톱기계의 톱날접촉예방장치/751
제107조 띠톱기계의 덮개/751
제108조 띠톱기계의 날접촉예방장치 등/751
제109조 대패기계의 날접촉예방장치/751
제110조 모떼기기계의 날접촉예방장치/751
제5절 원심기 및 분쇄기등
제111조 운전의 정지/751
제112조 최고사용회전수의 초과 사용 금지/751
제113조 폭발성 물질 등의 취급 시 조치/751
제6절 고속회전체
제114조 회전시험 중의 위험 방지/752
제115조 비파괴검사의 실시/752
제7절 보일러 등
제116조 압력방출장치/752
제117조 압력제한스위치/752
제118조 고저수위 조절장치/752
제119조 폭발위험의 방지/752
제120조 최고사용압력의 표시 등/753
제8절 사출성형기 등
제121조 사출성형기 등의 방호장치/753
제122조 연삭숫돌의 덮개 등/753
제123조 롤러기의 울 등 설치/753
제124조 직기의 북이탈방지장치/753
제125조 신선기의 인발블록의 덮개 등/753
제126조 버프연마기의 덮개/753
제127조 선풍기 등에 의한 위험의 방지/753
제128조 포장기계의 덮개 등/754
제129조 정련기에 의한 위험 방지/754
제130조 식품분쇄기의 덮개 등/754
제131조 농업용기계에 의한 위험 방지/ 754
제9절 양중기
제1관 총칙
제132조 양중기/754
제133조 정격하중 등의 표시/755
제134조 방호장치의 조정/755
제135조 과부하의 제한 등/756
제2관 크레인
제136조 안전밸브의 조정/756
제137조 해지장치의 사용/756
제138조 경사각의 제한/756
제139조 크레인의 수리 등의 작업/756
제140조 폭풍에 의한 이탈 방지/756
제141조 조립 등의 작업 시 조치사항/ 756
제142조 타워크레인의 지지/757
제143조 폭풍 등으로 인한 이상 유무 점검/757
제144조 건설물 등과의 사이 통로/757
제145조 건설물 등의 벽체와 통로의 간격 등/758
제146조 크레인 작업 시의 조치/758
제3관 이동식 크레인
제147조 설계기준 준수/758
제148조 안전밸브의 조정/758
제149조 해지장치의 사용/759
제150조 경사각의 제한/759
제4관 리프트
제151조 권과 방지 등/759
제152조 무인작동의 제한/759
제153조 피트 청소 시의 조치/759
제154조 붕괴 등의 방지/759
제155조 운반구의 정지위치/759
제156조 조립 등의 작업/759
제157조 이삿짐운반용 리프트 운전방법의 주지/760
제158조 이삿짐 운반용 리프트 전도의 방지/760
제159조 화물의 낙하 방지/760

시 행 규 칙	시 행 규 칙	시 행 규 칙
제5관 곤돌라	제175조 주용도 외의 사용제한/763	제193조 낙하물에 의한 위험 방지/766
제160조 운전방법 등의 주지/760	제176조 수리 등의 작업 시 조치/763	제194조 트롤리 컨베이어/766
제6관 승강기	제177조 싣거나 내리는 작업/763	제195조 통행의 제한 등/766
제161조 폭풍에 의한 무너짐 방지/760	제178조 허용하중 초과 등의 제한/763	제12절 건설기계 등
제162조 조립 등의 작업/760	제2관 지게차	제1관 차량계 건설기계 등
제7관 양중기의 와이어로프 등	제179조 전조등 등의 설치/763	제196조 차량계 건설기계의 정의/766
제163조 와이어로프 등 달기구의 안전계수/761	제180조 헤드가드/763	제197조 전조등의 설치/767
제164조 고리걸이 훅 등의 안전계수/761	제181조 백레스트/764	제198조 헤드가드/767
제165조 와이어로프의 절단방법 등/761	제182조 팔레트 등/764	제199조 전도 등의 방지/767
제166조 이음매가 있는 와이어로프 등의 사용 금지/761	제183조 좌석 안전띠의 착용 등/764	제200조 접촉 방지/767
제167조 늘어난 달기체인 등의 사용 금지/761	제3관 구내운반차	제201조 차량계 건설기계의 이송/767
제168조 변형되어 있는 훅·샤클 등의 사용금지 등/761	제184조 제동장치 등/764	제202조 승차석 외의 탑승금지/767
제169조 꼬임이 끊어진 섬유로프 등의 사용금지/761	제185조 연결장치/764	제203조 안전도 등의 준수/767
제170조 링 등의 구비/761	제4관 고소작업대	제204조 주용도 외의 사용제한/767
제10절 차량계 하역운반기계등	제186조 고소작업대 설치 등의 조치/764	제205조 붐 등의 강하에 의한 위험 방지/767
제1관 총칙	제5관 화물자동차	제206조 수리 등의 작업 시 조치/768
제171조 전도 등의 방지/762	제187조 승강설비/765	제2관 항타기 및 항발기
제172조 접촉의 방지/762	제188조 꼬임이 끊어진 섬유로프 등의 사용금지/765	제207조 조립 시 점검/768
제173조 화물적재 시의 조치/762	제189조 섬유로프 등의 점검 등/765	제208조 강도 등/768
제174조 차량계 하역운반기계등의 이송/762	제190조 화물 중간에서 빼내기 금지/766	제209조 무너짐의 방지/768
	제11절 컨베이어	제210조 이음매가 있는 권상용 와이어로프의 사용 금지/768
	제191조 이탈 등의 방지/766	제211조 권상용 와이어로프의 안전계수/768
	제192조 비상정지장치/766	제212조 권상용 와이어로프의 길이 등/768

제213조 널말뚝 등과의 연결/769
제214조 브레이크의 부착 등/769
제215조 권상기의 설치/769
제216조 도르래의 부착 등/769
제217조 사용 시의 조치 등/769
제218조 말뚝 등을 끌어올릴 경우의 조치/769
제219조 버팀줄을 늦추는 경우의 조치/ 769
제220조 항타기 등의 이동/770
제221조 가스배관 등의 손상 방지/770
제13절 산업용 로봇
제222조 교시 등/770
제223조 운전 중 위험 방지/770
제224조 수리 등 작업 시의 조치 등/771
제2장 폭발·화재 및 위험물누출에 의한 위험방지
제1절 위험물 등의 취급 등
제225조 위험물질 등의 제조 등 작업 시의 조치/771
제226조 물과의 접촉 금지/771
제227조 호스 등을 사용한 인화성 액체 등의 주입/771
제228조 가솔린이 남아 있는 설비에 등유 등의 주입/772
제229조 산화에틸렌 등의 취급/772
제230조 폭발위험이 있는 장소의 설정 및 관리/772
제231조 인화성 액체 등을 수시로 취급하는 장소/772
제232조 폭발 또는 화재 등의 예방/773
제233조 가스용접 등의 작업/773
제234조 가스등의 용기/773
제235조 서로 다른 물질의 접촉에 의한 발화 등의 방지/774
제236조 화재 위험이 있는 작업의 장소 등/774
제237조 자연발화의 방지/774
제238조 유류 등이 묻어 있는 걸레 등의 처리/774
제2절 화기 등의 관리
제239조 위험물 등이 있는 장소에서 화기 등의 사용 금지/774
제240조 유류 등이 있는 배관이나 용기의 용접 등/774
제241조 화재위험작업 시의 준수사항/775
제241조의2 화재감시자/775
제242조 화기사용 금지/775
제243조 소화설비/775
제244조 방화조치/776
제245조 화기사용 장소의 화재 방지/776
제246조 소각장/776
제3절 용융고열물 등에 의한 위험예방
제247조 고열물 취급설비의 구조/776
제248조 용융고열물 취급 피트의 수증기 폭발방지/776
제249조 건축물의 구조/776
제250조 용융고열물의 취급작업/776
제251조 고열의 금속찌꺼기 물처리 등/776
제252조 고열 금속찌꺼기 처리작업/777
제253조 금속의 용해로에 금속부스러기를 넣는 작업/777
제254조 화상 등의 방지/777
제4절 화학설비·압력용기 등
제255조 화학설비를 설치하는 건축물의 구조/777
제256조 부식 방지/777
제257조 덮개 등의 접합부/777
제258조 밸브 등의 개폐방향의 표시 등/777
제259조 밸브 등의 재질/777
제260조 공급 원재료의 종류 등의 표시/777
제261조 안전밸브 등의 설치/778
제262조 파열판의 설치/779
제263조 파열판 및 안전밸브의 직렬설치/779
제264조 안전밸브등의 작동요건/779
제265조 안전밸브등의 배출용량/779
제266조 차단밸브의 설치 금지/779

시 행 규 칙

제267조 배출물질의 처리/779
제268조 통기설비/780
제269조 화염방지기의 설치 등/780
제270조 내화기준/780
제271조 안전거리/780
제272조 방유제 설치/781
제273조 계측장치 등의 설치/781
제274조 자동경보장치의 설치 등/781
제275조 긴급차단장치의 설치 등/781
제276조 예비동력원 등/781
제277조 사용 전의 점검 등/781
제278조 개조·수리 등/782
제279조 대피 등/782
제5절 건조설비
제280조 위험물 건조설비를 설치하는 건축물의 구조/782
제281조 건조설비의 구조 등/782
제282조 건조설비의 부속전기설비/783
제283조 건조설비의 사용/783
제284조 건조설비의 온도 측정/783
제6절 아세틸렌 용접장치 및 가스집합 용접장치
제1관 아세틸렌 용접장치
제285조 압력의 제한/784
제286조 발생기실의 설치장소 등/784
제287조 발생기실의 구조 등/784
제288조 격납실/784
제289조 안전기의 설치/784
제290조 아세틸렌 용접장치의 관리 등/784
제2관 가스집합 용접장치
제291조 가스집합장치의 위험 방지/785
제292조 가스장치실의 구조 등/785
제293조 가스집합용접장치의 배관/785
제294조 구리의 사용제한/785
제295조 가스집합용접장치의 관리 등/785
제7절 폭발·화재 및 위험물 누출에 의한 위험방지
제296조 지하작업장 등/786
제297조 부식성 액체의 압송설비/786
제298조 공기 외의 가스 사용제한/786
제299조 독성이 있는 물질의 누출 방지/787
제300조 기밀시험시의 위험 방지/787
제3장 전기로 인한 위험 방지
제1절 전기 기계·기구 등으로 인한 위험 방지
제301조 전기 기계·기구 등의 충전부 방호/787
제302조 전기 기계·기구의 접지/788
제303조 전기 기계·기구의 적정설치 등/789
제304조 누전차단기에 의한 감전방지/789
제305조 과전류 차단장치/790
제306조 교류아크용접기 등/790
제307조 단로기 등의 개폐/791
제308조 비상전원/791
제309조 임시로 사용하는 전등 등의 위험 방지/791
제310조 전기 기계·기구의 조작 시 등의 안전조치/791
제311조 폭발위험장소에서 사용하는 전기 기계·기구의 선정 등/791
제312조 변전실 등의 위치/792
제2절 배선 및 이동전선으로 인한 위험 방지
제313조 배선 등의 절연피복 등/792
제314조 습윤한 장소의 이동전선 등/792
제315조 통로바닥에서의 전선 등 사용 금지/792
제316조 꽂음접속기의 설치·사용 시 준수사항/792
제317조 이동 및 휴대장비 등의 사용 전기작업/793
제3절 전기작업에 대한 위험 방지
제318조 전기작업자의 제한/793
제319조 정전전로에서의 전기작업/793
제320조 정전전로 인근에서의 전기작업/794

제321조 충전전로에서의 전기작업/794
제322조 충전전로 인근에서의 차량·기계장치 작업/795
제323조 절연용 보호구 등의 사용/796
제324조 적용제외/796
제4절 정전기 및 전자파로 인한 재해 예방
제325조 정전기로 인한 화재 폭발 등 방지/796
제326조 피뢰설비의 설치/797
제327조 전자파에 의한 기계·설비의 오작동 방지/797
제4장 건설작업 등에 의한 위험 예방
제1절 거푸집 동바리 및 거푸집
제1관 재료 등
제328조 재료/797
제329조 강재의 사용기준/797
제330조 거푸집동바리등의 구조/797
제2관 조립 등
제331조 조립도/797
제332조 거푸집동바리등의 안전조치/797
제333조 계단 형상으로 조립하는 거푸집 동바리/799
제334조 콘크리트의 타설작업/799
제335조 콘크리트 펌프 등 사용 시 준수사항/799
제336조 조립 등 작업 시의 준수사항/ 800
제337조 작업발판 일체형 거푸집의 안전조치/800
제2절 굴착작업 등의 위험 방지/801
제1관 노천굴착작업 제1속 굴착면의 기울기 등
제338조 지반 등의 굴착 시 위험 방지/801
제339조 토석붕괴 위험 방지/801
제340조 지반의 붕괴 등에 의한 위험방지/801
제341조 매설물 등 파손에 의한 위험방지/801
제342조 굴착기계 등의 사용금지/802
제343조 운행경로 등의 주지/802
제344조 운반기계등의 유도/802
제345조 흙막이지보공의 재료/802
제346조 조립도/802
제347조 붕괴 등의 위험 방지/802
제2관 발파작업의 위험방지
제348조 발파의 작업기준/802
제349조 작업중지 및 피난/803
제3관 터널작업 제1속 조사 등
제350조 인화성 가스의 농도측정 등/803
제351조 낙반 등에 의한 위험의 방지/803
제352조 출입구 부근 등의 지반 붕괴에 의한 위험의 방지/804
제353조 시계의 유지/804
제354조 굴착기계의 사용 금지 등/804
제355조 가스제거 등의 조치/804
제356조 용접 등 작업 시의 조치/804
제357조 점화물질 휴대 금지/804
제358조 방화담당자의 지정 등/804
제359조 소화설비 등/804
제360조 작업의 중지 등/804
제361조 터널 지보공의 재료/805
제362조 터널 지보공의 구조/805
제363조 조립도/805
제364조 조립 또는 변경시의 조치/805
제365조 부재의 해체/805
제366조 붕괴 등의 방지/806
제367조 터널 거푸집 동바리의 재료/806
제368조 터널 거푸집 동바리의 구조/806
제4관 교량작업
제369조 작업 시 준수사항/806
제5관 채석작업
제370조 지반붕괴 위험방지/806
제371조 인접채석장과의 연락/806
제372조 붕괴 등에 의한 위험 방지/806
제373조 낙반 등에 의한 위험 방지/807
제374조 운행경로 등의 주지/807
제375조 굴착기계등의 유도/807
제6관 잠함 내 작업 등
제376조 급격한 침하로 인한 위험 방지/807
제377조 잠함 등 내부에서의 작업/807
제378조 작업의 금지/807

시 행 규 칙

제7관 가설도로
제379조 가설도로/808
제3절 철골작업 시의 위험방지
제380조 철골조립 시의 위험 방지/808
제381조 승강로의 설치/808
제382조 가설통로의 설치/808
제383조 작업의 제한/808
제4절 해체작업시의 위험방지
제384조 작업중지/808
제5장 중량물 취급 시의 위험방지
제385조 중량물 취급/808
제386조 경사면에서의 중량물 취급/808
제6장 하역작업 등에 의한 위험방지
제1절 화물취급 작업 등
제387조 꼬임이 끊어진 섬유로프 등의 사용 금지/809
제388조 사용 전 점검 등/809
제389조 화물 중간에서 화물 빼내기 금지/809
제390조 하역작업장의 조치기준/809
제391조 하적단의 간격/809
제392조 하적단의 붕괴 등에 의한 위험방지 /809
제393조 화물의 적재/809
제2절 항만하역작업
제394조 통행설비의 설치 등/809
제395조 급성 중독물질 등에 의한 위험 방지 /810
제396조 무포장 화물의 취급방법/810
제397조 선박승강설비의 설치/810
제398조 통선 등에 의한 근로자 수송 시의 위험 방지/810
제399조 수상의 목재·뗏목 등의 작업 시 위험 방지/810
제400조 베일포장화물의 취급/810
제401조 동시 작업의 금지/810
제402조 양하작업 시의 안전조치/811
제403조 훅부착슬링의 사용/811
제404조 로프 탈락 등에 의한 위험방지/811
제7장 벌목작업에 의한 위험 방지
제405조 벌목작업 시 등의 위험 방지/811
제406조 벌목의 신호 등/811
제8장 궤도 관련 작업 등에 의한 위험 방지
제1절 운행열차 등으로 인한 위험방지
제407조 열차운행감시인의 배치 등/811
제408조 열차통행 중의 작업제한/812
제409조 열차의 점검·수리 등/812
제2절 궤도 보수·점검작업의 위험 방지
제410조 안전난간 및 울타리의 설치 등/812
제411조 자재의 붕괴·낙하 방지/812
제412조 접촉의 방지/812
제413조 제동장치의 구비 등/813
제3절 입환작업 시의 위험방지
제414조 유도자의 지정 등/813
제415조 추락·충돌·협착 등의 방지/813
제416조 작업장 등의 시설 정비/813
제4절 터널·지하구간 및 교량 작업 시의 위험 방지
제417조 대피공간/814
제418조 교량에서의 추락 방지/814
제419조 받침목 교환작업 등/814

제3편 보건기준
제1장 관리대상 유해물질에 의한 건강장해의 예방
제1절 통칙
제420조 정의/814
제421조 적용제외/815
제2절 설비기준 등
제422조 관리대상 유해물질과 관계되는 설비/815
제423조 임시작업인 경우의 설비 특례/815
제424조 단시간작업인 경우의 설비 특례/816

제425조 국소배기장치의 설비 특례/816
제426조 다른 실내 작업장과 격리되어 있는 작업장에 대한 설비 특례/816
제427조 대체설비의 설치에 따른 특례/816
제428조 유기화합물의 설비 특례/816
제3절 국소배기장치의 성능 등
제429조 국소배기장치의 성능/816
제430조 전체환기장치의 성능 등/817
제431조 작업장의 바닥/817
제432조 부식의 방지조치/817
제433조 누출의 방지조치/817
제434조 경보설비 등/817
제435조 긴급 차단장치의 설치 등/817
제4절 작업방법 등
제436조 작업수칙/818
제437조 탱크 내 작업/818
제438조 사고 시의 대피 등/819
제439조 특별관리물질의 취급일지 작성/819
제440조 특별관리물질의 고지/819
제5절 관리 등
제441조 사용 전 점검 등/819
제442조 명칭 등의 게시/819
제443조 관리대상 유해물질의 저장/820
제444조 빈 용기 등의 관리/820
제445조 청소/820
제446조 출입의 금지 등/820
제447조 흡연 등의 금지/820
제448조 세척시설 등/820
제449조 유해성 등의 주지/821
제6절 보호구 등
제450조 호흡용 보호구의 지급 등/821
제451조 보호복 등의 비치 등/821
제2장 허가대상 유해물질 및 석면에 의한 건강장해의 예방
제1절 통칙
제452조 정의/822
제2절 설비기준 및 성능 등
제453조 설비기준 등/822
제454조 국소배기장치의 설치·성능/823
제455조 배출액의 처리/823
제3절 작업관리 기준 등
제456조 사용 전 점검 등/823
제457조 출입의 금지/823
제458조 흡연 등의 금지/824
제459조 명칭 등의 게시/824
제460조 유해성 등의 주지/824
제461조 용기 등/824
제462조 작업수칙/824
제463조 잠금장치 등/825
제464조 목욕설비 등/825
제465조 긴급 세척시설 등/825
제466조 누출 시 조치/825
제467조 시료의 채취/825
제468조 기록의 보존/825
제4절 방독마스크 등
제469조 방독마스크의 지급 등/825
제470조 보호복 등의 비치/826
제5절 베릴륨제조·사용 작업의 특별 조치
제471조 설비기준/826
제472조 아크로에 대한 조치/826
제473조 가열응착제품 등의 추출/827
제474조 가열응착제품 등의 파쇄/827
제475조 시료의 채취/827
제476조 작업수칙/827
제6절 석면의 제조·사용 작업, 해체·제거 작업 및 유지·관리 등의 조치기준
제477조 격리/827
제478조 바닥/827
제479조 밀폐 등/827
제480조 국소배기장치의 설치 등/827
제481조 석면분진의 흩날림 방지 등/828
제482조 작업수칙/828
제483조 작업복 관리/828
제484조 보관용기/828
제485조 석면오염 장비 등의 처리/828

시 행 규 칙

제486조 직업성 질병의 주지/829
제487조 유지·관리/829
제488조 일반석면조사/829
제489조 석면해체·제거작업 계획 수립/829
제490조 경고표지의 설치/829
제491조 개인보호구의 지급·착용/829
제492조 출입의 금지/830
제493조 흡연 등의 금지/830
제494조 위생설비의 설치 등/830
제495조 석면해체·제거작업 시의 조치/830
제496조 석면함유 잔재물 등의 처리/831
제497조 잔재물의 흩날림 방지/831
제497조의2 석면해체·제거작업 기준의 적용 특례/831
제497조의3 석면함유 폐기물 처리작업 시 조치/831
제3장 금지유해물질에 의한 건강장해의 예방
제1절 통칙
제498조 정의/832
제2절 시설·설비기준 및 성능 등
제499조 설비기준 등/832
제500조 국소배기장치의 성능 등/832
제501조 바닥/833
제3절 관리 등
제502조 유해성 등의 주지/833
제503조 용기/833
제504조 보관/833
제505조 출입의 금지 등/833
제506조 흡연 등의 금지/834
제507조 누출 시 조치/834
제508조 세안설비 등/834
제509조 기록의 보존/834
제4절 보호구 등
제510조 보호복 등/834
제511조 호흡용 보호구/834
제4장 소음 및 진동에 의한 건강장해의 예방
제1절 통칙
제512조 정의/834
제2절 강렬한 소음작업 등의 관리기준
제513조 소음 감소 조치/835
제514조 소음수준의 주지 등/835
제515조 난청발생에 따른 조치/835
제3절 보호구 등
제516조 청력보호구의 지급 등/836
제517조 청력보존 프로그램 시행 등/836
제4절 진동작업 관리
제518조 진동보호구의 지급 등/836
제519조 유해성 등의 주지/836
제520조 진동 기계·기구 사용설명서의 비치 등/836
제521조 진동기계·기구의 관리/836
제5장 이상기압에 의한 건강장해의 예방
제1절 통칙
제522조 정의/836
제2절 설비 등
제523조 작업실 공기의 부피/837
제524조 기압조절실 공기의 부피와 환기 등/837
제525조 공기청정장치/837
제526조 배기관/837
제527조 압력계/837
제528조 자동경보장치 등/837
제529조 피난용구/838
제530조 공기조/838
제531조 압력조절기/838
제3절 작업방법 등
제532조 가압의 속도/838
제533조 감압의 속도/838
제534조 감압의 특례 등/838
제535조 감압 시의 조치/839
제536조 감압상황의 기록 등/839
제536조의2 잠수기록의 작성·보존/839

제537조 부상의 속도 등/839
제538조 부상의 특례 등/839
제539조 연락/840
제540조 배기·침하 시의 조치/840
제541조 발파하는 경우의 조치/840
제542조 화상 등의 방지/840
제543조 잠함작업실 굴착의 제한/841
제544조 송기량/841
제545조 스쿠버 잠수작업 시 조치/841
제546조 고농도 산소의 사용제한/841
제547조 표면공급식 잠수작업 시 조치/841
제548조 잠수신호기의 게양/842
제4절 관리 등
제549조 관리감독자의 휴대기구/842
제550조 출입의 금지/842
제551조 고압작업설비의 점검 등/843
제552조 잠수작업 설비의 점검 등/843
제553조 사용 전 점검 등/843
제554조 사고가 발생한 경우의 조치/843
제555조 점검 결과의 기록/844
제556조 고기압에서의 작업시간/844
제557조 잠수시간/844
제6장 온도·습도에 의한 건강장해의 예방
제1절 통칙
제558조 정의/844
제559조 고열작업 등/844
제2절 설비기준과 성능 등
제560조 온도·습도 조절/845
제561조 환기장치의 설치 등/845
제3절 작업관리 등
제562조 고열장해 예방 조치/845
제563조 한랭장해 예방 조치/845
제564조 다습장해 예방 조치/845
제565조 가습/846
제566조 휴식 등/846
제567조 휴게시설의 설치/846
제568조 갱내의 온도/846
제569조 출입의 금지/846
제570조 세척시설 등/846
제571조 소금과 음료수 등의 비치/846
제4절 보호구 등
제572조 보호구의 지급 등/846
제7장 방사선에 의한 건강장해의 예방
제1절 통칙
제573조 정의/847
제2절 방사성물질 관리시설 등
제574조 방사성물질의 밀폐 등/847
제575조 방사선관리구역의 지정 등/848
제576조 방사선 장치실/848
제577조 방사성물질 취급 작업실/848
제578조 방사성물질 취급 작업실의 구조/848
제3절 시설 및 작업관리
제579조 게시 등/848
제580조 차폐물 설치 등/849
제581조 국소배기장치 등/849
제582조 방지설비/849
제583조 방사성물질 취급용구/849
제584조 용기 등/849
제585조 오염된 장소에서의 조치/849
제586조 방사성물질의 폐기물 처리/849
제4절 보호구 등
제587조 보호구의 지급 등/849
제588조 오염된 보호구 등의 폐기/849
제589조 세척시설 등/849
제590조 흡연 등의 금지/850
제591조 유해성 등의 주지/850
제8장 병원체에 의한 건강장해의 예방
제1절 통칙
제592조 정의/850
제593조 적용 범위/850
제2절 일반적 관리기준
제594조 감염병 예방 조치 등/850
제595조 유해성 등의 주지/851
제596조 환자의 가검물 등에 의한 오염 방지 조치/851

시 행 규 칙

제3절 혈액매개 감염 노출 위험작업 시 조치기준
제597조 혈액노출 예방 조치/851
제598조 혈액노출 조사 등/852
제599조 세척시설 등/852
제600조 개인보호구의 지급 등/852
제4절 공기매개 감염 노출 위험작업 시 조치기준
제601조 예방 조치/852
제602조 노출 후 관리/852
제5절 곤충 및 동물매개 감염 노출 위험작업 시 조치기준
제603조 예방 조치/853
제604조 노출 후 관리/853
제9장 분진에 의한 건강장해의 예방
제1절 통칙
제605조 정의/853
제606조 적용제외/853
제2절 설비 등의 기준
제607조 국소배기장치의 설치/854
제608조 전체환기장치의 설치/854
제609조 국소배기장치의 성능/854
제611조 설비에 의한 습기 유지/854
제3절 관리 등
제612조 사용 전 점검 등/854
제613조 청소의 실시/855
제614조 분진의 유해성 등의 주지/855
제615조 세척시설 등/855
제616조 호흡기보호 프로그램 시행 등/855
제4절 보호구
제617조 호흡용 보호구의 지급 등/855
제10장 밀폐공간 작업으로 인한 건강장해의 예방
제1절 통칙
제618조 정의/856
제2절 밀폐공간 내 작업 시의 조치 등
제619조 밀폐공간 작업 프로그램의 수립·시행/856
제619조의2 산소 및 유해가스 농도의 측정/856
제620조 환기 등/857
제621조 인원의 점검/857
제622조 출입의 금지/857
제623조 감시인의 배치 등/857
제624조 안전대 등/857
제625조 대피용 기구의 비치/858
제626조 삭제
제3절 유해가스 발생장소 등에 대한 조치기준
제627조 유해가스의 처리 등/858
제628조 소화설비 등에 대한 조치/858
제629조 용접 등에 관한 조치/858
제630조 불활성기체의 누출/858
제631조 불활성기체의 유입 방지/858
제632조 냉장실 등의 작업/859
제633조 출입구의 임의잠김 방지/859
제634조 가스배관공사 등에 관한 조치/859
제635조 압기공법에 관한 조치/859
제636조 지하실 등의 작업/859
제637조 설비 개조 등의 작업/859
제4절 관리 및 사고 시의 조치 등
제638조 사후조치/860
제639조 사고 시의 대피 등/860
제640조 긴급 구조훈련/860
제641조 안전한 작업방법 등의 주지/860
제642조 의사의 진찰/860
제643조 구출 시 공기호흡기 또는 송기마스크의 사용/860
제644조 보호구의 지급 등/861
제645조 삭제
제11장 사무실에서의 건강장해 예방
제1절 통칙
제646조 정의/861
제2절 설비의 성능 등
제647조 공기정화설비등의 가동/861
제648조 공기정화설비등의 유지관리/861

제3절 사무실공기 관리와 작업기준 등
제649조 사무실공기 평가/861
제650조 실외 오염물질의 유입 방지/861
제651조 미생물오염 관리/861
제652조 건물 개·보수 시 공기오염 관리/862
제653조 사무실의 청결 관리/862
제4절 공기정화설비등의 개·보수 시 조치
제654조 보호구의 지급 등/862
제655조 유해성 등의 주지/862
제12장 근골격계부담작업으로 인한 건강장해의 예방
제1절 통칙
제656조 정의/862
제2절 유해요인 조사 및 개선 등
제657조 유해요인 조사/863
제658조 유해요인 조사 방법 등/863
제659조 작업환경 개선/863
제660조 통지 및 사후조치/863
제661조 유해성 등의 주지/863
제662조 근골격계질환 예방관리 프로그램 시행/864
제3절 중량물을 들어올리는 작업에 관한 특별 조치
제663조 중량물의 제한/864
제664조 작업조건/864
제665조 중량의 표시 등/864
제666조 작업자세 등/864
제13장 그 밖의 유해인자에 의한 건강장해의 예방
제667조 컴퓨터 단말기 조작업무에 대한 조치/865
제668조 비전리전자기파에 의한 건강장해 예방 조치/865
제669조 직무스트레스에 의한 건강장해 예방 조치/865
제670조 농약원재료 방제작업 시의 조치/865
제671조 삭제
제4편 특수형태근로종사자 등에 대한 안전조치 및 보건조치
제672조 특수형태근로종사자에 대한 안전조치 및 보건조치/866
제673조 배달종사자에 대한 안전조치 등/867
부칙〈고용노동부령 제273호, 2019.12.26.〉
제1조 시행일/871
제2조 석면해체·제거작업 시의 조치에 관한 적용례/871
* * *
별표 1. 위험물질의 종류/872
별표 2. 관리감독자의 유해·위험 방지/874
별표 3. 작업시작 전 점검사항/880
별표 4. 사전조사 및 작업계획서 내용/883
별표 5. 강관비계의 조립간격/886
별표 6. 차량계 건설기계/886
별표 7. 화학설비 및 그 부속설비의 종류/887
별표 8. 안전거리/888
별표 9. 위험물질의 기준량/888
별표 10. 강재의 사용기준/892
별표 11. 굴착면의 기울기 기준/893
별표 12. 관리대상 유해물질의 종류/893
별표 13. 관리대상 유해물질 관련 국소배기장치 후드의 제어풍속/899
별표 14. 혈액노출 근로자에 대한 조치사항/900
별표 15. 혈액노출후 추적관리/902
별표 16. 분진작업의 종류/902
별표 17. 분진작업장소에 설치하는 국소배기장치의 제어풍속/904
별표 18. 밀폐공간/905
* * *
별지 1. 삭제
별지 2. 삭제
별지 3. 석면함유 잔재물 등의 처리 시 표지/906
별지 4. 밀폐공간 출입금지 표지/906

시 행 규 칙

유해·위험작업의 취업제한에 관한 규칙

제1조 목적/907
제2조 정의/907
제3조 자격 · 면허 등이 필요한 작업의 범위 등/907
제4조 자격취득 등을 위한 교육기관/909
제5조 지정신청 등/907
제6조 지정서의 반납/908
제6조의2 삭제
제7조 교육내용 및 기간 등/908
제8조 교육방법 등/908
제9조 교육계획의 수립/908
제10조 등록/909
제11조 수료증 등의 발급/909
제12조 수료증 등의 재발급/909
제13조 삭제
부칙〈제305호, 2020.12.31.〉/912

* * *

별표1. 자격·면허·경험 또는 기능이 필요한 작업 및 해당 자격·면허·경험 또는 기능/913
별표1의2. 지정교육기관의 종류 및 인력기준/918
별표2. 천장크레인·컨테이너크레인 조종자격 교육기관의 시설·장비기준/922
별표3. 승강기 점검 및 보수 자격 교육기관의 시설·장비기준/923
별표4. 흙막이 지보공, 거푸집, 비계의 조립 및 해체작업 기능습득 교육기관의 시설·장비기준/923
별표5. 잠수작업 기능습득 교육기관의 시설·장비기준/924
별표5의2. 양화장치 운전자격 교육기관의 시설·장비기준/925
별표5의3. 타워크레인 설치·해체자격 교육기관의 시설·장비기준/926
별표5의4. 이동식 크레인·고소작업대 조종자격 교육기관의 시설·장비기준/927
별표6. 자격취득·기능습득 분야 교육 내용 및 기간(시간)/928

* * *

별지1. 교육기관 지정신청서/931
별지2. 교육기관 지정서/932
별지3. 인력·시설 변경신고서/933
별지4. 교육수강 신청서/934
별지5. 자격교육 수료증/935
별지6. 기능습득 교육이수증/936
별지7. 수료증등 재발급신청서/937

중대재해 처벌 등에 관한 법률

제1장 총칙
제1조(목적)/939
제2조(정의)/939
제2장 중대산업재해
제3조(적용범위)/940
제4조(사업주와 경영책임자등의 안전 및 보건 확보의무)/940
제5조(도급, 용역, 위탁 등 관계에서의 안전 및 보건 확보의무)/940
제6조(중대산업재해 사업주와 경영책임자등의 처벌)/941
제7조(중대산업재해의 양벌규정)/941

제8조(안전보건교육의 수강)/941
제3장 중대시민재해
제9조(사업주와 경영책임자등의 안전 및 보건 확보의무)/941
제10조(중대시민재해 사업주와 경영책임자등의 처벌)/942
제11조(중대시민재해의 양벌규정)/942
제4장 보칙
제12조(형 확정 사실의 통보)/942
제13조(중대산업재해 발생사실 공표)/942
제14조(심리절차에 관한 특례)/942
제15조(손해배상의 책임)/943
제16조(정부의 사업주 등에 대한 지원 및 보고)/943
부칙〈법률 제17907호,2021.1.26.〉/943

※ 산업재해보상보험업무처리실무 및 권리구제제도

1. 산업재해/947
2. 업무상재해/954
3. 업무상재해의 유형/955
4. 재해발생시 업무처리 흐름도/956
5. 보험급여/962

◉ 관계기관주소록

1. 고용노동부지청 및 지방고용노동관서/967
2. 한국산업안전보건공단·본부·지역본부 및 지사/969
3. 대한산업안전협회·지회/970
4. 대한산업보건협회·지부/972
5. 특수건강진단기관/973
6. 전국재해예방기관/983
7. 한국전기공사협회, 재해예방기술원/984

제1편

산업안전 · 보건법령

산업안전보건법

제정 1981. 12. 31 법률 3532호
전문 개정 1990. 1. 13 법률 4220호
개정 1997. 12. 13 법률 5453호
개정 1997. 12. 13 법률 5454호
개정 1999. 2. 8 법률 5886호
개정 2000. 1. 7 법률 6104호
개정 2000. 12. 29 법률 6315호
개정 2001. 12. 31 법률 6590호
개정 2002. 12. 30 법률 6847호
개정 2005. 3. 31 법률 7428호
개정 2005. 3. 31 법률 7467호
개정 2006. 3. 24 법률 7920호
개정 2007. 4. 11 법률 8372호
개정 2007. 4. 11 법률 8373호
개정 2007. 5. 17 법률 8475호
개정 2007. 5. 25 법률 8486호
개정 2007. 7. 27 법률 8562호
개정 2007. 12. 14 법률 8694호
개정 2008. 12. 31 법률 9319호
개정 2009. 2. 6 법률 9434호
개정 2009. 10. 9 법률 9796호
개정 2009. 12. 29 법률 9847호
개정 2010. 5. 20 법률10305호
개정 2010. 6. 4 법률10339호
개정 2011. 7. 25 법률10968호
개정 2013. 6. 4 법률11862호
개정 2013. 6. 12 법률11882호
개정 2016. 1. 27 법률13906호
개정 2017. 4. 18 법률14788호
개정 2018. 4. 17 법률15588호
전부개정 2019. 1. 15 법률16272호
개정 2020. 3. 31 법률17187호
개정 2020. 5. 26 법률17326호
개정 2020. 6. 9 법률17433호

제1장 총 칙

제1조 【목적】 이 법은 산업 안전 및 보건에 관

산업안전보건법 시행령

제정 1982. 8. 9 대통령령10889호
전문 개정 1990. 7. 14 대통령령13053호
개정 2005. 12. 28 대통령령19203호
개정 2006. 6. 12 대통령령19513호
개정 2006. 9. 22 대통령령19691호
개정 2006. 12. 29 대통령령19804호
개정 2007. 12. 28 대통령령20483호
개정 2008. 2. 29 대통령령20681호
개정 2008. 8. 21 대통령령20973호
개정 2009. 1. 14 대통령령21263호
개정 2009. 7. 30 대통령령21653호
개정 2010. 2. 24 대통령령22061호
개정 2010. 7. 12 대통령령22269호
개정 2010. 11. 18 대통령령22496호
개정 2011. 4. 4 대통령령22824호
개정 2011. 10. 25 대통령령23248호
개정 2012. 1. 26 대통령령23545호
개정 2012. 6. 7 대통령령23845호
개정 2013. 8. 6 대통령령24684호
개정 2013. 12. 30 대통령령25050호
개정 2014. 3. 12 대통령령25251호
개정 2015. 2. 10 대통령령26093호
개정 2016. 2. 17 대통령령26985호
개정 2016. 10. 27 대통령령27559호
개정 2016. 12. 30 대통령령27751호
개정 2017. 1. 6 대통령령27767호
개정 2017. 10. 17. 대통령령28368호
개정 2018. 10. 16. 대통령령29233호
개정 2018. 12. 11. 대통령령29360호
전부개정 2019. 12. 24. 대통령령30256호
개정 2020. 3. 3. 대통령령30509호
개정 2020. 9. 8. 대통령령31004호
개정 2021. 1. 5. 대통령령31380호
개정 2021. 1. 12. 대통령령31387호

제1장 총 칙

제1조 【목적】 이 영은 「산업안전보건법」 에

산업안전보건법 시행규칙

제정 1982. 10. 29 노동부령 17호
전문 개정 1990. 8. 11 노동부령 63호
개정 2007. 12. 31 노동부령 289호
개정 2008. 3. 3 노동부령 298호
개정 2008. 6. 27 노동부령 303호
개정 2008. 9. 18 노동부령 308호
개정 2009. 8. 7 노동부령 330호
개정 2010. 6. 24 노동부령 345호
개정 2010. 7. 12 고용노동부령 제1호
개정 2011. 3. 3 고용노동부령 제18호
개정 2011. 3. 16 고용노동부령 제22호
개정 2011. 7. 6 고용노동부령 제30호
개정 2012. 1. 26 고용노동부령 제47호
개정 2013. 3. 23 고용노동부령 제78호
개정 2013. 6. 3 고용노동부령 제82호
개정 2013. 8. 6 고용노동부령 제86호
개정 2013. 12. 30 고용노동부령 제94호
개정 2014. 3. 12 고용노동부령 제99호
개정 2015. 1. 16 고용노동부령 제122호
개정 2016. 2. 17 고용노동부령 제150호
개정 2016. 10. 28 고용노동부령 제169호
개정 2017. 1. 2 고용노동부령 제175호
개정 2017. 2. 3 고용노동부령 제179호
개정 2017. 10. 17 고용노동부령 제197호
개정 2018. 3. 30 고용노동부령 제214호
개정 2018. 10. 16 고용노동부령 제229호
개정 2018. 12. 31 고용노동부령 제239호
개정 2019. 1. 31 고용노동부령 제241호
개정 2019. 4. 19 고용노동부령 제250호
전부개정 2019. 12. 26 고용노동부령 제272호
개정 2021. 1. 19 고용노동부령 제308호

제1장 총칙

제1조 【목적】 이 규칙은 「산업안전보건법」

법 률	시 행 령	시 행 규 칙
한 기준을 확립하고 그 책임의 소재를 명확하게 하여 산업재해를 예방하고 쾌적한 작업환경을 조성함으로써 노무를 제공하는 사람의 안전 및 보건을 유지 · 증진함을 목적으로 한다. 〈개정 2020.5.26.〉	서 위임된 사항과 그 시행에 필요한 사항을 규정함을 목적으로 한다.	및 같은 법 시행령에서 위임된 사항과 그 시행에 필요한 사항을 규정함을 목적으로 한다.
제2조【정의】 이 법에서 사용하는 용어의 뜻은 다음과 같다.〈개정 2020.5.26.〉 1. "산업재해"란 노무를 제공하는 사람이 업무에 관계되는 건설물·설비·원재료·가스·증기·분진 등에 의하거나 작업 또는 그 밖의 업무로 인하여 사망 또는 부상하거나 질병에 걸리는 것을 말한다. 2. "중대재해"란 산업재해 중 사망 등 재해 정도가 심하거나 다수의 재해자가 발생한 경우로서 고용노동부령으로 정하는 재해를 말한다. 3. "근로자"란 「근로기준법」 제2조제1항제1호에 따른 근로자를 말한다. 4. "사업주"란 근로자를 사용하여 사업을 하는 자를 말한다. 5. "근로자대표"란 근로자의 과반수로 조직된 노동조합이 있는 경우에는 그 노동조합을, 근로자의 과반수로 조직된 노동조		**제2조【정의】** 이 규칙에서 사용하는 용어의 뜻은 이 규칙에 특별한 규정이 없으면 「산업안전보건법」(이하 "법"이라 한다), 같은 법 시행령 및 「산업안전보건기준에 관한 규칙」(이하 "안전보건규칙"이라 한다)에서 정하는 바에 따른다.

합이 없는 경우에는 근로자의 과반수를 대표하는 자을 말한다.

6. "도급"이란 명칭에 관계없이 물건의 제조·건설·수리 또는 서비스의 제공, 그 밖의 업무를 타인에게 맡기는 계약을 말한다.

7. "도급인"이란 물건의 제조·건설·수리 또는 서비스의 제공, 그 밖의 업무를 도급하는 사업주를 말한다. 다만, 건설공사발주자는 제외한다.

8. "수급인"이란 도급인으로부터 물건의 제조·건설·수리 또는 서비스의 제공, 그 밖의 업무를 도급받은 사업주를 말한다.

9. "관계수급인"이란 도급이 여러 단계에 걸쳐 체결된 경우에 각 단계별로 도급받은 사업주 전부를 말한다.

10. "건설공사발주자"란 건설공사를 도급하는 자로서 건설공사의 시공을 주도하여 총괄·관리하지 아니하는 자를 말한다. 다만, 도급받은 건설공사를 다시 도급하는 자는 제외한다.

11. "건설공사"란 다음 각 목의 어느 하나에 해당하는 공사를 말한다.

가. 「건설산업기본법」 제2조제4호에 따른 건설공사

법 률	시 행 령	시 행 규 칙
나. 「전기공사업법」 제2조제1호에 따른 전기공사 다. 「정보통신공사업법」 제2조제2호에 따른 정보통신공사 라. 「소방시설공사업법」에 따른 소방시설공사 마. 「문화재수리 등에 관한 법률」에 따른 문화재수리공사 12. "안전보건진단"이란 산업재해를 예방하기 위하여 잠재적 위험성을 발견하고 그 개선대책을 수립할 목적으로 조사·평가하는 것을 말한다. 13. "작업환경측정"이란 작업환경 실태를 파악하기 위하여 해당 근로자 또는 작업장에 대하여 사업주가 유해인자에 대한 측정계획을 수립한 후 시료(試料)를 채취하고 분석·평가하는 것을 말한다.		
제3조 【적용 범위】 이 법은 모든 사업에 적용한다. 다만, 유해·위험의 정도, 사업의 종류, 사업장의 상시근로자 수(건설공사의 경우에는 건설공사 금액을 말한다. 이하 같다) 등을 고려하여 대통령령으로 정하는 종류의 사업 또는 사업장에는 이 법의 전부 또는 일	**제2조 【적용범위 등】** ① 「산업안전보건법」(이하 "법"이라 한다)제3조 단서에 따라 법의 전부 또는 일부를 적용하지 않는 사업 또는 사업장의 범위 및 해당 사업 또는 사업장에 적용되지 않는 법 규정은 별표 1과 같다. ② 이 영에서 사업의 분류는 「통계법」에	**제3조 【중대재해의 범위】** 법제2조제2호에서 "고용노동부령으로 정하는 재해"란 다음 각 호의 어느 하나에 해당하는 재해를 말한다. 1. 사망자가 1명 이상 발생한 재해 2. 3개월 이상의 요양이 필요한 부상자가 동시에 2명 이상 발생한 재해

부를 적용하지 아니할 수 있다.

제4조【정부의 책무】 ① 정부는 이 법의 목적을 달성하기 위하여 다음 각 호의 사항을 성실히 이행할 책무를 진다.〈개정 2020.5.26.〉

1. 산업 안전 및 보건 정책의 수립 및 집행
2. 산업재해 예방 지원 및 지도
3. 「근로기준법」 제76조의2에 따른 직장 내 괴롭힘 예방을 위한 조치기준 마련, 지도 및 지원
4. 사업주의 자율적인 산업 안전 및 보건 경영체제 확립을 위한 지원
5. 산업 안전 및 보건에 관한 의식을 북돋우기 위한 홍보·교육 등 안전문화 확산 추진
6. 산업 안전 및 보건에 관한 기술의 연구·개발 및 시설의 설치·운영
7. 산업재해에 관한 조사 및 통계의 유지·관리
8. 산업 안전 및 보건 관련 단체 등에 대한 지원 및 지도·감독
9. 그 밖에 노무를 제공하는 사람의 안전 및 건강의 보호·증진

② 정부는 제1항 각 호의 사항을 효율적으로 따라 통계청장이 고시한 한국표준산업분류에 따른다.

제3조【산업재해 예방을 위한 시책 마련】 고용노동부장관은 법제4조제1항제2호에 따른 산업재해 예방 지원 및 지도를 위하여 산업재해 예방기법의 연구 및 보급, 안전·보건 기술의 지원 및 교육에 관한 시책을 마련해야 한다.

제4조【산업 안전 및 보건 경영체제 확립 지원】 고용노동부장관은 법제4조제1항제4호에 따른 사업주의 자율적인 산업 안전 및 보건 경영체제 확립을 위하여 다음 각 호와 관련된 시책을 마련해야 한다.

1. 사업의 자율적인 안전·보건 경영체제 운영 등의 기법에 관한 연구 및 보급
2. 사업의 안전관리 및 보건관리 수준의 향상

3. 부상자 또는 직업성 질병자가 동시에 10명 이상 발생한 재해

제4조【협조 요청】 ① 고용노동부장관이 법제8조제1항에 따라 관계 행정기관의 장 또는 「공공기관의 운영에 관한 법률」 제4조에 따른 공공기관의 장에게 협조를 요청할 수 있는 사항은 다음 각 호와 같다.

1. 안전·보건 의식 정착을 위한 안전문화 운동의 추진
2. 산업재해 예방을 위한 홍보 지원
3. 안전·보건과 관련된 중복규제의 정비
4. 안전·보건과 관련된 시설을 개선하는 사업장에 대한 자금융자 등 금융·세제상의 혜택 부여
5. 사업장에 대하여 관계 기관이 합동으로 하는 안전·보건점검의 실시
6. 「건설산업기본법」 제23조에 따른 건설업체의 시공능력 평가 시 별표 1 제1호에서 정한 건설업체의 산업재해발생률에 따른 공사 실적액의 감액(산업재해발생률의 산정 기준 및 방법은 별표 1에 따른다)
7. 「국가를 당사자로 하는 계약에 관한 법률 시행령」 제13조에 따른 입찰참가업

법 률	시 행 령	시 행 규 칙
로 수행하기 위하여 「한국산업안전보건공단법」에 따른 한국산업안전보건공단(이하 "공단"이라 한다), 그 밖의 관련 단체 및 연구기관에 행정적·재정적 지원을 할 수 있다.		체의 입찰참가자격 사전심사 시 다음 각 목의 사항 가. 별표1 제1호에서 정한 건설업체의 산업재해발생률 및 산업재해 발생 보고의무 위반에 따른 가감점 부여(건설업체의 산업재해발생률 및 산업재해 발생 보고의무 위반건수의 산정 기준과 방법은 별표1에 따른다) 나. 사업주가 안전·보건 교육을 이수하는 등 별표1 제1호에서 정한 건설업체의 산업재해 예방활동에 대하여 고용노동부장관이 정하여 고시하는 바에 따라 그 실적을 평가한 결과에 따른 가점 부여 8. 산업재해 또는 건강진단 관련 자료의 제공 9. 정부포상 수상업체 선정 시 산업재해발생률이 같은 종류 업종에 비하여 높은 업체(소속 임원을 포함한다)에 대한 포상 제한에 관한 사항 10. 「건설기계관리법」 제3조 또는 「자동차관리법」 제5조에 따라 각각 등록한 건설기계 또는 자동차 중 법 제93조에 따라 안전검사를 받아야 하는 유해하거나 위험한 기계·기구·설비가 장착된 건

제5조【사업주 등의 의무】 ① 사업주(제77조에 따른 특수형태근로종사자로부터 노무를 제공받는 자와 제78조에 따른 물건의 수거·배달 등을 중개하는 자를 포함한다. 이하 이 조 및 제6조에서 같다)는 다음 각 호의 사항을 이행함으로써 근로자(제77조에 따른 특수형태 근로종사자와 제78조에 따른 물건의 수거·배달 등을 하는 사람을 포함한다. 이하 이 조 및 제6조에서 같다)의 안전 및 건강을 유지·증진시키고 국가의 산업재해

제5조【산업 안전 및 보건 의식을 북돋우기 위한 시책 마련】 고용노동부장관은 법제4조제1항제5호에 따라 산업 안전 및 보건에 관한 의식을 북돋우기 위하여 다음 각 호와 관련된 시책을 마련해야 한다.

1. 산업 안전 및 보건 교육의 진흥 및 홍보의 활성화
2. 산업 안전 및 보건과 관련된 국민의 건전하고 자주적인 활동의 촉진
3. 산업 안전 및 보건 강조 기간의 설정 및

설기계 또는 자동차에 관한 자료의 제공

11. 「119구조·구급에 관한 법률」 제22조 및 같은 법 시행규칙 제18조에 따른 구급활동일지와 「응급의료에 관한 법률」 제49조 및 같은 법 시행규칙 제40조에 따른 출동 및 처치기록지의 제공
12. 그 밖에 산업재해 예방계획을 효율적으로 시행하기 위하여 필요하다고 인정하는 사항

② 고용노동부장관은 별표1에 따라 산정한 산업재해발생률 및 그 산정내역을 해당 건설업체에 통보해야 한다. 이 경우 산업재해발생률 및 산정내역에 불복하는 건설업체는 통보를 받은 날부터 10일 이내에 고용노동부장관에게 이의를 제기할 수 있다.

법 률	시 행 령	시 행 규 칙
예방정책을 따라야 한다.〈개정 2020.5.26.〉 1. 이 법과 이 법에 따른 명령으로 정하는 산업재해 예방을 위한 기준 2. 근로자의 신체적 피로와 정신적 스트레스 등을 줄일 수 있는 쾌적한 작업환경의 조성 및 근로조건 개선 3. 해당 사업장의 안전 및 보건에 관한 정보를 근로자에게 제공 ② 다음 각 호의 어느 하나에 해당하는 자는 발주·설계·제조·수입 또는 건설을 할 때 이 법과 이 법에 따른 명령으로 정하는 기준을 지켜야 하고, 발주·설계·제조·수입 또는 건설에 사용되는 물건으로 인하여 발생하는 산업재해를 방지하기 위하여 필요한 조치를 하여야 한다. 1. 기계·기구와 그 밖의 설비를 설계·제조 또는 수입하는 자 2. 원재료 등을 제조·수입하는 자 3. 건설물을 발주·설계·건설하는 자 **제6조 【근로자의 의무】** 근로자는 이 법과 이 법에 따른 명령으로 정하는 산업재해 예방을 위한 기준을 지켜야 하며, 사업주 또는	그 시행 **제6조 【산업재해에 관한 조사 및 통계의 유지·관리】** 고용노동부장관은 산업재해를 예방하기 위하여 법제4조제1항제7호에 따라 산업재해에 관하여 조사하고 이에 관한 통계를 유지·관리하여 산업재해 예방을 위한 정책수립 및 집행에 적극 반영해야 한다.	

「근로기준법」 제101조에 따른 근로감독관, 공단 등 관계인이 실시하는 산업재해 예방에 관한 조치에 따라야 한다. **제7조 【산업재해 예방에 관한 기본계획의 수립·공표】** ① 고용노동부장관은 산업재해 예방에 관한 기본계획을 수립하여야 한다. ② 고용노동부장관은 제1항에 따라 수립한 기본계획을 「산업재해보상보험법」 제8조제1항에 따른 산업재해보상보험및예방심의위원회의 심의를 거쳐 공표하여야 한다. 이를 변경하려는 경우에도 또한 같다.	**제7조 【건강증진사업 등의 추진】** 고용노동부장관은 법제4조제1항제9호에 따른 노무를 제공하는 사람의 안전 및 건강의 보호·증진에 관한 사항을 효율적으로 추진하기 위하여 다음 각 호와 관련된 시책을 마련해야 한다.(개정 2020.9.8.) 1. 노무를 제공하는 사람의 안전 및 건강증진을 위한 사업의 보급·확산 2. 깨끗한 작업환경의 조성	
제8조 【협조 요청 등】 ① 고용노동부장관은 제7조제1항에 따른 기본계획을 효율적으로 시행하기 위하여 필요하다고 인정할 때에는 관계 행정기관의 장 또는 「공공기관의 운영에 관한 법률」 제4조에 따른 공공기관의 장에게 필요한 협조를 요청할 수 있다. ② 행정기관(고용노동부는 제외한다. 이하 이 조에서 같다)의 장은 사업장의 안전 및 보건에 관하여 규제를 하려면 미리 고용노동부장관과 협의하여야 한다. ③ 행정기관의 장은 고용노동부장관이 제2항에 따른 협의과정에서 해당 규제에 대한	**제8조 【사업주 등의 협조】** 사업주(이 조에서만 법제77조에 따른 특수형태근로종사자로부터 노무를 제공받는 자와 법제78조에 따른 물건의 수거·배달 등을 중개하는 자를 포함한다)와 근로자(이 조에서만 법제77조에 따른 특수형태근로종사자와 법제78조에 따른 물건의 수거·배달 등을 하는 사람을 포함한다), 그 밖의 관련 단체는 제3조부터 제7조까지의 규정에 따른 시책 등에 적극적으로 참여하는 등 협조해야 한다.(개정 2020.9.8.)	**제5조 【통합정보시스템 정보의 제공】** 고용노동부장관은 관련 행정기관 또는 「한국산업안전보건공단법」에 따른 한국산업안전보건공단(이하 "공단"이라 한다)이 산업재해 발생에 대응하기 위하여 신청하는 경우 또는 산업재해에 대응하기 위하여 필요하다고 판단되는 경우에는 법 제9조제1항에 따른 산업재해 예방 통합정보시스템으로 처리한 산업안전 및 보건 등에 관한 정보를 관련 행정기관과 공단에 제공할 수 있다.

법 률	시 행 령	시 행 규 칙
변경을 요구하면 이에 따라야 하며, 고용노동부장관은 필요한 경우 국무총리에게 협의·조정 사항을 보고하여 확정할 수 있다. ④ 고용노동부장관은 산업재해 예방을 위하여 필요하다고 인정할 때에는 사업주, 사업주단체, 그 밖의 관계인에게 필요한 사항을 권고하거나 협조를 요청할 수 있다. ⑤ 고용노동부장관은 산업재해 예방을 위하여 중앙행정기관의 장과 지방자치단체의 장 또는 공단 등 관련 기관·단체의 장에게 다음 각 호의 정보 또는 자료의 제공 및 관계 전산망의 이용을 요청할 수 있다. 이 경우 요청을 받은 중앙행정기관의 장과 지방자치단체의 장 또는 관련 기관·단체의 장은 정당한 사유가 없으면 그 요청에 따라야 한다. 1. 「부가가치세법」 제8조 및 「법인세법」 제111조에 따른 사업자등록에 관한 정보 2. 「고용보험법」 제15조에 따른 근로자의 피보험자격의 취득 및 상실 등에 관한 정보 3. 그 밖에 산업재해 예방사업을 수행하기 위하여 필요한 정보 또는 자료로서 대통령령으로 정하는 정보 또는 자료		**제6조【도급인의 안전·보건 조치 장소】** 「산업안전보건법 시행령」 (이하 "영"이라 한다)제11조제15호에서 "고용노동부령으로 정하는 장소"란 다음 각 호의 어느 하나에 해당하는 장소를 말한다. 1. 화재·폭발 우려가 있는 다음 각 목의 어느 하나에 해당하는 작업을 하는 장소 가. 선박 내부에서의 용접·용단작업 나. 안전보건규칙 제225조제4호에 따른 인화성 액체를 취급·저장하는 설비 및 용기에서의 용접·용단작업 다. 안전보건규칙 제273조에 따른 특수화학설비에서의 용접·용단작업 라. 가연물(可燃物)이 있는 곳에서의 용접·용단 및 금속의 가열 등 화기를 사용하는 작업이나 연삭숫돌에 의한 건식연마작업 등 불꽃이 발생할 우려가 있는 작업 2. 안전보건규칙 제132조에 따른 양중기(揚重機)에 의한 충돌 또는 협착(狹窄)의 위험이 있는 작업을 하는 장소 3. 안전보건규칙 제420조제7호에 따른 유기화합물 취급 특별장소

법	시행령	시행규칙
제9조【산업재해 예방 통합정보시스템 구축·운영 등】 ① 고용노동부장관은 산업재해를 체계적이고 효율적으로 예방하기 위하여 산업재해 예방 통합정보시스템을 구축·운영할 수 있다. ② 고용노동부장관은 제1항에 따른 산업재해 예방 통합정보시스템으로 처리한 산업 안전 및 보건 등에 관한 정보를 고용노동부령으로 정하는 바에 따라 관련 행정기관과 공단에 제공할 수 있다. ③ 제1항에 따른 산업재해 예방 통합정보시스템의 구축·운영, 그 밖에 필요한 사항은 대통령령으로 정한다.	**제9조【산업재해 예방 통합정보시스템 구축·운영】** ① 고용노동부장관은 법 제9조제1항에 따라 산업재해 예방 통합정보시스템을 구축·운영하는 경우에는 다음 각 호의 정보를 처리한다. 1. 「산업재해보상보험법」 제6조에 따른 적용 사업 또는 사업장에 관한 정보 2. 산업재해 발생에 관한 정보 3. 법 제93조에 따른 안전검사 결과, 법제125조에 따른 작업환경측정 결과 등 안전·보건에 관한 정보 4. 그 밖에 산업재해 예방을 위하여 고용노동부장관이 정하여 고시하는 정보 ② 제1항에서 정한 사항 외에 산업재해 예방 통합정보시스템의 구축·운영에 관한 연구개발 및 기술지원, 그 밖에 산업재해 예방 통합정보시스템의 구축·운영 등에 필요한 사항은 고용노동부장관이 정한다.	4. 안전보건규칙 제574조제1항 각 호에 따른 방사선 업무를 하는 장소 5. 안전보건규칙 제618조제1호에 따른 밀폐공간 6. 안전보건규칙 별표1에 따른 위험물질을 제조하거나 취급하는 장소 7. 안전보건규칙 별표7에 따른 화학설비 및 그 부속설비에 대한 정비·보수 작업이 이루어지는 장소
제10조【산업재해 발생건수 등의 공표】 ① 고용노동부장관은 산업재해를 예방하기 위하여 대통령령으로 정하는 사업장의 근로자 산업재해 발생건수, 재해율 또는 그 순위 등(이하 "산업재해발생건수등"이라 한다)을 공표하여야 한다.	**제10조【공표대상 사업장】** ① 법제10조제1항에서 "대통령령으로 정하는 사업장"이란 다음 각 호의 어느 하나에 해당하는 사업장을 말한다. 1. 산업재해로 인한 사망자(이하 "사망재해자"라 한다)가 연간 2명 이상 발생한	**제7조【도급인과 관계수급인의 통합 산업재해 관련 자료 제출】** ① 지방고용노동관서의 장은 법제10조제2항에 따라 도급인의 산업재해 발생건수, 재해율 또는 그 순위 등(이하 "산업재해발생건수등"이라 한다)에 관계수급인의 산업재해발생건수등을 포함하여

법 률	시 행 령	시 행 규 칙
② 고용노동부장관은 도급인의 사업장(도급인이 제공하거나 지정한 경우로서 도급인이 지배·관리하는 대통령령으로 정하는 장소를 포함한다. 이하 같다) 중 대통령령으로 정하는 사업장에서 관계수급인 근로자가 작업을 하는 경우에 도급인의 산업재해발생건수등에 관계수급인의 산업재해발생건수등을 포함하여 제1항에 따라 공표하여야 한다. ③ 고용노동부장관은 제2항에 따라 산업재해발생건수등을 공표하기 위하여 도급인에게 관계수급인에 관한 자료의 제출을 요청할 수 있다. 이 경우 요청을 받은 자는 정당한 사유가 없으면 이에 따라야 한다. 《벌칙》 위반자는 1천만원이하의 과태료(법제175조제4항) ④ 제1항 및 제2항에 따른 공표의 절차 및 방법, 그 밖에 필요한 사항은 고용노동부령으로 정한다.	사업장 2. 사망만인율(死亡萬人率: 연간 상시근로자 1만명당 발생하는 사망재해자 수의 비율을 말한다)이 규모별 같은 업종의 평균 사망만인율 이상인 사업장 3. 법제44조제1항 전단에 따른 중대산업사고가 발생한 사업장 4. 법제57조제1항을 위반하여 산업재해 발생 사실을 은폐한 사업장 5. 법제57조제3항에 따른 산업재해의 발생에 관한 보고를 최근 3년 이내 2회 이상 하지 않은 사업장 ② 제1항제1호부터 제3호까지의 규정에 해당하는 사업장은 해당 사업장이 관계수급인의 사업장으로서 법제63조에 따른 도급인이 관계수급인 근로자의 산업재해 예방을 위한 조치의무를 위반하여 관계수급인 근로자가 산업재해를 입은 경우에는 도급인의 사업장(도급인이 제공하거나 지정한 경우로서 도급인이 지배·관리하는 제11조 각 호에 해당하는 장소를 포함한다. 이하 같다)의 법제10조제1항에 따른 산업재해발생건수등을 함께 공표한다.	공표하기 위하여 필요하면 법제10조제3항에 따라 영제12조 각 호의 어느 하나에 해당하는 사업이 이루어지는 사업장으로서 해당 사업장의 상시근로자 수가 500명 이상인 사업장의 도급인에게 도급인의 사업장(도급인이 제공하거나 지정한 경우로서 도급인이 지배·관리하는 영제11조 각 호에 해당하는 장소를 포함한다. 이하 같다)에서 작업하는 관계수급인 근로자의 산업재해 발생에 관한 자료를 제출하도록 공표의 대상이 되는 연도의 다음 연도 3월 15일까지 요청해야 한다. ② 제1항에 따라 자료의 제출을 요청받은 도급인은 그 해 4월 30일까지 별지 제1호서식의 통합 산업재해 현황 조사표를 작성하여 지방고용노동관서의 장에게 제출(전자문서로 제출하는 것을 포함한다)해야 한다. ③ 제1항에 따른 도급인은 그의 관계수급인에게 별지 제1호서식의 통합 산업재해 현황 조사표의 작성에 필요한 자료를 요청할 수 있다.

제11조 【산업재해 예방시설의 설치·운영】 고용노동부장관은 산업재해 예방을 위하여 다음 각 호의 시설을 설치·운영할 수 있다. 〈개정 2020.5.26.〉

1. 산업 안전 및 보건에 관한 지도시설, 연구시설 및 교육시설
2. 안전보건진단 및 작업환경측정을 위한 시설
3. 노무를 제공하는 사람의 건강을 유지·증진하기 위한 시설
4. 그 밖에 고용노동부령으로 정하는 산업재해 예방을 위한 시설

제12조 【산업재해 예방의 재원】 다음 각 호의 어느 하나에 해당하는 용도에 사용하기 위한 재원(財源)은 「산업재해보상보험법」 제95조제1항에 따른 산업재해보상보험 및 예방기금에서 지원한다.

1. 제11조 각 호에 따른 시설의 설치와 그 운영에 필요한 비용
2. 산업재해 예방 관련 사업 및 비영리법인에 위탁하는 업무 수행에 필요한 비용
3. 그 밖에 산업재해 예방에 필요한 사업으로서 고용노동부장관이 인정하는 사업의 사업비

제11조 【도급인이 지배·관리하는 장소】 법제10조제2항에서 "대통령령으로 정하는 장소"란 다음 각 호의 어느 하나에 해당하는 장소를 말한다.

1. 토사(土砂)·구축물·인공구조물 등이 붕괴될 우려가 있는 장소
2. 기계·기구 등이 넘어지거나 무너질 우려가 있는 장소
3. 안전난간의 설치가 필요한 장소
4. 비계(飛階) 또는 거푸집을 설치하거나 해체하는 장소
5. 건설용 리프트를 운행하는 장소
6. 지반(地盤)을 굴착하거나 발파작업을 하는 장소
7. 엘리베이터홀 등 근로자가 추락할 위험이 있는 장소
8. 석면이 붙어 있는 물질을 파쇄하거나 해체하는 작업을 하는 장소
9. 공중 전선에 가까운 장소로서 시설물의 설치·해체·점검 및 수리 등의 작업을 할 때 감전의 위험이 있는 장소
10. 물체가 떨어지거나 날아올 위험이 있는 장소
11. 프레스 또는 전단기(剪斷機)를 사용

제8조 【공표방법】 법제10조제1항 및 제2항에 따른 공표는 관보, 「신문 등의 진흥에 관한 법률」 제9조제1항에 따라 그 보급지역을 전국으로 하여 등록한 일반일간신문 또는 인터넷 등에 게재하는 방법으로 한다.

법 률	시 행 령	시 행 규 칙
제13조 【기술 또는 작업환경에 관한 표준】 ① 고용노동부장관은 산업재해 예방을 위하여 다음 각 호의 조치와 관련된 기술 또는 작업환경에 관한 표준을 정하여 사업주에게 지도·권고할 수 있다. 1. 제5조제2항 각 호의 어느 하나에 해당하는 자가 같은 항에 따라 산업재해를 방지하기 위하여 하여야 할 조치 2. 제38조 및 제39조에 따라 사업주가 하여야 할 조치 ② 고용노동부장관은 제1항에 따른 표준을 정할 때 필요하다고 인정하면 해당 분야별로 표준제정위원회를 구성·운영할 수 있다. ③ 제2항에 따른 표준제정위원회의 구성·운영, 그 밖에 필요한 사항은 고용노동부장관이 정한다.	하여 작업을 하는 장소 12. 차량계(車輛系) 하역운반기계 또는 차량계 건설기계를 사용하여 작업하는 장소 13. 전기 기계·기구를 사용하여 감전의 위험이 있는 작업을 하는 장소 14. 「철도산업발전기본법」 제3조제4호에 따른 철도차량(「도시철도법」에 따른 도시철도차량을 포함한다)에 의한 충돌 또는 협착의 위험이 있는 작업을 하는 장소 15. 그 밖에 화재·폭발 등 사고발생 위험이 높은 장소로서 고용노동부령으로 정하는 장소 **제12조 【통합공표 대상 사업장 등】** 법제10조제2항에서 "대통령령으로 정하는 사업장"이란 다음 각 호의 어느 하나에 해당하는 사업이 이루어지는 사업장으로서 도급인이 사용하는 상시근로자 수가 500명 이상이고 도급인 사업장의 사고사망만인율(질병으로 인한 사망재해자를 제외하고 산출한 사망만인율을 말한다. 이하 같다)보다 관계수급인의 근로자를 포함하여 산출한 사고사망만인율이 높은 사업장을 말한다.	

제2장 안전보건관리체제 등

제1절 안전보건관리체제

제14조【이사회 보고 및 승인 등】 ①「상법」제170조에 따른 주식회사 중 대통령령으로 정하는 회사의 대표이사는 대통령령으로 정하는 바에 따라 매년 회사의 안전 및 보건에 관한 계획을 수립하여 이사회에 보고하고 승인을 받아야 한다.

《벌칙》 위반자는 1천만원이하의 과태료(법제175조제4항)

② 제1항에 따른 대표이사는 제1항에 따른 안전 및 보건에 관한 계획을 성실하게 이행하여야 한다.

③ 제1항에 따른 안전 및 보건에 관한 계획에는 안전 및 보건에 관한 비용, 시설, 인원 등의 사항을 포함하여야 한다.

제15조【안전보건관리책임자】 ① 사업주는

1. 제조업
2. 철도운송업
3. 도시철도운송업
4. 전기업

제2장 안전보건관리체제 등

제13조【이사회 보고·승인 대상 회사 등】 ① 법제14조제1항에서 "대통령령으로 정하는 회사"란 다음 각 호의 어느 하나에 해당하는 회사를 말한다.

1. 상시근로자 500명 이상을 사용하는 회사
2. 「건설산업기본법」 제23조에 따라 평가하여 공시된 시공능력(같은 법 시행령 별표1의 종합공사를 시공하는 업종의 건설업종란 제3호에 따른 토목건축공사업에 대한 평가 및 공시로 한정한다)의 순위 상위 1천위 이내의 건설회사

② 법제14조제1항에 따른 회사의 대표이사(「상법」 제408조의2제1항 후단에 따라 대표이사를 두지 못하는 회사의 경우에는

제2장 안전보건관리체제 등

제1절 안전보건관리체제

제9조【안전보건관리책임자의 업무】 법제15조제1항제9호에서 "고용노동부령으로 정하는 사항"이란 법제36조에 따른 위험성평가의 실시에 관한 사항과 안전보건규칙에서 정하는 근로자의 위험 또는 건강장해의 방지에 관한 사항을 말한다.

제10조【도급사업의 안전관리자 등의 선임】 안전관리자 및 보건관리자를 두어야 할 수급인인 사업주는 영제16조제5항 및 제20조제3항에 따라 도급인인 사업주가 다음 각 호의 요건을 모두 갖춘 경우에는 안전관리자 및 보건관리자를 선임하지 않을 수 있다.

1. 도급인인 사업주 자신이 선임해야 할 안전관리자 및 보건관리자를 둔 경우
2. 안전관리자 및 보건관리자를 두어야 할

법 률	시 행 령	시 행 규 칙
사업장을 실질적으로 총괄하여 관리하는 사람에게 해당 사업장의 다음 각 호의 업무를 총괄하여 관리하도록 하여야 한다. 1. 사업장의 산업재해 예방계획의 수립에 관한 사항 2. 제25조 및 제26조에 따른 안전보건관리규정의 작성 및 변경에 관한 사항 3. 제29조에 따른 안전보건교육에 관한 사항	같은 법제408조의5에 따른 대표집행임원을 말한다)는 회사의 정관에서 정하는 바에 따라 다음 각 호의 내용을 포함한 회사의 안전 및 보건에 관한 계획을 수립해야 한다. 1. 안전 및 보건에 관한 경영방침 2. 안전·보건관리 조직의 구성·인원 및 역할 3. 안전·보건 관련 예산 및 시설 현황 4. 안전 및 보건에 관한 전년도 활동실적 및 다음 연도 활동계획	수급인인 사업주의 사업의 종류별로 상시근로자 수(건설공사의 경우에는 건설공사 금액을 말한다. 이하 같다)를 합계하여 그 상시근로자 수에 해당하는 안전관리자 및 보건관리자를 추가로 선임한 경우
4. 작업환경측정 등 작업환경의 점검 및 개선에 관한 사항 5. 제129조부터 제132조까지에 따른 근로자의 건강진단 등 건강관리에 관한 사항 6. 산업재해의 원인 조사 및 재발 방지대책 수립에 관한 사항 7. 산업재해에 관한 통계의 기록 및 유지에 관한 사항 8. 안전장치 및 보호구 구입 시 적격품 여부 확인에 관한 사항 9. 그 밖에 근로자의 유해·위험 방지조치에 관한 사항으로서 고용노동부령으로 정하는 사항	**제14조【안전보건관리책임자의 선임 등】** ① 법제15조제2항에 따른 안전보건관리책임자(이하 "안전보건관리책임자"라 한다)를 두어야 하는 사업의 종류 및 사업장의 상시근로자 수(건설공사의 경우에는 건설공사 금액을 말한다. 이하 같다)는 별표2와 같다. ② 사업주는 안전보건관리책임자가 법제15조제1항에 따른 업무를 원활하게 수행할 수 있도록 권한·시설·장비·예산, 그 밖에 필요한 지원을 해야 한다. ③ 사업주는 안전보건관리책임자를 선임했을 때에는 그 선임 사실 및 법제15조제1항 각 호에 따른 업무의 수행내용을 증명할 수 있는 서류를 갖추어 두어야 한다.	**제11조【안전관리자 등의 선임 등 보고】** 사업주는 영제16조제6항 및 제20조제3항에 따라 안전관리자 및 보건관리자를 선임(다시 선임한 경우를 포함한다)하거나 안전관리 업무 및 보건관리 업무를 위탁(위탁 후 수탁기관을 변경한 경우를 포함한다)한 경우에는 별지 제2호서식의 안전관리자·보건관리자·산업보건의 선임 등 보고서 또는 별지 제3호서식의 안전관리자·보건관리자·산업보건의 선임 등 보고서(건설업)를 관할 지방고용노동관서의 장에게 제출해야 한다.

《벌칙》 위반자는 500만원이하의 과태료(법제175조제5항)

② 제1항 각 호의 업무를 총괄하여 관리하는 사람(이하 "안전보건관리책임자"라 한다)은 제17조에 따른 안전관리자와 제18조에 따른 보건관리자를 지휘·감독한다.

③ 안전보건관리책임자를 두어야 하는 사업의 종류와 사업장의 상시근로자 수, 그 밖에 필요한 사항은 대통령령으로 정한다.

제16조 【관리감독자】 ① 사업주는 사업장의 생산과 관련되는 업무와 그 소속 직원을 직접 지휘·감독하는 직위에 있는 사람(이하 "관리감독자"라 한다)에게 산업 안전 및 보건에 관한 업무로서 대통령령으로 정하는 업무를 수행하도록 하여야 한다.

《벌칙》 위반자는 500만원이하의 과태료(법제175조제5항)

② 관리감독자가 있는 경우에는 「건설기술진흥법」 제64조제1항제2호에 따른 안전관리책임자 및 같은 항 제3호에 따른 안전관리담당자를 각각 둔 것으로 본다.

제15조 【관리감독자의 업무 등】 ① 법제16조제1항에서 "대통령령으로 정하는 업무"란 다음 각 호의 업무를 말한다.

1. 사업장 내 법제16조제1항에 따른 관리감독자(이하 "관리감독자"라 한다)가 지휘·감독하는 작업(이하 이 조에서 "해당작업"이라 한다)과 관련된 기계·기구 또는 설비의 안전·보건 점검 및 이상 유무의 확인
2. 관리감독자에게 소속된 근로자의 작업복·보호구 및 방호장치의 점검과 그 착용·사용에 관한 교육·지도
3. 해당작업에서 발생한 산업재해에 관한 보고 및 이에 대한 응급조치
4. 해당작업의 작업장 정리·정돈 및 통로

제12조 【안전관리자 등의 증원·교체임명 명령】 ① 지방고용노동관서의 장은 다음 각 호의 어느 하나에 해당하는 사유가 발생한 경우에는 법제17조제3항·제18조제3항 또는 제19조제3항에 따라 사업주에게 안전관리자·보건관리자 또는 안전보건관리담당자(이하 이 조에서 "관리자"라 한다)를 정수 이상으로 증원하게 하거나 교체하여 임명할 것을 명할 수 있다. 다만, 제4호에 해당하는 경우로서 직업성 질병자 발생 당시 사업장에서 해당 화학적 인자(因子)를 사용하지 않은 경우에는 그렇지 않다.

1. 해당 사업장의 연간재해율이 같은 업종의 평균재해율의 2배 이상인 경우
2. 중대재해가 연간 2건 이상 발생한 경

법 률	시 행 령	시 행 규 칙
	확보에 대한 확인·감독 5. 사업장의 다음 각 목의 어느 하나에 해당하는 사람의 지도·조언에 대한 협조 가. 법제17조제1항에 따른 안전관리자(이하 "안전관리자"라 한다) 또는 같은 조 제4항에 따라 안전관리자의 업무를 같은 항에 따른 안전관리전문기관(이하 "안전관리전문기관"이라 한다)에 위탁한 사업장의 경우에는 그 안전관리전문기관의 해당 사업장 담당자 나. 법제18조제1항에 따른 보건관리자(이하 "보건관리자"라 한다) 또는 같은 조 제4항에 따라 보건관리자의 업무를 같은 항에 따른 보건관리전문기관(이하 "보건관리전문기관"이라 한다)에 위탁한 사업장의 경우에는 그 보건관리전문기관의 해당 사업장 담당자 다. 법제19조제1항에 따른 안전보건관리담당자(이하 "안전보건관리담당자"라 한다) 또는 같은 조 제4항에 따라 안전보건관리담당자의 업무를 안전관리전문기관 또는 보건관리전문기관에 위탁한 사업장의 경우에는 그 안전관	우. 다만, 해당 사업장의 전년도 사망만인율이 같은 업종의 평균 사망만인율 이하인 경우는 제외한다. 3. 관리자가 질병이나 그 밖의 사유로 3개월 이상 직무를 수행할 수 없게 된 경우 4. 별표22제1호에 따른 화학적 인자로 인한 직업성 질병자가 연간 3명 이상 발생한 경우. 이 경우 직업성 질병자의 발생일은 「산업재해보상보험법 시행규칙」 제21조제1항에 따른 요양급여의 결정일로 한다. ② 제1항에 따라 관리자를 정수 이상으로 증원하게 하거나 교체하여 임명할 것을 명하는 경우에는 미리 사업주 및 해당 관리자의 의견을 듣거나 소명자료를 제출받아야 한다. 다만, 정당한 사유 없이 의견진술 또는 소명자료의 제출을 게을리한 경우에는 그렇지 않다. ③ 제1항에 따른 관리자의 정수 이상 증원 및 교체임명 명령은 별지 제4호서식에 따른다. **제13조【안전관리 업무의 위탁계약】** 법제21조제1항에 따른 안전관리전문기관(이하 "안전관리전문기관"이라 한다) 또는 같은 항에 따른 보건관리전문기관(이하 "보건관리전문

제17조【안전관리자】 ① 사업주는 사업장에 제15조제1항 각 호의 사항 중 안전에 관한 기술적인 사항에 관하여 사업주 또는 안전보건관리책임자를 보좌하고 관리감독자에게 지도·조언하는 업무를 수행하는 사람(이하 "안전관리자"라 한다)을 두어야 한다.
《벌칙》 위반자는 500만원이하의 과태료(법제175조제5항)

리전문기관 또는 보건관리전문기관의 해당 사업장 담당자
라. 법제22조제1항에 따른 산업보건의(이하 "산업보건의"라 한다)
6. 법제36조에 따라 실시되는 위험성평가에 관한 다음 각 목의 업무
가. 유해·위험요인의 파악에 대한 참여
나. 개선조치의 시행에 대한 참여
7. 그 밖에 해당작업의 안전 및 보건에 관한 사항으로서 고용노동부령으로 정하는 사항

② 관리감독자에 대한 지원에 관하여는 제14조제2항을 준용한다. 이 경우 "안전보건관리책임자"는 "관리감독자"로, "법제15조제1항"은 "제1항"으로 본다.

제16조【안전관리자의 선임 등】 ① 법제17조제1항에 따라 안전관리자를 두어야 하는 사업의 종류와 사업장의 상시근로자 수, 안전관리자의 수 및 선임방법은 별표3과 같다.
② 제1항에 따른 사업 중 상시근로자 300명 이상을 사용하는 사업장〔건설업의 경우에는 공사금액이 120억원(「건설산업기본법 시

기관"이라 한다)이 법제17조제4항 또는 제18조제4항에 따라 사업주로부터 안전관리 업무 또는 보건관리 업무를 위탁받으려는 때에는 별지 제5호서식의 안전·보건관리 업무계약서에 따라 계약을 체결해야 한다.

제14조【보건관리자에 대한 시설·장비 지원】 영제22조제3항 후단에 따른 "고용노동부령으로 정하는 시설 및 장비"는 다음 각 호와 같다.
1. 건강관리실: 근로자가 쉽게 찾을 수 있고 통풍과 채광이 잘되는 곳에 위치해야 하며, 건강관리 업무의 수행에 적합한 면적을 확보하고, 상담실·처치실 및 양호실을 갖추어야 한다.
2. 상하수도 설비, 침대, 냉난방시설, 외부 연락용 직통전화, 구급용구 등

제15조【업종별·유해인자별 보건관리전문기관】 ① 영제23조제2항제1호에 따라 업종별 보건관리전문기관에 보건관리 업무를 위탁할 수 있는 사업은 광업으로 한다.
② 영제23조제2항제1호에 따라 유해인자별 보건관리전문기관에 보건관리 업무를 위탁할 수 있는 사업은 다음 각 호와 같다.
1. 납 취급 사업

법 률	시 행 령	시 행 규 칙
② 안전관리자를 두어야 하는 사업의 종류와 사업장의 상시근로자 수, 안전관리자의 수·자격·업무·권한·선임방법, 그 밖에 필요한 사항은 대통령령으로 정한다. ③ 고용노동부장관은 산업재해 예방을 위하여 필요한 경우로서 고용노동부령으로 정하는 사유에 해당하는 경우에는 사업주에게 안전관리자를 제2항에 따라 대통령령으로 정하는 수 이상으로 늘리거나 교체할 것을 명할 수 있다. 《벌칙》 위반자는 500만원이하의 과태료(법제175조제5항제2호) ④ 대통령령으로 정하는 사업의 종류 및 사업장의 상시근로자 수에 해당하는 사업장의 사업주는 제21조에 따라 지정받은 안전관리 업무를 전문적으로 수행하는 기관(이하 "안전관리전문기관"이라 한다)에 안전관리자의 업무를 위탁할 수 있다.	행령」 별표1의 종합공사를 시공하는 업종의 건설업종란 제1호에 따른 토목공사업의 경우에는 150억원) 이상인 사업장]의 안전관리자는 해당 사업장에서 제18조제1항 각 호에 따른 업무만을 전담해야 한다. ③ 제1항 및 제2항을 적용할 경우 제52조에 따른 사업으로서 도급인의 사업장에서 이루어지는 도급사업의 공사금액 또는 관계수급인의 상시근로자는 각각 해당 사업의 공사금액 또는 상시근로자로 본다. 다만, 별표3의 기준에 해당하는 도급사업의 공사금액 또는 관계수급인의 상시근로자의 경우에는 그렇지 않다. ④ 제1항에도 불구하고 같은 사업주가 경영하는 둘 이상의 사업장이 다음 각 호의 어느 하나에 해당하는 경우에는 그 둘 이상의 사업장에 1명의 안전관리자를 공동으로 둘 수 있다. 이 경우 해당 사업장의 상시근로자 수의 합계는 300명 이내[건설업의 경우에는 공사금액의 합계가 120억원(「건설산업기본법 시행령」 별표1의 종합공사를 시공하는 업종의 건설업종란 제1호에 따른 토목공사업의 경우에는 150억원) 이내]이	2. 수은 취급 사업 3. 크롬 취급 사업 4. 석면 취급 사업 5. 법제118조에 따라 제조·사용허가를 받아야 할 물질을 취급하는 사업 6. 근골격계 질환의 원인이 되는 단순반복작업, 영상표시단말기 취급작업, 중량물 취급작업 등을 하는 사업 **제16조【안전관리·보건관리전문기관의 지정신청 등】** ① 안전관리전문기관 또는 보건관리전문기관으로 지정받으려는 자는 별지 제6호서식의 안전관리·보건관리전문기관 지정신청서에 다음 각 호의 구분에 따른 각 목의 서류를 첨부하여 고용노동부장관(영제23조제1항에 따른 업종별·유해인자별 보건관리전문기관에 한정한다) 또는 업무를 수행하려는 주된 사무소의 소재지를 관할하는 지방고용노동청장(안전관리전문기관 및 영 제23조제1항에 따른 지역별 보건관리전문기관에 한정한다)에게 제출(전자문서로 제출하는 것을 포함한다)해야 한다. 1. 안전관리전문기관 가. 정관(산업안전지도사인 경우에는 제

어야 한다.

1. 같은 시·군·구(자치구를 말한다) 지역에 소재하는 경우
2. 사업장 간의 경계를 기준으로 15킬로미터 이내에 소재하는 경우

⑤ 제1항부터 제3항까지의 규정에도 불구하고 도급인의 사업장에서 이루어지는 도급사업에서 도급인이 고용노동부령으로 정하는 바에 따라 그 사업의 관계수급인 근로자에 대한 안전관리를 전담하는 안전관리자를 선임한 경우에는 그 사업의 관계수급인은 해당 도급사업에 대한 안전관리자를 선임하지 않을 수 있다.

⑥ 사업주는 안전관리자를 선임하거나 법제17조제4항에 따라 안전관리자의 업무를 안전관리전문기관에 위탁한 경우에는 고용노동부령으로 정하는 바에 따라 선임하거나 위탁한 날부터 14일 이내에 고용노동부장관에게 그 사실을 증명할 수 있는 서류를 제출해야 한다. 법제17조제3항에 따라 안전관리자를 늘리거나 교체한 경우에도 또한 같다.

제17조 【안전관리자의 자격】 안전관리자의 자격은 별표4와 같다.

229조제2항에 따른 등록증을 말한다)

나. 영 별표7에 따른 인력기준에 해당하는 사람의 자격과 채용을 증명할 수 있는 자격증[「국가기술자격법」 제13조에 따른 국가기술자격증(이하 "국가기술자격증"이라 한다)은 제외한다], 경력증명서 및 재직증명서 등의 서류

다. 건물임대차계약서 사본이나 그 밖에 사무실의 보유를 증명할 수 있는 서류와 시설·장비 명세서

라. 최초 1년간의 안전관리 업무 사업계획서

2. 보건관리전문기관

가. 정관(산업보건지도사인 경우에는 제229조제2항에 따른 등록증을 말한다)

나. 정관을 갈음할 수 있는 서류(법인이 아닌 경우만 해당한다)

다. 법인등기사항증명서를 갈음할 수 있는 서류(법인이 아닌 경우만 해당한다)

라. 영 별표8에 따른 인력기준에 해당하는 사람의 자격과 채용을 증명할 수 있는 자격증(국가기술자격증은 제외한다), 경력증명서 및 재직증명서 등

<table>
<tr><th>법 률</th><th>시 행 령</th><th>시 행 규 칙</th></tr>
<tr><td></td><td>제18조 【안전관리자의 업무 등】 ① 안전관리자의 업무는 다음 각 호와 같다.
1. 법제24조제1항에 따른 산업안전보건위원회(이하 "산업안전보건위원회"라 한다) 또는 법제75조제1항에 따른 안전 및 보건에 관한 노사협의체(이하 "노사협의체"라 한다)에서 심의·의결한 업무와 해당 사업장의 법제25조제1항에 따른 안전보건관리규정(이하 "안전보건관리규정"이라 한다) 및 취업규칙에서 정한 업무
2. 법제36조에 따른 위험성평가에 관한 보좌 및 지도·조언
3. 법 제84조제1항에 따른 안전인증대상기계등(이하 "안전인증대상기계등"이라 한다)과 법 제89조제1항 각 호 외의 부분 본문에 따른 자율안전확인대상기계등(이하 "자율안전확인대상기계등"이라 한다) 구입 시 적격품의 선정에 관한 보좌 및 지도·조언
4. 해당 사업장 안전교육계획의 수립 및 안전교육 실시에 관한 보좌 및 지도·조언
5. 사업장 순회점검, 지도 및 조치 건의</td><td>의 서류
마. 건물임대차계약서 사본이나 그 밖에 사무실의 보유를 증명할 수 있는 서류와 시설·장비 명세서
바. 최초 1년간의 보건관리 업무 사업계획서
② 제1항에 따른 신청서를 제출받은 고용노동부장관 또는 지방고용노동청장은 「전자정부법」 제36조제1항에 따른 행정정보의 공동이용을 통하여 법인등기사항증명서 및 국가기술자격증을 확인해야 한다. 다만, 신청인이 국가기술자격증의 확인에 동의하지 않는 경우에는 그 사본을 첨부하도록 해야 한다.
③ 고용노동부장관 또는 지방고용노동청장은 제1항에 따라 안전관리전문기관 또는 보건관리전문기관 지정신청서가 접수되면 최초 1년간 사업계획의 타당성을 검토하여 지정 여부를 결정한 후 신청서가 접수된 날부터 20일 이내에 신청을 반려하거나 별지 제7호서식의 지정서를 신청인에게 발급해야 한다.
④ 제3항에 따라 지정서를 발급받은 자는 지정서를 분실하거나 지정서가 훼손된 때에</td></tr>
</table>

6. 산업재해 발생의 원인 조사·분석 및 재발 방지를 위한 기술적 보좌 및 지도·조언
7. 산업재해에 관한 통계의 유지·관리·분석을 위한 보좌 및 지도·조언
8. 법 또는 법에 따른 명령으로 정한 안전에 관한 사항의 이행에 관한 보좌 및 지도·조언
9. 업무 수행 내용의 기록·유지
10. 그 밖에 안전에 관한 사항으로서 고용노동부장관이 정하는 사항

② 사업주가 안전관리자를 배치할 때에는 연장근로·야간근로 또는 휴일근로 등 해당 사업장의 작업 형태를 고려해야 한다.

③ 사업주는 안전관리 업무의 원활한 수행을 위하여 외부전문가의 평가·지도를 받을 수 있다.

④ 안전관리자는 제1항 각 호에 따른 업무를 수행할 때에는 보건관리자와 협력해야 한다.

⑤ 안전관리자에 대한 지원에 관하여는 제14조제2항을 준용한다. 이 경우 "안전보건관리책임자"는 "안전관리자"로, "법제15조제1항"은 "제1항"으로 본다.

는 재발급 신청을 할 수 있다.

⑤ 안전관리전문기관 또는 보건관리전문기관이 지정받은 사항을 변경하려는 경우에는 별지 제8호서식의 변경신청서에 변경을 증명하는 서류 및 지정서를 첨부하여 고용노동부장관 또는 주된 사무소의 소재지를 관할하는 지방고용노동청장에게 제출해야 한다. 이 경우 변경신청서의 처리에 관하여는 제3항을 준용한다.

⑥ 안전관리전문기관 또는 보건관리전문기관이 해당 업무를 폐지하거나 법제21조제4항에 따라 지정이 취소된 경우에는 즉시 제3항에 따른 지정서를 고용노동부장관 또는 주된 사무소의 소재지를 관할하는 지방고용노동청장에게 반납해야 한다.

※ 참 조

기업활동규제완화에 관한 특별조치법중 관련조항 발췌

제29조【안전관리자의 겸직 허용】 ① 다음 각 호의 어느 하나에 해당하는 자를 2명 이상 채용하여야 하는 자가 그 중 1명을 채용한 경우에는 그가 채용하여야 하는 나머지 사람과 「산업안전보건법」 제17조에 따른 안전관리자 1명도 채용한 것으로 본다. (개정 2019.1.15)

1. 「고압가스 안전관리법」 제15조에 따라 고압가스제조자, 고압가스저장자 또는 고압가스판매자가 선임하여야 하는 안전관리자
2. 「액화석유가스의 안전관리 및 사업법」 제34조에 따라 액화석유가스 충전사업자, 액화석유가스 집단공급사업자 또는 액화석유가스 판매사업자가 선임하여야 하는 안전관리자
3. 「도시가스사업법」 제29조에 따라 도시가스사업자가 선임하여야 하는 안전관리자
4. 「위험물 안전관리법」 제15조에 따라 제조소등의 관계인이 선임하여야 하는 위험물안전관리자

② 다음 각 호의 어느 하나에 해당하는 자를 채용하여야 하는 자가 그 주된 영업분야 등에서 그 중 1명을 채용한 경우에는 「산업안전보건법」 제17조에 따른 안전관리자 1명도 채용한 것으로 본다.(개정 2019.1.15., 2020.3.31)

1. 「고압가스 안전관리법」 제15조에 따라 사업자등(고압가스제조자, 고압가스저장자 및 고압가스판매자는 제외한다)과 특정고압가스 사용신고자가 선임하여야 하는 안전관리자
2. 「액화석유가스의 안전관리 및 사업법」 제34조에 따라 액화석유가스 사업자등(액화석유가스 충전사업자, 액화석유가스 집단공급사업자 및 액화석유가스 판매사업자는 제외한다)과 액화석유가스 특정사용자가 선임하여야 하는 안전관리자
3. 「도시가스사업법」 제29조에 따라 특정가스사용시설의 사용자가 선임하여야 하는 안전관리자
4. 「화재예방, 소방시설설치유지 및 안전관리에 관한 법률」 제20조에 따라 특정소방대상물의 관계인이 선임하여야 하는 소방안전관리자
5. 「위험물 안전관리법」 제15조에 따라 제조소등의 관계인이 선임하여야 하는 위험물안전관리자
6. 「유해화학물질 관리법」 제25조제1항에 따라 임명하여야 하는 유독물관리자
7. 「광산안전법」 제13조에 따라 광업권자 또는 조광권자가 선임하여야 하는 광산안전관리직원
8. 「총포·도검·화약류 등의 안전관리에 관한 법률」 제27조에 따라 화약류제조업자 또는 화약류판매업자·화약류저장소설치자 및 화약류사용자가 선임하여야 하는 화약류제조보안책임자 및 화약류관리보안책임자
9. 「전기안전관리법」 제22조에 따라 전기사업자 및 자가용전기설비의 소유자 또는 점유자가 선임하여야 하는 전기안전관리자

10. 「에너지이용 합리화법」 제40조에 따라 검사대상기기설치자가 선임하여야 하는 검사대상기기관리자

③ 화약류의 제조 또는 저장이나 광업을 주된 영업분야 등으로 하는 자로서 「총포·도검·화약류 등의 안전관리에 관한 법률」 제27조 또는 「광산안전법」 제13조에 따라 화약류제조보안책임자·화약류관리보안책임자 또는 광산안전관리직원(산업통상자원부령으로 정하는 자만 해당한다)을 채용하여야 하는 자가 그 중 1명을 채용한 경우에는 다음 각 호의 법률에 따라 그가 채용하여야 하는 자 각 1명도 채용한 것으로 본다.(개정 2016.1.6., 2019. 1.15.)

1. 「산업안전보건법」 제17조에 따라 사업주가 두어야 하는 안전관리자

※ 제2호 내지 제5호 생략

6. 「화재예방, 소방시설 설치유지 및 안전관리에 관한 법률」 제20조에 따라 특정소방대상물의 관계인이 선임하여야 하는 소방안전관리자
7. 「위험물 안전관리법」 제15조에 따라 제조소등의 관계인이 선임하여야 하는 위험물안전관리자
8. 「유해화학물질 관리법」 제25조제1항에 따라 임명하여야 하는 유독물관리자
9. 「에너지이용 합리화법」 제40조에 따라 검사대상기기설치자가 선임하여야 하는 검사대상기기관리자

④ 다음 각 호의 어느 하나에 해당하는 자를 2명 이상 채용하여야 하는 자가 그 중 1명을 채용한 경우에는 그가 채용하여야 하는 나머지 사람도 채용한 것으로 본다.(개정 2019.1.15.)

1. 「물환경보전법」 제47조에 따라 사업자가 임명하여야 하는 환경기술인
2. 「대기환경보전법」 제40조에 따라 사업자가 임명하여야 하는 환경기술인
3. 「산업안전보건법」 제18조에 따라 사업주가 두어야 하는 보건관리자

⑤ 제1항제1호부터 제3호까지 및 제2항제1호부터 제3호까지의 규정에 따른 안전관리자의 범위, 제1항제4호 및 제2항제5호에 따른 취급소의 범위, 제2항·제3항에 따른 주된 영업분야 등의 기준 및 제4항에 따른 채용 면제 기준 등에 관하여 필요한 사항은 대통령령으로 정한다.

〔전문개정 2011.4.14〕

제30조【중소기업자등에 대한 안전관리자 고용의무의 완화】 ① 중소기업자가 「산업안전보건법」 제17조에 따라 안전관리자 1명을 채용한 경우(대통령령으로 정하는 사업의 종류·규모에 한정하여 「산업안전보건법」 제17조제4항에 따라 안전관리대행기관에 안전관리자의 업무를 위탁한 경우를 포함한다)에는 그가 채용하여야 하는 다음 각 호의 사람 각 1명도 채용한 것으로 본다.

1. 「고압가스 안전관리법」 제15조에 따라 사업자등(고압가스제조자, 고압가스저장자 및 고압가스판매자는 제외한다)과 특정고압가스 사용신고자가 선임하여야 하는 안전관리자
2. 「액화석유가스의 안전관리 및 사업법」 제34조에 따라 액화석유가스 사업자등(액화석유가스 충전사업자, 액화석유가스 집단공급사업자 및 액화석유가스 판매사업자는 제외한다)과 액화석유가스 특정사용자가 선임하여야 하는 안전관리자

3. 「도시가스사업법」 제29조에 따라 특정가스사용시설의 사용자가 선임하여야 하는 안전관리자
4. 「유해화학물질 관리법」 제25조제1항에 따라 임명하여야 하는 유독물관리자

② 「화재예방, 소방시설 설치유지 및 안전관리에 관한 법률」 제20조제1항에 따른 특정소방대상물의 관계인인 중소기업자등이 다음 각 호의 어느 하나에 해당하는 자를 채용하는 경우에는 같은 조 제2항에 따른 소방안전관리자도 채용한 것으로 본다.(개정 2019.1.15., 2020.3.31.)

1. 「산업안전보건법」 제17조에 따라 사업주가 두어야 하는 안전관리자

※ 제2호 내지 제5호 생략

6. 「위험물 안전관리법」 제15조에 따라 제조소등의 관계인이 선임하여야 하는 위험물안전관리자

③ 대통령령으로 정하는 사업 또는 사업장의 중소기업자가 다음 각 호의 어느 하나에 해당하는 자를 채용하는 경우에는 다음 각 호의 법률에 따라 그가 채용하여야 하는 나머지 사람과 「산업안전보건법」 제17조에 따라 채용하여야 하는 안전관리자 각 1명도 채용한 것으로 본다.(개정 2019.1.15.)

1. 「고압가스 안전관리법」 제15조에 따라 사업자등과 특정고압가스 사용신고자가 선임하여야 하는 안전관리자
2. 「액화석유가스의 안전관리 및 사업법」 제34조에 따라 액화석유가스 사업자등과 액화석유가스 특정사용자가 선임하여야 하는 안전관리자
3. 「도시가스사업법」 제29조에 따라 도시가스사업자 및 특정가스사용시설의 사용자가 선임하여야 하는 안전관리자
4. 「위험물 안전관리법」 제15조에 따라 제조소등의 관계인이 선임하여야 하는 위험물안전관리자
5. 「유해화학물질 관리법」 제25조제1항에 따라 임명하여야 하는 유독물관리자

④ 제1항제1호부터 제3호까지, 제2항제3호부터 제5호까지 및 제3항제1호부터 제3호까지의 규정에 따른 안전관리자의 범위는 대통령령으로 정한다.

〔전문개정 2011.4.14〕

제31조【두 종류 이상의 자격증 보유자를 채용한 중소기업자등에 대한 의무고용의 완화】 ① 중소기업자등이 다음 각 호의 사람을 채용한 경우에 그 채용된 사람이 다음 각 호의 어느 하나에 해당하는 자격을 둘 이상 가진 경우에는 그 자격에 해당하는 자 모두를 채용한 것으로 본다.(개정 2019.1.15., 2020.3.31.)

1. 「산업안전보건법」 제17조에 따라 사업주가 두어야 하는 안전관리자
2. 「전기안전관리법」 제22조에 따라 전기사업자 및 자가용전기설비의 소유자 또는 점유자가 선임하여야 하는 전기안전관리자
3. 「고압가스 안전관리법」 제15조에 따라 사업자등과 특정고압가스 사용신고자가 선임하여야 하는 안전관리자
4. 「액화석유가스의 안전관리 및 사업법」 제34조에 따라 액화석유가스 사업자등과 액화석유가스 특정사용자가 선임하여야 하는 안전관리자

5. 「도시가스사업법」 제29조에 따라 도시가스사업자 및 특정가스사용시설의 사용자가 선임하여야 하는 안전관리자
6. 「위험물 안전관리법」 제15조에 따라 제조소등의 관계인이 선임하여야 하는 위험물안전관리자

② 제1항제3호부터 제5호까지의 규정에 따른 안전관리자의 범위는 대통령령으로 정한다.

제36조【산업안전관리자 등의 공동채용】 동일한 산업단지등에서 사업을 하는 자는 「산업안전보건법」 제17조 및 제18조에도 불구하고 3 이하의 사업장의 사업주가 공동으로 안전관리자 또는 보건관리자를 채용할 수 있다. 이 경우 이들이 상시 사용하는 근로자 수의 합은 300명 이내이어야 한다.(개정 2019.1.15.)

제39조【공동채용자의 관리 등】 ① 제32조부터 제38조까지의 규정에 따라 둘 이상의 사업장에 공동으로 채용된 사람(이하 이 조에서 "공동으로 채용된 사람"이라 한다)에 대한 사업장별 근무시간과 그 밖에 근무에 관하여 필요한 사항은 대통령령으로 정한다.

② 공동으로 채용된 사람은 다른 의무고용자(법률에 따라 채용하여야 하는 자를 말한다. 이하 같다)의 직무를 겸직할 수 없다.

③ 공동으로 채용된 사람이 해당 사업장에서 근무하는 시간이 제1항에 따른 사업장별 근무시간에 미치지 못하거나 제2항을 위반하여 다른 의무고용자의 직무를 겸직하는 경우에는 그 사업장의 사업자는 해당 근로자를 공동으로 채용하지 아니한 것으로 본다.

제40조【안전관리 등의 외부 위탁】 ① 사업자는 다음 각 호의 법률에도 불구하고 다음 각 호의 어느 하나에 해당하는 자의 업무를 관계중앙행정기관의 장 또는 시·도지사가 지정하는 관리대행기관에 위탁할 수 있다.(개정 2019.1.15.)

1. 「산업안전보건법」 제17조에 따라 사업주가 두어야 하는 안전관리자(삭제 2020.10.20., 시행일 2021.10.21.)
2. 「산업안전보건법」 제18조에 따라 사업주가 두어야 하는 보건관리자(삭제 2020.10.20., 시행일 2021.10.21.)
3. 「위험물 안전관리법」 제15조에 따라 제조소등의 관계인이 선임하여야 하는 위험물안전관리자

※ 제4호 내지 제8호 및 ②항 ③항 생략

제42조【법령 제정·개정 시의 협의】 관계 행정기관의 장은 이 장에서 규정하는 의무고용의 완화와 관련되는 사항, 의무고용자의 수·자격 등 고용의무에 영향을 주는 사항을 법령으로 제정하거나 개정하려는 경우에는 미리 산업통상자원부장관과 협의하여야 한다.(개정 2013.3.23.)

법 률	시 행 령	시 행 규 칙
	제19조【안전관리자 업무의 위탁 등】 ① 법제17조제4항에서 "대통령령으로 정하는 사업의 종류 및 사업장의 상시근로자 수에 해당하는 사업장"이란 건설업을 제외한 사업으로서 상시근로자 300명 미만을 사용하는 사업장을 말한다. ② 사업주가 법제17조제4항 및 이 조제1항에 따라 안전관리자의 업무를 안전관리전문기관에 위탁한 경우에는 그 안전관리전문기관을 안전관리자로 본다.	
제18조【보건관리자】 ① 사업주는 사업장에 제15조제1항 각 호의 사항 중 보건에 관한 기술적인 사항에 관하여 사업주 또는 안전보건관리책임자를 보좌하고 관리감독자에게 지도·조언하는 업무를 수행하는 사람(이하 "보건관리자"라 한다)을 두어야 한다. 《벌칙》 위반자는 500만원이하의 과태료(법제175조제5항) ② 보건관리자를 두어야 하는 사업의 종류와 사업장의 상시근로자 수, 보건관리자의 수·자격·업무·권한·선임방법, 그 밖에 필요한 사항은 대통령령으로 정한다. ③ 고용노동부장관은 산업재해 예방을 위하	**제20조【보건관리자의 선임 등】** ① 법제18조제1항에 따라 보건관리자를 두어야 하는 사업의 종류와 사업장의 상시근로자 수, 보건관리자의 수 및 선임방법은 별표5와 같다. ② 제1항에 따른 사업과 사업장의 보건관리자는 해당 사업장에서 제22조제1항 각 호에 따른 업무만을 전담해야 한다. 다만, 상시근로자 300명 미만을 사용하는 사업장에서는 보건관리자가 제22조제1항 각 호에 따른 업무에 지장이 없는 범위에서 다른 업무를 겸할 수 있다. ③ 보건관리자의 선임 등에 관하여는 제16조제3항부터 제6항까지의 규정을 준용한	

여 필요한 경우로서 고용노동부령으로 정하는 사유에 해당하는 경우에는 사업주에게 보건관리자를 제2항에 따라 대통령령으로 정하는 수 이상으로 늘리거나 교체할 것을 명할 수 있다.

《벌칙》 위반자는 500만원이하의 과태료(법제175조제5항제2호)

④ 대통령령으로 정하는 사업의 종류 및 사업장의 상시근로자 수에 해당하는 사업장의 사업주는 제21조에 따라 지정받은 보건관리 업무를 전문적으로 수행하는 기관(이하 "보건관리전문기관"이라 한다)에 보건관리자의 업무를 위탁할 수 있다.

제19조【안전보건관리담당자】 ① 사업주는 사업장에 안전 및 보건에 관하여 사업주를 보좌하고 관리감독자에게 지도·조언하는 업무를 수행하는 사람(이하 "안전보건관리담당자"라 한다)을 두어야 한다. 다만, 안전관리자 또는 보건관리자가 있거나 이를 두어야 하는 경우에는 그러하지 아니하다.

《벌칙》 위반자는 500만원이하의 과태료(법제175조제5항)

② 안전보건관리담당자를 두어야 하는 사업의 종류와 사업장의 상시근로자 수, 안전보다. 이 경우 "별표3"은 "별표5"로, "안전관리자"는 "보건관리자"로, "안전관리"는 "보건관리"로, "법제17조제4항"은 "법제18조제4항"으로, "안전관리전문기관"은 "보건관리전문기관"으로 본다.

제21조【보건관리자의 자격】 보건관리자의 자격은 별표6과 같다.

제22조【보건관리자의 업무 등】 ① 보건관리자의 업무는 다음 각 호와 같다.

1. 산업안전보건위원회 또는 노사협의체에서 심의·의결한 업무와 안전보건관리규정 및 취업규칙에서 정한 업무
2. 안전인증대상기계등과 자율안전확인대상기계등 중 보건과 관련된 보호구(保護具) 구입 시 적격품 선정에 관한 보좌 및 지도·조언
3. 법제36조에 따른 위험성평가에 관한 보좌 및 지도·조언
4. 법제110조에 따라 작성된 물질안전보건자료의 게시 또는 비치에 관한 보좌 및 지도·조언
5. 제31조제1항에 따른 산업보건의의 직무(보건관리자가 별표6제2호에 해당하는 사람인 경우로 한정한다)

법 률	시 행 령	시 행 규 칙
건관리담당자의 수·자격·업무·권한·선임방법, 그 밖에 필요한 사항은 대통령령으로 정한다. ③ 고용노동부장관은 산업재해 예방을 위하여 필요한 경우로서 고용노동부령으로 정하는 사유에 해당하는 경우에는 사업주에게 안전보건관리담당자를 제2항에 따라 대통령령으로 정하는 수 이상으로 늘리거나 교체할 것을 명할 수 있다. 《벌칙》 위반자는 500만원이하의 과태료(법제175조제5항제2호) ④ 대통령령으로 정하는 사업의 종류 및 사업장의 상시근로자 수에 해당하는 사업장의 사업주는 안전관리전문기관 또는 보건관리전문기관에 안전보건관리담당자의 업무를 위탁할 수 있다. **제20조 【안전관리자 등의 지도·조언】** 사업주, 안전보건관리책임자 및 관리감독자는 다음 각 호의 어느 하나에 해당하는 자가 제15조제1항 각 호의 사항 중 안전 또는 보건에 관한 기술적인 사항에 관하여 지도·조언하는 경우에는 이에 상응하는 적절한 조치를 하여야 한다.	6. 해당 사업장 보건교육계획의 수립 및 보건교육 실시에 관한 보좌 및 지도·조언 7. 해당 사업장의 근로자를 보호하기 위한 다음 각 목의 조치에 해당하는 의료행위(보건관리자가 별표6제2호 또는 제3호에 해당하는 경우로 한정한다) 가. 자주 발생하는 가벼운 부상에 대한 치료 나. 응급처치가 필요한 사람에 대한 처치 다. 부상·질병의 악화를 방지하기 위한 처치 라. 건강진단 결과 발견된 질병자의 요양 지도 및 관리 마. 가목부터 라목까지의 의료행위에 따르는 의약품의 투여 8. 작업장 내에서 사용되는 전체 환기장치 및 국소 배기장치 등에 관한 설비의 점검과 작업방법의 공학적 개선에 관한 보좌 및 지도·조언 9. 사업장 순회점검, 지도 및 조치 건의 10. 산업재해 발생의 원인 조사·분석 및 재발 방지를 위한 기술적 보좌 및 지도·조언 11. 산업재해에 관한 통계의 유지·관리·분	

1. 안전관리자 2. 보건관리자 3. 안전보건관리담당자 4. 안전관리전문기관 또는 보건관리전문기관 (해당 업무를 위탁받은 경우에 한정한다)	석을 위한 보좌 및 지도·조언 12. 법 또는 법에 따른 명령으로 정한 보건에 관한 사항의 이행에 관한 보좌 및 지도·조언 13. 업무 수행 내용의 기록·유지 14. 그 밖에 보건과 관련된 작업관리 및 작업환경관리에 관한 사항으로서 고용노동부장관이 정하는 사항 ② 보건관리자는 제1항 각 호에 따른 업무를 수행할 때에는 안전관리자와 협력해야 한다. ③ 사업주는 보건관리자가 제1항에 따른 업무를 원활하게 수행할 수 있도록 권한·시설·장비·예산, 그 밖의 업무 수행에 필요한 지원을 해야 한다. 이 경우 보건관리자가 별표 6제2호 또는 제3호에 해당하는 경우에는 고용노동부령으로 정하는 시설 및 장비를 지원해야 한다. ④ 보건관리자의 배치 및 평가·지도에 관하여는 제18조제2항 및 제3항을 준용한다. 이 경우 "안전관리자"는 "보건관리자"로, "안전관리"는 "보건관리"로 본다. **제23조【보건관리자 업무의 위탁 등】** ① 법 제18조제4항에 따라 보건관리자의 업무를	

법 률	시 행 령	시 행 규 칙
	위탁할 수 있는 보건관리전문기관은 지역별 보건관리전문기관과 업종별·유해인자별 보건관리전문기관으로 구분한다. ② 법제18조제4항에서 "대통령령으로 정하는 사업의 종류 및 사업장의 상시근로자 수에 해당하는 사업장"이란 다음 각 호의 어느 하나에 해당하는 사업장을 말한다. 1. 건설업을 제외한 사업(업종별·유해인자별 보건관리전문기관의 경우에는 고용노동부령으로 정하는 사업을 말한다)으로서 상시근로자 300명 미만을 사용하는 사업장 2. 외딴곳으로서 고용노동부장관이 정하는 지역에 있는 사업장 ③ 보건관리자 업무의 위탁에 관하여는 제19조제2항을 준용한다. 이 경우 "법제17조제4항 및 이 조제1항"은 "법제18조제4항 및 이 조제2항"으로, "안전관리자"는 "보건관리자"로, "안전관리전문기관"은 "보건관리전문기관"으로 본다. **제24조【안전보건관리담당자의 선임 등】** ① 다음 각 호의 어느 하나에 해당하는 사업의 사업주는 법제19조제1항에 따라 상시근로	

자 20명 이상 50명 미만인 사업장에 안전보건관리담당자를 1명 이상 선임해야 한다.

1. 제조업
2. 임업
3. 하수, 폐수 및 분뇨 처리업
4. 폐기물 수집, 운반, 처리 및 원료 재생업
5. 환경 정화 및 복원업

② 안전보건관리담당자는 해당 사업장 소속 근로자로서 다음 각 호의 어느 하나에 해당하는 요건을 갖추어야 한다.

1. 제17조에 따른 안전관리자의 자격을 갖추었을 것
2. 제21조에 따른 보건관리자의 자격을 갖추었을 것
3. 고용노동부장관이 정하여 고시하는 안전보건교육을 이수했을 것

③ 안전보건관리담당자는 제25조 각 호에 따른 업무에 지장이 없는 범위에서 다른 업무를 겸할 수 있다.

④ 사업주는 제1항에 따라 안전보건관리담당자를 선임한 경우에는 그 선임 사실 및 제25조제1항 각 호에 따른 업무를 수행했음을 증명할 수 있는 서류를 갖추어 두어야 한다.

제25조【안전보건관리담당자의 업무】 안전보

법 률	시 행 령	시 행 규 칙
	건관리담당자의 업무는 다음 각 호와 같다. (개정 2020.9.8.) 1. 법제29조에 따른 안전보건교육 실시에 관한 보좌 및 지도·조언 2. 법제36조에 따른 위험성평가에 관한 보좌 및 지도·조언 3. 법제125조에 따른 작업환경측정 및 개선에 관한 보좌 및 지도·조언 4. 법제129조부터 제131조까지의 규정에 따른 각종 건강진단에 관한 보좌 및 지도·조언 5. 산업재해 발생의 원인 조사, 산업재해 통계의 기록 및 유지를 위한 보좌 및 지도·조언 6. 산업 안전·보건과 관련된 안전장치 및 보호구 구입 시 적격품 선정에 관한 보좌 및 지도·조언 **제26조【안전보건관리담당자 업무의 위탁 등】** ① 법제19조제4항에서 "대통령령으로 정하는 사업의 종류 및 사업장의 상시근로자 수에 해당하는 사업장"이란제24조제1항에 따라 안전보건관리담당자를 선임해야 하는 사업장을 말한다.	

제21조【안전관리전문기관 등】 ① 안전관리전문기관 또는 보건관리전문기관이 되려는 자는 대통령령으로 정하는 인력·시설 및 장비 등의 요건을 갖추어 고용노동부장관의 지정을 받아야 한다.

② 고용노동부장관은 안전관리전문기관 또는 보건관리전문기관에 대하여 평가하고 그 결과를 공개할 수 있다. 이 경우 평가의 기준·방법 및 결과의 공개에 필요한 사항은 고용노동부령으로 정한다.

③ 안전관리전문기관 또는 보건관리전문기관의 지정 절차, 업무 수행에 관한 사항, 위탁받은 업무를 수행할 수 있는 지역, 그 밖에 필요한 사항은 고용노동부령으로 정한다.

④ 고용노동부장관은 안전관리전문기관 또는 보건관리전문기관이 다음 각 호의 어느 하나에 해당할 때에는 그 지정을 취소하거

② 안전보건관리담당자 업무의 위탁에 관하여는 제19조제2항을 준용한다. 이 경우 "법제17조제4항 및 이 조제1항"은 "법제19조제4항 및 이 조제1항"으로, "안전관리자"는 "안전보건관리담당자"로, "안전관리전문기관"은 "안전관리전문기관 또는 보건관리전문기관"으로 본다.

제27조【안전관리전문기관 등의 지정 요건】

① 법제21조제1항에 따라 안전관리전문기관으로 지정받을 수 있는 자는 다음 각 호의 어느 하나에 해당하는 자로서 별표7에 따른 인력·시설 및 장비를 갖춘 자로 한다.

1. 법제145조제1항에 따라 등록한 산업안전지도사(건설안전 분야의 산업안전지도사는 제외한다)
2. 안전관리 업무를 하려는 법인

② 법제21조제1항에 따라 보건관리전문기관으로 지정받을 수 있는 자는 다음 각 호의 어느 하나에 해당하는 자로서 별표8에 따른 인력·시설 및 장비를 갖춘 자로 한다.

1. 법제145조제1항에 따라 등록한 산업보건지도사
2. 국가 또는 지방자치단체의 소속기관
3. 「의료법」에 따른 종합병원 또는 병원

제17조【안전관리·보건관리전문기관의 평가기준 등】 ① 공단이 법제21조제2항에 따라 안전관리전문기관 또는 보건관리전문기관을 평가하는 기준은 다음 각 호와 같다.

1. 인력·시설 및 장비의 보유 수준과 그에 대한 관리능력
2. 기술지도의 충실성을 포함한 안전관리·보건관리 업무 수행능력
3. 안전관리·보건관리 업무를 위탁한 사업장의 만족도

② 공단은 안전관리전문기관 또는 보건관리전문기관에 대한 평가를 위하여 필요한 경우 안전관리전문기관 또는 보건관리전문기관에 자료의 제출을 요구할 수 있다. 이 경우 안전관리전문기관 또는 보건관리전문기관은 특별한 사정이 없는 한 요구받은 자료를 공단에 제출해야 한다.

법 률	시 행 령	시 행 규 칙
나 6개월 이내의 기간을 정하여 그 업무의 정지를 명할 수 있다. 다만, 제1호 또는 제2호에 해당할 때에는 그 지정을 취소하여야 한다. 1. 거짓이나 그 밖의 부정한 방법으로 지정을 받은 경우 2. 업무정지 기간 중에 업무를 수행한 경우 3. 제1항에 따른 지정 요건을 충족하지 못한 경우 4. 지정받은 사항을 위반하여 업무를 수행한 경우 5. 그 밖에 대통령령으로 정하는 사유에 해당하는 경우 ⑤ 제4항에 따라 지정이 취소된 자는 지정이 취소된 날부터 2년 이내에는 각각 해당 안전관리전문기관 또는 보건관리전문기관으로 지정받을 수 없다.	4. 「고등교육법」 제2조제1호부터 제6호까지의 규정에 따른 대학 또는 그 부속기관 5. 보건관리 업무를 하려는 법인 **제28조【안전관리전문기관 등의 지정 취소 등의 사유】** 법제21조제4항제5호에서 "대통령령으로 정하는 사유에 해당하는 경우"란 다음 각 호의 경우를 말한다. 1. 안전관리 또는 보건관리 업무 관련 서류를 거짓으로 작성한 경우 2. 정당한 사유 없이 안전관리 또는 보건관리 업무의 수탁을 거부한 경우 3. 위탁받은 안전관리 또는 보건관리 업무에 차질을 일으키거나 업무를 게을리한 경우 4. 안전관리 또는 보건관리 업무를 수행하지 않고 위탁 수수료를 받은 경우 5. 안전관리 또는 보건관리 업무와 관련된 비치서류를 보존하지 않은 경우 6. 안전관리 또는 보건관리 업무 수행과 관련한 대가 외에 금품을 받은 경우 7. 법에 따른 관계 공무원의 지도·감독을 거부·방해 또는 기피한 경우	③ 안전관리전문기관 또는 보건관리전문기관에 대한 평가는 서면조사 및 방문조사의 방법으로 실시한다. ④ 공단은 안전관리전문기관 또는 보건관리전문기관에 대한 평가를 실시한 경우 그 평가 결과를 해당 안전관리전문기관 또는 보건관리전문기관에 서면으로 통보해야 한다. ⑤ 제4항에 따라 평가 결과를 통보받은 평가대상기관은 평가 결과를 통보받은 날부터 7일 이내에 서면으로 공단에 이의신청을 할 수 있다. 이 경우 공단은 이의신청을 받은 날부터 14일 이내에 이의신청에 대한 처리 결과를 해당 기관에 서면으로 알려야 한다. ⑥ 공단은 제5항에 따른 이의신청에 대한 결과를 반영하여 안전관리전문기관 또는 보건관리전문기관에 대한 평가 결과를 고용노동부장관에게 보고해야 한다. ⑦ 고용노동부장관 및 공단은 안전관리전문기관 또는 보건관리전문기관에 대한 평가 결과를 인터넷 홈페이지에 각각 공개해야 한다. ⑧ 제1항부터 제7항까지의 규정에서 정한 사항 외에 평가의 기준, 절차·방법 및 이의신청 절차 등에 관하여 필요한 사항은 공단

제22조 【산업보건의】 ① 사업주는 근로자의 건강관리나 그 밖에 보건관리자의 업무를 지도하기 위하여 사업장에 산업보건의를 두어야 한다. 다만, 「의료법」 제2조에 따른 의사를 보건관리자로 둔 경우에는 그러하지 아니하다.

《벌칙》 위반자는 500만원이하의 과태료(법제175조제5항)

② 제1항에 따른 산업보건의(이하 "산업보건의"라 한다)를 두어야 하는 사업의 종류와 사업장의 상시근로자 수 및 산업보건의의 자격·직무·권한·선임방법, 그 밖에 필요한 사항은 대통령령으로 정한다.

※ 참조

기업활동규제완화에 관한 특별조치법중 관련조항 발췌

제28조【기업의 자율고용】 ① 다음 각호의 어느 하나에 해당하는 자는 다음 각 호의 해당 법률에도 불구하고 채용·고용·임명·지정 또는 선임(이하 "채용"이라 한다)하지 아니할 수 있다.(개정 2019.1.15.)

1. 「산업안전보건법」 제22조제1항에 따라 사업주가 두어야 하는 산업보건의

제29조 【산업보건의의 선임 등】 ① 법제22조제1항에 따라 산업보건의를 두어야 하는 사업의 종류와 사업장은 제20조 및 별표5에 따라 보건관리자를 두어야 하는 사업으로서 상시근로자 수가 50명 이상인 사업장으로 한다. 다만, 다음 각 호의 어느 하나에 해당하는 경우는 그렇지 않다.

1. 의사를 보건관리자로 선임한 경우
2. 법제18조제4항에 따라 보건관리전문기관에 보건관리자의 업무를 위탁한 경우

② 산업보건의는 외부에서 위촉할 수 있다.

③ 사업주는 제1항 또는 제2항에 따라 산업보건의를 선임하거나 위촉했을 때에는 고용노동부령으로 정하는 바에 따라 선임하거나 위촉한 날부터 14일 이내에 고용노동부장관에게 그 사실을 증명할 수 있는 서류를 제출해야 한다.

④ 제2항에 따라 위촉된 산업보건의가 담당할 사업장 수 및 근로자 수, 그 밖에 필요한 사항은 고용노동부장관이 정한다.

제30조 【산업보건의의 자격】 산업보건의의 자격은 「의료법」에 따른 의사로서 직업환경의학과 전문의, 예방의학 전문의 또는 산

이 정하여 공개해야 한다.

제18조 【둘 이상의 관할지역에 걸치는 안전관리·보건관리전문기관의 지정】 법제21조제3항에 따라 안전관리전문기관 또는 보건관리전문기관이 둘 이상의 지방고용노동청장의 관할지역에 걸쳐서 안전관리 또는 보건관리 업무를 수행하려는 경우에는 각 관할 지방고용노동청장에게 지정신청을 해야 한다. 이 경우 해당 관할 지방고용노동청장은 상호 협의하여 그 지정 여부를 결정해야 한다.

제19조 【안전관리·보건관리전문기관의 업무 수행 지역】 법제21조제3항에 따른 안전관리전문기관 또는 보건관리전문기관이 업무를 수행할 수 있는 지역은 안전관리전문기관 또는 보건관리전문기관으로 지정한 지방고용노동청의 관할지역(지방고용노동청 소속 지방고용노동관서의 관할지역을 포함한다)으로 한다.

제20조 【안전관리·보건관리전문기관의 업무 수행 기준】 ① 법제21조제3항에 따라 안전관리전문기관 또는 보건관리전문기관은 고용노동부장관이 정하는 바에 따라 사업장의 안전관리 또는 보건관리 상태를 정기적으로 점검해야 하며, 점검 결과 법령위반사항을

법 률	시 행 령	시 행 규 칙
 제23조 【명예산업안전감독관】 ① 고용노동부장관은 산업재해 예방활동에 대한 참여와 지원을 촉진하기 위하여 근로자, 근로자단체, 사업주단체 및 산업재해 예방 관련 전문단체에 소속된 사람 중에서 명예산업안전감독관을 위촉할 수 있다.	업보건에 관한 학식과 경험이 있는 사람으로 한다. 제31조 【산업보건의의 직무 등】 ① 산업보건의의 직무 내용은 다음 각 호와 같다. 1. 법제134조에 따른 건강진단 결과의 검토 및 그 결과에 따른 작업 배치, 작업 전환 또는 근로시간의 단축 등 근로자의 건강보호 조치 2. 근로자의 건강장해의 원인 조사와 재발 방지를 위한 의학적 조치 3. 그 밖에 근로자의 건강 유지 및 증진을 위하여 필요한 의학적 조치에 관하여 고용노동부장관이 정하는 사항 ② 산업보건의에 대한 지원에 관하여는 제14조제2항을 준용한다. 이 경우 "안전보건관리책임자"는 "산업보건의"로, "법제15조제1항"은 "제1항"으로 본다. 제32조 【명예산업안전감독관 위촉 등】 ① 고용노동부장관은 다음 각 호의 어느 하나에 해당하는 사람 중에서 법제23조제1항에 따른 명예산업안전감독관(이하 "명예산업안전감독관"이라 한다)을 위촉할 수 있다. 1. 산업안전보건위원회 구성 대상 사업의	발견한 경우에는 그 위반사항과 구체적인 개선 대책을 해당 사업주에게 지체 없이 통보해야 한다. ② 안전관리전문기관 또는 보건관리전문기관은 고용노동부장관이 정하는 바에 따라 매월 안전관리·보건관리 상태에 관한 보고서를 작성하여 다음 달 10일까지 고용노동부장관이 정하는 전산시스템에 등록하고 사업주에게 제출해야 한다. ③ 안전관리전문기관 또는 보건관리전문기관은 고용노동부장관이 정하는 바에 따라 안전관리·보건관리 업무의 수행 내용, 점검결과 및 조치 사항 등을 기록한 사업장관리카드를 작성하여 갖추어 두어야 하며, 해당 사업장의 안전관리·보건관리 업무를 그만두게 된 경우에는 사업장관리카드를 해당 사업장의 사업주에게 제공하여 안전 또는 보건에 관한 사항이 지속적으로 관리될 수 있도록 해야 한다. 제21조 【안전관리·보건관리전문기관의 비치서류】 법제21조제3항에 따라 안전관리전문기관 또는 보건관리전문기관은 다음 각 호의 서류를 갖추어 두고 3년간 보존해야 한다.

법	시행령	시행규칙
② 사업주는 제1항에 따른 명예산업안전감독관(이하 "명예산업안전감독관"이라 한다)에 대하여 직무 수행과 관련한 사유로 불리한 처우를 해서는 아니 된다. ③ 명예산업안전감독관의 위촉 방법, 업무, 그 밖에 필요한 사항은 대통령령으로 정한다.	근로자 또는 노사협의체 구성·운영 대상 건설공사의 근로자 중에서 근로자대표(해당 사업장에 단위 노동조합의 산하 노동단체가 그 사업장 근로자의 과반수로 조직되어 있는 경우에는 지부·분회 등 명칭이 무엇이든 관계없이 해당 노동단체의 대표자를 말한다. 이하 같다)가 사업주의 의견을 들어 추천하는 사람 2. 「노동조합 및 노동관계조정법」 제10조에 따른 연합단체인 노동조합 또는 그 지역 대표기구에 소속된 임직원 중에서 해당 연합단체인 노동조합 또는 그 지역 대표기구가 추천하는 사람 3. 전국 규모의 사업주단체 또는 그 산하조직에 소속된 임직원 중에서 해당 단체 또는 그 산하조직이 추천하는 사람 4. 산업재해 예방 관련 업무를 하는 단체 또는 그 산하조직에 소속된 임직원 중에서 해당 단체 또는 그 산하조직이 추천하는 사람 ② 명예산업안전감독관의 업무는 다음 각 호와 같다. 이 경우 제1항제1호에 따라 위촉된 명예산업안전감독관의 업무 범위는 해당 사업장에서의 업무(제8호는 제외한다)	1. 안전관리 또는 보건관리 업무 수탁에 관한 서류 2. 그 밖에 안전관리전문기관 또는 보건관리전문기관의 직무수행과 관련되는 서류 **제22조【안전관리·보건관리전문기관의 지도·감독】** ① 고용노동부장관 또는 지방고용노동청장은 안전관리전문기관 또는 보건관리전문기관에 대하여 지도·감독을 해야 한다. ② 제1항에 따른 지도·감독의 기준과 그 밖에 필요한 사항은 고용노동부장관이 정한다.

법 률	시 행 령	시 행 규 칙
	로 한정하며, 제1항제2호부터 제4호까지의 규정에 따라 위촉된 명예산업안전감독관의 업무 범위는 제8호부터 제10호까지의 규정에 따른 업무로 한정한다. 1. 사업장에서 하는 자체점검 참여 및 「근로기준법」 제101조에 따른 근로감독관(이하 "근로감독관"이라 한다)이 하는 사업장 감독 참여 2. 사업장 산업재해 예방계획 수립 참여 및 사업장에서 하는 기계·기구 자체검사 참석 3. 법령을 위반한 사실이 있는 경우 사업주에 대한 개선 요청 및 감독기관에의 신고 4. 산업재해 발생의 급박한 위험이 있는 경우 사업주에 대한 작업중지 요청 5. 작업환경측정, 근로자 건강진단 시의 참석 및 그 결과에 대한 설명회 참여 6. 직업성 질환의 증상이 있거나 질병에 걸린 근로자가 여러 명 발생한 경우 사업주에 대한 임시건강진단 실시 요청 7. 근로자에 대한 안전수칙 준수 지도 8. 법령 및 산업재해 예방정책 개선 건의 9. 안전·보건 의식을 북돋우기 위한 활동	

등에 대한 참여와 지원

10. 그 밖에 산업재해 예방에 대한 홍보 등 산업재해 예방업무와 관련하여 고용노동부장관이 정하는 업무

③ 명예산업안전감독관의 임기는 2년으로 하되, 연임할 수 있다.

④ 고용노동부장관은 명예산업안전감독관의 활동을 지원하기 위하여 수당 등을 지급할 수 있다.

⑤ 제1항부터 제4항까지에서 규정한 사항 외에 명예산업안전감독관의 위촉 및 운영 등에 필요한 사항은 고용노동부장관이 정한다.

제33조【명예산업안전감독관의 해촉】 고용노동부장관은 다음 각 호의 어느 하나에 해당하는 경우에는 명예산업안전감독관을 해촉(解囑)할 수 있다.

1. 근로자대표가 사업주의 의견을 들어 제32조제1항제1호에 따라 위촉된 명예산업안전감독관의 해촉을 요청한 경우
2. 제32조제1항제2호부터 제4호까지의 규정에 따라 위촉된 명예산업안전감독관이 해당 단체 또는 그 산하조직으로부터 퇴직하거나 해임된 경우
3. 명예산업안전감독관의 업무와 관련하

법 률	시 행 령	시 행 규 칙
	여 부정한 행위를 한 경우 4. 질병이나 부상 등의 사유로 명예산업안전감독관의 업무 수행이 곤란하게 된 경우	
제24조 【산업안전보건위원회】 ① 사업주는 사업장의 안전 및 보건에 관한 중요 사항을 심의·의결하기 위하여 사업장에 근로자위원과 사용자위원이 같은 수로 구성되는 산업안전보건위원회를 구성·운영하여야 한다. 《벌칙》 위반자는 500만원이하의 과태료(법 제175조제5항) ② 사업주는 다음 각 호의 사항에 대해서는 제1항에 따른 산업안전보건위원회(이하 "산업안전보건위원회"라 한다)의 심의·의결을 거쳐야 한다. 1. 제15조제1항제1호부터 제5호까지 및 제7호에 관한 사항 2. 제15조제1항제6호에 따른 사항 중 중대재해에 관한 사항 3. 유해하거나 위험한 기계·기구·설비를 도입한 경우 안전 및 보건 관련 조치에 관한 사항 4. 그 밖에 해당 사업장 근로자의 안전 및 보건을 유지·증진시키기 위하여 필요한	**제34조 【산업안전보건위원회 구성 대상】** 법 제24조제1항에 따라 산업안전보건위원회를 구성해야 할 사업의 종류 및 사업장의 상시 근로자 수는 별표9와 같다. **제35조 【산업안전보건위원회의 구성】** ① 산업안전보건위원회의 근로자위원은 다음 각 호의 사람으로 구성한다. 1. 근로자대표 2. 명예산업안전감독관이 위촉되어 있는 사업장의 경우 근로자대표가 지명하는 1명 이상의 명예산업안전감독관 3. 근로자대표가 지명하는 9명(근로자인 제2호의 위원이 있는 경우에는 9명에서 그 위원의 수를 제외한 수를 말한다) 이내의 해당 사업장의 근로자 ② 산업안전보건위원회의 사용자위원은 다음 각 호의 사람으로 구성한다. 다만, 상시 근로자 50명 이상 100명 미만을 사용하는 사업장에서는 제5호에 해당하는 사람을 제외하고 구성할 수 있다.	**제23조 【산업보건의 선임 등 보고】** 사업주가 영제29조제3항에 따라 산업보건의를 선임하거나 위촉(다시 선임하거나 위촉하는 경우를 포함한다)하는 경우에는 별지 제2호서식의 안전관리자·보건관리자·산업보건의 선임 등 보고서 또는 별지 제3호서식의 안전관리자·보건관리자·산업보건의 선임 등 보고서(건설업)를 관할 지방고용노동관서의 장에게 제출해야 한다. **제24조 【근로자위원의 지명】** 영제35조제1항제3호에 따라 근로자대표가 근로자위원을 지명하는 경우에 근로자대표는 조합원인 근로자와 조합원이 아닌 근로자의 비율을 반영하여 근로자위원을 지명하도록 노력해야 한다.

사항

③ 산업안전보건위원회는 대통령령으로 정하는 바에 따라 회의를 개최하고 그 결과를 회의록으로 작성하여 보존하여야 한다.

④ 사업주와 근로자는 제2항에 따라 산업안전보건위원회가 심의·의결한 사항을 성실하게 이행하여야 한다.

《벌칙》 위반자는 500만원이하의 과태료(법제175조제5항)

⑤ 산업안전보건위원회는 이 법, 이 법에 따른 명령, 단체협약, 취업규칙 및 제25조에 따른 안전보건관리규정에 반하는 내용으로 심의·의결해서는 아니 된다.

⑥ 사업주는 산업안전보건위원회의 위원에게 직무 수행과 관련한 사유로 불리한 처우를 해서는 아니 된다.

⑦ 산업안전보건위원회를 구성하여야 할 사업의 종류 및 사업장의 상시근로자 수, 산업안전보건위원회의 구성·운영 및 의결되지 아니한 경우의 처리방법, 그 밖에 필요한 사항은 대통령령으로 정한다.

1. 해당 사업의 대표자(같은 사업으로서 다른 지역에 사업장이 있는 경우에는 그 사업장의 안전보건관리책임자를 말한다. 이하 같다)
2. 안전관리자(제16조제1항에 따라 안전관리자를 두어야 하는 사업장으로 한정하되, 안전관리자의 업무를 안전관리전문기관에 위탁한 사업장의 경우에는 그 안전관리전문기관의 해당 사업장 담당자를 말한다) 1명
3. 보건관리자(제20조제1항에 따라 보건관리자를 두어야 하는 사업장으로 한정하되, 보건관리자의 업무를 보건관리전문기관에 위탁한 사업장의 경우에는 그 보건관리전문기관의 해당 사업장 담당자를 말한다) 1명
4. 산업보건의(해당 사업장에 선임되어 있는 경우로 한정한다)
5. 해당 사업의 대표자가 지명하는 9명 이내의 해당 사업장 부서의 장

③ 제1항 및 제2항에도 불구하고 법제69조제1항에 따른 건설공사도급인(이하 "건설공사도급인"이라 한다)이 법제64조제1항제1호에 따른 안전 및 보건에 관한 협의체를 구성한 경

법 률	시 행 령	시 행 규 칙
	우에는 산업안전보건위원회의 위원을 다음 각 호의 사람을 포함하여 구성할 수 있다. 1. 근로자위원: 도급 또는 하도급 사업을 포함한 전체 사업의 근로자대표, 명예산업안전감독관 및 근로자대표가 지명하는 해당 사업장의 근로자 2. 사용자위원: 도급인 대표자, 관계수급인의 각 대표자 및 안전관리자 **제36조 【산업안전보건위원회의 위원장】** 산업안전보건위원회의 위원장은 위원 중에서 호선(互選)한다. 이 경우 근로자위원과 사용자위원 중 각 1명을 공동위원장으로 선출할 수 있다. **제37조 【산업안전보건위원회의 회의 등】** ① 법제24조제3항에 따라 산업안전보건위원회의 회의는 정기회의와 임시회의로 구분하되, 정기회의는 분기마다 산업안전보건위원회의 위원장이 소집하며, 임시회의는 위원장이 필요하다고 인정할 때에 소집한다. ② 회의는 근로자위원 및 사용자위원 각 과반수의 출석으로 개의(開議)하고 출석위원 과반수의 찬성으로 의결한다. ③ 근로자대표, 명예산업안전감독관, 해당	

사업의 대표자, 안전관리자 또는 보건관리자는 회의에 출석할 수 없는 경우에는 해당 사업에 종사하는 사람 중에서 1명을 지정하여 위원으로서의 직무를 대리하게 할 수 있다.
④ 산업안전보건위원회는 다음 각 호의 사항을 기록한 회의록을 작성하여 갖추어 두어야 한다.
1. 개최 일시 및 장소
2. 출석위원
3. 심의 내용 및 의결·결정 사항
4. 그 밖의 토의사항

제38조【의결되지 않은 사항 등의 처리】 ① 산업안전보건위원회는 다음 각 호의 어느 하나에 해당하는 경우에는 근로자위원과 사용자위원의 합의에 따라 산업안전보건위원회에 중재기구를 두어 해결하거나 제3자에 의한 중재를 받아야 한다.
1. 법제24조제2항 각 호에 따른 사항에 대하여 산업안전보건위원회에서 의결하지 못한 경우
2. 산업안전보건위원회에서 의결된 사항의 해석 또는 이행방법 등에 관하여 의견이 일치하지 않는 경우

② 제1항에 따른 중재 결정이 있는 경우에는 산

법 률	시 행 령	시 행 규 칙
	업안전보건위원회의 의결을 거친 것으로 보며, 사업주와 근로자는 그 결정에 따라야 한다. **제39조 【회의 결과 등의 공지】** 산업안전보건위원회의 위원장은 산업안전보건위원회에서 심의·의결된 내용 등 회의 결과와 중재 결정된 내용 등을 사내방송이나 사내보(社內報), 게시 또는 자체 정례조회, 그 밖의 적절한 방법으로 근로자에게 신속히 알려야 한다.	
제2절 안전보건관리규정		제2절 안전보건관리규정
제25조 【안전보건관리규정의 작성】 ① 사업주는 사업장의 안전 및 보건을 유지하기 위하여 다음 각 호의 사항이 포함된 안전보건관리규정을 작성하여야 한다. 1. 안전 및 보건에 관한 관리조직과 그 직무에 관한 사항 2. 안전보건교육에 관한 사항 3. 작업장의 안전 및 보건 관리에 관한 사항 4. 사고 조사 및 대책 수립에 관한 사항 5. 그 밖에 안전 및 보건에 관한 사항 《벌칙》 위반자는 500만원이하의 과태료(법 제175조제5항) ② 제1항에 따른 안전보건관리규정(이하		**제25조 【안전보건관리규정의 작성】** ① 법 제25조제3항에 따라 안전보건관리규정을 작성해야 할 사업의 종류 및 상시근로자 수는 별표2와 같다. ② 제1항에 따른 사업의 사업주는 안전보건관리규정을 작성해야 할 사유가 발생한 날부터 30일 이내에 별표3의 내용을 포함한 안전보건관리규정을 작성해야 한다. 이를 변경할 사유가 발생한 경우에도 또한 같다. ③ 사업주가 제2항에 따라 안전보건관리규정을 작성할 때에는 소방·가스·전기·교통 분야 등의 다른 법령에서 정하는 안전관리에 관한 규정과 통합하여 작성할 수 있다.

"안전보건관리규정"이라 한다)은 단체협약 또는 취업규칙에 반할 수 없다. 이 경우 안전보건관리규정 중 단체협약 또는 취업규칙에 반하는 부분에 관하여는 그 단체협약 또는 취업규칙으로 정한 기준에 따른다.

③ 안전보건관리규정을 작성하여야 할 사업의 종류, 사업장의 상시근로자 수 및 안전보건관리규정에 포함되어야 할 세부적인 내용, 그 밖에 필요한 사항은 고용노동부령으로 정한다.

제26조 【안전보건관리규정의 작성·변경 절차】 사업주는 안전보건관리규정을 작성하거나 변경할 때에는 산업안전보건위원회의 심의·의결을 거쳐야 한다. 다만, 산업안전보건위원회가 설치되어 있지 아니한 사업장의 경우에는 근로자대표의 동의를 받아야 한다.
《벌칙》 위반자는 500만원이하의 과태료(법 제175조제5항)

제27조 【안전보건관리규정의 준수】 사업주와 근로자는 안전보건관리규정을 지켜야 한다.

제28조 【다른 법률의 준용】 안전보건관리규정에 관하여 이 법에서 규정한 것을 제외하고는 그 성질에 반하지 아니하는 범위에서 「근로기준법」 중 취업규칙에 관한 규정을

※ 참조

기업활동규제완화에 관한 특별조치법중 관련조항 발췌

제55조의6 【안전관리규정등의 통합작성】 「고압가스안전관리법」 제13조의2제1항에 따라 안전성향상계획을 제출하여야 하는 자가 같은 법 제11조제1항에 따른 안전관리규정에 다음 각호의 사항을 포함하여 작성한 경우에는 그가 「위험물안전관리법」에 따른 예방규정을 정하거나 「산업안전보건법」 제25조에 따른 안전보건관리규정을 작성한 것으로 본다.(개정 2019.1.15.)

1. 「위험물안전관리법」 제17조에 따른 예방규정에 관한 사항
2. 「산업안전보건법」 제25조에 따른 안전보건관리규정에 관한 사항

법 률	시 행 령	시 행 규 칙
준용한다. **제3장 안전보건교육** 제29조 【근로자에 대한 안전보건교육】 ① 사업주는 소속 근로자에게 고용노동부령으로 정하는 바에 따라 정기적으로 안전보건교육을 하여야 한다. ② 사업주는 근로자를 채용할 때와 작업내용을 변경할 때에는 그 근로자에게 고용노동부령으로 정하는 바에 따라 해당 작업에 필요한 안전보건교육을 하여야 한다. 다만, 제31조제1항에 따른 안전보건교육을 이수한 건설 일용근로자를 채용하는 경우에는 그러하지 아니하다. 〈개정 2020.6.9.〉 《벌칙》 제1항, 제2항 위반자는 500만원이하의 과태료(법 제175조제5항) ③ 사업주는 근로자를 유해하거나 위험한 작업에 채용하거나 그 작업으로 작업내용을 변경할 때에는 제2항에 따른 안전보건교육 외에 고용노동부령으로 정하는 바에 따라 유해하거나 위험한 작업에 필요한 안전보건교육을 추가로 하여야 한다.	**제3장 안전보건교육**	**제3장 안전보건교육** 제26조 【교육시간 및 교육내용】 ① 법제29조제1항부터 제3항까지의 규정에 따라 사업주가 근로자에게 실시해야 하는 안전보건교육의 교육시간은 별표4와 같고, 교육내용은 별표5와 같다. 이 경우 사업주가 법제29조제3항에 따른 유해하거나 위험한 작업에 필요한 안전보건교육(이하 "특별교육"이라 한다)을 실시한 때에는 해당 근로자에 대하여 법제29조제2항에 따라 채용할 때 해야 하는 교육(이하 "채용 시 교육"이라 한다) 및 작업내용을 변경할 때 해야 하는 교육(이하 "작업내용 변경 시 교육"이라 한다)을 실시한 것으로 본다. ② 제1항에 따른 교육을 실시하기 위한 교육방법과 그 밖에 교육에 필요한 사항은 고용노동부장관이 정하여 고시한다. ③ 사업주가 법제29조제1항부터 제3항까지의 규정에 따른 안전보건교육을 자체적으로 실시하는 경우에 교육을 할 수 있는 사람은

《벌칙》 위반자는 3천만원이하의 과태료(법제175조제2항)

④ 사업주는 제1항부터 제3항까지의 규정에 따른 안전보건교육을 제33조에 따라 고용노동부장관에게 등록한 안전보건교육기관에 위탁할 수 있다.

다음 각 호의 어느 하나에 해당하는 사람으로 한다.

1. 다음 각 목의 어느 하나에 해당하는 사람
   가. 법제15조제1항에 따른 안전보건관리책임자
   나. 법제16조제1항에 따른 관리감독자
   다. 법제17조제1항에 따른 안전관리자(안전관리전문기관에서 안전관리자의 위탁업무를 수행하는 사람을 포함한다)
   라. 법제18조제1항에 따른 보건관리자(보건관리전문기관에서 보건관리자의 위탁업무를 수행하는 사람을 포함한다)
   마. 법제19조제1항에 따른 안전보건관리담당자(안전관리전문기관 및 보건관리전문기관에서 안전보건관리담당자의 위탁업무를 수행하는 사람을 포함한다)
   바. 법제22조제1항에 따른 산업보건의
2. 공단에서 실시하는 해당 분야의 강사요원 교육과정을 이수한 사람
3. 법제142조에 따른 산업안전지도사 또는

법 률	시 행 령	시 행 규 칙
		산업보건지도사(이하 "지도사"라 한다) 4. 산업안전보건에 관하여 학식과 경험이 있는 사람으로서 고용노동부장관이 정하는 기준에 해당하는 사람 **제27조【안전보건교육의 면제】** ① 전년도에 산업재해가 발생하지 않은 사업장의 사업주의 경우 법제29조제1항에 따른 근로자 정기교육(이하 "근로자 정기교육"이라 한다)을 그 다음 연도에 한정하여 별표4에서 정한 실시기준 시간의 100분의 50 범위에서 면제할 수 있다. ② 영제16조 및 제20조에 따른 안전관리자 및 보건관리자를 선임할 의무가 없는 사업장의 사업주가 법제11조제3호에 따라 노무를 제공하는 자의 건강 유지·증진을 위하여 설치된 근로자건강센터(이하 "근로자건강센터"라 한다)에서 실시하는 안전보건교육, 건강상담, 건강관리프로그램 등 근로자 건강관리 활동에 해당 사업장의 근로자를 참여하게 한 경우에는 해당 시간을 제26조제1항에 따른 교육 중 해당 분기(관리감독자의 지위에 있는 사람의 경우 해당 연도)의 근로자 정기교육 시간에서 면제할 수 있다. 이

제30조【근로자에 대한 안전보건교육의 면제 등】 ① 사업주는 제29조제1항에도 불구하고 다음 각 호의 어느 하나에 해당하는 경우에는 같은 항에 따른 안전보건교육의 전부 또는 일부를 하지 아니할 수 있다.

1. 사업장의 산업재해 발생 정도가 고용노동부령으로 정하는 기준에 해당하는 경우
2. 근로자가 제11조제3호에 따른 시설에서 건강관리에 관한 교육 등 고용노동부령으로 정하는 교육을 이수한 경우
3. 관리감독자가 산업 안전 및 보건 업무의 전문성 제고를 위한 교육 등 고용노동부령으로 정하는 교육을 이수한 경우

② 사업주는 제29조제2항 또는 제3항에도 불구하고 해당 근로자가 채용 또는 변경된 작업에 경험이 있는 등 고용노동부령으로 정하는 경우에는 같은 조 제2항 또는 제3항에 따른 안전보건교육의 전부 또는 일부를 하지 아니할 수 있다.

경우 사업주는 해당 사업장의 근로자가 근로자건강센터에서 실시하는 건강관리 활동에 참여한 사실을 입증할 수 있는 서류를 갖춰 두어야 한다.

③ 법제30조제1항제3호에 따라 관리감독자가 다음 각 호의 어느 하나에 해당하는 교육을 이수한 경우 별표4에서 정한 근로자 정기교육시간을 면제할 수 있다.

1. 법제32조제1항 각 호 외의 부분 본문에 따라 영제40조제3항에 따른 직무교육기관(이하 "직무교육기관"이라 한다)에서 실시한 전문화교육
2. 법제32조제1항 각 호 외의 부분 본문에 따라 직무교육기관에서 실시한 인터넷 원격교육
3. 법제32조제1항 각 호 외의 부분 본문에 따라 공단에서 실시한 안전보건관리담당자 양성교육
4. 법 제98조제1항제2호에 따른 검사원 성능검사 교육
5. 그 밖에 고용노동부장관이 근로자 정기교육 면제대상으로 인정하는 교육

④ 사업주는 법제30조제2항에 따라 해당 근로자가 채용되거나 변경된 작업에 경험이 있

법 률	시 행 령	시 행 규 칙
		을 경우 채용 시 교육 또는 특별교육 시간을 다음 각 호의 기준에 따라 실시할 수 있다. 1. 「통계법」 제22조에 따라 통계청장이 고시한 한국표준산업분류의 세분류 중 같은 종류의 업종에 6개월 이상 근무한 경험이 있는 근로자를 이직 후 1년 이내에 채용하는 경우: 별표4에서 정한 채용 시 교육시간의 100분의 50 이상 2. 별표5의 특별교육 대상작업에 6개월 이상 근무한 경험이 있는 근로자가 다음 각 목의 어느 하나에 해당하는 경우: 별표4에서 정한 특별교육 시간의 100분의 50 이상 가. 근로자가 이직 후 1년 이내에 채용되어 이직 전과 동일한 특별교육 대상작업에 종사하는 경우 나. 근로자가 같은 사업장 내 다른 작업에 배치된 후 1년 이내에 배치 전과 동일한 특별교육 대상작업에 종사하는 경우 3. 채용 시 교육 또는 특별교육을 이수한 근로자가 같은 도급인의 사업장 내에서 이전에 하던 업무와 동일한 업무에 종사하는 경우: 소속 사업장의 변경에도 불

제31조【건설업 기초안전보건교육】 ① 건설업의 사업주는 건설 일용근로자를 채용할 때에는 그 근로자로 하여금 제33조에 따른 안전보건교육기관이 실시하는 안전보건교육을 이수하도록 하여야 한다. 다만, 건설 일용근로자가 그 사업주에게 채용되기 전에 안전보건교육을 이수한 경우에는 그러하지 아니하다.

《벌칙》 위반자는 500만원이하의 과태료(법제175조제5항)

② 제1항 본문에 따른 안전보건교육의 시간·내용 및 방법, 그 밖에 필요한 사항은 고용노동부령으로 정한다.

제32조【안전보건관리책임자 등에 대한 직무교육】 ① 사업주(제5호의 경우는 같은 호 각 목에 따른 기관의 장을 말한다)는 다음 각 호에 해당하는 사람에게 제33조에 따른

구하고 해당 근로자에 대한 채용 시 교육 또는 특별교육 면제

4. 그 밖에 고용노동부장관이 채용 시 교육 또는 특별교육 면제 대상으로 인정하는 교육

제28조【건설업 기초안전보건교육의 시간·내용 및 방법 등】 ① 법제31조제1항에 따라 건설 일용근로자를 채용할 때 실시하는 안전보건교육(이하 "건설업 기초안전보건교육"이라 한다)의 교육시간은 별표4에 따르고, 교육내용은 별표5에 따른다.

② 건설업 기초안전보건교육을 하기 위하여 등록한 기관(이하 "건설업 기초안전·보건교육기관"이라 한다)이 건설업 기초안전보건교육을 할 때에는 별표5의 교육내용에 적합한 교육교재를 사용해야 하고, 영 별표11의 인력기준에 적합한 사람을 배치해야 한다.

③ 제1항 및 제2항에서 정한 사항 외에 교육생 관리 등 교육에 필요한 사항은 고용노동부장관이 정하여 고시한다.

제29조【안전보건관리책임자 등에 대한 직무교육】 ① 법제32조제1항 각 호 외의 부분 본문에 따라 다음 각 호의 어느 하나에 해당하는 사람은 해당 직위에 선임(위촉의 경우

법 률	시 행 령	시 행 규 칙
안전보건교육기관에서 직무와 관련한 안전보건교육을 이수하도록 하여야 한다. 다만, 다음 각 호에 해당하는 사람이 다른 법령에 따라 안전 및 보건에 관한 교육을 받는 등 고용노동부령으로 정하는 경우에는 안전보건교육의 전부 또는 일부를 하지 아니할 수 있다. 1. 안전보건관리책임자 2. 안전관리자 3. 보건관리자 4. 안전보건관리담당자 5. 다음 각 목의 기관에서 안전과 보건에 관련된 업무에 종사하는 사람 가. 안전관리전문기관 나. 보건관리전문기관 다. 제74조에 따라 지정받은 건설재해예방전문지도기관 라. 제96조에 따라 지정받은 안전검사기관 마. 제100조에 따라 지정받은 자율안전검사기관 바. 제120조에 따라 지정받은 석면조사기관 《벌칙》 위반자는 500만원이하의 과태료(법		를 포함한다. 이하 같다)되거나 채용된 후 3개월(보건관리자가 의사인 경우는 1년을 말한다) 이내에 직무를 수행하는 데 필요한 신규교육을 받아야 하며, 신규교육을 이수한 후 매 2년이 되는 날을 기준으로 전후 3개월 사이에 고용노동부장관이 실시하는 안전보건에 관한 보수교육을 받아야 한다. 1. 법제15조제1항에 따른 안전보건관리책임자 2. 법제17조제1항에 따른 안전관리자(「기업활동 규제완화에 관한 특별조치법」 제30조제3항에 따라 안전관리자로 채용된 것으로 보는 사람을 포함한다) 3. 법제18조제1항에 따른 보건관리자 4. 법제19조제1항에 따른 안전보건관리담당자 5. 법제21조제1항에 따른 안전관리전문기관 또는 보건관리전문기관에서 안전관리자 또는 보건관리자의 위탁 업무를 수행하는 사람 6. 법제74조제1항에 따른 건설재해예방전문지도기관에서 지도업무를 수행하는 사람

제175조제5항)

《벌칙》 위반자는 300만원이하의 과태료(법제175조제6항제1호) (※제5호의 경우만 해당)

② 제1항 각 호 외의 부분 본문에 따른 안전보건교육의 시간·내용 및 방법, 그 밖에 필요한 사항은 고용노동부령으로 정한다.

7. 법 제96조제1항에 따라 지정받은 안전검사기관에서 검사업무를 수행하는 사람
8. 법제100조제1항에 따라 지정받은 자율안전검사기관에서 검사업무를 수행하는 사람
9. 법제120조제1항에 따른 석면조사기관에서 석면조사 업무를 수행하는 사람

② 제1항에 따른 신규교육 및 보수교육(이하 "직무교육"이라 한다)의 교육시간은 별표4와 같고, 교육내용은 별표5와 같다.

③ 직무교육을 실시하기 위한 집체교육, 현장교육, 인터넷원격교육 등의 교육 방법, 직무교육 기관의 관리, 그 밖에 교육에 필요한 사항은 고용노동부장관이 정하여 고시한다.

제30조【직무교육의 면제】 ① 법제32조제1항 각 호 외의 부분 단서에 따라 다음 각 호의 어느 하나에 해당하는 사람에 대해서는 직무교육 중 신규교육을 면제한다.

1. 법제19조제1항에 따른 안전보건관리담당자
2. 영 별표4제6호에 해당하는 사람
3. 영 별표4제7호에 해당하는 사람

② 영 별표4 제8호 각 목의 어느 하나에 해당하는 사람, 「기업활동 규제완화에 관한 특별조치법」 제30조제3항제4호 또는 제5

법 률	시 행 령	시 행 규 칙
		호에 따라 안전관리자로 채용된 것으로 보는 사람, 보건관리자로서 영 별표6제2호 또는 제3호에 해당하는 사람이 해당 법령에 따른 교육기관에서 제29조제2항의 교육내용 중 고용노동부장관이 정하는 내용이 포함된 교육을 이수하고 해당 교육기관에서 발행하는 확인서를 제출하는 경우에는 직무교육 중 보수교육을 면제한다. ③ 제29조제1항 각 호의 어느 하나에 해당하는 사람이 고용노동부장관이 정하여 고시하는 안전·보건에 관한 교육을 이수한 경우에는 직무교육 중 보수교육을 면제한다. **제31조【안전보건교육기관 등록신청 등】** ① 영제40조제1항 및 제3항에 따라 안전보건교육기관으로 등록하려는 자는 다음 각 호의 구분에 따라 관련 서류를 첨부하여 주된 사무소의 소재지를 관할하는 지방고용노동청장에게 제출해야 한다. 1. 영제40조제1항에 따라 근로자안전보건교육기관으로 등록하려는 자: 별지 제9호서식의 근로자안전보건교육기관 등록신청서에 다음 각 목의 서류를 첨부 가. 영제40조제1항에 따른 법인 또는 산

		업안전보건관련 학과가 있는 「고등교육법」 제2조에 따른 학교에 해당함을 증명하는 서류 나. 영 별표10에 따른 인력기준을 갖추었음을 증명할 수 있는 자 격증(국가기술자격증은 제외한다), 졸업증명서, 경력증명서 또는 재직증명서 등 서류 다. 영 별표10에 따른 시설 및 장비 기준을 갖추었음을 증명할 수 있는 서류와 시설·장비 명세서 라. 최초 1년간의 교육사업계획서 2. 영제40조제3항에 따라 직무교육기관으로 등록하려는 자: 별지 제10호서식의 직무교육기관 등록 신청서에 다음 각 목의 서류를 첨부 가. 영제40조제3항 각 호의 어느 하나에 해당함을 증명하는 서류 나. 영 별표12에 따른 인력기준을 갖추었음을 증명할 수 있는 자격증(국가기술자격증은 제외한다), 졸업증명서, 경력증명서 또는 재직증명서 등 서류 다. 영 별표12에 따른 시설 및 장비 기

법 률	시 행 령	시 행 규 칙
		준을 갖추었음을 증명할 수 있는 서류와 시설·장비 명세서 라. 최초 1년간의 교육사업계획서 ② 제1항에 따른 신청서를 제출받은 지방고용노동청장은 「전자정부법」 제36조제1항에 따른 행정정보의 공동이용을 통하여 다음 각 호의 서류를 확인해야 한다. 다만, 신청인이제1호 및 제3호의 서류의 확인에 동의하지 않는 경우에는 그 사본을 첨부하도록 해야 한다. 1. 국가기술자격증 2. 법인등기사항증명서(법인만 해당한다) 3. 사업자등록증(개인만 해당한다) ③ 지방고용노동청장은 제1항에 따른 등록 신청이 영제40조제1항 또는 제3항에 따른 등록 요건에 적합하다고 인정되면 그 신청서를 받은 날부터 20일 이내에 별지 제11호서식 또는 별지 제12호서식의 근로자안전보건교육기관 등록증 또는 직무교육기관 등록증을 신청인에게 발급해야 한다. ④ 제3항에 따라 등록증을 발급받은 사람이 등록증을 분실하거나 등록증이 훼손된 경우에는 재발급 신청을 할 수 있다.

제33조 【안전보건교육기관】 ①제29조제1항부터 제3항까지의 규정에 따른 안전보건교육, 제31조제1항 본문에 따른 안전보건교육 또는 제32조제1항 각 호 외의 부분 본문에 따른 안전보건교육을 하려는 자는 대통령령으로 정하는 인력·시설 및 장비 등의 요건을 갖추어 고용노동부장관에게 등록하여야 한다. 등록한 사항 중 대통령령으로 정하는 중요한 사항을 변경할 때에도 또한 같다.

② 고용노동부장관은 제1항에 따라 등록한 자(이하 "안전보건교육기관"이라 한다)에 대하여 평가하고 그 결과를 공개할 수 있다. 이 경우 평가의 기준·방법 및 결과의 공개에 필요한 사항은 고용노동부령으로 정한다.

③ 제1항에 따른 등록 절차 및 업무 수행에 관한 사항, 그 밖에 필요한 사항은 고용노동부령으로 정한다.

④ 안전보건교육기관에 대해서는 제21조제4항 및 제5항을 준용한다. 이 경우 "안전관리전문기관 또는 보건관리전문기관"은 "안전보건교육기관"으로, "지정"은 "등록"으로 본다.

제40조 【안전보건교육기관의 등록 및 취소】

① 법제33조제1항 전단에 따라 법제29조제1항부터 제3항까지의 규정에 따른 안전보건교육에 대한 안전보건교육기관(이하 "근로자안전보건교육기관"이라 한다)으로 등록하려는 자는 법인 또는 산업 안전·보건 관련 학과가 있는 「고등교육법」 제2조에 따른 학교로서 별표10에 따른 인력·시설 및 장비 등을 갖추어야 한다.

② 법제33조제1항 전단에 따라 법제31조제1항 본문에 따른 안전보건교육에 대한 안전보건교육기관으로 등록하려는 자는 법인 또는 산업 안전·보건 관련 학과가 있는 「고등교육법」 제2조에 따른 학교로서 별표11에 따른 인력·시설 및 장비를 갖추어야 한다.

③ 법제33조제1항 전단에 따라 법제32조제1항 각 호 외의 부분 본문에 따른 안전보건교육에 대한 안전보건교육기관(이하 "직무교육기관"이라 한다)으로 등록할 수 있는 자는 다음 각 호의 어느 하나에 해당하는 자로 한다.

1. 「한국산업안전보건공단법」에 따른 한국산업안전보건공단(이하 "공단"이라 한다)

⑤ 법제33조제1항에 따라 안전보건교육기관이 등록받은 사항을 변경하려는 경우에는 별지 제9호서식 또는 별지 제10호서식의 변경등록 신청서에 변경내용을 증명하는 서류와 등록증을 첨부하여 지방고용노동청장에게 제출해야 한다. 이 경우 변경등록신청서의 처리에 관하여는 제3항을 준용한다.

⑥ 안전보건교육기관이 해당 업무를 폐지하거나 등록이 취소된 경우 지체 없이 제3항 및 제5항에 따른 등록증을 지방고용노동청장에게 반납해야 한다.

제32조 【안전보건교육기관의 평가 등】 ① 공단이 법제33조제2항에 따라 안전보건교육기관을 평가하는 기준은 다음 각 호와 같다.

1. 인력·시설 및 장비의 보유수준과 활용도
2. 교육과정의 운영체계 및 업무성과
3. 교육서비스의 적정성 및 만족도

② 제1항에 따른 안전보건교육기관에 대한 평가 방법 및 평가 결과의 공개에 관하여는 제17조제2항부터 제8항까지의 규정을 준용한다. 이 경우 "안전관리전문기관 또는 보건관리전문기관"은 "안전보건교육기관"으로 본다.

법 률	시 행 령	시 행 규 칙
	2. 다음 각 목의 어느 하나에 해당하는 기관으로서 별표12에 따른 인력·시설 및 장비를 갖춘 기관 가. 산업 안전·보건 관련 학과가 있는 「고등교육법」 제2조에 따른 학교 나. 비영리법인 ④ 법제33조제1항 후단에서 "대통령령으로 정하는 중요한 사항"이란 다음 각 호의 사항을 말한다. 1. 교육기관의 명칭(상호) 2. 교육기관의 소재지 3. 대표자의 성명 ⑤ 제1항부터 제3항까지의 규정에 따른 안전보건교육기관에 관하여 법제33조제4항에 따라 준용되는 법제21조제4항제5호에서 "대통령령으로 정하는 사유에 해당하는 경우"란 다음 각 호의 경우를 말한다. 1. 교육 관련 서류를 거짓으로 작성한 경우 2. 정당한 사유 없이 교육 실시를 거부한 경우 3. 교육을 실시하지 않고 수수료를 받은 경우	**제33조【건설업 기초안전·보건교육기관의 등록신청 등】** ① 건설업 기초안전·보건교육기관으로 등록하려는 자는 별지 제13호서식의 건설업 기초안전·보건교육기관 등록신청서에 다음 각 호의 서류를 첨부하여 공단에 제출해야 한다. 1. 영제40조제2항의 자격에 해당함을 증명하는 서류 2. 영 별표11에 따른 인력기준을 갖추었음을 증명할 수 있는 자격증(국가기술자격증은 제외한다), 졸업증명서, 경력증명서 및 재직증명서 등 서류 3. 영 별표11에 따른 시설·장비기준을 갖추었음을 증명할 수 있는 서류와 시설·장비 명세서 ② 제1항에 따른 등록신청서를 제출받은 공단은 「전자정부법」 제36조제1항에 따른 행정정보의 공동이용을 통하여 다음 각 호의 서류를 확인해야 한다. 다만, 제1호 및 제3호의 서류의 경우 신청인이 그 확인에 동의하지 않으면 그 사본을 첨부하도록 해야 한다. 1. 국가기술자격증 2. 법인등기사항증명서(법인만 해당한다)

	4. 법제29조제1항부터 제3항까지, 제31조제1항 본문 또는 제32조제1항 각 호 외의 부분 본문에 따른 교육의 내용 및 방법을 위반한 경우	3. 사업자등록증(개인만 해당한다) ③ 공단은 제1항에 따른 등록신청서를 접수한 경우 접수일부터 15일 이내에 영제40조제2항에 따른 요건에 적합한지를 확인하고 적합한 경우 그 결과를 고용노동부장관에게 보고해야 한다. ④ 고용노동부장관은 제3항에 따른 보고를 받은 날부터 7일 이내에 등록 적합 여부를 공단에 통보해야 하고, 공단은 등록이 적합하다는 통보를 받은 경우 지체 없이 별지 제14호서식의 건설업 기초안전·보건교육기관 등록증을 신청인에게 발급해야 한다. ⑤ 건설업 기초안전·보건교육기관이 등록사항을 변경하려는 경우에는 별지 제13호서식의 건설업 기초안전·보건교육기관 변경신청서에 변경내용을 증명하는 서류 및 등록증(등록증의 기재사항에 변경이 있는 경우만 해당한다)을 첨부하여 공단에 제출해야 한다. ⑥ 제5항에 따른 등록 변경에 관하여는 제3항 및 제4항을 준용한다. 다만, 고용노동부장관이 정하는 경미한 사항의 경우 공단은 변경내용을 확인한 후 적합한 경우에는 지체 없이 등록사항을 변경하고, 등록증을 변경하여 발급(등록증의 기재사항에 변경이

법 률	시 행 령	시 행 규 칙
		있는 경우만 해당한다)할 수 있다. **제34조【건설업 기초안전·보건교육기관 등록 취소 등】** ① 공단은 법제33조제4항에 따른 취소 등 사유에 해당하는 사실을 확인한 경우에는 그 사실을 증명할 수 있는 서류를 첨부하여 해당 등록기관의 주된 사무소의 소재지를 관할하는 지방고용노동관서의 장에게 보고해야 한다. ② 지방고용노동관서의 장은 법제33조제4항에 따라 등록 취소 등을 한 경우에는 그 사실을 공단에 통보해야 한다. **제35조【직무교육의 신청 등】** ① 직무교육을 받으려는 자는 별지 제15호서식의 직무교육 수강신청서를 직무교육기관의 장에게 제출해야 한다. ② 직무교육기관의 장은 직무교육을 실시하기 15일 전까지 교육 일시 및 장소 등을 직무교육 대상자에게 알려야 한다. ③ 직무교육을 이수한 사람이 다른 사업장으로 전직하여 신규로 선임되어 선임신고를 하는 경우에는 전직 전에 받은 교육이수증명서를 제출하면 해당 교육을 이수한 것으로 본다. ④ 직무교육기관의 장이 직무교육을 실시하

제4장 유해·위험 방지 조치

제34조 【법령 요지 등의 게시 등】 사업주는 이 법과 이 법에 따른 명령의 요지 및 안전보건관리규정을 각 사업장의 근로자가 쉽게 볼 수 있는 장소에 게시하거나 갖추어 두어 근로자에게 널리 알려야 한다.

《벌칙》 위반자는 500만원이하의 과태료(법제175조제5항제3호)

제4장 유해·위험 방지 조치

제41조 【고객의 폭언등으로 인한 건강장해 발생 등에 대한 조치】 법제41조제2항에서 "업무의 일시적 중단 또는 전환 등 대통령령으로 정하는 필요한 조치"란 다음 각 호의 조치 중 필요한 조치를 말한다.

1. 업무의 일시적 중단 또는 전환
2. 「근로기준법」 제54조제1항에 따른 휴

려는 경우에는 매년 12월 31일까지 다음 연도의 교육 실시계획서를 고용노동부장관에게 제출(전자문서로 제출하는 것을 포함한다)하여 승인을 받아야 한다.

제36조 【교재 등】 ① 사업주 또는 법제33조제1항에 따른 안전보건교육기관이 법제29조·제31조 및 제32조에 따른 교육을 실시할 때에는 별표5에 따른 안전보건교육의 교육대상별 교육내용에 적합한 교재를 사용해야 한다.

② 안전보건교육기관이 사업주의 위탁을 받아 제26조에 따른 교육을 실시하였을 때에는 고용노동부장관이 정하는 교육 실시확인서를 발급해야 한다.

제4장 유해·위험 방지 조치

제37조 【위험성평가 실시내용 및 결과의 기록·보존】 ① 사업주가 법제36조제3항에 따라 위험성평가의 결과와 조치사항을 기록·보존할 때에는 다음 각 호의 사항이 포함되어야 한다.

1. 위험성평가 대상의 유해·위험요인
2. 위험성 결정의 내용

법 률	시 행 령	시 행 규 칙
제35조 【근로자대표의 통지 요청】 근로자대표는 사업주에게 다음 각 호의 사항을 통지하여 줄 것을 요청할 수 있고, 사업주는 이에 성실히 따라야 한다. 1. 산업안전보건위원회(제75조에 따라 노사협의체를 구성·운영하는 경우에는 노사협의체를 말한다)가 의결한 사항 2. 제47조에 따른 안전보건진단 결과에 관한 사항 3. 제49조에 따른 안전보건개선계획의 수립·시행에 관한 사항 4. 제64조제1항 각 호에 따른 도급인의 이행 사항 5. 제110조제1항에 따른 물질안전보건자료에 관한 사항 6. 제125조제1항에 따른 작업환경측정에 관한 사항 7. 그 밖에 고용노동부령으로 정하는 안전 및 보건에 관한 사항 《벌칙》 위반자는 300만원이하의 과태료(법제175조제6항제2호) **제36조 【위험성평가의 실시】** ① 사업주는 건설물, 기계·기구·설비, 원재료, 가스, 증기,	게시간의 연장 3. 법제41조제1항에 따른 폭언등으로 인한 건강장해 관련 치료 및 상담 지원 4. 관할 수사기관 또는 법원에 증거물·증거서류를 제출하는 등 법제41조제1항에 따른 고객응대근로자 등이 같은 항에 따른 폭언등으로 인하여 고소, 고발 또는 손해배상 청구 등을 하는 데 필요한 지원 **제42조 【유해위험방지계획서 제출 대상】** ① 법제42조제1항제1호에서 "대통령령으로 정하는 사업의 종류 및 규모에 해당하는 사업"이란 다음 각 호의 어느 하나에 해당하는 사업으로서 전기 계약용량이 300킬로와트 이상인 경우를 말한다. 1. 금속가공제품 제조업; 기계 및 가구 제외 2. 비금속 광물제품 제조업 3. 기타 기계 및 장비 제조업 4. 자동차 및 트레일러 제조업 5. 식료품 제조업 6. 고무제품 및 플라스틱제품 제조업 7. 목재 및 나무제품 제조업	3. 위험성 결정에 따른 조치의 내용 4. 그 밖에 위험성평가의 실시내용을 확인하기 위하여 필요한 사항으로서 고용노동부장관이 정하여 고시하는 사항 ② 사업주는 제1항에 따른 자료를 3년간 보존해야 한다.

분진, 근로자의 작업행동 또는 그 밖의 업무로 인한 유해·위험 요인을 찾아내어 부상 및 질병으로 이어질 수 있는 위험성의 크기가 허용 가능한 범위인지를 평가하여야 하고, 그 결과에 따라 이 법과 이 법에 따른 명령에 따른 조치를 하여야 하며, 근로자에 대한 위험 또는 건강장해를 방지하기 위하여 필요한 경우에는 추가적인 조치를 하여야 한다.

② 사업주는 제1항에 따른 평가 시 고용노동부장관이 정하여 고시하는 바에 따라 해당 작업장의 근로자를 참여시켜야 한다.

③ 사업주는 제1항에 따른 평가의 결과와 조치사항을 고용노동부령으로 정하는 바에 따라 기록하여 보존하여야 한다.

④ 제1항에 따른 평가의 방법, 절차 및 시기, 그 밖에 필요한 사항은 고용노동부장관이 정하여 고시한다.

제37조 【안전보건표지의 설치·부착】 ① 사업주는 유해하거나 위험한 장소·시설·물질에 대한 경고, 비상시에 대처하기 위한 지시·안내 또는 그 밖에 근로자의 안전 및 보건 의식을 고취하기 위한 사항 등을 그림, 기호 및 글자 등으로 나타낸 표지(이하 이 조에서 "안전보건표지"라 한다)를 근로자가 쉽게 알

8. 기타 제품 제조업
9. 1차 금속 제조업
10. 가구 제조업
11. 화학물질 및 화학제품 제조업
12. 반도체 제조업
13. 전자부품 제조업

② 법제42조제1항제2호에서 "대통령령으로 정하는 기계·기구 및 설비"란 다음 각 호의 어느 하나에 해당하는 기계·기구 및 설비를 말한다. 이 경우 다음 각 호에 해당하는 기계·기구 및 설비의 구체적인 범위는 고용노동부장관이 정하여 고시한다.

1. 금속이나 그 밖의 광물의 용해로
2. 화학설비
3. 건조설비
4. 가스집합 용접장치
5. 법제117조제1항에 따른 제조등 금지물질 또는 법제118조제1항에 따른 허가대상물질 관련 설비
6. 분진작업 관련 설비

③ 법제42조제1항제3호에서 "대통령령으로 정하는 크기 높이 등에 해당하는 건설공사"란 다음 각 호의 어느 하나에 해당하는 공사를 말한다.

제38조 【안전보건표지의 종류·형태·색채 및 용도 등】 ① 법제37조제2항에 따른 안전보건표지의 종류와 형태는 별표6과 같고, 그 용도 , 설치·부착 장소, 형태 및 색채는 별표7과 같다.

② 안전보건표지의 표시를 명확히 하기 위하여 필요한 경우에는 그 안전보건표지의

법 률	시 행 령	시 행 규 칙
아 볼 수 있도록 설치하거나 붙여야 한다. 이 경우 「외국인근로자의 고용 등에 관한 법률」 제2조에 따른 외국인근로자(같은 조 단서에 따른 사람을 포함한다)를 사용하는 사업주는 안전보건표지를 고용노동부장관이 정하는 바에 따라 해당 외국인근로자의 모국어로 작성하여야 한다.〈개정 2020.5.26.〉 《벌칙》 위반자는 500만원이하의 과태료(법 제175조제5항) ② 안전보건표지의 종류, 형태, 색채, 용도 및 설치·부착 장소, 그 밖에 필요한 사항은 고용노동부령으로 정한다. **제38조 【안전조치】** ① 사업주는 다음 각 호의 어느 하나에 해당하는 위험으로 인한 산업재해를 예방하기 위하여 필요한 조치를 하여야 한다. 1. 기계·기구, 그 밖의 설비에 의한 위험 2. 폭발성, 발화성 및 인화성 물질 등에 의한 위험 3. 전기, 열, 그 밖의 에너지에 의한 위험 ② 사업주는 굴착, 채석, 하역, 벌목, 운송, 조작, 운반, 해체, 중량물 취급, 그 밖의 작업을 할 때 불량한 작업방법 등에 의한 위험	1. 다음 각 목의 어느 하나에 해당하는 건축물 또는 시설 등의 건설·개조 또는 해체(이하 "건설등"이라 한다) 공사 가. 지상높이가 31미터 이상인 건축물 또는 인공구조물 나. 연면적 3만제곱미터 이상인 건축물 다. 연면적 5천제곱미터 이상인 시설로서 다음의 어느 하나에 해당하는 시설 1) 문화 및 집회시설(전시장 및 동물원·식물원은 제외한다) 2) 판매시설, 운수시설(고속철도의 역사 및 집배송시설은 제외한다) 3) 종교시설 4) 의료시설 중 종합병원 5) 숙박시설 중 관광숙박시설 6) 지하도상가 7) 냉동·냉장 창고시설 2. 연면적 5천제곱미터 이상인 냉동·냉장 창고시설의 설비공사 및 단열공사 3. 최대 지간(支間)길이(다리의 기둥과 기둥의 중심사이의 거리)가 50미터 이상인 다리의 건설등 공사 4. 터널의 건설등 공사	주위에 표시사항을 글자로 덧붙여 적을 수 있다. 이 경우 글자는 흰색 바탕에 검은색 한글고딕체로 표기해야 한다. ③ 안전보건표지에 사용되는 색채의 색도기준 및 용도는 별표8과 같고, 사업주는 사업장에 설치하거나 부착한 안전보건표지의 색도기준이 유지되도록 관리해야 한다. ④ 안전보건표지에 관하여 법 또는 법에 따른 명령에서 규정하지 않은 사항으로서 다른 법 또는 다른 법에 따른 명령에서 규정한 사항이 있으면 그 부분에 대해서는 그 법 또는 명령을 적용한다. **제39조 【안전보건표지의 설치 등】** ① 사업주는 법제37조에 따라 안전보건표지를 설치하거나 부착할 때에는 별표7의 구분에 따라 근로자가 쉽게 알아볼 수 있는 장소·시설 또는 물체에 설치하거나 부착해야 한다. ② 사업주는 안전보건표지를 설치하거나 부착할 때에는 흔들리거나 쉽게 파손되지 않도록 견고하게 설치하거나 부착해야 한다. ③ 안전보건표지의 성질상 설치하거나 부착하는 것이 곤란한 경우에는 해당 물체에 직접 도색할 수 있다.

으로 인한 산업재해를 예방하기 위하여 필요한 조치를 하여야 한다.

③ 사업주는 근로자가 다음 각 호의 어느 하나에 해당하는 장소에서 작업을 할 때 발생할 수 있는 산업재해를 예방하기 위하여 필요한 조치를 하여야 한다.

1. 근로자가 추락할 위험이 있는 장소
2. 토사·구축물 등이 붕괴할 우려가 있는 장소
3. 물체가 떨어지거나 날아올 위험이 있는 장소
4. 천재지변으로 인한 위험이 발생할 우려가 있는 장소

《벌칙》 제1항부터 제3항을 위반하여 근로자를 사망에 이르게 한 자는 7년이하의 징역 또는 1억원이하의 벌금(법 제167조제1항)

《벌칙》 제1항부터 제3항 위반자는 5년이하의 징역 또는 5천만원이하의 벌금(법 제168조제1호)

④ 사업주가 제1항부터 제3항까지의 규정에 따라 하여야 하는 조치(이하 "안전조치"라 한다)에 관한 구체적인 사항은 고용노동부령으로 정한다.

제39조 【보건조치】 ① 사업주는 다음 각 호의 어느 하나에 해당하는 건강장해를 예방하기 위하여 필요한 조치(이하 "보건조치"라

5. 다목적댐, 발전용댐, 저수용량 2천만톤 이상의 용수 전용 댐 및 지방상수도 전용 댐의 건설등 공사
6. 깊이 10미터 이상인 굴착공사

제40조 【안전보건표지의 제작】 ① 안전보건표지는 그 종류별로 별표9에 따른 기본모형에 의하여 별표7의 구분에 따라 제작해야 한다.

② 안전보건표지는 그 표시내용을 근로자가 빠르고 쉽게 알아볼 수 있는 크기로 제작해야 한다.

③ 안전보건표지 속의 그림 또는 부호의 크기는 안전보건표지의 크기와 비례해야 하며, 안전보건표지 전체 규격의 30퍼센트 이상이 되어야 한다.

④ 안전보건표지는 쉽게 파손되거나 변형되지 않는 재료로 제작해야 한다.

⑤ 야간에 필요한 안전보건표지는 야광물질을 사용하는 등 쉽게 알아볼 수 있도록 제작해야 한다.

법　률	시　행　령	시 행 규 칙
한다)를 하여야 한다. 1. 원재료·가스·증기·분진·흄(fume, 열이나 화학반응에 의하여 형성된 고체증기가 응축되어 생긴 미세입자를 말한다)·미스트(mist, 공기 중에 떠다니는 작은 액체방울을 말한다)·산소결핍·병원체 등에 의한 건강장해 2. 방사선·유해광선·고온·저온·초음파·소음·진동·이상기압 등에 의한 건강장해 3. 사업장에서 배출되는 기체·액체 또는 찌꺼기 등에 의한 건강장해 4. 계측감시(計測監視), 컴퓨터 단말기 조작, 정밀공작(精密工作) 등의 작업에 의한 건강장해 5. 단순반복작업 또는 인체에 과도한 부담을 주는 작업에 의한 건강장해 6. 환기·채광·조명·보온·방습·청결 등의 적정기준을 유지하지 아니하여 발생하는 건강장해 《벌칙》 위반하여 근로자를 사망에 이르게 한 자는 7년이하의 징역 또는 1억원이하의 벌금(법 제167조) 《벌칙》 위반자는 5년이하의 징역 또는 5천		

만원이하의 벌금(법 제168조)

② 제1항에 따라 사업주가 하여야 하는 보건조치에 관한 구체적인 사항은 고용노동부령으로 정한다.

제40조【근로자의 안전조치 및 보건조치 준수】 근로자는 제38조 및 제39조에 따라 사업주가 한 조치로서 고용노동부령으로 정하는 조치 사항을 지켜야 한다.

《벌칙》 위반자는 300만원이하의 과태료(법 제175조제6항제3호)

제41조【고객의 폭언 등으로 인한 건강장해 예방조치】 ① 사업주는 주로 고객을 직접 대면하거나 「정보통신망 이용촉진 및 정보보호 등에 관한 법률」 제2조제1항제1호에 따른 정보통신망을 통하여 상대하면서 상품을 판매하거나 서비스를 제공하는 업무에 종사하는 근로자(이하 "고객응대근로자"라 한다)에 대하여 고객의 폭언, 폭행, 그 밖에 적정 범위를 벗어난 신체적·정신적 고통을 유발하는 행위(이하 "폭언등"이라 한다)로 인한 건강장해를 예방하기 위하여 고용노동부령으로 정하는 바에 따라 필요한 조치를 하여야 한다.

② 사업주는 고객의 폭언등으로 인하여 고객응대근로자에게 건강장해가 발생하거나

제43조【공정안전보고서의 제출 대상】 ① 법 제44조제1항 전단에서 "대통령령으로 정하는 유해하거나 위험한 설비"란 다음 각 호의 어느 하나에 해당하는 사업을 하는 사업장의 경우에는 그 보유설비를 말하고, 그 외의 사업을 하는 사업장의 경우에는 별표13에 따른 유해·위험물질 중 하나 이상의 물질을 같은 표에 따른 규정량 이상 제조·취급·저장하는 설비 및 그 설비의 운영과 관련된 모든 공정설비를 말한다.

1. 원유 정제처리업
2. 기타 석유정제물 재처리업
3. 석유화학계 기초화학물질 제조업 또는 합성수지 및 기타 플라스틱물질 제조업. 다만, 합성수지 및 기타 플라스틱물질 제조업은 별표13제1호 또는 제2호에 해당하는 경우로 한정한다.
4. 질소 화합물, 질소·인산 및 칼리질 화학비료 제조업 중 질소질 비료 제조
5. 복합비료 및 기타 화학비료 제조업 중

제41조【고객의 폭언 등으로 인한 건강장해 예방조치】 사업주는 법제41조제1항에 따라 건강장해를 예방하기 위하여 다음 각 호의 조치를 해야 한다.

1. 법제41조제1항에 따른 폭언등을 하지 않도록 요청하는 문구 게시 또는 음성 안내
2. 고객과의 문제 상황 발생 시 대처방법 등을 포함하는 고객응대업무 매뉴얼 마련
3. 제2호에 따른 고객응대업무 매뉴얼의 내용 및 건강장해 예방 관련 교육 실시
4. 그 밖에 법제41조제1항에 따른 고객응대근로자의 건강장해 예방을 위하여 필요한 조치

제42조【제출서류 등】 ① 법제42조제1항제1호에 해당하는 사업주가 유해위험방지계획서를 제출할 때에는 사업장별로 별지 제16호서식의 제조업 등 유해위험방지계획서에 다음 각 호의 서류를 첨부하여 해당 작업 시작 15일 전까지 공단에 2부를 제출해야 한다.

법 률	시 행 령	시 행 규 칙
발생할 현저한 우려가 있는 경우에는 업무의 일시적 중단 또는 전환 등 대통령령으로 정하는 필요한 조치를 하여야 한다. ③ 고객응대근로자는 사업주에게 제2항에 따른 조치를 요구할 수 있고, 사업주는 고객응대근로자의 요구를 이유로 해고 또는 그 밖의 불리한 처우를 해서는 아니 된다. 《벌칙》 위반자는 1년이하의 징역 또는 1천만원이하의 벌금(법 제170조) **제42조【유해위험방지계획서의 작성·제출 등】** ① 사업주는 다음 각 호의 어느 하나에 해당하는 경우에는 이 법 또는 이 법에 따른 명령에서 정하는 유해·위험 방지에 관한 사항을 적은 계획서(이하 "유해위험방지계획서"라 한다)를 작성하여 고용노동부령으로 정하는 바에 따라 고용노동부장관에게 제출하고 심사를 받아야 한다. 다만, 제3호에 해당하는 사업주 중 산업재해발생률 등을 고려하여 고용노동부령으로 정하는 기준에 해당하는 사업주는 유해위험방지계획서를 스스로 심사하고, 그 심사결과서를 작성하여 고용노동부장관에게 제출하여야 한다.〈개정 2020.5.26.〉	복합비료 제조(단순혼합 또는 배합에 의한 경우는 제외한다) 6. 화학 살균·살충제 및 농업용 약제 제조업〔농약 원제(原劑) 제조만 해당한다〕 7. 화약 및 불꽃제품 제조업 ② 제1항에도 불구하고 다음 각 호의 설비는 유해하거나 위험한 설비로 보지 않는다. 1. 원자력 설비 2. 군사시설 3. 사업주가 해당 사업장 내에서 직접 사용하기 위한 난방용 연료의 저장설비 및 사용설비 4. 도매·소매시설 5. 차량 등의 운송설비 6. 「액화석유가스의 안전관리 및 사업법」에 따른 액화석유가스의 충전·저장시설 7. 「도시가스사업법」에 따른 가스공급시설 8. 그 밖에 고용노동부장관이 누출·화재·폭발 등의 사고가 있더라도 그에 따른 피해의 정도가 크지 않다고 인정하여 고시하는 설비 ③ 법제44조제1항 전단에서 "대통령령으로	이 경우 유해위험방지계획서의 작성기준, 작성자, 심사기준, 그 밖에 심사에 필요한 사항은 고용노동부장관이 정하여 고시한다. 1. 건축물 각 층의 평면도 2. 기계·설비의 개요를 나타내는 서류 3. 기계·설비의 배치도면 4. 원재료 및 제품의 취급, 제조 등의 작업방법의 개요 5. 그 밖에 고용노동부장관이 정하는 도면 및 서류 ② 법제42조제1항제2호에 해당하는 사업주가 유해위험방지계획서를 제출할 때에는 사업장별로 별지 제16호서식의 제조업 등 유해위험방지계획서에 다음 각 호의 서류를 첨부하여 해당 작업 시작 15일 전까지 공단에 2부를 제출해야 한다. 1. 설치장소의 개요를 나타내는 서류 2. 설비의 도면 3. 그 밖에 고용노동부장관이 정하는 도면 및 서류 ③ 법제42조제1항제3호에 해당하는 사업주가 유해위험방지계획서를 제출할 때에는 별지 제17호서식의 건설공사 유해위험방지계

1. 대통령령으로 정하는 사업의 종류 및 규모에 해당하는 사업으로서 해당 제품의 생산 공정과 직접적으로 관련된 건설물·기계·기구 및 설비 등 전부를 설치·이전하거나 그 주요 구조부분을 변경하려는 경우
2. 유해하거나 위험한 작업 또는 장소에서 사용하거나 건강장해를 방지하기 위하여 사용하는 기계·기구 및 설비로서 대통령령으로 정하는 기계·기구 및 설비를 설치·이전하거나 그 주요 구조부분을 변경하려는 경우
3. 대통령령으로 정하는 크기, 높이 등에 해당하는 건설공사를 착공하려는 경우

《벌칙》 위반자는 1천만원이하의 과태료(법 제175조제4항)

② 제1항제3호에 따른 건설공사를 착공하려는 사업주(제1항 각 호 외의 부분 단서에 따른 사업주는 제외한다)는 유해위험방지계획서를 작성할 때 건설안전 분야의 자격 등 고용노동부령으로 정하는 자격을 갖춘 자의 의견을 들어야 한다.

《벌칙》 위반자는 300만원이하의 과태료(법 제175조제6항제4호)

정하는 사고"란 다음 각 호의 어느 하나에 해당하는 사고를 말한다.
1. 근로자가 사망하거나 부상을 입을 수 있는 제1항에 따른 설비(제2항에 따른 설비는 제외한다. 이하 제2호에서 같다)에서의 누출·화재·폭발 사고
2. 인근 지역의 주민이 인적 피해를 입을 수 있는 제1항에 따른 설비에서의 누출·화재·폭발 사고

제44조 【공정안전보고서의 내용】 ① 법제44조제1항 전단에 따른 공정안전보고서에는 다음 각 호의 사항이 포함되어야 한다.
1. 공정안전자료
2. 공정위험성 평가서
3. 안전운전계획
4. 비상조치계획
5. 그 밖에 공정상의 안전과 관련하여 고용노동부장관이 필요하다고 인정하여 고시하는 사항

② 제1항제1호부터 제4호까지의 규정에 따른 사항에 관한 세부 내용은 고용노동부령으로 정한다.

획서에 별표10의 서류를 첨부하여 해당 공사의 착공(유해위험방지계획서 작성 대상 시설물 또는 구조물의 공사를 시작하는 것을 말하며, 대지 정리 및 가설사무소 설치 등의 공사 준비기간은 착공으로 보지 않는다) 전날까지 공단에 2부를 제출해야 한다. 이 경우 해당 공사가 「건설기술 진흥법」 제62조에 따른 안전관리계획을 수립해야 하는 건설공사에 해당하는 경우에는 유해위험방지계획서와 안전관리계획서를 통합하여 작성한 서류를 제출할 수 있다.

④ 같은 사업장 내에서 영제42조제3항 각 호에 따른 공사의 착공시기를 달리하는 사업의 사업주는 해당 공사별 또는 해당 공사의 단위작업공사 종류별로 유해위험방지계획서를 분리하여 각각 제출할 수 있다. 이 경우 이미 제출한 유해위험방지계획서의 첨부서류와 중복되는 서류는 제출하지 않을 수 있다.

⑤ 법제42조제1항 단서에서 "산업재해발생률 등을 고려하여 고용노동부령으로 정하는 기준에 해당하는 사업주"란 별표11의 기준에 적합한 건설업체(이하 "자체심사 및 확인업체"라 한다)의 사업주를 말한다.

법 률	시 행 령	시 행 규 칙
③ 제1항에도 불구하고 사업주가 제44조제1항에 따라 공정안전보고서를 고용노동부장관에게 제출한 경우에는 해당 유해·위험설비에 대해서는 유해위험방지계획서를 제출한 것으로 본다. ④ 고용노동부장관은 제1항 각 호 외의 부분 본문에 따라 제출된 유해위험방지계획서를 고용노동부령으로 정하는 바에 따라 심사하여 그 결과를 사업주에게 서면으로 알려 주어야 한다. 이 경우 근로자의 안전 및 보건의 유지·증진을 위하여 필요하다고 인정하는 경우에는 해당 작업 또는 건설공사를 중지하거나 유해위험방지계획서를 변경할 것을 명할 수 있다. 《벌칙》 위반자는 5년이하의 징역 또는 5천만원이하의 벌금(법 제168조) ⑤ 제1항에 따른 사업주는 같은 항 각 호 외의 부분 단서에 따라 스스로 심사하거나 제4항에 따라 고용노동부장관이 심사한 유해위험방지계획서와 그 심사결과서를 사업장에 갖추어 두어야 한다. ⑥ 제1항제3호에 따른 건설공사를 착공하려는 사업주로서 제5항에 따라 유해위험방		⑥ 자체심사 및 확인업체는 별표11의 자체심사 및 확인방법에 따라 유해위험방지계획서를 스스로 심사하여 해당 공사의 착공 전날까지 별지 제18호서식의 유해위험방지계획서 자체심사서를 공단에 제출해야 한다. 이 경우 공단은 필요한 경우 자체심사 및 확인업체의 자체심사에 관하여 지도·조언할 수 있다. **제43조【유해위험방지계획서의 건설안전분야 자격 등】** 법제42조제2항에서 "건설안전 분야의 자격 등 고용노동부령으로 정하는 자격을 갖춘 자"란 다음 각 호의 어느 하나에 해당하는 사람을 말한다. 1. 건설안전 분야 산업안전지도사 2. 건설안전기술사 또는 토목·건축 분야 기술사 3. 건설안전산업기사 이상의 자격을 취득한 후 건설안전 관련 실무경력이 건설안전기사 이상의 자격은 5년, 건설안전산업기사 자격은 7년 이상인 사람 **제44조【계획서의 검토 등】** ① 공단은 제42조에 따른 유해위험방지계획서 및 그 첨부서류를 접수한 경우에는 접수일부터 15일

지계획서 및 그 심사결과서를 사업장에 갖추어 둔 사업주는 해당 건설공사의 공법의 변경 등으로 인하여 그 유해위험방지계획서를 변경할 필요가 있는 경우에는 이를 변경하여 갖추어 두어야 한다.

《벌칙》 제5항, 제6항 위반자는 1천만원이하의 과태료(법 제175조제4항)

※ 참조

기업활동규제완화에 관한 특별조치법중 관련조항 발췌

제48조 **【액화석유가스시설등에 대한 중복검사의 완화】** ①「액화석유가스의 안전관리 및 사업법」 제5조에 따른 액화석유가스충전사업, 액화석유가스집단공급사업, 가스용품제조사업 또는 액화석유가스판매사업의 허가를 받은 자와 「도시가스사업법」 제3조에 따른 도시가스 사업의 허가를 받은 자에 대하여는 「산업 안전보건법」 제42조제1항에 따른 유해·위험방지계획서의 심사 및 확인을 받은 것으로 본다. 허가받은 사항에 대한 변경허가를 받은 자에 대하여도 또한 같다.

이내에 심사하여 사업주에게 그 결과를 알려야 한다. 다만, 제42조제6항에 따라 자체심사 및 확인업체가 유해위험방지계획서 자체심사서를 제출한 경우에는 심사를 하지 않을 수 있다.

② 공단은 제1항에 따른 유해위험방지계획서 심사 시 관련 분야의 학식과 경험이 풍부한 사람을 심사위원으로 위촉하여 해당 분야의 심사에 참여하게 할 수 있다.

③ 공단은 유해위험방지계획서 심사에 참여한 위원에게 수당과 여비를 지급할 수 있다. 다만, 소관 업무와 직접 관련되어 참여한 위원의 경우에는 그렇지 않다.

④ 고용노동부장관이 정하는 건설물·기계·기구 및 설비 또는 건설공사의 경우에는 법 제145조에 따라 등록된 지도사에게 유해위험방지계획서에 대한 평가를 받은 후 별지 제19호서식에 따라 그 결과를 제출할 수 있다. 이 경우 공단은 제출된 평가 결과가 고용노동부장관이 정하는 대상에 대하여 고용노동부장관이 정하는 요건을 갖춘 지도사가 평가한 것으로 인정되면 해당 평가결과서로 유해위험방지계획서의 심사를 갈음할 수 있다.

법 률	시 행 령	시 행 규 칙
(개정 2019.1.15.) ②「액화석유가스의 안전관리 및 사업법」 제8조에 따른 액화석유가스저장소의 설치허가를 받은 자가 그 허가받은 사실을 증명하는 서류를 「산업안전보건법」 제42조제1항에 따른 건설물·기계·기구 및 설비 등에 대한 유해·위험방지계획서에 첨부하여 고용노동부장관에게 제출하는 경우에는 그 액화석유가스저장소에 대한 유해·위험방지계획서의 심사 및 확인을 받은 것으로 본다. 허가받은 사항에 대한 변경허가를 받은 자에 대하여도 또한 같다.(개정 2019.1.15.) **제43조【유해위험방지계획서 이행의 확인 등】** ① 제42조제4항에 따라 유해위험방지계획서에 대한 심사를 받은 사업주는 고용노동부령으로 정하는 바에 따라 유해위험방지계획서의 이행에 관하여 고용노동부장관의 확인을 받아야 한다. 《벌칙》 위반자는 300만원 이하의 과태료(법 제175조제6항제5호) ② 제42조제1항 각 호 외의 부분 단서에 따	 **제45조【공정안전보고서의 제출】** ① 사업주는 제43조에 따른 유해하거나 위험한 설비를 설치(기존 설비의 제조·취급·저장 물질이 변경되거나 제조량·취급량·저장량이 증가하여 별표 13에 따른 유해·위험물질 규정량에 해당하게 된 경우를 포함한다)·이전하거나 고용노동부장관이 정하는 주요 구조부분을 변경할 때에는 고용노동부령으로 정하는 바에 따라 법 제44조제1항 전	⑤ 건설공사의 경우 제4항에 따른 유해위험방지계획서에 대한 평가는 같은 건설공사에 대하여 법제42조제2항에 따라 의견을 제시한 자가 해서는 안 된다. **제45조【심사 결과의 구분】** ① 공단은 유해위험방지계획서의 심사 결과를 다음 각 호와 같이 구분·판정한다. 1. 적정: 근로자의 안전과 보건을 위하여 필요한 조치가 구체적으로 확보되었다고 인정되는 경우 2. 조건부 적정: 근로자의 안전과 보건을 확보하기 위하여 일부 개선이 필요하다고 인정되는 경우 3. 부적정: 건설물·기계·기구 및 설비 또는 건설공사가 심사기준에 위반되어 공사착공 시 중대한 위험이 발생할 우려가 있거나 해당 계획에 근본적 결함이 있다고 인정되는 경우 ② 공단은 심사 결과 적정판정 또는 조건부 적정판정을 한 경우에는 별지 제20호서식의 유해위험방지계획서 심사 결과 통지서에 보완사항을 포함(조건부 적정판정을 한 경우만 해당한다)하여 해당 사업주에게 발급하고 지

른 사업주는 고용노동부령으로 정하는 바에 따라 유해위험방지계획서의 이행에 관하여 스스로 확인하여야 한다. 다만, 해당 건설공사 중에 근로자가 사망(교통사고 등 고용노동부령으로 정하는 경우는 제외한다)한 경우에는 고용노동부령으로 정하는 바에 따라 유해위험방지계획서의 이행에 관하여 고용노동부장관의 확인을 받아야 한다.

③ 고용노동부장관은 제1항 및 제2항 단서에 따른 확인 결과 유해위험방지계획서대로 유해·위험방지를 위한 조치가 되지 아니하는 경우에는 고용노동부령으로 정하는 바에 따라 시설 등의 개선, 사용중지 또는 작업중지 등 필요한 조치를 명할 수 있다.

④ 제3항에 따른 시설 등의 개선, 사용중지 또는 작업중지 등의 절차 및 방법, 그 밖에 필요한 사항은 고용노동부령으로 정한다.

제44조【공정안전보고서의 작성·제출】 ① 사업주는 사업장에 대통령령으로 정하는 유해하거나 위험한 설비가 있는 경우 그 설비로부터의 위험물질 누출, 화재 및 폭발 등으로 인하여 사업장 내의 근로자에게 즉시 피해를 주거나 사업장 인근 지역에 피해를 줄 수 있는 사고로서 대통령령으로 정하는 사고 단에 따른 공정안전보고서를 작성하여 고용노동부장관에게 제출해야 한다. 이 경우 「화학물질관리법」에 따라 사업주가 환경부장관에게 제출해야 하는 같은 법 제23조에 따른 화학사고예방관리계획서의 내용이 제44조에 따라 공정안전보고서에 포함시켜야 할 사항에 해당하는 경우에는 그 해당 부분에 대한 작성 · 제출을 같은 법 제23조에 따른 화학사고예방관리계획서 사본의 제출로 갈음할 수 있다. (개정 2020.9.8.)

(후단은 2021년 4월 1일 시행)

② 제1항 전단에도 불구하고 사업주가 제출해야 할 공정안전보고서가 「고압가스 안전관리법」 제2조에 따른 고압가스를 사용하는 단위공정 설비에 관한 것인 경우로서 해당 사업주가 같은 법제11조에 따른 안전관리규정과 같은 법제13조의2에 따른 안전성향상계획을 작성하여 공단 및 같은 법제28조에 따른 한국가스안전공사가 공동으로 검토·작성한 의견서를 첨부하여 허가 관청에 제출한 경우에는 해당 단위공정 설비에 관한 공정안전보고서를 제출한 것으로 본다.

방고용노동관서의 장에게 보고해야 한다.

③ 공단은 심사 결과 부적정판정을 한 경우에는 지체 없이 별지 제21호서식의 유해위험방지계획서 심사 결과(부적정) 통지서에 그 이유를 기재하여 지방고용노동관서의 장에게 통보하고 사업장 소재지 특별자치시장·특별자치도지사·시장·군수·구청장(구청장은 자치구의 구청장을 말한다. 이하 같다)에게 그 사실을 통보해야 한다.

④ 제3항에 따른 통보를 받은 지방고용노동관서의 장은 사실 여부를 확인한 후 공사착공중지명령, 계획변경명령 등 필요한 조치를 해야 한다.

⑤ 사업주는 지방고용노동관서의 장으로부터 공사착공중지명령 또는 계획변경명령을 받은 경우에는 유해위험방지계획서를 보완하거나 변경하여 공단에 제출해야 한다.

제46조【확인】 ① 법제42조제1항제1호 및 제2호에 따라 유해위험방지계획서를 제출한 사업주는 해당 건설물·기계·기구 및 설비의 시운전단계에서, 법제42조제1항제3호에 따른 사업주는 건설공사 중 6개월 이내마다 법제43조제1항에 따라 다음 각 호의 사항에 관하여 공단의 확인을 받아야 한다.

법 률	시 행 령	시 행 규 칙
(이하 "중대산업사고"라 한다)를 예방하기 위하여 대통령령으로 정하는 바에 따라 공정안전보고서를 작성하고 고용노동부장관에게 제출하여 심사를 받아야 한다. 이 경우 공정안전보고서의 내용이 중대산업사고를 예방하기 위하여 적합하다고 통보받기 전에는 관련된 유해하거나 위험한 설비를 가동해서는 아니 된다. 《벌칙》 위반자는 3년이하의 징역 또는 3천만원이하의 벌금(법 제169조) 《벌칙》 위반자는 1천만원이하의 과태료(법 제175조제4항) ② 사업주는 제1항에 따라 공정안전보고서를 작성할 때 산업안전보건위원회의 심의를 거쳐야 한다. 다만, 산업안전보건위원회가 설치되어 있지 아니한 사업장의 경우에는 근로자대표의 의견을 들어야 한다. 《벌칙》 위반자는 500만원이하의 과태료(법 제175조제5항) **제45조 【공정안전보고서의 심사 등】** ① 고용노동부장관은 공정안전보고서를 고용노동부령으로 정하는 바에 따라 심사하여 그 결과를 사업주에게 서면으로 알려 주어야 한다.		1. 유해위험방지계획서의 내용과 실제공사 내용이 부합하는지 여부 2. 법제42조제6항에 따른 유해위험방지계획서 변경내용의 적정성 3. 추가적인 유해·위험요인의 존재 여부 ② 공단은 제1항에 따른 확인을 할 경우에는 그 일정을 사업주에게 미리 통보해야 한다. ③ 제44조제4항에 따른 건설물·기계·기구 및 설비 또는 건설공사의 경우 사업주가 고용노동부장관이 정하는 요건을 갖춘 지도사에게 확인을 받고 별지 제22호서식에 따라 그 결과를 공단에 제출하면 공단은 제1항에 따른 확인에 필요한 현장방문을 지도사의 확인결과로 대체할 수 있다. 다만, 건설업의 경우 최근 2년간 사망재해(별표1 제3호라목에 따른 재해는 제외한다)가 발생한 경우에는 그렇지 않다. ④ 제3항에 따른 유해위험방지계획서에 대한 확인은 제44조제4항에 따라 평가를 한 자가 해서는 안 된다. **제47조 【자체심사 및 확인업체의 확인 등】** ① 자체심사 및 확인업체의 사업주는 별표 11에 따라 해당 공사 준공 시까지 6개월 이

이 경우 근로자의 안전 및 보건의 유지·증진을 위하여 필요하다고 인정하는 경우에는 그 공정안전보고서의 변경을 명할 수 있다.
《벌칙》 위반자는 3년이하의 징역 또는 3천만원이하의 벌금(법 제169조)
② 사업주는 제1항에 따라 심사를 받은 공정안전보고서를 사업장에 갖추어 두어야 한다.
《벌칙》 위반자는 1천만원이하의 과태료(법 제175조제4항)

제46조 【공정안전보고서의 이행 등】 ① 사업주와 근로자는 제45조제1항에 따라 심사를 받은 공정안전보고서(이 조제3항에 따라 보완한 공정안전보고서를 포함한다)의 내용을 지켜야 한다.
《벌칙》 위반자는 1천만원이하의 과태료(법 제175조제4항)
② 사업주는 제45조제1항에 따라 심사를 받은 공정안전보고서의 내용을 실제로 이행하고 있는지 여부에 대하여 고용노동부령으로 정하는 바에 따라 고용노동부장관의 확인을 받아야 한다.
《벌칙》 위반자는 300만원이하의 과태료(법 제175조제6항제5호)
③ 사업주는 제45조제1항에 따라 심사를 받

내마다 제46조제1항 각 호의 사항에 관하여 자체확인을 해야 하며, 공단은 필요한 경우 해당 자체확인에 관하여 지도·조언할 수 있다. 다만, 그 공사 중 사망재해(별표1 제3호라목에 따른 재해는 제외한다)가 발생한 경우에는 제46조제1항에 따른 공단의 확인을 받아야 한다.
② 공단은 제1항에 따른 확인을 할 경우에는 그 일정을 사업주에게 미리 통보해야 한다.

제48조 【확인 결과의 조치 등】 ① 공단은 제46조 및 제47조에 따른 확인 결과 해당 사업장의 유해·위험의 방지상태가 적정하다고 판단되는 경우에는 5일 이내에 별지 제23호서식의 확인 결과 통지서를 사업주에게 발급해야 하며, 확인결과 경미한 유해·위험요인이 발견된 경우에는 일정한 기간을 정하여 개선하도록 권고하되, 해당 기간 내에 개선되지 않은 경우에는 기간 만료일부터 10일 이내에 별지 제24호서식의 확인결과 조치 요청서에 그 이유를 적은 서면을 첨부하여 지방고용노동관서의 장에게 보고해야 한다.
② 공단은 확인 결과 중대한 유해·위험요인이 있어 법제43조제3항에 따라 시설 등의 개선, 사용중지 또는 작업중지 등의 조치가

법 률	시 행 령	시 행 규 칙
은 공정안전보고서의 내용을 변경하여야 할 사유가 발생한 경우에는 지체 없이 그 내용을 보완하여야 한다. ④ 고용노동부장관은 고용노동부령으로 정하는 바에 따라 공정안전보고서의 이행 상태를 정기적으로 평가할 수 있다. ⑤ 고용노동부장관은 제4항에 따른 평가 결과 제3항에 따른 보완 상태가 불량한 사업장의 사업주에게는 공정안전보고서의 변경을 명할 수 있으며, 이에 따르지 아니하는 경우 공정안전보고서를 다시 제출하도록 명할 수 있다. 《벌칙》 위반자는 3년이하의 징역 또는 3천만원이하의 벌금(법 제169조)		필요하다고 인정되는 경우에는 지체 없이 별지 제24호서식의 확인결과 조치 요청서에 그 이유를 적은 서면을 첨부하여 지방고용노동관서의 장에게 보고해야 한다. ③ 제1항 또는 제2항에 따른 보고를 받은 지방고용노동관서의 장은 사실 여부를 확인한 후 필요한 조치를 해야 한다. **제49조【보고 등】** 공단은 유해위험방지계획서의 작성·제출·확인업무와 관련하여 다음 각 호의 어느 하나에 해당하는 사업장을 발견한 경우에는 지체 없이 해당 사업장의 명칭·소재지 및 사업주명 등을 구체적으로 적어 지방고용노동관서의 장에게 보고해야 한다. 1. 유해위험방지계획서를 제출하지 않은 사업장 2. 유해위험방지계획서 제출기간이 지난 사업장 3. 제43조 각 호의 자격을 갖춘 자의 의견을 듣지 않고 유해위험방지계획서를 작성한 사업장 **제50조【공정안전보고서의 세부 내용 등】** ① 영제44조에 따라 공정안전보고서에 포함해야 할 세부내용은 다음 각 호와 같다.

1. 공정안전자료
   가. 취급·저장하고 있거나 취급·저장하려는 유해·위험물질의 종류 및 수량
   나. 유해·위험물질에 대한 물질안전보건자료
   다. 유해하거나 위험한 설비의 목록 및 사양
   라. 유해하거나 위험한 설비의 운전방법을 알 수 있는 공정도면
   마. 각종 건물·설비의 배치도
   바. 폭발위험장소 구분도 및 전기단선도
   사. 위험설비의 안전설계·제작 및 설치 관련 지침서
2. 공정위험성평가서 및 잠재위험에 대한 사고예방·피해 최소화 대책(공정위험성평가서는 공정의 특성 등을 고려하여 다음 각 목의 위험성평가 기법 중 한 가지 이상을 선정하여 위험성평가를 한 후 그 결과에 따라 작성해야 하며, 사고예방·피해최소화 대책은 위험성평가 결과 잠재위험이 있다고 인정되는 경우에만 작성한다)
   가. 체크리스트(Check List)
   나. 상대위험순위 결정(Dow and Mond Indices)
   다. 작업자 실수 분석(HEA)

법 률	시 행 령	시 행 규 칙
		라. 사고 예상 질문 분석(What-if) 마. 위험과 운전 분석(HAZOP) 바. 이상위험도 분석(FMECA) 사. 결함 수 분석(FTA) 아. 사건 수 분석(ETA) 자. 원인결과 분석(CCA) 차. 가목부터 자목까지의 규정과 같은 수준 이상의 기술적 평가기법 3. 안전운전계획 가. 안전운전지침서 나. 설비점검·검사 및 보수계획, 유지계획 및 지침서 다. 안전작업허가 라. 도급업체 안전관리계획 마. 근로자 등 교육계획 바. 가동 전 점검지침 사. 변경요소 관리계획 아. 자체감사 및 사고조사계획 자. 그 밖에 안전운전에 필요한 사항 4. 비상조치계획 가. 비상조치를 위한 장비·인력 보유현황 나. 사고발생 시 각 부서·관련 기관과의 비상연락체계

다. 사고발생 시 비상조치를 위한 조직의 임무 및 수행 절차

라. 비상조치계획에 따른 교육계획

마. 주민홍보계획

바. 그 밖에 비상조치 관련 사항

② 공정안전보고서의 세부내용별 작성기준, 작성자 및 심사기준, 그 밖에 심사에 필요한 사항은 고용노동부장관이 정하여 고시한다.

제51조 【공정안전보고서의 제출 시기】 사업주는 영제45조제1항에 따라 유해하거나 위험한 설비의 설치·이전 또는 주요 구조부분의 변경공사의 착공일(기존 설비의 제조·취급·저장 물질이 변경되거나 제조량·취급량·저장량이 증가하여 영 별표13에 따른 유해·위험물질 규정량에 해당하게 된 경우에는 그 해당일을 말한다) 30일 전까지 공정안전보고서를 2부 작성하여 공단에 제출해야 한다.

제52조 【공정안전보고서의 심사 등】 ① 공단은 제51조에 따라 공정안전보고서를 제출받은 경우에는 제출받은 날부터 30일 이내에 심사하여 1부를 사업주에게 송부하고, 그 내용을 지방고용노동관서의 장에게 보고해야 한다.

법 률	시 행 령	시 행 규 칙
		② 공단은 제1항에 따라 공정안전보고서를 심사한 결과 「위험물안전관리법」에 따른 화재의 예방·소방 등과 관련된 부분이 있다고 인정되는 경우에는 그 관련 내용을 관할 소방관서의 장에게 통보해야 한다. **제53조 【공정안전보고서의 확인 등】** ① 공정안전보고서를 제출하여 심사를 받은 사업주는 법제46조제2항에 따라 다음 각 호의 시기별로 공단의 확인을 받아야 한다. 다만, 화공안전 분야 산업안전지도사, 대학에서 조교수 이상으로 재직하고 있는 사람으로서 화공 관련 교과를 담당하고 있는 사람, 그 밖에 자격 및 관련 업무 경력 등을 고려하여 고용노동부장관이 정하여 고시하는 요건을 갖춘 사람에게 제50조제3호아목에 따른 자체감사를 하게 하고 그 결과를 공단에 제출한 경우에는 공단의 확인을 생략할 수 있다. 1. 신규로 설치될 유해하거나 위험한 설비에 대해서는 설치 과정 및 설치 완료 후 시운전단계에서 각 1회 2. 기존에 설치되어 사용 중인 유해하거나 위험한 설비에 대해서는 심사 완료 후 3개월 이내

3. 유해하거나 위험한 설비와 관련한 공정의 중대한 변경이 있는 경우에는 변경 완료 후 1개월 이내
4. 유해하거나 위험한 설비 또는 이와 관련된 공정에 중대한 사고 또는 결함이 발생한 경우에는 1개월 이내. 다만, 법 제47조에 따른 안전보건진단을 받은 사업장 등 고용노동부장관이 정하여 고시하는 사업장의 경우에는 공단의 확인을 생략할 수 있다.

② 공단은 사업주로부터 확인요청을 받은 날부터 1개월 이내에 제50조제1호부터 제4호까지의 내용이 현장과 일치하는지 여부를 확인하고, 확인한 날부터 15일 이내에 그 결과를 사업주에게 통보하고 지방고용노동관서의 장에게 보고해야 한다.

③ 제1항 및 제2항에 따른 확인의 절차 등에 관하여 필요한 사항은 고용노동부장관이 정하여 고시한다.

제54조【공정안전보고서 이행 상태의 평가】

① 법제46조제4항에 따라 고용노동부장관은 같은 조 제2항에 따른 공정안전보고서의 확인(신규로 설치되는 유해하거나 위험한 설비의 경우에는 설치 완료 후 시운전 단계에서

법　　률	시　행　령	시 행 규 칙
		의 확인을 말한다) 후 1년이 지난날부터 2년 이내에 공정안전보고서 이행 상태의 평가(이하 "이행상태평가"라 한다)를 해야 한다. ② 고용노동부장관은 제1항에 따른 이행상태평가 후 4년마다 이행상태평가를 해야 한다. 다만, 다음 각 호의 어느 하나에 해당하는 경우에는 1년 또는 2년마다 이행상태평가를 할 수 있다. 1. 이행상태평가 후 사업주가 이행상태평가를 요청하는 경우 2. 법제155조에 따라 사업장에 출입하여 검사 및 안전·보건점검 등을 실시한 결과제50조제1항제3호사목에 따른 변경요소 관리계획 미준수로 공정안전보고서 이행상태가 불량한 것으로 인정되는 경우 등 고용노동부장관이 정하여 고시하는 경우 ③ 이행상태평가는 제50조제1항 각 호에 따른 공정안전보고서의 세부내용에 관하여 실시한다. ④ 이행상태평가의 방법 등 이행상태평가에 필요한 세부적인 사항은 고용노동부장관이 정한다.

제47조 【안전보건진단】 ① 고용노동부장관은 추락·붕괴, 화재·폭발, 유해하거나 위험한 물질의 누출 등 산업재해 발생의 위험이 현저히 높은 사업장의 사업주에게 제48조에 따라 지정받은 기관(이하 "안전보건진단기관"이라 한다)이 실시하는 안전보건진단을 받을 것을 명할 수 있다.

《벌칙》 위반자는 1천만원이하의 과태료(법 제175조제4항)

② 사업주는 제1항에 따라 안전보건진단 명령을 받은 경우 고용노동부령으로 정하는 바에 따라 안전보건진단기관에 안전보건진단을 의뢰하여야 한다.

③ 사업주는 안전보건진단기관이 제2항에 따라 실시하는 안전보건진단에 적극 협조하여야 하며, 정당한 사유 없이 이를 거부하거나 방해 또는 기피해서는 아니 된다. 이 경우 근로자대표가 요구할 때에는 해당 안전보건진단에 근로자대표를 참여시켜야 한다.

《벌칙》 위반자는 1천500만원이하의 과태료(법 제175조제3항)

④ 안전보건진단기관은 제2항에 따라 안전보건진단을 실시한 경우에는 안전보건진단

제46조 【안전보건진단의 종류 및 내용】 ① 법제47조제1항에 따른 안전보건진단(이하 "안전보건진단"이라 한다)의 종류 및 내용은 별표14와 같다.

② 고용노동부장관은 법제47조제1항에 따라 안전보건진단 명령을 할 경우 기계·화공·전기·건설 등 분야별로 한정하여 진단을 받을 것을 명할 수 있다.

③ 안전보건진단 결과보고서에는 산업재해 또는 사고의 발생원인, 작업조건·작업방법에 대한 평가 등의 사항이 포함되어야 한다.

제55조 【안전보건진단 명령】 법제47조제1항에 따른 안전보건진단 명령은 별지 제25호서식에 따른다.

제56조 【안전보건진단 의뢰】 법제47조제2항에 따라 안전보건진단 명령을 받은 사업주는 15일 이내에 안전보건진단기관에 안전보건진단을 의뢰해야 한다.

제57조 【안전보건진단 결과의 보고】 법제47조제2항에 따른 안전보건진단을 실시한 안전보건진단기관은 영 별표14의 진단내용에 해당하는 사항에 대한 조사·평가 및 측정 결과와 그 개선방법이 포함된 보고서를 진단을 의뢰받은 날로부터 30일 이내에 해당 사업장의 사업주 및 관할 지방고용노동관서의 장에게 제출(전자문서로 제출하는 것을 포함한다)해야 한다.

법 률	시 행 령	시 행 규 칙
결과보고서를 고용노동부령으로 정하는 바에 따라 해당 사업장의 사업주 및 고용노동부장관에게 제출하여야 한다. ⑤ 안전보건진단의 종류 및 내용, 안전보건진단 결과보고서에 포함될 사항, 그 밖에 필요한 사항은 대통령령으로 정한다.		
제48조【안전보건진단기관】 ① 안전보건진단기관이 되려는 자는 대통령령으로 정하는 인력·시설 및 장비 등의 요건을 갖추어 고용노동부장관의 지정을 받아야 한다. ② 고용노동부장관은 안전보건진단기관에 대하여 평가하고 그 결과를 공개할 수 있다. 이 경우 평가의 기준·방법 및 결과의 공개에 필요한 사항은 고용노동부령으로 정한다. ③ 안전보건진단기관의 지정 절차, 그 밖에 필요한 사항은 고용노동부령으로 정한다. ④ 안전보건진단기관에 관하여는 제21조제4항 및 제5항을 준용한다. 이 경우 "안전관리전문기관 또는 보건관리전문기관"은 "안전보건진단기관"으로 본다.	**제47조【안전보건진단기관의 지정 요건】** 법제48조제1항에 따라 안전보건진단기관으로 지정받으려는 자는 법인으로서 제46조제1항 및 별표14에 따른 안전보건진단 종류별로 종합진단기관은 별표15, 안전진단기관은 별표16, 보건진단기관은 별표17에 따른 인력·시설 및 장비 등의 요건을 각각 갖추어야 한다.	**제58조【안전보건진단기관의 평가 등】** ① 법제48조제2항에 따른 안전보건진단기관 평가의 기준은 다음 각 호와 같다. 1. 인력·시설 및 장비의 보유 수준과 그에 대한 관리능력 2. 유해위험요인의 평가·분석 충실성 등 안전보건진단 업무 수행능력 3. 안전보건진단 대상 사업장의 만족도 ② 법제48조제2항에 따른 안전보건진단기관 평가의 방법 및 평가 결과의 공개에 관하여는 제17조제2항부터 제8항까지의 규정을 준용한다. 이 경우 "안전관리전문기관 또는 보건관리전문기관"은 "안전보건진단기관"으로 본다.
	제48조【안전보건진단기관의 지정 취소 등의 사유】 법제48조제4항에 따라 준용되는 법제21조제4항제5호에서 "대통령령으로 정	**제59조【안전보건진단기관의 지정신청 등】** ① 안전보건진단기관으로 지정받으려는 자는 법제48조제3항에 따라 별지 제6호서식

하는 사유에 해당하는 경우"란 다음 각 호의 경우를 말한다.

1. 안전보건진단 업무 관련 서류를 거짓으로 작성한 경우
2. 정당한 사유 없이 안전보건진단 업무의 수탁을 거부한 경우
3.제47조에 따른 인력기준에 해당하지 않은 사람에게 안전보건진단 업무를 수행하게 한 경우
4. 안전보건진단 업무를 수행하지 않고 위탁 수수료를 받은 경우
5. 안전보건진단 업무와 관련된 비치서류를 보존하지 않은 경우
6. 안전보건진단 업무 수행과 관련한 대가 외의 금품을 받은 경우
7. 법에 따른 관계 공무원의 지도·감독을 거부·방해 또는 기피한 경우

의 안전보건진단기관 지정신청서에 다음 각 호의 서류를 첨부하여 지방고용노동청장에게 제출(전자문서로 제출하는 것을 포함한다)해야 한다.

1. 정관
2. 영 별표15, 별표16 및 별표17에 따른 인력기준에 해당하는 사람의 자격과 채용을 증명할 수 있는 자격증(국가기술자격증은 제외한다), 경력증명서 및 재직증명서 등의 서류
3. 건물임대차계약서 사본이나 그 밖에 사무실의 보유를 증명할 수 있는 서류와 시설·장비 명세서
4. 최초 1년간의 안전보건진단사업계획서

② 제1항에 따라 신청서를 제출받은 지방고용노동청장은 「전자정부법」 제36조제1항에 따른 행정정보의 공동이용을 통하여 법인등기사항증명서 및 국가기술자격증을 확인해야 하며, 신청인이 국가기술자격증의 확인에 동의하지 않는 경우에는 그 사본을 첨부하도록 해야 한다.

③ 안전보건진단기관에 대한 지정서의 발급, 지정받은 사항의 변경, 지정서의 반납 등에 관하여는 제16조제3항부터 제6항까지의 규

법 률	시 행 령	시 행 규 칙
		정을 준용한다. 이 경우 "안전관리전문기관 또는 보건관리전문기관"은 "안전보건진단기관"으로, "고용노동부장관 또는 지방고용노동청장"은 "지방고용노동청장"으로 본다.
제49조【안전보건개선계획의 수립·시행 명령】 ① 고용노동부장관은 다음 각 호의 어느 하나에 해당하는 사업장으로서 산업재해 예방을 위하여 종합적인 개선조치를 할 필요가 있다고 인정되는 사업장의 사업주에게 고용노동부령으로 정하는 바에 따라 그 사업장, 시설, 그 밖의 사항에 관한 안전 및 보건에 관한 개선계획(이하 "안전보건개선계획"이라 한다)을 수립하여 시행할 것을 명할 수 있다. 이 경우 대통령령으로 정하는 사업장의 사업주에게는 제47조에 따라 안전보건진단을 받아 안전보건개선계획을 수립하여 시행할 것을 명할 수 있다. 1. 산업재해율이 같은 업종의 규모별 평균 산업재해율보다 높은 사업장	**제49조【안전보건진단을 받아 안전보건개선계획을 수립할 대상】** 법제49조제1항 각 호 외의 부분 후단에서 "대통령령으로 정하는 사업장"이란 다음 각 호의 사업장을 말한다. 1. 산업재해율이 같은 업종 평균 산업재해율의 2배 이상인 사업장 2. 법제49조제1항제2호에 해당하는 사업장 3. 직업성 질병자가 연간 2명 이상(상시근로자 1천명 이상 사업장의 경우 3명 이상) 발생한 사업장 4. 그 밖에 작업환경 불량, 화재·폭발 또는 누출 사고 등으로 사업장 주변까지 피해가 확산된 사업장으로서 고용노동부령으로 정하는 사업장	**제60조【안전보건개선계획의 수립·시행 명령】** 법제49조제1항에 따른 안전보건개선계획의 수립·시행 명령은 별지 제26호서식에 따른다.
2. 사업주가 필요한 안전조치 또는 보건조치를 이행하지 아니하여 중대재해가 발생한 사업장 3. 대통령령으로 정하는 수 이상의 직업성	**제50조【안전보건개선계획 수립 대상】** 법제49조제1항제3호에서 "대통령령으로 정하는 수 이상의 직업성 질병자가 발생한 사업장"이란 직업성 질병자가 연간 2명 이상 발	**제61조【안전보건개선계획의 제출 등】** ① 법제50조제1항에 따라 안전보건개선계획서를 제출해야 하는 사업주는 법제49조제1항에 따른 안전보건개선계획서 수립·시행 명령을

질병자가 발생한 사업장

4. 제106조에 따른 유해인자의 노출기준을 초과한 사업장

《벌칙》 위반자는 1천만원이하의 과태료(법 제175조제4항)

② 사업주는 안전보건개선계획을 수립할 때에는 산업안전보건위원회의 심의를 거쳐야 한다. 다만, 산업안전보건위원회가 설치되어 있지 아니한 사업장의 경우에는 근로자대표의 의견을 들어야 한다.

《벌칙》 위반자는 500만원이하의 과태료(법 제175조제5항)

제50조【안전보건개선계획서의 제출 등】 ① 제49조제1항에 따라 안전보건개선계획의 수립·시행 명령을 받은 사업주는 고용노동부령으로 정하는 바에 따라 안전보건개선계획서를 작성하여 고용노동부장관에게 제출하여야 한다.

② 고용노동부장관은 제1항에 따라 제출받은 안전보건개선계획서를 고용노동부령으로 정하는 바에 따라 심사하여 그 결과를 사업주에게 서면으로 알려 주어야 한다. 이 경우 고용노동부장관은 근로자의 안전 및 보건의 유지·증진을 위하여 필요하다고 인정

생한 사업장을 말한다.

받은 날부터 60일 이내에 관할 지방고용노동관서의 장에게 해당 계획서를 제출(전자문서로 제출하는 것을 포함한다)해야 한다.

② 제1항에 따른 안전보건개선계획서에는 시설, 안전보건관리체제, 안전보건교육, 산업재해 예방 및 작업환경의 개선을 위하여 필요한 사항이 포함되어야 한다.

제62조【안전보건개선계획서의 검토 등】 ① 지방고용노동관서의 장이 제61조에 따른 안전보건개선계획서를 접수한 경우에는 접수일부터 15일 이내에 심사하여 사업주에게 그 결과를 알려야 한다.

② 법제50조제2항에 따라 지방고용노동관서의 장은 안전보건개선계획서에 제61조제2항에서 정한 사항이 적정하게 포함되어 있는지 검토해야 한다. 이 경우 지방고용노동관서의 장은 안전보건개선계획서의 적정 여부 확인을 공단 또는 지도사에게 요청할 수 있다.

제63조【기계·설비 등에 대한 안전 및 보건조치】 법제53조제1항에서 "안전 및 보건에 관하여 고용노동부령으로 정하는 필요한 조치"란 다음 각 호의 어느 하나에 해당하는 조치를 말한다.

1. 안전보건규칙에서 건설물 또는 그 부속

법 률	시 행 령	시 행 규 칙
하는 경우 해당 안전보건개선계획서의 보완을 명할 수 있다. ③ 사업주와 근로자는 제2항 전단에 따라 심사를 받은 안전보건개선계획서(같은 항 후단에 따라 보완한 안전보건개선계획서를 포함한다)를 준수하여야 한다. 《벌칙》 위반자는 500만원이하의 과태료(법 제175조제5항) **제51조 【사업주의 작업중지】** 사업주는 산업재해가 발생할 급박한 위험이 있을 때에는 즉시 작업을 중지시키고 근로자를 작업장소에서 대피시키는 등 안전 및 보건에 관하여 필요한 조치를 하여야 한다. 《벌칙》 위반자는 5년이하의 징역 또는 5천만원이하의 벌금(법 제168조) **제52조 【근로자의 작업중지】** ① 근로자는 산업재해가 발생할 급박한 위험이 있는 경우에는 작업을 중지하고 대피할 수 있다. ② 제1항에 따라 작업을 중지하고 대피한 근로자는 지체 없이 그 사실을 관리감독자 또는 그 밖에 부서의 장(이하 "관리감독자등"이라 한다)에게 보고하여야 한다. ③ 관리감독자등은 제2항에 따른 보고를 받		건설물·기계·기구·설비·원재료에 대하여 정하는 안전조치 또는 보건조치 2. 법 제87조에 따른 안전인증대상기계등의 사용금지 3. 법 제92조에 따른 자율안전확인대상기계등의 사용금지 4. 법 제95조에 따른 안전검사대상기계등의 사용금지 5. 법 제99조제2항에 따른 안전검사대상기계등의 사용금지 6. 법제117조제1항에 따른 제조등금지물질의 사용금지 7. 법제118조제1항에 따른 허가대상물질에 대한 허가의 취득 **제64조 【사용의 중지】** ① 고용노동부장관이 법제53조제1항에 따른 사용중지를 명하려는 경우에는 별지 제27호서식에 따른 사용중지명령서 또는 고용노동부장관이 정하는 표지(이하 "사용중지명령서등"이라 한다)를 발부하거나 부착할 수 있다. ② 사업주는 제1항에 따라 사용중지명령서등을 받은 경우에는 관계 근로자에게 해당 사항을 알려야 한다.

으면 안전 및 보건에 관하여 필요한 조치를 하여야 한다.

④ 사업주는 산업재해가 발생할 급박한 위험이 있다고 근로자가 믿을 만한 합리적인 이유가 있을 때에는 제1항에 따라 작업을 중지하고 대피한 근로자에 대하여 해고나 그 밖의 불리한 처우를 해서는 아니 된다.

제53조【고용노동부장관의 시정조치 등】 ① 고용노동부장관은 사업주가 사업장의 건설물 또는 그 부속건설물 및 기계·기구·설비·원재료(이하 "기계·설비등"이라 한다)에 대하여 안전 및 보건에 관하여 고용노동부령으로 정하는 필요한 조치를 하지 아니하여 근로자에게 현저한 유해·위험이 초래될 우려가 있다고 판단될 때에는 해당 기계·설비등에 대하여 사용중지·대체·제거 또는 시설의 개선, 그 밖에 안전 및 보건에 관하여 고용노동부령으로 정하는 필요한 조치(이하 "시정조치"라 한다)를 명할 수 있다.

③ 제1항에 따라 사용중지명령서를 받은 사업주는 발부받은 때부터 그 개선이 완료되어 고용노동부장관이 사용중지명령을 해제할 때까지 해당 건설물 또는 그 부속건설물 및 기계·기구·설비·원재료를 사용해서는 안 된다.

④ 사업주는 제1항에 따라 발부되거나 부착된 사용중지명령서등을 해당 건설물 또는 그 부속건설물 및 기계·기구·설비·원재료로부터 임의로 제거하거나 훼손해서는 안 된다.

⑤ 지방고용노동관서의 장은 법제53조제5항에 따라 사용중지를 해제하는 경우 그 내용을 사업주에게 알려주어야 한다.

제65조【작업의 중지】 ① 고용노동부장관은 법제53조제3항에 따라 작업의 전부 또는 일부 중지를 명하려는 경우에는 별지 제27호서식에 따른 작업중지명령서 또는 고용노동부장관이 정하는 표지(이하 "작업중지명령서등"이라 한다)를 발부하거나 부착할 수 있다.

② 작업중지명령 고지 등에 관하여는 제64조제2항부터 제5항까지를 준용한다. 이 경우 "사용중지명령서등"은 "작업중지명령서등"으로, "사용중지명령서"는 "작업중지명령서"로, "사용중지"는 "작업중지"로 본다.

제66조【시정조치 명령서의 게시】 법제53조

법 률	시 행 령	시 행 규 칙
《벌칙》 위반자는 3년이하의 징역 또는 3천만원이하의 벌금(법 제169조) ② 제1항에 따라 시정조치 명령을 받은 사업주는 해당 기계·설비등에 대하여 시정조치를 완료할 때까지 시정조치 명령 사항을 사업장 내에 근로자가 쉽게 볼 수 있는 장소에 게시하여야 한다. 《벌칙》 위반자는 500만원이하의 과태료(법 제175조제5항제4호) ③ 고용노동부장관은 사업주가 해당 기계·설비등에 대한 시정조치 명령을 이행하지 아니하여 유해·위험 상태가 해소 또는 개선되지 아니하거나 근로자에 대한 유해·위험이 현저히 높아질 우려가 있는 경우에는 해당 기계·설비등과 관련된 작업의 전부 또는 일부의 중지를 명할 수 있다. 《벌칙》 위반자는 5년이하의 징역 또는 5천만원이하의 벌금(법 제168조) ④ 제1항에 따른 사용중지 명령 또는 제3항에 따른 작업중지 명령을 받은 사업주는 그 시정조치를 완료한 경우에는 고용노동부장관에게 제1항에 따른 사용중지 또는 제3항에 따른 작업중지의 해제를 요청할 수 있다.		제1항에 따라 이 법 위반으로 고용노동부장관의 시정조치 명령을 받은 사업주는 법제53조제2항에 따라 해당 내용을 시정할 때까지 위반 장소 또는 사내 게시판 등에 게시해야 한다. **제67조【중대재해 발생 시 보고】** 사업주는 중대재해가 발생한 사실을 알게 된 경우에는 법제54조제2항에 따라 지체 없이 다음 각 호의 사항을 사업장 소재지를 관할하는 지방고용노동관서의 장에게 전화·팩스 또는 그 밖의 적절한 방법으로 보고해야 한다. 1. 발생 개요 및 피해 상황 2. 조치 및 전망 3. 그 밖의 중요한 사항 **제68조【작업중지명령서】** 법제55조제1항에 따라 작업중지를 명하는 경우에는 별지 제28호서식에 따른 작업중지명령서를 발부해야 한다. **제69조【작업중지의 해제】** ① 법제55조제3항에 따라 사업주가 작업중지의 해제를 요청할 경우에는 별지 제29호서식에 따른 작업중지명령 해제신청서를 작성하여 사업장의 소재지를 관할하는 지방고용노동관서의

⑤ 고용노동부장관은 제4항에 따른 해제 요청에 대하여 시정조치가 완료되었다고 판단될 때에는 제1항에 따른 사용중지 또는 제3항에 따른 작업중지를 해제하여야 한다.

제54조 【중대재해 발생 시 사업주의 조치】

① 사업주는 중대재해가 발생하였을 때에는 즉시 해당 작업을 중지시키고 근로자를 작업장소에서 대피시키는 등 안전 및 보건에 관하여 필요한 조치를 하여야 한다.

《벌칙》 위반자는 5년이하의 징역 또는 5천만원이하의 벌금(법 제168조)

② 사업주는 중대재해가 발생한 사실을 알게 된 경우에는 고용노동부령으로 정하는 바에 따라 지체 없이 고용노동부장관에게 보고하여야 한다. 다만, 천재지변 등 부득이한 사유가 발생한 경우에는 그 사유가 소멸되면 지체 없이 보고하여야 한다.

《벌칙》 위반자는 3천만원이하의 과태료(법 제175조제2항)

제55조 【중대재해 발생 시 고용노동부장관의 작업중지 조치】 ① 고용노동부장관은 중대재해가 발생하였을 때 다음 각 호의 어느 하나에 해당하는 작업으로 인하여 해당 사업장에 산업재해가 다시 발생할 급박한 위험

장에게 제출해야 한다.

② 제1항에 따라 사업주가 작업중지명령 해제신청서를 제출하는 경우에는 미리 유해·위험요인 개선내용에 대하여 중대재해가 발생한 해당작업 근로자의 의견을 들어야 한다.

③ 지방고용노동관서의 장은 제1항에 따라 작업중지명령 해제를 요청받은 경우에는 근로감독관으로 하여금 안전·보건을 위하여 필요한 조치를 확인하도록 하고, 천재지변 등 불가피한 경우를 제외하고는 해제요청일 다음 날부터 4일 이내(토요일과 공휴일을 포함하되, 토요일과 공휴일이 연속하는 경우에는 3일까지만 포함한다)에 법제55조제3항에 따른 작업중지해제 심의위원회(이하 "심의위원회"라 한다)를 개최하여 심의한 후 해당조치가 완료되었다고 판단될 경우에는 즉시 작업중지명령을 해제해야 한다.

제70조 【작업중지해제 심의위원회】 ① 심의위원회는 지방고용노동관서의 장, 공단 소속 전문가 및 해당 사업장과 이해관계가 없는 외부전문가 등을 포함하여 4명 이상으로 구성해야 한다.

② 지방고용노동관서의 장은 심의위원회가 작업중지명령 대상 유해·위험업무에 대한

법 률	시 행 령	시 행 규 칙
이 있다고 판단되는 경우에는 그 작업의 중지를 명할 수 있다. 1. 중대재해가 발생한 해당 작업 2. 중대재해가 발생한 작업과 동일한 작업 《벌칙》 위반자는 5년이하의 징역 또는 5천만원이하의 벌금(법 제168조) ② 고용노동부장관은 토사·구축물의 붕괴, 화재·폭발, 유해하거나 위험한 물질의 누출 등으로 인하여 중대재해가 발생하여 그 재해가 발생한 장소 주변으로 산업재해가 확산될 수 있다고 판단되는 등 불가피한 경우에는 해당 사업장의 작업을 중지할 수 있다. ③ 고용노동부장관은 사업주가 제1항 또는 제2항에 따른 작업중지의 해제를 요청한 경우에는 작업중지 해제에 관한 전문가 등으로 구성된 심의위원회의 심의를 거쳐 고용노동부령으로 정하는 바에 따라 제1항 또는 제2항에 따른 작업중지를 해제하여야 한다. ④ 제3항에 따른 작업중지 해제의 요청 절차 및 방법, 심의위원회의 구성·운영, 그 밖에 필요한 사항은 고용노동부령으로 정한다. **제56조 【중대재해 원인조사 등】** ① 고용노동부장관은 중대재해가 발생하였을 때에는 그		안전·보건조치가 충분히 개선되었다고 심의·의결하는 경우에는 즉시 작업중지명령의 해제를 결정해야 한다. ③ 제1항 및 제2항에서 규정한 사항 외에 심의위원회의 구성 및 운영에 필요한 사항은 고용노동부장관이 정한다. **제71조 【중대재해 원인조사의 내용 등】** 법제56조제1항에 따라 중대재해 원인조사를 하는 때에는 현장을 방문하여 조사해야 하며 재해조사에 필요한 안전보건 관련 서류 및 목격자의 진술 등을 확보하도록 노력해야 한다. 이 경우 중대재해 발생의 원인이 사업주의 법 위반에 기인한 것인지 등을 조사해야 한다. **제72조 【산업재해 기록 등】** 사업주는 산업재해가 발생한 때에는 법제57조제2항에 따라 다음 각 호의 사항을 기록·보존해야 한다. 다만, 제73조제1항에 따른 산업재해조사표의 사본을 보존하거나 제73조제5항에 따른 요양신청서의 사본에 재해 재발방지 계획을 첨부하여 보존한 경우에는 그렇지 않다.

원인 규명 또는 산업재해 예방대책 수립을 위하여 그 발생 원인을 조사할 수 있다.

② 고용노동부장관은 중대재해가 발생한 사업장의 사업주에게 안전보건개선계획의 수립·시행, 그 밖에 필요한 조치를 명할 수 있다.

③ 누구든지 중대재해 발생 현장을 훼손하거나 제1항에 따른 고용노동부장관의 원인 조사를 방해해서는 아니 된다.

《벌칙》 위반자는 1년이하의 징역 또는 1천만원이하의 벌금(법 제170조)

④ 중대재해가 발생한 사업장에 대한 원인 조사의 내용 및 절차, 그 밖에 필요한 사항은 고용노동부령으로 정한다.

제57조【산업재해 발생 은폐 금지 및 보고 등】 ① 사업주는 산업재해가 발생하였을 때에는 그 발생 사실을 은폐해서는 아니 된다.

《벌칙》 위반자는 1년이하의 징역 또는 1천만원이하의 벌금(법 제170조)

② 사업주는 고용노동부령으로 정하는 바에 따라 산업재해의 발생원인 등을 기록하여 보존하여야 한다.

③ 사업주는 고용노동부령으로 정하는 산업재해에 대해서는 그 발생 개요·원인 및 보고

1. 사업장의 개요 및 근로자의 인적사항
2. 재해 발생의 일시 및 장소
3. 재해 발생의 원인 및 과정
4. 재해 재발방지 계획

제73조【산업재해 발생 보고 등】 ① 사업주는 산업재해로 사망자가 발생하거나 3일 이상의 휴업이 필요한 부상을 입거나 질병에 걸린 사람이 발생한 경우에는 법제57조제3항에 따라 해당 산업재해가 발생한 날부터 1개월 이내에 별지 제30호서식의 산업재해조사표를 작성하여 관할 지방고용노동관서의 장에게 제출(전자문서로 제출하는 것을 포함한다)해야 한다.

② 제1항에도 불구하고 다음 각 호의 모두에 해당하지 않는 사업주가 법률 제11882호 산업안전보건법 일부개정법률 제10조제2항의 개정규정의 시행일인 2014년 7월 1일 이후 해당 사업장에서 처음 발생한 산업재해에 대하여 지방고용노동관서의 장으로부터 별지 제30호서식의 산업재해조사표를 작성하여 제출하도록 명령을 받은 경우 그 명령을 받은 날부터 15일 이내에 이를 이행한 때에는 제1항에 따른 보고를 한 것으로 본다. 제1항에 따른 보고기한이 지난 후에

법 률	시 행 령	시 행 규 칙
시기, 재발방지 계획 등을 고용노동부령으로 정하는 바에 따라 고용노동부장관에게 보고하여야 한다. 《벌칙》 보고를 아니하거나 거짓으로 보고한 자는 1천500만원 이하의 과태료(법 제175조제3항)		자진하여 별지 제30호서식의 산업재해조사표를 작성·제출한 경우에도 또한 같다. 1. 안전관리자 또는 보건관리자를 두어야 하는 사업주 2. 법제62조제1항에 따라 안전보건총괄책임자를 지정해야 하는 도급인 3. 법제73조제1항에 따라 건설재해예방전문지도기관의 지도를 받아야 하는 사업주 4. 산업재해 발생사실을 은폐하려고 한 사업주 ③ 사업주는 제1항에 따른 산업재해조사표에 근로자대표의 확인을 받아야 하며, 그 기재 내용에 대하여 근로자대표의 이견이 있는 경우에는 그 내용을 첨부해야 한다. 다만, 근로자대표가 없는 경우에는 재해자 본인의 확인을 받아 산업재해조사표를 제출할 수 있다. ④ 제1항부터 제3항까지의 규정에서 정한 사항 외에 산업재해발생 보고에 필요한 사항은 고용노동부장관이 정한다. ⑤ 「산업재해보상보험법」 제41조에 따라 요양급여의 신청을 받은 근로복지공단은 지

제5장 도급 시 산업재해 예방

제1절 도급의 제한

제58조【유해한 작업의 도급금지】① 사업주는 근로자의 안전 및 보건에 유해하거나 위험한 작업으로서 다음 각 호의 어느 하나에 해당하는 작업을 도급하여 자신의 사업장에서 수급인의 근로자가 그 작업을 하도록 해서는 아니 된다.

1. 도금작업
2. 수은, 납 또는 카드뮴을 제련, 주입, 가공 및 가열하는 작업
3. 제118조제1항에 따른 허가대상물질을 제조하거나 사용하는 작업

② 사업주는 제1항에도 불구하고 다음 각 호의 어느 하나에 해당하는 경우에는 제1항 각 호에 따른 작업을 도급하여 자신의 사업

제5장 도급 시 산업재해 예방

방고용노동관서의 장 또는 공단으로부터 요양신청서 사본, 요양업무 관련 전산입력자료, 그 밖에 산업재해예방업무 수행을 위하여 필요한 자료의 송부를 요청받은 경우에는 이에 협조해야 한다.

제5장 도급 시 산업재해 예방

제1절 도급의 제한

제74조【안전 및 보건에 관한 평가의 내용 등】① 사업주는 법제58조제2항제2호에 따른 승인 및 같은 조 제5항에 따른 연장승인을 받으려는 경우 법제165조제2항, 영제116조제2항에 따라 고용노동부장관이 고시하는 기관을 통하여 안전 및 보건에 관한 평가를 받아야 한다.

② 제1항의 안전 및 보건에 관한 평가에 대한 내용은 별표12와 같다.

제75조【도급승인 등의 절차·방법 및 기준 등】① 법제58조제2항제2호에 따른 승인, 같은 조 제5항 또는 제6항에 따른 연장승인 또는 변경승인을 받으려는 자는 별지 제31호서식의 도급승인 신청서, 별지 제32호서식

법 률	시 행 령	시 행 규 칙
장에서 수급인의 근로자가 그 작업을 하도록 할 수 있다. 1. 일시·간헐적으로 하는 작업을 도급하는 경우 2. 수급인이 보유한 기술이 전문적이고 사업주(수급인에게 도급을 한 도급인으로서의 사업주를 말한다)의 사업 운영에 필수 불가결한 경우로서 고용노동부장관의 승인을 받은 경우 ③ 사업주는 제2항제2호에 따라 고용노동부장관의 승인을 받으려는 경우에는 고용노동부령으로 정하는 바에 따라 고용노동부장관이 실시하는 안전 및 보건에 관한 평가를 받아야 한다. 《벌칙》 위반자는 3년이하의 징역 또는 3천만원이하의 벌금(법 제169조제3호) ④ 제2항제2호에 따른 승인의 유효기간은 3년의 범위에서 정한다. ⑤ 고용노동부장관은 제4항에 따른 유효기간이 만료되는 경우에 사업주가 유효기간의 연장을 신청하면 승인의 유효기간이 만료되는 날의 다음 날부터 3년의 범위에서 고용노동부령으로 정하는 바에 따라 그 기간의		의 연장신청서 및 별지 제33호서식의 변경신청서에 다음 각 호의 서류를 첨부하여 관할 지방고용노동관서의 장에게 제출해야 한다. 1. 도급대상 작업의 공정 관련 서류 일체(기계·설비의 종류 및 운전조건, 유해·위험물질의 종류·사용량, 유해·위험요인의 발생 실태 및 종사 근로자 수 등에 관한 사항이 포함되어야 한다) 2. 도급작업 안전보건관리계획서(안전작업절차, 도급 시 안전·보건관리 및 도급작업에 대한 안전·보건시설 등에 관한 사항이 포함되어야 한다) 3. 제74조에 따른 안전 및 보건에 관한 평가 결과(법제58조제6항에 따른 변경승인은 해당되지 않는다) ② 법제58조제2항제2호에 따른 승인, 같은 조 제5항 또는 제6항에 따른 연장승인 또는 변경승인의 작업별 도급승인 기준은 다음 각 호와 같다. 1. 공통: 작업공정의 안전성, 안전보건관리계획 및 안전 및 보건에 관한 평가 결과의 적정성 2. 법제58조제1항제1호 및 제2호에 따른

연장을 승인할 수 있다. 이 경우 사업주는 제3항에 따른 안전 및 보건에 관한 평가를 받아야 한다.

《벌칙》 위반자는 3년이하의 징역 또는 3천만원이하의 벌금(법 제169조제3호)

⑥ 사업주는 제2항제2호 또는 제5항에 따라 승인을 받은 사항 중 고용노동부령으로 정하는 사항을 변경하려는 경우에는 고용노동부령으로 정하는 바에 따라 변경에 대한 승인을 받아야 한다.

⑦ 고용노동부장관은 제2항제2호,제5항 또는 제6항에 따라 승인, 연장승인 또는 변경승인을 받은 자가 제8항에 따른 기준에 미달하게 된 경우에는 승인, 연장승인 또는 변경승인을 취소하여야 한다.

⑧ 제2항제2호,제5항 또는 제6항에 따른 승인, 연장승인 또는 변경승인의 기준·절차 및 방법, 그 밖에 필요한 사항은 고용노동부령으로 정한다.

제59조 【도급의 승인】 ① 사업주는 자신의 사업장에서 안전 및 보건에 유해하거나 위험한 작업 중 급성 독성, 피부 부식성 등이 있는 물질의 취급 등 대통령령으로 정하는 작업을 도급하려는 경우에는 고용노동부장

제51조 【도급승인 대상 작업】 법제59조제1항 전단에서 "급성 독성, 피부 부식성 등이 있는 물질의 취급 등 대통령령으로 정하는 작업"이란 다음 각 호의 어느 하나에 해당하는 작업을 말한다.

작업: 안전보건규칙 제5조,제7조, 제8조,제10조,제11조,제17조,제19조,제21조,제22조,제33조,제72조부터 제79조까지, 제81조, 제83조부터 제85조까지,제225조,제232조,제299조,제301조부터 제305조까지,제422조,제429조부터 제435조까지,제442조부터 제444조까지,제448조,제450조,제451조 및 제513조에서 정한 기준

3. 법제58조제1항제3호에 따른 작업: 안전보건규칙 제5조,제7조, 제8조,제10조,제11조,제17조,제19조,제21조,제22조까지,제33조,제72조부터 제79조까지, 제81조, 제83조부터 제85조까지,제225조,제232조,제299조,제301조부터 제305조까지,제453조부터 제455조까지,제459조,제461조,제463조부터 제466조까지,제469조부터 제474조까지 및 제513조에서 정한 기준

③ 지방고용노동관서의 장은 필요한 경우 법제58조제2항제2호에 따른 승인, 같은 조 제5항 또는 제6항에 따른 연장승인 또는 변경승인을 신청한 사업장이 제2항에 따른 도급승인 기준을 준수하고 있는지 공단으로

법 률	시 행 령	시 행 규 칙
관의 승인을 받아야 한다. 이 경우 사업주는 고용노동부령으로 정하는 바에 따라 안전 및 보건에 관한 평가를 받아야 한다. ② 제1항에 따른 승인에 관하여는 제58조제4항부터 제8항까지의 규정을 준용한다. **제60조【도급의 승인 시 하도급 금지】** 제58조제2항제2호에 따른 승인, 같은 조 제5항 또는 제6항(제59조제2항에 따라 준용되는 경우를 포함한다)에 따른 연장승인 또는 변경승인 및 제59조제1항에 따른 승인을 받은 작업을 도급받은 수급인은 그 작업을 하도급할 수 없다. **제61조【적격 수급인 선정 의무】** 사업주는 산업재해 예방을 위한 조치를 할 수 있는 능력을 갖춘 사업주에게 도급하여야 한다.	1. 중량비율 1퍼센트 이상의 황산, 불화수소, 질산 또는 염화수소를 취급하는 설비를 개조·분해·해체·철거하는 작업 또는 해당 설비의 내부에서 이루어지는 작업. 다만, 도급인이 해당 화학물질을 모두 제거한 후 증명자료를 첨부하여 고용노동부장관에게 신고한 경우는 제외한다. 2. 그 밖에 「산업재해보상보험법」 제8조제1항에 따른 산업재해보상보험 및 예방심의위원회(이하 "산업재해보상보험및예방심의위원회"라 한다)의 심의를 거쳐 고용노동부장관이 정하는 작업	하여금 확인하게 할 수 있다. ④ 제1항에 따라 도급승인 신청을 받은 지방고용노동관서의 장은 제2항에 따른 도급승인 기준을 충족한 경우 신청서가 접수된 날부터 14일 이내에 별지 제34호서식에 따른 승인서를 신청인에게 발급해야 한다. **제76조【도급승인 변경 사항】** 법제58조제6항에서 "고용노동부령으로 정하는 사항"이란 다음 각 호의 어느 하나에 해당하는 사항을 말한다. 1. 도급공정 2. 도급공정 사용 최대 유해화학 물질량 3. 도급기간(3년 미만으로 승인 받은 자가 승인일부터 3년 내에서 연장하는 경우만 해당한다) **제77조【도급승인의 취소】** 고용노동부장관은 법제58조제2항제2호에 따른 승인, 같은 조 제5항 또는 제6항에 따른 연장승인 또는 변경승인을 받은 자가 다음 각 호의 어느 하나에 해당하는 경우에는 승인을 취소해야 한다. 1. 제75조제2항의 도급승인 기준에 미달하게 된 때 2. 거짓이나 그 밖의 부정한 방법으로 승

인, 연장승인, 변경승인을 받은 경우

3. 법제58조제5항 및 제6항에 따른 연장승인 및 변경승인을 받지 않고 사업을 계속한 경우

제78조 【도급승인 등의 신청】 ① 법제59조에 따른 안전 및 보건에 유해하거나 위험한 작업의 도급에 대한 승인, 연장승인 또는 변경승인을 받으려는 자는 별지 제31호서식의 도급승인 신청서, 별지 제32호서식의 연장신청서 및 별지 제33호서식의 변경신청서에 다음 각 호의 서류를 첨부하여 관할 지방고용노동관서의 장에게 제출해야 한다.

1. 도급대상 작업의 공정 관련 서류 일체(기계·설비의 종류 및 운전조건, 유해·위험물질의 종류·사용량, 유해·위험요인의 발생 실태 및 종사 근로자 수 등에 관한 사항이 포함되어야 한다)
2. 도급작업 안전보건관리계획서(안전작업절차, 도급 시 안전·보건관리 및 도급작업에 대한 안전·보건시설 등에 관한 사항이 포함되어야 한다)
3. 안전 및 보건에 관한 평가 결과(변경승인은 해당되지 않는다)

② 제1항에도 불구하고 산업재해가 발생할

법 률	시 행 령	시 행 규 칙
		급박한 위험이 있어 긴급하게 도급을 해야 할 경우에는 제1항제1호 및 제3호의 서류를 제출하지 않을 수 있다. ③ 법제59조에 따른 승인, 연장승인 또는 변경승인의 작업별 도급승인 기준은 다음 각 호와 같다. 1. 공통: 작업공정의 안전성, 안전보건관리계획 및 안전 및 보건에 관한 평가 결과의 적정성 2. 영제51조제1호에 따른 작업: 안전보건규칙 제5조,제7조,제8조,제10조,제11조,제17조,제19조,제21조,제22조,제33조,제42조부터 제44조까지,제72조부터 제79조까지, 제81조, 제83조부터 제85조까지,제225조,제232조,제297조부터 제299조까지,제301조부터 제305조까지,제422조,제429조부터 제435조까지,제442조부터 제444조까지,제448조,제450조,제451조,제513조,제619조,제620조,제624조,제625조,제630조 및 제631조에서 정한 기준 3. 영제51조제2호에 따른 작업: 고용노동부장관이 정한 기준

법률	시행령	시행규칙
		④ 제1항제3호에 따른 안전 및 보건에 관한 평가에 관하여는 제74조를 준용하고, 도급승인의 절차, 변경 및 취소 등에 관하여는 제75조제3항, 같은 조 제4항, 제76조 및 제77조의 규정을 준용한다. 이 경우 "법제58조제2항제2호에 따른 승인, 같은 조 제5항 또는 제6항에 따른 연장승인 또는 변경승인"은 "법제59조에 따른 승인, 연장승인 또는 변경승인"으로, "제75조제2항의 도급승인 기준"은 "제78조제3항의 도급승인 기준"으로 본다.
제2절 도급인의 안전조치 및 보건조치		**제2절 도급인의 안전조치 및 보건조치**
제62조【안전보건총괄책임자】 ① 도급인은 관계수급인 근로자가 도급인의 사업장에서 작업을 하는 경우에는 그 사업장의 안전보건관리책임자를 도급인의 근로자와 관계수급인 근로자의 산업재해를 예방하기 위한 업무를 총괄하여 관리하는 안전보건총괄책임자로 지정하여야 한다. 이 경우 안전보건관리책임자를 두지 아니하여도 되는 사업장에서는 그 사업장에서 사업을 총괄하여 관리하는 사람을 안전보건총괄책임자로 지정하여야 한다.	**제52조【안전보건총괄책임자 지정 대상사업】** 법제62조제1항에 따른 안전보건총괄책임자(이하 "안전보건총괄책임자"라 한다)를 지정해야 하는 사업의 종류 및 사업장의 상시근로자 수는 관계수급인에게 고용된 근로자를 포함한 상시근로자가 100명(선박 및 보트 건조업, 1차 금속 제조업 및 토사석 광업의 경우에는 50명) 이상인 사업이나 관계수급인의 공사금액을 포함한 해당 공사의 총공사금액이 20억원 이상인 건설업으로 한다.	**제79조【협의체의 구성 및 운영】** ① 법제64조제1항제1호에 따른 안전 및 보건에 관한 협의체(이하 이 조에서 "협의체"라 한다)는 도급인 및 그의 수급인 전원으로 구성해야 한다. ② 협의체는 다음 각 호의 사항을 협의해야 한다. 1. 작업의 시작 시간 2. 작업 또는 작업장 간의 연락방법 3. 재해발생 위험이 있는 경우 대피방법 4. 작업장에서의 법제36조에 따른 위험성

법률

《벌칙》 위반자는 500만원이하의 과태료(법 제175조제5항)

② 제1항에 따라 안전보건총괄책임자를 지정한 경우에는 「건설기술 진흥법」 제64조제1항제1호에 따른 안전총괄책임자를 둔 것으로 본다.

③ 제1항에 따라 안전보건총괄책임자를 지정하여야 하는 사업의 종류와 사업장의 상시근로자 수, 안전보건총괄책임자의 직무·권한, 그 밖에 필요한 사항은 대통령령으로 정한다.

제63조 【도급인의 안전조치 및 보건조치】 도급인은 관계수급인 근로자가 도급인의 사업장에서 작업을 하는 경우에 자신의 근로자와 관계수급인 근로자의 산업재해를 예방하기 위하여 안전 및 보건 시설의 설치 등 필요한 안전조치 및 보건조치를 하여야 한다. 다만, 보호구 착용의 지시 등 관계수급인 근로자의 작업행동에 관한 직접적인 조치는 제외한다.

《벌칙》 위반하여 근로자를 사망에 이르게 한 자는 7년이하의 징역 또는 1억원이하의 벌금(법 제167조)

《벌칙》 위반자는 3년이하의 징역 또는 3천

시행령

제53조 【안전보건총괄책임자의 직무 등】 ① 안전보건총괄책임자의 직무는 다음 각 호와 같다.

1. 법제36조에 따른 위험성평가의 실시에 관한 사항
2. 법제51조 및 제54조에 따른 작업의 중지
3. 법제64조에 따른 도급 시 산업재해 예방조치
4. 법제72조제1항에 따른 산업안전보건관리비의 관계수급인 간의 사용에 관한 협의·조정 및 그 집행의 감독
5. 안전인증대상기계등과 자율안전확인대상기계등의 사용 여부 확인

② 안전보건총괄책임자에 대한 지원에 관하여는 제14조제2항을 준용한다. 이 경우 "안전보건관리책임자"는 "안전보건총괄책임자"로, "법제15조제1항"은 "제1항"으로 본다.

③ 사업주는 안전보건총괄책임자를 선임했을 때에는 그 선임 사실 및 제1항 각 호의 직무의 수행내용을 증명할 수 있는 서류를 갖추어 두어야 한다.

시행규칙

평가의 실시에 관한 사항

5. 사업주와 수급인 또는 수급인 상호 간의 연락 방법 및 작업공정의 조정

③ 협의체는 매월 1회 이상 정기적으로 회의를 개최하고 그 결과를 기록·보존해야 한다.

제80조 【도급사업 시의 안전·보건조치 등】 ① 도급인은 법제64조제1항제2호에 따른 작업장 순회점검을 다음 각 호의 구분에 따라 실시해야 한다.

1. 다음 각 목의 사업: 2일에 1회 이상
   가. 건설업
   나. 제조업
   다. 토사석 광업
   라. 서적, 잡지 및 기타 인쇄물 출판업
   마. 음악 및 기타 오디오물 출판업
   바. 금속 및 비금속 원료 재생업
2. 제1호 각 목의 사업을 제외한 사업: 1주일에 1회 이상

② 관계수급인은 제1항에 따라 도급인이 실시하는 순회점검을 거부·방해 또는 기피해서는 안 되며 점검 결과 도급인의 시정요구가 있으면 이에 따라야 한다.

③ 도급인은 법제64조제1항제3호에 따라

만원이하의 벌금(법 제169조)

제64조 【도급에 따른 산업재해 예방조치】 ① 도급인은 관계수급인 근로자가 도급인의 사업장에서 작업을 하는 경우 다음 각 호의 사항을 이행하여야 한다.

1. 도급인과 수급인을 구성원으로 하는 안전 및 보건에 관한 협의체의 구성 및 운영
2. 작업장 순회점검
3. 관계수급인이 근로자에게 하는 제29조제1항부터 제3항까지의 규정에 따른 안전보건교육을 위한 장소 및 자료의 제공 등 지원
4. 관계수급인이 근로자에게 하는 제29조제3항에 따른 안전보건교육의 실시 확인
5. 다음 각 목의 어느 하나의 경우에 대비한 경보체계 운영과 대피방법 등 훈련
   가. 작업 장소에서 발파작업을 하는 경우
   나. 작업 장소에서 화재·폭발, 토사·구축물 등의 붕괴 또는 지진 등이 발생한 경우
6. 위생시설 등 고용노동부령으로 정하는 시설의 설치 등을 위하여 필요한 장소의 제공 또는 도급인이 설치한 위생시설 이용의 협조

관계수급인이 실시하는 근로자의 안전·보건교육에 필요한 장소 및 자료의 제공 등을 요청받은 경우 협조해야 한다.

제81조 【위생시설의 설치 등 협조】 ① 법제64조제1항제6호에서 "위생시설 등 고용노동부령으로 정하는 시설"이란 다음 각 호의 시설을 말한다.

1. 휴게시설
2. 세면·목욕시설
3. 세탁시설
4. 탈의시설
5. 수면시설

② 도급인이 제1항에 따른 시설을 설치할 때에는 해당 시설에 대해 안전보건규칙에서 정하고 있는 기준을 준수해야 한다.

제82조 【도급사업의 합동 안전·보건점검】 ① 법제64조제2항에 따라 도급인이 작업장의 안전 및 보건에 관한 점검을 할 때에는 다음 각 호의 사람으로 점검반을 구성해야 한다.

1. 도급인(같은 사업 내에 지역을 달리하는 사업장이 있는 경우에는 그 사업장의 안전보건관리책임자)
2. 관계수급인(같은 사업 내에 지역을 달리하는 사업장이 있는 경우에는 그 사업

법　　률	시　행　령	시　행　규　칙
② 제1항에 따른 도급인은 고용노동부령으로 정하는 바에 따라 자신의 근로자 및 관계수급인 근로자와 함께 정기적으로 또는 수시로 작업장의 안전 및 보건에 관한 점검을 하여야 한다. 《벌칙》 제1항, 제2항 위반자는 500만원이하의 벌금(법 제172조) ③ 제1항에 따른 안전 및 보건에 관한 협의체 구성 및 운영, 작업장 순회점검, 안전보건교육 지원, 그 밖에 필요한 사항은 고용노동부령으로 정한다.		장의 안전보건관리책임자) 3. 도급인 및 관계수급인의 근로자 각 1명(관계수급인의 근로자의 경우에는 해당 공정만 해당한다) ② 법제64조제2항에 따른 정기 안전·보건점검의 실시 횟수는 다음 각 호의 구분에 따른다. 1. 다음 각 목의 사업: 2개월에 1회 이상 가. 건설업 나. 선박 및 보트 건조업 2. 제1호의 사업을 제외한 사업: 분기에 1회 이상
제65조【도급인의 안전 및 보건에 관한 정보 제공 등】 ① 다음 각 호의 작업을 도급하는 자는 그 작업을 수행하는 수급인 근로자의 산업재해를 예방하기 위하여 고용노동부령으로 정하는 바에 따라 해당 작업 시작 전에 수급인에게 안전 및 보건에 관한 정보를 문서로 제공하여야 한다.〈개정 2020.5.26.〉 1. 폭발성·발화성·인화성·독성 등의 유해성·위험성이 있는 화학물질 중 고용노동부령으로 정하는 화학물질 또는 그 화학물질을 포함한 혼합물을 제조·사용·운반 또는 저장하는 반응기·증류탑·배관 또는	**제54조【질식 또는 붕괴의 위험이 있는 작업】** 법제65조제1항제3호에서 "대통령령으로 정하는 작업"이란 다음 각 호의 작업을 말한다. 1. 산소결핍, 유해가스 등으로 인한 질식의 위험이 있는 장소로서 고용노동부령으로 정하는 장소에서 이루어지는 작업 2. 토사·구축물·인공구조물 등의 붕괴 우려가 있는 장소에서 이루어지는 작업	**제83조【안전·보건 정보제공 등】** ① 법제65조제1항 각 호의 어느 하나에 해당하는 작업을 도급하는 자는 다음 각 호의 사항을 적은 문서(전자문서를 포함한다. 이하 이 조에서 같다)를 해당 도급작업이 시작되기 전까지 수급인에게 제공해야 한다. 1. 안전보건규칙 별표7에 따른 화학설비 및 그 부속설비에서 제조·사용·운반 또는 저장하는 위험물질 및 관리대상 유해물질의 명칭과 그 유해성·위험성 2. 안전·보건상 유해하거나 위험한 작업에 대한 안전·보건상의 주의사항

저장탱크로서 고용노동부령으로 정하는 설비를 개조·분해·해체 또는 철거하는 작업

2. 제1호에 따른 설비의 내부에서 이루어지는 작업

3. 질식 또는 붕괴의 위험이 있는 작업으로서 대통령령으로 정하는 작업

《벌칙》 위반자는 1년이하의 징역 또는 1천만원이하의 벌금(법 제170조)

② 도급인이 제1항에 따라 안전 및 보건에 관한 정보를 해당 작업 시작 전까지 제공하지 아니한 경우에는 수급인이 정보 제공을 요청할 수 있다.

③ 도급인은 수급인이제1항에 따라 제공받은 안전 및 보건에 관한 정보에 따라 필요한 안전조치 및 보건조치를 하였는지를 확인하여야 한다.

④ 수급인은 제2항에 따른 요청에도 불구하고 도급인이 정보를 제공하지 아니하는 경우에는 해당 도급 작업을 하지 아니할 수 있다. 이 경우 수급인은 계약의 이행 지체에 따른 책임을 지지 아니한다.

제66조 【도급인의 관계수급인에 대한 시정조치】 ① 도급인은 관계수급인 근로자가 도급

3. 안전·보건상 유해하거나 위험한 물질의 유출 등 사고가 발생한 경우에 필요한 조치의 내용

② 제1항에 따른 수급인이 도급받은 작업을 하도급하는 경우에는 제1항에 따라 제공받은 문서의 사본을 해당 하도급작업이 시작되기 전까지 하수급인에게 제공해야 한다.

③ 제1항 및 제2항에 따라 도급하는 작업에 대한 정보를 제공한 자는 수급인이 사용하는 근로자가 제공된 정보에 따라 필요한 조치를 받고 있는지 확인해야 한다. 이 경우 확인을 위하여 필요할 때에는 해당 조치와 관련된 기록 등 자료의 제출을 수급인에게 요청할 수 있다.

제84조 【화학물질】 ① 법제65조제1항제1호에서 "고용노동부령으로 정하는 화학물질 또는 그 화학물질을 함유한 혼합물"이란 안전보건규칙 별표1 및 별표12에 따른 위험물질 및 관리대상 유해물질을 말한다.

② 법제65조제1항제1호에서 "고용노동부령으로 정하는 설비"란 안전보건규칙 별표7에 따른 화학설비 및 그 부속설비를 말한다.

제85조 【질식의 위험이 있는 장소】 영제54조제1호에서 "고용노동부령으로 정하는 장

법 률	시 행 령	시 행 규 칙
인의 사업장에서 작업을 하는 경우에 관계수급인 또는 관계수급인 근로자가 도급받은 작업과 관련하여 이 법 또는 이 법에 따른 명령을 위반하면 관계수급인에게 그 위반행위를 시정하도록 필요한 조치를 할 수 있다. 이 경우 관계수급인은 정당한 사유가 없으면 그 조치에 따라야 한다. ② 도급인은 제65조제1항 각 호의 작업을 도급하는 경우에 수급인 또는 수급인 근로자가 도급받은 작업과 관련하여 이 법 또는 이 법에 따른 명령을 위반하면 수급인에게 그 위반행위를 시정하도록 필요한 조치를 할 수 있다. 이 경우 수급인은 정당한 사유가 없으면 그 조치에 따라야 한다. 《벌칙》 위반자는 500만원이하의 과태료 (법 제175조제5항)		소"란 안전보건규칙 별표18에 따른 밀폐공간을 말한다.
제3절 건설업 등의 산업재해 예방		제3절 건설업 등의 산업재해 예방
제67조 【건설공사발주자의 산업재해 예방 조치】 ① 대통령령으로 정하는 건설공사의 건설공사발주자는 산업재해 예방을 위하여 건설공사의 계획, 설계 및 시공 단계에서 다음	제55조 【산업재해 예방 조치 대상 건설공사】 법제67조제1항 각 호 외의 부분에서 "대통령령으로 정하는 건설공사"란 총공사금액이 50억원 이상인 공사를 말한다.	제86조 【기본안전보건대장 등】 ① 법제67조제1항제1호에 따른 기본안전보건대장에는 다음 각 호의 사항이 포함되어야 한다. 1. 공사규모, 공사예산 및 공사기간 등 사

각 호의 구분에 따른 조치를 하여야 한다.

1. 건설공사 계획단계: 해당 건설공사에서 중점적으로 관리하여야 할 유해·위험요인과 이의 감소방안을 포함한 기본안전보건대장을 작성할 것
2. 건설공사 설계단계:제1호에 따른 기본안전보건대장을 설계자에게 제공하고, 설계자로 하여금 유해·위험요인의 감소방안을 포함한 설계안전보건대장을 작성하게 하고 이를 확인할 것
3. 건설공사 시공단계: 건설공사발주자로부터 건설공사를 최초로 도급받은 수급인에게 제2호에 따른 설계안전보건대장을 제공하고, 그 수급인에게 이를 반영하여 안전한 작업을 위한 공사안전보건대장을 작성하게 하고 그 이행 여부를 확인할 것

《벌칙》 위반자는 1천만원이하의 과태료(법 제175조제4항)

② 제1항 각 호에 따른 대장에 포함되어야 할 구체적인 내용은 고용노동부령으로 정한다.

제68조 【안전보건조정자】 ① 2개 이상의 건설공사를 도급한 건설공사발주자는 그 2개 이상의 건설공사가 같은 장소에서 행해지는

제56조 【안전보건조정자의 선임 등】 ① 법제68조제1항에 따른 안전보건조정자(이하 "안전보건조정자"라 한다)를 두어야 하는 건

업개요

2. 공사현장 제반 정보
3. 공사 시 유해·위험요인과 감소대책 수립을 위한 설계조건

② 법 제67조제1항제2호에 따른 설계안전보건대장에는 다음 각 호의 사항이 포함되어야 한다. 다만, 「건설기술진흥법 시행령」 제75조의2에 따른 설계안전검토보고서를 작성한 경우에는 제1호 및 제2호를 포함하지 않을 수 있다. 〈개정 2021. 1. 19.〉

1. 안전한 작업을 위한 적정 공사기간 및 공사금액 산출서
2. 제1항제3호의 설계조건을 반영하여 공사 중 발생할 수 있는 주요 유해 · 위험요인 및 감소대책에 대한 위험성평가 내용
3. 법 제42조제1항에 따른 유해위험방지계획서의 작성계획
4. 법 제68조제1항에 따른 안전보건조정자의 배치계획
5. 법 제72조제1항에 따른 산업안전보건관리비(이하 "산업안전보건관리비"라 한다)의 산출내역서
6. 법 제73조제1항에 따른 건설공사의 산업재해 예방 지도의 실시계획

법 률	시 행 령	시 행 규 칙
경우에 작업의 혼재로 인하여 발생할 수 있는 산업재해를 예방하기 위하여 건설공사 현장에 안전보건조정자를 두어야 한다. 《벌칙》 위반자는 500만원이하의 과태료 (법 제175조제5항) ② 제1항에 따라 안전보건조정자를 두어야 하는 건설공사의 금액, 안전보건조정자의 자격·업무, 선임방법, 그 밖에 필요한 사항은 대통령령으로 정한다. **제69조 【공사기간 단축 및 공법변경 금지】** ① 건설공사발주자 또는 건설공사도급인(건설공사발주자로부터 해당 건설공사를 최초로 도급받은 수급인 또는 건설공사의 시공을 주도하여 총괄·관리하는 자를 말한다. 이하 이 절에서 같다)은 설계도서 등에 따라 산정된 공사기간을 단축해서는 아니 된다. ② 건설공사발주자 또는 건설공사도급인은 공사비를 줄이기 위하여 위험성이 있는 공법을 사용하거나 정당한 사유 없이 정해진 공법을 변경해서는 아니 된다. 《벌칙》 제1항, 제2항 위반자는 1천만원이하의 벌금(법 제171조) **제70조 【건설공사 기간의 연장】** ① 건설공사	설공사는 각 건설공사의 금액의 합이 50억원 이상인 경우를 말한다. ② 제1항에 따라 안전보건조정자를 두어야 하는 건설공사발주자는 제1호 또는 제4호부터 제7호까지에 해당하는 사람 중에서 안전보건조정자를 선임하거나 제2호 또는 제3호에 해당하는 사람 중에서 안전보건조정자를 지정해야 한다.(개정 2020.9.8) 1. 법제143조제1항에 따른 산업안전지도사 자격을 가진 사람 2. 「건설기술 진흥법」 제2조제6호에 따른 발주청이 발주하는 건설공사인 경우 발주청이 같은 법제49조제1항에 따라 선임한 공사감독자 3. 다음 각 목의 어느 하나에 해당하는 사람으로서 해당 건설공사 중 주된 공사의 책임감리자 가. 「건축법」 제25조에 따라 지정된 공사감리자 나. 「건설기술 진흥법」 제2조제5호에 따른 감리 업무를 수행하는 사람 다. 「주택법」 제43조에 따라 지정된 감리자	③ 법 제67제1항제3호에 따른 공사안전보건대장에 포함하여 이행여부를 확인해야 할 사항은 다음 각 호와 같다. 〈개정 2021. 1. 19.〉 1. 설계안전보건대장의 위험성평가 내용이 반영된 공사 중 안전보건 조치 이행계획 2. 법 제42조제1항에 따른 유해위험방지계획서의 심사 및 확인결과에 대한 조치내용 3. 산업안전보건관리비의 사용계획 및 사용내역 4. 법 제73조제1항에 따른 건설공사의 산업재해 예방 지도를 위한 계약 여부, 지도결과 및 조치내용 ④ 제1항부터 제3항까지의 규정에 따른 기본안전보건대장, 설계안전보건대장 및 공사안전보건대장의 작성과 공사안전보건대장의 이행여부 확인 방법 및 절차 등에 관하여 필요한 사항은 고용노동부장관이 정하여 고시한다. **제87조 【공사기간 연장 요청 등】** ① 건설공사도급인(법 제69조제1항에 따른 건설공사도급인을 말한다. 이하 같다)은 법 제70조제1항에 따라 공사기간 연장을 요청하려면 같은 항 각 호의 사유가 종료된 날부터 10

발주자는 다음 각 호의 어느 하나에 해당하는 사유로 건설공사가 지연되어 해당 건설공사도급인이 산업재해 예방을 위하여 공사기간의 연장을 요청하는 경우에는 특별한 사유가 없으면 공사기간을 연장하여야 한다.

1. 태풍·홍수 등 악천후, 전쟁·사변, 지진, 화재, 전염병, 폭동, 그 밖에 계약 당사자가 통제할 수 없는 사태의 발생 등 불가항력의 사유가 있는 경우
2. 건설공사발주자에게 책임이 있는 사유로 착공이 지연되거나 시공이 중단된 경우

② 건설공사의 관계수급인은 제1항제1호에 해당하는 사유 또는 건설공사도급인에게 책임이 있는 사유로 착공이 지연되거나 시공이 중단되어 해당 건설공사가 지연된 경우에 산업재해 예방을 위하여 건설공사도급인에게 공사기간의 연장을 요청할 수 있다. 이 경우 건설공사도급인은 특별한 사유가 없으면 공사기간을 연장하거나 건설공사발주자에게 그 기간의 연장을 요청하여야 한다.

《벌칙》 제1항, 제2항 위반자는 1천만원이하의 과태료(법 제175조제4항)

③ 제1항 및 제2항에 따른 건설공사 기간의 연장 요청 절차, 그 밖에 필요한 사항은 고

라. 「전력기술관리법」 제12조의2에 따라 배치된 감리원

마. 「정보통신공사업법」 제8조제2항에 따라 해당 건설공사에 대하여 감리업무를 수행하는 사람

4. 「건설산업기본법」 제8조에 따른 종합공사에 해당하는 건설현장에서 안전보건관리책임자로서 3년 이상 재직한 사람
5. 「국가기술자격법」에 따른 건설안전기술사
6. 「국가기술자격법」에 따른 건설안전기사 자격을 취득한 후 건설안전 분야에서 5년 이상의 실무경력이 있는 사람
7. 「국가기술자격법」에 따른 건설안전산업기사 자격을 취득한 후 건설안전 분야에서 7년 이상의 실무경력이 있는 사람

③ 제1항에 따라 안전보건조정자를 두어야 하는 건설공사발주자는 분리하여 발주되는 공사의 착공일 전날까지 제2항에 따라 안전보건조정자를 선임하거나 지정하여 각각의 공사 도급인에게 그 사실을 알려야 한다.

제57조【안전보건조정자의 업무】 ① 안전보건조정자의 업무는 다음 각 호와 같다.

일이 되는 날까지 별지 제35호서식의 공사기간 연장 요청서에 다음 각 호의 서류를 첨부하여 건설공사발주자에게 제출해야 한다. 다만, 해당 공사기간의 연장 사유가 그 건설공사의 계약기간 만료 후에도 지속될 것으로 예상되는 경우에는 그 계약기간 만료 전에 건설공사발주자에게 공사기간 연장을 요청할 예정임을 통지하고, 그 사유가 종료된 날부터 10일이 되는 날까지 공사기간 연장을 요청할 수 있다. 〈개정 2021. 1. 19.〉

1. 공사기간 연장 요청 사유 및 그에 따른 공사 지연사실을 증명할 수 있는 서류
2. 공사기간 연장 요청 기간 산정 근거 및 공사 지연에 따른 공정 관리 변경에 관한 서류

② 건설공사의 관계수급인은 법 제70조제2항에 따라 공사기간 연장을 요청하려면 같은 항의 사유가 종료된 날부터 10일이 되는 날까지 별지 제35호서식의 공사기간 연장 요청서에 제1항 각 호의 서류를 첨부하여 건설공사도급인에게 제출해야 한다. 다만, 해당 공사기간 연장 사유가 그 건설공사의 계약기간 만료 후에도 지속될 것으로 예상되는 경우에는 그 계약기간 만료

법 률	시 행 령	시 행 규 칙
용노동부령으로 정한다.	1. 법제68조제1항에 따라 같은 장소에서 이루어지는 각각의 공사 간에 혼재된 작업의 파악 2. 제1호에 따른 혼재된 작업으로 인한 산업재해 발생의 위험성 파악 3. 제1호에 따른 혼재된 작업으로 인한 산업재해를 예방하기 위한 작업의 시기·내용 및 안전보건 조치 등의 조정 4. 각각의 공사 도급인의 안전보건관리책임자 간 작업 내용에 관한 정보 공유 여부의 확인 ② 안전보건조정자는 제1항의 업무를 수행하기 위하여 필요한 경우 해당 공사의 도급인과 관계수급인에게 자료의 제출을 요구할 수 있다.	전에 건설공사도급인에게 공사기간 연장을 요청할 예정임을 통지하고, 그 사유가 종료된 날부터 10일이 되는 날까지 공사기간 연장을 요청할 수 있다. ③ 건설공사도급인은 제2항에 따른 요청을 받은 날부터 30일 이내에 공사기간 연장 조치를 하거나 10일 이내에 건설공사발주자에게 그 기간의 연장을 요청해야 한다. ④ 건설공사발주자는 제1항 및 제3항에 따른 요청을 받은 날부터 30일 이내에 공사기간 연장 조치를 해야 한다. 다만, 남은 공사기간 내에 공사를 마칠 수 있다고 인정되는 경우에는 그 사유와 그 사유를 증명하는 서류를 첨부하여 건설공사도급인에게 통보해야 한다. ⑤ 제2항에 따라 공사기간 연장을 요청받은 건설공사도급인은 제4항에 따라 건설공사발주자로부터 공사기간 연장 조치에 대한 결과를 통보받은 날부터 5일 이내에 관계수급인에게 그 결과를 통보해야 한다.
제71조【설계변경의 요청】 ① 건설공사도급인은 해당 건설공사 중에 대통령령으로 정하는 가설구조물의 붕괴 등으로 산업재해가	**제58조【설계변경 요청 대상 및 전문가의 범위】** ① 법제71조제1항 본문에서 "대통령령으로 정하는 가설구조물"이란 다음 각 호의	**제88조【설계변경의 요청 방법 등】** ① 법제71조제1항에 따라 건설공사도급인이 설계변경을 요청할 때에는 별지 제36호서식의

발생할 위험이 있다고 판단되면 건축·토목 분야의 전문가 등 대통령령으로 정하는 전문가의 의견을 들어 건설공사발주자에게 해당 건설공사의 설계변경을 요청할 수 있다. 다만, 건설공사발주자가 설계를 포함하여 발주한 경우는 그러하지 아니하다.

② 제42조제4항 후단에 따라 고용노동부장관으로부터 공사중지 또는 유해위험방지계획서의 변경 명령을 받은 건설공사도급인은 설계변경이 필요한 경우 건설공사발주자에게 설계변경을 요청할 수 있다.

③ 건설공사의 관계수급인은 건설공사 중에 제1항에 따른 가설구조물의 붕괴 등으로 산업재해가 발생할 위험이 있다고 판단되면 제1항에 따른 전문가의 의견을 들어 건설공사도급인에게 해당 건설공사의 설계변경을 요청할 수 있다. 이 경우 건설공사도급인은 그 요청받은 내용이 기술적으로 적용이 불가능한 명백한 경우가 아니면 이를 반영하여 해당 건설공사의 설계를 변경하거나 건설공사발주자에게 설계변경을 요청하여야 한다.

④ 제1항부터 제3항까지의 규정에 따라 설계변경 요청을 받은 건설공사발주자는 그 어느 하나에 해당하는 것을 말한다.

1. 높이 31미터 이상인 비계
2. 작업발판 일체형 거푸집 또는 높이 6미터 이상인 거푸집 동바리〔타설(打設)된 콘크리트가 일정 강도에 이르기까지 하중 등을 지지하기 위하여 설치하는 부재(部材)〕
3. 터널의 지보공(支保工: 무너지지 않도록 지지하는 구조물) 또는 높이 2미터 이상인 흙막이 지보공
4. 동력을 이용하여 움직이는 가설구조물

② 법제71조제1항 본문에서 "건축·토목 분야의 전문가 등 대통령령으로 정하는 전문가"란 공단 또는 다음 각 호의 어느 하나에 해당하는 사람으로서 해당 건설공사도급인 또는 관계수급인에게 고용되지 않은 사람을 말한다.

1. 「국가기술자격법」에 따른 건축구조기술사(토목공사 및 제1항제3호의 구조물의 경우는 제외한다)
2. 「국가기술자격법」에 따른 토목구조기술사(토목공사로 한정한다)
3. 「국가기술자격법」에 따른 토질및기초기술사(제1항제3호의 구조물의 경우로

건설공사 설계변경 요청서에 다음 각 호의 서류를 첨부하여 건설공사발주자에게 제출해야 한다.

1. 설계변경 요청 대상 공사의 도면
2. 당초 설계의 문제점 및 변경요청 이유서
3. 가설구조물의 구조계산서 등 당초 설계의 안전성에 관한 전문가의 검토 의견서 및 그 전문가(전문가가 공단인 경우는 제외한다)의 자격증 사본
4. 그 밖에 재해발생의 위험이 높아 설계변경이 필요함을 증명할 수 있는 서류

② 건설공사도급인이 법제71조제2항에 따라 설계변경을 요청할 때에는 별지 제36호서식의 건설공사 설계변경 요청서에 다음 각 호의 서류를 첨부하여 건설공사발주자에게 제출해야 한다.

1. 법제42조제4항에 따른 유해위험방지계획서 심사결과 통지서
2. 법제42조제4항에 따라 지방고용노동관서의 장이 명령한 공사착공중지명령 또는 계획변경명령 등의 내용
3. 제1항제1호·제2호 및 제4호의 서류

③ 법제71조제3항에 따라 관계수급인이 설계변경을 요청할 때에는 별지 제36호서식

법 률	시 행 령	시 행 규 칙
요청받은 내용이 기술적으로 적용이 불가능한 명백한 경우가 아니면 이를 반영하여 설계를 변경하여야 한다. 《벌칙》 제3항, 제4항 위반자는 1천만원이하의 과태료(법 제175조제4항) ⑤ 제1항부터 제3항까지의 규정에 따른 설계변경의 요청 절차·방법, 그 밖에 필요한 사항은 고용노동부령으로 정한다. 이 경우 미리 국토교통부장관과 협의하여야 한다.	한정한다) 4. 「국가기술자격법」에 따른 건설기계기술사(제1항제4호의 구조물의 경우로 한정한다)	의 건설공사 설계변경 요청서에 제1항 각 호의 서류를 첨부하여 건설공사도급인에게 제출해야 한다. ④ 제3항에 따라 설계변경을 요청받은 건설공사도급인은 설계변경 요청서를 받은 날부터 30일 이내에 설계를 변경한 후 별지 제37호서식의 건설공사 설계변경 승인 통지서를 건설공사의 관계수급인에게 통보하거나 설계변경 요청서를 받은 날부터 10일 이내에 별지 제36호서식의 건설공사 설계변경 요청서에 제1항 각 호의 서류를 첨부하여 건설공사발주자에게 제출해야 한다. ⑤ 제1항,제2항 및 제4항에 따라 설계변경을 요청받은 건설공사발주자는 설계변경 요청서를 받은 날부터 30일 이내에 설계를 변경한 후 별지 제37호서식의 건설공사 설계변경 승인 통지서를 건설공사도급인에게 통보해야 한다. 다만, 설계변경 요청의 내용이 기술적으로 적용이 불가능함이 명백한 경우에는 별지 제38호서식의 건설공사 설계변경 불승인 통지서에 설계를 변경할 수 없는 사유를 증명하는 서류를 첨부하여 건설공사도급인에게 통보해야 한다.

제72조【건설공사 등의 산업안전보건관리비 계상 등】 ① 건설공사발주자가 도급계약을 체결하거나 건설공사의 시공을 주도하여 총괄·관리하는 자(건설공사발주자로부터 건설공사를 최초로 도급받은 수급인은 제외한다)가 건설공사 사업 계획을 수립할 때에는 고용노동부장관이 정하여 고시하는 바에 따라 산업재해 예방을 위하여 사용하는 비용(이하 "산업안전보건관리비"라 한다)을 도급금액 또는 사업비에 계상(計上)하여야 한다. 〈개정 2020.6.9.〉

《벌칙》 위반자는 1천만원이하의 과태료(법 제175조제4항)

② 고용노동부장관은 산업안전보건관리비의 효율적인 사용을 위하여 다음 각 호의 사항을 정할 수 있다.

1. 사업의 규모별·종류별 계상 기준
2. 건설공사의 진척 정도에 따른 사용비율

⑥ 제3항에 따라 설계변경을 요청받은 건설공사 도급인이 제5항에 따라 건설공사발주자로부터 설계변경 승인 통지서 또는 설계변경 불승인 통지서를 받은 경우에는 통보받은 날부터 5일 이내에 관계수급인에게 그 결과를 통보해야 한다.

제89조【산업안전보건관리비의 사용】 ① 건설공사도급인은 도급금액 또는 사업비에 계상(計上)된 산업안전보건관리비의 범위에서 그의 관계수급인에게 해당 사업의 위험도를 고려하여 적정하게 산업안전보건관리비를 지급하여 사용하게 할 수 있다.〈개정 2021.1.19.〉

② 건설공사도급인은 법 제72조제3항에 따라 산업안전보건관리비를 사용하는 해당 건설공사의 금액(고용노동부장관이 정하여 고시하는 방법에 따라 산정한 금액을 말한다)이 4천만원 이상인 때에는 고용노동부장관이 정하는 바에 따라 매월(건설공사가 1개월 이내에 종료되는 사업의 경우에는 해당 건설공사가 끝나는 날이 속하는 달을 말한다) 사용명세서를 작성하고, 건설공사 종료 후 1년 동안 보존해야 한다. 〈개정 2021.1.19.〉

제90조【건설재해예방전문지도기관의 지정신청 등】 ① 영제62조제1항에 따라 건설재

법 률	시 행 령	시 행 규 칙
등 기준 3. 그 밖에 산업안전보건관리비의 사용에 필요한 사항 ③ 건설공사도급인은 산업안전보건관리비를 제2항에서 정하는 바에 따라 사용하고 고용노동부령으로 정하는 바에 따라 그 사용명세서를 작성하여 보존하여야 한다.〈개정 2020.6.9.〉 《벌칙》 위반자는 1천만원이하의 과태료(법 제175조제4항) ④ 선박의 건조 또는 수리를 최초로 도급받은 수급인은 사업 계획을 수립할 때에는 고용노동부장관이 정하여 고시하는 바에 따라 산업안전보건관리비를 사업비에 계상하여야 한다. ⑤ 건설공사도급인 또는 제4항에 따른 선박의 건조 또는 수리를 최초로 도급받은 수급인은 산업안전보건관리비를 산업재해 예방 외의 목적으로 사용해서는 아니 된다. 〈개정 2020.6.9.〉 《벌칙》 위반자는 1천만원이하의 과태료(법 제175조제4항)		해예방전문지도기관으로 지정받으려는 자는 별지 제6호서식의 건설재해예방전문지도기관 지정신청서에 다음 각 호의 서류를 첨부하여 지방고용노동청장에게 제출(전자문서로 제출하는 것을 포함한다)해야 한다. 1. 정관(산업안전지도사의 경우에는 제229조에 따른 등록증을 말한다) 2. 영 별표19에 따른 인력기준에 해당하는 사람의 자격과 채용을 증명할 수 있는 자격증(국가기술자격증은 제외한다), 경력증명서 및 재직증명서 등의 서류 3. 건물임대차계약서 사본이나 그 밖에 사무실 보유를 증명할 수 있는 서류와 시설·장비 명세서 ② 제1항에 따른 신청서를 제출받은 지방고용노동청장은 「전자정부법」 제36조제1항에 따른 행정정보의 공동이용을 통하여 법인등기사항증명서 및 국가기술자격증을 확인해야 한다. 이 경우 신청인이 국가기술자격증의 확인에 동의하지 않는 경우에는 그 사본을 첨부하도록 해야 한다.
제73조 【건설공사의 산업재해 예방 지도】 ① 대통령령으로 정하는 건설공사도급인은 해당 건설공사를 하는 동안에 제74조에 따라	**제59조 【건설재해예방 지도 대상 건설공사도급인】** 법제73조제1항에서 "대통령령으로 정하는 건설공사도급인"이란 공사금액 1억	③ 지방고용노동청장은 제1항에 따라 건설재해예방전문지도기관 지정신청서가 접수

지정받은 전문기관(이하 "건설재해예방전문지도기관"이라 한다)에서 건설 산업재해 예방을 위한 지도를 받아야 한다.

《벌칙》 위반자는 300만원이하의 과태료 (법 제175조제6항제6호)

② 건설재해예방전문지도기관의 지도업무의 내용, 지도대상 분야, 지도의 수행방법, 그 밖에 필요한 사항은 대통령령으로 정한다.

원 이상 120억원(「건설산업기본법 시행령」 별표1의 종합공사를 시공하는 업종의 건설업종란 제1호에 따른 토목공사업에 속하는 공사는 150억원) 미만인 공사를 하는 자와 「건축법」 제11조에 따른 건축허가의 대상이 되는 공사를 하는 자를 말한다. 다만, 다음 각 호의 어느 하나에 해당하는 공사를 하는 자는 제외한다.

1. 공사기간이 1개월 미만인 공사
2. 육지와 연결되지 않은 섬 지역(제주특별자치도는 제외한다)에서 이루어지는 공사
3. 사업주가 별표4에 따른 안전관리자의 자격을 가진 사람을 선임(같은 광역지방자치단체의 구역 내에서 같은 사업주가 시공하는 셋 이하의 공사에 대하여 공동으로 안전관리자의 자격을 가진 사람 1명을 선임한 경우를 포함한다)하여 제18조제1항 각 호에 따른 안전관리자의 업무만을 전담하도록 하는 공사
4. 법제42조제1항에 따라 유해위험방지계획서를 제출해야 하는 공사

제60조【건설재해예방전문지도기관의 지도기준】 법제73조제1항에 따른 건설재해예방전문지도기관(이하 "건설재해예방전문지도

되면 영제61조에 따른 인력·시설 및 장비 기준을 검토하여 신청서가 접수된 날부터 20일 이내에 신청서를 반려하거나 별지 제7호서식의 지정서를 신청인에게 발급해야 한다.

④ 영제62조제2항에 따른 건설재해예방전문지도기관에 대한 지정서의 재발급, 지정받은 사항의 변경, 지정서의 반납 등에 관하여는 제16조제4항부터 제6항까지의 규정을 준용한다. 이 경우 "안전관리전문기관 또는 보건관리전문기관"은 "건설재해예방전문지도기관"으로, "고용노동부장관 또는 지방고용노동청장"은 "지방고용노동청장"으로 본다.

⑤ 법제74조제1항에 따라 건설재해예방전문지도기관(전기 및 정보통신공사 분야에 해당하는 경우로 한정한다)으로 지정을 받은 자가 그 지정을 한 해당 지방고용노동청의 관할구역과 인접한 지방고용노동청의 관할지역에 걸쳐서 기술지도 업무를 하려는 경우에는 각 관할 지방고용노동청장에게 지정신청을 해야 한다. 이 경우 인접한 지방고용노동청은 해당 관할 지방고용노동청장과 상호 협의하여 지정 여부를 결정해야 한다.

법 률	시 행 령	시 행 규 칙
	기관"이라 한다)의 지도업무의 내용, 지도 대상 분야, 지도의 수행방법, 그 밖에 필요한 사항은 별표18과 같다.	
제74조【건설재해예방전문지도기관】 ① 건설재해예방전문지도기관이 되려는 자는 대통령령으로 정하는 인력·시설 및 장비 등의 요건을 갖추어 고용노동부장관의 지정을 받아야 한다. ② 제1항에 따른 건설재해예방전문지도기관의 지정 절차, 그 밖에 필요한 사항은 대통령령으로 정한다. ③ 고용노동부장관은 건설재해예방전문지도기관에 대하여 평가하고 그 결과를 공개할 수 있다. 이 경우 평가의 기준·방법, 결과의 공개에 필요한 사항은 고용노동부령으로 정한다. ④ 건설재해예방전문지도기관에 관하여는 제21조제4항 및 제5항을 준용한다. 이 경우 "안전관리전문기관 또는 보건관리전문기관"은 "건설재해예방전문지도기관"으로 본다.	**제61조【건설재해예방전문지도기관의 지정요건】** 법제74조제1항에 따라 건설재해예방전문지도기관으로 지정받을 수 있는 자는 다음 각 호의 어느 하나에 해당하는 자로서 별표19에 따른 인력·시설 및 장비를 갖춘 자로 한다. 1. 법제145조에 따라 등록한 산업안전지도사(전기안전 또는 건설안전 분야의 산업안전지도사만 해당한다) 2. 건설 산업재해 예방 업무를 하려는 법인 **제62조【건설재해예방전문지도기관의 지정신청 등】** ① 법제74조제1항에 따라 건설재해예방전문지도기관으로 지정받으려는 자는 고용노동부령으로 정하는 바에 따라 건설재해예방전문지도기관 지정신청서를 고용노동부장관에게 제출해야 한다. ② 건설재해예방전문지도기관에 대한 지정서의 재발급 등에 관하여는 고용노동부령으로 정한다. ③ 법제74조제4항에 따라 준용되는 법제21조제4항제5호에서 "대통령령으로 정하는	**제91조【건설재해예방전문지도기관의 평가기준 등】** ① 공단이 법제74조제3항에 따라 건설재해예방전문지도기관을 평가하는 기준은 다음 각 호와 같다. 1. 인력·시설 및 장비의 보유 수준과 그에 대한 관리능력 2. 유해위험요인의 평가·분석 충실성 및 사업장의 재해발생 현황 등 기술지도 업무 수행능력 3. 기술지도 대상 사업장의 만족도 ② 제1항에 따른 건설재해예방전문지도기관에 대한 평가 방법 및 평가 결과의 공개에 관하여는 제17조제2항부터 제8항까지의 규정을 준용한다. 이 경우 "안전관리전문기관 또는 보건관리전문기관"은 "건설재해예방전문지도기관"으로 본다. **제92조【건설재해예방전문지도기관의 지도·감독】** 건설재해예방전문지도기관에 대한 지도·감독에 관하여는 제22조를 준용한다. 이 경우 "안전관리전문기관 또는 보건관리전문

법	시행령	시행규칙
	사유에 해당하는 경우"란 다음 각 호의 경우를 말한다. 1. 지도업무 관련 서류를 거짓으로 작성한 경우 2. 정당한 사유 없이 지도업무를 거부한 경우 3. 지도업무를 게을리하거나 지도업무에 차질을 일으킨 경우 4. 별표18에 따른 지도업무의 내용, 지도대상 분야 또는 지도의 수행방법을 위반한 경우 5. 지도를 실시하고 그 결과를 고용노동부장관이 정하는 전산시스템에 3회 이상 입력하지 않은 경우 6. 지도업무와 관련된 비치서류를 보존하지 않은 경우 7. 법에 따른 관계 공무원의 지도·감독을 거부·방해 또는 기피한 경우	기관"은 "건설재해예방전문지도기관"으로 본다.
제75조【안전 및 보건에 관한 협의체 등의 구성·운영에 관한 특례】 ① 대통령령으로 정하는 규모의 건설공사의 건설공사도급인은 해당 건설공사 현장에 근로자위원과 사용자위원이 같은 수로 구성되는 안전 및 보건에 관한 협의체(이하 "노사협의체"라 한다)를 대통령령으로 정하는 바에 따라 구성·운영할 수 있다.	**제63조【노사협의체의 설치 대상】** 법제75조제1항에서 "대통령령으로 정하는 규모의 건설공사"란 공사금액이 120억원(「건설산업기본법 시행령」 별표1의 종합공사를 시공하는 업종의 건설업종란 제1호에 따른 토목공사업은 150억원) 이상인 건설공사를 말한다. **제64조【노사협의체의 구성】** ① 노사협의체는 다음 각 호에 따라 근로자위원과 사용자	**제93조【노사협의체 협의사항 등】** 법제75조제5항에서 "고용노동부령으로 정하는 사항"이란 다음 각 호의 사항을 말한다. 1. 산업재해 예방방법 및 산업재해가 발생한 경우의 대피방법 2. 작업의 시작시간, 작업 및 작업장 간의 연락방법 3. 그 밖의 산업재해 예방과 관련된 사항

법 률	시 행 령	시 행 규 칙
② 건설공사도급인이 제1항에 따라 노사협의체를 구성·운영하는 경우에는 산업안전보건위원회 및 제64조제1항제1호에 따른 안전 및 보건에 관한 협의체를 각각 구성·운영하는 것으로 본다. ③ 제1항에 따라 노사협의체를 구성·운영하는 건설공사도급인은 제24조제2항 각 호의 사항에 대하여 노사협의체의 심의·의결을 거쳐야 한다. 이 경우 노사협의체에서 의결되지 아니한 사항의 처리방법은 대통령령으로 정한다. ④ 노사협의체는 대통령령으로 정하는 바에 따라 회의를 개최하고 그 결과를 회의록으로 작성하여 보존하여야 한다. ⑤ 노사협의체는 산업재해 예방 및 산업재해가 발생한 경우의 대피방법 등 고용노동부령으로 정하는 사항에 대하여 협의하여야 한다. ⑥ 노사협의체를 구성·운영하는 건설공사도급인·근로자 및 관계수급인·근로자는 제3항에 따라 노사협의체가 심의·의결한 사항을 성실하게 이행하여야 한다. 《벌칙》 위반자는 500만원 이하의 과태료	위원으로 구성한다. 1. 근로자위원 가. 도급 또는 하도급 사업을 포함한 전체 사업의 근로자대표 나. 근로자대표가 지명하는 명예산업안전감독관 1명. 다만, 명예산업안전감독관이 위촉되어 있지 않은 경우에는 근로자대표가 지명하는 해당 사업장 근로자 1명 다. 공사금액이 20억원 이상인 공사의 관계수급인의 각 근로자대표 2. 사용자위원 가. 도급 또는 하도급 사업을 포함한 전체 사업의 대표자 나. 안전관리자 1명 다. 보건관리자 1명(별표5제44호에 따른 보건관리자 선임대상 건설업으로 한정한다) 라. 공사금액이 20억원 이상인 공사의 관계수급인의 각 대표자 ② 노사협의체의 근로자위원과 사용자위원은 합의하여 노사협의체에 공사금액이 20억원 미만인 공사의 관계수급인 및 관계수급인	

(법 제175조제5항)

⑦ 노사협의체에 관하여는 제24조제5항 및 제6항을 준용한다. 이 경우 "산업안전보건위원회"는 "노사협의체"로 본다.

제76조【기계·기구 등에 대한 건설공사도급인의 안전조치】 건설공사도급인은 자신의 사업장에서 타워크레인 등 대통령령으로 정하는 기계·기구 또는 설비 등이 설치되어 있거나 작동하고 있는 경우 또는 이를 설치·해체·조립하는 등의 작업이 이루어지고 있는 경우에는 필요한 안전조치 및 보건조치를 하여야 한다.

《벌칙》 위반자는 3년이하의 징역 또는 3천

근로자대표를 위원으로 위촉할 수 있다.

③ 노사협의체의 근로자위원과 사용자위원은 합의하여 제67조제2호에 따른 사람을 노사협의체에 참여하도록 할 수 있다.

제65조【노사협의체의 운영 등】 ① 노사협의체의 회의는 정기회의와 임시회의로 구분하여 개최하되, 정기회의는 2개월마다 노사협의체의 위원장이 소집하며, 임시회의는 위원장이 필요하다고 인정할 때에 소집한다.

② 노사협의체 위원장의 선출, 노사협의체의 회의, 노사협의체에서 의결되지 않은 사항에 대한 처리방법 및 회의 결과 등의 공지에 관하여는 각각 제36조,제37조제2항부터 제4항까지, 제38조 및 제39조를 준용한다. 이 경우 "산업안전보건위원회"는 "노사협의체"로 본다.

제66조【기계·기구 등】 법제76조에서 "타워크레인 등 대통령령으로 정하는 기계·기구 또는 설비 등"이란 다음 각 호의 어느 하나에 해당하는 기계·기구 또는 설비를 말한다.

1. 타워크레인
2. 건설용 리프트
3. 항타기(해머나 동력을 사용하여 말뚝을 박는 기계) 및 항발기(박힌 말뚝을 빼내는 기계)

제94조【기계·기구 등에 대한 안전조치 등】 법제76조에 따라 건설공사도급인은 영제66조에 따른 기계·기구 또는 설비가 설치되어 있거나 작동하고 있는 경우 또는 이를 설치·해체·조립하는 등의 작업을 하는 경우에는 다음 각 호의 사항을 실시·확인 또는 조치해야 한다.

1. 작업시작 전 기계·기구 등을 소유 또는 대여하는 자와 합동으로 안전점검 실시
2. 작업을 수행하는 사업주의 작업계획서

법 률	시 행 령	시 행 규 칙
만원이하의 벌금(법 제169조)		작성 및 이행여부 확인(영제66조제1호 및 제3호에 한정한다) 3. 작업자가 법제140조에서 정한 자격·면허·경험 또는 기능을 가지고 있는지 여부 확인(영제66조제1호 및 제3호에 한정한다) 4. 그 밖에 해당 기계·기구 또는 설비 등에 대하여 안전보건규칙에서 정하고 있는 안전보건 조치 5. 기계·기구 등의 결함, 작업방법과 절차 미준수, 강풍 등 이상 환경으로 인하여 작업수행 시 현저한 위험이 예상되는 경우 작업중지 조치
제4절 그 밖의 고용형태에서의 산업재해 예방		제4절 그 밖의 고용형태에서의 산업재해 예방
제77조 【특수형태근로종사자에 대한 안전조치 및 보건조치 등】 ① 계약의 형식에 관계없이 근로자와 유사하게 노무를 제공하여 업무상의 재해로부터 보호할 필요가 있음에도 「근로기준법」 등이 적용되지 아니하는 사람으로서 다음 각 호의 요건을 모두 충족하는 사람(이하 "특수형태근로종사자"라 한	제67조 【특수형태근로종사자의 범위 등】 법제77조제1항제1호에 따른 요건을 충족하는 사람은 다음 각 호의 어느 하나에 해당하는 사람으로 한다. 1. 보험을 모집하는 사람으로서 다음 각 목의 어느 하나에 해당하는 사람 가. 「보험업법」 제83조제1항제1호에	제95조 【교육시간 및 교육내용 등】 ① 특수형태근로종사자로부터 노무를 제공받는 자가 법제77조제2항에 따라 특수형태근로종사자에 대하여 실시해야 하는 안전 및 보건에 관한 교육시간은 별표4와 같고, 교육내용은 별표5와 같다. ② 특수형태근로종사자로부터 노무를 제공

다)의 노무를 제공받는 자는 특수형태근로종사자의 산업재해 예방을 위하여 필요한 안전조치 및 보건조치를 하여야 한다.〈개정 2020.5.26.〉

1. 대통령령으로 정하는 직종에 종사할 것
2. 주로 하나의 사업에 노무를 상시적으로 제공하고 보수를 받아 생활할 것
3. 노무를 제공할 때 타인을 사용하지 아니할 것

《벌칙》 위반자는 1천만원이하의 과태료(법 제175조제4항)

② 대통령령으로 정하는 특수형태근로종사자로부터 노무를 제공받는 자는 고용노동부령으로 정하는 바에 따라 안전 및 보건에 관한 교육을 실시하여야 한다.

③ 정부는 특수형태근로종사자의 안전 및 보건의 유지·증진에 사용하는 비용의 일부 또는 전부를 지원할 수 있다.

《벌칙》 위반자는 500만원이하의 과태료(법 제175조제5항)

제78조【배달종사자에 대한 안전조치】「이동통신단말장치 유통구조 개선에 관한 법률」 제2조제4호에 따른 이동통신단말장치로 물건의 수거·배달 등을 중개하는 자는 그

따른 보험설계사

나.「우체국예금·보험에 관한 법률」에 따른 우체국보험의 모집을 전업(專業)으로 하는 사람

2.「건설기계관리법」 제3조제1항에 따라 등록된 건설기계를 직접 운전하는 사람
3.「통계법」 제22조에 따라 통계청장이 고시하는 직업에 관한 표준분류(이하 "한국표준직업분류표"라 한다)의 세세분류에 따른 학습지 교사
4.「체육시설의 설치·이용에 관한 법률」 제7조에 따라 직장체육시설로 설치된 골프장 또는 같은 법제19조에 따라 체육시설업의 등록을 한 골프장에서 골프경기를 보조하는 골프장 캐디
5. 한국표준직업분류표의 세분류에 따른 택배원으로서 택배사업(소화물을 집화·수송 과정을 거쳐 배송하는 사업을 말한다)에서 집화 또는 배송 업무를 하는 사람
6. 한국표준직업분류표의 세분류에 따른 택배원으로서 고용노동부장관이 정하는 기준에 따라 주로 하나의 퀵서비스업자로부터 업무를 의뢰받아 배송 업무를 하는 사람
7.「대부업 등의 등록 및 금융이용자 보호

받는 자가 제1항에 따른 교육을 자체적으로 실시하는 경우 교육을 할 수 있는 사람은 제26조제3항 각 호의 어느 하나에 해당하는 사람으로 한다.

③ 특수형태근로종사자로부터 노무를 제공받는 자는 제1항에 따른 교육을 안전보건교육기관에 위탁할 수 있다.

④ 제1항에 따른 교육을 실시하기 위한 교육방법과 그 밖에 교육에 필요한 사항은 고용노동부장관이 정하여 고시한다.

⑤ 특수형태근로종사자의 교육면제에 대해서는 제27조제4항을 준용한다. 이 경우 "사업주"는 "특수형태근로종사자로부터 노무를 제공받는 자"로, "근로자"는 "특수형태근로종사자"로, "채용"은 "최초 노무제공"으로 본다.

제96조【프로그램의 내용 및 시행】 ① 법제79조제1항제1호에 따른 안전 및 보건에 관한 프로그램에는 다음 각 호의 사항이 포함되어야 한다.

1. 가맹본부의 안전보건경영방침 및 안전보건활동 계획
2. 가맹본부의 프로그램 운영 조직의 구성, 역할 및 가맹점사업자에 대한 안전

법 률	시 행 령	시 행 규 칙
중개를 통하여 「자동차관리법」 제3조제1항 제5호에 따른 이륜자동차로 물건을 수거·배달 등을 하는 사람의 산업재해 예방을 위하여 필요한 안전조치 및 보건조치를 하여야 한다.〈개정 2020.5.26.〉 《벌칙》 위반자는 1천만원이하의 과태료(법 제175조제4항)	에 관한 법률」 제3조제1항 단서에 따른 대출모집인 8. 「여신전문금융업법」 제14조의2제1항 제2호에 따른 신용카드회원 모집인 9. 고용노동부장관이 정하는 기준에 따라 주로 하나의 대리운전업자로부터 업무를 의뢰받아 대리운전 업무를 하는 사람 **제68조【안전 및 보건 교육 대상 특수형태근로종사자】** 법제77조제2항에서 "대통령령으로 정하는 특수형태근로종사자"란 제67조제2호,제4호부터 제6호까지 및 제9호에 따른 사람을 말한다.	보건교육 지원 체계 3. 가맹점 내 위험요소 및 예방대책 등을 포함한 가맹점 안전보건매뉴얼 4. 가맹점의 재해 발생에 대비한 가맹본부 및 가맹점사업자의 조치사항 ② 가맹본부는 가맹점사업자에 대하여 법제79조제1항제1호에 따른 안전 및 보건에 관한 프로그램을 연 1회 이상 교육해야 한다.
제79조【가맹본부의 산업재해 예방 조치】 ① 「가맹사업거래의 공정화에 관한 법률」 제2조제2호에 따른 가맹본부 중 대통령령으로 정하는 가맹본부는 같은 조 제3호에 따른 가맹점사업자에게 가맹점의 설비나 기계, 원자재 또는 상품 등을 공급하는 경우에 가맹점사업자와 그 소속 근로자의 산업재해 예방을 위하여 다음 각 호의 조치를 하여야 한다.〈개정 2020.9.8.〉 1. 가맹점의 안전 및 보건에 관한 프로그램의 마련·시행	**제69조【산업재해 예방 조치 시행 대상】** 법제79조제1항 각 호 외의 부분에서 "대통령령으로 정하는 가맹본부"란 「가맹사업거래의 공정화에 관한 법률」 제6조의2에 따라 등록한 정보공개서(직전 사업연도 말 기준으로 등록된 것을 말한다)상 업종이 다음 각 호의 어느 하나에 해당하는 경우로서 가맹점의 수가 200개 이상인 가맹본부를 말한다.(개정 2020.9.8.) 1. 대분류가 외식업인 경우 2. 대분류가 도소매업으로서 중분류가 편	**제97조【안전 및 보건에 관한 정보 제공 방법】** 가맹본부는 법제79조제1항제2호의 안전 및 보건에 관한 정보를 제공하려는 경우에는 다음 각 호의 어느 하나에 해당하는 방법으로 제공할 수 있다. 1. 「가맹사업거래의 공정화에 관한 법률」 제2조제9호에 따른 가맹계약서의 관계 서류에 포함하여 제공 2. 가맹본부가 가맹점에 설비·기계 및 원자재 또는 상품 등을 설치하거나 공급하는 때에 제공

2. 가맹본부가 가맹점에 설치하거나 공급하는 설비·기계 및 원자재 또는 상품 등에 대하여 가맹점사업자에게 안전 및 보건에 관한 정보의 제공

《벌칙》 위반자는 3천만원이하의 과태료(법 제175조제2항)

② 제1항제1호에 따른 안전 및 보건에 관한 프로그램의 내용·시행방법, 같은 항 제2호에 따른 안전 및 보건에 관한 정보의 제공방법, 그 밖에 필요한 사항은 고용노동부령으로 정한다.

제6장 유해·위험 기계 등에 대한 조치

제1절 유해하거나 위험한 기계 등에 대한 방호조치 등

제80조【유해하거나 위험한 기계·기구에 대한 방호조치】 ① 누구든지 동력(動力)으로 작동하는 기계·기구로서 대통령령으로 정하는 것은 고용노동부령으로 정하는 유해·위험 방지를 위한 방호조치를 하지 아니하고는 양도, 대여, 설치 또는 사용에 제공하거나 양도·대여의 목적으로 진열해서는 아니 된다.

② 누구든지 동력으로 작동하는 기계·기구

의점인 경우

제6장 유해·위험 기계 등에 대한 조치

제70조【방호조치를 해야 하는 유해하거나 위험한 기계·기구】 법 제80조제1항에서 "대통령령으로 정하는 것"이란 별표20에 따른 기계·기구를 말한다.

제71조【대여자 등이 안전조치 등을 해야 하는 기계·기구 등】 법 제81조에서 "대통령령으로 정하는 기계·기구·설비 및 건축물 등"이란 별표21에 따른 기계·기구·설비 및 건

3. 「가맹사업거래의 공정화에 관한 법률」 제5조제4호의 가맹점사업자와 그 직원에 대한 교육·훈련 시에 제공
4. 그 밖에 프로그램 운영을 위하여 가맹본부가 가맹점사업자에 대하여 정기·수시 방문지도 시에 제공
5. 「정보통신망 이용촉진 및 정보보호 등에 관한 법률」 제2조제1항제1호에 따른 정보통신망 등을 이용하여 수시로 제공

제6장 유해·위험 기계 등에 대한 조치

제1절 유해하거나 위험한 기계 등에 대한 방호조치 등

제98조【방호조치】 ① 법 제80조제1항에 따라 영제70조 및 영 별표20의 기계·기구에 설치해야 할 방호장치는 다음 각 호와 같다.
1. 영 별표20제1호에 따른 예초기: 날접촉 예방장치
2. 영 별표20제2호에 따른 원심기: 회전체 접촉 예방장치
3. 영 별표20제3호에 따른 공기압축기:

법 률	시 행 령	시 행 규 칙
로서 다음 각 호의 어느 하나에 해당하는 것은 고용노동부령으로 정하는 방호조치를 하지 아니하고는 양도, 대여, 설치 또는 사용에 제공하거나 양도·대여의 목적으로 진열해서는 아니 된다. 1. 작동 부분에 돌기 부분이 있는 것 2. 동력전달 부분 또는 속도조절 부분이 있는 것 3. 회전기계에 물체 등이 말려 들어갈 부분이 있는 것 《벌칙》 제1항, 제2항 위반자는 1년이하의 징역 1천만원이하의 벌금(법 제170조) ③ 사업주는 제1항 및 제2항에 따른 방호조치가 정상적인 기능을 발휘할 수 있도록 방호조치와 관련되는 장치를 상시적으로 점검하고 정비하여야 한다. ④ 사업주와 근로자는 제1항 및 제2항에 따른 방호조치를 해체하려는 경우 등 고용노동부령으로 정하는 경우에는 필요한 안전조치 및 보건조치를 하여야 한다. 《벌칙》 위반자는 1년이하의 징역 또는 1천만원이하의 벌금(법 제170조)	축물 등을 말한다.	압력방출장치 4. 영 별표20제4호에 따른 금속절단기: 날접촉 예방장치 5. 영 별표20제5호에 따른 지게차: 헤드가드, 백레스트(backrest), 전조등, 후미등, 안전벨트 6. 영 별표20제6호에 따른 포장기계: 구동부 방호 연동장치 ② 법 제80조제2항에서 "고용노동부령으로 정하는 방호조치"란 다음 각 호의 방호조치를 말한다. 1. 작동 부분의 돌기부분은 묻힘형으로 하거나 덮개를 부착할 것 2. 동력전달부분 및 속도조절부분에는 덮개를 부착하거나 방호망을 설치할 것 3. 회전기계의 물림점(롤러나 톱니바퀴 등 반대방향의 두 회전체에 물려 들어가는 위험점)에는 덮개 또는 울을 설치할 것 ③ 제1항 및 제2항에 따른 방호조치에 필요한 사항은 고용노동부장관이 정하여 고시한다. **제99조 【방호조치 해체 등에 필요한 조치】** ① 법 제80조제4항에서 "고용노동부령으로 정하는 경우"란 다음 각 호의 경우를 말하

법	시행령	시행규칙
		며, 그에 필요한 안전조치 및 보건조치는 다음 각 호에 따른다. 1. 방호조치를 해체하려는 경우: 사업주의 허가를 받아 해체할 것 2. 방호조치 해체 사유가 소멸된 경우: 방호조치를 지체없이 원상으로 회복시킬 것 3. 방호조치의 기능이 상실된 것을 발견한 경우: 지체 없이 사업주에게 신고할 것 ② 사업주는 제1항제3호에 따른 신고가 있으면 즉시 수리, 보수 및 작업중지 등 적절한 조치를 해야 한다.
제81조 【기계·기구 등의 대여자 등의 조치】 대통령령으로 정하는 기계·기구·설비 또는 건축물 등을 타인에게 대여하거나 대여받는 자는 필요한 안전조치 및 보건조치를 하여야 한다. 《벌칙》 위반자는 3년이하의 징역 또는 3천만원이하의 벌금(법 제169조)		**제100조 【기계등 대여자의 조치】** 법 제81조에 따라 영제71조 및 영 별표21의 기계·기구·설비 및 건축물 등(이하 "기계등"이라 한다)을 타인에게 대여하는 자가 해야 할 유해·위험 방지조치는 다음 각 호와 같다. 1. 해당 기계등을 미리 점검하고 이상을 발견한 경우에는 즉시 보수하거나 그 밖에 필요한 정비를 할 것 2. 해당 기계등을 대여받은 자에게 다음 각 목의 사항을 적은 서면을 발급할 것 가. 해당 기계등의 성능 및 방호조치의 내용 나. 해당 기계등의 특성 및 사용 시의 주의사항
제82조 【타워크레인 설치·해체업의 등록 등】 ① 타워크레인을 설치하거나 해체를 하려는 자는 대통령령으로 정하는 바에 따라 인력·시설 및 장비 등의 요건을 갖추어 고용노동부장관에게 등록하여야 한다. 등록한 사항 중 대통령령으로 정하는 중요한	**제72조 【타워크레인 설치·해체업의 등록요건】** ① 법 제82조제1항 전단에 따라 타워크레인을 설치하거나 해체하려는 자가 갖추어야 하는 인력·시설 및 장비의 기준은 별표22와 같다. ② 법 제82조제1항 후단에서 "대통령령으	

법 률	시 행 령	시 행 규 칙
사항을 변경할 때에도 또한 같다. 《벌칙》 위반자는 1천만원이하의 과태료(법 제175조제4항) ② 사업주는 제1항에 따라 등록한 자로 하여금 타워크레인을 설치하거나 해체하는 작업을 하도록 하여야 한다. 《벌칙》 위반자는 3년이하의 징역 또는 3천만원이하의 벌금(법 제169조) ③ 제1항에 따른 등록 절차, 그 밖에 필요한 사항은 고용노동부령으로 정한다. ④ 제1항에 따라 등록한 자에 대해서는 제21조제4항 및 제5항을 준용한다. 이 경우 "안전관리전문기관 또는 보건관리전문기관"은 "제1항에 따라 등록한 자"로, "지정"은 "등록"으로 본다.	로 정하는 중요한 사항"이란 다음 각 호의 사항을 말한다. 1. 업체의 명칭(상호) 2. 업체의 소재지 3. 대표자의 성명 **제73조【타워크레인 설치·해체업의 등록 취소 등의 사유】** 법 제82조제4항에 따라 준용되는 법제21조제4항제5호에서 "대통령령으로 정하는 사유에 해당하는 경우"란 다음 각 호의 어느 하나에 해당하는 경우를 말한다. 1. 법제38조에 따른 안전조치를 준수하지 않아 벌금형 또는 금고 이상의 형의 선고를 받은 경우 2. 법에 따른 관계 공무원의 지도·감독을 거부·방해 또는 기피한 경우	다. 해당 기계등의 수리·보수 및 점검 내역과 주요 부품의 제조일 라. 해당 기계등의 정밀진단 및 수리 후 안전점검 내역, 주요 안전부품의 교환이력 및 제조일 3. 사용을 위하여 설치·해체 작업(기계등을 높이는 작업을 포함한다. 이하 같다)이 필요한 기계등을 대여하는 경우로서 해당 기계등의 설치·해체 작업을 다른 설치·해체업자에게 위탁하는 경우에는 다음 각 목의 사항을 준수할 것 가. 설치·해체업자가 기계등의 설치·해체에 필요한 법령상 자격을 갖추고 있는지와 설치·해체에 필요한 장비를 갖추고 있는지를 확인할 것 나. 설치·해체업자에게 제2호 각 목의 사항을 적은 서면을 발급하고, 해당 내용을 주지시킬 것 다. 설치·해체업자가 설치·해체 작업 시 안전보건규칙에 따른 산업안전보건기준을 준수하고 있는지를 확인 할 것 4. 해당 기계등을 대여받은 자에게 제3호가목 및 다목에 따른 확인 결과를 알릴 것

제101조 【기계등을 대여받는 자의 조치】 ① 법 제81조에 따라 기계등을 대여받는 자는 그가 사용하는 근로자가 아닌 사람에게 해당 기계등을 조작하도록 하는 경우에는 다음 각 호의 조치를 해야 한다. 다만, 해당 기계등을 구입할 목적으로 기종(機種)의 선정 등을 위하여 일시적으로 대여받는 경우에는 그렇지 않다.

1. 해당 기계등을 조작하는 사람이 관계 법령에서 정하는 자격이나 기능을 가진 사람인지 확인할 것
2. 해당 기계등을 조작하는 사람에게 다음 각 목의 사항을 주지시킬 것
   가. 작업의 내용
   나. 지휘계통
   다. 연락·신호 등의 방법
   라. 운행경로, 제한속도, 그 밖에 해당 기계등의 운행에 관한 사항
   마. 그 밖에 해당 기계등의 조작에 따른 산업재해를 방지하기 위하여 필요한 사항

② 타워크레인을 대여받은 자는 다음 각 호의 조치를 해야 한다.

1. 타워크레인을 사용하는 작업 중에 타워크레인 장비 간 또는 타워크레인과 인접

법 률	시 행 령	시 행 규 칙
		구조물 간 충돌위험이 있으면 충돌방지 장치를 설치하는 등 충돌방지를 위하여 필요한 조치를 할 것 2. 타워크레인 설치·해체 작업이 이루어지는 동안 작업과정 전반(全般)을 영상으로 기록하여 대여기간 동안 보관할 것 ③ 해당 기계등을 대여하는 자가 제100조제2호 각 목의 사항을 적은 서면을 발급하지 않는 경우 해당 기계등을 대여받은 자는 해당 사항에 대한 정보 제공을 요구할 수 있다. ④ 기계등을 대여받은 자가 기계등을 대여한 자에게 해당 기계등을 반환하는 경우에는 해당 기계등의 수리·보수 및 점검 내역과 부품교체 사항 등이 있는 경우 해당 사항에 대한 정보를 제공해야 한다. **제102조【기계등을 조작하는 자의 의무】** 제101조에 따라 기계등을 조작하는 사람은 같은 조 제1항제2호 각 목에 규정된 사항을 지켜야 한다. **제103조【기계등 대여사항의 기록·보존】** 기계등을 대여하는 자는 해당 기계등의 대여에 관한 사항을 별지 제39호서식에 따라 기록·보존해야 한다.

제104조【대여 공장건축물에 대한 조치】 공용으로 사용하는 공장건축물로서 다음 각 호의 어느 하나의 장치가 설치된 것을 대여하는 자는 해당 건축물을 대여받은 자가 2명 이상인 경우로서 다음 각 호의 어느 하나의 장치의 전부 또는 일부를 공용으로 사용하는 경우에는 그 공용부분의 기능이 유효하게 작동되도록 하기 위하여 점검·보수 등 필요한 조치를 해야 한다.

1. 국소 배기장치 2. 전체 환기장치
3. 배기처리장치

제105조【편의 제공】 건축물을 대여받은 자는 국소 배기장치, 소음방지를 위한 칸막이벽, 그 밖에 산업재해 예방을 위하여 필요한 설비의 설치에 관하여 해당 설비의 설치에 수반된 건축물의 변경승인, 해당 설비의 설치공사에 필요한 시설의 이용 등 편의 제공을 건축물을 대여한 자에게 요구할 수 있다. 이 경우 건축물을 대여한 자는 특별한 사정이 없으면 이에 따라야 한다.

제106조【설치·해체업 등록신청 등】 ① 법 제82조제1항에 따라 타워크레인 설치·해체업을 등록하려는 자는 별지 제40호서식의 설치·해체업 등록신청서에 다음 각 호의

법 률	시 행 령	시 행 규 칙
		서류를 첨부하여 주된 사무소의 소재지를 관할하는 지방고용노동관서의 장에게 제출해야 한다. 1. 영 별표22에 따른 인력기준에 해당하는 사람의 자격과 채용을 증명할 수 있는 서류 2. 건물임대차계약서 사본이나 그 밖에 사무실의 보유를 증명할 수 있는 서류와 장비 명세서 ② 지방고용노동관서의 장은 제1항에 따른 타워크레인 설치·해체업 등록신청서를 접수하였을 때에 영 별표22의 기준에 적합하면 그 등록신청서가 접수된 날부터 20일 이내에 별지 제41호서식의 등록증을 신청인에게 발급해야 한다. ③ 타워크레인 설치·해체업을 등록한 자에 대한 등록증의 재발급, 등록받은 사항의 변경 및 등록증의 반납 등에 관하여는 제16조 제4항부터 제6항까지의 규정을 준용한다. 이 경우 "지정서"는 "등록증"으로, "안전관리전문기관 또는 보건관리전문기관"은 "타워크레인 설치·해체업을 등록한 자"로, "고용노동부장관 또는 지방고용노동청장"은 "지방고용노동관서의 장"으로 본다.

제83조 【안전인증기준】 ① 고용노동부장관은 유해하거나 위험한 기계·기구·설비 및 방호장치·보호구(이하 "유해·위험기계등"이라 한다)의 안전성을 평가하기 위하여 그 안전에 관한 성능과 제조자의 기술 능력 및 생산체계 등에 관한 기준(이하 "안전인증기준"이라 한다)을 정하여 고시하여야 한다.

② 안전인증기준은 유해·위험기계등의 종류별, 규격 및 형식별로 정할 수 있다.

제84조 【안전인증】 ① 유해·위험기계등 중 근로자의 안전 및 보건에 위해(危害)를 미칠 수 있다고 인정되어 대통령령으로 정하는 것(이하 "안전인증대상기계등"이라 한다)을 제조하거나 수입하는 자(고용노동부령으로 정하는 안전인증대상기계등을 설치·이전하거나 주요 구조 부분을 변경하는 자를 포함한다. 이하 이 조 및 제85조부터 제87조까지의 규정에서 같다)는 안전인증대상기계등이 안전인증기준에 맞는지에 대하여 고용노동부장관이 실시하는 안전인증을 받아야 한다.

《벌칙》 위반자는 3년이하의 징역 또는 3천

제74조 【안전인증대상기계등】 ① 법 제84조 제1항에서 "대통령령으로 정하는 것"이란 다음 각 호의 어느 하나에 해당하는 것을 말한다.

1. 다음 각 목의 어느 하나에 해당하는 기계 또는 설비
   가. 프레스
   나. 전단기 및 절곡기(折曲機)
   다. 크레인
   라. 리프트
   마. 압력용기
   바. 롤러기
   사. 사출성형기(射出成形機)
   아. 고소(高所) 작업대
   자. 곤돌라
2. 다음 각 목의 어느 하나에 해당하는 방호장치
   가. 프레스 및 전단기 방호장치
   나. 양중기용(揚重機用) 과부하 방지장치
   다. 보일러 압력방출용 안전밸브
   라. 압력용기 압력방출용 안전밸브
   마. 압력용기 압력방출용 파열판

제107조 【안전인증대상기계등】 법 제84조 제1항에서 "고용노동부령으로 정하는 안전인증대상기계등"이란 다음 각 호의 기계 및 설비를 말한다.

1. 설치·이전하는 경우 안전인증을 받아야 하는 기계
   가. 크레인
   나. 리프트
   다. 곤돌라
2. 주요 구조 부분을 변경하는 경우 안전인증을 받아야 하는 기계 및 설비
   가. 프레스
   나. 전단기 및 절곡기(折曲機)
   다. 크레인
   라. 리프트
   마. 압력용기
   바. 롤러기
   사. 사출성형기(射出成形機)
   아. 고소(高所)작업대
   자. 곤돌라

제108조 【안전인증의 신청 등】 ① 법 제84조제1항 및 제3항에 따른 안전인증(이하 "

법 률	시 행 령	시 행 규 칙
만원이하의 벌금(법 제169조제1호) ② 고용노동부장관은 다음 각 호의 어느 하나에 해당하는 경우에는 고용노동부령으로 정하는 바에 따라 제1항에 따른 안전인증의 전부 또는 일부를 면제할 수 있다. 1. 연구·개발을 목적으로 제조·수입하거나 수출을 목적으로 제조하는 경우 2. 고용노동부장관이 정하여 고시하는 외국의 안전인증기관에서 인증을 받은 경우 3. 다른 법령에 따라 안전성에 관한 검사나 인증을 받은 경우로서 고용노동부령으로 정하는 경우 ③ 안전인증대상기계등이 아닌 유해·위험기계등을 제조하거나 수입하는 자가 그 유해·위험기계등의 안전에 관한 성능 등을 평가받으려면 고용노동부장관에게 안전인증을 신청할 수 있다. 이 경우 고용노동부장관은 안전인증기준에 따라 안전인증을 할 수 있다. 《벌칙》 위반자는 3년이하의 징역 또는 3천만원이하의 벌금(법 제169조제4호) ④ 고용노동부장관은 제1항 및 제3항에 따른 안전인증(이하 "안전인증"이라 한다)을 받은 자가 안전인증기준을 지키고 있는지를	바. 절연용 방호구 및 활선작업용(活線作業用) 기구 사. 방폭구조(防爆構造) 전기기계·기구 및 부품 아. 추락·낙하 및 붕괴 등의 위험 방지 및 보호에 필요한 가설기자재로서 고용노동부장관이 정하여 고시하는 것 자. 충돌·협착 등의 위험 방지에 필요한 산업용 로봇 방호장치로서 고용노동부장관이 정하여 고시하는 것 3. 다음 각 목의 어느 하나에 해당하는 보호구 가. 추락 및 감전 위험방지용 안전모 나. 안전화 다. 안전장갑 라. 방진마스크 마. 방독마스크 바. 송기(送氣)마스크 사. 전동식 호흡보호구 아. 보호복 자. 안전대 차. 차광(遮光) 및 비산물(飛散物) 위험방지용 보안경	안전인증"이라 한다)을 받으려는 자는 제110조제1항에 따른 심사종류별로 별지 제42호서식의 안전인증 신청서에 별표13의 서류를 첨부하여 영제116조제2항에 따라 안전인증 업무를 위탁받은 기관(이하 "안전인증기관"이라 한다)에 제출(전자적 방법에 의한 제출을 포함한다)해야 한다. 이 경우 외국에서 법 제83조제1항에 따른 유해하거나 위험한 기계·기구·설비 및 방호장치·보호구(이하 "유해·위험기계등"이라 한다)를 제조하는 자는 국내에 거주하는 자를 대리인으로 선정하여 안전인증을 신청하게 할 수 있다. ② 제1항에 따라 안전인증을 신청하는 경우에는 고용노동부장관이 정하여 고시하는 바에 따라 안전인증 심사에 필요한 시료(試料)를 제출해야 한다. ③ 제1항에 따른 안전인증 신청서를 제출받은 안전인증기관은 「전자정부법」 제36조제1항에 따른 행정정보의 공동이용을 통하여 사업자등록증을 확인해야 한다. 다만, 신청인이 확인에 동의하지 않은 경우에는 사업자등록증 사본을 첨부하도록 해야 한다. **제109조【안전인증의 면제】** ① 법 제84조제

3년 이하의 범위에서 고용노동부령으로 정하는 주기마다 확인하여야 한다. 다만, 제2항에 따라 안전인증의 일부를 면제받은 경우에는 고용노동부령으로 정하는 바에 따라 확인의 전부 또는 일부를 생략할 수 있다.

⑤ 제1항에 따라 안전인증을 받은 자는 안전인증을 받은 안전인증대상기계등에 대하여 고용노동부령으로 정하는 바에 따라 제품명·모델명·제조수량·판매수량 및 판매처 현황 등의 사항을 기록하여 보존하여야 한다.

⑥ 고용노동부장관은 근로자의 안전 및 보건에 필요하다고 인정하는 경우 안전인증대상기계등을 제조·수입 또는 판매하는 자에게 고용노동부령으로 정하는 바에 따라 해당 안전인증대상기계등의 제조·수입 또는 판매에 관한 자료를 공단에 제출하게 할 수 있다.

《벌칙》 위반자는 300만원이하의 과태료 (법 제175조제6항제7호)

⑦ 안전인증의 신청 방법·절차,제4항에 따른 확인의 방법·절차, 그 밖에 필요한 사항은 고용노동부령으로 정한다.

카. 용접용 보안면

타. 방음용 귀마개 또는 귀덮개

② 안전인증대상기계등의 세부적인 종류, 규격 및 형식은 고용노동부장관이 정하여 고시한다.

1항에 따른 안전인증대상기계등(이하 "안전인증대상기계등" 이라 한다)이 다음 각 호의 어느 하나에 해당하는 경우에는 법 제84조제1항에 따른 안전인증을 전부 면제한다.

1. 연구·개발을 목적으로 제조·수입하거나 수출을 목적으로 제조하는 경우
2. 「건설기계관리법」 제13조제1항제1호부터 제3호까지에 따른 검사를 받은 경우 또는 같은 법제18조에 따른 형식승인을 받거나 같은 조에 따른 형식신고를 한 경우
3. 「고압가스 안전관리법」 제17조제1항에 따른 검사를 받은 경우
4. 「광산안전법」 제9조에 따른 검사 중 광업시설의 설치공사 또는 변경공사가 완료되었을 때에 받는 검사를 받은 경우
5. 「방위사업법」 제28조제1항에 따른 품질보증을 받은 경우
6. 「선박안전법」 제7조에 따른 검사를 받은 경우
7. 「에너지이용 합리화법」 제39조제1항 및 제2항에 따른 검사를 받은 경우
8. 「원자력안전법」 제16조제1항에 따른 검사를 받은 경우
9. 「위험물안전관리법」 제8조제1항 또는

법 률	시 행 령	시 행 규 칙
		제20조제2항에 따른 검사를 받은 경우 10. 「전기사업법」 제63조에 따른 검사를 받은 경우 11. 「항만법」 제26조제1항제1호·제2호 및 제4호에 따른 검사를 받은 경우 12. 「화재예방, 소방시설 설치·유지 및 안전관리에 관한 법률」 제36조제1항에 따른 형식승인을 받은 경우 ② 안전인증대상기계등이 다음 각 호의 어느 하나에 해당하는 인증 또는 시험을 받았거나 그 일부 항목이 법 제83조제1항에 따른 안전인증기준(이하 "안전인증기준"이라 한다)과 같은 수준 이상인 것으로 인정되는 경우에는 해당 인증 또는 시험이나 그 일부 항목에 한정하여 법 제84조제1항에 따른 안전인증을 면제한다. 1. 고용노동부장관이 정하여 고시하는 외국의 안전인증기관에서 인증을 받은 경우 2. 국제전기기술위원회(IEC)의 국제방폭전기기계·기구 상호인정제도(IECEx Scheme)에 따라 인증을 받은 경우 3. 「국가표준기본법」에 따른 시험·검사기관에서 실시하는 시험을 받은 경우

4. 「산업표준화법」 제15조에 따른 인증을 받은 경우
5. 「전기용품 및 생활용품 안전관리법」 제5조에 따른 안전인증을 받은 경우

③ 법 제84조제2항제1호에 따라 안전인증이 면제되는 안전인증대상기계등을 제조하거나 수입하는 자는 해당 공산품의 출고 또는 통관 전에 별지 제43호서식의 안전인증 면제신청서에 다음 각 호의 서류를 첨부하여 안전인증기관에 제출해야 한다.

1. 제품 및 용도설명서
2. 연구·개발을 목적으로 사용되는 것임을 증명하는 서류

④ 안전인증기관은 제3항에 따라 안전인증 면제신청을 받으면 이를 확인하고 별지 제44호서식의 안전인증 면제확인서를 발급해야 한다.

제110조 【안전인증 심사의 종류 및 방법】 ① 유해·위험기계등이 안전인증기준에 적합한지를 확인하기 위하여 안전인증기관이 하는 심사는 다음 각 호와 같다.

1. 예비심사: 기계 및 방호장치·보호구가 유해·위험기계등 인지를 확인하는 심사(법 제84조제3항에 따라 안전인증을 신

법 률	시 행 령	시 행 규 칙
		청한 경우만 해당한다) 2. 서면심사: 유해·위험기계등의 종류별 또는 형식별로 설계도면 등 유해·위험기계등의 제품기술과 관련된 문서가 안전인증기준에 적합한지에 대한 심사 3. 기술능력 및 생산체계 심사: 유해·위험기계등의 안전성능을 지속적으로 유지·보증하기 위하여 사업장에서 갖추어야 할 기술능력과 생산체계가 안전인증기준에 적합한지에 대한 심사. 다만, 다음 각 목의 어느 하나에 해당하는 경우에는 기술능력 및 생산체계 심사를 생략한다. 가. 영제74조제1항제2호 및 제3호에 따른 방호장치 및 보호구를 고용노동부장관이 정하여 고시하는 수량 이하로 수입하는 경우 나. 제4호가목의 개별 제품심사를 하는 경우 다. 안전인증(제4호나목의 형식별 제품심사를 하여 안전인증을 받은 경우로 한정한다)을 받은 후 같은 공정에서 제조되는 같은 종류의 안전인증대상기계등에 대하여 안전인증을 하

는 경우

4. 제품심사: 유해·위험기계등이 서면심사 내용과 일치하는지와 유해·위험기계등의 안전에 관한 성능이 안전인증기준에 적합한지에 대한 심사. 다만, 다음 각 목의 심사는 유해·위험기계등별로 고용노동부장관이 정하여 고시하는 기준에 따라 어느 하나만을 받는다.
   가. 개별 제품심사: 서면심사 결과가 안전인증기준에 적합할 경우에 유해·위험기계등 모두에 대하여 하는 심사(안전인증을 받으려는 자가 서면심사와 개별 제품심사를 동시에 할 것을 요청하는 경우 병행할 수 있다)
   나. 형식별 제품심사: 서면심사와 기술능력 및 생산체계 심사 결과가 안전인증기준에 적합할 경우에 유해·위험기계등의 형식별로 표본을 추출하여 하는 심사(안전인증을 받으려는 자가 서면심사, 기술능력 및 생산체계 심사와 형식별 제품심사를 동시에 할 것을 요청하는 경우 병행할 수 있다)

② 제1항에 따른 유해·위험기계등의 종류별 또는 형식별 심사의 절차 및 방법은 고용노

법 률	시 행 령	시 행 규 칙
		동부장관이 정하여 고시한다. ③ 안전인증기관은 제108조제1항에 따라 안전인증 신청서를 제출받으면 다음 각 호의 구분에 따른 심사 종류별 기간 내에 심사해야 한다. 다만, 제품심사의 경우 처리기간 내에 심사를 끝낼 수 없는 부득이한 사유가 있을 때에는 15일의 범위에서 심사기간을 연장할 수 있다. 1. 예비심사: 7일 2. 서면심사: 15일(외국에서 제조한 경우는 30일) 3. 기술능력 및 생산체계 심사: 30일(외국에서 제조한 경우는 45일) 4. 제품심사 가. 개별 제품심사: 15일 나. 형식별 제품심사: 30일(영제74조제1항제2호사목의 방호장치와 같은 항 제3호가목부터 아목까지의 보호구는 60일) ④ 안전인증기관은 제3항에 따른 심사가 끝나면 안전인증을 신청한 자에게 별지 제45호서식의 심사결과 통지서를 발급해야 한다. 이 경우 해당 심사 결과가 모두 적합한

경우에는 별지 제46호서식의 안전인증서를 함께 발급해야 한다.

⑤ 안전인증기관은 안전인증대상기계등이 특수한 구조 또는 재료로 제조되어 안전인증기준의 일부를 적용하기 곤란할 경우 해당 제품이 안전인증기준과 같은 수준 이상의 안전에 관한 성능을 보유한 것으로 인정(안전인증을 신청한 자의 요청이 있거나 필요하다고 판단되는 경우를 포함한다)되면 「산업표준화법」 제12조에 따른 한국산업표준 또는 관련 국제규격 등을 참고하여 안전인증기준의 일부를 생략하거나 추가하여 제1항제2호 또는 제4호에 따른 심사를 할 수 있다.

⑥ 안전인증기관은 제5항에 따라 안전인증대상기계등이 안전인증기준과 같은 수준 이상의 안전에 관한 성능을 보유한 것으로 인정되는지와 해당 안전인증대상기계등에 생략하거나 추가하여 적용할 안전인증기준을 심의·의결하기 위하여 안전인증심의위원회를 설치·운영해야 한다. 이 경우 안전인증심의위원회의 구성·개최에 걸리는 기간은 제3항에 따른 심사기간에 산입하지 않는다.

⑦ 제6항에 따른 안전인증심의위원회의 구성·기능 및 운영 등에 필요한 사항은 고용노

법 률	시 행 령	시 행 규 칙
		동부장관이 정하여 고시한다. **제111조 【확인의 방법 및 주기 등】** ① 안전인증기관은 법 제84조제4항에 따라 안전인증을 받은 자에 대하여 다음 각 호의 사항을 확인해야 한다. 1. 안전인증서에 적힌 제조 사업장에서 해당 유해·위험기계등을 생산하고 있는지 여부 2. 안전인증을 받은 유해·위험기계등이 안전인증기준에 적합한지 여부(심사의 종류 및 방법은 제110조제1항제4호를 준용한다) 3. 제조자가 안전인증을 받을 당시의 기술능력·생산체계를 지속적으로 유지하고 있는지 여부 4. 유해·위험기계등이 서면심사 내용과 같은 수준 이상의 재료 및 부품을 사용하고 있는지 여부 ② 법 제84조제4항에 따라 안전인증기관은 안전인증을 받은 자가 안전인증기준을 지키고 있는지를 2년에 1회 이상 확인해야 한다. 다만, 다음 각 호의 모두에 해당하는 경우에는 3년에 1회 이상 확인할 수 있다. 1. 최근 3년 동안 법 제86조제1항에 따라

		안전인증이 취소되거나 안전인증표시의 사용금지 또는 시정명령을 받은 사실이 없는 경우 2. 최근 2회의 확인 결과 기술능력 및 생산체계가 고용노동부장관이 정하는 기준 이상인 경우 ③ 안전인증기관은 제1항 및 제2항에 따라 확인한 경우에는 별지 제47호서식의 안전인증확인 통지서를 제조자에게 발급해야 한다. ④ 안전인증기관은 제1항 및 제2항에 따라 확인한 결과 법 제87조제1항 각 호의 어느 하나에 해당하는 사실을 확인한 경우에는 그 사실을 증명할 수 있는 서류를 첨부하여 유해·위험기계등을 제조하는 사업장의 소재지(제품의 제조자가 외국에 있는 경우에는 그 대리인의 소재지로 하되, 대리인이 없는 경우에는 그 안전인증기관의 소재지로 한다)를 관할하는 지방고용노동관서의 장에게 지체 없이 알려야 한다. ⑤ 안전인증기관은 제109조제2항제1호에 따라 일부 항목에 한정하여 안전인증을 면제한 경우에는 외국의 해당 안전인증기관에서 실시한 안전인증 확인의 결과를 제출받아 고용노동부장관이 정하는 바에 따라 법

법 률	시 행 령	시 행 규 칙
제85조 【안전인증의 표시 등】 ① 안전인증을 받은 자는 안전인증을 받은 유해·위험기계등이나 이를 담은 용기 또는 포장에 고용노동부령으로 정하는 바에 따라 안전인증의 표시(이하 "안전인증표시"라 한다)를 하여야 한다. 《벌칙》 위반자는 1천만원이하의 과태료(법 제175조제4항) ② 안전인증을 받은 유해·위험기계등이 아		제84조제4항에 따른 확인의 전부 또는 일부를 생략할 수 있다. **제112조 【안전인증제품에 관한 자료의 기록·보존】** 안전인증을 받은 자는 법 제84조제5항에 따라 안전인증제품에 관한 자료를 안전인증을 받은 제품별로 기록·보존해야 한다. **제113조 【안전인증 관련 자료의 제출 등】** 지방고용노동관서의 장은 법 제84조제6항에 따라 안전인증대상기계등을 제조·수입 또는 판매하는 자에게 자료의 제출을 요구할 때에는 10일 이상의 기간을 정하여 문서로 요구하되, 부득이한 사유가 있을 때에는 신청을 받아 30일의 범위에서 그 기간을 연장할 수 있다. **제114조 【안전인증의 표시】** ① 법 제85조제1항에 따른 안전인증의 표시 중 안전인증대상기계등의 안전인증의 표시 및 표시방법은 별표14와 같다. ② 법 제85조제1항에 따른 안전인증의 표시 중 법 제84조제3항에 따른 안전인증대상기계등이 아닌 유해·위험기계등의 안전인증 표시 및 표시방법은 별표15와 같다.

닌 것은 안전인증표시 또는 이와 유사한 표시를 하거나 안전인증에 관한 광고를 해서는 아니 된다.

③ 안전인증을 받은 유해·위험기계등을 제조·수입·양도·대여하는 자는 안전인증표시를 임의로 변경하거나 제거해서는 아니 된다.

④ 고용노동부장관은 다음 각 호의 어느 하나에 해당하는 경우에는 안전인증표시나 이와 유사한 표시를 제거할 것을 명하여야 한다.

1. 제2항을 위반하여 안전인증표시나 이와 유사한 표시를 한 경우
2. 제86조제1항에 따라 안전인증이 취소되거나 안전인증표시의 사용 금지 명령을 받은 경우

《벌칙》 제2항, 제3항 및 제4항 위반자는 1년이하의 징역 또는 1천만원이하의 벌금(법 제170조)

제86조【안전인증의 취소 등】 ① 고용노동부장관은 안전인증을 받은 자가 다음 각 호의 어느 하나에 해당하면 안전인증을 취소하거나 6개월 이내의 기간을 정하여 안전인증표시의 사용을 금지하거나 안전인증기준에 맞게 시정하도록 명할 수 있다. 다만, 제1호의 경우에는 안전인증을 취소하여야 한다.

제115조【안전인증의 취소 공고 등】 ① 지방고용노동관서의 장은 법 제86조제1항에 따라 안전인증을 취소한 경우에는 고용노동부장관에게 보고해야 한다.

② 고용노동부장관은 법 제86조제1항에 따라 안전인증을 취소한 경우에는 안전인증을 취소한 날부터 30일 이내에 다음 각 호의

법 률	시 행 령	시 행 규 칙
1. 거짓이나 그 밖의 부정한 방법으로 안전인증을 받은 경우 2. 안전인증을 받은 유해·위험기계등의 안전에 관한 성능 등이 안전인증기준에 맞지 아니하게 된 경우 3. 정당한 사유 없이 제84조제4항에 따른 확인을 거부, 방해 또는 기피하는 경우 ② 고용노동부장관은 제1항에 따라 안전인증을 취소한 경우에는 고용노동부령으로 정하는 바에 따라 그 사실을 관보 등에 공고하여야 한다. ③ 제1항에 따라 안전인증이 취소된 자는 안전인증이 취소된 날부터 1년 이내에는 취소된 유해·위험기계등에 대하여 안전인증을 신청할 수 없다.		사항을 관보와 「신문 등의 진흥에 관한 법률」 제9조제1항에 따라 그 보급지역을 전국으로 하여 등록한 일반일간신문 또는 인터넷 등에 공고해야 한다. 1. 유해·위험기계등의 명칭 및 형식번호 2. 안전인증번호 3. 제조자(수입자) 및 대표자 4. 사업장 소재지 5. 취소일 및 취소 사유
제87조【안전인증대상기계등의 제조 등의 금지 등】 ① 누구든지 다음 각 호의 어느 하나에 해당하는 안전인증대상기계등을 제조·수입·양도·대여·사용하거나 양도·대여의 목적으로 진열할 수 없다. 1. 제84조제1항에 따른 안전인증을 받지 아니한 경우(같은 조 제2항에 따라 안전인증이 전부 면제되는 경우는 제외한다)		**제116조【안전인증대상기계등의 수거·파기명령】** ① 지방고용노동관서의 장은 법 제87조제2항에 따른 수거·파기명령을 할 때에는 그 사유와 이행에 필요한 기간을 정하여 제조·수입·양도·대여하는 자에게 알려야 한다. ② 지방고용노동관서의 장은 제1항에 따른 수거·파기명령을 받은 자가 그 제품을 구성하는 부분품을 교체하여 결함을 개선하는

2. 안전인증기준에 맞지 아니하게 된 경우
3. 제86조제1항에 따라 안전인증이 취소되거나 안전인증표시의 사용 금지 명령을 받은 경우

② 고용노동부장관은 제1항을 위반하여 안전인증대상기계등을 제조·수입·양도·대여하는 자에게 고용노동부령으로 정하는 바에 따라 그 안전인증대상기계등을 수거하거나 파기할 것을 명할 수 있다.

《벌칙》 제1항, 제2항 위반자는 3년이하의 징역 또는 3천만원이하의 벌금(법 제169조)

제88조 【안전인증기관】 ① 고용노동부장관은 제84조에 따른 안전인증 업무 및 확인 업무를 위탁받아 수행할 기관을 안전인증기관으로 지정할 수 있다.

② 제1항에 따라 안전인증기관으로 지정받으려는 자는 대통령령으로 정하는 인력·시설 및 장비 등의 요건을 갖추어 고용노동부장관에게 신청하여야 한다.

③ 고용노동부장관은 제1항에 따라 지정받은 안전인증기관(이하 "안전인증기관"이라 한다)에 대하여 평가하고 그 결과를 공개할 수 있다. 이 경우 평가의 기준·방법 및 결과의 공개에 필요한 사항은 고용노동부령으로

제75조 【안전인증기관의 지정 요건】 법 제88조제1항에 따른 안전인증기관(이하 "안전인증기관"이라 한다)으로 지정받을 수 있는 자는 다음 각 호의 어느 하나에 해당하는 자로 한다.

1. 공단
2. 다음 각 목의 어느 하나에 해당하는 기관으로서 별표23에 따른 인력·시설 및 장비를 갖춘 기관
   가. 산업 안전·보건 또는 산업재해 예방을 목적으로 설립된 비영리법인
   나. 기계 및 설비 등의 인증·검사, 생산기술의 연구개발·교육·평가 등의 업

등 안전인증기준의 부적합 사유를 해소할 수 있는 경우에는 해당 부분품에 대해서만 수거·파기할 것을 명령할 수 있다.

③ 제1항 및 제2항에 따라 수거·파기명령을 받은 자가 명령에 따른 필요한 조치를 이행하면 그 결과를 관할 지방고용노동관서의 장에게 보고해야 한다.

④ 지방고용노동관서의 장은 제3항에 따른 보고를 받은 경우에는 제1항과 제2항에 따른 명령 및 제3항에 따른 이행 결과 보고의 내용을 고용노동부장관에게 보고해야 한다.

제117조 【안전인증기관의 지정 신청 등】 ① 법 제88조제2항에 따라 안전인증기관으로 지정받으려는 자는 별지 제6호서식의 안전인증기관 지정신청서에 다음 각 호의 서류를 첨부하여 고용노동부장관에게 제출(전자문서로 제출하는 것을 포함한다)해야 한다.

1. 정관(법인인 경우만 해당한다)
2. 영 별표23에 따른 인력기준을 갖추었음을 증명할 수 있는 자격증(국가기술자격증은 제외한다), 졸업증명서, 경력증명서 및 재직증명서 등 서류
3. 영 별표23에 따른 시설·장비기준을 갖추었음을 증명할 수 있는 서류와 시설·

법 률	시 행 령	시 행 규 칙
정한다. ④ 안전인증기관의 지정 신청 절차, 그 밖에 필요한 사항은 고용노동부령으로 정한다. ⑤ 안전인증기관에 관하여는 제21조제4항 및 제5항을 준용한다. 이 경우 "안전관리전문기관 또는 보건관리전문기관"은 "안전인증기관"으로 본다.	무를 목적으로 설립된 「공공기관의 운영에 관한 법률」에 따른 공공기관 **제76조 【안전인증기관의 지정 취소 등의 사유】** 법 제88조제5항에 따라 준용되는 법제21조제4항제5호에서 "대통령령으로 정하는 사유에 해당하는 경우"란 다음 각 호의 경우를 말한다. 1. 안전인증 관련 서류를 거짓으로 작성한 경우 2. 정당한 사유 없이 안전인증 업무를 거부한 경우 3. 안전인증 업무를 게을리하거나 업무에 차질을 일으킨 경우 4. 안전인증·확인의 방법 및 절차를 위반한 경우 5. 법에 따른 관계 공무원의 지도·감독을 거부·방해 또는 기피한 경우	장비 명세서 4. 최초 1년간의 사업계획서 ② 안전인증기관의 지정 신청에 관하여는 제16조제3항부터 제6항까지의 규정을 준용한다. 이 경우 "고용노동부장관 또는 지방고용노동청장"은 "고용노동부장관"으로, "안전관리전문기관 또는 보건관리전문기관"은 "안전인증기관"으로 본다. **제118조 【안전인증기관의 평가 등】** ① 법 제88조제3항에 따른 안전인증기관의 평가 기준은 다음 각 호와 같다. 1. 인력·시설 및 장비의 보유 여부와 그에 대한 관리능력 2. 안전인증 업무 수행능력 3. 안전인증 업무를 위탁한 사업주의 만족도 ② 제1항에 따른 안전인증기관에 대한 평가 방법 및 평가 결과의 공개에 관한 사항은 제17조제2항부터 제8항까지의 규정을 준용한다. 이 경우 "안전관리전문기관 또는 보건관리전문기관"은 "안전인증기관"으로 본다.
제3절 자율안전확인의 신고		제3절 자율안전확인의 신고

제89조【자율안전확인의 신고】 ① 안전인증대상기계등이 아닌 유해·위험기계등으로서 대통령령으로 정하는 것(이하 "자율안전확인대상기계등"이라 한다)을 제조하거나 수입하는 자는 자율안전확인대상기계등의 안전에 관한 성능이 고용노동부장관이 정하여 고시하는 안전기준(이하 "자율안전기준"이라 한다)에 맞는지 확인(이하 "자율안전확인"이라 한다)하여 고용노동부장관에게 신고(신고한 사항을 변경하는 경우를 포함한다)하여야 한다. 다만, 다음 각 호의 어느 하나에 해당하는 경우에는 신고를 면제할 수 있다.

1. 연구·개발을 목적으로 제조·수입하거나 수출을 목적으로 제조하는 경우
2. 제84조제3항에 따른 안전인증을 받은 경우(제86조제1항에 따라 안전인증이 취소되거나 안전인증표시의 사용 금지 명령을 받은 경우는 제외한다)
3. 다른 법령에 따라 안전성에 관한 검사나 인증을 받은 경우로서 고용노동부령으로 정하는 경우

《벌칙》 위반자는 1천만원이하의 벌금(법 제171조)

제77조【자율안전확인대상기계등】 ① 법 제89조제1항 각 호 외의 부분 본문에서 "대통령령으로 정하는 것"이란 다음 각 호의 어느 하나에 해당하는 것을 말한다.

1. 다음 각 목의 어느 하나에 해당하는 기계 또는 설비
   가. 연삭기(硏削機) 또는 연마기. 이 경우 휴대형은 제외한다.
   나. 산업용 로봇
   다. 혼합기
   라. 파쇄기 또는 분쇄기
   마. 식품가공용 기계(파쇄·절단·혼합·제면기만 해당한다)
   바. 컨베이어
   사. 자동차정비용 리프트
   아. 공작기계(선반, 드릴기, 평삭·형삭기, 밀링만 해당한다)
   자. 고정형 목재가공용 기계(둥근톱, 대패, 루타기, 띠톱, 모떼기 기계만 해당한다)
   차. 인쇄기
2. 다음 각 목의 어느 하나에 해당하는 방호장치
   가. 아세틸렌 용접장치용 또는 가스집합

제119조【신고의 면제】 법 제89조제1항제3호에서 "고용노동부령으로 정하는 경우"란 다음 각 호의 어느 하나에 해당하는 경우를 말한다.

1. 「농업기계화촉진법」 제9조에 따른 검정을 받은 경우
2. 「산업표준화법」 제15조에 따른 인증을 받은 경우
3. 「전기용품 및 생활용품 안전관리법」 제5조 및 제8조에 따른 안전인증 및 안전검사를 받은 경우
4. 국제전기기술위원회의 국제방폭전기기계·기구 상호인정제도에 따라 인증을 받은 경우

제120조【자율안전확인대상기계등의 신고방법】 ① 법 제89조제1항 본문에 따라 신고해야 하는 자는 같은 규정에 따른 자율안전확인대상기계등(이하 "자율안전확인대상기계등"이라 한다)을 출고하거나 수입하기 전에 별지 제48호서식의 자율안전확인 신고서에 다음 각 호의 서류를 첨부하여 공단에 제출(전자문서로 제출하는 것을 포함한다)해야 한다.

1. 제품의 설명서

법　　률	시　행　령	시 행 규 칙
② 고용노동부장관은 제1항 각 호 외의 부분 본문에 따른 신고를 받은 경우 그 내용을 검토하여 이 법에 적합하면 신고를 수리하여야 한다. ③ 제1항 각 호 외의 부분 본문에 따라 신고를 한 자는 자율안전확인대상기계등이 자율안전기준에 맞는 것임을 증명하는 서류를 보존하여야 한다. ④ 제1항 각 호 외의 부분 본문에 따른 신고의 방법 및 절차, 그 밖에 필요한 사항은 고용노동부령으로 정한다.	용접장치용 안전기 나. 교류 아크용접기용 자동전격방지기 다. 롤러기 급정지장치 라. 연삭기 덮개 마. 목재 가공용 둥근톱 반발 예방장치와 날 접촉 예방장치 바. 동력식 수동대패용 칼날 접촉 방지장치 사. 추락·낙하 및 붕괴 등의 위험 방지 및 보호에 필요한 가설기자재(제74조제1항제2호아목의 가설기자재는 제외한다)로서 고용노동부장관이 정하여 고시하는 것 3. 다음 각 목의 어느 하나에 해당하는 보호구	2. 자율안전확인대상기계등의 자율안전기준을 충족함을 증명하는 서류 ② 공단은 제1항에 따른 신고서를 제출받은 경우 「전자정부법」 제36조제1항에 따른 행정정보의 공동이용을 통하여 다음 각 호의 어느 하나에 해당하는 서류를 확인해야 한다. 다만, 제2호의 서류에 대해서는 신청인이 확인에 동의하지 않는 경우에는 그 사본을 첨부하도록 해야 한다. 1. 법인: 법인등기사항증명서 2. 개인: 사업자등록증 ③ 공단은 제1항에 따라 자율안전확인의 신고를 받은 날부터 15일 이내에 별지 제49호 서식의 자율안전확인 신고증명서를 신고인에게 발급해야 한다.
제90조 【자율안전확인의 표시 등】 ① 제89조제1항 각 호 외의 부분 본문에 따라 신고를 한 자는 자율안전확인대상기계등이나 이를 담은 용기 또는 포장에 고용노동부령으로 정하는 바에 따라 자율안전확인의 표시(이하 "자율안전확인표시"라 한다)를 하여야 한다. 《벌칙》 위반자는 500만원이하의 과태료	가. 안전모(제74조제1항제3호가목의 안전모는 제외한다) 나. 보안경(제74조제1항제3호차목의 보안경은 제외한다) 다. 보안면(제74조제1항제3호카목의 보안면은 제외한다) ② 자율안전확인대상기계등의 세부적인 종류, 규격 및 형식은 고용노동부장관이 정하	**제121조 【자율안전확인의 표시】** 법 제90조제1항에 따른 자율안전확인의 표시 및 표시방법은 별표14와 같다.

(법 제175조제5항)

② 제89조제1항 각 호 외의 부분 본문에 따라 신고된 자율안전확인대상기계등이 아닌 것은 자율안전확인표시 또는 이와 유사한 표시를 하거나 자율안전확인에 관한 광고를 해서는 아니 된다.

③ 제89조제1항 각 호 외의 부분 본문에 따라 신고된 자율안전확인대상기계등을 제조·수입·양도·대여하는 자는 자율안전확인표시를 임의로 변경하거나 제거해서는 아니 된다.

④ 고용노동부장관은 다음 각 호의 어느 하나에 해당하는 경우에는 자율안전확인표시나 이와 유사한 표시를 제거할 것을 명하여야 한다.

1. 제2항을 위반하여 자율안전확인표시나 이와 유사한 표시를 한 경우
2. 거짓이나 그 밖의 부정한 방법으로 제89조제1항 각 호 외의 부분 본문에 따른 신고를 한 경우
3. 제91조제1항에 따라 자율안전확인표시의 사용 금지 명령을 받은 경우

《벌칙》 제2항부터 제4항 위반자는 1천만원 이하의 벌금(법 제171조)

제91조【자율안전확인표시의 사용 금지 등】

여 고시한다.

제122조【자율안전확인 표시의 사용 금지 공

법 률	시 행 령	시 행 규 칙
① 고용노동부장관은 제89조제1항 각 호 외의 부분 본문에 따라 신고된 자율안전확인대상기계등의 안전에 관한 성능이 자율안전기준에 맞지 아니하게 된 경우에는 같은 항 각 호 외의 부분 본문에 따라 신고한 자에게 6개월 이내의 기간을 정하여 자율안전확인표시의 사용을 금지하거나 자율안전기준에 맞게 시정하도록 명할 수 있다. ② 고용노동부장관은 제1항에 따라 자율안전확인표시의 사용을 금지하였을 때에는 그 사실을 관보 등에 공고하여야 한다. ③ 제2항에 따른 공고의 내용, 방법 및 절차, 그 밖에 필요한 사항은 고용노동부령으로 정한다. **제92조【자율안전확인대상기계등의 제조 등의 금지 등】** ① 누구든지 다음 각 호의 어느 하나에 해당하는 자율안전확인대상기계등을 제조·수입·양도·대여·사용하거나 양도·대여의 목적으로 진열할 수 없다. 1. 제89조제1항 각 호 외의 부분 본문에 따른 신고를 하지 아니한 경우(같은 항 각 호 외의 부분 단서에 따라 신고가 면제되는 경우는 제외한다)		**고내용 등】** ① 지방고용노동관서의 장은 법 제91조제1항에 따라 자율안전확인표시의 사용을 금지한 경우에는 이를 고용노동부장관에게 보고해야 한다. ② 고용노동부장관은 법 제91조제3항에 따라 자율안전확인표시 사용을 금지한 날부터 30일 이내에 다음 각 호의 사항을 관보나 인터넷 등에 공고해야 한다. 1. 자율안전확인대상기계등의 명칭 및 형식번호 2. 자율안전확인번호 3. 제조자(수입자) 4. 사업장 소재지 5. 사용금지 기간 및 사용금지 사유 **제123조【자율안전확인대상기계등의 수거·파기명령】** ① 지방고용노동관서의 장은 법 제92조제2항에 따른 수거·파기명령을 할 때에는 그 사유와 이행에 필요한 기간을 정하여 제조·수입·양도 또는 대여하는 자에게 알려야 한다. ② 지방고용노동관서의 장은 제1항에 따라 수거·파기명령을 받은 자가 그 제품을 구성하는 부분품을 교체하여 결함을 개선하는

2. 거짓이나 그 밖의 부정한 방법으로 제89조제1항 각 호 외의 부분 본문에 따른 신고를 한 경우
3. 자율안전확인대상기계등의 안전에 관한 성능이 자율안전기준에 맞지 아니하게 된 경우
4. 제91조제1항에 따라 자율안전확인표시의 사용 금지 명령을 받은 경우

② 고용노동부장관은 제1항을 위반하여 자율안전확인대상기계등을 제조·수입·양도·대여하는 자에게 고용노동부령으로 정하는 바에 따라 그 자율안전확인대상기계등을 수거하거나 파기할 것을 명할 수 있다.
《벌칙》 제1항, 제2항 위반자는 1년이하의 징역 또는 1천만원이하의 벌금(법 제170조)

등 자율안전기준의 부적합 사유를 해소할 수 있는 경우에는 해당 부분품에 대해서만 수거·파기할 것을 명할 수 있다.
③ 제1항 및 제2항에 따라 수거·파기명령을 받은 자는 명령에 따른 필요한 조치를 이행하면 그 결과를 관할 지방고용노동관서의 장에게 보고해야 한다.
④ 지방고용노동관서의 장은 제3항에 따른 보고를 받은 경우에는 제1항과 제2항에 따른 명령 및 제3항에 따른 이행 결과 보고의 내용을 고용노동부장관에게 보고해야 한다.

제4절 안전검사

제93조【안전검사】 ① 유해하거나 위험한 기계·기구·설비로서 대통령령으로 정하는 것(이하 "안전검사대상기계등"이라 한다)을 사용하는 사업주(근로자를 사용하지 아니하고 사업을 하는 자를 포함한다. 이하 이 조, 제94조, 제95조 및 제98조에서 같다)는 안

제78조【안전검사대상기계등】 ① 법 제93조제1항 전단에서 "대통령령으로 정하는 것"이란 다음 각 호의 어느 하나에 해당하는 것을 말한다.
1. 프레스
2. 전단기

제4절 안전검사

제124조【안전검사의 신청 등】 ① 법 제93조제1항에 따라 안전검사를 받아야 하는 자는 별지 제50호서식의 안전검사 신청서를 제126조에 따른 검사 주기 만료일 30일 전에 영제116조제2항에 따라 안전검사 업무를 위탁받은 기관(이하 "안전검사기관"이라

법 률	시 행 령	시 행 규 칙
전검사대상기계등의 안전에 관한 성능이 고용노동부장관이 정하여 고시하는 검사기준에 맞는지에 대하여 고용노동부장관이 실시하는 검사(이하 "안전검사"라 한다)를 받아야 한다. 이 경우 안전검사대상기계등을 사용하는 사업주와 소유자가 다른 경우에는 안전검사대상기계등의 소유자가 안전검사를 받아야 한다. 《벌칙》 위반자는 3년이하의 징역 또는 3천만원이하의 벌금(법 제169조제5호) 《벌칙》 위반자는 1천만원이하의 과태료(법 제175조제4항) ② 제1항에도 불구하고 안전검사대상기계등이 다른 법령에 따라 안전성에 관한 검사나 인증을 받은 경우로서 고용노동부령으로 정하는 경우에는 안전검사를 면제할 수 있다. ③ 안전검사의 신청, 검사 주기 및 검사합격 표시방법, 그 밖에 필요한 사항은 고용노동부령으로 정한다. 이 경우 검사 주기는 안전검사대상기계등의 종류, 사용연한(使用年限) 및 위험성을 고려하여 정한다.	3. 크레인(정격 하중이 2톤 미만인 것은 제외한다) 4. 리프트 5. 압력용기 6. 곤돌라 7. 국소 배기장치(이동식은 제외한다) 8. 원심기(산업용만 해당한다) 9. 롤러기(밀폐형 구조는 제외한다) 10. 사출성형기[형 체결력(型 締結力) 294킬로뉴턴(KN) 미만은 제외한다] 11. 고소작업대(「자동차관리법」 제3조제3호 또는 제4호에 따른 화물자동차 또는 특수자동차에 탑재한 고소작업대로 한정한다) 12. 컨베이어 13. 산업용 로봇 ② 법 제93조제1항에 따른 안전검사대상기계등의 세부적인 종류, 규격 및 형식은 고용노동부장관이 정하여 고시한다.	한다)에 제출(전자문서로 제출하는 것을 포함한다)해야 한다. ② 제1항에 따른 안전검사 신청을 받은 안전검사기관은 검사 주기 만료일 전후 각각 30일 이내에 해당 기계·기구 및 설비별로 안전검사를 해야 한다. 이 경우 해당 검사기간 이내에 검사에 합격한 경우에는 검사 주기 만료일에 안전검사를 받은 것으로 본다. **제125조【안전검사의 면제】** 법 제93조제2항에서 "고용노동부령으로 정하는 경우"란 다음 각 호의 어느 하나에 해당하는 경우를 말한다. 1. 「건설기계관리법」 제13조제1항제1호·제2호 및 제4호에 따른 검사를 받은 경우(안전검사 주기에 해당하는 시기의 검사로 한정한다) 2. 「고압가스 안전관리법」 제17조제2항에 따른 검사를 받은 경우 3. 「광산안전법」 제9조에 따른 검사 중 광업시설의 설치·변경공사 완료 후 일정한 기간이 지날 때마다 받는 검사를 받은 경우 4. 「선박안전법」 제8조부터 제12조까지의 규정에 따른 검사를 받은 경우 5. 「에너지이용 합리화법」 제39조제4항

에 따른 검사를 받은 경우

6. 「원자력안전법」 제22조제1항에 따른 검사를 받은 경우

7. 「위험물안전관리법」 제18조에 따른 정기점검 또는 정기검사를 받은 경우

8. 「전기사업법」 제65조에 따른 검사를 받은 경우

9. 「항만법」 제26조제1항제3호에 따른 검사를 받은 경우

10. 「화재예방, 소방시설 설치·유지 및 안전관리에 관한 법률」 제25조제1항에 따른 자체점검 등을 받은 경우

11. 「화학물질관리법」 제24조제3항 본문에 따른 정기검사를 받은 경우

제126조【안전검사의 주기와 합격표시 및 표시방법】 ① 법 제93조제3항에 따른 안전검사대상기계등의 안전검사 주기는 다음 각 호와 같다.

1. 크레인(이동식 크레인은 제외한다), 리프트(이삿짐운반용 리프트는 제외한다) 및 곤돌라: 사업장에 설치가 끝난 날부터 3년 이내에 최초 안전검사를 실시하되, 그 이후부터 2년마다(건설현장에서 사용하는 것은 최초로 설치한 날부터 6

법 률	시 행 령	시 행 규 칙
제94조【안전검사합격증명서 발급 등】 ① 고용노동부장관은 제93조제1항에 따라 안전검사에 합격한 사업주에게 고용노동부령으로 정하는 바에 따라 안전검사합격증명서를 발급하여야 한다. ② 제1항에 따라 안전검사합격증명서를 발급받은 사업주는 그 증명서를 안전검사대상기계등에 붙여야 한다.〈개정 2020.5.26.〉		개월마다) 2. 이동식 크레인, 이삿짐운반용 리프트 및 고소작업대: 「자동차관리법」 제8조에 따른 신규등록 이후 3년 이내에 최초 안전검사를 실시하되, 그 이후부터 2년마다. 3. 프레스, 전단기, 압력용기, 국소 배기장치, 원심기, 롤러기, 사출성형기, 컨베이어 및 산업용 로봇: 사업장에 설치가 끝난 날부터 3년 이내에 최초 안전검사를 실시하되, 그 이후부터 2년마다(공정안전보고서를 제출하여 확인을 받은 압력용기는 4년마다) ② 법 제93조제3항에 따른 안전검사의 합격표시 및 표시방법은 별표16과 같다. **제127조【안전검사 합격증명서의 발급】** 법 제94조에 따라 고용노동부장관은 안전검사에 합격한 사업주에게 안전검사대상기계등에 직접 부착 가능한 별표16에 따른 안전검사합격증명서를 발급하고, 부적합한 경우에는 해당 사업주에게 별지 제51호서식의 안전검사 불합격 통지서에 그 사유를 밝혀 통지해야 한다.

《벌칙》 위반자는 500만원이하의 과태료(법 제175조제5항)

제95조【안전검사대상기계등의 사용 금지】 사업주는 다음 각 호의 어느 하나에 해당하는 안전검사대상기계등을 사용해서는 아니 된다.

1. 안전검사를 받지 아니한 안전검사대상기계등(제93조제2항에 따라 안전검사가 면제되는 경우는 제외한다)
2. 안전검사에 불합격한 안전검사대상기계등

《벌칙》 위반자는 1천만원이하의 과태료(법 제175조제4항)

제96조【안전검사기관】 ① 고용노동부장관은 안전검사 업무를 위탁받아 수행하는 기관을 안전검사기관으로 지정할 수 있다.

② 제1항에 따라 안전검사기관으로 지정받으려는 자는 대통령령으로 정하는 인력·시설 및 장비 등의 요건을 갖추어 고용노동부장관에게 신청하여야 한다.

③ 고용노동부장관은 제1항에 따라 지정받은 안전검사기관(이하 "안전검사기관"이라 한다)에 대하여 평가하고 그 결과를 공개할 수 있다. 이 경우 평가의 기준·방법 및 결과의 공개에 필요한 사항은 고용노동부령으로

제79조【안전검사기관의 지정 요건】 법 제96조제1항에 따른 안전검사기관(이하 "안전검사기관"이라 한다)으로 지정받을 수 있는 자는 다음 각 호의 어느 하나에 해당하는 자로 한다.

1. 공단
2. 다음 각 목의 어느 하나에 해당하는 기관으로서 별표24에 따른 인력·시설 및 장비를 갖춘 기관
   가. 산업안전·보건 또는 산업재해 예방을 목적으로 설립된 비영리법인
   나. 기계 및 설비 등의 인증·검사, 생산

제128조【안전검사기관의 지정 신청 등】 ① 법 제96조제1항에 따라 안전검사기관으로 지정받으려는 자는 별지 제6호서식의 안전검사기관 지정신청서에 다음 각 호의 서류를 첨부하여 고용노동부장관에게 제출(전자문서로 제출하는 것을 포함한다)해야 한다.

1. 정관(법인인 경우만 해당한다)
2. 영 별표24에 따른 인력기준을 갖추었음을 증명할 수 있는 자격증(국가기술자격증은 제외한다), 졸업증명서, 경력증명서 및 재직증명서 등 서류
3. 영 별표24에 따른 시설·장비기준을 갖추었음을 증명할 수 있는 서류와 시설·장비 명세서
4. 최초 1년간의 사업계획서

② 안전검사기관의 지정 신청에 관하여는 제16조제3항부터 제6항까지의 규정을 준용한다. 이 경우 "고용노동부장관 또는 지방고용노동청장"은 "고용노동부장관"으로, "안전관리전문기관 또는 보건관리전문기관"은 "안전검사기관"으로 본다.

제129조【안전검사기관의 평가 등】 ① 법 제96조제3항에 따른 안전검사기관의 평가 기준은 다음 각 호와 같다.

법 률	시 행 령	시 행 규 칙
정한다. ④ 안전검사기관의 지정 신청 절차, 그 밖에 필요한 사항은 고용노동부령으로 정한다. ⑤ 안전검사기관에 관하여는 제21조제4항 및 제5항을 준용한다. 이 경우 "안전관리전문기관 또는 보건관리전문기관"은 "안전검사기관"으로 본다. **제97조【안전검사기관의 보고의무】** 안전검사기관은 제95조 각 호의 어느 하나에 해당하는 안전검사대상기계등을 발견하였을 때에는 이를 고용노동부장관에게 지체 없이 보고하여야 한다. **제98조【자율검사프로그램에 따른 안전검사】** ① 제93조제1항에도 불구하고 같은 항에 따라 안전검사를 받아야 하는 사업주가 근로자대표와 협의(근로자를 사용하지 아니하는 경우는 제외한다)하여 같은 항 전단에 따른 검사기준, 같은 조 제3항에 따른 검사주기 등을 충족하는 검사프로그램(이하 "자율검사프로그램"이라 한다)을 정하고 고용노동부장관의 인정을 받아 다음 각 호의 어느 하나에 해당하는 사람으로부터 자율검사프로그램에 따라 안전검사대상기계등에 대	기술의 연구개발·교육·평가 등의 업무를 목적으로 설립된 「공공기관의 운영에 관한 법률」에 따른 공공기관 **제80조【안전검사기관의 지정 취소 등의 사유】** 법 제96조제5항에 따라 준용되는 법제21조제4항제5호에서 "대통령령으로 정하는 사유에 해당하는 경우"란 다음 각 호의 경우를 말한다. 1. 안전검사 관련 서류를 거짓으로 작성한 경우 2. 정당한 사유 없이 안전검사 업무를 거부한 경우 3. 안전검사 업무를 게을리하거나 업무에 차질을 일으킨 경우 4. 안전검사·확인의 방법 및 절차를 위반한 경우 5. 법에 따른 관계 공무원의 지도·감독을 거부·방해 또는 기피한 경우	1. 인력·시설 및 장비의 보유 여부와 관리능력 2. 안전검사 업무 수행능력 3. 안전검사 업무를 위탁한 사업주의 만족도 ② 제1항에 따른 안전검사기관에 대한 평가 방법 및 평가 결과의 공개에 관한 사항은 제17조제2항부터 제8항까지의 규정을 준용한다. 이 경우 "안전관리전문기관 또는 보건관리전문기관"은 "안전검사기관"으로 본다. **제130조【검사원의 자격】** 법 제98조제1항 제1호 및 제2호에서 "고용노동부령으로 정하는 안전에 관한 성능검사와 관련된 자격 및 경험을 가진 사람" 및 "고용노동부령으로 정하는 바에 따라 안전에 관한 성능검사 교육을 이수하고 해당 분야의 실무경험이 있는 사람"(이하 "검사원"이라 한다)이란 다음 각 호의 어느 하나에 해당하는 사람을 말한다. 1. 「국가기술자격법」에 따른 기계·전기·전자·화공 또는 산업안전 분야에서 기사 이상의 자격을 취득한 후 해당 분야의 실무경력이 3년 이상인 사람 2. 「국가기술자격법」에 따른 기계·전기·전자·화공 또는 산업안전 분야에서 산업

하여 안전에 관한 성능검사(이하 "자율안전검사"라 한다)를 받으면 안전검사를 받은 것으로 본다.

1. 고용노동부령으로 정하는 안전에 관한 성능검사와 관련된 자격 및 경험을 가진 사람
2. 고용노동부령으로 정하는 바에 따라 안전에 관한 성능검사 교육을 이수하고 해당 분야의 실무 경험이 있는 사람

② 자율검사프로그램의 유효기간은 2년으로 한다.

③ 사업주는 자율안전검사를 받은 경우에는 그 결과를 기록하여 보존하여야 한다.

④ 자율안전검사를 받으려는 사업주는 제100조에 따라 지정받은 검사기관(이하 "자율안전검사기관"이라 한다)에 자율안전검사를 위탁할 수 있다.

⑤ 자율검사프로그램에 포함되어야 할 내용, 자율검사프로그램의 인정 요건, 인정 방법 및 절차, 그 밖에 필요한 사항은 고용노동부령으로 정한다.

제99조 【자율검사프로그램 인정의 취소 등】 ① 고용노동부장관은 자율검사프로그램의 인정을 받은 자가 다음 각 호의 어느 하나에

기사 이상의 자격을 취득한 후 해당 분야의 실무경력이 5년 이상인 사람

3. 「국가기술자격법」에 따른 기계·전기·전자·화공 또는 산업안전 분야에서 기능사 이상의 자격을 취득한 후 해당 분야의 실무경력이 7년 이상인 사람
4. 「고등교육법」 제2조에 따른 학교 중 수업연한이 4년인 학교(같은 법 및 다른 법령에 따라 이와 같은 수준 이상의 학력이 인정되는 학교를 포함한다)에서 기계·전기·전자·화공 또는 산업안전 분야의 관련 학과를 졸업한 후 해당 분야의 실무경력이 3년 이상인 사람
5. 「고등교육법」에 따른 학교 중 제4호에 따른 학교 외의 학교(같은 법 및 다른 법령에 따라 이와 같은 수준 이상의 학력이 인정되는 학교를 포함한다)에서 기계·전기·전자·화공 또는 산업안전 분야의 관련 학과를 졸업한 후 해당 분야의 실무경력이 5년 이상인 사람
6. 「초·중등교육법」 제2조제3호에 따른 고등학교·고등기술학교에서 기계·전기 또는 전자·화공 관련 학과를 졸업한 후 해당 분야의 실무경력이 7년 이상인 사람

법 률	시 행 령	시 행 규 칙
해당하는 경우에는 자율검사프로그램의 인정을 취소하거나 인정받은 자율검사프로그램의 내용에 따라 검사를 하도록 하는 등 시정을 명할 수 있다. 다만, 제1호의 경우에는 인정을 취소하여야 한다. 1. 거짓이나 그 밖의 부정한 방법으로 자율검사프로그램을 인정받은 경우 2. 자율검사프로그램을 인정받고도 검사를 하지 아니한 경우 3. 인정받은 자율검사프로그램의 내용에 따라 검사를 하지 아니한 경우 4. 제98조제1항 각 호의 어느 하나에 해당하는 사람 또는 자율안전검사기관이 검사를 하지 아니한 경우 ② 사업주는 제1항에 따라 자율검사프로그램의 인정이 취소된 안전검사대상기계등을 사용해서는 아니 된다. 《벌칙》 위반자는 1천만원이하의 과태료(법 제175조제4항)		7. 법 제98조제1항에 따른 자율검사프로그램(이하 "자율검사프로그램"이라 한다)에 따라 안전에 관한 성능검사 교육을 이수한 후 해당 분야의 실무경력이 1년 이상인 사람 제131조 【성능검사 교육 등】 ① 고용노동부장관은 법 제98조에 따라 사업장에서 안전검사대상기계등의 안전에 관한 성능검사 업무를 담당하는 사람의 인력 수급(需給) 등을 고려하여 필요하다고 인정하면 공단이나 해당 분야 전문기관으로 하여금 성능검사 교육을 실시하게 할 수 있다. ② 법 제98조제1항에2호에 따른 성능검사 교육의 교육시간은 별표4와 같고, 교육내용은 별표5와 같다. ③ 제1항에 따른 교육의 실시를 위한 교육 방법, 교육 실시기관의 인력·시설·장비 기준 등에 관하여 필요한 사항은 고용노동부장관이 정한다. 제132조 【자율검사프로그램의 인정 등】 ① 사업주가 법 제98조제1항에 따라 자율검사프로그램을 인정받기 위해서는 다음 각 호의 요건을 모두 충족해야 한다. 다만, 법 제

98조제4항에 따른 검사기관(이하 "자율안전검사기관"이라 한다)에 위탁한 경우에는 제1호 및 제2호를 충족한 것으로 본다.

1. 검사원을 고용하고 있을 것
2. 고용노동부장관이 정하여 고시하는 바에 따라 검사를 할 수 있는 장비를 갖추고 이를 유지·관리할 수 있을 것
3. 제126조에 따른 안전검사 주기의 2분의 1에 해당하는 주기(영제78조제1항제3호의 크레인 중 건설현장 외에서 사용하는 크레인의 경우에는 6개월)마다 검사를 할 것
4. 자율검사프로그램의 검사기준이 법 제93조제1항에 따라 고용노동부장관이 정하여 고시하는 검사기준(이하 "안전검사기준"이라 한다)을 충족할 것

② 자율검사프로그램에는 다음 각 호의 내용이 포함되어야 한다.

1. 안전검사대상기계등의 보유 현황
2. 검사원 보유 현황과 검사를 할 수 있는 장비 및 장비 관리방법(자율안전검사기관에 위탁한 경우에는 위탁을 증명할 수 있는 서류를 제출한다)
3. 안전검사대상기계등의 검사 주기 및 검

법 률	시 행 령	시 행 규 칙
		사기준 4. 향후 2년간 안전검사대상기계등의 검사수행계획 5. 과거 2년간 자율검사프로그램 수행 실적(재신청의 경우만 해당한다) ③ 법 제98조제1항에 따라 자율검사프로그램을 인정받으려는 자는 별지 제52호서식의 자율검사프로그램 인정신청서에 제2항 각 호의 내용이 포함된 자율검사프로그램을 확인할 수 있는 서류 2부를 첨부하여 공단에 제출해야 한다. ④ 제3항에 따른 자율검사프로그램 인정신청서를 제출받은 공단은 「전자정부법」 제36조제1항에 따른 행정정보의 공동이용을 통하여 다음 각 호의 어느 하나에 해당하는 서류를 확인해야 한다. 다만, 제2호의 서류에 대해서는 신청인이 확인에 동의하지 않는 경우에는 그 사본을 첨부하도록 해야 한다. 1. 법인 : 법인등기사항증명서 2. 개인 : 사업자등록증 ⑤ 공단은 제3항에 따라 자율검사프로그램 인정신청서를 제출받은 경우에는 15일 이

제100조【자율안전검사기관】 ① 자율안전검사기관이 되려는 자는 대통령령으로 정하는 인력·시설 및 장비 등의 요건을 갖추어 고용노동부장관의 지정을 받아야 한다.

② 고용노동부장관은 자율안전검사기관에 대하여 평가하고 그 결과를 공개할 수 있다. 이 경우 평가의 기준·방법 및 결과의 공개에 필요한 사항은 고용노동부령으로 정한다.

③ 자율안전검사기관의 지정 절차, 그 밖에 필요한 사항은 고용노동부령으로 정한다.

④ 자율안전검사기관에 관하여는 제21조제4항 및 제5항을 준용한다. 이 경우 "안전관리전문기관 또는 보건관리전문기관"은 "자율안전검사기관"으로 본다.

제81조【자율안전검사기관의 지정 요건】 법 제100조제1항에 따른 자율안전검사기관(이하 "자율안전검사기관"이라 한다)으로 지정받으려는 자는 별표25에 따른 인력·시설 및 장비를 갖추어야 한다.

제82조【자율안전검사기관의 지정 취소 등의 사유】 법제100조제4항에 따라 준용되는 법 제21조제4항제5호에서 "대통령령으로 정하는 사유에 해당하는 경우"란 다음 각 호의 경우를 말한다.

1. 검사 관련 서류를 거짓으로 작성한 경우
2. 정당한 사유 없이 검사업무의 수탁을 거부한 경우
3. 검사업무를 하지 않고 위탁 수수료를

내에 인정 여부를 결정한다.

⑥ 공단은 신청받은 자율검사프로그램을 인정하는 경우에는 별지 제53호서식의 자율검사프로그램 인정서에 인정증명 도장을 찍은 자율검사프로그램 1부를 첨부하여 신청자에게 발급해야 한다.

⑦ 공단은 신청받은 자율검사프로그램을 인정하지 않는 경우에는 별지 제54호서식의 자율검사프로그램 부적합 통지서에 부적합한 사유를 밝혀 신청자에게 통지해야 한다.

제133조【자율안전검사기관의 지정신청 등】 ① 법제100조제1항에 따라 자율안전검사기관으로 지정받으려는 자는 별지 제6호서식의 자율안전검사기관 지정신청서에 다음 각 호의 서류를 첨부하여 지정받으려는 검사기관의 주된 사무소의 소재지를 관할하는 지방고용노동청장에게 제출(전자문서로 제출하는 것을 포함한다)해야 한다.

1. 정관
2. 영 별표25에 따른 인력기준에 해당하는 사람의 자격과 채용을 증명할 수 있는 자격증(국가기술자격증은 제외한다), 졸업증명서, 경력증명서 및 재직증명서 등의 서류

법 률	시 행 령	시 행 규 칙
	받은 경우 4. 검사 항목을 생략하거나 검사방법을 준수하지 않은 경우 5. 검사 결과의 판정기준을 준수하지 않거나 검사 결과에 따른 안전조치 의견을 제시하지 않은 경우 **제83조 【성능시험 등】** ① 법제101조에 따른 제품 제조 과정 조사는 안전인증대상기계등 또는 자율안전확인대상기계등이 법 제83조제1항에 따른 안전인증기준 또는 법 제89조제1항에 따른 자율안전기준에 맞게 제조되었는지를 대상으로 한다. ② 고용노동부장관은 법제101조에 따라 법 제83조제1항에 따른 유해·위험기계등(이하 "유해·위험기계등"이라 한다)의 성능시험을 하는 경우에는 제조·수입·양도·대여하거나 양도·대여의 목적으로 진열된 유해·위험기계등 중에서 그 시료(試料)를 수거하여 실시한다. ③ 제1항 및 제2항에 따른 제품 제조 과정 조사 및 성능시험의 절차 및 방법 등에 관하여 필요한 사항은 고용노동부령으로 정한다.	3. 건물임대차계약서 사본 등 사무실의 보유를 증명할 수 있는 서류와 시설·장비 명세서 4. 최초 1년간의 사업계획서 ② 제1항에 따른 신청서를 제출받은 지방고용노동청장은 「전자정부법」 제36조제1항에 따른 행정정보의 공동이용을 통하여 법인등기사항증명서 및 국가기술자격증을 확인해야 한다. 다만, 신청인이 국가기술자격증의 확인에 동의하지 않는 경우에는 그 사본을 첨부하도록 해야 한다. ③ 자율안전검사기관의 지정을 위한 심사, 지정서의 발급·재발급, 지정사항의 변경 및 지정서의 반납 등에 관하여는 제16조제3항부터 제6항까지의 규정을 준용한다. 이 경우 "고용노동부장관 또는 지방고용노동청장"은 "지방고용노동청장"으로, "안전관리전문기관 또는 보건관리전문기관"은 "자율안전검사기관"으로 본다. ④ 지방고용노동청장이 제1항에 따른 지정신청서 또는 제3항에 따른 변경신청서를 접수한 경우에는 해당 자율안전검사기관의 업무 지역을 관할하는 다른 지방고용노동청장

과 미리 협의해야 한다.

제134조 【자율안전검사기관의 평가 등】 ① 법제100조제2항에 따라 자율안전검사기관을 평가하는 기준은 다음 각 호와 같다.

1. 인력·시설 및 장비의 보유 수준과 그에 대한 관리능력
2. 자율검사프로그램의 충실성을 포함한 안전검사 업무 수행능력
3. 안전검사 업무를 위탁한 사업장의 만족도

② 제1항에 따른 자율안전검사기관에 대한 평가 방법 및 평가 결과의 공개에 관한 사항은 제17조제2항부터 제8항까지의 규정을 준용한다. 이 경우 "안전관리전문기관 또는 보건관리전문기관"은 "자율안전검사기관"으로 본다.

제135조 【자율안전검사기관의 업무수행기준】 ① 자율안전검사기관은 검사 결과 안전검사기준을 충족하지 못하는 사항을 발견하면 구체적인 개선 의견을 그 사업주에게 통보해야 한다.

② 자율안전검사기관은 기계·기구별 검사 내용, 점검 결과 및 조치 사항 등 검사업무의 수행 결과를 기록·관리해야 한다.

법 률	시 행 령	시 행 규 칙
제5절 유해·위험기계등의 조사 및 지원 등		제5절 유해·위험기계등의 조사 및 지원 등
제101조 【성능시험 등】 고용노동부장관은 안전인증대상기계등 또는 자율안전확인대상기계등의 안전성능의 저하 등으로 근로자에게 피해를 주거나 줄 우려가 크다고 인정하는 경우에는 대통령령으로 정하는 바에 따라 유해·위험기계등을 제조하는 사업장에서 제품 제조 과정을 조사할 수 있으며, 제조·수입·양도·대여하거나 양도·대여의 목적으로 진열된 유해·위험기계등을 수거하여 안전인증기준 또는 자율안전기준에 적합한지에 대한 성능시험을 할 수 있다. 《벌칙》 위반자는 1년이하의 징역 또는 1천만원이하의 벌금(법 제170조) **제102조 【유해·위험기계등 제조사업 등의 지원】** ① 고용노동부장관은 다음 각 호의 어느 하나에 해당하는 자에게 유해·위험기계등의 품질·안전성 또는 설계·시공 능력 등의 향상을 위하여 예산의 범위에서 필요한 지원을 할 수 있다. 1. 다음 각 목의 어느 하나에 해당하는 것의 안전성 향상을 위하여 지원이 필요하		**제136조 【제조 과정 조사 등】** 영 제83조에 따른 제조 과정 조사 및 성능시험의 절차 및 방법은 제110조, 제111조제1항 및 제120조의 규정을 준용한다. **제137조 【유해·위험기계등 제조사업 등의 지원 및 등록 요건】** 법제102조제2항에서 "고용노동부령으로 정하는 인력·시설 및 장비 등의 요건"이란 별표17과 같다. **제138조 【등록신청 등】** ① 법제102조제2항에 따라 등록을 하려는 자는 별지 제55호서식의 등록신청서에 다음 각 호의 서류를 첨부하여 공단에 제출(전자문서로 제출하는 것을 포함한다)해야 한다. 1. 별표17에 따른 인력기준에 해당하는 사람의 자격과 채용을 증명할 수 있는 자격증(국가기술자격증은 제외한다), 졸업증명서, 경력증명서 및 재직증명서 등의 서류 2. 건물임대차계약서 사본이나 그 밖에 사무실의 보유를 증명할 수 있는 서류와 시설·장비 명세서 3. 제조 인력, 주요 부품 및 완제품 조립·

다고 인정되는 것을 제조하는 자
가. 안전인증대상기계등
나. 자율안전확인대상기계등
다. 그 밖에 산업재해가 많이 발생하는 유해·위험기계등

2. 작업환경 개선시설을 설계·시공하는 자

② 제1항에 따른 지원을 받으려는 자는 고용노동부령으로 정하는 인력·시설 및 장비 등의 요건을 갖추어 고용노동부장관에게 등록하여야 한다.

③ 고용노동부장관은 제2항에 따라 등록한 자가 다음 각 호의 어느 하나에 해당하는 경우에는 그 등록을 취소하거나 1년의 범위에서 제1항에 따른 지원을 제한할 수 있다. 다만, 제1호의 경우에는 등록을 취소하여야 한다.

1. 거짓이나 그 밖의 부정한 방법으로 등록한 경우
2. 제2항에 따른 등록 요건에 적합하지 아니하게 된 경우
3. 제86조제1항제1호에 따라 안전인증이 취소된 경우

④ 고용노동부장관은 제1항에 따라 지원받은 자가 다음 각 호의 어느 하나에 해당하는 경우에는 지원한 금액 또는 지원에 상응하

생산용 생산시설 및 자체 품질관리시스템 운영에 관한 서류(국소배기장치 및 전체환기장치 시설업체, 소음·진동 방지장치 시설업체의 경우는 제외한다)

② 제1항에 따른 등록신청서를 제출받은 공단은 「전자정부법」 제36조제1항에 따른 행정정보의 공동이용을 통하여 다음 각 호의 어느 하나에 해당하는 서류를 확인해야 한다. 다만, 제2호의 서류에 대해서는 신청인이 확인에 동의하지 않는 경우에는 그 사본을 첨부하도록 해야 한다.

1. 법인: 법인등기사항증명서
2. 개인: 사업자등록증

③ 공단은 제1항에 따라 등록신청서가 접수되었을 때에는 별표17에서 정한 기준에 적합한지를 확인한 후 등록신청서가 접수된 날부터 30일 이내에 별지 제56호서식의 등록증을 신청인에게 발급해야 한다.

④ 제3항에 따라 등록증을 발급받은 자가 등록사항을 변경하려는 경우에는 별지 제55호서식의 변경신청서에 변경내용을 증명하는 서류 및 등록증을 첨부하여 공단에 제출해야 한다. 이 경우 변경신청서의 처리에 관하여는 제3항을 준용한다.

법 률	시 행 령	시 행 규 칙
는 금액을 환수하여야 한다. 이 경우 제1호에 해당하면 지원한 금액에 상당하는 액수 이하의 금액을 추가로 환수할 수 있다. 1. 거짓이나 그 밖의 부정한 방법으로 지원받은 경우 2. 제1항에 따른 지원 목적과 다른 용도로 지원금을 사용한 경우 3. 제3항제1호에 해당하여 등록이 취소된 경우 ⑤ 고용노동부장관은 제3항에 따라 등록을 취소한 자에 대하여 등록을 취소한 날부터 2년 이내의 기간을 정하여 제2항에 따른 등록을 제한할 수 있다. ⑥ 제1항부터 제5항까지의 규정에 따른 지원내용, 등록 및 등록 취소, 환수 절차, 등록 제한 기준, 그 밖에 필요한 사항은 고용노동부령으로 정한다. **제103조 【유해·위험기계등의 안전 관련 정보의 종합관리】** ① 고용노동부장관은 사업장의 유해·위험기계등의 보유현황 및 안전검사 이력 등 안전에 관한 정보를 종합관리하고, 해당 정보를 안전인증기관 또는 안전검사기관에 제공할 수 있다.		**제139조 【지원내용 등】** ① 공단은 법 제102조제2항에 따라 등록한 자에 대하여 다음 각 호의 지원을 할 수 있다. 1. 설계·시공, 연구·개발 및 시험에 관한 기술 지원 2. 설계·시공, 연구·개발 및 시험 비용의 일부 또는 전부의 지원 3. 연구개발, 품질관리를 위한 시험장비 구매 비용의 일부 또는 전부의 지원 4. 국내외 전시회 개최 비용의 일부 또는 전부의 지원 5. 공단이 소유하고 있는 공업소유권의 우선사용 지원 6. 그 밖에 고용노동부장관이 등록업체의 제조·설계·시공능력의 향상을 위하여 필요하다고 인정하는 사업의 지원 ② 제1항에 따른 지원을 받으려는 자는 지원받으려는 내용 등이 포함된 지원신청서를 공단에 제출해야 한다. ③ 공단은 제2항에 따른 지원신청서가 접수된 경우에는 30일 이내에 지원 여부, 지원 범위 및 지원 우선순위 등을 심사·결정하여 지원신청자에게 통보해야 한다. 다만,

② 고용노동부장관은 제1항에 따른 정보의 종합관리를 위하여 안전인증기관 또는 안전검사기관에 사업장의 유해·위험기계등의 보유현황 및 안전검사 이력 등의 필요한 자료를 제출하도록 요청할 수 있다. 이 경우 요청을 받은 기관은 특별한 사유가 없으면 그 요청에 따라야 한다.

③ 고용노동부장관은 제1항에 따른 정보의 종합관리를 위하여 유해·위험기계등의 보유현황 및 안전검사 이력 등 안전에 관한 종합정보망을 구축·운영하여야 한다.

제1항제2호에 따른 지원 신청의 경우 30일 이내에 관련 기술조사 등 심사·결정을 끝낼 수 없는 부득이한 사유가 있을 때에는 15일 범위에서 심사기간을 연장할 수 있다.

④ 공단은 등록하거나 지원을 받은 자에 대한 사후관리를 해야 한다.

제140조【등록취소 등】 ① 공단은 법 제102조제3항에 따른 취소사유에 해당하는 사실을 확인하였을 때에는 그 사실을 증명할 수 있는 서류를 첨부하여 해당 등록업체 소재지를 관할하는 지방고용노동관서의 장에게 보고해야 한다.

② 지방고용노동관서의 장은 법 제102조제3항에 따라 등록을 취소하였을 때에는 그 사실을 공단에 통보해야 한다.

③ 법 제102조제3항에 따라 등록이 취소된 자는 즉시 제138조제3항에 따른 등록증을 공단에 반납해야 한다.

④ 고용노동부장관은 법 제102조제4항에 따라 지원한 금액 또는 지원에 상응하는 금액을 환수하는 경우에는 지원받은 자에게 반환기한과 반환금액을 명시하여 통보해야 한다. 이 경우 반환기한은 반환통보일부터 1개월 이내로 한다.

법 률	시 행 령	시 행 규 칙
제7장 유해·위험물질에 대한 조치	**제7장 유해·위험물질에 대한 조치**	**제7장 유해·위험물질에 대한 조치**
제1절 유해·위험물질의 분류 및 관리		제1절 유해·위험물질의 분류 및 관리
제104조 **【유해인자의 분류기준】** 고용노동부장관은 고용노동부령으로 정하는 바에 따라 근로자에게 건강장해를 일으키는 화학물질 및 물리적 인자 등(이하 "유해인자"라 한다)의 유해성·위험성 분류기준을 마련하여야 한다. 제105조 **【유해인자의 유해성·위험성 평가 및 관리】** ① 고용노동부장관은 유해인자가 근로자의 건강에 미치는 유해성·위험성을 평가하고 그 결과를 관보 등에 공표할 수 있다. ② 고용노동부장관은 제1항에 따른 평가 결과 등을 고려하여 고용노동부령으로 정하는 바에 따라 유해성·위험성 수준별로 유해인자를 구분하여 관리하여야 한다. ③ 제1항에 따른 유해성·위험성 평가대상 유해인자의 선정기준, 유해성·위험성 평가의 방법, 그 밖에 필요한 사항은 고용노동부령으로 정한다.	제84조 **【유해인자 허용기준 이하 유지 대상 유해인자】** 법제107조제1항 각 호 외의 부분 본문에서 "대통령령으로 정하는 유해인자"란 별표26 각 호에 따른 유해인자를 말한다.	제141조 **【유해인자의 분류기준】** 법 제104조에 따른 근로자에게 건강장해를 일으키는 화학물질 및 물리적 인자 등(이하 "유해인자"라 한다)의 유해성·위험성 분류기준은 별표18과 같다. 제142조 **【유해성·위험성 평가대상 선정기준 및 평가방법 등】** ① 법 제105조제1항에 따른 유해성·위험성 평가의 대상이 되는 유해인자의 선정기준은 다음 각 호와 같다. 1. 제143조제1항 각 호로 분류하기 위하여 유해성·위험성 평가가 필요한 유해인자 2. 노출 시 변이원성(變異原性: 유전적인 돌연변이를 일으키는 물리적·화학적 성질), 흡입독성, 생식독성(生殖毒性: 생물체의 생식에 해를 끼치는 약물 등의 독성), 발암성 등 근로자의 건강장해 발생이 의심되는 유해인자 3. 그 밖에 사회적 물의를 일으키는 등 유

제106조【유해인자의 노출기준 설정】 고용노동부장관은 제105조제1항에 따른 유해성·위험성 평가 결과 등 고용노동부령으로 정하는 사항을 고려하여 유해인자의 노출기준을 정하여 고시하여야 한다.

해성·위험성 평가가 필요한 유해인자

② 고용노동부장관은 제1항에 따라 선정된 유해인자에 대한 유해성·위험성 평가를 실시할 때에는 다음 각 호의 사항을 고려해야 한다.

1. 독성시험자료 등을 통한 유해성·위험성 확인
2. 화학물질의 노출이 인체에 미치는 영향
3. 화학물질의 노출수준

③ 제2항에 따른 유해성·위험성 평가의 세부 방법 및 절차, 그 밖에 필요한 사항은 고용노동부장관이 정한다.

제143조【유해인자의 관리 등】 ① 고용노동부장관은 법 제105조제1항에 따른 유해성·위험성 평가 결과 등을 고려하여 다음 각 호의 물질 또는 인자로 정하여 관리해야 한다.

1. 법 제106조에 따른 노출기준(이하 "노출기준"이라 한다) 설정 대상 유해인자
2. 법 제107조제1항에 따른 허용기준(이하 "허용기준"이라 한다) 설정 대상 유해인자
3. 법 제117조에 따른 제조 등 금지물질
4. 법 제118조에 따른 제조 등 허가물질
5. 제186조제1항에 따른 작업환경측정 대

법 률	시 행 령	시 행 규 칙
		상 유해인자 6. 별표22 제1호부터 제3호까지의 규정에 따른 특수건강진단 대상 유해인자 7. 안전보건규칙 제420조제1호에 따른 관리대상 유해물질 ② 고용노동부장관은 제1항에 따른 유해인자의 관리에 필요한 자료를 확보하기 위하여 유해인자의 취급량·노출량, 취급 근로자 수, 취급 공정 등을 주기적으로 조사할 수 있다. **제144조 【유해인자의 노출기준의 설정 등】** 법 제106조에 따라 고용노동부장관이 노출기준을 정하는 경우에는 다음 각 호의 사항을 고려해야 한다. 1. 해당 유해인자에 따른 건강장해에 관한 연구·실태조사의 결과 2. 해당 유해인자의 유해성·위험성의 평가 결과 3. 해당 유해인자의 노출기준 적용에 관한 기술적 타당성
제107조 【유해인자 허용기준의 준수】 ① 사업주는 발암성 물질 등 근로자에게 중대한 건강장해를 유발할 우려가 있는 유해인자로		**제145조 【유해인자 허용기준】** ① 법 제107조제1항 각 호 외의 부분 본문에서 "고용노동부령으로 정하는 허용기준"이란 별표

서 대통령령으로 정하는 유해인자는 작업장 내의 그 노출 농도를 고용노동부령으로 정하는 허용기준 이하로 유지하여야 한다. 다만, 다음 각 호의 어느 하나에 해당하는 경우에는 그러하지 아니하다.

1. 유해인자를 취급하거나 정화·배출하는 시설 및 설비의 설치나 개선이 현존하는 기술로 가능하지 아니한 경우
2. 천재지변 등으로 시설과 설비에 중대한 결함이 발생한 경우
3. 고용노동부령으로 정하는 임시 작업과 단시간 작업의 경우
4. 그 밖에 대통령령으로 정하는 경우

《벌칙》 위반자는 1천만원이하의 과태료(법제175조제4항)

② 사업주는 제1항 각 호 외의 부분 단서에도 불구하고 유해인자의 노출 농도를 제1항에 따른 허용기준 이하로 유지하도록 노력하여야 한다.

제108조【신규화학물질의 유해성·위험성 조사】 ① 대통령령으로 정하는 화학물질 외의 화학물질(이하 "신규화학물질"이라 한다)을 제조하거나 수입하려는 자(이하 "신규화학물질제조자등"이라 한다)는 신규화학물질에

제85조【유해성·위험성 조사 제외 화학물질】 법제108조제1항 각 호 외의 부분 본문에서 "대통령령으로 정하는 화학물질"이란 다음 각 호의 어느 하나에 해당하는 화학물질을 말한다.

19와 같다.

② 허용기준 설정 대상 유해인자의 노출 농도 측정에 관하여는 제189조를 준용한다. 이 경우 "작업환경측정"은 "유해인자의 노출 농도 측정"으로 본다.

제146조【임시 작업과 단시간 작업】 법 제107조제1항제3호에서 "고용노동부령으로 정하는 임시 작업과 단시간 작업"이란 안전보건규칙 제420조제8호에 따른 임시 작업과 같은 조 제9호에 따른 단시간 작업을 말한다. 이 경우 "관리대상 유해물질"은 "허용기준 설정 대상 유해인자"로 본다.

제147조【신규화학물질의 유해성·위험성 조사보고서의 제출】 ① 법 제108조제1항에 따라 신규화학물질을 제조하거나 수입하려는 자(이하 "신규화학물질제조자등"이라 한다)는 제조하거나 수입하려는 날 30

법 률	시 행 령	시 행 규 칙
의한 근로자의 건강장해를 예방하기 위하여 고용노동부령으로 정하는 바에 따라 그 신규화학물질의 유해성·위험성을 조사하고 그 조사보고서를 고용노동부장관에게 제출하여야 한다. 다만, 다음 각 호의 어느 하나에 해당하는 경우에는 그러하지 아니하다. 1. 일반 소비자의 생활용으로 제공하기 위하여 신규화학물질을 수입하는 경우로서 고용노동부령으로 정하는 경우 2. 신규화학물질의 수입량이 소량이거나 그 밖에 위해의 정도가 적다고 인정되는 경우로서 고용노동부령으로 정하는 경우 《벌칙》 위반자는 300만원이하의 과태료(법 제175조제6항제8호) ② 신규화학물질제조자등은 제1항 각 호 외의 부분 본문에 따라 유해성·위험성을 조사한 결과 해당 신규화학물질에 의한 근로자의 건강장해를 예방하기 위하여 필요한 조치를 하여야 하는 경우 이를 즉시 시행하여야 한다. 《벌칙》 위반자는 1천만원이하의 벌금(법 제171조) ③ 고용노동부장관은 제1항에 따라 신규화	1. 원소 2. 천연으로 산출된 화학물질 3. 「건강기능식품에 관한 법률」 제3조제1호에 따른 건강기능식품 4. 「군수품관리법」 제2조 및 「방위사업법」 제3조제2호에 따른 군수품〔「군수품관리법」 제3조에 따른 통상품(痛常品)은 제외한다〕 5. 「농약관리법」 제2조제1호 및 제3호에 따른 농약 및 원제 6. 「마약류 관리에 관한 법률」 제2조제1호에 따른 마약류 7. 「비료관리법」 제2조제1호에 따른 비료 8. 「사료관리법」 제2조제1호에 따른 사료 9. 「생활화학제품 및 살생물제의 안전관리에 관한 법률」 제3조제7호 및 제8호에 따른 살생물물질 및 살생물제품 10. 「식품위생법」 제2조제1호 및 제2호에 따른 식품 및 식품첨가물 11. 「약사법」 제2조제4호 및 제7호에 따른 의약품 및 의약외품(醫藥外品) 12. 「원자력안전법」 제2조제5호에 따른 방사성물질	일(연간 제조하거나 수입하려는 양이 100킬로그램 이상 1톤 미만인 경우에는 14일) 전까지 별지 제57호서식의 신규화학물질 유해성·위험성 조사보고서(이하 "유해성·위험성 조사보고서"라 한다)에 별표20에 따른 서류를 첨부하여 고용노동부장관에게 제출해야 한다. 다만, 그 신규화학물질을 「화학물질의 등록 및 평가 등에 관한 법률」 제10조에 따라 환경부장관에게 등록한 경우에는 고용노동부장관에게 유해성·위험성 조사보고서를 제출한 것으로 본다. ② 환경부장관은 제1항 단서에 따라 신규화학물질제조자등이 고용노동부장관에게 유해성·위험성 조사보고서를 제출한 것으로 보는 신규화학물질에 관한 등록자료 및 「화학물질의 등록 및 평가 등에 관한 법률」 제18조에 따른 유해성심사 결과를 고용노동부장관에게 제공해야 한다. ③ 고용노동부장관은 신규화학물질제조자등이 별표20에 따라 시험성적서를 제출한 경우(제1항 단서에 따라 고용노동부장관에게 유해성·위험성 조사보고서를 제출한 것으로 보는 경우를 포함한다)에도 신규화

학물질의 유해성·위험성 조사보고서가 제출되면 고용노동부령으로 정하는 바에 따라 그 신규화학물질의 명칭, 유해성·위험성, 근로자의 건강장해 예방을 위한 조치 사항 등을 공표하고 관계 부처에 통보하여야 한다.

④ 고용노동부장관은 제1항에 따라 제출된 신규화학물질의 유해성·위험성 조사보고서를 검토한 결과 근로자의 건강장해 예방을 위하여 필요하다고 인정할 때에는 신규화학물질제조자등에게 시설·설비를 설치·정비하고 보호구를 갖추어 두는 등의 조치를 하도록 명할 수 있다.

《벌칙》 위반자는 1천만원이하의 벌금(법 제171조)

⑤ 신규화학물질제조자등이 신규화학물질을 양도하거나 제공하는 경우에는 제4항에 따른 근로자의 건강장해 예방을 위하여 조치하여야 할 사항을 기록한 서류를 함께 제공하여야 한다.

《벌칙》 위반자는 300만원이하의 과태료(법 제175조제6항제3호)

13. 「위생용품 관리법」 제2조제1호에 따른 위생용품
14. 「의료기기법」 제2조제1항에 따른 의료기기
15. 「총포·도검·화약류 등의 안전관리에 관한 법률」 제2조제3항에 따른 화약류
16. 「화장품법」 제2조제1호에 따른 화장품과 화장품에 사용하는 원료
17. 법제108조제3항에 따라 고용노동부장관이 명칭, 유해성·위험성, 근로자의 건강장해 예방을 위한 조치 사항 및 연간 제조량·수입량을 공표한 물질로서 공표된 연간 제조량·수입량 이하로 제조하거나 수입한 물질
18. 고용노동부장관이 환경부장관과 협의하여 고시하는 화학물질 목록에 기록되어 있는 물질

학물질이 별표18 제1호나목7)에 따른 생식세포 변이원성 등으로 중대한 건강장해를 유발할 수 있다고 의심되는 경우에는 신규화학물질제조자등에게 별지 제58호서식에 따라 신규화학물질의 유해성·위험성에 대한 추가 검토에 필요한 자료의 제출을 요청할 수 있다.

④ 고용노동부장관은 유해성·위험성 조사보고서 또는 제2항에 따라 환경부장관으로부터 제공받은 신규화학물질 등록자료 및 유해성심사 결과를 검토한 결과 법 제108조제4항에 따라 필요한 조치를 명하려는 경우에는 제1항 본문에 따라 유해성·위험성 조사보고서를 제출받은 날 또는 제2항에 따라 환경부장관으로부터 신규화학물질 등록자료 및 유해성심사 결과를 제공받은 날부터 30일(연간 제조하거나 수입하려는 양이 100킬로그램 이상 1톤 미만인 경우에는 14일) 이내에 제1항 본문에 따라 유해성·위험성 조사보고서를 제출한 자 또는 제1항 단서에 따라 유해성·위험성 조사보고서를 제출한 것으로 보는 자에게 별지 제59호서식에 따라 신규화학물질의 유해성·위험성 조치사항을 통지해야 한다.

법 률	시 행 령	시 행 규 칙
		다만, 제3항에 따라 추가 검토에 필요한 자료제출을 요청한 경우에는 그 자료를 제출받은 날부터 30일(연간 제조하거나 수입하려는 양이 100킬로그램 이상 1톤 미만인 경우에는 14일) 이내에 별지 제59호서식에 따라 유해성·위험성 조치사항을 통지해야 한다. **제148조【일반소비자 생활용 신규화학물질의 유해성·위험성 조사 제외】** ① 법 제108조제1항제1호에서 "고용노동부령으로 정하는 경우"란 다음 각 호의 어느 하나에 해당하는 경우로서 고용노동부장관의 확인을 받은 경우를 말한다. 1. 해당 신규화학물질이 완성된 제품으로서 국내에서 가공하지 않는 경우 2. 해당 신규화학물질의 포장 또는 용기를 국내에서 변경하지 않거나 국내에서 포장하거나 용기에 담지 않는 경우 3. 해당 신규화학물질이 직접 소비자에게 제공되고 국내의 사업장에서 사용되지 않는 경우 ② 제1항에 따른 확인을 받으려는 자는 최초로 신규화학물질을 수입하려는 날 7일

전까지 별지 제60호서식의 신청서에 제1항 각 호의 어느 하나에 해당하는 사실을 증명하는 서류를 첨부하여 고용노동부장관에게 제출해야 한다.

제149조【소량 신규화학물질의 유해성·위험성 조사 제외】 ① 법 제108조제1항제2호에 따른 신규화학물질의 수입량이 소량이어서 유해성·위험성 조사보고서를 제출하지 않는 경우란 신규화학물질의 연간 수입량이 100킬로그램 미만인 경우로서 고용노동부장관의 확인을 받은 경우를 말한다.

② 제1항에 따른 확인을 받은 자가 같은 항에서 정한 수량 이상의 신규화학물질을 수입하였거나 수입하려는 경우에는 그 사유가 발생한 날부터 30일 이내에 유해성·위험성 조사보고서를 고용노동부장관에게 제출해야 한다.

③ 제1항에 따른 확인의 신청에 관하여는 제148조제2항을 준용한다.

④ 제1항에 따른 확인의 유효기간은 1년으로 한다. 다만, 신규화학물질의 연간 수입량이 100킬로그램 미만인 경우로서 제151조제2항에 따라 확인을 받은 것으로 보는 경우에는 그 확인은 계속 유효한 것으

법 률	시 행 령	시 행 규 칙
		로 본다. **제150조【그 밖의 신규화학물질의 유해성·위험성 조사 제외】** ① 법 제108조제1항제2호에서 "위해의 정도가 적다고 인정되는 경우로서 고용노동부령으로 정하는 경우"란 다음 각 호의 어느 하나에 해당하는 경우로서 고용노동부장관의 확인을 받은 경우를 말한다. 1. 제조하거나 수입하려는 신규화학물질이 시험·연구를 위하여 사용되는 경우 2. 신규화학물질을 전량 수출하기 위하여 연간 10톤 이하로 제조하거나 수입하는 경우 3. 신규화학물질이 아닌 화학물질로만 구성된 고분자화합물로서 고용노동부장관이 정하여 고시하는 경우 ② 제1항에 따른 확인의 신청에 관하여는 제148조제2항을 준용한다. **제151조【확인의 면제】** ① 제148조 및 제150조에 따라 확인을 받아야 할 자가 「화학물질의 등록 및 평가 등에 관한 법률」 제11조에 따라 환경부장관으로부터 화학물질의 등록 면제확인을 통지받은 경우에는 제148조 및 제150조에 따른 확인을 받

은 것으로 본다.

② 제149조제1항에 따라 확인을 받아야 할 자가 「화학물질의 등록 및 평가 등에 관한 법률」 제10조제7항에 따라 환경부장관으로부터 화학물질의 신고를 통지받았거나 법률 제11789호 화학물질의 등록 및 평가 등에 관한 법률 부칙 제4조에 따라 등록면제확인을 받은 것으로 보는 경우에는 제149조에 따른 확인을 받은 것으로 본다.

제152조 【확인 및 결과 통보】 고용노동부장관은 제148조제2항(제149조제3항 및 제150조제2항에서 준용하는 경우를 포함한다)에 따른 신청서가 제출된 경우에는 이를 지체 없이 확인한 후 접수된 날부터 20일 이내에 그 결과를 해당 신청인에게 알려야 한다.

제153조 【신규화학물질의 명칭 등의 공표】

① 고용노동부장관은 제147조제1항에 따라 신규화학물질제조자등이 유해성·위험성 조사보고서를 제출하거나 제2항에 따라 환경부장관으로부터 신규화학물질 등록자료 및 유해성심사 결과를 제공받은 경우에는 이에 대하여 지체 없이 검토를 완료한 후 그 신규화학물질의 명칭, 유해성·위험성, 조치사항 및 연간 제조량·수입량

법 률	시 행 령	시 행 규 칙
		을 관보 또는 「신문 등의 진흥에 관한 법률」 제9조제1항에 따라 그 보급지역을 전국으로 하여 등록한 일반일간신문 등에 공표하고, 관계 부처에 통보해야 한다. ② 고용노동부장관은 제1항에도 불구하고 사업주가 신규화학물질의 명칭과 화학물질 식별번호(CAS No.)에 대한 정보보호를 요청하는 경우 그 타당성을 평가하여 해당 정보보호기간 동안에 「화학물질의 등록 및 평가 등에 관한 법률」 제2조제13호에 따른 총칭명(總稱名)으로 공표할 수 있으며, 그 정보보호기간이 끝나면 제1항에 따라 그 신규화학물질의 명칭 등을 공표해야 한다. ③ 제2항에 따른 정보보호 요청, 타당성 평가기준 및 정보보호기간 등에 관하여 필요한 사항은 고용노동부장관이 정하여 고시한다. **제154조 【의견 청취 등】** 고용노동부장관은 제147조 및 제155조에 따라 제출된 신규화학물질의 유해성·위험성 조사보고서, 화학물질의 유해성·위해성 조사결과 및 유해성·위험성 평가에 필요한 자료를 검토할 때에는 해당 물질에 대한 환경부장관의 유해성 심사 결과를 참고하거나 공단이나 그 밖의

제109조【중대한 건강장해 우려 화학물질의 유해성·위험성 조사】 ① 고용노동부장관은 근로자의 건강장해를 예방하기 위하여 필요하다고 인정할 때에는 고용노동부령으로 정하는 바에 따라 암 또는 그 밖에 중대한 건강장해를 일으킬 우려가 있는 화학물질을 제조·수입하는 자 또는 사용하는 사업주에게 해당 화학물질의 유해성·위험성 조사와 그 결과의 제출 또는 제105조제1항에 따른 유해성·위험성 평가에 필요한 자료의 제출을 명할 수 있다.

《벌칙》 위반자는 300만원이하의 과태료 (법 제175조제6항제8호)

② 제1항에 따라 화학물질의 유해성·위험성 조사 명령을 받은 자는 유해성·위험성 조사 결과 해당 화학물질로 인한 근로자의 건강장해가 우려되는 경우 근로자의 건강장해를 예방하기 위하여 시설·설비의 설치 또는 개선 등 필요한 조치를 하여야 한다.

③ 고용노동부장관은 제1항에 따라 제출된 조사 결과 및 자료를 검토하여 근로자의 건강장해를 예방하기 위하여 필요하다고 인정하는 경우에는 해당 화학물질을 제105조제

관계 전문가의 의견을 들을 수 있다.

제155조【화학물질의 유해성·위험성 조사결과 등의 제출】 ① 법제109조제1항에 따라 화학물질의 유해성·위험성 조사결과의 제출을 명령받은 자는 별지 제61호서식의 화학물질의 유해성·위험성 조사결과서에 다음 각 호의 서류 및 자료를 첨부하여 명령을 받은 날부터 45일 이내에 고용노동부장관에게 제출해야 한다. 다만, 고용노동부장관은 독성시험 성적에 관한 서류의 경우 해당 화학물질의 시험에 상당한 시일이 걸리는 등 기한 내에 제출할 수 없는 부득이한 사유가 있을 때에는 30일의 범위에서 제출기한을 연장할 수 있다.

1. 해당 화학물질의 안전·보건에 관한 자료
2. 해당 화학물질의 독성시험 성적서
3. 해당 화학물질의 제조 또는 사용·취급 방법을 기록한 서류 및 제조 또는 사용 공정도(工程圖)
4. 그 밖에 해당 화학물질의 유해성·유험성과 관련된 서류 및 자료

② 법제109조제1항에 따라 법제105조제1항에 따른 유해성·위험성 평가에 필요한 자료의 제출 명령을 받은 사람은 명령을 받은

<table>
<tr><th>법 률</th><th>시 행 령</th><th>시 행 규 칙</th></tr>
<tr><td>2항에 따라 구분하여 관리하거나 해당 화학물질을 제조·수입한 자 또는 사용하는 사업주에게 근로자의 건강장해 예방을 위한 시설·설비의 설치 또는 개선 등 필요한 조치를 하도록 명할 수 있다.
《벌칙》 제2항, 제3항 위반자는 1천만원이하의 벌금(법 제171조)</td><td></td><td>날부터 45일 이내에 해당 자료를 고용노동부장관에게 제출해야 한다.</td></tr>
<tr><td>제110조【물질안전보건자료의 작성 및 제출】 ① 화학물질 또는 이를 포함한 혼합물로서 제104조에 따른 분류기준에 해당하는 것(대통령령으로 정하는 것은 제외한다. 이하 "물질안전보건자료대상물질"이라 한다)을 제조하거나 수입하려는 자는 다음 각 호의 사항을 적은 자료(이하 "물질안전보건자료"라 한다)를 고용노동부령으로 정하는 바에 따라 작성하여 고용노동부장관에게 제출하여야 한다. 이 경우 고용노동부장관은 고용노동부령으로 물질안전보건자료의 기재사항이나 작성 방법을 정할 때 「화학물질관리법」 및 「화학물질의 등록 및 평가 등에 관한 법률」과 관련된 사항에 대해서는 환경부장관과 협의하여야 한다.
〈개정 2020.5.26.〉</td><td>제86조【물질안전보건자료의 작성·제출 제외 대상 화학물질 등】 법제110조제1항 각 호 외의 부분 전단에서 "대통령령으로 정하는 것"이란 다음 각 호의 어느 하나에 해당하는 것을 말한다.
1. 「건강기능식품에 관한 법률」 제3조제1호에 따른 건강기능식품
2. 「농약관리법」 제2조제1호에 따른 농약
3. 「마약류 관리에 관한 법률」 제2조제2호 및 제3호에 따른 마약 및 향정신성의약품
4. 「비료관리법」 제2조제1호에 따른 비료
5. 「사료관리법」 제2조제1호에 따른 사료
6. 「생활주변방사선 안전관리법」 제2조제2호에 따른 원료물질
7. 「생활화학제품 및 살생물제의 안전관</td><td>제156조【물질안전보건자료의 작성방법 및 기재사항】 ① 법제110조제1항에 따른 물질안전보건자료대상물질(이하 "물질안전보건자료대상물질"이라 한다)을 제조·수입하려는 자가 물질안전보건자료를 작성하는 경우에는 그 물질안전보건자료의 신뢰성이 확보될 수 있도록 인용된 자료의 출처를 함께 적어야 한다.
② 법제110조제1항제5호에서 "물리·화학적 특성 등 고용노동부령으로 정하는 사항"이란 다음 각 호의 사항을 말한다.
1. 물리·화학적 특성
2. 독성에 관한 정보
3. 폭발·화재 시의 대처방법
4. 응급조치 요령
5. 그 밖에 고용노동부장관이 정하는 사항</td></tr>
</table>

1. 제품명
2. 물질안전보건자료대상물질을 구성하는 화학물질 중 제104조에 따른 분류기준에 해당하는 화학물질의 명칭 및 함유량
3. 안전 및 보건상의 취급 주의 사항
4. 건강 및 환경에 대한 유해성, 물리적 위험성
5. 물리·화학적 특성 등 고용노동부령으로 정하는 사항

② 물질안전보건자료대상물질을 제조하거나 수입하려는 자는 물질안전보건자료대상물질을 구성하는 화학물질 중 제104조에 따른 분류기준에 해당하지 아니하는 화학물질의 명칭 및 함유량을 고용노동부장관에게 별도로 제출하여야 한다. 다만, 다음 각 호의 어느 하나에 해당하는 경우는 그러하지 아니하다.

1. 제1항에 따라 제출된 물질안전보건자료에 이 항 각 호 외의 부분 본문에 따른 화학물질의 명칭 및 함유량이 전부 포함된 경우
2. 물질안전보건자료대상물질을 수입하려는 자가 물질안전보건자료대상물질을 국외에서 제조하여 우리나라로 수출하려는 자(이하 "국외제조자"라 한다)로부터 물질안전보건자료에 적힌 화학물질 외에는 제104조에 따른 분류기준에 해당하는 화학물질이 없음을 확인하는 내용의 서류를 받아 제출한 경우

리에 관한 법률」 제3조제4호 및 제8호에 따른 안전확인대상생활화학제품 및 살생물제품 중 일반소비자의 생활용으로 제공되는 제품

8. 「식품위생법」 제2조제1호 및 제2호에 따른 식품 및 식품첨가물
9. 「약사법」 제2조제4호 및 제7호에 따른 의약품 및 의약외품
10. 「원자력안전법」 제2조제5호에 따른 방사성물질
11. 「위생용품 관리법」 제2조제1호에 따른 위생용품
12. 「의료기기법」 제2조제1항에 따른 의료기기
13. 「총포·도검·화약류 등의 안전관리에 관한 법률」 제2조제3항에 따른 화약류
14. 「폐기물관리법」 제2조제1호에 따른 폐기물
15. 「화장품법」 제2조제1호에 따른 화장품
16. 제1호부터 제15호까지의 규정 외의 화학물질 또는 혼합물로서 일반소비자의 생활용으로 제공되는 것(일반소비자의 생활용으로 제공되는 화학물질 또는 혼합물이 사업장 내에서 취급되는 경우를

③ 그 밖에 물질안전보건자료의 세부 작성 방법, 용어 등 필요한 사항은 고용노동부장관이 정하여 고시한다.

제157조【물질안전보건자료 등의 제출방법 및 시기】 ① 법제110조제1항에 따른 물질안전보건자료 및 같은 조 제2항 본문에 따른 화학물질의 명칭 및 함유량에 관한 자료(같은 항 제2호에 따라 물질안전보건자료에 적힌 화학물질 외에는 법제104조에 따른 분류기준에 해당하는 화학물질이 없음을 확인하는 경우에는 별지 제62호서식의 화학물질 확인서류를 말한다)는 물질안전보건자료대상물질을 제조하거나 수입하기 전에 공단에 제출해야 한다.

② 제1항 및 제159조제2항에 따라 물질안전보건자료를 공단에 제출하는 경우에는 공단이 구축하여 운영하는 물질안전보건자료 제출, 비공개 정보 승인시스템(이하 "물질안전보건자료시스템"이라 한다)을 통한 전자적 방법으로 제출해야 한다. 다만, 물질안전보건자료시스템이 정상적으로 운영되지 않거나 신청인이 물질안전보건자료시스템을 이용할 수 없는 등의 부득이한 사유가 있는 경우에는 전자적 기록매체에 수록하여

법 률	시 행 령	시 행 규 칙
터 물질안전보건자료에 적힌 화학물질 외에는 제104조에 따른 분류기준에 해당하는 화학물질이 없음을 확인하는 내용의 서류를 받아 제출한 경우 ③ 물질안전보건자료대상물질을 제조하거나 수입한 자는 제1항 각 호에 따른 사항 중 고용노동부령으로 정하는 사항이 변경된 경우 그 변경 사항을 반영한 물질안전보건자료를 고용노동부장관에게 제출하여야 한다. 《벌칙》 제1항부터 제3항 위반자는 500만원이하의 과태료(법 제175조제5항제5호) ④ 제1항부터 제3항까지의 규정에 따른 물질안전보건자료 등의 제출 방법·시기, 그 밖에 필요한 사항은 고용노동부령으로 정한다. 〔시행일 2021.1.16. 제110조〕	포함한다) 17. 고용노동부장관이 정하여 고시하는 연구·개발용 화학물질 또는 화학제품. 이 경우 법제110조제1항부터 제3항까지의 규정에 따른 자료의 제출만 제외된다. 18. 그 밖에 고용노동부장관이 독성·폭발성 등으로 인한 위해의 정도가 적다고 인정하여 고시하는 화학물질	직접 또는 우편으로 제출(제161조 및 제163조에 따라 물질안전보건자료시스템을 통하여 신청 또는 자료를 제출하는 경우에도 같다)할 수 있다. **제158조【자료의 열람】** 고용노동부장관은 환경부장관이 「화학물질의 등록 및 평가 등에 관한 법률 시행규칙」 제35조의2에 따른 화학물질안전정보의 제공범위에 대한 승인을 위하여 필요하다고 요청하는 경우에는 물질안전보건자료시스템의 자료 중 해당 화학물질과 관련된 자료를 열람하게 할 수 있다. **제159조【변경이 필요한 물질안전보건자료의 항목 및 제출시기】** ① 법제110조제3항에서 "고용노동부장관이 정하는 사항"이란 다음 각 호의 사항을 말한다. 1. 제품명(구성성분의 명칭 및 함유량의 변경이 없는 경우로 한정한다) 2. 물질안전보건자료대상물질을 구성하는 화학물질 중 제141조에 따른 분류기준에 해당하는 화학물질의 명칭 및 함유량(제품명의 변경 없이 구성성분의 명칭 및 함유량만 변경된 경우로 한정한다) 3. 건강 및 환경에 대한 유해성, 물리적 위

제111조【물질안전보건자료의 제공】 ① 물질안전보건자료대상물질을 양도하거나 제공하는 자는 이를 양도받거나 제공받는 자에게 물질안전보건자료를 제공하여야 한다.

《벌칙》 위반자는 500만원이하의 과태료 (법 제175조제5항제7호)

② 물질안전보건자료대상물질을 제조하거나 수입한 자는 이를 양도받거나 제공받은 자에게 제110조제3항에 따라 변경된 물질안전보건자료를 제공하여야 한다.

③ 물질안전보건자료대상물질을 양도하거나 제공한 자(물질안전보건자료대상물질을 제조하거나 수입한 자는 제외한다)는 제110조제3항에 따른 물질안전보건자료를 제공받은 경우 이를 물질안전보건자료대상물질을 양도받거나 제공받은 자에게 제공하여야 한다.

④ 제1항부터 제3항까지의 규정에 따른

협성

② 물질안전보건자료대상물질을 제조하거나 수입하는 자는 제1항의 변경사항을 반영한 물질안전보건자료를 지체 없이 공단에 제출해야 한다.

제160조【물질안전보건자료의 제공 방법】

① 법제111조제1항부터 제3항까지의 규정에 따라 물질안전보건자료를 제공하는 경우에는 물질안전보건자료시스템 제출 시 부여된 번호를 해당 물질안전보건자료에 반영하여 물질안전보건자료대상물질과 함께 제공하거나 그 밖에 고용노동부장관이 정하여 고시한 바에 따라 제공해야 한다.

② 동일한 상대방에게 같은 물질안전보건자료대상물질을 2회 이상 계속하여 양도하거나 제공하는 경우에는 해당 물질안전보건자료대상물질에 대한 물질안전보건자료의 변경이 없으면 추가로 물질안전보건자료를 제공하지 않을 수 있다. 다만, 상대방이 물질안전보건자료의 제공을 요청한 경우에는 그렇지 않다.

법률	시행령	시행규칙
물질안전보건자료 또는 변경된 물질안전보건자료의 제공방법 및 내용, 그 밖에 필요한 사항은 고용노동부령으로 정한다. 《벌칙》 제2항, 제3항 위반자는 300만원이하의 과태료(법 제175조제6항제9호)		
제112조 【물질안전보건자료의 일부 비공개 승인 등】 ① 제110조제1항에도 불구하고 영업비밀과 관련되어 같은 항 제2호에 따른 화학물질의 명칭 및 함유량을 물질안전보건자료에 적지 아니하려는 자는 고용노동부령으로 정하는 바에 따라 고용노동부장관에게 신청하여 승인을 받아 해당 화학물질의 명칭 및 함유량을 대체할 수 있는 명칭 및 함유량(이하 "대체자료"라 한다)으로 적을 수 있다. 다만, 근로자에게 중대한 건강장해를 초래할 우려가 있는 화학물질로서 「산업재해보상보험법」 제8조제1항에 따른 산업재해보상보험및예방심의위원회의 심의를 거쳐 고용노동부장관이 고시하는 것은 그러하지 아니하다. 《벌칙》 위반자는 500만원이하의 과태료(법 제175조제5항제8호) ② 고용노동부장관은 제1항 본문에 따른		**제161조 【비공개 승인 또는 연장승인을 위한 제출서류 및 제출시기】** ① 법제112조제1항 본문에 따라 물질안전보건자료에 화학물질의 명칭 및 함유량을 대체할 수 있는 명칭 및 함유량(이하 "대체자료"라 한다)으로 적기 위하여 승인을 신청하려는 자는 물질안전보건자료대상물질을 제조하거나 수입하기 전에 물질안전보건자료시스템을 통하여 별지 제63호서식에 따른 물질안전보건자료 비공개 승인신청서에 다음 각 호의 정보를 기재하거나 첨부하여 공단에 제출해야 한다. 1. 대체자료로 적으려는 화학물질의 명칭 및 함유량이 「부정경쟁방지 및 영업비밀 보호에 관한 법률」 제2조제2호에 따른 영업비밀에 해당함을 입증하는 자료로서 고용노동부장관이 정하여 고시하는 자료 2. 대체자료

승인 신청을 받은 경우 고용노동부령으로 정하는 바에 따라 화학물질의 명칭 및 함유량의 대체 필요성, 대체자료의 적합성 및 물질안전보건자료의 적정성 등을 검토하여 승인 여부를 결정하고 신청인에게 그 결과를 통보하여야 한다.

③ 고용노동부장관은 제2항에 따른 승인에 관한 기준을 「산업재해보상보험법」 제8조제1항에 따른 산업재해보상보험및예방심의위원회의 심의를 거쳐 정한다.

④ 제1항에 따른 승인의 유효기간은 승인을 받은 날부터 5년으로 한다.

⑤ 고용노동부장관은 제4항에 따른 유효기간이 만료되는 경우에도 계속하여 대체자료로 적으려는 자가 그 유효기간의 연장승인을 신청하면 유효기간이 만료되는 다음 날부터 5년 단위로 그 기간을 계속하여 연장승인할 수 있다.

《벌칙》 위반자는 500만원이하의 과태료 (법 제175조제5항제9호)

⑥ 신청인은 제1항 또는 제5항에 따른 승인 또는 연장승인에 관한 결과에 대하여 고용노동부령으로 정하는 바에 따라 고용노동부장관에게 이의신청을 할 수 있다.

3. 대체자료로 적으려는 화학물질의 명칭 및 함유량, 건강 및 환경에 대한 유해성, 물리적 위험성 정보
4. 물질안전보건자료
5. 법제104조에 따른 분류기준에 해당하지 않는 화학물질의 명칭 및 함유량
6. 그 밖에 화학물질의 명칭 및 함유량을 대체자료로 적도록 승인하기 위해 필요한 정보로서 고용노동부장관이 정하여 고시하는 서류

② 제1항에도 불구하고 고용노동부장관이 정하여 고시하는 연구·개발용 화학물질 또는 화학제품에 대한 물질안전보건자료에 화학물질의 명칭 및 함유량을 대체자료로 적기 위해 승인을 신청하려는 자는 제1항제1호 및 제6호의 자료를 생략하여 제출할 수 있다.

③ 법제112조제5항에 따른 연장승인 신청을 하려는 자는 유효기간이 만료되기 30일 전까지 물질안전보건자료시스템을 통하여 별지 제63호서식에 따른 물질안전보건자료 비공개 연장승인 신청서에 제1항 각 호에 따른 서류를 첨부하여 공단에 제출해야 한다.

제162조 【비공개 승인 및 연장승인 심사의 기준, 절차 및 방법 등】 ① 공단은 제161조

법 률	시 행 령	시 행 규 칙
⑦ 고용노동부장관은 제6항에 따른 이의신청에 대하여 고용노동부령으로 정하는 바에 따라 승인 또는 연장승인 여부를 결정하고 그 결과를 신청인에게 통보하여야 한다. ⑧ 고용노동부장관은 다음 각 호의 어느 하나에 해당하는 경우에는 제1항, 제5항 또는 제7항에 따른 승인 또는 연장승인을 취소할 수 있다. 다만, 제1호의 경우에는 그 승인 또는 연장승인을 취소하여야 한다. 1. 거짓이나 그 밖의 부정한 방법으로 제1항, 제5항 또는 제7항에 따른 승인 또는 연장승인을 받은 경우 2. 제1항, 제5항 또는 제7항에 따른 승인 또는 연장승인을 받은 화학물질이 제1항 단서에 따른 화학물질에 해당하게 된 경우 ⑨ 제5항에 따른 연장승인과 제8항에 따른 승인 또는 연장승인의 취소 절차 및 방법, 그 밖에 필요한 사항은 고용노동부령으로 정한다. ⑩ 다음 각 호의 어느 하나에 해당하는 자는 근로자의 안전 및 보건을 유지하거나 직업성 질환 발생 원인을 규명하기 위하여 근로		제1항 및 제3항에 따른 승인 신청 또는 연장승인 신청을 받은 날부터 1개월 이내에 승인 여부를 결정하여 그 결과를 별지 제64호서식에 따라 신청인에게 통보해야 한다. ② 공단은 부득이한 사유로 제1항에 따른 기간 이내에 승인 여부를 결정할 수 없을 때에는 10일의 범위 내에서 통보 기한을 연장할 수 있다. 이 경우 연장 사실 및 연장 사유를 신청인에게 지체 없이 알려야 한다. ③ 공단은 제161조제2항에 따른 승인 신청을 받은 날부터 2주 이내에 승인 여부를 결정하여 그 결과를 별지 제64호서식에 따라 신청인에게 통보해야 한다. ④ 공단은 제1항 및 제3항에 따른 승인 여부 결정에 필요한 경우에는 신청인에게 제161조제1항 각 호의 사항(제3항의 경우 제161조제2항에 따라 제출된 자료를 말한다)에 따른 자료의 수정 또는 보완을 요청할 수 있다. 이 경우 수정 또는 보완을 요청한 날부터 그에 따른 자료를 제출한 날까지의 기간은 제1항 및 제3항에 따른 통보 기간에 산입하지 않는다. ⑤ 제1항 및 제3항에 따른 승인 또는 연장

자에게 중대한 건강장해가 발생하는 등 고용노동부령으로 정하는 경우에는 물질안전보건자료대상물질을 제조하거나 수입한 자에게 제1항에 따라 대체자료로 적힌 화학물질의 명칭 및 함유량 정보를 제공할 것을 요구할 수 있다. 이 경우 정보 제공을 요구받은 자는 고용노동부장관이 정하여 고시하는 바에 따라 정보를 제공하여야 한다.

1. 근로자를 진료하는 「의료법」 제2조에 따른 의사
2. 보건관리자 및 보건관리전문기관
3. 산업보건의
4. 근로자대표
5. 제165조제2항제38호에 따라 제141조제1항에 따른 역학조사(疫學調査) 실시 업무를 위탁받은 기관
6. 「산업재해보상보험법」 제38조에 따른 업무상질병판정위원회

《벌칙》 위반자는 500만원이하의 과태료(법 제175조제5항제10호)

승인 여부 결정에 필요한 화학물질 명칭 및 함유량의 대체 필요성, 대체자료의 적합성에 대한 판단기준 및 물질안전보건자료의 적정성에 대한 승인기준 등은 고용노동부장관이 정하여 고시한다.

⑥ 제1항 및 제3항에 따른 승인 또는 연장승인 결과를 통보받은 신청인은 고용노동부장관이 정하여 고시하는 바에 따라 물질안전보건자료에 그 결과를 반영해야 한다.

⑦ 제6항에 따라 승인 또는 연장승인된 물질안전보건자료를 법제111조제1항에 따라 제공받은 자가 물질안전보건자료대상물질을 혼합하는 방법으로 제조하려는 경우에는 그 제공받은 물질안전보건자료에 기재된 대체자료를 연계하여 사용할 수 있다. 다만, 혼합하는 방법이 아닌 화학적 조성(組成)을 변경하는 등 새로운 화학물질을 제조하는 경우에는 그렇지 않다.

⑧ 고용노동부장관은 제5항의 승인기준을 정하는 경우에는 환경부장관과 관련 내용에 대하여 협의해야 한다.

제163조【이의신청의 절차 및 비공개 승인 심사 등】 ① 제162조제1항 및 제3항에 따라 승인 결과를 통보받은 신청인은 그 결과

법　　률	시　행　령	시 행 규 칙
		에 이의가 있는 경우 해당 통보를 받은 날부터 30일 이내에 물질안전보건자료시스템을 통하여 별지 제65호서식에 따른 이의신청서를 공단에 제출해야 한다. ② 공단은 제1항에 따른 이의신청이 있는 경우 신청을 받은 날부터 20일 이내에 제162조제5항에서 정한 승인기준에 따라 승인 여부를 다시 결정하여 그 결과를 별지 제66호서식에 따라 신청인에게 통보해야 한다. 이 경우 승인 여부를 다시 결정하기 위하여 필요한 경우에는 외부 전문가의 의견을 들을 수 있다. ③ 제2항에 따른 승인 결과를 통보받은 신청인은 고용노동부장관이 정하여 고시하는 바에 따라 물질안전보건자료에 그 결과를 반영해야 한다. **제164조【승인 또는 연장승인의 취소】** ① 고용노동부장관은 법제112조제8항에 따라 승인 또는 연장승인을 취소하는 경우 별지 제67호의 서식에 따라 그 결과를 신청인에게 즉시 통보해야 한다. ② 제1항에 따른 취소 결정을 통지받은 자는 화학물질의 명칭 및 함유량을 기재하는

등 그 결과를 반영하여 물질안전보건자료를 변경해야 한다.

③ 제1항에 따른 취소 결정을 통지받은 자는 제2항의 변경된 물질안전보건자료에 대하여 법제110조제3항, 법제111조제2항 및 제3항에 따른 제출 및 제공 등의 조치를 해야 한다.

제165조【대체자료로 적힌 화학물질의 명칭 및 함유량 정보의 제공 요구】 법제112조제10항 각 호 외의 부분 전단에서 "근로자에게 중대한 건강장해가 발생하는 등 고용노동부령으로 정하는 경우"란 다음 각 호의 어느 하나에 해당하는 경우를 말한다.

1. 법제112조제10항제1호 및 제3호에 해당하는 자가 물질안전보건자료대상물질로 인하여 발생한 직업성 질병에 대한 근로자의 치료를 위하여 필요하다고 판단하는 경우
2. 법제112조제10항제2호에서 제4호까지의 규정에 해당하는 자 또는 기관이 물질안전보건자료대상물질로 인하여 근로자에게 직업성 질환 등 중대한 건강상의 장해가 발생할 우려가 있다고 판단하는 경우
3. 법제112조제10항제4호에서 제6호까

법 률	시 행 령	시 행 규 칙
제113조 【국외제조자가 선임한 자에 의한 정보 제출 등】 ① 국외제조자는 고용노동부령으로 정하는 요건을 갖춘 자를 선임하여 물질안전보건자료대상물질을 수입하는 자를 갈음하여 다음 각 호에 해당하는 업무를 수행하도록 할 수 있다. 1. 제110조제1항 또는 제3항에 따른 물질안전보건자료의 작성·제출 2. 제110조제2항 각 호 외의 부분 본문에 따른 화학물질의 명칭 및 함유량 또는 같은 항 제2호에 따른 확인서류의 제출 3. 제112조제1항에 따른 대체자료 기재 승인, 같은 조 제5항에 따른 유효기간 연장승인 또는 같은 조 제6항에 따른 이의신청 《벌칙》 위반자는 500만원이하의 과태료 (법 제175조제5항제11호) ② 제1항에 따라 선임된 자는 고용노동부장관에게 제110조제1항 또는 제3항에 따른		지의 규정에 해당하는 자 또는 기관(제6호의 경우 위원회를 말한다)이 근로자에게 발생한 직업성 질환의 원인 규명을 위해 필요하다고 판단하는 경우 제166조 【국외제조자가 선임한 자에 대한 선임요건 및 신고절차 등】 ① 법제113조제1항 각 호 외의 부분에서 "고용노동부령으로 정하는 요건을 갖춘 자"란 다음 각 호의 어느 하나의 요건을 갖춘 자를 말한다. 1. 대한민국 국민 2. 대한민국 내에 주소(법인인 경우에는 그 소재지를 말한다)를 가진 자 ② 법제113조제3항에 따라 국외제조자에 의하여 선임되거나 해임된 사실을 신고를 하려는 자는 별지 제68호서식의 선임서 또는 해임서에 다음 각 호의 서류를 첨부하여 관할 지방고용노동관서의 장에게 제출해야 한다. 1. 제1항 각 호의 요건을 증명하는 서류 2. 선임계약서 사본 등 선임 또는 해임 여부를 증명하는 서류 ③ 제2항에 따라 신고를 받은 지방고용노동관서의 장은 「전자정부법」 제36조제1항에 따른 행정정보의 공동이용을 통하여 사업자

물질안전보건자료를 제출하는 경우 그 물질안전보건자료를 해당 물질안전보건자료대상물질을 수입하는 자에게 제공하여야 한다.

③ 제1항에 따라 선임된 자는 고용노동부령으로 정하는 바에 따라 국외제조자에 의하여 선임되거나 해임된 사실을 고용노동부장관에게 신고하여야 한다.

④ 제2항에 따른 물질안전보건자료의 제출 및 제공 방법·내용, 제3항에 따른 신고 절차·방법, 그 밖에 필요한 사항은 고용노동부령으로 정한다.

제114조【물질안전보건자료의 게시 및 교육】 ① 물질안전보건자료대상물질을 취급하려는 사업주는 제110조제1항 또는 제3항에 따라 작성하였거나 제111조제1항부터 제3항까지의 규정에 따라 제공받은 물질안전보건자료를 고용노동부령으로 정하는 방법에 따라 물질안전보건자료대상물질을 취급하는 작업장 내에 이를 취급하는 근로자가 쉽게 볼 수 있는 장소에 게시하거나 갖추어 두어야 한다.

《벌칙》 위반자는 500만원이하의 과태료

등록증을 확인해야 한다. 다만, 신청인이 사업자등록증의 확인에 동의하지 않는 경우에는 해당 서류를 첨부하게 해야 한다.

④ 지방고용노동관서의 장은 제2항에 따라 신고를 받은 날부터 7일 이내에 별지 제69호서식의 신고증을 발급해야 한다.

⑤ 국외제조자 또는 그에 의하여 선임된 자는 물질안전보건자료대상물질의 수입자에게 제4항에 따른 신고증 사본을 제공해야 한다.

⑥ 법제113조제1항에 따라 선임된 자가 같은 항 제2호 또는 제3호의 업무를 수행한 경우에는 그 결과를 물질안전보건자료대상물질의 수입자에게 제공해야 한다.

제167조【물질안전보건자료를 게시하거나 갖추어 두는 방법】 ① 법제114조제1항에 따라 물질안전보건자료대상물질을 취급하는 사업주는 다음 각 호의 어느 하나에 해당하는 장소 또는 전산장비에 항상 물질안전보건자료를 게시하거나 갖추어 두어야 한다. 다만, 제3호에 따른 장비에 게시하거나 갖추어 두는 경우에는 고용노동부장관이 정하는 조치를 해야 한다.

1. 물질안전보건자료대상물질을 취급하는 작업공정이 있는 장소

법 률	시 행 령	시 행 규 칙
(법 제175조제5항제3호) ② 제1항에 따른 사업주는 물질안전보건자료대상물질을 취급하는 작업공정별로 고용노동부령으로 정하는 바에 따라 물질안전보건자료대상물질의 관리 요령을 게시하여야 한다. ③ 제1항에 따른 사업주는 물질안전보건자료대상물질을 취급하는 근로자의 안전 및 보건을 위하여 고용노동부령으로 정하는 바에 따라 해당 근로자를 교육하는 등 적절한 조치를 하여야 한다. 《벌칙》 위반자는 300만원이하의 과태료 (법 제175조제6항제10호)		2. 작업장 내 근로자가 가장 보기 쉬운 장소 3. 근로자가 작업 중 쉽게 접근할 수 있는 장소에 설치된 전산장비 ② 제1항에도 불구하고 건설공사, 안전보건규칙 제420조제8호에 따른 임시 작업 또는 같은 조 제9호에 따른 단시간 작업에 대해서는 법제114조제2항에 따른 물질안전보건자료대상물질의 관리 요령으로 대신 게시하거나 갖추어 둘 수 있다. 다만, 근로자가 물질안전보건자료의 게시를 요청하는 경우에는 제1항에 따라 게시해야 한다. **제168조【물질안전보건자료대상물질의 관리 요령 게시】** ① 법제114조제2항에 따른 작업공정별 관리 요령에 포함되어야 할 사항은 다음 각 호와 같다. 1. 제품명 2. 건강 및 환경에 대한 유해성, 물리적 위험성 3. 안전 및 보건상의 취급주의 사항 4. 적절한 보호구 5. 응급조치 요령 및 사고 시 대처방법 ② 작업공정별 관리 요령을 작성할 때에는 법제114조제1항에 따른 물질안전보건자료에 적힌 내용을 참고해야 한다.

③ 작업공정별 관리 요령은 유해성·위험성이 유사한 물질안전보건자료대상물질의 그룹별로 작성하여 게시할 수 있다.

제169조【물질안전보건자료에 관한 교육의 시기·내용·방법 등】 ① 법제114조제3항에 따라 사업주는 다음 각 호의 어느 하나에 해당하는 경우에는 작업장에서 취급하는 물질안전보건자료대상물질의 물질안전보건자료에서 별표5에 해당되는 내용을 근로자에게 교육해야 한다. 이 경우 교육받은 근로자에 대해서는 해당 교육 시간만큼 법제29조에 따른 안전·보건교육을 실시한 것으로 본다.

1. 물질안전보건자료대상물질을 제조·사용·운반 또는 저장하는 작업에 근로자를 배치하게 된 경우
2. 새로운 물질안전보건자료대상물질이 도입된 경우
3. 유해성·위험성 정보가 변경된 경우

② 사업주는 제1항에 따른 교육을 하는 경우에 유해성·위험성이 유사한 물질안전보건자료대상물질을 그룹별로 분류하여 교육할 수 있다.

③ 사업주는 제1항에 따른 교육을 실시하였을 때에는 교육시간 및 내용 등을 기록하여

법 률	시 행 령	시 행 규 칙
제115조 【물질안전보건자료대상물질 용기 등의 경고표시】 ① 물질안전보건자료대상물질을 양도하거나 제공하는 자는 고용노동부령으로 정하는 방법에 따라 이를 담은 용기 및 포장에 경고표시를 하여야 한다. 다만, 용기 및 포장에 담는 방법 외의 방법으로 물질안전보건자료대상물질을 양도하거나 제공하는 경우에는 고용노동부장관이 정하여 고시한 바에 따라 경고표시 기재 항목을 적은 자료를 제공하여야 한다. ② 사업주는 사업장에서 사용하는 물질안전보건자료대상물질을 담은 용기에 고용노동부령으로 정하는 방법에 따라 경고표시를 하여야 한다. 다만, 용기에 이미 경고표시가 되어 있는 등 고용노동부령으로 정하는 경우에는 그러하지 아니하다. 《벌칙》 제1항, 제2항 위반자는 300만원이하의 과태료(법 제175조제6항제11호)		보존해야 한다. **제170조 【경고표시 방법 및 기재항목】** ① 물질안전보건자료대상물질을 양도하거나 제공하는 자 또는 이를 사업장에서 취급하는 사업주가 법제115조제1항 및 제2항에 따른 경고표시를 하는 경우에는 물질안전보건자료대상물질 단위로 경고표지를 작성하여 물질안전보건자료대상물질을 담은 용기 및 포장에 붙이거나 인쇄하는 등 유해·위험정보가 명확히 나타나도록 해야 한다. 다만, 다음 각 호의 어느 하나에 해당하는 표시를 한 경우에는 경고표시를 한 것으로 본다. 1. 「고압가스안전관리법」 제11조의2에 따른 용기 등의 표시 2. 「위험물 선박운송 및 저장규칙」 제6조제1항 및 제26조제1항에 따른 표시(같은 규칙 제26조제1항에 따라 해양수산부장관이 고시하는 수입물품에 대한 표시는 최초의 사용사업장으로 반입되기 전까지만 해당한다) 3. 「위험물안전관리법」 제20조제1항에 따른 위험물의 운반용기에 관한 표시 4. 「항공안전법 시행규칙」 제209조제6항

에 따라 국토교통부장관이 고시하는 포장물의 표기(수입물품에 대한 표기는 최초의 사용사업장으로 반입되기 전까지만 해당한다)

5. 「화학물질관리법」 제16조에 따른 유해화학물질에 관한 표시

② 제1항 각 호 외의 부분 본문에 따른 경고표지에는 다음 각 호의 사항이 모두 포함되어야 한다.

1. 명칭: 제품명
2. 그림문자: 화학물질의 분류에 따라 유해·위험의 내용을 나타내는 그림
3. 신호어: 유해·위험의 심각성 정도에 따라 표시하는 "위험" 또는 "경고" 문구
4. 유해·위험 문구: 화학물질의 분류에 따라 유해·위험을 알리는 문구
5. 예방조치 문구: 화학물질에 노출되거나 부적절한 저장·취급 등으로 발생하는 유해·위험을 방지하기 위하여 알리는 주요 유의사항
6. 공급자 정보: 물질안전보건자료대상물질의 제조자 또는 공급자의 이름 및 전화번호 등

③ 제1항과 제2항에 따른 경고표지의 규격,

법 률	시 행 령	시 행 규 칙
		그림문자, 신호어, 유해·위험 문구, 예방조치 문구, 그 밖의 경고표시의 방법 등에 관하여 필요한 사항은 고용노동부장관이 정하여 고시한다. ④ 법제115조제2항 단서에서 "고용노동부령으로 정하는 경우"란 다음 각 호의 어느 하나에 해당하는 경우를 말한다. 1. 법제115조제1항에 따라 물질안전보건자료대상물질을 양도하거나 제공하는 자가 물질안전보건자료대상물질을 담은 용기에 이미 경고표시를 한 경우 2. 근로자가 경고표시가 되어 있는 용기에서 물질안전보건자료대상물질을 옮겨 담기 위하여 일시적으로 용기를 사용하는 경우
제116조【물질안전보건자료와 관련된 자료의 제공】 고용노동부장관은 근로자의 안전 및 보건 유지를 위하여 필요하면 물질안전보건자료와 관련된 자료를 근로자 및 사업주에게 제공할 수 있다.		제171조【물질안전보건자료 관련 자료의 제공】 고용노동부장관 및 공단은 법제116조에 따라 근로자나 사업주에게 물질안전보건자료와 관련된 자료를 제공하기 위하여 필요하다고 인정하는 경우에는 물질안전보건자료대상물질을 제조하거나 수입하는 자에게 물질안전보건자료와 관련된 자료를 요청할 수 있다.
제117조【유해·위험물질의 제조 등 금지】 ①	제87조【제조 등이 금지되는 유해물질】 법제	제172조【제조 등이 금지되는 물질의 사용승

누구든지 다음 각 호의 어느 하나에 해당하는 물질로서 대통령령으로 정하는 물질(이하 "제조등금지물질"이라 한다)을 제조·수입·양도·제공 또는 사용해서는 아니 된다.

1. 직업성 암을 유발하는 것으로 확인되어 근로자의 건강에 특히 해롭다고 인정되는 물질
2. 제105조제1항에 따라 유해성·위험성이 평가된 유해인자나 제109조에 따라 유해성·위험성이 조사된 화학물질 중 근로자에게 중대한 건강장해를 일으킬 우려가 있는 물질

《벌칙》 위반자는 5년이하의 징역 또는 5천만원이하의 벌금(법 제168조)

② 제1항에도 불구하고 시험·연구 또는 검사 목적의 경우로서 다음 각 호의 어느 하나에 해당하는 경우에는 제조등금지물질을 제조·수입·양도·제공 또는 사용할 수 있다.

1. 제조·수입 또는 사용을 위하여 고용노동부령으로 정하는 요건을 갖추어 고용노동부장관의 승인을 받은 경우
2. 「화학물질관리법」 제18조제1항 단서에 따른 금지물질의 판매 허가를 받은 자가 같은 항 단서에 따라 판매 허가를

117조제1항 각 호 외의 부분에서 "대통령령으로 정하는 물질"이란 다음 각 호의 물질을 말한다.(개정 2020.9.8)

1. β-나프틸아민〔91-59-8〕과 그 염(β-Naphthylamine and its salts)
2. 4-니트로디페닐〔92-93-3〕과 그 염(4-Nitrodiphenyl and its salts)
3. 백연〔1319-46-6〕을 포함한 페인트(포함된 중량의 비율이 2퍼센트 이하인 것은 제외한다)
4. 벤젠〔71-43-2〕을 포함하는 고무풀(포함된 중량의 비율이 5퍼센트 이하인 것은 제외한다)
5. 석면(Asbestos; 1332-21-4 등)
6. 폴리클로리네이티드 터페닐(Polychlorinated terphenyls; 61788-33-8 등)
7. 황린(黃燐)〔12185-10-3〕 성냥(Yellow phosphorus match)
8. 제1호,제2호,제5호 또는 제6호에 해당하는 물질을 포함한 혼합물(포함된 중량의 비율이 1퍼센트 이하인 것은 제외한다)
9. 「화학물질관리법」 제2조제5호에 따른 금지물질(같은 법제3조제1항제1호부터

인 신청 등】 ① 법제117조제2항제1호에 따라 제조등금지물질의 제조·수입 또는 사용승인을 받으려는 자는 별지 제70호서식의 신청서에 다음 각 호의 서류를 첨부하여 관할 지방고용노동관서의 장에게 제출해야 한다.

1. 시험·연구계획서(제조·수입·사용의 목적·양 등에 관한 사항이 포함되어야 한다)
2. 산업보건 관련 조치를 위한 시설·장치의 명칭·구조·성능 등에 관한 서류
3. 해당 시험·연구실(작업장)의 전체 작업공정도, 각 공정별로 취급하는 물질의 종류·취급량 및 공정별 종사 근로자 수에 관한 서류

② 지방고용노동관서의 장은 제1항에 따라 제조·수입 또는 사용 승인신청서가 접수된 경우에는 다음 각 호의 사항을 심사하여 신청서가 접수된 날부터 20일 이내에 별지 제71호서식의 승인서를 신청인에게 발급하거나 불승인 사실을 알려야 한다. 다만, 수입승인은 해당 물질에 대하여 사용승인을 했거나 사용승인을 하는 경우에만 할 수 있다.

1. 제1항에 따른 신청서 및 첨부서류의 내용이 적정한지 여부

법 률	시 행 령	시 행 규 칙
받은 자나 제1호에 따라 사용 승인을 받은 자에게 제조등금지물질을 양도 또는 제공하는 경우 ③ 고용노동부장관은 제2항제1호에 따른 승인을 받은 자가 같은 호에 따른 승인요건에 적합하지 아니하게 된 경우에는 승인을 취소하여야 한다. ④ 제2항제1호에 따른 승인 절차, 승인 취소 절차, 그 밖에 필요한 사항은 고용노동부령으로 정한다.	제12호까지의 규정에 해당하는 화학물질은 제외한다) 10. 그 밖에 보건상 해로운 물질로서 산업재해보상보험및예방심의위원회의 심의를 거쳐 고용노동부장관이 정하는 유해물질	2. 제조·사용설비 등이 안전보건규칙 제33조 및 제499조부터 제511조까지의 규정에 적합한지 여부 3. 수입하려는 물질이 사용승인을 받은 물질과 같은지 여부, 사용승인 받은 양을 초과하는지 여부, 그 밖에 사용승인신청 내용과 일치하는지 여부(수입승인의 경우만 해당한다) ③ 제2항에 따라 승인을 받은 자는 승인서를 분실하거나 승인서가 훼손된 경우에는 재발급을 신청할 수 있다. ④ 제2항에 따라 승인을 받은 자가 해당 업무를 폐지하거나 법제117조제3항에 따라 승인이 취소된 경우에는 즉시 승인서를 관할 지방고용노동관서의 장에게 반납해야 한다.
제118조【유해·위험물질의 제조 등 허가】 ① 제117조제1항 각 호의 어느 하나에 해당하는 물질로서 대체물질이 개발되지 아니한 물질 등 대통령령으로 정하는 물질(이하 "허가대상물질"이라 한다)을 제조하거나 사용하려는 자는 고용노동부장관의 허가를 받아야 한다. 허가받은 사항을 변경할 때에도 또한 같다.	**제88조【허가 대상 유해물질】** 법제118조제1항 전단에서 "대체물질이 개발되지 아니한 물질 등 대통령령으로 정하는 물질"이란 다음 각 호의 물질을 말한다.(개정 2020.9.8.) 1. α-나프틸아민〔134-32-7〕 및 그 염(α-Naphthylamine and its salts) 2. 디아니시딘〔119-90-4〕 및 그 염(Dianisidine and its salts)	**제173조【제조 등 허가의 신청 및 심사】** ① 법제118조제1항에 따른 유해물질(이하 "허가대상물질"이라 한다)의 제조허가 또는 사용허가를 받으려는 자는 별지 제72호서식의 제조·사용 허가신청서에 다음 각 호의 서류를 첨부하여 관할 지방고용노동관서의 장에게 제출해야 한다. 1. 사업계획서(제조·사용의 목적·양 등에

《벌칙》 위반자는 5년이하의 징역 또는 5천만원이하의 벌금(법 제168조)

② 허가대상물질의 제조·사용설비, 작업방법, 그 밖의 허가기준은 고용노동부령으로 정한다.

③ 제1항에 따라 허가를 받은 자(이하 "허가대상물질제조·사용자"라 한다)는 그 제조·사용설비를 제2항에 따른 허가기준에 적합하도록 유지하여야 하며, 그 기준에 적합한 작업방법으로 허가대상물질을 제조·사용하여야 한다.

④ 고용노동부장관은 허가대상물질제조·사용자의 제조·사용설비 또는 작업방법이 제2항에 따른 허가기준에 적합하지 아니하다고 인정될 때에는 그 기준에 적합하도록 제조·사용설비를 수리·개조 또는 이전하도록 하거나 그 기준에 적합한 작업방법으로 그 물질을 제조·사용하도록 명할 수 있다.

《벌칙》 제3항, 제4항 위반자는 3년이하의 징역 또는 3천만원이하의 벌금(법 제169조)

⑤ 고용노동부장관은 허가대상물질제조·사용자가 다음 각 호의 어느 하나에 해당하면 그 허가를 취소하거나 6개월 이내의 기간을 정하여 영업을 정지하게 할 수 있

3. 디클로로벤지딘〔91-94-1〕 및 그 염 (Dichlorobenzidine and its salts)
4. 베릴륨(Beryllium; 7440-41-7)
5. 벤조트리클로라이드(Benzotrichloride; 98-07-7)
6. 비소〔7440-38-2〕 및 그 무기화합물 (Arsenic and its inorganic compounds)
7. 염화비닐(Vinyl chloride; 75-01-4)
8. 콜타르피치〔65996-93-2〕 휘발물 (Coal tar pitch volatiles)
9. 크롬광 가공(열을 가하여 소성 처리하는 경우만 해당한다) (Chromite ore processing)
10. 크롬산 아연 (Zinc chromates; 13530-65-9 등)
11. o-톨리딘〔119-93-7〕 및 그 염 (o-Tolidine and its salts)
12. 황화니켈류(Nickel sulfides; 12035-72-2, 16812-54-7)
13. 제1호부터 제4호까지 또는 제6호부터 제12호까지의 어느 하나에 해당하는 물질을 포함한 혼합물(포함된 중량의 비율이 1퍼센트 이하인 것은 제외한다)

관한 사항이 포함되어야 한다)

2. 산업보건 관련 조치를 위한 시설·장치의 명칭·구조·성능 등에 관한 서류
3. 해당 사업장의 전체 작업공정도, 각 공정별로 취급하는 물질의 종류·취급량 및 공정별 종사 근로자 수에 관한 서류

② 지방고용노동관서의 장은 제1항에 따라 제조·사용허가신청서가 접수되면 다음 각 호의 사항을 심사하여 신청서가 접수된 날부터 20일 이내에 별지 제73호서식의 허가증을 신청인에게 발급하거나 불허가 사실을 알려야 한다.

1. 제1항에 따른 신청서 및 첨부서류의 내용이 적정한지 여부
2. 제조·사용 설비 등이 안전보건규칙 제33조, 제35조제1항(같은 규칙 별표2제16호 및 제17호에 해당하는 경우로 한정한다) 및 같은 규칙 제453조부터 제486조까지의 규정에 적합한지 여부
3. 그 밖에 법 또는 법에 따른 명령의 이행에 관한 사항

③ 지방고용노동관서의 장은 제2항에 따라 제조·사용허가신청서를 심사하기 위하여 필요한 경우 공단에 신청서 및 첨부서류의 검

법 률	시 행 령	시 행 규 칙
다. 다만, 제1호에 해당할 때에는 그 허가를 취소하여야 한다. 1. 거짓이나 그 밖의 부정한 방법으로 허가를 받은 경우 2. 제2항에 따른 허가기준에 맞지 아니하게 된 경우 3. 제3항을 위반한 경우 4. 제4항에 따른 명령을 위반한 경우 5. 자체검사 결과 이상을 발견하고도 즉시 보수 및 필요한 조치를 하지 아니한 경우 《벌칙》 위반자는 5년이하의 징역 또는 5천만원이하의 벌금(법 제168조) ⑥ 제1항에 따른 허가의 신청절차, 그 밖에 필요한 사항은 고용노동부령으로 정한다.	14.제5호의 물질을 포함한 혼합물(포함된 중량의 비율이 0.5퍼센트 이하인 것은 제외한다) 15. 그 밖에 보건상 해로운 물질로서 산업재해보상보험및예방심의위원회의 심의를 거쳐 고용노동부장관이 정하는 유해물질	토 등을 요청할 수 있다. ④ 공단은 제3항에 따라 요청을 받은 경우에는 요청받은 날부터 10일 이내에 그 결과를 지방고용노동관서의 장에게 보고해야 한다. ⑤ 허가대상물질의 제조·사용 허가증의 재발급, 허가증의 반납에 관하여는 제172조제3항 및 제4항을 준용한다. 이 경우 "승인"은 "허가"로, "승인서"는 "허가증"으로 본다. **제174조【허가 취소 등의 통보】** 지방고용노동관서의 장은 법제118조제5항에 따라 허가의 취소 또는 영업의 정지를 명한 경우에는 해당 사업장을 관할하는 특별자치시장·특별자치도지사·시장·군수·구청장에게 통보해야 한다.
제2절 석면에 대한 조치		**제2절 석면에 대한 조치**
제119조【석면조사】 ① 건축물이나 설비를 철거하거나 해체하려는 경우에 해당 건축물이나 설비의 소유주 또는 임차인 등(이하 "건축물·설비소유주등"이라 한다)은 다음 각 호의 사항을 고용노동부령으로 정하는 바에 따라 조사(이하 "일반석면조사"라 한다)한	**제89조【기관석면조사 대상】** ① 법제119조제2항 각 호 외의 부분 본문에서 "대통령령으로 정하는 규모 이상"란 다음 각 호의 어느 하나에 해당하는 경우를 말한다. 1. 건축물(제2호에 따른 주택은 제외한다. 이하 이 호에서 같다)의 연면적 합계가	**제175조【석면조사의 생략 등 확인 절차】** ① 법제119조제2항 각 호 외의 부분 단서에 따라 건축물이나 설비의 소유주 또는 임차인 등(이하 "건축물·설비소유주등"이라 한다)이 영 제89조제2항 각 호에 따른 석면조사의 생략 대상 건축물이나 설비에 대하여 확

후 그 결과를 기록하여 보존하여야 한다. 〈개정 2020.5.26.〉

1. 해당 건축물이나 설비에 석면이 포함되어 있는지 여부
2. 해당 건축물이나 설비 중 석면이 포함된 자재의 종류, 위치 및 면적

《벌칙》 위반자는 300만원이하의 과태료(법 제175조제6항제12호)

② 제1항에 따른 건축물이나 설비 중 대통령령으로 정하는 규모 이상의 건축물·설비 소유주등은 제120조에 따라 지정받은 기관(이하 "석면조사기관"이라 한다)에 다음 각 호의 사항을 조사(이하 "기관석면조사"라 한다)하도록 한 후 그 결과를 기록하여 보존하여야 한다. 다만, 석면함유 여부가 명백한 경우 등 대통령령으로 정하는 사유에 해당하여 고용노동부령으로 정하는 절차에 따라 확인을 받은 경우에는 기관석면조사를 생략할 수 있다.〈개정 2020.5.26.〉

1.제1항 각 호의 사항
2. 해당 건축물이나 설비에 포함된 석면의 종류 및 함유량

《벌칙》 위반자는 5천만원이하의 과태료(법 제175조제1항제1호)

50제곱미터 이상이면서, 그 건축물의 철거·해체하려는 부분의 면적 합계가 50제곱미터 이상인 경우

2. 주택(「건축법 시행령」 제2조제12호에 따른 부속건축물을 포함한다. 이하 이 호에서 같다)의 연면적 합계가 200제곱미터 이상이면서, 그 주택의 철거·해체하려는 부분의 면적 합계가 200제곱미터 이상인 경우
3. 설비의 철거·해체하려는 부분에 다음 각 목의 어느 하나에 해당하는 자재(물질을 포함한다. 이하 같다)를 사용한 면적의 합이 15제곱미터 이상 또는 그 부피의 합이 1세제곱미터 이상인 경우
   가. 단열재
   나. 보온재
   다. 분무재
   라. 내화피복재(耐火被覆材)
   마. 개스킷(Gasket: 누설방지재)
   바. 패킹재(Packing material: 틈박이재)
   사. 실링재(Sealing material: 액상 메움재)
   아. 그 밖에 가목부터 사목까지의 자재와

인을 받으려는 경우에는 영 제89조제2항 각 호의 사유에 해당함을 증명할 수 있는 서류를 첨부하여 별지 제74호서식의 석면조사의 생략 등 확인신청서에 석면이 함유되어 있지 않음 또는 석면이 1퍼센트(무게 퍼센트) 초과하여 함유되어 있음을 표시하여 관할 지방고용노동관서의 장에게 제출해야 한다.

② 법제119조제3항에 따라 건축물·설비소유주등이 「석면안전관리법」에 따른 석면조사를 실시한 경우에는 별지 제74호서식의 석면조사의 생략 등 확인신청서에 「석면안전관리법」에 따른 석면조사를 하였음을 표시하고 그 석면조사 결과서를 첨부하여 관할 지방고용노동관서의 장에게 제출해야 한다. 다만, 「석면안전관리법 시행규칙」 제26조에 따라 건축물석면조사 결과를 관계 행정기관의 장에게 제출한 경우에는 석면조사의 생략 등 확인신청서를 제출하지 않을 수 있다.

③ 지방고용노동관서의 장은 제1항 및 제2항에 따른 신청서가 제출되면 이를 확인한 후 접수된 날부터 20일 이내에 그 결과를 해당 신청인에게 통지해야 한다.

④ 지방고용노동관서의 장은 제3항에 따른 신청서의 내용을 확인하기 위하여 기술적인 사

법 률	시 행 령	시 행 규 칙
③ 건축물·설비소유주등이 「석면안전관리법」 등 다른 법률에 따라 건축물이나 설비에 대하여 석면조사를 실시한 경우에는 고용노동부령으로 정하는 바에 따라 일반석면조사 또는 기관석면조사를 실시한 것으로 본다. ④ 고용노동부장관은 건축물·설비소유주등이 일반석면조사 또는 기관석면조사를 하지 아니하고 건축물이나 설비를 철거하거나 해체하는 경우에는 다음 각 호의 조치를 명할 수 있다. 1. 해당 건축물·설비소유주등에 대한 일반석면조사 또는 기관석면조사의 이행 명령 2. 해당 건축물이나 설비를 철거하거나 해체하는 자에 대하여 제1호에 따른 이행 명령의 결과를 보고받을 때까지의 작업중지 명령 《벌칙》 위반자는 3년이하의 징역 또는 3천만원이하의 벌금(법 제169조) ⑤ 기관석면조사의 방법, 그 밖에 필요한 사항은 고용노동부령으로 정한다.	유사한 용도로 사용되는 자재로서 고용노동부장관이 정하여 고시하는 자재 4. 파이프 길이의 합이 80미터 이상이면서, 그 파이프의 철거·해체하려는 부분의 보온재로 사용된 길이의 합이 80미터 이상인 경우 ② 법제119조제2항 각 호 외의 부분 단서에서 "석면함유 여부가 명백한 경우 등 대통령령으로 정하는 사유"란 다음 각 호의 어느 하나에 해당하는 경우를 말한다. (개정 2020.9.8.) 1. 건축물이나 설비의 철거·해체 부분에 사용된 자재가 설계도서, 자재 이력 등 관련 자료를 통해 석면을 포함하고 있지 않음이 명백하다고 인정되는 경우 2. 건축물이나 설비의 철거·해체 부분에 석면이 중량비율 1퍼센트가 넘게 포함된 자재를 사용하였음이 명백하다고 인정되는 경우	항에 대하여 공단에 검토를 요청할 수 있다. **제176조【기관석면조사방법 등】** ① 법제119조제2항에 따른 기관석면조사방법은 다음 각 호와 같다. 1. 건축도면, 설비제작도면 또는 사용자재의 이력 등을 통하여 석면 함유 여부에 대한 예비조사를 할 것 2. 건축물이나 설비의 해체·제거할 자재 등에 대하여 성질과 상태가 다른 부분들을 각각 구분할 것 3. 시료채취는 제2호에 따라 구분된 부분들 각각에 대하여 그 크기를 고려하여 채취 수를 달리하여 조사를 할 것 ② 제1항제2호에 따라 구분된 부분들 각각에서 크기를 고려하여 1개만 고형시료를 채취·분석하는 경우에는 그 1개의 결과를 기준으로 해당 부분의 석면 함유 여부를 판정해야 하며, 2개 이상의 고형시료를 채취·분석하는 경우에는 석면 함유율이 가장 높은 결과를 기준으로 해당 부분의 석면 함유 여부를 판정해야 한다. ③ 제1항에 따른 조사방법 및 제2항에 따른 판정의 구체적인 사항, 크기별 시료채취 수,

제120조 【석면조사기관】 ① 석면조사기관이 되려는 자는 대통령령으로 정하는 인력·시설 및 장비 등의 요건을 갖추어 고용노동부장관의 지정을 받아야 한다.

② 고용노동부장관은 기관석면조사의 결과에 대한 정확성과 정밀도를 확보하기 위하여 석면조사기관의 석면조사 능력을 확인하고, 석면조사기관을 지도하거나 교육할 수 있다. 이 경우 석면조사 능력의 확인, 석면조사기관에 대한 지도 및 교육의 방법, 절차, 그 밖에 필요한 사항은 고용노동부장관이 정하여 고시한다.

③ 고용노동부장관은 석면조사기관에 대하여 평가하고 그 결과를 공개(제2항에 따른 석면조사 능력의 확인 결과를 포함한다)할 수 있다. 이 경우 평가의 기준·방법 및 결과의 공개에 필요한 사항은 고용노동부령으로 정한다.

④ 석면조사기관의 지정 절차, 그 밖에 필요한 사항은 고용노동부령으로 정한다.

⑤ 석면조사기관에 관하여는 제21조제4항 및 제5항을 준용한다. 이 경우 "안전관리전

제90조 【석면조사기관의 지정 요건 등】 법제120조제1항에 따라 석면조사기관으로 지정받을 수 있는 자는 다음 각 호의 어느 하나에 해당하는 자로서 별표27에 따른 인력·시설 및 장비를 갖추고 법제120조제2항에 따라 고용노동부장관이 실시하는 석면조사기관의 석면조사 능력 확인에서 적합 판정을 받은 자로 한다.

1. 국가 또는 지방자치단체의 소속기관
2. 「의료법」에 따른 종합병원 또는 병원
3. 「고등교육법」 제2조제1호부터 제6호까지의 규정에 따른 대학 또는 그 부속기관
4. 석면조사 업무를 하려는 법인

제91조 【석면조사기관의 지정 취소 등의 사유】 법제120조제5항에 따라 준용되는 법제21조제4항제5호에서 "대통령령으로 정하는 사유에 해당하는 경우"란 다음 각 호의 경우를 말한다.

1. 법제119조제2항의 기관석면조사 또는 법제124조제1항의 공기 중 석면농도 관련 서류를 거짓으로 작성한 경우
2. 정당한 사유 없이 석면조사 업무를 거

석면조사 결과서 작성, 그 밖에 필요한 사항은 고용노동부장관이 정하여 고시한다.

제177조 【석면조사기관의 지정신청 등】 ① 법제120조제1항에 따라 석면조사기관으로 지정받으려는 자는 별지 제6호서식의 석면조사기관 지정신청서에 다음 각 호의 서류를 첨부하여 주된 사무소의 소재지를 관할하는 지방고용노동청장에게 제출해야 한다.

1. 정관
2. 정관을 갈음할 수 있는 서류(법인이 아닌 경우만 해당한다)
3. 법인등기사항증명서를 갈음할 수 있는 서류(법인이 아닌 경우만 해당한다)
4. 영 별표27에 따른 인력기준에 해당하는 사람의 자격과 채용을 증명할 수 있는 자격증(국가기술자격증은 제외한다), 경력증명서 및 재직증명서 등의 서류
5. 건물임대차계약서 사본이나 그 밖에 사무실의 보유를 증명할 수 있는 서류와 시설·장비 명세서
6. 최근 1년 이내의 석면조사 능력 평가의 적합판정서

② 제1항에 따른 신청서를 제출받은 관할 지방고용노동청장은 「전자정부법」 제36조

법 률	시 행 령	시 행 규 칙
문기관 또는 보건관리전문기관"은 "석면조사기관"으로 본다.	부한 경우 3. 제90조에 따른 인력기준에 해당하지 않는 사람에게 석면조사 업무를 수행하게 한 경우 4. 법제119조제5항에 따라 고용노동부령으로 정하는 조사 방법과 그 밖에 필요한 사항을 위반한 경우 5. 법제120조제2항에 따라 고용노동부장관이 실시하는 석면조사기관의 석면조사 능력 확인을 받지 않거나 부적합 판정을 받은 경우 6. 법제124조제2항에 따른 자격을 갖추지 않은 자에게 석면농도를 측정하게 한 경우 7. 법제124조제2항에 따른 석면농도 측정방법을 위반한 경우 8. 법에 따른 관계 공무원의 지도·감독을 거부·방해 또는 기피한 경우	제1항에 따른 행정정보의 공동이용을 통하여 법인등기사항증명서(법인인 경우만 해당한다) 및 국가기술자격증을 확인해야 한다. 다만, 신청인이 국가기술자격증의 확인에 동의하지 않는 경우에는 그 사본을 첨부하도록 해야 한다. ③ 석면조사기관에 대한 지정서의 발급, 지정받은 사항의 변경, 지정서의 반납 등에 관하여는 제16조제3항부터 제6항까지의 규정을 준용한다. 이 경우 "고용노동부장관 또는 지방고용노동청장"은 "지방고용노동청장"으로, "안전관리전문기관 또는 보건관리전문기관"은 "석면조사기관"으로 본다. **제178조【석면조사기관의 평가 등】** ① 공단이 법제120조제3항에 따라 석면조사기관을 평가하는 기준은 다음 각 호와 같다. 1. 인력·시설 및 장비의 보유 수준과 그에 대한 관리능력 2. 석면조사, 석면농도측정 및 시료분석의 신뢰도 등을 포함한 업무 수행능력 3. 석면조사 및 석면농도측정 대상 사업장의 만족도 ② 제1항에 따른 석면조사기관에 대한 평가

제121조【석면해체·제거업의 등록 등】 ① 석면해체·제거를 업으로 하려는 자는 대통령령으로 정하는 인력·시설 및 장비를 갖추어 고용노동부장관에게 등록하여야 한다.

② 고용노동부장관은 제1항에 따라 등록한 자(이하 "석면해체·제거업자"라 한다)의 석면해체·제거작업의 안전성을 고용노동부령으로 정하는 바에 따라 평가하고 그 결과를 공개할 수 있다. 이 경우 평가의 기준·방법 및 결과의 공개에 필요한 사항은 고용노동부령으로 정한다.

③ 제1항에 따른 등록 절차, 그 밖에 필요한 사항은 고용노동부령으로 정한다.

④ 석면해체·제거업자에 관하여는 제21조제4항 및 제5항을 준용한다. 이 경우 "안전관리전문기관 또는 보건관리전문기관"은 "석면해체·제거업자"로, "지정"은 "등록"으로 본다.

제92조【석면해체·제거업자의 등록 요건】 법제121조제1항에 따라 석면해체·제거업자로 등록하려는 자는 별표28에 따른 인력·시설 및 장비를 갖추어야 한다.

제93조【석면해체·제거업자의 등록 취소 등의 사유】 법제121조제4항에 따라 준용되는 법제21조제4항제5호에서 "대통령령으로 정하는 사유에 해당하는 경우"란 다음 각 호의 경우를 말한다.

1. 법제122조제3항에 따른 서류를 거짓이나 그 밖의 부정한 방법으로 작성한 경우
2. 법제122조제3항에 따른 신고(변경신고는 제외한다) 또는 서류 보존 의무를 이행하지 않은 경우
3. 법제123조제1항에 따라 고용노동부령으로 정하는 석면해체·제거의 작업기준을 준수하지 않아 벌금형의 선고 또는 금고 이상의 형의 선고를 받은 경우
4. 법에 따른 관계 공무원의 지도·감독을

방법 및 평가 결과의 공개에 관하여는 제17조제2항부터 제8항까지의 규정을 준용한다. 이 경우 "안전관리전문기관 또는 보건관리전문기관"은 "석면조사기관"으로 본다.

제179조【석면해체·제거업의 등록신청 등】 ① 법제121조제1항에 따라 석면해체·제거업자로 등록하려는 자는 별지 제75호서식의 석면해체·제거업 등록신청서에 다음 각 호의 서류를 첨부하여 주된 사무소의 소재지를 관할하는 지방고용노동관서의 장에게 제출해야 한다.

1. 영 별표28에 따른 인력기준에 해당하는 사람의 자격과 채용을 증명할 수 있는 서류
2. 건물임대차계약서 사본이나 그 밖에 사무실의 보유를 증명할 수 있는 서류와 시설·장비 명세서

② 지방고용노동관서의 장은 제1항에 따라 석면해체·제거업 등록신청서를 접수한 경우 영 별표28의 기준에 적합하면 그 등록신청서가 접수된 날부터 20일 이내에 별지 제76호서식의 석면해체·제거업 등록증을 신청인에게 발급해야 한다.

③ 법제121조제1항에 따라 등록한 자(이하 "석면해체·제거업자"라 한다)가 등록한 사

법 률	시 행 령	시 행 규 칙
	거부·방해 또는 기피한 경우	항을 변경하려는 경우에는 별지 제75호서식의 석면해체·제거업 변경신청서에 변경을 증명하는 서류와 등록증을 첨부하여 주된 사무소 소재지를 관할하는 지방고용노동관서의 장에게 제출해야 한다. 이 경우 변경신청서의 처리에 관하여는 제2항을 준용한다. ④ 제2항에 따라 등록증을 발급받은 자는 등록증을 분실하거나 등록증이 훼손된 경우에는 재발급 신청을 할 수 있다. ⑤ 석면해체·제거업자가 해당 업무를 폐지하거나 법제121조제4항에 따라 등록이 취소된 경우에는 즉시 제2항에 따른 등록증을 주된 사무소 소재지를 관할하는 지방고용노동관서의 장에게 반납해야 한다. **제180조【석면해체·제거작업의 안전성 평가 등】** ① 법제121조제2항에 따른 석면해체·제거작업의 안전성의 평가기준은 다음 각 호와 같다. 1. 석면해체·제거작업 기준의 준수 여부 2. 장비의 성능 3. 보유인력의 교육이수, 능력개발, 전산화 정도 및 그 밖에 필요한 사항 ② 석면해체·제거작업의 안전성의 평가항

제122조【석면의 해체·제거】 ① 기관석면조사 대상인 건축물이나 설비에 대통령령으로 정하는 함유량과 면적 이상의 석면이 포함되어 있는 경우 해당 건축물·설비소유주등은 석면해체·제거업자로 하여금 그 석면을 해체·제거하도록 하여야 한다. 다만, 건축물·설비소유주등이 인력·장비 등에서 석면해체·제거업자와 동등한 능력을 갖추고 있는 경우 등 대통령령으로 정하는 사유에 해당할 경우에는 스스로 석면을 해체·제거할 수 있다. 〈개정 2020.5.26.〉

《벌칙》 위반자는 5년이하의 징역 또는 5천만원이하의 벌금(법 제168조)

② 제1항에 따른 석면해체·제거는 해당 건축물이나 설비에 대하여 기관석면조사를 실시한 기관이 해서는 아니 된다.

《벌칙》 위반자는 500만원이하의 과태료(법 제175조제5항)

③ 석면해체·제거업자(제1항 단서의 경우에는 건축물·설비소유주등을 말한다. 이하 제124조에서 같다)는 제1항에 따른 석면해

제94조【석면해체·제거업자를 통한 석면해체·제거 대상】 ① 법제122조제1항 본문에서 "대통령령으로 정하는 함유량과 면적 이상의 석면이 포함되어 있는 경우"란 다음 각 호의 어느 하나에 해당하는 경우를 말한다. (개정 2020.9.8.)

1. 철거·해체하려는 벽체재료, 바닥재, 천장재 및 지붕재 등의 자재에 석면이 중량비율 1퍼센트가 넘게 포함되어 있고 그 자재의 면적의 합이 50제곱미터 이상인 경우
2. 석면이 중량비율 1퍼센트가 넘게 포함된 분무재 또는 내화피복재를 사용한 경우
3. 석면이 중량비율 1퍼센트가 넘게 포함된 제89조제1항제3호 각 목의 어느 하나(다목 및 라목은 제외한다)에 해당하는 자재의 면적의 합이 15제곱미터 이상 또는 그 부피의 합이 1세제곱미터 이상인 경우
4. 파이프에 사용된 보온재에서 석면이 중량비율 1퍼센트가 넘게 포함되어 있고

목, 평가등급 등 평가방법 및 공표방법 등에 관하여 필요한 사항은 고용노동부장관이 정하여 고시한다.

제181조【석면해체·제거작업 신고 절차 등】

① 석면해체·제거업자는 법제122조제3항에 따라 석면해체·제거작업 시작 7일 전까지 별지 제77호서식의 석면해체·제거작업 신고서에 다음 각 호의 서류를 첨부하여 해당 석면해체·제거작업 장소의 소재지를 관할하는 지방고용노동관서의 장에게 제출해야 한다. 이 경우 법제122조제1항 단서에 따라 석면해체·제거작업을 스스로 하려는 자는 영 제94조제2항에서 정한 등록에 필요한 인력, 시설 및 장비를 갖추고 있음을 증명하는 서류를 함께 제출해야 한다.

1. 공사계약서 사본
2. 석면 해체·제거 작업계획서(석면 흩날림 방지 및 폐기물 처리방법을 포함한다)
3. 석면조사결과서

② 석면해체·제거업자는 제1항에 따라 제출한 석면해체·제거작업 신고서의 내용이 변경된 경우에는 지체 없이 별지 제78호서식의 석면해체·제거작업 변경 신고서를 석면해체·제거작업 장소의 소재지를 관할하는

법 률	시 행 령	시 행 규 칙
체·제거작업을 하기 전에 고용노동부령으로 정하는 바에 따라 고용노동부장관에게 신고하고, 제1항에 따른 석면해체·제거작업에 관한 서류를 보존하여야 한다. 《벌칙》 위반자는 300만원이하의 과태료(법 제175조제6항제13호) ④ 고용노동부장관은 제3항에 따른 신고를 받은 경우 그 내용을 검토하여 이 법에 적합하면 신고를 수리하여야 한다. ⑤ 제3항에 따른 신고 절차, 그 밖에 필요한 사항은 고용노동부령으로 정한다. **제123조 【석면해체·제거 작업기준의 준수】** ① 석면이 포함된 건축물이나 설비를 철거하거나 해체하는 자는 고용노동부령으로 정하는 석면해체·제거의 작업기준을 준수하여야 한다. 〈개정 2020.5.26.〉 《벌칙》 위반자는 3년이하의 징역 또는 3천만원이하의 벌금(법 제169조) ② 근로자는 석면이 포함된 건축물이나 설비를 철거하거나 해체하는 자가 제1항의 작업기준에 따라 근로자에게 한 조치로서 고용노동부령으로 정하는 조치 사항을 준수하여야 한다. 〈개정 2020.5.26.〉	그 보온재 길이의 합이 80미터 이상인 경우 ② 법제122조제1항 단서에서 "석면해체·제거업자와 동등한 능력을 갖추고 있는 경우 등 대통령령으로 정하는 사유에 해당할 경우"란 석면해체·제거작업을 스스로 하려는 자가 제92조 및 별표28에 따른 인력·시설 및 장비를 갖추고 고용노동부령으로 정하는 바에 따라 이를 증명하는 경우를 말한다.	지방고용노동관서의 장에게 제출해야 한다. ③ 지방고용노동관서의 장은 제1항에 따른 석면해체·제거작업 신고서 또는 제2항에 따른 변경 신고서를 받았을 때에 그 신고서 및 첨부서류의 내용이 적합한 것으로 확인된 경우에는 그 신고서를 받은 날부터 7일 이내에 별지 제79호서식의 석면해체·제거작업 신고(변경) 증명서를 신청인에게 발급해야 한다. 다만, 현장책임자 또는 작업근로자의 변경에 관한 사항인 경우에는 지체 없이 그 적합 여부를 확인하여 변경증명서를 신청인에게 발급해야 한다. ④ 지방고용노동관서의 장은 제3항에 따른 확인 결과 사실과 다르거나 첨부서류가 누락된 경우 등 필요하다고 인정하는 경우에는 해당 신고서의 보완을 명할 수 있다. ⑤ 고용노동부장관은 지방고용노동관서의 장이 제1항에 따른 석면해체·제거작업 신고서 또는 제2항에 따른 변경 신고서를 제출받았을 때에는 그 내용을 해당 석면해체·제거작업 대상 건축물 등의 소재지를 관할하는 시장·군수·구청장에게 전자적 방법 등으로 제공할 수 있다.

《벌칙》 위반자는 300만원이하의 과태료(법 제175조제6항제3호)

제124조 【석면농도기준의 준수】 ① 석면해체·제거업자는 제122조제1항에 따른 석면해체·제거작업이 완료된 후 해당 작업장의 공기 중 석면농도가 고용노동부령으로 정하는 기준 이하가 되도록 하고, 그 증명자료를 고용노동부장관에게 제출하여야 한다.
《벌칙》 위반자는 500만원이하의 과태료(법 제175조제5항)
《벌칙》 위반자는 300만원이하의 과태료(법 제175조제6항제14호)
② 제1항에 따른 공기 중 석면농도를 측정할 수 있는 자의 자격 및 측정방법에 관한 사항은 고용노동부령으로 정한다.
③ 건축물·설비소유주등은 석면해체·제거작업 완료 후에도 작업장의 공기 중 석면농도가 제1항의 기준을 초과한 경우 해당 건축물이나 설비를 철거하거나 해체해서는 아니 된다.
《벌칙》 본항을 위반하여 건축물, 설비를 철거·해체한 자는 5천만원이하의 과태료(법 제175조제1항제2호)

제182조 【석면해체·제거작업 완료 후의 석면농도기준】 법제124조제1항에서 "고용노동부령으로 정하는 기준"이란 1 세제곱센티미터당 0.01개를 말한다.

제183조 【석면농도측정 결과의 제출】 석면해체·제거업자는 법제124조제1항에 따라 석면해체·제거작업이 완료된 후에는 별지 제80호서식의 석면농도측정 결과보고서에 해당 기관이 작성한 별지 제81호서식의 석면농도측정 결과표를 첨부하여 지체 없이 석면농도기준의 준수 여부에 대한 증명자료를 관할 지방고용노동관서의 장에게 제출(전자문서로 제출하는 것을 포함한다)해야 한다.

제184조 【석면농도를 측정할 수 있는 자의 자격】 법제124조제2항에 따른 공기 중 석면농도를 측정할 수 있는 자는 다음 각 호의 어느 하나에 해당하는 자격을 가진 사람으로 한다.
1. 법제120조제1항에 따른 석면조사기관에 소속된 산업위생관리산업기사 또는 대기환경산업기사 이상의 자격을 가진 사람
2. 법제126조제1항에 따른 작업환경측정기관에 소속된 산업위생관리산업기사 이상의 자격을 가진 사람

제185조 【석면농도의 측정방법】 ① 법제124

법　　률	시　행　령	시　행　규　칙
		조제2항에 따른 석면농도의 측정방법은 다음 각 호와 같다. 1. 석면해체·제거작업장 내의 작업이 완료된 상태를 확인한 후 공기가 건조한 상태에서 측정할 것 2. 작업장 내에 침전된 분진을 흩날린 후 측정할 것 3. 시료채취기를 작업이 이루어진 장소에 고정하여 공기 중 입자상 물질을 채취하는 지역시료채취방법으로 측정할 것 ② 제1항에 따른 측정방법의 구체적인 사항, 그 밖의 시료채취 수, 분석방법 등에 관하여 필요한 사항은 고용노동부장관이 정하여 고시한다.
제8장 근로자 보건관리	**제8장 근로자 보건관리**	**제8장 근로자 보건관리**
제1절 근로환경의 개선		제1절 근로환경의 개선
제125조 **【작업환경측정】** ① 사업주는 유해인자로부터 근로자의 건강을 보호하고 쾌적한 작업환경을 조성하기 위하여 인체에 해로운 작업을 하는 작업장으로서 고용노동부		제186조 **【작업환경측정 대상 작업장 등】** ① 법제125조제1항에서 "고용노동부령으로 정하는 작업장"이란 별표21의 작업환경측정 대상 유해인자에 노출되는 근로자가 있

령으로 정하는 작업장에 대하여 고용노동부령으로 정하는 자격을 가진 자로 하여금 작업환경측정을 하도록 하여야 한다.

《벌칙》 위반자는 1천만원이하의 과태료(법 제175조제4항)

② 제1항에도 불구하고 도급인의 사업장에서 관계수급인 또는 관계수급인의 근로자가 작업을 하는 경우에는 도급인이 제1항에 따른 자격을 가진 자로 하여금 작업환경측정을 하도록 하여야 한다.

《벌칙》 제1항, 제2항 위반자는 500만원이하의 과태료(법 제175조제5항제13호)

③ 사업주(제2항에 따른 도급인을 포함한다. 이하 이 조 및 제127조에서 같다)는 제1항에 따른 작업환경측정을제126조에 따라 지정받은 기관(이하 "작업환경측정기관"이라 한다)에 위탁할 수 있다. 이 경우 필요한 때에는 작업환경측정 중 시료의 분석만을 위탁할 수 있다.

④ 사업주는 근로자대표(관계수급인의 근로자대표를 포함한다. 이하 이 조에서 같다)가 요구하면 작업환경측정 시 근로자대표를 참석시켜야 한다.

《벌칙》 위반자는 500만원이하의 과태료

는 작업장을 말한다. 다만, 다음 각 호의 어느 하나에 해당하는 경우에는 작업환경측정을 하지 않을 수 있다.

1. 안전보건규칙 제420조제1호에 따른 관리대상 유해물질의 허용소비량을 초과하지 않는 작업장(그 관리대상 유해물질에 관한 작업환경측정만 해당한다)
2. 안전보건규칙 제420조제8호에 따른 임시 작업 및 같은 조 제9호에 따른 단시간 작업을 하는 작업장(고용노동부장관이 정하여 고시하는 물질을 취급하는 작업을 하는 경우는 제외한다)
3. 안전보건규칙 제605조제2호에 따른 분진작업의 적용 제외 작업장(분진에 관한 작업환경측정만 해당한다)
4. 그 밖에 작업환경측정 대상 유해인자의 노출 수준이 노출기준에 비하여 현저히 낮은 경우로서 고용노동부장관이 정하여 고시하는 작업장

② 안전보건진단기관이 안전보건진단을 실시하는 경우에 제1항에 따른 작업장의 유해인자 전체에 대하여 고용노동부장관이 정하는 방법에 따라 작업환경을 측정하였을 때에는 사업주는 법제125조에 따라 해당 측

법 률	시 행 령	시 행 규 칙
(법 제175조제5항제14호) ⑤ 사업주는 작업환경측정 결과를 기록하여 보존하고 고용노동부령으로 정하는 바에 따라 고용노동부장관에게 보고하여야 한다. 다만, 제3항에 따라 사업주로부터 작업환경측정을 위탁받은 작업환경측정기관이 작업환경측정을 한 후 그 결과를 고용노동부령으로 정하는 바에 따라 고용노동부장관에게 제출한 경우에는 작업환경측정 결과를 보고한 것으로 본다. 《벌칙》 위반자는 300만원이하의 과태료(법 제175조제6항제15호) ⑥ 사업주는 작업환경측정 결과를 해당 작업장의 근로자(관계수급인 및 관계수급인 근로자를 포함한다. 이하 이 항,제127조 및 제175조제5항제15호에서 같다)에게 알려야 하며, 그 결과에 따라 근로자의 건강을 보호하기 위하여 해당 시설·설비의 설치·개선 또는 건강진단의 실시 등의 조치를 하여야 한다. 《벌칙》 위반자는 1천만원이하의 벌금(법 제171조) 《벌칙》 위반자는 500만원이하의 과태료(법 제175조제5항제15호)		정주기에 실시해야 할 해당 작업장의 작업환경측정을 하지 않을 수 있다. **제187조 【작업환경측정자의 자격】** 법제125조제1항에서 "고용노동부령으로 정하는 자격을 가진 자"란 그 사업장에 소속된 사람 중 산업위생관리산업기사 이상의 자격을 가진 사람을 말한다. **제188조 【작업환경측정 결과의 보고】** ① 사업주는 법제125조제1항에 따라 작업환경측정을 한 경우에는 별지 제82호서식의 작업환경측정 결과보고서에 별지 제83호서식의 작업환경측정 결과표를 첨부하여 제189조제1항제3호에 따른 시료채취방법으로 시료채취(이하 이 조에서 "시료채취"라 한다)를 마친 날부터 30일 이내에 관할 지방고용노동관서의 장에게 제출해야 한다. 다만, 시료분석 및 평가에 상당한 시간이 걸려 시료채취를 마친 날부터 30일 이내에 보고하는 것이 어려운 사업장의 사업주는 고용노동부장관이 정하여 고시하는 바에 따라 그 사실을 증명하여 관할 지방고용노동관서의 장에게 신고하면 30일의 범위에서 제출기간을 연장할 수 있다.

⑦ 사업주는 산업안전보건위원회 또는 근로자대표가 요구하면 작업환경측정 결과에 대한 설명회 등을 개최하여야 한다. 이 경우 제3항에 따라 작업환경측정을 위탁하여 실시한 경우에는 작업환경측정기관에 작업환경측정 결과에 대하여 설명하도록 할 수 있다.
《벌칙》 위반자는 500만원이하의 과태료 (법 제175조제5항제1호)

⑧ 제1항 및 제2항에 따른 작업환경측정의 방법·횟수, 그 밖에 필요한 사항은 고용노동부령으로 정한다.

② 법제125조제5항 단서에 따라 작업환경측정기관이 작업환경측정을 한 경우에는 시료채취를 마친 날부터 30일 이내에 작업환경측정 결과표를 전자적 방법으로 지방고용노동관서의 장에게 제출해야 한다. 다만, 시료분석 및 평가에 상당한 시간이 걸려 시료채취를 마친 날부터 30일 이내에 보고하는 것이 어려운 작업환경측정기관은 고용노동부장관이 정하여 고시하는 바에 따라 그 사실을 증명하여 관할 지방고용노동관서의 장에게 신고하면 30일의 범위에서 제출기간을 연장할 수 있다.

③ 사업주는 작업환경측정 결과 노출기준을 초과한 작업공정이 있는 경우에는 법제125조제6항에 따라 해당 시설·설비의 설치·개선 또는 건강진단의 실시 등 적절한 조치를 하고 시료채취를 마친 날부터 60일 이내에 해당 작업공정의 개선을 증명할 수 있는 서류 또는 개선 계획을 관할 지방고용노동관서의 장에게 제출해야 한다.

④ 제1항 및 제2항에 따른 작업환경측정 결과의 보고내용, 방식 및 절차에 관한 사항은 고용노동부장관이 정하여 고시한다.

제189조 【작업환경측정방법】 ① 사업주는

법률	시행령	시행규칙
		법제125조제1항에 따른 작업환경측정을 할 때에는 다음 각 호의 사항을 지켜야 한다. 1. 작업환경측정을 하기 전에 예비조사를 할 것 2. 작업이 정상적으로 이루어져 작업시간과 유해인자에 대한 근로자의 노출 정도를 정확히 평가할 수 있을 때 실시할 것 3. 모든 측정은 개인 시료채취방법으로 하되, 개인 시료채취방법이 곤란한 경우에는 지역 시료채취방법으로 실시할 것. 이 경우 그 사유를 별지 제83호서식의 작업환경측정 결과표에 분명하게 밝혀야 한다. 4. 법제125조제3항에 따라 작업환경측정기관에 위탁하여 실시하는 경우에는 해당 작업환경측정기관에 공정별 작업내용, 화학물질의 사용실태 및 물질안전보건자료 등 작업환경측정에 필요한 정보를 제공할 것 ② 사업주는 근로자대표 또는 해당 작업공정을 수행하는 근로자가 요구하면 제1항제1호에 따른 예비조사에 참석시켜야 한다. ③ 제1항에 따른 측정방법 외에 유해인자별 세부 측정방법 등에 관하여 필요한 사항은

고용노동부장관이 정한다.

제190조 【작업환경측정 주기 및 횟수】 ① 사업주는 작업장 또는 작업공정이 신규로 가동되거나 변경되는 등으로 제186조에 따른 작업환경측정 대상 작업장이 된 경우에는 그 날부터 30일 이내에 작업환경측정을 하고, 그 후 반기(半期)에 1회 이상 정기적으로 작업환경을 측정해야 한다. 다만, 작업환경측정 결과가 다음 각 호의 어느 하나에 해당하는 작업장 또는 작업공정은 해당 유해인자에 대하여 그 측정일부터 3개월에 1회 이상 작업환경측정을 해야 한다.

1. 별표21 제1호에 해당하는 화학적 인자(고용노동부장관이 정하여 고시하는 물질만 해당한다)의 측정치가 노출기준을 초과하는 경우
2. 별표21 제1호에 해당하는 화학적 인자(고용노동부장관이 정하여 고시하는 물질은 제외한다)의 측정치가 노출기준을 2배 이상 초과하는 경우

② 제1항에도 불구하고 사업주는 최근 1년간 작업공정에서 공정 설비의 변경, 작업방법의 변경, 설비의 이전, 사용 화학물질의 변경 등으로 작업환경측정 결과에 영향을 주

법 률	시 행 령	시 행 규 칙
		는 변화가 없는 경우로서 다음 각 호의 어느 하나에 해당하는 경우에는 해당 유해인자에 대한 작업환경측정을 연(年) 1회 이상 할 수 있다. 다만, 고용노동부장관이 정하여 고시하는 물질을 취급하는 작업공정은 그렇지 않다. 1. 작업공정 내 소음의 작업환경측정 결과가 최근 2회 연속 85데시벨(dB) 미만인 경우 2. 작업공정 내 소음 외의 다른 모든 인자의 작업환경측정 결과가 최근 2회 연속 노출기준 미만인 경우
제126조【작업환경측정기관】 ① 작업환경측정기관이 되려는 자는 대통령령으로 정하는 인력·시설 및 장비 등의 요건을 갖추어 고용노동부장관의 지정을 받아야 한다. ② 고용노동부장관은 작업환경측정기관의 측정·분석 결과에 대한 정확성과 정밀도를 확보하기 위하여 작업환경측정기관의 측정·분석능력을 확인하고, 작업환경측정기관을 지도하거나 교육할 수 있다. 이 경우 측정·분석능력의 확인, 작업환경측정기관에 대한 교육의 방법·절차, 그 밖에 필요한 사항은 고용노동부장관이 정하여 고시한다.	**제95조【작업환경측정기관의 지정 요건】** 법 제126조제1항에 따라 작업환경측정기관으로 지정받을 수 있는 자는 다음 각 호의 어느 하나에 해당하는 자로서 작업환경측정기관의 유형별로 별표29에 따른 인력·시설 및 장비를 갖추고 법제126조제2항에 따라 고용노동부장관이 실시하는 작업환경측정기관의 측정·분석능력 확인에서 적합 판정을 받은 자로 한다. 1. 국가 또는 지방자치단체의 소속기관 2. 「의료법」에 따른 종합병원 또는 병원 3. 「고등교육법」 제2조제1호부터 제6호까	**제191조【작업환경측정기관의 평가 등】** ① 공단이 법제126조제3항에 따라 작업환경측정기관을 평가하는 기준은 다음 각 호와 같다. 1. 인력·시설 및 장비의 보유 수준과 그에 대한 관리능력 2. 작업환경측정 및 시료분석 능력과 그 결과의 신뢰도 3. 작업환경측정 대상 사업장의 만족도 ② 제1항에 따른 작업환경측정기관에 대한 평가 방법 및 평가 결과의 공개에 관하여는 제17조제2항부터 제8항까지의 규정을 준용한다. 이 경우 "안전관리전문기관 또는 보건관

③ 고용노동부장관은 작업환경측정의 수준을 향상시키기 위하여 필요한 경우 작업환경측정기관을 평가하고 그 결과(제2항에 따른 측정·분석능력의 확인 결과를 포함한다)를 공개할 수 있다. 이 경우 평가기준·방법 및 결과의 공개, 그 밖에 필요한 사항은 고용노동부령으로 정한다.

④ 작업환경측정기관의 유형, 업무 범위 및 지정 절차, 그 밖에 필요한 사항은 고용노동부령으로 정한다.

⑤ 작업환경측정기관에 관하여는 제21조제4항 및 제5항을 준용한다. 이 경우 "안전관리전문기관 또는 보건관리전문기관"은 "작업환경측정기관"으로 본다.

제127조【작업환경측정 신뢰성 평가】 ① 고용노동부장관은 제125조제1항 및 제2항에 따른 작업환경측정 결과에 대하여 그 신뢰성을 평가할 수 있다.

② 사업주와 근로자는 고용노동부장관이 제1항에 따른 신뢰성을 평가할 때에는 적극적으로 협조하여야 한다.

③ 제1항에 따른 신뢰성 평가의 방법·대상 및 절차, 그 밖에 필요한 사항은 고용노동부령으로 정한다.

지의 규정에 따른 대학 또는 그 부속기관

4. 작업환경측정 업무를 하려는 법인
5. 작업환경측정 대상 사업장의 부속기관(해당 부속기관이 소속된 사업장 등 고용노동부령으로 정하는 범위로 한정하여 지정받으려는 경우로 한정한다)

제96조【작업환경측정기관의 지정 취소 등의 사유】 법제126조제5항에 따라 준용되는 법제21조제4항제5호에서 "대통령령으로 정하는 사유에 해당하는 경우"란 다음 각 호의 경우를 말한다.

1. 작업환경측정 관련 서류를 거짓으로 작성한 경우
2. 정당한 사유 없이 작업환경측정 업무를 거부한 경우
3. 위탁받은 작업환경측정 업무에 차질을 일으킨 경우
4. 법제125조제8항에 따라 고용노동부령으로 정하는 작업환경측정 방법 등을 위반한 경우

리전문기관"은 "작업환경측정기관"으로 본다.

제192조【작업환경측정기관의 유형과 업무 범위】 작업환경측정기관의 유형 및 유형별 작업환경측정기관이 작업환경측정을 할 수 있는 사업장의 범위는 다음 각 호와 같다.

1. 사업장 위탁측정기관: 위탁받은 사업장
2. 사업장 자체측정기관: 그 사업장(계열회사 사업장을 포함한다) 또는 그 사업장 내에서 사업의 일부가 도급계약에 의하여 시행되는 경우에는 수급인의 사업장

제193조【작업환경측정기관의 지정신청 등】 ① 법제126조제1항에 따른 작업환경측정기관으로 지정받으려는 자는 같은 조 제2항에 따라 작업환경측정·분석 능력이 적합하다는 고용노동부장관의 확인을 받은 후 별지 제6호서식의 작업환경측정기관 지정신청서에 다음 각 호의 서류를 첨부하여 측정을 하려는 지역을 관할하는 지방고용노동관서의 장에게 제출해야 한다. 다만, 사업장 부속기관의 경우에는 작업환경측정기관으로 지정받으려는 사업장의 소재지를 관할하는 지방고용노동관서의 장에게 제출해야 한다.

1. 정관
2. 정관을 갈음할 수 있는 서류(법인이 아

법 률	시 행 령	시 행 규 칙
제128조【작업환경전문연구기관의 지정】 ① 고용노동부장관은 작업장의 유해인자로부터 근로자의 건강을 보호하고 작업환경관리방법 등에 관한 전문연구를 촉진하기 위하여 유해인자별·업종별 작업환경전문연구기관을 지정하여 예산의 범위에서 필요한 지원을 할 수 있다. ② 제1항에 따른 유해인자별·업종별 작업환경전문연구기관의 지정기준, 그 밖에 필요한 사항은 고용노동부장관이 정하여 고시한다.	5. 법제126조제2항에 따라 고용노동부장관이 실시하는 작업환경측정기관의 측정·분석능력 확인을 1년 이상 받지 않거나 작업환경측정기관의 측정·분석능력 확인에서 부적합 판정을 받은 경우 6. 작업환경측정 업무와 관련된 비치서류를 보존하지 않은 경우 7. 법에 따른 관계 공무원의 지도·감독을 거부·방해 또는 기피한 경우	닌 경우만 해당한다) 3. 법인등기사항증명서를 갈음할 수 있는 서류(법인이 아닌 경우만 해당한다) 4. 영 별표29에 따른 인력기준에 해당하는 사람의 자격과 채용을 증명할 수 있는 자격증(국가기술자격증은 제외한다), 경력증명서 및 재직증명서 등의 서류 5. 건물임대차계약서 사본이나 그 밖에 사무실의 보유를 증명할 수 있는 서류와 시설·장비 명세서 6. 최초 1년간의 측정사업계획서(사업장 부속기관의 경우에는 측정대상 사업장의 명단 및 최종 작업환경측정 결과서 사본) ② 제1항에 따른 신청서를 제출받은 지방고용노동관서의 장은 「전자정부법」 제36조제1항에 따른 행정정보의 공동이용을 통하여 법인등기사항증명서(법인인 경우만 해당한다) 및 국가기술자격증을 확인해야 한다. 다만, 신청인이 국가기술자격증의 확인에 동의하지 않는 경우에는 그 사본을 첨부하도록 해야 한다. ③ 작업환경측정기관에 대한 지정서의 발급, 지정받은 사항의 변경, 지정서의 반납 등에

관하여는 제16조제3항부터 제6항까지의 규정을 준용한다. 이 경우 "고용노동부장관 또는 지방고용노동청장"은 "지방고용노동관서의 장"으로, "안전관리전문기관 또는 보건관리전문기관"은 "작업환경측정기관"으로 본다.

④ 작업환경측정기관의 수, 담당 지역, 그 밖에 필요한 사항은 고용노동부장관이 정하여 고시한다.

제194조 【작업환경측정 신뢰성평가의 대상 등】 ① 공단은 다음 각 호의 어느 하나에 해당하는 경우에는 법제127조제1항에 따른 작업환경측정 신뢰성평가(이하 "신뢰성평가"라 한다)를 할 수 있다.

1. 작업환경측정 결과가 노출기준 미만인데도 직업병 유소견자가 발생한 경우
2. 공정설비, 작업방법 또는 사용 화학물질의 변경 등 작업 조건의 변화가 없는데도 유해인자 노출수준이 현저히 달라진 경우
3. 제189조에 따른 작업환경측정방법을 위반하여 작업환경측정을 한 경우 등 신뢰성평가의 필요성이 인정되는 경우

② 공단이 제1항에 따라 신뢰성평가를 할 때에는 법제125조제5항에 따른 작업환경측정 결과와 법제164조제4항에 따른 작업환경측

법 률	시 행 령	시 행 규 칙
제2절 건강진단 및 건강관리 **제129조 【일반건강진단】** ① 사업주는 상시 사용하는 근로자의 건강관리를 위하여 건강진단(이하 "일반건강진단"이라 한다)을 실시하여야 한다. 다만, 사업주가 고용노동부령으로 정하는 건강진단을 실시한 경우에는 그 건강진단을 받은 근로자에 대하여 일반건강진단을 실시한 것으로 본다. 《벌칙》 위반자는 1천만원이하의 과태료(법 제175조제4항) ② 사업주는 제135조제1항에 따른 특수건		정 서류를 검토하고, 해당 작업공정 또는 사업장에 대하여 작업환경측정을 해야 하며, 그 결과를 해당 사업장의 소재지를 관할하는 지방고용노동관서의 장에게 보고해야 한다. ③ 지방고용노동관서의 장은 제2항에 따른 작업환경측정 결과 노출기준을 초과한 경우에는 사업주로 하여금 법제125조제6항에 따라 해당 시설·설비의 설치·개선 또는 건강진단의 실시 등 적절한 조치를 하도록 해야 한다. 제2절 건강진단 및 건강관리 **제195조 【근로자 건강진단 실시에 대한 협력 등】** ① 사업주는 법제135조제1항에 따른 특수건강진단기관 또는 「건강검진기본법」 제3조제2호에 따른 건강검진기관(이하 "건강진단기관"이라 한다)이 근로자의 건강진단을 위하여 다음 각 호의 정보를 요청하는 경우 해당 정보를 제공하는 등 근로자의 건강진단이 원활히 실시될 수 있도록 적극 협조해야 한다. 1. 근로자의 작업장소, 근로시간, 작업내

강진단기관 또는 「건강검진기본법」 제3조제2호에 따른 건강검진기관(이하 "건강진단기관"이라 한다)에서 일반건강진단을 실시하여야 한다.

③ 일반건강진단의 주기·항목·방법 및 비용, 그 밖에 필요한 사항은 고용노동부령으로 정한다.

용, 작업방식 등 근무환경에 관한 정보

2. 건강진단 결과, 작업환경측정 결과, 화학물질 사용 실태, 물질안전보건자료 등 건강진단에 필요한 정보

② 근로자는 사업주가 실시하는 건강진단 및 의학적 조치에 적극 협조해야 한다.

③ 건강진단기관은 사업주가 법제129조부터 제131조까지의 규정에 따라 건강진단을 실시하기 위하여 출장검진을 요청하는 경우에는 출장검진을 할 수 있다.

제196조【일반건강진단 실시의 인정】 법제129조제1항 단서에서 "고용노동부령으로 정하는 건강진단"이란 다음 각 호 어느 하나에 해당하는 건강진단을 말한다.

1. 「국민건강보험법」에 따른 건강검진
2. 「선원법」에 따른 건강진단
3. 「진폐의 예방과 진폐근로자의 보호 등에 관한 법률」에 따른 정기 건강진단
4. 「학교보건법」에 따른 건강검사
5. 「항공안전법」에 따른 신체검사
6. 그 밖에 제198조제1항에서 정한 법제129조제1항에 따른 일반건강진단(이하 "일반건강진단"이라 한다)의 검사항목을 모두 포함하여 실시한 건강진단

법 률	시 행 령	시 행 규 칙
		제197조【일반건강진단의 주기 등】 ① 사업주는 상시 사용하는 근로자 중 사무직에 종사하는 근로자(공장 또는 공사현장과 같은 구역에 있지 않은 사무실에서 서무·인사·경리·판매·설계 등의 사무업무에 종사하는 근로자를 말하며, 판매업무 등에 직접 종사하는 근로자는 제외한다)에 대해서는 2년에 1회 이상, 그 밖의 근로자에 대해서는 1년에 1회 이상 일반건강진단을 실시해야 한다. ② 법제129조에 따라 일반건강진단을 실시해야 할 사업주는 일반건강진단 실시 시기를 안전보건관리규정 또는 취업규칙에 규정하는 등 일반건강진단이 정기적으로 실시되도록 노력해야 한다. **제198조【일반건강진단의 검사항목 및 실시방법 등】** ① 일반건강진단의 제1차 검사항목은 다음 각 호와 같다. 1. 과거병력, 작업경력 및 자각·타각증상(시진·촉진·청진 및 문진) 2. 혈압·혈당·요당·요단백 및 빈혈검사 3. 체중·시력 및 청력 4. 흉부방사선 촬영 5. AST(SGOT) 및 ALT(SGPT),

γ-GTP 및 총콜레스테롤

② 제1항에 따른 제1차 검사항목 중 혈당·γ-GTP 및 총콜레스테롤 검사는 고용노동부장관이 정하는 근로자에 대하여 실시한다.

③ 제1항에 따른 검사 결과 질병의 확진이 곤란한 경우에는 제2차 건강진단을 받아야 하며, 제2차 건강진단의 범위, 검사항목, 방법 및 시기 등은 고용노동부장관이 정하여 고시한다.

④ 제196조 각 호 및 제200조 각 호에 따른 법령과 그 밖에 다른 법령에 따라 제1항부터 제3항까지의 규정에서 정한 검사항목과 같은 항목의 건강진단을 실시한 경우에는 해당 항목에 한정하여 제1항부터 제3항에 따른 검사를 생략할 수 있다.

⑤ 제1항부터 제4항까지의 규정에서 정한 사항 외에 일반건강진단의 검사방법, 실시방법, 그 밖에 필요한 사항은 고용노동부장관이 정한다.

제199조【일반건강진단 결과의 제출】 지방고용노동관서의 장은 근로자의 건강 유지를 위하여 필요하다고 인정되는 사업장의 경우 해당 사업주에게 별지 제84호서식의 일반건강진단 결과표를 제출하게 할 수 있다.

법 률	시 행 령	시 행 규 칙
제130조 【특수건강진단 등】 ① 사업주는 다음 각 호의 어느 하나에 해당하는 근로자의 건강관리를 위하여 건강진단(이하 "특수건강진단"이라 한다)을 실시하여야 한다. 다만, 사업주가 고용노동부령으로 정하는 건강진단을 실시한 경우에는 그 건강진단을		**제200조 【특수건강진단 실시의 인정】** 법제130조제1항 단서에서 "고용노동부령으로 정하는 건강진단"이란 다음 각 호의 어느 하나에 해당하는 건강진단을 말한다. 1. 「원자력안전법」에 따른 건강진단(방사선만 해당한다) 2. 「진폐의 예방과 진폐근로자의 보호 등에 관한 법률」에 따른 정기 건강진단(광물성 분진만 해당한다) 3. 「진단용 방사선 발생장치의 안전관리에 관한 규칙」에 따른 건강진단(방사선만 해당한다) 4. 그 밖에 다른 법령에 따라 별표24에서 정한 법제130조제1항에 따른 특수건강진단(이하 "특수건강진단"이라 한다)의 검사항목을 모두 포함하여 실시한 건강진단(해당하는 유해인자만 해당한다) **제201조 【특수건강진단 대상업무】** 법제130조제1항제1호에서 "고용노동부령으로 정하는 유해인자"는 별표22와 같다. **제202조 【특수건강진단의 실시 시기 및 주기 등】** ① 사업주는 법제130조제1항제1호에 해당하는 근로자에 대해서는 별표23에서 특수

받은 근로자에 대하여 해당 유해인자에 대한 특수건강진단을 실시한 것으로 본다.

1. 고용노동부령으로 정하는 유해인자에 노출되는 업무(이하 "특수건강진단대상업무"라 한다)에 종사하는 근로자
2. 제1호,제3항 및 제131조에 따른 건강진단 실시 결과 직업병 소견이 있는 근로자로 판정받아 작업 전환을 하거나 작업 장소를 변경하여 해당 판정의 원인이 된 특수건강진단대상업무에 종사하지 아니하는 사람으로서 해당 유해인자에 대한 건강진단이 필요하다는 「의료법」 제2조에 따른 의사의 소견이 있는 근로자

② 사업주는 특수건강진단대상업무에 종사할 근로자의 배치 예정 업무에 대한 적합성 평가를 위하여 건강진단(이하 "배치전건강진단"이라 한다)을 실시하여야 한다. 다만, 고용노동부령으로 정하는 근로자에 대해서는 배치전건강진단을 실시하지 아니할 수 있다.

③ 사업주는 특수건강진단대상업무에 따른 유해인자로 인한 것이라고 의심되는 건강장해 증상을 보이거나 의학적 소견이 있는 근로자 중 보건관리자 등이 사업주에게 건강

건강진단 대상 유해인자별로 정한 시기 및 주기에 따라 특수건강진단을 실시해야 한다.

② 제1항에도 불구하고 법제125조에 따른 사업장의 작업환경측정 결과 또는 특수건강진단 실시 결과에 따라 다음 각 호의 어느 하나에 해당하는 근로자에 대해서는 다음 회에 한정하여 관련 유해인자별로 특수건강진단 주기를 2분의 1로 단축해야 한다.

1. 작업환경을 측정한 결과 노출기준 이상인 작업공정에서 해당 유해인자에 노출되는 모든 근로자
2. 특수건강진단, 법제130조제3항에 따른 수시건강진단(이하 "수시건강진단"이라 한다) 또는 법제131조제1항에 따른 임시건강진단(이하 "임시건강진단"이라 한다)을 실시한 결과 직업병 유소견자가 발견된 작업공정에서 해당 유해인자에 노출되는 모든 근로자. 다만, 고용노동부장관이 정하는 바에 따라 특수건강진단·수시건강진단 또는 임시건강진단을 실시한 의사로부터 특수건강진단 주기를 단축하는 것이 필요하지 않다는 소견을 받은 경우는 제외한다.
3. 특수건강진단 또는 임시건강진단을 실

법 률	시 행 령	시 행 규 칙
진단 실시를 건의하는 등 고용노동부령으로 정하는 근로자에 대하여 건강진단(이하 "수시건강진단"이라 한다)을 실시하여야 한다. 《벌칙》 제1항부터 제3항까지 위반자는 1천만원이하의 과태료(법 제175조제4항) ④ 사업주는 제135조제1항에 따른 특수건강진단기관에서 제1항부터 제3항까지의 규정에 따른 건강진단을 실시하여야 한다. ⑤ 제1항부터 제3항까지의 규정에 따른 건강진단의 시기·주기·항목·방법 및 비용, 그 밖에 필요한 사항은 고용노동부령으로 정한다.		시한 결과 해당 유해인자에 대하여 특수건강진단 실시 주기를 단축해야 한다는 의사의 소견을 받은 근로자 ③ 사업주는 법제130조제1항제2호에 해당하는 근로자에 대해서는 직업병 유소견자 발생의 원인이 된 유해인자에 대하여 해당 근로자를 진단한 의사가 필요하다고 인정하는 시기에 특수건강진단을 실시해야 한다. ④ 법제130조제1항에 따라 특수건강진단을 실시해야 할 사업주는 특수건강진단 실시 시기를 안전보건관리규정 또는 취업규칙에 규정하는 등 특수건강진단이 정기적으로 실시되도록 노력해야 한다. **제203조 【배치전건강진단 실시의 면제】** 법제130조제2항 단서에서 "고용노동부령으로 정하는 근로자"란 다음 각 호의 어느 하나에 해당하는 근로자를 말한다. 1. 다른 사업장에서 해당 유해인자에 대하여 다음 각 목의 어느 하나에 해당하는 건강진단을 받고 6개월이 지나지 않은 근로자로서 건강진단 결과를 적은 서류(이하 "건강진단개인표"라 한다) 또는 그 사본을 제출한 근로자

가. 법제130조제2항에 따른 배치전건강진단(이하 "배치전건강진단"이라 한다)
나. 배치전건강진단의 제1차 검사항목을 포함하는 특수건강진단, 수시건강진단 또는 임시건강진단
다. 배치전건강진단의 제1차 검사항목 및 제2차 검사항목을 포함하는 건강진단

2. 해당 사업장에서 해당 유해인자에 대하여 제1호 각 목의 어느 하나에 해당하는 건강진단을 받고 6개월이 지나지 않은 근로자

제204조【배치전건강진단의 실시 시기】 사업주는 특수건강진단대상업무에 근로자를 배치하려는 경우에는 해당 작업에 배치하기 전에 배치전건강진단을 실시해야 하고, 특수건강진단기관에 해당 근로자가 담당할 업무나 배치하려는 작업장의 특수건강진단 대상 유해인자 등 관련 정보를 미리 알려 주어야 한다.

제205조【수시건강진단 대상 근로자 등】 ① 법제130조제3항에서 "고용노동부령으로 정하는 근로자"란 특수건강진단대상업무로 인하여 해당 유해인자로 인한 것이라고 의심되는 직업성 천식, 직업성 피부염, 그 밖

법 률	시 행 령	시 행 규 칙
		에 건강장해 증상을 보이거나 의학적 소견이 있는 근로자로서 다음 각 호의 어느 하나에 해당하는 근로자를 말한다. 다만, 사업주가 직전 특수건강진단을 실시한 특수건강진단기관의 의사로부터 수시건강진단이 필요하지 않다는 소견을 받은 경우는 제외한다. 1. 산업보건의, 보건관리자, 보건관리 업무를 위탁받은 기관이 필요하다고 판단하여 사업주에게 수시건강진단을 건의한 근로자 2. 해당 근로자나 근로자대표 또는 법제23조에 따라 위촉된 명예산업안전감독관이 사업주에게 수시건강진단을 요청한 근로자 ② 사업주는 제1항에 해당하는 근로자에 대해서는 지체 없이 수시건강진단을 실시해야 한다. ③ 제1항 및 제2항에서 정한 사항 외에 수시건강진단의 실시방법, 그 밖에 필요한 사항은 고용노동부장관이 정한다. **제206조【특수건강진단 등의 검사항목 및 실시방법 등】** ① 법제130조에 따른 특수건강진단·배치전건강진단 및 수시건강진단의 검사항목은 제1차 검사항목과 제2차 검사항

목으로 구분하며, 각 세부 검사항목은 별표 24와 같다.
② 제1항에 따른 제1차 검사항목은 특수건강진단, 배치전건강진단 및 수시건강진단의 대상이 되는 근로자 모두에 대하여 실시한다.
③ 제1항에 따른 제2차 검사항목은 제1차 검사항목에 대한 검사 결과 건강수준의 평가가 곤란하거나 질병이 의심되는 사람에 대하여 고용노동부장관이 정하여 고시하는 바에 따라 실시해야 한다. 다만, 건강진단 담당 의사가 해당 유해인자에 대한 근로자의 노출 정도, 병력 등을 고려하여 필요하다고 인정하면 제2차 검사항목의 일부 또는 전부에 대하여 제1차 검사항목을 검사할 때에 추가하여 실시할 수 있다.
④ 제196조 각 호 및 제200조 각 호에 따른 법령과 그 밖에 다른 법령에 따라 제1항 및 제2항에서 정한 검사항목과 같은 항목의 건강진단을 실시한 경우에는 해당 항목에 한정하여 제1항 및 제2항에 따른 검사를 생략할 수 있다.
⑤ 제1항부터 제4항까지의 규정에서 정한 사항 외에 특수건강진단·배치전건강진단 및 수시건강진단의 검사방법, 실시방법, 그

법 률	시 행 령	시 행 규 칙
제131조 【임시건강진단 명령 등】 ① 고용노동부장관은 같은 유해인자에 노출되는 근로자들에게 유사한 질병의 증상이 발생한 경우 등 고용노동부령으로 정하는 경우에는 근로자의 건강을 보호하기 위하여 사업주에게 특정 근로자에 대한 건강진단(이하 "임시건강진단"이라 한다)의 실시나 작업전환, 그 밖에 필요한 조치를 명할 수 있다. 《벌칙》 위반자는 3년이하의 징역 또는 3천만원이하의 벌금(법 제169조) ② 임시건강진단의 항목, 그 밖에 필요한 사항은 고용노동부령으로 정한다. **제132조 【건강진단에 관한 사업주의 의무】** ① 사업주는 제129조부터 제131조까지의 규정에 따른 건강진단을 실시하는 경우 근로자대표가 요구하면 근로자대표를 참석시켜야 한다. 《벌칙》 위반자는 500만원이하의 과태료(법 제175조제5항제14호) ② 사업주는 산업안전보건위원회 또는 근로자대표가 요구할 때에는 직접 또는 제129		밖에 필요한 사항은 고용노동부장관이 정한다. **제207조 【임시건강진단 명령 등】** ① 법제131조제1항에서 "고용노동부령으로 정하는 경우"란 특수건강진단 대상 유해인자 또는 그 밖의 유해인자에 의한 중독 여부, 질병에 걸렸는지 여부 또는 질병의 발생 원인 등을 확인하기 위하여 필요하다고 인정되는 경우로서 다음 각 호에 어느 하나에 해당하는 경우를 말한다. 1. 같은 부서에 근무하는 근로자 또는 같은 유해인자에 노출되는 근로자에게 유사한 질병의 자각·타각 증상이 발생한 경우 2. 직업병 유소견자가 발생하거나 여러 명이 발생할 우려가 있는 경우 3. 그 밖에 지방고용노동관서의 장이 필요하다고 판단하는 경우 ② 임시건강진단의 검사항목은 별표24에 따른 특수건강진단의 검사항목 중 전부 또는 일부와 건강진단 담당 의사가 필요하다고 인정하는 검사항목으로 한다. ③ 제2항에서 정한 사항 외에 임시건강진단

조부터 제131조까지의 규정에 따른 건강진단을 한 건강진단기관에 건강진단 결과에 대하여 설명하도록 하여야 한다. 다만, 개별 근로자의 건강진단 결과는 본인의 동의 없이 공개해서는 아니 된다.

《벌칙》 위반자는 500만원이하의 과태료 (법 제175조제5항)

③ 사업주는 제129조부터 제131조까지의 규정에 따른 건강진단의 결과를 근로자의 건강 보호 및 유지 외의 목적으로 사용해서는 아니 된다.

《벌칙》 위반자는 300만원이하의 과태료 (법 제175조제6항제3호)

④ 사업주는 제129조부터 제131조까지의 규정 또는 다른 법령에 따른 건강진단의 결과 근로자의 건강을 유지하기 위하여 필요하다고 인정할 때에는 작업장소 변경, 작업 전환, 근로시간 단축, 야간근로(오후 10시부터 다음 날 오전 6시까지 사이의 근로를 말한다)의 제한, 작업환경측정 또는 시설·설비의 설치·개선 등 고용노동부령으로 정하는 바에 따라 적절한 조치를 하여야 한다.

《벌칙》 위반자는 1천만원이하의 벌금(법 제171조)

의 검사방법, 실시방법, 그 밖에 필요한 사항은 고용노동부장관이 정한다.

제208조 【건강진단비용】 일반건강진단, 특수건강진단, 배치전건강진단, 수시건강진단, 임시건강진단의 비용은 「국민건강보험법」에서 정한 기준에 따른다.

제209조 【건강진단 결과의 보고 등】 ① 건강진단기관이 법제129조부터 제131조까지의 규정에 따른 건강진단을 실시하였을 때에는 그 결과를 고용노동부장관이 정하는 건강진단개인표에 기록하고, 건강진단을 실시한 날부터 30일 이내에 근로자에게 송부해야 한다.

② 건강진단기관은 건강진단을 실시한 결과 질병 유소견자가 발견된 경우에는 건강진단을 실시한 날부터 30일 이내에 해당 근로자에게 의학적 소견 및 사후관리에 필요한 사항과 업무수행의 적합성 여부(특수건강진단기관인 경우만 해당한다)를 설명해야 한다. 다만, 해당 근로자가 소속한 사업장의 의사인 보건관리자에게 이를 설명한 경우에는 그렇지 않다.

③ 건강진단기관은 건강진단을 실시한 날부터 30일 이내에 다음 각 호의 구분에 따라 건강

법 률	시 행 령	시 행 규 칙
⑤ 제4항에 따라 적절한 조치를 하여야 하는 사업주로서 고용노동부령으로 정하는 사업주는 그 조치 결과를 고용노동부령으로 정하는 바에 따라 고용노동부장관에게 제출하여야 한다. 《벌칙》 위반자는 300만원이하의 과태료 (법 제175조제6항제15호) **제133조(건강진단에 관한 근로자의 의무)** 근로자는 제129조부터 제131조까지의 규정에 따라 사업주가 실시하는 건강진단을 받아야 한다. 다만, 사업주가 지정한 건강진단기관이 아닌 건강진단기관으로부터 이에 상응하는 건강진단을 받아 그 결과를 증명하는 서류를 사업주에게 제출하는 경우에는 사업주가 실시하는 건강진단을 받은 것으로 본다. 《벌칙》 위반자는 300만원이하의 과태료 (법 제175조제6항제3호) **제134조(건강진단기관 등의 결과보고 의무)** ① 건강진단기관은 제129조부터 제131조까지의 규정에 따른 건강진단을 실시한 때		진단 결과표를 사업주에게 송부해야 한다. 1. 일반건강진단을 실시한 경우: 별지 제84호서식의 일반건강진단 결과표 2. 특수건강진단·배치전건강진단·수시건강진단 및 임시건강진단을 실시한 경우: 별지 제85호서식의 특수·배치전·수시·임시건강진단 결과표 ④ 특수건강진단기관은 특수건강진단·수시건강진단 또는 임시건강진단을 실시한 경우에는 법제134조제1항에 따라 건강진단을 실시한 날부터 30일 이내에 건강진단 결과표를 지방고용노동관서의 장에게 제출해야 한다. 다만, 건강진단개인표 전산입력자료를 고용노동부장관이 정하는 바에 따라 공단에 송부한 경우에는 그렇지 않다. ⑤ 법제129조제1항 단서에 따른 건강진단을 한 기관은 사업주가 근로자의 건강보호를 위하여 건강진단 결과를 요청하는 경우 별지 제84호서식의 일반건강진단 결과표를 사업주에게 송부해야 한다. **제210조【건강진단 결과에 따른 사후관리 등】** ① 사업주는 제209조제3항에 따른 건강진단 결과표에 따라 근로자의 건강을 유

에는 고용노동부령으로 정하는 바에 따라 그 결과를 근로자 및 사업주에게 통보하고 고용노동부장관에게 보고하여야 한다.

② 제129조제1항 단서에 따라 건강진단을 실시한 기관은 사업주가 근로자의 건강보호를 위하여 그 결과를 요청하는 경우 고용노동부령으로 정하는 바에 따라 그 결과를 사업주에게 통보하여야 한다.

《벌칙》 제1항, 제2항 위반자는 300만원이하의 과태료(법 제175조제6항제15호)

지하기 위하여 필요하면 법제132조제4항에 따른 조치를 하고, 근로자에게 해당 조치 내용에 대하여 설명해야 한다.

② 고용노동부장관은 사업주가 제1항에 따른 조치를 하는 데 필요한 사항을 정하여 고시할 수 있다.

③ 법제132조제5항에서 "고용노동부령으로 정하는 사업주"란 특수건강진단, 수시건강진단, 임시건강진단의 결과 특정 근로자에 대하여 근로 금지 및 제한, 작업전환, 근로시간 단축, 직업병 확진 의뢰 안내의 조치가 필요하다는 건강진단을 실시한 의사의 소견이 있는 건강진단 결과표를 송부받은 사업주를 말한다.

④ 제3항에 따른 사업주는 건강진단 결과표를 송부받은 날부터 30일 이내에 별지 제86호서식의 사후관리 조치결과 보고서에 건강진단 결과표, 제3항에 따른 조치의 실시를 증명할 수 있는 서류 또는 실시 계획 등을 첨부하여 관할 지방고용노동관서의 장에게 제출해야 한다.

⑤ 그 밖에 제4항에 따른 사후관리 조치결과 보고서 등의 제출에 필요한 사항은 고용노동부장관이 정한다.

법 률	시 행 령	시 행 규 칙
제135조【특수건강진단기관】 ①「의료법」 제3조에 따른 의료기관이 특수건강진단, 배치전건강진단 또는 수시건강진단을 수행하려는 경우에는 고용노동부장관으로부터 건강진단을 할 수 있는 기관(이하 "특수건강진단기관"이라 한다)으로 지정받아야 한다. ② 특수건강진단기관으로 지정받으려는 자는 대통령령으로 정하는 요건을 갖추어 고용노동부장관에게 신청하여야 한다. ③ 고용노동부장관은 제1항에 따른 특수건강진단기관의 진단·분석 결과에 대한 정확성과 정밀도를 확보하기 위하여 특수건강진단기관의 진단·분석능력을 확인하고, 특수건강진단기관을 지도하거나 교육할 수 있다. 이 경우 진단·분석능력의 확인, 특수건강진단기관에 대한 지도 및 교육의 방법, 절차, 그 밖에 필요한 사항은 고용노동부장관이 정하여 고시한다. ④ 고용노동부장관은 특수건강진단기관을 평가하고 그 결과(제3항에 따른 진단·분석능력의 확인 결과를 포함한다)를 공개할 수 있다. 이 경우 평가 기준·방법 및 결과의 공개, 그 밖에 필요한 사항은 고용노동부령으	**제97조【특수건강진단기관의 지정 요건】** ① 법제135조제1항에 따라 특수건강진단기관으로 지정받을 수 있는 자는「의료법」에 따른 의료기관으로서 별표30에 따른 인력·시설 및 장비를 갖추고 법제135조제3항에 따라 고용노동부장관이 실시하는 특수건강진단기관의 진단·분석능력 확인에서 적합 판정을 받은 자로 한다. ② 제1항에도 불구하고 고용노동부장관은 법제135조제1항에 따른 특수건강진단기관이 없는 시·군(「수도권정비계획법」 제2조제1호에 따른 수도권에 속하는 시는 제외한다) 또는「제주특별자치도 설치 및 국제자유도시 조성을 위한 특별법」 제10조에 따른 행정시의 경우에는 고용노동부령으로 정하는 유해인자에 대하여「건강검진기본법」 제3조제2호에 따른 건강검진기관 중 고용노동부령으로 정하는 건강검진기관으로서 해당 기관에「의료법」에 따른 의사(특수건강진단과 관련하여 고용노동부장관이 정하는 교육을 이수한 의사를 말한다) 및 간호사가 각각 1명 이상 있는 의료기관을 해당 지역의 특수건강진단기관으로 지정할	**제211조【특수건강진단기관의 지정신청 등】** ① 법제135조제1항에 따라 특수건강진단기관으로 지정받으려는 자는 별지 제6호서식의 특수건강진단기관 지정신청서에 다음 각 호의 구분에 따라 서류를 첨부하여 주된 사무소의 소재지를 관할하는 지방고용노동관서의 장에게 제출(전자문서로 제출하는 것을 포함한다)해야 한다. 1. 영 제97조제1항에 따라 특수건강진단기관으로 지정받으려는 경우에는 다음 각 목의 서류 가. 영 별표30에 따른 인력기준에 해당하는 사람의 자격과 채용을 증명할 수 있는 자격증(국가기술자격증, 의료면허증 또는 전문의자격증은 제외한다), 경력증명서 및 재직증명서 등의 서류 나. 건물임대차계약서 사본이나 그 밖에 사무실의 보유를 증명할 수 있는 서류와 시설·장비 명세서 다. 최초 1년간의 건강진단사업계획서 라. 법제135조제3항에 따라 최근 1년 이내에 건강진단기관의 건강진단·분석 능

로 정한다.

⑤ 특수건강진단기관의 지정 신청 절차, 업무 수행에 관한 사항, 업무를 수행할 수 있는 지역, 그 밖에 필요한 사항은 고용노동부령으로 정한다.

⑥ 특수건강진단기관에 관하여는 제21조제4항 및 제5항을 준용한다. 이 경우 "안전관리전문기관 또는 보건관리전문기관"은 "특수건강진단기관"으로 본다.

제136조【유해인자별 특수건강진단 전문연구기관의 지정】 ① 고용노동부장관은 작업장의 유해인자에 관한 전문연구를 촉진하기 위하여 유해인자별 특수건강진단 전문연구기관을 지정하여 예산의 범위에서 필요한 지원을 할 수 있다.

② 제1항에 따른 유해인자별 특수건강진단 전문연구기관의 지정 기준 및 절차, 그 밖에 필요한 사항은 고용노동부장관이 정하여 고시한다.

제137조【건강관리카드】 ① 고용노동부장관은 고용노동부령으로 정하는 건강장해가 발생할 우려가 있는 업무에 종사하였거나 종사하고 있는 사람 중 고용노동부령으로 정하는 요건을 갖춘 사람의 직업병 조

수 있다.

제98조【특수건강진단기관의 지정 취소 등의 사유】 법제135조제6항에 따라 준용되는 법제21조제4항제5호에서 "대통령령으로 정하는 사유에 해당하는 경우"란 다음 각 호의 경우를 말한다.

1. 고용노동부령으로 정하는 검사항목을 빠뜨리거나 검사방법 및 실시 절차를 준수하지 않고 건강진단을 하는 경우
2. 고용노동부령으로 정하는 건강진단의 비용을 줄이는 등의 방법으로 건강진단을 유인하거나 건강진단의 비용을 부당하게 징수한 경우
3. 법제135조제3항에 따라 고용노동부장관이 실시하는 특수건강진단기관의 진단·분석 능력 확인에서 부적합 판정을 받은 경우
4. 건강진단 결과를 거짓으로 판정하거나 고용노동부령으로 정하는 건강진단 개인표 등 건강진단 관련 서류를 거짓으로

력 평가 결과 적합판정을 받았음을 증명하는 서류(건강진단·분석 능력 평가 결과 적합판정을 받은 건강진단기관과 생물학적 노출지표 분석의뢰계약을 체결한 경우에는 그 계약서를 말한다)

2. 영 제97조제2항에 따라 특수건강진단기관으로 지정을 받으려는 경우에는 다음 각 목의 서류
   가. 일반검진기관 지정서 및 일반검진기관으로서의 지정요건을 갖추었음을 입증할 수 있는 서류
   나. 영 제97조제2항에 따른 인력기준에 해당하는 사람의 자격과 채용을 증명할 수 있는 자격증(의료면허증은 제외한다) 및 재직증명서 등의 서류
   다. 소속 의사가 특수건강진단과 관련하여 고용노동부장관이 정하는 교육을 이수하였음을 입증할 수 있는 서류
   라. 최초 1년간의 건강진단사업계획서

② 영 제97조제2항에 따른 "고용노동부령으로 정하는 유해인자"란 별표22 제4호를 말한다.

③ 영 제97조제2항에 따른 "고용노동부령으로 정하는 건강검진기관"이란 「건강검진

법　　　률	시　행　령	시 행 규 칙
기발견 및 지속적인 건강관리를 위하여 건강관리카드를 발급하여야 한다. ② 건강관리카드를 발급받은 사람이 「산업재해보상보험법」 제41조에 따라 요양급여를 신청하는 경우에는 건강관리카드를 제출함으로써 해당 재해에 관한 의학적 소견을 적은 서류의 제출을 대신할 수 있다. ③ 건강관리카드를 발급받은 사람은 그 건강관리카드를 타인에게 양도하거나 대여해서는 아니 된다. 《벌칙》 위반자는 500만원이하의 과태료 (법 제175조제5항) ④ 건강관리카드를 발급받은 사람 중 제1항에 따라 건강관리카드를 발급받은 업무에 종사하지 아니하는 자는 고용노동부령으로 정하는 바에 따라 특수건강진단에 준하는 건강진단을 받을 수 있다. ⑤ 건강관리카드의 서식, 발급 절차, 그 밖에 필요한 사항은 고용노동부령으로 정한다.	작성한 경우 5. 무자격자 또는 제97조에 따른 특수건강진단기관의 지정 요건을 충족하지 못하는 자가 건강진단을 한 경우 6. 정당한 사유 없이 건강진단의 실시를 거부하거나 중단한 경우 7. 정당한 사유 없이 법제135조제4항에 따른 특수건강진단기관의 평가를 거부한 경우 8. 법에 따른 관계 공무원의 지도·감독을 거부·방해 또는 기피한 경우	기본법 시행규칙」 제4조제1항제1호에 따른 일반검진기관으로서 해당 지정요건을 갖추고 있는 기관을 말한다. ④ 제1항에 따라 특수건강진단기관 지정신청을 받은 지방고용노동관서의 장은 같은 항 제2호에 따른 지정신청의 경우 「전자정부법」 제36조제1항에 따라 행정정보의 공동이용을 통하여 국가기술자격증, 의료면허증 또는 전문의자격증을 확인해야 한다. 다만, 신청인이 확인에 동의하지 않는 경우에는 해당 서류의 사본을 첨부하도록 해야 한다. ⑤ 지방고용노동관서의 장은 제1항에 따른 지정신청을 받아 같은 항 제2호에 따른 특수건강진단기관을 지정하는 경우에는 의사 1명당 연간 특수건강진단 실시 인원이 1만명을 초과하지 않도록 해야 한다. ⑥ 특수건강진단기관에 대한 지정서의 발급, 지정받은 사항의 변경, 지정서의 반납 등에 관하여는 제16조제3항부터 제6항까지의 규정을 준용한다. 이 경우 "고용노동부장관 또는 지방고용노동청장"은 "지방고용노동관서의 장"으로, "안전관리전문기관 또는 보건관리전문기관"은 "특수건강진단기관"으로 본다.

⑦ 제1항부터 제6항까지의 규정에서 정한 사항 외에 특수건강진단기관의 지정방법, 관할지역, 그 밖에 특수건강진단기관의 지정·관리에 필요한 사항은 고용노동부장관이 정하여 고시한다.

제212조【특수건강진단기관의 평가 등】 ① 공단이 법제135조제4항에 따라 특수건강진단기관을 평가하는 기준은 다음 각 호와 같다.

1. 인력·시설·장비의 보유 수준과 그에 관한 관리 능력
2. 건강진단·분석 능력, 건강진단 결과 및 판정의 신뢰도 등 건강진단 업무 수행능력
3. 건강진단을 받은 사업장과 근로자의 만족도 및 그 밖에 필요한 사항

② 제1항에 따른 특수건강진단기관에 대한 평가 방법 및 평가 결과의 공개 등에 관하여는 제17조제2항부터 제8항까지의 규정을 준용한다. 이 경우 "안전관리전문기관 또는 보건관리전문기관"은 "특수건강진단기관"으로 본다.

제213조【특수건강진단 전문연구기관 지원 업무의 대행】 고용노동부장관은 법제136조제1항에 따른 특수건강진단 전문연구기관의 지원에 필요한 업무를 공단으로 하여금

법 률	시 행 령	시 행 규 칙
		대행하게 할 수 있다. **제214조【건강관리카드의 발급 대상】** 법제137조제1항에서 "고용노동부령으로 정하는 건강장해가 발생할 우려가 있는 업무" 및 "고용노동부령으로 정하는 요건을 갖춘 사람"은 별표25와 같다. **제215조【건강관리카드 소지자의 건강진단】** ① 법제137조제1항에 따른 건강관리카드(이하 "카드"라 한다)를 발급받은 근로자가 카드의 발급 대상 업무에 더 이상 종사하지 않는 경우에는 공단 또는 특수건강진단기관에서 실시하는 건강진단을 매년(카드 발급 대상 업무에서 종사하지 않게 된 첫 해는 제외한다) 1회 받을 수 있다. 다만, 카드를 발급받은 근로자(이하 "카드소지자"라 한다)가 카드의 발급 대상 업무와 같은 업무에 재취업하고 있는 기간 중에는 그렇지 않다. ② 공단은 제1항 본문에 따라 건강진단을 받는 카드소지자에게 교통비 및 식비를 지급할 수 있다. ③ 카드소지자는 건강진단을 받을 때에 해당 건강진단을 실시하는 의료기관에 카드 또는 주민등록증 등 신분을 확인할 수 있는

증명서를 제시해야 한다.

④ 제3항에 따른 의료기관은 건강진단을 실시한 날부터 30일 이내에 건강진단 실시 결과를 카드소지자 및 공단에 송부해야 한다.

⑤ 제3항에 따른 의료기관은 건강진단 결과에 따라 카드소지자의 건강 유지를 위하여 필요하면 건강상담, 직업병 확진 의뢰 안내 등 고용노동부장관이 정하는 바에 따른 조치를 하고, 카드소지자에게 해당 조치 내용에 대하여 설명해야 한다.

⑥ 카드소지자에 대한 건강진단의 실시방법과 그 밖에 필요한 사항은 고용노동부장관이 정하여 고시한다.

제216조 【건강관리카드의 서식】 법제137조제5항에 따른 카드의 서식은 별지 제87호서식에 따른다.

제217조 【건강관리카드의 발급 절차】 ① 카드를 발급받으려는 사람은 공단에 발급신청을 해야 한다. 다만, 재직 중인 근로자가 사업주에게 의뢰하는 경우에는 사업주가 공단에 카드의 발급을 신청할 수 있다.

② 제1항에 따라 카드의 발급을 신청하려는 사람은 별지 제88호서식의 건강관리카드 발급신청서에 별표25 각 호의 어느 하나에

법 률	시 행 령	시 행 규 칙
		해당하는 사실을 증명하는 서류와 사진 1장을 첨부하여 공단에 제출(전자문서로 제출하는 것을 포함한다)해야 한다. ③ 제2항에 따른 발급신청을 받은 공단은 제출된 서류를 확인한 후 카드발급 요건에 적합하다고 인정되는 경우에는 카드를 발급해야 한다. ④ 제1항 단서에 따라 카드발급을 신청한 사업주가 공단으로부터 카드를 발급받은 경우에는 지체 없이 해당 근로자에게 전달해야 한다. **제218조【건강관리카드의 재발급 등】** ① 카드소지자가 카드를 잃어버리거나 카드가 훼손된 경우에는 즉시 별지 제88호서식의 건강관리카드 재발급신청서를 공단에 제출하고 카드를 재발급 받아야 한다. 카드가 훼손된 경우에는 해당 카드를 함께 제출해야 한다. ② 카드를 잃어버린 사유로 카드를 재발급받은 사람이 잃어버린 카드를 발견한 경우에는 즉시 공단에 반환하거나 폐기해야 한다. ③ 카드소지자가 주소지를 변경한 경우에는 변경한 날부터 30일 이내에 별지 제88호서식의 건강관리카드 기재내용 변경신청서에 해

제138조 【질병자의 근로 금지·제한】 ① 사업주는 감염병, 정신질환 또는 근로로 인하여 병세가 크게 악화될 우려가 있는 질병으로서 고용노동부령으로 정하는 질병에 걸린 사람에게는 「의료법」 제2조에 따른 의사의 진단에 따라 근로를 금지하거나 제한하여야 한다.

② 사업주는 제1항에 따라 근로가 금지되거나 제한된 근로자가 건강을 회복하였을 때에는 지체 없이 근로를 할 수 있도록 하여야 한다.

《벌칙》 제1항, 제2항 위반자는 1천만원이하의 벌금(법 제171조)

제139조 【유해·위험작업에 대한 근로시간 제한 등】 ① 사업주는 유해하거나 위험한 작업으로서 높은 기압에서 하는 작업 등 대통령령으로 정하는 작업에 종사하는 근로자에게는 1일 6시간, 1주 34시간을 초과하여 근로하게 해서는 아니 된다.

제99조 【유해·위험작업에 대한 근로시간 제한 등】 ① 법제139조제1항에서 "높은 기압에서 하는 작업 등 대통령령으로 정하는 작업"이란 잠함(潛函) 또는 잠수 작업 등 높은 기압에서 하는 작업을 말한다.

② 제1항에 따른 작업에서 잠함·잠수 작업

당 카드를 첨부하여 공단에 제출해야 한다.

제219조 【건강진단의 권고】 공단은 카드를 발급한 경우에는 카드소지자에게 건강진단을 받게 하거나 그 밖에 건강보호를 위하여 필요한 조치를 권고할 수 있다.

제220조 【질병자의 근로금지】 ① 법제138조제1항에 따라 사업주는 다음 각 호의 어느 하나에 해당하는 사람에 대해서는 근로를 금지해야 한다.

1. 전염될 우려가 있는 질병에 걸린 사람. 다만, 전염을 예방하기 위한 조치를 한 경우는 제외한다.
2. 조현병, 마비성 치매에 걸린 사람
3. 심장·신장·폐 등의 질환이 있는 사람으로서 근로에 의하여 병세가 악화될 우려가 있는 사람
4. 제1호부터 제3호까지의 규정에 준하는 질병으로서 고용노동부장관이 정하는 질병에 걸린 사람

② 사업주는 제1항에 따라 근로를 금지하거나 근로를 다시 시작하도록 하는 경우에는 미리 보건관리자(의사인 보건관리자만 해당한다), 산업보건의 또는 건강진단을 실시한 의사의 의견을 들어야 한다.

법 률	시 행 령	시 행 규 칙
《벌칙》 위반자는 3년이하의 징역 또는 3천만원이하의 벌금(법 제169조제1호) ② 사업주는 대통령령으로 정하는 유해하거나 위험한 작업에 종사하는 근로자에게 필요한 안전조치 및 보건조치 외에 작업과 휴식의 적정한 배분 및 근로시간과 관련된 근로조건의 개선을 통하여 근로자의 건강 보호를 위한 조치를 하여야 한다.	시간, 가압·감압방법 등 해당 근로자의 안전과 보건을 유지하기 위하여 필요한 사항은 고용노동부령으로 정한다. ③ 법제139조제2항에서 "대통령령으로 정하는 유해하거나 위험한 작업"이란 다음 각 호의 어느 하나에 해당하는 작업을 말한다. 1. 갱(坑) 내에서 하는 작업 2. 다량의 고열물체를 취급하는 작업과 현저히 덥고 뜨거운 장소에서 하는 작업 3. 다량의 저온물체를 취급하는 작업과 현저히 춥고 차가운 장소에서 하는 작업 4. 라듐방사선이나 엑스선, 그 밖의 유해 방사선을 취급하는 작업 5. 유리·흙·돌·광물의 먼지가 심하게 날리는 장소에서 하는 작업 6. 강렬한 소음이 발생하는 장소에서 하는 작업 7. 착암기(바위에 구멍을 뚫는 기계) 등에 의하여 신체에 강렬한 진동을 주는 작업 8. 인력(人力)으로 중량물을 취급하는 작업 9. 납·수은·크롬·망간·카드뮴 등의 중금속 또는 이황화탄소·유기용제, 그 밖에 고용노동부령으로 정하는 특정 화학물질	**제221조 【질병자 등의 근로 제한】** ① 사업주는 법제129조부터 제130조에 따른 건강진단 결과 유기화합물·금속류 등의 유해물질에 중독된 사람, 해당 유해물질에 중독될 우려가 있다고 의사가 인정하는 사람, 진폐의 소견이 있는 사람 또는 방사선에 피폭된 사람을 해당 유해물질 또는 방사선을 취급하거나 해당 유해물질의 분진·증기 또는 가스가 발산되는 업무 또는 해당 업무로 인하여 근로자의 건강을 악화시킬 우려가 있는 업무에 종사하도록 해서는 안 된다. ② 사업주는 다음 각 호의 어느 하나에 해당하는 질병이 있는 근로자를 고기압 업무에 종사하도록 해서는 안 된다. 1. 감압증이나 그 밖에 고기압에 의한 장해 또는 그 후유증 2. 결핵, 급성상기도감염, 진폐, 폐기종, 그 밖의 호흡기계의 질병 3. 빈혈증, 심장판막증, 관상동맥경화증, 고혈압증, 그 밖의 혈액 또는 순환기계의 질병 4. 정신신경증, 알코올중독, 신경통, 그 밖의 정신신경계의 질병

제140조【자격 등에 의한 취업 제한 등】 ① 사업주는 유해하거나 위험한 작업으로서 상당한 지식이나 숙련도가 요구되는 고용노동부령으로 정하는 작업의 경우 그 작업에 필요한 자격·면허·경험 또는 기능을 가진 근로자가 아닌 사람에게 그 작업을 하게 해서는 아니 된다.

《벌칙》 위반자는 3년이하의 징역 또는 3천만원이하의 벌금(법 제169조제1호)

② 고용노동부장관은 제1항에 따른 자격·면허의 취득 또는 근로자의 기능 습득을 위하여 교육기관을 지정할 수 있다.

③ 제1항에 따른 자격·면허·경험·기능, 제2항에 따른 교육기관의 지정 요건 및 지정 절차, 그 밖에 필요한 사항은 고용노동부령으로 정한다.

④ 제2항에 따른 교육기관에 관하여는 제21조제4항 및 제5항을 준용한다. 이 경우 "안전관리전문기관 또는 보건관리전문기관"은 "제2항에 따른 교육기관"으로 본다.

제141조【역학조사】 ① 고용노동부장관은 직업성 질환의 진단 및 예방, 발생 원인의

의 먼지·증기 또는 가스가 많이 발생하는 장소에서 하는 작업

제100조【교육기관의 지정 취소 등의 사유】 법제140조제4항에 따라 준용되는 법제21조제4항제5호에서 "대통령령으로 정하는 사유에 해당하는 경우"란 다음 각 호의 경우를 말한다.

1. 교육과 관련된 서류를 거짓으로 작성한 경우
2. 정당한 사유 없이 특정인에 대한 교육을 거부한 경우
3. 정당한 사유 없이 1개월 이상의 휴업으로 인하여 위탁받은 교육 업무의 수행에 차질을 일으킨 경우
4. 교육과 관련된 비치서류를 보존하지 않은 경우
5. 교육과 관련한 수수료 외의 금품을 받은 경우
6. 법에 따른 관계 공무원의 지도·감독을 거부·방해 또는 기피한 경우

5. 메니에르씨병, 중이염, 그 밖의 이관(耳管)협착을 수반하는 귀 질환
6. 관절염, 류마티스, 그 밖의 운동기계의 질병
7. 천식, 비만증, 바세도우씨병, 그 밖에 알레르기성·내분비계·물질대사 또는 영양장해 등과 관련된 질병

제222조【역학조사의 대상 및 절차 등】 ① 공단은 법제141조제1항에 따라 다음 각 호

법 률	시 행 령	시 행 규 칙
규명을 위하여 필요하다고 인정할 때에는 근로자의 질환과 작업장의 유해요인의 상관관계에 관한 역학조사(이하 "역학조사"라 한다)를 할 수 있다. 이 경우 사업주 또는 근로자대표, 그 밖에 고용노동부령으로 정하는 사람이 요구할 때 고용노동부령으로 정하는 바에 따라 역학조사에 참석하게 할 수 있다. ② 사업주 및 근로자는 고용노동부장관이 역학조사를 실시하는 경우 적극 협조하여야 하며, 정당한 사유 없이 역학조사를 거부·방해하거나 기피해서는 아니 된다. ③ 누구든지 제1항 후단에 따라 역학조사 참석이 허용된 사람의 역학조사 참석을 거부하거나 방해해서는 아니 된다. 《벌칙》 제2항, 제3항 위반자는 1천500만원이하의 과태료(법 제175조제3항) ④ 제1항 후단에 따라 역학조사에 참석하는 사람은 역학조사 참석과정에서 알게 된 비밀을 누설하거나 도용해서는 아니 된다. 《벌칙》 위반자는 1년이하의 징역 또는 1천만원이하의 벌금(법 제170조) ⑤ 고용노동부장관은 역학조사를 위하여 필요하면 제129조부터 제131조까지의 규정		의 어느 하나에 해당하는 경우에는 역학조사를 할 수 있다. 1. 법제125조에 따른 작업환경측정 또는 법제129조부터 제131조에 따른 건강진단의 실시 결과만으로 직업성 질환에 걸렸는지를 판단하기 곤란한 근로자의 질병에 대하여 사업주·근로자대표·보건관리자(보건관리전문기관을 포함한다) 또는 건강진단기관의 의사가 역학조사를 요청하는 경우 2.「산업재해보상보험법」 제10조에 따른 근로복지공단이 고용노동부장관이 정하는 바에 따라 업무상 질병 여부의 결정을 위하여 역학조사를 요청하는 경우 3. 공단이 직업성 질환의 예방을 위하여 필요하다고 판단하여 제224조제1항에 따른 역학조사평가위원회의 심의를 거친 경우 4. 그 밖에 직업성 질환에 걸렸는지 여부로 사회적 물의를 일으킨 질병에 대하여 작업장 내 유해요인과의 연관성 규명이 필요한 경우 등으로서 지방고용노동관서의 장이 요청하는 경우

에 따른 근로자의 건강진단 결과, 「국민건강보험법」에 따른 요양급여기록 및 건강검진 결과, 「고용보험법」에 따른 고용정보, 「암관리법」에 따른 질병정보 및 사망원인 정보 등을 관련 기관에 요청할 수 있다. 이 경우 자료의 제출을 요청받은 기관은 특별한 사유가 없으면 이에 따라야 한다.

⑥ 역학조사의 방법·대상·절차, 그 밖에 필요한 사항은 고용노동부령으로 정한다.

② 제1항제1호에 따라 사업주 또는 근로자 대표가 역학조사를 요청하는 경우에는 산업안전보건위원회의 의결을 거치거나 각각 상대방의 동의를 받아야 한다. 다만, 관할 지방고용노동관서의 장이 역학조사의 필요성을 인정하는 경우에는 그렇지 않다.

③ 제1항에서 정한 사항 외에 역학조사의 방법 등에 필요한 사항은 고용노동부장관이 정하여 고시한다.

제223조 【역학조사에의 참석】 ① 법 제141조제1항 후단에서 "고용노동부령으로 정하는 사람"이란 해당 질병에 대하여 「산업재해보상보험법」 제36조제1항제1호 및 제5호에 따른 요양급여 및 유족급여를 신청한 자 또는 그 대리인(제222조제1항제2호에 따른 역학조사에 한한다)을 말한다.

② 공단은 법제141조제1항 후단에 따라 역학조사 참석을 요구받은 경우 사업주, 근로자대표 또는 제1항에 해당하는 사람에게 참석 시기와 장소를 통지한 후 해당 역학조사에 참석시킬 수 있다.

제224조 【역학조사평가위원회】 ① 공단은 역학조사 결과의 공정한 평가 및 그에 따른 근로자 건강보호방안 개발 등을 위하여 역

법 률	시 행 령	시 행 규 칙
		학조사평가위원회를 설치·운영해야 한다. ② 제1항에 따른 역학조사평가위원회의 구성·기능 및 운영 등에 필요한 사항은 고용노동부장관이 정한다.
제9장 산업안전지도사 및 산업보건지도사	**제9장 산업안전지도사 및 산업보건지도사**	**제9장 산업안전지도사 및 산업보건지도사**
제142조【산업안전지도사 등의 직무】① 산업안전지도사는 다음 각 호의 직무를 수행한다. 1. 공정상의 안전에 관한 평가·지도 2. 유해·위험의 방지대책에 관한 평가·지도 3. 제1호 및 제2호의 사항과 관련된 계획서 및 보고서의 작성 4. 그 밖에 산업안전에 관한 사항으로서 대통령령으로 정하는 사항 ② 산업보건지도사는 다음 각 호의 직무를 수행한다. 1. 작업환경의 평가 및 개선 지도 2. 작업환경 개선과 관련된 계획서 및 보	제101조【산업안전지도사 등의 직무】① 법제142조제1항제4호에서 "대통령령으로 정하는 사항"이란 다음 각 호의 사항을 말한다. 1. 법제36조에 따른 위험성평가의 지도 2. 법제49조에 따른 안전보건개선계획서의 작성 3. 그 밖에 산업안전에 관한 사항의 자문에 대한 응답 및 조언 ② 법제142조제2항제6호에서 "대통령령으로 정하는 사항"이란 다음 각 호의 사항을 말한다. 1. 법제36조에 따른 위험성평가의 지도 2. 법제49조에 따른 안전보건개선계획서의 작성	제225조【자격시험의 공고】「한국산업인력공단법」에 따른 한국산업인력공단(이하 "한국산업인력공단"이라 한다)이 지도사 자격시험을 시행하려는 경우에는 시험 응시자격, 시험과목, 일시, 장소, 응시 절차, 그 밖에 자격시험 응시에 필요한 사항을 시험 실시 90일 전까지 일간신문 등에 공고해야 한다. 제226조【응시원서의 제출 등】① 영제103조제1항에 따른 지도사 자격시험에 응시하려는 사람은 별지 제89호서식의 응시원서를 작성하여 한국산업인력공단에 제출해야 한다. ② 한국산업인력공단은 제1항에 따른 응시원서를 접수하면 별지 제90호서식의 자격

고서의 작성
3. 근로자 건강진단에 따른 사후관리 지도
4. 직업성 질병 진단(「의료법」 제2조에 따른 의사인 산업보건지도사만 해당한다) 및 예방 지도
5. 산업보건에 관한 조사·연구
6. 그 밖에 산업보건에 관한 사항으로서 대통령령으로 정하는 사항

③ 산업안전지도사 또는 산업보건지도사(이하 "지도사"라 한다)의 업무 영역별 종류 및 업무 범위, 그 밖에 필요한 사항은 대통령령으로 정한다.

제143조【지도사의 자격 및 시험】 ① 고용노동부장관이 시행하는 지도사 자격시험에 합격한 사람은 지도사의 자격을 가진다.

② 대통령령으로 정하는 산업 안전 및 보건과 관련된 자격의 보유자에 대해서는 제1항에 따른 지도사 자격시험의 일부를 면제할 수 있다.

③ 고용노동부장관은 제1항에 따른 지도사 자격시험 실시를 대통령령으로 정하는 전문기관에 대행하게 할 수 있다. 이 경우 시험 실시에 드는 비용을 예산의 범위에서 보조

3. 그 밖에 산업보건에 관한 사항의 자문에 대한 응답 및 조언

제102조【산업안전지도사 등의 업무 영역별 종류 등】 ① 법제145조제1항에 따라 등록한 산업안전지도사의 업무 영역은 기계안전·전기안전·화공안전·건설안전 분야로 구분하고, 같은 항에 따라 등록한 산업보건지도사의 업무 영역은 직업환경의학·산업위생 분야로 구분한다.

② 법제145조제1항에 따라 등록한 산업안전지도사 또는 산업보건지도사(이하 "지도사"라 한다)의 해당 업무 영역별 업무 범위는 별표31과 같다.

제103조【자격시험의 실시 등】 ① 법제143조제1항에 따른 지도사 자격시험(이하 "지도사 자격시험"이라 한다)은 필기시험과 면접시험으로 구분하여 실시한다.

② 지도사 자격시험 중 필기시험의 업무 영역별 과목 및 범위는 별표32와 같다.

③ 지도사 자격시험 중 필기시험은 제1차 시험과 제2차 시험으로 구분하여 실시하고 제1차 시험은 선택형,제2차 시험은 논문형을 원칙으로 하되, 각각 주관식 단답형을 추가할 수 있다.

시험 응시자 명부에 해당 사항을 적고 응시자에게 별지 제89호서식 하단의 응시표를 발급해야 한다. 다만, 기재사항이나 첨부서류 등이 미비된 경우에는 그 보완을 명하고, 보완이 이루어지지 않는 경우에는 응시원서의 접수를 거부할 수 있다.

③ 한국산업인력공단은 법제166조제1항제12호에 따라 응시수수료를 낸 사람이 다음 각 호의 어느 하나에 해당하는 경우에는 다음 각 호의 구분에 따라 응시수수료의 전부 또는 일부를 반환해야 한다.

1. 수수료를 과오납한 경우: 과오납한 금액의 전부
2. 한국산업인력공단의 귀책사유로 시험에 응하지 못한 경우: 납입한 수수료의 전부
3. 응시원서 접수기간 내에 접수를 취소한 경우: 납입한 수수료의 전부
4. 응시원서 접수 마감일 다음 날부터 시험시행일 20일 전까지 접수를 취소한 경우: 납입한 수수료의 100분의 60
5. 시험시행일 19일 전부터 시험시행일 10일 전까지 접수를 취소한 경우: 납입한 수수료의 100분의 50

법 률	시 행 령	시 행 규 칙
할 수 있다.〈개정 2020.5.26.〉 ④ 제3항에 따라 지도사 자격시험 실시를 대행하는 전문기관의 임직원은 「형법」 제129조부터 제132조까지의 규정을 적용할 때에는 공무원으로 본다. ⑤ 지도사 자격시험의 시험과목, 시험방법, 다른 자격 보유자에 대한 시험 면제의 범위, 그 밖에 필요한 사항은 대통령령으로 정한다. **제144조 【부정행위자에 대한 제재】** 고용노동부장관은 지도사 자격시험에서 부정한 행위를 한 응시자에 대해서는 그 시험을 무효로 하고, 그 처분을 한 날부터 5년간 시험응시자격을 정지한다.	④ 지도사 자격시험 중 제1차 시험은 별표32에 따른 공통필수 Ⅰ, 공통필수 Ⅱ 및 공통필수 Ⅲ의 과목 및 범위로 하고, 제2차 시험은 별표32에 따른 전공필수의 과목 및 범위로 한다. ⑤ 지도사 자격시험 중 제2차 시험은 제1차 시험 합격자에 대해서만 실시한다. ⑥ 지도사 자격시험 중 면접시험은 필기시험 합격자 또는 면제자에 대해서만 실시하되, 다음 각 호의 사항을 평가한다. 1. 전문지식과 응용능력 2. 산업안전·보건제도에 관한 이해 및 인식 정도 3. 상담·지도능력 ⑦ 지도사 자격시험의 공고, 응시 절차, 그 밖에 시험에 필요한 사항은 고용노동부령으로 정한다. **제104조 【자격시험의 일부면제】** ① 법제143조제2항에 따라 지도사 자격시험의 일부를 면제할 수 있는 자격 및 면제의 범위는 다음 각 호와 같다. 1. 「국가기술자격법」에 따른 건설안전기술사, 기계안전기술사, 산업위생관리기	④ 한국산업인력공단은 제227조제2호에 따른 경력증명서를 제출받은 경우 「전자정부법」 제36조제1항에 따른 행정정보의 공동이용을 통하여 신청인의 국민연금가입자가입증명 또는 건강보험자격득실확인서를 확인해야 한다. 다만, 신청인이 확인에 동의하지 않는 경우에는 해당 서류를 제출하도록 해야 한다. **제227조 【자격시험의 일부 면제의 신청】** 영 제104조제1항 각 호의 어느 하나에 해당하는 사람이 지도사 자격시험의 일부를 면제 받으려는 경우에는 제226조제1항에 따라 응시원서를 제출할 때에 다음 각 호의 서류를 첨부해야 한다. 1. 해당 자격증 또는 박사학위증의 발급기관이 발급한 증명서(박사학위증의 경우에는 응시분야에 해당하는 박사학위 소지를 확인할 수 있는 증명서) 1부 2. 경력증명서(영제104조제1항제5호에 해당하는 사람만 첨부하며, 박사학위 또는 자격증 취득일 이후 산업안전·산업보건 업무에 3년 이상 종사한 경력이 분명히 적힌 것이어야 한다) 1부

제145조 【지도사의 등록】 ① 지도사가 그 직무를 수행하려는 경우에는 고용노동부령으로 정하는 바에 따라 고용노동부장관에게 등록하여야 한다.

《벌칙》 위반자는 500만원이하의 과태료 (법 제175조제5항)

② 제1항에 따라 등록한 지도사는 그 직무를 조직적·전문적으로 수행하기 위하여 법인을 설립할 수 있다.

③ 다음 각 호의 어느 하나에 해당하는 사람은 제1항에 따른 등록을 할 수 없다.

1. 피성년후견인 또는 피한정후견인
2. 파산선고를 받고 복권되지 아니한 사람
3. 금고 이상의 실형을 선고받고 그 집행이 끝나거나(집행이 끝난 것으로 보는 경우를 포함한다) 집행이 면제된 날부터 2년이 지나지 아니한 사람
4. 금고 이상의 형의 집행유예를 선고받고 그 유예기간 중에 있는 사람

술사, 인간공학기술사, 전기안전기술사, 화공안전기술사: 별표32에 따른 전공필수·공통필수Ⅰ 및 공통필수Ⅱ 과목

2. 「국가기술자격법」에 따른 건설 직무분야(건축 중 직무분야 및 토목 중 직무분야로 한정한다), 기계 직무분야, 화학 직무분야, 전기·전자 직무분야(전기 중 직무분야로 한정한다)의 기술사 자격 보유자: 별표32에 따른 전공필수 과목
3. 「의료법」에 따른 직업환경의학과 전문의: 별표32에 따른 전공필수·공통필수Ⅰ 및 공통필수Ⅱ 과목
4. 공학(건설안전·기계안전·전기안전·화공안전 분야 전공으로 한정한다), 의학(직업환경의학 분야 전공으로 한정한다), 보건학(산업위생 분야 전공으로 한정한다) 박사학위 소지자: 별표32에 따른 전공필수 과목
5. 제2호 또는 제4호에 해당하는 사람으로서 각각의 자격 또는 학위 취득 후 산업안전·산업보건 업무에 3년 이상 종사한 경력이 있는 사람: 별표32에 따른 전공필수 및 공통필수Ⅱ 과목
6. 「공인노무사법」에 따른 공인노무사:

제228조 【합격자의 공고】 한국산업인력공단은 영제105조에 따라 지도사 자격시험의 최종합격자가 결정되면 모든 응시자가 알 수 있는 방법으로 공고하고, 합격자에게는 합격사실을 알려야 한다.

제229조 【등록신청 등】 ① 법제145조제1항 및 제4항에 따라 지도사의 등록 또는 갱신등록을 하려는 사람은 별지 제91호서식의 등록·갱신 신청서에 다음 각 호의 서류를 첨부하여 주사무소를 설치하려는 지역(사무소를 두지 않는 경우에는 주소지를 말한다)을 관할하는 지방고용노동관서의 장에게 제출해야 한다. 이 경우 등록신청은 이중으로 할 수 없다.

1. 신청일 전 6개월 이내에 촬영한 탈모 상반신의 증명사진(가로 3센티미터×세로 4센티미터) 1장
2. 제232조제4항에 따른 지도사 연수교육 이수증 또는 영제107조에 따른 경력을 증명할 수 있는 서류(법제145조제1항에 따른 등록의 경우만 해당한다)
3. 지도실적을 확인할 수 있는 서류 또는 제231조제4항에 따른 지도사 보수교육 이수증(법제145조제4항에 따른 등록의

법 률	시 행 령	시 행 규 칙
5. 이 법을 위반하여 벌금형을 선고받고 1년이 지나지 아니한 사람 6. 제154조에 따라 등록이 취소(이 항제1호 또는 제2호에 해당하여 등록이 취소된 경우는 제외한다)된 후 2년이 지나지 아니한 사람 ④ 제1항에 따라 등록을 한 지도사는 고용노동부령으로 정하는 바에 따라 5년마다 등록을 갱신하여야 한다. ⑤ 고용노동부령으로 정하는 지도실적이 있는 지도사만이 제4항에 따른 갱신등록을 할 수 있다. 다만, 지도실적이 기준에 못 미치는 지도사는 고용노동부령으로 정하는 보수교육을 받은 경우 갱신등록을 할 수 있다. ⑥ 제2항에 따른 법인에 관하여는 「상법」 중 합명회사에 관한 규정을 적용한다.	별표32에 따른 공통필수Ⅰ 과목 7. 법제143조제1항에 따른 지도사 자격 보유자로서 다른 지도사 자격 시험에 응시하는 사람: 별표32에 따른 공통필수Ⅰ 및 공통필수Ⅲ 과목 8. 법제143조제1항에 따른 지도사 자격 보유자로서 같은 지도사의 다른 분야 지도사 자격 시험에 응시하는 사람: 별표32에 따른 공통필수Ⅰ, 공통필수Ⅱ 및 공통필수Ⅲ 과목 ② 제103조제3항에 따른제1차 필기시험 또는 제2차 필기시험에 합격한 사람에 대해서는 다음 회의 자격시험에 한정하여 합격한 차수의 필기시험을 면제한다. ③ 제1항에 따른 지도사 자격시험 일부 면제의 신청에 관한 사항은 고용노동부령으로 정한다. **제105조 【합격자 결정】** ① 지도사 자격시험 중 필기시험은 매 과목 100점을 만점으로 하여 40점 이상, 전과목 평균 60점 이상 득점한 사람을 합격자로 한다. ② 지도사 자격시험 중 면접시험은 제103조제6항 각 호의 사항을 평가하되, 10점 만점	경우만 해당한다) ② 지방고용노동관서의 장은 제1항에 따라 등록·갱신 신청서를 접수한 경우에는 법제145조제3항에 적합한지를 확인하여 해당 신청서를 접수한 날부터 30일 이내에 별지 제92호서식의 등록증을 신청인에게 발급해야 한다. ③ 지도사는 제2항에 따른 등록사항이 변경되었을 때에는 지체 없이 별지 제91호서식의 등록사항 변경신청서를 지방고용노동관서의 장에게 제출해야 한다. ④ 지도사는 제2항에 따라 발급받은 등록증을 잃어버리거나 그 등록증이 훼손된 경우 또는 제3항에 따라 등록사항의 변경 신고를 한 경우에는 별지 제93호서식의 등록증 재발급신청서에 등록증(등록증을 잃어버린 경우는 제외한다)을 첨부하여 지방고용노동관서의 장에게 제출하고 등록증을 다시 발급받아야 한다. ⑤ 지방고용노동관서의 장은 제2항부터 제4항까지의 규정에 따라 등록증을 발급하거나 재발급하는 경우에는 별지 제94호서식의 등록부와 별지 제95호서식의 등록증 발급대장

에 6점 이상인 사람을 합격자로 한다.

제106조 【자격시험 실시기관】 ① 법제143조제3항 전단에서 "대통령령으로 정하는 전문기관"이란 「한국산업인력공단법」에 따른 한국산업인력공단(이하 "한국산업인력공단"이라 한다)을 말한다.

② 고용노동부장관은 법제143조제3항에 따라 지도사 자격시험의 실시를 한국산업인력공단에 대행하게 하는 경우 필요하다고 인정하면 한국산업인력공단으로 하여금 자격시험위원회를 구성·운영하게 할 수 있다.

③ 자격시험위원회의 구성·운영 등에 필요한 사항은 고용노동부장관이 정한다.

에 각각 해당 사실을 기재해야 한다. 이 경우 등록부와 등록증 발급대장은 전자적 처리가 불가능한 특별한 사유가 있는 경우를 제외하고는 전자적 방법으로 관리해야 한다.

제230조 【지도실적 등】 ① 법제145조제5항 본문에서 "고용노동부령으로 정하는 지도실적"이란 법제145조제4항에 따른 지도사 등록의 갱신기간 동안 사업장 또는 고용노동부장관이 정하여 고시하는 산업안전·산업보건 관련 기관·단체에서 지도하거나 종사한 실적을 말한다.

② 법제145조제5항 단서에서 "지도실적이 기준에 못 미치는 지도사"란 제1항에 따른 지도·종사 실적의 기간이 3년 미만인 지도사를 말한다. 이 경우 지도사가 둘 이상의 사업장 또는 기관·단체에서 지도하거나 종사한 경우에는 각각의 지도·종사 기간을 합산한다.

제231조 【지도사 보수교육】 ① 법제145조제5항 단서에서 "고용노동부령으로 정하는 보수교육"이란 업무교육과 직업윤리교육을 말한다.

② 제1항에 따른 보수교육의 시간은 업무교육 및 직업윤리교육의 교육시간을 합산하여 총 20시간 이상으로 한다. 다만, 법제145

법 률	시 행 령	시 행 규 칙
		조제4항에 따른 지도사 등록의 갱신기간 동안제230조제1항에 따른 지도실적이 2년 이상인 지도사의 교육시간은 10시간 이상으로 한다. ③ 공단이 보수교육을 실시하였을 때에는 그 결과를 보수교육이 끝난 날부터 10일 이내에 고용노동부장관에게 보고해야 하며, 다음 각 호의 서류를 5년간 보존해야 한다. 1. 보수교육 이수자 명단 2. 이수자의 교육 이수를 확인할 수 있는 서류 ④ 공단은 보수교육을 받은 지도사에게 별지 제96호서식의 지도사 보수교육 이수증을 발급해야 한다. ⑤ 보수교육의 절차·방법 및 비용 등 보수교육에 필요한 사항은 고용노동부장관의 승인을 거쳐 공단이 정한다.
제146조【지도사의 교육】 지도사 자격이 있는 사람(제143조제2항에 해당하는 사람 중 대통령령으로 정하는 실무경력이 있는 사람은 제외한다)이 직무를 수행하려면 제145조에 따른 등록을 하기 전 1년의 범위에서 고용노동부령으로 정하는 연수교육을 받아	**제107조【연수교육의 제외 대상】** 법제146조에서 "대통령령으로 정하는 실무경력이 있는 사람"이란 산업안전 또는 산업보건 분야에서 5년 이상 실무에 종사한 경력이 있는 사람을 말한다. **제108조【손해배상을 위한 보증보험 가입**	**제232조【지도사 연수교육】** ① 법제146조에 따른 "고용노동부령으로 정하는 연수교육"이란 업무교육과 실무수습을 말한다. ② 제1항에 따른 연수교육의 기간은 업무교육 및 실무수습 기간을 합산하여 3개월 이상으로 한다.

야 한다.

제147조 【지도사에 대한 지도 등】 고용노동부장관은 공단에 다음 각 호의 업무를 하게 할 수 있다.

1. 지도사에 대한 지도·연락 및 정보의 공동이용체제의 구축·유지
2. 제142조제1항 및 제2항에 따른 지도사의 직무 수행과 관련된 사업주의 불만·고충의 처리 및 피해에 관한 분쟁의 조정
3. 그 밖에 지도사 직무의 발전을 위하여 필요한 사항으로서 고용노동부령으로 정하는 사항

등】 ① 법 제145조제1항에 따라 등록한 지도사(같은 조 제2항에 따라 법인을 설립한 경우에는 그 법인을 말한다. 이하 이 조에서 같다)는 법 제148조제2항에 따라 보험금액이 2천만원(법 제145조제2항에 따른 법인인 경우에는 2천만원에 사원인 지도사의 수를 곱한 금액) 이상인 보증보험에 가입해야 한다.

② 지도사는 제1항의 보증보험금으로 손해배상을 한 경우에는 그 날부터 10일 이내에 다시 보증보험에 가입해야 한다.

③ 손해배상을 위한 보증보험 가입 및 지급에 관한 사항은 고용노동부령으로 정한다.

③ 공단이 연수교육을 실시하였을 때에는 그 결과를 연수교육이 끝난 날부터 10일 이내에 고용노동부장관에게 보고해야 하며, 다음 각 호의 서류를 3년간 보존해야 한다.

1. 연수교육 이수자 명단
2. 이수자의 교육 이수를 확인할 수 있는 서류

④ 공단은 연수교육을 받은 지도사에게 별지 제96호서식의 지도사 연수교육 이수증을 발급해야 한다.

⑤ 연수교육의 절차·방법 및 비용 등 연수교육에 필요한 사항은 고용노동부장관의 승인을 거쳐 공단이 정한다.

제233조 【지도사 업무발전 등】 법제147조제3호에서 "고용노동부령으로 정하는 사항"이란 다음 각 호와 같다.

1. 지도결과의 측정과 평가
2. 지도사의 기술지도능력 향상 지원
3. 중소기업 지도 시 지원
4. 불성실·불공정 지도행위를 방지하고 건실한 지도 수행을 촉진하기 위한 지도기준의 마련

법 률	시 행 령	시 행 규 칙
제148조 【손해배상의 책임】 ① 지도사는 직무 수행과 관련하여 고의 또는 과실로 의뢰인에게 손해를 입힌 경우에는 그 손해를 배상할 책임이 있다. ② 제145조제1항에 따라 등록한 지도사는 제1항에 따른 손해배상책임을 보장하기 위하여 대통령령으로 정하는 바에 따라 보증보험에 가입하거나 그 밖에 필요한 조치를 하여야 한다. **제149조 【유사명칭의 사용 금지】** 제145조제1항에 따라 등록한 지도사가 아닌 사람은 산업안전지도사, 산업보건지도사 또는 이와 유사한 명칭을 사용해서는 아니 된다. 《벌칙》 위반자는 300만원이하의 과태료 (법 제175조제6항제3호) **제150조 【품위유지와 성실의무 등】** ① 지도사는 항상 품위를 유지하고 신의와 성실로써 공정하게 직무를 수행하여야 한다. ② 지도사는 제142조제1항 또는 제2항에 따른 직무와 관련하여 작성하거나 확인한 서류에 기명·날인하거나 서명하여야 한다. **제151조 【금지 행위】** 지도사는 다음 각 호의 행위를 해서는 아니 된다.		**제234조 【손해배상을 위한 보험가입·지급 등】** ① 영제108조제1항에 따라 손해배상을 위한 보험에 가입한 지도사(법제145조제2항에 따라 법인을 설립한 경우에는 그 법인을 말한다. 이하 이 조에서 같다)는 가입한 날부터 20일 이내에 별지 제97호서식의 보증보험가입 신고서에 증명서류를 첨부하여 해당 지도사의 주된 사무소의 소재지(사무소를 두지 않는 경우에는 주소지를 말한다. 이하 이 조에서 같다)를 관할하는 지방고용노동관서의 장에게 제출해야 한다. ② 지도사는 해당 보증보험의 보증기간이 만료되기 전에 다시 보증보험에 가입하고 가입한 날부터 20일 이내에 별지 제97호서식의 보증보험가입 신고서에 증명서류를 첨부하여 해당 지도사의 주된 사무소의 소재지를 관할하는 지방고용노동관서의 장에게 제출해야 한다. ③ 법제148조제1항에 따른 의뢰인이 손해배상금으로 보증보험금을 지급받으려는 경우에는 별지 제98호서식의 보증보험금 지급사유 발생확인신청서에 해당 의뢰인과 지도사 간의 손해배상합의서, 화해조서, 법원

1. 거짓이나 그 밖의 부정한 방법으로 의뢰인에게 법령에 따른 의무를 이행하지 아니하게 하는 행위
2. 의뢰인에게 법령에 따른 신고·보고, 그 밖의 의무를 이행하지 아니하게 하는 행위
3. 법령에 위반되는 행위에 관한 지도·상담

제152조【관계 장부 등의 열람 신청】 지도사는 제142조제1항 및 제2항에 따른 직무를 수행하는 데 필요하면 사업주에게 관계 장부 및 서류의 열람을 신청할 수 있다. 이 경우 그 신청이 제142조제1항 또는 제2항에 따른 직무의 수행을 위한 것이면 열람을 신청받은 사업주는 정당한 사유 없이 이를 거부해서는 아니 된다.

제153조【자격대여행위 및 대여알선행위 등의 금지】 ① 지도사는 다른 사람에게 자기의 성명이나 사무소의 명칭을 사용하여 지도사의 직무를 수행하게 하거나 그 자격증이나 등록증을 대여해서는 아니 된다. 〈개정 2020.3.31.〉

② 누구든지 지도사의 자격을 취득하지 아니하고 그 지도사의 성명이나 사무소의 명칭을 사용하여 지도사의 직무를 수행하거나 자격증 · 등록증을 대여받아서는 아니 되며,

의 확정판결문 사본, 그 밖에 이에 준하는 효력이 있는 서류를 첨부하여 해당 지도사의 주된 사무소의 소재지를 관할하는 지방고용노동관서의 장에게 제출해야 한다. 이 경우 지방고용노동관서의 장은 별지 제99호서식의 보증보험금 지급사유 발생확인서를 지체 없이 발급해야 한다.

법 률	시 행 령	시 행 규 칙
이를 알선하여서도 아니 된다. 〈신설 2020.3.31.〉 **제154조 【등록의 취소 등】** 고용노동부장관은 지도사가 다음 각 호의 어느 하나에 해당하는 경우에는 그 등록을 취소하거나 2년 이내의 기간을 정하여 그 업무의 정지를 명할 수 있다. 다만, 제1호부터 제3호까지의 규정에 해당할 때에는 그 등록을 취소하여야 한다. 〈개정 2020.3.31.〉 1. 거짓이나 그 밖의 부정한 방법으로 등록 또는 갱신등록을 한 경우 2. 업무정지 기간 중에 업무를 수행한 경우 3. 업무 관련 서류를 거짓으로 작성한 경우 4. 제142조에 따른 직무의 수행과정에서 고의 또는 과실로 인하여 중대재해가 발생한 경우 5. 제145조제3항제1호부터 제5호까지의 규정 중 어느 하나에 해당하게 된 경우 6. 제148조제2항에 따른 보증보험에 가입하지 아니하거나 그 밖에 필요한 조치를 하지 아니한 경우 7. 제150조제1항을 위반하거나 같은 조 제2항에 따른 기명·날인 또는 서명을 하		

지 아니한 경우
8. 제151조, 제153조제1항 또는 제162조를 위반한 경우

제10장 근로감독관 등

제155조 【근로감독관의 권한】 ① 「근로기준법」 제101조에 따른 근로감독관(이하 "근로감독관"이라 한다)은 이 법 또는 이 법에 따른 명령을 시행하기 위하여 필요한 경우 다음 각 호의 장소에 출입하여 사업주, 근로자 또는 안전보건관리책임자 등(이하 "관계인"이라 한다)에게 질문을 하고, 장부, 서류, 그 밖의 물건의 검사 및 안전보건 점검을 하며, 관계 서류의 제출을 요구할 수 있다.

1. 사업장
2. 제21조제1항, 제33조제1항, 제48조제1항, 제74조제1항, 제88조제1항, 제96조제1항, 제100조제1항, 제120조제1항, 제126조제1항 및 제129조제2항에 따른 기관의 사무소
3. 석면해체·제거업자의 사무소
4. 제145조제1항에 따라 등록한 지도사의 사무소

제10장 근로감독관 등

제235조 【감독기준】 근로감독관은 다음 각 호의 어느 하나에 해당하는 경우 법제155조제1항에 따라 질문·검사·점검하거나 관계 서류의 제출을 요구할 수 있다.

1. 산업재해가 발생하거나 산업재해 발생의 급박한 위험이 있는 경우
2. 근로자의 신고 또는 고소·고발 등에 대한 조사가 필요한 경우
3. 법 또는 법에 따른 명령을 위반한 범죄의 수사 등 사법경찰관리의 직무를 수행하기 위하여 필요한 경우
4. 그 밖에 고용노동부장관 또는 지방고용노동관서의 장이 법 또는 법에 따른 명령의 위반 여부를 조사하기 위하여 필요하다고 인정하는 경우

제236조 【보고·출석기간】 ① 지방고용노동관서의 장은 법제155조제3항에 따라 보고 또는 출석의 명령을 하려는 경우에는 7일

법 률	시 행 령	시 행 규 칙
《벌칙》 위반자는 300만원이하의 과태료 (법 제175조제6항제16호) ② 근로감독관은 기계·설비등에 대한 검사를 할 수 있으며, 검사에 필요한 한도에서 무상으로 제품·원재료 또는 기구를 수거할 수 있다. 이 경우 근로감독관은 해당 사업주 등에게 그 결과를 서면으로 알려야 한다. 《벌칙》 제1항, 제2항 위반자는1천만원이하의 과태료(법 제175조제4항) ③ 근로감독관은 이 법 또는 이 법에 따른 명령의 시행을 위하여 관계인에게 보고 또는 출석을 명할 수 있다. 《벌칙》 위반자는 500만원이하의 과태료 (법 제175조제5항제16호) ④ 근로감독관은 이 법 또는 이 법에 따른 명령을 시행하기 위하여 제1항 각 호의 어느 하나에 해당하는 장소에 출입하는 경우에 그 신분을 나타내는 증표를 지니고 관계인에게 보여 주어야 하며, 출입 시 성명, 출입시간, 출입 목적 등이 표시된 문서를 관계인에게 내주어야 한다. **제156조【공단 소속 직원의 검사 및 지도 등】** ① 고용노동부장관은 제165조제2항에		이상의 기간을 주어야 한다. 다만, 긴급한 경우에는 그렇지 않다. ② 제1항에 따른 보고 또는 출석의 명령은 문서로 해야 한다.

따라 공단이 위탁받은 업무를 수행하기 위하여 필요하다고 인정할 때에는 공단 소속 직원에게 사업장에 출입하여 산업재해 예방에 필요한 검사 및 지도 등을 하게 하거나, 역학조사를 위하여 필요한 경우 관계자에게 질문하거나 필요한 서류의 제출을 요구하게 할 수 있다.

《벌칙》 위반자는 300만원이하의 과태료 (법 제175조제6항제17호)

② 제1항에 따라 공단 소속 직원이 검사 또는 지도업무 등을 하였을 때에는 그 결과를 고용노동부장관에게 보고하여야 한다.

③ 공단 소속 직원이 제1항에 따라 사업장에 출입하는 경우에는 제155조제4항을 준용한다. 이 경우 "근로감독관"은 "공단 소속 직원"으로 본다.

제157조【감독기관에 대한 신고】 ① 사업장에서 이 법 또는 이 법에 따른 명령을 위반한 사실이 있으면 근로자는 그 사실을 고용노동부장관 또는 근로감독관에게 신고할 수 있다.

② 「의료법」 제2조에 따른 의사·치과의사 또는 한의사는 3일 이상의 입원치료가 필요한 부상 또는 질병이 환자의 업무와 관련성이 있다고 판단할 경우에는 「의료법」 제19

법 률	시 행 령	시 행 규 칙
조제1항에도 불구하고 치료과정에서 알게 된 정보를 고용노동부장관에게 신고할 수 있다. ③ 사업주는 제1항에 따른 신고를 이유로 해당 근로자에 대하여 해고나 그 밖의 불리한 처우를 해서는 아니 된다. 《벌칙》 위반자는 5년이하의 징역 또는 5천만원이하의 벌금(법 제168조)		
제11장 보 칙	**제10장 보 칙**	**제11장 보 칙**
제158조 【산업재해 예방활동의 보조·지원】 ① 정부는 사업주, 사업주단체, 근로자단체, 산업재해 예방 관련 전문단체, 연구기관 등이 하는 산업재해 예방사업 중 대통령령으로 정하는 사업에 드는 경비의 전부 또는 일부를 예산의 범위에서 보조하거나 그 밖에 필요한 지원(이하 "보조·지원"이라 한다)을 할 수 있다. 이 경우 고용노동부장관은 보조·지원이 산업재해 예방사업의 목적에 맞게 효율적으로 사용되도록 관리·감독하여야 한다. ② 고용노동부장관은 보조·지원을 받은 자	제109조 【산업재해 예방사업의 지원】 법 제158조제1항 전단에서 "대통령령으로 정하는 사업"이란 다음 각 호의 어느 하나에 해당하는 업무와 관련된 사업을 말한다. (개정 2020.9.8.) 1. 산업재해 예방을 위한 방호장치, 보호구, 안전설비 및 작업환경개선 시설·장비 등의 제작, 구입, 보수, 시험, 연구, 홍보 및 정보제공 등의 업무 2. 사업장 안전·보건관리에 대한 기술지원 업무 3. 산업 안전·보건 관련 교육 및 전문인력	제237조 【보조·지원의 환수와 제한】 ① 법제158조제2항제6호에서 "고용노동부령으로 정하는 경우"란 보조·지원을 받은 후 3년 이내에 해당 시설 및 장비의 중대한 결함이나 관리상 중대한 과실로 인하여 근로자가 사망한 경우를 말한다. ② 법제158조제4항에 따라 보조·지원을 제한할 수 있는 기간은 다음 각 호와 같다. 1. 법제158조제2항제1호의 경우: 3년 2. 법제158조제2항제2호부터 제6호까지의 어느 하나의 경우: 1년 3. 법제158조제2항제2호부터 제6호까지

가 다음 각 호의 어느 하나에 해당하는 경우 보조·지원의 전부 또는 일부를 취소하여야 한다. 다만, 제1호 및 제2호의 경우에는 보조·지원의 전부를 취소하여야 한다.

1. 거짓이나 그 밖의 부정한 방법으로 보조·지원을 받은 경우
2. 보조·지원 대상자가 폐업하거나 파산한 경우
3. 보조·지원 대상을 임의매각·훼손·분실하는 등 지원 목적에 적합하게 유지·관리·사용하지 아니한 경우
4. 제1항에 따른 산업재해 예방사업의 목적에 맞게 사용되지 아니한 경우
5. 보조·지원 대상 기간이 끝나기 전에 보조·지원 대상 시설 및 장비를 국외로 이전한 경우
6. 보조·지원을 받은 사업주가 필요한 안전조치 및 보건조치 의무를 위반하여 산업재해를 발생시킨 경우로서 고용노동부령으로 정하는 경우

③ 고용노동부장관은 제2항에 따라 보조·지원의 전부 또는 일부를 취소한 경우에는 해당 금액 또는 지원에 상응하는 금액을 환수하되, 같은 항 제1호의 경우에는 지급받은

양성 업무

4. 산업재해예방을 위한 연구 및 기술개발 업무
5. 법 제11조제3호에 따른 노무를 제공하는 사람의 건강을 유지·증진하기 위한 시설의 운영에 관한 지원 업무
6. 안전·보건의식의 고취 업무
7. 법 제36조에 따른 위험성평가에 관한 지원 업무
8. 안전검사 지원 업무
9. 유해인자의 노출 기준 및 유해성·위험성 조사·평가 등에 관한 업무
10. 직업성 질환의 발생 원인을 규명하기 위한 역학조사·연구 또는 직업성 질환 예방에 필요하다고 인정되는 시설·장비 등의 구입 업무
11. 작업환경측정 및 건강진단 지원 업무
12. 법 제126조제2항에 따른 작업환경측정기관의 측정·분석 능력의 확인 및 법 제135조제3항에 따른 특수건강진단기관의 진단·분석 능력의 확인에 필요한 시설·장비 등의 구입 업무
13. 산업의학 분야의 학술활동 및 인력 양성 지원에 관한 업무

의 어느 하나를 위반한 후 2년 이내에 같은 항 제2호부터 제6호까지의 어느 하나를 위반한 경우: 2년

법 률	시 행 령	시 행 규 칙
금액에 상당하는 액수 이하의 금액을 추가로 환수할 수 있다. 다만, 제2항제2호 중 보조·지원 대상자가 파산한 경우에 해당하여 취소한 경우는 환수하지 아니한다. ④ 제2항에 따라 보조·지원의 전부 또는 일부가 취소된 자에 대해서는 고용노동부령으로 정하는 바에 따라 취소된 날부터 3년 이내의 기간을 정하여 보조·지원을 하지 아니할 수 있다. ⑤ 보조·지원의 대상·방법·절차, 관리 및 감독, 제2항 및 제3항에 따른 취소 및 환수 방법, 그 밖에 필요한 사항은 고용노동부장관이 정하여 고시한다.	14. 그 밖에 산업재해 예방을 위한 업무로서 산업재해보상보험 및 예방심의위원회의 심의를 거쳐 고용노동부장관이 정하는 업무	
제159조【영업정지의 요청 등】 ① 고용노동부장관은 사업주가 다음 각 호의 어느 하나에 해당하는 산업재해를 발생시킨 경우에는 관계 행정기관의 장에게 관계 법령에 따라 해당 사업의 영업정지나 그 밖의 제재를 할 것을 요청하거나 「공공기관의 운영에 관한 법률」 제4조에 따른 공공기관의 장에게 그 기관이 시행하는 사업의 발주 시 필요한 제한을 해당 사업자에게 할 것을 요청할 수 있다. 1. 제38조, 제39조 또는 제63조를 위반하	**제110조【제재 요청 대상 등】** 법제159조제1항제1호에서 "많은 근로자가 사망하거나 사업장 인근지역에 중대한 피해를 주는 등 대통령령으로 정하는 사고"란 다음 각 호의 어느 하나를 말한다. 1. 동시에 2명 이상의 근로자가 사망하는 재해 2. 제43조제3항 각 호에 따른 사고	**제238조【영업정지의 요청 등】** ① 고용노동부장관은 사업주가 법제159조제1항 각 호의 어느 하나에 해당하는 경우에는 관계 행정기관 또는 「공공기관의 운영에 관한 법률」 제6조에 따라 공기업으로 지정된 기관의 장에게 해당 사업주에 대하여 다음 각 호의 어느 하나에 해당하는 처분을 할 것을 요청할 수 있다. 1. 「건설산업기본법」 제82조제1항제7호에 따른 영업정지

여 많은 근로자가 사망하거나 사업장 인근지역에 중대한 피해를 주는 등 대통령령으로 정하는 사고가 발생한 경우

2. 제53조제1항 또는 제3항에 따른 명령을 위반하여 근로자가 업무로 인하여 사망한 경우

② 제1항에 따라 요청을 받은 관계 행정기관의 장 또는 공공기관의 장은 정당한 사유가 없으면 이에 따라야 하며, 그 조치 결과를 고용노동부장관에게 통보하여야 한다.

③ 제1항에 따른 영업정지 등의 요청 절차나 그 밖에 필요한 사항은 고용노동부령으로 정한다.

제160조【업무정지 처분을 대신하여 부과하는 과징금 처분】 ① 고용노동부장관은 제21조제4항(제74조제4항, 제88조제5항, 제96조제5항, 제126조제5항 및 제135조제6항에 따라 준용되는 경우를 포함한다)에 따라 업무정지를 명하여야 하는 경우에 그 업무정지가 이용자에게 심한 불편을 주거나 공익을 해칠 우려가 있다고 인정되면 업무정지 처분을 대신하여 10억원 이하의 과징금을 부과할 수 있다.

② 고용노동부장관은 제1항에 따른 과징금을

제111조【과징금의 부과기준】 법제160조제1항에 따라 부과하는 과징금의 부과기준은 별표33과 같다.

제112조【과징금의 부과 및 납부】 ① 고용노동부장관은 법제160조제1항에 따라 과징금을 부과하려는 경우에는 위반행위의 종류와 해당 과징금의 금액 등을 고용노동부령으로 정하는 바에 따라 구체적으로 밝혀 과징금을 낼 것을 서면으로 알려야 한다.

② 제1항에 따라 통지를 받은 자는 통지받은 날부터 30일 이내에 고용노동부장관이

2. 「국가를 당사자로 하는 계약에 관한 법률」 제27조, 「지방자치단체를 당사자로 하는 계약에 관한 법률」 제31조 및 「공공기관의 운영에 관한 법률」 제39조에 따른 입찰참가자격의 제한

② 영제110조제1호에서 "동시에 2명 이상의 근로자가 사망하는 재해"란 해당 재해가 발생한 때부터 그 사고가 주원인이 되어 72시간 이내에 2명 이상이 사망하는 재해를 말한다.

제239조【과징금의 납부통지 등】 ① 영제112조제1항에 따른 과징금의 부과·징수절차에 관하여는 「국고금 관리법 시행규칙」을 준용한다. 이 경우 납입고지서에는 이의신청방법 및 이의신청기간을 함께 기재해야 한다.

② 영제112조제6항에 따른 과징금 납부기한 연장 또는 분할 납부 신청서는 별지 제100호서식에 따른다.

법률	시행령	시행규칙
징수하기 위하여 필요한 경우에는 다음 각 호의 사항을 적은 문서로 관할 세무관서의 장에게 과세 정보 제공을 요청할 수 있다. 1. 납세자의 인적사항 2. 사용 목적 3. 과징금 부과기준이 되는 매출 금액 4. 과징금 부과사유 및 부과기준 ③ 고용노동부장관은 제1항에 따른 과징금 부과처분을 받은 자가 납부기한까지 과징금을 내지 아니하면 국세 체납처분의 예에 따라 이를 징수한다. ④ 제1항에 따라 과징금을 부과하는 위반행위의 종류 및 위반 정도 등에 따른 과징금의 금액, 그 밖에 필요한 사항은 대통령령으로 정한다. **제161조【도급금지 등 의무위반에 따른 과징금 부과】** ① 고용노동부장관은 사업주가 다음 각 호의 어느 하나에 해당하는 경우에는 10억원 이하의 과징금을 부과·징수할 수 있다. 1. 제58조제1항을 위반하여 도급한 경우 2. 제58조제2항제2호 또는 제59조제1항을 위반하여 승인을 받지 아니하고 도급한 경우	정하는 수납기관에 과징금을 내야 한다. 다만, 천재지변이나 그 밖의 부득이한 사유로 그 기간 내 과징금을 낼 수 없는 경우에는 그 사유가 없어진 날부터 15일 이내에 내야 한다. ③ 제2항에 따라 과징금을 받은 수납기관은 납부자에게 영수증을 발급하고, 지체 없이 수납한 사실을 고용노동부장관에게 통보해야 한다. ④ 고용노동부장관은 법제160조제1항에 따라 과징금 부과처분을 받은 자가 다음 각 호의 어느 하나에 해당하는 사유로 과징금의 전액을 한꺼번에 내기 어렵다고 인정되는 경우에는 그 납부기한을 연기하거나 분할하여 납부하게 할 수 있다. 이 경우 필요하다고 인정할 때에는 담보를 제공하게 할 수 있다. 1. 재해 등으로 재산에 현저한 손실을 입은 경우 2. 경제 여건이나 사업 여건의 악화로 사업이 중대한 위기에 있는 경우 3. 과징금을 한꺼번에 내면 자금사정에 현저한 어려움이 예상되는 경우 4. 그 밖에 제1호부터 제3호까지의 규정에	

3. 제60조를 위반하여 승인을 받아 도급받은 작업을 재하도급한 경우

② 고용노동부장관은 제1항에 따른 과징금을 부과하는 경우에는 다음 각 호의 사항을 고려하여야 한다.

1. 도급 금액, 기간 및 횟수 등
2. 관계수급인 근로자의 산업재해 예방에 필요한 조치 이행을 위한 노력의 정도
3. 산업재해 발생 여부

③ 고용노동부장관은 제1항에 따른 과징금을 내야 할 자가 납부기한까지 내지 아니하면 납부기한의 다음 날부터 과징금을 납부한 날의 전날까지의 기간에 대하여 내지 아니한 과징금의 연 100분의 6의 범위에서 대통령령으로 정하는 가산금을 징수한다. 이 경우 가산금을 징수하는 기간은 60개월을 초과할 수 없다.

④ 고용노동부장관은 제1항에 따른 과징금을 내야 할 자가 납부기한까지 내지 아니하면 기간을 정하여 독촉을 하고, 그 기간 내에 제1항에 따른 과징금 및 제3항에 따른 가산금을 내지 아니하면 국세 체납처분의 예에 따라 징수한다.

⑤ 제1항 및 제3항에 따른 과징금 및 가산금 준하는 사유가 있다고 고용노동부장관이 인정하는 경우

⑤ 제4항에 따라 과징금의 납부기한의 연기 또는 분할 납부를 하려는 자는 그 납부기한의 5일 전까지 납부기한의 연기 또는 분할 납부의 사유를 증명하는 서류를 첨부하여 고용노동부장관에게 신청해야 한다.

⑥ 제4항에 따른 납부기한의 연기는 그 납부기한의 다음 날부터 1년 이내로 하고, 각 분할된 납부기한의 간격은 4개월 이내로 하며, 분할 횟수는 3회를 초과할 수 없다.

⑦ 고용노동부장관은 제4항에 따라 납부기한이 연기되거나 분할 납부가 허용된 과징금의 납부의무자가 다음 각 호의 어느 하나에 해당하는 경우에는 납부기한 연기 또는 분할 납부 결정을 취소하고 과징금을 한꺼번에 징수할 수 있다.

1. 분할 납부하기로 결정된 과징금을 납부기한까지 내지 않은 경우
2. 강제집행, 경매의 개시, 법인의 해산, 국세 또는 지방세의 체납처분을 받은 경우 등 과징금의 전부 또는 잔여분을 징수할 수 없다고 인정되는 경우

⑧ 제1항부터 제7항까지에서 규정한 사항

법률	시행령	시행규칙
의 징수와 제4항에 따른 체납처분 절차, 그 밖에 필요한 사항은 대통령령으로 정한다. **제162조 【비밀 유지】** 다음 각 호의 어느 하나에 해당하는 자는 업무상 알게 된 비밀을 누설하거나 도용해서는 아니 된다. 다만, 근로자의 건강장해를 예방하기 위하여 고용노동부장관이 필요하다고 인정하는 경우에는 그러하지 아니하다. 1. 제42조에 따라 제출된 유해위험방지계획서를 검토하는 자 2. 제44조에 따라 제출된 공정안전보고서를 검토하는 자 3. 제47조에 따른 안전보건진단을 하는 자 4. 제84조에 따른 안전인증을 하는 자 5. 제89조에 따른 신고 수리에 관한 업무를 하는 자 6. 제93조에 따른 안전검사를 하는 자 7. 제98조에 따른 자율검사프로그램의 인정업무를 하는 자 8. 제108조제1항 및 제109조제1항에 따라 제출된 유해성·위험성 조사보고서 또는 조사 결과를 검토하는 자 9. 제110조제1항부터 제3항까지의 규정	외에 과징금의 부과·징수에 필요한 사항은 고용노동부령으로 정한다. **제113조 【도급금지 등 의무위반에 따른 과징금 및 가산금】** ① 법제161조제1항에 따라 부과하는 과징금의 금액은 같은 조 제2항 각 호의 사항을 고려하여 별표34의 과징금 산정기준을 적용하여 산정한다. ② 법제161조제3항 전단에서 "대통령령으로 정하는 가산금"이란 과징금 납부기한이 지난 날부터 매 1개월이 지날 때마다 체납된 과징금의 1천분의 5에 해당하는 금액을 말한다. **제114조 【도급금지 등 의무위반에 따른 과징금의 부과 및 납부】** 법제161조제1항 및 제3항에 따른 과징금 및 가산금의 부과와 납부에 관하여는 제112조를 준용한다. **제115조 【권한의 위임】** ① 고용노동부장관은 법 제165조제1항에 따라 다음 각 호의 권한을 지방고용노동관서의 장에게 위임한다. 1. 법 제10조제3항에 따른 자료 제출의 요청 2. 법 제17조제3항, 제18조제3항 또는 제19조제3항에 따른 안전관리자, 보건관리	

에 따라 물질안전보건자료 등을 제출받는 자

10. 제112조제2항,제5항 및 제7항에 따라 대체자료의 승인, 연장승인 여부를 검토하는 자 및 같은 조 제10항에 따라 물질안전보건자료의 대체자료를 제공받은 자

11. 제129조부터 제131조까지의 규정에 따라 건강진단을 하는 자

12. 제141조에 따른 역학조사를 하는 자

13. 제145조에 따라 등록한 지도사

《벌칙》 위반자는 1년이하의 징역 또는 1천만원이하의 벌금(법 제170조)

〔시행일 : 2021.1.16.〕 제9호, 제10호

제163조 【청문 및 처분기준】 ① 고용노동부장관은 다음 각 호의 어느 하나에 해당하는 처분을 하려면 청문을 하여야 한다.

1. 제21조제4항(제48조제4항,제74조제4항, 제88조제5항, 제96조제5항,제100조제4항,제120조제5항,제126조제5항, 제135조제6항 및 제140조제4항에 따라 준용되는 경우를 포함한다)에 따른 지정의 취소

2. 제33조제4항, 제82조제4항,제102조제3항,제121조제4항 및 제154조에 따

자 또는 안전보건관리담당자의 선임 명령 또는 교체 명령

3. 법 제21조제1항 및 제4항에 따른 안전관리전문기관 또는 보건관리전문기관(이 영 제23조제1항에 따른 업종별 · 유해인자별 보건관리전문기관은 제외한다)의 지정, 지정 취소 및 업무정지 명령

4. 법 제23조제1항에 따른 명예산업안전감독관의 위촉

5. 법 제33조제1항 및 제4항에 따른 안전보건교육기관의 등록, 등록 취소 및 업무정지 명령

6. 법 제42조제4항 후단에 따른 작업 또는 건설공사의 중지 및 유해위험방지계획의 변경 명령

7. 법 제45조제1항 후단 및 제46조제4항 · 제5항에 따른 공정안전보고서의 변경 명령, 공정안전보고서의 이행 상태 평가 및 재제출 명령

8. 법 제47조제1항 및 제4항에 따른 안전보건진단 명령 및 안전보건진단 결과보고서의 접수

9. 법 제48조제1항 및 제4항에 따른 안전보건진단기관의 지정, 지정 취소 및 업무정

법 률	시 행 령	시 행 규 칙
른 등록의 취소 3. 제58조제7항(제59조제2항에 따라 준용되는 경우를 포함한다. 이하 제2항에서 같다), 제112조제8항 및 제117조제3항에 따른 승인의 취소 4. 제86조제1항에 따른 안전인증의 취소 5. 제99조제1항에 따른 자율검사프로그램 인정의 취소 6. 제118조제5항에 따른 허가의 취소 7. 제158조제2항에 따른 보조·지원의 취소	지 명령 10. 법 제49조제1항에 따른 안전보건개선계획의 수립 · 시행 명령 11. 법 제50조제1항 및 제2항에 따른 안전보건개선계획서의 접수, 심사, 그 결과의 통보 및 안전보건개선계획서의 보완 명령 12. 법 제53조제1항에 따른 시정조치 명령 13. 법 제53조제3항 및 제55조제1항 · 제2항에 따른 작업중지 명령 14. 법 제53조제5항 및 제55조제3항에 따른 사용중지 또는 작업중지 해제	
② 제21조제4항(제33조제4항, 제48조제4항, 제74조제4항, 제82조제4항, 제88조제5항, 제96조제5항, 제100조제4항, 제120조제5항, 제121조제4항, 제126조제5항, 제135조제6항 및 제140조제4항에 따라 준용되는 경우를 포함한다), 제58조제7항, 제86조제1항, 제91조제1항, 제99조제1항, 제102조제3항, 제112조제8항, 제117조제3항, 제118조제5항 및 제154조에 따른 취소, 정지, 사용 금지 또는 시정명령의 기준은 고용노동부령으로 정한다.	15. 법 제57조제3항에 따른 사업주의 산업재해 발생 보고의 접수 · 처리 16. 법 제58조제2항제2호, 같은 조 제5항 · 제6항 · 제7항에 따른 승인, 연장승인, 변경승인과 그 승인 · 연장승인 · 변경승인의 취소 및 법 제59조제1항에 따른 도급의 승인 17. 법 제74조제1항 및 제4항에 따른 건설재해예방전문지도기관의 지정, 지정 취소 및 업무정지 명령	**제240조 【지정취소·업무정지 등의 기준】** ① 법제163조제2항에 따른 지정 등의 취소 또는 업무 등의 정지 기준은 별표26과 같다. ② 고용노동부장관 또는 지방고용노동관서의 장은 제1항의 기준에 따라 행정처분을 할 때에는 처분의 상대방의 고의·과실 여부와 그 밖의 사정을 고려하여 행정처분을 감경하거나 가중할 수 있다.
제164조 【서류의 보존】 ① 사업주는 다음 각 호의 서류를 3년(제2호의 경우 2년을 말한	18. 법 제82조제1항 및 제4항에 따른 타워크레인 설치 · 해체업의 등록, 등록 취소	**제241조 【서류의 보존】** ① 법제164조제1항 단서에 따라 제188조에 따른 작업환경측정

다) 동안 보존하여야 한다. 다만, 고용노동부령으로 정하는 바에 따라 보존기간을 연장할 수 있다.

1. 안전보건관리책임자·안전관리자·보건관리자·안전보건관리담당자 및 산업보건의의 선임에 관한 서류
2. 제24조제3항 및 제75조제4항에 따른 회의록
3. 안전조치 및 보건조치에 관한 사항으로서 고용노동부령으로 정하는 사항을 적은 서류
4. 제57조제2항에 따른 산업재해의 발생 원인 등 기록
5. 제108조제1항 본문 및 제109조제1항에 따른 화학물질의 유해성·위험성 조사에 관한 서류
6. 제125조에 따른 작업환경측정에 관한 서류
7. 제129조부터 제131조까지의 규정에 따른 건강진단에 관한 서류

② 안전인증 또는 안전검사의 업무를 위탁받은 안전인증기관 또는 안전검사기관은 안전인증·안전검사에 관한 사항으로서 고용노동부령으로 정하는 서류를 3년 동안 보존하

및 업무정지 명령
19. 법 제84조제6항에 따른 자료 제출 명령
20. 법 제85조제4항에 따른 표시 제거 명령
21. 법 제86조제1항에 따른 안전인증 취소, 안전인증표시의 사용 금지 및 시정 명령
22. 법 제87조제2항에 따른 수거 또는 파기 명령
23. 법 제90조제4항에 따른 표시 제거 명령
24. 법 제91조제1항에 따른 사용 금지 및 시정 명령
25. 법 제92조제2항에 따른 수거 또는 파기 명령
26. 법 제99조제1항에 따른 자율검사프로그램의 인정 취소와 시정 명령
27. 법 제100조제1항 및 제4항에 따른 자율안전검사기관의 지정, 지정 취소 및 업무정지 명령
28. 법 제102조제3항에 따른 등록 취소 및 지원 제한
29. 법 제112조제8항에 따른 승인 또는 연장승인의 취소
30. 법 제113조제3항에 따른 선임 또는 해임 사실의 신고 접수 · 처리
31. 법 제117조제2항제1호 및 같은 조 제3

결과를 기록한 서류는 보존(전자적 방법으로 하는 보존을 포함한다)기간을 5년으로 한다. 다만, 고용노동부장관이 정하여 고시하는 물질에 대한 기록이 포함된 서류는 그 보존기간을 30년으로 한다.

② 법제164조제1항 단서에 따라 사업주는 제209조제3항에 따라 송부 받은 건강진단결과표 및 법제133조 단서에 따라 근로자가 제출한 건강진단 결과를 증명하는 서류(이들 자료가 전산입력된 경우에는 그 전산입력된 자료를 말한다)를 5년간 보존해야 한다. 다만, 고용노동부장관이 정하여 고시하는 물질을 취급하는 근로자에 대한 건강진단 결과의 서류 또는 전산입력 자료는 30년간 보존해야 한다.

③ 법제164조제2항에서 "고용노동부령으로 정하는 서류"란 다음 각 호의 서류를 말한다.

1. 제108조제1항에 따른 안전인증 신청서(첨부서류를 포함한다) 및 제110조에 따른 심사와 관련하여 인증기관이 작성한 서류
2. 제124조에 따른 안전검사 신청서 및 검사와 관련하여 안전검사기관이 작성한

법 률	시 행 령	시 행 규 칙
여야 하고, 안전인증을 받은 자는 제84조제5항에 따라 안전인증대상기계등에 대하여 기록한 서류를 3년 동안 보존하여야 하며, 자율안전확인대상기계등을 제조하거나 수입하는 자는 자율안전기준에 맞는 것임을 증명하는 서류를 2년 동안 보존하여야 하고, 제98조제1항에 따라 자율안전검사를 받은 자는 자율검사프로그램에 따라 실시한 검사 결과에 대한 서류를 2년 동안 보존하여야 한다. ③ 일반석면조사를 한 건축물·설비소유주등은 그 결과에 관한 서류를 그 건축물이나 설비에 대한 해체·제거작업이 종료될 때까지 보존하여야 하고, 기관석면조사를 한 건축물·설비소유주등과 석면조사기관은 그 결과에 관한 서류를 3년 동안 보존하여야 한다. ④ 작업환경측정기관은 작업환경측정에 관한 사항으로서 고용노동부령으로 정하는 사항을 적은 서류를 3년 동안 보존하여야 한다. ⑤ 지도사는 그 업무에 관한 사항으로서 고용노동부령으로 정하는 사항을 적은 서류를 5년 동안 보존하여야 한다. ⑥ 석면해체·제거업자는 제122조제3항에	항에 따른 제조등금지물질의 제조 · 수입 또는 사용의 승인 및 그 승인의 취소 32. 법 제118조제1항 · 제4항 및 제5항에 따른 허가대상물질의 제조 · 사용의 허가와 변경 허가, 수리 · 개조 등의 명령, 허가대상물질의 제조 · 사용 허가의 취소 및 영업정지 명령 33. 법 제119조제4항에 따른 일반석면조사 또는 기관석면조사의 이행 명령 및 이행 명령의 결과를 보고받을 때까지의 작업중지 명령 34. 법 제120조제1항 및 제5항에 따른 석면조사기관의 지정, 지정 취소 및 업무정지 명령 35. 법 제121조제1항 및 제4항에 따른 석면해체 · 제거업의 등록, 등록 취소 및 업무정지 명령 36. 법 제121조제2항에 따른 석면해체 · 제거작업의 안전성 평가 및 그 결과의 공개 37. 법 제122조제3항 및 제4항에 따른 석면해체 · 제거작업 신고의 접수 및 수리 38. 법 제124조제1항에 따라 제출된 석면농도 증명자료의 접수	서류 ④ 법제164조제4항에서 "고용노동부령으로 정하는 사항"이란 다음 각 호를 말한다. 1. 측정 대상 사업장의 명칭 및 소재지 2. 측정 연월일 3. 측정을 한 사람의 성명 4. 측정방법 및 측정 결과 5. 기기를 사용하여 분석한 경우에는 분석자·분석방법 및 분석자료 등 분석과 관련된 사항 ⑤ 법제164조제5항에서 "고용노동부령으로 정하는 사항"이란 다음 각 호를 말한다. 1. 의뢰자의 성명(법인인 경우에는 그 명칭을 말한다) 및 주소 2. 의뢰를 받은 연월일 3. 실시항목 4. 의뢰자로부터 받은 보수액 ⑥ 법제164조제6항에서 "고용노동부령으로 정하는 사항"이란 다음 각 호를 말한다. 1. 석면해체·제거작업장의 명칭 및 소재지 2. 석면해체·제거작업 근로자의 인적사항(성명, 생년월일 등을 말한다) 3. 작업의 내용 및 작업기간

따른 석면해체·제거작업에 관한 서류 중 고용노동부령으로 정하는 서류를 30년 동안 보존하여야 한다.

《벌칙》 제1항부터 제6항까지 위반자는 300만원이하의 과태료(법 제175조제6항 제18호)

⑦ 제1항부터 제6항까지의 경우 전산입력자료가 있을 때에는 그 서류를 대신하여 전산입력자료를 보존할 수 있다.

제165조 【권한 등의 위임·위탁】 ① 이 법에 따른 고용노동부장관의 권한은 대통령령으로 정하는 바에 따라 그 일부를 지방고용노동관서의 장에게 위임할 수 있다.

② 고용노동부장관은 이 법에 따른 업무 중 다음 각 호의 업무를 대통령령으로 정하는 바에 따라 공단 또는 대통령령으로 정하는 비영리법인 또는 관계 전문기관에 위탁할 수 있다.

1. 제4조제1항제2호부터 제7호까지 및 제9호의 사항에 관한 업무
2. 제11조제3호에 따른 시설의 설치·운영 업무
3. 제13조제2항에 따른 표준제정위원회의 구성·운영

39. 법 제125조제5항에 따른 작업환경측정 결과 보고의 접수 · 처리
40. 법 제126조제1항 및 제5항에 따른 작업환경측정기관의 지정, 지정 취소 및 업무정지 명령
41. 법 제131조제1항에 따른 임시건강진단 실시 등의 명령
42. 법 제132조제5항에 따른 조치 결과의 접수
43. 법 제134조제1항에 따른 건강진단 실시 결과 보고의 접수
44. 법 제135조제1항 및 제6항에 따른 특수건강진단기관의 지정, 지정 취소 및 업무정지 명령
45. 법 제140조제2항 및 제4항에 따른 교육기관의 지정, 지정 취소 및 업무정지 명령
46. 법 제145조제1항 및 제154조에 따른 지도사의 등록, 등록 취소 및 업무정지 명령
47. 법 제157조제1항 및 제2항에 따른 신고의 접수 · 처리
48. 법 제160조에 따른 과징금의 부과 · 징수(위임된 권한에 관한 사항으로 한정한다)

법　률	시 행 령	시 행 규 칙
4. 제21조제2항에 따른 기관에 대한 평가 업무 5. 제32조제1항 각 호 외의 부분 본문에 따른 직무와 관련한 안전보건교육 6. 제33조제1항에 따라 제31조제1항 본문에 따른 안전보건교육을 실시하는 기관의 등록 업무 7. 제33조제2항에 따른 평가에 관한 업무 8. 제42조에 따른 유해위험방지계획서의 접수·심사, 제43조제1항 및 같은 조 제2항 본문에 따른 확인 9. 제44조제1항 전단에 따른 공정안전보고서의 접수, 제45조제1항에 따른 공정안전보고서의 심사 및 제46조제2항에 따른 확인 10. 제48조제2항에 따른 안전보건진단기관에 대한 평가 업무 11. 제58조제3항 또는 제5항 후단(제59조제2항에 따라 준용되는 경우를 포함한다)에 따른 안전 및 보건에 관한 평가 12. 제74조제3항에 따른 건설재해예방전문지도기관에 대한 평가 업무 13. 제84조제1항 및 제3항에 따른 안전	49. 법 제161조에 따른 과징금 및 가산금의 부과 · 징수 50. 법 제163조제1항에 따른 청문(위임된 권한에 관한 사항으로 한정한다) 51. 법 제175조에 따른 과태료의 부과 · 징수(위임된 권한에 관한 사항으로 한정한다) 52. 제16조제6항, 제20조제3항 및 제29조제3항에 따른 서류의 접수 53. 그 밖에 제1호부터 제52호까지의 규정에 따른 권한을 행사하는 데 따르는 감독상의 조치 〔전문개정 2020.9.8.〕 **제116조【업무의 위탁】** ① 고용노동부장관은 법제165조제2항제2호부터 제4호까지, 제6호부터 제10호까지, 제12호, 제15호, 제16호, 제18호부터 제30호까지, 제32호, 제33호 및 제35호부터 제41호까지의 업무를 공단에 위탁한다. ② 고용노동부장관은 법제165조제2항제1호, 제11호, 제13호, 제14호, 제17호, 제31호 및 제34호의 업무를 공단이나 다음 각 호의 어느 하나에 해당하는 법인 또는 기관으로	

인증
14. 제84조제4항 본문에 따른 안전인증의 확인
15. 제88조제3항에 따른 안전인증기관에 대한 평가 업무
16. 제89조제1항 각 호 외의 부분 본문에 따른 자율안전확인의 신고에 관한 업무
17. 제93조제1항에 따른 안전검사
18. 제96조제3항에 따른 안전검사기관에 대한 평가 업무
19. 제98조제1항에 따른 자율검사프로그램의 인정
20. 제98조제1항제2호에 따른 안전에 관한 성능검사 교육 및 제100조제2항에 따른 자율안전검사기관에 대한 평가 업무
21. 제101조에 따른 조사, 수거 및 성능시험
22. 제102조제1항에 따른 지원과 같은 조 제2항에 따른 등록
23. 제103조제1항에 따른 유해·위험기계 등의 안전에 관한 정보의 종합관리
24. 제105조제1항에 따른 유해성·위험성 평가에 관한 업무
25. 제110조제1항부터 제3항까지의 규정

서 위탁업무를 수행할 수 있는 인력·시설 및 장비를 갖춘 법인 또는 기관 중에서 고용노동부장관이 지정·고시하거나 고용노동부장관에게 등록한 법인 또는 기관에 위탁한다.

1. 다음 각 목의 요건을 모두 갖춘 법인
   가. 비영리법인일 것
   나. 산업안전·보건 또는 산업재해 예방을 목적으로 설립되었을 것
2. 법제21조제1항·제48조제1항·제74조제1항·제120조제1항·제126조제1항·제135조제1항 또는 제140조제2항에 따라 고용노동부장관의 지정을 받은 법인 또는 기관
3. 기계·기구 및 설비 등의 검정·검사, 생산기술의 연구개발·교육·평가 등의 업무를 목적으로 설립된 「공공기관의 운영에 관한 법률」에 따른 공공기관
4. 산업안전·보건 관련 학과가 있는 「고등교육법」 제2조에 따른 학교

③ 고용노동부장관은 제2항에 따라 공단, 법인 또는 기관에 그 업무를 위탁한 경우에는 위탁기관의 명칭과 위탁업무 등에 관한 사항을 관보 또는 고용노동부 인터넷 홈페이지 등에 공고해야 한다.

법 률	시 행 령	시 행 규 칙
에 따른 물질안전보건자료 등의 접수 업무 26. 제112조제1항·제2항·제5항부터 제7항까지의 규정에 따른 물질안전보건자료의 일부 비공개 승인 등에 관한 업무 27. 제116조에 따른 물질안전보건자료와 관련된 자료의 제공 28. 제120조제2항에 따른 석면조사 능력의 확인 및 석면조사기관에 대한 지도·교육 업무 29. 제120조제3항에 따른 석면조사기관에 대한 평가 업무 30. 제121조제2항에 따른 석면해체·제거작업의 안전성 평가 업무 31. 제126조제2항에 따른 작업환경측정·분석능력의 확인 및 작업환경측정기관에 대한 지도·교육 업무 32. 제126조제3항에 따른 작업환경측정기관에 대한 평가 업무 33. 제127조제1항에 따른 작업환경측정 결과의 신뢰성 평가 업무 34. 제135조제3항에 따른 특수건강진단기관의 진단·분석능력의 확인 및 지도·교육 업무		

35. 제135조제4항에 따른 특수건강진단 기관에 대한 평가 업무
36. 제136조제1항에 따른 유해인자별 특수건강진단 전문연구기관 지정에 관한 업무
37. 제137조에 따른 건강관리카드에 관한 업무
38. 제141조제1항에 따른 역학조사
39. 제145조제5항 단서에 따른 지도사 보수교육
40. 제146조에 따른 지도사 연수교육
41. 제158조제1항부터 제3항까지의 규정에 따른 보조·지원 및 보조·지원의 취소·환수 업무

③ 제2항에 따라 업무를 위탁받은 비영리법인 또는 관계 전문기관의 임직원은 「형법」 제129조부터 제132조까지의 규정을 적용할 때에는 공무원으로 본다.

〔시행일 : 2021.1.16.〕 제2항제25~27호

제166조 【수수료 등】 ① 다음 각 호의 어느 하나에 해당하는 자는 고용노동부령으로 정하는 바에 따라 수수료를 내야 한다.

1. 제32조제1항 각 호의 사람에게 안전보건교육을 이수하게 하려는 사업주

제117조 【민감정보 및 고유식별정보의 처리】 고용노동부장관(법 제165조에 따라 고용노동부장관의 권한을 위임받거나 업무를 위탁받은 자를 포함한다)은 다음 각 호의 사무를 수행하기 위하여 불가피한 경우 「개인정보 보호법」 제23조에 따른 건강에 관한 정보와 같은 법 시행령 제18조제2호에 따른 범죄경력자료에 해당하는 정보, 같은 영 제19조제1호 또는 제4호에 따른 주민등록번호 또는 외국인등록번호가 포함된 자료를 처리할 수 있다.

1. 법 제8조에 따라 고용노동부장관이 협조를 요청한 사항으로서 산업재해 또는 건강진단 관련 자료의 처리에 관한 사무
2. 법 제57조에 따른 산업재해 발생 기록 및 보고 등에 관한 사무
3. 법 제129조부터 제136조까지의 규정에 따른 건강진단에 관한 사무
4. 법 제137조에 따른 건강관리카드 발급에 관한 사무
5. 법 제138조에 따른 질병자의 근로 금지·제한에 관한 지도, 감독에 관한 사무
6. 법 제141조에 따른 역학조사에 관한 사무

제242조 【수수료 등】 ① 법제166조제1항에 따른 수수료는 고용노동부장관이 정하여 고시한다.

② 제1항에 따른 수수료 중 공단 또는 비영리법인에 납부하는 수수료는 현금 또는 「전

법 률	시 행 령	시 행 규 칙
2. 제42조제1항 본문에 따라 유해위험방지계획서를 심사받으려는 자 3. 제44조제1항 본문에 따라 공정안전보고서를 심사받으려는 자 4. 제58조제3항 또는 같은 조 제5항 후단(제59조제2항에 따라 준용되는 경우를 포함한다)에 따라 안전 및 보건에 관한 평가를 받으려는 자 5. 제84조제1항 및 제3항에 따라 안전인증을 받으려는 자 6. 제84조제4항에 따라 확인을 받으려는 자 7. 제93조제1항에 따라 안전검사를 받으려는 자 8. 제98조제1항에 따라 자율검사프로그램의 인정을 받으려는 자 9. 제112조제1항 또는 제5항에 따라 물질안전보건자료의 일부 비공개 승인 또는 연장승인을 받으려는 자 10. 제118조제1항에 따라 허가를 받으려는 자 11. 제140조에 따른 자격·면허의 취득을 위한 교육을 받으려는 사람 12. 제143조에 따른 지도사 자격시험에	7. 법 제143조에 따른 지도사 자격시험에 관한 사무 8. 법 제145조에 따른 지도사의 등록에 관한 사무 **제118조【규제의 재검토】** 고용노동부장관은 다음 각 호의 사항에 대하여 다음 각 호의 기준일을 기준으로 3년마다(매 3년이 되는 해의 기준일과 같은 날 전까지를 말한다) 그 타당성을 검토하여 개선 등의 조치를 하여야 한다.〈개정 2020.3.3.〉 1. 제2조제1항 및 별표1 제3호에 따른 대상사업의 범위: 2019년 1월 1일 2. 제24조에 따른 안전보건관리담당자의 선임 대상사업: 2019년 1월 1일 3. 〈삭제〉 2020년 3월 3일 4. 제52조에 따른 안전보건총괄책임자 지정 대상사업: 2020년 1월 1 일 5. 제95조에 따른 작업환경측정기관의 지정 요건: 2020년 1월 1일 6. 〈삭제〉 2020년 3월 3일 7. 제100조에 따른 자격·면허 취득자의 양성 또는 근로자의 기능 습득을 위한 교육기관의 지정 취소 등의 사유: 2020	자정부법」 제14조에 따른 정보통신망을 이용하여 전자화폐·전자결제 등의 방법으로 납부할 수 있다. **제243조【규제의 재검토】** 고용노동부장관은 다음 각 호의 사항에 대하여 다음 각 호의 기준일을 기준으로 3년마다(매 3년이 되는 해의 기준일과 같은 날 전까지를 말한다) 그 타당성을 검토하여 개선 등의 조치를 해야 한다. 1. 제12조에 따른 안전관리자 등의 증원·교체임명 명령: 2020년 1월 1일 2. 제220조에 따른 질병자의 근로금지: 2020년 1월 1일 3. 제221조에 따른 질병자의 근로제한: 2020년 1월 1일 4. 제229조에 따른 등록신청 등: 2020년 1월 1일 5. 제241조제2항에 따른 건강진단 결과의 보존: 2020년 1월 1일

응시하려는 사람

13. 제145조에 따라 지도사의 등록을 하려는 자

14. 그 밖에 산업 안전 및 보건과 관련된 자로서 대통령령으로 정하는 자

② 공단은 고용노동부장관의 승인을 받아 공단의 업무 수행으로 인한 수익자로 하여금 그 업무 수행에 필요한 비용의 전부 또는 일부를 부담하게 할 수 있다.

〔시행일 : 2021.1.16.〕 제1항제9호

제166조의2【현장실습생에 대한 특례】 제2조제3호에도 불구하고 「직업교육훈련 촉진법」 제2조제7호에 따른 현장실습을 받기 위하여 현장실습산업체의 장과 현장실습계약을 체결한 직업교육훈련생(이하 "현장실습생"이라 한다)에게는 제5조, 제29조, 제38조부터 제41조까지, 제51조부터 제57조까지, 제63조, 제114조제3항, 제131조, 제138조제1항, 제140조, 제155조부터 제157조까지를 준용한다. 이 경우 "사업주"는 "현장실습산업체의 장"으로, "근로"는 "현장실습"으로, "근로자"는 "현장실습생"으로 본다.

〔본조신설 2020.3.31.〕

〔시행일 : 2020.10.1.〕

년 1월 1일

법 률	시 행 령	시 행 규 칙
제12장 벌 칙 제167조 【벌칙】 ① 제38조제1항부터 제3항까지(제166조의2에서 준용하는 경우를 포함한다), 제39조제1항(제166조의2에서 준용하는 경우를 포함한다) 또는 제63조(제166조의2에서 준용하는 경우를 포함한다)를 위반하여 근로자를 사망에 이르게 한 자는 7년 이하의 징역 또는 1억원 이하의 벌금에 처한다. 〈개정 2020.3.31.〉 ② 제1항의 죄로 형을 선고받고 그 형이 확정된 후 5년 이내에 다시 제1항의 죄를 저지른 자는 그 형의 2분의 1까지 가중한다.〈개정 2020.5.26.〉 〔시행일 : 2020.10.1.〕 제1항 제168조 【벌칙】 다음 각 호의 어느 하나에 해당하는 자는 5년 이하의 징역 또는 5천만원 이하의 벌금에 처한다. 〈개정 2020.3.31., 2020.6.9.〉 1. 제38조제1항부터 제3항까지(제166조의2에서 준용하는 경우를 포함한다), 제39조제1항(제166조의2에서 준용하는	**제11장 벌 칙** 제119조 【과태료의 부과기준】 법제175조제1항부터 제6항까지의 규정에 따른 과태료의 부과기준은 별표35와 같다.	

경우를 포함한다), 제51조(제166조의2에서 준용하는 경우를 포함한다), 제54조제1항(제166조의2에서 준용하는 경우를 포함한다), 제117조제1항, 제118조제1항, 제122조제1항 또는 제157조제3항(제166조의2에서 준용하는 경우를 포함한다)을 위반한 자

2. 제42조제4항 후단, 제53조제3항(제166조의2에서 준용하는 경우를 포함한다), 제55조제1항(제166조의2에서 준용하는 경우를 포함한다) 제2항(제166조의2에서 준용하는 경우를 포함한다) 또는 제118조제5항에 따른 명령을 위반한 자

〔시행일 : 2020.10.1.〕

제169조【벌칙】 다음 각 호의 어느 하나에 해당하는 자는 3년 이하의 징역 또는 3천만원 이하의 벌금에 처한다.〈개정 2020.3.31.〉

1. 제44조제1항 후단, 제63조(제166조의2에서 준용하는 경우를 포함한다), 제76조, 제81조, 제82조제2항, 제84조제1항, 제87조제1항, 제118조제3항, 제123조제1항, 제139조제1항 또는 제140조제1항(제166조의2에서 준용하는 경우를 포함한다)을 위반한 자

법 률	시 행 령	시 행 규 칙
2. 제45조제1항 후단, 제46조제5항, 제53조제1항(제166조의2에서 준용하는 경우를 포함한다), 제87조제2항, 제118조제4항, 제119조제4항 또는 제131조제1항(제166조의2에서 준용하는 경우를 포함한다)에 따른 명령을 위반한 자 3. 제58조제3항 또는 같은 조 제5항 후단(제59조제2항에 따라 준용되는 경우를 포함한다)에 따른 안전 및 보건에 관한 평가 업무를 제165조제2항에 따라 위탁받은 자로서 그 업무를 거짓이나 그 밖의 부정한 방법으로 수행한 자 4. 제84조제1항 및 제3항에 따른 안전인증 업무를 제165조제2항에 따라 위탁받은 자로서 그 업무를 거짓이나 그 밖의 부정한 방법으로 수행한 자 5. 제93조제1항에 따른 안전검사 업무를 제165조제2항에 따라 위탁받은 자로서 그 업무를 거짓이나 그 밖의 부정한 방법으로 수행한 자 6. 제98조에 따른 자율검사프로그램에 따른 안전검사 업무를 거짓이나 그 밖의 부정한 방법으로 수행한 자		

〔시행일 : 2020. 10. 1.〕

제170조 【벌칙】 다음 각 호의 어느 하나에 해당하는 자는 1년 이하의 징역 또는 1천만 원 이하의 벌금에 처한다. 〈개정 2020. 3. 31.〉

1. 제41조제3항(제166조의2에서 준용하는 경우를 포함한다)을 위반하여 해고나 그 밖의 불리한 처우를 한 자
2. 제56조제3항(제166조의2에서 준용하는 경우를 포함한다)을 위반하여 중대재해 발생 현장을 훼손하거나 고용노동부장관의 원인조사를 방해한 자
3. 제57조제1항(제166조의2에서 준용하는 경우를 포함한다)을 위반하여 산업재해 발생 사실을 은폐한 자 또는 그 발생 사실을 은폐하도록 교사(敎唆)하거나 공모(共謀)한 자
4. 제65조제1항, 제80조제1항 · 제2항 · 제4항, 제85조제2항 · 제3항, 제92조제1항, 제141조제4항 또는 제162조를 위반한 자
5. 제85조제4항 또는 제92조제2항에 따른 명령을 위반한 자
6. 제101조에 따른 조사, 수거 또는 성능

법　률	시　행　령	시　행　규　칙
시험을 방해하거나 거부한 자 7. 제153조제1항을 위반하여 다른 사람에게 자기의 성명이나 사무소의 명칭을 사용하여 지도사의 직무를 수행하게 하거나 자격증 · 등록증을 대여한 사람 8. 제153조제2항을 위반하여 지도사의 성명이나 사무소의 명칭을 사용하여 지도사의 직무를 수행하거나 자격증 · 등록증을 대여받거나 이를 알선한 사람 〔시행일 : 2020.10.1.〕 **제170조의2 【벌칙】** 제174조제1항에 따라 이수명령을 부과받은 사람이 보호관찰소의 장 또는 교정시설의 장의 이수명령 이행에 관한 지시에 따르지 아니하여 「보호관찰 등에 관한 법률」 또는 「형의 집행 및 수용자의 처우에 관한 법률」에 따른 경고를 받은 후 재차 정당한 사유 없이 이수명령 이행에 관한 지시에 따르지 아니한 경우에는 다음 각 호에 따른다. 1. 벌금형과 병과된 경우는 500만원 이하의 벌금에 처한다. 2. 징역형 이상의 실형과 병과된 경우에는 1년 이하의 징역 또는 1천만원 이하의		

벌금에 처한다.

〔본조신설 2020. 3. 31.〕

제171조 【벌칙】 다음 각 호의 어느 하나에 해당하는 자는 1천만원 이하의 벌금에 처한다. 〈개정 2020. 3. 31.〉

1. 제69조제1항 · 제2항, 제89조제1항, 제90조제2항 · 제3항, 제108조제2항, 제109조제2항 또는 제138조제1항(제166조의2에서 준용하는 경우를 포함한다) · 제2항을 위반한 자
2. 제90조제4항, 제108조제4항 또는 제109조제3항에 따른 명령을 위반한 자
3. 제125조제6항을 위반하여 해당 시설 · 설비의 설치 · 개선 또는 건강진단의 실시 등의 조치를 하지 아니한 자
4. 제132조제4항을 위반하여 작업장소 변경 등의 적절한 조치를 하지 아니한 자

〔시행일 : 2020.10.1.〕 제171조제1호

제172조 【벌칙】 제64조제1항 또는 제2항을 위반한 자는 500만원 이하의 벌금에 처한다.

제173조 【양벌규정】 법인의 대표자나 법인 또는 개인의 대리인, 사용인, 그 밖의 종업원이 그 법인 또는 개인의 업무에 관하여 제

법 률	시 행 령	시 행 규 칙
167조제1항 또는 제168조부터 제172조까지의 어느 하나에 해당하는 위반행위를 하면 그 행위자를 벌하는 외에 그 법인에게 다음 각 호의 구분에 따른 벌금형을, 그 개인에게는 해당 조문의 벌금형을 과(科)한다. 다만, 법인 또는 개인이 그 위반행위를 방지하기 위하여 해당 업무에 관하여 상당한 주의와 감독을 게을리하지 아니한 경우에는 그러하지 아니하다. 1. 제167조제1항의 경우: 10억원 이하의 벌금 2. 제168조부터 제172조까지의 경우: 해당 조문의 벌금형 **제174조【형벌과 수강명령 등의 병과】** ① 법원은 제38조제1항부터 제3항까지(제166조의2에서 준용하는 경우를 포함한다), 제39조제1항(제166조의2에서 준용하는 경우를 포함한다) 또는 제63조(제166조의2에서 준용하는 경우를 포함한다)를 위반하여 근로자를 사망에 이르게 한 사람에게 유죄의 판결(선고유예는 제외한다)을 선고하거나 약식명령을 고지하는 경우에는 200시간의 범위에서 산업재해 예방에 필요한 수		

강명령 또는 산업안전보건프로그램의 이수명령(이하 "이수명령"이라 한다)을 병과(倂科)할 수 있다. 〈개정 2020.3.31.〉

② 제1항에 따른 수강명령은 형의 집행을 유예할 경우에 그 집행유예기간 내에서 병과하고, 이수명령은 벌금 이상의 형을 선고하거나 약식명령을 고지할 경우에 병과한다. 〈신설 2020.3.31.〉

③ 제1항에 따른 수강명령 또는 이수명령은 형의 집행을 유예할 경우에는 그 집행유예기간 내에, 벌금형을 선고하거나 약식명령을 고지할 경우에는 형 확정일부터 6개월 이내에, 징역형 이상의 실형(實刑)을 선고할 경우에는 형기 내에 각각 집행한다. 〈개정 2020.3.31.〉

④ 제1항에 따른 수강명령 또는 이수명령이 벌금형 또는 형의 집행유예와 병과된 경우에는 보호관찰소의 장이 집행하고, 징역형 이상의 실형과 병과된 경우에는 교정시설의 장이 집행한다. 다만, 징역형 이상의 실형과 병과된 이수명령을 모두 이행하기 전에 석방 또는 가석방되거나 미결구금일수 산입 등의 사유로 형을 집행할 수 없게 된 경우에는 보호관찰소의 장이 남은 이수명령을 집행한다.

법 률	시 행 령	시 행 규 칙
〈개정 2020.3.31.〉 ⑤ 제1항에 따른 수강명령 또는 이수명령은 다음 각 호의 내용으로 한다. 〈개정 2020.3.31.〉 1. 안전 및 보건에 관한 교육 2. 그 밖에 산업재해 예방을 위하여 필요한 사항 ⑥ 수강명령 및 이수명령에 관하여 이 법에서 규정한 사항 외의 사항에 대해서는 「보호관찰 등에 관한 법률」을 준용한다. 〈개정 2020.3.31.〉 〔시행일 : 2020.10.1.〕제174조제1항본문 **제175조【과태료】** ① 다음 각 호의 어느 하나에 해당하는 자에게는 5천만원 이하의 과태료를 부과한다. 1. 제119조제2항에 따라 기관석면조사를 하지 아니하고 건축물 또는 설비를 철거하거나 해체한 자 2. 제124조제3항을 위반하여 건축물 또는 설비를 철거하거나 해체한 자 ② 다음 각 호의 어느 하나에 해당하는 자에게는 3천만원 이하의 과태료를 부과한다. 〈개정 2020.3.31.〉		

1. 제29조제3항(제166조의2에서 준용하는 경우를 포함한다) 또는 제79조제1항을 위반한 자
2. 제54조제2항(제166조의2에서 준용하는 경우를 포함한다)을 위반하여 중대재해 발생 사실을 보고하지 아니하거나 거짓으로 보고한 자

③ 다음 각 호의 어느 하나에 해당하는 자에게는 1천500만원 이하의 과태료를 부과한다. 〈개정 2020.3.31.〉

1. 제47조제3항 전단을 위반하여 안전보건진단을 거부 · 방해하거나 기피한 자 또는 같은 항 후단을 위반하여 안전보건진단에 근로자대표를 참여시키지 아니한 자
2. 제57조제3항(제166조의2에서 준용하는 경우를 포함한다)에 따른 보고를 하지 아니하거나 거짓으로 보고한 자
3. 제141조제2항을 위반하여 정당한 사유 없이 역학조사를 거부 · 방해하거나 기피한 자
4. 제141조제3항을 위반하여 역학조사 참석이 허용된 사람의 역학조사 참석을 거부하거나 방해한 자

④ 다음 각 호의 어느 하나에 해당하는 자에

법 률	시 행 령	시 행 규 칙
게는 1천만원 이하의 과태료를 부과한다. 〈개정 2020.3.31., 2020.6.9.〉 1. 제10조제3항 후단을 위반하여 관계수급인에 관한 자료를 제출하지 아니하거나 거짓으로 제출한 자 2. 제14조제1항을 위반하여 안전 및 보건에 관한 계획을 이사회에 보고하지 아니하거나 승인을 받지 아니한 자 3. 제41조제2항(제166조의2에서 준용하는 경우를 포함한다), 제42조제1항 · 제5항 · 제6항, 제44조제1항 전단, 제45조제2항, 제46조제1항, 제67조제1항, 제70조제1항, 제70조제2항 후단, 제71조제3항 후단, 제71조제4항, 제72조제1항 · 제3항 · 제5항(건설공사도급인만 해당한다), 제77조제1항, 제78조, 제85조제1항, 제93조제1항 전단, 제95조, 제99조제2항 또는 제107조제1항 각 호 외의 부분 본문을 위반한 자 4. 제47조제1항 또는 제49조제1항에 따른 명령을 위반한 자 5. 제82조제1항 전단을 위반하여 등록하지 아니하고 타워크레인을 설치 · 해체		

하는 자

6. 제125조제1항 · 제2항에 따라 작업환경측정을 하지 아니한 자

7. 제129조제1항 또는 제130조제1항부터 제3항까지의 규정에 따른 근로자 건강진단을 하지 아니한 자

8. 제155조제1항(제166조의2에서 준용하는 경우를 포함한다) 또는 제2항(제166조의2에서 준용하는 경우를 포함한다)에 따른 근로감독관의 검사 · 점검 또는 수거를 거부 · 방해 또는 기피한 자

⑤ 다음 각 호의 어느 하나에 해당하는 자에게는 500만원 이하의 과태료를 부과한다. 〈개정 2020.3.31.〉

1. 제15조제1항, 제16조제1항, 제17조제1항, 제18조제1항, 제19조제1항 본문, 제22조제1항 본문, 제24조제1항 · 제4항, 제25조제1항, 제26조, 제29조제1항 · 제2항(제166조의2에서 준용하는 경우를 포함한다), 제31조제1항, 제32조제1항(제1호부터 제4호까지의 경우만 해당한다), 제37조제1항, 제44조제2항, 제49조제2항, 제50조제3항, 제62조제1항, 제66조, 제68조제1항, 제75조제6

법 률	시 행 령	시 행 규 칙
항, 제77조제2항, 제90조제1항, 제94조제2항, 제122조제2항, 제124조제1항(증명자료의 제출은 제외한다), 제125조제7항, 제132조제2항, 제137조제3항 또는 제145조제1항을 위반한 자 2. 제17조제3항, 제18조제3항 또는 제19조제3항에 따른 명령을 위반한 자 3. 제34조 또는 제114조제1항을 위반하여 이 법 및 이 법에 따른 명령의 요지, 안전보건관리규정 또는 물질안전보건자료를 게시하지 아니하거나 갖추어 두지 아니한 자 4. 제53조제2항(제166조의2에서 준용하는 경우를 포함한다)을 위반하여 고용노동부장관으로부터 명령받은 사항을 게시하지 아니한 자 5. 제110조제1항부터 제3항까지의 규정을 위반하여 물질안전보건자료, 화학물질의 명칭·함유량 또는 변경된 물질안전보건자료를 제출하지 아니한 자 6. 제110조제2항제2호를 위반하여 국외제조자로부터 물질안전보건자료에 적힌 화학물질 외에는 제104조에 따른 분류기준		

에 해당하는 화학물질이 없음을 확인하는 내용의 서류를 거짓으로 제출한 자

7. 제111조제1항을 위반하여 물질안전보건자료를 제공하지 아니한 자
8. 제112조제1항 본문을 위반하여 승인을 받지 아니하고 화학물질의 명칭 및 함유량을 대체자료로 적은 자
9. 제112조제1항 또는 제5항에 따른 비공개 승인 또는 연장승인 신청 시 영업비밀과 관련되어 보호사유를 거짓으로 작성하여 신청한 자
10. 제112조제10항 각 호 외의 부분 후단을 위반하여 대체자료로 적힌 화학물질의 명칭 및 함유량 정보를 제공하지 아니한 자
11. 제113조제1항에 따라 선임된 자로서 같은 항 각 호의 업무를 거짓으로 수행한 자
12. 제113조제1항에 따라 선임된 자로서 같은 조 제2항에 따라 고용노동부장관에게 제출한 물질안전보건자료를 해당 물질안전보건자료대상물질을 수입하는 자에게 제공하지 아니한 자
13. 제125조제1항 및 제2항에 따른 작업

법 률	시 행 령	시 행 규 칙
환경측정 시 고용노동부령으로 정하는 작업환경측정의 방법을 준수하지 아니한 사업주(같은 조 제3항에 따라 작업환경측정기관에 위탁한 경우는 제외한다) 14. 제125조제4항 또는 제132조제1항을 위반하여 근로자대표가 요구하였는데도 근로자대표를 참석시키지 아니한 자 15. 제125조제6항을 위반하여 작업환경측정 결과를 해당 작업장 근로자에게 알리지 아니한 자 16. 제155조제3항(제166조의2에서 준용하는 경우를 포함한다)에 따른 명령을 위반하여 보고 또는 출석을 하지 아니하거나 거짓으로 보고한 자 ⑥ 다음 각 호의 어느 하나에 해당하는 자에게는 300만원 이하의 과태료를 부과한다. 〈개정 2020.3.31.〉 1. 제32조제1항(제5호의 경우만 해당한다)을 위반하여 소속 근로자로 하여금 같은 항 각 호 외의 부분 본문에 따른 안전보건교육을 이수하도록 하지 아니한 자 2. 제35조를 위반하여 근로자대표에게 통지하지 아니한 자		

3. 제40조(제166조의2에서 준용하는 경우를 포함한다), 제108조제5항, 제123조제2항, 제132조제3항, 제133조 또는 제149조를 위반한 자 4. 제42조제2항을 위반하여 자격이 있는 자의 의견을 듣지 아니하고 유해위험방지계획서를 작성·제출한 자 5. 제43조제1항 또는 제46조제2항을 위반하여 확인을 받지 아니한 자 6. 제73조제1항을 위반하여 지도를 받지 아니한 자 7. 제84조제6항에 따른 자료 제출 명령을 따르지 아니한 자 8. 제108조제1항에 따른 유해성·위험성 조사보고서를 제출하지 아니하거나 제109조제1항에 따른 유해성·위험성 조사 결과 또는 유해성·위험성 평가에 필요한 자료를 제출하지 아니한 자 9. 제111조제2항 또는 제3항을 위반하여 물질안전보건자료의 변경 내용을 반영하여 제공하지 아니한 자 10. 제114조제3항(제166조의2에서 준용하는 경우를 포함한다)을 위반하여 해당 근로자를 교육하는 등 적절한 조치를 하		

법 률	시 행 령	시 행 규 칙
지 아니한 자 11. 제115조제1항 또는 같은 조 제2항 본문을 위반하여 경고표시를 하지 아니한 자 12. 제119조제1항에 따라 일반석면조사를 하지 아니하고 건축물이나 설비를 철거하거나 해체한 자 13. 제122조제3항을 위반하여 고용노동부장관에게 신고하지 아니한 자 14. 제124조제1항에 따른 증명자료를 제출하지 아니한 자 15. 제125조제5항, 제132조제5항 또는 제134조제1항 · 제2항에 따른 보고, 제출 또는 통보를 하지 아니하거나 거짓으로 보고, 제출 또는 통보한 자 16. 제155조제1항(제166조의2에서 준용하는 경우를 포함한다)에 따른 질문에 대하여 답변을 거부 · 방해 또는 기피하거나 거짓으로 답변한 자 17. 제156조제1항(제166조의2에서 준용하는 경우를 포함한다)에 따른 검사 · 지도 등을 거부 · 방해 또는 기피한 자 18. 제164조제1항부터 제6항까지의 규정을 위반하여 서류를 보존하지 아니한 자		

⑦ 제1항부터 제6항까지의 규정에 따른 과태료는 대통령령으로 정하는 바에 따라 고용노동부장관이 부과 · 징수한다.

〔시행일 : 2021.1.16.〕 제175조제5항제3호(제114조제1항에 관한 부분), 제175조제6항제2호(제35조제5호에 관한 부분)

〔시행일 : 2020.10.1.〕 제175조

〔시행일 : 2021.1.1.〕 제175조제4항제2호

〔시행일 : 2021.1.16.〕 제175조제5항제5호, 제175조제5항제6호, 제175조제5항제7호, 제175조제5항제8호, 제175조제5항제9호, 제175조제5항제10호, 제175조제5항제11호, 제175조제5항제12호, 제175조제6항제9호, 제175조제6항제10호, 제175조제6항제11호

부 칙(1990.1.13)

제1조【시행일】 이 법은 공포 후 6월이 경과한 날부터 시행한다.

제2조【안전관리전문기관등에 관한 경과조치】 ① 이 법 시행당시 노동부장관의 지정을 받은 안전관리전문기관 및 보건관리대행기관은 제15조 및 제16조의 규정에 의

부 칙(1990.7.14)

제1조【시행일】 이 영은 공포한 날부터 시행한다. 다만, 제26조, 제28조제1항제8호 및 제29조제2항의 규정은 1992년 1월 1일부터 시행한다.

제2조【다른 법령의 개정】 ① 행정권한의 위임 및 위탁에 관한 규정중 다음과 같이 개

부 칙(1990.8.11)

제1조【시행일】 이 규칙은 공포한 날부터 시행한다. 다만, 제58조제1항의 규정에 의한 검사대상품에 대한 설계·완성 또는 성능검사의 실시 및 제4편 제11장(제83조 내지 제92조)의 규정은 1991년 7월 1일부터, 제46조제1항제3호 및 제5편 제3장(제108

법 률	시 행 령	시 행 규 칙
하여 고용노동부장관의 지정을 받은 것으로 본다. ② 공단은 이 법에 의하여 노동부장관이 지정하도록 되어있는 지정 교육·검사·측정 또는 진단기관으로 지정받은 것으로 본다. **제3조【보호구 제조·수입자등에 관한 경과조치】** ①이 법 시행 당시 보호구를 제조·수입하고 있는 자는 이 법 시행일부터 6월 이내에 제35조제2항의 규정에 의한 인력과 시설을 갖추어야 한다. ② 이 법 시행 당시 유해물질을 제조·사용하고 있는 자는 이 법 시행일부터 6월이내에 제38조제1항의 규정에 의한 유해물질 제조·사용허가를 받아야 한다. **제4조【주당근로시간에 관한 경과조치】** 이 법 제46조의 규정에 의한 주당근로시간 34시간은 300인 미만의 사업중 노동부장관이 지정하는 유해 또는 위험한 작업에 대하여는 1991년 9월 30일까지, 그 외의 사업에 대하여는 1990년 9월 30일까지 35시간으로 한다. **제5조【벌칙에 관한 경과조치】** 이 법 시행전의 행위에 대한 벌칙적용에 있어서 종전의	정한다. 제44조제1항제6호를 삭제한다. ② 근로기준법시행령중 다음과 같이 개정한다. 제16조제1항제7호중 "법 제43조단서"를 삭제하고, 제22조제1항제9호중 "법 제42조, 법 제43조나"를 "법 제42조 또는"으로 하며, 제26조를 삭제하고, 제27조제1항중 "법 제43조"를 "산업안전보건법 제46조"로 하며, 제27조제2항 및 제28조를 각각 삭제하고, 제31조제3항중 "법 제43조 본문"을 "산업안전보건법 제46조"로 한다. ③ 한국산업안전공단법시행령중 다음과 같이 개정한다. 제8조제1항중 "산업재해보상보험 특별회계"를 "산업재해예방기금"으로 한다. **제3조【재직중인 안전관리자에 대한 경과조치】** ① 이 영 시행당시 종전의 규정에 의하여 안전관리자로 재직하고 있는 자로서 이 영에 의한 안전관리자의 자격기준에 미달하는 자는 1991년 12월 31일까지는 이 영에 의하여 선임된 안전관리자로 본다. ② 이 영 시행당시 종전의 규정에 의하여 안	조 내지 제115조)의 규정은 1992년 7월 1일부터, 제46조제1항제6호·제7호 제12호 내지 제14호의 규정은 1992년 1월 1일부터 각각 시행한다. **제2조【안전관리대행기관등에 대한 경과조치】** 이 규칙 시행당시 안전관리대행기관·보건관리대행기관·건강진단기관·안전 및 보건진단기관 또는 지정검사기관으로 지정받은 기관중 이 규칙에서 정하는 기준에 미달하는 기관은 1990년 12월 31일까 이 규칙에서 정하는 기준에 적합한 인력과 시설을 갖추어야 한다. **제3조【신규교육 미이수자에 대한 경과조치】** 이 규칙 시행당시 종전의 산업안전보건법 제13조 및 동법 제14조의 규정에 의하여 안전관리자 및 보건관리자로 선임되는 자와 안전관리대행기관 종사자 및 보건관리대행기관 종사자중 동법 제24조 규정에 의한 신규교육 미이수자는 이 규칙 시행후 14일이내에 별지 제2호 서식에 의한 수강신청서를 관할 지방노동관서에 제출하고 1990년 10월 31일까지 제39조의 규정에 의한 신규교육을 받아야 한다.

규정에 의한다.

제6조【다른 법률의 개정】 ① 산업재해보상보험특별회계법중 다음과 같이 개정한다. 제3조 본문중 "한국산업안전공단 관리기금에의 출연금"을 "산업안전보건법의 규정에 의한 산업재해예방기금에의 출연금"으로 한다.

② 한국산업안전공단법중 다음과 같이 개정한다.

제13조제2항제2호중 "산업재해보상보험특별회계로부터의 출연금"을 "산업안전보건법의 규정에 의한 산업재해예방기금으로부터의 출연금"으로 한다.

③ 근로기준법중 다음과 같이 개정한다. 제43조 및 법률 제4099호 근로기준법중 개정법률 부칙 제3조제2항을 삭제하고, 제6장을 다음과 같이 한다.

부 칙(93.12.27)

제1조【시행일】 이 법은 공포후 6월이 경과한 날부터 시행한다.

제2조 내지 **제7조** 생략

전관리자로 신고된 자는 이 영 제12조제3항의 규정에 의하여 보고한 것으로 본다.

제4조【재직중인 보건관리자에 대한 경과조치】 이 영 시행당시 종전의 규정에 의하여 전담보건관리자로 신고된 자는 이 영 제16조제3항의 규정에 의하여 보고한 것으로 본다.

제5조【재직중인 보건담당자에 대한 경과조치】 ① 이 영 시행당시 종전의 규정에 의하여 산업위생보건담당자로 재직하고 있는 자로서 이 영에 의한 보건관리자의 자격기준에 미달하는 자는 1991년 12월 31일까지는 이 영에 의하여 선임된 보건관리자로 본다.

② 이 영 시행당시 종전의 규정에 의하여 건강관리보건담당자로 재직하고 있는 자는 이 영에 의한 자격기준에 의하여 신규로 선임될 때까지는 이 영에 의하여 선임된 보건관리자로 본다.

제6조【유해·위험작업에 대한 근로시간 단축에 따른 경과조치】 법 제46조 및 이 영 제33조의 규정을 적용함에 있어서 이 영 제33조제3항 각호의 규정에 의한 작업중 종전의 근로기준법 제43조 및 동법시행령 제26조의 규정에 의하여 1일 근로시간을 6시간으로 제한하고 있거나 1일 6시간을 초

제4조【자격등에 의한 취업제한에 대한 경과조치】 이 규칙 시행당시 제118조제2항의 규정에 의한 작업 및 별표15 제2호의 규정에 의한 작업에 취업하고 있는 근로자로서 이 규칙에서 정하는 자격 또는 면허의 취득·기능습득등 취업요건에 미달하는 자는 1991년 7월 1일까지 당해 취업요건을 갖추어야 한다. 다만, 이 규칙시행 당시 제118조제2항의 규정에 의한 작업에 3월이상 취업하고 있는 근로자에 대하여는 제118조제3항의 자격 또는 면허를 취득하는데 필요한 교육을 면제한다.

부 칙(92.3.21)

제1조【시행일】 이 규칙은 공포한 날부터 시행한다.

제2조【건강진단 및 사내교육에 관한 경과조치】 이 규칙 시행 당시 종전의 규정에 의하여 건강진단 또는 사업내 안전·보건교육을 실시한 사업주는 이 규칙에 의한 건강진단 또는 사내교육을 실시한 것으로 본다.

제3조【지정검사기관등에 관한 경과조치】 이 규칙 시행 당시 종전의 규정에 의한 지정기관·지정측정기관·건강진단기관 또는 안전진

법 률	시 행 령	시 행 규 칙
부 칙(94.12.22) **제1조【시행일】** 이 법은 1995년 5월 1일부터 시행한다.(단서생략) **제2조** 내지 **제11조** 생략 부 칙(95.1.5) **제1조【시행일】** 이 법은 공포한 날부터 시행한다. 다만, 제41조제5항 및 제42조제5항의 규정은 1995년 7월 1일부터, 제49조의2의 규정은 1996년 1월 1일부터, 제41조(제5항을 제외한다) 및 제52조의3의 규정은 1996년 7월 1일부터, 제52조의2 및 제52조의4 내지 제52조의8의 규정은 1997년 1월 1일부터 시행한다. **제2조【안전관리대행기관등의 지정·지정취소등에 대한 경과조치】** 제15조제5항·제30조제5항·제31조제5항·제36조제3항·제38조제6항·제42조제6항 및 제49조제3항의 규정에 의한 안전관리대행기관등의 지정·허가요건등은 이를 대통령령으로 정하여 시행하기 전까지는 종전의 규정에 의한다. **제3조【유해·위험방지계획서의 제출기한에 관한 경과조치】** 제48조제1항·제3항의 규	과하는 근로시간에 대하여 근로기준법 제46조의 규정에 의한 가산임금을 지급하고 있거나 유해·위험 작업 관련수당을 지급하고 있는 작업의 경우에 법 제23조 및 법 제24조의 규정에 의한 유해·위험예방조치를 완료할 때까지는 법 제46조 및 이 영 제33조의 규정을 이유로 근로시간·제수당등 임금의 지급과 관련하여 종전의 근로조건을 저하시켜서는 아니된다. **제7조【안전관리자교육실시에 관한 규정의 한시적 적용】** 별표4 제7호 및 제8호에 의하여 고용노동부장관이 지정하는 기관이 실시하는 교육은 1998년 12월 31일까지 이를 실시한다.(개정 95.10.19) 부 칙(93.11.20) ①**【시행일】** 이 영은 공포한 날부터 시행한다. 다만, 제46조제10호 및 제11호와 제47조제1항제7호의2 및 제8호의 개정규정은 1994년 7월 1일부터, 제28조제1항제10호 및 제11호의 개정규정은 1995년 7월 1일부터 시행한다. ②**【안전관리자 및 보건관리자의 선임에 관한**	단기관중 이 규칙에 의한 기준에 미달하는 기관은 1992년 12월 31일까지 이 규칙에 의한 인력·시설 및 설비를 갖추어야 한다. **제4조【교통안전관리자의 직무교육이수에 관한 경과조치】** ① 이 규칙 시행 당시 교통안전법의 규정에 의한 교통안전관리자교육중 연수교육을 이수한 자는 이 규칙에 의한 보수교육을 이수한 것으로 본다. ② 제40조제2항의 규정에 의하여 1992년도 보수교육을 면제받고자 하는 기관은 이 규칙 시행일부터 30일이내에 동조제3항의 규정에 의한 교육실시계획서를 제출하여야 한다. **제5조【산업보건의의 교육이수에 관한 경과조치】** 영 별표6 제1호의 규정에 해당하는 자로서 종전의 산업안전보건법(법률 제3532호) 제24조제1항의 규정에 의하여 소정의 교육을 받은 자가 법 제17조의 규정에 의한 산업보건의로 선임된 경우에는 제39조제1항의 규정에 의한 교육중 신규교육을 이수한 것으로 본다. **제6조【자체검사원 직무교육이수자등에 관한 경과조치】** ① 이 규칙 시행당시 종전의 규정에 의하여 자체검사원 직무교육을 이수

정에 의한 유해·위험방지계획서의 제출기한은 이를 노동부령으로 정하여 시행하기 전까지는 종전의 규정에 의한다.

제4조【유해·위험설비에 관한 경과조치】 이 법 시행당시 제49조의2의제1항의 규정에 의한 유해·위험설비를 보유하고 있는 사업장의 사업주는 대통령령이 정하는 기한내에 각 유해·위험설비에 관한 공정안전보고서를 작성하여 노동부장관에게 제출하여야 한다.

제5조【벌칙에 관한 경과조치】 이 법 시행전의 행위에 대한 벌칙적용에 있어서는 종전의 규정에 의한다.

부 칙(96.12.31)

제1조【시행일】 이 법은 1997년 3월 1일부터 시행한다.

제2조 내지 제5조 생략

부 칙(96.12.31)

①**【시행일】** 이 법은 공포후 4월이 경과한 날부터 시행한다.

②**【벌칙등에 관한 경과조치】** 이 법 시행전의 행위에 대한 벌칙 및 과태료의 적용에 있어서는 종전의 규정에 의한다.

경과조치】 별표3 또는 별표5의 개정규정에 의하여 새로이 또는 추가로 안전관리자 또는 보건관리자를 선임하여야 하게 된 사업주는 1994년 12월 31일까지 이를 선임하여야 한다.

③**【보건관리업무위탁기준변경에 대한 경과조치】** 이 영 시행 당시 종전의 규정에 의하여 보건관리자의 업무를 위탁하고 있던 사업주로서 제19조제1항의 개정규정에 의하여 새로이 보건관리자를 선임하여야 하게 된 사업주는 1994년 12월 31일까지 이를 선임하여야 한다.

부 칙(95.10.19)

제1조【시행일】 이 영은 공포한 날부터 시행한다. 다만, 제33조의5 내지 제33조의8의 개정 규정은 1996년 1월 1일부터, 제17조제1항제3호, 제32조의2, 제33조의11 내지 제33조의15의 개정 규정은 1996년 7월 1일부터, 제33조의9, 제33조의10 및 제33조의16의 개정 규정은 1997년 1월 1일부터 시행한다.

제2조【기존의 유해·위험설비에 관한 경과조치】 ① 이 영 시행 당시 제33조의5의 개

한 자에 대하여는 교육수료일부터 2년간 제74조의 규정에 의한 지체검사원 자격을 가진자로 본다.

② 이 규칙 시행 당시 종전의 산업안전보건법시행령(대통령령 제11,886호) 별표7 제3호의 규정에 의하여 안전담당자의 자격을 취득한 자(프레스 및 가스집합용접장치에 대한 안전담당자의 자격을 취득한 자에 한한다)에 대하여는 제74조의 규정에 의한 자체검사원 자격을 가진 자로 본다.

제7조【보호구 제조 또는 수입자의 인력·시설 및 설비기준에 관한 경과조치】 이 규칙 시행당시 종전의 규정에 의한 보호구 제조 또는 수입자중 이 규칙에 의한 인력·시설 및 설비기준에 미달하는 보호구 제조 또는 수입자는 1993년 6월 30일까지 이 규칙에 의한 인력·시설 및 설비를 갖추어야 한다.

제8조【건강진단실시계획서의 제출에 관한 경과조치】 제99조의2의 규정에 의하여 건강진단실시 계획서를 제출하여야 하는 사업주는 이 규칙 시행일부터 60일이내에 건강진단실시계획서를 제출하여야 한다.

제9조【다른 법령의 개정】 진폐의예방과진폐근로자의보호등에관한법률시행규칙중 다

법 률	시 행 령	시 행 규 칙
부 칙(97.12.13) **제1조【시행일】** 이 법은 1998년 1월 1일부터 시행한다.(단서생략) 제2조 생략 부 칙(97.12.13) **제1조【시행일】** 이 법은 1998년 1월 1일부터 시행한다.(단서생략) 부 칙(99.2.8) ①**【시행일】** 이 법은 공포후 3월이 경과한 날부터 시행한다. ②**【벌칙등에 관한 경과조치】** 이 법 시행전의 행위에 대한 벌칙 또는 과태료의 적용에 있어서는 종전의 규정에 의한다.	정 규정에 의한 유해·위험설비를 보유하고 있는 사업장의 사업주는 1996년부터 4년간 매년 전체설비의 4부분의 1씩에 해당하는 설비에 대한 공정안전보고서를 작성하여 매년 9월 30일까지 고용노동부장관에게 제출하여야 한다. ② 삭제(2000.8.5) **제3조【보건관리대행기관등에 대한 경과조치】** 이 영 시행당시 종전의 규정에 의하여 보건관리대행기관·지정측정기관 또는 건설재해예방전문기관으로 지정을 받은 자는 각각 이 영에 의한 보건관리대행기관·지정측정기관 또는 건설재해예방전문기관으로 지정받은 것으로 본다. 부 칙(97.5.16) **제1조【시행일】** 이 영은 공포한 날부터 시행한다. 다만, 별표4 제12호의 개정규정은 1997년 7월 1일부터 시행하고, 제26조의3제1호의 개정규정은 1999년 1월 1일부터 시행하며, 제29조제1항제2호 및 제30조제7호의 개정 규정은 2000년 1월 1일부터 시행한다.	음과 같이 개정한다. 제10조, 제1호 및 제2호를 각각 다음과 같이 하고, 동조 제3호를 삭제한다. 1. 산업안전보건법시행규칙 제100조제1항의 규정에 의한 검사항목 2. 과거의 병력, 흉부의 자각증상 및 타 각 소견의 유무등에 관한 흉부임상검사, 다만, 제1호의 규정에 의한 검사결과 진폐의 소견이 없다고 인정된 자외의 자에 한하여 실시한다.

제2조【보건관리자의 자격에 관한 경과조치】 이 영 시행당시 종전의 규정에 의하여 보건관리자로 재직하고 있는 자로서 별표6 제5호 및 제6호의 개정규정에 의한 자격기준에 적합하지 아니한 자는 재직중인 당해 사업장 재직기간중에 한하여 이 영에 의한 보건관리자로 본다.

제3조【산업안전보건위원회의 구성에 관한 경과조치】 이 영 시행당시 종전의 규정에 의하여 산업안전보건위원회를 구성·운영하고 있는 사업장으로서 제25조의2의 개정규정에 적합하지 아니한 사업장은 1997년 7월 31일까지 동조의 개정규정에 적합하게 산업안전보건위원회를 구성하여야 한다.

제4조【건설재해예방전문기관등에 관한 경과조치】 ①이 영 시행당시 종전의 규정에 의하여 지정을 받은 건설재해예방전문기관, 지정교육기관, 근로자 기능습득을 위한 교육기관 또는 안전·보건진단기관은 각각 이 영에 의한 재해예방 전문지도기관, 지정교육기관, 근로자 기능습득을 위한 교육기관 또는 안전·보건진단기관으로 지정받은 것으로 본다. 이 경우 관할 행정기관의 장은 이 영 시행후 2월이내에 지정서를 재

법 률	시 행 령	시 행 규 칙
	교부하여야 한다. ② 제1항의 규정에 의한 건설재해예방전문기관등의 지부가 당해 업무를 계속 수행하기 위하여 이 영 시행후 2월이내에 지정서의 교부를 신청한 경우에는 관할행정기관의 장은 당해 지부에 대하여 고용노동부령이 정하는 기한내에 인력·시설 및 장비를 갖출 것을 조건으로 하여 지정서를 교부하여야 한다. **제5조【행정처분기준 적용에 관한 경과조치】** 이 영 시행전의 위반행위에 대한 행정처분기준의 적용에 있어서는 종전의 규정에 의한다.	
	부 칙(2000.8.5) **제1조【시행일】** 이 영은 공포한 날부터 시행한다. 다만, 제10조제1항제5호의2, 제11조제1항 및 제12조제2항의 개정규정은 2001년 1월 1일부터 시행하고, 별표1 제7호의 개정규정(법 제42조, 법 제43조제1항 내지 제3항 및 제6항의 적용에 관한 사항에 한한다)은 2002년 1월 1일부터 시행한다. **제2조【건설업의 안전관리자의 선임기준에**	부 칙(2000.9.28) **제1조【시행일】** 이 규칙은 공포한 날부터 시행한다. 다만, 제32조 제3항, 제94조제1항 단서 및 별표1 제3호의 개정규정은 2001년 1월 1일부터 시행한다. **제2조【산업안전보건관리비 사용지도 대상에 관한 적용례】** 제32조제3항의 개정규정은 2001년 1월 1일 이후에 착공하는 건설공사부터 적용한다.

관한 적용례】 제12조제2항의 개정규정은 2001년 1월 1일 이후에 착공하는 건설공사부터 적용한다.

제3조【신규화학물질의 유해성 조사에 관한 적용례】 별표1 제1호 및 제2호의 개정규정에 의하여 새로 적용되는 신규화학물질의 유해성조사에 관한 법 제40조의 규정은 동표동호의 대상사업이 이 영 시행후 제조·수입하고자 하는 신규화학물질부터 적용한다.

제4조【유해작업 도급금지에 관한 적용례】 별표1 제1호·제2호 및 제4호 내지 제6호의 개정규정에 의하여 새로 적용되는 유해작업 도급인가에 관한 법 제28조의 규정은 동표동호의 대상사업이 이 영 시행후 도급·하도급하는 작업부터 적용한다.

제5조【물질안전보건자료의 작성·비치 등에 관한 적용례】 별표1 제1호·제2호 및 제7호의 개정규정에 의하여 새로 적용되는 물질안전보건자료의 작성비치 등에 관한 법 제41조의 규정은 동표동호의 대상사업이 이 영 시행후 제조·수입·사용·운반 또는 저장하고자 하는 화학물질 또는 화학물질을 함유한 제제부터 적용한다.

제6조【공정안전보고서 제출에 관한 경과조

제3조【작업환경 측정결과보고 적용례】 제94조제1항 단서의 개정규정은 2001년 1월 1일 이후에 실시한 작업환경측정 결과보고부터 적용하다.

제4조【공정안전보고서이행여부 확인에 관한 적용례】 제130조의6제1항제4호의 개정규정은 이 규칙 시행후 중대한 사고 또는 결함이 발생한 유해·위험설비 또는 이와 관련된 공정부터 적용한다.

제5조【환산재해자수 산출기준에 관한 적용례】 별표1 제3호의 개정규정은 2001년 1월 1일 이후에 산업재해를 입은 근로자에 대한 환산재해자수의 산출부터 적용한다.

제6조【산업재해발생 위험장소에 관한 경과조치】 이 규칙 시행당시 제30조제5항제14호 및 제15호의 개정규정에 의한 산업재해발생의 위험이 있는 장소에 대하여 법 제29조제2항의 규정에 의한 산업재해예방을 위한 조치를 취하고 있지 아니한 사업주는 이 규칙 시행일부터 1월 이내에 산업재해예방을 위하여 필요한 조치를 취하여야 한다.

제7조【유해·위험기계·기구 등의 대여자에 대한 경과조치】 이 규칙 시행당시 유해· 위험방지를 위한 필요한 조치를 하여야 할기

법 률	시 행 령	시 행 규 칙
	치】 이 영 시행 당시 종전의 제33조의5제2항제3호의 규정에 의한 연료의 저장설비중 난방용 연료의 저장설비가 아닌 설비를 보유한 자는 이 영 시행후 6월까지 당해 설비에 관한 공정안전보고서를 작성하여 고용노동부장관에게 제출하여야 한다. **제7조【유해물질의 제조·사용허가에 관한 경과조치】** 이 영 시행 당시 별표1 제1호의 규정에 의한 대상사업이 법 제38조제1항의 규정에 의한 제조·사용허가를 받아야 할 유해물질을 제조·사용하고 있는 경우에는 이 영 시행후 6월까지 당해 유해물질에 대한 제조·사용허가를 받아야 한다. **제8조【안전·보건상의 조치의무에 관한 경과조치】** 이 영 시행 당시 별표1 제7호의 규정에 의한 대상사업이 법 제23조 및 제24조의 규정에 의한 안전상·보건상의 조치사항을 취하고 있지 아니하는 경우에는 이 영 시행후 6월까지 안전상·보건상의 필요한 조치를 하여야 한다. **제9조【자격 등에 의한 취업제한에 관한 경과조치】** 이 영 시행 당시 별표1 제7호의 규정에 의한 대상사업이 법 제47조의 규정에 의	계등을 타인에게 대여한 자가 제49조제1항제2호다목의 개정규정에 의한 조치를 취하고 있지 아니한 경우에는 2000년 11월 4일까지 필요한 조치를 하여야 한다. **제8조【보건관리대행기관의 인력기준에 관한 경과조치】** 이 규칙 시행 당시 종전의 규정에 의하여 지정받은 보건관리대행기관중 별표6 제1호가목(4)의 개정규정에 의한 인력기준에 미달하는 기관은 2002년 6월 30일까지 별표6 제1호가목(4)의 개정규정에 의한 인력기준에 적합한 인력을 갖추어야 한다. **제9조【보건관리대행기관의 장비기준에 관한 경과조치】** 이 규칙 시행당시 종전의 규정에 의하여 지정받은 보건관리대행기관중 별표6 제1호다목의 개정규정에 의한 장비기준에 미달하는 기관은 2001년 6월 30일까지 별표6 제1호다목의 개정규정에 의한 장비기준에 적합한 장비를 갖추어야 한다. **제10조【장비의 공동활용에 관한 경과조치】** 이 규칙 시행당시 지정측정기관·특수건강진단기관·종합진단기관 및 보건진단기관이 제21조의 규정에 의하여 보건관리대행기관으로 지정받아 종전의 별표12 비고란 제1호,

부 칙(2000.1.7)

①【시행일】 이 법은 공포후 6월이 경과한 날부터 시행한다.

②【과태료에 관한 경과조치】 이 법 시행전의 행위에 대한 과태료의 적용에 있어서는 종전의 규정에 의한다.

부 칙(2000.12.29)

제1조【시행일】 이 법은 2001년 7월 1일부터 시행한다.

제2조 내지 제7조 생략

부 칙(2001.12.31)

제1조【시행일】 이 법은 2002년 3월 1일부터 시행한다.(단서 생략)

제2조 내지 제6조 생략

부 칙(2002.12.30)

①【시행일】 이 법은 2003년 7월 1일부터 시행한다.

②【벌칙 등에 관한 경과조치】 이 법 시행전의 행위에 대한 벌칙 또는 과태료의 적용에 있어서는 종전의 규정에 의한다.

부 칙(2005.3.31 7428호)

한 작업에 필요한 자격·면허·경험 또는 기능을 가진 근로자외의 자를 당해 작업에 임하게 하고 있는 경우에는 이 영 시행후 6월까지 당해 작업에 필요한 자격·면허·경험 또는 기능을 가진 자를 작업에 임하게 하여야 한다.

제10조【유해·위험방지조치가 필요한 기계 등에 관한 경과조치】 이 영 시행 당시 별표8 제20호 내지 제23호의 개정규정에 의한 기계·기구 등을 타인에게 대여한 자와 대여받은 자중 이 영 시행후 계속하여 이를 대여하거나 대여받고자 하는 자는 이 영 시행후 3월까지 법 제33조제2항의 규정에 의하여 고용노동부령이 정하는 유해·위험방지를 위한 필요한 조치를 하여야 한다.

부 칙(2003.6.30)

제1조【시행일】 이 영은 2003년 7월 1일부터 시행한다.

제2조【공표대상 사업장에 관한 적용례】 제8조의3의 개정규정은 이 영 시행후 산업재해가 발생하는 사업장부터 적용한다.

제3조【도급금지에 관한 적용례】 제26조제1

별표14 비고란, 별표16 제3호 및 별표17 제4호의 규정에 의하여 동일한 장비를 공동활용하고 있는 경우에는 2001년 6월 30일까지 별표6 제1호다목의 개정규정에 의한 장비기준에 적합한 장비를 갖추어야 한다.

부 칙(2003.7.7)

제1조【시행일】 이 규칙은 공포한 날부터 시행한다. 다만, 제32조의5제1항·제93조·제93조의4제1항 단서 및 동조제2항·제107조의2·제107조의3제3항 및 제4항·제120조제4항·제131조제1항제1호 및 별표20 제2호 위반사항란 제1호바목

법 률	시 행 령	시 행 규 칙
제1조【시행일】 이 법은 공포 후 1년이 경과한 날부터 시행한다. **제2조 내지 제6조 생략** 부 칙(2005.3.31) ①**【시행일】** 이 법은 공포후 3월이 경과한 날부터 시행한다. ②**【벌칙에 관한 경과조치】** 이 법 시행전의 행위에 대한 벌칙의 적용에 관하여는 종전의 규정에 의한다. 부 칙(2006.3.24) ①**【시행일】** 이 법은 공포후 6개월이 경과한 날부터 시행한다. 다만, 제19조제1항의 개정규정은 이 법 시행일부터 2009년까지의 기간 이내에서 사업장의 규모에 따라 대통령령이 정하는 날부터 시행한다. ②**【과징금에 관한 적용례】** 제15조의3(제16조제3항 및 제30조제6항에서 준용하는 경우를 포함한다)의 개정규정은 이 법 시행 후 최초로 업무정지처분의 사유가 발생하는 분부터 적용한다.	항제3호의 개정규정은 법 제38조의 규정에 따라 허가를 받아야 하는 물질을 해체·제거하는 작업을 이 영 시행후 최초로 도급(하도급을 포함한다)에 의하여 행하는 경우부터 적용한다. **제4조【허가대상 유해물질의 해체·제거허가에 관한 적용례】** 제30조제2항의 개정규정은 이 영 시행후 최초로 착공하는 유해물질의 해체·제거작업부터 적용한다. **제5조【제조등의 금지 유해물질에 관한 경과조치】** ①이 영 시행당시 제29조제1항제2호·제3호·제5호 및 제8호의 개정규정에 의하여 제조·수입·양도·제공 또는 사용 이 금지되는 유해물질을 제조·수입·양도·제공 또는 사용하고 있는 자는 이 영 시행후 6월까지 제조·수입·양도·제공 또는 사용할 수 있다. ② 제1항의 규정에 의한 금지 유해물질을 시험·연구를 위하여 제조·수입 또는 사용하고 있는 자는 이 영 시행후 3월까지 그 금지 유해물질에 대한 제조·수입 또는 사용승인을 얻어야 한다. **제6조【허가대상 유해물질에 관한 경과조**	(3)·(4)의 개정규정은 2004년 1월 1일부터, 제93조의2의 개정규정은 2004년 7월 1일부터, 제58조제1항제2호, 제60조제5호 및 제11호, 제73조제1항제14호의 개정규정은 2005년 1월 1일부터 시행한다. **제2조【리프트 검사에 대한 적용례】** 제58조제1항제2호의 개정규정에 의한 리프트에 대한 검사는 이 규칙 시행후에 제조·수입되는 제품부터 적용한다. **제3조【재해예방전문지도기관의 추가지정 폐지에 따른 경과조치】** 이 규칙 시행당시 전기공사 및 정보통신공사 분야외의 재해예방전문지도기관이 종전의 제32조의5의 규정에 의한 추가지정지역에서 재해예방전문지도계약을 체결하여 재해예방전문지도를 수행하고 있는 경우에는 그 계약기간에 한하여 재해예방전문지도업무를 수행할 수 있다. **제4조【방호장치 및 보호구의 성능검정 합격유효기간의 경과조치】** ① 이 규칙 시행당시 종전의 규정에 의하여 성능검정에 합격한 방호장치 및 보호구중 제46조의5 및 제65조의2의 개정규정에 따라 합격의 유효기간이 3년인 방호장치 및 보호구로서 이 규

부 칙(2007.4.11 법8372)

제1조【시행일】 이 법은 공포한 날부터 시행한다.〈단서생략〉

제2조 내지 제17조 생략

부 칙(2007.4.11 법8373)

제1조【시행일】 이 법은 공포한 날부터 시행한다.

제2조 내지 제7조 생략

부 칙(2007.5.17)

①**【시행일】** 이 법은 2008년 1월1일부터 시행한다.

②**【적용례】** 제62조제2항 및 제3항의 개정규정은 이 법 시행후 최초로 보조·지원을 받은 사업주·사업주단체·근로자단체·산업재해예방관련전문단체·연구기관등부터 적용한다.

부 칙(2007.5.25)

제1조【시행일】 이 법은 공포 후 1년이 경과한 날부터 시행한다.

제2조 내지 제8조까지 생략

제9조【다른 법률의 개정】 ①부터 ⑧까지 생략

치】 이 영 시행당시 제30조제1항제3호, 제7호 내지 제12호 및 제15호의 개정규정에 의하여 법 제38조제1항의 규정에 의한 제조 또는 사용허가를 받아야 하는 유해물질을 제조 또는 사용하고 있는 자는 이 영 시행후 6월까지 그 유해물질에 대한 제조 또는 사용허가를 받아야 한다.

부 칙(2004.12.28)

제1조【시행일】 이 영은 2005년 1월 1일부터 시행한다. 다만, 제33조의9의 개정규정은 2006년 1월 1일부터 시행한다.

제2조【제재요청 등의 대상 확대에 관한 적용례】 제33조의9제1호의 개정규정은 이 영 시행후 해당 산업재해가 발생하는 경우부터 적용한다.

제3조【제조 등의 금지 유해물질에 관한 경과조치】 ①이 영 시행당시 제29조제1항제2호의 개정규정에 의하여 제조·수입·양도·제공 또는 사용이 금지되는 유해물질을 제조·수입·양도·제공 또는 사용하고 있는 자는 이 영 시행후 6월까지 제조·수입·양도·제공 또는 사용할 수 있다.

②제1항의 규정에 의한 금지 유해물질을 시칙 시행일을 기준으로 종전의 성능검정합격일부터 3년이 경과된 방호장치 및 보호구는 이 규칙 시행후 1년까지, 1년 이상 3년 미만이 경과된 방호장치 및 보호구는 이 규칙 시행후 2년까지, 1년 미만이 경과된 방호장치 및 보호구는 이 규칙 시행후 3년까지 각각 이 규칙에 의한 성능검정의 합격이 유효한 것으로 본다.

② 제46조의5 및 제65조의2의 개정규정에 따라 합격의 유효기간이 5년인 방호장치 및 보호구로서 이 규칙 시행일을 기준으로 종전의 성능검정 합격일부터 5년이 경과된 방호장치 및 보호구는 이 규칙 시행후 1년까지, 3년 이상 5년 미만이 경과된 방호장치 및 보호구는 이 규칙 시행후 2년까지, 1년 이상 3년 미만이 경과된 방호장치 및 보호구는 이 규칙 시행후 4년까지, 1년 미만이 경과된 방호장치 및 보호구는 이 규칙 시행후 5년까지 각각 이 규칙에 의한 성능검정의 합격이 유효한 것으로 본다.

제5조【방호장치 제조사업등의 지원대상기준에 대한 경과조치】 이 규칙 시행당시 종전의 규정에 따라 방호장치 및 보호구 제조업체로 등록된 업체중 별표10의2의 개정규정에 의

법 률	시 행 령	시 행 규 칙
⑨ 산업안전보건법 일부를 다음과 같이 개정한다. 제35조제1항제2호를 다음과 같이 한다. 2. 「산업표준화법」 제15조에 따라 인증을 받은 보호구 ⑩부터 ㉒까지 생략 **제10조 생략** 부 칙(제8562호, 2007.7.27) **제1조 【시행일】** ①이 법은 2009년 1월 1일부터 시행한다. 다만, 제29조의2, 제41조제3항 후단, 제42조제1항, 제52조의4제3항제1호, 제67조제1호 및 제72조제2항제2호(노·사협의체가 심의·의결 또는 결정한 사항의 이행 의무 위반에 관한 부분으로 한정한다)의 개정규정은 2008년 1월 1일부터 시행한다. ② 제1항에도 불구하고 제36조의2의 개정규정은 2011년 1월 1일부터 시행한다. 다만, 종전의 제36조에 따른 자체검사만을 실시하여 사업장의 자율적인 관리가 용이한 경우로서 노동부령으로 정하는 유해·위험기계등에 대하여는 2009년 1월 1일	험·연구를 위하여 제조·수입 또는 사용하고 있는 자는 이 영 시행후 3월까지그 금지유해물질에 대한 고용노동부장관의 제조·수입 또는 사용승인을 얻어야 한다. 부 칙(2006.9.22) ①**【시행일】** 이 영은 2006년 9월 25일부터 시행한다. 다만, 제25조의2제4항 및 제5항의 개정규정은 부칙 제2항의 사업장 규모에 따른 시행일부터 시행한다. ②**【「산업안전보건법」 시행일에 관한 규정】** 법률 제7920호 산업안전보건법 일부개정법률 부칙 제1항 단서에 따라 법 제19조제1항의 개정규정의 시행일은 다음 각 호와 같다. 1. 상시근로자 500인 이상을 사용하는 사업장 : 2006년 10월 1일 2. 상시근로자 300인 이상 500인 미만을 사용하는 사업장 : 2007년 9월 1일 3. 상시근로자 200인 이상 300인 미만을 사용하는 사업장 : 2008년 9월 1일 4. 상시근로자 100인 이상(제25조제2호에 따른 유해·위험사업은 50인이상)	한 지원대상 기준에 적합하지 아니한 기관은 2004년 6월 30일까지 이 규칙에서 정하는 기준에 적합한 요건을 갖추어야 한다. **제6조【작업환경측정횟수조정에 대한 경과조치】** 이 규칙 시행당시 종전의 제93조의2의 규정에 따라 작업환경측정횟수조정을 받은 사업장의 작업환경측정횟수는 조정을 받은 기간이 만료될 때까지 종전의 규정에 의한다. **제7조【안전관리대행기관의 인력·장비기준에 관한 경과조치】** 이 규칙 시행당시 종전의 규정에 의하여 안전관리대행기관으로 지정받은 기관중 이 규칙에서 정하는 기준에 미달하는 기관은 2004년 12월 31일까지 이 규칙에서 정하는 기준에 적합한 인력과 장비를 갖추어야 한다. **제8조【재해예방전문지도기관 인력·장비 등에 대한 경과조치】** 이 규칙 시행당시 종전의 규정에 의하여 재해예방전문지도기관으로 지정받은 기관중 이 규칙에서 정하는 장비의 기준에 미달하는 기관은 2003년 9월 30일까지 이 규칙에서 정하는 기준에 적합한 장비를 갖추어야 한다.

부터 시행하고, 제36조의2제3항의 개정규정에 따라 사업주가 지정검사기관에 위탁하여 검사를 실시하는 경우는 법률 제9796호 산업안전보건법 일부개정법률 공포일부터 시행한다.(개정 2009.10.9)

제2조【안전인증과 자율안전확인의 신고에 관한 적용례】 제34조부터 제34조의4까지, 제35조부터 제35조의4까지의 개정규정은 부칙 제1조제1항 본문에 따른 시행일 이후 출고되는 안전인증대상기계·기구등부터 적용한다. 다만, 안전인증대상기계·기구등이 발주에 의하여 제조되는 경우에는 이 법 시행 이후 발주되는 안전인증대상 기계·기구등부터 적용한다.

제3조【법령 요지의 게시 등에 관한 경과조치】 이 법 시행 전에 종전의 제11조제2항제4호에 따라 근로자 대표가 종전의 제36조제1항에 따른 자체 검사에 관한 내용이나 결과의 통지를 사업주에게 요청한 경우에는 제11조제2항제4호의 개정규정에도 불구하고 종전의 규정에 따른다.

제4조【검정·검사에 관한 경과조치】 ①부칙 제1조제1항 본문에 따른 시행일 전에 종전의 제33조제3항과 제35조제1항에 따

200인 미만을 사용하는 사업장 : 2009년 9월 1일

③ **【과태료에 관한 경과조치】** 이 영 시행 전의 위반행위에 대한 과태료의 적용에 관하여는 종전의 규정에 의한다.

부 칙(제20973호, 2008.8.21)

제1조【시행일】 이 법은 2009년 1월 1일부터 시행한다.

제2조【유해·위험방지계획서 제출에 관한 적용례】 제33조의2의 개정규정은 이 영 시행일부터 1개월 이후 해당 사업에 관계있는 건설물·기계·기구 및 설비 등을 설치·이전하거나 그 주요구조부분을 변경하기 위한 공사를 시작하는 경우부터 적용한다.

부 칙 〈제21653호, 2009.7.30〉

제1조【시행일】 이 영은 2009년 8월 7일부터 시행한다.

제2조【안전관리자 선임방법에 관한 적용례】 별표3 비고의 개정규정은 이 영 시행 후 최초로 계약하는 공사부터 적용한다.

제3조【지정측정기관의 석면조사 업무에 관한 특례】 제32조의4에 따른 지정측정기관

제9조【행정처분에 관한 경과조치】 이 규칙 시행전의 위반행위에 대한 행정처분 기준의 적용에 있어서는 종전의 규정에 의한다.

부 칙(2005.6.30)

①**【시행일】** 이 규칙은 2005년 7월 1일부터 시행한다. 다만, 제3조의3·제46조의9제4항·제58조의9제4항·제59조의9제3항 및 제91조제1항 본문의 개정규정은 2005년 7월 28일부터 시행한다.

②**【공정안전보고서 이행상태의 평가에 관한 경과조치】** 제130조의7의 개정규정에 불구하고, 이 규칙 시행 전에 법 제49조의2제3항의 규정에 의한 공정안전보고서의 심사를 받은 사업장에 대하여는 동조제5항 및 법 제51조제1항의 규정에 의하여 공정안전보고서 내용의 준수여부를 확인하기 위한 안전·보안점검을 마지막으로 받은 때부터 4년마다 제130조의7제2항의 규정에 의한 이행상태평가를 실시한다.
(개정 2006.9.25.)

부 칙(2005.8.1)

①**【시행일】** 이 규칙은 공포한 날부터 시행

법 률	시 행 령	시 행 규 칙
라 검정을 실시하고 검정의 유효기간이 끝나지 아니한 방호장치와 보호구는 검정의 유효기간이 끝나기 전까지는 제34조제2항의 개정규정에 따른 안전인증을 받았거나 제35조제1항의 개정규정에 따른 신고를 한 것으로 본다. ② 부칙 제1조제1항 본문에 따른 시행일 전에 종전의 제34조제2항에 따라 설계검사·완성검사 또는 성능검사를 받은 기계·기구 및 설비는 이 법 시행 이후 2년간 제34조제2항의 개정규정에 따른 안전인증을 받았거나 제35조제1항의 개정규정에 따른 신고를 한 것으로 본다. ③ 부칙 제1조제1항 본문에 따른 시행일 전에 종전의 제34조제3항에 따라 정기검사를 실시하고 검사 실시 시기가 도래하지 아니한 기계·기구 및 설비는 검사 실시 시기가 도래하기 전까지는 제36조제1항의 개정규정에 따른 안전검사를 받은 것으로 본다. **제5조 【벌칙이나 과태료에 관한 경과조치】** 이 법 시행 전에 행한 행위에 대하여 벌칙이나 과태료를 적용할 때에는 종전의 규	이 제30조의4의 개정규정에서 정한 인력·시설·장비(석면 분석을 다른 기관에 의뢰할 경우에는 해당 분석장비는 제외한다)를 갖춘 경우에는 제30조의4의 개정규정에도 불구하고 이 영 시행일부터 6개월간 법 제38조의2에서 정한 석면조사 업무를 할 수 있다. **제4조 【공표대상 사업장에 대한 경과조치】** 제8조의4의 개정규정은 이 영 시행 전에 발생한 사망재해에 대해서도 적용한다. **제5조 【지정교육기관에 대한 경과조치】** 이 영 시행 당시 종전의 규정에 따라 지정받은 지정교육기관은 이 영 시행일부터 3년간 제26조의10의 개정규정에 따른 안전·보건교육 위탁 전문기관으로 본다. 부 칙 〈제22496호, 2010.11.18〉 **제1조 【시행일】** 이 영은 공포한 날부터 시행한다. 다만, 별표13의 개정규정은 공포한 날부터 6개월이 경과한 날부터 시행한다. **제2조 【과태료에 대한 경과조치】** ① 이 영 시행 전의 위반행위에 대하여 과태료의 부과기준을 적용할 때에는 별표13의 개정	한다. ②**【산업안전보건관리비의 사용지도 대상에 관한 적용례】** 제32조제3항의 개정규정은 이 규칙 시행후 착공하는 건설공사부터 적용한다. ③**【유해·위험방지계획서 확인에 관한 적용례】** 제124조제2항의 개정규정은 이 규칙 시행후 최초로 실시하는 유해·위험방지계획서 확인부터 적용한다. 부 칙(2005.10.7) **제1조【시행일】** 이 규칙은 공포한 날부터 시행한다. 다만, 제98조의2제1항, 제98조의3제2항, 제99조제1항, 제136조제6항 및 별표12의2의 개정규정은 2006년 1월 1일부터 시행한다. **제2조【보건관리대행기관 등에 관한 경과조치】** ① 이 규칙 시행 당시 이미 지정을 받은 보건관리대행기관은 이 규칙 시행일부터 3월 이내에 별표6의 개정규정에 의한 장비기준에 적합하도록 하여야 한다. ② 이 규칙 시행 당시 이미 지정을 받은 지정교육기관은 이 규칙 시행일부터 3월 이

정에 따른다.

제6조【다른 법률의 개정】 ①법률 제8486호 산업표준화법 전부개정법률 일부를 다음과 같이 개정한다.

제26조 각 호 외의 부분중 "검사·검정·시험·인증"을 "검사·검정·시험·인증·신고"로 하고, 동조제3호를 다음과 같이 한다.

3. 「산업안전보건법」 제34조제2항에 따른 의무안전인증대상기계·기구등 중 보호구에 대한 안전인증 또는 제35조제1항에 따른 자율안전확인대상기계·기구등 중 보호구에 대한 자율안전확인의 신고

② 품질경영 및 공산품안전관리법 일부를 다음과 같이 개정한다.

제15조제1항제4호를 다음과 같이 하고, 동항제5호를 삭제한다.

4. 「산업안전보건법」 제34조제2항 또는 제4항에 따른 안전인증을 받은 경우

제19조제5항제3호 및 제4호를 각각 다음과 같이 한다.

3. 「산업안전보건법」 제34조제2항 또는 제4항에 따른 안전인증을 받은 경우
4. 「산업안전보건법」 제35조제1항에 따른 자율안전확인의 신고를 한 경우

규정에도 불구하고 종전의 예에 따른다.

② 이 영 시행 전의 위반행위로 받은 과태료 부과처분은 별표13의 개정규정에 따른 위반행위의 횟수 산정에 포함하지 아니한다.

부 칙 〈제23545호, 2012.1.26〉

제1조【시행일】 이 영은 2012년 1월 26일부터 시행한다.

제2조【「산업안전보건법」 시행일에 관한 규정】 법률 제10968호 산업안전보건법 일부개정법률 부칙 제1조 단서에 따라 법 제31조제2항, 제31조의2 및 제65조제2항제3호의2의 개정규정과 법 제32조의2, 제32조의3, 제51조제1항 및 제72조제4항제3호의 개정규정(법 제31조의2의 개정규정에 관련된 부분으로 한정한다)의 시행일은 다음 각 호의 구분에 따른다.

1. 공사금액 1,000억원 이상 건설현장: 2012년 6월 1일
2. 공사금액 500억원 이상 1,000억원 미만 건설현장: 2012년 12월 1일
3. 공사금액 120억원 이상 500억원 미만 건설현장: 2013년 6월 1일
4. 공사금액 20억원 이상 120억원 미만

내에 별표7의 개정규정에 의한 시설 및 장비기준에 적합하도록 하여야 한다.

부 칙(2006.7.19)

이 규칙은 공포한 날부터 시행한다.

부 칙(2006.9.25, 노동부령 259호)

제1조【시행일】 이 규칙은 2006년 9월 25일부터 시행한다. 다만, 제33조의2제4항 및 별표8의 개정규정은 2006년 10월 1일부터, 제4조제2항의 개정규정은 2007년 1월 1일부터 시행한다.

제2조【중대재해발생 보고에 관한 적용례】 제4조제2항의 개정규정은 이 규칙 시행 이후 최초로 발생한 중대재해부터 적용한다.

제3조【환산재해자수 산출기준에 관한 적용례】 별표1 제3호의 개정규정은 2007년 1월 1일 이후에 산업재해를 입은 근로자에 대한 환산재해자 수의 산출부터 적용한다.

제4조【경고표시 등의 경과조치】 ① 화학물질 또는 한 종류의 화학물질을 함유한 제제(製劑)의 경우에는 이 규칙 시행당시 종전의 제92조의4, 별표1의2, 별표2부터

법 률	시 행 령	시 행 규 칙
③ 승강기제조 및 관리에 관한 법률 일부를 다음과 같이 개정한다. 제17조제3항제1호를 삭제한다. ④ 기업활동 규제완화에 관한 특별조치법 일부를 다음과 같이 개정한다. 제47조제1항 각 호 외의 부분중 "산업안전보건법 제34조 및 제36조의 규정에 의한 검사"를 "「산업안전보건법」 제34조제2항에 따른 안전인증, 제35조제1항에 따른 신고 및 제36조제1항에 따른 안전검사"로 하고, 동조제3항중 "「산업안전보건법」 제34조제2항의 규정에 의한 기계·기구 및 설비 중 압력용기에 대한 동법 제34조제3항의 규정에 의한 검사"를 "「산업안전보건법」 제36조제1항에 따른 유해·위험기계등 중 압력용기에 대한 안전검사"로 하며, 동조제4항 각 호 외의 부분 전단중 "산업안전보건법 제33조제3항"을 "「산업안전보건법」 제34조제2항·제35조제1항"으로, "검사 또는 성능검정"을 "검사, 안전인증 또는 자율안전확인의 신고를"로 하고, 동항 각 호 외의 부분 후단중 "검사 또는 성능검정"을 각각 "검사, 안전인증 또는 자율안전확인의 신고"로	건설현장: 2013년 12월 1일 5. 공사금액 3억원 이상 20억원 미만 건설현장: 2014년 6월 1일 6. 공사금액 3억원 미만 건설현장: 2014년 12월 1일 **제3조【유해·위험방지계획서 제출에 관한 적용례】** 제33조의2제3호부터 제10호까지의 개정규정은 2012년 7월 1일 이후 해당 개정규정에 따른 사업과 관련하여 건설물·기계·기구 및 설비 등을 설치·이전하거나 그 주요 구조부분을 변경하기 위한 작업을 시작하는 경우부터 적용한다. **제4조【과징금에 대한 적용례】** 별표4의2의 개정규정은 이 영 시행 후 최초로 업무정지처분의 사유가 발생하는 경우부터 적용한다. **제5조【의무안전인증, 자율안전확인, 유해·위험방지를 위한 방호조치에 대한 경과조치】** 제28조제1항, 제28조의5제1항 및 별표7의 개정규정은 2013년 3월 1일 이후에 제조·수입하는 기계·기구등부터 적용한다. **제6조【석면조사기관 지정취소 등의 경과**	별표4까지 및 별표11의2에 따른 경고표시, 안전·보건표지 및 유해인자의 분류기준은 2010년 6월 30일까지(2010년 6월 30일 당시 유통·사용 중인 경우에는 2011년 6월 30일까지) 제92조의4, 별표1의2, 별표2부터 별표4까지 및 별표11의2의 개정규정에 따른 경고표시, 안전·보건표지 및 유해인자의 분류기준과 함께 사용하거나 적용할 수 있다. ② 두 종류 이상의 화학물질을 함유한 제제의 경우에는 이 규칙 시행당시 종전의 제92조의4, 별표1의2, 별표2부터 별표4까지 및 별표11의2에 따른 경고표시, 안전·보건표지 및 유해인자의 분류기준은 2013년 6월 30일까지(2013년 6월 30일 당시 유통·사용 중인 경우에는 2015년 6월 30일까지) 제92조의4, 별표1의2, 별표2부터 별표4까지 및 별표11의2의 개정규정에 따른 경고표시, 안전·보건표지 및 유해인자의 분류기준과 함께 사용하거나 적용할 수 있다. (개정 2008.6.27, 2010.6.24) **제5조【다른 법령의 개정】** ① 「산업안전기준에

하며, 동항제2호를 다음과 같이 한다.

2. 「산업안전보건법」 제34조제2항에 따른 안전인증을 받거나 같은 법 제35조제1항에 따른 자율안전확인의 신고를 하여야 하는 방호장치

제7조 【다른 법령과의 관계】 이 법 시행 당시 다른 법령에서 종전의 「산업안전보건법」 제33조부터 제36조까지의 규정을 인용한 경우에는 이 법 중 그에 해당하는 규정이 있는 때에는 종전의 규정에 갈음하여 이 법의 해당 조항을 인용한 것으로 본다.

부 칙(2007.12.14 법률8694호)

제1조 【시행일】 이 법은 2008년 7월 1일부터 시행한다. 후단생략

제2조내지 제26조 생략

부 칙(2008.12.31 법률9319호)

제1조 【시행일】 이 법은 공포한 날부터 시행한다. 〈단서생략〉

제2조부터 제4조까지 생략

제5조 【다른 법률의 개정】 ①부터 ③까지 생략

④ 산업안전보건법 일부를 다음과 같이 개정한다.

조치】 이 영 시행 전에 발생한 사유로 석면조사기관의 지정의 취소 등을 할 때에는 제30조의6의 개정규정에도 불구하고 종전의 규정에 따른다.

제7조 【과태료에 대한 경과조치】 이 영 시행 전의 위반행위에 대하여 과태료를 부과할 때에는 별표13의 개정규정에도 불구하고 종전의 규정에 따른다.

부 칙 〈제23845호, 2012.6.7〉

제1조 【시행일】 이 영은 2012년 6월 8일부터 시행한다.

제2조 및 제3조 생략

제4조 【다른 법령의 개정】 ①부터 ⑤까지 생략

⑥ 산업안전보건법 시행령 일부를 다음과 같이 개정한다.

제32조의2제4호 중 "「마약류관리에 관한 법률」"을 "「마약류 관리에 관한 법률」"로 한다.

⑦부터 ⑨까지 생략

관한 규칙」 일부를 다음과 같이 개정한다.

제2편제3장의 제목, 제31조의2의 제목 및 본문, 제320조제2호, 제372조제1항제1호, 제384조, 제387조제3항, 제448조의 제목 및 동조제1호, 별표1의2의 제목중 "안전담당자"를 각각 "관리감독자"로 한다.

② 「산업보건기준에 관한 규칙」 일부를 다음과 같이 개정한다.

제37조의 제목 및 동조제1항 각 호 외의 부분·제2항, 제97조의 제목 및 동조 각 호 외의 부분, 제98조의 제목 및 본문, 제187조의 제목 및 동조제1항 각 호 외의 부분, 제204조의 제목 및 동조 각 호 외의 부분 중 "안전담당자"를 각각 "관리감독자"로 하고, 제38조제2항중 "안전담당자 그 밖의 관리감독자"를 "관리감독자"로 한다.

부 칙(2007.1.12)

①**【시행일】** 이 규칙은 공포한 날부터 시행한다. 다만, 제121조제2항 및 별표15의 개정규정은 2007년 3월 1일부터 시행한다.

②**【산업재해발생률 및 산업재해발생 보고의무 위반에 관한 적용례】** 제3조의2제1항제7호, 동조제2항 및 별표1의 개정규정

법 률

정한다.

제4조제2항 중 "韓國産業安全公團(이하 "公團"이라 한다)"을 "한국산업안전보건공단(이하 "공단"이라 한다)"으로 한다.

⑤ 및 ⑥ 생략

제6조 생략

부 칙〈제9434호, 2009.2.6〉

제1조 【시행일】 이 법은 공포 후 6개월이 경과한 날부터 시행한다.(*시행일 2009.8.7)

제2조 【석면 해체·제거에 관한 경과조치】 이 법 시행 당시 종전의 규정에 따라 석면 해체·제거 허가를 받은 자는 이 법 시행 후 3개월까지 석면 해체·제거를 할 수 있다.

제3조 【벌칙 등에 관한 경과조치】 이 법 시행 전의 행위에 대하여 벌칙 및 과태료를 적용할 때에는 종전의 규정에 따른다.

부 칙〈제9796호, 2009.10.9〉

제1조【시행일】 이 법은 공포 후 6개월이 경과한 날부터 시행한다. 다만, 법률 제8562호 산업안전보건법 일부개정법률 부

시 행 령

부 칙〈제24684호, 2013.8.6.〉

제1조 【시행일】 이 영은 2014년 1월 1일부터 시행한다. 다만, 제3조의2 및 제47조의3의 개정규정은 공포한 날부터 시행하고, 별표5 제40호의 개정규정은 2015년 1월 1일부터 시행한다.

제2조 【건설업의 보건관리자 선임에 관한 적용례】 별표5 제40호의 개정규정은 2015년 1월 1일 이후 착공하는 공사부터 적용한다.

부 칙〈제25050호, 2013.12.30〉

제1조 【시행일】 이 영은 2014년 1월 1일부터 시행한다. 〈단서생략〉

부 칙〈제25251호, 2014.3.12〉

제1조 【시행일】 이 영은 2014년 3월 13일부터 시행한다. 다만, 제23조 및 제33조의2의 개정규정은 공포 후 6개월이 경과한 날부터 시행하고, 별표10의 개정규정은 다음 각 호의 구분에 따른 날부터 시행한다.

1. 상시근로자 5명 이상을 사용하는 사업장: 공포 후 6개월이 경과한 날
2. 상시근로자 5명 미만을 사용하는 사업

시 행 규 칙

은 이 규칙 시행 이후에 발생한 산업재해부터 적용한다.

③**【유해·위험방지계획서 첨부서류에 관한 적용례】** 제121조제2항 및 별표15의 개정규정은 2007년 3월 1일 이후에 착공하는 공사부터 적용한다. 다만, 2007년 12월 31일까지는 종전의 별표15에 따른 첨부서류를 작성하여 제출할 수 있다.

부 칙(2007.12.31)

제1조 【시행일】 이 규칙은 2008년 1월 1일부터 시행한다. 다만, 제58조제1항, 별표8의2제1호라목 및 별표11의2의 개정규정은 2008년 7월 1일부터 시행하고, 제100조, 제105조, 별표12 및 별표13의 개정규정은 2009년 1월 1일부터 시행한다.

제2조 【리프트 검사에 관한 적용례】 제58조제1항제2호의 개정규정에 따른 리프트에 대한 검사는 이 규칙 시행 후에 제조·수입되는 제품부터 적용한다.

제3조 【물질안전보건자료 교육에 관한 적용례】 제92조의5의 개정규정은 2008년 1월 1일 이후에 화학물질 또는 화학물질

칙 제1조제2항 단서의 개정규정은 공포한 날부터 시행한다.

부 칙 〈제9847호, 2009.12.29〉

제1조【시행일】 이 법은 공포 후 1년이 경과한 날부터 시행한다.

제2조부터 제20조까지 생략

제21조【다른 법률의 개정】 ①부터 ⑦까지 생략

⑧ 산업안전보건법 일부를 다음과 같이 개정한다.

제45조제1항 중 "전염병"을 "감염병"으로 한다.

⑨부터 〈30〉까지 생략

제22조 생략

부 칙〈제10305호, 2010.5.20〉
(산업재해보상보험법)

제1조【시행일】 이 법은 공포 후 6개월이 경과한 날부터 시행한다. 〈단서 생략〉

제2조부터 제5조까지 생략

제6조【다른 법률의 개정】 ① 산업안전보건법 일부를 다음과 같이 개정한다.

제10조제2항 단서 중 "「산업재해보상보험장: 공포 후 1년 6개월이 경과한 날

제2조【지도사시험의 일부면제에 관한 적용례】 제33조의15의 개정규정은 이 영 시행 후 공고되는 지도사시험부터 적용한다.

제3조【지도사시험의 시험 과목 및 범위에 관한 적용례】 별표12의 개정규정은 이 영 시행 후 공고되는 지도사시험부터 적용한다.

제4조【건설업 기초안전·보건교육기관의 시설 및 장비 기준에 관한 경과조치】 이 영 시행 당시 건설업 기초안전·보건교육기관으로 등록한 자로서 별표6의4 제3호나목의 개정규정에 따른 시설 및 장비 기준에 미달하는 자는 이 영 시행일부터 3개월 이내에 같은 표의 개정규정에 적합하도록 하여야 한다.

제5조【과태료에 관한 경과조치】 이 영 시행 전의 위반행위에 대하여 과태료 부과기준을 적용할 때에는 별표13의 개정규정에도 불구하고 종전의 규정에 따른다.

제6조【다른 법령의 개정】 고용보험 및 산업재해보상보험의 보험료징수 등에 관한 법률 시행령 일부를 다음과 같이 개정한다.

제18조의2제1항제1호 중 "「산업안전보건법」 제5조제1항에 따라 근로자의 안전을 함유한 제제를 제조·사용·운반 또는 저장하는 작업에 배치되는 근로자에 대하여 실시하는 교육부터 적용한다.

제4조【작업환경측정 결과 및 건강진단 결과 보고에 관한 적용례】 ①제94조의 개정규정은 2008년 1월 1일 이후에 실시하는 작업환경측정의 결과 보고부터 적용한다.

②제105조의 개정규정은 2009년 1월 1일 이후에 실시하는 건강진단의 결과 보고부터 적용한다.

제5조【자율안전관리업체 지정 제외 규정에 관한 적용례】 별표15의2의 개정규정은 2008년 1월 1일 이후에 발생하는 산업재해부터 적용한다.

제6조【지정측정기관의 인력·시설 및 장비 기준 변경에 대한 경과조치】 이 규칙 시행 당시 종전의 규정에 따라 지정측정기관에 재직하고 있는 자로서 별표12의 개정규정에 따른 인력기준에 적합하지 아니한 자는 해당 지정측정기관에 재직하는 기간에 한정하여 같은 표의 개정규정에 따른 해당 인력기준에 적합한 자로 본다.

제7조【특수건강진단 지정요건 변경에 관한 경과조치】 이 규칙 시행 당시 종전의 규

법 률	시 행 령	시 행 규 칙
법」 제41조에 따른 요양급여 또는 같은 법 제62조에 따른 유족급여를"을 "「산업재해보상보험법」 제41조 및 제91조의5에 따른 요양급여, 같은 법 제62조에 따른 유족급여 또는 같은 법 제91조의4에 따른 진폐유족연금을"로 한다. ②및 ③ 생략 부 칙 〈제10339호, 2010.6.4〉 (정부조직법) **제1조 【시행일】** 이 법은 공포 후 1개월이 경과한 날부터 시행한다. 〈단서 생략〉 **제2조** 및 **제3조** 생략 **제4조 【다른 법률의 개정】** ①부터 ㊻까지 생략 ㊼산업안전보건법 일부를 다음과 같이 개정한다. (이하 생략) 부 칙 〈제10968호, 2011.7.25〉 **제1조 【시행일】** 이 법은 공포 후 6개월이 경과한 날부터 시행한다. 다만, 제52조의9의 개정규정은 공포 후 3개월이 경과한 날	과 보건을 유지·증진하고, 산업재해를 예방하기 위하여 건설물, 설비, 작업행동 등"을 "「산업안전보건법」 제41조의2제1항에 따라 건설물, 기계·기구, 설비, 원재료, 가스, 증기, 분진 등에 의하거나 작업행동, 그 밖에"로 한다. 부 칙 〈제25836호, 2014.12.9.〉 **제1조 【시행일】** 이 영은 2015년 1월 1일부터 시행한다. **제2조부터 제4조까지** 생략 **제5조 【다른 법령의 개정】** ①부터 ⑤까지 생략 ⑥ 산업안전보건법 시행령 일부를 다음과 같이 개정한다. 제29조제10호를 다음과 같이 한다. 10. 「화학물질관리법」 제2조제4호에 따른 제한물질 및 같은 조 제5호에 따른 금지물질 ⑦부터 〈19〉까지 생략 **제6조** 생략	정에 따라 특수건강진단기관에 재직하고 있는 자로서 별표14의 개정규정에 따른 인력기준에 적합하지 아니한 자는 해당 특수건강진단기관에 재직하는 기간에 한정하여 같은 표의 개정규정에 따른 해당 인력기준에 적합한 자로 본다. **제8조 【행정처분에 관한 경과조치】** 이 규칙 시행 전의 위반행위에 대하여 행정처분 기준을 적용할 때에는 종전의 규정에 따른다. 부 칙(2008.9.18) 노동부령 308호 **제1조 【시행일】** 이 규칙은 2009년 1월 1일부터 시행한다. **제2조 【2009년 1월 1일부터 시행되는 자율검사프로그램에 따른 안전검사 대상 유해·위험기계등】** 법률 제8562호 산업안전보건법 일부개정법률 부칙 제1조제2항 단서에서 "노동부령으로 정하는 유해·위험기계등"이란 다음 각 호의 기계·기구 및 설비를 말한다. 1. 곤돌라 2. 국소배기장치 3. 원심기

부터 시행하고, 제31조제2항, 제31조의2 및 제65조제2항제3호의2의 개정규정과 제32조의2, 제32조의3, 제51조제1항 및 제72조제4항제3호의 개정규정(제31조의2의 개정규정에 관련된 부분에 한정한다)은 2014년까지의 기간 이내에서 사업장의 규모에 따라 대통령령으로 정하는 날부터 시행한다.

제2조 【과징금에 대한 적용례】 제15조의3의 개정규정은 이 법 시행 후 최초로 업무정지처분의 사유가 발생하는 경우부터 적용한다.

제3조 【건설업기초교육에 대한 적용례】 ① 제31조의2의 개정규정은 이 법 시행 후 최초로 건설현장에 채용되는 건설 일용근로자부터 적용한다.

② 제31조의2의 개정규정은 이 법 시행 당시 종전의 제31조제2항에 따라 채용 시 교육을 받은 건설 일용근로자에 대하여는 이 법 시행 후 최초로 다른 건설현장에 채용되는 경우부터 적용한다.

제4조 【자율안전확인표시의 사용 금지 등에 대한 적용례】 제35조의3제2항의 개정규정은 이 법 시행 후 최초로 자율안전확

부 칙 〈제25840호, 2014.12.9.〉

제1조 【시행일】 이 영은 2015년 1월 1일부터 시행한다.

제2조부터 제16조까지 생략

부 칙 〈제26093호, 2015.2.10〉

이 영은 공포된 날로부터 시행한다.

부 칙 〈제26985호, 2016.2.17.〉

제1조 【시행일】 이 영은 공포한 날부터 시행한다. 다만, 제28조의6제1항제3호·제13호, 제31조제10호, 별표1 제3호라목·마목 및 별표3 제41호의 개정규정은 공포 후 6개월이 경과한 날부터 시행한다.

제2조 【안전관리자 선임 대상 사업규모에 관한 적용례】 별표3 제41호의 개정규정은 부칙 제1조 단서에 따른 시행일 이후 착공하는 공사부터 적용한다.

제3조 【과태료 부과기준에 관한 경과조치】 이 영 시행 전의 위반행위에 대하여 과태료의 부과기준을 적용할 때에는 별표13 제4호조목 및 초목의 개정규정에도 불구하고 종전의 규정에 따른다.

4. 화학설비 및 그 부속설비
5. 건조설비 및 그 부속설비
6. 로울러기
7. 사출성형기

제3조 【보수교육 시기 변경에 관한 적용례】 제39조의 개정규정에 따른 보수교육 시기는 이 규칙 시행 후 보수교육을 받아야 하는 경우부터 적용한다.

제4조 【유해·위험방지계획서 제출에 관한 적용례】 제121조제1항의 개정규정은 제120조제3항의 개정규정에 따른 기계·기구 및 설비를 이 규칙 시행일부터 1개월 이후에 설치·이전하거나 그 주요부분을 변경하는 공사를 시작하는 경우부터 적용한다.

제5조 【대행기관의 지정권자 변경에 관한 경과조치】 이 규칙 시행 당시 종전의 규정에 따라 지정 또는 변경지정을 받은 안전관리전문기관 및 보건관리대행기관은 제18조, 제18조의2 및 제21조의 개정규정에 따라 관할 지방노동청장의 지정 또는 변경지정을 받은 것으로 본다.

제6조 【자체검사원 양성교육 이수자에 관한 경과조치】 이 규칙 시행 당시 종전 제43조에 따라 자체검사원 양성교육을 받은

법　　　률	시　행　령	시 행 규 칙
인표시의 사용이 금지된 자부터 적용한다. **제5조【안전검사에 대한 적용례】** 제36조제1항 전단의 개정규정은 근로자를 사용하지 아니하고 사업을 하는 자로서 이 법 시행 후 최초로 안전검사 기간이 도래한 자부터 적용한다. **제6조【자율검사프로그램에 대한 적용례】** 제36조의2제1항의 개정규정은 근로자를 사용하지 아니하고 사업을 하는 자로서 이 법 시행 후 최초로 자율검사프로그램의 인정을 받으려는 자부터 적용한다. **제7조【의무안전인증대상 기계·기구등 제조사업 등의 지원 취소 또는 지원 제한에 대한 적용례】** ① 제36조의3제3항의 개정규정은 이 법 시행 후 등록취소 또는 지원제한 사유가 최초로 발생한 경우부터 적용한다. ② 제36조의3제4항의 개정규정은 이 법 시행 후 금액 환수의 사유가 최초로 발생한 경우부터 적용한다. ③ 제36조의3제5항의 개정규정은 이 법 시행 후 최초로 등록이 취소된 자부터 적용한다. **제8조【일반석면조사를 하지 아니한 경우**	부 칙 〈제27559호, 2016.10.27〉 **제1조【시행일】** 이 영은 2016년 10월 28일부터 시행한다. 다만, 제10조 및 제19조의4부터 제19조의6까지의 개정규정은 다음 각 호의 구분에 따른 날부터 시행하고, 제28조의6제1항제14호 및 제15호의 개정규정은 공포 후 1년이 경과한 날부터 시행한다. 1. 상시근로자 30명 이상 50명 미만을 사용하는 사업장: 2018년 9월 1일 2. 상시근로자 20명 이상 30명 미만을 사용하는 사업장: 2019년 9월 1일 **제2조【공표대상 사업장에 관한 적용례】** 제8조의4제1항제1호 및 같은 조 제2항의 개정규정은 2017년 1월 1일 이후 공표하는 경우부터 적용한다. **제3조【안전·보건교육을 위탁받으려는 기관의 등록에 관한 특례】** ① 이 영 시행 당시 종전의 제26조의10 각 호에 따른 전문기관이 법 제31조제5항에 따른 안전보건교육위탁기관으로 등록하려는 경우에는 제26조의10제1항 및 별표6의3의 개정규정에도 불구하고 이 영 시행일부터 1개월 이	사람은 제43조의 개정규정에 따라 검사원 양성교육을 받은 것으로 본다. 다만, 2009년 6월 30일까지 제43조의 개정규정에 따라 한국산업안전공단에서 실시하는 검사원 양성교육을 받아야 한다. **제7조【최초 안전검사의 실시 시기에 관한 경과조치】** ① 이 규칙 시행 당시 종전 법 제34조제2항에 따른 설계검사·성능검사 또는 완성검사를 받고 설치·사용 중인 유해·위험 기계·기구 및 설비 중 종전 법 제34조제3항 및 종전 규칙 제58조의2에 따른 정기검사의 검사 시기에 이르지 않아 정기검사를 받지 않은 것은 종전의 규정에 따른 최초의 정기검사 실시 시기에 안전검사를 실시하여야 한다. ② 이 규칙 시행 당시 설치·사용 중인 유해·위험 기계·기구 및 설비로서 제1항의 경우를 제외한 유해·위험 기계·기구 및 설비 중 종전 법 제34조제3항에 따른 정기검사 대상이 아니었으나 법 제36조제1항 및 영 제28조의3에 따라 안전검사 대상이 된 유해·위험기계·기구를 설치·사용하고 있는 경우에는 다음 각 호의 구분에 따른 시기까지 최초의 안전

의 조치에 대한 적용례】 제38조의2제4항의 개정규정 중 일반석면조사를 하지 아니한 경우의 조치에 대하여는 일반석면조사를 하여야 하는 건축물이나 설비의 소유주 등으로서 이 법 시행 후 최초로 일반석면조사를 하지 아니한 자부터 적용한다.

제9조【용기 및 포장에 담는 방법 외의 방법으로 대상화학물질을 양도·제공하는 경우의 경고표시에 대한 적용례】 제41조제4항 단서의 개정규정은 이 법 시행 후 최초로 대상화학물질을 양도하거나 제공하는 경우부터 적용한다.

제10조【물질안전보건자료의 변경에 대한 적용례) 제41조제6항의 개정규정은 이 법 시행 후 최초로 물질안전보건자료의 기재 내용을 변경할 필요가 생긴 경우부터 적용한다.

제11조【유해위험방지계획서 제출 시 자체심사에 대한 적용례】 제48조제3항 단서의 개정규정은 이 법 시행 후 최초로 공사를 착공하려는 사업주로서 고용노동부령으로 정하는 기준에 적합한 건설업체의 경우부터 적용한다.

제12조【공정안전보고서의 심사 완료 통보 전 가동 금지에 대한적용례】 제49조내에 종전의 별표6의3에 따른 인력·시설 및 장비 기준을 갖추어 등록할 수 있다.

② 제1항에 따라 등록한 안전보건교육위탁기관은 그 등록일부터 3개월 이내에 별표6의3의 개정규정에 따른 인력·시설 및 장비 기준을 갖추어야 한다.

제4조【직무교육을 위탁받으려는 기관의 인력·시설 및 장비 기준에 관한 경과조치】 이 영 시행 당시 법 제32조제3항에 따라 고용노동부장관에게 등록된 기관은 이 영 시행일부터 3개월 이내에 별표6의5의 개정규정에 따른 인력·시설 및 장비 기준을 갖추어야 한다.

부 칙 〈제28368호, 2017.10.17.〉

제1조【시행일】 이 영은 2017년 10월 19일부터 시행한다.

제2조【공표대상 사업장에 관한 적용례】 제8조의4제1항제2호, 제2호의2 및 제2호의3의 개정규정은 2018년 1월 1일 이후 산업재해 발생건수 등을 공표하는 경우부터 적용한다.

제3조【공표대상 사업장에 관한 특례】 제8조의4제3항의 개정규정에도 불구하고 2019검사를 받아야 한다.

1. 건설현장의 크레인, 리프트 및 곤돌라 : 2009년 6월 30일까지
2. 사출성형기 : 2010년 12월 31일까지
3. 그 밖에 종전 법 제36조에 따라 자체검사만를 실시한 유해·위험기계·기구 : 종전의 규정에 따라 이 규칙 시행 전에 실시한 자체검사의 다음 자체검사 실시 시기가 속한 해의 마지막 날까지

제8조【지정검사기관에 관한 경과조치】 이 규칙 시행 당시 종전 제75조 및 별표11에 따른 지정검사기관은 제75조 및 별표10의 개정규정에 따른 지정검사기관으로 본다. 다만, 2009년 6월 30일까지 제75조의 개정규정 및 별표10에 따른 인력·시설 및 장비를 갖추어 관할 지방노동관서의 장의 지정을 받아야 한다.

제9조【행정처분기준에 관한 경과조치】 이 규칙 시행 전의 위반행위에 대한 행정처분 기준은 종전의 규정에 따른다.

제10조【다른 법령의 개정】 ① 산업안전기준에 관한 규칙 일부를 다음과 같이 개정한다.

제51조 중 "법 제34조제1항의 규정에 의하여 노동부장관이 정하는 제작기준과 안전기

법 률

의2제1항 후단의 개정규정은 이 법 시행 후 최초로 공정안전보고서를 제출하는 경우부터 적용한다.

제13조 【의무안전인증대상 기계·기구등의 서류 보존에 대한 적용례】 제64조제2항의 개정규정은 이 법 시행 후 최초로 출고되는 제품으로서 안전인증을 받은 제품부터 적용한다.

제14조 【일반석면조사 및 기관석면조사의 서류 보존에 대한 적용례】 제64조제3항의 개정규정은 이 법 시행 후 최초로 일반석면조사 및 기관석면조사를 하는 경우부터 적용한다.

제15조 【벌칙 등에 관한 경과조치】 이 법 시행 전의 위반행위에 대하여 벌칙 및 과태료를 적용할 때에는 제67조의2, 제68조부터 제70조까지 및 제72조의 개정규정에도 불구하고 종전의 규정에 따른다.

부 칙 〈제11862호, 2013.6.4.〉

제1조 【시행일】 이 법은 2015년 1월 1일부터 시행한다.

제2조부터 제10조까지 생략

시 행 령

년 12월 31일까지는 제8조의4제3항 중 "500명 이상"은 "1,000명 이상"으로 본다.

제4조 【과징금 부과기준에 관한 경과조치】 이 영 시행 전의 위반행위에 대하여 과징금 부과기준을 적용할 때에는 별표4의2의 개정규정에도 불구하고 종전의 규정에 따른다.

제5조 【보건관리자 자격에 관한 경과조치】 이 영 시행 당시 종전의 별표6에 따라 보건관리자로 선임된 사람은 별표6의 개정규정에 따른 보건관리자 자격을 가진 것으로 본다.

부 칙 〈제29360호, 2018.12.11〉
(건설기술 진흥법 시행령)

제1조(시행일) 이 영은 2018년 12월 13일부터 시행한다. 〈단서 생략〉

제2조(다른 법령의 개정) ①부터 ⑪까지 생략

⑫ 산업안전보건법 시행령 일부를 다음과 같이 개정한다.

제30조의8제1항 중 "건설기술자"를 "건설기술인"으로 한다.

별표6의4 제2호나목6) 중 "특급건설기술자 또는 고급건설기술자"를 "특급건설기

시 행 규 칙

준"을 "법 제34조제1항에 따라 노동부장관이 정하는 안전인증기준"으로 한다.

제80조를 삭제한다.

제86조 중 "법 제34조제1항의 규정에 의하여 노동부장관이 정하는 제작기준과 안전기준"을 "법 제34조제1항에 따라 노동부장관이 정하는 안전인증기준"으로 한다.

제105조 중 "법 제34조제1항의 규정에 의하여 노동부장관이 정하는 제작기준과 안전기준"을 "법 제34조제1항에 따라 노동부장관이 정하는 안전인증기준"으로 한다.

제109조제2항제1호 중 "제105조의 규정에 의한 크레인의 제작기준과 안전기준"울 "제105조에 따른 크레인의 안전인증기준"으로 한다.

제133조 중 "법 제34조제1항의 규정에 의하여 노동부장관이 정하는 제작기준과 안전기준"을 "법 제34조제1항에 따라 노동부장관이 정하는 안전인증기준"으로 한다.

제148조 중 "법 제34조제1항의 규정에 따라 노동부장관이 정하는 제작기준과 안전기준"을 "법 제35조제1항에 따라 노동부장관이 정하는 자율안전기준"으로 한다.

제11조 【다른 법률의 개정】 ①부터 〈18〉까지 생략

〈19〉 산업안전보건법 일부를 다음과 같이 개정한다.

제41조제1항 각 호 외의 부분 후단 중 "「유해화학물질 관리법」과 관련된"을 "「화학물질관리법」과 관련된"으로 한다.

〈20〉부터 〈29〉까지 생략

제12조 생략

부 칙(2013.6.12, 법 제11882호)

제1조【시행일】 이 법은 공포 후 9개월이 경과한 날부터 시행한다. 다만, 제4조, 제11조, 제13조, 제15조제1항·제2항, 제16조, 제18조의 개정규정은 공포한 날부터 시행하고, 제10조제2항의 개정규정은 2014년 7월 1일부터 시행한다.

제2조【산업재해 발생 보고에 관한 적용례】 제10조제2항의 개정규정은 같은 개정규정 시행 후 최초로 발생한 산업재해부터 적용한다.

제3조【도급사업 시 안전·보건에 관한 정보제공 등 필요 조치에 관한 적용례】 제29조제5항의 개정규정은 이 법 시행 후 최초로 술인 또는 고급건설기술인"으로 한다.

⑬부터 ㉓까지 생략

부 칙 〈제30256호, 2019.12.24.〉

제1조(시행일) 이 영은 2020년 1월 16일부터 시행한다. 다만, 제13조 및 별표35 제4호나목의 개정규정은 2021년 1월 1일부터 시행하고, 제86조, 별표35 제4호러목(법 제35조제5호에 관한 부분으로 한정한다) 및 트목부터 지목까지의 개정규정은 2021년 1월 16일부터 시행한다.

제2조(공정안전보고서 제출 대상 등의 적용에 관한 일반적 적용례) ① 제43조·제45조(별표13과 관련되는 부분으로 한정한다) 및 별표13의 개정규정은 다음 각 호의 구분에 따른 날부터 적용한다.

1. 상시근로자 5명 이상을 사용하는 사업장: 2021년 1월 16일
2. 상시근로자 5명 미만을 사용하는 사업장: 2021년 7월 16일

② 제71조(별표21 제24호에 관련되는 부분으로 한정한다) 및 별표21 제24호의 개정규정은 2020년 7월 16일부터 적용한다.

③ 제74조제1항제2호자목 및 제77조제1항 제155조를 삭제한다.

② 산업보건기준에 관한 규칙 일부를 다음과 같이 개정한다.

제280조 및 제281조를 각각 삭제한다.

③ 진폐의 예방과 진폐근로자의 보호 등에 관한 법률 시행규칙 일부를 다음과 같이 한다.

제9조제1호 중 "「산업안전보건법」 제35조에 따라 노동부장관이 실시하는 검정에 합격한"을 "「산업안전보건법」 제34조에 따른 안전인증을 받은"으로 한다.

부 칙 〈제330호,2009.8.7〉

제1조 【시행일】 이 규칙은 2009년 8월 7일부터 시행한다.

제2조 【다른 법령의 개정】 산업보건기준에 관한 규칙 일부를 다음과 같이 개정한다.

제1조 중 "산업안전보건법 제24조, 제38조 및 동법시행령 제29조"를 "「산업안전보건법」 제24조, 제38조, 제38조의3 및 같은 법 시행령 제29조"로 한다.

제236조의2 전단 중 "사업주"를 "건축물등 철거·해체자"로 한다.

법 률	시 행 령	시 행 규 칙
도급작업을 시작하는 경우부터 적용한다. **제4조【건설공사 설계변경 요청에 관한 적용례】** 제29조의3의 개정규정은 이 법 시행 후 최초로 도급계약을 체결한 공사부터 적용한다. **제5조【지도사의 등록 취소에 대한 적용례】** 제52조의15의 개정규정은 이 법 시행 후 최초로 등록 취소 또는 업무 정지 사유가 발생한 경우(제52조의15제3호의 개정규정에 해당하는 경우 및 같은 조 제4호의 개정규정 중 제52조의6을 위반한 경우는 제외한다)부터 적용한다. **제6조【안전인증기관 및 안전검사기관의 서류 보존에 관한 적용례】** 제64조제2항의 개정규정은 이 법 시행 후 최초로 안전인증 및 안전검사를 하는 경우부터 적용한다. **제7조【산업위생지도사에 대한 경과조치】** 이 법 시행 당시 종전의 규정에 따른 산업위생지도사는 이 법에 따른 산업보건지도사로 본다. **제8조【지도사의 갱신등록에 관한 경과조치】** 이 법 시행 당시 종전의 규정에 따라 등록한 지도사는 이 법 시행 후 3개월 이	제2호의 개정규정은 2021년 1월 16일부터 적용한다. ④ 별표3 제46호의 개정규정은 다음 각 호의 구분에 따른 날부터 적용한다. 1. 공사금액 100억원 이상 공사의 경우: 2020년 7월 1일 2. 공사금액 80억원 이상 100억원 미만 공사의 경우: 2021년 7월 1일 3. 공사금액 60억원 이상 80억원 미만 공사의 경우: 2022년 7월 1일 4. 공사금액 50억원 이상 60억원 미만 공사의 경우: 2023년 7월 1일 **제3조(유효기간)** ① 제97조제2항의 개정규정은 2023년 1월 31일까지 효력을 가진다. ② 제97조제2항의 개정규정에 따라 2021년 1월 1일 전에 특수건강검진기관으로 지정받은 건강검진기관은 2021년 1월 18일에 그 지정 효력이 상실된 것으로 본다. 다만 고용노동부장관이 2021년 1월 1일부터 2021년 1월 17일까지 해당 기관을 다시 특수건강진단기관으로 지정한 경우에는 2023년 2월 1일에 그 지정 효력이 상실된 것으로 본다. 〈개정 2021.1.12., 제31387호〉	부 칙 〈제345호, 2010.6.24〉 이 규칙은 공포한 날부터 시행한다. 부 칙 〈제1호, 2010.7.12〉 **제1조【시행일】** 이 규칙은 공포한 날부터 시행한다.〈단서생략〉 **제2조【다른 법령의 개정】** ①부터 ㉖까지 생략 ㉗ 산업안전보건법 시행규칙 일부를 다음과 같이 개정한다.(이하 생략) 부 칙 〈제18호, 2011.3.3〉 **제1조【시행일】** 이 규칙은 공포한 날부터 시행한다. **제2조【자체심사 및 확인업체에 관한 적용례】** 제124조제2항의 개정규정은 이 규칙 시행 후 최초로 자체심사 및 확인업체로 지정되는 경우부터 적용한다. **제3조【산업재해발생률 산정기준에 관한 적용례】** 별표1의 개정규정은 이 규칙 시행 후 최초로 산업재해발생률을 산정하는 환산재해율 산정 대상연도부터 적용한다. **제4조【명칭 변경에 관한 경과조치】** 이 규

내에 제52조의4제4항의 개정규정에 따라 등록을 갱신하여야 한다. 이 경우 제52조의4제5항 전단의 개정규정에 따른 지도실적은 갖춘 것으로 본다.

제9조【지도사 연수교육에 관한 경과조치】 이 법 시행 전에 등록한 지도사는 제52조의10의 개정규정에 따른 연수교육을 받은 것으로 본다.

제10조【벌칙 등에 관한 경과조치】 이 법 시행 전의 행위에 대하여 벌칙 및 과태료를 적용할 때에는 제67조, 제67조의2, 제68조, 제69조, 제72조의 개정규정에도 불구하고 종전의 규정에 따른다.

부 칙 〈2016.1.27., 법 제13906호〉

제1조【시행일】 이 법은 공포 후 9개월이 경과한 날부터 시행한다. 다만, 제16조의3의 개정규정은 이 법 시행일부터 2019년까지의 기간 이내에서 사업장의 규모에 따라 대통령령으로 정하는 날부터 시행한다.

제2조【공사기간 연장 요청 등에 관한 적용례】 제29조의4의 개정규정은 이 법 시행 후 최초로 도급계약을 체결한 공사부터 적용한다.

제4조(산업재해 발생건수 등의 공표에 관한 적용례 등) ① 제10조 및 제12조의 개정규정은 이 영 시행일이 속한 해의 다음해 1월 1일 이후 발생하는 산업재해부터 적용한다.

② 제1항에 따라 제10조 및 제12조의 개정규정이 적용되기 전까지는 종전의 「산업안전보건법 시행령」(대통령령 제30256호로 전부개정되기 전의 것을 말한다) 제8조의4를 적용한다.

제5조(건설업의 안전관리자의 선임에 관한 적용례) ① 대통령령 제16947호 산업안전보건법시행령중개정령 제12조제2항의 개정규정은 2001년 1월 1일 이후 착공하는 건설공사부터 적용한다.

② 대통령령 제19804호 산업안전보건법 시행령 일부개정령 별표3의 개정규정은 2007년 7월 1일 이후 착공하는 건설공사부터 적용한다.

③ 대통령령 제21653호 산업안전보건법 시행령 일부개정령 별표3 비고의 개정규정은 2009년 8월 7일 이후 최초로 계약하는 공사부터 적용한다.

④ 대통령령 제26985호 산업안전보건법 시행령 일부개정령 별표3 제41호의 개정규정은 2016년 8월 18일 이후 착공하는 공사부터 적용한다.

칙 시행 당시 종전의 제121조제2항 단서에 따라 지정된 자율안전관리업체는 제121조제4항의 개정규정에 따른 자체심사 및 확인업체로 본다.

제5조【유해·위험방지계획서 확인에 관한 경과조치】 이 규칙 시행 당시 종전의 제124조제2항제2호부터 제4호까지의 규정에 해당하는 사업주에 대해서는 유해·위험방지계획서를 제출한 공사의 종료시까지는 제124조제1항의 개정규정에도 불구하고 종전의 규정에 따른다.

제6조【다른 법령의 개정】 산업보건기준에 관한 규칙 일부를 다음과 같이 개정한다.

제62조제1항 본문 중 "별지 제1호서식"을 "「산업안전보건법 시행규칙」 별표1의2(일람표 번호 501)"로 하고, 같은 항 단서 중 "별지 제2호서식"을 "「산업안전보건법 시행규칙」 별표1의2(일람표 번호 502)"로 한다.

제96조 본문 중 "별지 제2호서식"을 "「산업안전보건법 시행규칙」 별표1의2(일람표 번호 502)"로 한다.

제111조제1항 중 "별지 제4호서식"을 "「산업안전보건법 시행규칙」 별표1의2(일

법 률	시 행 령	시 행 규 칙
제3조 【금치산자 등에 대한 경과조치】 제52조의4제3항제1호의 개정규정에도 불구하고 이 법 시행 당시 이미 금치산 또는 한정치산의 선고를 받고 법률 제10429호 민법 일부개정법률 부칙 제2조에 따라 금치산 또는 한정치산 선고의 효력이 유지되는 자에 대해서는 종전의 규정에 따른다. 부 칙 〈법률 제14788호, 2017.4.18.〉 **제1조 【시행일】** 이 법은 공포 후 6개월이 경과한 날부터 시행한다. 다만, 법률 제13906호 산업안전보건법 일부개정법률 제16조의3제3항 전단의 개정규정은 같은 개정법률 부칙 제1조 단서에 따른 시행일부터 시행한다. **제2조 【수급인의 산업재해 발생건수 등을 포함한 공표에 관한 적용례】** 제9조의2제2항 및 제3항의 개정규정은 2018년 1월 1일 이후 발생한 산업재해부터 적용한다. **제3조 【안전보건조정자의 선임에 관한 적용례】** 제18조의2제1항의 개정규정은 이 법 시행 후 최초로 「건설산업기본법」 제2조 제10호의 발주자가 같은 개정규정에 따른	**제6조(유해·위험방지계획서 제출에 관한 적용례)** ① 대통령령 제20973호 산업안전보건법 시행령 일부개정령 제33조의2의 개정규정은 2009년 2월 1일 이후 해당 사업과 관계있는 건설물·기계·기구 및 설비 등을 설치·이전하거나 그 주요 구조부분을 변경하기 위한 공사를 시작하는 경우부터 적용한다. ② 대통령령 제23545호 산업안전보건법 시행령 일부개정령 제33조의2제3호부터 제10호까지의 개정규정은 2012년 7월 1일 이후 해당 개정규정에 따른 사업과 관련하여 건설물·기계·기구 및 설비 등을 설치·이전하거나 그 주요 구조부분을 변경하기 위한 작업을 시작하는 경우부터 적용한다. **제7조(대여자 등이 안전조치 등을 해야 하는 기계·기구 등에 관한 적용례)** 제71조 및 별표21 제24호의 개정규정은 2020년 7월 16일 이후 고소작업대를 대여하거나 대여받는 자부터 적용한다. **제8조(안전인증대상기계등에 관한 적용례)** 제74조제1항제2호자목의 개정규정은 2021년 1월 16일 이후 제조·수입하는 산업용로봇 방호장치부터 적용한다.	람표 번호 503)"로 한다. 별지 제1호서식, 별지 제2호서식, 별지 제4호서식을 삭제한다. 부 칙 〈제22호, 2011.3.16〉 이 규칙은 공포한 날부터 시행한다. 부 칙 〈제30호, 2011.7.6〉 **제1조(시행일)** 이 규칙은 공포한 날부터 시행한다. **제2조 부터 제4조 까지 생략** **제5조(다른 법령의 개정)** 산업안전보건법 시행규칙 일부를 다음과 같이 개정한다. ※ 이하 내용 생략 부 칙 〈제47호, 2012.1.26〉 **제1조(시행일)** 이 규칙은 2012년 1월 26일부터 시행한다. **제2조(타워크레인 검사에 관한 적용례)** 제73조의 개정규정은 이 규칙 시행 이후에 새로 설치하는 타워크레인부터 적용한다. **제3조(유해·위험방지계획서 제출에 관한 적용례)** 제121조제1항 및 같은 조 제2항

공사를 함께 발주하는 경우부터 적용한다.

제4조【도급사업 시 안전·보건에 관한 정보 제공 등에 관한 적용례】 제29조제5항 각 호 외의 부분 후단 및 같은 항 제3호의 개정규정은 이 법 시행 후 최초로 제29조제5항 각 호의 어느 하나의 개정규정에 따른 작업을 도급하는 경우부터 적용한다.

제5조【과징금 부과에 관한 적용례】 제34조의5제4항 전단, 제36조제10항 전단, 제42조제10항 및 제43조제11항 전단의 개정규정은 이 법 시행 전에 업무정지처분 사유가 발생한 경우에 대하여도 적용한다.

부 칙 〈법률 제15588호, 2018.4.17.〉

제1조【시행일】 이 법은 공포 후 6개월이 경과한 날부터 시행한다.

부 칙 〈제16272호, 2019.1.15.〉

제1조(시행일) 이 법은 공포 후 1년이 경과한 날부터 시행한다. 다만, 제14조 및 제175조제4항제2호의 개정규정은 공포 후 1년이 경과한 날이 속한 해의 다음 해 1월 1일부터 시행하고, 제35조제5호, 제110조부터 제116조까지, 제162조제9호 및

제9조(특수건강진단기관의 지정 취소 등의 사유에 관한 적용례) 제98조제7호의 개정규정은 이 영 시행 이후 정당한 사유 없이 고용노동부장관이 법 제135조제4항에 따라 실시하는 평가를 거부하는 경우부터 적용한다.

제10조(제재요청 등의 대상 확대에 관한 적용례) 대통령령 제18609호 산업안전보건법 시행령중개정령 제33조의9제1호의 개정규정은 2006년 1월 1일 이후 해당 산업재해가 발생하는 경우부터 적용한다.

제11조(과징금의 분할 납부 등에 관한 적용례) 제112조제4항부터 제7항까지의 개정규정은 이 영 시행 이후 부과하는 과징금부터 적용한다.

제12조(공공행정 등에서의 도급인의 안전 및 보건 조치에 관한 적용례) 별표1 제4호의 개정규정 중 도급인의 안전 및 보건 조치 관련 부분은 이 영 시행 이후 도급계약을 체결하는 경우부터 적용한다.

제13조(건설업의 안전관리자 선임에 관한 적용례) 별표3 제46호 및 비고의 개정규정은 부칙 제2조제4항 각 호의 구분에 따른 날 이후 착공하는 공사부터 적용한다.

제14조(건설업의 보건관리자 선임에 관한 적

의 개정내용은 이 규칙 시행일부터 1개월 이후 해당 사업과 관계있는 건설물·기계·기구 및 설비 등을 설치·이전하거나 그 주요 구조부분을 변경하기 위한 작업을 시작하는 경우부터 적용한다.

제4조(산업재해발생률 산정기준에 관한 적용례) 별표1 제3호라목의 개정규정은 이 규칙 시행 이후 발생한 산업재해부터 적용하고, 제3호마목의 개정규정은 이 규칙 시행 후 최초로 산업재해발생률을 산정하는 대상이 되는 연도부터 적용한다.

제5조(직무교육위탁기관·안전인증기관·안전검사기관에 관한 경과조치) 이 규칙 시행 당시 직무교육을 위탁받아 수행하는 기관 및 안전인증·안전검사 업무를 위탁받아 수행하는 기관은 각각 이 규칙에 따른 직무교육위탁기관·안전인증기관·안전검사기관의 등록·지정을 신청한 것으로 본다.

제6조(행정처분기준에 관한 경과조치) 이 규칙 시행 전의 위반행위에 대한 행정처분은 별표20의 개정규정에도 불구하고 종전의 규정에 따른다.

법률	시행령	시행규칙
제10호, 제163조제1항제3호 및 제2항(제112조제8항에 관한 부분에 한정한다), 제165조제2항제25호부터 제27호까지, 제166조제1항제9호, 제175조제5항제3호(제114조제1항에 관한 부분에 한정한다) 및 제5호부터 제12호까지, 같은 조 제6항제2호(제35조제5호에 관한 부분에 한정한다) 및 제9호부터 제11호까지의 개정규정은 공포 후 2년이 경과한 날부터 시행한다. **제2조(산업재해 발생건수 등의 공표에 관한 적용례)** 제10조제2항 및 제3항의 개정규정은 이 법 시행일이 속한 해의 다음해 1월 1일 이후 발생한 산업재해부터 적용한다. **제3조(건설공사발주자의 산업재해 예방 조치에 관한 적용례)** 제67조의 개정규정은 이 법 시행 이후 건설공사발주자가 건설공사의 설계에 관한 계약을 체결하는 경우부터 적용한다. **제4조(타워크레인 설치·해체 작업에 관한 적용례)** 제82조제2항의 개정규정은 이 법 시행 이후 사업주가 타워크레인 설치·해체 작업에 관한 계약을 체결하는 경우부터 적용한다. **제5조(건강진단에 따른 조치결과 제출에 관한**	용례) 대통령령 제24684호 산업안전보건법 시행령 일부개정령 별표5 제40호의 개정규정은 2015년 1월 1일 이후 착공하는 공사부터 적용한다. **제15조(과징금에 관한 적용례)** 대통령령 제23545호 산업안전보건법 시행령 일부개정령 별표4의2의 개정규정은 2012년 1월 26일 이후 최초로 업무정지처분의 사유가 발생하는 경우부터 적용한다. **제16조(유해작업 도급금지에 관한 적용례)** 대통령령 제16947호 산업안전보건법시행령중개정령 별표1 제1호·제2호 및 제4호부터 제6호까지의 개정규정에 따라 새로 적용되는 유해작업 도급인가에 관한 「산업안전보건법」(법률 제6315호로 개정되기 전의 것을 말한다) 제28조는 대통령령 제16947호 산업안전보건법시행령중개정령 별표1 제1호·제2호 및 제4호부터 제6호까지의 개정규정에 따른 대상사업이 2000년 8월 5일 이후 도급·하도급하는 작업부터 적용한다. **제17조(공표대상 사업장에 관한 특례)** 대통령령 제28368호 산업안전보건법 시행령 일부개정령 제8조의4제3항의 개정규정에	부 칙 〈제78호, 2013.3.23〉 **제1조(시행일)** 이 영은 공포한 날부터 시행한다. **제2조** 생략 **제3조(다른 법령의 개정)** ① 및 ② 생략 ③ 산업안전보건법 시행규칙 일부를 다음과 같이 개정한다. 제92조의5제1항제4호 중 "국토해양부장관"을 "해양수산부장관"으로 한다. ④ 생략 부 칙 〈제82호, 2013.6.3〉 **제1조(시행일)** 이 규칙은 공포한 날부터 시행한다. **제2조(산업재해 예방활동에 관한 적용례)** 제3조의2제1항제7호나목의 개정규정은 이 규칙 시행 후 실시하는 산업재해 예방활동부터 적용한다. 부 칙 〈제86호, 2013.8.6〉 **제1조(시행일)** 이 규칙은 공포한 날부터 시행한다. 다만, 제12조, 제25조, 제26조제1항·제2항, 제32조의2, 제32조의3,

적용례) 제132조제5항의 개정규정은 이 법 시행 이후 실시하는 건강진단부터 적용한다.

제6조(역학조사 참석 등에 관한 적용례) 제141조제1항 후단, 같은 조 제3항 및 제4항의 개정규정은 이 법 시행 이후 실시하는 역학조사부터 적용한다.

제7조(물질안전보건자료의 작성·제출에 관한 특례) 부칙 제1조 단서에 따른 시행일 당시 종전의 제41조제1항 또는 제6항에 따라 물질안전보건자료를 작성 또는 변경한 자(대상화학물질을 양도하거나 제공한 자 중 그 대상화학물질을 제조하거나 수입한 자로 한정한다)는 제110조제1항 또는 제2항의 개정규정에도 불구하고 부칙 제1조 단서에 따른 시행일 이후 5년을 넘지 아니하는 범위 내에서 고용노동부령으로 정하는 날까지 물질안전보건자료 및 제110조제2항 본문에 따른 화학물질의 명칭 및 함유량에 관한 자료(같은 항 제2호에 따라 물질안전보건자료에 적힌 화학물질 외에는 제104조에 따른 분류기준에 해당하는 화학물질이 없음을 확인하는 경우에는 그 확인에 관한 서류를 말한다)를 고용노동부장관에게 제출하여야 한다.

도 불구하고 2019년 12월 31일까지는 제12조 각 호 외의 부분 개정규정 중 "500명 이상"을 "1천명 이상"으로 본다.

제18조(재직 중인 안전관리자 등에 관한 경과조치) ① 대통령령 제13053호 산업안전보건법시행령개정령 시행 당시 종전의 「산업안전보건법 시행령」(대통령령 제13053호로 전부개정되기 전의 것을 말한다)에 따라 안전관리자 선임을 신고한 사업주는 제16조제6항의 개정규정에 따라 안전관리자 선임을 증명할 수 있는 서류를 제출한 것으로 본다.

② 대통령령 제13053호 산업안전보건법시행령개정령 시행 당시 종전의 「산업안전보건법 시행령」(대통령령 제13053호로 전부개정되기 전의 것을 말한다)에 따라 보건관리자 선임을 신고한 사업주는 제20조제3항의 개정규정에 따라 준용되는 제16조제6항의 개정규정에 따라 보건관리자 선임을 증명할 수 있는 서류를 제출한 것으로 본다.

③ 대통령령 제13053호 산업안전보건법시행령개정령 시행일인 1990년 7월 14일 당시 종전의 「산업안전보건법 시행령」(대통령령 제13053호로 전부개정되기 전의 것을 말한다)에 따라 건강관리보건담당자로 재직

제32조의4제1항, 제37조의2제2항, 제37조의3제1항·제5항·제6항, 제39조의2제1항, 제91조제1항, 제126조제1항 및 별표6의2의 개정규정은 2014년 1월 1일부터 시행하고, 별표12의2 제4호, 별표13 제1호라목, 별지 제22호(2)서식의 개정규정은 다음 각 호의 구분에 따른 날부터 시행한다.

1. 상시 근로자 300명 이상을 사용하는 사업장 : 2014년 1월 1일
2. 상시 근로자 50명 이상 300명 미만을 사용하는 사업장 : 2015년 1월 1일
3. 상시 근로자 50명 미만을 사용하는 사업장 : 2016년 1월 1일

제2조(야간작업 종사 근로자의 특수건강진단 시기에 관한 특례) 이 규칙 시행 당시 별표12의2 제4호의 개정규정에 따른 야간작업에 종사하고 있는 근로자에 대해서는 별표12의3에도 불구하고 이 규칙 시행 후 1년 이내에 배치 후 첫 번째 특수건강진단을 실시할 수 있다.

제3조(신규화학물질의 명칭 등의 공표에 대한 적용례) 제91조제1항의 개정규정은 이 규칙 시행 후 유해성·위험성 조사보고

법 률	시 행 령	시 행 규 칙
제8조(물질안전보건자료의 제공에 관한 특례) 제111조제1항의 개정규정에도 불구하고 부칙 제7조에 따라 고용노동부장관에게 물질안전보건자료를 제출한 자는 부칙 제1조 단서에 따른 시행일 이후 5년을 넘지 아니하는 기간 내에서 고용노동부령으로 정하는 날까지 물질안전보건자료대상물질을 양도받거나 제공받은 자에게 물질안전보건자료를 제공(종전의 제41조제1항 또는 제6항에 따라 제공된 물질안전보건자료의 기재사항에서 변경된 사항이 없는 경우는 제외한다)하여야 한다. **제9조(물질안전보건자료의 일부 비공개 승인에 관한 특례)** 부칙 제1조 단서에 따른 시행일 당시 종전의 제41조제2항에 따라 물질안전보건자료에 영업비밀로서 보호할 가치가 있다고 인정되는 화학물질 및 이를 함유한 제제의 사항을 적지 아니하고 같은 조 제1항에 따라 제공한 자(대상화학물질을 양도하거나 제공한 자 중 그 대상화학물질을 제조하거나 수입한 자로 한정한다)는 제112조의 개정규정에도 불구하고 부칙 제1조 단서에 따른 시행일 이후 5년을	하고 있는 사람은 이 영에 따른 자격기준에 따라 신규로 선임될 때까지는 제20조의 개정규정에 따라 선임된 보건관리자로 본다. **제19조(보건관리대행기관 등에 관한 경과조치)** ① 대통령령 제14787호 산업안전보건법시행령중개정령 시행 당시 종전의 「산업안전보건법 시행령」(대통령령 제14787호로 개정되기 전의 것을 말한다)에 따라 보건관리대행기관, 지정측정기관 또는 건설재해예방전문기관으로 지정을 받은 자는 각각 이 영에 따라 보건관리전문기관, 작업환경측정기관 또는 건설재해예방전문지도기관으로 지정받은 것으로 본다. ② 대통령령 제15372호 산업안전보건법시행령중개정령 시행 당시 종전의 「산업안전보건법 시행령」(대통령령 제15372호로 개정되기 전의 것을 말한다)에 따라 지정을 받은 건설재해예방전문기관, 지정교육기관, 근로자 기능습득을 위한 교육기관 또는 안전·보건진단기관은 각각 이 영에 따라 건설재해예방전문지도기관, 근로자안전보건교육기관, 근로자 기능습득을 위한 교육기관 또는 안전보건진단기관으로 지정받은 것으로 본다.	서 등이 제출 또는 송부된 신규화학물질부터 적용한다. **제4조(건강관리수첩에 발급절차에 관한 적용례)** 제109조제3항의 개정규정은 이 규칙 시행 전에 건강관리수첩 발급을 신청한 경우에도 적용한다. **제5조(건설업기초교육기관 변경등록에 관한 경과조치)** 이 규칙 시행 당시 종전의 규정에 따라 건설업기초교육기관 변경등록을 신청한 경우에는 제37조의3제6항의 개정규정에도 불구하고 종전의 규정에 따른다. **제6조(건강관리수첩 서식변경에 관한 경과조치)** 이 규칙 시행 당시 종전의 별지 제24호(1)서식 및 별지 제24호(2)서식에 따른 건강관리수첩은 2014년 7월 31일까지 별지 제24호서식과 함께 사용할 수 있다. 부 칙 〈제94호, 2013.12.30〉 이 규칙은 2014년 1월 1일부터 시행한다. 부 칙 〈제99호, 2014.3.12〉 **제1조(시행일)** 이 규칙은 2014년 3월 13일부터 시행한다. 다만, 제4조의 개정규

넘지 아니하는 범위 내에서 고용노동부령으로 정하는 날까지 대체자료 기재에 관하여 고용노동부장관의 승인을 받아야 한다.

제10조(유해한 작업의 도급금지에 관한 경과조치) 이 법 시행 당시 종전의 규정에 따라 도급인가를 받은 사업주는 그 인가의 남은 기간이 3년을 넘지 아니하는 경우에는 그 남은 기간 동안, 3년을 초과하거나 그 인가기간이 정해지지 아니한 경우에는 이 법 시행 이후 3년까지 제58조제1항의 개정규정에도 불구하고 종전의 규정에 따른다.

제11조(안전보건조정자의 선임에 관한 경과조치) 이 법 시행 전에 건설공사에 관한 도급계약을 체결하여 건설공사가 행해지는 현장의 경우에는 제68조제1항의 개정규정에도 불구하고 종전의 규정에 따른다.

제12조(타워크레인 설치·해체업의 등록 등에 관한 경과조치) ① 이 법 시행 당시 타워크레인 설치·해체업을 영위하고 있는 자는 이 법 시행일부터 3개월까지는 등록을 하지 아니하고 타워크레인 설치·해체업을 영위할 수 있다.

② 제82조제2항의 개정규정에도 불구하고 사업주는 이 법 시행일부터 3개월까지는

제20조(공정안전보고서 제출 대상에 관한 경과조치) ① 제43조·제45조(별표13과 관련되는 부분으로 한정한다) 및 별표13의 개정규정에도 불구하고 부칙 제2조제1항 각 호의 구분에 따른 날 전에 종전의 「산업안전보건법 시행령」(대통령령 제30256호로 전부개정되기 전의 것을 말한다)에 따라 공정안전보고서 제출 대상이 아니었던 설비를 보유한 사업주가 별표13의 개정규정에 따라 공정안전보고서 제출 대상이 되는 경우에는 부칙 제2조제1항 각 호의 구분에 따른 날부터 3개월 이내에 공정안전보고서를 제출해야 한다.

② 부칙 제2조제1항에 따라 제43조·제45조(별표13과 관련되는 부분으로 한정한다) 및 별표13의 개정규정이 적용되기 전까지는 종전의 「산업안전보건법 시행령」(대통령령 제30256호로 전부개정되기 전의 것을 말한다) 제33조의6·제33조의8(별표10과 관련되는 부분으로 한정한다) 및 별표10을 적용한다.

제21조(안전인증대상기계등에 관한 경과조치) 부칙 제2조제3항에 따라 제77조제1항 제2호의 개정규정이 적용되기 전까지는 종

정은 2014년 7월 1일부터 시행한다.

제2조(안전인증의 면제에 관한 적용례) 제58조의2제1항제5호 및 제12호의 개정규정은 이 규칙 시행 후 검사를 받는 안전인증대상 기계·기구등부터 적용한다.

제3조(신고의 면제에 관한 적용례) 제60조 제3호 및 제4호의 개정규정은 이 규칙 시행 후 해당 법률에 따라 안전인증, 안전검사 또는 검정을 받은 자율안전확인대상 기계·기구등부터 적용한다.

제4조(산업재해 발생 보고에 관한 경과조치) 이 규칙 시행 전에 발생한 산업재해에 대한 사업주의 산업재해조사표 제출에 관하여는 제4조제1항의 개정규정에도 불구하고 종전의 규정에 따른다.

제5조(환산재해자수 산출에 관한 경과조치) 이 규칙 시행 전에 발생한 산업재해에 대한 환산재해자수 산출에 관하여는 별표1 제3호라목4)가) 및 같은 호 바목의 개정규정에도 불구하고 종전의 규정에 따른다.

제6조(기술지도계약 체결에 관한 경과조치) 이 규칙 시행 전에 공사를 착공한 수급인 및 자체사업을 하는 자의 기술지도계약 체결에 관하여는 별표6의5 제2호가목 및

법 률	시 행 령	시 행 규 칙
타워크레인 설치·해체업을 등록하지 아니한 자로 하여금 타워크레인을 설치하거나 해체하는 작업을 하도록 할 수 있다. **제13조(안전인증 신청에 관한 경과조치)** 이 법 시행 전에 종전의 제34조의3에 따라 안전인증이 취소된 자는 제86조제3항의 개정규정에도 불구하고 종전의 규정에 따른다. **제14조(물질안전보건자료의 작성·비치 등에 관한 경과조치)** 이 법 시행 후 물질안전보건자료의 작성·비치 등에 관하여는 제110조부터 제116조까지의 개정규정 시행일 전까지 종전의 제11조제2항제4호, 제41조, 제63조(제41조에 관한 부분에 한정한다), 제65조제2항제12호, 제72조제4항제3호(제41조에 관한 부분에 한정한다), 같은 조 제5항제1호(제41조에 관한 부분에 한정한다) 및 제2호, 같은 조 제6항제1호(제11조제2항제4호에 관한 부분에 한정한다) 및 제8호에 따른다. **제15조(과징금에 관한 경과조치)** 이 법 시행 전에 종전의 제15조의3(종전의 제16조제3항, 제30조의2제3항, 제34조의5제4항, 제36조제10항, 제42조제10항 및 제43조	전의 「산업안전보건법 시행령」(대통령령 제30256호로 전부개정되기 전의 것을 말한다) 제28조의5제1항제2호를 적용한다. **제22조(석면조사기관 지정취소 등에 관한 경과조치)** 대통령령 제23545호 산업안전보건법 시행령 일부개정령 시행 전에 발생한 사유로 석면조사기관의 지정의 취소 등을 할 때에는 종전의 「산업안전보건법 시행령」(대통령령 제23545호로 개정되기 전의 것을 말한다) 제30조의6에 따른다. **제23조(발전업을 하는 사업주의 안전관리자 선임에 관한 경과조치)** 이 영 시행 당시 발전업을 하는 사업주(상시근로자 수 500명 이상 1천명 미만의 경우로 한정한다)로서 별표3 제23호의 개정규정에 따른 안전관리자를 선임하고 있지 않은 자는 이 영 시행일부터 6개월 이내에 별표3 제23호의 개정규정에 따라 안전관리자를 선임해야 한다. **제24조(건설업의 안전관리자 선임에 관한 경과조치)** 부칙 제2조제4항에 따라 별표3 제46호의 개정규정이 적용되기 전까지는 종전의 「산업안전보건법 시행령」(대통령령 제30256호로 전부개정되기 전의 것을 말한다)	나목의 개정규정에도 불구하고 종전의 규정에 따른다. **제7조(자체심사 및 확인업체의 기준에 관한 경과조치)** 이 규칙 시행 당시 종전의 별표15의2제1호에 따라 자체심사 및 확인업체에 해당하는 자에 대하여는 별표15의2 제1호의 개정규정에도 불구하고 종전의 규정에 따른다. 부 칙 〈환경부령 제583호, 2014.12.24.〉 **제1조(시행일)** 이 규칙은 2015년 1월 1일부터 시행한다. **제2조부터 제13조까지** 생략 **제14조(다른 법령의 개정)** ①부터 ⑤까지 생략 ⑥ 산업안전보건법 시행규칙 일부를 다음과 같이 개정한다. 제86조제1항 단서 중 "「유해화학물질 관리법」 제10조에 따른 유해성심사 대상에 해당하는 경우"를 "「화학물질의 등록 및 평가 등에 관한 법률」 제10조, 제18조 및 제24조에 따른 등록, 유해성심사 및 위해성평가 대상에 해당하는 경우"로 하고,

제11항에 따라 준용되는 경우를 포함한다)을 위반한 행위에 대하여 과징금에 관한 규정을 적용할 때에는 종전의 규정에 따른다.

제16조(안전관리대행기관 등에 관한 경과조치) ① 법률 제4220호 산업안전보건법 시행일인 1990년 7월 14일 당시 노동부장관의 지정을 받은 안전관리대행기관 및 보건관리대행기관은 제21조의 개정규정에 따라 고용노동부장관의 지정을 받은 것으로 본다.

② 공단은 법률 제4220호 산업안전보건법에 따라 노동부장관이 지정하도록 되어 있는 지정교육·검사·측정 또는 진단기관으로 지정받은 것으로 본다.

제17조(산업위생지도사에 관한 경과조치) 법률 제11882호 산업안전보건법 일부개정법률 시행일인 2014년 3월 13일 당시 종전의 규정에 따른 산업위생지도사는 이 법에 따른 산업보건지도사로 본다.

제18조(지도사 연수교육에 관한 경과조치) 법률 제11882호 산업안전보건법 일부개정법률 시행일인 2014년 3월 13일 전에 등록한 지도사는 제146조의 개정규정에 따른 연수교육을 받은 것으로 본다.

별표3 제41호 및 같은 표 비고를 적용한다.

제25조(육상운송 및 파이프라인 운송업을 하는 사업주의 보건관리자 선임에 관한 경과조치) 이 영 시행 당시 육상운송 및 파이프라인 운송업(도시철도 운송업은 제외한다)을 하는 사업주는 이 영 시행일부터 6개월 이내 별표5 제27호의 개정규정에 따라 보건관리자를 선임해야 한다.

제26조(보건관리자의 자격에 관한 경과조치) ① 대통령령 제15372호 산업안전보건법시행령중개정령 시행 당시 종전의 「산업안전보건법 시행령」(대통령령 제15372호로 개정되기 전의 것을 말한다)에 따라 보건관리자로 재직하고 있는 자로서 별표6 제6호의 개정규정에 따른 자격기준에 적합하지 않은 사람은 재직 중인 해당 사업장 재직기간 중에만 이 영에 따른 보건관리자로 본다.

② 대통령령 제28368호 산업안전보건법 시행령 일부개정령 시행 당시 종전의 「산업안전보건법 시행령」(대통령령 제28368호로 개정되기 전의 것을 말한다) 별표6에 따라 보건관리자로 선임된 사람은 별표6의 개정규정에 따라 보건관리자 자격을 가진 것으로 본다.

제27조(안전관리전문기관 등에 재직 중인 사

같은 조 제2항 중 "「유해화학물질 관리법」에 따른 유해성심사 결과"를 "「화학물질의 등록 및 평가 등에 관한 법률」 제18조 및 제24조에 따른 유해성심사 및 위해성평가"로 하며, 제89조의3 중 "「유해화학물질 관리법」 제12조에 따라 환경부장관으로부터 유해성심사 면제확인을 통지받은 경우"를 "「화학물질의 등록 및 평가 등에 관한 법률」 제11조에 따라 등록면제확인을 통지받은 경우"로 하고, 제92조의5제1항제1호를 다음과 같이 한다.

1. 「화학물질관리법」 제16조에 따른 유해화학물질에 관한 표시"로 한다.

⑦부터 〈20〉까지 생략

제15조 생략

부 칙 〈제116호, 2014.12.31〉

제1조(시행일) 이 규칙은 공포한 날부터 시행한다.

제2조 생략

제3조(「산업안전보건법 시행규칙」 개정에 관한 적용례) ① 「산업안전보건법 시행규칙」 제33조의2제4항의 개정규정은 이 규칙 시행 이후 신규채용된 근로자부터 적

법 률	시 행 령	시 행 규 칙
제19조(벌칙과 과태료에 관한 경과조치) 이 법 시행 전의 행위에 대하여 벌칙이나 과태료에 관한 규정을 적용할 때에는 종전의 규정에 따른다. 다만, 제110조부터 제116조까지의 개정규정 시행 전의 행위에 대하여 제175조제5항제3호(제114조제1항에 관한 부분에 한정한다) 및 제5호부터 제12호까지, 같은 조 제6항제2호(제35조제5호에 관한 부분에 한정한다) 및 제9호부터 제11호까지에 관한 규정을 적용할 때에는 종전의 규정에 따른다. **제20조(다른 법률의 개정)** ① 건설기술 진흥법 일부를 다음과 같이 개정한다. 제31조제1항제8호 중 "「산업안전보건법」 제2조제7호"를 "「산업안전보건법」 제2조제2호"로 한다. ② 고용보험 및 산업재해보상보험의 보험료징수 등에 관한 법률 일부를 다음과 같이 개정한다. 제15조제6항제2호 본문 중 "「산업안전보건법」 제2조제7호"를 "「산업안전보건법」 제2조제2호"로 한다. ③ 근로기준법 일부를 다음과 같이 개정한다.	**람에 관한 경과조치)** ① 이 영 시행 당시 안전관리전문기관에 재직하고 있는 사람으로서 별표7의 개정규정에 따른 인력기준에 적합하지 않은 사람은 해당 기관에 재직하는 기간에 한정하여 별표7의 개정규정에 따른 인력기준에 적합한 사람으로 본다. ② 이 영 시행 당시 보건관리전문기관에 재직하고 있는 사람으로서 별표8의 개정규정에 따른 인력기준에 적합하지 않은 사람은 해당 기관에 재직하는 기간에 한정하여 별표8의 개정규정에 따른 인력기준에 적합한 사람으로 본다. ③ 이 영 시행 당시 종합진단기관에 재직하고 있는 사람으로서 별표15의 개정규정에 따른 인력기준에 적합하지 않은 사람은 해당 기관에 재직하는 기간에 한정하여 별표15의 개정규정에 따른 인력기준에 적합한 사람으로 본다. ④ 이 영 시행 당시 보건진단기관에 재직하고 있는 사람으로서 별표17의 개정규정에 따른 인력기준에 적합하지 않은 사람은 해당 기관에 재직하는 기간에 한정하여 별표17의 개정규정에 따른 인력기준에 적합한	용한다. ②「산업안전보건법 시행규칙」 별표1의2의 개정규정은 이 규칙 시행 이후 부착하여야 하는 안전·보건표지부터 적용한다. **제4조 및 제5조** 생략 부 칙 〈제117호, 2014.12.31〉 이 규칙은 2015년 1월 1일부터 시행한다. 부 칙 〈제122호, 2015.1.16〉 **제1조(시행일)** 이 규칙은 공포한 날부터 시행한다. **제2조(신규화학물질의 명칭 등의 공표에 관한 적용례)** 제91조제1항의 개정규정은 이 규칙 시행 당시 종전의 제91조제1항에 따라 검토가 완료된 후 공표 전인 신규화학물질에 대해서도 적용한다. 부칙 〈제150호, 2016.2.17.〉 **제1조(시행일)** 이 규칙은 공포한 날부터 시행한다. 다만, 제130조의6제1항, 제130조의7제2항, 별표9의5, 별표11의2 제1호나목13) 및 별표11의3의 개정규정은 공포 후

제2조제1항제8호 중 "「산업안전보건법」 제46조"를 "「산업안전보건법」 제139조제1항"으로 한다.

④ 기업활동 규제완화에 관한 특별조치법 일부를 다음과 같이 개정한다.

제28조제1항제1호 중 "「산업안전보건법」 제17조제1항"을 "「산업안전보건법」 제22조제1항"으로 한다.

제29조제1항 각 호 외의 부분, 같은 조 제2항 각 호 외의 부분 및 같은 조 제3항제1호 중 "「산업안전보건법」 제15조"를 각각 "「산업안전보건법」 제17조"로 하고, 같은 조 제4항제3호 중 "「산업안전보건법」 제16조"를 "「산업안전보건법」 제18조"로 한다.

제30조제1항 각 호 외의 부분 중 "「산업안전보건법」 제15조에"를 "「산업안전보건법」 제17조에"로, "「산업안전보건법」 제15조제4항에 따라 안전관리대행기관"을 "「산업안전보건법」 제17조제4항에 따라 안전관리전문기관"으로 하고, 같은 조 제2항제1호 및 같은 조 제3항 각 호 외의 부분 중 "「산업안전보건법」 제15조"를 각각 "「산업안전보건법」 제17조"로 한다.

제31조제1항제1호 중 "「산업안전보건법」 ... 사람으로 본다.

⑤ 이 영 시행 당시 건설재해예방전문지도기관에 재직하고 있는 사람으로서 별표19의 개정규정에 따른 인력기준에 적합하지 않은 사람은 해당 기관에 재직하는 기간에 한정하여 별표19의 개정규정에 따른 인력기준에 적합한 사람으로 본다.

⑥ 이 영 시행 당시 작업환경측정기관에 재직하고 있는 사람으로서 별표29의 개정규정에 따른 인력기준에 적합하지 않은 사람은 해당 기관에 재직하는 기간에 한정하여 별표29의 개정규정에 따른 인력기준에 적합한 사람으로 본다.

⑦ 이 영 시행 당시 특수건강진단기관에 재직하고 있는 사람으로서 별표30의 개정규정에 따른 인력기준에 적합하지 않은 사람은 해당 기관에 재직하는 기간에 한정하여 별표30의 개정규정에 따른 인력기준에 적합한 사람으로 본다.

제28조(안전보건교육기관의 등록요건에 대한 경과조치) ① 이 영 시행 당시 종전의 「산업안전보건법 시행령」(대통령령 제30256호로 전부개정되기 전의 것을 말한다) 제26조의10에 따라 등록한 안전보건교육위

6개월이 경과한 날부터 시행한다.

제2조(산업안전보건관리비 사용내역서 작성에 관한 적용례) 제32조제2항의 개정규정은 이 규칙 시행 이후 착공하는 공사부터 적용한다.

제3조(기술지도 결과보고서 전산입력에 관한 적용례) 별표6의5의 제6호가목의 개정규정은 이 규칙 시행 이후 기술지도계약을 체결하는 공사부터 적용한다.

제4조(신규화학물질의 유해성·위험성 조사보고서 제출에 관한 적용례) 제86조제1항 본문의 개정규정은 2016년 5월 1일 이후 신규화학물질을 제조하거나 수입하려는 자부터 적용한다.

제5조(신규화학물질의 명칭 등의 공표에 대한 적용례) 제91조제1항 본문의 개정규정은 이 규칙 시행 이후 유해성·위험성 조사보고서 등이 제출 또는 송부된 신규화학물질부터 적용한다.

제6조(공정안전보고서 확인 시기에 관한 경과조치) 이 규칙 시행 전에 사업주가 기존에 설치되어 사용 중인 유해·위험설비에 대하여 사업주가 공정안전보고서를 제출하여 심사를 받은 경우 그 공정안전보고서 확인

법 률	시 행 령	시 행 규 칙
법」 제15조"를 "「산업안전보건법」 제17조"로 한다. 제36조 전단 중 "「산업안전보건법」 제15조 및 제16조"를 "「산업안전보건법」 제17조 및 제18조"로 한다. 제40조제1항제1호 중 "「산업안전보건법」 제15조"를 "「산업안전보건법」 제17조"로 하고, 같은 항 제2호 중 "「산업안전보건법」 제16조"를 "「산업안전보건법」 제18조"로 한다. 제47조제1항 각 호 외의 부분 중 "「산업안전보건법」 제34조제2항"을 "「산업안전보건법」 제84조제1항"으로, "같은 법 제35조제1항"을 "같은 법 제89조제1항"으로, "같은 법 제36조제1항"을 "같은 법 제93조제1항"으로 하고, 같은 조 제3항 중 "「산업안전보건법」 제36조제1항"을 "「산업안전보건법」 제93조제1항"으로 하며, 같은 조 제4항 각 호 외의 부분 전단 중 "「산업안전보건법」 제34조제2항·제35조제1항"을 "「산업안전보건법」 제84조제1항·제89조제1항"으로 하고, 같은 항 제2호 중 "「산업안전보건법」 제34조제2항"을 "「산업안전보건	탁기관은 이 영에 따른 근로자안전보건교육기관으로 본다. ② 이 영 시행 당시 종전의 「산업안전보건법 시행령」(대통령령 제30256호로 전부개정되기 전의 것을 말한다)에 따라 등록된 안전보건교육위탁기관은 이 영 시행일부터 3개월 이내에 별표10 제4호의 개정규정에 따라 사무직·비사무직 근로자용 교육교재를 보유해야 한다. **제29조(과징금 부과기준에 관한 경과조치)** 대통령령 제28368호 산업안전보건법 시행령 일부개정령 시행 전의 위반행위에 대하여 과징금 부과기준을 적용할 때에는 종전의 「산업안전보건법 시행령」(대통령령 제28368호로 개정되기 전의 것을 말한다) 별표4의2에 따른다. **제30조(과태료 부과기준에 관한 경과조치)** 대통령령 제26985호 산업안전보건법 시행령 일부개정령 시행 전의 위반행위에 대하여 과태료 부과기준을 적용할 때에는 종전의 「산업안전보건법 시행령」(대통령령 제26985호로 개정되기 전의 것을 말한다) 별표13 제4호조목 및 초목에 따른다.	시기는 제130조의6제1항제2호의 개정규정에 불구하고 종전의 규정에 따른다. 부 칙 〈제169호, 2016.10.28〉 **제1조(시행일)** 이 규칙은 2016년 10월 28일부터 시행한다. 다만, 제4조의 개정규정은 2017년 1월 1일부터 시행하고, 제73조의3제1항제3호의 개정규정(컨베이어 및 산업용 로봇에 관한 사항에 한정한다) 및 별표9의5의 개정규정(컨베이어 및 산업용 로봇에 관한 사항에 한정한다)은 공포 후 1년이 경과한 날부터 시행한다. **제2조(안전검사의 면제에 관한 적용례)** 제73조제11호의 개정규정은 이 규칙 시행 전에 「화학물질관리법」 제24조제3항 본문에 따른 정기검사를 받은 경우에 대해서도 적용한다. **제3조(재해예방 전문지도기관의 기술지도 완료증명서 제출에 관한 적용례)** 별표6의5 제6호다목의 개정규정은 이 규칙 시행 이후 기술지도계약을 체결하는 공사부터 적용한다. **제4조(재해예방 전문지도기관의 행정처분에

법」 제84조제1항"으로, "같은 법 제35조제1항"을 "같은 법 제89조제1항"으로 한다.

제48조제1항 전단 및 같은 조 제2항 전단 중 "「산업안전보건법」 제48조"를 각각 "「산업안전보건법」 제42조제1항"으로 한다.

제52조제2항제3호 중 "「산업안전보건법」 제12조"를 "「산업안전보건법」 제37조제1항"으로 한다.

제55조의6 각 호 외의 부분 중 "「산업안전보건법」에 따른 안전보건관리규정"을 "「산업안전보건법」 제25조에 따른 안전보건관리규정"으로 하고, 같은 조 제2호 중 "「산업안전보건법」 제20조"를 "「산업안전보건법」 제25조"로 한다.

⑤ 도시가스사업법 일부를 다음과 같이 개정한다.

제29조제1항 각 호 외의 부분 후단 중 "「산업안전보건법」 제15조"를 "「산업안전보건법」 제17조"로 한다.

⑥ 산업재해보상보험법 일부를 다음과 같이 개정한다.

제96조제1항제4호 중 "「산업안전보건법」 제61조의3"을 "「산업안전보건법」 제63조"로, "같은 법 제9조의2"를 "같은 법

제31조(종전 부칙의 적용범위에 관한 경과조치) 종전의 「산업안전보건법 시행령」의 개정에 따라 규정했던 종전의 부칙은 이 영 시행 전에 그 효력이 이미 상실된 경우를 제외하고는 이 영의 규정에 위배되지 않는 범위에서 이 영 시행 이후에도 계속하여 적용한다.

제32조(다른 법령의 개정) ① 건설기술 진흥법 시행령 일부를 다음과 같이 개정한다.

제98조제1항 각 호 외의 부분 후단 중 "「산업안전보건법」 제48조에 따른 유해·위험 방지 계획"을 "「산업안전보건법」 제42조에 따른 유해위험방지계획"으로 한다.

별표6 제2호아목1)부터 6)까지 외의 부분 및 같은 목 1) 중 "「산업안전보건법」 제2조제7호"를 각각 "「산업안전보건법」 제2조제2호"로 한다.

② 건설산업기본법 시행령 일부를 다음과 같이 개정한다.

제25조제1항제9호 중 "「산업안전보건법」 제30조"를 "「산업안전보건법」 제72조"로 한다.

별표3 제2호가목5) 중 "「산업안전보건법」 제29조제3항"을 "「산업안전보건법」 제63조"로, "같은 법 제9조의2"를 "같은 법

관한 적용례) 별표20 제2호다목7)라)의 개정규정은 이 규칙 시행 이후 기술지도계약을 체결하는 공사부터 적용한다.

제5조(안전관리전문기관·보건관리전문기관 및 석면조사기관의 종사자의 직무교육에 관한 특례) 이 규칙 시행 당시 안전관리전문기관·보건관리전문기관 및 석면조사기관에 재직하고 있는 종사자에 대해서는 제39조제1항의 개정규정에도 불구하고 신규교육을 면제하되, 2017년 10월 27일까지 보수교육을 이수하여야 하며, 그 보수교육을 이수한 날부터 매 2년이 되는 날을 기준으로 전후 3개월 사이에 보수교육을 받아야 한다.

제6조(안전검사 실시에 관한 특례) ① 제73조의3제1항제2호의 개정규정에도 불구하고 이동식 크레인 또는 고소작업대를 사용하고 있는 사업주는 「자동차관리법」 제8조에 따른 신규등록일(이하 "신규등록일"이라 한다)이 2015년 11월 1일 이전인 경우에는 다음 각 호의 구분에 따라 해당 이동식 크레인 또는 고소작업대에 대한 최초 안전검사를 받아야 한다. 〈개정 2017.10.17.〉

1. 신규등록일이 1997년 10월 30일 이전

법 률	시 행 령	시 행 규 칙
12조"로 한다. ⑦ 산업집적활성화 및 공장설립에 관한 법률 일부를 다음과 같이 개정한다. 제14조제15호 중 "「산업안전보건법」 제48조제4항"을 "「산업안전보건법」 제42조제4항"으로, "같은 법 제49조의2제3항"을 "같은 법 제45조제1항"으로 한다. 제16조제6항제8호 중 "「산업안전보건법」 제38조제1항"을 "「산업안전보건법」 제118조제1항"으로 한다. ⑧ 산업표준화법 일부를 다음과 같이 개정한다. 제26조제3호 중 "「산업안전보건법」 제34조제2항"을 "「산업안전보건법」 제84조제1항"으로, "제35조제1항"을 "같은 법 제89조제1항"으로 한다. ⑨ 석면안전관리법 일부를 다음과 같이 개정한다. 제9조제1항 중 "「산업안전보건법」 제38조의2제2항 본문"을 "「산업안전보건법」 제119조제2항 각 호 외의 부분 본문"으로 한다. 제21조제1항제2호 중 "「산업안전보건법」 제38조의2제2항 본문"을 "「산업안전	제10조"로 하고, 같은 목 6) 중 "「산업안전보건법」 제68조제1호"를 "「산업안전보건법」 제170조제3호"로 한다. 별표3의2 제2호라목2)의 하도급 참여 제한 사유란 중 "「산업안전보건법」 제2조제7호"를 "「산업안전보건법」 제2조제2호"로 하고, 같은 목 4)의 하도급 참여제한 사유란 중 "「산업안전보건법」 제10조제1항"을 "「산업안전보건법」 제57조제1항"으로 한다. ③ 고압가스 안전관리법 시행령 일부를 다음과 같이 개정한다. 제10조제2항 전단 중 "「산업안전보건법」 제49조의2"를 "「산업안전보건법」 제44조제1항"으로, "「산업안전보건법 시행령」 제33조의8제2항"을 "같은 법 시행령 제45조제2항"으로 한다. 제11조제4항 중 "「산업안전보건법」 제49조의2제1항"을 "「산업안전보건법」 제44조제1항"으로 한다. ④ 고용보험 및 산업재해보상보험의 보험료징수 등에 관한 법률 시행령 일부를 다음과 같이 개정한다. 제18조의2제1항제1호 중 "「산업안전보건	인 경우: 2017년 10월 31일까지 2. 신규등록일이 1997년 10월 31일부터 2008년 12월 31일까지인 경우: 2018년 4월 30일까지 3. 신규등록일이 2009년 1월 1일부터 2015년 11월 1일까지인 경우: 2018년 10월 31일까지 ② 부칙 제1조 단서에 따른 시행일 당시 제73조의3제1항제3호의 개정규정에 따른 컨베이어 또는 산업용 로봇을 사용하고 있는 사업주는 2018년 12월 31일까지 최초 안전검사를 받아야 한다. **제7조(재해예방 전문지도기관의 종사자에 대한 신규교육 면제에 관한 경과조치)** 이 규칙 시행 전에 채용된 재해예방 전문지도기관의 종사자에 대해서는 제40조제1항의 개정규정에도 불구하고 종전의 규정에 따른다. 부 칙 〈제175호, 2017.1.2.〉 **제1조(시행일)** 이 규칙은 공포한 날로부터 시행한다. **제2조(신규화학물질 명칭 등의 공표에 관한 경과조치)** 이 규칙 시행 당시 사업주의 정

보건법」 제119조제2항 각 호 외의 부분 본문"으로 하고, 같은 조 제2항 중 "「산업안전보건법」 제38조의2제7항"을 "「산업안전보건법」 제119조제5항"으로 한다.

제24조제1항 단서 중 "「산업안전보건법」 제31조제1항 또는 제32조제1항에 따른 안전·보건에 관한 교육"을 "「산업안전보건법」 제29조제1항 또는 제32조제1항 각 호 외의 부분 본문에 따른 안전보건교육"으로 한다.

제26조 중 "「산업안전보건법」 제38조의2 및 제38조의3"을 "「산업안전보건법」 제119조, 제120조 및 제123조"로 한다.

제27조 중 "「산업안전보건법」 제38조의4제1항"을 "「산업안전보건법」 제122조제1항"으로 한다.

제30조의2제1항제2호 중 "「산업안전보건법」 제38조의5제1항"을 "「산업안전보건법」 제124조제1항"으로 하고, 같은 조 제2항제3호 중 "「산업안전보건법」 제38조의5제3항"을 "「산업안전보건법」 제124조제3항"으로 한다.

⑩ 석면피해구제법 일부를 다음과 같이 개정한다.

제33조제1항 중 "「산업안전보건법」 제38조의2제1항에 따라 건설물, 기계·기구, 설비, 원재료, 가스, 증기, 분진 등에 의하거나 작업행동, 그 밖에 업무에 기인하는"을 "「산업안전보건법」 제36조제1항에 따라 건설물, 기계·기구·설비, 원재료, 가스, 증기, 분진, 근로자의 작업행동 또는 그 밖의 업무로 인한"으로 한다.

제18조의5제2항제1호 중 "「산업안전보건법」 제9조의2"를 "「산업안전보건법」 제10조"로, "「산업안전보건법 시행령」 제8조의4제1항 및 제2항"을 "같은 법 시행령 제10조"로 한다.

⑤ 고용보험법 시행령 일부를 다음과 같이 개정한다.

제35조제5호다목 중 "「산업안전보건법」 제15조"를 "「산업안전보건법」 제17조"로 하고, 같은 호 라목 중 "「산업안전보건법」 제16조"를 "「산업안전보건법」 제18조"로 한다.

⑥ 공무원 재해보상법 시행령 일부를 다음과 같이 개정한다.

제12조제1항 중 "「산업안전보건법」 제42조제4항에 따른 측정기관"을 "「산업안전보건법」 제126조제1항에 따른 작업환경측정기관"으로 한다.

보보호 요청에 따른 절차가 진행 중인 경우 그 공표에 관하여는 제91조제2항의 개정규정에도 불구하고 종전의 제91조제1항 단서에 따른다.

부 칙 〈제179호, 2017.2.3.〉

(규제 재검토기한 설정 등을 위한 노동조합 및 노동관계조정법 시행규칙 등 일부개정령)

이 규칙은 공포한 날부터 시행한다.

부 칙 〈제197호, 2017.10.17〉

제1조(시행일) 이 규칙은 2017년 10월 19일부터 시행한다. 다만, 제102조 및 제103조의 개정규정은 공포 후 3개월이 경과한 날부터 시행하고, 별표8의 개정규정은 2018년 1월 1일부터 시행하며, 별표8의2 개정규정은 공포 후 1개월이 경과한 날부터 시행한다.

제2조(유효기간) ① 제102조제2항 및 제103조제2항의 개정규정은 이 규칙 시행일로부터 3년간 효력을 가진다.

② 제102조제2항 및 제103조제2항에 따라 특수건강검진기관으로 지정받은 기관은 제1항에 따른 유효기간이 만료한 때에 특수건

법 률	시 행 령	시 행 규 칙
조제1항"을 "「산업안전보건법」 제118조제1항"으로 한다. ⑪ 응급의료에 관한 법률 일부를 다음과 같이 개정한다. 제14조제1항제5호 중 "「산업안전보건법」 제32조제1항에 따른 안전·보건에 관한 교육"을 "「산업안전보건법」 제32조제1항 각 호 외의 부분 본문에 따른 안전보건교육"으로 한다. ⑫ 중소기업창업 지원법 일부를 다음과 같이 개정한다. 제35조제2항제14호 중 "「산업안전보건법」 제48조제4항"을 "「산업안전보건법」 제42조제4항"으로, "같은 법 제49조의2제3항"을 "같은 법 제45조제1항"으로 한다. ⑬ 진폐의 예방과 진폐근로자의 보호 등에 관한 법률 일부를 다음과 같이 개정한다. 제17조 중 "「산업안전보건법」 제43조"를 "「산업안전보건법」 제129조부터 제131조까지의 규정"으로 한다. ⑭ 집단에너지사업법 일부를 다음과 같이 개정한다. 제22조제1항 전단 중 "「산업안전보건	⑦ 교통안전법 시행령 일부를 다음과 같이 개정한다. 제44조제2항제1호 중 "「산업안전보건법」 제15조"를 "「산업안전보건법」 제17조"로 한다. ⑧ 구강보건법 시행령 일부를 다음과 같이 개정한다. 제14조제1항 중 "「산업안전보건법」 제43조"를 "「산업안전보건법」 제129조부터 제131조까지의 규정"으로 한다. ⑨ 국가공무원 복무규정 일부를 다음과 같이 개정한다. 제19조제6호 중 "「산업안전보건법」 제43조"를 "「산업안전보건법」 제129조부터 제131조까지의 규정"으로 한다. ⑩ 근로기준법 시행령 일부를 다음과 같이 개정한다. 제41조 중 "「산업안전보건법」 제46조"를 "「산업안전보건법」 제139조"로 한다. ⑪ 기업활동 규제완화에 관한 특별조치법 시행령 일부를 다음과 같이 개정한다. 제12조제6항 중 "「산업안전보건법」 제19조"를 "「산업안전보건법」 제24조"로 하고,	강검진기관의 지정이 해제된 것으로 본다. **제3조(자료 제출 대상 산업재해에 관한 적용례)** 제3조의4의 개정규정은 2018년 1월 1일 이후 발생한 산업재해에 대하여 자료 제출을 요청하는 경우부터 적용한다. **제4조(자료 제출 대상 사업장에 관한 특례)** 제3조의4의 개정규정에도 불구하고 2019년 12월 31일까지는 제3조의4제1항 중 "500명 이상"은 "1,000명 이상"으로 본다. **제5조(행정처분 기준에 관한 경과조치)** 이 규칙 시행 전의 위반행위에 대하여 행정처분 기준을 적용할 때에는 별표20의 개정규정에도 불구하고 종전의 규정에 따른다. 부 칙 〈제214호, 2018.3.30.〉 **제1조(시행일)** 이 규칙은 공포한 날부터 시행한다. 다만 별표8 및 별표8의2의 개정규정은 공포 후 1개월이 경과한 날부터 시행하고, 제50조제2항의 개정규정은 공포 후 3개월이 경과한 날부터 시행한다. **제2조(기계등의 대여자의 조치에 관한 적용례)** 제49조제1항제3호가목의 개정규정은 이 규칙 시행 이후 설치·해체 작업이 필요

법」 제48조"를 "「산업안전보건법」 제42조 및 제43조"로 한다.

⑮ 파견근로자보호 등에 관한 법률 일부를 다음과 같이 개정한다.

제5조제3항제4호 중 "「산업안전보건법」 제28조의 규정"을 "「산업안전보건법」 제58조"로 한다.

제22조제2항 중 " 산업안전보건법 또는 동법에 의한"을 "「산업안전보건법」 또는 같은 법에 따른"으로 한다.

제35조의 제목 중 "산업안전보건법"을 "「산업안전보건법」"으로 하고, 같은 조 제1항 전단 중 "산업안전보건법 제2조제3호의 규정에 의한"을 "「산업안전보건법」 제2조제4호에 따른"으로 하며, 같은 항 후단 중 "동법 제31조제2항의 규정"을 "「산업안전보건법」 제29조제2항"으로, "동항 중"을 "같은 항 중"으로 하고, 같은 조 제2항 중 "산업안전보건법 제5조, 제43조제5항(作業場所의 변경, 作業의 轉換 및 勤務時間 短縮의 경우에 한한다), 제43조제6항 단서, 제52조제2항"을 "「산업안전보건법」 제5조, 제132조제2항 단서, 같은 조 제4항(작업장소 변경, 작업 전환 및 근로 같은 조 제7항 중 "「산업안전보건법」 제16조"를 각각 "「산업안전보건법」 제18조"로 한다.

제19조제1항 중 "「산업안전보건법」 제36조제1항"을 "「산업안전보건법」 제93조제1항"으로 한다.

⑫ 노후거점산업단지의 활력증진 및 경쟁력 강화를 위한 특별법 시행령 일부를 다음과 같이 개정한다.

제3조제10호 중 "「산업안전보건법」 제61조"를 "「산업안전보건법」 제11조"로 한다.

⑬ 문화재수리 등에 관한 법률 시행령 일부를 다음과 같이 개정한다.

제15조제1항제6호 중 "「산업안전보건법」 제30조"를 "「산업안전보건법」 제72조"로 한다.

⑭ 병역법 시행령 일부를 다음과 같이 개정한다.

제85조제2항제12호 중 "「산업안전보건법」 제9조의2 및 같은 법 시행령 제8조의4"를 "「산업안전보건법」 제10조 및 같은 법 시행령 제10조"로 한다.

⑮ 부가가치세법 시행령 일부를 다음과 같이 개정한다.

한 기계등을 대여하면서 해당 기계등의 설치·해체 작업을 다른 설치·해체업자에게 위탁하는 경우부터 적용한다.

제3조(타워크레인 신호업무 종사 근로자 교육에 관한 특례) 이 규칙 시행 당시 종전 규정에 따라 크레인으로 하는 작업에 관한 특별교육을 받고 타워크레인 신호업무에 종사 중인 근로자를 계속하여 타워크레인 신호작업에 사용하려는 사업주는 부칙 제1조 단서에 따른 별표8 및 별표8의2의 개정규정 시행 이후 1개월 이내에 해당 근로자에게 별표8 및 별표8의2의 개정규정에 따른 특별교육을 하여야 한다.

부 칙 〈제229호, 2018.10.16〉

이 규칙은 2018년 10월 18일부터 시행한다.

부 칙 〈제239호, 2018.12.31.〉

제1조(시행일) 이 규칙은 2019년 1월 1일부터 시행한다. 다만, 제32조제3항 및 별표6의5 제3호가목의 개정규정은 다음 각 호의 구분에 따른 날부터 시행한다.

1. 공사금액 2억원(「전기공사업법」에 따른 전기공사 및 「정보통신공사업법」에

법 률	시 행 령	시 행 규 칙
시간 단축의 경우로 한정한다), 제157조 제3항"으로, "동법 제2조제3호의 규정에 의한"을 "같은 법 제2조제4호에 따른"으로 하며, 같은 조 제3항 중 "산업안전보건법 제43조의 규정에 의한"을 "「산업안전보건법」 제129조부터 제131조까지의 규정에 따른"으로, "동법 제43조제6항의 규정에 의하여"를 "같은 법 제132조제2항에 따라"로, "당해"를 각각 "해당"으로 하고, 같은 조 제4항 중 "산업안전보건법 제43조제1항의 규정에 의하여"를 "「산업안전보건법」 제129조 및 제130조에 따라"로, "동법 제2조제3호의 규정에 의한"을 "같은 법 제2조제4호에 따른"으로 하며, 같은 조 제5항 중 "산업안전보건법 제43조제6항의 규정에 의하여"를 "「산업안전보건법」 제132조제2항에 따라"로, "당해"를 각각 "해당"으로 하고, 같은 조 제6항 중 "산업안전보건법"을 "「산업안전보건법」"으로, "동법을 위반한"을 "같은 법을 위반한"으로, "동법 제2조제3호의 규정에 의한"을 "같은 법 제2조제4호에 따른"으로 한다. ⑯ 화재로 인한 재해보상과 보험가입에 관	제35조제13호 중 "「산업안전보건법」 제16조"를 "「산업안전보건법」 제21조"로, "같은 법 제42조에 따른 지정측정기관"을 "같은 법 제126조에 따른 작업환경측정기관"으로 한다. 〈16〉 산업융합 촉진법 시행령 일부를 다음과 같이 개정한다. 별표3의 고용노동부장관의 위임 대상 산업융합 신제품란 중 "「산업안전보건법」 제34조제1항에 따른 안전인증대상 기계·기구등"을 "「산업안전보건법」 제84조제1항에 따른 안전인증대상기계등"으로 한다. 별표5의 고용노동부장관의 위탁 대상 산업융합 신제품란 중 「산업안전보건법」 제34조제2항에 따른 안전인증대상 기계·기구등"을 "「산업안전보건법」 제84조제1항에 따른 안전인증대상기계등"으로 한다. 〈17〉 산업재해보상보험법 시행령 일부를 다음과 같이 개정한다. 제3조제4호 중 "같은 법 제8조에 따른 산업재해 예방에 관한 중·장기 기본계획"을 "같은 법 제7조에 따른 산업재해 예방에 관한 기본계획"으로 한다.	따른 정보통신공사는 1억원) 이상의 공사를 하는 자 또는 공사금액이 2억원 이상으로서 「건축법」 제11조에 따른 건축허가의 대상이 되는 공사를 하는 자: 2019년 7월 1일 2. 공사금액 1억원 이상 2억원 미만의 공사를 하는 자 또는 공사금액이 2억원 미만으로서 「건축법」 제11조에 따른 건축허가의 대상이 되는 공사를 하는 자: 2020년 1월 1일 〔전문개정 2019. 4. 19.〕 **제2조(산업재해 발생 보고에 관한 적용례)** 제4조제4항 단서의 개정규정은 이 규칙 시행 이후 발생한 산업재해부터 적용한다. **제3조(재해예방 전문지도기관의 기술지도 대상에 관한 적용례)** 제32조제3항, 별표6의5 제3호가목의 개정규정은 이 규칙 시행 이후 기술지도에 관한 계약을 체결하는 공사부터 적용한다. **제4조(작업환경측정방법에 관한 적용례)** 제93조의3제1항제1호 후단 및 같은 항 제4호의 개정규정은 이 규칙 시행 이후 실시하는 작업환경측정부터 적용한다.

한 법률 일부를 다음과 같이 개정한다.

제16조제1항제3호 중 "「산업안전보건법」 제49조의2제1항"을 "「산업안전보건법」 제44조제1항"으로 한다.

⑰ 화학물질의 등록 및 평가 등에 관한 법률 일부를 다음과 같이 개정한다.

제29조제1항 각 호 외의 부분 단서 중 "「산업안전보건법」 제41조에 따른"을 "「산업안전보건법」 제110조제1항·제3항 또는 제111조에 따라"로 한다.

제21조(다른 법령과의 관계) 이 법 시행 당시 다른 법령에서 종전의 「산업안전보건법」의 규정을 인용하고 있는 경우 이 법 중 그에 해당하는 규정이 있을 때에는 종전의 규정을 갈음하여 이 법의 해당 규정을 인용한 것으로 본다.

부 칙 〈제17187호, 2020.3.31.〉

이 법은 공포한 날부터 시행한다. 다만, 제166조의2, 제167조제1항, 제168조, 제169조, 제170조제1호부터 제3호까지, 제171조제1호, 제174조제1항 본문(제166조의2를 준용하는 부분으로 한정한다) 및 제175조의 개정규정은 공포 후 6개월이 경과

〈18〉 삼차원프린팅산업 진흥법 시행령 일부를 다음과 같이 개정한다.

제11조제1항제2호 중 "「산업안전보건법」 제31조제5항에 따라 등록한 안전보건교육위탁기관"을 "「산업안전보건법」 제33조제1항에 따라 등록한 안전보건교육기관"으로 한다.

〈19〉 생활주변방사선 안전관리법 시행령 일부를 다음과 같이 개정한다.

제5조의2제3항제2호 중 "「산업안전보건법」 제43조"를 "「산업안전보건법」 제129조부터 제131조까지의 규정"으로 한다.

〈20〉 석면안전관리법 시행령 일부를 다음과 같이 개정한다.

제34조 각 호 외의 부분 중 "「산업안전보건법」 제31조제1항 또는 제32조제1항에 따른 안전·보건에 관한 교육"을 "「산업안전보건법」 제29조제1항 또는 제32조제1항 각 호 외의 부분 본문에 따른 안전보건교육"으로 하고, 같은 조 제1호 중 "「산업안전보건법」 제31조제1항"을 "「산업안전보건법」 제29조제1항"으로, "안전·보건에 관한 교육"을 "안전보건교육"으로 하며, 같은 조 제2호 중 "「산업안전보건법」 제32조제1

제5조(건설업체 산업재해발생률 산정 기준에 관한 경과조치) 별표1의 개정규정에도 불구하고 2018년 1월 1일부터 2018년 12월 31일까지 기간 동안의 건설업체 산업재해발생률의 산정 기준에 대해서는 종전의 규정에 따른다.

제6조(행정처분 기준에 관한 경과조치) 이 규칙 시행 전의 위반행위에 대하여 행정처분 기준을 적용할 때에는 별표20 제2호거목 7)란 및 같은 호 너목5)란의 개정규정에도 불구하고 종전의 규정에 따른다.

부 칙 〈제241호, 2019.1.31.〉

제1조(시행일) 이 규칙은 공포한 날부터 시행한다.

제2조(유해성·위험성조사보고서 제출에 관한 특례) 제86조제1항 단서의 개정규정에도 불구하고 100킬로그램 이상 1톤 미만의 신규화학물질을 제조하거나 수입하려는 신규화학물질제조자등은 「화학물질의 등록 및 평가 등에 관한 법률 시행령」 별표3 나목에 따른 기간까지는 고용노동부장관에게 유해성·위험성조사보고서를 제출하여야 한다.

법 률	시 행 령	시 행 규 칙
한 날부터 시행한다. **부 칙** 〈제17326호, 2020.5.26.〉 이 법은 공포한 날부터 시행한다. 다만, 다음 각 호의 사항은 그 구분에 따른 날부터 시행한다. 1.부터 5.까지 생략 6. 제57조 중 법률 제16272호 산업안전보건법 전부개정법률 제110조제1항 각 호 외의 부분 전단의 개정 부분: 2021년 1월 16일 **부 칙** 〈제17433호, 2020.6.9.〉 이 법은 공포한 날부터 시행한다. 다만, 제168조제2호와 제175조제4항제6호의 개정규정은 공포 후 3개월이 경과한 날부터 시행하고, 법률 제17187호 산업안전보건법 일부개정법률 제168조제2호의 개정규정은 10월 1일부터 시행한다.	항제2호"를 "「산업안전보건법」 제32조제1항제5호바목"으로, "안전·보건에 관한 직무교육"을 "안전보건 직무교육"으로 한다. 제37조제2항제1호 중 "「산업안전보건법」 제38조의2"를 "「산업안전보건법」 제119조"로 하고, 같은 항 제2호 중 "「산업안전보건법」 제38조의3"을 "「산업안전보건법」 제123조제1항"으로 한다. 별표3의2 제1호마목 중 "「산업안전보건법」 제38조의2제2항"을 "「산업안전보건법」 제119조제2항"으로, "같은 법 제42조제4항에 따른 지정측정기관"을 "같은 법 제125조제5항에 따른 작업환경측정기관"으로 하고, 같은 표 제2호 표의 고급감리원의 자격기준란 나목 중 "「산업안전보건법」 제52조의2"를 "「산업안전보건법」 제142조"로 하며, 같은 표 제3호 비고 가목 중 "「산업안전보건법」 제34조"를 "「산업안전보건법」 제83조"로 한다. 〈21〉 석면피해구제법 시행령 일부를 다음과 같이 개정한다. 제40조제3호 중 "「산업안전보건법」 제43조제1항 전단"을 "「산업안전보건법」 제	**부 칙** 〈제250호, 2019.4.19.〉 이 규칙은 공포한 날부터 시행한다. **부 칙** 〈제270호, 2019.12.23.〉 (규제 재검토기한 설정 해제를 위한 9개 고용노동부령의 일부개정에 관한 고용노동부령) 이 규칙은 공포한 날부터 시행한다. **부 칙** 〈제272호, 2019.12.26.〉 **제1조(시행일)** 이 규칙은 2020년 1월 16일부터 시행한다. 다만, 제156조부터 제171조까지의 개정규정은 2021년 1월 16일부터 시행한다. **제2조(특수건강진단 주기에 관한 적용례 등)** ① 제202조제2항제2호 단서의 개정규정은 2021년 1월 16일 이후 실시하는 특수건강진단부터 적용한다. ② 제202조제1항의 개정규정에도 불구하고 2021년 1월 1일 당시 별표22 제1호가목22) 및 같은 호 나목14)의 개정규정에 따른 유해인자에 노출되는 업무에 종사하고 있는 근로자에 대해서는 2021년 3월 31일 전에 배치 후 첫 번째 특수건강진단을 실시해야

135조제1항"으로 한다.

〈22〉 소방기본법 시행령 일부를 다음과 같이 개정한다.

별표1 불꽃을 사용하는 용접·용단기구의 내용란 각 호 외의 부분 중 "「산업안전보건법」 제23조"를 "「산업안전보건법」 제38조"로 한다.

〈23〉 소방시설공사업법 시행령 일부를 다음과 같이 개정한다.

제11조의3제1항제10호 중 "「산업안전보건법」 제30조"를 "「산업안전보건법」 제72조"로 한다.

〈24〉 승강기 안전관리법 시행령 일부를 다음과 같이 개정한다.

제2조제5호 중 "「산업안전보건법 시행령」 제28조제1항제1호라목"을 "「산업안전보건법 시행령」 제74조제1항제1호라목"으로 한다.

〈25〉 약사법 시행령 일부를 다음과 같이 개정한다.

제23조제6호 중 "「산업안전보건법」 제16조"를 "「산업안전보건법」 제18조"로 한다.

〈26〉 액화석유가스의 안전관리 및 사업법 시행령 일부를 다음과 같이 개정한다.

별표1 비고 제6호 중 "「산업안전보건법」 제

한다.

제3조(건강진단 결과의 보고에 관한 적용례) 제209조제5항의 개정규정은 2021년 1월 16일 이후에 하는 건강진단부터 적용한다.

제4조(건강진단에 따른 사후관리 조치결과 보고서 제출에 관한 특례) 제210조제4항의 개정규정에도 불구하고 2020년 6월 30일까지 실시되는 건강진단의 경우에는 제210조제4항 중 "30일 이내"를 "60일 이내"로 본다.

제5조(자체심사 및 확인업체 선정기준에 관한 적용례) 별표11의 개정규정은 이 규칙 시행 이후 자체심사 및 확인업체를 선정하는 경우부터 적용한다. 다만, 별표11 제1호의 직전 3년간의 평균산업재해발생률은 다음 각 호에 따라 적용한다.

1. 2020년도: 직전 1년간의 사고사망만인율
2. 2021년도: 직전 2년간의 사고사망만인율의 평균값. 단, 직전 2년도의 사고사망만인율을 산정하지 않은 경우에는 직전 1년도의 사고사망만인율로 한다.

제6조(작업환경측정 및 특수건강진단 대상 유해인자에 관한 적용례) 별표21 제1호가목

법 률	시 행 령	시 행 규 칙
	15조"를 "「산업안전보건법」 제17조"로 한다. 〈27〉 연구실 안전환경 조성에 관한 법률 시행령 일부를 다음과 같이 개정한다. 제9조제1항제2호 중 "「산업안전보건법」 제39조"를 "「산업안전보건법」 제104조"로 한다. 제13조제1호 중 "「산업안전보건법」 제39조"를 "「산업안전보건법」 제104조"로 한다. 별표1 제3호가목의 대상 연구실란 중 "「산업안전보건법」 제15조"를 "「산업안전보건법」 제17조"로 하고, 같은 호 나목의 대상 연구실란 중 "「산업안전보건법」 제19조"를 "「산업안전보건법」 제24조"로 하며, 같은 호 다목의 대상 연구실란 중 "「산업안전보건법」 제20조(안전보건관리규정의 작성 등), 제21조(안전보건관리규정의 작성·변경 절차) 및 제22조(안전보건관리규정의 준수 등)"를 "「산업안전보건법」 제25조(안전보건관리규정의 작성), 제26조(안전보건관리규정의 작성·변경 절차) 및 제27조(안전보건관리규정의 준수)"로 하고, 같은 호 라목의 대상 연구실란 중 "「산업안전보건법」 제31조(안전·보건교육)"를 "「산업안전보건법」 제29조(근로자에 대한 안전보	24), 같은 호 나목16), 별표22 제1호가목22) 및 같은 호 나목14)의 개정규정은 2021년 1월 1일부터 적용한다. **제7조(특수건강진단 등의 검사항목에 관한 적용례)** 별표24 제1호가목1)의 91의 개정규정은 2020년 7월 1일부터 적용한다. **제8조(유해성·위험성 조사보고서 제출에 관한 특례)** 제147조제1항 단서의 개정규정에도 불구하고 100킬로그램 이상 1톤 미만의 신규화학물질을 제조하거나 수입하려는 신규화학물질제조자등은 「화학물질의 등록 및 평가 등에 관한 법률 시행령」 별표3에 따른 기간까지는 고용노동부장관에게 유해성·위험성 조사보고서를 제출해야 한다. **제9조(물질안전보건자료의 작성·제출에 관한 특례)** ① 법률 제16272호 산업안전보건법 전부개정법률 부칙 제7조에서 "고용노동부령으로 정하는 날"이란 다음 각 호의 구분에 따른 날을 말한다. 1. 물질안전보건자료대상물질의 연간 제조·수입량이 1,000톤 이상: 2022년 1월 16일 2. 물질안전보건자료대상물질의 연간 제

건교육)"로 하며, 같은 호 마목의 대상 연구실란 중 "「산업안전보건법」 제41조의2"를 "「산업안전보건법」 제36조"로 하고, 같은 호 바목의 대상 연구실란 중 "「산업안전보건법」 제43조"를 "「산업안전보건법」 제129조부터 제131조까지의 규정"으로 하며, 같은 호 사목의 대상 연구실란 중 "「산업안전보건법」 제49조(안전·보건진단 등)"를 "「산업안전보건법」 제47조(안전보건진단)"로 한다.

별표2 제6호나목 중 "「산업안전보건법」 제15조"를 "「산업안전보건법」 제17조"로 한다.

〈28〉 위험물안전관리법 시행령 일부를 다음과 같이 개정한다.

제8조제1항제2호다목 중 "「산업안전보건법」 제34조제2항"을 "「산업안전보건법」 제84조제1항"으로 한다.

〈29〉 자연재해대책법 시행령 일부를 다음과 같이 개정한다.

제17조제6호 중 "「산업안전보건법」 제33조"를 "「산업안전보건법」 제80조 및 제81조"로 한다

〈30〉 전기공사업법 시행령 일부를 다음과 같이 개정한다.

제9조제1항제10호 중 "「산업안전보건

조·수입량이 100톤 이상 1,000톤 미만: 2023년 1월 16일

3. 물질안전보건자료대상물질의 연간 제조·수입량이 10톤 이상 100톤 미만: 2024년 1월 16일

4. 물질안전보건자료대상물질의 연간 제조·수입량이 1톤 이상 10톤 미만: 2025년 1월 16일

5. 물질안전보건자료대상물질의 연간 제조·수입량이 1톤 미만: 2026년 1월 16일

제10조(물질안전보건자료 제공에 관한 특례) 법률 제16272호 산업안전보건법 전부개정법률 부칙 제8조에서 "고용노동부령으로 정하는 날"이란 부칙 제9조 각 호의 구분에 따른 날을 말한다.

제11조(물질안전보건자료의 일부 비공개 승인에 관한 특례) 법률 제16272호 산업안전보건법 전부개정법률 부칙 제9조에서 "고용노동부령으로 정하는 날"이란 부칙 제9조 각 호의 구분에 따른 날을 말한다.

제12조(안전검사기관 종사자 등 직무교육에 관한 경과조치) 이 규칙 시행 당시 안전검사기관 및 자율안전검사기관에서 검사업무에 2년 이상 종사하고 있는 사람의 경우에는

법 률	시 행 령	시 행 규 칙
	법」 제30조"를 "「산업안전보건법」 제72조"로 한다. 〈31〉 정보통신공사업법 시행령 일부를 다음과 같이 개정한다. 제26조제1항제11호 중 "「산업안전보건법」 제30조"를 "「산업안전보건법」 제72조"로 한다. 〈32〉 지방공무원 복무규정 일부를 다음과 같이 개정한다. 제7조의6제5호 중 "「산업안전보건법」 제43조"를 "「산업안전보건법」 제129조부터 제131조까지의 규정"으로 한다. 〈33〉 지방세기본법 시행령 일부를 다음과 같이 개정한다. 별표3 제130호의 과세자료의 구체적인 범위란 중 "「산업안전보건법」 제15조, 제38조의2, 제38조의4 및 제52조의4"를 "「산업안전보건법」 제21조, 제120조, 제121조 및 제145조"로 한다. 〈34〉 지방세법 시행령 일부를 다음과 같이 개정한다. 별표1 제3종 제190호 중 "「산업안전보건법」 제15조"를 "「산업안전보건법」 제21	제29조의 개정규정에도 불구하고 신규교육을 면제하되, 2020년 10월 31일까지 보수교육을 이수해야 하며, 그 보수교육을 이수한 날부터 매 2년이 되는 날을 기준으로 전후 3개월 사이에 보수교육을 받아야 한다. **제13조(건설업체 산업재해발생률 산정 기준에 관한 경과조치)** 2018년 1월 1일부터 2018년 12월 31일까지 기간 동안의 건설업체 산업재해발생률의 산정 기준에 대해서는 별표1의 개정규정에도 불구하고 종전의 「산업안전보건법 시행규칙」(고용노동부령 제239호로 개정되기 전의 것을 말한다)에 따른다. **제14조(타워크레인 신호업무 종사 근로자 교육에 관한 경과조치)** 고용노동부령 제214호 산업안전보건법 시행규칙 일부개정령 시행 당시 종전의 「산업안전보건법 시행규칙」(고용노동부령 제214호로 개정되기 전의 것을 말한다)에 따라 크레인으로 하는 작업에 관한 특별교육을 받고 타워크레인 신호업무에 종사 중인 근로자를 계속하여 타워크레인 신호작업에 사용하려는 사업주가 고용노동부령 제214호 산업안전보건법

조"로 하고, 같은 표 제3종 제191호 중 "「산업안전보건법」 제38조의2"를 "「산업안전보건법」 제120조"로 하며, 같은 표 제3종 제192호 중 "「산업안전보건법」 제38조"를 "「산업안전보건법」 제118조"로 하고, 같은 표 제3종 제193호 중 "「산업안전보건법」 제42조에 따른 지정측정기관"을 "「산업안전보건법」 제126조에 따른 작업환경측정기관"으로 한다.

〈35〉 지진·화산재해대책법 시행령 일부를 다음과 같이 개정한다.

제10조제1항제11호 중 "「산업안전보건법」 제34조"를 "「산업안전보건법」 제83조"로 한다.

〈36〉 초고층 및 지하연계 복합건축물 재난관리에 관한 특별법 시행령 일부를 다음과 같이 개정한다.

제4조제4호 중 "「산업안전보건법」 제38조"를 "「산업안전보건법」 제118조"로 한다.

〈37〉 파견근로자 보호 등에 관한 법률 시행령 일부를 다음과 같이 개정한다.

제2조제2항제2호 중 "「산업안전보건법」 제44조에 따른 건강관리수첩의 교부대상"을 "「산업안전보건법」 제137조에 따른 건

시행규칙 일부개정령 부칙 제1조 단서에 따른 같은 규칙 별표8 및 별표8의2의 개정규정의 시행일 이후 1개월 이내에 해당 근로자에게 같은 규칙 별표8 및 별표8의2의 개정규정에 따른 특별교육을 한 경우에는 별표4 및 별표5의 개정규정에 따른 특별교육을 한 것으로 본다.

제15조(재해예방 전문지도기관의 종사자에 대한 신규교육 면제에 관한 경과조치) 고용노동부령 제169호 산업안전보건법 시행규칙 일부개정령 시행 전에 채용된 재해예방 전문지도기관의 종사자에 대한 신규교육 면제는 종전의 「산업안전보건법 시행규칙」(고용노동부령 제169호로 개정되기 전의 것을 말한다)에 따른다.

제16조(안전관리전문기관·보건관리전문기관 및 석면조사기관의 종사자의 직무교육에 관한 경과조치) 고용노동부령 제169호 산업안전보건법 시행규칙 일부개정령 시행 당시 안전관리전문기관·보건관리전문기관 및 석면조사기관에 재직하고 있는 종사자로서 2017년 10월 27일까지 보수교육을 이수한 사람은 최초 보수교육을 이수한 날부터 매 2년이 되는 날을 기준으로 전후 3개월

법 률	시 행 령	시 행 규 칙
	강관리카드의 발급대상"으로 한다. 〈38〉 폐기물관리법 시행령 일부를 다음과 같이 개정한다. 별표4의3 제1호가목 중 "「산업안전보건법」 제37조제1항"을 "「산업안전보건법」 제117조제1항"으로 한다. 〈39〉 행정조사기본법 시행령 일부를 다음과 같이 개정한다. 제9조제1항제1호 중 "「산업안전보건법」 제48조제5항"을 "「산업안전보건법」 제43조제1항"으로 한다. 〈40〉 화학물질의 등록 및 평가 등에 관한 법률 시행령 일부를 다음과 같이 개정한다. 제23조제3항 중 "「산업안전보건법」 제40조제1항"을 "「산업안전보건법」 제108조제1항"으로 한다. **제33조(다른 법령과의 관계)** 이 영 시행 당시 다른 법령에서 종전의 「산업안전보건법 시행령」의 규정을 인용하고 있는 경우 이 영 중 그에 해당하는 규정이 있을 때에는 종전의 규정을 갈음하여 이 영의 해당 규정을 인용한 것으로 본다.	사이에 보수교육을 받아야 한다. **제17조(유해·위험방지계획서 확인에 관한 경과조치)** 고용노동부령 제18호 산업안전보건법 시행규칙 일부개정령 시행 전에 유해·위험방지계획서를 제출한 공사의 확인은 「산업안전보건법 시행규칙」(고용노동부령 제18호로 개정되기 전의 것을 말한다) 제124조제1항을 따른다. **제18조(종전 부칙의 적용범위에 관한 경과조치)** 종전의 「산업안전보건법 시행규칙」의 개정에 따라 규정했던 종전의 부칙은 이 규칙 시행 전에 그 효력이 이미 상실된 경우를 제외하고는 이 규칙의 규정에 위배되지 않는 범위에서 이 규칙 시행 이후에도 계속하여 적용한다. **제19조(다른 법령의 개정)** ① 고용보험 및 산업재해보상보험의 보험료징수 등에 관한 법률 시행규칙 일부를 다음과 같이 개정한다. 제43조제2항 중 "「산업안전보건법 시행규칙」 제98조의3"을 "「산업안전보건법」 제135조제1항"으로 하고, "「산업안전보건법」 제43조제5항"을 "「산업안전보건법」 제132조제4항"으로 한다.

부 칙 〈제30509호, 2020. 3. 3.〉

이 영은 공포한 날부터 시행한다.

부 칙 〈대통령령 제31004호, 2020. 9. 8.〉

이 영은 공포한 날부터 시행한다. 다만, 다음 각 호의 개정규정은 다음 각 호의 구분에 따른 날부터 시행한다.

1. 제45조제1항 후단의 개정규정: 2021년 4월 1일
2. 별표 35 제4호라목의 개정규정: 2020년 9월 10일
3. 별표 35 제4호(라목은 제외한다)의 개정규정: 2020년 10월 1일
4. 대통령령 제30256호 산업안전보건법 시행령 전부개정령 별표 35 제4호이목의 개정규정: 2021년 1월 16일

부 칙 〈제31380호, 2021.1.5.〉

이 영은 공포한 날부터 시행한다.〈단서생략〉

부 칙 〈제31387호, 2021.1.12.〉

이 영은 공포한 날부터 시행한다.

② 고용보험법 시행규칙 일부를 다음과 같이 개정한다.

별표2 제8호 중 ″「산업안전보건법」 제2조제7호″를 ″「산업안전보건법」 제2조제2호″로 한다.

③ 진폐의 예방과 진폐근로자의 보호 등에 관한 법률 시행규칙 일부를 다음과 같이 개정한다.

제9조제1호 중 ″「산업안전보건법」 제34조″를 ″「산업안전보건법」 제84조″로 한다.

④ 파견근로자보호 등에 관한 법률 시행규칙 일부를 다음과 같이 개정한다.

제18조 중 ″「산업안전보건법 시행규칙」 제98조제1호″를 ″「산업안전보건법」 제129조제1항″으로 한다.

제20조(다른 법령과의 관계) 이 규칙 시행 당시 다른 법령에서 종전의 「산업안전보건법 시행규칙」의 규정을 인용하고 있는 경우 이 규칙 중 그에 해당하는 규정이 있을 때에는 종전의 규정을 갈음하여 이 규칙의 해당 규정을 인용한 것으로 본다.

부 칙 〈제308호, 2021.1.19.〉

이 규칙은 공포한 날부터 시행한다.

【영 별표 1】 (개정 2019.12.24)

법의 일부를 적용하지 않는 사업 또는 사업장 및 적용 제외 법 규정
(제2조제1항 관련)

대상 사업 또는 사업장	적용 제외 법 규정
1. 다음 각 목의 어느 하나에 해당하는 사업 가. 「광산안전법」 적용 사업(광업 중 광물의 채광·채굴·선광 또는 제련 등의 공정으로 한정하며, 제조공정은 제외한다) 나. 「원자력안전법」 적용 사업(발전업 중 원자력 발전설비를 이용하여 전기를 생산하는 사업장으로 한정한다) 다. 「항공안전법」 적용 사업(항공기, 우주선 및 부품 제조업과 창고 및 운송관련 서비스업, 여행사 및 기타 여행보조 서비스업 중 항공 관련 사업은 각각 제외한다) 라. 「선박안전법」 적용 사업(선박 및 보트 건조업은 제외한다)	제15조부터 제17조까지, 제20조제1호, 제21조(다른 규정에 따라 준용되는 경우는 제외한다), 제24조(다른 규정에 따라 준용되는 경우는 제외한다), 제2장제2절, 제29조(보건에 관한 사항은 제외한다), 제30조(보건에 관한 사항은 제외한다), 제31조, 제38조, 제51조(보건에 관한 사항은 제외한다), 제52조(보건에 관한 사항은 제외한다), 제53조(보건에 관한 사항은 제외한다), 제54조(보건에 관한 사항은 제외한다), 제55조, 제58조부터 제60조까지, 제62조, 제63조, 제64조(제1항제6호는 제외한다), 제65조, 제66조, 제72조, 제75조, 제88조, 제103조부터 제107조까지 및 제160조(제21조제4항 및 제88조제5항과 관련되는 과징금으로 한정한다)
2. 다음 각 목의 어느 하나에 해당하는 사업 가. 소프트웨어 개발 및 공급업 나. 컴퓨터 프로그래밍, 시스템 통합 및 관리업 다. 정보서비스업 라. 금융 및 보험업 마. 기타 전문서비스업 바. 건축기술, 엔지니어링 및 기타 과학기술 서비스업 사. 기타 전문, 과학 및 기술 서비스업(사진 처리업은 제외한다) 아. 사업지원 서비스업 자. 사회복지 서비스업	제29조(제3항에 따른 추가교육은 제외한다) 및 제30조

대상 사업 또는 사업장	적용 제외 법 규정
3. 다음 각 목의 어느 하나에 해당하는 사업으로서 상시 근로자 50명 미만을 사용하는 사업장 가. 농업 나. 어업 다. 환경 정화 및 복원업 라. 소매업; 자동차 제외 마. 영화, 비디오물, 방송프로그램 제작 및 배급업 바. 녹음시설운영업 사. 방송업 아. 부동산업(부동산 관리업은 제외한다) 자. 임대업; 부동산 제외 차. 연구개발업 카. 보건업(병원은 제외한다) 타. 예술, 스포츠 및 여가관련 서비스업 파. 협회 및 단체 하. 기타 개인 서비스업(세탁업은 제외한다)	
4. 다음 각 목의 어느 하나에 해당하는 사업 가. 공공행정(청소, 시설관리, 조리 등 현업업무에 종사하는 사람으로서 고용노동부장관이 정하여 고시하는 사람은 제외한다), 국방 및 사회보장 행정 나. 교육 서비스업 중 초등·중등·고등 교육기관, 특수학교·외국인학교 및 대안학교(청소, 시설관리, 조리 등 현업업무에 종사하는 사람으로서 고용노동부장관이 정하여 고시하는 사람은 제외한다)	제2장제1절·제2절 및 제3장(다른 규정에 따라 준용되는 경우는 제외한다)
5. 다음 각 목의 어느 하나에 해당하는 사업 가. 초등·중등·고등 교육기관, 특수학교·외국인학교 및 대안학교 외의 교육서비스업(청소년수련시설 운영업은 제외한다) 나. 국제 및 외국기관 다. 사무직에 종사하는 근로자만을 사용하는 사업장(사업장이 분리된 경우로서 사무직에 종사하는 근로자만을 사용하는 사업장을 포함한다)	제2장제1절·제2절, 제3장 및 제5장제2절(제64조제1항제6호는 제외한다). 다만, 다른 규정에 따라 준용되는 경우는 해당 규정을 적용한다.
6. 상시 근로자 5명 미만을 사용하는 사업장	제2장제1절·제2절, 제3장(제29조제3항에 따른 추가교육은 제외한다), 제47조, 제49조, 제50조 및 제159조(다른 규정에 따라 준용되는 경우는 제외한다)

비고: 제1호부터 제6호까지의 규정에 따른 사업에 둘 이상 해당하는 사업의 경우에는 각각의 호에 따라 적용이 제외되는 규정은 모두 적용하지 않는다.

【영 별표 2】 (개정 2019.12.24)

안전보건관리책임자를 두어야 하는 사업의 종류 및 사업장의 상시근로자 수
(제14조제1항 관련)

사업의 종류	사업장의 상시근로자 수
1. 토사석 광업 2. 식료품 제조업, 음료 제조업 3. 목재 및 나무제품 제조업;가구 제외 4. 펄프, 종이 및 종이제품 제조업 5. 코크스, 연탄 및 석유정제품 제조업 6. 화학물질 및 화학제품 제조업;의약품 제외 7. 의료용 물질 및 의약품 제조업 8. 고무 및 플라스틱제품 제조업 9. 비금속 광물제품 제조업 10. 1차 금속 제조업 11. 금속가공제품 제조업;기계 및 가구 제외 12. 전자부품, 컴퓨터, 영상, 음향 및 통신장비 제조업 13. 의료, 정밀, 광학기기 및 시계 제조업 14. 전기장비 제조업 15. 기타 기계 및 장비 제조업 16. 자동차 및 트레일러 제조업 17. 기타 운송장비 제조업 18. 가구 제조업 19. 기타 제품 제조업 20. 서적, 잡지 및 기타 인쇄물 출판업 21. 해체, 선별 및 원료 재생업 22. 자동차 종합 수리업, 자동차 전문 수리업	상시 근로자 50명 이상
23. 농업 24. 어업 25. 소프트웨어 개발 및 공급업 26. 컴퓨터 프로그래밍, 시스템 통합 및 관리업 27. 정보서비스업 28. 금융 및 보험업 29. 임대업;부동산 제외 30. 전문, 과학 및 기술 서비스업(연구개발업은 제외한다) 31. 사업지원 서비스업 32. 사회복지 서비스업	상시 근로자 300명 이상
33. 건설업	공사금액 20억원 이상
34. 제1호부터 제33호까지의 사업을 제외한 사업	상시 근로자 100명 이상

【영 별표 3】 (개정 2019.12.24)

안전관리자를 두어야 하는 사업의 종류, 사업장의 상시근로자 수, 안전관리자의 수 및 선임방법 (제16조제1항 관련)

사업의 종류	사업장의 상시근로자 수	안전관리자의 수	안전관리자의 선임방법
1. 토사석 광업 2. 식료품 제조업, 음료 제조업 3. 목재 및 나무제품 제조; 가구제외 4. 펄프, 종이 및 종이제품 제조업 5. 코크스, 연탄 및 석유정제품 제조업 6. 화학물질 및 화학제품 제조업; 의약품 제외 7. 의료용 물질 및 의약품 제조업 8. 고무 및 플라스틱제품 제조업 9. 비금속 광물제품 제조업 10. 1차 금속 제조업 11. 금속가공제품 제조업; 기계 및 가구 제외 12. 전자부품, 컴퓨터, 영상, 음향 및 통신장비 제조업 13. 의료, 정밀, 광학기기 및 시계 제조업 14. 전기장비 제조업 15. 기타 기계 및 장비제조업 16. 자동차 및 트레일러 제조업 17. 기타 운송장비 제조업 18. 가구 제조업 19. 기타 제품 제조업 20. 서적, 잡지 및 기타 인쇄물 출판업 21. 해체, 선별 및 원료 재생업 22. 자동차 종합 수리업, 자동	상시근로자 50명 이상 500명 미만	1명 이상	별표 4 각 호의 어느 하나에 해당하는 사람(같은 표 제3호·제7호·제9호 및 제10호에 해당하는 사람은 제외한다)을 선임해야 한다.
	상시근로자 500명 이상	2명 이상	별표 4 각 호의 어느 하나에 해당하는 사람(같은 표 제7호·제9호 및 제10호에 해당하는 사람은 제외한다)을 선임하되, 같은 표 제1호·제2호(「국가기술자격법」에 따른 산업안전산업기사의 자격을 취득한 사람은 제외한다) 또는 제4호에 해당하는 사람이 1명 이상 포함되어야 한다.

사업의 종류	사업장의 상시근로자 수	안전관리자의 수	안전관리자의 선임방법
차 전문 수리업 23. 발전업			
24. 농업, 임업 및 어업 25. 제2호부터 제19호까지의 사업을 제외한 제조업 26. 전기, 가스, 증기 및 공기조절 공급업(발전업은 제외한다) 27. 수도, 하수 및 폐기물 처리, 원료 재생업(제21호에 해당하는 사업은 제외한다) 28. 운수 및 창고업 29. 도매 및 소매업 30. 숙박 및 음식점업 31. 영상·오디오 기록물 제작 및 배급업 32. 방송업 33. 우편 및 통신업 34. 부동산업 35. 임대업; 부동산 제외 36. 연구개발업 37. 사진처리업 38. 사업시설 관리 및 조경 서비스업 39. 청소년 수련시설 운영업 40. 보건업 41. 예술, 스포츠 및 여가관련 서비스업 42. 개인 및 소비용품수리업(제22호에 해당하는 사업은 제외한다) 43. 기타 개인 서비스업 44. 공공행정(청소, 시설관리, 조리 등 현업업무에 종사	상시근로자 50명 이상 1천명 미만. 다만, 제34호의 부동산업(부동산 관리업은 제외한다)과 제37호의 사진처리업의 경우에는 상시근로자 100명 이상 1천명 미만으로 한다.	1명 이상	별표 4 각 호의 어느 하나에 해당하는 사람(같은 표 제3호·제9호 및 제10호에 해당하는 사람은 제외한다. 다만, 제24호·제26호·제27호 및 제29호부터 제43호까지의 사업의 경우 별표 4 제3호에 해당하는 사람에 대해서는 그렇지 않다)을 선임해야 한다.
	상시근로자 1천명 이상	2명 이상	별표 4 각 호의 어느 하나에 해당하는 사람(같은 표 제7호에 해당하는 사람은 제외한다)을 선임하되, 같은 표 제1호·제2호·제4호 또는 제5호에 해당하는 사람이 1명 이상 포함되어야 한다.

사업의 종류	사업장의 상시근로자 수	안전관리자의 수	안전관리자의 선임방법
하는 사람으로서 고용노동부장관이 정하여 고시하는 사람으로 한정한다) 45. 교육서비스업 중 초등·중등·고등 교육기관, 특수학교·외국인학교 및 대안학교(청소, 시설관리, 조리 등 현업업무에 종사하는 사람으로서 고용노동부장관이 정하여 고시하는 사람으로 한정한다)			
46. 건설업	공사금액 50억원 이상 (관계수급인은 100억원 이상) 120억원 미만 (「건설산업기본법 시행령」 별표 1의 종합공사를 시공하는 업종의 건설업종란 제1호에 따른 토목공사업의 경우에는 150억원 미만)	1명 이상	별표 4 제1호부터 제7호까지 또는 제10호에 해당하는 사람을 선임해야 한다.
	공사금액 120억원 이상 (「건설산업기본법 시행령」 별표 1의 종합공사를 시공하는 업종의 건설업종란 제1호에 따른 토목공사업의 경우에는		

사업의 종류	사업장의 상시근로자 수	안전관리자의 수	안전관리자의 선임방법
	150억원 이상) 800억원 미만		
	공사금액 800억원 이상 1,500억원 미만	2명 이상. 다만, 전체 공사기간을 100으로 할 때 공사 시작에서 15에 해당하는 기간과 공사 종료 전의 15에 해당하는 기간(이하 "전체 공사기간 중 전·후 15에 해당하는 기간"이라 한다) 동안은 1명 이상으로 한다.	별표 4 제1호부터 제7호까지 또는 제10호에 해당하는 사람을 선임하되, 같은 표 제1호부터 제3호까지의 어느 하나에 해당하는 사람이 1명 이상 포함되어야 한다.
	공사금액 1,500억원 이상 2,200억원 미만	3명 이상. 다만, 전체 공사기간 중 전·후 15에 해당하는 기간은 2명 이상으로 한다.	별표 4 제1호부터 제7호까지의 어느 하나에 해당하는 사람을 선임하되, 같은 표 제1호 또는 「국가기술자격법」에 따른 건설안전기술사(건설안전기사 또는 산업안전산업기사의 자격을 취득한 후 7년 이상 건설안전 업무를 수행한 사람이거나 건설안전산업기사 또는 산업안전산업기사의 자격을 취득한 후 10년 이상 건설안전 업무를 수행한 사람을 포함한다)자격을
	공사금액 2,200억원 이상 3천억원 미만	4명 이상. 다만, 전체 공사기간 중 전·후 15에 해당하는 기간은 2명 이상으로 한다.	

사업의 종류	사업장의 상시근로자 수	안전관리자의 수	안전관리자의 선임방법
			취득한 사람(이하 “산업안전지도사등”이라 한다)이 1명 이상 포함되어야 한다.
	공사금액 3천억원 이상 3,900억원 미만	5명 이상. 다만, 전체 공사기간 중 전·후 15에 해당하는 기간은 3명 이상으로 한다.	별표 4 제1호부터 제7호까지의 어느 하나에 해당하는 사람을 선임하되, 산업안전지도사등이 2명 이상 포함되어야 한다. 다만, 전체 공사기간 중 전·후 15에 해당하는 기간에는 산업안전지도사등이 1명 이상 포함되어야 한다.
	공사금액 3,900억원 이상 4,900억원 미만	6명 이상. 다만, 전체 공사기간 중 전·후 15에 해당하는 기간은 3명 이상으로 한다.	
	공사금액 4,900억원 이상 6천억원 미만	7명 이상. 다만, 전체 공사기간 중 전·후 15에 해당하는 기간은 4명 이상으로 한다.	별표 4 제1호부터 제7호까지의 어느 하나에 해당하는 사람을 선임하되, 산업안전지도사등이 2명 이상 포함되어야 한다. 다만, 전체 공사기간 중 전·후 15에 해당하는 기간에는 산업안전지도사등이 2명 이상 포함되어야 한다.
	공사금액 6천억원 이상 7,200억원 미만	8명 이상. 다만, 전체 공사기간 중 전·후 15에 해당하는 기간은 4명 이상으로 한다.	
	공사금액 7,200억원 이상 8,500억원 미만	9명 이상. 다만, 전체 공사기간 중 전·후 15에 해당하는 기간은 5명 이상으로 한다.	별표 4 제1호부터 제7호까지의 어느 하나에 해당하는 사람을 선임하되, 산업안전지도사등이 3명 이상 포함되어야 한다. 다

사업의 종류	사업장의 상시근로자 수	안전관리자의 수	안전관리자의 선임방법
	공사금액 8,500억원 이상 1조원 미만	10명 이상. 다만, 전체 공사기간 중 전·후 15에 해당하는 기간은 5명 이상으로 한다.	만, 전체 공사기간 중 전·후 15에 해당하는 기간에는 산업안전지도사등이 3명 이상 포함되어야 한다.
	1조원 이상	11명 이상[매 2천억원(2조원이상부터는 매 3천억원)마다 1명씩 추가한다]. 다만, 전체 공사기간 중 전·후 15에 해당하는 기간은 선임대상 안전관리자 수의 2분의 1(소수점 이하는 올림한다) 이상으로 한다.	

비고
1. 철거공사가 포함된 건설공사의 경우 철거공사만 이루어지는 기간은 전체 공사기간에는 산입되나 전체 공사기간 중 전·후 15에 해당하는 기간에는 산입되지 않는다. 이 경우 전체 공사기간 중 전·후 15에 해당하는 기간은 철거공사만 이루어지는 기간을 제외한 공사기간을 기준으로 산정한다.
2. 철거공사만 이루어지는 기간에는 공사금액별로 선임해야 하는 최소 안전관리자 수 이상으로 안전관리자를 선임해야 한다.

【영 별표 4】 (개정 2019.12.24)

안전관리자의 자격(제17조 관련)

안전관리자는 다음 각 호의 어느 하나에 해당하는 사람으로 한다.

1. 법 제143조제1항에 따른 산업안전지도사 자격을 가진 사람
2. 「국가기술자격법」에 따른 산업안전산업기사 이상의 자격을 취득한 사람
3. 「국가기술자격법」에 따른 건설안전산업기사 이상의 자격을 취득한 사람
4. 「고등교육법」에 따른 4년제 대학 이상의 학교에서 산업안전 관련 학위를 취득한 사람 또는 이와 같은 수준 이상의 학력을 가진 사람
5. 「고등교육법」에 따른 전문대학 또는 이와 같은 수준 이상의 학교에서 산업안전 관련 학위를 취득한 사람
6. 「고등교육법」에 따른 이공계 전문대학 또는 이와 같은 수준 이상의 학교에서 학위를 취득하고, 해당 사업의 관리감독자로서의 업무(건설업의 경우는 시공실무경력)를 3년(4년제 이공계 대학 학위 취득자는 1년) 이상 담당한 후 고용노동부장관이 지정하는 기관이 실시하는 교육(1998년 12월 31일까지의 교육만 해당한다)을 받고 정해진 시험에 합격한 사람. 다만, 관리감독자로 종사한 사업과 같은 업종(한국표준산업분류에 따른 대분류를 기준으로 한다)의 사업장이면서, 건설업의 경우를 제외하고는 상시근로자 300명 미만인 사업장에서만 안전관리자가 될 수 있다.
7. 「초·중등교육법」에 따른 공업계 고등학교 또는 이와 같은 수준 이상의 학교를 졸업하고, 해당 사업의 관리감독자로서의 업무(건설업의 경우는 시공실무경력)를 5년 이상 담당한 후 고용노동부장관이 지정하는 기관이 실시하는 교육(1998년 12월 31일까지의 교육만 해당한다)을 받고 정해진 시험에 합격한 사람. 다만, 관리감독자로 종사한 사업과 같은 종류인 업종(한국표준산업분류에 따른 대분류를 기준으로 한다)의 사업장이면서, 건설업의 경우를 제외하고는 별표 3 제28호 또는 제33호의 사업을 하는 사업장(상시근로자 50명 이상 1천명 미만인 경우만 해당한다)에서만 안전관리자가 될 수 있다.
8. 다음 각 목의 어느 하나에 해당하는 사람. 다만, 해당 법령을 적용받은 사업에서만 선임될 수 있다.
   가. 「고압가스 안전관리법」 제4조 및 같은 법 시행령 제3조제1항에 따른 허가를 받은 사업자 중 고압가스를 제조·저장 또는 판매하는 사업에서 같은 법 제15조 및 같은 법 시행령 제12조에 따라 선임하는 안전관리 책임자
   나. 「액화석유가스의 안전관리 및 사업법」 제5조 및 같은 법 시행령 제3조에 따른 허가를 받은 사업자 중 액화석유가스 충전사업·액화석유가스 집단공급사업 또는 액화석유가스 판매사업에서 같은 법 제34조 및 같은 법 시행령 제15조에 따라 선임하는 안전관리책임자
   다. 「도시가스사업법」 제29조 및 같은 법 시행령 제15조에 따라 선임하는 안전관리 책임자

라. 「교통안전법」 제53조에 따라 교통안전관리자의 자격을 취득한 후 해당 분야에 채용된 교통안전관리자

마. 「총포·도검·화약류 등의 안전관리에 관한 법률」 제2조제3항에 따른 화약류를 제조·판매 또는 저장하는 사업에서 같은 법 제27조 및 같은 법 시행령 제54조·제55조에 따라 선임하는 화약류제조보안책임자 또는 화약류관리보안책임자

바. 「전기사업법」 제73조에 따라 전기사업자가 선임하는 전기안전관리자

9. 제16조제2항에 따라 전담 안전관리자를 두어야 하는 사업장(건설업은 제외한다)에서 안전 관련 업무를 10년 이상 담당한 사람

10. 「건설산업기본법」 제8조에 따른 종합공사를 시공하는 업종의 건설현장에서 안전보건관리책임자로 10년 이상 재직한 사람

【영 별표 5】 (개정 2020.9.8)

보건관리자를 두어야 하는 사업의 종류, 사업장의 상시근로자 수, 보건관리자의 수 및 선임방법

(제20조제1항 관련)

사업의 종류	사업장의 상시근로자 수	보건관리자의 수	보건관리자의 선임방법
1. 광업(광업 지원 서비스업은 제외한다) 2. 섬유제품 염색, 정리 및 마무리 가공업 3. 모피제품 제조업 4. 그 외 기타 의복액세서리 제조업(모피 액세서리에 한정한다) 5. 모피 및 가죽 제조업(원피가공 및 가죽 제조업은 제외한다) 6. 신발 및 신발부분품 제조업 7. 코크스, 연탄 및 석유정제품 제조업 8. 화학물질 및 화학제품 제조	상시근로자 50명 이상 500명 미만	1명 이상	별표 6 각 호의 어느 하나에 해당하는 사람을 선임해야 한다.
	상시근로자 500명 이상 2천명 미만	2명 이상	별표 6 각 호의 어느 하나에 해당하는 사람을 선임해야 한다.
	상시근로자 2천명 이상	2명 이상	별표 6 각 호의 어느 하나에 해당하는 사람을 선임하되, 같은 표 제2호 또는 제3호에 해당하는 사람이 1명 이상 포함되어야 한다.

사업의 종류	사업장의 상시근로자 수	보건관리자의 수	보건관리자의 선임방법
업; 의약품 제외 9. 의료용 물질 및 의약품 제조업 10. 고무 및 플라스틱제품 제조업 11. 비금속 광물제품 제조업 12. 1차 금속 제조업 13. 금속가공제품 제조업; 기계 및 가구 제외 14. 기타 기계 및 장비 제조업 15. 전자부품, 컴퓨터, 영상, 음향 및 통신장비 제조업 16. 전기장비 제조업 17. 자동차 및 트레일러 제조업 18. 기타 운송장비 제조업 19. 가구 제조업 20. 해체, 선별 및 원료 재생업 21. 자동차 종합 수리업, 자동차 전문 수리업 22. 제88조 각 호의 어느 하나에 해당하는 유해물질을 제조하는 사업과 그 유해물질을 사용하는 사업 중 고용노동부장관이 특히 보건관리를 할 필요가 있다고 인정하여 고시하는 사업			
23. 제2호부터 제22호까지의 사업을 제외한 제조업	상시근로자 50명 이상 1천명 미만	1명 이상	별표 6 각 호의 어느 하나에 해당하는 사람을 선임해야 한다.
	상시근로자 1천명 이상 3천명 미만	2명 이상	별표 6 각 호의 어느 하나에 해당하는 사람을 선임해야 한다.

사업의 종류	사업장의 상시근로자 수	보건관리자의 수	보건관리자의 선임방법
	상시근로자 3천명 이상	2명 이상	별표 6 각 호의 어느 하나에 해당하는 사람을 선임하되, 같은 표 제2호 또는 제3호에 해당하는 사람이 1명 이상 포함되어야 한다.
24. 농업, 임업 및 어업 25. 전기, 가스, 증기 및 공기조절공급업 26. 수도, 하수 및 폐기물 처리, 원료 재생업(제20호에 해당하는 사업은 제외한다) 27. 운수 및 창고업 28. 도매 및 소매업 29. 숙박 및 음식점업 30. 서적, 잡지 및 기타 인쇄물 출판업 31. 방송업 32. 우편 및 통신업 33. 부동산업 34. 연구개발업 35. 사진 처리업 36. 사업시설 관리 및 조경 서비스업 37. 공공행정(청소, 시설관리, 조리 등 현업업무에 종사하는 사람으로서 고용노동부장관이 정하여 고시하는 사람으로 한정한다) 38. 교육서비스업 중 초등·중등·고등 교육기관, 특수학	상시근로자 50명 이상 5천명 미만. 다만, 제35호의 경우에는 상시근로자 100명 이상 5천명 미만으로 한다.	1명 이상	별표 6 각 호의 어느 하나에 해당하는 사람을 선임해야 한다.
	상시 근로자 5천명 이상	2명 이상	별표 6 각 호의 어느 하나에 해당하는 사람을 선임하되, 같은 표 제2호 또는 제3호에 해당하는 사람이 1명 이상 포함되어야 한다.

사업의 종류	사업장의 상시근로자 수	보건관리자의 수	보건관리자의 선임방법
교·외국인학교 및 대안학교(청소, 시설관리, 조리 등 현업업무에 종사하는 사람으로서 고용노동부장관이 정하여 고시하는 사람으로 한정한다) 39. 청소년 수련시설 운영업 40. 보건업 41. 골프장 운영업 42. 개인 및 소비용품수리업(제21호에 해당하는 사업은 제외한다) 43. 세탁업			
44. 건설업	공사금액 800억원 이상(「건설산업기본법 시행령」 별표 1의 종합공사를 시공하는 업종의 건설업종란 제1호에 따른 토목공사업에 속하는 공사의 경우에는 1천억 이상) 또는 상시 근로자 600명 이상	1명 이상〔공사금액 800억원(「건설산업기본법 시행령」 별표 1의 종합공사를 시공하는 업종의 건설업종란 제1호에 따른 토목공사업은 1천억원)을 기준으로 1,400억원이 증가할 때마다 또는 상시 근로자 600명을 기준으로 600명이 추가될 때마다 1명씩 추가한다〕	별표 6 각 호의 어느 하나에 해당하는 사람을 선임해야 한다.

【영 별표 6】 (개정 2019.12.24)

보건관리자의 자격(제21조 관련)

보건관리자는 다음 각 호의 어느 하나에 해당하는 사람으로 한다.

1. 법 제143조제1항에 따른 산업보건지도사 자격을 가진 사람
2. 「의료법」에 따른 의사
3. 「의료법」에 따른 간호사
4. 「국가기술자격법」에 따른 산업위생관리산업기사 또는 대기환경산업기사 이상의 자격을 취득한 사람
5. 「국가기술자격법」에 따른 인간공학기사 이상의 자격을 취득한 사람
6. 「고등교육법」에 따른 전문대학 이상의 학교에서 산업보건 또는 산업위생 분야의 학위를 취득한 사람(법령에 따라 이와 같은 수준 이상의 학력이 있다고 인정되는 사람을 포함한다)

【영 별표 7】 (개정 2019.12.24)

안전관리전문기관의 인력·시설 및 장비 기준(제27조제1항 관련)

1. 법 제145조제1항에 따라 등록한 산업안전지도사의 경우
  가. 인력기준: 법 제145조제1항에 따라 등록한 산업안전지도사(건설안전 분야는 제외한다) 1명 이상
  나. 시설기준: 사무실(장비실을 포함한다)
  다. 장비기준: 제2호가목 표에 따른 장비와 같음
  라. 업무수탁한계(법 제145조제1항에 따라 등록한 산업안전지도사 1명 기준): 사업장 30개소 또는 근로자 수 2천명 이하

2. 안전관리 업무를 하려는 법인의 경우
  가. 기본 인력·시설 및 장비

인력	시설	장비	대상업종
1) 다음의 어느 하나에 해당하는 사람 1명 이상 가) 기계·전기·화공안전 분야의	사무실 (장비실 포함)	1) 자분탐상비파괴시험기 또는 초음파두께측정기 2) 클램프미터	모든 사업 (건설업은 제외한다)

인력	시설	장비	대상업종
산업안전지도사 또는 안전기술사 나) 산업안전산업기사 이상의 자격을 취득한 후 산업안전 실무경력(건설업에서의 경력은 제외한다. 이하 같다)이 산업안전기사 이상의 자격은 10년, 산업안전산업기사 자격은 12년 이상인 사람 2) 산업안전산업기사 이상의 자격을 취득한 후 산업안전 실무경력이 산업안전기사 이상의 자격은 5년, 산업안전산업기사 자격은 7년 이상인 사람 1명 이상 3) 다음의 어느 하나에 해당하는 사람 2명 이상. 이 경우 가)에 해당하는 사람이 전체 인원의 2분의 1 이상이어야 한다. 가) 산업안전산업기사 이상의 자격을 취득한 후 산업안전 실무경력이 산업안전기사 이상의 자격은 3년, 산업안전산업기사 자격은 5년 이상인 사람 나) 일반기계·전기·화공·가스 분야 산업기사 이상의 자격을 취득한 후 그 분야 실무경력 또는 산업안전 실무경력이 기사 이상의 자격은 4년, 산업기사 자격은 6년 이상인 사람 4) 다음의 어느 하나에 해당하는 사람 1명 이상. 이 경우 2명 이상인 경우에는 가)에 해당하는		3) 소음측정기 4) 가스농도측정기 또는 가스검지기 5) 산소농도측정기 6) 가스누출탐지기(휴대용) 7) 절연저항측정기 8) 정전기전위측정기 9) 조도계 10) 멀티테스터 11) 접지저항측정기 12) 토크게이지 13) 검전기(저압용·고압용·특고압용) 14) 온도계(표면온도 측정용) 15) 시청각교육장비(VTR이나 OHP 또는 이와 같은 수준 이상의 성능을 가진 교육장비)	

인력	시설	장비	대상업종
사람이 전체 인원의 2분의 1 이상이어야 한다. 가) 제17조에 따른 안전관리자의 자격(별표 4 제6호부터 제10호까지의 규정에 해당하는 사람은 제외한다)을 갖춘 후 산업안전 실무경력(「고등교육법」 제22조, 「직업교육훈련 촉진법」 제3조제5호 및 제7조에 따른 현장실습과 이에 준하는 경력을 포함한다)이 6개월 이상인 사람 나) 「국가기술자격법」에 따른 직무분야 중 기계·금속·화공·전기·조선·섬유·안전관리(소방설비·가스 분야만 해당한다)·산업응용 분야의 산업기사 이상의 자격을 취득한 후 그 분야 실무경력 또는 산업안전 실무경력(「고등교육법」 제22조, 「직업교육훈련 촉진법」 제3조제5호 및 제7조에 따른 현장실습과 이에 준하는 경력을 포함한다)이 3년 이상인 사람 ※ 다만, 안전관리 업무를 하려는 법인의 소재지가 제주특별자치도인 경우에는 1) 및 2)에 해당하는 사람 중 1명 이상과 3)에 해당하는 사람 2명 이상이어야 한다.			

나. 수탁하려는 사업장 또는 근로자의 수에 따른 인력 및 장비

1) 인력기준

가) 수탁하려는 사업장 또는 근로자 수의 수가 151개소 이상 또는 10,001명 이상인 경우 다음의 구분에 따라 가목1)부터 4)까지의 규정에 따른 인력을 추가로 갖추어야 한다.

나) 사업장 수에 따른 인력기준과 근로자 수에 따른 인력기준이 서로 다른 경우에는 그 중 더 중한 기준에 따라야 한다.

구분		자격별 인력기준〔가목1)부터 4)까지〕				
사업장 수(개소)	근로자 수(명)	계	가목1)	가목2)	가목3)	가목4)
151~180	10,001~12,000	6	1	1	3	1
181~210	12,001~14,000	7	1	1	3	2
211~240	14,001~16,000	8	1	1	4	2
241~270	16,001~18,000	9	1	2	4	2
271~300	18,001~20,000	11	1	2	5	3
301~330	20,001~22,000	12	2	2	5	3
331~360	22,001~24,000	13	2	2	6	3
361~390	24,001~26,000	14	2	2	7	3
391~420	26,001~28,000	15	2	2	7	4
421~450	28,001~30,000	16	2	2	8	4
451~480	30,001~32,000	17	2	3	8	4
481~510	32,001~34,000	18	2	3	9	4
511~540	34,001~36,000	19	3	3	9	4
541~570	36,001~38,000	20	3	3	10	4
571~600	38,001~40,000	22	3	4	10	5

비고: 사업장 수 600개소를 초과하거나 근로자 수 4만명을 초과하는 경우에는 사업장 수 30개소 또는 근로자 수 2천명을 초과할 때마다 자격별 인력기준 가목1)부터 4)까지의 어느 하나에 해당하는 사람 중 1명을 추가해야 한다. 이 경우 누적 사업장 수가 150개소 또는 누적 근로자 수가 1만명을 초과할 때마다 추가해야 하는 사람은 자격별 인력기준 가목1)부터 3)까지의 어느 하나에 해당하는 사람 중 1명으로 한다.

2) 장비기준: 인력 3명을 기준으로 3명을 추가할 때마다 가목 표의 장비란 중 2)·5)·6) 및 13)(저압용 검전기만 해당한다)을 각각 추가로 갖추어야 한다.

【영 별표 8】 (개정 2019.12.24)

보건관리전문기관의 인력·시설 및 장비 기준(제27조제2항 관련)

1. 제27조제2항제1호에 해당하는 자의 경우
  가. 인력기준
    1) 법 제145조제1항에 따라 등록한 산업보건지도사 1명 이상
    2) 제2호가목1)가)에 해당하는 사람(위촉을 포함한다) 1명 이상. 다만, 법 제145조제1항에 따라 등록한 산업보건지도사가 해당 자격을 보유하고 있는 경우는 제외한다.
  나. 시설기준: 사무실(건강상담실·보건교육실을 포함한다)
  다. 장비기준: 제2호가목3)의 장비와 같음
  라. 업무수탁한계(법 제145조제1항에 따라 등록한 산업보건지도사 1명 기준): 사업장 30개소 또는 근로자 수 2천명 이하
2. 제27조제2항제2호부터 제5호까지의 규정에 해당하는 자
  가. 수탁하려는 사업장 또는 근로자의 수가 100개소 이하 또는 1만명 이하인 경우
    1) 인력기준
      가) 다음의 어느 하나에 해당하는 의사 1명 이상
        (1) 「의료법」에 따른 직업환경의학과 전문의 또는 직업환경의학과 레지던트 4년차의 수련과정에 있는 사람
        (2) 「의료법」에 따른 예방의학과 전문의(환경 및 산업보건 전공)
        (3) 직업환경의학 관련 기관의 직업환경의학 분야에서 또는 사업장의 전임 보건관리자로서 4년 이상 실무나 연구업무에 종사한 의사. 다만, 임상의학과 전문의 자격자는 직업환경의학 분야에서 2년간의 실무나 연구업무에 종사한 것으로 인정한다.
      나) 「의료법」에 따른 간호사 2명 이상
      다) 법 제143조제1항에 따른 산업보건지도사 자격을 가진 사람이나 산업위생관리기술사 1명 이상 또는 산업위생관리기사 자격을 취득한 후 산업보건 실무경력이 5년 이상인 사람 1명 이상
      라) 산업위생관리산업기사 이상인 사람 1명 이상
    2) 시설기준: 사무실(건강상담실·보건교육실 포함)
    3) 장비기준
      가) 작업환경관리장비
        (1) 분진·유기용제·특정 화학물질·유해가스 등을 채취하기 위한 개인용 시료채취기 세트
        (2) 검지관(檢知管) 등 가스·증기농도 측정기 세트
        (3) 주파수분석이 가능한 소음측정기

(4) 흑구·습구온도지수(WBGT) 산출이 가능한 온열조건 측정기 및 조도계
(5) 직독식 유해가스농도측정기(산소 포함)
(6) 국소배기시설 성능시험장비: 스모크테스터(연기 측정관: 연기를 발생시켜 기체의 흐름을 확인하는 도구), 청음기 또는 청음봉, 절연저항계, 표면온도계 또는 유리온도계, 정압 프로브(압력 측정봉)가 달린 열선풍속계, 회전계(R.P.M측정기) 또는 이와 같은 수준 이상의 성능을 가진 장비

나) 건강관리장비
(1) 혈당검사용 간이검사기
(2) 혈압계

나. 수탁하려는 사업장 또는 근로자의 수가 101개소 이상 또는 10,001명 이상인 경우 다음의 구분에 따라 가목1)가)부터 라)까지에서 규정하는 인력을 추가로 갖추어야 한다.

구분		자격별 인력기준〔가목1)가)부터 라)까지〕					
사업장 수(개소)	근로자 수(명)	계	가목1) 가)	가목1)나)부터 라)까지			
				소계	가목1)나)	가목1)다)	가목1)라)
101~125	10,001~12,500	6	1	5	2 이상	1 이상	1 이상
126~150	12,501~15,000	7	1	6	〃	〃	〃
151~175	15,001~17,500	9	*2	7	〃	〃	〃
176~200	17,501~20,000	10	*2	8	〃	〃	〃
201~225	20,001~22,500	11	2	9	〃	〃	〃
226~250	22,501~25,000	12	2	10	〃	〃	〃
251~275	25,001~27,500	13	2	11	〃	〃	〃
276~300	27,501~30,000	14	2	12	〃	〃	〃
301~325	30,001~32,500	16	*3	13	〃	〃	〃
326~350	32,501~35,000	17	*3	14	〃	〃	〃
351~375	35,001~37,500	18	3	15	〃	〃	〃
376~400	37,501~40,000	19	3	16	〃	〃	〃
401~425	40,001~42,500	20	3	17	〃	〃	〃
426~450	42,501~45,000	21	3	18	〃	〃	〃

비고
1. 사업장 수 451개소 이상 또는 근로자 수 45,001명 이상인 경우 사업장 150개소마다 또는 근로자 15,000명마다 가목1)가)에 해당하는 사람 1명을 추가해야 하며, 사업장 25개소마다 또는 근로자 2,500명마다 가목1)나)·다) 또는 라)에 해당하는 사람 중 1명을 추가해야 한다.
2. 사업장 수에 따른 인력기준과 근로자 수에 따른 인력기준이 서로 다른 경우에는 그 중 더 중한 기준에 따라야 한다.
3. "*" 는 해당 기관이 특수건강진단기관으로 별도 지정·운영되고 있는 경우 의사 1명은 업무 수행에 지장이 없는 범위에서 특수건강진단기관 의사를 활용할 수 있음을 나타낸다.

【영 별표 9】 (개정 2019.12.24)

산업안전보건위원회를 구성해야 할 사업의 종류 및 사업장의 상시근로자 수
(제34조 관련)

사업의 종류	사업장의 상시근로자 수
1. 토사석 광업 2. 목재 및 나무제품 제조업; 가구제외 3. 화학물질 및 화학제품 제조업; 의약품 제외(세제, 화장품 및 광택제 제조업과 화학섬유 제조업은 제외한다) 4. 비금속 광물제품 제조업 5. 1차 금속 제조업 6. 금속가공제품 제조업; 기계 및 가구 제외 7. 자동차 및 트레일러 제조업 8. 기타 기계 및 장비 제조업 (사무용 기계 및 장비 제조업은 제외한다) 9. 기타 운송장비 제조업(전투용 차량 제조업은 제외한다)	상시 근로자 50명 이상
10. 농업 11. 어업 12. 소프트웨어 개발 및 공급업 13. 컴퓨터 프로그래밍, 시스템 통합 및 관리업 14. 정보서비스업 15. 금융 및 보험업 16. 임대업; 부동산 제외 17. 전문, 과학 및 기술 서비스업(연구개발업은 제외한다) 18. 사업지원 서비스업 19. 사회복지 서비스업	상시 근로자 300명 이상
20. 건설업	공사금액 120억원 이상(「건설산업기본법시행령」 별표 1의 종합공사를 시공하는 업종의 건설업종란 제1호에 따른 토목공사업의 경우에는 150억원 이상)
21. 제1호부터 제20호까지의 사업을 제외한 사업	상시 근로자 100명 이상

【영 별표 10】(개정 2019.12.24)

근로자안전보건교육기관의 인력·시설 및 장비 등 기준
(제40조제1항 관련)

1. 기본사항
  가. 기본인력은 근로자 안전보건교육 업무를 담당하면서 분기별 12시간 이상 강의를 하는 사람을 제2호에 따라 갖추어야 한다.
  나. 시설 및 장비는 항상 갖추어 두고 사용할 수 있도록 하되, 임대하여 사용할 수 있다. 이 경우 시설로 등록한 강의실이 아닌 장소에서 교육을 실시하는 경우에도 시설 및 장비를 갖추어야 한다.
  다. 근로자 안전보건교육을 하기 위하여 지부 또는 출장소 등을 설치하는 경우에는 각 지부 또는 출장소별로 해당 인력·시설 및 장비 기준을 갖추어야 한다.
  라. 관련 분야의 범위
    1) 산업안전 분야: 기계안전, 전기안전, 화공안전, 건설안전
    2) 산업보건 분야: 직업환경의학, 산업위생관리, 산업간호, 인간공학, 대기환경
2. 인력기준
  가. 총괄책임자: 다음의 어느 하나에 해당하는 사람 1명 이상
    1) 법 제143조제1항에 따른 산업안전지도사·산업보건지도사 자격을 가진 사람 또는 산업안전·보건 분야 기술사
    2) 「의료법」 제77조에 따른 직업환경의학과 전문의
    3) 「의료법」 제78조에 따른 산업전문간호사 자격을 취득한 후 실무경력이 2년 이상인 사람
    4) 산업안전·보건 분야 기사 자격을 취득한 후 실무경력이 5년 이상인 사람
    5) 「고등교육법」에 따른 전문대학 또는 4년제 대학의 산업안전·보건 분야 관련 학과의 전임강사 이상인 사람
    6) 5급 이상 공무원(고위공무원단에 속하는 일반직공무원을 포함한다)으로 근무한 기간 중 산업재해 예방 행정 분야에 실제 근무한 기간이 3년 이상인 사람
  나. 강사: 다음의 어느 하나에 해당하는 사람 2명 이상
    1) 가목에 따른 총괄책임자의 자격이 있는 사람
    2) 산업안전·보건 분야 기사 자격을 취득한 후 실무경력이 3년 이상인 사람
    3) 산업안전·보건 분야 산업기사 자격을 취득한 후 실무경력이 5년 이상인 사람
    4) 「의료법」에 따른 의사 또는 간호사 자격을 취득한 후 산업보건 분야 실무경력이 2년 이상인 사람

5) 「고등교육법」 제2조(제2호, 제6호 및 제7호는 수업연한이 4년인 경우로 한정한다)에 따른 학교에서 산업안전·보건 분야 관련 학위를 취득한 후(다른 법령에서 이와 같은 수준 이상의 학력이 있다고 인정받은 경우를 포함한다) 해당 분야에서 실제 근무한 기간이 3년 이상인 사람
6) 5)에 해당하지 않는 경우로서 산업안전·보건 분야 석사 이상의 학위를 취득한 후 산업안전·보건 분야에서 실제 근무한 기간이 3년 이상인 사람
7) 7급 이상 공무원(고위공무원단에 속하는 일반직공무원을 포함한다)으로 근무한 기간 중 산업재해 예방 행정 분야에 실제 근무한 기간이 3년 이상인 사람
8) 공단 또는 비영리법인에서 산업안전·보건 분야에 실제 근무한 기간이 5년 이상인 사람

3. 시설 및 장비 기준
가. 사무실: 연면적 30㎡ 이상일 것
나. 강의실: 연면적 120㎡ 이상이고, 의자·탁자 및 교육용 비품을 갖출 것

4. 제조업, 건설업, 기타 사업(제조업·건설업을 제외한 사업을 말한다)에 대하여 사무직·비사무직 근로자용 교육교재를 각각 1개 이상 보유할 것

【영 별표 11】 (개정 2019.12.24)

건설업 기초안전보건교육을 하려는 기관의 인력·시설 및 장비 기준 (제40조제2항 관련)

1. 기본사항
가. 시설 및 장비는 항상 갖추어 두고 사용할 수 있도록 하되, 임대하여 사용할 수 있다.
나. 건설업 기초안전보건교육을 하기 위하여 지부 또는 출장소 등을 설치하는 경우에는 각 지부 또는 출장소별로 해당 인력·시설 및 장비를 갖추어야 한다.

2. 인력기준
가. 다음의 어느 하나에 해당하는 사람 1명 이상
1) 법 제143조제1항에 따른 산업안전지도사(건설안전 분야로 한정한다)·산업보건지도사 자격을 가진 사람, 건설안전기술사 또는 산업위생관리기술사
2) 건설안전기사 또는 산업안전기사 자격을 취득한 후 건설안전 분야 실무경력이 7년 이상인 사람
3) 대학의 조교수 이상으로서 건설안전 분야에 관한 학식과 경험이 풍부한 사람
4) 5급 이상 공무원, 산업안전·보건 분야 석사 이상의 학위를 취득하거나 산업전문간호사 자격을 취득한 후 산업안전·보건 분야 실무경력이 3년 이상인 사람

나. 다음의 어느 하나에 해당하는 사람 2명 이상
(건설안전 및 산업보건·위생 분야별로 각 1명 이상)
1) 법 제143조제1항에 따른 산업안전지도사(건설안전 분야로 한정한다)·산업보건지도사 자격을 가진 사람, 건설안전기술사 또는 산업위생관리기술사
2) 건설안전기사 또는 산업위생관리기사 자격을 취득한 후 해당 실무경력이 1년 이상인 사람
3) 건설안전산업기사 또는 산업위생관리산업기사 자격을 취득한 후 해당 실무경력이 3년 이상인 사람
4) 산업안전산업기사 이상의 자격을 취득한 후 건설안전 실무경력이 산업안전기사 이상의 자격은 1년, 산업안전산업기사 자격은 3년 이상인 사람
5) 건설 관련 기사 자격을 취득한 후 건설 관련 실무경력이 1년 이상인 사람
6) 「건설기술 진흥법 시행령」 별표 1 제2호나목에 따른 특급건설기술인 또는 고급건설기술인
7) 「고등교육법」 제2조에 따른 학교 중 4년제 대학의 건설안전 또는 산업보건·위생 관련 분야 학위를 취득한 후(다른 법령에 따라 이와 같은 수준 이상의 학력이 인정되는 경우를 포함한다) 해당 실무경력이 1년 이상인 사람
8) 「고등교육법」 제2조에 따른 학교 중 전문대학의 건설안전 또는 산업보건·위생 관련 분야 학위를 취득한 후(다른 법령에 따라 이와 같은 수준 이상의 학력이 인정되는 사람을 포함한다) 해당 실무경력이 3년 이상인 사람

3. 시설 및 장비 기준
가. 사무실: 연면적 30㎡
나. 강의실: 연면적 120㎡이고, 의자, 책상, 빔 프로젝터 등 교육에 필요한 비품과 방음·채광·환기 및 냉난방을 위한 시설 또는 설비를 갖출 것

【영 별표 12】 (개정 2019.12.24)

직무교육기관의 인력·시설 및 장비 기준
(제40조제3항제2호 관련)

1. 기본사항

가. 기본인력은 직무교육기관의 업무만을 담당하면서 분기별 12시간 이상 강의를 하는 사람을 3명〔총괄책임자 1명과 교육대상에 따른 관련 분야별 강사 2명(제2호가목에 따라 안전보건관리책임자와 안전보건관리담당자를 교육대상으로 하는 경우에는 산업안전 및 산업보건 분야의 강사 각 1명)〕 이상으로 해야 하며, 제2호가목의 구분에 따른 교육대상을 달리하는 교육을 실시하는 경우에는 관련 분야의 강사 1명을 추가로 확보해야 한다.

나. 시설 및 장비는 항상 갖추어 두고 사용할 수 있도록 하되, 임대하여 사용할 수 있으며, 교육대상별로 보유해야 할 장비 중 중복되는 장비에 대해서는 공용으로 사용할 수 있다. 이 경우 등록한 강의실이 아닌 장소에서 교육을 실시하는 경우에도 시설 및 해당 교육과정에 적합한 장비를 갖추어야 한다.

다. 직무교육을 하기 위하여 지부 또는 출장소 등을 설치하는 경우에는 각 지부 또는 출장소별로 해당 인력·시설 및 장비를 갖추어야 한다.

라. 관련 분야의 범위

1) 산업안전 분야: 기계안전, 전기안전, 화공안전, 건설안전

2) 산업보건 분야: 직업환경의학, 산업위생관리, 산업간호, 인간공학, 대기환경

3) 안전검사 분야: 기계안전, 전기안전, 화공안전, 산업안전, 산업위생관리

2. 인력기준

가. 교육대상별 관련 분야 구분

구분	교육대상	관련 분야
총괄	1) 안전보건관리책임자 2) 안전보건관리담당자	산업안전 및 산업보건
산업 안전	3) 안전관리자 4) 안전관리전문기관의 종사자 5) 건설재해예방 전문지도기관의 종사자	산업안전
산업 보건	6) 보건관리자 7) 보건관리전문기관의 종사자 8) 석면조사기관의 종사자	산업보건 ※ 석면조사기관의 종사자에 대한 관련 분야는 산업보건 분야 중 산업위생관리로 한정한다.

구분	교육대상	관련 분야
안전검사	9) 안전검사기관의 종사자 10) 자율안전검사기관의 종사자	안전검사

나. 인력별 기준

구 분	자 격 기 준
총괄 책임자	1) 교육대상별 관련 분야 지도사, 기술사 또는 박사학위 소지자 2) 「의료법」 제77조에 따른 직업환경의학과 전문의 3) 교육대상별 관련 분야의 기사 자격 또는 「의료법」 제78조에 따른 산업전문간호사 자격을 취득한 후 실무경력이 10년 이상인 사람 4) 「고등교육법」 제2조에 따른 학교의 교육대상별 관련 분야 학과 조교수 이상인 사람 5) 5급 이상 공무원(고위공무원단에 속하는 일반직공무원을 포함한다)으로 근무한 기간 중 산업재해 예방 행정 분야에 실제 근무한 기간이 3년 이상인 사람 6) 산업안전·보건 분야 석사 이상의 학위를 취득한 후 교육대상별 관련 분야에 실제 근무한 기간이 3년 이상인 사람
강사	1) 총괄책임자의 자격이 있는 사람 2) 교육대상별 관련 분야 기사 자격을 취득한 후 실무경력이 7년 이상인 사람 3) 교육대상별 관련 분야 산업기사 자격을 취득한 후 실무경력이 10년 이상인 사람 4) 「의료법」에 따른 간호사 자격을 취득한 후 관련 분야 실무경력이 7년 이상인 사람 5) 교육대상별 관련 분야 석사 학위를 취득한 후 실무경력이 5년 이상인 사람 6) 7급 이상 공무원(고위공무원단에 속하는 일반직공무원을 포함한다)으로 근무한 기간 중 산업재해 예방 행정 분야에 실제 근무한 기간이 5년 이상인 사람

3. 시설기준

가. 사무실: 연면적 30㎡ 이상일 것

나. 강의실: 연면적 120㎡ 이상이고, 의자·탁자 및 교육용 비품을 갖출 것

4. 교육대상별 장비 기준

가. 안전관리자, 안전관리전문기관 및 재해예방 전문지도기관의 종사자

장비명	수량(대)
1) 회전속도측정기	1
2) 온도계측기(표면온도 측정용일 것)	1
3) 소음측정기	1
4) 절연저항측정기	1
5) 접지저항측정기	1
6) 정전기전하량측정기	1
7) 클램프미터	1
8) 검전기(저·고·특고압용일 것)	1
9) 직독식 유해가스농도측정기(산소농도의 측정도 가능할 것)	1

나. 보건관리자 및 보건관리전문기관의 종사자

장비명	수량(대)
1) 화학적인자의 채취를 위한 개인용 시료채취기 세트	1
2) 분진의 채취를 위한 개인용 시료채취기 세트	1
3) 소음측정기	1
4) 습구·흑구온도지수(WBGT)의 산출이 가능한 온열조건 측정기	1
5) 검지관 등 가스·증기농도 측정기 세트	1
6) 직독식 유해가스농도측정기(산소농도의 측정도 가능할 것)	1
7) 청력검사기	1
8) 국소배기시설 성능시험을 위한 스모그테스터	1
9) 정압 프로브가 달린 열선풍속계	1
10) 심폐소생 인체모형	1
11) 혈압계	1
12) 혈당검사용 간이검사기	1
13) 혈중지질검사용 간이검사기	1

다. 안전보건관리담당자

장비명	수량(대)
1) 절연저항측정기	1
2) 접지저항측정기	1

장비명	수량(대)
3) 클램프미터	1
4) 검전기(저·고·특고압용일 것)	1
5) 소음측정기	1
6) 검지관 등 가스·증기농도 측정기 세트	1
7) 직독식 유해가스농도측정기(산소농도의 측정도 가능할 것)	1
8) 심폐소생 인체모형	1
9) 혈압계	1
10) 혈당검사용 간이검사기	1
11) 혈중지질검사용 간이검사기	1

라. 석면조사기관의 종사자

장비명	수량(대)
1) 지역시료 채취펌프	1
2) 유량보정계	1
3) 입체현미경	1
4) 편광현미경	1
5) 위상차현미경	1
6) 흄 후드〔고성능필터(HEPA필터) 이상의 공기정화장치가 장착된 것일 것〕	1
7) 진공청소기〔고성능필터(HEPA필터) 이상의 공기정화장치가 장착된 것일 것〕	1
8) 아세톤 증기화 장치	1
9) 필터 여과추출장치	1
10) 저울(최소 측정단위가 0.1㎎ 이하이어야 한다)	1
11) 송기마스크 또는 전동식 호흡보호구〔전동식 방진마스크(전면형 특등급일 것), 전동식 후드 또는 전동식 보안면 {분진·미스트(mist: 공기 중에 떠다니는 작은 액체방울)·흄(fume: 열이나 화학반응에 의하여 형성된 고체증기가 응축되어 생긴 미세입자)} 에 대한 용도로 안면부 누설률이 0.05% 이하인 특등급일 것)〕	1

마. 안전검사기관 및 자율안전검사기관의 종사자

장비명	수량(대)
1) 회전속도측정기	1
2) 비파괴시험장비	1
3) 와이어로프 테스터	1
4) 진동측정기	1
5) 초음파 두께측정기	1
6) 토크메타	1
7) 로드셀, 분동	1
8) 온도계측기(표면측정용일 것)	1
9) 소음측정기	1
10) 절연저항측정기	1
11) 접지저항측정기	1
12) 정전기전압측정기	1
13) 클램프미터	1
14) 검전기(저·고·특고압용일 것)	1
15) 직독식 유해가스농도측정기(산도농도의 측정이 가능할 것)	1

【영 별표 13】 (개정 2019.12.24)

유해·위험물질 규정량(제43조제1항 관련)

번호	유해·위험물질	CAS번호	규정량(kg)
1	인화성 가스	-	제조·취급: 5,000(저장: 200,000)
2	인화성 액체	-	제조·취급: 5,000(저장: 200,000)
3	메틸 이소시아네이트	624-83-9	제조·취급·저장: 1,000
4	포스겐	75-44-5	제조·취급·저장: 500
5	아크릴로니트릴	107-13-1	제조·취급·저장: 10,000
6	암모니아	7664-41-7	제조·취급·저장: 10,000
7	염소	7782-50-5	제조·취급·저장: 1,500
8	이산화황	7446-09-5	제조·취급·저장: 10,000
9	삼산화황	7446-11-9	제조·취급·저장: 10,000
10	이황화탄소	75-15-0	제조·취급·저장: 10,000
11	시안화수소	74-90-8	제조·취급·저장: 500
12	불화수소(무수불산)	7664-39-3	제조·취급·저장: 1,000

번호	유해·위험물질	CAS번호	규정량(kg)
13	염화수소(무수염산)	7647-01-0	제조·취급·저장: 10,000
14	황화수소	7783-06-4	제조·취급·저장: 1,000
15	질산암모늄	6484-52-2	제조·취급·저장: 500,000
16	니트로글리세린	55-63-0	제조·취급·저장: 10,000
17	트리니트로톨루엔	118-96-7	제조·취급·저장: 50,000
18	수소	1333-74-0	제조·취급·저장: 5,000
19	산화에틸렌	75-21-8	제조·취급·저장: 1,000
20	포스핀	7803-51-2	제조·취급·저장: 500
21	실란(Silane)	7803-62-5	제조·취급·저장: 1,000
22	질산(중량 94.5% 이상)	7697-37-2	제조·취급·저장: 50,000
23	발연황산(삼산화황 중량 65% 이상 80% 미만)	8014-95-7	제조·취급·저장: 20,000
24	과산화수소(중량 52% 이상)	7722-84-1	제조·취급·저장: 10,000
25	톨루엔 디이소시아네이트	91-08-7, 584-84-9, 26471-62-5	제조·취급·저장: 2,000
26	클로로술폰산	7790-94-5	제조·취급·저장: 10,000
27	브롬화수소	10035-10-6	제조·취급·저장: 10,000
28	삼염화인	7719-12-2	제조·취급·저장: 10,000
29	염화 벤질	100-44-7	제조·취급·저장: 2,000
30	이산화염소	10049-04-4	제조·취급·저장: 500
31	염화 티오닐	7719-09-7	제조·취급·저장: 10,000
32	브롬	7726-95-6	제조·취급·저장: 1,000
33	일산화질소	10102-43-9	제조·취급·저장: 10,000
34	붕소 트리염화물	10294-34-5	제조·취급·저장: 10,000
35	메틸에틸케톤과산화물	1338-23-4	제조·취급·저장: 10,000
36	삼불화 붕소	7637-07-2	제조·취급·저장: 1,000
37	니트로아닐린	88-74-4, 99-09-2, 100-01-6, 29757-24-2	제조·취급·저장: 2,500
38	염소 트리플루오르화	7790-91-2	제조·취급·저장: 1,000

번호	유해·위험물질	CAS번호	규정량(kg)
39	불소	7782-41-4	제조·취급·저장: 500
40	시아누르 플루오르화물	675-14-9	제조·취급·저장: 2,000
41	질소 트리플루오르화물	7783-54-2	제조·취급·저장: 20,000
42	니트로 셀롤로오스 (질소 함유량 12.6% 이상)	9004-70-0	제조·취급·저장: 100,000
43	과산화벤조일	94-36-0	제조·취급·저장: 3,500
44	과염소산 암모늄	7790-98-9	제조·취급·저장: 3,500
45	디클로로실란	4109-96-0	제조·취급·저장: 1,000
46	디에틸 알루미늄 염화물	96-10-6	제조·취급·저장: 10,000
47	디이소프로필 퍼옥시디카보네이트	105-64-6	제조·취급·저장: 3,500
48	불산(중량 10% 이상)	7664-39-3	제조·취급·저장: 10,000
49	염산(중량 20% 이상)	7647-01-0	제조·취급·저장: 20,000
50	황산(중량 20% 이상)	7664-93-9	제조·취급·저장: 20,000
51	암모니아수(중량 20% 이상)	1336-21-6	제조·취급·저장: 50,000

비고

1. "인화성 가스"란 인화한계 농도의 최저한도가 13% 이하 또는 최고한도와 최저한도의 차가 12% 이상인 것으로서 표준압력(101.3 ㎪)에서 20℃에서 가스 상태인 물질을 말한다.
2. 인화성 가스 중 사업장 외부로부터 배관을 통해 공급받아 최초 압력조정기 후단 이후의 압력이 0.1 MPa(계기압력) 미만으로 취급되는 사업장의 연료용 도시가스(메탄 중량성분 85% 이상으로 이 표에 따른 유해·위험물질이 없는 설비에 공급되는 경우에 한정한다)는 취급 규정량을 50,000kg으로 한다.
3. 인화성 액체란 표준압력(101.3 ㎪)에서 인화점이 60℃ 이하이거나 고온·고압의 공정운전조건으로 인하여 화재·폭발위험이 있는 상태에서 취급되는 가연성 물질을 말한다.
4. 인화점의 수치는 태그밀폐식 또는 펜스키마르테르식 등의 밀폐식 인화점 측정기로 표준압력(101.3 ㎪)에서 측정한 수치 중 작은 수치를 말한다.
5. 유해·위험물질의 규정량이란 제조·취급·저장 설비에서 공정과정 중에 저장되는 양을 포함하여 하루 동안 최대로 제조·취급 또는 저장할 수 있는 양을 말한다.
6. 규정량은 화학물질의 순도 100%를 기준으로 산출하되, 농도가 규정되어 있는 화학물질은 그 규정된 농도를 기준으로 한다.
7. 사업장에서 다음 각 목의 구분에 따라 해당 유해·위험물질을 그 규정량 이상 제조·취급·저장하는 경우에는 유해·위험설비로 본다.
   가. 한 종류의 유해·위험물질을 제조·취급·저장하는 경우: 해당 유해·위험물질의 규정량 대비 하루 동안 제조·취급 또는 저장할 수 있는 최대치 중 가장 큰 값($\frac{C}{T}$)이 1 이상인 경우
   나. 두 종류 이상의 유해·위험물질을 제조·취급·저장하는 경우: 유해·위험물질별로 가목에 따른 가장 큰 값($\frac{C}{T}$)을 각각 구하여 합산한 값(R)이 1 이상인 경우, 그 계산식은 다음과 같다.

$$R = \frac{C_1}{T_1} + \frac{C_2}{T_2} + \cdots\cdots + \frac{C_n}{T_n}$$

주) Cn: 유해·위험물질별(n) 규정량과 비교하여 하루 동안 제조·취급 또는 저장할 수 있는 최대치 중 가장 큰 값

Tn: 유해·위험물질별(n) 규정량

8. 가스를 전문으로 저장·판매하는 시설 내의 가스는 이 표의 규정량 산정에서 제외한다.

【영 별표 14】(개정 2019.12.24)

안전·보건진단의 종류 및 내용(제46조제1항 관련)

종류	진단내용
종합진단	1. 경영·관리적 사항에 대한 평가 가. 산업재해 예방계획의 적정성 나. 안전·보건 관리조직과 그 직무의 적정성 다. 산업안전보건위원회 설치·운영, 명예산업안전감독관의 역할 등 근로자의 참여 정도 라. 안전보건관리규정 내용의 적정성 2. 산업재해 또는 사고의 발생 원인(산업재해 또는 사고가 발생한 경우만 해당한다) 3. 작업조건 및 작업방법에 대한 평가 4. 유해·위험요인에 대한 측정 및 분석 가. 기계·기구 또는 그 밖의 설비에 의한 위험성 나. 폭발성·물반응성·자기반응성·자기발열성 물질, 자연발화성 액체·고체 및 인화성 액체 등에 의한 위험성 다. 전기·열 또는 그 밖의 에너지에 의한 위험성 라. 추락, 붕괴, 낙하, 비래(飛來) 등으로 인한 위험성 마. 그 밖에 기계·기구·설비·장치·구축물·시설물·원재료 및 공정 등에 의한 위험성 바. 법 제118조제1항에 따른 허가대상물질, 고용노동부령으로 정하는 관리대상 유해물질 및 온도·습도·환기·소음·진동·분진, 유해광선 등의 유해성 또는 위험성 5. 보호구, 안전·보건장비 및 작업환경 개선시설의 적정성 6. 유해물질의 사용·보관·저장, 물질안전보건자료의 작성, 근로자 교육 및 경고표시 부착의 적정성 7. 그 밖에 작업환경 및 근로자 건강 유지·증진 등 보건관리의 개선을 위하여 필요한 사항
안전진단	종합진단 내용 중 제2호·제3호, 제4호가목부터 마목까지 및 제5호 중 안전 관련 사항
보건진단	종합진단 내용 중 제2호·제3호, 제4호바목, 제5호 중 보건 관련 사항, 제6호 및 제7호

【영 별표 15】 (개정 2019.12.24)

종합진단기관의 인력·시설 및 장비 등의 기준(제47조 관련)

1. 인력기준

안전 분야	보건 분야
다음 각 목에 해당하는 전담 인력 보유 가. 기계·화공·전기 분야의 산업안전지도사 또는 안전기술사 1명 이상 나. 건설안전지도사 또는 건설안전기술사 1명 이상 다. 산업안전기사 이상의 자격을 취득한 사람 2명 이상 라. 기계기사 이상의 자격을 취득한 사람 1명 이상 마. 전기기사 이상의 자격을 취득한 사람 1명 이상 바. 화공기사 이상의 자격을 취득한 사람 1명 이상 사. 건설안전기사 이상의 자격을 취득한 1명 이상	다음 각 목에 해당하는 전담 인력 보유 가. 의사(별표 30 제1호의 특수건강진단기관의 인력기준에 해당하는 사람)·산업보건지도사 또는 산업위생관리기술사 1명 이상 나. 분석전문가(「고등교육법」에 따른 대학에서 화학, 화공학, 약학 또는 산업보건학 관련 학위를 취득한 사람 또는 이와 같은 수준 이상의 학력을 가진 사람) 2명 이상 다. 산업위생관리기사(산업위생관리기사 이상의 자격을 취득한 사람 또는 산업위생관리산업기사 이상의 자격을 취득한 사람 각 1명 이상) 2명 이상

2. 시설기준
   가. 안전 분야: 사무실 및 장비실
   나. 보건 분야: 작업환경상담실, 작업환경측정 준비 및 분석실험실
3. 장비기준
   가. 안전 분야: 별표 16 제2호에 따라 일반안전진단기관이 갖추어야 할 장비
   나. 보건 분야: 별표 17 제3호에 따라 보건진단기관이 갖추어야 할 장비
4. 장비의 공동활용

   별표 17 제3호아목부터 러목까지의 규정에 해당하는 장비는 해당 기관이 법 제126조에 따른 작업환경측정기관 또는 법 제135조에 따른 특수건강진단기관으로 지정을 받으려고 하거나 지정을 받아 같은 장비를 보유하고 있는 경우에는 분석 능력 등을 고려하여 이를 공동으로 활용할 수 있다.

【영 별표 16】 (개정 2019.12.24)

안전진단기관의 인력·시설 및 장비 등의 기준
(제47조 관련)

번호	종류	인력기준	시설·장비 기준	대상 업종
1	공통사항		1. 사무실 2. 장비실	
2	일반안전 진단기관	다음 각 호에 해당하는 전담 인력 보유 1. 기계·화공·전기안전 분야의 산업안전지도사 또는 안전기술사 1명 이상 2. 산업안전기사 이상의 자격을 취득한 사람 2명 이상 3. 기계기사 이상의 자격을 취득한 사람 1명 이상 4. 전기기사 이상의 자격을 취득한 사람 1명 이상 5. 화공기사 이상의 자격을 취득한 사람 1명 이상	1. 회전속도측정기 2. 자동 탐상비파괴시험기 3. 재료강도시험기 4. 진동측정기 5. 표준압력계 6. 절연저항측정기 7. 만능회로측정기 8. 산업용 내시경 9. 경도측정기 10. 산소농도측정기 11. 두께측정기 12. 가스농도측정기 13. 가연성 가스 검지관 14. 수압시험기 15. 접지저항측정기 16. 계전기기시험기 17. 정전기전하량측정기 18. 정전전위측정기 19. 차압측정기	모든 사업(건설업은 제외한다)
3	건설안전 진단기관	다음 각 호에 해당하는 전담 인력 보유 1. 건설안전 분야의 산업안전지도사 또는 안전기술사 1명 이상 2. 건설안전기사 이상의 자격을 취득한 사람 2명 이상 3. 건설안전산업기사 또는 산업안전산업기사 이상의 자격을 취득한 사람 2명 이상	1. 재료강도시험기 2. 진동측정기 3. 산소농도측정기 4. 가스농도측정기	건설업

【영 별표 17】 (개정 2019.12.24)

보건진단기관의 인력·시설 및 장비 등의 기준(제47조 관련)

1. 인력기준(보건진단 업무만을 전담하는 인력기준)

인력	인원	자격
의사, 산업보건지도사 또는 산업위생관리기술사	1명 이상	의사는 「의료법」에 따른 직업환경의학과 전문의
분석전문가	2명 이상	「고등교육법」에 따른 대학에서 화학, 화공학, 약학 또는 산업보건학 관련 학위를 취득한 사람 또는 이와 같은 수준 이상의 학력을 가진 사람
산업위생관리기사	2명 이상	산업위생관리기사 이상의 자격을 취득한 사람 및 산업위생관리산업기사 이상의 자격을 취득한 사람 각각 1명 이상

비고: 인원은 보건진단 대상 사업장 120개소를 기준으로 120개소를 초과할 때마다 인력별로 1명씩 추가한다.

2. 시설기준
  가. 작업환경상담실
  나. 작업환경측정 준비 및 분석실험실
3. 장비기준
  가. 분진, 특정 화학물질, 유기용제 및 유해가스의 시료 포집기
  나. 검지관 등 가스·증기농도 측정기 세트
  다. 분진측정기
  라. 옥타브 분석이 가능한 소음측정계 및 소음조사량측정기
  마. 대기의 온도·습도, 기류, 복사열, 조도(照度), 유해광선을 측정할 수 있는 기기
  바. 산소측정기
  사. 일산화탄소농도측정기
  아. 원자흡광광도계
  자. 가스크로마토그래피
  차. 자외선·가시광선 분광광도계
  카. 현미경
  타. 저울(최소 측정단위가 0.01㎎ 이하이어야 한다)
  파. 순수제조기
  하. 건조기

거. 냉장고 및 냉동고
너. 드래프트 체임버
더. 화학실험대
러. 배기 또는 배액의 처리를 위한 설비
머. 피토 튜브 등 국소배기시설의 성능시험장비

4. 시설 및 장비의 공동활용
   제2호의 시설과 제3호아목부터 러목까지의 규정에 해당하는 장비는 해당 기관이 법 제126조에 따른 작업환경측정기관 또는 법 제135조에 따른 특수건강진단기관으로 지정을 받으려고 하거나 지정을 받아 같은 장비를 보유하고 있는 경우에는 분석 능력 등을 고려하여 이를 공동으로 활용할 수 있다.

【영 별표 18】 (개정 2019.12.24)

건설재해예방전문지도기관의 지도 기준(제60조 관련)

1. 건설재해예방전문지도기관의 지도대상 분야
   건설재해예방전문지도기관이 법 제73조제1항에 따라 건설공사도급인에 대하여 실시하는 지도(이하 "기술지도"라 한다)는 공사의 종류에 따라 건설공사 지도 분야와 전기공사 및 정보통신공사 지도 분야로 구분한다.
2. 기술지도계약
   가. 건설재해예방전문지도기관의 기술지도를 받아야 하는 건설공사도급인은 공사 착공 전날까지 고용노동부령으로 정하는 서식에 따라 건설재해예방전문지도기관과 기술지도계약을 체결하고 그 증명서류를 갖추어 두어야 한다.
   나. 건설공사발주자는 기술지도계약을 체결하지 않은 건설공사도급인(건설공사의 시공을 주도하여 총괄·관리하는 자는 제외한다. 이하 이 표에서 같다)에게 법 제72조제1항에 따라 계상한 산업안전보건관리비의 20%에 해당하는 금액을 지급하지 않거나 환수할 수 있다.
   다. 건설공사발주자는 건설공사도급인이 기술지도계약을 늦게 체결하여 기술지도의 대가(代價)가 조정된 경우에는 조정된 금액만큼 산업안전보건관리비를 지급하지 않거나 환수할 수 있다.
3. 기술지도의 수행방법
   가. 기술지도 횟수
      1) 기술지도는 특별한 사유가 없으면 다음의 계산식에 따른 횟수로 하고, 공사시작 후 15

일 이내마다 1회 실시하되, 공사금액이 40억원 이상인 공사에 대해서는 별표 19 제1호 및 제2호의 구분에 따른 분야 중 그 공사에 해당하는 지도 분야의 같은 표 제1호나목 지도인력기준란 1) 및 같은 표 제2호나목 지도인력기준란 1)에 해당하는 사람이 8회마다 한 번 이상 방문하여 기술지도를 해야 한다.

$$\text{기술지도 횟수(회)} = \frac{\text{공사기간(일)}}{\text{15일}}$$

※ 단, 소수점은 버린다.

2) 공사가 조기에 준공된 경우, 기술지도계약이 지연되어 체결된 경우 및 공사기간이 현저히 짧은 경우 등의 사유로 기술지도 횟수기준을 지키기 어려운 경우에는 그 공사의 공사감독자(공사감독자가 없는 경우에는 감리자를 말한다)의 승인을 받아 기술지도 횟수를 조정할 수 있다.

나. 기술지도 한계 및 기술지도 지역

1) 건설재해예방전문지도기관의 사업장 지도 담당 요원 1명당 기술지도 횟수는 1일당 최대 4회로 하고, 월 최대 80회로 한다.

2) 건설재해예방전문지도기관의 기술지도 지역은 건설재해예방전문지도기관으로 지정을 받은 지방고용노동청 및 지방고용노동청의 소속 사무소 관할지역으로 한다.

4. 기술지도 업무의 내용

가. 기술지도 범위 및 준수의무

1) 건설재해예방전문지도기관은 기술지도를 할 때에는 공사의 종류, 공사 규모, 담당 사업장 수 등을 고려하여 담당 요원을 지정해야 하고, 담당 요원은 해당 사업주에게 산업안전보건관리비 집행 및 산업재해 예방을 위하여 필요한 사항을 권고해야 한다.

2) 건설재해예방전문지도기관이 해당 사업주에게 권고를 할 때에는 법 제13조에 따른 기술에 관한 표준 등 「산업안전보건법」 및 같은 법 시행령에 따른 사항을 고려해야 한다.

3) 건설재해예방전문지도기관의 개선 권고를 받은 사업주는 그 사항을 이행해야 한다.

나. 기술지도 결과의 기록

1) 건설재해예방전문지도기관은 기술지도를 하고 기술지도 결과보고서를 작성하여 공사관계자의 확인을 받은 후 해당 사업주에게 발급하고 기술지도를 한 날부터 7일 이내에 고용노동부장관이 정하는 전산시스템에 입력해야 한다.

2) 건설재해예방전문지도기관은 공사 종료 시 건설공사발주자와 건설공사도급인에게 고용노동부령으로 정하는 서식에 따른 기술지도 완료증명서를 제출해야 한다.

5. 기술지도 관련 서류의 보존

건설재해예방전문지도기관은 기술지도계약서, 기술지도 결과보고서, 그 밖에 기술지도업무 수행에 관한 서류를 기술지도가 끝난 후 3년 동안 보존해야 한다.

【영 별표 19】 (개정 2019.12.24)

건설재해예방전문지도기관의 인력·시설 및 장비 기준(제61조 관련)

1. 건설공사 지도 분야(「전기공사업법」 및 「정보통신공사업법」에 따른 전기공사 및 정보통신공사는 제외한다)
   가. 법 제145조제1항에 따라 등록한 산업안전지도사의 경우
      1) 지도인력기준: 법 제145조제1항에 따라 등록한 산업안전지도사(건설안전 분야)
      2) 시설기준: 사무실(장비실을 포함한다)
      3) 장비기준: 나목의 장비기준과 같음
   나. 건설 산업재해 예방 업무를 하려는 법인의 경우

지도인력기준	시설기준	장비기준
○ 다음에 해당하는 인원 1) 산업안전지도사(건설 분야) 또는 건설안전기술사 1명 이상 2) 다음의 기술인력 중 2명 이상 가) 건설안전산업기사 이상의 자격을 취득한 후 건설안전 실무경력이 건설안전기사 이상의 자격은 5년, 건설안전산업기사 자격은 7년 이상인 사람 나) 토목·건축산업기사 이상의 자격을 취득한 후 건설 실무경력이 토목·건축기사 이상의 자격은 5년, 토목·건축산업기사 자격은 7년 이상이고 제17조에 따른 안전관리자의 자격을 갖춘 사람 3) 다음의 기술인력 중 2명 이상 가) 건설안전산업기사 이상의 자격을 취득한 후 건설안전 실무경력이 건설안전기사 이상의 자격은 1년, 건설안전산업기사 자격은 3년 이상인 사람 나) 토목·건축산업기사 이상의 자격을 취득한 후 건설 실무경력이 토목·건축기사 이상의 자격은 1년, 토목·건축산업기사 자격은 3년 이상이고 제17조에 따른 안전관리자의 자격을 갖춘 사람 4) 제17조에 따른 안전관리자의 자격(별표 4 제6호부터 제10호까지의 규정에 해당하는 사람은 제외한다)을 갖춘 후 건설안전 실무경력이 2년 이상인 사람 1명 이상	사무실(장비실 포함)	지도인력 2명당 다음의 장비 각 1대 이상(지도인력이 홀수인 경우 지도인력 인원을 2로 나눈 나머지인 1명도 다음의 장비를 갖추어야 한다) 1) 가스농도측정기 2) 산소농도측정기 3) 접지저항측정기 4) 절연저항측정기 5) 조도계

비고: 지도인력기준란 3)과 4)를 합한 인력 수는 1)과 2)를 합한 인력의 3배를 초과할 수 없다.

2. 전기공사 및 정보통신공사(「전기공사업법 」및「정보통신공사업법」에 따른 전기공사 및 정보통신공사) 지도 분야
   가. 법 제145조제1항에 따라 등록한 산업안전지도사의 경우
      1) 지도인력기준: 법 제145조제1항에 따라 등록한 산업안전지도사(전기안전 또는 건설안전 분야)
      2) 시설기준: 사무실(장비실을 포함한다)
      3) 장비기준: 나목의 장비기준과 같음
   나. 건설 산업재해 예방 업무를 하려는 법인의 경우

지도인력기준	시설기준	장비기준
○ 다음에 해당하는 인원 1) 다음의 기술인력 중 1명 이상 가) 산업안전지도사(건설 또는 전기 분야), 건설안전기술사 또는 전기안전기술사 나) 건설안전·산업안전기사 자격을 취득한 후 건설안전 실무경력이 9년 이상인 사람 2) 다음의 기술인력 중 2명 이상 가) 건설안전·산업안전산업기사 이상의 자격을 취득한 후 건설안전 실무경력이 건설안전·산업안전기사 이상의 자격은 5년, 건설안전·산업안전산업기사 자격은 7년 이상인 사람 나) 토목·건축·전기·전기공사 또는 정보통신산업기사 이상의 자격을 취득한 후 건설 실무경력이 토목·건축·전기·전기공사 또는 정보통신기사 이상의 자격은 5년, 토목·건축·전기·전기공사 또는 정보통신산업기사 자격은 7년 이상이고 제17조에 따른 안전관리자의 자격을 갖춘 사람 3) 다음의 기술인력 중 2명 이상 가) 건설안전·산업안전산업기사 이상의 자격을 취득한 후 건설안전 실무경력이 건설안전·산업안전기사 이상의 자격은 1년, 건설안전·산업안전산업기사 자격은 3년 이상인 사람 나) 토목·건축·전기·전기공사 또는 정보통신산업기사 이상의 자격을 취득한 후 건설 실무경력이 토목·건축·전기·전기공사 또는 정보통신기사 이상의 자격은 1년, 토목·건축·전기·전기공사 또는 정보통신산업기	사무실 (장비실 포함)	지도인력 2명당 다음의 장비 각 1대 이상(지도인력이 홀수인 경우 지도인력 인원을 2로 나눈 나머지인 1명도 다음의 장비를 갖추어야 한다) 1) 가스농도측정기 2) 산소농도측정기 3) 고압경보기 4) 검전기 5) 조도계 6) 접지저항측정기 7) 절연저항측정기

지도인력기준	시설기준	장비기준
사 자격은 3년 이상이고 제17조에 따른 안전관리자의 자격을 갖춘 사람 4) 제17조에 따른 안전관리자의 자격(별표 4 제6호부터 제10호까지의 규정에 해당하는 사람은 제외한다)을 갖춘 후 건설안전 실무경력이 2년 이상인 사람 1명 이상		

비고: 지도인력기준란 3)과 4)를 합한 인력의 수는 1)과 2)를 합한 인력의 수의 3배를 초과할 수 없다.

【영 별표 20】 (개정 2019.12.24)

유해·위험 방지를 위한 방호조치가 필요한 기계·기구(제70조 관련)

1. 예초기
2. 원심기
3. 공기압축기
4. 금속절단기
5. 지게차
6. 포장기계(진공포장기, 래핑기로 한정한다)

【영 별표 21】 (개정 2021.1.5)

대여자 등이 안전조치 등을 해야 하는 기계·기구·설비 및 건축물 등 (제71조 관련)

1. 사무실 및 공장용 건축물
2. 이동식 크레인
3. 타워크레인
4. 불도저
5. 모터 그레이더
6. 로더
7. 스크레이퍼
8. 스크레이퍼 도저
9. 파워 셔블
10. 드래그라인
11. 클램셸
12. 버킷굴착기
13. 트렌치
14. 항타기
15. 항발기
16. 어스드릴
17. 천공기
18. 어스오거
19. 페이퍼드레인머신
20. 리프트
21. 지게차
22. 롤러기
23. 콘크리트 펌프
24. 고소작업대
25. 그 밖에 산업재해보상보험및예방심의위원회 심의를 거쳐 고용노동부장관이 정하여 고시하는 기계, 기구, 설비 및 건축물 등

【영 별표 22】 (개정 2019.12.24)

타워크레인 설치·해체업의 인력·시설 및 장비 기준
(제72조제1항 관련)

1. 인력기준: 다음 각 목의 어느 하나에 해당하는 사람 4명 이상을 보유할 것
   가. 「국가기술자격법」 에 따른 판금제관기능사 또는 비계기능사의 자격을 가진 사람
   나. 법 제140조제2항에 따라 지정된 타워크레인 설치·해체작업 교육기관에서 지정된 교육을 이수하고 수료시험에 합격한 사람으로서 합격 후 5년이 지나지 않은 사람
   다. 법 제140조제2항에 따라 지정된 타워크레인 설치·해체작업 교육기관에서 보수교육을 이수한 후 5년이 지나지 않은 사람

2. 시설기준: 사무실

3. 장비기준
   가. 렌치류(토크렌치, 함마렌치 및 전동임팩트렌치 등 볼트, 너트, 나사 등을 죄거나 푸는 공구)
   나. 드릴링머신(회전축에 드릴을 달아 구멍을 뚫는 기계)
   다. 버니어캘리퍼스(자로 재기 힘든 물체의 두께, 지름 따위를 재는 기구)
   라. 트랜싯(각도를 측정하는 측량기기로 같은 수준의 기능 및 성능의 측량기기를 갖춘 경우도 인정한다)
   마. 체인블록 및 레버블록(체인 또는 레버를 이용하여 중량물을 달아 올리거나 수직・수평·경사로 이동시키는데 사용하는 기구)
   바. 전기테스터기
   사. 송수신기

【영 별표 23】 (개정 2019.12.24)

안전인증기관의 인력·시설 및 장비 기준(제75조제2호 관련)

1. 공통사항

가. 인력기준: 안전인증 대상별 관련 분야 구분

안전인증 대상	관련 분야
크레인, 리프트, 고소작업대, 프레스, 전단기, 사출성형기, 롤러기, 절곡기, 곤돌라	기계, 전기·전자, 산업안전(기술사는 기계·전기안전으로 한정함)
압력용기	기계, 전기·전자, 화공, 금속, 에너지, 산업안전(기술사는 기계·화공안전으로 한정함)
방폭구조 전기기계·기구 및 부품	기계, 전기·전자, 금속, 화공, 가스
가설기자재	기계, 건축, 토목, 생산관리, 건설·산업안전(기술사는 건설·기계안전으로 한정함)

나. 시설 및 장비기준

1) 시설기준

가) 사무실

나) 장비보관실(냉난방 및 통풍시설이 되어 있어야 함)

2) 제2호에 따른 개별사항의 시설 및 장비기준란에 규정된 장비 중 둘 이상의 성능을 모두 가지는 장비를 보유한 경우에는 각각의 해당 장비를 갖춘 것으로 인정한다.

다. 안전인증을 행하기 위한 조직·인원 및 업무수행체계가 한국산업규격 KS A ISO Guide 65(제품인증시스템을 운영하는 기관을 위한 일반 요구사항)과 KS Q ISO/IEC 17025(시험기관 및 교정기관의 자격에 대한 일반 요구사항)에 적합해야 한다.

라. 안전인증기관이 지부를 설치하는 경우에는 고용노동부장관과 협의를 해야 한다.

2. 개별사항

번호	항목	인력기준	시설 및 장비기준
1	크레인·리프트·고소작업대·곤돌라	가. 다음의 어느 하나에 해당하는 사람 1명 이상 1) 「국가기술자격법」에 따른 관련 분야 기술사 자격을 취득한 사람 2) 관련 분야 석사 이상 학위를 취	가. 크레인·리프트(이삿짐 운반용 리프트는 제외한다)·고소작업대·곤돌라 1) 와이어로프테스터 2) 회전속도측정기 3) 진동측정기

번호	항목	인력기준	시설 및 장비기준
		득한 후 해당 실무경력이 5년 이상인 사람 3) 「국가기술자격법」에 따른 관련 분야 기사 자격을 취득한 후 해당 실무경력이 7년 이상인 사람 나. 「국가기술자격법」에 따른 관련 분야 기사 이상의 자격을 취득한 후 해당 실무경력이 3년 이상인 사람 또는 관련 분야 전문학사 이상의 학위를 취득한 후 해당 실무경력이 학사 이상의 학위는 5년, 전문학사 학위는 7년 이상인 사람을 관련 분야별로 각 2명 이상(총 6명 이상) 다. 용접·비파괴검사 분야 산업기사 이상의 자격을 취득한 후 해당 실무경력이 3년 이상인 사람을 분야별로 각 1명 이상(총 2명 이상)	4) 경도계 5) 로드셀(5톤 이상) 6) 분동(0.5톤 이상) 7) 초음파두께측정기 8) 비파괴시험장비(UT, MT) 9) 트랜시트 10) 표면온도계 11) 절연저항측정기 12) 클램프미터 13) 만능회로시험기 14) 접지저항측정기 15) 레이저거리측정기 16) 수준기 비고 1. 1)부터 6)까지의 장비는 본부 및 지부 공용 2. 7)부터 9)까지의 장비는 각 지부별로 보유 3. 10)부터 16)까지의 장비는 제품심사 요원 2명당 1대 이상 보유 나. 이삿짐 운반용 리프트 1) 초음파두께측정기 2) 절연저항측정기 3) 비파괴시험장비(UT, MT)
2	프레스·전단기·사출성형기·롤러기·절곡기	가. 다음의 어느 하나에 해당하는 사람 1명 이상 1) 「국가기술자격법」에 따른 관련 분야 기술사 자격을 취득한 사람 2) 관련 분야 석사 이상의 학위를 취득한 후 해당 실무경력이 5년 이상인 사람 3) 「국가기술자격법」에 따른 관련 분야 기사 자격을 취득한 후 해당	가. 회전속도측정기 나. 정지성능측정장치 다. 진동측정기 라. 경도계 마. 비파괴시험장비(UT, MT) 바. 표면온도계 사. 소음측정기 아. 절연저항측정기 자. 클램프미터 차. 만능회로시험기

번호	항목	인력기준	시설 및 장비기준
		실무경력이 7년 이상인 사람 나. 「국가기술자격법」에 따른 관련 분야 기사 이상의 자격을 취득한 후 해당 실무경력이 3년 이상인 사람 또는 관련 분야 학사 이상의 학위를 취득한 후 해당 실무경력 5년 이상인 사람을 관련 분야별로 각 2명 이상(총 6명 이상)	카. 접지저항측정기 비고 1. 가목부터 마목까지의 장비는 본부 및 지부 공용 2. 바목 및 사목의 장비는 각 지부별로 보유 3. 아목부터 카목까지의 장비는 제품심사 요원 2명당 1대 이상 보유
3	압력용기	가. 다음의 어느 하나에 해당하는 사람 1명 이상 1) 「국가기술자격법」에 따른 관련 분야 기술사 자격을 취득한 사람 2) 관련 분야 석사 이상 학위를 취득한 후 해당 실무경력이 5년 이상인 사람 3) 「국가기술자격법」에 따른 관련 분야 기사 자격을 취득한 후 해당 실무경력이 7년 이상인 사람 나. 「국가기술자격법」에 따른 관련 분야 기사 이상의 자격을 취득한 후 해당 실무경력이 3년 이상인 사람 또는 관련 분야 전문학사 이상의 학위를 취득한 후 해당 실무경력이 학사 이상의 학위는 5년, 전문학사 학위는 7년 이상인 사람을 관련 분야별로 각 1명 이상(총 6명 이상) 다. 용접·비파괴검사 분야 산업기사 이상의 자격을 취득한 후 해당 실무경력이 3년 이상인 사람을 분야별로 각 1명 이상(총 2명 이상)	가. 수압시험기 나. 기밀시험장비 다. 비파괴시험장비(UT, MT) 라. 표준압력계 마. 안전밸브시험기구 바. 산업용내시경 사. 금속현미경 아. 경도계 자. 핀홀테스터기 차. 초음파두께측정기 카. 접지저항측정기 타. 산소농도측정기 파. 가스농도측정기 하. 표면온도계 거. 가스누설탐지기 너. 절연저항측정기 더. 만능회로시험기 비고 1. 가목부터 아목까지의 장비는 본부 및 지부 공용 2. 자목의 장비는 각 지부별 보유 3. 차목부터 더목까지의 장비는 제품심사 요원 2명당 1대 이상 보유

번호	항목	인력기준	시설 및 장비기준
4	방폭용전기기계·기구	가. 「국가기술자격법」에 따른 관련 분야 기술사의 자격 또는 박사 학위를 취득한 후 해당 실무경력이 5년 이상인 사람 1명 이상 나. 관련 분야별로 다음의 자격기준 이상인 사람 각 1명 이상(총 4명 이상) 1) 관련분야 기술사 자격 또는 박사학위를 취득한 사람 2) 관련 분야 전문학사 이상 학위를 취득한 후 해당 실무경력이 석사 이상의 학위는 5년, 학사 학위는 7년, 전문학사 학위는 9년 이상인 사람 3) 관련 분야 산업기사 이상의 자격을 취득한 후 해당 실무경력이 7년(기사인 경우 5년) 이상인 사람	가. 시설기준: 실험실 (220㎡ 이상) 나. 장비기준 1) 폭발시험설비 2) 수압시험기 3) 충격시험기 4) 인유기능시험기 4) 고속온도기록계 5) 토크시험장비 6) 열안전성시험장비 7) 불꽃점화시험기 8) 구속시험장비 9) 살수시험기 10) 분진시험기 11) 트래킹시험기 12) 내부압력시험기 13) 오실로스코프 14) 내광시험장비 15) 정전기시험장비 16) 내전압시험장비 17) 절연저항시험장비 18) 통기배기폭발시험장비 19) 밀봉시험장비 20) 동압력센서교정장비 21) 최대실험안전틈새시험장비 또는 산소분석계 22) 휴대용압력계 23) 휴대용가스농도계 24) 램프홀더토크시험기 25) RLC측정기 26) 침수누설시험장비 27) 통기제한시험장비 28) 접점압력시험장비 29) 수분함유량측정기 30) 고무경도계(IRHD)

번호	항목	인력기준	시설 및 장비기준
5	가설기자재	가. 다음 각 호의 어느 하나에 해당하는 사람 1명 이상 1)「국가기술자격법」에 따른 관련 분야 기술사 자격을 취득한 사람 2) 산업안전지도사(건설안전, 기계안전 분야) 3) 관련 분야 석사 이상 학위를 취득한 후 해당 실무경력이 박사학위는 2년, 석사학위는 5년 이상인 사람 4)「국가기술자격법」에 따른 관련 분야 기사 자격을 취득한 후 해당 실무경력이 7년 이상인 사람 나.「국가기술자격법」에 따른 관련 분야의 산업기사 이상의 자격을 취득한 후 해당 실무경력이 기사 이상의 자격은 3년, 산업기사 자격은 5년 이상인 사람 1명 이상 다. 다음의 어느 하나에 해당하는 사람 1명 이상 1) 관련 분야 학사 이상의 학위를 취득한 사람 2) 관련 분야 전문학사 이상의 학위를 취득한 후 해당 실무경력이 2년 이상인 사람 3)「초·중등교육법」에 따른 공업계 고등학교에서 관련 분야 학과를 졸업(다른 법령에서 이와 같은 수준 이상의 학력을 가진 사람으로 관련 학과를 졸업한 경우를 포함한다)한 후 해당 실무경력이 4년 이상인 사람	가. 시설기준: 검정실 (사무실 포함 200㎡이상) 나. 장비기준 1) 압축변형시험기 2) 인장시험기 3) 만능재료시험기 4) 낙하시험기 5) 초음파두께측정기 6) 경도기 7) 토크렌치 8) 마이크로미터 9) 버니어캘리퍼스

비고: 위 표에서 "실무경력"이란 유해하거나 위험한 기계·기구 및 설비의 연구·제작, 안전인증 또는 안전검사 분야 실무에 종사한 경력을 말한다.

【영 별표 24】 (개정 2019.12.24)

안전검사기관의 인력·시설 및 장비 기준(제79조제2호 관련)

1. 공통사항

가. 인력기준: 안전검사 대상별 관련 분야 구분

안전검사 대상	관련 분야
크레인, 리프트, 곤돌라, 프레스, 전단기, 사출성형기, 롤러기, 원심기, 화물자동차 또는 특수자동차에 탑재한 고소작업대, 컨베이어, 산업용 로봇	기계, 전기·전자, 산업안전(기술사는 기계·전기안전으로 한정함)
압력용기	기계, 전기·전자, 화공, 산업안전(기술사는 기계·화공안전으로 한정함)
국소배기장치	기계, 전기, 화공, 산업안전, 산업위생관리(기술사는 기계·화공안전, 산업위생관리로 한정함)
종합안전검사	기계, 전기·전자, 화공, 산업안전, 산업위생관리(기술사는 기계·전기·화공안전, 산업위생관리로 한정함)

나. 시설 및 장비기준

1) 시설기준

가) 사무실

나) 장비보관실(냉난방 및 통풍시설이 있어야 함)

2) 제2호에 따른 개별사항의 시설 및 장비기준란에 규정된 장비 중 둘 이상의 성능을 모두 가지는 장비를 보유한 경우에는 각각 해당 장비를 갖춘 것으로 인정한다.

3) 제2호에 따른 개별사항의 시설 및 장비기준에서 기관별로 본부 및 지부의 공용 장비 또는 지부별 보유 장비가 둘 이상 중복되는 경우에는 검사업무에 지장을 주지 않는 범위에서 공동으로 활용할 수 있다.

다. 안전검사기관이 지부를 설치할 때에는 고용노동부장관과 협의를 해야 한다.

2. 개별사항

번호	항목	인력기준	시설 및 장비기준
1	크레인, 리프트, 곤돌라, 화물자동차 또는 특수자동차에 탑재한 고소작업대	가. 다음의 어느 하나에 해당하는 사람 1명 이상 1) 「국가기술자격법」에 따른 관련 분야 기술사 자격을 취득한 사람 2) 관련 분야 석사 이상 학위를 취득한 후 해당 실무경력이 5년 이상인 사람 3) 「국가기술자격법」에 따른 관련 분야 기사 자격을 취득한 후 해당 실무경력이 7년 이상인 사람 나. 「국가기술자격법」에 따른 관련 분야 기사 이상의 자격을 취득한 후 해당 실무경력이 3년 이상인 사람 또는 관련 분야 학사 이상의 학위를 취득한 후 해당 실무경력이 5년 이상인 사람을 관련 분야별로 각 3명 이상(총 9명 이상) 다. 「국가기술자격법」에 따른 관련 분야 산업기사 이상의 자격을 취득한 후 해당 실무경력이 5년 이상인 사람을 관련 분야별로 각 3명 이상(총 9명 이상) 라. 용접·비파괴검사 분야 산업기사 이상의 자격을 취득한 후 해당 실무경력이 3년 이상인 사람 2명 이상 마. 연간 검사대수가 21,000대를 초과할 때에는 1,000대 추가 시마다 나목 또는 다목에 해당하는 사람 1명 추가. 이 경우 2명 이상인 경우에는 나목에 해당하는 인원이 전체 인원의 2분의 1 이상이어야 한다.	가. 크레인, 리프트(이삿짐 운반용 리프트 제외), 곤돌라, 화물자동차 또는 특수자동차에 탑재한 고소작업대 1) 와이어로프테스터 2) 회전속도측정기 3) 로드셀(5톤 이상) 4) 분동(0.5톤 이상) 5) 초음파두께측정기 6) 비파괴시험장비(UT, MT) 7) 트랜시트 8) 절연저항측정기 9) 클램프미터 10) 만능회로시험기 11) 접지저항측정기 12) 레이저거리측정기 13) 수준기 비고 1. 1)부터 4)까지의 장비는 본부 및 지부 공용 2. 5)부터 7)까지의 장비는 각 지부별로 보유 3. 8)부터 13)까지의 장비는 2명당 1대 이상 보유 나. 이삿짐 운반용 리프트 1) 초음파두께측정기 2) 절연저항측정기 3) 비파괴시험장비(UT, MT) ※ 이동 출장검사 가능
2	프레스, 전단기, 사출성형기, 롤러기,	가. 다음의 어느 하나에 해당하는 사람 1명 이상 1) 「국가기술자격법」에 따른 관련	가. 회전속도측정기 나. 정지성능측정장치 다. 비파괴시험장비(UT, MT)

번호	항목	인력기준	시설 및 장비기준
	원심기, 컨베이어, 산업용 로봇	분야 기술사 자격을 취득한 사람 2) 관련 분야 석사 이상의 학위를 취득한 후 해당 실무경력이 5년 이상인 사람 3) 「국가기술자격법」에 따른 관련 분야 기사 자격을 취득한 후 해당 실무경력이 7년 이상인 사람 나. 「국가기술자격법」에 따른 관련 분야 기사 이상의 자격을 취득한 후 해당 실무경력이 3년 이상인 사람 또는 관련 분야 학사 이상의 학위를 취득한 후 해당 실무경력이 5년 이상인 사람을 관련 분야별로 각 3명 이상(총 9명 이상) 다. 「국가기술자격법」에 따른 관련 분야 산업기사 이상의 자격을 취득한 후 해당 실무경력이 5년 이상인 사람을 관련 분야별로 각 3명 이상(총 9명 이상) 라. 용접·비파괴검사 분야 산업기사 이상의 자격을 취득한 후 해당 실무경력이 3년 이상인 사람 2명 이상 마. 연간 검사대수가 22,800대를 초과할 때에는 1,200대 추가 시마다 나목 또는 다목에 해당하는 사람 1명 추가. 이 경우 2명 이상인 경우에는 나목에 해당하는 인원이 전체 인원의 2분의 1 이상이어야 한다.	라. 소음측정기 마. 절연저항측정기 바. 클램프미터 사. 만능회로시험기 아. 접지저항측정기 비고 1. 가목부터 다목까지의 장비는 본부 및 지부 공용 2. 라목의 장비는 지부별로 보유 3. 바목부터 아목까지의 장비는 2명당 1대 이상 보유
3	압력용기	가. 다음의 어느 하나에 해당하는 사람 1명 이상 1) 「국가기술자격법」에 따른 관련 분야 기술사 자격을 취득한 사람 2) 관련 분야 석사 이상의 학위를 취득한 후 해당 실무경력이 5년 이상인 사람	가. 수압시험기 나. 기밀시험장비 다. 비파괴시험장비(UT, MT) 라. 표준압력계 마. 안전밸브시험기구 바. 산업용내시경 사. 초음파두께측정기

번호	항목	인력기준	시설 및 장비기준
		3) 「국가기술자격법」에 따른 관련 분야 기사 자격을 취득한 후 해당 실무경력이 7년 이상인 사람 나. 「국가기술자격법」에 따른 관련 분야 기사 이상의 자격을 취득한 후 해당 실무경력이 3년 이상인 사람 또는 관련 분야 학사 이상의 학위를 취득한 후 해당 실무경력이 5년 이상인 사람을 관련 분야별로 각 2명 이상(총 8명 이상) 다. 「국가기술자격법」에 따른 관련 분야 산업기사 이상의 자격을 취득한 후 해당 실무경력이 5년 이상인 사람을 관련 분야별로 각 2명 이상(총 8명 이상) 라. 연간 검사대수가 22,800대를 초과할 때에는 1,200대 추가 시마다 나목 또는 다목에 해당하는 사람 1명 추가. 이 경우 2명 이상인 경우에는 나목에 해당하는 인원이 전체 인원의 2분의 1 이상이어야 한다.	아. 접지저항측정기 자. 산소농도측정기 차. 가스농도측정기 카. 표면온도계 타. 가스누설탐지기 파. 절연저항측정기 하. 만능회로시험기 비고 1. 가목부터 바목까지의 장비는 본부 및 지부 공용 2. 사목부터 하목까지의 장비는 2명당 1대 이상 보유
4	국소박이 장치	가. 다음의 어느 하나에 해당하는 사람 1명 이상 1) 「국가기술자격법」에 따른 관련 분야 기술사 자격을 취득한 사람 2) 관련 분야 석사 이상의 학위를 취득한 후 해당 실무경력이 5년 이상인 사람 3) 「국가기술자격법」에 따른 관련 분야 기사 자격을 취득한 후 해당 실무경력이 7년 이상인 사람 나. 「국가기술자격법」에 따른 관련 분야 기사 이상의 자격을 취득한 후 해당 실무경력이 3년 이상인 사람 또는 관련 분야 학사 이상의	가. 스모크테스터 나. 청음기 또는 청음봉 다. 절연저항측정기 라. 표면온도계 및 내부 온도측정기 마. 열선 풍속계 바. 회전속도측정기 사. 만능회로시험기 아. 접지저항측정기 자. 클램프미터 비고: 가목부터 자목까지의 장비는 2명당 1대 이상 보유

번호	항목	인력기준	시설 및 장비기준
		학위를 취득한 후 해당 실무경력이 5년 이상인 사람 2명 이상 다. 「국가기술자격법」에 따른 관련 분야 산업기사 이상의 자격을 취득한 후 해당 실무경력이 5년 이상인 사람 2명 이상 마. 연간 검사대수가 5,000대를 초과할 때에는 1,000대 추가 시마다 나목 및 다목에 해당하는 사람 1명 추가. 이 경우 2명 이상인 경우에는 나목에 해당하는 인원이 전체 인원의 2분의 1 이상이어야 한다.	
5	종합안전 검사기관	가. 다음의 어느 하나에 해당하는 사람 1명 이상 1) 「국가기술자격법」에 따른 관련 분야 기술사 자격을 취득한 사람 2) 관련 분야 석사 이상의 학위를 취득한 후 해당 실무경력이 5년 이상인 사람 3) 「국가기술자격법」에 따른 관련 분야 기사 자격을 취득한 후 해당 실무경력이 7년 이상인 사람 나. 제1호가목부터 라목까지, 제2호가목부터 다목까지, 제3호가목부터 다목까지 및 제4호가목부터 다목까지에 해당하는 사람 다. 국소배기장치를 제외한 연간 검사대수가 72,300대를 초과할 때에는 1,800대 추가 시마다 다음의 어느 하나에 해당하는 사람 1명 추가. 이 경우 2명 이상인 경우에는 1)에 해당하는 인원이 전체 인원의 2분의 1 이상이어야 한다. 1) 산업안전, 기계, 전기·전자 또는 화공분야 산업기사 이상의 자격을 취득한 후 해당 실무경력이	제1호부터 제4호까지에 해당하는 모든 시설 및 장비

번호	항목	인력기준	시설 및 장비기준
		기사 이상의 자격은 3년, 산업기사 자격은 5년 이상인 사람 2) 산업안전, 기계, 전기·전자 또는 화공분야 학사 이상의 학위를 취득한 후 해당 실무경력이 5년 이상인 사람 라. 국소배기장치 연간 검사대수가 5,000대를 초과할 때에는 1,000대 추가 시마다 다음의 어느 하나에 해당하는 사람 1명 추가. 이 경우 2명 이상인 경우에는 1)에 해당하는 인원이 전체 인원의 2분의 1 이상이어야 한다. 1) 산업안전, 기계, 전기, 화공 또는 산업위생관리 분야 기사 이상의 자격을 취득한 후 해당 실무경력이 3년 이상인 사람 또는 학사 이상의 학위를 취득한 후 해당 기계·기구 및 설비의 연구·제작 또는 검사 분야 실무경력이 5년 이상인 사람 2) 산업안전, 기계, 전기, 화공 또는 산업위생관리 분야 산업기사 이상의 자격을 취득한 후 해당 실무경력이 5년 이상인 사람	

비고: 위 표에서 "실무경력"이란 유해하거나 위험한 기계·기구 및 설비의 연구·제작, 안전인증 또는 안전검사 분야 실무에 종사한 경력을 말한다.

【영 별표 25】 (개정 2019.12.24)

자율안전검사기관의 인력·시설 및 장비 기준
(제81조 관련)

번호	구분	인력기준	시설·장비기준
1	공통사항	다음 각 목의 어느 하나에 해당하는 검사책임자 1명 가. 「국가기술자격법」에 따른 해당 기계·기구 및 설비 분야 또는 안전관리 분야의 기술사 자격을 취득한 사람 또는 법 제142조에 따른 지도사(건설 분야는 제외한다) 나. 「국가기술자격법」에 따른 해당 기계·기구 및 설비 분야 또는 안전관리 분야의 기사 자격을 취득한 후 해당 기계·기구 및 설비의 연구·설계·제작 또는 검사 분야에서 10년 이상(석사는 7년 이상) 실무경력이 있는 사람	사무실(장비실 포함)
2	종합자율안전검사기관	다음 각 목에 해당하는 검사자격자 중 가목부터 다목까지의 요건에 해당하는 사람 각 1명 이상, 라목에 해당하는 사람 2명 이상, 마목 및 바목에 해당하는 사람 각 1명 이상 가. 「국가기술자격법」에 따른 해당 기계·기구 및 설비 분야 또는 안전관리 분야의 산업기사 이상의 자격을 취득한 후 해당 기계·기구 및 설비의 검사 또는 취급업무에서 기사 이상의 자격은 5년, 산업기사 자격은 7년 이상 실무경력이 있는 사람 나. 「고등교육법」에 따른 학교 중 4	가. 회전속도측정기 나. 비파괴시험장비 (UT, MT, PT) 다. 와이어로프 테스터 라. 표준압력계 마. 소음측정기 바. 접지저항측정기 사. 진동측정기 아. 절연저항측정기 자. 정전기전하량측정기 차. 프레스급정지성능측정기 카. 만능회로시험기 타. 수압시험기 파. 로드셀 또는 분동

번호	구분	인력기준	시설·장비기준
		년제 학교 또는 이와 같은 수준 이상의 학교에서 산업안전·기계·전기·전자·화공·산업위생·산업보건 또는 환경공학 분야 관련 학위를 취득한 후(법령에 따라 이와 같은 수준 이상의 학력이 있다고 인정되는 경우를 포함한다) 해당 기계·기구의 취급업무에 5년 이상 종사한 경력이 있는 사람 다. 「고등교육법」에 따른 학교 중 나목에 따른 학교 외의 학교 또는 이와 같은 수준 이상의 학교에서 산업안전·기계·전기·전자·화공·산업위생·산업보건 또는 환경공학 분야 관련 학위를 취득한 후(법령에 따라 이와 같은 수준 이상의 학력이 있다고 인정되는 경우를 포함한다) 해당 기계·기구의 취급업무에 7년 이상 종사한 경력이 있는 사람 라. 고등학교에서 기계·전기·전자 또는 화공 분야를 졸업하였거나 「국가기술자격법」에 따른 해당 기계·기구 및 설비 분야 또는 안전관리 분야의 기능사 이상의 자격을 취득한 후 해당 기계·기구의 취급업무에 9년 이상 종사한 경력이 있는 사람 또는 법 제98조제1항제2호에 따른 성능검사 교육을 이수하고, 해당 실무경력이 3년 이상인 사람 마. 「국가기술자격법」에 따른 비파괴검사 분야의 기능사 이상의 자격을 취득한 후 해당 분야 경력이	하. 분진측정기 거. 풍속계 너. 피치, 틈새 및 라운드 게이지, 버니어캘리퍼스, 마이크로미터 더. 수준기 러. 검사용 공구세트 머. 라인스피드미터 버. 가스농도측정기 서. 기밀시험장비 어. 안전밸브시험기구 저. 산업용 내시경 처. 조도계 커. 가스탐지기 터. 초음파 두께측정기 퍼. 스모크테스터 허. 청음기 또는 청음봉 고. 표면온도계 또는 초자온도계 노. 정압 프로브가 달린 열선풍속계 도. 연소가스분석기 로. 피토 튜브 모. 수주 마노미터 보. 줄자

번호	구분	인력기준	시설·장비기준
		3년 이상인 사람 바. 「국가기술자격법」에 따른 승강기기능사 이상의 자격을 취득한 사람	
3	기계 분야(제78조제1항제1호부터 제4호까지, 제6호, 제8호부터 제13호까지의 안전검사대상기계등으로 한정한다)	제2호의 인력기준란 가목, 나목 및 라목부터 바목까지의 요건에 해당하는 사람 각 1명 이상	제2호의 시설·장비기준란 나목(UT만 해당한다), 라목, 타목, 하목, 버목부터 저목까지, 커목 및 퍼목부터 도목까지의 장비를 제외한 장비
4	장치 및 설비 분야(제78조제1항제5호의 안전검사대상기계등으로 한정한다)	제2호의 인력기준란 가목 및 나목의 요건에 해당하는 사람 각 1명 이상, 라목의 요건에 해당하는 사람 2명 이상, 마목의 요건에 해당하는 사람 1명 이상	제2호의 시설·장비기준란 가목, 다목, 사목, 차목, 파목 및 퍼목부터 노목까지의 장비를 제외한 장비
5	국소배기장치	제2호의 인력기준란 다목 및 라목의 요건에 해당하는 사람 각 1명 이상	1. 스모크테스터 2. 청음기 또는 청음봉 3. 절연저항계 4. 표면온도계 또는 초자온도계 5. 정압 프로브가 달린 열선풍속계 6. 회전계(RPM측정기)

【영 별표 26】 (개정 2019.12.24)

유해인자 허용기준 이하 유지 대상 유해인자(제84조 관련)

1. 6가크롬〔18540-29-9〕 화합물(Chromium VI compounds)
2. 납〔7439-92-1〕 및 그 무기화합물(Lead and its inorganic compounds)
3. 니켈〔7440-02-0〕 화합물(불용성 무기화합물로 한정한다)(Nickel and its insoluble inorganic compounds)
4. 니켈카르보닐(Nickel carbonyl; 13463-39-3)
5. 디메틸포름아미드(Dimethylformamide; 68-12-2)
6. 디클로로메탄(Dichloromethane; 75-09-2)
7. 1,2-디클로로프로판(1,2-Dichloropropane; 78-87-5)
8. 망간〔7439-96-5〕 및 그 무기화합물(Manganese and its inorganic compounds)
9. 메탄올(Methanol; 67-56-1)
10. 메틸렌 비스(페닐 이소시아네이트)(Methylene bis(phenyl isocyanate); 101-68-8 등)
11. 베릴륨〔7440-41-7〕 및 그 화합물(Beryllium and its compounds)
12. 벤젠(Benzene; 71-43-2)
13. 1,3-부타디엔(1,3-Butadiene; 106-99-0)
14. 2-브로모프로판(2-Bromopropane; 75-26-3)
15. 브롬화 메틸(Methyl bromide; 74-83-9)
16. 산화에틸렌(Ethylene oxide; 75-21-8)
17. 석면(제조·사용하는 경우만 해당한다)(Asbestos; 1332-21-4 등)
18. 수은〔7439-97-6〕 및 그 무기화합물(Mercury and its inorganic compounds)
19. 스티렌(Styrene; 100-42-5)
20. 시클로헥사논(Cyclohexanone; 108-94-1)
21. 아닐린(Aniline; 62-53-3)
22. 아크릴로니트릴(Acrylonitrile; 107-13-1)
23. 암모니아(Ammonia; 7664-41-7 등)
24. 염소(Chlorine; 7782-50-5)
25. 염화비닐(Vinyl chloride; 75-01-4)
26. 이황화탄소(Carbon disulfide; 75-15-0)
27. 일산화탄소(Carbon monoxide; 630-08-0)
28. 카드뮴〔7440-43-9〕 및 그 화합물(Cadmium and its compounds)
29. 코발트〔7440-48-4〕 및 그 무기화합물(Cobalt and its inorganic compounds)

30. 콜타르피치〔65996-93-2〕 휘발물(Coal tar pitch volatiles)
31. 톨루엔(Toluene; 108-88-3)
32. 톨루엔-2,4-디이소시아네이트(Toluene-2,4-diisocyanate; 584-84-9 등)
33. 톨루엔-2,6-디이소시아네이트(Toluene-2,6-diisocyanate; 91-08-7 등)
34. 트리클로로메탄(Trichloromethane; 67-66-3)
35. 트리클로로에틸렌(Trichloroethylene; 79-01-6)
36. 포름알데히드(Formaldehyde; 50-00-0)
37. n-헥산(n-Hexane; 110-54-3)
38. 황산(Sulfuric acid; 7664-93-9)

【영 별표 27】 (개정 2019.12.24)

석면조사기관의 인력·시설 및 장비 기준(제90조 관련)

1. 인력기준
  가. 다음의 어느 하나에 해당하는 사람 1명 이상
    1) 산업위생관리기사 또는 대기환경기사 이상인 사람
    2) 산업위생관리산업기사 또는 대기환경산업기사 자격을 취득한 후 해당 분야에서 2년 이상 실무에 종사한 사람
  나. 다음의 어느 하나에 해당하는 사람 1명 이상
    1) 「초·중등교육법」에 따른 공업계 고등학교 또는 이와 같은 수준 이상의 학교를 졸업한 사람
    2) 「고등교육법」 제2조제1호부터 제6호까지의 규정에 따른 대학 또는 이와 같은 수준 이상의 학교에서 산업보건(위생)학·환경보건(위생)학 관련 학위를 취득한 사람(법령에 따라 이와 같은 수준 이상의 학력이 있다고 인정되는 사람을 포함한다) 또는 그 분야에서 2년 이상 실무에 종사한 사람
  다. 「고등교육법」 제2조제1호부터 제6호까지의 규정에 따른 대학 또는 이와 같은 수준 이상의 학교에서 산업보건(위생)학·환경보건(위생)학·환경공학·위생공학·약학·화학·화학공학·광물학 또는 화학 관련 학위를 취득한 사람(법령에 따라 이와 같은 수준 이상의 학력이 있다고 인정되는 사람을 포함한다) 중 분석을 전담하는 사람 1명 이상

2. 시설기준: 분석실 및 조사준비실

3. 장비기준
   가. 지역시료 채취펌프
   나. 유량보정계
   다. 입체현미경
   라. 편광현미경
   마. 위상차현미경
   바. 흄 후드〔고성능필터(HEPA필터) 이상의 공기정화장치가 장착된 것〕
   사. 진공청소기〔고성능필터(HEPA필터) 이상의 공기정화장치가 장착된 것〕
   아. 아세톤 증기화 장치
   자. 전기로(600℃ 이상까지 작동 가능한 것이어야 한다)
   차. 필터 여과추출장치
   카. 저울(최소 측정단위가 0.1㎎ 이하이어야 한다)

비고
1. 제1호가목에 해당하는 인력이 2명 이상인 경우에는 같은 호 나목에 해당하는 인력을 갖추지 않을 수 있다.
2. 제2호의 시설과 제3호가목 및 나목을 제외한 장비는 해당 기관이 법 제48조에 따른 안전보건진단기관, 법 제126조에 따른 작업환경측정기관, 법 제135조에 따른 특수건강진단기관으로 지정을 받으려고 하거나 지정을 받아 그 장비를 보유하고 있는 경우에는 분석능력 등을 고려하여 이를 공동으로 활용할 수 있다. 이 경우 공동으로 활용될 수 있는 시설 및 장비는 필요한 지정 기준에 포함되는 것으로 인정한다.

【영 별표 28】 (개정 2019.12.24)

석면해체·제거업자의 인력·시설 및 장비 기준
(제92조 관련)

1. 인력기준
   가. 다음의 어느 하나에 해당하는 자격을 취득한 후 석면해체·제거작업 방법, 보호구 착용 방법 등에 관하여 고용노동부장관이 정하여 고시하는 교육(이하 "석면해체·제거 관리자 과정 교육"이라 한다)을 이수하고 석면해체·제거 관련 업무를 전담하는 사람 1명 이상
      1) 「건설기술 진흥법」에 따른 토목·건축 분야 건설기술자 또는 「국가기술자격법」에 따른 토목·건축 분야의 기술자격
      2) 「국가기술자격법」에 따른 산업안전산업기사, 건설안전산업기사, 산업위생관리산업기사, 대기환경산업기사 또는 폐기물처리산업기사 이상의 자격
   나. 「초·중등교육법」에 따른 공업계 고등학교 또는 이와 같은 수준 이상의 학교를 졸업했거나 토목·건축 분야에서 2년 이상 실무에 종사한 후 석면해체·제거 관리자과정 교육을 이수하고 석면해체·제거 관련 업무를 전담하는 사람 1명 이상

2. 시설기준: 사무실

3. 장비기준
   가. 고성능필터(HEPA 필터)가 장착된 음압기(陰壓機: 작업장 내의 기압을 인위적으로 떨어뜨리는 장비)
   나. 음압기록장치
   다. 고성능필터(HEPA 필터)가 장착된 진공청소기
   라. 위생설비(평상복 탈의실, 샤워실 및 작업복 탈의실이 설치된 설비)
   마. 송기마스크 또는 전동식 호흡보호구〔전동식 방진마스크(전면형 특등급만 해당한다), 전동식 후드 또는 전동식 보안면(분진·미스트·흄에 대한 용도로 안면부 누설률이 0.05% 이하인 특등급에만 해당한다)〕
   바. 습윤장치(濕潤裝置)

비고: 제1호가목에 해당하는 인력이 2명 이상인 경우에는 같은 호 나목에 해당하는 인력을 갖추지 않을 수 있다.

【영 별표 29】 (개정 2019.12.24)

작업환경측정기관의 유형별 인력·시설 및 장비 기준
(제95조 관련)

1. 사업장 위탁측정기관의 경우
  가. 인력기준
    1) 측정대상 사업장이 총 240개소 미만이고 그 중 5명 이상 사업장이 120개소 미만인 경우
      가) 법 제143조제1항에 따른 산업보건지도사 자격을 가진 사람 또는 산업위생관리기술사 1명 이상
      나) 다음의 어느 하나에 해당하는 분석을 전담하는 사람 1명 이상
        (1) 대학 또는 이와 같은 수준 이상의 학교에서 산업보건(위생)학·환경보건(위생)학·환경공학·위생공학·약학·화학·화학공학 관련 학위를 취득한 사람(법령에 따라 이와 같은 수준 이상의 학력이 있다고 인정되는 사람을 포함한다)
        (2) 대학 또는 이와 같은 수준 이상의 학교에서 화학 관련 학위(화학과 및 화학공학과 학위는 제외한다)를 취득한 사람(법령에 따라 이와 같은 수준 이상의 학력이 있다고 인정되는 사람을 포함한다) 중 분석화학(실험)을 3학점 이상 이수한 사람
      다) 산업위생관리산업기사 이상인 사람 1명 이상
    2) 측정대상 사업장이 총 480개소 미만이고 그 중 5명 이상 사업장이 240개소 미만인 경우
      가) 법 제143조제1항에 따른 산업보건지도사 자격을 가진 사람 또는 산업위생관리기술사 1명 이상
      나) 다음의 어느 하나에 해당하는 분석을 전담하는 사람 1명 이상
        (1) 대학 또는 이와 같은 수준 이상의 학교에서 산업보건(위생)학·환경보건(위생)학·환경공학·위생공학·약학·화학·화학공학 관련 학위를 취득한 사람(법령에 따라 이와 같은 수준 이상의 학력이 있다고 인정되는 사람을 포함한다)
        (2) 대학 또는 이와 같은 수준 이상의 학교에서 화학 관련 학위(화학과 및 화학공학과 학위는 제외한다)를 취득한 사람(법령에 따라 이와 같은 수준 이상의 학력이 있다고 인정되는 사람을 포함한다) 중 분석화학(실험)을 3학점 이상 이수한 사람
      다) 산업위생관리기사 이상인 사람 1명 이상
      라) 산업위생관리산업기사 이상인 사람 2명 이상
    3) 측정대상 사업장이 총 720개소 미만이고 그 중 5명 이상 사업장이 360개소 미만인 경우
      가) 법 제143조제1항에 따른 산업보건지도사 자격을 가진 사람 또는 산업위생관리기

술사 1명 이상

나) 다음의 어느 하나에 해당하는 분석을 전담하는 사람 2명 이상

(1) 대학 또는 이와 같은 수준 이상의 학교에서 산업보건(위생)학·환경보건(위생)학·환경공학·위생공학·약학·화학·화학공학 관련 학위를 취득한 사람(법령에 따라 이와 같은 수준 이상의 학력이 있다고 인정되는 사람을 포함한다)

(2) 대학 또는 이와 같은 수준 이상의 학교에서 화학 관련 학위(화학과 및 화학공학과 학위는 제외한다)를 취득한 사람(법령에 따라 이와 같은 수준 이상의 학력이 있다고 인정되는 사람을 포함한다) 중 분석화학(실험)을 3학점 이상 이수한 사람

다) 산업위생관리기사 이상인 사람 1명 이상

라) 산업위생관리산업기사 이상인 사람 3명 이상

4) 상시근로자 5명 이상인 측정대상 사업장이 360개소 이상인 경우에는 60개소가 추가될 때마다 3)의 인력기준 외에 산업위생관리산업기사 이상인 사람을 1명 이상 추가한다.

나. 시설기준

작업환경측정 준비실 및 분석실험실

다. 장비기준

1) 화학적 인자·분진의 채취를 위한 개인용 시료채취기 세트
2) 광전분광광도계
3) 검지관 등 가스·증기농도 측정기 세트
4) 저울(최소 측정단위가 0.01㎎ 이하이어야 한다)
5) 소음측정기(누적소음폭로량 측정이 가능한 것이어야 한다)
6) 건조기 및 데시케이터
7) 순수제조기(2차 증류용), 드래프트 체임버 및 화학실험대
8) 대기의 온도·습도·기류·고열 및 조도 등을 측정할 수 있는 기기
9) 산소농도측정기
10) 가스크로마토그래피(GC)
11) 원자흡광광도계(AAS) 또는 유도결합 플라스마(ICP)
12) 국소배기시설 성능시험장비: 스모크테스터, 청음기 또는 청음봉, 전열저항계, 표면온도계 또는 초자온도계, 정압 프로브가 달린 열선풍속계, 회전계(R.P.M측정기) 또는 이와 같은 수준 이상의 성능을 가진 설비
13) 분석을 할 때에 유해물질을 배출할 우려가 있는 경우 배기 또는 배액처리를 위한 설비
14) 다음 각 호의 어느 하나에 해당하는 유해인자를 측정하려는 때에는 해당 설비 또는 이와 같은 수준 이상의 성능이 있는 설비

가) 톨루엔 디이소시아네이트(TDI) 등 이소시아네이트 화합물: 고속액체 크로마토그래피(HPLC)
나) 유리규산(SiO2): X-ray회절분석기 또는 적외선분광분석기
다) 석면: 위상차현미경 및 석면 분석에 필요한 부속품

2. 사업장 자체측정기관의 경우
가. 인력기준
1) 산업위생관리기사 이상의 자격을 취득한 사람 1명 또는 산업위생관리산업기사 자격을 취득한 후 산업위생 실무경력이 2년 이상인 사람 1명 이상
2) 대학 또는 이와 같은 수준 이상의 학교에서 산업보건(위생)학·환경보건(위생)학·환경공학·위생공학·약학·화학 또는 화학공학 관련 학위를 취득한 사람(법령에 따라 이와 같은 수준 이상의 학력이 있다고 인정되는 사람을 포함한다) 1명 이상(다만, 측정대상 사업장에서 실험실 분석이 필요하지 않은 유해인자만 발생하는 경우에는 제외할 수 있다)
나. 시설기준: 작업환경측정 준비실 또는 분석실험실
다. 장비기준: 해당 사업장이나 측정대상 사업장의 유해인자 측정·분석에 필요한 장비

비고
1. 제1호다목2)·4)·6)·7)·10)·11)·13) 및 14)의 장비는 해당 기관이 법 제48조에 따른 안전보건진단기관, 법 제135조에 따른 특수건강진단기관으로 지정을 받으려고 하거나 지정을 받아 그 장비를 보유하고 있는 경우에는 분석능력 등을 고려하여 이를 공동활용할 수 있다.
2. 다음 각 목의 어느 하나에 해당하는 경우에는 작업환경측정 시 채취한 유해인자 시료의 분석을 해당 시료를 분석할 수 있는 다른 위탁측정기관 또는 유해인자별·업종별 작업환경전문연구기관에 의뢰할 수 있다.
가. 제1호다목10) 또는 11)의 장비에 별도의 부속장치를 장착해야 분석이 가능한 유해인자의 시료를 채취하는 경우
나. 제1호다목14)의 장비를 보유하지 않은 기관이 해당 장비로 분석이 가능한 유해인자의 시료를 채취하는 경우
다. 그 밖에 고용노동부장관이 필요하다고 인정하여 고시하는 경우
3. 비고 제2호에 따라 분석을 의뢰할 수 있는 유해인자 시료의 종류, 분석의뢰 절차 및 그 밖에 필요한 사항은 고용노동부장관이 정하여 고시한다.

【영 별표 30】 (개정 2021.1.12)

특수건강진단기관의 인력·시설 및 장비 기준
(제97조제1항 관련)

1. 인력기준
  가. 「의료법」에 따른 직업환경의학과 전문의(2015년 12월 31일 당시 특수건강진단기관에서 특수건강진단업무에 8년 이상 계속하여 종사하고 있는 의사를 포함한다. 이하 이 목에서 같다) 1명 이상. 다만, 1년 동안 특수건강진단 대상 근로자가 1만명을 넘는 경우에는 1만명마다 직업환경의학과 전문의를 1명씩 추가한다.
  나. 「의료법」에 따른 간호사 2명 이상
  다. 「의료기사 등에 관한 법률」에 따른 임상병리사 1명 이상
  라. 「의료기사 등에 관한 법률」에 따른 방사선사 1명 이상
  마. 「고등교육법」에 따른 전문대학 또는 이와 같은 수준 이상의 학교에서 화학, 화공학, 약학 또는 산업보건학을 전공한 사람(법령에 따라 이와 같은 수준 이상의 학력이 있다고 인정되는 사람을 포함한다) 또는 산업위생관리산업기사 이상의 자격을 취득한 사람 1명 이상

2. 시설기준
  가. 진료실
  나. 방음실(청력검사용)
  다. 임상병리검사실
  라. 엑스선촬영실

3. 장비기준
  가. 시력검사기
  나. 청력검사기(오디오 체커는 제외한다)
  다. 현미경
  라. 백혈구 백분율 계산기(자동혈구계수기로 계산이 가능한 경우는 제외한다)
  마. 항온수조
  바. 원심분리기(원심력을 이용해 혼합액을 분리하는 기계)
  사. 간염검사용 기기
  아. 저울(최소 측정단위가 0.01mg 이하이어야 한다)
  자. 자외선-가시광선 분광 광도계
     (같은 기기보다 성능이 우수한 기기 보유 시에는 제외한다)
  차. 엑스선촬영기

카. 자동 혈구계수기
타. 자동 혈액화학(생화학)분석기 또는 간기능검사·혈액화학검사·신장기능검사에 필요한 기기
파. 폐기능검사기
하. 냉장고
거. 원자흡광광도계(시료 속의 금속원자가 흡수하는 빛의 양을 측정하는 장치) 또는 그 이상의 성능을 가진 기기
너. 가스크로마토그래프(기체 상태의 혼합물을 분리하여 분석하는 장치) 또는 그 이상의 성능을 가지는 기기. 다만, 사업장 부속의료기관으로서 특수건강진단기관으로 지정을 받으려고 하거나 지정을 받은 경우에는 그 사업장의 유해인자 유무에 따라 거목 또는 너목의 기기 모두를 갖추지 않을 수 있다.

〔비고〕
1. 제3호아목·자목·거목 및 너목의 장비는 해당 기관이 법 제48조에 따른 안전보건진단기관, 법 제126조에 따른 작업환경측정기관으로 지정을 받으려고 하거나 지정을 받아 같은 장비를 보유하고 있는 경우에는 분석 능력 등을 고려하여 이를 공동 활용할 수 있다.
2. 법 제135조제3항에 따라 고용노동부장관이 실시하는 특수건강진단기관의 진단·분석 능력 확인 결과 적합 판정을 받은 기관과 생물학적 노출지표 분석 의뢰계약을 체결한 경우에는 제1호마목의 인력과 제3호마목·아목·자목·거목 및 너목의 장비를 갖추지 않을 수 있다.

【영 별표 31】 (개정 2019.12.24)

지도사의 업무 영역별 업무 범위
(제102조제2항 관련)

1. 법 제145조제1항에 따라 등록한 산업안전지도사(기계안전·전기안전·화공안전 분야)
   가. 유해위험방지계획서, 안전보건개선계획서, 공정안전보고서, 기계·기구·설비의 작업계획서 및 물질안전보건자료 작성 지도
   나. 다음의 사항에 대한 설계·시공·배치·보수·유지에 관한 안전성 평가 및 기술 지도
      1) 전기
      2) 기계·기구·설비
      3) 화학설비 및 공정
   다. 정전기·전자파로 인한 재해의 예방, 자동화설비, 자동제어, 방폭전기설비 및 전력시스템 등에 대한 기술 지도
   라. 인화성 가스, 인화성 액체, 폭발성 물질, 급성독성 물질 및 방폭설비 등에 관한 안전성

평가 및 기술 지도
마. 크레인 등 기계·기구, 전기작업의 안전성 평가
바. 그 밖에 기계, 전기, 화공 등에 관한 교육 또는 기술 지도

2. 법 제145조제1항에 따라 등록한 산업안전지도사(건설안전 분야)
가. 유해위험방지계획서, 안전보건개선계획서, 건축·토목 작업계획서 작성 지도
나. 가설구조물, 시공 중인 구축물, 해체공사, 건설공사 현장의 붕괴우려 장소 등의 안전성 평가
다. 가설시설, 가설도로 등의 안전성 평가
라. 굴착공사의 안전시설, 지반붕괴, 매설물 파손 예방의 기술 지도
마. 그 밖에 토목, 건축 등에 관한 교육 또는 기술 지도

3. 법 제145조제1항에 따라 등록한 산업보건지도사(산업위생 분야)
가. 유해위험방지계획서, 안전보건개선계획서, 물질안전보건자료 작성 지도
나. 작업환경측정 결과에 대한 공학적 개선대책 기술 지도
다. 작업장 환기시설의 설계 및 시공에 필요한 기술 지도
라. 보건진단결과에 따른 작업환경 개선에 필요한 직업환경의학적 지도
마. 석면 해체·제거 작업 기술 지도
바. 갱내, 터널 또는 밀폐공간의 환기·배기시설의 안전성 평가 및 기술 지도
사. 그 밖에 산업보건에 관한 교육 또는 기술 지도

4. 법 제145조제1항에 따라 등록한 산업보건지도사(직업환경의학 분야)
가. 유해위험방지계획서, 안전보건개선계획서 작성 지도
나. 건강진단 결과에 따른 근로자 건강관리 지도
다. 직업병 예방을 위한 작업관리, 건강관리에 필요한 지도
라. 보건진단 결과에 따른 개선에 필요한 기술 지도
마. 그 밖에 직업환경의학, 건강관리에 관한 교육 또는 기술 지도

【영 별표 32】 (개정 2019.12.24)

지도사 자격시험 중 필기시험의 업무 영역별 과목 및 범위
(제103조제2항 관련)

구분		산업안전지도사				산업보건지도사	
		기계안전 분야	전기안전 분야	화공안전 분야	건설안전 분야	작업환경의학 분야	산업위생 분야
전공필수	과목	기계안전공학	전기안전공학	화공안전공학	건설안전공학	작업환경의학	산업위생공학
	시험범위	-기계·기구·설비의 안전 등(위험기계·양중기·운반기계·압력용기 포함) -공장자동화설비의 안전기술 등 -기계·기구·설비의 설계·배치·보수·유지기술 등	-전기기계·기구 등으로 인한 위험 방지 등(전기방폭설비 포함) -정전기 및 전자파로 인한 재해예방 등 -감전사고 방지기술 등 -컴퓨터·계측제어 설비의 설계 및 관리기술 등	-가스·방화 및 방폭설비 등, 화학장치·설비안전 및 방식기술 등 -정성·정량적 위험성 평가, 위험물 누출·확산 및 피해 예측 등 -유해위험물질 화재폭발 방지론, 화학공정 안전관리 등	-건설공사용 가설구조물·기계·기구 등의 안전기술 등 -건설공법 및 시공방법에 대한 위험성 평가 등 -추락·낙하·붕괴·폭발 등 재해요인별 안전대책 등 -건설현장의 유해·위험요인에 대한 안전기술 등	-직업병의 종류 및 인체발병경로, 직업병의 증상 판단 및 대책 등 -역학조사의 연구방법, 조사 및 분석방법, 직종별 산업의학적 관리대책 등 -유해인자별 특수건강진단 방법, 판정 및 사후관리대책 등 -근골격계질환, 직무스트레스 등 업무상 질환의 대책	-산업환기설비의 설계, 시스템의 성능검사·유지관리기술 등 -유해인자별 작업환경측정 방법, 산업위생통계 처리 및 해석, 공학적 대책 수립기술 등 -유해인자별 인체에 미치는 영향·대사 및 축적, 인체의 방어기전 등 -측정시료의 전처리 및 분석 방법,

구분	산업안전지도사				산업보건지도사	
	기계안전 분야	전기안전 분야	화공안전 분야	건설안전 분야	작업환경 의학 분야	산업위생 분야
					및 작업관리방법 등	기기 분석 및 정도관리기술 등
공통필수Ⅰ	산업안전보건법령					
시험 범위	「산업안전보건법」, 「산업안전보건법 시행령」, 「산업안전보건법 시행규칙」, 「산업안전보건기준에 관한 규칙」					
공통필수Ⅱ	산업안전 일반				산업위생 일반	
시험 범위	산업안전교육론, 안전관리 및 손실방지론, 신뢰성공학, 시스템안전공학, 인간공학, 위험성평가, 산업재해 조사 및 원인 분석 등				산업위생개론, 작업관리, 산업위생보호구, 위험성평가, 산업재해 조사 및 원인 분석 등	
공통필수Ⅲ	기업진단·지도					
시험 범위	경영학(인적자원관리, 조직관리, 생산관리), 산업심리학, 산업위생개론				경영학(인적자원관리,조직관리, 생산관리), 산업심리학, 산업안전개론	

【영 별표 33】 (개정 2019.12.24)

과징금의 부과기준(제111조 관련)

1. 일반기준

가. 업무정지기간은 법 제163조제2항에 따른 업무정지의 기준에 따라 부과되는 기간을 말하며, 업무정지기간의 1개월은 30일로 본다.

나. 과징금 부과금액은 위반행위를 한 지정기관의 연간 총 매출금액의 1일 평균매출금액을 기준으로 제2호에 따라 산출한다.

다. 과징금 부과금액의 기초가 되는 1일 평균매출금액은 위반행위를 한 해당 지정기관에 대한 행정처분일이 속한 연도의 전년도 1년간의 총 매출금액을 365로 나눈 금액으로 한다. 다만, 신규 개설 또는 휴업 등으로 전년도 1년간의 총 매출금액을 산출할 수 없거나 1년간의 총 매출금액을 기준으로 하는 것이 타당하지 않다고 인정되는 경우에는 분기(90일을 말한다)별, 월별 또는 일별 매출금액을 해당 단위에 포함된 일수로 나누어 1일 평균매출금액을 산정한다.

라. 제2호에 따라 산출한 과징금 부과금액이 10억원을 넘는 경우에는 과징금 부과금액을 10억원으로 한다.

마. 고용노동부장관은 위반행위의 동기, 내용 및 횟수 등을 고려하여 제2호에 따른 과징금 부과금액의 2분의 1 범위에서 과징금을 늘리거나 줄일 수 있다. 다만, 늘리는 경우에도 과징금 부과금액의 총액은 10억원을 넘을 수 없다.

2. 과징금의 산정방법

과징금 부과금액 = 위반사업자 1일 평균매출금액 × 업무정지 일수 × 0.1

【영 별표 34】 (개정 2019.12.24)

도급금지 등 의무위반에 따른 과징금의 산정기준
(제113조제1항 관련)

1. 일반기준

과징금은 법 제161조제1항 각 호의 경우, 같은 조 제2항 각 호의 사항 및 구체적인 위반행위의 내용 등을 종합적으로 고려하여 그 금액을 산정한다.

2. 과징금의 구체적 산정기준

고용노동부장관은 제1호에 따라 과징금의 금액을 산정하되, 가목의 위반행위 및 도급금액에 따라 산출되는 금액(이하 "기본 산정금액"이라 한다)에 나목의 위반 기간 및 횟수에 따른 조정(이하 "1차 조정"이라 한다)과 다목의 관계수급인 근로자의 산업재해 예방에 필요한 조치 이행을 위한 노력의 정도 및 산업재해(도급인 및 관계수급인의 근로자가 사망한 경우 또는 3일 이상의 휴업이 필요한 부상을 입거나 질병에 걸린 경우로 한정한다. 이하 이 별표에서 같다)의 발생 빈도에 따른 조정(이하 "2차 조정"이라 한다)을 거쳐 과징금 부과액을 산정한다. 다만, 산정된 과징금이 10억원을 초과하는 경우에는 10억원으로 한다.

가. 위반행위 및 도급금액에 따른 산정기준

위반행위	근거 법조문	기본 산정금액
1) 법 제58조제1항을 위반하여 도급한 경우	법 제161조 제1항제1호	연간 도급금액의 100분의 50
2) 법 제58조제2항제2호를 위반하여 승인을 받지 않고 도급한 경우	법 제161조 제1항제2호	연간 도급금액의 100분의 40
3) 법 제59조제1항을 위반하여 승인을 받지 않고 도급한 경우	법 제161조 제1항제2호	연간 도급금액의 100분의 40
4) 법 제60조를 위반하여 승인을 받아 도급받은 작업을 재하도급한 경우	법 제161조 제1항제3호	연간 도급금액의 100분의 50

비고: 도급금액은 다음 각 호에 따라 산출한다.

1. 도급금지 등 의무위반이 있는 작업과 의무위반이 없는 작업을 함께 도급한 경우 각 작업별로 도급금액을 산출할 수 있으면 의무위반이 있는 작업의 금액만을 도급금액으로 하고, 각 작업을 분리할 수 없어 각 작업별로 도급금액을 산출할 수 없으면 해당 작업의 상시근로자 수에 따른 비율로 도급금액을 추계한다.
2. 도급금지와 도급승인을 함께 위반한 경우 등 2가지 이상 위반행위가 중복되는 경우에는 중대한 위반행위의 도급금액을 기준으로 한다.

나. 1차 조정 기준

1) 위반 기간에 따른 조정

위반 기간	가중치
1년 이내	-
1년 초과 2년 이내	기본 산정금액 × 100분의 20
2년 초과 3년 이내	기본 산정금액 × 100분의 50
3년 이상	기본 산정금액 × 100분의 80

2) 위반 횟수에 따른 조정

위반 횟수	가중치
3년간 1회 위반	기본 산정금액 × 100분의 20
3년간 2회 위반	기본 산정금액 × 100분의 50
3년간 3회 위반	기본 산정금액 × 100분의 80

3) 위반 기간과 위반 횟수에 따른 조정에 모두 해당하는 경우에는 해당 가중치를 합산한다.

다. 2차 조정 기준

1) 관계수급인 근로자의 산업재해 예방에 필요한 조치 이행을 위한 노력의 정도

조치 이행의 노력	감경치
3년간 법 제63조부터 제66조까지의 규정에 따른 도급인의 의무사항 이행 여부에 대한 근로감독관의 점검을 받은 결과 해당 규정 위반을 이유로 행정처분을 받지 않은 경우	1차 조정 기준에 따른 금액 × 100분의 50
3년간 법 제63조부터 제66조까지의 규정에 따른 도급인의 의무사항 이행 여부에 대한 근로감독관의 점검을 받지 않은 경우 또는 해당 점검을 받은 결과 법 제63조부터 제66조까지의 규정 위반을 이유로 행정처분을 받은 경우	-

2) 산업재해 발생 빈도

산업재해 발생 빈도	가중치
3년간 미발생	-
3년간 1회 이상 발생	1차 조정 기준에 따른 금액 × 100분의 20

3) 산업재해 예방에 필요한 조치 이행을 위한 노력의 정도와 산업재해 발생 빈도에 따른 조정에 모두 해당하는 경우에는 해당 감경치와 가중치를 합산한다.

3. 비고

가. 이 표에서 "위반 기간"이란 위반행위가 있었던 날부터 위반행위가 적발된 날까지의 기간을 말한다.

나. 이 표에서 3년간이란 위반행위가 적발된 날부터 최근 3년간을 말한다.

【영 별표 35】 (개정 2020.9.8.)
〔시행일: 2021.1.1.〕 제4호나목
〔시행일: 2021.1.16.〕 제4호러목(법 제35조제5호에 관한 부분으로 한정한다), 트목, 프목, 흐목, 기목, 니목, 디목, 리목, 미목, 비목, 시목, 이목, 지목

과태료의 부과기준(제119조 관련)

1. 일반기준

가. 위반행위의 횟수에 따른 과태료의 가중된 부과기준은 최근 5년간 같은 위반행위로 과태료 부과처분을 받은 경우에 적용한다. 이 경우 기간의 계산은 위반행위에 대하여 과태료 부과처분을 받은 날과 그 처분 후 다시 같은 위반행위를 하여 적발한 날을 기준으로 한다.

나. 가목에 따라 가중된 부과처분을 하는 경우 가중처분의 적용 차수는 그 위반행위 전 부과처분 차수(가목에 따른 기간 내에 과태료 부과처분이 둘 이상 있었던 경우에는 높은 차수를 말한다)의 다음 차수로 한다.

다. 고용노동부장관은 다음의 어느 하나에 해당하는 경우에는 제4호의 개별기준에 따른 과태료 부과금액의 2분의 1 범위에서 그 금액을 줄일 수 있다. 다만, 과태료를 체납하고 있는 위반행위자의 경우에는 그 금액을 줄일 수 없다.

1) 위반행위자가 자연재해·화재 등으로 재산에 현저한 손실을 입었거나 사업 여건의 악화로 사업이 중대한 위기에 처하는 등의 사정이 있는 경우

2) 그 밖에 위반행위의 동기와 결과, 위반 정도 등을 고려하여 그 금액을 줄일 필요가 있다고 인정되는 경우

라. 위반행위에 대하여 다목 및 제3호에 따른 과태료 감경사유가 중복되는 경우에도 감경되는 과태료 부과금액의 총액은 제4호에 따른 과태료 부과금액의 2분의 1을 넘을 수 없다.

마. 제4호에 따른 과태료 부과금액이 100만원 미만인 경우에는 다목 또는 제3호에 따라 줄이지 않고 제4호에 따라 과태료를 부과한다. 다만, 다목 또는 제3호에 따라 줄인 후 과태료 금액이 100만원 미만이 된 경우에는 100만원으로 부과한다.

2. 특정 사업장에 대한 과태료 부과기준

다음 각 목의 어느 하나에 해당하는 재해 또는 사고가 발생한 사업장에 대하여 법 제56조제1항에 따라 실시하는 발생원인 조사 또는 이와 관련된 감독에서 적발된 위반행위에 대해서는 그 위반행위에 해당하는 제4호의 개별기준 중 3차 이상 위반 시의 금액에 해당하는 과태료를 부과한다.

가. 중대재해
나. 법 제44조제1항 전단에 따른 중대산업사고

3. 사업장 규모 또는 공사 규모에 따른 과태료 감경기준
다음 각 목의 어느 하나에 해당하는 규모(건설공사의 경우에는 괄호 안의 공사금액)의 사업장에 대해서는 제4호에 따른 과태료 금액에 해당 목에서 규정한 비율을 곱하여 산출한 금액을 과태료로 부과한다.
가. 상시근로자 50명(10억원) 이상 100명(40억원) 미만: 100분의 90
나. 상시근로자 10명(3억원) 이상 50명(10억원) 미만: 100분의 80
다. 상시근로자 10명(3억원) 미만: 100분의 70

4. 개별기준

위반행위	근거 법조문	세부내용	과태료 금액(만원)		
			1차 위반	2차 위반	3차 이상위반
가. 법 제10조제3항 후단을 위반하여 관계수급인에 관한 자료를 제출하지 않거나 거짓으로 제출한 경우	법 제175조제4항 제1호		1,000	1,000	1,000
나. 법 제14조제1항을 위반하여 회사의 안전 및 보건에 관한 계획을 이사회에 보고하지 않거나 승인을 받지 않은 경우	법 제175조제4항 제2호		1,000	1,000	1,000
다. 법 제15조제1항을 위반하여 사업장을 실질적으로 총괄하여 관리하는 사람으로 하여금 업무를 총괄하여 관리하도록 하지 않은 경우	법 제175조제5항 제1호	1) 안전보건관리책임자를 선임하지 않은 경우	500	500	500
		2) 안전보건관리책임자로 하여금 업무를 총괄하여 관리하도록 하지 않은 경우	300	400	500
라. 법 제16조제1항을 위반하여 관리감독자에게 직무와 관련된	법 제175조제5항		300	400	500

위반행위	근거 법조문	세부내용	과태료 금액(만원)		
			1차 위반	2차 위반	3차 이상위반
산업 안전 및 보건에 관한 업무를 수행하도록 하지 않은 경우	제1호				
마. 법 제17조제1항, 제18조제1항 또는 제19조제1항 본문을 위반하여 안전관리자, 보건관리자 또는 안전보건관리담당자를 두지 않거나 이들로 하여금 업무를 수행하도록 하지 않은 경우	법 제175조제5항 제1호	1) 안전관리자를 선임하지 않은 경우	500	500	500
		2) 선임된 안전관리자로 하여금 안전관리자의 업무를 수행하도록 하지 않은 경우	300	400	500
		3) 보건관리자를 선임하지 않은 경우	500	500	500
		4) 선임된 보건관리자로 하여금 보건관리자의 업무를 수행하도록 하지 않은 경우	300	400	500
		5) 안전보건관리담당자를 선임하지 않은 경우	500	500	500
		6) 선임된 안전보건관리담당자로 하여금 안전보건관리담당자의 업무를 수행하도록 하지 않은 경우	300	400	500
바. 법 제17조제3항, 제18조제3항 또는 제19조제3항에 따른 명령을 위반하여 안전관리자, 보건관리자 또는 안전보건관리담당자를 늘리지 않거나 교체하지 않은 경우	법 제175조제5항 제2호		500	500	500

위반행위	근거 법조문	세부내용	과태료 금액(만원)		
			1차 위반	2차 위반	3차 이상위반
사. 법 제22조제1항 본문을 위반하여 산업보건의를 두지 않은 경우	법 제175조제5항 제1호		300	400	500
아. 법 제24조제1항을 위반하여 산업안전보건위원회를 구성·운영하지 않은 경우(법 제75조에 따라 노사협의체를 구성·운영하지 않은 경우를 포함한다)	법 제175조제5항 제1호	1) 산업안전보건위원회를 구성하지 않은 경우(법 제75조에 따라 노사협의체를 구성한 경우는 제외한다)	500	500	500
		2) 제37조를 위반하여 산업안전보건위원회(법 제75조에 따라 구성된 노사협의체를 포함한다)의 정기회의를 개최하지 않은 경우(1회당)	50	250	500
자. 법 제24조제4항을 위반하여 산업안전보건위원회가 심의·의결한 사항을 성실하게 이행하지 않은 경우	법 제175조제5항 제1호	1) 사업주가 성실하게 이행하지 않은 경우	50	250	500
		2) 근로자가 성실하게 이행하지 않은 경우	10	20	30
차. 법 제25조제1항을 위반하여 안전보건관리규정을 작성하지 않은 경우	법 제175조제5항 제1호		150	300	500
카. 법 제26조를 위반하여 안전보건관리규정을 작성하거나 변경할 때 산업안전보건위원회의 심의·의결을 거치지 않거나 근로자대표의 동의를 받지 않은 경우	법 제175조제5항 제1호		50	250	500

위반행위	근거 법조문	세부내용	과태료 금액(만원)		
			1차 위반	2차 위반	3차 이상위반
타. 법 제29조제1항(법 제166조의2에서 준용하는 경우를 포함한다)을 위반하여 정기적으로 안전보건교육을 하지 않은 경우	법 제175조제5항 제1호	1) 교육대상 근로자 1명당	10	20	50
		2) 교육대상 관리감독자 1명당	50	250	500
파. 법 제29조제2항(법 제166조의2에서 준용하는 경우를 포함한다)을 위반하여 근로자를 채용할 때와 작업내용을 변경할 때(현장실습생의 경우는 현장실습을 최초로 실시할 때와 실습내용을 변경할 때를 말한다) 안전보건교육을 하지 않은 경우	법 제175조제5항 제1호	교육대상 근로자 1명당	10	20	50
하. 법 제29조제3항(법 제166조의2에서 준용하는 경우를 포함한다)을 위반하여 유해하거나 위험한 작업에 근로자를 사용할 때(현장실습생의 경우는 현장실습을 실시할 때를 말한다) 안전보건교육을 추가로 하지 않은 경우	법 제175조제2항 제1호	교육대상 근로자 1명당	50	100	150
거. 법 제31조제1항을 위반하여 건설 일용근로자를 채용할 때 기초안전보건교육을 이수하도록 하지 않은 경우	법 제175조제5항 제1호	교육대상 근로자 1명당	10	20	50

위반행위	근거 법조문	세부내용	과태료 금액(만원)		
			1차 위반	2차 위반	3차 이상위반
너. 법 제32조제1항을 위반하여 안전보건관리책임자 등으로 하여금 직무와 관련한 안전보건교육을 이수하도록 하지 않은 경우	법 제175조제5항 제1호	1) 법 제32조제1항제1호부터 제3호까지의 규정에 해당하는 사람으로 하여금 안전보건교육을 이수하도록 하지 않은 경우	500	500	500
		2) 법 제32조제1항제4호에 해당하는 사람으로 하여금 안전보건교육을 이수하도록 하지 않은 경우	100	200	500
	법 제175조제6항 제1호	3) 법 제32조제1항제5호에 해당하는 사람으로 하여금 안전보건교육을 이수하도록 하지 않은 경우	300	300	300
더. 법 제34조를 위반하여 법과 법에 따른 명령의 요지, 안전보건관리규정를 게시하지 않거나 갖추어 두지 않은 경우	법 제175조제5항 제3호		50	250	500
러. 법 제35조를 위반하여 근로자대표의 요청 사항을 근로자대표에게 통지하지 않은 경우	법 제175조제6항 제2호		30	150	300
머. 법 제37조제1항을 위반하여 안전보건표지를 설치·부착하지 않거나 설치·부착된 안전보건표지가 같은 항에 위배되는 경우	법 제175조제5항 제1호	1개소당	10	30	50

위반행위	근거 법조문	세부내용	과태료 금액(만원)		
			1차 위반	2차 위반	3차 이상위반
버. 법 제40조(법 제166조의2에서 준용하는 경우를 포함한다)를 위반하여 조치 사항을 지키지 않은 경우	법 제175조제6항 제3호		5	10	15
서. 법 제41조제2항(법 제166조의2에서 준용하는 경우를 포함한다)을 위반하여 필요한 조치를 하지 않은 경우	법 제175조제4항 제3호		300	600	1,000
어. 법 제42조제1항·제5항·제6항을 위반하여 유해위험방지계획서 또는 심사결과서를 작성하여 제출하지 않거나 심사결과서를 갖추어 두지 않은 경우	법 제175조제4항 제3호	1) 법 제42조제1항을 위반하여 유해위험방지계획서 또는 자체 심사결과서를 작성하여 제출하지 않은 경우	1,000	1,000	1,000
		2) 법 제42조제5항을 위반하여 유해위험방지계획서와 그 심사결과서를 사업장에 갖추어 두지 않은 경우	300	600	1,000
		3) 법 제42조제6항을 위반하여 변경할 필요가 있는 유해위험방지계획서를 변경하여 갖추어 두지 않은 경우			
		가) 유해위험방지계획서를 변경하지 않은 경우	1,000	1,000	1,000
		나) 유해위험방지계획서를 변경했으	300	600	1,000

위반행위	근거 법조문	세부내용	과태료 금액(만원)		
			1차 위반	2차 위반	3차 이상위반
		나 갖추어 두지 않은 경우			
저. 법 제42조제2항을 위반하여 자격이 있는 자의 의견을 듣지 않고 유해위험방지계획서를 작성·제출한 경우	법 제175조제6항 제4호		30	150	300
처. 법 제43조제1항을 위반하여 고용노동부장관의 확인을 받지 않은 경우	법 제175조제6항 제5호		30	150	300
커. 법 제44조제1항 전단을 위반하여 공정안전보고서를 작성하여 제출하지 않은 경우	법 제175조제4항 제3호		300	600	1,000
터. 법 제44조제2항을 위반하여 공정안전보고서 작성 시 산업안전보건위원회의 심의를 거치지 않거나 근로자대표의 의견을 듣지 않은 경우	법 제175조제5항 제1호		50	250	500
퍼. 법 제45조제2항을 위반하여 공정안전보고서를 사업장에 갖추어 두지 않은 경우	법 제175조제4항 제3호		100	250	500
허. 법 제46조제1항을 위반하여 공정안전보고서의 내용을 지키지 않은 경우	법 제175조제4항 제3호	1) 사업주가 지키지 않은 경우(내용 위반 1건당)	10	20	30
		2) 근로자가 지키지 않은 경우(내용 위반 1건당)	5	10	15

위반행위	근거 법조문	세부내용	과태료 금액(만원)		
			1차 위반	2차 위반	3차 이상위반
고. 법 제46조제2항을 위반하여 공정안전보고서의 내용을 실제로 이행하고 있는지에 대하여 고용노동부장관의 확인을 받지 않은 경우	법 제175조제6항 제5호		30	150	300
노. 법 제47조제1항에 따른 명령을 위반하여 안전보건진단기관이 실시하는 안전보건진단을 받지 않은 경우	법 제175조제4항 제4호		1,000	1,000	1,000
도. 법 제47조제3항 전단을 위반하여 정당한 사유 없이 안전보건진단을 거부·방해 또는 기피하거나 같은 항 후단을 위반하여 근로자대표가 요구하였음에도 불구하고 안전보건진단에 근로자대표를 참여시키지 않은 경우	법 제175조제3항 제1호	1) 거부·방해 또는 기피한 경우	1,500	1,500	1,500
		2) 근로자대표를 참여시키지 않은 경우	150	300	500
로. 법 제49조제1항에 따른 명령을 위반하여 안전보건개선계획을 수립하여 시행하지 않은 경우	법 제175조제4항 제4호	1) 법 제49조제1항 전단에 따라 안전보건개선계획을 수립·시행하지 않은 경우	500	750	1,000
		2) 법 제49조제1항 후단에 따라 안전보건개선계획을 수립·시행하지 않은 경우	1,000	1,000	1,000

위반행위	근거 법조문	세부내용	과태료 금액(만원)		
			1차 위반	2차 위반	3차 이상위반
모. 법 제49조제2항을 위반하여 산업안전보건위원회의 심의를 거치지 않거나 근로자대표의 의견을 듣지 않은 경우	법 제175조제5항 제1호		50	250	500
보. 법 제50조제3항을 위반하여 안전보건개선계획을 준수하지 않은 경우	법 제175조제5항 제1호	1) 사업주가 준수하지 않은 경우	200	300	500
		2) 근로자가 준수하지 않은 경우	5	10	15
소. 법 제53조제2항(법 제166조의2에서 준용하는 경우를 포함한다)을 위반하여 고용노동부장관으로부터 명령받은 사항을 게시하지 않은 경우	법 제175조제5항 제4호		50	250	500
오. 법 제54조제2항(법 제166조의2에서 준용하는 경우를 포함한다)을 위반하여 중대재해 발생 사실을 보고하지 않거나 거짓으로 보고한 경우	법 제175조제2항 제2호	중대재해 발생 보고를 하지 않거나 거짓으로 보고한 경우(사업장 외 교통사고 등 사업주의 법 위반을 직접적인 원인으로 발생한 중대재해가 아닌 것이 명백한 경우는 제외한다)	3,000	3,000	3,000
조. 법 제57조제3항(법 제166조의2에서 준용하는 경우를 포함한다)을 위반하여 산업재해를 보고하지 않거나 거짓으로 보고한 경우(오목에 해당하는 경우는 제외한다)	법 제175조제3항 제2호	1) 산업재해를 보고하지 않은 경우(사업장 외 교통사고 등 사업주의 법 위반을 직접적인 원인으로 발생한 산업재해가 아닌 것이 명백한 경우는 제외한다)	700	1,000	1,500

위반행위	근거 법조문	세부내용	과태료 금액(만원)		
			1차 위반	2차 위반	3차 이상위반
		2) 산업재해를 거짓으로 보고한 경우	1,500	1,500	1,500
초. 법 제62조제1항을 위반하여 안전보건총괄책임자를 지정하지 않은 경우	법 제175조제5항 제1호		500	500	500
코. 법 제66조제1항 후단을 위반하여 도급인의 조치에 따르지 않은 경우	법 제175조제5항 제1호		150	300	500
토. 법 제66조제2항 후단을 위반하여 도급인의 조치에 따르지 않은 경우	법 제175조제5항 제1호		150	300	500
포. 법 제67조제1항을 위반하여 건설공사의 계획, 설계 및 시공 단계에서 필요한 조치를 하지 않은 경우	법 제175조제4항 제3호		1,000	1,000	1,000
호. 법 제68조제1항을 위반하여 안전보건조정자를 두지 않은 경우	법 제175조제5항 제1호		500	500	500
구. 법 제70조제1항을 위반하여 특별한 사유 없이 공사기간 연장 조치를 하지 않은 경우	법 제175조제4항 제3호		1,000	1,000	1,000
누. 법 제70조제2항 후단을 위반하여 특별한 사유 없이 공사기간을 연장하지 않거나 건설공사발주자에게 그 기간의	법 제175조제4항 제3호		1,000	1,000	1,000

위반행위	근거 법조문	세부내용	과태료 금액(만원)		
			1차 위반	2차 위반	3차 이상위반
연장을 요청하지 않은 경우					
두. 법 제71조제3항 후단을 위반하여 설계를 변경하지 않거나 건설공사발주자에게 설계변경을 요청하지 않은 경우	법 제175조제4항 제3호		1,000	1,000	1,000
루. 법 제71조제4항을 위반하여 설계를 변경하지 않은 경우	법 제175조제4항 제3호		1,000	1,000	1,000
무. 법 제72조제1항을 위반하여 산업안전보건관리비를 도급금액 또는 사업비에 계상하지 않거나 일부만 계상한 경우	법 제175조제4항 제3호	1) 전액을 계상하지 않은 경우	계상하지 않은 금액 (다만, 1,000만원을 초과할 경우 1,000만원)	계상하지 않은 금액 (다만, 1,000만원을 초과할 경우 1,000만원)	계상하지 않은 금액 (다만, 1,000만원을 초과할 경우 1,000만원)
		2) 50% 이상 100% 미만을 계상하지 않은 경우	계상하지 않은 금액(다만, 100만원을 초과할 경우 100만원)	계상하지 않은 금액(다만, 300만원을 초과할 경우 300만원)	계상하지 않은 금액(다만, 600만원을 초과할 경우 600만원)
		3) 50% 미만을 계상하지 않은 경우	계상하지 않은 금액(다만, 100만원을 초과할 경우 100만원)	계상하지 않은 금액(다만, 200만원을 초과할 경우 200만원)	계상하지 않은 금액(다만, 300만원을 초과할 경우 300만원)
부. 법 제72조제3항을 위반하여 산업안전보건관리비 사용명세서를 작성하지 않거나 보존하지 않은 경우	법 제175조제4항 제3호	1) 작성하지 않은 경우	100	500	1,000
		2) 공사 종료 후 1년간 보존하지 않은 경우	100	200	300

위반행위	근거 법조문	세부내용	과태료 금액(만원)		
			1차 위반	2차 위반	3차 이상위반
수. 법 제72조제5항을 위반하여 산업안전보건관리비를 다른 목적으로 사용한 경우(건설공사도급인만 해당한다)	법 제175조제4항 제3호	1) 사용한 금액이 1천만원 이상인 경우	1,000	1,000	1,000
		2) 사용한 금액이 1천만원 미만인 경우	목적 외 사용금액	목적 외 사용금액	목적 외 사용금액
우. 법 제73조제1항을 위반하여 건설재해예방전문지도기관의 지도를 받지 않은 경우	법 제175조제6항 제6호		200	250	300
주. 법 제75조제6항을 위반하여 노사협의체가 심의·의결한 사항을 성실하게 이행하지 않은 경우	법 제175조제5항 제1호	1) 건설공사도급인 또는 관계수급인이 성실하게 이행하지 않은 경우	50	250	500
		2) 근로자가 성실하게 이행하지 않은 경우	10	20	30
추. 법 제77조제1항을 위반하여 안전조치 및 보건조치를 하지 않은 경우	법 제175조제4항 제3호		500	700	1,000
쿠. 법 제77조제2항을 위반하여 안전보건에 관한 교육을 실시하지 않은 경우	법 제175조제5항 제1호	1) 최초로 노무를 제공받았을 때 교육을 실시하지 않은 경우(1인당)	10	20	50
		2) 고용노동부령으로 정하는 안전 및 보건에 관한 교육을 실시하지 않은 경우(1인당)	50	100	150
투. 법 제78조를 위반하여 안전조치 및 보건조치를 하지 않은 경우	법 제175조제4항 제3호		500	700	1,000

위반행위	근거 법조문	세부내용	과태료 금액(만원)		
			1차 위반	2차 위반	3차 이상위반
푸. 법 제79조제1항을 위반하여 가맹점의 안전·보건에 관한 프로그램을 마련·시행하지 않거나 가맹사업자에게 안전·보건에 관한 정보를 제공하지 않은 경우	법 제175조제2항 제1호		1,500	2,000	3,000
후. 법 제82조제1항 전단을 위반하여 등록하지 않고 타워크레인을 설치·해체한 경우	법 제175조제4항 제5호		500	700	1,000
그. 법 제84조제6항을 위반하여 안전인증대상기계등의 제조·수입 또는 판매에 관한 자료 제출 명령을 따르지 않은 경우	법 제175조제6항 제7호		300	300	300
느. 법 제85조제1항을 위반하여 안전인증표시를 하지 않은 경우(안전인증대상별)	법 제175조제4항 제3호		100	500	1,000
드. 법 제90조제1항을 위반하여 자율안전확인표시를 하지 않은 경우(자율안전확인대상별)	법 제175조제5항 제1호		50	250	500
르. 법 제93조제1항 전단을 위반하여 안전검사를 받지 않은 경우(1대당)	법 제175조제4항 제3호		200	600	1,000
므. 법 제94조제2항을 위반하여 안전검사합격증명서를 안전	법 제175조제5항		50	250	500

위반행위	근거 법조문	세부내용	과태료 금액(만원)		
			1차 위반	2차 위반	3차 이상위반
검사대상기계등에 부착하지 않은 경우(1대당)	제1호				
브. 법 제95조를 위반하여 안전검사대상기계등을 사용한 경우(1대당)	법 제175조제4항 제3호	1) 안전검사를 받지 않은 안전검사대상기계등을 사용한 경우	300	600	1,000
		2) 안전검사에 불합격한 안전검사대상기계등을 사용한 경우	300	600	1,000
스. 법 제99조제2항을 위반하여 자율검사프로그램의 인정이 취소된 안전검사대상기계등을 사용한 경우(1대당)	법 제175조제4항 제3호		300	600	1,000
으. 법 제107조제1항 각 호 외의 부분 본문을 위반하여 작업장 내 유해인자의 노출 농도를 허용기준 이하로 유지하지 않은 경우	법 제175조제4항 제3호		1,000	1,000	1,000
즈. 법 제108조제1항에 따른 신규화학물질의 유해성·위험성 조사보고서를 제출하지 않은 경우	법 제175조제6항 제8호		30	150	300
츠. 법 제108조제5항을 위반하여 근로자의 건강장해 예방을 위한 조치 사항을 기록한 서류를 제공하지 않은 경우	법 제175조제6항 제3호		30	150	300

위반행위	근거 법조문	세부내용	과태료 금액(만원)		
			1차 위반	2차 위반	3차 이상위반
크. 법 제109조제1항에 따른 유해성·위험성 조사 결과 및 유해성·위험성 평가에 필요한 자료를 제출하지 않은 경우	법 제175조제6항 제8호		300	300	300
트. 법 제110조제1항부터 제3항까지의 규정을 위반하여 물질안전보건자료, 화학물질의 명칭·함유량 또는 변경된 물질안전보건자료를 제출하지 않은 경우(물질안전보건자료 대상물질 1종당)	법 제175조제5항 제5호	1) 물질안전보건자료 대상물질을 제조하거나 수입하려는 자가 물질안전보건자료를 제출하지 않은 경우	100	200	500
		2) 물질안전보건자료 대상물질을 제조하거나 수입하려는 자가 화학물질의 명칭 및 함유량을 제출하지 않은 경우	100	200	500
		3) 물질안전보건자료 대상물질을 제조하거나 수입한 자가 변경 사항을 반영한 물질안전보건자료를 제출하지 않은 경우	50	100	500
프. 법 제110조제2항 제2호를 위반하여 국외제조자로부터 물질안전보건자료에 적힌 화학물질 외에는 법 제104조에 따른 분류기준에 해당하는 화학물질이 없음을 확인하는 내용의 서류를 거짓으로	법 제175조제5항 제6호		500	500	500

위반행위	근거 법조문	세부내용	과태료 금액(만원)		
			1차 위반	2차 위반	3차 이상위반
제출한 경우(물질안전보건자료대상물질 1종당)					
흐. 법 제111조제1항을 위반하여 물질안전보건자료를 제공하지 않은 경우(물질안전보건자료대상물질 1종당)	법 제175조제5항 제7호	1) 물질안전보건자료대상물질을 양도·제공하는 자가 물질안전보건자료를 제공하지 않은 경우(제공하지 않은 사업장 1개소당)			
		가) 물질안전보건자료대상물질을 양도·제공하는 자가 물질안전보건자료를 제공하지 않은 경우〔나)에 해당하는 경우는 제외한다〕	100	200	500
		나) 종전의 물질안전보건자료대상물질 양도·제공자로부터 물질안전보건자료를 제공받지 못하여 상대방에게 물질안전보건자료를 제공하지 않은 경우	10	20	50
		2) 물질안전보건자료의 기재사항을 잘못 작성하여 제공한 경우(제공한 사업장 1개소당)			
		가) 물질안전보건자료의 기재사항을	100	200	500

위반행위	근거 법조문	세부내용	과태료 금액(만원)		
			1차 위반	2차 위반	3차 이상위반
		거짓으로 작성하여 제공한 경우			
		나) 과실로 잘못 작성하거나 누락하여 제공한 경우	10	20	50
기. 법 제111조제2항 또는 제3항을 위반하여 물질안전보건자료의 변경 내용을 반영하여 제공하지 않은 경우(물질안전보건자료대상물질 1종당)	법 제175조제6항 제9호	1) 물질안전보건자료대상물질을 제조·수입한 자가 변경사항을 반영한 물질안전보건자료를 제공하지 않은 경우(제공하지 않은 사업장 1개소당)	50	100	300
		2) 종전의 물질안전보건자료대상물질 양도·제공자로부터 변경된 물질안전보건자료를 제공받지 못하여 상대방에게 변경된 물질안전보건자료를 제공하지 않은 경우(제공하지 않은 사업장 1개소당)	10	20	30
니. 법 제112조제1항 본문을 위반하여 승인을 받지 않고 화학물질의 명칭 및 함유량을 대체자료로 적은 경우(물질안전보건자료대상물질 1종당)	법 제175조제5항 제8호	1) 물질안전보건자료대상물질을 제조·수입하는 자가 승인을 받지 않은 경우	100	200	500
		2) 물질안전보건자료에 승인 결과를 거짓으로 적용한 경우	500	500	500
		3) 물질안전보건자료대상물질을 제조·수입한 자가 승인의 유효기간이 지	100	200	500

위반행위	근거 법조문	세부내용	과태료 금액(만원)		
			1차 위반	2차 위반	3차 이상위반
		났음에도 불구하고 대체자료가 아닌 명칭 및 함유량을 물질안전보건자료에 반영하지 않은 경우			
디. 법 제112조제1항 또는 제5항에 따른 비공개 승인 또는 연장승인 신청 시 영업비밀과 관련되어 보호사유를 거짓으로 작성하여 신청한 경우(물질안전보건자료대상물질 1종당)	법 제175조제5항 제9호		500	500	500
리. 법 제112조제10항 각 호 외의 부분 후단을 위반하여 대체자료로 적힌 화학물질의 명칭 및 함유량 정보를 제공하지 않은 경우	법 제175조제5항 제10호		100	200	500
미. 법 제113조제1항에 따라 선임된 자로서 같은 항 각 호의 업무를 거짓으로 수행한 경우	법 제175조제5항 제11호		500	500	500
비. 법 제113조제1항에 따라 선임된 자로서 같은 조 제2항에 따라 고용노동부장관에게 제출한 물질안전보건자료를 해당 물질안전보건자료대상물질을 수입	법 제175조제5항 제12호		100	200	500

위반행위	근거 법조문	세부내용	과태료 금액(만원)		
			1차 위반	2차 위반	3차 이상위반
하는 자에게 제공하지 않은 경우(물질안전보건자료대상물질 1종당)					
시. 법 제114조제1항을 위반하여 물질안전보건자료를 게시하지 않거나 갖추어 두지 않은 경우(물질안전보건자료대상물질 1종당)	법 제175조제5항 제3호	1) 작성한 물질안전보건자료를 게시하지 않거나 갖추어 두지 않은 경우(작업장 1개소당)	100	200	500
		2) 제공받은 물질안전보건자료를 게시하지 않거나 갖추어 두지 않은 경우(작업장 1개소당)	100	200	500
		3) 물질안전보건자료대상물질을 양도 또는 제공한 자로부터 물질안전보건자료를 제공받지 못하여 게시하지 않거나 갖추어 두지 않은 경우(작업장 1개소당)	10	20	50
이. 법 제114조제3항(법 제166조의2에서 준용하는 경우를 포함한다)을 위반하여 해당 근로자 또는 현장실습생을 교육하는 등 적절한 조치를 하지 않은 경우	법 제175조제6항 제10호	교육대상 근로자 1명당	50	100	300
지. 법 제115조제1항 또는 같은 조 제2항 본문을 위반하여 경고표시를 하지 않은	법 제175조제6항 제11호	1) 물질안전보건자료대상물질을 담은 용기 및 포장에 경고표시를 하지 않은 경우			

위반행위	근거 법조문	세부내용	과태료 금액(만원)		
			1차 위반	2차 위반	3차 이상위반
경우(물질안전보건자료대상물질 1종당)		가) 물질안전보건자료대상물질을 용기 및 포장에 담는 방법으로 양도·제공하는 자가 용기 및 포장에 경고표시를 하지 않은 경우(양도·제공받은 사업장 1개소당)	50	100	300
		나) 물질안전보건자료대상물질을 사용하는 사업주가 용기에 경고표시를 하지 않은 경우	50	100	300
		다) 종전의 물질안전보건자료대상물질 양도·제공자로부터 경고표시를 한 용기 및 포장을 제공받지 못해 경고표시를 하지 않은 채로 물질안전보건자료대상물질을 양도·제공한 경우(경고표시를 하지 않고 양도·제공받은 사업장 1개소당)	10	20	50
		라) 용기 및 포장의 경고표시가 제거되거나 경고표시의 내용을 알아볼 수 없을 정도로 훼손된 경우	10	20	50
		2) 물질안전보건자료대상물질을 용기	50	100	300

위반행위	근거 법조문	세부내용	과태료 금액(만원)		
			1차 위반	2차 위반	3차 이상위반
		및 포장에 담는 방법이 아닌 방법으로 양도·제공하는 자가 경고표시 기재항목을 적은 자료를 제공하지 않는 경우(제공받지 않은 사업장 1개소당)			
치. 법 제119조제1항을 위반하여 일반석면조사를 하지 않고 건축물이나 설비를 철거하거나 해체한 경우	법 제175조제6항 제12호		철거 또는 해체 공사 금액의 100분의 5에 해당하는 금액. 다만, 해당 금액이 10만원 미만인 경우에는 10만원으로, 해당 금액이 100만원을 초과하는 경우에는 100만원으로 한다.	200	300
키. 법 제119조제2항을 위반하여 기관석면조사를 하지 않고 건축물 또는 설비를 철거하거나 해체한 경우	법 제175조제1항 제1호	1) 개인 소유의 단독주택(다중주택, 다가구주택, 공관은 제외한다)	철거 또는 해체 공사 금액의 100분의 5에 해당하는 금액. 다만, 해당 금액이 50만원 미만인 경우에	1,000	1,500

위반행위	근거 법조문	세부내용	과태료 금액(만원)		
			1차 위반	2차 위반	3차 이상위반
			는 50만원으로, 해당 금액이 500만원을 초과하는 경우에는 500만원으로 한다.		
		2) 그 밖의 경우	철거 또는 해체 공사 금액의 100분의 5에 해당하는 금액. 다만, 해당 금액이 150만원 미만인 경우에는 150만원으로, 해당 금액이 1,500만원을 초과하는 경우에는 1,500만원으로 한다.	3,000	5,000
티. 법 제122조제2항을 위반하여 기관석면조사를 실시한 기관으로 하여금 석면해체·제거를 하도록 한 경우	법 제175조제5항 제1호		150	300	500
피. 법 제122조제3항을 위반하여 석면해체·제거작업을 고용노동부장관에게 신고하지 않은 경우	법 제175조제6항 제13호	1) 신고하지 않은 경우	100	200	300
		2) 변경신고를 하지 않은 경우	50	100	150

위반행위	근거 법조문	세부내용	과태료 금액(만원)		
			1차 위반	2차 위반	3차 이상위반
히. 법 제123조제2항을 위반하여 석면이 함유된 건축물이나 설비를 철거하거나 해체하는 자가 한 조치 사항을 준수하지 않은 경우	법 제175조제6항 제3호		5	10	15
갸. 법 제124조제1항을 위반하여 공기 중 석면농도가 석면농도기준 이하가 되도록 하지 않은 경우	법 제175조제5항 제1호		150	300	500
냐. 법 제124조제1항을 위반하여 공기 중 석면농도가 석면농도기준 이하임을 증명하는 자료를 제출하지 않은 경우	법 제175조제6항 제14호		100	200	300
댜. 법 제124조제3항을 위반하여 공기 중 석면농도가 석면농도기준을 초과함에도 건축물 또는 설비를 철거하거나 해체한 경우	법 제175조제1항 제2호		1,500	3,000	5,000
랴. 법 제125조제1항 및 제2항에 따라 작업환경측정을 하지 않은 경우	법 제175조제4항 제6호	측정대상 작업장의 근로자 1명당	20	50	100
먀. 법 제125조제1항 및 제2항을 위반하여 작업환경측정 시 고용노동부령으로 정한 작업환경측정의 방법을 준수하지 않은 경우	법 제175조제5항 제13호		100	300	500

위반행위	근거 법조문	세부내용	과태료 금액(만원)		
			1차 위반	2차 위반	3차 이상위반
뱌. 법 제125조제4항을 위반하여 작업환경측정 시 근로자대표가 요구하였는 데도 근로자대표를 참석시키지 않은 경우	법 제175조제5항 제14호		500	500	500
샤. 법 제125조제5항을 위반하여 작업환경측정 결과를 보고하지 않거나 거짓으로 보고한 경우	법 제175조제6항 제15호	1) 보고하지 않은 경우	50	150	300
		2) 거짓으로 보고한 경우	300	300	300
야. 법 제125조제6항을 위반하여 작업환경측정의 결과를 해당 작업장 근로자에게 알리지 않은 경우	법 제175조제5항 제15호		100	300	500
쟈. 법 제125조제7항을 위반하여 산업안전보건위원회 또는 근로자대표가 작업환경측정 결과에 대한 설명회의 개최를 요구했음에도 이에 따르지 않은 경우	법 제175조제5항 제1호		100	300	500
챠. 법 제129조제1항 또는 제130조제1항부터 제3항까지의 규정을 위반하여 근로자의 건강진단을 하지 않은 경우	법 제175조제4항 제7호	건강진단 대상 근로자 1명당	10	20	30
캬. 법 제132조제1항을 위반하여 건강진단을 할 때 근로자대표가 요구하였는 데	법 제175조제5항 제14호		500	500	500

위반행위	근거 법조문	세부내용	과태료 금액(만원)		
			1차 위반	2차 위반	3차 이상위반
도 근로자대표를 참석시키지 않은 경우					
탸. 법 제132조제2항 전단을 위반하여 산업안전보건위원회 또는 근로자대표가 건강진단 결과에 대한 설명을 요구했음에도 이에 따르지 않은 경우	법 제175조제5항 제1호		100	300	500
퍄. 법 제132조제3항을 위반하여 건강진단 결과를 근로자 건강 보호 및 유지 외의 목적으로 사용한 경우	법 제175조제6항 제3호		300	300	300
햐. 법 제132조제5항을 위반하여 조치결과를 제출하지 않거나 거짓으로 제출한 경우	법 제175조제6항 제15호	1) 제출하지 않은 경우	50	150	300
		2) 거짓으로 제출한 경우	300	300	300
겨. 법 제133조를 위반하여 건강진단을 받지 않은 경우	법 제175조제6항 제3호		5	10	15
녀. 법 제134조제1항을 위반하여 건강진단의 실시결과를 통보·보고하지 않거나 거짓으로 통보·보고한 경우	법 제175조제6항 제15호	1) 통보 또는 보고하지 않은 경우	50	150	300
		2) 거짓으로 통보 또는 보고한 경우	300	300	300
뎌. 법 제134조제2항을 위반하여 건강진단의 실시결과를 통보하지 않거나 거짓으로 통보한 경우	법 제175조제6항 제15호	1) 통보하지 않은 경우	50	150	300
		2) 거짓으로 통보한 경우	300	300	300

위반행위	근거 법조문	세부내용	과태료 금액(만원)		
			1차 위반	2차 위반	3차 이상위반
려. 법 제137조제3항을 위반하여 건강관리카드를 타인에게 양도하거나 대여한 경우	법 제175조제5항 제1호		500	500	500
며. 법 제141조제2항을 위반하여 정당한 사유 없이 역학조사를 거부·방해·기피한 경우	법 제175조제3항 제3호	1) 사업주가 거부·방해·기피한 경우	1,500	1,500	1,500
		2) 근로자가 거부·방해·기피한 경우	5	10	15
벼. 법 제141조제3항을 위반하여 역학조사 참석이 허용된 사람의 역학조사 참석을 거부하거나 방해한 경우	법 제175조제3항 제4호		1,500	1,500	1,500
셔. 법 제145제1항을 위반하여 등록 없이 지도사 직무를 시작한 경우	법 제175조제5항 제1호		150	300	500
요. 법 제149조를 위반하여 지도사 또는 이와 유사한 명칭을 사용한 경우	법 제175조제6항 제3호	1) 등록한 지도사가 아닌 사람이 지도사 명칭을 사용한 경우	100	200	300
		2) 등록한 지도사가 아닌 사람이 지도사와 유사한 명칭을 사용한 경우	30	150	300
죠. 법 제155조제1항(법 제166조의2에서 준용하는 경우를 포함한다)에 따른 질문에 답변을 거부·방해 또는 기피하	법 제175조제6항 제16호		300	300	300

위반행위	근거 법조문	세부내용	과태료 금액(만원)		
			1차 위반	2차 위반	3차 이상위반
거나 거짓으로 답변한 경우					
쵸. 법 제155조제1항(법 제166조의2에서 준용하는 경우를 포함한다) 또는 제2항(법 제166조의2에서 준용하는 경우를 포함한다)에 따른 근로감독관의 검사·점검 또는 수거를 거부·방해 또는 기피한 경우	법 제175조제4항 제8호		1,000	1,000	1,000
쿄. 법 제155조제3항(법 제166조의2에서 준용하는 경우를 포함한다)에 따른 명령을 위반하여 보고·출석을 하지 않거나 거짓으로 보고한 경우	법 제175조제5항 제16호	1) 보고 또는 출석을 하지 않은 경우	150	300	500
		2) 거짓으로 보고한 경우	500	500	500
툐. 법 제156조제1항(법 제166조의2에서 준용하는 경우를 포함한다)에 따른 검사·지도 등을 거부·방해 또는 기피한 경우	법 제175조제6항 제17호		300	300	300
표. 법 제164조제1항부터 제6항까지의 규정을 위반하여 보존해야 할 서류를 보존기간 동안 보존하지 않은 경우(각 서류당)	법 제175조제6항 제18호		30	150	300

【규칙 별표 1】 (개정 2019.12.26)

건설업체 산업재해발생률 및 산업재해 발생 보고의무 위반건수의 산정기준과 방법 (제4조 관련)

1. 산업재해발생률 및 산업재해 발생 보고의무 위반에 따른 가감점 부여대상이 되는 건설업체는 매년 「건설산업기본법」 제23조에 따라 국토교통부장관이 시공능력을 고려하여 공시하는 건설업체 중 고용노동부장관이 정하는 업체로 한다.

2. 건설업체의 산업재해발생률은 다음의 계산식에 따른 업무상 사고사망만인율(이하 "사고사망만인율"이라 한다)로 산출하되, 소수점 셋째 자리에서 반올림한다.

$$\text{사고사망만인율}(‱) = \frac{\text{사고사망자 수}}{\text{상시 근로자 수}} \times 10{,}000$$

3. 제2호의 계산식에서 사고사망자 수는 다음과 같은 기준과 방법에 따라 산출한다.
   가. 사고사망자 수는 사고사망만인율 산정 대상 연도의 1월 1일부터 12월 31일까지의 기간 동안 해당 업체가 시공하는 국내의 건설 현장(자체사업의 건설 현장은 포함한다. 이하 같다)에서 사고사망재해를 입은 근로자 수를 합산하여 산출한다. 다만, 별표 18 제2호 마목에 따른 이상기온에 기인한 질병사망자는 포함한다.
      1) 「건설산업기본법」 제8조에 따른 종합공사를 시공하는 업체의 경우에는 해당 업체의 소속 사고사망자 수에 그 업체가 시공하는 건설현장에서 그 업체로부터 도급을 받은 업체(그 도급을 받은 업체의 하수급인을 포함한다. 이하 같다)의 사고사망자 수를 합산하여 산출한다.
      2) 「건설산업기본법」 제29조제3항에 따라 종합공사를 시공하는 업체(A)가 발주자의 승인을 받아 종합공사를 시공하는 업체(B)에 도급을 준 경우에는 해당 도급을 받은 종합공사를 시공하는 업체(B)의 사고사망자 수와 그 업체로부터 도급을 받은 업체(C)의 사고사망자 수를 도급을 한 종합공사를 시공하는 업체(A)와 도급을 받은 종합공사를 시공하는 업체(B)에 반으로 나누어 각각 합산한다. 다만, 그 산업재해와 관련하여 법원의 판결이 있는 경우에는 산업재해에 책임이 있는 종합공사를 시공하는 업체의 사고사망자 수에 합산한다.
      3) 제73조제1항에 따른 산업재해조사표를 제출하지 않아 고용노동부장관이 산업재해 발생연도 이후에 산업재해가 발생한 사실을 알게 된 경우에는 그 알게 된 연도의 사고사망자 수로 산정한다.
   나. 둘 이상의 업체가 「국가를 당사자로 하는 계약에 관한 법률」 제25조에 따라 공동계약

을 체결하여 공사를 공동이행 방식으로 시행하는 경우 해당 현장에서 발생하는 사고사망자 수는 공동수급업체의 출자 비율에 따라 분배한다.

다. 건설공사를 하는 자(도급인, 자체사업을 하는 자 및 그의 수급인을 포함한다)와 설치, 해체, 장비 임대 및 물품 납품 등에 관한 계약을 체결한 사업주의 소속 근로자가 그 건설공사와 관련된 업무를 수행하는 중 사고사망재해를 입은 경우에는 건설공사를 하는 자의 사고사망자 수로 산정한다.

라. 사고사망자 중 다음의 어느 하나에 해당하는 경우로서 사업주의 법 위반으로 인한 것이 아니라고 인정되는 재해에 의한 사고사망자는 사고사망자 수 산정에서 제외한다.

1) 방화, 근로자간 또는 타인간의 폭행에 의한 경우

2) 「도로교통법」에 따라 도로에서 발생한 교통사고에 의한 경우(해당 공사의 공사용 차량·장비에 의한 사고는 제외한다)

3) 태풍·홍수·지진·눈사태 등 천재지변에 의한 불가항력적인 재해의 경우

4) 작업과 관련이 없는 제3자의 과실에 의한 경우(해당 목적물 완성을 위한 작업자간의 과실은 제외한다)

5) 그 밖에 야유회, 체육행사, 취침·휴식 중의 사고 등 건설작업과 직접 관련이 없는 경우

마. 재해 발생 시기와 사망 시기의 연도가 다른 경우에는 재해 발생 연도의 다음연도 3월 31일 이전에 사망한 경우에만 산정 대상 연도의 사고사망자수로 산정한다.

4. 제2호의 계산식에서 상시 근로자 수는 다음과 같이 산출한다.

$$\text{상시 근로자 수} = \frac{\text{연간 국내공사 실적액} \times \text{노무비율}}{\text{건설업 월평균임금} \times 12}$$

가. '연간 국내공사 실적액'은 「건설산업기본법」에 따라 설립된 건설업자의 단체, 「전기공사업법」에 따라 설립된 공사업자단체, 「정보통신공사업법」에 따라 설립된 정보통신공사협회, 「소방시설공사업법」에 따라 설립된 한국소방시설협회에서 산정한 업체별 실적액을 합산하여 산정한다.

나. '노무비율'은 「고용보험 및 산업재해보상보험의 보험료징수 등에 관한 법률 시행령」 제11조제1항에 따라 고용노동부장관이 고시하는 일반 건설공사의 노무비율(하도급 노무비율은 제외한다)을 적용한다.

다. '건설업 월평균임금'은 「고용보험 및 산업재해보상보험의 보험료징수 등에 관한 법률 시행령」 제2조제1항제3호가목에 따라 고용노동부장관이 고시하는 건설업 월평균임금을 적용한다.

5. 고용노동부장관은 제3호마목에 따른 사고사망자 수 산정 여부 등을 심사하기 위하여 다음 각 목의 어느 하나에 해당하는 사람 각 1명 이상으로 심사단을 구성·운영할 수 있다.
   가. 전문대학 이상의 학교에서 건설안전 관련 분야를 전공하는 조교수 이상인 사람
   나. 공단의 전문직 2급 이상 임직원
   다. 건설안전기술사 또는 산업안전지도사(건설안전 분야에만 해당한다) 등 건설안전 분야에 학식과 경험이 있는 사람

6. 산업재해 발생 보고의무 위반건수는 다음 각 목에서 정하는 바에 따라 산정한다.
   가. 건설업체의 산업재해 발생 보고의무 위반건수는 국내의 건설현장에서 발생한 산업재해의 경우 법 제57조제3항에 따른 보고의무를 위반(제73조제1항에 따른 보고기한을 넘겨 보고의무를 위반한 경우는 제외한다)하여 과태료 처분을 받은 경우만 해당한다.
   나. 「건설산업기본법」 제8조에 따른 종합공사를 시공하는 업체의 산업재해 발생 보고의무 위반건수에는 해당 업체로부터 도급받은 업체(그 도급을 받은 업체의 하수급인은 포함한다)의 산업재해 발생 보고의무 위반건수를 합산한다.
   다. 「건설산업기본법」 제29조제3항에 따라 종합공사를 시공하는 업체(A)가 발주자의 승인을 받아 종합공사를 시공하는 업체(B)에 도급을 준 경우에는 해당 도급을 받은 종합공사를 시공하는 업체(B)의 산업재해 발생 보고의무 위반건수와 그 업체로부터 도급을 받은 업체(C)의 산업재해 발생 보고의무 위반건수를 도급을 준 종합공사를 시공하는 업체(A)와 도급을 받은 종합공사를 시공하는 업체(B)에 반으로 나누어 각각 합산한다.
   라. 둘 이상의 건설업체가 「국가를 당사자로 하는 계약에 관한 법률」 제25조에 따라 공동계약을 체결하여 공사를 공동이행 방식으로 시행하는 경우 산업재해 발생 보고의무 위반건수는 공동수급업체의 출자비율에 따라 분배한다.

【규칙 별표 2】 (개정 2019.12.26)

안전보건관리규정을 작성해야 할 사업의 종류 및 상시근로자 수
(제25조제1항 관련)

사업의 종류	상시근로자 수
1. 농업 2. 어업 3. 소프트웨어 개발 및 공급업 4. 컴퓨터 프로그래밍, 시스템 통합 및 관리업 5. 정보서비스업 6. 금융 및 보험업 7. 임대업; 부동산 제외 8. 전문, 과학 및 기술 서비스업(연구개발업은 제외한다) 9. 사업지원 서비스업 10. 사회복지 서비스업	300명 이상
11. 제1호부터 제10호까지의 사업을 제외한 사업	100명 이상

【규칙 별표 3】 (개정 2019.12.26)

안전보건관리규정의 세부내용
(제25조 제2항 관련)

1. 총칙
   가. 안전보건관리규정 작성의 목적 및 적용 범위에 관한 사항
   나. 사업주 및 근로자의 재해 예방 책임 및 의무 등에 관한 사항
   다. 하도급 사업장에 대한 안전·보건관리에 관한 사항

2. 안전·보건 관리조직과 그 직무
   가. 안전·보건 관리조직의 구성방법, 소속, 업무 분장 등에 관한 사항
   나. 안전보건관리책임자(안전보건총괄책임자), 안전관리자, 보건관리자, 관리감독자의 직무 및 선임에 관한 사항
   다. 산업안전보건위원회의 설치·운영에 관한 사항
   라. 명예산업안전감독관의 직무 및 활동에 관한 사항
   마. 작업지휘자 배치 등에 관한 사항

3. 안전·보건교육
  가. 근로자 및 관리감독자의 안전·보건교육에 관한 사항
  나. 교육계획의 수립 및 기록 등에 관한 사항

4. 작업장 안전관리
  가. 안전·보건관리에 관한 계획의 수립 및 시행에 관한 사항
  나. 기계·기구 및 설비의 방호조치에 관한 사항
  다. 유해·위험기계등에 대한 자율검사프로그램에 의한 검사 또는 안전검사에 관한 사항
  라. 근로자의 안전수칙 준수에 관한 사항
  마. 위험물질의 보관 및 출입 제한에 관한 사항
  바. 중대재해 및 중대산업사고 발생, 급박한 산업재해 발생의 위험이 있는 경우 작업중지에 관한 사항
  사. 안전표지·안전수칙의 종류 및 게시에 관한 사항과 그 밖에 안전관리에 관한 사항

5. 작업장 보건관리
  가. 근로자 건강진단, 작업환경측정의 실시 및 조치절차 등에 관한 사항
  나. 유해물질의 취급에 관한 사항
  다. 보호구의 지급 등에 관한 사항
  라. 질병자의 근로 금지 및 취업 제한 등에 관한 사항
  마. 보건표지·보건수칙의 종류 및 게시에 관한 사항과 그 밖에 보건관리에 관한 사항

6. 사고 조사 및 대책 수립
  가. 산업재해 및 중대산업사고의 발생 시 처리 절차 및 긴급조치에 관한 사항
  나. 산업재해 및 중대산업사고의 발생원인에 대한 조사 및 분석, 대책 수립에 관한 사항
  다. 산업재해 및 중대산업사고 발생의 기록·관리 등에 관한 사항

7. 위험성평가에 관한 사항
  가. 위험성평가의 실시 시기 및 방법, 절차에 관한 사항
  나. 위험성 감소대책 수립 및 시행에 관한 사항

8. 보칙
  가. 무재해운동 참여, 안전·보건 관련 제안 및 포상·징계 등 산업재해 예방을 위하여 필요하다고 판단하는 사항
  나. 안전·보건 관련 문서의 보존에 관한 사항
  다. 그 밖의 사항
    사업장의 규모·업종 등에 적합하게 작성하며, 필요한 사항을 추가하거나 그 사업장에 관련되지 않는 사항은 제외할 수 있다.

【규칙 별표 4】 (개정 2019.12.26)

안전보건교육 교육과정별 교육시간
(제26조제1항등 관련)

1. 근로자 안전보건교육(제26조제1항, 제28조제1항 관련)

<table>
<tr><th>교육과정</th><th colspan="2">교육대상</th><th>교육시간</th></tr>
<tr><td rowspan="4">가. 정기교육</td><td colspan="2">사무직 종사 근로자</td><td>매분기 3시간 이상</td></tr>
<tr><td rowspan="2">사무직 종사 근로자 외의 근로자</td><td>판매업무에 직접 종사하는 근로자</td><td>매분기 3시간 이상</td></tr>
<tr><td>판매업무에 직접 종사하는 근로자 외의 근로자</td><td>매분기 6시간 이상</td></tr>
<tr><td colspan="2">관리감독자의 지위에 있는 사람</td><td>연간 16시간 이상</td></tr>
<tr><td rowspan="2">나. 채용 시 교육</td><td colspan="2">일용근로자</td><td>1시간 이상</td></tr>
<tr><td colspan="2">일용근로자를 제외한 근로자</td><td>8시간 이상</td></tr>
<tr><td rowspan="2">다. 작업내용 변경 시 교육</td><td colspan="2">일용근로자</td><td>1시간 이상</td></tr>
<tr><td colspan="2">일용근로자를 제외한 근로자</td><td>2시간 이상</td></tr>
<tr><td rowspan="3">라. 특별교육</td><td colspan="2">별표 5제1호라목 각 호(제40호는 제외한다)의 어느 하나에 해당하는 작업에 종사하는 일용근로자</td><td>2시간 이상</td></tr>
<tr><td colspan="2">별표 5 제1호라목제40호의 타워크레인 신호작업에 종사하는 일용근로자</td><td>8시간 이상</td></tr>
<tr><td colspan="2">별표 5 제1호라목 각 호의 어느 하나에 해당하는 작업에 종사하는 일용근로자를 제외한 근로자</td><td>- 16시간 이상(최초 작업에 종사하기 전 4시간 이상 실시하고 12시간은 3개월 이내에서 분할하여 실시가능)
- 단기간 작업 또는 간헐적 작업인 경우에는 2시간 이상</td></tr>
<tr><td>마. 건설업 기초 안전·보건교육</td><td colspan="2">건설일용근로자</td><td>4시간 이상</td></tr>
</table>

비고 1. 상시 근로자 50명 미만의 도매업과 숙박 및 음식점업은 위 표의 가목부터 라목까지의 규정에도 불구하고 해당 교육과정별 교육시간의 2분의 1이상을 실시해야 한다.

2. 근로자(관리감독자의 지위에 있는 사람은 제외한다)가 「화학물질관리법 시행규칙」 제37조제4항에 따른 유해화학물질 안전교육을 받은 경우에는 그 시간만큼 가목에 따른 해당 분기의 정기교육을 받은 것으로 본다.

3. 방사선작업종사자가 「원자력안전법 시행령」 제148조제1항에 따라 방사선작업종사자 정기교육을

받은 때에는 그 해당시간 만 큼 가목에 따른 해당 분기의 정기교육을 받은 것으로 본다.

4. 방사선 업무에 관계되는 작업에 종사하는 근로자가 「원자력안전법 시행령」 제148조제1항에 따라 방사선작업종사자 신규교육 중 직장교육을 받은 때에는 그 시간만큼 라목 중 별표 5 제1 호라목 33에 따른 해당 근로자에 대한 특별교육을 받은 것으로 본다.

2. 안전보건관리책임자 등에 대한 교육(제29조제2항 관련)

교육대상	교육시간	
	신규교육	보수교육
가. 안전보건관리책임자	6시간 이상	6시간 이상
나. 안전관리자, 안전관리전문기관의 종사자	34시간 이상	24시간 이상
다. 보건관리자, 보건관리전문기관의 종사자	34시간 이상	24시간 이상
라. 건설재해예방전문지도기관의 종사자	34시간 이상	24시간 이상
마. 석면조사기관의 종사자	34시간 이상	24시간 이상
바. 안전보건관리담당자	-	8시간 이상
사. 안전검사기관, 자율안전검사기관의 종사자	34시간 이상	24시간 이상

3. 특수형태근로종사자에 대한 안전보건교육(제95조제1항 관련)

교육과정	교육시간
가. 최초 노무제공 시 교육	2시간 이상(단기간 작업 또는 간헐적 작업에 노무를 제공하는 경우에는 1시간 이상 실시하고, 특별교육을 실시한 경우는 면제)
나. 특별교육	16시간 이상(최초 작업에 종사하기 전 4시간 이상 실시하고 12시간은 3개월 이내에서 분할하여 실시가능)
	단기간 작업 또는 간헐적 작업인 경우에는 2시간 이상

4. 검사원 성능검사 교육(제131조제2항 관련)

교육과정	교육대상	교육시간
성능검사교육	-	28시간 이상

【규칙 별표 5】 (개정 2021.1.19)

안전보건교육 교육대상별 교육내용(제26조제1항 등 관련)

1. 근로자 안전보건교육(제26조제1항 관련)

가. 근로자 정기교육

교육내용
○ 산업안전 및 사고 예방에 관한 사항 ○ 산업보건 및 직업병 예방에 관한 사항 ○ 건강증진 및 질병 예방에 관한 사항 ○ 유해·위험 작업환경 관리에 관한 사항 ○ 산업안전보건법령 및 산업재해보상보험 제도에 관한 사항 ○ 직무스트레스 예방 및 관리에 관한 사항 ○ 직장 내 괴롭힘, 고객의 폭언 등으로 인한 건강장해 예방 및 관리에 관한 사항

나. 관리감독자 정기교육

교육내용
○ 산업안전 및 사고 예방에 관한 사항 ○ 산업보건 및 직업병 예방에 관한 사항 ○ 유해·위험 작업환경 관리에 관한 사항 ○ 산업안전보건법령 및 산업재해보상보험 제도에 관한 사항 ○ 직무스트레스 예방 및 관리에 관한 사항 ○ 직장 내 괴롭힘, 고객의 폭언 등으로 인한 건강장해 예방 및 관리에 관한 사항 ○ 작업공정의 유해·위험과 재해 예방대책에 관한 사항 ○ 표준안전 작업방법 및 지도 요령에 관한 사항 ○ 관리감독자의 역할과 임무에 관한 사항 ○ 안전보건교육 능력 배양에 관한 사항 - 현장근로자와의 의사소통능력 향상, 강의능력 향상 및 그 밖에 안전보건교육 능력 배양 등에 관한 사항. 이 경우 안전보건교육 능력 배양 교육은 별표 4에 따라 관리감독자가 받아야 하는 전체 교육시간의 3분의 1 범위에서 할 수 있다.

다. 채용 시 교육 및 작업내용 변경 시 교육

교육내용
○ 산업안전 및 사고 예방에 관한 사항 ○ 산업보건 및 직업병 예방에 관한 사항 ○ 산업안전보건법령 및 산업재해보상보험 제도에 관한 사항

교육내용
○ 직무스트레스 예방 및 관리에 관한 사항 ○ 직장 내 괴롭힘, 고객의 폭언 등으로 인한 건강장해 예방 및 관리에 관한 사항 ○ 기계·기구의 위험성과 작업의 순서 및 동선에 관한 사항 ○ 작업 개시 전 점검에 관한 사항 ○ 정리정돈 및 청소에 관한 사항 ○ 사고 발생 시 긴급조치에 관한 사항 ○ 물질안전보건자료에 관한 사항

라. 특별교육 대상 작업별 교육내용

작업명	교육내용
〈공통내용〉 제1호부터 제40호까지의 작업	다목과 같은 내용
〈개별내용〉 1. 고압실 내 작업(잠함공법이나 그 밖의 압기공법으로 대기압을 넘는 기압인 작업실 또는 수갱 내부에서 하는 작업만 해당한다)	○ 고기압 장해의 인체에 미치는 영향에 관한 사항 ○ 작업의 시간·작업 방법 및 절차에 관한 사항 ○ 압기공법에 관한 기초지식 및 보호구 착용에 관한 사항 ○ 이상 발생 시 응급조치에 관한 사항 ○ 그 밖에 안전·보건관리에 필요한 사항
2. 아세틸렌 용접장치 또는 가스집합 용접장치를 사용하는 금속의 용접·용단 또는 가열작업(발생기·도관 등에 의하여 구성되는 용접장치만 해당한다)	○ 용접 흄, 분진 및 유해광선 등의 유해성에 관한 사항 ○ 가스용접기, 압력조정기, 호스 및 취관두 등(불꽃이 나오는 용접기의 앞부분)등의 기기점검에 관한 사항 ○ 작업방법·순서 및 응급처치에 관한 사항 ○ 안전기 및 보호구 취급에 관한 사항 ○ 화재예방 및 초기대응에 관한 사항 ○ 그 밖에 안전·보건관리에 필요한 사항
3. 밀폐된 장소(탱크 내 또는 환기가 극히 불량한 좁은 장소를 말한다)에서 하는 용접작업 또는 습한 장소에서 하는 전기용접 작업	○ 작업순서, 안전작업방법 및 수칙에 관한 사항 ○ 환기설비에 관한 사항 ○ 전격 방지 및 보호구 착용에 관한 사항 ○ 질식 시 응급조치에 관한 사항 ○ 작업환경 점검에 관한 사항 ○ 그 밖에 안전·보건관리에 필요한 사항
4. 폭발성·물반응성·자기반응성·자기발열성 물질, 자연발화성 액체·고체 및 인화성 액체의 제	○ 폭발성·물반응성·자기반응성·자기발열성 물질, 자연발화성 액체·고체 및 인화성 액체의 성질이나 상태에 관한 사항 ○ 폭발 한계점, 발화점 및 인화점 등에 관한 사항 ○ 취급방법 및 안전수칙에 관한 사항

작업명	교육내용
조 또는 취급작업(시험 연구를 위한 취급작업은 제외한다)	○ 이상 발견 시의 응급처치 및 대피 요령에 관한 사항 ○ 화기·정전기·충격 및 자연발화 등의 위험방지에 관한 사항 ○ 작업순서, 취급주의사항 및 방호거리 등에 관한 사항 ○ 그 밖에 안전·보건관리에 필요한 사항
5. 액화석유가스·수소가스 등 인화성 가스 또는 폭발성 물질 중 가스의 발생장치 취급 작업	○ 취급가스의 상태 및 성질에 관한 사항 ○ 발생장치 등의 위험 방지에 관한 사항 ○ 고압가스 저장설비 및 안전취급방법에 관한 사항 ○ 설비 및 기구의 점검 요령 ○ 그 밖에 안전·보건관리에 필요한 사항
6. 화학설비 중 반응기, 교반기·추출기의 사용 및 세척작업	○ 각 계측장치의 취급 및 주의에 관한 사항 ○ 투시창·수위 및 유량계 등의 점검 및 밸브의 조작주의에 관한 사항 ○ 세척액의 유해성 및 인체에 미치는 영향에 관한 사항 ○ 작업 절차에 관한 사항 ○ 그 밖에 안전·보건관리에 필요한 사항
7. 화학설비의 탱크 내 작업	○ 차단장치·정지장치 및 밸브 개폐장치의 점검에 관한 사항 ○ 탱크 내의 산소농도 측정 및 작업환경에 관한 사항 ○ 안전보호구 및 이상 발생 시 응급조치에 관한 사항 ○ 작업절차·방법 및 유해·위험에 관한 사항 ○ 그 밖에 안전·보건관리에 필요한 사항
8. 분말·원재료 등을 담은 호퍼(하부가 깔대기 모양으로 된 저장통)·저장창고 등 저장탱크의 내부작업	○ 분말·원재료의 인체에 미치는 영향에 관한 사항 ○ 저장탱크 내부작업 및 복장보호구 착용에 관한 사항 ○ 작업의 지정·방법·순서 및 작업환경 점검에 관한 사항 ○ 팬·풍기(風旗) 조작 및 취급에 관한 사항 ○ 분진 폭발에 관한 사항 ○ 그 밖에 안전·보건관리에 필요한 사항
9. 다음 각 목에 정하는 설비에 의한 물건의 가열·건조작업 가. 건조설비 중 위험물 등에 관계되는 설비로 속부피가 1세제곱미터 이상인 것 나. 건조설비 중 가목의 위험물 등 외의 물질에 관계되는 설비로	○ 건조설비 내외면 및 기기기능의 점검에 관한 사항 ○ 복장보호구 착용에 관한 사항 ○ 건조 시 유해가스 및 고열 등이 인체에 미치는 영향에 관한 사항 ○ 건조설비에 의한 화재·폭발 예방에 관한 사항

작업명	교육내용
서, 연료를 열원으로 사용하는 것(그 최대 연소소비량이 매 시간당 10킬로그램 이상인 것만 해당한다) 또는 전력을 열원으로 사용하는 것(정격소비전력이 10킬로와트 이상인 경우만 해당한다)	
10. 다음 각 목에 해당하는 집재장치(집재기·가선·운반기구·지주 및 이들에 부속하는 물건으로 구성되고, 동력을 사용하여 원목 또는 장작과 숯을 담아 올리거나 공중에서 운반하는 설비를 말한다)의 조립, 해체, 변경 또는 수리작업 및 이들 설비에 의한 집재 또는 운반 작업 가. 원동기의 정격출력이 7.5킬로와트를 넘는 것 나. 지간의 경사거리 합계가 350미터 이상인 것 다. 최대사용하중이 200킬로그램 이상인 것	○ 기계의 브레이크 비상정지장치 및 운반경로, 각종 기능 점검에 관한 사항 ○ 작업 시작 전 준비사항 및 작업방법에 관한 사항 ○ 취급물의 유해·위험에 관한 사항 ○ 구조상의 이상 시 응급처치에 관한 사항 ○ 그 밖에 안전·보건관리에 필요한 사항
11. 동력에 의하여 작동되는 프레스기계를 5대 이상 보유한 사업장에서 해당 기계로 하는 작업	○ 프레스의 특성과 위험성에 관한 사항 ○ 방호장치 종류와 취급에 관한 사항 ○ 안전작업방법에 관한 사항 ○ 프레스 안전기준에 관한 사항 ○ 그 밖에 안전·보건관리에 필요한 사항
12. 목재가공용 기계〔둥근톱기계, 띠톱기계, 대패기계, 모떼기기계 및 라	○ 목재가공용 기계의 특성과 위험성에 관한 사항 ○ 방호장치의 종류와 구조 및 취급에 관한 사항 ○ 안전기준에 관한 사항

작업명	교육내용
우터기(목재를 자르거나 홈을 파는 기계)만 해당하며, 휴대용은 제외한다)를 5대 이상 보유한 사업장에서 해당 기계로 하는 작업	○ 안전작업방법 및 목재 취급에 관한 사항 ○ 그 밖에 안전·보건관리에 필요한 사항
13. 운반용 등 하역기계를 5대 이상 보유한 사업장에서의 해당 기계로 하는 작업	○ 운반하역기계 및 부속설비의 점검에 관한 사항 ○ 작업순서와 방법에 관한 사항 ○ 안전운전방법에 관한 사항 ○ 화물의 취급 및 작업신호에 관한 사항 ○ 그 밖에 안전·보건관리에 필요한 사항
14. 1톤 이상의 크레인을 사용하는 작업 또는 1톤 미만의 크레인 또는 호이스트를 5대 이상 보유한 사업장에서 해당 기계로 하는 작업(제40호의 작업은 제외한다)	○ 방호장치의 종류, 기능 및 취급에 관한 사항 ○ 걸고리·와이어로프 및 비상정지장치 등의 기계·기구 점검에 관한 사항 ○ 화물의 취급 및 안전작업방법에 관한 사항 ○ 신호방법 및 공동작업에 관한 사항 ○ 인양 물건의 위험성 및 낙하·비래(飛來)·충돌재해 예방에 관한 사항 ○ 인양물이 적재될 지반의 조건, 인양하중, 풍압 등이 인양물과 타워크레인에 미치는 영향 ○ 그 밖에 안전·보건관리에 필요한 사항
15. 건설용 리프트·곤돌라를 이용한 작업	○ 방호장치의 기능 및 사용에 관한 사항 ○ 기계, 기구, 달기체인 및 와이어 등의 점검에 관한 사항 ○ 화물의 권상·권하 작업방법 및 안전작업 지도에 관한 사항 ○ 기계·기구에 특성 및 동작원리에 관한 사항 ○ 신호방법 및 공동작업에 관한 사항 ○ 그 밖에 안전·보건관리에 필요한 사항
16. 주물 및 단조(금속을 두들기거나 눌러서 형체를 만드는 일) 작업	○ 고열물의 재료 및 작업환경에 관한 사항 ○ 출탕·주조 및 고열물의 취급과 안전작업방법에 관한 사항 ○ 고열작업의 유해·위험 및 보호구 착용에 관한 사항 ○ 안전기준 및 중량물 취급에 관한 사항 ○ 그 밖에 안전·보건관리에 필요한 사항
17. 전압이 75볼트 이상인 정전 및 활선작업	○ 전기의 위험성 및 전격 방지에 관한 사항 ○ 해당 설비의 보수 및 점검에 관한 사항 ○ 정전작업·활선작업 시의 안전작업방법 및 순서에 관한 사항

작업명	교육내용
	○ 절연용 보호구, 절연용 보호구 및 활선작업용 기구 등의 사용에 관한 사항 ○ 그 밖에 안전·보건관리에 필요한 사항
18. 콘크리트 파쇄기를 사용하여 하는 파쇄작업(2미터 이상인 구축물의 파쇄작업만 해당한다)	○ 콘크리트 해체 요령과 방호거리에 관한 사항 ○ 작업안전조치 및 안전기준에 관한 사항 ○ 파쇄기의 조작 및 공통작업 신호에 관한 사항 ○ 보호구 및 방호장비 등에 관한 사항 ○ 그 밖에 안전·보건관리에 필요한 사항
19. 굴착면의 높이가 2미터 이상이 되는 지반 굴착(터널 및 수직갱 외의 갱 굴착은 제외한다)작업	○ 지반의 형태·구조 및 굴착 요령에 관한 사항 ○ 지반의 붕괴재해 예방에 관한 사항 ○ 붕괴 방지용 구조물 설치 및 작업방법에 관한 사항 ○ 보호구의 종류 및 사용에 관한 사항 ○ 그 밖에 안전·보건관리에 필요한 사항
20. 흙막이 지보공의 보강 또는 동바리를 설치하거나 해체하는 작업	○ 작업안전 점검 요령과 방법에 관한 사항 ○ 동바리의 운반·취급 및 설치 시 안전작업에 관한 사항 ○ 해체작업 순서와 안전기준에 관한 사항 ○ 보호구 취급 및 사용에 관한 사항 ○ 그 밖에 안전·보건관리에 필요한 사항
21. 터널 안에서의 굴착작업(굴착용 기계를 사용하여 하는 굴착작업 중 근로자가 칼날 밑에 접근하지 않고 하는 작업은 제외한다) 또는 같은 작업에서의 터널 거푸집 지보공의 조립 또는 콘크리트 작업	○ 작업환경의 점검 요령과 방법에 관한 사항 ○ 붕괴 방지용 구조물 설치 및 안전작업 방법에 관한 사항 ○ 재료의 운반 및 취급·설치의 안전기준에 관한 사항 ○ 보호구의 종류 및 사용에 관한 사항 ○ 소화설비의 설치장소 및 사용방법에 관한 사항 ○ 그 밖에 안전·보건관리에 필요한 사항
22. 굴착면의 높이가 2미터 이상이 되는 암석의 굴착작업	○ 폭발물 취급 요령과 대피 요령에 관한 사항 ○ 안전거리 및 안전기준에 관한 사항 ○ 방호물의 설치 및 기준에 관한 사항 ○ 보호구 및 신호방법 등에 관한 사항 ○ 그 밖에 안전·보건관리에 필요한 사항
23. 높이가 2미터 이상인 물건을 쌓거나 무너뜨리는 작업(하역기계로만	○ 원부재료의 취급 방법 및 요령에 관한 사항 ○ 물건의 위험성·낙하 및 붕괴재해 예방에 관한 사항 ○ 적재방법 및 전도 방지에 관한 사항

작업명	교육내용
하는 작업은 제외한다)	○ 보호구 착용에 관한 사항 ○ 그 밖에 안전·보건관리에 필요한 사항
24. 선박에 짐을 쌓거나 부리거나 이동시키는 작업	○ 하역 기계·기구의 운전방법에 관한 사항 ○ 운반·이송경로의 안전작업방법 및 기준에 관한 사항 ○ 중량물 취급 요령과 신호 요령에 관한 사항 ○ 작업안전 점검과 보호구 취급에 관한 사항 ○ 그 밖에 안전·보건관리에 필요한 사항
25. 거푸집 동바리의 조립 또는 해체작업	○ 동바리의 조립방법 및 작업 절차에 관한 사항 ○ 조립재료의 취급방법 및 설치기준에 관한 사항 ○ 조립 해체 시의 사고 예방에 관한 사항 ○ 보호구 착용 및 점검에 관한 사항 ○ 그 밖에 안전·보건관리에 필요한 사항
26. 비계의 조립·해체 또는 변경작업	○ 비계의 조립순서 및 방법에 관한 사항 ○ 비계작업의 재료 취급 및 설치에 관한 사항 ○ 추락재해 방지에 관한 사항 ○ 보호구 착용에 관한 사항 ○ 비계상부 작업 시 최대 적재하중에 관한 사항 ○ 그 밖에 안전·보건관리에 필요한 사항
27. 건축물의 골조, 다리의 상부구조 또는 탑의 금속제의 부재로 구성되는 것(5미터 이상인 것만 해당한다)의 조립· 해체 또는 변경작업	○ 건립 및 버팀대의 설치순서에 관한 사항 ○ 조립 해체 시의 추락재해 및 위험요인에 관한 사항 ○ 건립용 기계의 조작 및 작업신호 방법에 관한 사항 ○ 안전장비 착용 및 해체순서에 관한 사항 ○ 그 밖에 안전·보건관리에 필요한 사항
28. 처마 높이가 5미터 이상인 목조건축물의 구조부재의 조립이나 건축물의 지붕 또는 외벽 밑에서의 설치작업	○ 붕괴·추락 및 재해 방지에 관한 사항 ○ 부재의 강도·재질 및 특성에 관한 사항 ○ 조립·설치 순서 및 안전작업방법에 관한 사항 ○ 보호구 착용 및 작업 점검에 관한 사항 ○ 그 밖에 안전·보건관리에 필요한 사항
29. 콘크리트 인공구조물(그 높이가 2미터 이상인 것만 해당한다)의 해체 또는 파괴작업	○ 콘크리트 해체기계의 점점에 관한 사항 ○ 파괴 시의 안전거리 및 대피 요령에 관한 사항 ○ 작업방법·순서 및 신호 방법에 관한 사항 ○ 해체·파괴 시의 작업안전기준 및 보호구에 관한 사항 ○ 그 밖에 안전·보건관리에 필요한 사항

작업명	교육내용
30. 타워크레인을 설치(상승작업을 포함한다)·해체하는 작업	○ 붕괴·추락 및 재해 방지에 관한 사항 ○ 설치·해체 순서 및 안전작업방법에 관한 사항 ○ 부재의 구조·재질 및 특성에 관한 사항 ○ 신호방법 및 요령에 관한 사항 ○ 이상 발생 시 응급조치에 관한 사항 ○ 그 밖에 안전·보건관리에 필요한 사항
31. 보일러(소형 보일러 및 다음 각 목에서 정하는 보일러는 제외한다)의 설치 및 취급 작업 가. 몸통 반지름이 750밀리미터 이하이고 그 길이가 1,300밀리미터 이하인 증기보일러 나. 전열면적이 3제곱미터 이하인 증기보일러 다. 전열면적이 14제곱미터 이하인 온수보일러 라. 전열면적이 30제곱미터 이하인 관류보일러(물관을 사용하여 가열시키는 방식의 보일러)	○ 기계 및 기기 점화장치 계측기의 점검에 관한 사항 ○ 열관리 및 방호장치에 관한 사항 ○ 작업순서 및 방법에 관한 사항 ○ 그 밖에 안전·보건관리에 필요한 사항
32. 게이지 압력을 제곱센티미터당 1킬로그램 이상으로 사용하는 압력용기의 설치 및 취급작업	○ 안전시설 및 안전기준에 관한 사항 ○ 압력용기의 위험성에 관한 사항 ○ 용기 취급 및 설치기준에 관한 사항 ○ 작업안전 점검 방법 및 요령에 관한 사항 ○ 그 밖에 안전·보건관리에 필요한 사항
33. 방사선 업무에 관계되는 작업(의료 및 실험용은 제외한다)	○ 방사선의 유해·위험 및 인체에 미치는 영향 ○ 방사선의 측정기기 기능의 점검에 관한 사항 ○ 방호거리·방호벽 및 방사선물질의 취급 요령에 관한 사항 ○ 응급처치 및 보호구 착용에 관한 사항 ○ 그 밖에 안전·보건관리에 필요한 사항
34. 맨홀작업	○ 장비·설비 및 시설 등의 안전점검에 관한 사항 ○ 산소농도 측정 및 작업환경에 관한 사항 ○ 작업내용·안전작업방법 및 절차에 관한 사항

작업명	교육내용
	○ 보호구 착용 및 보호 장비 사용에 관한 사항 ○ 그 밖에 안전·보건관리에 필요한 사항
35. 밀폐공간에서의 작업	○ 산소농도 측정 및 작업환경에 관한 사항 ○ 사고 시의 응급처치 및 비상 시 구출에 관한 사항 ○ 보호구 착용 및 사용방법에 관한 사항 ○ 밀폐공간작업의 안전작업방법에 관한 사항 ○ 그 밖에 안전·보건관리에 필요한 사항
36. 허가 및 관리 대상 유해물질의 제조 또는 취급작업	○ 취급물질의 성질 및 상태에 관한 사항 ○ 유해물질이 인체에 미치는 영향 ○ 국소배기장치 및 안전설비에 관한 사항 ○ 안전작업방법 및 보호구 사용에 관한 사항 ○ 그 밖에 안전·보건관리에 필요한 사항
37. 로봇작업	○ 로봇의 기본원리·구조 및 작업방법에 관한 사항 ○ 이상 발생 시 응급조치에 관한 사항 ○ 안전시설 및 안전기준에 관한 사항 ○ 조작방법 및 작업순서에 관한 사항
38. 석면해체·제거작업	○ 석면의 특성과 위험성 ○ 석면해체·제거의 작업방법에 관한 사항 ○ 장비 및 보호구 사용에 관한 사항 ○ 그 밖에 안전·보건관리에 필요한 사항
39. 가연물이 있는 장소에서 하는 화재위험작업	○ 작업준비 및 작업절차에 관한 사항 ○ 작업장 내 위험물, 가연물의 사용·보관·설치 현황에 관한 사항 ○ 화재위험작업에 따른 인근 인화성 액체에 대한 방호조치에 관한 사항 ○ 화재위험작업으로 인한 불꽃, 불티 등의 흩날림 방지 조치에 관한 사항 ○ 인화성 액체의 증기가 남아있지 않도록 환기 등의 조치에 관한 사항 ○ 화재감시자의 직무 및 피난교육 등 비상조치에 관한 사항 ○ 그 밖에 안전·보건관리에 필요한 사항
40. 타워크레인을 사용하는 작업시 신호업무를 하는 작업	○ 타워크레인의 기계적 특성 및 방호장치 등에 관한 사항 ○ 화물의 취급 및 안전작업방법에 관한 사항 ○ 신호방법 및 요령에 관한 사항 ○ 인양 물건의 위험성 및 낙하·비래·충돌재해 예방에 관한 사항

작업명	교육내용
	○ 인양물이 적재될 지반의 조건, 인양하중, 풍압 등이 인양물과 타워크레인에 미치는 영향 ○ 그 밖에 안전·보건관리에 필요한 사항

2. 건설업 기초안전보건교육에 대한 내용 및 시간(제28조제1항 관련)

구분	교육 내용	시간
공통	산업안전보건법령 주요 내용(건설 일용근로자 관련 부분)	1시간
	안전의식 제고에 관한 사항	
교육 대상별	작업별 위험요인과 안전작업 방법(재해사례 및 예방대책)	2시간
	건설 직종별 건강장해 위험요인과 건강관리	1시간

3. 안전보건관리책임자 등에 대한 교육(제29조제2항 관련)

교육대상	교육내용	
	신규과정	보수과정
가. 안전보건관리책임자	1) 관리책임자의 책임과 직무에 관한 사항 2) 산업안전보건법령 및 안전·보건조치에 관한 사항	1) 산업안전·보건정책에 관한 사항 2) 자율안전·보건관리에 관한 사항
나. 안전관리자 및 안전관리전문기관 종사자	1) 산업안전보건법령에 관한 사항 2) 산업안전보건개론에 관한 사항 3) 인간공학 및 산업심리에 관한 사항 4) 안전보건교육방법에 관한 사항 5) 재해 발생 시 응급처치에 관한 사항 6) 안전점검·평가 및 재해 분석기법에 관한 사항 7) 안전기준 및 개인보호구 등 분야별 재해예방 실무에 관한 사항 8) 산업안전보건관리비 계상 및 사용기준에 관한 사항 9) 작업환경 개선 등 산업위생 분야에 관한 사항	1) 산업안전보건법령 및 정책에 관한 사항 2) 안전관리계획 및 안전보건 개선 계획의 수립·평가·실무에 관한 사항 3) 안전보건교육 및 무재해운동 추진 실무에 관한 사항 4) 산업안전보건관리비 사용기준 및 사용방법에 관한 사항 5) 분야별 재해 사례 및 개선 사례에 관한 연구와 실무에 관한 사항 6) 사업장 안전 개선기법에 관한 사항 7) 위험성평가에 관한 사항 8) 그 밖에 안전관리자 직무 향상을 위하여 필요한 사항

교육대상	교육내용	
	신규과정	보수과정
	10) 무재해운동 추진기법 및 실무에 관한 사항 11) 위험성평가에 관한 사항 12) 그 밖에 안전관리자의 직무 향상을 위하여 필요한 사항	
다. 보건관리자 및 보건관리 전문기관 종사자	1) 산업안전보건법령 및 작업환경 측정에 관한 사항 2) 산업안전보건개론에 관한 사항 3) 안전보건교육방법에 관한 사항 4) 산업보건관리계획 수립·평가 및 산업역학에 관한 사항 5) 작업환경 및 직업병 예방에 관한 사항 6) 작업환경 개선에 관한 사항(소음·분진·관리대상 유해물질 및 유해광선 등) 7) 산업역학 및 통계에 관한 사항 8) 산업환기에 관한 사항 9) 안전보건관리의 체제·규정 및 보건관리자 역할에 관한 사항 10) 보건관리계획 및 운용에 관한 사항 11) 근로자 건강관리 및 응급처치에 관한 사항 12) 위험성평가에 관한 사항 13) 그 밖에 보건관리자의 직무 향상을 위하여 필요한 사항	1) 산업안전·보건법령, 정책 및 작업환경 관리에 관한 사항 2) 산업보건관리계획 수립·평가 및 안전보건교육 추진 요령에 관한 사항 3) 근로자 건강 증진 및 구급환자 관리에 관한 사항 4) 산업위생 및 산업환기에 관한 사항 5) 직업병 사례 연구에 관한 사항 6) 유해물질별 작업환경 관리에 관한 사항 7) 위험성평가에 관한 사항 8) 그 밖에 보건관리자 직무 향상을 위하여 필요한 사항
라. 건설재해예방 전문지도기관 종사자	1) 산업안전보건법령 및 정책에 관한 사항 2) 분야별 재해사례 연구에 관한 사항 3) 새로운 공법 소개에 관한 사항 4) 사업장 안전관리기법에 관한 사항 5) 위험성평가의 실시에 관한 사항 6) 그 밖에 직무 향상을 위하여 필요한 사항	1) 산업안전보건법령 및 정책에 관한 사항 2) 분야별 재해사례 연구에 관한 사항 3) 새로운 공법 소개에 관한 사항 4) 사업장 안전관리기법에 관한 사항 5) 위험성평가의 실시에 관한 사항 6) 그 밖에 직무 향상을 위하여 필요한 사항

교육대상	교육내용	
	신규과정	보수과정
마. 석면조사기관 종사자	1) 석면 제품의 종류 및 구별 방법에 관한 사항 2) 석면에 의한 건강유해성에 관한 사항 3) 석면 관련 법령 및 제도(법, 「석면안전관리법」 및 「건축법」 등)에 관한 사항 4) 법 및 산업안전보건 정책방향에 관한 사항 5) 석면 시료채취 및 분석 방법에 관한 사항 6) 보호구 착용 방법에 관한 사항 7) 석면조사결과서 및 석면지도 작성 방법에 관한 사항 8) 석면 조사 실습에 관한 사항	1) 석면 관련 법령 및 제도(법, 「석면안전관리법」 및 「건축법」 등)에 관한 사항 2) 실내공기오염 관리(또는 작업환경측정 및 관리)에 관한 사항 3) 산업안전보건 정책방향에 관한 사항 4) 건축물·설비 구조의 이해에 관한 사항 5) 건축물·설비 내 석면함유 자재 사용 및 시공·제거 방법에 관한 사항 6) 보호구 선택 및 관리방법에 관한 사항 7) 석면해체·제거작업 및 석면 흩날림 방지 계획수립 및 평가에 관한 사항 8) 건축물 석면조사 시 위해도평가 및 석면지도 작성·관리 실무에 관한 사항 9) 건축 자재의 종류별 석면조사실무에 관한 사항
바. 안전보건관리담당자		1) 위험성평가에 관한 사항 2) 안전·보건교육방법에 관한 사항 3) 사업장 순회점검 및 지도에 관한 사항 4) 기계·기구의 적격품 선정에 관한 사항 5) 산업재해 통계의 유지·관리 및 조사에 관한 사항 6) 그 밖에 안전보건관리담당자 직무 향상을 위하여 필요한 사항
사. 안전검사기관 및 자율안전검사기관	1) 산업안전보건법령에 관한 사항 2) 기계, 장비의 주요장치에 관한 사항 3) 측정기기 작동 방법에 관한 사항 4) 공통점검 사항 및 주요 위험요	1) 산업안전보건법령 및 정책에 관한 사항 2) 주요 위험요인별 점검내용에 관한 사항 3) 기계, 장비의 주요장치와 안전장치에 관한 심화과정

교육대상	교육내용	
	신규과정	보수과정
	인별 점검내용에 관한 사항 5) 기계, 장비의 주요안전장치에 관한 사항 6) 검사시 안전보건 유의사항 7) 기계·전기·화공 등 공학적 기초 지식에 관한 사항 8) 검사원의 직무윤리에 관한 사항 9) 그 밖에 종사자의 직무 향상을 위하여 필요한 사항	4) 검사시 안전보건 유의 사항 5) 구조해석, 용접, 피로, 파괴, 피해 예측, 작업환기, 위험성평가 등에 관한 사항 6) 검사대상 기계별 재해 사례 및 개선 사례에 관한 연구와 실무에 관한 사항 7) 검사원의 직무윤리에 관한 사항 8) 그 밖에 종사자의 직무 향상을 위하여 필요한 사항

4. 특수형태근로종사자에 대한 안전보건교육(제95조제1항 관련)

가. 최초 노무제공 시 교육

교육내용
아래의 내용 중 특수형태근로종사자의 직무에 적합한 내용을 교육해야 한다. ○ 산업안전 및 사고 예방에 관한 사항 ○ 산업보건 및 직업병 예방에 관한 사항 ○ 건강증진 및 질병 예방에 관한 사항 ○ 유해·위험 작업환경 관리에 관한 사항 ○ 산업안전보건법령 및 산업재해보상보험 제도에 관한 사항 ○ 직무스트레스 예방 및 관리에 관한 사항 ○ 직장 내 괴롭힘, 고객의 폭언 등으로 인한 건강장해 예방 및 관리에 관한 사항 ○ 기계·기구의 위험성과 작업의 순서 및 동선에 관한 사항 ○ 작업 개시 전 점검에 관한 사항 ○ 정리정돈 및 청소에 관한 사항 ○ 사고 발생 시 긴급조치에 관한 사항 ○ 물질안전보건자료에 관한 사항 ○ 교통안전 및 운전안전에 관한 사항 ○ 보호구 착용에 관한 사항

나. 특별교육 대상 작업별 교육 : 제1호 라목과 같다.

5. 검사원 성능검사 교육(제131조제2항 관련)

설비명	교육과정	교육내용
가. 프레스 및 전단기	성능검사 교육	• 관계 법령 • 프레스 및 전단기 개론 • 프레스 및 전단기 구조 및 특성 • 검사기준 • 방호장치 • 검사장비 용도 및 사용방법 • 검사실습 및 체크리스트 작성 요령 • 위험검출 훈련
나. 크레인	성능검사 교육	• 관계 법령 • 크레인 개론 • 크레인 구조 및 특성 • 검사기준 • 방호장치 • 검사장비 용도 및 사용방법 • 검사실습 및 체크리스트 작성 요령 • 위험검출 훈련 • 검사원 직무
다. 리프트	성능검사 교육	• 관계 법령 • 리프트 개론 • 리프트 구조 및 특성 • 검사기준 • 방호장치 • 검사장비 용도 및 사용방법 • 검사실습 및 체크리스트 작성 요령 • 위험검출 훈련 • 검사원 직무
라. 곤돌라	성능검사 교육	• 관계 법령 • 곤돌라 개론 • 곤돌라 구조 및 특성 • 검사기준 • 방호장치 • 검사장비 용도 및 사용방법 • 검사실습 및 체크리스트 작성 요령 • 위험검출 훈련 • 검사원 직무

설비명	교육과정	교육내용
마. 국소배기장치	성능검사 교육	• 관계 법령 • 산업보건 개요 • 산업환기의 기본원리 • 국소환기장치의 설계 및 실습 • 국소배기장치 및 제진장치 검사기준 • 검사실습 및 체크리스트 작성 요령 • 검사원 직무
바. 원심기	성능검사 교육	• 관계 법령 • 원심기 개론 • 원심기 종류 및 구조 • 검사기준 • 방호장치 • 검사장비 용도 및 사용방법 • 검사실습 및 체크리스트 작성 요령
사. 롤러기	성능검사 교육	• 관계 법령 • 롤러기 개론 • 롤러기 구조 및 특성 • 검사기준 • 방호장치 • 검사장비의 용도 및 사용방법 • 검사실습 및 체크리스트 작성 요령
아. 사출성형기	성능검사 교육	• 관계 법령 • 사출성형기 개론 • 사출성형기 구조 및 특성 • 검사기준 • 방호장치 • 검사장비 용도 및 사용방법 • 검사실습 및 체크리스트 작성 요령
자. 고소작업대	성능검사 교육	• 관계 법령 • 고소작업대 개론 • 고소작업대 구조 및 특성 • 검사기준 • 방호장치 • 검사장비의 용도 및 사용방법 • 검사실습 및 체크리스트 작성 요령

설비명	교육과정	교육내용
차. 컨베이어	성능검사 교육	• 관계 법령 • 컨베이어 개론 • 컨베이어 구조 및 특성 • 검사기준 • 방호장치 • 검사장비의 용도 및 사용방법 • 검사실습 및 체크리스트 작성 요령
카. 산업용 로봇	성능검사 교육	• 관계 법령 • 산업용 로봇 개론 • 산업용 로봇 구조 및 특성 • 검사기준 • 방호장치 • 검사장비 용도 및 사용방법 • 검사실습 및 체크리스트 작성 요령

6. 물질안전보건자료에 관한 교육(제169조제1항 관련)

교육내용
• 대상화학물질의 명칭(또는 제품명) • 물리적 위험성 및 건강 유해성 • 취급상의 주의사항 • 적절한 보호구 • 응급조치 요령 및 사고시 대처방법 • 물질안전보건자료 및 경고표지를 이해하는 방법

【규칙 별표 6】 (개정 2019.12.26)

안전보건표지의 종류와 형태(제38조제1항 관련)

1. 금지표지	101 출입금지 	102 보행금지 	103 차량통행금지 	104 사용금지 	105 탑승금지 	106 금연 
107 화기금지 	108 물체이동금지 	2. 경고표지	201 인화성물질 경고 	202 산화성물질 경고 	203 폭발성물질 경고 	204 급성독성물질 경고 
205 부식성물질 경고 	206 방사성물질 경고 	207 고압전기 경고 	208 매달린 물체 경고 	209 낙하물 경고 	210 고온 경고 	211 저온 경고 
212 몸균형 상실 경고 	213 레이저광선 경고 	214 발암성·변이원성·생식독성·전신독성·호흡기 과민성 물질 경고 	215 위험장소 경고 	3. 지시표지	301 보안경 착용 	302 방독마스크 착용 
303 방진마스크 착용 	304 보안면 착용 	305 안전모 착용 	306 귀마개 착용 	307 안전화 착용 	308 안전장갑 착용 	309 안전복 착용 

<table>
<tr><td colspan="2" rowspan="2">4.
안내표지</td><td>401
녹십자표지</td><td>402
응급구호표지</td><td>403
들것</td><td>404
세안장치</td><td>405
비상용기구</td><td>406
비상구</td></tr>
<tr><td></td><td></td><td></td><td></td><td>비상용 기구</td><td></td></tr>
<tr><td>407
좌측비상구</td><td>408
우측비상구</td><td>5.
관계자외
출입금지</td><td colspan="2">501
허가대상물질 작업장

관계자외 출입금지
(허가물질 명칭) 제조/사용/보관 중
보호구/보호복 착용
흡연 및 음식물
섭취 금지</td><td colspan="2">502
석면취급/해체 작업장

관계자외 출입금지
석면 취급/해체 중
보호구/보호복 착용
흡연 및 음식물
섭취 금지</td><td>503
금지대상물질의 취급 실험실 등

관계자외 출입금지
발암물질 취급 중
보호구/보호복 착용
흡연 및 음식물
섭취 금지</td></tr>
<tr><td colspan="2">6.
문자추가시
예시문</td><td>휘발유화기엄금
d
1/4d 이상</td><td colspan="5">▶ 내 자신의 건강과 복지를 위하여 안전을 늘 생각한다.
▶ 내 가정의 행복과 화목을 위하여 안전을 늘 생각한다.
▶ 내 자신의 실수로써 동료를 해치지 않도록 안전을 늘 생각한다.
▶ 내 자신이 일으킨 사고로 인한 회사의 재산과 손실을 방지하기 위하여 안전을 늘 생각한다.
▶ 내 자신의 방심과 불안전한 행동이 조국의 번영에 장애가 되지 않도록 하기 위하여 안전을 늘 생각한다.</td></tr>
</table>

※ 비고: 아래 표의 각각의 안전·보건표지(28종)는 다음과 같이 「산업표준화법」에 따른 한국산업표준(KS S ISO 7010)의 안전표지로 대체할 수 있다.

안전·보건 표지	한국산업표준	안전·보건표지	한국산업표준
102	P004	302	M017
103	P006	303	M016
106	P002	304	M019
107	P003	305	M014
206	W003, W005, W027	306	M003
207	W012	307	M008
208	W015	308	M009
209	W035	309	M010
210	W017	402	E003
211	W010	403	E013
212	W011	404	E011
213	W004	406	E001, E002
215	W001	407	E001
301	M004	408	E002

【규칙 별표 7】 (개정 2019.12.26)

안전보건표지의 종류별 용도, 설치·부착 장소, 형태 및 색채
(제38조제1항·제39조제1항 및 제40조제1항 관련)

분류	종류	용도 및 설치·부착 장소	설치·부착 장소 예시	형태: 기본모형번호	형태: 안전·보건표지 일람표번호	색채
금지표지	1. 출입금지	출입을 통제해야할 장소	조립·해체 작업장 입구	1	101	바탕은 흰색, 기본모형은 빨간색, 관련 부호 및 그림은 검은색
	2. 보행금지	사람이 걸어 다녀서는 안 될 장소	중장비 운전작업장	1	102	
	3. 차량통행금지	제반 운반기기 및 차량의 통행을 금지시켜야 할 장소	집단보행 장소	1	103	
	4. 사용금지	수리 또는 고장 등으로 만지거나 작동시키는 것을 금지해야 할 기계·기구 및 설비	고장난 기계	1	104	
	5. 탑승금지	엘리베이터 등에 타는 것이나 어떤 장소에 올라가는 것을 금지	고장난 엘리베이터	1	105	
	6. 금연	담배를 피워서는 안 될 장소		1	106	
	7. 화기금지	화재가 발생할 염려가 있는 장소로서 화기 취급을 금지하는 장소	화학물질취급 장소	1	107	
	8. 물체이동금지	정리 정돈 상태의 물체나 움직여서는 안 될 물체를 보존하기 위하여 필요한 장소	절전스위치 옆	1	108	
경고표지	1. 인화성물질 경고	휘발유 등 화기의 취급을 극히 주의해야 하는 물질이 있는 장소	휘발유 저장탱크	2	201	바탕은 노란색, 기본모형, 관련 부호 및 그림은 검은색
	2. 산화성물질 경고	가열·압축하거나 강산·알칼리 등을 첨가하면 강한 산화성을 띠는 물질이 있는 장소 폭발성 물질이 있는 장소	질산 저장탱크	2	202	다만, 인화성물질 경고, 산화성물질 경고, 폭발성물질 경고, 급성
	3. 폭발성물질	폭발성 물질이 있는 장소	폭발물 저장실	2	203	

분류	종류	용도 및 설치·부착 장소	설치·부착 장소 예시	형태		색채
				기본모형 번호	안전·보건표지 일람표번호	
	경고					독성물질 경고, 부식성물질 경고 및 발암성·변이원성·생식독성·전신독성·호흡기과민성 물질 경고의 경우 바탕은 무색, 기본모형은 빨간색(검은색도 가능)
	4. 급성독성물질 경고	급성독성 물질이 있는 장소	농약 제조·보관소	2	204	
	5. 부식성물질 경고	신체나 물체를 부식시키는 물질이 있는 장소	황산 저장소	2	205	
	6. 방사성물질 경고	방사능물질이 있는 장소	방사성 동위원소 사용실	2	206	
	7. 고압전기 경고	발전소나 고전압이 흐르는 장소	감전우려지역 입구	2	207	
	8. 매달린물체 경고	머리 위에 크레인 등과 같이 매달린 물체가 있는 장소	크레인이 있는 작업장 입구	2	208	
	9. 낙하물체 경고	돌 및 블록 등 떨어질 우려가 있는 물체가 있는 장소	비계 설치 장소 입구	2	209	
	10. 고온 경고	고도의 열을 발하는 물체 또는 온도가 아주 높은 장소	주물작업장 입구	2	210	
	11. 저온 경고	아주 차가운 물체 또는 온도가 아주 낮은 장소	냉동작업장 입구	2	211	
	12. 몸균형 상실 경고	미끄러운 장소 등 넘어지기 쉬운 장소	경사진 통로 입구	2	212	
	13. 레이저광선 경고	레이저광선에 노출될 우려가 있는 장소	레이저실험실 입구	2	213	
	14. 발암성·변이원성·생식독성·전신독성·호흡기과민성물질 경고	발암성·변이원성·생식독성·전신독성·호흡기과민성 물질이 있는 장소	납 분진 발생장소	2	214	
	15. 위험장소 경고	그 밖에 위험한 물체 또는 그 물체가 있는 장소	맨홀 앞 고열 금속찌거기 폐기장소	2	215	
지시표지	1. 보안경 착용	보안경을 착용해야만 작업 또는 출입을 할 수 있는 장소	그라인더작업장 입구	3	301	바탕은 파란색, 관련 그림은 흰색
	2. 방독마스크 착용	방독마스크를 착용해야만 작업 또는 출입을 할 수 있	유해물질작업장 입구	3	302	

분류	종류	용도 및 설치·부착 장소	설치·부착 장소 예시	형태		색채
				기본모형 번호	안전·보건표지 일람표번호	
		는 장소				
	3. 방진마스크 착용	방진마스크를 착용해야만 작업 또는 출입을 할 수 있는 장소	분진이 많은 곳	3	303	
	4. 보안면 착용	보안면을 착용해야만 작업 또는 출입을 할 수 있는 장소	용접실 입구	3	304	
	5. 안전모 착용	헬멧 등 안전모를 착용해야만 작업 또는 출입을 할 수 있는 장소	갱도의 입구	3	305	
	6. 귀마개 착용	소음장소 등 귀마개를 착용해야만 작업 또는 출입을 할 수 있는 장소	판금작업장 입구	3	306	
	7. 안전화 착용	안전화를 착용해야만 작업 또는 출입을 할 수 있는 장소	채탄작업장 입구	3	307	
	8. 안전장갑 착용	안전장갑을 착용해야 작업 또는 출입을 할 수 있는 장소	고온 및 저온물 취급작업장 입구	3	308	
	9. 안전복착용	방열복 및 방한복 등의 안전복을 착용해야만 작업 또는 출입을 할 수 있는 장소	단조작업장 입구	3	309	
안내표지	1. 녹십자 표지	안전의식을 북돋우기 위하여 필요한 장소	공사장 및 사람들이 많이 볼 수 있는 장소	1 (사선 제외)	401	바탕은 흰색, 기본모형 및 관련 부호는 녹색, 바탕은 녹색, 관련 부호 및 그림은 흰색
	2. 응급 구호 표지	응급구호설비가 있는 장소	위생구호실 앞	4	402	
	3. 들것	구호를 위한 들것이 있는 장소	위생구호실 앞	4	403	
	4. 세안장치	세안장치가 있는 장소	위생구호실 앞	4	404	
	5. 비상용기구	비상용기구가 있는 장소	비상용기구 설치장소 앞	4	405	
	6. 비상구	비상출입구	위생구호실 앞	4	406	
	7. 좌측비상구	비상구가 좌측에 있음을 알려야 하는 장소	위생구호실 앞	4	407	
	8. 우측비상구	비상구가 우측에 있음을 알려야 하는 장소	위생구호실 앞	4	408	

분류	종류	용도 및 설치·부착 장소	설치·부착 장소 예시	형태		색채
				기본모형번호	안전·보건표지 일람표번호	
출입금지표지	1. 허가대상유해물질 취급	허가대상유해물질 제조, 사용 작업장	출입구 (단, 실외 또는 출입구가 없을 시 근로자가 보기 쉬운 장소)	5	501	글자는 흰색바탕에 흑색 다음 글자는 적색 - ○○○제조/사용/보관 중 - 석면취급/해체중 - 발암물질 취급중
	2. 석면취급 및 해체·제거	석면 제조, 사용, 해체·제거 작업장		5	502	
	3. 금지유해물질 취급	금지유해물질 제조·사용설비가 설치된 장소		5	503	

【규칙 별표 8】 (개정 2019.12.26)

안전보건표지의 색도기준 및 용도
(제38조제3항 관련)

색채	색도기준	용도	사용례
빨간색	7.5R 4/14	금지	정지신호, 소화설비 및 그 장소, 유해행위의 금지
		경고	화학물질 취급장소에서의 유해·위험 경고
노란색	5Y 8.5/12	경고	화학물질 취급장소에서의 유해·위험 경고, 이 외의 위험 경고, 주의표지 또는 기계방호물
파란색	2.5PB 4/10	지시	특정 행위의 지시 및 사실의 고지
녹색	2.5G 4/10	안내	비상구 및 피난소, 사람 또는 차량의 통행표지
흰색	N9.5		파란색 또는 녹색에 대한 보조색
검은색	N0.5		문자 및 빨간색 또는 노란색에 대한 보조색

(참고)
1. 허용 오차 범위 H=± 2, V=± 0.3, C=± 1(H는 색상, V는 명도, C는 채도를 말한다)
2. 위의 색도기준은 한국산업규격(KS)에 따른 색의 3속성에 의한 표시방법(KSA 0062 기술표준원 고시 제2008-0759)에 따른다.

【규칙 별표 9】 (개정 2019.12.26)

안전보건표지의 기본모형(제40조제1항 관련)

번호	기본모형	규격비율(크기)	표시사항
1	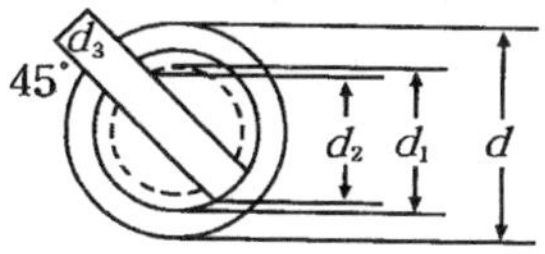	$d \geqq 0.025L$ $d_1 = 0.8d$ $0.7d < d_2 < 0.8d$ $d_3 = 0.1d$	금 지
2	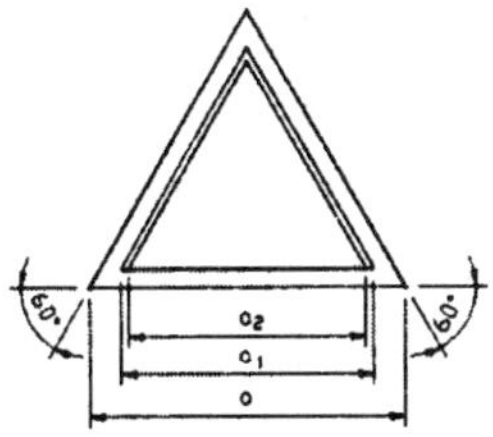	$a \geqq 0.034L$ $a_1 = 0.8a$ $0.7a < a_2 < 0.8a$	경 고
	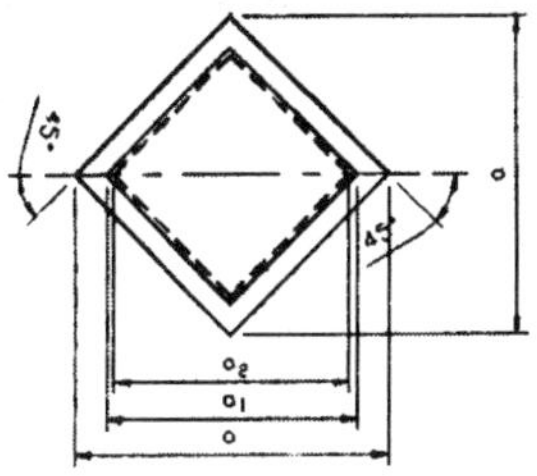	$a \geqq 0.025L$ $a_1 = 0.8a$ $0.7a < a_2 < 0.8a$	
3	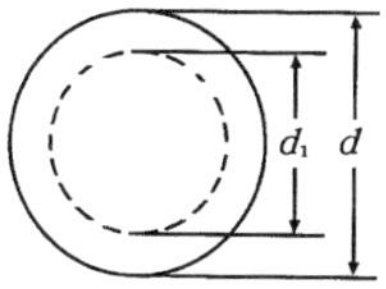	$d \geqq 0.025L$ $d_1 = 0.8d$	지 시
4	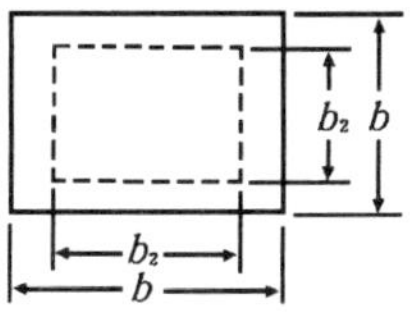	$b \geqq 0.0224L$ $b_2 = 0.8b$	안 내
5	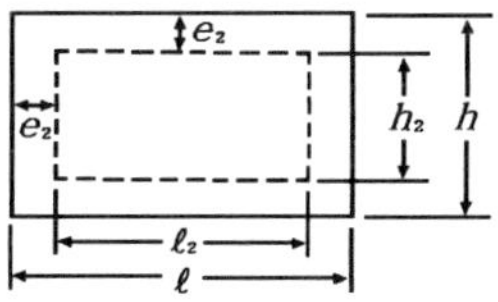	$h < \ell$ $h_2 = 0.8h$ $\ell \times h \geqq 0.0005L^2$ $h - h_2 = \ell - \ell_2 = 2e_2$ $\ell / h = 1, 4, 2, 4, 8$ (4종류)	안 내

번호	기본모형	규격비율(크기)	표시사항
6	A / B / C 모형 안쪽에는 A, B, C로 3가지 구역으로 구분하여 글씨를 기재한다.	1. 모형크기(가로 40㎝, 세로 25㎝ 이상) 2. 글자크기(A: 가로 4㎝, 세로 5㎝ 이상, B: 가로 2.5㎝, 세로 3㎝ 이상, C: 가로 3㎝, 세로 3.5㎝ 이상)	관계자외 출입금지
7	A / B / C 모형 안쪽에는 A, B, C로 3가지 구역으로 구분하여 글씨를 기재한다.	1. 모형크기(가로 70㎝, 세로 50㎝ 이상) 2. 글자크기(A: 가로 8㎝, 세로 10㎝ 이상, B, C: 가로 6㎝, 세로 6㎝ 이상)	관계자외 출입금지

(참 고) 1. L=안전·보건표지를 인식할 수 있거나 인식해야 할 안전거리를 말한다(L과 a, b, d, e, h, 1은 같은 단위로 계산해야 한다).

2. 점선 안 쪽에는 표시사항과 관련된 부호 또는 그림을 그린다.

【규칙 별표 10】 (개정 2019.12.26)

유해·위험방지계획서 첨부서류 (제42조제3항 관련)

1. 공사 개요 및 안전보건관리계획
 가. 공사 개요서(별지 제101호서식)
 나. 공사현장의 주변 현황 및 주변과의 관계를 나타내는 도면(매설물 현황을 포함한다)
 다. 건설물, 사용 기계설비 등의 배치를 나타내는 도면
 라. 전체 공정표
 마. 산업안전보건관리비 사용계획서(별지 제102호서식)
 바. 안전관리 조직표
 사. 재해 발생 위험 시 연락 및 대피방법

2. 작업 공사 종류별 유해·위험방지계획

대상 공사	작업 공사 종류	주요 작성대상	첨부 서류
영 제42조제3항제1호에 따른 건축물 또는 시설 등의 건설·개조 또는 해체(이하 "건설등"이라 한다) 공사	1. 가설공사 2. 구조물공사 3. 마감공사 4. 기계 설비공사 5. 해체공사	가. 비계 조립 및 해체 작업(외부비계 및 높이 3미터 이상 내부비계만 해당한다) 나. 높이 4미터를 초과하는 거푸집동바리〔동바리가 없는 공법(무지주공법으로 데크플레이트, 호리빔 등)과 옹벽 등 벽체를 포함한다〕 조립 및 해체작업 또는 비탈면 슬래브(판 형상의 구조부재로서 구조물의 바닥이나 천장)의 거푸집동바리 조립 및 해체 작업 다. 작업발판 일체형 거푸집 조립 및 해체 작업 라. 철골 및 PC(Precast Concrete) 조립 작업 마. 양중기 설치·연장·해체 작업 및 천공·항타 작업 바. 밀폐공간내 작업 사. 해체 작업	1. 해당 작업공사 종류별 작업개요 및 재해예방 계획 2. 위험물질의 종류별 사용량과 저장·보관 및 사용 시의 안전작업계획 비고 1. 바목의 작업에 대한 유해위험방지계획에는 질식·화재 및 폭발 예방 계획이 포함되어야 한다. 2. 각 목의 작업과정에서 통풍이나 환기가 충분하지 않거나 가연성 물질이 있는 건축물 내부나 설비 내부에서 단열재 취급·용

대상 공사	작업 공사 종류	주요 작성대상	첨부 서류
		아. 우레탄폼 등 단열재 작업[(취급장소와 인접한 장소에서 이루어지는 화기(火器) 작업을 포함한다] 자. 같은 장소(출입구를 공동으로 이용하는 장소를 말한다)에서 둘 이상의 공정이 동시에 진행되는 작업	접·용단 등과 같은 화기작업이 포함되어 있는 경우에는 세부계획이 포함되어야 한다.
영 제42조제3항제2호에 따른 냉동·냉장창고시설의 설비공사 및 단열공사	1. 가설공사 2. 단열공사 3. 기계 설비공사	가. 밀폐공간내 작업 나. 우레탄폼 등 단열재 작업(취급장소와 인접한 곳에서 이루어지는 화기 작업을 포함한다) 다. 설비 작업 라. 같은 장소(출입구를 공동으로 이용하는 장소를 말한다)에서 둘 이상의 공정이 동시에 진행되는 작업	1. 해당 작업공사 종류별 작업개요 및 재해예방 계획 2. 위험물질의 종류별 사용량과 저장·보관 및 사용 시의 안전작업계획 비고 1. 가목의 작업에 대한 유해위험방지계획에는 질식·화재 및 폭발 예방계획이 포함되어야 한다. 2. 각 목의 작업과정에서 통풍이나 환기가 충분하지 않거나 가연성 물질이 있는 건축물 내부나 설비 내부에서 단열재 취급·용접·용단 등과 같은 화기작업이 포함되어 있는 경우에는 세부계획이 포함되어야 한다.

대상 공사	작업 공사 종류	주요 작성대상	첨부 서류
영 제42조제3항제3호에 따른 다리 건설등의 공사	1. 가설공사 2. 다리 하부(하부공) 공사 3. 다리 상부(상부공) 공사	가. 하부공 작업 1) 작업발판 일체형 거푸집 조립 및 해체 작업 2) 양중기 설치·연장·해체 작업 및 천공·항타 작업 3) 교대·교각 기초 및 벽체 철근조립 작업 4) 해상·하상 굴착 및 기초 작업 나. 상부공 작업 1) 상부공 가설작업 〔압출공법(ILM), 캔틸레버공법(FCM), 동바리설치공법(FSM), 이동지보공법(MSS), 프리캐스트 세그먼트 가설공법(PSM) 등을 포함한다〕 2) 양중기 설치·연장·해체 작업 3) 상부슬라브 거푸집동바리 조립 및 해체(특수작업대를 포함한다) 작업	1. 해당 작업공사 종류별 작업개요 및 재해예방 계획 2. 위험물질의 종류별 사용량과 저장·보관 및 사용 시의 안전작업계획
영 제42조제3항제4호에 따른 터널 건설등의 공사	1. 가설공사 2. 굴착 및 발파 공사 3. 구조물공사	가. 터널굴진공법(NATM) 1) 굴진(갱구부, 본선, 수직갱, 수직구 등을 말한다) 및 막장내 붕괴·낙석방지 계획 2) 화약 취급 및 발파 작업 3) 환기 작업 4) 작업대(굴진, 방수, 철근, 콘크리트 타설을 포함한다) 사용 작업 나. 기타 터널공법〔(TBM)공법, 쉴드(Shield)공법, 추진(Front Jacking)공법, 침매공법 등을 포함한다〕 1) 환기 작업	1. 해당 작업공사 종류별 작업개요 및 재해예방 계획 2. 위험물질의 종류별 사용량과 저장·보관 및 사용 시의 안전작업계획 비고 1. 나목의 작업에 대한 유해·위험방지계획에는 굴진(갱구부, 본선, 수직갱, 수직구 등을 말한다) 및 막장 내 붕괴·낙석 방지

대상 공사	작업 공사 종류	주요 작성대상	첨부 서류
		2) 막장내 기계·설비 유지·보수 작업	계획이 포함되어야 한다.
영 제42조제3항제5호에 따른 댐 건설등의 공사	1. 가설공사 2. 굴착 및 발파 공사 3. 댐 축조공사	가. 굴착 및 발파 작업 나. 댐 축조〔가(假)체절 작업을 포함한다〕 작업 1) 기초처리 작업 2) 둑 비탈면 처리 작업 3) 본체 축조 관련 장비 작업(흙쌓기 및 다짐만 해당한다) 4) 작업발판 일체형 거푸집 조립 및 해체 작업(콘크리트 댐만 해당한다)	1. 해당 작업공사 종류별 작업개요 및 재해예방 계획 2. 위험물질의 종류별 사용량과 저장·보관 및 사용 시의 안전작업계획
영 제42조제3항제6호에 따른 굴착공사	1. 가설공사 2. 굴착 및 발파 공사 3. 흙막이 지보공(支保工) 공사	가. 흙막이 가시설 조립 및 해체 작업(복공작업을 포함한다) 나. 굴착 및 발파 작업 다. 양중기 설치·연장·해체 작업 및 천공·항타 작업	1. 해당 작업공사 종류별 작업개요 및 재해예방 계획 2. 위험물질의 종류별 사용량과 저장·보관 및 사용 시의 안전작업계획

비고 : 작업 공사 종류란의 공사에서 이루어지는 작업으로서 주요 작성대상란에 포함되지 않은 작업에 대해서도 유해위험방지계획를 작성하고, 첨부서류란의 해당 서류를 첨부하여야 한다.

【규칙 별표 11】 (개정 2021.1.19)

자체심사 및 확인업체의 기준, 자체심사 및 확인방법
(제42조제5항·제6항 및 제47조제1항 관련)

1. 자체심사 및 확인업체가 되기 위한 기준

고용노동부장관이 정하는 규모 이상인 건설업체 중 별표 1에 따라 산정한 직전 3년간의 평균산업재해발생률(직전 3년간의 사고사망만인율 중 산정하지 않은 연도가 있을 경우 산정한 연도의 평균값을 말한다)이 고용노동부장관이 정하는 규모 이상인 건설업체 전체의 직전 3년간 평균산업재해발생률 이하이며, 영 제17조에 따른 안전관리자의 자격을 갖춘 사람(영 별표4 제8호에 해당하는 사람은 제외한다) 1명 이상을 포함하여 3명 이상의 안전전담직원으로 구성된 안전만을 전담하는 과 또는 팀 이상의 별도조직이 있고, 제4조제1항제7호나목의 규정에 따른 직전년도 건설업체 산업재해예방활동 실적 평가 점수가 70점 이상인 건설업체로서 직전년도 8월 1일부터 해당 연도 7월 31일까지 기간 동안 동시에 2명 이상의 근로자가 사망한 재해(별표1 제3호라목에 따른 재해는 제외한다. 이하 같다)가 없어야 한다. 다만, 동시에 2명 이상의 근로자가 사망한 재해가 발생한 경우에는 즉시 자체심사 및 확인업체에서 제외한다.

2. 자체심사 및 확인방법

가. 자체심사는 임직원 및 외부 전문가 중 다음에 해당하는 사람 1명 이상이 참여하도록 해야 한다.
  1) 산업안전지도사(건설안전 분야만 해당한다)
  2) 건설안전기술사
  3) 건설안전기사(산업안전기사 이상의 자격을 취득한 후 건설안전 실무경력이 3년 이상인 사람을 포함한다)로서 공단에서 실시하는 유해위험방지계획서 심사전문화 교육과정을 28시간 이상 이수한 사람

나. 자체확인은 가목의 인력기준에 해당하는 사람이 실시하도록 해야 한다.

다. 자체확인을 실시한 사업주는 별지 제103호서식의 유해위험방지계획서 자체확인 결과서를 작성하여 해당 사업장에 갖추어 두어야 한다.

【규칙 별표 12】 (개정 2019.12.26)

안전 및 보건에 관한 평가의 내용
(제74조제2항 및 제78조제4항 관련)

종류	평가항목
종합평가	1. 작업조건 및 작업방법에 대한 평가 2. 유해·위험요인에 대한 측정 및 분석 가. 기계·기구 또는 그 밖의 설비에 의한 위험성 나. 폭발성·물반응성·자기반응성·자기발열성 물질, 자연발화성 액체·고체 및 인화성 액체 등에 의한 위험성 다. 전기·열 또는 그 밖의 에너지에 의한 위험성 라. 추락, 붕괴, 낙하, 비래 등으로 인한 위험성 마. 그 밖에 기계·기구·설비·장치·구축물·시설물·원재료 및 공정 등에 의한 위험성 바. 영 제88조에 따른 허가 대상 유해물질, 고용노동부령으로 정하는 관리 대상 유해물질 및 온도·습도·환기·소음·진동·분진, 유해광선 등의 유해성 또는 위험성 3. 보호구, 안전·보건장비 및 작업환경 개선시설의 적정성 4. 유해물질의 사용·보관·저장, 물질안전보건자료의 작성, 근로자 교육 및 경고표시 부착의 적정성 가. 화학물질 안전보건 정보의 제공 나. 수급인 안전보건교육 지원에 관한 사항 다. 화학물질 경고표시 부착에 관한 사항 등 5. 수급인의 안전보건관리 능력의 적정성 가. 안전보건관리체제(안전·보건관리자, 안전보건관리담당자, 관리감독자 선임관계 등) 나. 건강검진 현황(신규자는 배치전건강진단 실시여부 확인 등) 다. 특별안전보건교육 실시 여부 등 6. 그 밖에 작업환경 및 근로자 건강 유지·증진 등 보건관리의 개선을 위하여 필요한 사항
안전평가	종합평가 항목 중 제1호의 사항, 제2호가목부터 마목까지의 사항, 제3호 중 안전 관련 사항, 제5호의 사항
보건평가	종합평가 항목 중 제1호의 사항, 제2호바목의 사항, 제3호 중 보건 관련 사항, 제4호·제5호 및 제6호의 사항

※ 비고: 세부 평가항목별로 평가 내용을 작성하고, 최종 의견('적정', '조건부 적정', '부적정' 등)을 첨부해야 한다.

【규칙 별표 13】 (개정 2019.12.26)

안정인증을 위한 심사종류별 제출서류(제108조제1항 관련)

심사 종류	법 제84조제1항 및 제3항에 따른 기계·기구 및 설비	법 제84조제1항 및 제3항에 따른 방호장치·보호구
예비심사	1. 인증대상 제품의 용도·기능에 관한 자료 2. 제품설명서 3. 제품의 외관도 및 배치도	왼쪽란과 같음
서면심사	다음 각 호의 서류 각 2부 1. 사업자등록증 사본 2. 수입을 증명할 수 있는 서류(수입하는 경우로 한정한다) 3. 대리인임을 증명하는 서류(제108조제1항 후단에 해당하는 경우로 한정한다) 4. 기계·기구 및 설비의 명세서 및 사용방법설명서 5. 기계·기구 및 설비를 구성하는 부품 목록이 포함된 조립도 6. 기계·기구 및 설비에 포함된 방호장치 명세서 및 방호장치와 관련된 도면 7. 기계·기구 및 설비에 포함된 부품·재료 및 동체 등의 강도계산서와 관련된 도면(고용노동부장관이 정하여 고시하는 것만 해당한다)	다음 각 호의 서류 각 2부 1. 사업자등록증 사본 2. 수입을 증명할 수 있는 서류(수입하는 경우로 한정한다) 3. 대리인임을 증명하는 서류(제108조제1항 후단에 해당하는 경우로 한정한다) 4. 방호장치 및 보호구의 명세서 및 사용방법설명서 5. 방호장치 및 보호구의 조립도·부품도·회로도와 관련된 도면 6. 방호장치 및 보호구의 앞면·옆면 사진 및 주요 부품 사진
기술능력및 생산체계 심사	다음 각 호의 내용을 포함한 서류 1부 1. 품질경영시스템의 수립 및 이행 방법 2. 구매한 제품의 안전성 확인 절차 및 내용 3. 공정 생산·관리 및 제품 출하 전후의 사후관리 절차 및 내용	왼쪽란과 같음

심사 종류		법 제84조제1항 및 제3항에 따른 기계·기구 및 설비	법 제84조제1항 및 제3항에 따른 방호장치·보호구
		4. 생산 및 서비스 제공에 대한 보완시스템 절차 5. 부품 및 제품의 식별관리체계 및 제품의 보존방법 6. 제품 생산 공정의 모니터링, 측정 시험장치 및 장비의 관리방법 7. 공정상의 데이터 분석방법 및 문제점 발생 시 시정 및 예방에 필요한 조치방법 8. 부적합품 발생 시 처리 절차	
제품 심사	개별 제품 심사	다음 각 호의 서류 각 1부 1. 서면심사결과 통지서 2. 기계·기구 및 설비에 포함된 재료의 시험성적서 3. 기계·기구 및 설비의 배치도(설치되는 경우만 해당한다) 4. 크레인 지지용 구조물의 안전성을 증명할 수 있는 서류(구조물에 지지되는 경우만 해당하며, 정격하중 10톤 미만인 경우는 제외한다)	해당 없음
	형식별 제품 심사	다음 각 호의 서류 각 1부 1. 서면심사결과 통지서 2. 기술능력 및 생산체계 심사결과통지서 3. 기계·기구 및 설비에 포함된 재료의 시험성적서	다음 각 호의 서류 각 1부 1. 서면심사결과 통지서 2. 기술능력 및 생산체계 심사결과 통지서(제110조제1항제3호 각목에 해당하는 경우는 제외한다) 3. 방호장치 및 보호구에 포함된 재료의 시험성적서

【규칙 별표 14】 (개정 2019.12.26)

안전인증 및 자율안전확인의 표시 및 표시방법
(제114조제1항 및 제121조 관련)

1. 표시

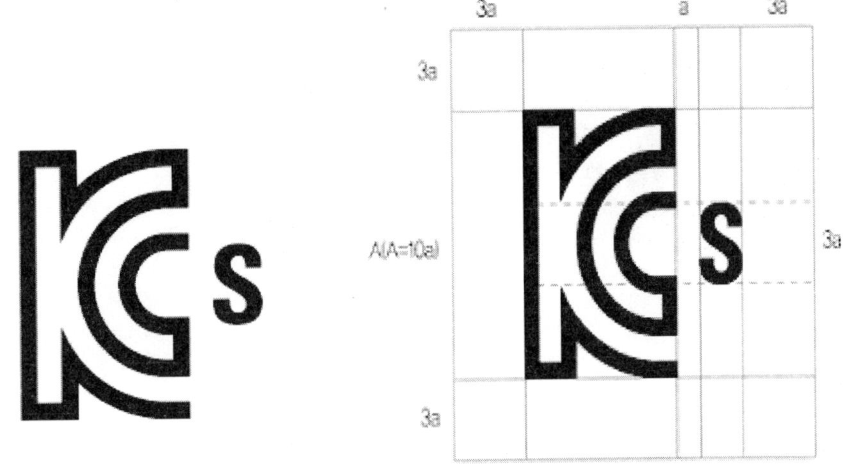

2. 표시방법

가. 표시는 「국가표준기본법 시행령」 제15조의7제1항에 따른 표시기준 및 방법에 따른다.

나. 표시를 하는 경우 인체에 상해를 입힐 우려가 있는 재질이나 표면이 거친 재질을 사용해서는 안 된다.

【규칙 별표 15】(개정 2019.12.26)

안전인증대상 기계등이 아닌 유해·위험기계등의 안전인증 표시 및 표시방법(제114조제2항 관련)

1. 표시

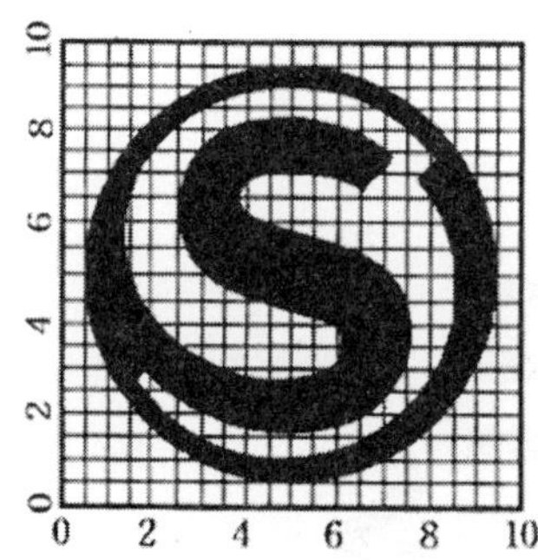

2. 표시방법

가. 표시의 크기는 유해·위험기계등의 크기에 따라 조정할 수 있다.

나. 표시의 표상을 명백히 하기 위하여 필요한 경우에는 표시 주위에 한글·영문 등의 글자로 필요한 사항을 덧붙여 적을 수 있다.

다. 표시는 유해·위험기계등이나 이를 담은 용기 또는 포장지의 적당한 곳에 붙이거나 인쇄하거나 새기는 등의 방법으로 해야 한다.

라. 표시는 테두리와 문자를 파란색, 그 밖의 부분을 흰색으로 표현하는 것을 원칙으로 하되, 안전인증표시의 바탕색 등을 고려하여 테두리와 문자를 흰색, 그 밖의 부분을 파란색으로 표현할 수 있다. 이 경우 파란색의 색도는 2.5PB 4/10으로, 흰색의 색도는 N9.5로 한다〔색도기준은 한국산업규격(KS)에 따른 색의 3속성에 의한 표시방법(KS A 0062)에 따른다〕.

마. 표시를 하는 경우에 인체에 상해를 입힐 우려가 있는 재질이나 표면이 거친 재질을 사용해서는 안 된다.

【규칙 별표 16】 (개정 2019.12.26)

안전검사 합격표시 및 표시방법
(제126조제2항 및 제127조 관련)

1. 합격표시

안전검사합격증명서	
① 안전검사대상기계명	
② 신청인	
③ 형식번(기)호(설치장소)	
④ 합격번호	
⑤ 검사유효기간	
⑥ 검사기관(실시기관)	○ ○ ○ ○ (직인) 검사원 : ○ ○ ○
	고용노동부장관 [직인 생략]

2. 표시방법

가. ② 신청인은 사용자의 명칭 등의 상호명을 기입한다.

나. ③ 형식번호는 안전검사대상기계등을 특정 짓는 형식번호나 기호 등을 기입하며, 설치장소는 필요한 경우 기입한다.

다. ④ 합격번호는 안전검사기관이 아래와 같이 부여한 번호를 적는다.

□□	-	□□	□□	-	□	-	□□□□
㉠ 합격연도		㉡ 검사기관	㉢ 지역(시, 도)		㉣ 안전검사대상품		㉤ 일련번호

㉠ 합격연도: 해당 연도의 끝 두 자리 수(예시: 2015 → 15, 2016 → 16)

㉡ 검사기관별 구분(A, B, C, D……)

㉢ 지역(시·도)은 해당 번호를 적는다.

지역명	구분	지역명	구분	지역명	구분	지역명	구분
서울특별시	02	광주광역시	62	강원도	33	경상남도	55
부산광역시	51	대전광역시	42	충청북도	43	전라북도	63
대구광역시	53	울산광역시	52	충청남도	41	전라남도	61
인천광역시	32	세종시	44	경상북도	54	제주도	64
		경기도	31				

㉣ 안전검사대상품: 검사대상품의 종류 및 표시부호

차례	종류	표시부호
1	프레스	A
2	전단기	B
3	크레인	C
4	리프트	D
5	압력용기	E
6	곤돌라	F
7	국소배기장치	G
8	원심기	H
9	롤러기	I
10	사출성형기	J
11	화물자동차 또는 특수자동차에 탑재한 고소작업대	K
12	컨베이어	L
13	산업용 로봇	M

㉤ 일련번호: 각 실시기관별 합격 일련번호 4자리

라. ⑤ 유효기간은 합격 연·월·일과 효력만료 연·월·일을 기입한다.

마. 합격표시의 규격은 가로 90mm 이상, 세로 60mm 이상의 장방형 또는 직경 70mm 이상의 원형으로 하며, 필요 시 안전검사대상기계등에 따라 조정할 수 있다

바. 합격표시는 안전검사대상기계등에 부착·인쇄 등의 방법으로 표시하며 쉽게 내용을 알아 볼 수 있으며 지워지거나 떨어지지 않도록 표시해야 한다.

사. 검사연도 등에 따라 색상을 다르게 할 수 있다.

【규칙 별표 17】 (개정 2019.12.26)

유해·위험기계등 제조사업 등의 지원 및 등록 요건(제137조 관련)

1. 법 제84조제1항에 따른 안전인증대상 기계 등의 제조업체 또는 법 제89조제1항에 따른 자율안전확인 대상기계등의 제조업체 또는 산업재해가 많이 발생하는 기계·기구 및 설비의 제조업체로서 자체적으로 생산체계 및 품질관리시스템을 갖추고 이를 준수하는 업체일 것. 다만, 다음 각 목의 어느 하나에 해당하는 업체는 제외한다.
   가. 지원신청일 직전 2년간 법 제86조제1항에 따라 안전인증이 취소된 사실이 있는 업체
   나. 지원신청일 직전 2년간 법 제87조제2항 또는 법 제92조제2항에 따라 수거·파기된 사실이 있는 업체
   다. 지원신청일 직전 2년간 법 제91조제1항에 따라 자율안전확인 표시 사용이 금지된 사실이 있는 업체
2. 국소배기장치 및 전체환기장치 시설업체

인력	시설 및 장비
가. 산업보건지도사·산업위생관리기술사·대기관리기술사 중 1명 이상 나. 산업위생관리기사·대기환경기사 중 1명 이상 다. 다음 1)부터 3)까지 중 2개 항목 이상 1) 일반·정밀·건설기계 또는 공정설계기사 1명 이상 2) 화공 또는 공업화학기사 1명 이상 3) 전기·전기공사기사 또는 전기기기·전기공사기능장 1명 이상	가. 사무실 나. 산업환기시설 성능검사 장비 1) 스모크테스터 2) 정압 프로브가 달린 열선풍속계 3) 청음기 또는 청음봉 4) 절연저항계 5) 표면온도계 6) 회전계(R.P.M측정기)

※ 비고

가. 인력 중 가목의 산업보건지도사·산업위생관리기술사는 산업위생 전공 박사학위 소지자 또는 산업위생관리기사 자격을 취득한 후 그 전문기술 분야에서 5년 이상 실무경력이 있는 사람으로 대체할 수 있으며, 대기관리기술사는 화학장치설비기술사·화학공장설계기술사·유체기계기술사·공조냉동기계기술사 또는 환경공학 전공 박사학위 소지자로 대체하거나 대기환경기사 자격을 취득한 후 그 전문기술 분야에서 5년 이상 실무경력이 있는 사람으로 대체할 수 있다.

나. 인력 중 나목의 인력은 가목의 대기관리기술사 자격을 보유한 경우에는 산업위생관리기사 자격을 보유해야 한다.

다. 기사는 해당 분야 산업기사의 자격을 취득한 후 해당 분야에 4년 이상 종사한 사람으로 대체할 수 있다.

3. 소음·진동 방지장치 시설업체

인력	시설 및 장비
가. 산업보건지도사·산업위생관리기술사·소음진동기술사 중 1명 이상 나. 산업위생관리기사·소음진동기사 중 1명 이상 다. 다음 각 목 중 2개 항목 이상 1) 일반기계기사 1명 이상 2) 건축기사 1명 이상 3) 토목기사 1명 이상 4) 전기기사·전기공사기사·전기기기기능장 또는 전기공사기능장 1명 이상	가. 사무실 나. 장비 1) 소음측정기(주파수분석이 가능한 것이어야 한다) 2) 누적소음 폭로량측정기: 2대 이상

※ 비고

가. 인력 중 가목의 산업보건지도사·산업위생관리기술사는 산업위생전공 박사학위 소지자 또는 산업위생관리기사 자격을 취득한 후 그 전문기술 분야에서 5년 이상 실무경력이 있는 사람으로 대체할 수 있으며, 소음진동기술사는 기계제작기술사, 전자응용기술사, 환경공학 전공 박사학위 소지자 또는 소음진동기사 자격을 취득한 후 그 전문기술 분야에서 5년 이상 실무경력이 있는 사람으로 대체할 수 있다.

나. 인력 중 나목의 인력은 가목에서 소음진동기술사 자격을 보유한 경우에는 산업위생관리기사 자격을 보유해야 한다.

다. 기사는 해당 분야 산업기사의 자격을 취득한 후 해당 분야에 4년 이상 종사한 사람으로 대체할 수 있다.

라. 국소배기장치 및 전체환기장치 시설업체와 소음·진동방지장치 시설업체를 같이 경영하는 경우에는 공통되는 기술인력·시설 및 장비를 중복하여 갖추지 않을 수 있다.

【규칙 별표 18】 (개정 2019.12.26)

유해인자의 유해성·위험성 분류기준(제141조 관련)

1. 화학물질의 분류기준

가. 물리적 위험성 분류기준

1) 폭발성 물질: 자체의 화학반응에 따라 주위환경에 손상을 줄 수 있는 정도의 온도·압력 및 속도를 가진 가스를 발생시키는 고체·액체 또는 혼합물

2) 인화성 가스: 20℃, 표준압력(101.3㎪)에서 공기와 혼합하여 인화되는 범위에 있는 가스와 54℃ 이하 공기 중에서 자연발화하는 가스를 말한다.(혼합물을 포함한다)

3) 인화성 액체: 표준압력(101.3㎪)에서 인화점이 93℃ 이하인 액체

4) 인화성 고체: 쉽게 연소되거나 마찰에 의하여 화재를 일으키거나 촉진할 수 있는 물질

5) 에어로졸: 재충전이 불가능한 금속·유리 또는 플라스틱 용기에 압축가스·액화가스 또는 용해가스를 충전하고 내용물을 가스에 현탁시킨 고체나 액상입자로, 액상 또는 가스상에서 폼·페이스트·분말상으로 배출되는 분사장치를 갖춘 것

6) 물반응성 물질: 물과 상호작용을 하여 자연발화되거나 인화성 가스를 발생시키는 고체·액체 또는 혼합물

7) 산화성 가스: 일반적으로 산소를 공급함으로써 공기보다 다른 물질의 연소를 더 잘 일으키거나 촉진하는 가스

8) 산화성 액체: 그 자체로는 연소하지 않더라도 일반적으로 산소를 발생시켜 다른 물질을 연소시키거나 연소를 촉진하는 액체

9) 산화성 고체: 그 자체로는 연소하지 않더라도 일반적으로 산소를 발생시켜 다른 물질을 연소시키거나 연소를 촉진하는 고체

10) 고압가스: 20℃, 200킬로파스칼(kpa) 이상의 압력 하에서 용기에 충전되어 있는 가스 또는 냉동액화가스 형태로 용기에 충전되어 있는 가스(압축가스, 액화가스, 냉동액화가스, 용해가스로 구분한다)

11) 자기반응성 물질: 열적(熱的)인 면에서 불안정하여 산소가 공급되지 않아도 강렬하게 발열·분해하기 쉬운 액체·고체 또는 혼합물

12) 자연발화성 액체: 적은 양으로도 공기와 접촉하여 5분 안에 발화할 수 있는 액체

13) 자연발화성 고체 : 적은 양으로도 공기와 접촉하여 5분 안에 발화할 수 있는 고체

14) 자기발열성 물질: 주위의 에너지 공급 없이 공기와 반응하여 스스로 발열하는 물질(자기발화성 물질은 제외한다)

15) 유기과산화물: 2가의 −O−O−구조를 가지고 1개 또는 2개의 수소 원자가 유기

라디칼에 의하여 치환된 과산화수소의 유도체를 포함한 액체 또는 고체 유기물질

16) 금속 부식성 물질: 화학적인 작용으로 금속에 손상 또는 부식을 일으키는 물질

나. 건강 및 환경 유해성 분류기준

1) 급성 독성 물질: 입 또는 피부를 통하여 1회 투여 또는 24시간 이내에 여러 차례로 나누어 투여하거나 호흡기를 통하여 4시간 동안 흡입하는 경우 유해한 영향을 일으키는 물질

2) 피부 부식성 또는 자극성 물질: 접촉 시 피부조직을 파괴하거나 자극을 일으키는 물질(피부 부식성 물질 및 피부 자극성 물질로 구분한다)

3) 심한 눈 손상성 또는 자극성 물질: 접촉 시 눈 조직의 손상 또는 시력의 저하 등을 일으키는 물질(눈 손상성 물질 및 눈 자극성 물질로 구분한다)

4) 호흡기 과민성 물질: 호흡기를 통하여 흡입되는 경우 기도에 과민반응을 일으키는 물질

5) 피부 과민성 물질: 피부에 접촉되는 경우 피부 알레르기 반응을 일으키는 물질

6) 발암성 물질: 암을 일으키거나 그 발생을 증가시키는 물질

7) 생식세포 변이원성 물질: 자손에게 유전될 수 있는 사람의 생식세포에 돌연변이를 일으킬 수 있는 물질

8) 생식독성 물질: 생식기능, 생식능력 또는 태아의 발생·발육에 유해한 영향을 주는 물질

9) 특정 표적장기 독성 물질(1회 노출): 1회 노출로 특정 표적장기 또는 전신에 독성을 일으키는 물질

10) 특정 표적장기 독성 물질(반복 노출): 반복적인 노출로 특정 표적장기 또는 전신에 독성을 일으키는 물질

11) 흡인 유해성 물질: 액체 또는 고체 화학물질이 입이나 코를 통하여 직접적으로 또는 구토로 인하여 간접적으로, 기관 및 더 깊은 호흡기관으로 유입되어 화학적 폐렴, 다양한 폐 손상이나 사망과 같은 심각한 급성 영향을 일으키는 물질

12) 수생 환경 유해성 물질: 단기간 또는 장기간의 노출로 수생생물에 유해한 영향을 일으키는 물질

13) 오존층 유해성 물질: 「오존층 보호를 위한 특정물질의 제조규제 등에 관한 법률」 제2조제1호에 따른 특정물질

2. 물리적 인자의 분류기준

가. 소음: 소음성난청을 유발할 수 있는 85데시벨(A) 이상의 시끄러운 소리

나. 진동: 착암기, 손망치 등의 공구를 사용함으로써 발생되는 백랍병·레이노 현상·말초순환장애 등의 국소 진동 및 차량 등을 이용함으로써 발생되는 관절통·디스크·소화장애 등의 전신 진동

다. 방사선: 직접·간접으로 공기 또는 세포를 전리하는 능력을 가진 알파선·베타선·감마선·엑스선·중성자선 등의 전자선

라. 이상기압: 게이지 압력이 제곱센티미터당 1킬로그램 초과 또는 미만인 기압

마. 이상기온: 고열·한랭·다습으로 인하여 열사병·동상·피부질환 등을 일으킬 수 있는 기온

3. 생물학적 인자의 분류기준

가. 혈액매개 감염인자: 인간면역결핍바이러스, B형·C형간염바이러스, 매독바이러스 등 혈액을 매개로 다른 사람에게 전염되어 질병을 유발하는 인자

나. 공기매개 감염인자: 결핵·수두·홍역 등 공기 또는 비말감염 등을 매개로 호흡기를 통하여 전염되는 인자

다. 곤충 및 동물매개 감염인자: 쯔쯔가무시증, 렙토스피라증, 유행성출혈열 등 동물의 배설물 등에 의하여 전염되는 인자 및 탄저병, 브루셀라병 등 가축 또는 야생동물로부터 사람에게 감염되는 인자

※ 비고

제1호에 따른 화학물질의 분류기준 중 가목에 따른 물리적 위험성 분류기준별 세부 구분기준과 나목에 따른 건강 및 환경 유해성 분류기준의 단일물질 분류기준별 세부 구분기준 및 혼합물질의 분류기준은 고용노동부장관이 정하여 고시한다.

【규칙 별표 19】 (개정 2019.12.26)

유해인자별 노출농도의 허용기준(제145조제1항 관련)

유해인자		허용기준			
		시간가중평균값 (TWA)		단시간 노출값 (STEL)	
		ppm	mg/㎥	ppm	mg/㎥
1. 6가크롬[18540-29-9] 화합물 (Chromium VI compounds)	불용성		0.01		
	수용성		0.05		
2. 납[7439-92-1] 및 그 무기화합물 (Lead and its inorganic compounds)			0.05		
3. 니켈[7440-02-0] 화합물(불용성 무기화합물로 한정한다)(Nickel and its insoluble inorganic compounds)			0.2		
4. 니켈카르보닐(Nickel carbonyl; 13463-39-3)		0.001			
5. 디메틸포름아미드 (Dimethylformamide; 68-12-2)		10			
6. 디클로로메탄(Dichloromethane; 75-09-2)		50			
7. 1,2-디클로로프로판(1,2-Dichloro propane; 78-87-5)		10		110	
8. 망간[7439-96-5] 및 그 무기화합물 (Manganese and its inorganic compounds)			1		
9. 메탄올(Methanol; 67-56-1)		200		250	
10. 메틸렌 비스(페닐 이소시아네이트) [Methylene bis(phenyl isocya nate); 101-68-8 등]		0.005			
11. 베릴륨[7440-41-7] 및 그 화합물(Beryllium and its compounds)			0.002		0.01
12. 벤젠(Benzene; 71-43-2)		0.5		2.5	
13. 1,3-부타디엔(1,3-Butadiene; 106-99-0)		2		10	
14. 2-브로모프로판 (2-Bromopropane; 75-26-3)		1			
15. 브롬화 메틸(Methyl bromide; 74-83-9)		1			

유해인자	허용기준			
	시간가중평균값 (TWA)		단시간 노출값 (STEL)	
	ppm	mg/㎥	ppm	mg/㎥
16. 산화에틸렌(Ethylene oxide; 75-21-8)	1			
17. 석면(제조·사용하는 경우만 해당한다) (Asbestos; 1332-21-4 등)		0.1개/㎤		
18. 수은〔7439-97-6〕 및 그 무기화합물 (Mercury and its inorganic compounds)		0.025		
19. 스티렌(Styrene; 100-42-5)	20		40	
20. 시클로헥사논(Cyclohexanone; 108-94-1)	25		50	
21. 아닐린(Aniline; 62-53-3)	2			
22. 아크릴로니트릴(Acrylonitrile; 107-13-1)	2			
23. 암모니아(Ammonia; 7664-41-7 등)	25		35	
24. 염소(Chlorine; 7782-50-5)	0.5		1	
25. 염화비닐(Vinyl chloride; 75-01 -4)	1			
26. 이황화탄소(Carbon disulfide; 75-15-0)	1			
27. 일산화탄소(Carbon monoxide; 630-08-0)	30		200	
28. 카드뮴〔7440-43-9〕 및 그 화합물 (Cadmium and its compounds)		0.01 (호흡성 분진인 경우 0.002)		
29. 코발트〔7440-48-4〕 및 그 무기화합물 (Cobalt and its inorganic compounds)		0.02		
30. 콜타르피치〔65996-93-2〕 휘발물 (Coal tar pitch volatiles)		0.2		
31. 톨루엔(Toluene; 108-88-3)	50		150	
32. 톨루엔-2,4-디이소시아네이트 (Toluene-2,4-diisocyanate; 584-84-9 등)	0.005		0.02	
33. 톨루엔-2,6-디이소시아네이트 (Toluene-2,6-diisocyanate; 91-08-7 등)	0.005		0.02	
34. 트리클로로메탄 (Trichloromethane; 67-66-3)	10			

유해인자	허용기준			
	시간가중평균값 (TWA)		단시간 노출값 (STEL)	
	ppm	mg/㎥	ppm	mg/㎥
35. 트리클로로에틸렌 (Trichloroethylene; 79-01-6)	10		25	
36. 포름알데히드(Formaldehyde; 50 -00-0)	0.3			
37. n-헥산(n-Hexane; 110-54-3)	50			
38. 황산(Sulfuric acid; 7664-93-9)		0.2		0.6

※ 비고

1. "시간가중평균값(TWA, Time-Weighted Average)"이란 1일 8시간 작업을 기준으로 한 평균노출농도로서 산출공식은 다음과 같다.

$$TWA\text{환산값} = \frac{C_1 \cdot T_1 + C_1 \cdot T_1 + \cdots + C_n \cdot T_n}{8}$$

주) C: 유해인자의 측정농도(단위: ppm, mg/㎥ 또는 개/㎤)
T: 유해인자의 발생시간(단위: 시간)

2. "단시간 노출값(STEL, Short-Term Exposure Limit)"이란 15분 간의 시간가중평균값으로서 노출농도가 시간가중평균값을 초과하고 단시간 노출값 이하인 경우에는 ① 1회 노출 지속시간이 15분 미만이어야 하고, ② 이러한 상태가 1일 4회 이하로 발생해야 하며, ③ 각 회의 간격은 60분 이상이어야 한다.
3. "등"이란 해당 화학물질에 이성질체 등 동일 속성을 가지는 2개 이상의 화합물이 존재할 수 있는 경우를 말한다.

【규칙 별표 20】 (개정 2019.12.26)

신규화학물질의 유해성·위험성 조사보고서 첨부서류 (제147조제1항 관련)

1. 법 제110조에 따른 물질안전보건자료
2. 다음 각 목 모두의 서류

가. 급성경구독성 또는 급성흡입독성 시험성적서. 다만, 조사보고서나 제조 또는 취급 방법을 검토한 결과 주요 노출경로가 흡입으로 판단되는 경우 급성흡입독성 시험성적서를 제출하여야 한다.

나. 복귀돌연변이 시험성적서

다. 시험동물을 이용한 소핵 시험성적서

3. 제조 또는 사용·취급방법을 기록한 서류
4. 제조 또는 사용 공정도
5. 제조를 위탁한 경우 그 위탁 계약서 사본 등 위탁을 증명하는 서류(신규화학물질 제조를 위탁한 경우만 해당한다)
6. 제2호에도 불구하고 다음 각 목의 경우에는 다음 각 목의 구분에 따른 시험성적서를 제출하지 않을 수 있다.
   가. 신규화학물질의 연간 제조·수입량이 100킬로그램 이상 1톤 미만인 경우: 복귀돌연변이 시험성적서 및 시험동물을 이용한 소핵 시험성적서
   나. 신규화학물질의 연간 제조·수입량이 1톤 이상 10톤 미만인 경우: 시험동물을 이용한 소핵 시험성적서. 다만, 복귀돌연변이에 관한 시험결과가 양성인 경우에는 시험동물을 이용한 소핵 시험성적서를 제출해야 한다.
7. 제6호에도 불구하고 고분자화합물의 경우에는 제2호 각 목에 따른 시험성적서 모두와 다음 각 목에 따른 사항이 포함된 고분자특성에 관한 시험성적서를 제출해야 한다.
   가. 수평균분자량 및 분자량 분포
   나. 해당 고분자화합물 제조에 사용한 단량체의 화학물질명, 고유번호 및 함량비(%)
   다. 잔류단량체의 함량(%)
   라. 분자량 1,000 이하의 함량(%)
   마. 산 및 알칼리 용액에서의 안정성
8. 제7호에도 불구하고 다음 각 목의 경우에는 각 목의 구분에 따른 시험성적서를 제출하지 않을 수 있다.
   가. 고분자화합물의 연간 제조·수입량이 10톤 미만인 경우: 제2호 각 목에 따른 시험성적서
   나. 고분자화합물의 연간 제조·수입량이 10톤 이상 1,000톤 미만인 경우: 시험동물을 이용한 소핵 시험성적서. 다만, 연간 제조·수입량이 100톤 이상 1,000톤 미만인 경우로서 복귀돌연변이에 관한 시험결과가 양성인 경우에는 시험동물을 이용한 소핵 시험성적서를 제출해야 한다.
9. 제1호부터 제8호까지의 규정에도 불구하고 신규화학물질의 물리·화학적 특성상 시험이나 시험 결과의 도출이 어려운 경우로서 고용노동부장관이 정하여 고시하는 경우에는 해당 서류를 제출하지 않을 수 있다.

비고: 제1호부터 제9호까지의 규정에 따른 첨부서류 작성방법 및 제출생략 조건 등에 관한 세부사항은 고용노동부장관이 정하여 고시한다.

【규칙 별표 21】 (개정 2019.12.26)

작업환경측정 대상 유해인자 (제186조제1항 관련)

1. 화학적 인자

가. 유기화합물(114종)

1) 글루타르알데히드(Glutaraldehyde; 111-30-8)
2) 니트로글리세린(Nitroglycerin; 55-63-0)
3) 니트로메탄(Nitromethane; 75-52-5)
4) 니트로벤젠(Nitrobenzene; 98-95-3)
5) p-니트로아닐린(p-Nitroaniline; 100-01-6)
6) p-니트로클로로벤젠(p-Nitrochlorobenzene; 100-00-5)
7) 디니트로톨루엔(Dinitrotoluene; 25321-14-6 등)
8) N,N-디메틸아닐린(N,N-Dimethylaniline; 121-69-7)
9) 디메틸아민(Dimethylamine; 124-40-3)
10) N,N-디메틸아세트아미드(N,N-Dimethylacetamide; 127-19-5)
11) 디메틸포름아미드(Dimethylformamide; 68-12-2)
12) 디에탄올아민(Diethanolamine; 111-42-2)
13) 디에틸 에테르(Diethyl ether; 60-29-7)
14) 디에틸렌트리아민(Diethylenetriamine; 111-40-0)
15) 2-디에틸아미노에탄올(2-Diethylaminoethanol; 100-37-8)
16) 디에틸아민(Diethylamine; 109-89-7)
17) 1,4-디옥산(1,4-Dioxane; 123-91-1)
18) 디이소부틸케톤(Diisobutylketone; 108-83-8)
19) 1,1-디클로로-1-플루오로에탄(1,1-Dichloro-1-fluoroethane; 1717-00-6)
20) 디클로로메탄(Dichloromethane; 75-09-2)
21) o-디클로로벤젠(o-Dichlorobenzene; 95-50-1)
22) 1,2-디클로로에탄(1,2-Dichloroethane; 107-06-2)
23) 1,2-디클로로에틸렌(1,2-Dichloroethylene; 540-59-0 등)
24) 1,2-디클로로프로판(1,2-Dichloropropane; 78-87-5)
25) 디클로로플루오로메탄(Dichlorofluoromethane; 75-43-4)
26) p-디히드록시벤젠(p-Dihydroxybenzene; 123-31-9)
27) 메탄올(Methanol; 67-56-1)
28) 2-메톡시에탄올(2-Methoxyethanol; 109-86-4)
29) 2-메톡시에틸 아세테이트(2-Methoxyethyl acetate; 110-49-6)

30) 메틸 n-부틸 케톤(Methyl n-butyl ketone; 591-78-6)
31) 메틸 n-아밀 케톤(Methyl n-amyl ketone; 110-43-0)
32) 메틸 아민(Methyl amine; 74-89-5)
33) 메틸 아세테이트(Methyl acetate; 79-20-9)
34) 메틸 에틸 케톤(Methyl ethyl ketone; 78-93-3)
35) 메틸 이소부틸 케톤(Methyl isobutyl ketone; 108-10-1)
36) 메틸 클로라이드(Methyl chloride; 74-87-3)
37) 메틸 클로로포름(Methyl chloroform; 71-55-6)
38) 메틸렌 비스(페닐 이소시아네이트)[Methylene bis(phenyl isocyanate); 101-68-8 등]
39) o-메틸시클로헥사논(o-Methylcyclohexanone; 583-60-8)
40) 메틸시클로헥사놀(Methylcyclohexanol; 25639-42-3 등)
41) 무수 말레산(Maleic anhydride; 108-31-6)
42) 무수 프탈산(Phthalic anhydride; 85-44-9)
43) 벤젠(Benzene; 71-43-2)
44) 1,3-부타디엔(1,3-Butadiene; 106-99-0)
45) n-부탄올(n-Butanol; 71-36-3)
46) 2-부탄올(2-Butanol; 78-92-2)
47) 2-부톡시에탄올(2-Butoxyethanol; 111-76-2)
48) 2-부톡시에틸 아세테이트(2-Butoxyethyl acetate; 112-07-2)
49) n-부틸 아세테이트(n-Butyl acetate; 123-86-4)
50) 1-브로모프로판(1-Bromopropane; 106-94-5)
51) 2-브로모프로판(2-Bromopropane; 75-26-3)
52) 브롬화 메틸(Methyl bromide; 74-83-9)
53) 비닐 아세테이트(Vinyl acetate; 108-05-4)
54) 사염화탄소(Carbon tetrachloride; 56-23-5)
55) 스토다드 솔벤트(Stoddard solvent; 8052-41-3)
56) 스티렌(Styrene; 100-42-5)
57) 시클로헥사논(Cyclohexanone; 108-94-1)
58) 시클로헥사놀(Cyclohexanol; 108-93-0)
59) 시클로헥산(Cyclohexane; 110-82-7)
60) 시클로헥센(Cyclohexene; 110-83-8)
61) 아닐린[62-53-3] 및 그 동족체(Aniline and its homologues)
62) 아세토니트릴(Acetonitrile; 75-05-8)
63) 아세톤(Acetone; 67-64-1)

64) 아세트알데히드(Acetaldehyde; 75-07-0)
65) 아크릴로니트릴(Acrylonitrile; 107-13-1)
66) 아크릴아미드(Acrylamide; 79-06-1)
67) 알릴 글리시딜 에테르(Allyl glycidyl ether; 106-92-3)
68) 에탄올아민(Ethanolamine; 141-43-5)
69) 2-에톡시에탄올(2-Ethoxyethanol; 110-80-5)
70) 2-에톡시에틸 아세테이트(2-Ethoxyethyl acetate; 111-15-9)
71) 에틸 벤젠(Ethyl benzene; 100-41-4)
72) 에틸 아세테이트(Ethyl acetate; 141-78-6)
73) 에틸 아크릴레이트(Ethyl acrylate; 140-88-5)
74) 에틸렌 글리콜(Ethylene glycol; 107-21-1)
75) 에틸렌 글리콜 디니트레이트(Ethylene glycol dinitrate; 628-96-6)
76) 에틸렌 클로로히드린(Ethylene chlorohydrin; 107-07-3)
77) 에틸렌이민(Ethyleneimine; 151-56-4)
78) 에틸아민(Ethylamine; 75-04-7)
79) 2,3-에폭시-1-프로판올(2,3-Epoxy-1-propanol; 556-52-5 등)
80) 1,2-에폭시프로판(1,2-Epoxypropane; 75-56-9 등)
81) 에피클로로히드린(Epichlorohydrin; 106-89-8 등)
82) 요오드화 메틸(Methyl iodide; 74-88-4)
83) 이소부틸 아세테이트(Isobutyl acetate; 110-19-0)
84) 이소부틸 알코올(Isobutyl alcohol; 78-83-1)
85) 이소아밀 아세테이트(Isoamyl acetate; 123-92-2)
86) 이소아밀 알코올(Isoamyl alcohol; 123-51-3)
87) 이소프로필 아세테이트(Isopropyl acetate; 108-21-4)
88) 이소프로필 알코올(Isopropyl alcohol; 67-63-0)
89) 이황화탄소(Carbon disulfide; 75-15-0)
90) 크레졸(Cresol; 1319-77-3 등)
91) 크실렌(Xylene; 1330-20-7 등)
92) 클로로벤젠(Chlorobenzene; 108-90-7)
93) 1,1,2,2-테트라클로로에탄(1,1,2,2-Tetrachloroethane; 79-34-5)
94) 테트라히드로푸란(Tetrahydrofuran; 109-99-9)
95) 톨루엔(Toluene; 108-88-3)
96) 톨루엔-2,4-디이소시아네이트(Toluene-2,4-diisocyanate; 584-84-9 등)
97) 톨루엔-2,6-디이소시아네이트(Toluene-2,6-diisocyanate; 91-08-7 등)

98) 트리에틸아민(Triethylamine; 121-44-8)
99) 트리클로로메탄(Trichloromethane; 67-66-3)
100) 1,1,2-트리클로로에탄(1,1,2-Trichloroethane; 79-00-5)
101) 트리클로로에틸렌(Trichloroethylene; 79-01-6)
102) 1,2,3-트리클로로프로판(1,2,3-Trichloropropane; 96-18-4)
103) 퍼클로로에틸렌(Perchloroethylene; 127-18-4)
104) 페놀(Phenol; 108-95-2)
105) 펜타클로로페놀(Pentachlorophenol; 87-86-5)
106) 포름알데히드(Formaldehyde; 50-00-0)
107) 프로필렌이민(Propyleneimine; 75-55-8)
108) n-프로필 아세테이트(n-Propyl acetate; 109-60-4)
109) 피리딘(Pyridine; 110-86-1)
110) 헥사메틸렌 디이소시아네이트(Hexamethylene diisocyanate; 822-06-0)
111) n-헥산(n-Hexane; 110-54-3)
112) n-헵탄(n-Heptane; 142-82-5)
113) 황산 디메틸(Dimethyl sulfate; 77-78-1)
114) 히드라진(Hydrazine; 302-01-2)
115) 1)부터 114)까지의 물질을 용량비율 1퍼센트 이상 함유한 혼합물

나. 금속류(24종)
1) 구리(Copper; 7440-50-8) (분진, 미스트, 흄)
2) 납[7439-92-1] 및 그 무기화합물(Lead and its inorganic compounds)
3) 니켈[7440-02-0] 및 그 무기화합물, 니켈 카르보닐[13463-39-3](Nickel and its inorganic compounds, Nickel carbonyl)
4) 망간[7439-96-5] 및 그 무기화합물(Manganese and its inorganic compounds)
5) 바륨[7440-39-3] 및 그 가용성 화합물(Barium and its soluble compounds)
6) 백금[7440-06-4] 및 그 가용성 염(Platinum and its soluble salts)
7) 산화마그네슘(Magnesium oxide; 1309-48-4)
8) 산화아연(Zinc oxide; 1314-13-2) (분진, 흄)
9) 산화철(Iron oxide; 1309-37-1 등) (분진, 흄)
10) 셀레늄[7782-49-2] 및 그 화합물(Selenium and its compounds)
11) 수은[7439-97-6] 및 그 화합물(Mercury and its compounds)
12) 안티몬[7440-36-0] 및 그 화합물(Antimony and its compounds)
13) 알루미늄[7429-90-5] 및 그 화합물(Aluminum and its compounds)

14) 오산화바나듐(Vanadium pentoxide; 1314-62-1) (분진, 흄)
15) 요오드[7553-56-2] 및 요오드화물(Iodine and iodides)
16) 인듐[7440-74-6] 및 그 화합물(Indium and its compounds)
17) 은[7440-22-4] 및 그 가용성 화합물(Silver and its soluble compounds)
18) 이산화티타늄(Titanium dioxide; 13463-67-7)
19) 주석[7440-31-5] 및 그 화합물(Tin and its compounds)(수소화 주석은 제외한다)
20) 지르코늄[7440-67-7] 및 그 화합물(Zirconium and its compounds)
21) 카드뮴[7440-43-9] 및 그 화합물(Cadmium and its compounds)
22) 코발트[7440-48-4] 및 그 무기화합물(Cobalt and its inorganic compounds)
23) 크롬[7440-47-3] 및 그 무기화합물(Chromium and its inorganic compounds)
24) 텅스텐[7440-33-7] 및 그 화합물(Tungsten and its compounds)
25) 1)부터 24)까지의 규정에 따른 물질을 중량비율 1퍼센트 이상 함유한 혼합물

다. 산 및 알칼리류(17종)
1) 개미산(Formic acid; 64-18-6)
2) 과산화수소(Hydrogen peroxide; 7722-84-1)
3) 무수 초산(Acetic anhydride; 108-24-7)
4) 불화수소(Hydrogen fluoride; 7664-39-3)
5) 브롬화수소(Hydrogen bromide; 10035-10-6)
6) 수산화 나트륨(Sodium hydroxide; 1310-73-2)
7) 수산화 칼륨(Potassium hydroxide; 1310-58-3)
8) 시안화 나트륨(Sodium cyanide; 143-33-9)
9) 시안화 칼륨(Potassium cyanide; 151-50-8)
10) 시안화 칼슘(Calcium cyanide; 592-01-8)
11) 아크릴산(Acrylic acid; 79-10-7)
12) 염화수소(Hydrogen chloride; 7647-01-0)
13) 인산(Phosphoric acid; 7664-38-2)
14) 질산(Nitric acid; 7697-37-2)
15) 초산(Acetic acid; 64-19-7)
16) 트리클로로아세트산(Trichloroacetic acid; 76-03-9)
17) 황산(Sulfuric acid; 7664-93-9)
18) 1)부터 17)까지의 물질을 중량비율 1퍼센트 이상 함유한 혼합물

라. 가스 상태 물질류(15종)

1) 불소(Fluorine; 7782-41-4)
2) 브롬(Bromine; 7726-95-6)
3) 산화에틸렌(Ethylene oxide; 75-21-8)
4) 삼수소화 비소(Arsine; 7784-42-1)
5) 시안화 수소(Hydrogen cyanide; 74-90-8)
6) 암모니아(Ammonia; 7664-41-7 등)
7) 염소(Chlorine; 7782-50-5)
8) 오존(Ozone; 10028-15-6)
9) 이산화질소(nitrogen dioxide; 10102-44-0)
10) 이산화황(Sulfur dioxide; 7446-09-5)
11) 일산화질소(Nitric oxide; 10102-43-9)
12) 일산화탄소(Carbon monoxide; 630-08-0)
13) 포스겐(Phosgene; 75-44-5)
14) 포스핀(Phosphine; 7803-51-2)
15) 황화수소(Hydrogen sulfide; 7783-06-4)
16) 1)부터 15)까지의 물질을 용량비율 1퍼센트 이상 함유한 혼합물

마. 영 제88조에 따른 허가 대상 유해물질(12종)

1) α-나프틸아민[134-32-7] 및 그 염(α-naphthylamine and its salts)
2) 디아니시딘[119-90-4] 및 그 염(Dianisidine and its salts)
3) 디클로로벤지딘[91-94-1] 및 그 염(Dichlorobenzidine and its salts)
4) 베릴륨[7440-41-7] 및 그 화합물(Beryllium and its compounds)
5) 벤조트리클로라이드(Benzotrichloride; 98-07-7)
6) 비소[7440-38-2] 및 그 무기화합물(Arsenic and its inorganic compounds)
7) 염화비닐(Vinyl chloride; 75-01-4)
8) 콜타르피치[65996-93-2] 휘발물(Coal tar pitch volatiles as benzene soluble aerosol)
9) 크롬광 가공[열을 가하여 소성(변형된 형태 유지) 처리하는 경우만 해당한다] (Chromite ore processing)
10) 크롬산 아연(Zinc chromates; 13530-65-9 등)
11) o-톨리딘[119-93-7] 및 그 염(o-Tolidine and its salts)
12) 황화니켈류(Nickel sulfides; 12035-72-2, 16812-54-7)
13) 1)부터 4)까지 및 6)부터 12)까지의 어느 하나에 해당하는 물질을 중량비율 1퍼센트 이상 함유한 혼합물

14) 5)의 물질을 중량비율 0.5퍼센트 이상 함유한 혼합물

바. 금속가공유[Metal working fluids(MWFs), 1종]

2. 물리적 인자(2종)

가. 8시간 시간가중평균 80dB 이상의 소음

나. 안전보건규칙 제558조에 따른 고열

3. 분진(7종)

가. 광물성 분진(Mineral dust)

1) 규산(Silica)

가) 석영(Quartz; 14808-60-7 등)

나) 크리스토발라이트(Cristobalite; 14464-46-1)

다) 트리디마이트(Trydimite; 15468-32-3)

2) 규산염(Silicates, less than 1% crystalline silica)

가) 소우프스톤(Soapstone; 14807-96-6)

나) 운모(Mica; 12001-26-2)

다) 포틀랜드 시멘트(Portland cement; 65997-15-1)

라) 활석(석면 불포함)[Talc(Containing no asbestos fibers); 14807-96-6]

마) 흑연(Graphite; 7782-42-5)

3) 그 밖의 광물성 분진(Mineral dusts)

나. 곡물 분진(Grain dusts)

다. 면 분진(Cotton dusts)

라. 목재 분진(Wood dusts)

마. 석면 분진(Asbestos dusts; 1332-21-4 등)

바. 용접 흄(Welding fume)

사. 유리섬유(Glass fibers)

4. 그 밖에 고용노동부장관이 정하여 고시하는 인체에 해로운 유해인자

※ 비고 : "등"이란 해당 화학물질에 이성질체 등 동일 속성을 가지는 2개 이상의 화합물이 존재할 수 있는 경우를 말한다.

【규칙 별표 22】 (개정 2019.12.26)

특수건강진단 대상 유해인자(제201조 관련)

1. 화학적 인자

가. 유기화합물(109종)

1) 가솔린(Gasoline; 8006-61-9)
2) 글루타르알데히드(Glutaraldehyde; 111-30-8)
3) β-나프틸아민(β-Naphthylamine; 91-59-8)
4) 니트로글리세린(Nitroglycerin; 55-63-0)
5) 니트로메탄(Nitromethane; 75-52-5)
6) 니트로벤젠(Nitrobenzene; 98-95-3)
7) p-니트로아닐린(p-Nitroaniline; 100-01-6)
8) p-니트로클로로벤젠(p-Nitrochlorobenzene; 100-00-5)
9) 디니트로톨루엔(Dinitrotoluene; 25321-14-6 등)
10) N,N-디메틸아닐린(N,N-Dimethylaniline; 121-69-7)
11) p-디메틸아미노아조벤젠(p-Dimethylaminoazobenzene; 60-11-7)
12) N,N-디메틸아세트아미드(N,N-Dimethylacetamide; 127-19-5)
13) 디메틸포름아미드(Dimethylformamide; 68-12-2)
14) 디에틸 에테르(Diethyl ether; 60-29-7)
15) 디에틸렌트리아민(Diethylenetriamine; 111-40-0)
16) 1,4-디옥산(1,4-Dioxane; 123-91-1)
17) 디이소부틸케톤(Diisobutylketone; 108-83-8)
18) 디클로로메탄(Dichloromethane; 75-09-2)
19) o-디클로로벤젠(o-Dichlorobenzene; 95-50-1)
20) 1,2-디클로로에탄(1,2-Dichloroethane; 107-06-2)
21) 1,2-디클로로에틸렌(1,2-Dichloroethylene; 540-59-0 등)
22) 1,2-디클로로프로판(1,2-Dichloropropane; 78-87-5)
23) 디클로로플루오로메탄(Dichlorofluoromethane; 75-43-4)
24) p-디히드록시벤젠(p-dihydroxybenzene; 123-31-9)
25) 마젠타(Magenta; 569-61-9)
26) 메탄올(Methanol; 67-56-1)
27) 2-메톡시에탄올(2-Methoxyethanol; 109-86-4)
28) 2-메톡시에틸 아세테이트(2-Methoxyethyl acetate; 110-49-6)
29) 메틸 n-부틸 케톤(Methyl n-butyl ketone; 591-78-6)
30) 메틸 n-아밀 케톤(Methyl n-amyl ketone; 110-43-0)

31) 메틸 에틸 케톤(Methyl ethyl ketone; 78-93-3)
32) 메틸 이소부틸 케톤(Methyl isobutyl ketone; 108-10-1)
33) 메틸 클로라이드(Methyl chloride; 74-87-3)
34) 메틸 클로로포름(Methyl chloroform; 71-55-6)
35) 메틸렌 비스(페닐 이소시아네이트)[Methylene bis(phenyl isocyanate); 101-68-8 등]
36) 4,4'-메틸렌 비스(2-클로로아닐린)[4,4'-Methylene bis(2-chloroaniline); 101-14-4]
37) o-메틸시클로헥사논(o-Methylcyclohexanone; 583-60-8)
38) 메틸시클로헥사놀(Methylcyclohexanol; 25639-42-3 등)
39) 무수 말레산(Maleic anhydride; 108-31-6)
40) 무수 프탈산(Phthalic anhydride; 85-44-9)
41) 벤젠(Benzene; 71-43-2)
42) 벤지딘 및 그 염(Benzidine and its salts; 92-87-5)
43) 1,3-부타디엔(1,3-Butadiene; 106-99-0)
44) n-부탄올(n-Butanol; 71-36-3)
45) 2-부탄올(2-Butanol; 78-92-2)
46) 2-부톡시에탄올(2-Butoxyethanol; 111-76-2)
47) 2-부톡시에틸 아세테이트(2-Butoxyethyl acetate; 112-07-2)
48) 1-브로모프로판(1-Bromopropane; 106-94-5)
49) 2-브로모프로판(2-Bromopropane; 75-26-3)
50) 브롬화 메틸(Methyl bromide; 74-83-9)
51) 비스(클로로메틸) 에테르(bis(Chloromethyl) ether; 542-88-1)
52) 사염화탄소(Carbon tetrachloride; 56-23-5)
53) 스토다드 솔벤트(Stoddard solvent; 8052-41-3)
54) 스티렌(Styrene; 100-42-5)
55) 시클로헥사논(Cyclohexanone; 108-94-1)
56) 시클로헥사놀(Cyclohexanol; 108-93-0)
57) 시클로헥산(Cyclohexane; 110-82-7)
58) 시클로헥센(Cyclohexene; 110-83-8)
59) 아닐린[62-53-3] 및 그 동족체(Aniline and its homologues)
60) 아세토니트릴(Acetonitrile; 75-05-8)
61) 아세톤(Acetone; 67-64-1)
62) 아세트알데히드(Acetaldehyde; 75-07-0)
63) 아우라민(Auramine; 492-80-8)
64) 아크릴로니트릴(Acrylonitrile; 107-13-1)
65) 아크릴아미드(Acrylamide; 79-06-1)

66) 2-에톡시에탄올(2-Ethoxyethanol; 110-80-5)
67) 2-에톡시에틸 아세테이트(2-Ethoxyethyl acetate; 111-15-9)
68) 에틸 벤젠(Ethyl benzene; 100-41-4)
69) 에틸 아크릴레이트(Ethyl acrylate; 140-88-5)
70) 에틸렌 글리콜(Ethylene glycol; 107-21-1)
71) 에틸렌 글리콜 디니트레이트(Ethylene glycol dinitrate; 628-96-6)
72) 에틸렌 클로로히드린(Ethylene chlorohydrin; 107-07-3)
73) 에틸렌이민(Ethyleneimine; 151-56-4)
74) 2,3-에폭시-1-프로판올(2,3-Epoxy-1-propanol; 556-52-5 등)
75) 에피클로로히드린(Epichlorohydrin; 106-89-8 등)
76) 염소화비페닐(Polychlorobiphenyls; 53469-21-9, 11097-69-1)
77) 요오드화 메틸(Methyl iodide; 74-88-4)
78) 이소부틸 알코올(Isobutyl alcohol; 78-83-1)
79) 이소아밀 아세테이트(Isoamyl acetate; 123-92-2)
80) 이소아밀 알코올(Isoamyl alcohol; 123-51-3)
81) 이소프로필 알코올(Isopropyl alcohol; 67-63-0)
82) 이황화탄소(Carbon disulfide; 75-15-0)
83) 콜타르(Coal tar; 8007-45-2)
84) 크레졸(Cresol; 1319-77-3 등)
85) 크실렌(Xylene; 1330-20-7 등)
86) 클로로메틸 메틸 에테르(Chloromethyl methyl ether; 107-30-2)
87) 클로로벤젠(Chlorobenzene; 108-90-7)
88) 테레빈유(Turpentine oil; 8006-64-2)
89) 1,1,2,2-테트라클로로에탄(1,1,2,2-Tetrachloroethane; 79-34-5)
90) 테트라히드로푸란(Tetrahydrofuran; 109-99-9)
91) 톨루엔(Toluene; 108-88-3)
92) 톨루엔-2,4-디이소시아네이트(Toluene-2,4-diisocyanate; 584-84-9 등)
93) 톨루엔-2,6-디이소시아네이트(Toluene-2,6-diisocyanate; 91-08-7 등)
94) 트리클로로메탄(Trichloromethane; 67-66-3)
95) 1,1,2-트리클로로에탄(1,1,2-Trichloroethane; 79-00-5)
96) 트리클로로에틸렌(Trichloroethylene(TCE); 79-01-6)
97) 1,2,3-트리클로로프로판(1,2,3-Trichloropropane; 96-18-4)
98) 퍼클로로에틸렌(Perchloroethylene; 127-18-4)
99) 페놀(Phenol; 108-95-2)
100) 펜타클로로페놀(Pentachlorophenol; 87-86-5)

101) 포름알데히드(Formaldehyde; 50-00-0)
102) β-프로피오락톤(β-Propiolactone; 57-57-8)
103) o-프탈로디니트릴(o-Phthalodinitrile; 91-15-6)
104) 피리딘(Pyridine; 110-86-1)
105) 헥사메틸렌 디이소시아네이트(Hexamethylene diisocyanate; 822-06-0)
106) n-헥산(n-Hexane; 110-54-3)
107) n-헵탄(n-Heptane; 142-82-5)
108) 황산 디메틸(Dimethyl sulfate; 77-78-1)
109) 히드라진(Hydrazine; 302-01-2)
110) 1)부터 109)까지의 물질을 용량비율 1퍼센트 이상 함유한 혼합물

나. 금속류(20종)
1) 구리(Copper; 7440-50-8)(분진, 미스트, 흄)
2) 납[7439-92-1] 및 그 무기화합물(Lead and its inorganic compounds)
3) 니켈[7440-02-0] 및 그 무기화합물, 니켈 카르보닐[13463-39-3](Nickel and its inorganic compounds, Nickel carbonyl)
4) 망간[7439-96-5] 및 그 무기화합물(Manganese and its inorganic compounds)
5) 사알킬납(Tetraalkyl lead; 78-00-2 등)
6) 산화아연(Zinc oxide; 1314-13-2)(분진, 흄)
7) 산화철(Iron oxide; 1309-37-1 등)(분진, 흄)
8) 삼산화비소(Arsenic trioxide; 1327-53-3)
9) 수은[7439-97-6] 및 그 화합물(Mercury and its compounds)
10) 안티몬[7440-36-0] 및 그 화합물(Antimony and its compounds)
11) 알루미늄[7429-90-5] 및 그 화합물(Aluminum and its compounds)
12) 오산화바나듐(Vanadium pentoxide; 1314-62-1)(분진, 흄)
13) 요오드[7553-56-2] 및 요오드화물(Iodine and iodides)
14) 인듐[7440-74-6] 및 그 화합물(Indium and its compounds)
15) 주석[7440-31-5] 및 그 화합물(Tin and its compounds)
16) 지르코늄[7440-67-7] 및 그 화합물(Zirconium and its compounds)
17) 카드뮴[7440-43-9] 및 그 화합물(Cadmium and its compounds)
18) 코발트(Cobalt; 7440-48-4)(분진, 흄)
19) 크롬[7440-47-3] 및 그 화합물(Chromium and its compounds)
20) 텅스텐[7440-33-7] 및 그 화합물(Tungsten and its compounds)
21) 1)부터 20)까지의 물질을 중량비율 1퍼센트 이상 함유한 혼합물

다. 산 및 알카리류(8종)

1) 무수 초산(Acetic anhydride; 108-24-7)
2) 불화수소(Hydrogen fluoride; 7664-39-3)
3) 시안화 나트륨(Sodium cyanide; 143-33-9)
4) 시안화 칼륨(Potassium cyanide; 151-50-8)
5) 염화수소(Hydrogen chloride; 7647-01-0)
6) 질산(Nitric acid; 7697-37-2)
7) 트리클로로아세트산(Trichloroacetic acid; 76-03-9)
8) 황산(Sulfuric acid; 7664-93-9)
9) 1)부터 8)까지의 물질을 중량비율 1퍼센트 이상 함유한 혼합물

라. 가스 상태 물질류(14종)

1) 불소(Fluorine; 7782-41-4)
2) 브롬(Bromine; 7726-95-6)
3) 산화에틸렌(Ethylene oxide; 75-21-8)
4) 삼수소화 비소(Arsine; 7784-42-1)
5) 시안화 수소(Hydrogen cyanide; 74-90-8)
6) 염소(Chlorine; 7782-50-5)
7) 오존(Ozone; 10028-15-6)
8) 이산화질소(nitrogen dioxide; 10102-44-0)
9) 이산화황(Sulfur dioxide; 7446-09-5)
10) 일산화질소(Nitric oxide; 10102-43-9)
11) 일산화탄소(Carbon monoxide; 630-08-0)
12) 포스겐(Phosgene; 75-44-5)
13) 포스핀(Phosphine; 7803-51-2)
14) 황화수소(Hydrogen sulfide; 7783-06-4)
15) 1)부터 14)까지의 규정에 따른 물질을 용량비율 1퍼센트 이상 함유한 혼합물

마. 영 제88조에 따른 허가 대상 유해물질(12종)

1) α-나프틸아민[134-32-7] 및 그 염(α-naphthylamine and its salts)
2) 디아니시딘[119-90-4] 및 그 염(Dianisidine and its salts)
3) 디클로로벤지딘[91-94-1] 및 그 염(Dichlorobenzidine and its salts)
4) 베릴륨[7440-41-7] 및 그 화합물(Beryllium and its compounds)
5) 벤조트리클로라이드(Benzotrichloride; 98-07-7)
6) 비소[7440-38-2] 및 그 무기화합물(Arsenic and its inorganic compounds)

7) 염화비닐(Vinyl chloride; 75-01-4)
8) 콜타르피치[65996-93-2] 휘발물(코크스 제조 또는 취급업무)(Coal tar pitch volatiles)
9) 크롬광 가공[열을 가하여 소성(변형된 형태 유지) 처리하는 경우만 해당한다](Chromite ore processing)
10) 크롬산 아연(Zinc chromates; 13530-65-9 등)
11) o-톨리딘[119-93-7] 및 그 염(o-Tolidine and its salts)
12) 황화니켈류(Nickel sulfides; 12035-72-2, 16812-54-7)
13) 1)부터 4)까지 및 6)부터 11)까지의 물질을 중량비율 1퍼센트 이상 함유한 혼합물
14) 5)의 물질을 중량비율 0.5퍼센트 이상 함유한 혼합물

바. 금속가공유(Metal working fluids); 미네랄 오일 미스트(광물성 오일, Oil mist, mineral)

2. 분진(7종)
가. 곡물 분진(Grain dusts)
나. 광물성 분진(Mineral dusts)
다. 면 분진(Cotton dusts)
라. 목재 분진(Wood dusts)
마. 용접 흄(Welding fume)
바. 유리 섬유(Glass fiber dusts)
사. 석면 분진(Asbestos dusts; 1332-21-4 등)

3. 물리적 인자(8종)
가. 안전보건규칙 제512조제1호부터 제3호까지의 규정의 소음작업, 강렬한 소음작업 및 충격소음작업에서 발생하는 소음
나. 안전보건규칙 제512조제4호의 진동작업에서 발생하는 진동
다. 안전보건규칙 제573조제1호의 방사선
라. 고기압
마. 저기압
바. 유해광선
1) 자외선
2) 적외선
3) 마이크로파 및 라디오파

4. 야간작업(2종)

가. 6개월간 밤 12시부터 오전 5시까지의 시간을 포함하여 계속되는 8시간 작업을 월 평균 4회 이상 수행하는 경우

나. 6개월간 오후 10시부터 다음날 오전 6시 사이의 시간 중 작업을 월 평균 60시간 이상 수행하는 경우

※ 비고 : "등"이란 해당 화학물질에 이성질체 등 동일 속성을 가지는 2개 이상의 화합물이 존재할 수 있는 경우를 말한다.

【규칙 별표 23】 (개정 2019.12.26)

특수건강진단의 시기 및 주기(제202조제1항 관련)

구분	대상 유해인자	시기 배치 후 첫 번째 특수 건강진단	주기
1	N,N-디메틸아세트아미드 디메틸포름아미드	1개월 이내	6개월
2	벤젠	2개월 이내	6개월
3	1,1,2,2-테트라클로로에탄 사염화탄소 아크릴로니트릴 염화비닐	3개월 이내	6개월
4	석면, 면 분진	12개월 이내	12개월
5	광물성 분진 나무 분진 소음 및 충격소음	12개월 이내	24개월
6	제1호부터 제5호까지의 규정의 대상 유해인자를 제외한 별표 22의 모든 대상 유해인자	6개월 이내	12개월

【규칙 별표 24】 (개정 2019.12.26)

특수건강진단·배치전건강진단·수시건강진단의 검사항목(제206조 관련)

1. 유해인자별 특수건강진단·배치전건강진단·수시건강진단의 검사항목

가. 화학적 인자

1) 유기화합물(109종)

번호	유해인자	제1차 검사항목	제2차 검사항목
1	가솔린 (Gasoline; 8006-61-9)	(1) 직업력 및 노출력 조사 (2) 주요 표적기관과 관련된 병력조사 (3) 임상검사 및 진찰 ① 간담도계: AST(SGOT), ALT (SGPT), γ-GTP ② 비뇨기계: 요검사 10종 ③ 신경계: 신경계 증상 문진, 신경증상에 유의하여 진찰	임상검사 및 진찰 ① 간담도계: AST(SGOT), ALT (SGPT), γ-GTP, 총단백, 알부민, 총빌리루빈, 직접빌리루빈, 알카리포스파타아제, 알파피토단백, B형간염 표면항원, B형간염 표면항체, C형간염 항체, A형간염 항체, 초음파 검사 ② 비뇨기계: 단백뇨정량, 혈청 크레아티닌, 요소질소 ③ 신경계: 신경행동검사, 임상심리검사, 신경학적 검사
2	글루타르알데히드 (Glutaraldehyde; 111-30-8)	(1) 직업력 및 노출력 조사 (2) 주요 표적기관과 관련된 병력조사 (3) 임상검사 및 진찰 ① 호흡기계: 청진, 폐활량검사 ② 눈, 피부, 비강(鼻腔), 인두(咽頭): 점막자극증상 문진	임상검사 및 진찰 ① 호흡기계: 흉부방사선(측면), 흉부방사선(후전면), 작업 중 최대날숨유량 연속측정, 비특이 기도과민검사 ② 눈, 피부, 비강, 인두: 세극 등 현미경검사, 비강 및 인두 검사, 면역글로불린 정량(IgE), 피부첩포시험(皮膚貼布試驗), 피부단자시험, KOH검사
3	β-나프틸아민 (β-Naphthyl amine; 91-59 -8)	(1) 직업력 및 노출력 조사 (2) 주요 표적기관과 관련된 병력조사 (3) 임상검사 및 진찰 ① 비뇨기계: 요검사 10종, 소변세포병리검사(아침 첫	임상검사 및 진찰 ① 비뇨기계: 단백뇨정량, 혈청 크레아티닌, 요소질소, 비뇨기과 진료 ② 눈, 피부: 면역글로불린 정량(IgE), 피부첩포시험, 피부단

번호	유해인자	제1차 검사항목	제2차 검사항목
		소변 채취) ② 눈, 피부: 관련 증상 문진	자시험, KOH검사
4	니트로글리세린 (Nitroglycerin; 55-63-0)	(1) 직업력 및 노출력 조사 (2) 주요 표적기관과 관련된 병력조사 (3) 임상검사 및 진찰 ① 조혈기계: 혈색소량, 혈구용적치, 적혈구 수, 백혈구 수, 혈소판 수, 백혈구 백분율 ② 심혈관계: 흉부방사선 검사, 심전도 검사, 총콜레스테롤, HDL콜레스테롤, 트리글리세라이드	
5	니트로메탄 (Nitromethane; 75-52- 5)	(1) 직업력 및 노출력 조사 (2) 주요 표적기관과 관련된 병력조사 (3) 임상검사 및 진찰 간담도계: AST(SGOT), ALT (SGPT), γ-GTP	임상검사 및 진찰 간담도계: AST(SGOT), ALT (SGPT), γ-GTP, 총단백, 알부민, 총빌리루빈, 직접빌리루빈, 알칼리포스파타아제, 알파피토단백, B형간염 표면항원, B형간염 표면항체, C형간염 항체, A형간염 항체, 초음파 검사
6	니트로벤젠 (Nitrobenzene; 98-95- 3)	(1) 직업력 및 노출력 조사 (2) 주요 표적기관과 관련된 병력조사 (3) 임상검사 및 진찰 ① 조혈기계: 혈색소량, 혈구용적치, 적혈구 수, 백혈구 수, 혈소판 수, 백혈구 백분율, 망상적혈구 수 ② 간담도계: AST(SGOT), ALT (SGPT), γ-GTP ③ 눈, 피부: 점막자극증상 문진	임상검사 및 진찰 ① 조혈기계: 혈액도말검사 ② 간담도계: AST(SGOT), ALT (SGPT), γ-GTP, 총단백, 알부민, 총빌리루빈, 직접빌리루빈, 알칼리포스파타아제, 알파피토단백, B형간염 표면항원, B형간염 표면항체, C형간염 항체, A형간염 항체, 초음파 검사 ③ 눈, 피부: 세극등현미경검사, 면역글로불린 정량(IgE), 피부첩포시험, 피부단자시험, KOH검사

번호	유해인자	제1차 검사항목	제2차 검사항목
7	p-니트로아닐린 (p-Nitroaniline; 100-01 -6)	(1) 직업력 및 노출력 조사 (2) 주요 표적기관과 관련된 병력조사 (3) 임상검사 및 진찰 ① 조혈기계: 혈색소량, 혈구용적치 ② 간담도계: AST(SGOT), ALT (SGPT), ɣ-GTP (4) 생물학적 노출지표 검사: 혈중 메트헤모글로빈(작업 중 또는 작업 종료 시)	임상검사 및 진찰 간담도계: AST(SGOT), ALT (SGPT), ɣ-GTP, 총단백, 알부민, 총빌리루빈, 직접빌리루빈, 알칼리포스파타아제, 알파피토단백, B형간염 표면항원, B형간염 표면항체, C형간염 항체, A형간염 항체, 초음파 검사
8	p-니트로클로로벤젠 (p-Nitrochlorobenzene ; 100-00-5)	(1) 직업력 및 노출력 조사 (2) 주요 표적기관과 관련된 병력조사 (3) 임상검사 및 진찰 ① 조혈기계: 혈색소량, 혈구용적치 ② 간담도계: AST(SGOT), ALT (SGPT), ɣ-GTP ③ 비뇨기계: 요검사 10종 (4) 생물학적 노출지표 검사: 혈중 메트헤모글로빈(작업 중 또는 작업종료 시)	임상검사 및 진찰 ① 간담도계: AST(SGOT), ALT (SGPT), ɣ-GTP, 총단백, 알부민, 총빌리루빈, 직접빌리루빈, 알칼리포스파타아제, 알파피토단백, B형간염 표면항원, B형간염 표면항체, C형간염 항체, A형간염 항체, 초음파 검사 ② 비뇨기계: 단백뇨정량, 혈청 크레아티닌, 요소질소
9	디니트로톨루엔 (Dinitrotoluene; 25321-14-6 등)	(1) 직업력 및 노출력 조사 (2) 주요 표적기관과 관련된 병력조사 (3) 임상검사 및 진찰 ① 조혈기계: 혈색소량, 혈구용적치 ② 간담도계: AST(SGOT), ALT (SGPT), ɣ-GTP ③ 생식계: 생식계 증상 문진 (4) 생물학적 노출지표 검사: 혈중 메트헤모글로빈(작업 중 또는 작업 종료 시)	임상검사 및 진찰 ① 간담도계: AST(SGOT), ALT (SGPT), ɣ-GTP, 총단백, 알부민, 총빌리루빈, 직접빌리루빈, 알칼리포스파타아제, 알파피토단백, B형간염 표면항원, B형간염 표면항체, C형간염 항체, A형간염 항체, 초음파 검사 ② 생식계: 에스트로겐(여), 황체형성호르몬, 난포자극호르몬, 테스토스테론(남)

번호	유해인자	제1차 검사항목	제2차 검사항목
10	N,N-디메틸아닐린 (N,N-Dimethylaniline; 121-69-7)	(1) 직업력 및 노출력 조사 (2) 주요 표적기관과 관련된 병력조사 (3) 임상검사 및 진찰 ① 조혈기계: 혈색소량, 혈구용적치 ② 간담도계: AST(SGOT), ALT (SGPT), γ-GTP (4) 생물학적 노출지표 검사: 혈중 메트헤모글로빈(작업 중 또는 작업종료 시)	임상검사 및 진찰 간담도계: AST(SGOT), ALT (SGPT), γ-GTP, 총단백, 알부민, 총빌리루빈, 직접빌리루빈, 알칼리포스파타아제, 알파피토단백, B형간염 표면항원, B형간염 표면항체, C형간염 항체, A형간염 항체, 초음파 검사
11	p-디메틸아미노아조벤젠 (p-Dimethylaminoazobenzene; 60- 11-7)	(1) 직업력 및 노출력 조사 (2) 주요 표적기관과 관련된 병력조사 (3) 임상검사 및 진찰 ① 간담도계: AST(SGOT), ALT (SGPT), γ-GTP ② 비뇨기계: 요검사 10종 ③ 피부·비강·인두: 점막자극증상 문진	(1) 임상검사 및 진찰 ① 간담도계: AST(SGOT), ALT (SGPT), γ-GTP, 총단백, 알부민, 총빌리루빈, 직접빌리루빈, 알칼리포스파타아제, 알파피토단백, B형간염 표면항원, B형간염 표면항체, C형간염 항체, A형간염 항체, 초음파 검사 ② 비뇨기계: 단백뇨정량, 혈청 크레아티닌, 요소질소 ③ 피부·비강·인두: 면역글로불린 정량(IgE), 피부첩포시험, 피부단자시험, KOH검사 (2) 생물학적 노출지표 검사 : 혈중 메트헤모글로빈
12	N,N-디메틸아세트아미드 (N,N-Dimethylacetamide; 127-19-5)	(1) 직업력 및 노출력 조사 (2) 주요 표적기관과 관련된 병력조사 (3) 임상검사 및 진찰 ① 간담도계: AST(SGOT), ALT (SGPT), γ-GTP ② 신경계: 신경계 증상 문진, 신경증상에 유의하여 진찰 (4) 생물학적 노출지표 검사 :	임상검사 및 진찰 ① 간담도계: AST(SGOT), ALT (SGPT), γ-GTP, 총단백, 알부민, 총빌리루빈, 직접빌리루빈, 알칼리포스파타아제, 알파피토단백, B형간염 표면항원, B형간염 표면항체, C형간염 항체, A형간염 항체, 초음파 검사

번호	유해인자	제1차 검사항목	제2차 검사항목
		소변 중 N-메틸아세트아미드(작업 종료 시)	② 신경계: 신경행동검사, 임상심리검사, 신경학적 검사
13	디메틸포름아미드 (Dimethylacetamide; 127-19-5)	(1) 직업력 및 노출력 조사 (2) 주요 표적기관과 관련된 병력조사 (3) 임상검사 및 진찰 ① 간담도계: AST(SGOT), ALT (SGPT), γ-GTP ② 눈, 피부, 비강, 인두: 점막자극증상 문진 (4) 생물학적 노출지표 검사 : 소변 중 N-메틸포름아미드(NMF)(작업 종료 시 채취.)	임상검사 및 진찰 ① 간담도계: AST(SGOT), ALT (SGPT), γ-GTP, 총단백, 알부민, 총빌리루빈, 직접빌리루빈, 알칼리포스파타아제, 알파피토단백, B형간염 표면항원, B형간염 표면항체, C형간염 항체, A형간염 항체, 초음파 검사 ② 눈, 피부, 비강, 인두: 세극등현미경검사, 비강 및 인두 검사, 면역글로불린 정량(IgE), 피부첩포시험, 피부단자시험, KOH검사
14	디에틸에테르 (Diethylether; 60-29-7)	(1) 직업력 및 노출력 조사 (2) 주요 표적기관과 관련된 병력조사 (3) 임상검사 및 진찰 신경계: 신경계 증상 문진, 신경증상에 유의하여 진찰	임상검사 및 진찰 신경계: 신경행동검사, 임상심리검사, 신경학적 검사
15	디에틸렌트리아민 (Diethylenetriamine; 111 -40-0)	(1) 직업력 및 노출력 조사 (2) 주요 표적기관과 관련된 병력조사 (3) 임상검사 및 진찰 ① 호흡기계: 청진, 폐활량검사 ② 눈, 피부: 점막자극증상 문진	임상검사 및 진찰 ① 호흡기계: 흉부방사선(측면), 흉부방사선(후전면), 작업 중 최대날숨유량 연속측정, 비특이 기도과민검사 ② 눈, 피부: 세극등현미경검사, 면역글로불린 정량(IgE), 피부첩포시험, 피부단자시험, KOH검사
16	1,4-디옥산 (1,4-Dioxane; 123-91- 1)	(1) 직업력 및 노출력 조사 (2) 주요 표적기관과 관련된 병력조사 (3) 임상검사 및 진찰 ① 간담도계: AST(SGOT),	임상검사 및 진찰 ① 간담도계: AST(SGOT), ALT (SGPT), γ-GTP, 총단백, 알부민, 총빌리루빈, 직접빌리루빈, 알칼리포스파

번호	유해인자	제1차 검사항목	제2차 검사항목
		ALT (SGPT), γ-GTP ② 비뇨기계: 요검사 10종 ③ 눈, 피부, 비강, 인두: 점막 자극증상 문진	타아제, 알파피토단백, B형간염 표면항원, B형간염 표면항체, C형간염 항체, A형간염 항체, 초음파 검사 ② 비뇨기계: 단백뇨정량, 혈청 크레아티닌, 요소질소 ③ 눈, 피부, 비강, 인두: 세극등 현미경검사, KOH검사, 피부 단자시험, 비강 및 인두 검사
17	디이소부틸케톤 (Diisobutyl ketone; 108 -83-8)	(1) 직업력 및 노출력 조사 (2) 주요 표적기관과 관련된 병력조사 (3) 임상검사 및 진찰 신경계: 신경계 증상 문진, 신경증상에 유의하여 진찰	임상검사 및 진찰 신경계: 신경행동검사, 임상심리검사, 신경학적 검사
18	디클로로메탄 (Dichloromethane; 75- 09-2)	(1) 직업력 및 노출력 조사 (2) 주요 표적기관과 관련된 병력조사 (3) 임상검사 및 진찰 ① 심혈관계: 흉부방사선 검사, 심전도 검사, 총콜레스테롤, HDL콜레스테롤, 트리글리세라이드 ② 신경계: 신경계 증상 문진, 신경증상에 유의하여 진찰	(1) 임상검사 및 진찰 신경계: 신경행동검사, 임상심리검사, 신경학적 검사 (2) 생물학적 노출지표 검사: 혈중 카복시헤모글로빈 측정(작업 종료 시 채혈)
19	o-디클로로벤젠 (o-Dichlorobenzene; 95 -50-1)	(1) 직업력 및 노출력 조사 (2) 주요 표적기관과 관련된 병력조사 (3) 임상검사 및 진찰 ① 간담도계: AST(SGOT), ALT (SGPT), γ-GTP ② 비뇨기계: 요검사 10종 ③ 눈, 피부, 비강, 인두: 점막 자극증상 문진	임상검사 및 진찰 ① 간담도계: AST(SGOT), ALT (SGPT), γ-GTP, 총단백, 알부민, 총빌리루빈, 직접빌리루빈, 알칼리포스파타아제, 알파피토단백, B형간염 표면항원, B형간염 표면항체, C형간염 항체, A형간염 항체, 초음파 검사 ② 비뇨기계: 단백뇨정량, 혈청 크레아티닌, 요소질소

번호	유해인자	제1차 검사항목	제2차 검사항목
			③ 눈, 피부, 비강, 인두: 세극등 현미경검사, 비강 및 인두 검사, 면역글로불린 정량(IgE), 피부첩포시험, 피부단자시험, KOH검사
20	1,2-디클로로에탄(1,2-Dichloroethane; 107-06-2)	(1) 직업력 및 노출력 조사 (2) 주요 표적기관과 관련된 병력조사 (3) 임상검사 및 진찰 ① 간담도계: AST(SGOT), ALT (SGPT), γ-GTP ② 비뇨기계: 요검사 10종 ③ 신경계: 신경계 증상 문진, 신경증상에 유의하여 진찰 ④ 눈, 피부, 비강, 인두: 점막자극증상 문진	임상검사 및 진찰 ① 간담도계: AST(SGOT), ALT (SGPT), γ-GTP, 총단백, 알부민, 총빌리루빈, 직접빌리루빈, 알칼리포스파타아제, 알파피토단백, B형간염 표면항원, B형간염 표면항체, C형간염 항체, A형간염 항체, 초음파 검사 ② 비뇨기계: 단백뇨정량, 혈청 크레아티닌, 요소질소 ③ 신경계: 신경행동검사, 임상심리검사, 신경학적 검사 ④ 눈, 피부, 비강, 인두: 세극등 현미경검사, KOH검사, 피부단자시험, 비강 및 인두 검사
21	1,2-디클로로에틸렌(1,2-Dichloroethylene; 156-59-2 등)	(1) 직업력 및 노출력 조사 (2) 주요 표적기관과 관련된 병력조사 (3) 임상검사 및 진찰 신경계: 신경계 증상 문진, 신경증상에 유의하여 진찰	임상검사 및 진찰 신경계: 신경행동검사, 임상심리검사, 신경학적 검사
22	1,2-디클로로프로판(1,2-Dichloropropane; 78-87-5)	(1) 직업력 및 노출력 조사 (2) 주요 표적기관과 관련된 과거병력조사 (3) 임상검사 및 진찰: ① 간담도계: AST(SGOT) 및 ALT (SGPT), γ-GTP ② 비뇨기계: 요검사 10종 ③ 조혈기계: 혈색소량, 혈구용적치, 적혈구 수, 백혈구	임상검사 및 진찰 ① 간담도계: AST(SGOT), ALT (SGPT), γ-GTP, 총단백, 알부민, 총빌리루빈, 직접빌리루빈, 알카리포스파타아제, B형간염 표면항원, B형간염 표면항체, C형간염 항체, A형간염 항체, CA19-9, 간담도계 초음파 검사

번호	유해인자	제1차 검사항목	제2차 검사항목
		수, 혈소판 수, 백혈구 백분율, ④ 신경계: 신경계 증상 문진, 신경증상에 유의하여 진찰 (4) 생물학적 노출지표검사: 소변 중 1,2-디클로로프로판(작업 종료 시)	② 비뇨기계: 단백뇨정량, 혈청 크레아티닌, 요소질소 ③ 조혈기계: 혈액도말검사, 망상적혈구수 ④ 신경계: 신경행동검사, 임상심리검사, 신경학적 검사
23	디클로로플루오로메탄(Dichlorofluoromethane; 75-43-4)	(1) 직업력 및 노출력 조사 (2) 주요 표적기관과 관련된 병력조사 (3) 임상검사 및 진찰 심혈관계: 흉부방사선 검사, 심전도 검사, 총콜레스테롤, HDL콜레스테롤, 트리글리세라이드	
24	p-디히드록시벤젠(p-dihydroxybenzene; 123-31-9)	(1) 직업력 및 노출력 조사 (2) 주요 표적기관과 관련된 병력조사 (3) 임상검사 및 진찰 ① 신경계: 신경계 증상 문진, 신경증상에 유의하여 진찰 ② 눈, 피부, 비강, 인두: 점막자극증상 문진	임상검사 및 진찰 ① 신경계: 신경행동검사, 임상심리검사, 신경학적 검사 ② 눈, 피부, 비강, 인두: 세극등현미경검사, KOH검사, 피부단자시험, 비강 및 인두 검사, 면역글로불린 정량(IgE), 피부첩포시험
25	마젠타(Magenta; 569-61-9)	(1) 직업력 및 노출력 조사 (2) 주요 표적기관과 관련된 병력조사 (3) 임상검사 및 진찰 비뇨기계: 요검사 10종, 소변세포병리검사(아침 첫 소변 채취)	임상검사 및 진찰 비뇨기계: 단백뇨정량, 혈청 크레아티닌, 요소질소, 비뇨기과 진료
26	메탄올(Methanol; 67-56-1)	(1) 직업력 및 노출력 조사 (2) 주요 표적기관과 관련된 병력조사 (3) 임상검사 및 진찰 ① 신경계: 신경계 증상 문진, 신경증상에 유의하여 진찰	(1) 임상검사 및 진찰 ① 신경계: 신경행동검사, 임상심리검사, 신경학적 검사 ② 눈, 피부, 비강, 인두: 세극등현미경검사, KOH검사, 피부단자시험, 비강 및 인두 검사,

번호	유해인자	제1차 검사항목	제2차 검사항목
		② 눈, 피부, 비강, 인두: 점막 자극증상 문진	정밀안저검사, 정밀안압측정, 시신경정밀검사, 안과 진찰 (2) 생물학적 노출지표 검사 : 혈중 또는 소변 중 메타놀(작업 종료 시 채취)
27	2-메톡시에탄올 (2-Methoxy ethanol; 109-86-4)	(1) 직업력 및 노출력 조사 (2) 주요 표적기관과 관련된 병력조사 (3) 임상검사 및 진찰 ① 조혈기계: 혈색소량, 혈구용적치, 적혈구 수, 백혈구 수, 혈소판 수, 백혈구 백분율, 망상적혈구 수 ② 신경계: 신경계 증상 문진, 신경증상에 유의하여 진찰 ③ 생식계: 생식계 증상 문진	임상검사 및 진찰 ① 조혈기계: 혈액도말검사, 유산탈수소효소, 총빌리루빈, 직접빌리루빈 ② 신경계: 신경행동검사, 임상심리검사, 신경학적 검사 ③ 생식계: 에스트로겐(여), 황체형성호르몬, 난포자극호르몬, 테스토스테론(남)
28	2-메톡시에틸아세테이트 (2-Methoxy ethylacetate; 110-49-6)	(1) 직업력 및 노출력 조사 (2) 주요 표적기관과 관련된 병력조사 (3) 임상검사 및 진찰 ① 조혈기계: 혈색소량, 혈구용적치, 적혈구 수, 백혈구 수, 혈소판 수, 백혈구 백분율, 망상적혈구 수 ② 생식계: 생식계 증상 문진	임상검사 및 진찰 ① 조혈기계: 혈액도말검사 ② 생식계: 에스트로겐(여), 황체형성호르몬, 난포자극호르몬, 테스토스테론(남)
29	메틸 n-부틸케톤 (Methyl n-butyl ketone ; 591-78-6)	(1) 직업력 및 노출력 조사 (2) 주요 표적기관과 관련된 병력조사 (3) 임상검사 및 진찰 신경계: 신경계 증상 문진, 신경증상에 유의하여 진찰	(1) 임상검사 및 진찰 신경계: 근전도 검사, 신경전도검사, 신경학적 검사 (2) 생물학적 노출지표 검사 : 소변 중 2, 5-헥산디온(작업 종료 시 채취)
30	메틸 n-아밀케톤 (Methyl n-amyl	(1) 직업력 및 노출력 조사 (2) 주요 표적기관과 관련된 병력조사 (3) 임상검사 및 진찰	임상검사 및 진찰 ① 신경계: 신경행동검사, 임상심리검사, 신경학적 검사 ② 피부: 면역글로불린 정량(IgE),

번호	유해인자	제1차 검사항목	제2차 검사항목
	ketone ; 110-43-0)	① 신경계: 신경계 증상 문진, 신경증상에 유의하여 진찰 ② 피부: 관련 증상 문진	피부첩포시험, 피부단자시험, KOH검사
31	메틸 에틸 케톤 (Methyl ethyl ketone; 78-93-3)	(1) 직업력 및 노출력 조사 (2) 주요 표적기관과 관련된 병력조사 (3) 임상검사 및 진찰 ① 신경계: 신경계 증상 문진, 신경증상에 유의하여 진찰 ② 호흡기계: 청진, 흉부방사선(후전면)	(1) 임상검사 및 진찰 ① 신경계: 근전도 검사, 신경전도 검사, 신경행동검사, 임상심리검사, 신경학적 검사 ② 호흡기계: 흉부방사선(측면), 폐활량검사 (2) 생물학적 노출지표 검사 : 소변 중 메틸에틸케톤(작업 종료 시 채취)
32	메틸 이소부틸 케톤 (Methyl isobutyl ketone; 108-10-1)	(1) 직업력 및 노출력 조사 (2) 주요 표적기관과 관련된 병력조사 (3) 임상검사 및 진찰 ① 간담도계: AST(SGOT), ALT (SGPT), γ-GTP ② 호흡기계: 청진, 흉부방사선(후전면) ③ 신경계: 신경계 증상 문진, 신경증상에 유의하여 진찰 ④ 피부: 관련 증상 문진	(1) 임상검사 및 진찰 ① 간담도계: AST(SGOT), ALT (SGPT), γ-GTP, 총단백, 알부민, 총빌리루빈, 직접빌리루빈, 알칼리포스파타아제, 알파피토단백, B형간염 표면항원, B형간염 표면항체, C형간염 항체, A형간염 항체, 초음파 검사 ② 호흡기계: 흉부방사선(측면), 폐활량검사 ③ 신경계: 신경행동검사, 임상심리검사, 신경학적 검사 ④ 피부: 면역글로불린 정량(IgE), 피부첩포시험, 피부단자시험, KOH검사 (2) 생물학적 노출지표 검사 : 소변 중 메틸이소부틸케톤(작업 종료 시 채취)
33	메틸 클로라이드 (Methyl chloride; 74-87-3)	(1) 직업력 및 노출력 조사 (2) 주요 표적기관과 관련된 병력조사 (3) 임상검사 및 진찰 ① 간담도계: AST(SGOT),	임상검사 및 진찰 ① 간담도계: AST(SGOT), ALT (SGPT), γ-GTP, 총단백, 알부민, 총빌리루빈, 직접빌리루빈, 알칼리포스파

번호	유해인자	제1차 검사항목	제2차 검사항목
		ALT (SGPT), γ-GTP ② 신경계: 신경계 증상 문진, 신경증상에 유의하여 진찰 ③ 생식계: 생식계 증상 문진	타아제, 알파피토단백, B형간염 표면항원, B형간염 표면항체, C형간염 항체, A형간염 항체, 초음파 검사 ② 신경계: 신경행동검사, 임상심리검사, 신경학적 검사 ③ 생식계: 에스트로겐(여), 황체형성호르몬, 난포자극호르몬, 테스토스테론(남)
34	메틸 클로로포름 (Methyl chloroform; 71-55-6)	(1) 직업력 및 노출력 조사 (2) 주요 표적기관과 관련된 병력조사 (3) 임상검사 및 진찰 ① 간담도계: AST(SGOT), ALT (SGPT), γ-GTP ② 심혈관계: 흉부방사선 검사, 심전도 검사, 총콜레스테롤, HDL콜레스테롤, 트리글리세라이드 ③ 신경: 신경계 증상 문진, 신경증상에 유의하여 진찰 (4) 생물학적 노출지표 검사 : 소변 중 총삼염화에탄올 또는 삼염화초산(주말작업 종료 시 채취)	임상검사 및 진찰 ① 간담도계 : AST(SGOT), ALT (SGPT), γ-GTP, 총단백, 알부민, 총빌리루빈, 직접빌리루빈, 알칼리포스파타아제, 알파피토단백, B형간염 표면항원, B형간염 표면항체, C형간염 항체, A형간염 항체, 초음파 검사 ② 신경계: 신경행동검사, 임상심리검사, 신경학적 검사
35	메틸렌 비스(페닐이소시아네이트) (Methylene bis(phenyl isocyanate) ; 101-68-8 등)	(1) 직업력 및 노출력 조사 (2) 주요 표적기관과 관련된 병력조사 (3) 임상검사 및 진찰 호흡기계: 청진, 폐활량검사	임상검사 및 진찰 호흡기계: 흉부방사선(측면), 흉부방사선(후전면), 작업 중 최대날숨유량 연속측정, 비특이 기도과민 검사
36	4,4′-메틸렌 비스(2-클로로아닐린)	(1) 직업력 및 노출력 조사 (2) 주요 표적기관과 관련된 병력조사	임상검사 및 진찰 ① 간담도계: AST(SGOT), ALT (SGPT), γ-GTP,

번호	유해인자	제1차 검사항목	제2차 검사항목
	[4,4′-Methylene bis(2-chloroaniline); 101-14-4]	(3) 임상검사 및 진찰 ① 간담도계: AST(SGOT), ALT (SGPT), γ-GTP ② 호흡기계: 청진, 흉부방사선(후전면) ③ 비뇨기계: 요검사 10종	총단백, 알부민, 총빌리루빈, 직접빌리루빈, 알칼리포스파타아제, 알파피토단백, B형간염 표면항원, B형간염 표면항체, C형간염 항체, A형간염 항체, 초음파 검사 ② 호흡기계: 흉부방사선(측면) ③ 비뇨기계: 단백뇨정량, 혈청 크레아티닌, 요소질소
37	o-메틸 시클로헥사논 (o-Methylcyclohexanone; 583-60-8)	(1) 직업력 및 노출력 조사 (2) 주요 표적기관과 관련된 병력조사 (3) 임상검사 및 진찰 ① 간담도계: AST(SGOT), ALT (SGPT), γ-GTP ② 신경계: 신경계 증상 문진, 신경증상에 유의하여 진찰	임상검사 및 진찰 ① 간담도계: AST(SGOT), ALT (SGPT), γ-GTP, 총단백, 알부민, 총빌리루빈, 직접빌리루빈, 알칼리포스파타아제, 알파피토단백, B형간염 표면항원, B형간염 표면항체, C형간염 항체, A형간염 항체, 초음파 검사 ② 신경계: 신경행동검사, 임상심리검사, 신경학적 검사
38	메틸 시클로헥사놀 (Methylcyclohexanol; 25639-42-3 등)	(1) 직업력 및 노출력 조사 (2) 주요 표적기관과 관련된 병력조사 (3) 임상검사 및 진찰 ① 간담도계: AST(SGOT), ALT (SGPT), γ-GTP ② 신경계: 신경계 증상 문진, 신경증상에 유의하여 진찰	임상검사 및 진찰 ① 간담도계: AST(SGOT), ALT (SGPT), γ-GTP, 총단백, 알부민, 총빌리루빈, 직접빌리루빈, 알칼리포스파타아제, 알파피토단백, B형간염 표면항원, B형간염 표면항체, C형간염 항체, A형간염 항체, 초음파 검사 ② 신경계: 신경행동검사, 임상심리검사, 신경학적 검사
39	무수 말레산 (Maleic anhydride; 108-31-6)	(1) 직업력 및 노출력 조사 (2) 주요 표적기관과 관련된 병력조사 (3) 임상검사 및 진찰 ① 호흡기계: 청진, 폐활량검사	임상검사 및 진찰 ① 호흡기계: 흉부방사선(측면), 흉부방사선(후전면), 작업 중 최대날숨유량 연속측정, 비특이 기도과민검사

번호	유해인자	제1차 검사항목	제2차 검사항목
		② 눈, 피부, 비강, 인두: 관련 증상 문진	② 눈, 피부, 비강, 인두: 세극등 현미경검사, 비강 및 인두 검사, 면역글로불린 정량(IgE), 피부첩포시험, 피부단자시험, KOH검사
40	무수 프탈산 (Phthalic anhydride; 85-44-9)	(1) 직업력 및 노출력 조사 (2) 주요 표적기관과 관련된 병력조사 (3) 임상검사 및 진찰 ① 호흡기계: 청진, 폐활량검사 ② 눈. 피부, 비강,인두 : 점막 자극증상 문진	임상검사 및 진찰 ① 호흡기계: 흉부방사선(측면), 흉부방사선(후전면), 작업 중 최대날숨유량 연속측정, 비특이 기도과민검사 ② 눈, 피부, 비강, 인두: 세극등 현미경검사, 비강 및 인두 검사, 면역글로불린 정량(IgE), 피부첩포시험, 피부단자시험, KOH검사
41	벤젠 (Benzene; 71-43-2)	(1) 직업력 및 노출력 조사 (2) 주요 표적기관과 관련된 병력조사 (3) 임상검사 및 진찰 ① 조혈기계: 혈색소량, 혈구용적치, 적혈구 수, 백혈구 수, 혈소판 수, 백혈구 백분율 ② 신경계: 신경계 증상 문진, 신경증상에 유의하여 진찰 ③ 눈, 피부, 비강, 인두: 점막 자극증상 문진	(1) 임상검사 및 진찰 ① 조혈기계: 혈액도말검사, 망상적혈구 수 ② 신경계: 신경행동검사, 임상심리검사, 신경학적 검사 ③ 눈, 피부, 비강, 인두: 세극등 현미경검사, KOH검사, 피부단자시험, 비강 및 인두 검사 (2) 생물학적 노출지표 검사 : 혈중 벤젠·소변 중 페놀·소변 중 뮤콘산 중 택 1(작업 종료 시 채취)
42	벤지딘과 그 염(Benzidine and its salts; 92-87-5)	(1) 직업력 및 노출력 조사 (2) 주요 표적기관과 관련된 병력조사 (3) 임상검사 및 진찰 ① 간담도계: AST(SGOT), ALT (SGPT), γ-GTP ② 비뇨기계: 요검사 10종, 소변세포병리검사(아침 첫 소변 채취)	임상검사 및 진찰 ① 간담도계: AST(SGOT), ALT (SGPT), γ-GTP, 총단백, 알부민, 총빌리루빈, 직접빌리루빈, 알칼리포스파타아제, 알파피토단백, B형간염 표면항원, B형간염 표면항체, C형간염 항체, A형간염 항체, 초음파 검사

번호	유해인자	제1차 검사항목	제2차 검사항목
		③ 피부: 관련 증상 문진	② 비뇨기계: 단백뇨정량, 혈청 크레아티닌, 요소질소, 비뇨기과 진료 ③ 피부: 면역글로불린 정량(IgE), 피부첩포시험, 피부단자시험, KOH검사
43	1,3-부타디엔(1,3-Butadiene; 106-99 -0)	(1) 직업력 및 노출력 조사 (2) 주요 표적기관과 관련된 병력조사 (3) 임상검사 및 진찰 ① 신경계: 신경계 증상 문진, 신경증상에 유의하여 진찰 ② 생식계: 생식계 증상 문진	임상검사 및 진찰 ① 신경계: 신경행동검사, 임상심리검사, 신경학적 검사 ② 생식계: 에스트로겐(여), 황체형성호르몬, 난포자극호르몬, 테스토스테론(남)
44	n-부탄올(n-Butanol ; 71-36-3)	(1) 직업력 및 노출력 조사 (2) 주요 표적기관과 관련된 병력조사 (3) 임상검사 및 진찰 ① 신경계: 신경계 증상 문진, 신경증상에 유의하여 진찰 ② 눈, 피부, 비강, 인두: 점막자극증상 문진	임상검사 및 진찰 ① 신경계: 신경행동검사, 임상심리검사, 신경학적 검사 ② 눈, 피부, 비강, 인두: 세극등현미경검사, KOH검사, 피부단자시험, 비강 및 인두 검사
45	2-부탄올(2-Butanol ; 78-92-2)	(1) 직업력 및 노출력 조사 (2) 주요 표적기관과 관련된 병력조사 (3) 임상검사 및 진찰 ① 신경계: 신경계 증상 문진, 신경증상에 유의하여 진찰 ② 눈, 피부, 비강, 인두: 점막자극증상 문진	임상검사 및 진찰 ① 신경계: 신경행동검사, 임상심리검사, 신경학적 검사 ② 눈, 피부, 비강, 인두: 세극등현미경검사, KOH검사, 피부단자시험, 비강 및 인두 검사
46	2-부톡시에탄올(2-Butoxyethanol; 111- 76-2)	(1) 직업력 및 노출력 조사 (2) 주요 표적기관과 관련된 병력조사 (3) 임상검사 및 진찰 ① 조혈기계: 혈색소량, 혈구용적치, 적혈구 수, 백혈구 수, 혈소판 수, 백혈구 백	임상검사 및 진찰 ① 조혈기계: 혈액도말검사, 유산탈수소효소, 총빌리루빈, 직접빌리루빈 ② 간담도계: AST(SGOT), ALT (SGPT), γ-GTP, 총단백, 알부민, 총빌리루빈,

번호	유해인자	제1차 검사항목	제2차 검사항목
		분율, 망상적혈구 수 ② 간담도계: AST(SGOT), ALT (SGPT), γ-GTP ③ 신경계: 신경계 증상 문진, 신경증상에 유의하여 진찰 ④ 눈, 피부, 비강, 인두: 점막 자극증상 문진	직접빌리루빈, 알칼리포스파타아제, 알파피토단백, B형간염 표면항원, B형간염 표면항체, C형간염 항체, A형간염 항체, 초음파 검사 ③ 신경계: 신경행동검사, 임상심리검사, 신경학적 검사 ④ 눈, 피부, 비강, 인두: 세극등 현미경검사, KOH검사, 피부단자시험, 비강 및 인두 검사
47	2-부톡시에틸 아세테이트(2-Butoxyethyl acetate ; 112-07-2)	(1) 직업력 및 노출력 조사 (2) 주요 표적기관과 관련된 병력조사 (3) 임상검사 및 진찰 ① 조혈기계: 혈색소량, 혈구용적치, 적혈구 수, 백혈구 수, 혈소판 수, 백혈구 백분율, 망상적혈구 수 ② 간담도계: AST(SGOT), ALT (SGPT), γ-GTP ③ 신경계: 신경계 증상 문진, 신경증상에 유의하여 진찰	임상검사 및 진찰 ① 조혈기계: 혈액도말검사, 유산탈수소효소, 총빌리루빈, 직접빌리루빈 ② 간담도계: AST(SGOT), ALT (SGPT), γ-GTP, 총단백, 알부민, 총빌리루빈, 직접빌리루빈, 알칼리포스파타아제, 알파피토단백, B형간염 표면항원, B형간염 표면항체, C형간염 항체, A형간염 항체, 초음파 검사 ③ 신경계: 신경행동검사, 임상심리검사, 신경학적 검사
48	1-브로모프로판 (1-Bromopropane; 106-94-5)	(1) 직업력 및 노출력 조사 (2) 주요 표적기관과 관련된 병력조사 (3) 임상검사 및 진찰 ① 신경계: 신경계 증상 문진, 신경증상에 유의하여 진찰 ② 조혈기계: 혈색소량, 혈구용적치, 적혈구 수, 백혈구 수, 혈소판 수, 백혈구 백분율, 망상적혈구 수 ③ 생식계: 생식계 증상 문진	임상검사 및 진찰 ① 신경계: 신경행동검사, 임상심리검사, 신경학적 검사 ② 조혈기계: 혈액도말검사 ③ 생식계: 에스트로겐(여), 황체형성호르몬, 난포자극호르몬, 테스토스테론(남)

번호	유해인자	제1차 검사항목	제2차 검사항목
49	2-브로모프로판 (2-Bromopropane; 75-26-3)	(1) 직업력 및 노출력 조사 (2) 주요 표적기관과 관련된 병력조사 (3) 임상검사 및 진찰 ① 조혈기계: 혈색소량, 혈구용적치, 적혈구 수, 백혈구 수, 혈소판 수, 백혈구 백분율, 망상적혈구 수 ② 생식계: 생식계 증상 문진	임상검사 및 진찰 ① 조혈기계: 혈액도말검사 ② 생식계: 에스트로겐(여), 황체형성호르몬, 난포자극호르몬, 테스토스테론(남)
50	브롬화메틸 (Methyl bromide; 74-83-9)	(1) 직업력 및 노출력 조사 (2) 주요 표적기관과 관련된 병력조사 (3) 임상검사 및 진찰 ① 호흡기계: 청진, 흉부방사선(후전면) ② 신경계: 신경계 증상 문진, 신경증상에 유의하여 진찰 ③ 눈, 피부, 비강, 인두: 점막자극증상 문진	임상검사 및 진찰 ① 호흡기계: 흉부방사선(측면), 폐활량검사 ② 신경계: 근전도 검사, 신경전도 검사, 신경행동검사, 임상심리검사, 신경학적 검사 ③ 눈, 피부, 비강, 인두: 세극등현미경검사, KOH검사, 피부단자시험, 비강 및 인두 검사
51	비스(클로로메틸)에테르 〔bis(Chloromethyl) ether; 542-88-1〕	(1) 직업력 및 노출력 조사 (2) 주요 표적기관과 관련된 병력조사 (3) 임상검사 및 진찰 ① 호흡기계: 청진, 흉부방사선(후전면) ② 눈, 피부, 비강, 인두: 점막자극증상 문진	임상검사 및 진찰 ① 호흡기계: 흉부방사선(측면), 흉부 전산화 단층촬영, 객담세포검사 ② 눈, 피부, 비강, 인두: 세극등현미경검사, KOH검사, 피부단자시험, 비강 및 인두 검사
52	사염화탄소 (Carbon tetrachloride; 56-23-5)	(1) 직업력 및 노출력 조사 (2) 주요 표적기관과 관련된 병력조사 (3) 임상검사 및 진찰 ① 간담도계: AST(SGOT), ALT (SGPT), γ-GTP ② 비뇨기계: 요검사 10종 ③ 신경계: 신경계 증상 문진, 신경증상에 유의하여 진찰	임상검사 및 진찰 ① 간담도계: AST(SGOT), ALT (SGPT), γ-GTP, 총단백, 알부민, 총빌리루빈, 직접빌리루빈, 알칼리포스파타아제, 알파피토단백, B형간염 표면항원, B형간염 표면항체, C형간염 항체, A형간염 항체, 초음파 검사

번호	유해인자	제1차 검사항목	제2차 검사항목
		④ 눈, 피부: 점막자극증상 문진	② 비뇨기계: 단백뇨정량, 혈청 크레아티닌, 요소질소 ③ 신경계: 신경행동검사, 임상심리검사, 신경학적 검사 ④ 눈, 피부: 세극등현미경검사, KOH검사, 피부단자시험
53	스토다드 솔벤트 (Stoddard solvent; 8052-41-3)	(1) 직업력 및 노출력 조사 (2) 주요 표적기관과 관련된 병력조사 (3) 임상검사 및 진찰 ① 비뇨기계: 요검사 10종 ② 신경계: 신경계 증상 문진, 신경증상에 유의하여 진찰 ③ 눈, 피부, 비강, 인두: 점막자극증상 문진	임상검사 및 진찰 ① 비뇨기계: 단백뇨정량, 혈청 크레아티닌, 요소질소 ② 신경계: 신경행동검사, 임상심리검사, 신경학적 검사 ③ 눈, 피부, 비강, 인두: 세극등현미경검사, KOH검사, 피부단자시험, 비강 및 인두 검사
54	스티렌 (Styrene; 100-42-5)	(1) 직업력 및 노출력 조사 (2) 주요 표적기관과 관련된 병력조사 (3) 임상검사 및 진찰 ① 간담도계: AST(SGOT), ALT (SGPT), γ-GTP ② 호흡기계: 청진, 흉부방사선(후전면) ③ 신경계: 신경계 증상 문진, 신경증상에 유의하여 진찰 ④ 생식계: 생식계 증상 문진	임상검사 및 진찰 ① 간담도계: AST(SGOT), ALT (SGPT), γ-GTP, 총단백, 알부민, 총빌리루빈, 직접빌리루빈, 알칼리포스파타아제, 알파피토단백, B형간염 표면항원, B형간염 표면항체, C형간염 항체, A형간염 항체, 초음파 검사 ② 호흡기계: 흉부방사선(측면), 폐활량검사 ③ 신경계: 근전도 검사, 신경전도 검사, 신경행동검사, 임상심리검사, 신경학적 검사 ④ 생식계: 에스트로겐(여), 황체형성호르몬, 난포자극호르몬, 테스토스테론(남)
55	시클로헥사논 (Cyclohexanone; 108-94-1)	(1) 직업력 및 노출력 조사 (2) 주요 표적기관과 관련된 병력조사 (3) 임상검사 및 진찰	임상검사 및 진찰 ① 간담도계: AST(SGOT), ALT (SGPT), γ-GTP, 총단백, 알부민, 총빌리루빈,

번호	유해인자	제1차 검사항목	제2차 검사항목
		① 간담도계: AST(SGOT), ALT (SGPT), γ-GTP ② 신경계: 신경계 증상 문진, 신경증상에 유의하여 진찰 ③ 눈, 피부, 비강, 인두: 점막 자극증상 문진	직접빌리루빈, 알칼리포스파타아제, 알파피토단백, B형간염 표면항원, B형간염 표면항체, C형간염 항체, A형간염 항체, 초음파 검사 ② 신경계: 신경행동검사, 임상심리검사, 신경학적 검사 ③ 눈, 피부, 비강, 인두: 세극등현미경검사, KOH검사, 피부단자시험, 비강 및 인두 검사
56	시클로헥사놀(Cyclohexanol; 108-93-0)	(1) 직업력 및 노출력 조사 (2) 주요 표적기관과 관련된 병력조사 (3) 임상검사 및 진찰 눈, 피부, 비강, 인두: 점막 자극증상 문진	임상검사 및 진찰 눈, 피부, 비강, 인두: 세극등현미경검사, KOH검사, 피부단자시험, 비강 및 인두 검사
57	시클로헥산(Cyclohexane; 110-82- 7)	(1) 직업력 및 노출력 조사 (2) 주요 표적기관과 관련된 병력조사 (3) 임상검사 및 진찰 신경계: 신경계 증상 문진, 신경증상에 유의하여 진찰	임상검사 및 진찰 신경계: 신경행동검사, 임상심리검사, 신경학적 검사
58	시클로헥센(Cyclohexene; 110-83-8)	(1) 직업력 및 노출력 조사 (2) 주요 표적기관과 관련된 병력조사 (3) 임상검사 및 진찰 신경계: 신경계 증상 문진, 신경증상에 유의하여 진찰	임상검사 및 진찰 신경계: 신경행동검사, 임상심리검사, 신경학적 검사
59	아닐린[62-53-3] 및 그 동족체(Aniline and its homologues)	(1) 직업력 및 노출력 조사 (2) 주요 표적기관과 관련된 병력조사 (3) 임상검사 및 진찰 ① 조혈기계: 혈색소량, 혈구용적치 ② 간담도계: AST(SGOT),	임상검사 및 진찰 ① 간담도계: AST(SGOT), ALT (SGPT), γ-GTP, 총단백, 알부민, 총빌리루빈, 직접빌리루빈, 알칼리포스파타아제, 알파피토단백, B형간염 표면항원, B형간염 표면항

번호	유해인자	제1차 검사항목	제2차 검사항목
		ALT (SGPT), γ-GTP ③ 비뇨기계: 요검사 10종 (4) 생물학적 노출지표 검사: 혈중 메트헤모글로빈(작업 중 또는 작업 종료 시)	체, C형간염 항체, A형간염 항체, 초음파 검사 ② 비뇨기계: 단백뇨정량, 혈청 크레아티닌, 요소질소
60	아세토니트릴 (Acetonitrile; 75-05-8)	(1) 직업력 및 노출력 조사 (2) 주요 표적기관과 관련된 병력조사 (3) 임상검사 및 진찰 ① 간담도계: AST(SGOT), ALT (SGPT), γ-GTP ② 심혈관계: 흉부방사선 검사, 심전도 검사, 총콜레스테롤, HDL콜레스테롤, 트리글리세라이드 ③ 신경계: 신경계 증상 문진, 신경증상에 유의하여 진찰	임상검사 및 진찰 ① 간담도계: AST(SGOT), ALT (SGPT), γ-GTP, 총단백, 알부민, 총빌리루빈, 직접빌리루빈, 알칼리포스파타아제, 알파피토단백, B형간염 표면항원, B형간염 표면항체, C형간염 항체, A형간염 항체, 초음파 검사 ② 신경계: 신경행동검사, 임상심리검사, 신경학적 검사
61	아세톤 (Acetone; 67-64-1)	(1) 직업력 및 노출력 조사 (2) 주요 표적기관과 관련된 병력조사 (3) 임상검사 및 진찰 ① 호흡기계: 청진, 흉부방사선(후전면) ② 신경계: 신경계 증상 문진, 신경증상에 유의하여 진찰	(1) 임상검사 및 진찰 ① 호흡기계: 흉부방사선(측면), 폐활량검사 ② 신경계: 신경행동검사, 임상심리검사, 신경학적 검사 (2) 생물학적 노출지표 검사 : 소변 중 아세톤(작업 종료 시 채취)
62	아세트알데히드 (Acetaldehyde; 75-07-0)	(1) 직업력 및 노출력 조사 (2) 주요 표적기관과 관련된 병력조사 (3) 임상검사 및 진찰 ① 신경계: 신경계 증상 문진, 신경증상에 유의하여 진찰 ② 눈, 피부, 비강, 인두: 점막자극증상 문진	임상검사 및 진찰 ① 신경계: 신경행동검사, 임상심리검사, 신경학적 검사 ② 눈, 피부, 비강, 인두: 세극등현미경검사, KOH검사, 피부단자시험, 비강 및 인두 검사
63	아우라민 (Auramine;	(1) 직업력 및 노출력 조사 (2) 주요 표적기관과 관련된 병	임상검사 및 진찰 비뇨기계: 단백뇨정량, 혈청 크레

번호	유해인자	제1차 검사항목	제2차 검사항목
	492-80-8)	력조사 (3) 임상검사 및 진찰 비뇨기계: 요검사 10종, 소변세포병리검사(아침 첫 소변 채취)	아티닌, 요소질소, 비뇨기과 진료
64	아크릴로니트릴(Acrylonitrile; 107-13-1)	(1) 직업력 및 노출력 조사 (2) 주요 표적기관과 관련된 병력조사 (3) 임상검사 및 진찰 ① 간담도계: AST(SGOT), ALT (SGPT), γ-GTP ② 신경계: 신경계 증상 문진, 신경증상에 유의하여 진찰 ③ 눈, 피부: 점막자극증상 문진	임상검사 및 진찰 ① 간담도계: AST(SGOT), ALT (SGPT), γ-GTP, 총단백, 알부민, 총빌리루빈, 직접빌리루빈, 알칼리포스파타아제, 알파피토단백, B형간염 표면항원, B형간염 표면항체, C형간염 항체, A형간염 항체, 초음파 검사 ② 신경계: 신경행동검사, 임상심리검사, 신경학적 검사 ③ 눈, 피부: 세극등현미경검사, 면역글로불린 정량(IgE), 피부첩포시험, 피부단자시험, KOH검사
65	아크릴아미드(Acrylamide; 79-06-1)	(1) 직업력 및 노출력 조사 (2) 주요 표적기관과 관련된 병력조사 (3) 임상검사 및 진찰 ① 신경계: 신경계 증상 문진, 신경증상에 유의하여 진찰 ② 눈, 피부: 점막자극증상 문진	임상검사 및 진찰 ① 신경계: 근전도 검사, 신경전도 검사, 신경행동검사, 임상심리검사, 신경학적 검사 ② 눈, 피부: 세극등현미경검사, KOH검사, 피부단자시험
66	2-에톡시에탄올(2-Ethoxyethanol; 110-80-5)	(1) 직업력 및 노출력 조사 (2) 주요 표적기관과 관련된 병력조사 (3) 임상검사 및 진찰 ① 조혈기계: 혈색소량, 혈구용적치, 적혈구 수, 백혈구 수, 혈소판 수, 백혈구 백분율 ② 간담도계: AST(SGOT),	(1) 임상검사 및 진찰 ① 조혈기계: 망상적혈구 수, 혈액도말검사 ② 간담도계: AST(SGOT), ALT (SGPT), γ-GTP, 총단백, 알부민, 총빌리루빈, 직접빌리루빈, 알칼리포스파타아제, 알파피토단백, B형간염 표면항원, B형간염 표면항

번호	유해인자	제1차 검사항목	제2차 검사항목
		ALT (SGPT), γ-GTP ③ 생식계: 생식계 증상 문진	체, C형간염 항체, A형간염 항체, 초음파 검사 ③ 생식계: 에스트로겐(여), 황체형성호르몬, 난포자극호르몬, 테스토스테론(남) (2) 생물학적 노출지표 검사: 소변 중 2-에톡시초산(주말작업 종료 시 채취)
67	2-에톡시에틸아세테이트(2-Ethoxyethyl acetate ; 111-15-9)	(1) 직업력 및 노출력 조사 (2) 주요 표적기관과 관련된 병력조사 (3) 임상검사 및 진찰 ① 조혈기계: 혈색소량, 혈구용적치, 적혈구 수, 백혈구 수, 혈소판 수, 백혈구 백분율, 망상적혈구 수 ② 생식계: 생식계 증상 문진 ③ 눈, 피부, 비강, 인두: 점막자극증상 문진	임상검사 및 진찰 ① 조혈기계: 혈액도말검사 ② 생식계: 에스트로겐(여), 황체형성호르몬, 난포자극호르몬, 테스토스테론(남) ③ 눈, 피부, 비강, 인두: 세극등현미경검사, KOH검사, 피부단자시험, 비강 및 인두 검사
68	에틸벤젠(Ethyl benzene; 100-41-4)	(1) 직업력 및 노출력 조사 (2) 주요 표적기관과 관련된 병력조사 (3) 임상검사 및 진찰 신경계: 신경계 증상 문진, 신경증상에 유의하여 진찰	임상검사 및 진찰 신경계: 신경행동검사, 임상심리검사, 신경학적 검사
69	에틸아크릴레이트(Ethyl acrylate; 140-88-5)	(1) 직업력 및 노출력 조사 (2) 주요 표적기관과 관련된 병력조사 (3) 임상검사 및 진찰 눈, 피부·비강·인: 점막자극증상 문진	임상검사 및 진찰 눈, 피부, 비강, 인두: 세극등현미경검사, KOH검사, 피부단자시험, 비강 및 인두 검사
70	에틸렌글리콜(Ethylene glycol;	(1) 직업력 및 노출력 조사 (2) 주요 표적기관과 관련된 병력조사 (3) 임상검사 및 진찰	임상검사 및 진찰 신경계: 신경행동검사, 임상심리검사, 신경학적 검사

번호	유해인자	제1차 검사항목	제2차 검사항목
	107-21-1)	신경계: 신경계 증상 문진, 신경증상에 유의하여 진찰	
71	에틸렌 글리콜 디니트레이트 (Ethylene glycol dinitrate; 628-96-6)	(1) 직업력 및 노출력 조사 (2) 주요 표적기관과 관련된 병력조사 (3) 임상검사 및 진찰 ① 조혈기계: 혈색소량, 혈구용적치 ② 간담도계: AST(SGOT), ALT (SGPT), γ-GTP ③ 심혈관계: 흉부방사선 검사, 심전도 검사, 총콜레스테롤, HDL콜레스테롤, 트리글리세라이드 (4) 생물학적 노출지표 검사: 혈중 메트헤모글로빈(작업 중 또는 작업 종료 시)	임상검사 및 진찰 간담도계: AST(SGOT), ALT (SGPT), γ-GTP, 총단백, 알부민, 총빌리루빈, 직접빌리루빈, 알칼리포스파타아제, 알파피토단백, B형간염 표면항원, B형간염 표면항체, C형간염 항체, A형간염 항체, 초음파 검사
72	에틸렌 클로로히드린 (Ethylene chlorohydrin ; 107-07-3)	(1) 직업력 및 노출력 조사 (2) 주요 표적기관과 관련된 병력조사 (3) 임상검사 및 진찰 ① 간담도계: AST(SGOT), ALT (SGPT), γ-GTP ② 비뇨기계: 요검사 10종 ③ 신경계: 신경계 증상 문진, 신경증상에 유의하여 진찰 ④ 눈·비강·인두: 점막자극증상 문진	임상검사 및 진찰 ① 간담도계: AST(SGOT), ALT (SGPT), γ-GTP, 총단백, 알부민, 총빌리루빈, 직접빌리루빈, 알칼리포스파타아제, 알파피토단백, B형간염 표면항원, B형간염 표면항체, C형간염 항체, A형간염 항체, 초음파 검사 ② 비뇨기계: 단백뇨정량, 혈청 크레아티닌, 요소질소 ③ 신경계: 신경행동검사, 임상심리검사, 신경학적 검사 ④ 눈·비강·인두: 세극등현미경검사, 정밀안저검사, 정밀안압측정, 안과 진찰, 비강 및 인두 검사
73	에틸렌이민 (Ethylenei	(1) 직업력 및 노출력 조사 (2) 주요 표적기관과 관련된 병	임상검사 및 진찰 ① 간담도계: AST(SGOT),

번호	유해인자	제1차 검사항목	제2차 검사항목
	mine; 151-56-4)	력조사 (3) 임상검사 및 진찰 ① 간담도계: AST(SGOT), ALT (SGPT), γ-GTP ② 비뇨기계: 요검사 10종 ③ 눈, 피부, 비강, 인두: 점막 자극증상 문진	ALT (SGPT), γ-GTP, 총단백, 알부민, 총빌리루빈, 직접빌리루빈, 알칼리포스파타아제, 알파피토단백, B형간염 표면항원, B형간염 표면항체, C형간염 항체, A형간염 항체, 초음파 검사 ② 비뇨기계: 단백뇨정량, 혈청 크레아티닌, 요소질소 ③ 눈, 피부, 비강, 인두: 세극등 현미경검사, 비강 및 인두 검사, 면역글로불린 정량(IgE), 피부첩포시험, 피부단자시험, KOH검사
74	2,3-에폭시-1-프로판올 (2,3-Epoxy-1-propanol; 556-52-5 등)	(1) 직업력 및 노출력 조사 (2) 주요 표적기관과 관련된 병력조사 (3) 임상검사 및 진찰 신경계: 신경계 증상 문진, 신경증상에 유의하여 진찰	임상검사 및 진찰 신경계: 신경행동검사, 임상심리검사, 신경학적 검사
75	에피클로로히드린 (Epichlorohydrin; 106-89-8 등)	(1) 직업력 및 노출력 조사 (2) 주요 표적기관과 관련된 병력조사 (3) 임상검사 및 진찰 ① 간담도계: AST(SGOT), ALT (SGPT), γ-GTP ② 비뇨기계: 요검사 10종 ③ 생식계: 생식계 증상 문진 ④ 눈, 피부, 비강, 인두: 점막 자극증상 문진	임상검사 및 진찰 ① 간담도계: AST(SGOT), ALT (SGPT), γ-GTP, 총단백, 알부민, 총빌리루빈, 직접빌리루빈, 알칼리포스파타아제, 알파피토단백, B형간염 표면항원, B형간염 표면항체, C형간염 항체, A형간염 항체, 초음파 검사 ② 비뇨기계: 단백뇨정량, 혈청 크레아티닌, 요소질소 ③ 생식계: 에스트로겐(여), 황체형성호르몬, 난포자극호르몬, 테스토스테론(남) ④ 눈, 피부, 비강, 인두: 세극등 현미경검사, 비강 및 인두 검

번호	유해인자	제1차 검사항목	제2차 검사항목
			사, 면역글로불린 정량(IgE), 피부첩포시험, 피부단자시험, KOH검사
76	염소화비페닐 (Polychloro biphenyls; 53469-21-9, 11097-69-1)	(1) 직업력 및 노출력 조사 (2) 주요 표적기관과 관련된 병력조사 (3) 임상검사 및 진찰 ① 간담도계: AST(SGOT), ALT (SGPT), γ-GTP ② 생식계: 생식계 증상 문진 ③ 눈, 피부: 점막자극증상 문진	임상검사 및 진찰 ① 간담도계: AST(SGOT), ALT (SGPT), γ-GTP, 총단백, 알부민, 총빌리루빈, 직접빌리루빈, 알칼리포스파타아제, 알파피토단백, B형간염 표면항원, B형간염 표면항체, C형간염 항체, A형간염 항체, 초음파 검사 ② 생식계: 에스트로겐(여), 황체형성호르몬, 난포자극호르몬, 테스토스테론(남) ③ 눈, 피부: 세극등현미경검사, KOH검사, 피부단자시험
77	요오드화 메틸 (Methyl iodide; 74-88-4)	(1) 직업력 및 노출력 조사 (2) 주요 표적기관과 관련된 병력조사 (3) 임상검사 및 진찰 ① 신경계: 신경계 증상 문진, 신경증상에 유의하여 진찰 ② 눈, 피부, 비강, 인두: 점막자극증상 문진	임상검사 및 진찰 ① 신경계: 근전도 검사, 신경전도 검사, 신경행동검사, 임상심리검사, 신경학적 검사 ② 눈, 피부, 비강, 인두: 세극등현미경검사, KOH검사, 피부단자시험, 비강 및 인두 검사
78	이소부틸 알코올 (Isobutyl alcohol; 78- 83-1)	(1) 직업력 및 노출력 조사 (2) 주요 표적기관과 관련된 병력조사 (3) 임상검사 및 진찰 ① 신경계: 신경계 증상 문진, 신경증상에 유의하여 진찰 ② 눈, 피부, 비강, 인두: 점막자극증상 문진	임상검사 및 진찰 ① 신경계: 신경행동검사, 임상심리검사, 신경학적 검사 ② 눈, 피부, 비강, 인두: 세극등현미경검사, KOH검사, 피부단자시험, 비강 및 인두 검사
79	이소아밀 아세테이트	(1) 직업력 및 노출력 조사 (2) 주요 표적기관과 관련된 병	임상검사 및 진찰 ① 신경계: 신경행동검사, 임상심

번호	유해인자	제1차 검사항목	제2차 검사항목
	(Isoamyl acetate; 123 -92-2)	력조사 (3) 임상검사 및 진찰 ① 신경계: 신경계 증상 문진, 신경증상에 유의하여 진찰 ② 눈, 피부, 비강, 인두: 점막 자극증상 문진	리검사, 신경학적 검사 ② 눈, 피부, 비강, 인두: 세극등 현미경검사, KOH검사, 피부 단자시험, 비강 및 인두 검사
80	이소아밀 알코올 (Isoamyl alcohol; 123 -51-3)	(1) 직업력 및 노출력 조사 (2) 주요 표적기관과 관련된 병력조사 (3) 임상검사 및 진찰 신경계: 신경계 증상 문진, 신경증상에 유의하여 진찰	임상검사 및 진찰 신경계: 신경행동검사, 임상심리검사, 신경학적 검사
81	이소프로필 알코올 (Isopropyl alcohol; 67- 63-0)	(1) 직업력 및 노출력 조사 (2) 주요 표적기관과 관련된 병력조사 (3) 임상검사 및 진찰 눈, 피부, 비강, 인두: 점막 자극증상 문진	(1) 임상검사 및 진찰 눈, 피부, 비강, 인두: 세극등 현미경검사, KOH검사, 피부 단자시험, 비강 및 인두 검사 (2) 생물학적 노출지표 검사 : 혈중 또는 소변 중 아세톤(작업 종료 시 채취)
82	이황화탄소 (Carbon disulfide; 75-15-0)	(1) 직업력 및 노출력 조사 (2) 주요 표적기관과 관련된 병력조사 (3) 임상검사 및 진찰 ① 간담도계: AST(SGOT), ALT (SGPT), γ-GTP ② 심혈관계: 흉부방사선 검사, 심전도 검사, 총콜레스테롤, HDL콜레스테롤, 트리글리세라이드 ③ 비뇨기계: 요검사 10종 ④ 신경계: 신경계 증상 문진, 신경증상에 유의하여 진찰 ⑤ 생식계: 생식계 증상 문진 ⑥ 눈: 관련 증상 문진, 진찰 ⑦ 귀: 순음(純音) 청력검사(양측 기도), 정밀 진찰[이	임상검사 및 진찰 ① 간담도계: AST(SGOT), ALT (SGPT), γ-GTP, 총단백, 알부민, 총빌리루빈, 직접빌리루빈, 알칼리포스파타아제, 알파피토단백, B형간염 표면항원, B형간염 표면항체, C형간염 항체, A형간염 항체, 초음파 검사 ② 비뇨기계: 단백뇨정량, 혈청 크레아티닌, 요소질소 ③ 신경계: 근전도 검사, 신경전도 검사, 신경행동검사, 임상심리검사, 신경학적 검사 ④ 생식계: 에스트로겐(여), 황체형성호르몬, 난포자극호르몬, 테스토스테론(남)

번호	유해인자	제1차 검사항목	제2차 검사항목
		경검사(耳鏡檢査)〕	⑤ 눈: 세극등현미경검사, 정밀안저검사, 정밀안압측정, 시신경정밀검사, 안과 진찰 ⑥ 귀: 순음 청력검사〔양측 기도 및 골도(骨導)〕, 중이검사(고막운동성검사)
83	콜타르 (Coal tar; 8007-45-2)	(1) 직업력 및 노출력 조사 (2) 주요 표적기관과 관련된 병력조사 (3) 임상검사 및 진찰 ① 호흡기계: 청진, 흉부방사선(후전면) ② 비뇨기계: 요검사 10종, 소변세포병리검사(아침 첫 소변 채취) ③ 피부·비강·인두: 관련 증상 문진	(1) 임상검사 및 진찰 ① 호흡기계: 흉부방사선(측면), 흉부 전산화 단층촬영 객담세포검사 ② 비뇨기계: 단백뇨정량, 혈청 크레아티닌, 요소질소, 비뇨기과 진료 ③ 피부·비강·인두: 면역글로불린 정량(IgE), 피부첩포시험, 피부단자시험, KOH검사, 비강 및 인두 검사 (2) 생물학적 노출지표 검사: 소변 중 1-하이드록시파이렌
84	크레졸 (Cresol; 1319-77-3 등)	(1) 직업력 및 노출력 조사 (2) 주요 표적기관과 관련된 병력조사 (3) 임상검사 및 진찰 ① 간담도계: AST(SGOT), ALT (SGPT), γ-GTP ② 비뇨기계: 요검사 10종 ③ 신경계: 신경계 증상 문진, 신경증상에 유의하여 진찰 ④ 눈, 피부, 비강, 인두: 점막자극증상 문진	임상검사 및 진찰 ① 간담도계: AST(SGOT), ALT (SGPT), γ-GTP, 총단백, 알부민, 총빌리루빈, 직접빌리루빈, 알칼리포스파타아제, 알파피토단백, B형간염 표면항원, B형간염 표면항체, C형간염 항체, A형간염 항체, 초음파 검사 ② 비뇨기계: 단백뇨정량, 혈청 크레아티닌, 요소질소 ③ 신경계: 신경행동검사, 임상심리검사, 신경학적 검사 ④ 눈, 피부, 비강, 인두: 세극등현미경검사, KOH검사, 피부단자시험, 비강 및 인두 검사

번호	유해인자	제1차 검사항목	제2차 검사항목
85	크실렌(Xylene; 1330-20-7 등)	(1) 직업력 및 노출력 조사 (2) 주요 표적기관과 관련된 병력조사 (3) 임상검사 및 진찰 ① 간담도계: AST(SGOT), ALT (SGPT), γ-GTP ② 신경계: 신경계 증상 문진, 신경증상에 유의하여 진찰 ③ 눈, 피부, 비강, 인두: 점막자극증상 문진 (4) 생물학적 노출지표 검사 : 소변 중 메틸마뇨산(작업 종료 시 채취)	임상검사 및 진찰 ① 간담도계: AST(SGOT), ALT (SGPT), γ-GTP, 총단백, 알부민, 총빌리루빈, 직접빌리루빈, 알칼리포스파타아제, 알파피토단백, B형간염 표면항원, B형간염 표면항체, C형간염 항체, A형간염 항체, 초음파 검사 ② 신경계: 신경행동검사, 임상심리검사, 신경학적 검사 ③ 눈, 피부, 비강, 인두: 세극등현미경검사, KOH검사, 피부단자시험, 비강 및 인두 검사
86	클로로메틸 메틸 에테르(Chloromethyl methyl ether; 107-30-2)	(1) 직업력 및 노출력 조사 (2) 주요 표적기관과 관련된 병력조사 (3) 임상검사 및 진찰 호흡기계: 청진, 흉부방사선(후전면)	임상검사 및 진찰 호흡기계: 흉부방사선(측면), 흉부 전산화 단층촬영, 객담세포검사
87	클로로벤젠(Chlorobenzene; 108-90-7)	(1) 직업력 및 노출력 조사 (2) 주요 표적기관과 관련된 병력조사 (3) 임상검사 및 진찰 ① 간담도계: AST(SGOT), ALT (SGPT), γ-GTP ② 신경계: 신경계 증상 문진, 신경증상에 유의하여 진찰 ③ 눈, 피부, 비강, 인두: 점막자극증상 문진	(1) 임상검사 및 진찰 ① 간담도계: AST(SGOT), ALT (SGPT), γ-GTP, 총단백, 알부민, 총빌리루빈, 직접빌리루빈, 알칼리포스파타아제, 알파피토단백, B형간염 표면항원, B형간염 표면항체, C형간염 항체, A형간염 항체, 초음파 검사 ② 신경계: 신경행동검사, 임상심리검사, 신경학적 검사 ③ 눈, 피부, 비강, 인두: 세극등현미경검사, KOH검사, 피부단자시험, 비강 및 인두 검사 (2) 생물학적 노출지표 검사 : 소변 중 총 클로로카테콜(작업 종료 시 채취)

번호	유해인자	제1차 검사항목	제2차 검사항목
88	테레핀유(Turpentine oil; 8006-64-2)	(1) 직업력 및 노출력 조사 (2) 주요 표적기관과 관련된 병력조사 (3) 임상검사 및 진찰 ① 신경계: 신경계 증상 문진, 신경증상에 유의하여 진찰 ② 눈, 피부: 관련 증상 문진	임상검사 및 진찰 ① 신경계: 신경행동검사, 임상심리검사, 신경학적 검사 ② 눈, 피부: 세극등현미경검사, 면역글로불린 정량(IgE), 피부첩포시험, 피부단자시험, KOH검사
89	1,1,2,2-테트라클로로에탄(1,1,2,2-Tetrachloroethane; 79-34 -5)	(1) 직업력 및 노출력 조사 (2) 주요 표적기관과 관련된 병력조사 (3) 임상검사 및 진찰 ① 간담도계: AST(SGOT), ALT (SGPT), γ-GTP ② 비뇨기계: 요검사 10종 ③ 신경계: 신경계 증상 문진, 신경증상에 유의하여 진찰 ④ 피부: 점막자극증상 문진	임상검사 및 진찰 ① 간담도계: AST(SGOT), ALT (SGPT), γ-GTP, 총단백, 알부민, 총빌리루빈, 직접빌리루빈, 알칼리포스파타아제, 알파피토단백, B형간염 표면항원, B형간염 표면항체, C형간염 항체, A형간염 항체, 초음파 검사 ② 비뇨기계: 단백뇨정량, 혈청 크레아티닌, 요소질소 ③ 신경계: 신경행동검사, 임상심리검사, 신경학적 검사 ④ 피부: KOH검사, 피부단자시험
90	테트라하이드로퓨란(Tetrahydrofuran; 109 -99-9)	(1) 직업력 및 노출력 조사 (2) 주요 표적기관과 관련된 병력조사 (3) 임상검사 및 진찰 신경계: 신경계 증상 문진, 신경증상에 유의하여 진찰	임상검사 및 진찰 신경계: 신경행동검사, 임상심리검사, 신경학적 검사
91	톨루엔(Toluene; 108-88-3)	(1) 직업력 및 노출력 조사 (2) 주요 표적기관과 관련된 병력조사 (3) 임상검사 및 진찰 ① 간담도계: AST(SGOT), ALT (SGPT), γ-GTP ② 비뇨기계: 요검사 10종	임상검사 및 진찰 ① 간담도계: AST(SGOT), ALT (SGPT), γ-GTP, 총단백, 알부민, 총빌리루빈, 직접빌리루빈, 알칼리포스파타아제, 알파피토단백, B형간염 표면항원, B형간염 표면항

번호	유해인자	제1차 검사항목	제2차 검사항목
		③ 신경계: 신경계 증상 문진, 신경증상에 유의하여 진찰 ④ 눈, 피부, 비강, 인두: 점막 자극증상 문진, 진찰 (4) 생물학적 노출지표 검사 : 소변 중 o-크레졸(작업 종료 시 채취)	체, C형간염 항체, A형간염 항체, 초음파 검사 ② 비뇨기계: 단백뇨정량, 혈청 크레아티닌, 요소질소 ③ 신경계: 근전도 검사, 신경전도 검사, 신경행동검사, 임상심리검사, 신경학적 검사 ④ 눈, 피부, 비강, 인두: 세극등 현미경검사, KOH검사, 피부단자시험, 비강 및 인두 검사
92	톨루엔-2,4-디이소시아네이트 (Toluene-2, 4-diisocyanate; 584-84 -9 등)	(1) 직업력 및 노출력 조사 (2) 주요 표적기관과 관련된 병력조사 (3) 임상검사 및 진찰 ① 호흡기계: 청진, 폐활량검사 ② 피부: 관련 증상 문진	임상검사 및 진찰 ① 호흡기계: 흉부방사선(후전면, 측면), 작업 중 최대날숨유량 연속측정, 비특이 기도과민검사 ② 피부: 면역글로불린 정량(IgE), 피부첩포시험, 피부단자시험, KOH검사
93	톨루엔-2,6-디이소시아네이트 (Toluene-2, 6-diisocyanate; 91-08-7 등)	(1) 직업력 및 노출력 조사 (2) 주요 표적기관과 관련된 병력조사 (3) 임상검사 및 진찰 ① 호흡기계: 청진, 폐활량검사 ② 피부: 관련 증상 문진	임상검사 및 진찰 ① 호흡기계: 흉부방사선(후전면, 측면), 작업 중 최대날숨유량 연속측정, 비특이 기도과민검사 ② 피부: 면역글로불린 정량(IgE), 피부첩포시험, 피부단자시험, KOH검사
94	트리클로로메탄 (Trichloromethane; 67-66-3)	(1) 직업력 및 노출력 조사 (2) 주요 표적기관과 관련된 병력조사 (3) 임상검사 및 진찰 ① 간담도계: AST(SGOT), ALT (SGPT), γ-GTP ② 비뇨기계: 요검사 10종 ③ 신경계: 신경계 증상 문진, 신경증상에 유의하여 진찰 ④ 눈, 피부, 비강, 인두: 점막	임상검사 및 진찰 ① 간담도계: AST(SGOT), ALT (SGPT), γ-GTP, 총단백, 알부민, 총빌리루빈, 직접빌리루빈, 알칼리포스파타아제, 알파피토단백, B형간염 표면항원, B형간염 표면항체, C형간염 항체, A형간염 항체, 초음파 검사 ② 비뇨기계: 단백뇨정량, 혈청

번호	유해인자	제1차 검사항목	제2차 검사항목
		자극증상 문진	크레아티닌, 요소질소 ③ 신경계: 신경행동검사, 임상심리검사, 신경학적 검사 ④ 눈, 피부, 비강, 인두: 세극등현미경검사, KOH검사, 피부단자시험, 비강 및 인두 검사
95	1,1,2-트리클로로에탄(1,1,2-Trichloroethane; 79-00-5)	(1) 직업력 및 노출력 조사 (2) 주요 표적기관과 관련된 병력조사 (3) 임상검사 및 진찰 ① 간담도계: AST(SGOT), ALT (SGPT), γ-GTP ② 비뇨기계: 요검사 10종 ③ 신경계: 신경계 증상 문진, 신경증상에 유의하여 진찰	임상검사 및 진찰 ① 간담도계: AST(SGOT), ALT (SGPT), γ-GTP, 총단백, 알부민, 총빌리루빈, 직접빌리루빈, 알칼리포스파타아제, 알파피토단백, B형간염 표면항원, B형간염 표면항체, C형간염 항체, A형간염 항체, 초음파 검사 ② 비뇨기계: 단백뇨정량, 혈청 크레아티닌, 요소질소 ③ 신경계: 신경행동검사, 임상심리검사, 신경학적 검사
96	트리클로로에틸렌(Trichloroethylene; 79-01-6)	(1) 직업력 및 노출력 조사 (2) 주요 표적기관과 관련된 병력조사 (3) 임상검사 및 진찰 ① 간담도계: AST(SGOT), ALT (SGPT), γ-GTP ② 심혈관계: 흉부방사선 검사, 심전도 검사, 총콜레스테롤, HDL콜레스테롤, 트리글리세라이드 ③ 비뇨기계: 요검사 10종 ④ 신경계: 신경계 증상 문진, 신경증상에 유의하여 진찰 ⑤ 눈, 피부, 비강, 인두: 점막자극증상 문진 (4) 생물학적 노출지표 검사 : 소변 중 총삼염화물 또는	임상검사 및 진찰 ① 간담도계: AST(SGOT), ALT (SGPT), γ-GTP, 총단백, 알부민, 총빌리루빈, 직접빌리루빈, 알칼리포스파타아제, 알파피토단백, B형간염 표면항원, B형간염 표면항체, C형간염 항체, A형간염 항체, 초음파 검사 ② 비뇨기계: 단백뇨정량, 혈청 크레아티닌, 요소질소 ③ 신경계: 신경행동검사, 임상심리검사, 신경학적 검사 ④ 눈, 피부, 비강, 인두: 세극등현미경검사, KOH검사, 피부단자시험, 비강 및 인두 검사

번호	유해인자	제1차 검사항목	제2차 검사항목
		삼염화초산(주말작업 종료 시 채취)	
97	1,2,3-트리클로로프로판 (1,2,3-Trichloropropane; 96-18-4)	(1) 직업력 및 노출력 조사 (2) 주요 표적기관과 관련된 병력조사 (3) 임상검사 및 진찰 ① 간담도계: AST(SGOT), ALT (SGPT), γ-GTP ② 비뇨기계: 요검사 10종 ③ 신경계: 신경계 증상 문진, 신경증상에 유의하여 진찰	임상검사 및 진찰 ① 간담도계: AST(SGOT), ALT (SGPT), γ-GTP, 총단백, 알부민, 총빌리루빈, 직접빌리루빈, 알칼리포스파타아제, 알파피토단백, B형간염 표면항원, B형간염 표면항체, C형간염 항체, A형간염 항체, 초음파 검사 ② 비뇨기계: 단백뇨정량, 혈청 크레아티닌, 요소질소 ③ 신경계: 신경행동검사, 임상심리검사, 신경학적 검사
98	퍼클로로에틸렌 (Perchloroethylene; 127-18-4)	(1) 직업력 및 노출력 조사 (2) 주요 표적기관과 관련된 병력조사 (3) 임상검사 및 진찰 ① 간담도계: AST(SGOT), ALT (SGPT), γ-GTP ② 비뇨기계: 요검사 10종 ③ 신경계: 신경계 증상 문진, 신경증상에 유의하여 진찰 ④ 눈, 피부, 비강, 인두: 점막자극증상 문진, 진찰 (4) 생물학적 노출지표 검사 : 소변 중 총삼염화물 또는 삼염화초산(주말작업 종료 시 채취)	임상검사 및 진찰 ① 간담도계: AST(SGOT), ALT (SGPT), γ-GTP, 총단백, 알부민, 총빌리루빈, 직접빌리루빈, 알칼리포스파타아제, 알파피토단백, B형간염 표면항원, B형간염 표면항체, C형간염 항체, A형간염 항체, 초음파 검사 ② 비뇨기계: 단백뇨정량, 혈청 크레아티닌, 요소질소 ③ 신경계: 근전도 검사, 신경전도 검사, 신경행동검사, 임상심리검사, 신경학적 검사 ④ 눈, 피부, 비강, 인두: 세극등현미경검사, KOH검사, 피부단자시험, 비강 및 인두 검사
99	페놀 (Phenol; 108-95-2)	(1) 직업력 및 노출력 조사 (2) 주요 표적기관과 관련된 병력조사 (3) 임상검사 및 진찰	(1) 임상검사 및 진찰 ① 간담도계: AST(SGOT), ALT (SGPT), γ-GTP, 총단백, 알부민, 총빌리루빈,

번호	유해인자	제1차 검사항목	제2차 검사항목
		① 간담도계: AST(SGOT), ALT (SGPT), ɣ-GTP ② 비뇨기계: 요검사 10종 ③ 눈, 피부, 비강, 인두: 점막 자극증상 문진	직접빌리루빈, 알칼리포스파타아제, 알파피토단백, B형간염 표면항원, B형간염 표면항체, C형간염 항체, A형간염 항체, 초음파 검사 ② 비뇨기계: 단백뇨정량, 혈청 크레아티닌, 요소질소 ③ 눈, 피부, 비강, 인두: 세극등 현미경검사, KOH검사, 피부 단자시험, 비강 및 인두 검사 (2) 생물학적 노출지표 검사 : 소변 중 총페놀(작업 종료 시)
100	펜타클로로페놀 (Pentachlorophenol; 87 -86-5)	(1) 직업력 및 노출력 조사 (2) 주요 표적기관과 관련된 병력조사 (3) 임상검사 및 진찰 ① 간담도계: AST(SGOT), ALT (SGPT), ɣ-GTP ② 비뇨기계: 요검사 10종 ③ 신경계: 신경계 증상 문진, 신경증상에 유의하여 진찰 ④ 눈, 피부, 비강, 인두: 점막 자극증상 문진	(1) 임상검사 및 진찰 ① 간담도계: AST(SGOT), ALT (SGPT), ɣ-GTP, 총단백, 알부민, 총빌리루빈, 직접빌리루빈, 알칼리포스파타아제, 알파피토단백, B형간염 표면항원, B형간염 표면항체, C형간염 항체, A형간염 항체, 초음파 검사 ② 비뇨기계: 단백뇨정량, 혈청 크레아티닌, 요소질소 ③ 신경계: 신경행동검사, 임상심리검사, 신경학적 검사 ④ 눈, 피부, 비강, 인두: 세극등 현미경검사, KOH검사, 피부 단자시험, 비강 및 인두 검사 (2) 생물학적 노출지표 검사 : 소변 중 펜타클로로페놀(주말작업 종료 시), 혈중 유리펜타클로로페놀(작업 종료 시)
101	포름알데히드 (Formaldehyde; 50-00 -0)	(1) 직업력 및 노출력 조사 (2) 주요 표적기관과 관련된 병력조사 (3) 임상검사 및 진찰	임상검사 및 진찰 ① 호흡기계: 흉부방사선(측면), 폐활량검사 ② 눈, 피부, 비강, 인두: 세극등

번호	유해인자	제1차 검사항목	제2차 검사항목
		① 호흡기계: 청진, 흉부방사선(후전면) ② 눈, 피부, 비강, 인두: 점막자극증상 문진	현미경검사, 면역글로불린 정량(IgE), 피부첩포시험, 피부단자시험, KOH검사, 비강 및 인두 검사
102	β-프로피오락톤 (β-Propiolac tone; 57-57 -8)	(1) 직업력 및 노출력 조사 (2) 주요 표적기관과 관련된 병력조사 (3) 임상검사 및 진찰 눈, 피부 : 점막자극증상 문진	임상검사 및 진찰 눈, 피부: 세극등현미경검사, KOH검사, 피부단자시험
103	o-프탈로디니트릴 (o-Phthalo dinitrile; 91-15-6)	(1) 직업력 및 노출력 조사 (2) 주요 표적기관과 관련된 병력조사 (3) 임상검사 및 진찰 ① 조혈기계: 혈색소량, 혈구용적치, 적혈구 수, 백혈구 수, 혈소판 수, 백혈구 백분율, 망상적혈구 수 ② 신경계: 신경계 증상 문진, 신경증상에 유의하여 진찰	임상검사 및 진찰 ① 조혈기계: 혈액도말검사 ② 신경계: 신경행동검사, 임상심리검사, 신경학적 검사
104	피리딘 (Pyridine; 110-86-1)	(1) 직업력 및 노출력 조사 (2) 주요 표적기관과 관련된 병력조사 (3) 임상검사 및 진찰 ① 간담도계: AST(SGOT), ALT (SGPT), γ-GTP ② 비뇨기계: 요검사 10종 ③ 신경계: 신경계 증상 문진, 신경증상에 유의하여 진찰	임상검사 및 진찰 ① 간담도계: AST(SGOT), ALT (SGPT), γ-GTP, 총단백, 알부민, 총빌리루빈, 직접빌리루빈, 알카리포스파타아제, 알파피토단백, B형간염 표면항원, B형간염 표면항체, C형간염 항체, A형간염 항체, 초음파 검사 ② 비뇨기계: 단백뇨정량, 혈청 크레아티닌, 요소질소 ③ 신경계: 신경행동검사, 임상심리검사, 신경학적 검사
105	헥사메틸렌디이소시아네이트 (Hexameth	(1) 직업력 및 노출력 조사 (2) 주요 표적기관과 관련된 병력조사 (3) 임상검사 및 진찰	임상검사 및 진찰 호흡기계: 흉부방사선(측면), 흉부방사선(후전면), 작업 중 최대날숨유량 연속측정, 비특이 기도과민

번호	유해인자	제1차 검사항목	제2차 검사항목
	ylene diiso cyanate; 822 -06-0)	호흡기계: 청진, 폐활량검사	검사
106	n-헥산 (n-Hexane; 110-54-3)	(1) 직업력 및 노출력 조사 (2) 주요 표적기관과 관련된 병력조사 (3) 임상검사 및 진찰 ① 신경계: 신경계 증상 문진, 신경증상에 유의하여 진찰 ② 눈, 피부, 비강, 인두: 점막자극증상 문진 (4) 생물학적 노출지표 검사: 소변 중 2,5-헥산디온(작업 종료 시 채취)	임상검사 및 진찰 ① 신경계: 근전도 검사, 신경전도 검사, 신경행동검사, 임상심리검사, 신경학적 검사 ② 눈, 피부, 비강, 인두: 세극등현미경검사, 정밀안저검사, 정밀안압측정, 안과 진찰, KOH 검사, 피부단자시험, 비강 및 인두 검사
107	n-헵탄 (n-Heptane ; 142-82-5)	(1) 직업력 및 노출력 조사 (2) 주요 표적기관과 관련된 병력조사 (3) 임상검사 및 진찰 신경계: 신경계 증상 문진, 신경증상에 유의하여 진찰	임상검사 및 진찰 신경계: 근전도 검사, 신경전도 검사, 신경행동검사, 임상심리검사, 신경학적 검사
108	황산디메틸 (Dimethyl sulfate; 77- 78-1)	(1) 직업력 및 노출력 조사 (2) 주요 표적기관과 관련된 병력조사 (3) 임상검사 및 진찰 ① 간담도계: AST(SGOT), ALT (SGPT), ɣ-GTP ② 비뇨기계: 요검사 10종 ③ 신경계: 신경계 증상 문진, 신경증상에 유의하여 진찰 ④ 눈, 피부, 비강, 인두: 점막자극증상 문진	임상검사 및 진찰 ① 간담도계: AST(SGOT), ALT (SGPT), ɣ-GTP, 총단백, 알부민, 총빌리루빈, 직접빌리루빈, 알칼리포스파타아제, 알파피토단백, B형간염 표면항원, B형간염 표면항체, C형간염 항체, A형간염 항체, 초음파 검사 ② 비뇨기계: 단백뇨정량, 혈청 크레아티닌, 요소질소 ③ 신경계: 근전도 검사, 신경전도 검사, 신경행동검사, 임상심리검사, 신경학적 검사 ④ 눈, 피부, 비강, 인두: 세극등현미경검사, KOH검사, 피부단자시험, 비강 및 인두 검사

번호	유해인자	제1차 검사항목	제2차 검사항목
109	히드라진 (Hydrazine ; 302-01-2)	(1) 직업력 및 노출력 조사 (2) 주요 표적기관과 관련된 병력조사 (3) 임상검사 및 진찰 ① 간담도계: AST(SGOT), ALT (SGPT), γ-GTP ② 신경계: 신경계 증상 문진, 신경증상에 유의하여 진찰 ③ 눈, 피부, 비강, 인두: 점막자극증상 문진	임상검사 및 진찰 ① 간담도계: AST(SGOT), ALT (SGPT), γ-GTP, 총단백, 알부민, 총빌리루빈, 직접빌리루빈, 알칼리포스파타아제, 알파피토단백, B형간염 표면항원, B형간염 표면항체, C형간염 항체, A형간염 항체, 초음파 검사 ② 신경계: 신경행동검사, 임상심리검사, 신경학적 검사 ③ 눈, 피부, 비강, 인두: 세극등현미경검사, 비강 및 인두 검사, 면역글로불린 정량(IgE), 피부첩포시험, 피부단자시험, KOH검사

※ 검사항목 중 "생물학적 노출지표 검사"는 해당 작업에 처음 배치되는 근로자에 대해서는 실시하지 않는다.

2) 금속류(20종)

번호	유해인자	제1차 검사항목	제2차 검사항목
1	구리(Copper; 7440-50-8) (분진, 흄, 미스트)	(1) 직업력 및 노출력 조사 (2) 주요 표적기관과 관련된 병력조사 (3) 임상검사 및 진찰 ① 간담도계: AST(SGOT), ALT (SGPT), γ-GTP ② 눈, 피부, 비강, 인두: 점막자극증상 문진	임상검사 및 진찰 ① 간담도계: AST(SGOT), ALT (SGPT), γ-GTP, 총단백, 알부민, 총빌리루빈, 직접빌리루빈, 알칼리포스파타아제, 알파피토단백, B형간염 표면항원, B형간염 표면항체, C형간염 항체, A형간염 항체, 초음파 검사 ② 눈, 피부, 비강, 인두: 세극등현미경검사, KOH검사, 피부단자시험, 비강 및 인두 검사

번호	유해인자	제1차 검사항목	제2차 검사항목
2	납〔7439-92-1〕 및 그 무기화합물 (Lead and its inorganic compounds)	(1) 직업력 및 노출력 조사 (2) 주요 표적기관과 관련된 병력조사 (3) 임상검사 및 진찰 ① 조혈기계: 혈색소량, 혈구용적치, 적혈구 수, 백혈구 수, 혈소판 수, 백혈구 백분율 ② 비뇨기계: 요검사 10종, 혈압측정 ③ 신경계 및 위장관계: 관련 증상 문진, 진찰 (4) 생물학적 노출지표 검사: 혈중 납	(1) 임상검사 및 진찰 ① 조혈기계: 혈액도말검사, 철, 총철결합능력, 혈청페리틴 ② 비뇨기계 : 단백뇨정량, 혈청 크레아티닌, 요소질소, 베타 2 마이크로글로불린 ③ 신경계: 근전도검사, 신경전도검사, 신경행동검사, 임상심리검사, 신경학적 검사 (2) 생물학적 노출지표 검사 ① 혈중 징크프로토포피린 ② 소변 중 델타아미노레뷸린산 ③ 소변 중 납
3	니켈〔7440-02-0〕 및 그 무기화합물, 니켈카르보닐 (Nickel and its inorganic compounds, Nickel carbonyl)	(1) 직업력 및 노출력 조사 (2) 주요 표적기관과 관련된 병력조사 (3) 임상검사 및 진찰 ① 호흡기계: 청진, 흉부방사선(후전면), 폐활량검사 ② 피부, 비강, 인두: 관련 증상 문진	(1) 임상검사 및 진찰 ① 호흡기계: 흉부방사선(측면), 작업 중 최대날숨유량 연속측정, 비특이 기도과민검사, 흉부 전산화 단층촬영, 객담세포검사 ② 피부, 비강, 인두: 면역글로불린 정량(IgE), 피부첩포시험, 피부단자시험, KOH검사, 비강 및 인두검사 (2) 생물학적 노출지표 검사 : 소변 중 니켈
4	망간〔7439-96-5〕 및 그 무기화합물 (Manganese and its inorganic compounds)	(1) 직업력 및 노출력 조사 (2) 주요 표적기관과 관련된 병력조사 (3) 임상검사 및 진찰 ① 호흡기계: 청진, 흉부방사선(후전면)	임상검사 및 진찰 ① 호흡기계: 흉부방사선(측면), 폐활량검사 ② 신경계: 신경행동검사, 임상심리검사, 신경학적 검사

번호	유해인자	제1차 검사항목	제2차 검사항목
		② 신경계: 신경계 증상 문진, 신경증상에 유의하여 진찰	
5	사알킬납(Tetraalkyl lead; 78- 00-2 등)	(1) 직업력 및 노출력 조사 (2) 주요 표적기관과 관련된 병력조사 (3) 임상검사 및 진찰 ① 비뇨기계: 요검사 10종, 혈압 측정 ② 신경계: 신경계 증상 문진, 신경증상에 유의하여 진찰 (4) 생물학적 노출지표 검사: 혈중 납	임상검사 및 진찰 ① 비뇨기계: 단백뇨정량, 혈청 크레아티닌, 요소질소, 베타 2 마이크로글로불린 ② 신경계: 신경행동검사, 임상심리검사, 신경학적 검사 (2) 생물학적 노출지표 검사 ① 혈중 징크프로토포피린 ② 소변 중 델타아미노레불린산 ③ 소변 중 납
6	산화아연(Zinc oxide ; 1314-13- 2) (분진, 흄)	(1) 직업력 및 노출력 조사 (2) 주요 표적기관과 관련된 병력조사 (3) 임상검사 및 진찰 호흡기계: 금속열 증상 문진, 청진, 흉부방사선(후전면)	임상검사 및 진찰 호흡기계: 흉부방사선(측면)
7	산화철(Iron oxide ; 1309-37- 1 등) (분진, 흄)	(1) 직업력 및 노출력 조사 (2) 주요 표적기관과 관련된 병력조사 (3) 임상검사 및 진찰 호흡기계: 청진, 흉부방사선(후전면), 폐활량검사	임상검사 및 진찰 호흡기계: 흉부방사선(측면), 결핵도말검사
8	삼산화비소 (Arsenic trioxide; 1327-53-3)	(1) 직업력 및 노출력 조사 (2) 주요 표적기관과 관련된 병력조사 (3) 임상검사 및 진찰 ① 조혈기계: 혈색소량, 혈구용적치, 적혈구 수, 백혈구 수, 혈소판 수, 백혈구 백분율, 망상적	(1) 임상검사 및 진찰 ① 조혈기계: 혈액도말검사, 총철결합능력, 혈청페리틴, 유산탈수소효소, 총빌리루빈, 직접빌리루빈 ② 간담도계: AST(SGOT), ALT (SGPT), γ-GTP, 총단백, 알부민, 총빌리루

번호	유해인자	제1차 검사항목	제2차 검사항목
		혈구 수 ② 간담도계: AST (SGOT), ALT (SGPT), γ-GTP ③ 호흡기계: 청진 ④ 비뇨기계: 요검사 10종 ⑤ 눈, 피부, 비강, 인두: 점막자극증상 문진	빈, 직접빌리루빈, 알칼리포스파타아제, 알파피토단백, B형간염 표면항원, B형간염 표면항체, C형간염 항체, A형간염 항체, 초음파 검사 ③ 호흡기계: 흉부방사선(후전면), 폐활량검사, 흉부전산화 단층촬영 ④ 비뇨기계: 단백뇨정량, 혈청 크레아티닌, 요소질소 ⑤ 눈, 피부, 비강, 인두: 세극등현미경검사, 비강 및 인두 검사, 면역글로불린정량(IgE), 피부첩포시험, 피부단자시험, KOH검사 (2) 생물학적 노출지표 검사: 소변 중 또는 혈중 비소
9	수은[7439-97-6] 및 그 화합물(Mercury and its compounds)	(1) 직업력 및 노출력 조사 (2) 주요 표적기관과 관련된 병력조사 (3) 임상검사 및 진찰 ① 비뇨기계: 요검사 10종, 혈압 측정 ② 신경계: 신경계 증상 문진, 신경증상에 유의하여 진찰 ③ 눈, 피부, 비강, 인두: 점막자극증상 문진 (4) 생물학적 노출지표 검사 : 소변 중 수은	(1) 임상검사 및 진찰 ① 비뇨기계: 단백뇨정량, 혈청 크레아티닌, 요소질소, 베타 2 마이크로글로불린 ② 신경계: 신경행동검사, 임상심리검사, 신경학적 검사 ③ 눈, 피부, 비강, 인두: 세극등현미경검사, KOH검사, 피부단자시험, 비강 및 인두 검사 (2) 생물학적 노출지표 검사: 혈중 수은
10	안티몬[7440-36-0] 및 그 화합물 (Antimony and its compounds)	(1) 직업력 및 노출력 조사 (2) 주요 표적기관과 관련된 병력조사 (3) 임상검사 및 진찰	(1) 임상검사 및 진찰 ① 호흡기계: 흉부방사선(측면), 결핵도말검사 ② 눈, 피부, 비강, 인두: 세

번호	유해인자	제1차 검사항목	제2차 검사항목
		① 심혈관계: 흉부방사선 검사, 심전도 검사, 총콜레스테롤, HDL콜레스테롤, 트리글리세라이드 ② 호흡기계: 청진, 흉부방사선(후전면), 폐활량검사 ③ 눈, 피부, 비강, 인두: 점막자극증상 문진	극등현미경검사, KOH검사, 피부단자시험, 비강 및 인두 검사 (2) 생물학적 노출지표 검사: 소변 중 안티몬
11	알루미늄〔7429-90-5〕 및 그 화합물 (Aluminum and its compounds)	(1) 직업력 및 노출력 조사 (2) 주요 표적기관과 관련된 병력조사 (3) 임상검사 및 진찰 호흡기계: 청진, 흉부방사선(후전면), 폐활량검사	임상검사 및 진찰 호흡기계: 흉부방사선(측면), 작업 중 최대날숨유량 연속측정, 비특이 기도과민검사
12	오산화바나듐 (Vanadium pentoxide; 1314-62-1) (분진, 흄)	(1) 직업력 및 노출력 조사 (2) 주요 표적기관과 관련된 병력조사 (3) 임상검사 및 진찰 ① 호흡기계: 청진, 흉부방사선(후전면) ② 눈, 피부, 비강, 인두: 점막자극증상 문진	(1) 임상검사 및 진찰 ① 호흡기계: 흉부방사선(측면), 폐활량검사 ② 눈, 피부, 비강, 인두: 세극등현미경검사, 비강 및 인두검사, 면역글로불린 정량(IgE), 피부첩포시험, 피부단자시험, KOH 검사 (2) 생물학적 노출지표 검사: 소변 중 바나듐
13	요오드〔7553-56-2〕 및 요오드화물 (Iodine and iodides)	(1) 직업력 및 노출력 조사 (2) 주요 표적기관과 관련된 병력조사 (3) 임상검사 및 진찰 ① 호흡기계: 청진 ② 신경계: 신경계 증상 문진, 신경증상에 유의하여 진찰 ③ 눈, 피부, 비강, 인두: 점막자극증상 문진	임상검사 및 진찰 ① 호흡기계: 흉부방사선(후전면), 폐활량검사 ② 신경계: 신경행동검사, 임상심리검사, 신경학적 검사 ③ 눈, 피부, 비강, 인두: 세극등현미경검사, KOH검사, 피부단자시험, 비강 및 인두 검사

번호	유해인자		제1차 검사항목	제2차 검사항목
14	인듐〔7440-74-6〕 및 그 화합물(Indium and its compounds)		(1) 직업력 및 노출력 조사 (2) 주요 표적기관과 관련된 병력조사 (3) 임상검사 및 진찰 호흡기계: 청진, 흉부방사선(후전면, 측면), (4) 생물학적 노출 지표검사: 혈청 중 인듐	임상검사 및 진찰 호흡기계; 폐활량검사, 흉부 고해성도 전산화 단층촬영
15	주석 및 그 화합물〔7440-31-5〕 및 그 화합물(Tin and its compounds)	주석과 그 무기화합물	(1) 직업력 및 노출력 조사 (2) 주요 표적기관과 관련된 병력조사 (3) 임상검사 및 진찰 ① 호흡기계: 청진, 흉부방사선(후전면), 폐활량검사 ② 눈, 피부, 비강, 인두: 점막자극증상 문진	임상검사 및 진찰 ① 호흡기계: 흉부방사선(측면), 결핵도말검사 ② 눈, 피부, 비강, 인두: 세극등현미경검사, KOH검사, 피부단자시험, 비강 및 인두 검사
		유기주석	(1) 직업력 및 노출력 조사 (2) 주요 표적기관과 관련된 병력조사 (3) 임상검사 및 진찰 ① 신경계: 신경계 증상 문진, 신경증상에 유의하여 진찰 ② 눈: 관련 증상 문진	임상검사 및 진찰 ① 신경계: 신경행동검사, 임상심리검사, 신경학적 검사 ② 눈: 세극등현미경검사, 정밀안저검사, 정밀안압측정, 안과 진찰
16	지르코늄〔7440-67-7〕 및 그 화합물(Zirconium and its compounds)		(1) 직업력 및 노출력 조사 (2) 주요 표적기관과 관련된 병력조사 (3) 임상검사 및 진찰 ① 호흡기계: 청진, 흉부방사선(후전면) ② 피부, 비강, 인두: 관련 증상 문진	임상검사 및 진찰 ① 호흡기계: 흉부방사선(측면), 폐활량검사 ② 피부, 비강, 인두: KOH 검사, 피부단자시험, 비강 및 인두 검사
17	카드뮴〔7440-43-9〕 및 그 화합물(Cadmium and its		(1) 직업력 및 노출력 조사 (2) 주요 표적기관과 관련된 병력조사	(1) 임상검사 및 진찰 ① 비뇨기계: 단백뇨정량, 혈청 크레아티닌, 요소질소,

번호	유해인자	제1차 검사항목	제2차 검사항목
	compounds)	(3) 임상검사 및 진찰 ① 비뇨기계: 요검사 10종, 혈압 측정, 전립선 증상 문진 ② 호흡기계: 청진, 흉부방사선(후전면), 폐활량 검사 (4) 생물학적 노출지표 검사: 혈중 카드뮴	전립선특이항원(남), 베타 2 마이크로글로불린 ② 호흡기계: 흉부방사선(측면), 흉부 전산화 단층촬영, 객담세포검사 (2) 생물학적 노출지표 검사 : 소변 중 카드뮴
18	코발트(Cobalt; 7440-48-4)(분진 및 흄만 해당한다)	(1) 직업력 및 노출력 조사 (2) 주요 표적기관과 관련된 병력조사 (3) 임상검사 및 진찰 ① 호흡기계: 청진, 흉부방사선(후전면), 폐활량 검사 ② 피부, 비강, 인두: 관련 증상 문진	임상검사 및 진찰 ① 호흡기계: 흉부방사선(측면), 작업 중 최대날숨유량 연속측정, 비특이 기도과민검사, 결핵도말검사 ② 피부·비강·인두: 면역글로불린 정량(IgE), 피부첩포시험, 피부단자시험, KOH검사, 비강 및 인두 검사
19	크롬[7440-47-3] 및 그 화합물(Chromium and its compounds)	(1) 직업력 및 노출력 조사 (2) 주요 표적기관과 관련된 병력조사 (3) 임상검사 및 진찰 ① 호흡기계: 청진, 흉부방사선(후전면), 폐활량 검사 ② 눈, 피부, 비강, 인두: 관련 증상 문진	(1) 임상검사 및 진찰 ① 호흡기계(천식, 폐암): 흉부방사선(측면), 작업 중 최대날숨유량연속측정, 비특이 기도과민검사, 흉부 전산화 단층촬영, 객담세포검사 ② 눈, 피부, 비강, 인두: 세극등현미경검사, 면역글로불린 정량(IgE), 피부첩포시험, 피부단자시험, KOH검사, 비강 및 인두 검사 (2) 생물학적 노출지표 검사 : 소변 중 또는 혈중 크롬
20	텅스텐[7440-33-7] 및 그 화합물	(1) 직업력 및 노출력 조사 (2) 주요 표적기관과 관련	임상검사 및 진찰 호흡기계: 흉부방사선(측면),

번호	유해인자	제1차 검사항목	제2차 검사항목
	(Tungsten and its compounds)	된 병력조사 (3) 임상검사 및 진찰 호흡기계: 청진, 흉부방사선(후전면), 폐활량검사	결핵도말검사

※ 검사항목 중 "생물학적 노출지표 검사"는 해당 작업에 처음 배치되는 근로자에 대해서는 실시하지 않는다.

3) 산 및 알칼리류(8종)

번호	유해인자	제1차 검사항목	제2차 검사항목
1	무수초산 (Acetic anhydride; 108-24-7)	(1) 직업력 및 노출력 조사 (2) 주요 표적기관과 관련된 병력조사 (3) 임상검사 및 진찰 눈, 피부, 비강, 인두: 점막자극증상 문진	임상검사 및 진찰 눈, 피부, 비강, 인두: 세극등현미경검사, KOH검사, 피부단자시험, 비강 및 인두 검사
2	불화수소 (Hydrogen fluoride; 7664-39-3)	(1) 직업력 및 노출력 조사 (2) 주요 표적기관과 관련된 병력조사 (3) 임상검사 및 진찰 ① 눈, 피부, 비강, 인두: 점막자극증상 문진 ② 악구강계: 치과의사에 의한 치아부식증 검사	(1) 임상검사 및 진찰 눈, 피부, 비강, 인두: 세극등현미경검사, KOH검사, 피부단자시험, 비강 및 인두 검사 (2) 생물학적 노출지표 검사 : 소변 중 불화물(작업 전후를 측정하여 그 차이를 비교)
3	시안화나트륨 (Sodium cyanide; 143-33-9)	(1) 직업력 및 노출력 조사 (2) 주요 표적기관과 관련된 병력조사 (3) 임상검사 및 진찰 ① 심혈관계: 흉부방사선 검사, 심전도 검사, 총콜레스테롤, HDL콜레스테롤, 트리글리세라이드 ② 신경계: 신경계 증상 문진, 신경증상에 유의하여 진찰 ③ 눈, 피부, 비강, 인두: 점막자극증상 문진	임상검사 및 진찰 ① 신경계: 신경행동검사, 임상심리검사, 신경학적 검사 ② 눈, 피부, 비강, 인두: 세극등현미경검사, KOH검사, 피부단자시험, 비강 및 인두 검사

번호	유해인자	제1차 검사항목	제2차 검사항목
4	시안화칼륨 (Potassium cyanide; 151-50-8)	(1) 직업력 및 노출력 조사 (2) 주요 표적기관과 관련된 병력조사 (3) 임상검사 및 진찰 ① 심혈관계: 흉부방사선 검사, 심전도검사, 총콜레스테롤, HDL콜레스테롤, 트리글리세라이드 ② 신경계: 신경계 증상 문진, 신경증상에 유의하여 진찰 ③ 눈, 피부, 비강, 인두: 점막자극증상 문진	임상검사 및 진찰 ① 신경계: 신경행동검사, 임상심리검사, 신경학적 검사 ② 눈, 피부, 비강, 인두: 세극등현미경검사, KOH검사, 피부단자시험, 비강 및 인두 검사
5	염화수소 (Hydrogen chloride; 7647-01-0)	(1) 직업력 및 노출력 조사 (2) 주요 표적기관과 관련된 병력조사 (3) 임상검사 및 진찰 ① 호흡기계: 청진, 흉부방사선(후전면) ② 눈, 피부, 비강, 인두: 점막자극증상 문진 ③ 악구강계: 치과의사에 의한 치아부식증 검사	임상검사 및 진찰 ① 호흡기계: 흉부방사선(측면), 폐활량검사 ② 눈, 피부, 비강, 인두: 세극등현미경검사, KOH검사, 피부단자시험, 비강 및 인두 검사
6	질산 (Nitric acid; 7697-37-2)	(1) 직업력 및 노출력 조사 (2) 주요 표적기관과 관련된 병력조사 (3) 임상검사 및 진찰 ① 호흡기계: 청진, 흉부방사선(후전면) ② 눈, 피부, 비강, 인두: 점막자극증상 문진 ③ 악구강계: 치과의사에 의한 치아부식증 검사	임상검사 및 진찰 ① 호흡기계: 흉부방사선(측면), 폐활량검사 ② 눈, 피부, 비강, 인두: 세극등현미경검사, KOH검사, 피부단자시험, 비강 및 인두 검사
7	트리클로로아세트산(Trichloroacetic acid;	(1) 직업력 및 노출력 조사 (2) 주요 표적기관과 관련된 병력조사 (3) 임상검사 및 진찰	임상검사 및 진찰 눈, 피부, 비강, 인두: 세극등현미경검사, KOH검사, 피부단자시험, 비강 및 인두 검사

번호	유해인자	제1차 검사항목	제2차 검사항목
	76-03-9)	눈, 피부, 비강, 인두: 점막자극증상 문진	
8	황산 (Sulfuric acid ; 7664-93-9)	(1) 직업력 및 노출력 조사 (2) 주요 표적기관과 관련된 병력조사 (3) 임상검사 및 진찰 ① 호흡기계: 청진, 흉부방사선(후전면) ② 눈, 피부, 비강, 인두·후두: 점막자극증상 문진 ③ 악구강계: 치과의사에 의한 치아부식증 검사	임상검사 및 진찰 ① 호흡기계: 흉부방사선(측면), 폐활량검사 ② 눈, 피부, 비강, 인두: 세극등현미경검사, KOH검사, 피부단자시험, 비강 및 인두 검사, 후두경검사

※ 검사항목 중 "생물학적 노출지표 검사"는 해당 작업에 처음 배치되는 근로자에 대해서는 실시하지 않는다.

4) 가스 상태 물질류(14종)

번호	유해인자	제1차 검사항목	제2차 검사항목
1	불소(Fluorine ; 7782-41-4)	(1) 직업력 및 노출력 조사 (2) 주요 표적기관과 관련된 병력조사 (3) 임상검사 및 진찰 ① 간담도계: AST(SGOT), ALT (SGPT), γ-GTP ② 호흡기계: 청진, 흉부방사선(후전면) ③ 눈, 피부, 비강, 인두: 점막자극증상 문진	임상검사 및 진찰 ① 간담도계: AST(SGOT), ALT (SGPT), γ-GTP, 총단백, 알부민, 총빌리루빈, 직접빌리루빈, 알카리포스파타아제, 유산탈수소효소, 알파피토단백, B형간염 표면항원, B형간염 표면항체, C형간염 항체, A형간염 항체, 초음파 검사 ② 호흡기계: 흉부방사선(측면), 폐활량검사 ③ 눈, 피부, 비강, 인두: 세극등현미경검사, KOH검사, 피부단자시험, 비강 및 인두 검사

번호	유해인자	제1차 검사항목	제2차 검사항목
2	브롬(Bromine ; 7726-95-6)	(1) 직업력 및 노출력 조사 (2) 주요 표적기관과 관련된 병력조사 (3) 임상검사 및 진찰 ① 호흡기계: 청진 ② 신경계: 신경계 증상 문진, 신경증상에 유의하여 진찰	(1) 임상검사 및 진찰 ① 호흡기계: 흉부방사선(후전면), 폐활량검사 ② 신경계: 신경행동검사, 임상심리검사, 신경학적 검사 (2) 생물학적 노출지표 검사: 혈중 브롬이온 검사
3	산화에틸렌 (Ethylene oxide; 75-21-8)	(1) 직업력 및 노출력 조사 (2) 주요 표적기관과 관련된 병력조사 (3) 임상검사 및 진찰 ① 조혈기계: 혈색소량, 혈구용적치, 적혈구 수, 백혈구 수, 혈소판 수, 백혈구 백분율, 망상적혈구 수 ② 간담도계: AST(SGOT), ALT (SGPT), γ-GTP ③ 호흡기계: 청진 ④ 신경계: 신경계 증상 문진, 신경증상에 유의하여 진찰 ⑤ 생식계: 생식계 증상 문진 ⑥ 눈, 피부, 비강, 인두: 점막자극증상 문진	임상검사 및 진찰 ① 조혈기계: 혈액도말검사 ② 간담도계: AST(SGOT), ALT (SGPT), γ-GTP, 총단백, 알부민, 총빌리루빈, 직접빌리루빈, 알카리포스파타아제, 알파피토단백, B형간염 표면항원, B형간염 표면항체, C형간염 항체, A형간염 항체, 초음파 검사 ③ 호흡기계: 흉부방사선(후전면), 폐활량검사 ④ 신경계: 신경행동검사, 임상심리검사, 신경학적 검사 ⑤ 생식계: 에스트로겐(여), 황체형성호르몬, 난포자극호르몬, 테스토스테론(남) ⑥ 눈, 피부, 비강, 인두: 세극등현미경검사, 비강 및 인두검사, 면역글로불린 정량(IgE), 피부첩포시험, 피부단자시험, KOH검사
4	삼수소화비소 (Arsine; 7784-42-1)	(1) 직업력 및 노출력 조사 (2) 주요 표적기관과 관련된 병력조사 (3) 임상검사 및 진찰 ① 조혈기계: 혈색소량, 혈구용적치, 적혈구 수, 백혈구	(1) 임상검사 및 진찰 ① 조혈기계: 혈액도말검사, 유산탈수소효소, 총빌리루빈, 직접빌리루빈 ② 간담도계: AST(SGOT), ALT (SGPT), γ-GTP,

번호	유해인자	제1차 검사항목	제2차 검사항목
		수, 혈소판 수, 백혈구 백분율, 망상적혈구 수 ② 간담도계: AST(SGOT), ALT (SGPT), γ-GTP ③ 호흡기계: 청진 ④ 비뇨기계: 요검사 10종 ⑤ 눈, 피부, 비강, 인두: 점막자극증상 문진	총단백, 알부민, 총빌리루빈, 직접빌리루빈, 알카리포스파타아제, 알파피토단백, B형간염 표면항원, B형간염 표면항체, C형간염 항체, A형간염 항체, 초음파 검사 ③ 호흡기계: 흉부방사선(후전면), 폐활량검사, 흉부 전산화 단층촬영 ④ 비뇨기계: 단백뇨정량, 혈청 크레아티닌, 요소질소 ⑤ 눈, 피부, 비강, 인두: 세극등현미경검사, KOH검사, 피부단자시험, 비강 및 인두 검사 (2) 생물학적 노출지표 검사: 소변 중 비소(주말작업 종료 시)
5	시안화수소(Hydrogen cyanide; 74-90-8)	(1) 직업력 및 노출력 조사 (2) 주요 표적기관과 관련된 병력조사 (3) 임상검사 및 진찰 ① 심혈관계: 흉부방사선 검사, 심전도검사, 총콜레스테롤, HDL콜레스테롤, 트리글리세라이드 ② 신경계: 신경계 증상 문진, 신경증상에 유의하여 진찰	임상검사 및 진찰 신경계: 신경행동검사, 임상심리검사, 신경학적 검사
6	염소(Chlorine ;7782-50-5)	(1) 직업력 및 노출력 조사 (2) 주요 표적기관과 관련된 병력조사 (3) 임상검사 및 진찰 ① 호흡기계: 청진, 흉부방사선(후전면) ② 눈, 피부, 비강, 인두: 점막자극증상 문진 ③ 악구강계: 치과의사에 의한 치아부식증 검사	임상검사 및 진찰 ① 호흡기계: 흉부방사선(측면), 폐활량검사 ② 눈, 피부, 비강, 인두: 세극등현미경검사, KOH검사, 피부단자시험, 비강 및 인두 검사

번호	유해인자	제1차 검사항목	제2차 검사항목
7	오존(Ozone; 10028-15-6)	(1) 직업력 및 노출력 조사 (2) 과거병력조사 : 주요 표적기관과 관련된 질병력조사 (3) 임상검사 및 진찰 호흡기계: 청진, 흉부방사선(후전면)	임상검사 및 진찰 호흡기계: 흉부방사선(측면), 폐활량검사
8	이산화질소 (nitrogen dioxide; 10102-44-0)	(1) 직업력 및 노출력 조사 (2) 주요 표적기관과 관련된 병력조사 (3) 임상검사 및 진찰 ① 심혈관: 흉부방사선 검사, 심전도검사, 총콜레스테롤, HDL콜레스테롤, 트리글리세라이드 ② 호흡기계: 청진, 흉부방사선(후전면)	임상검사 및 진찰 호흡기계: 흉부방사선(측면), 폐활량검사
9	이산화황(Sulfur dioxide; 7446-09-5)	(1) 직업력 및 노출력 조사 (2) 주요 표적기관과 관련된 병력조사 (3) 임상검사 및 진찰 호흡기계: 청진, 흉부방사선(후전면)	임상검사 및 진찰 ① 호흡기계: 흉부방사선(측면), 폐활량검사 ② 악구강계: 치과의사에 의한 치아부식증 검사
10	일산화질소 (Nitric oxide; 10102-43-9)	(1) 직업력 및 노출력 조사 (2) 주요 표적기관과 관련된 병력조사 (3) 임상검사 및 진찰 호흡기계: 청진, 흉부방사선(후전면)	임상검사 및 진찰 호흡기계: 흉부방사선(측면), 폐활량검사
11	일산화탄소 (Carbon monoxide; 630-08-0)	(1) 직업력 및 노출력 조사 (2) 주요 표적기관과 관련된 병력조사 (3) 임상검사 및 진찰 ① 심혈관계: 흉부방사선 검사, 심전도검사, 총콜레스테롤, HDL콜레스테롤, 트	임상검사 및 진찰 신경계: 신경행동검사, 임상심리검사, 신경학적 검사

번호	유해인자	제1차 검사항목	제2차 검사항목
		리글리세라이드 ② 신경계: 신경계 증상 문진, 신경증상에 유의하여 진찰 (4) 생물학적 노출지표 검사 : 혈중 카복시헤모글로빈(작업 종료 후 10~15분 이내에 채취) 또는 호기 중 일산화탄소 농도(작업 종료 후 10~15분 이내, 마지막 호기 채취)	
12	포스겐 (Phosgene; 75-44-5)	(1) 직업력 및 노출력 조사 (2) 주요 표적기관과 관련된 병력조사 (3) 임상검사 및 진찰 호흡기계: 청진, 흉부방사선(후전면)	임상검사 및 진찰 호흡기계: 흉부방사선(측면), 폐활량검사
13	포스핀 (Phosphine; 7803-51-2)	(1) 직업력 및 노출력 조사 (2) 주요 표적기관과 관련된 병력조사 (3) 임상검사 및 진찰 호흡기계: 청진, 흉부방사선(후전면)	임상검사 및 진찰 호흡기계: 흉부방사선(측면), 폐활량검사
14	황화수소(Hydrogen sulfide; 7783-06-4)	(1) 직업력 및 노출력 조사 (2) 주요 표적기관과 관련된 병력조사 (3) 임상검사 및 진찰 ① 호흡기계: 청진, 흉부방사선(후전면) ② 신경계: 신경계 증상 문진, 신경증상에 유의하여 진찰	임상검사 및 진찰 ① 호흡기계: 흉부방사선(측면), 폐활량검사 ② 신경계: 신경행동검사, 임상심리검사, 신경학적 검사 ③ 악구강계: 치과의사에 의한 치아부식증 검사

※ 검사항목 중 “생물학적 노출지표 검사”는 해당 작업에 처음 배치되는 근로자에 대해서는 실시하지 않는다.

5) 영 제88조에 따른 허가 대상 유해물질(12종)

번호	유해인자	제1차 검사항목	제2차 검사항목
1	α-나프틸아민 〔134-32 -7〕 및 그 염 (α-naphthyl amine and its salts)	(1) 직업력 및 노출력 조사 (2) 주요 표적기관과 관련된 병력조사 (3) 임상검사 및 진찰 ① 비뇨기계: 요검사 10종, 소변세포병리검사(아침 첫 소변 채취) ② 피부: 관련 증상 문진	임상검사 및 진찰 ① 비뇨기계: 단백뇨정량, 혈청 크레아티닌, 요소질소, 비뇨기과 진료 ② 피부: 면역글로불린 정량(IgE), 피부첩포시험, 피부단자시험, KOH검사
2	디아니시딘〔119 -90-4〕 및 그 염 (Dianisidine and its salts)	(1) 직업력 및 노출력 조사 (2) 주요 표적기관과 관련된 병력조사 (3) 임상검사 및 진찰 ① 간담도계: AST(SGOT), ALT (SGPT), γ-GTP ② 비뇨기계: 요검사 10종, 소변세포병리검사(아침 첫 소변 채취)	임상검사 및 진찰 ① 간담도계: AST(SGOT), ALT (SGPT), γ-GTP, 총단백, 알부민, 총빌리루빈, 직접빌리루빈, 알카리포스파타아제, 알파피토단백, B형간염 표면항원, B형간염 표면항체, C형간염 항체, A형간염 항체, 초음파 검사 ② 비뇨기계: 단백뇨정량, 혈청 크레아티닌, 요소질소, 비뇨기과 진료
3	디클로로벤지딘 〔91-94 -1〕 및 그 염 (Dichlorobenzidine and its salts)	(1) 직업력 및 노출력 조사 (2) 주요 표적기관과 관련된 병력조사 (3) 임상검사 및 진찰 ① 간담도계: AST(SGOT), ALT (SGPT), γ-GTP ② 비뇨기계: 요검사 10종, 소변세포병리검사(아침 첫 소변 채취) ③ 피부: 관련 증상 문진	임상검사 및 진찰 ① 간담도계: AST(SGOT), ALT (SGPT), γ-GTP, 총단백, 알부민, 총빌리루빈, 직접빌리루빈, 알카리포스파타아제, 알파피토단백, B형간염 표면항원, B형간염 표면항체, C형간염 항체, A형간염 항체, 초음파 검사 ② 비뇨기계: 단백뇨정량, 혈청 크레아티닌, 요소질소, 비뇨기과 진료 ③ 피부: 면역글로불린 정량

번호	유해인자	제1차 검사항목	제2차 검사항목
			(IgE), 피부첩포시험, 피부단자시험, KOH검사
4	베릴륨〔7440-41-7〕 및 그 화합물 (Beryllium and its compounds)	(1) 직업력 및 노출력 조사 (2) 주요 표적기관과 관련된 병력조사 (3) 임상검사 및 진찰 ① 호흡기계: 청진, 흉부방사선(후전면), 폐활량검사 ② 눈, 피부, 비강, 인두: 점막자극증상 문진	임상검사 및 진찰 ① 호흡기계: 흉부방사선(측면), 결핵도말검사, 흉부 전산화 단층촬영, 객담세포검사 ② 눈, 피부, 비강, 인두: 세극등현미경검사, 비강 및 인두 검사, 면역글로불린 정량(IgE), 피부첩포시험, 피부단자시험, KOH 검사
5	벤조트리클로라이드 (Benzotrichloride; 98-07-7)	(1) 직업력 및 노출력 조사 (2) 주요 표적기관과 관련된 병력조사 (3) 임상검사 및 진찰 ① 호흡기계: 청진, 흉부방사선(후전면) ② 신경계: 신경계 증상 문진, 신경증상에 유의하여 진찰	임상검사 및 진찰 ① 호흡기계: 흉부방사선(측면), 흉부 전산화 단층촬영, 객담세포검사 ② 신경계: 신경행동검사, 임상심리검사, 신경학적 검사
6	비소〔7440-38-2〕 및 그 무기화합물 (Arsenic and its inorganic compounds)	(1) 직업력 및 노출력 조사 (2) 주요 표적기관과 관련된 병력조사 (3) 임상검사 및 진찰 ① 조혈기계: 혈색소량, 혈구용적치, 적혈구 수, 백혈구 수, 혈소판 수, 백혈구 백분율, 망상적혈구 수 ② 간담도계: AST(SGOT), ALT (SGPT), γ-GTP ③ 호흡기계: 청진, 흉부방사선(후전면) ④ 비뇨기계: 요검사 10종 ⑤ 눈, 피부, 비강, 인두: 점막	(1) 임상검사 및 진찰 ① 조혈기계: 혈액도말검사, 유산탈수소효소, 총빌리루빈, 직접빌리루빈 ② 간담도계: AST(SGOT), ALT (SGPT), γ-GTP, 총단백, 알부민, 총빌리루빈, 직접빌리루빈, 알카리포스파타아제, 알파피토단백, B형간염 표면항원, B형간염 표면항체, C형간염 항체, A형간염 항체, 초음파 검사 ③ 호흡기계: 흉부방사선(후

번호	유해인자	제1차 검사항목	제2차 검사항목
		자극증상 문진	전면), 폐활량검사, 흉부 전산화 단층촬영, 객담세포검사 ④ 비뇨기계: 단백뇨정량, 혈청 크레아티닌, 요소질소 ⑤ 눈, 피부, 비강, 인두: 세극등현미경검사, 비강 및 인두 검사, 면역글로불린 정량(IgE), 피부첩포시험, 피부단자시험, KOH 검사 (2) 생물학적 노출지표 검사: 소변 중 비소(주말 작업 종료 시)
7	염화비닐(Vinyl chloride; 75-01-4)	(1) 직업력 및 노출력 조사 (2) 주요 표적기관과 관련된 병력조사 (3) 임상검사 및 진찰 ① 간담도계: AST(SGOT), ALT (SGPT), γ-GTP ② 신경계: 신경계 증상 문진, 신경증상에 유의하여 진찰, 레이노현상 진찰 ③ 눈, 피부, 비강, 인두: 점막자극증상 문진	임상검사 및 진찰 ① 간담도계: AST(SGOT), ALT (SGPT), γ-GTP, 총단백, 알부민, 총빌리루빈, 직접빌리루빈, 알카리포스파타아제, 알파피토단백, B형간염 표면항원, B형간염 표면항체, C형간염 항체, A형간염 항체, 초음파 검사 ② 신경계: 신경행동검사, 임상심리검사, 신경학적 검사 ③ 눈, 피부, 비강, 인두: 세극등현미경검사, KOH검사, 피부단자시험, 비강 및 인두 검사
8	콜타르피치 〔65996-93-2〕 휘발물(코크스 제조 또는 취급업무) (Coal tar pitch	(1) 직업력 및 노출력 조사 (2) 주요 표적기관과 관련된 병력조사 (3) 임상검사 및 진찰 ① 호흡기계: 청진, 흉부방사선(후전면)	(1) 임상검사 및 진찰 ① 호흡기계: 흉부방사선(측면), 흉부 전산화 단층촬영, 객담세포검사 ② 비뇨기계: 단백뇨정량, 혈청 크레아티닌, 요소질소,

번호	유해인자	제1차 검사항목	제2차 검사항목
	volatiles)	② 비뇨기계: 요검사 10종, 소변세포병리검사(아침 첫 소변 채취) ③ 눈, 피부, 비강, 인두: 점막자극증상 문진	비뇨기과 진료 ③ 눈, 피부, 비강, 인두: 세극등현미경검사, 비강 및 인두 검사, 면역글로불린 정량(IgE), 피부첩포시험, 피부단자시험, KOH 검사 (2) 생물학적 노출지표 검사 : 소변 중 방향족 탄화수소의 대사산물(1-하이드록시파이렌 또는 1- 하이드록시파이렌 글루크로나이드)(작업 종료 후 채취)
9	크롬광 가공 〔열을 가하여 소성(변형된 형태 유지) 처리하는 경우만 해당한다〕 (Chromite ore processing)	(1) 직업력 및 노출력 조사 (2) 주요 표적기관과 관련된 병력조사 (3) 임상검사 및 진찰 ① 간담도계: AST(SGOT), ALT (SGPT), γ-GTP ② 호흡기계: 청진, 흉부방사선(후전면), ③ 눈, 피부, 비강, 인두: 점막자극증상 문진	임상검사 및 진찰 ① 간담도계: AST(SGOT), ALT (SGPT), γ-GTP, 총단백, 알부민, 총빌리루빈, 직접빌리루빈, 알카리포스파타아제, 알파피토단백, B형간염 표면항원, B형간염 표면항체, C형간염 항체, A형간염 항체, 초음파 검사 ② 호흡기계: 흉부방사선(측면), 흉부 전산화 단층촬영, 객담세포검사 ③ 눈, 피부, 비강, 인두: 세극등현미경검사, 비강 및 인두 검사, 면역글로불린 정량(IgE), 피부첩포시험, 피부단자시험, KOH 검사
10	크롬산아연(Zinc chromates; 13530-65-9 등)	(1) 직업력 및 노출력 조사 (2) 주요 표적기관과 관련된 병력조사 (3) 임상검사 및 진찰	임상검사 및 진찰 ① 간담도계: AST(SGOT), ALT (SGPT), γ-GTP, 총단백, 알부민, 총빌리루

번호	유해인자	제1차 검사항목	제2차 검사항목
		① 간담도계: AST(SGOT), ALT (SGPT), γ-GTP ② 호흡기계: 청진, 흉부방사선(후전면) ③ 눈, 피부, 비강, 인두: 점막 자극증상 문진	빈, 직접빌리루빈, 알카리포스파타아제, 알파피토단백, B형간염 표면항원, B형간염 표면항체, C형간염 항체, A형간염 항체, 초음파 검사 ② 호흡기계: 흉부방사선(측면), 흉부 전산화 단층촬영, 객담세포검사 ③ 눈, 피부,비강, 인두: 세극등현미경검사, 비강 및 인두 검사, 면역글로불린 정량(IgE), 피부첩포시험, 피부단자시험, KOH검사
11	o-톨리딘〔119-93-7〕 및 그 염(o-Tolidine and its salts)	(1) 직업력 및 노출력 조사 (2) 주요 표적기관과 관련된 병력조사 (3) 임상검사 및 진찰 ① 간담도계: AST(SGOT), ALT (SGPT), γ-GTP ② 비뇨기계: 요검사 10종, 소변세포병리검사(아침 첫 소변 채취)	임상검사 및 진찰 ① 간담도계: AST(SGOT), ALT (SGPT), γ-GTP, 총단백, 알부민, 총빌리루빈, 직접빌리루빈, 알카리포스파타아제, 알파피토단백, B형간염 표면항원, B형간염 표면항체, C형간염 항체, A형간염 항체, 초음파 검사 ② 비뇨기계: 단백뇨정량, 혈청 크레아티닌, 요소질소, 비뇨기과 진료
12	황화니켈류(Nickel sulfides; 12035-72-2, 16812- 54-7)	(1) 직업력 및 노출력 조사 (2) 주요 표적기관과 관련된 병력조사 (3) 임상검사 및 진찰 ① 호흡기계: 청진, 흉부방사선(후전면), 폐활량검사 ② 피부, 비강, 인두: 관련 증상 문진	(1) 임상검사 및 진찰 ① 호흡기계: 흉부방사선(측면), 작업 중 최대날숨유량 연속측정, 비특이 기도과민검사, 흉부 전산화 단층촬영, 객담세포검사 ② 피부, 비강, 인두: 면역글로불린 정량(IgE), 피부첩포시험, 피부단자시험,

번호	유해인자	제1차 검사항목	제2차 검사항목
			KOH검사, 비강 및 인두 검사 (2) 생물학적 노출지표 검사: 소변 중 니켈

※ 휘발성 콜타르피치의 검사항목 중 "생물학적 노출지표 검사"는 해당 작업에 처음 배치되는 근로자에 대해서는 실시하지 않는다.

6) 금속가공유: 미네랄 오일미스트(광물성 오일)

번호	유해인자	제1차 검사항목	제2차 검사항목
1	금속가공유 : 미네랄 오일미스트 (광물성오일 , Oil mist, mineral)	(1) 직업력 및 노출력 조사 (2) 과거병력조사 : 주요 표적기관과 관련된 질병력조사 (3) 임상검사 및 진찰 ① 호흡기계: 청진, 폐활량검사 ② 눈, 피부, 비강, 인두: 점막자극증상 문진	임상검사 및 진찰 ① 호흡기계: 흉부방사선(후전면, 측면), 작업 중 최대날숨유량 연속측정, 비특이 기도과민검사 ② 눈, 피부, 비강, 인두: 세극등현미경검사, 비강 및 인두 검사, 면역글로불린 정량(IgE), 피부첩포시험, 피부단자시험, KOH검사

나. 분진(7종)

번호	유해인자	제1차 검사항목	제2차 검사항목
1	곡물 분진 (Grain dusts)	(1) 직업력 및 노출력 조사 (2) 주요 표적기관과 관련된 병력조사 (3) 임상검사 및 진찰 호흡기계: 청진, 폐활량검사	임상검사 및 진찰 호흡기계: 흉부방사선(후전면, 측면), 작업 중 최대날숨유량 연속측정, 비특이 기도과민검사
2	광물성 분진 (Mineral dusts)	(1) 직업력 및 노출력 조사 (2) 주요 표적기관과 관련된 병력조사 (3) 임상검사 및 진찰 ① 호흡기계: 청진, 흉부방사선(후전면), 폐활량검사 ② 눈, 피부, 비강, 인두: 점막자극증상 문진	임상검사 및 진찰 ① 호흡기계: 흉부방사선(측면), 결핵도말검사, 흉부 전산화 단층촬영, 객담세포검사 ② 눈, 피부, 비강, 인두: 세극등현미경검사, KOH검사, 피부단자시험, 비강 및 인두 검사

번호	유해인자	제1차 검사항목	제2차 검사항목
3	면 분진 (Cotton dusts)	(1) 직업력 및 노출력 조사 (2) 주요 표적기관과 관련된 병력 조사 (3) 임상검사 및 진찰 호흡기계: 청진, 폐활량검사	임상검사 및 진찰 호흡기계: 흉부방사선(측면), 흉부방사선(후전면), 작업 중 최대날숨유량 연속측정, 비특이 기도과민검사
4	목재 분진(Wood dusts)	(1) 직업력 및 노출력 조사 (2) 과거병력조사: 주요 표적기관과 관련된 질병력조사 (3) 임상검사 및 진찰 ① 호흡기계: 청진, 흉부방사선(후전면), 폐활량검사 ② 눈, 피부, 비강, 인두: 점막자극증상 문진	임상검사 및 진찰 ① 호흡기계: 흉부방사선(측면), 작업 중 최대날숨유량 연속측정, 비특이 기도과민검사, 결핵도말검사 ② 눈, 피부, 비강, 인두: 세극등현미경검사, 비강 및 인두 검사, 면역글로불린 정량(IgE), 피부첩포시험, 피부단자시험, KOH검사
5	용접 흄 (Welding fume)	(1) 직업력 및 노출력 조사 (2) 주요 표적기관과 관련된 병력 조사 (3) 임상검사 및 진찰 ① 호흡기계: 청진, 흉부방사선(후전면), 폐활량검사 ② 신경계: 신경계 증상 문진, 신경증상에 유의하여 진찰 ③ 피부: 관련 증상 문진	임상검사 및 진찰 ① 호흡기계: 흉부방사선(측면), 작업 중 최대날숨유량 연속측정, 비특이 기도과민검사, 결핵도말검사 ② 신경계: 신경행동검사, 임상심리검사, 신경학적 검사 ③ 피부: 면역글로불린 정량(IgE), 피부첩포시험, 피부단자시험, KOH검사
6	유리 섬유(Glass fiber dusts)	(1) 직업력 및 노출력 조사 (2) 주요 표적기관과 관련된 병력 조사 (3) 임상검사 및 진찰 ① 호흡기계: 청진, 흉부방사선(후전면), 폐활량검사 ② 눈, 피부, 비강, 인두: 점막자극증상 문진	임상검사 및 진찰 ① 호흡기계: 흉부방사선(측면), 폐활량검사, 결핵도말검사 ② 눈, 피부, 비강, 인두: 세극등현미경검사, KOH검사, 피부단자시험, 비강 및 인두 검사
7	석면분진 (Asbestos dusts;	(1) 직업력 및 노출력 조사 (2) 주요 표적기관과 관련된 병력 조사	임상검사 및 진찰 호흡기계: 흉부방사선(측면), 결핵도말검사, 흉부 전산화 단

번호	유해인자	제1차 검사항목	제2차 검사항목
	1332-21-4 등)	(3) 임상검사 및 진찰 호흡기계: 청진, 흉부방사선(후전면), 폐활량검사	충촬영, 객담세포검사

다. 물리적 인자(8종)

번호	유해인자	제1차 검사항목	제2차 검사항목
1	안전보건규칙 제512조제1호부터 제3호까지의 규정에 따른 소음작업, 강렬한 소음작업 및 충격소음작업에서 발생하는 소음	(1) 직업력 및 노출력 조사 (2) 주요 표적기관과 관련된 병력조사 (3) 임상검사 및 진찰 이비인후: 순음 청력검사(양측 기도), 정밀 진찰(이경검사)	임상검사 및 진찰 이비인후: 순음 청력검사(양측 기도 및 골도), 중이검사(고막운동성검사)
2	안전보건규칙 제512조제4호에 따른 진동작업에서 발생하는 진동	(1) 직업력 및 노출력 조사 (2) 주요 표적기관과 관련된 병력조사 (3) 임상검사 및 진찰 ① 신경계: 신경계 증상 문진, 신경증상에 유의하여 진찰, 사지의 말초순환기능(손톱압박)·신경기능〔통각, 진동각〕·운동기능〔악력〕 등에 유의하여 진찰 ② 심혈관계: 관련 증상 문진	임상검사 및 진찰 ① 신경계: 근전도검사, 신경전도검사, 신경행동검사, 임상심리검사, 신경학적 검사, 냉각부하검사, 운동기능검사 ② 심혈관계: 심전도검사, 정밀안저검사
3	안전보건규칙 제573조제1호에 따른 방사선	(1) 직업력 및 노출력 조사 (2) 주요 표적기관과 관련된 병력조사 (3) 임상검사 및 진찰 ① 조혈기계: 혈색소량, 혈구용적치, 적혈구 수, 백혈구 수, 혈소판 수, 백혈구 백분율 ② 눈, 피부, 신경계, 조혈기계: 관련 증상 문진	임상검사 및 진찰 ① 조혈기계: 혈액도말검사, 망상적혈구 수 ② 눈: 세극등현미경검사

번호	유해인자	제1차 검사항목	제2차 검사항목
4	고기압	(1) 직업력 및 노출력 조사 (2) 주요 표적기관과 관련된 병력 조사 (3) 임상검사 및 진찰 ① 이비인후: 순음 청력검사(양측 기도), 정밀 진찰(이경검사) ② 눈, 이비인후, 피부, 호흡기계, 근골격계, 심혈관계, 치과: 관련 증상 문진	임상검사 및 진찰 ① 이비인후: 순음 청력검사(양측 기도 및 골도), 중이검사(고막운동성검사) ② 호흡기계: 폐활량검사 ③ 근골격계: 골 및 관절 방사선검사 ④ 심혈관계: 심전도검사 ⑤ 치과 : 치과의사에 의한 치은염 검사, 치주염 검사
5	저기압	(1) 직업력 및 노출력 조사 (2) 주요 표적기관과 관련된 병력 조사 (3) 임상검사 및 진찰 ① 눈, 심혈관계, 호흡기계: 관련 증상 문진 ② 이비인후: 순음 청력검사(양측 기도), 정밀 진찰(이경검사)	임상검사 및 진찰 ① 눈: 정밀안저검사 ② 호흡기계: 흉부 방사선검사, 폐활량검사 ③ 심혈관계: 심전도검사 ④ 이비인후: 순음 청력검사(양측 기도 및 골도), 중이검사(고막운동성검사)
6	자외선	(1) 직업력 및 노출력 조사 (2) 주요 표적기관과 관련된 병력 조사 (3) 임상검사 및 진찰 ① 피부: 관련 증상 문진 ② 눈: 관련 증상 문진	임상검사 및 진찰 ① 피부: 면역글로불린 정량(IgE), 피부첩포시험, 피부단자시험, KOH검사 ② 눈: 세극등현미경검사, 정밀안저검사, 정밀안압측정, 안과 진찰
7	적외선	(1) 직업력 및 노출력 조사 (2) 주요 표적기관과 관련된 병력 조사 (3) 임상검사 및 진찰 ① 피부: 관련 증상 문진 ② 눈: 관련 증상 문진	임상검사 및 진찰 ① 피부: 면역글로불린 정량(IgE), 피부첩포시험, 피부단자시험, KOH검사 ② 눈: 세극등현미경검사, 정밀안저검사, 정밀안압측정, 안과 진찰
8	마이크로파 및 라디오파	(1) 직업력 및 노출력 조사 (2) 주요 표적기관과 관련된 병력 조사	임상검사 및 진찰 ① 신경계: 신경행동검사, 임상심리검사, 신경학적 검사

번호	유해인자	제1차 검사항목	제2차 검사항목
		(3) 임상검사 및 진찰 ① 신경계: 신경계 증상 문진, 신경증상에 유의하여 진찰 ② 생식계: 생식계 증상 문진 ③ 눈: 관련 증상 문진	② 생식계: 에스트로겐(여), 황체형성호르몬, 난포자극호르몬, 테스토스테론(남) ③ 눈: 세극등현미경검사, 정밀안저검사, 정밀안압측정, 안과 진찰

라. 야간작업

유해인자	제1차 검사항목	제2차 검사항목
야간작업	(1) 직업력 및 노출력 조사 (2) 주요 표적기관과 관련된 병력조사 (3) 임상검사 및 진찰 ① 신경계: 불면증 증상 문진 ② 심혈관계: 복부둘레, 혈압, 공복혈당, 총콜레스테롤, 트리글리세라이드, HDL 콜레스테롤 ③ 위장관계: 관련 증상 문진 ④ 내분비계: 관련 증상 문진	임상검사 및 진찰 ① 신경계: 심층면담 및 문진 ② 심혈관계: 혈압, 공복혈당, 당화혈색소, 총콜레스테롤, 트리글리세라이드, HDL콜레스테롤, LDL콜레스테롤, 24시간 심전도, 24시간 혈압 ③ 위장관계: 위내시경 ④ 내분비계: 유방촬영, 유방초음파

2. 직업성 천식 및 직업성 피부염이 의심되는 근로자에 대한 수시건강진단의 검사항목

번호	유해인자	제1차 검사항목	제2차 검사항목
1	천식 유발물질	(1) 직업력 및 노출력 조사 (2) 주요 표적기관과 관련된 병력조사 (3) 임상검사 및 진찰 호흡기계: 천식에 유의하여 진찰	임상검사 및 진찰 호흡기계: 작업 중 최대날숨유량 연속측정, 폐활량검사, 흉부 방사선(후전면, 측면), 비특이 기도과민검사
2	피부장해 유발물질	(1) 직업력 및 노출력 조사 (2) 주요 표적기관과 관련된 병력조사 (3) 임상검사 및 진찰 피부: 피부 병변의 종류, 발병 모양, 분포 상태, 피부묘기증, 니콜스키 증후 등에 유의하여 진찰	임상검사 및 진찰 피부: 피부첩포시험

【규칙 별표 25】 (개정 2019.12.26)

건강관리카드의 발급대상(제214조 관련)

구분	건강장해가 발생할 우려가 있는 업무	대상 요건
1	베타-나프틸아민 또는 그 염(같은 물질이 함유된 화합물의 중량 비율이 1퍼센트를 초과하는 제제를 포함한다)을 제조하거나 취급하는 업무	3개월 이상 종사한 사람
2	벤지딘 또는 그 염(같은 물질이 함유된 화합물의 중량 비율이 1퍼센트를 초과하는 제제를 포함한다)을 제조하거나 취급하는 업무	3개월 이상 종사한 사람
3	베릴륨 또는 그 화합물(같은 물질이 함유된 화합물의 중량 비율이 1퍼센트를 초과하는 제제를 포함한다) 또는 그 밖에 베릴륨 함유물질(베릴륨이 함유된 화합물의 중량 비율이 3퍼센트를 초과하는 물질만 해당한다)을 제조하거나 취급하는 업무	제조하거나 취급하는 업무에 종사한 사람 중 양쪽 폐부분에 베릴륨에 의한 만성 결절성 음영이 있는 사람
4	비스-(클로로메틸)에테르(같은 물질이 함유된 화합물의 중량 비율이 1퍼센트를 초과하는 제제를 포함한다)를 제조하거나 취급하는 업무	3년 이상 종사한 사람
5	가. 석면 또는 석면방직제품을 제조하는 업무	3개월 이상 종사한 사람
	나. 다음의 어느 하나에 해당하는 업무 1) 석면함유제품(석면방직제품은 제외한다)을 제조하는 업무 2) 석면함유제품(석면이 1퍼센트를 초과하여 함유된 제품만 해당한다. 이하 다목에서 같다)을 절단하는 등 석면을 가공하는 업무 3) 설비 또는 건축물에 분무된 석면을 해체·제거 또는 보수하는 업무 4) 석면이 1퍼센트 초과하여 함유된 보온재 또는 내화피복제(耐火被覆劑)를 해체·제거 또는 보수하는 업무	1년 이상 종사한 사람
	다. 설비 또는 건축물에 포함된 석면시멘트, 석면마찰제품 또는 석면개스킷제품 등 석면함유제품을 해체·제거 또는 보수하는 업무	10년 이상 종사한 사람
	라. 나목 또는 다목 중 하나 이상의 업무에 중복하여 종사한 경우	다음의 계산식으로 산출한 숫자가 120을 초과하는 사람: (나목의 업

구분	건강장해가 발생할 우려가 있는 업무	대상 요건
		무에 종사한 개월 수)×10+(다목의 업무에 종사한 개월 수)
	마. 가목부터 다목까지의 업무로서 가목부터 다목까지의 규정에서 정한 종사기간에 해당하지 않는 경우	흉부방사선상 석면으로 인한 질병 징후(흉막반 등)가 있는 사람
6	벤조트리클로라이드를 제조(태양광선에 의한 염소화반응에 의하여 제조하는 경우만 해당한다)하거나 취급하는 업무	3년 이상 종사한 사람
7	가. 갱내에서 동력을 사용하여 토석(土石)·광물 또는 암석(습기가 있는 것은 제외한다. 이하 "암석등"이라 한다)을 굴착 하는 작업 나. 갱내에서 동력(동력 수공구(手工具)에 의한 것은 제외한다)을 사용하여 암석 등을 파쇄(破碎)·분쇄 또는 체질하는 장소에서의 작업 다. 갱내에서 암석 등을 차량계 건설기계로 싣거나 내리거나 쌓아 두는 장소에서의 작업 라. 갱내에서 암석 등을 컨베이어(이동식 컨베이어는 제외한다)에 싣거나 내리는 장소에서의 작업 마. 옥내에서 동력을 사용하여 암석 또는 광물을 조각 하거나 마무리하는 장소에서의 작업 바. 옥내에서 연마재를 분사하여 암석 또는 광물을 조각하는 장소에서의 작업 사. 옥내에서 동력을 사용하여 암석·광물 또는 금속을 연마·주물 또는 추출하거나 금속을 재단하는 장소에서의 작업 아. 옥내에서 동력을 사용하여 암석등·탄소원료 또는 알미늄박을 파쇄·분쇄 또는 체질하는 장소에서의 작업 자. 옥내에서 시멘트, 티타늄, 분말상의 광석, 탄소원료, 탄소제품, 알미늄 또는 산화티타늄을 포장하는 장소에서의 작업 차. 옥내에서 분말상의 광석, 탄소원료 또는 그 물질을 함유한 물질을 혼합·혼입 또는 살포하는 장소에서의 작업 카. 옥내에서 원료를 혼합하는 장소에서의 작업 중 다음의 어느 하나에 해당하는 작업 1) 유리 또는 법랑을 제조하는 공정에서 원료를 혼합하는 작업이나 원료 또는 혼합물을 용해로에 투입하는 작업(수중에서 원	3년 이상 종사한 사람으로서 흉부방사선 사진 상 진폐증이 있다고 인정되는 사람(「진폐의 예방과 진폐근로자의 보호 등에 관한 법률」에 따라 건강관리카드를 발급받은 사람은 제외한다)

구분	건강장해가 발생할 우려가 있는 업무	대상 요건
	료를 혼합하는 작업은 제외한다) 2) 도자기·내화물·형상토제품(형상을 본떠 흙으로 만든 제품) 또는 연마재를 제조하는 공정에서 원료를 혼합 또는 성형하거나, 원료 또는 반제품을 건조하거나, 반제품을 차에 싣거나 쌓아 두는 장소에서의 작업 또는 가마 내부에서의 작업(도자기를 제조하는 공정에서 원료를 투입 또는 성형하여 반제품을 완성하거나 제품을 내리고 쌓아 두는 장소에서의 작업과 수중에서 원료를 혼합하는 장소에서의 작업은 제외한다) 3) 탄소제품을 제조하는 공정에서 탄소원료를 혼합하거나 성형하여 반제품을 노(爐: 가공할 원료를 녹이거나 굽는 시설)에 넣거나 반제품 또는 제품을 노에서 꺼내거나 제작하는 장소에서의 작업 타. 옥내에서 내화 벽돌 또는 타일을 제조하는 작업 중 동력을 사용하여 원료(습기가 있는 것은 제외한다)를 성형하는 장소에서의 작업 파. 옥내에서 동력을 사용하여 반제품 또는 제품을 다듬질하는 장소에서의 작업 중 다음의 의 어느 하나에 해당하는 작업 1) 도자기·내화물·형상토제품 또는 연마재를 제조하는 공정에서 원료를 혼합 또는 성형하거나, 원료 또는 반제품을 건조하거나, 반제품을 차에 싣거나 쌓은 장소에서의 작업또는 가마 내부에서의 작업(도자기를 제조하는 공정에서 원료를 투입 또는 성형하여 반제품을 완성하거나 제품을 내리고 쌓아 두는 장소에서의 작업과 수중에서 원료를 혼합하는 장소에서의 작업은 제외한다) 2) 탄소제품을 제조하는 공정에서 탄소원료를 혼합하거나 성형하여 반제품을 노에 넣거나 반제품 또는 제품을 노에서 꺼내거나 제작하는 장소에서의 작업 하. 옥내에서 거푸집을 해체하거나, 분해장치를 이용하여 사형(似形: 광물의 결정형태)을 부수거나, 모래를 털어 내거나 동력을 사용하여 주물모래를 재생하거나 혼련(열과 기계를 사용하여 내용물을 고르게 섞는 것)하거나 주물품을 절삭(切削)하는 장소에서의 작업 거. 옥내에서 수지식(手指式) 용융분사기를 이용하지 않고 금속을 용융분사하는 장소에서의 작업	
8	가. 염화비닐을 중합(결합 화합물화)하는 업무 또는 밀폐되어 있지 않은 원심분리기를 사용하여 폴리염화비닐(염화비닐의 중합체를 말한다)의 현탁액(懸濁液)에서 물을 분리시키는 업무	4년 이상 종사한 사람

구분	건강장해가 발생할 우려가 있는 업무	대상 요건
	나. 염화비닐을 제조하거나 사용하는 석유화학설비를 유지 보수하는 업무	
9	크롬산·중크롬산 또는 이들 염(같은 물질이 함유된 화합물의 중량 비율이 1퍼센트를 초과하는 제제를 포함한다)을 광석으로부터 추출하여 제조하거나 취급하는 업무	4년 이상 종사한 사람
10	삼산화비소를 제조하는 공정에서 배소(낮은 온도로 가열하여 변화를 일으키는 과정) 또는 정제를 하는 업무나 비소가 함유된 화합물의 중량 비율이 3퍼센트를 초과하는 광석을 제련하는 업무	5년 이상 종사한 사람
11	니켈(니켈카보닐을 포함한다) 또는 그 화합물을 광석으로부터 추출하여 제조하거나 취급하는 업무	5년 이상 종사한 사람
12	카드뮴 또는 그 화합물을 광석으로부터 추출하여 제조하거나 취급하는 업무	5년 이상 종사한 사람
13	가. 벤젠을 제조하거나 사용하는 업무(석유화학 업종만 해당한다) 나. 벤젠을 제조하거나 사용하는 석유화학설비를 유지·보수하는 업무	6년 이상 종사한 사람
14	제철용 코크스 또는 제철용 가스발생로를 제조하는 업무(코크스로 또는 가스발생로 상부에서의 업무 또는 코크스로에 접근하여 하는 업무만 해당한다)	6년 이상 종사한 사람
15	비파괴검사(X-선) 업무	1년이상 종사한 사람 또는 연간 누적선량이 20mSv 이상이었던 사람

【규칙 별표 26】 (개정 2019.12.26)

행정처분기준(제240조 관련)

1. 일반기준
   가. 위반행위가 둘 이상인 경우에는 그 중 무거운 처분기준에 따르며, 그에 대한 처분기준이 같은 업무정지인 경우에는 무거운 처분기준에 나머지 각각의 처분기준의 2분의 1을 더하여 처분한다.
   나. 위반행위의 횟수에 따른 행정처분기준은 최근 2년간 같은 위반행위로 행정처분을 받은 경우에 적용한다. 이 경우 기간의 계산은 위반행위에 대하여 행정처분을 받은 날과 그 처분 후 다시 같은 위반행위를 하여 적발된 날을 기준으로 한다.
   다. 나목에 따라 가중된 행정처분을 하는 경우 행정처분의 적용 차수는 그 위반행위 전 부과처분 차수(나목에 따른 기간 내에 행정처분이 둘 이상 있었던 경우에는 높은 차수를 말한다)의 다음 차수로 한다.
   라. 업무정지(영업정지)기간이 지난 후에도 그 정지 사유가 소멸되지 않은 경우에는 그 기간을 연장할 수 있다.
   마. 업무정지(영업정지)기간 중에 업무를 수행한 경우 또는 업무정지(영업정지)를 최근 2년간 3회 받은 자가 다시 업무정지(영업정지)의 사유에 해당하게 된 경우에는 지정 등을 취소한다.
   바. 위반사항이 위반자의 업무수행지역에 국한되어 있고, 그 지역에 대해서만 처분하는 것이 적합하다고 인정되는 경우에는 그 지역에 대해서만 처분(지정 등의 일부 취소, 일부 업무정지)할 수 있다.
   사. 위반의 정도가 경미하고 단기간에 위반을 시정할 수 있다고 인정되는 경우에는 1차 위반의 경우에 한정하여 개별기준의 업무정지를 갈음하여 시정조치를 명할 수 있다.
   아. 개별기준에 열거되어 있지 않은 위반사항에 대해서는 개별기준에 열거된 유사한 위법사항의 처분기준에 준하여 처분해야 한다.
   자. 안전관리전문기관 또는 보건관리전문기관에 대한 업무정지를 명할 때 위반의 내용이 경미하고 일부 대행사업장에 한정된 경우에는 1차 위반 처분 시에 한정하여 그 일부 사업장만 처분할 수 있다.
   차. 건설재해예방전문지도기관에 대한 업무정지는 신규지도계약 체결의 정지에 한정하여 처분할 수 있다.

2. 개별기준

위반사항	행정처분 기준		
	1차 위반	2차 위반	3차 이상위반
가. 안전관리전문기관 또는 보건관리전문기관 (법 제21조제4항 관련)			
1) 거짓이나 그 밖의 부정한 방법으로 지정을 받은 경우	지정취소		
2) 업무정지 기간 중에 업무를 수행한 경우	지정취소		
3) 법 제21조제1항에 따른 지정 요건을 충족하지 못한 경우	업무정지 3개월	업무정지 6개월	지정취소
4) 지정받은 사항을 위반하여 업무를 수행한 경우	업무정지 1개월	업무정지 3개월	업무정지 6개월
5) 안전관리 또는 보건관리 업무 관련 서류를 거짓으로 작성한 경우	지정취소		
6) 정당한 사유 없이 안전관리 또는 보건관리 업무의 수탁을 거부한 경우	업무정지 1개월	업무정지 3개월	업무정지 6개월
7) 위탁받은 안전관리 또는 보건관리 업무에 차질을 일으키거나 업무를 게을리한 경우			
가) 위탁받은 사업장에 대하여 최근 1년간 3회 이상 수탁 업무를 게을리한 경우	업무정지 1개월	업무정지 2개월	업무정지 3개월
나) 인력기준에 해당되지 않는 사람이 수탁 업무를 수행한 경우	업무정지 3개월	업무정지 6개월	지정취소
다) 위탁받은 사업장 전체의 직전 연도 말의 업무상 사고재해율(전국 사업장 모든 업종의 평균 재해율 이상인 경우에만 해당한다)이 그 직전 연도 말의 업무상 사고재해율 보다 증가한 경우(안전관리전문기관만 해당한다)			
(1) 30퍼센트 이상 50퍼센트 미만 증가한 경우	업무정지 1개월		
(2) 50퍼센트 이상 70퍼센트 미만 증가한 경우	업무정지 2개월		
(3) 70퍼센트 이상 증가한 경우	업무정지 3개월		
라) 위탁받은 사업장 중에서 연도 중 안전조치에 대한 기술지도 소홀이 원인이 되어 중대재해가 발생한		업무정지 1개월	업무정지 3개월

위반사항	행정처분 기준		
	1차 위반	2차 위반	3차 이상위반
경우(사업장 외부에 출장 중 발생한 재해 또는 재해 발생 직전 3회 방문점검 기간에 그 작업이 없었거나 재해의 원인에 대한 기술 지도를 실시하였음에도 사업주가 이를 이행하지 않아 발생한 재해는 제외한다)			
8) 안전관리 또는 보건관리 업무를 수행하지 않고 위탁 수수료를 받은 경우	업무정지 3개월	업무정지 6개월	지정취소
9) 안전관리 또는 보건관리 업무와 관련된 비치서류를 보존하지 않은 경우	업무정지 1개월	업무정지 3개월	업무정지 6개월
10) 안전관리 또는 보건관리 업무 수행과 관련한 대가 외의 금품을 받은 경우	업무정지 1개월	업무정지 3개월	업무정지 6개월
11) 법에 따른 관계 공무원의 지도·감독을 거부·방해 또는 기피한 경우	업무정지 3개월	업무정지 6개월	지정취소
나. 직무교육기관(법 제33조제4항 관련)			
1) 거짓이나 그 밖의 부정한 방법으로 등록한 경우	등록취소		
2) 업무정지 기간 중에 업무를 수행한 경우	등록취소		
3) 법 제33조제1항에 따른 등록 요건을 충족하지 못한 경우	업무정지 3개월	업무정지 6개월	등록취소
4) 등록한 사항을 위반하여 업무를 수행한 경우	업무정지 1개월	업무정지 3개월	업무정지 6개월
5) 교육 관련 서류를 거짓으로 작성한 경우	업무정지 3개월	등록취소	
6) 정당한 사유 없이 교육 실시를 거부한 경우	업무정지 1개월	업무정지 3개월	업무정지 6개월
7) 교육을 실시하지 않고 수수료를 받은 경우	업무정지 3개월	업무정지 6개월	등록취소
8) 법 제32조제1항 각 호 외의 부분 본문에 따른 교육의 내용 및 방법을 위반한 경우	업무정지 1개월	업무정지 3개월	업무정지 6개월
다. 근로자안전보건교육기관(법 제33조제4항 관련)			
1) 거짓이나 그 밖의 부정한 방법으로 등록한 경우	등록취소		
2) 업무정지 기간 중에 업무를 수행한 경우	등록취소		
3) 법 제33조제1항에 따른 등록 요건을 충족하지 못한 경우	업무정지 3개월	업무정지 6개월	등록취소

위반사항	행정처분 기준		
	1차 위반	2차 위반	3차 이상위반
4) 등록한 사항을 위반하여 업무를 수행한 경우	업무정지 1개월	업무정지 3개월	업무정지 6개월
5) 교육 관련 서류를 거짓으로 작성한 경우	업무정지 3개월	등록취소	
6) 정당한 사유 없이 교육 실시를 거부한 경우	업무정지 1개월	업무정지 3개월	업무정지 6개월
7) 교육을 실시하지 않고 수수료를 받은 경우	업무정지 3개월	업무정지 6개월	등록취소
8) 법 제29조제1항부터 제3항까지의 규정에 따른 교육의 내용 및 방법을 위반한 경우	업무정지 1개월	업무정지 3개월	업무정지 6개월
라. 건설업 기초안전·보건교육기관 (법 제33조제4항 관련)			
1) 거짓이나 그 밖의 부정한 방법으로 등록한 경우	등록취소		
2) 업무정지 기간 중에 업무를 수행한 경우	등록취소		
3) 법 제33조제1항에 따른 등록 요건을 충족하지 못한 경우	업무정지 3개월	업무정지 6개월	등록취소
4) 등록한 사항을 위반하여 업무를 수행한 경우	업무정지 1개월	업무정지 3개월	업무정지 6개월
5) 교육 관련 서류를 거짓으로 작성한 경우	업무정지 3개월	등록취소	
6) 정당한 사유 없이 교육 실시를 거부한 경우	업무정지 1개월	업무정지 3개월	업무정지 6개월
7) 교육을 실시하지 않고 수수료를 받은 경우	업무정지 3개월	업무정지 6개월	등록취소
8) 법 제31조제1항 본문에 따른 교육의 내용 및 방법을 위반한 경우	업무정지 1개월	업무정지 3개월	업무정지 6개월
마. 안전보건진단기관(법 제48조제4항 관련)			
1) 거짓이나 그 밖의 부정한 방법으로 지정을 받은 경우	지정취소		
2) 업무정지 기간 중에 업무를 수행한 경우	지정취소		
3) 법 제48조제1항에 따른 지정 요건에 미달한 경우	업무정지 3개월	업무정지 6개월	지정취소
4) 지정받은 사항을 위반하여 안전보건진단업무를 수	업무정지	업무정지	업무정지

위반사항	행정처분 기준		
	1차 위반	2차 위반	3차 이상위반
행한 경우	1개월	3개월	6개월
5) 안전보건진단 업무 관련 서류를 거짓으로 작성한 경우	지정취소		
6) 정당한 사유 없이 안전보건진단 업무의 수탁을 거부한 경우	업무정지 1개월	업무정지 3개월	업무정지 6개월
7) 영 제47조에 따른 인력기준에 해당하지 않는 사람에게 안전보건진단 업무를 수행하게 한 경우	업무정지 3개월	업무정지 6개월	지정취소
8) 안전보건진단 업무를 수행하지 않고 위탁 수수료를 받은 경우	업무정지 3개월	업무정지 6개월	지정취소
9) 안전보건진단 업무와 관련된 비치서류를 보존하지 않은 경우	업무정지 1개월	업무정지 3개월	업무정지 6개월
10) 안전보건진단 업무 수행과 관련한 대가 외의 금품을 받은 경우	업무정지 1개월	업무정지 3개월	업무정지 6개월
11) 법에 따른 관계 공무원의 지도·감독을 거부·방해 또는 기피한 경우	업무정지 3개월	업무정지 6개월	지정취소
바. 건설재해예방전문지도기관(법 제74조제4항 관련)			
1) 거짓이나 그 밖의 부정한 방법으로 지정을 받은 경우	지정취소		
2) 업무정지 기간 중에 업무를 수행한 경우	지정취소		
3) 법 제74조제1항에 따른 지정 요건을 충족하지 못한 경우	업무정지 3개월	업무정지 6개월	지정취소
4) 지정받은 사항을 위반하여 업무를 수행한 경우	업무정지 1개월	업무정지 3개월	업무정지 6개월
5) 지도업무 관련 서류를 거짓으로 작성한 경우	지정취소		
6) 정당한 사유 없이 지도업무를 거부한 경우	업무정지 3개월	업무정지 6개월	지정취소
7) 지도업무를 게을리하거나 지도업무에 차질을 일으킨 경우			
가) 지도 대상 전체 사업장에 대하여 최근 1년간 3회 이상 지도 업무의 수행을 게을리 한 경우(각 사업장별로 지도 업무의 수행을 게을리 한 횟수를 모두 합산한다)	업무정지 1개월	업무정지 2개월	업무정지 3개월
나) 인력기준에 해당하지 않는 사람이 지도 업무를 수행한 경우	업무정지 3개월	업무정지 6개월	지정취소

위반사항	행정처분 기준		
	1차 위반	2차 위반	3차 이상위반
다) 지도 업무를 수행하지 않고 부당하게 대가를 받은 경우	업무정지 3개월	업무정지 6개월	지정취소
라) 지도사업장에서 중대재해 발생 시 그 재해의 직접적인 원인이 지도 소홀로 인정되는 경우	업무정지 1개월	업무정지 2개월	업무정지 3개월
8) 영 별표 18에 따른 지도업무의 내용, 지도대상 분야, 지도의 수행방법을 위반한 경우	업무정지 1개월	업무정지 2개월	업무정지 3개월
9) 지도를 실시하고 그 결과를 고용노동부장관이 정하는 전산시스템에 3회 이상 입력하지 않은 경우	업무정지 1개월	업무정지 2개월	업무정지 3개월
10) 지도업무와 관련된 비치서류를 보존하지 않은 경우	업무정지 1개월	업무정지 3개월	업무정지 6개월
11) 법에 따른 관계 공무원의 지도·감독을 거부·방해 또는 기피한 경우	업무정지 3개월	업무정지 6개월	지정취소
사. 타워크레인 설치·해체업을 등록한 자 (법 제82조제4항 관련)			
1) 거짓이나 그 밖의 부정한 방법으로 등록을 한 경우	등록취소		
2) 업무정지 기간 중에 업무를 수행한 경우	등록취소		
3) 법 제82조제1항에 따른 등록 요건을 충족하지 못한 경우	업무정지 3개월	업무정지 6개월	등록취소
4) 등록한 사항을 위반하여 업무를 수행한 경우	업무정지 1개월	업무정지 3개월	업무정지 6개월
5) 법 제38조에 따른 안전조치를 준수하지 않아 벌금형 또는 금고 이상의 형의 선고를 받은 경우	업무정지 6개월	등록취소	
6) 법에 따른 관계 공무원의 지도·감독 업무를 거부·방해 또는 기피한 경우	업무정지 3개월	업무정지 6개월	등록취소
아. 안전인증의 취소 등(법 제86조제1항 관련)			
1) 거짓이나 그 밖의 부정한 방법으로 안전인증을 받은 경우	안전인증 취소		
2) 안전인증을 받은 유해·위험기계등의 안전에 관한 성능 등이 안전인증기준에 맞지 않게 된 경우			
가) 안전인증기준에 맞지 않게 된 경우	개선명령 및 6개월의	안전인증 취소	

위반사항	행정처분 기준		
	1차 위반	2차 위반	3차 이상위반
	범위에서 안전인증 기준에 맞게 될 때까지 안전인증 표시 사용금지		
나) 가)에 따라 개선명령 및 안전인증표시 사용금지 처분을 받은 자가 6개월의 사용금지기간이 지날 때까지 안전인증기준에 맞지 않게 된 경우	안전인증 취소		
3) 정당한 사유 없이 법 제84조제4항에 따른 확인을 거부, 방해 또는 기피하는 경우	안전인증 표시 사용금지 3개월	안전인증 표시 사용금지 6개월	안전인증 취소
자. 안전인증기관(법 제88조제5항 관련)			
1) 거짓이나 그 밖의 부정한 방법으로 지정받은 경우	지정취소		
2) 업무정지 기간 중에 업무를 수행한 경우	지정취소		
3) 법 제88조제1항에 따른 지정요건을 충족하지 못한 경우	업무정지 3개월	업무정지 6개월	지정취소
4) 지정받은 사항을 위반하여 업무를 수행한 경우	업무정지 1개월	업무정지 3개월	업무정지 6개월
5) 안전인증 관련 서류를 거짓으로 작성한 경우	지정취소		
6) 정당한 사유 없이 안전인증 업무를 거부한 경우	업무정지 1개월	업무정지 3개월	업무정지 6개월
7) 안전인증 업무를 게을리하거나 차질을 일으킨 경우			
가) 인력기준에 해당되지 않는 사람이 안전인증업무를 수행한 경우	업무정지 3개월	업무정지 6개월	지정취소
나) 안전인증기준에 적합한지에 대한 심사 소홀이 원인이 되어 중대재해가 발생한 경우	업무정지 1개월	업무정지 3개월	업무정지 6개월
다) 안전인증 면제를 위한 심사 또는 상호인정협정 체결 소홀이 원인이 되어 중대재해가 발생한 경우	업무정지 1개월	업무정지 3개월	업무정지 6개월

위반사항	행정처분 기준		
	1차 위반	2차 위반	3차 이상위반
8) 안전인증·확인의 방법 및 절차를 위반한 경우	업무정지 1개월	업무정지 3개월	업무정지 6개월
9) 법에 따른 관계 공무원의 지도·감독을 거부·방해 또는 기피한 경우	업무정지 3개월	업무정지 6개월	지정취소
차. 자율안전확인표시 사용금지 등(법 제91조 관련)			
○ 신고된 자율안전확인대상기계등의 안전에 관한 성능이 자율안전기준에 맞지 않게 된 경우	시정명령 또는 6개월의 범위에서 자율안전기준에 맞게 될 때까지 자율안전확인표시 사용금지		
카. 안전검사기관(법 제96조제5항 관련)			
1) 거짓이나 그 밖의 부정한 방법으로 지정받은 경우	지정취소		
2) 업무정지 기간 중에 업무를 수행한 경우	지정취소		
3) 법 제96조제2항에 따른 지정요건을 충족하지 못한 경우	업무정지 3개월	업무정지 6개월	지정취소
4) 지정받은 사항을 위반하여 업무를 수행한 경우	업무정지 1개월	업무정지 3개월	업무정지 6개월
5) 안전검사 관련 서류를 거짓으로 작성한 경우	지정취소		
6) 정당한 사유 없이 안전검사 업무를 거부한 경우	업무정지 1개월	업무정지 3개월	업무정지 6개월
9) 안전검사 업무를 게을리하거나 업무에 차질을 일으킨 경우			
가) 인력기준에 해당되지 않는 사람이 안전검사업무를 수행한 경우	업무정지 3개월	업무정지 6개월	지정취소
나) 안전검사기준에 적합한지에 대한 확인 소홀이 원인이 되어 중대재해가 발생한 경우	업무정지 1개월	업무정지 3개월	업무정지 6개월

위반사항	행정처분 기준		
	1차 위반	2차 위반	3차 이상위반
6) 안전검사·확인의 방법 및 절차를 위반한 경우	업무정지 1개월	업무정지 3개월	업무정지 6개월
7) 법에 따른 관계 공무원의 지도·감독을 거부·방해 또는 기피한 경우	업무정지 3개월	업무정지 6개월	지정취소
타. 자율검사프로그램 인정의 취소 등 (법 제99조제1항 관련)			
1) 거짓이나 그 밖의 부정한 방법으로 자율검사프로그램을 인정받은 경우	자율검사 프로그램 인정취소		
2) 자율검사프로그램을 인정받고도 검사를 하지 않은 경우	개선명령	개선명령	자율검사 프로그램 인정취소
3) 인정받은 자율검사프로그램의 내용에 따라 검사를 하지 않은 경우	개선명령	개선명령	자율검사 프로그램 인정취소
4) 법 제98조제1항 각 호의 어느 하나에 해당하는 사람 또는 자율안전검사기관이 검사를 하지 않은 경우	개선명령	개선명령	자율검사 프로그램 인정취소
파. 자율안전검사기관의 지정취소 등 (법 제100조제4항 관련)			
1) 거짓이나 그 밖의 부정한 방법으로 지정을 받은 경우	지정취소		
2) 업무정지 기간 중에 업무를 수행한 경우	지정취소		
3) 법 제100조제1항에 따른 지정 요건을 충족하지 못한 경우	업무정지 3개월	업무정지 6개월	지정취소
4) 지정받은 사항을 위반하여 검사업무를 수행한 경우	업무정지 1개월	업무정지 3개월	업무정지 6개월
5) 검사 관련 서류를 거짓으로 작성한 경우	지정취소		
6) 정당한 사유 없이 검사업무의 수탁을 거부한 경우	업무정지 1개월	업무정지 3개월	업무정지 6개월
7) 검사업무를 하지 않고 위탁 수수료를 받은 경우	업무정지 3개월	업무정지 6개월	지정취소

위반사항	행정처분 기준		
	1차 위반	2차 위반	3차 이상위반
8) 검사 항목을 생략하거나 검사방법을 준수하지 않은 경우	업무정지 1개월	업무정지 3개월	업무정지 6개월
9) 검사 결과의 판정기준을 준수하지 않거나 검사 결과에 따른 안전조치 의견을 제시하지 않은 경우	업무정지 1개월	업무정지 3개월	업무정지 6개월
하. 등록지원기관(법 제102조제3항 관련)			
1) 거짓이나 그 밖의 부정한 방법으로 등록받은 경우	등록취소		
2) 법 제102조제2항에 따른 등록요건에 적합하지 아니하게 된 경우	지원제한 1년	등록취소	
3) 법 제86조제1항제1호에 따라 안전인증이 취소된 경우	등록취소		
거. 허가대상물질의 제조·사용허가 (법 제118조제5항 관련)			
1) 거짓이나 그 밖의 부정한 방법으로 허가를 받은 경우	허가취소		
2) 법 제118조제2항에 따른 허가기준에 맞지 않게 된 경우	영업정지 3개월	영업정지 6개월	허가취소
3) 법 제118조제3항을 위반한 경우			
가) 제조·사용 설비를 법 제118조제2항에 따른 허가기준에 적합하도록 유지하기 않거나, 그 기준에 적합하지 않은 작업방법으로 허가대상물질을 제조·사용한 경우(나)부터 라)까지의 규정에 해당하는 경우는 제외한다)	영업정지 3개월	영업정지 6개월	허가취소
나) 허가대상물질을 취급하는 근로자에게 적절한 보호구(保護區)를 지급하지 않은 경우	영업정지 2개월	영업정지 3개월	영업정지 6개월
다) 허가대상물질에 대한 작업수칙을 지키지 않거나 취급근로자가 보호구를 착용하지 않았는데도 작업을 계속한 경우	영업정지 2개월	영업정지 3개월	영업정지 6개월
라) 그 밖에 법 또는 법에 따른 명령을 위반한 경우			
(1) 국소배기장치에 법 제93조에 따른 안전검사를 하지 않은 경우	영업정지 2개월	영업정지 3개월	영업정지 6개월
(2) 비치서류를 보존하지 않은 경우	영업정지 1개월	영업정지 3개월	영업정지 6개월
(3) 법에 따른 관계 공무원의 지도·감독을 거부·방해	영업정지	영업정지	허가취소

위반사항	행정처분 기준		
	1차 위반	2차 위반	3차 이상위반
또는 기피한 경우	4개월	6개월	
(4) 관련 서류를 거짓으로 작성한 경우	허가취소		
4) 법 제118조제4항에 따른 명령을 위반한 경우	영업정지 6개월	허가취소	
5) 자체검사 결과 이상을 발견하고도 즉시 보수 및 필요한 조치를 하지 않은 경우	영업정지 2개월	영업정지 3개월	영업정지 6개월
너. 석면조사기관(법 제120조제5항 관련)			
1) 거짓이나 그 밖의 부정한 방법으로 지정을 받은 경우	지정취소		
2) 업무정지 기간 중에 업무를 수행한 경우	지정취소		
3) 법 제120조제1항에 따른 지정 요건을 충족하지 못한 경우	업무정지 3개월	업무정지 6개월	지정취소
4) 지정받은 사항을 위반하여 업무를 수행한 경우	업무정지 1개월	업무정지 3개월	업무정지 6개월
5) 법 제119조제2항의 기관석면조사 또는 법 제124조제1항의 공기 중 석면농도 관련 서류를 거짓으로 작성한 경우	지정취소		
6) 정당한 사유 없이 석면조사 업무를 거부한 경우	업무정지 1개월	업무정지 3개월	업무정지 6개월
7) 영 제90조에 따른 인력기준에 해당하지 않는 사람에게 석면조사 업무를 수행하게 한 경우	업무정지 3개월	업무정지 6개월	지정취소
8) 법 제119조제5항 및 이 규칙 제176조에 따른 석면조사 방법과 그 밖에 필요한 사항을 위반한 경우	업무정지 6개월	지정취소	
9) 법 제120조제2항에 따라 고용노동부장관이 실시하는 석면조사기관의 석면조사 능력 확인을 받지 않거나 부적합 판정을 받은 경우(연속 2회에 한함)	향후 석면조사 능력 확인에서 적합 판정을 받을 때까지 업무정지		
10) 법 제124조제2항에 따른 자격을 갖추지 않은 자에게 석면농도를 측정하게 한 경우	업무정지 3개월	업무정지 6개월	지정취소

위반사항	행정처분 기준		
	1차 위반	2차 위반	3차 이상위반
11) 법 제124조제2항에 따른 석면농도 측정방법을 위반한 경우	업무정지 1개월	업무정지 3개월	업무정지 6개월
12) 법에 따른 관계 공무원의 지도·감독을 거부·방해 또는 기피한 경우	업무정지 3개월	업무정지 6개월	지정취소
더. 석면해체·제거업자(법 제121조제4항 관련)			
1) 거짓이나 그 밖의 부정한 방법으로 등록을 한 경우	등록취소		
2) 업무정지 기간 중에 업무를 수행한 경우	등록취소		
3) 법 제121조제1항에 따른 등록 요건을 충족하지 못한 경우	업무정지 3개월	업무정지 6개월	등록취소
4) 등록한 사항을 위반하여 업무를 수행한 경우	업무정지 1개월	업무정지 3개월	업무정지 6개월
5) 법 제122조제3항에 따른 서류를 거짓이나 그 밖의 부정한 방법으로 작성한 경우	등록취소		
6) 법 제122조제3항에 따른 신고(변경신고는 제외한다) 또는 서류 보존 의무를 이행하지 않은 경우	업무정지 1개월	업무정지 2개월	업무정지 3개월
7) 법 제123조제1항 및 안전보건규칙 제489조부터 제497조까지, 제497조의2, 제497조의3에서 정하는 석면해체·제거의 작업기준을 준수하지 않아 벌금형의 선고 또는 금고 이상의 형의 선고를 받은 경우	업무정지 6개월	등록취소	
8) 법에 따른 관계 공무원의 지도·감독을 거부·방해 또는 기피한 경우	업무정지 3개월	업무정지 6개월	등록취소
러. 작업환경측정기관(법 제126조제5항 관련)			
1) 거짓이나 그 밖의 부정한 방법으로 지정을 받은 경우	지정취소		
2) 업무정지 기간 중에 업무를 수행한 경우	지정취소		
3) 법 제126조제1항에 따른 지정 요건을 충족하지 못한 경우	업무정지 3개월	업무정지 6개월	지정취소
4) 지정받은 사항을 위반하여 작업환경측정업무를 수행한 경우	업무정지 1개월	업무정지 3개월	업무정지 6개월
5) 작업환경측정 관련 서류를 거짓으로 작성한 경우	지정취소		
6) 정당한 사유 없이 작업환경측정 업무를 거부한 경우	업무정지 1개월	업무정지 3개월	업무정지 6개월
7) 위탁받은 작업환경측정 업무에 차질을 일으킨 경우			

위반사항	행정처분 기준		
	1차 위반	2차 위반	3차 이상위반
○ 인력기준에 해당하지 않는 사람이 측정한 경우	업무정지 3개월	업무정지 6개월	지정취소
8) 법 제125조제8항 및 이 규칙 제189조에 따른 작업환경측정 방법 등을 위반한 경우	업무정지 1개월	업무정지 3개월	업무정지 6개월
9) 법 제126조제2항에 따라 고용노동부장관이 실시하는 작업환경측정기관의 측정·분석 능력 확인을 1년 이상 받지 않거나 작업환경측정기관의 측정·분석능력 확인에서 부적합 판정(2회 연속 부적합에 한함. 단, 특별정도관리의 경우 1회 부적합 판정인 경우임)을 받은 경우	향후 작업환경측정기관의 측정·분석능력 확인에서 적합 판정을 받을 때까지 업무정지		
10) 작업환경측정 업무와 관련된 비치서류를 보존하지 않은 경우	업무정지 1개월	업무정지 3개월	업무정지 6개월
11) 법에 따른 관계 공무원의 지도·감독을 거부·방해 또는 기피한 경우	업무정지 3개월	업무정지 6개월	지정취소
머. 특수건강진단기관(법 제135조제6항 관련)			
1) 거짓이나 그 밖의 부정한 방법으로 지정을 받은 경우	지정취소		
2) 업무정지 기간 중에 업무를 수행한 경우	지정취소		
3) 법 제135조제2항에 따른 지정 요건을 충족하지 못한 경우	업무정지 3개월	업무정지 6개월	지정취소
4) 지정받은 사항을 위반하여 건강진단업무를 수행한 경우	업무정지 1개월	업무정지 3개월	업무정지 6개월
5) 고용노동부령으로 정하는 검사항목을 빠뜨리거나 검사방법 및 실시 절차를 준수하지 않고 건강진단을 하는 경우			
가) 검사항목을 빠뜨린 경우	업무정지 1개월	업무정지 3개월	업무정지 6개월
나) 검사방법을 준수하지 않은 경우	업무정지 1개월	업무정지 3개월	업무정지 6개월

위반사항	행정처분 기준		
	1차 위반	2차 위반	3차 이상위반
다) 실시 절차를 준수하지 않은 경우	업무정지 1개월	업무정지 3개월	업무정지 6개월
6) 고용노동부령으로 정하는 건강진단의 비용을 줄이는 등의 방법으로 건강진단을 유인하거나 건강진단의 비용을 부당하게 징수한 경우	업무정지 3개월	업무정지 6개월	지정취소
7) 법 제135조제3항에 따라 고용노동부장관이 실시하는 특수건강진단기관의 진단·분석 능력의 확인에서 부적합 판정을 받은 경우	향후 특수건강진단기관의 진단·분석 능력의 확인에서 적합판정을 받을때까지 해당검사의 업무정지		
8) 건강진단 결과를 거짓으로 판정하거나 고용노동부령으로 정하는 건강진단개인표 등 건강진단 관련 서류를 거짓으로 작성한 경우	지정취소		
9) 무자격자 또는 영 제97조에 따른 특수건강진단기관의 지정 요건을 충족하지 못하는 자가 건강진단을 한 경우			
가) 「의료법」에 따른 의사가 아닌 사람이 진찰·판정 업무를 수행한 경우	지정취소		
나) 「의료법」에 따른 직업환경의학과 전문의가 아닌 의사가 진찰·판정 업무를 수행한 경우	업무정지 3개월	업무정지 6개월	지정취소
다) 지정기준에 적합하지 않은 사람이 진찰·판정을 제외한 건강진단업무를 수행한 경우	업무정지 1개월	업무정지 3개월	업무정지 6개월
10) 정당한 사유 없이 건강진단의 실시를 거부하거나 중단한 경우			
가) 건강진단 실시를 거부한 경우	업무정지 1개월	업무정지 3개월	업무정지 6개월
나) 건강진단 실시를 중단한 경우	업무정지 3개월	업무정지 6개월	지정취소

위반사항	행정처분 기준		
	1차 위반	2차 위반	3차 이상위반
11) 정당한 사유 없이 법 제135조제4항에 따른 특수건강진단기관의 평가를 거부한 경우	업무정지 3개월	업무정지 6개월	지정취소
12) 법에 따른 관계 공무원의 지도·감독 업무를 거부·방해 또는 기피한 경우	업무정지 3개월	업무정지 6개월	지정취소
버. 유해·위험작업 자격 취득 등을 위한 교육기관 (법 제140조제4항 관련)			
1) 거짓이나 그 밖의 부정한 방법으로 지정을 받은 경우	지정취소		
2) 업무정지 기간 중에 업무를 수행한 경우	지정취소		
3) 「유해·위험작업의 취업제한에 관한 규칙」 제4조제1항에 따른 지정 요건을 충족하지 못한 경우	업무정지 3개월	업무정지 6개월	지정취소
4) 지정받은 사항을 위반하여 업무를 수행한 경우	업무정지 1개월	업무정지 3개월	업무정지 6개월
5) 교육과 관련된 서류를 거짓으로 작성한 경우	업무정지 3개월	지정취소	
6) 정당한 사유 없이 특정인에 대한 교육을 거부한 경우	업무정지 1개월	업무정지 3개월	업무정지 6개월
7) 정당한 사유 없이 1개월 이상 휴업으로 인하여 위탁받은 교육업무의 수행에 차질을 일으킨 경우	지정취소		
8) 교육과 관련된 비치서류를 보존하지 않은 경우	업무정지 1개월	업무정지 3개월	업무정지 6개월
9) 교육과 관련하여 고용노동부장관이 정하는 수수료 외의 금품을 받은 경우	업무정지 1개월	업무정지 3개월	업무정지 6개월
10) 법에 따른 관계 공무원의 지도·감독을 방해·거부 또는 기피한 경우	업무정지 3개월	업무정지 6개월	지정취소
서. 산업안전지도사 등(법 제154조 관련)			
1) 거짓이나 그 밖의 부정한 방법으로 등록 또는 갱신등록을 한 경우	등록취소		
2) 업무정지 기간 중에 업무를 한 경우	등록취소		
3) 업무 관련 서류를 거짓으로 작성한 경우	등록취소		
4) 법 제142조에 따른 직무의 수행과정에서 고의 또는 과실로 인하여 중대재해가 발생한 경우	업무정지 3개월	업무정지 6개월	업무정지 12개월

위반사항	행정처분 기준		
	1차 위반	2차 위반	3차 이상위반
5) 법 제145조제3항제1호부터 제5호까지의 규정 중 어느 하나에 해당하게 된 경우	등록취소		
6) 법 제148조제2항에 따른 보증보험에 가입하지 않거나 그 밖에 필요한 조치를 하지 않은 경우	업무정지 3개월	업무정지 6개월	업무정지 12개월
7) 법 제150조제1항을 위반하여 같은 조 제2항에 따른 기명·날인 또는 서명을 한 경우	업무정지 3개월	업무정지 6개월	업무정지 12개월
8) 법 제151조, 제153조 또는 제162조를 위반한 경우	업무정지 12개월	등록취소	

【별지 제1호서식】 (개정 2019.12.26)

통합 산업재해 현황 조사표

※ 제2쪽의 작성 요령을 읽고, 아래의 각 항목을 작성합니다.

(제1쪽)

Ⅰ. 도급인 사업장 정보

① 사업장 명	② 사업자 등록번호	③ 사업장 관리번호	사업 개시번호	사업장 소재지	④ 근로자 수	⑤ 재해 현황				⑥ 업종
						사고 사망자 수	질병 사망자 수	사고 재해자 수 (사망포함)	질병 재해자 수 (사망포함)	

Ⅱ. 수급인 사업장 정보

⑦ 사업장 명	사업자 등록번호	⑧ 사업장 관리번호	사업 개시번호	사업장 소재지	⑨ 근로자 수	⑩ 재해 현황			
						사고 사망자 수	질병 사망자 수	사고 재해자 수 (사망포함)	질병 재해자 수 (사망 포함)
⑪ 합계	총 (　　　) 개소				명	명	명	명	명

Ⅲ. 도급인과 수급인의 통합 산업재해 발생건수등의 정보

⑫ 도급인·수급인 통합 근로자 수	⑬ 도급인·수급인 통합 사고사망자 수	⑭ 도급인·수급인 통합 재해자 수
명	명	명

⑮ 도급인·수급인 통합 사고사망만인율(‱)	⑯ 도급인·수급인 통합 산업재해율(%)
‱	%

작성자 소속 및 성명:

작성자 전화번호: 작성일 년 월 일

원도급 사업주 (서명 또는 인)

고용노동부 (지)청장 귀하

210㎜×297㎜[일반용지 60g/㎡(재활용품)]

(제2쪽)

작 성 방 법

Ⅰ. 도급인 사업장 정보

① 사업장명: 도급인 사업장명을 적습니다.
② 사업자 등록번호: 국세청에 등록된 도급인 사업장 사업자 등록번호를 적습니다.
③ 사업장 관리번호(사업개시번호): 근로복지공단의 산업재해보상보험 가입 시 부여된 도급인 사업장 관리번호(사업개시번호)를 적습니다.
④ 근로자수: 근로복지공단에 신고된 해당 연도의 도급인 사업장의 산재보험 근로자수를 적습니다.
⑤ 재해현황: 해당 연도에 도급인 사업장에서 발생한 도급인 사업장 소속 근로자의 산업재해*를 사고사망자수, 질병사망자수, 사고재해자수(사망포함), 질병재해자수(사망포함)로 각각 구분하여 인원수를 적습니다.
  * '산업재해'란 산업안전보건법 제2조제1호의 '산업재해' 중 사망재해와 3일 이상 휴업재해에 해당되는 재해를 말합니다.
 ○ 사고사망자수: 업무상 사고로 인해 발생한 사망자수를 적습니다.
  * 사고사망자수에는 사업장 밖의 교통사고(운수업, 음식숙박업의 교통사고 사망자는 포함)·체육행사·폭력행위에 의한 사망, 통근 중 사망, 사고발생일로부터 1년을 경과하여 사망한 경우는 제외
 ○ 질병사망자수: 업무상 질병으로 인해 발생한 사망자수를 적습니다.
 ○ 사고재해자수(사망 포함): 업무상 사고로 인해 발생한 재해자수(사고사망자수 포함)를 적습니다.
  * 사고재해자수(사망 포함)는 위 제외되는 사고사망자수를 포함한 모든 사고사망자수를 의미
 ○ 질병재해자수(사망 포함): 업무상 질병으로 인해 발생한 재해자수(질병사망자수 포함)를 적습니다.
⑥ 업종: 통계청(www.kostat.go.kr)의 한국표준산업분류표 상의 세세분류(5자리) 업종명을 적습니다. 다만, 한국표준산업분류 세세분류 업종명을 알 수 없는 경우 근로복지공단 산재보험요율표 상의 소분류(5자리) 업종명을 적습니다.

Ⅱ. 수급 사업장 정보

⑦ 사업장명: 해당 연도에 도급인의 사업장과 같은 장소에서 작업한 모든 수급인(하수급인 포함)의 사업장명을 적습니다.
⑧ 사업장 관리번호(사업개시번호): 근로복지공단의 산업재해보상보험 가입 시 부여된 수급인 사업장 관리번호(사업개시번호)를 적습니다.
  * 수급인 사업장에서 산재보험 가입을 하나로 한 경우에는 그 사업장 관리번호를 적고, 해당 도급인 사업장별로 산재보험 가입 한 경우이거나 사업개시신고를 한 경우에는 해당 도급인 사업장에 해당되는 사업장 관리번호(사업개시번호)를 적습니다.
⑨ 근로자수*
  * 통합 산정 대상이 되는 수급인 근로자는 도급인의 근로자와 같은 장소에서 작업하는 수급인 근로자를 말합니다.
 ○ 해당 도급인 사업장과 연 단위로 1:1 계약한 경우: 해당연도(1~12월) 전 기간에 걸쳐 도급인의 사업장 내에서 작업하는 수급인 사업장은 12월말 기준으로 근로복지공단에 신고한 산재보험 근로자수를 적습니다.
 ○ 하나의 수급인 사업장이 여러 개의 도급인 사업장과 계약한 경우: 해당 도급인 사업장에서 작업한 모든 수급인 사업장의 근로자수를 아래의 산식에 따라 계산하여 적습니다.
  〔산식〕 (근로자수×근로일수) + (근로자수×근로일수) + ………+ (근로자수×근로일수) / 365일
  (작성 예) 10일은 10명, 20일은 20명, 5일은 30명이 작업을 한 경우
   (10 × 10) + (20 × 20) + (5 × 30) = 650(일·명) / 365(일) = 2명(소수점 첫째자리에서 반올림)
   * 위의 근로일수는 작업시간과 상관없이 일(日) 기준으로 작성합니다. 즉, 10시간을 작업한 경우도 1일로 계산하고, 1시간을 작업한 경우도 1일로 계산합니다.
⑩ 재해현황
 ○ 해당 연도에 해당 도급인 사업장에서 발생한 수급인 소속 근로자의 모든 산업재해*를 사고사망자수, 질병사망자수, 사고재해자수(사고사망자수 포함), 질병재해자수(질병사망자수 포함)로 각각 구분하여 인원수를 적습니다.
  * '재해현황' 세부기준은 위의 도급인 사업장 '재해현황' 참고
⑪ 합계: 총 수급업체 수, 도급인 사업장 내에서 작업을 수행한 수급인 근로자 및 사망자·재해자 등의 합계를 각각 적습니다.

Ⅲ. 도급인·수급인 통합 산업재해 발생건수등의 정보

⑫ 도급인·수급인 통합 근로자 수: ④(도급인 근로자 수)+⑪(수급인 근로자 수 합계)
⑬ 도급인·수급인 통합 사고사망자 수: ⑤(도급인 사고사망자 수)+⑪(수급인 사고사망자 수 합계)
⑭ 도급인·수급인 통합 재해자 수: ⑤(도급인 사고재해자수+질병재해자수)+⑪(수급인 사고재해자수 합계+질병재해자수 합계)
⑮ 도급인·수급인 통합 사고사망만인율(‱): ⑬(도급인·수급인 통합 사고사망자 수)/⑫(도급인·수급인 통합 근로자 수) × 10,000
⑯ 도급인·수급인 통합 산업재해율(%): ⑭(도급인·수급인 통합 재해자 수)/⑫(도급인·수급인 통합 근로자 수) × 100

【별지 제2호서식】 (개정 2019.12.26)

안전관리자·보건관리자·산업보건의 선임 등 보고서

사업체	사업장명		업종 또는 주요생산품명
	소재지		
	근로자수 총 명 (남 명 /여 명)		전화번호
안전관리자 (안전관리 전문기관)	성명		기관명
	전자우편 주소		전화번호
	자격/면허번호		
	경력	기관명	기간
	학력	학교	학과
	선임 등 연·월·일		
	전담·겸임구분		
보건관리자 (보건관리 전문기관)	성명		기관명
	전자우편 주소		전화번호
	자격/면허번호		
	경력	기관명	기간
	학력	학교	학과
	선임 등 연·월·일		
	전담·겸임구분		
산업보건의	성명		기관명
	전자우편 주소		전화번호
	자격/면허번호		
	경력	기관명	기간
	학력	학교	학과
	선임 등 연·월·일		
	전담·겸임구분		

「산업안전보건법 시행규칙」 제11조 및 제23조에 따라 위와 같이 보고서를 제출합니다.

년 월 일

보고인(사업주 또는 대표자) (서명 또는 인)

지방고용노동청(지청)장 귀하

공지사항

본 민원의 처리결과에 대한 만족도 조사 및 관련 제도 개선에 필요한 의견조사를 위해 귀하의 전화번호(휴대전화)로 전화조사를 실시할 수 있습니다.

210㎜×297㎜(일반용지 60g/㎡(재활용품))

【별지 제3호서식】 (개정 2019.12.26)

안전관리자·보건관리자·산업보건의 선임 등 보고서(건설업)

구분			
본사	사업장명		
	사업주 또는 대표자		전화번호
	소재지		
※ * 란은 원수급인인 경우에만 작성합니다			
현장개요	현장명		발주자 또는 도급인
	전화번호		휴대전화번호
	소재지		
	공사기간		공사금액(상시 근로자 수) (명)
	굴착깊이(M)*		건축물·공작물의 최대높이(M)*
	건축물의 연면적(㎡)*		건축물의 최대층고(M)*
	PC(Precast Concrete)조립작업 유무*		교량의 최대 지간 길이(M)*
	터널길이(M)*		댐의 용도 및 저수용량(TON)*
안전관리자	성명		기관명
	전자우편주소		전화번호
	자격/면허번호		
	경력	기관명	기간
	학력	학교	학과
	선임 등 연·월·일		
	전담·겸임구분		
보건관리자	성명		기관명
	전자우편주소		전화번호
	자격/면허번호		
	경력	기관명	기간
	학력	학교	학과
	선임 등 연·월·일		
	전담·겸임구분		
산업보건의	성명		기관명
	전자우편주소		전화번호
	자격/면허번호		
	경력	기관명	기간
	학력	학교	학과
	선임 등 연·월·일		
	전담·겸임구분		

「산업안전보건법 시행규칙」 제11조 및 제23조에 따라 위와 같이 제출합니다.

년 월 일

보고인(사업주 또는 대표자) (서명 또는 인)

지방고용노동청(지청)장 귀하

공지사항

이 건의 민원처리결과에 대한 만족도 조사 및 관련 제도 개선에 필요한 의견조사를 위하여 귀하의 연락처로 전화조사를 실시할 수 있습니다.

210mm×297mm[백상지(80g/㎡) 또는 중질지(80g/㎡)]

【별지 제4호서식】 (개정 2019.12.26)

관리자 [ ]증원 [ ]교체 명령서

※ [ ]에는 해당되는 곳에 √ 표시를 합니다.

사업체	사업장명	사업주 성명
	사업장 소재지	
내용	사유	
	인원	
	기간	

「산업안전보건법」 [ ]제17조 [ ]제18조 [ ]제19조 에 따라 [ ]안전관리자 [ ]보건관리자 [ ]산업보건관리담당자 의 [ ]증원 [ ]교체 을(를) 명합니다.

년 월 일

지방고용노동청(지청)장 직인

210㎜×297㎜(일반용지 60g/㎡(재활용품))

【별지 제5호서식】 (개정 2019.12.26)

안전·보건관리 업무계약서

※ 작성방법을 읽고 작성하여 주시기 바라며, [ ]에는 해당하는 곳에 √ 표시를 합니다.

<table>
<tr><td rowspan="7">위탁
사업장</td><td colspan="4">사업체명</td><td colspan="2">업종명(업종코드번호)
(□□□□□)</td></tr>
<tr><td colspan="2">전화</td><td colspan="2">대표자</td><td colspan="2">생산품</td></tr>
<tr><td colspan="2">「산업안전보건법」제17조에 따른 안전관리자 선임대상 여부
예[ ], 아니오[ ]</td><td colspan="2">「산업안전보건법」제18조에 따른 보건관리자 선임대상 여부
예[ ], 아니오[ ]</td><td colspan="2">「산업안전보건법」제19조에 따른 안전보건관리담당자 선임대상 여부
예[ ], 아니오[ ]</td></tr>
<tr><td colspan="6">소재지</td></tr>
<tr><td rowspan="3">근로자 수
(명)</td><td colspan="2">생산직</td><td colspan="2">사무직</td><td>계</td></tr>
<tr><td>남</td><td></td><td>남</td><td></td><td>남</td></tr>
<tr><td>여</td><td></td><td>여</td><td></td><td>여</td></tr>
<tr><td rowspan="3">전문기관</td><td colspan="4">기관명</td><td colspan="2">대표자</td></tr>
<tr><td colspan="4">소재지</td><td colspan="2">전화</td></tr>
<tr><td colspan="6">담당요원명</td></tr>
<tr><td rowspan="4">업무
내용</td><td colspan="6">[ ]안전: 「산업안전보건법 시행령」 제18조제1항에 따른 안전관리자의 업무에 관한 사항</td></tr>
<tr><td colspan="6">[ ]보건: 「산업안전보건법 시행령」 제22조제1항에 따른 보건관리자의 업무에 관한 사항</td></tr>
<tr><td colspan="6">[ ]안전보건: 「산업안전보건법 시행령」 제25조에 따른 안전보건관리담당자의 업무에 관한 사항</td></tr>
<tr><td colspan="6">[ ]위에 기재한 사항 외의 업무:</td></tr>
<tr><td>업무수수료</td><td colspan="6">근로자 1명당 월(　　　)원</td></tr>
<tr><td rowspan="2">근무일</td><td colspan="2">주</td><td colspan="2">요일</td><td colspan="2">시간</td></tr>
<tr><td colspan="2"></td><td colspan="2"></td><td colspan="2"></td></tr>
<tr><td>계약기간</td><td colspan="6">년 월 일부터 년 월 일까지</td></tr>
</table>

위탁사업주 및 전문기관은 위와 같이 업무계약을 체결하고, 성실하게 계약사항을 준수하기로 하며,

위탁사업주는 전문기관이 [ ]영 제18조 / [ ]영 제22조 / [ ]영 제25조 에 따른 [ ]안전관리자 / [ ]보건관리자 / [ ]안전보건관리담당자

의 업무를 원활하게 수행할 수 있도록 건강상담 및 안전·보건교육 등에 필요한 장소와 시간을 제공하고 해당 사업장에 안전업무 담당자 및 보건업무 담당자를 지정하는 등 전문기관의 업무에 적극 협조해야 합니다.

년 월 일

위탁사업주 사업체명
대표자 (서명 또는 인)

전문기관 명칭
대표자 (서명 또는 인)

작성방법

1. 업종명(업종코드번호)은 한국표준산업분류(통계청 고시)에 따라 적습니다.
2. 업무 내용란에서 그 밖의 업무가 있는 경우는 「[ ]위에 기재한 사항 외의 업무」 란에 서술식으로 적습니다.

210mm×297mm(일반용지 60g/㎡(재활용품))

【별지 제6호서식】 (개정 2019.12.26)

지 정 신 청 서

[ ]안전관리전문기관 [ ]보건관리전문기관 [ ]건설재해예방 전문지도기관
[ ]자율안전검사기관 [ ]안전인증기관 [ ]안전검사기관
[ ]특수건강진단기관 [ ]작업환경측정기관(위탁/자체) [ ]종합진단기관
[ ]안전진단기관 [ ]안전보건진단기관 [ ]석면조사기관

※ [ ]에는 해당되는 곳에 √ 표시를 합니다.

접수번호		접수일자	처리일자	처리기간 20일
신청인	기관명			전화번호
	소재지			
	대표자 성명			
	업무지역			

「산업안전보건법」, 같은 법 시행령 및 같은 법 시행규칙의 관련 규정에 따라 위와 같이 신청합니다.

년 월 일

신청인(대표자) (서명 또는 인)

고용노동부장관·지방고용노동청(지청)장 귀하

<table>
<tr><td>신청인
(대표자)
제출서류</td><td>1. 정관(지도사인 경우에는 제229조제2항에 따른 등록증을 말한다)
2. 법인이 아닌 경우 정관을 갈음할 수 있는 서류와 법인등기사항증명서를 갈음할 수 있는 서류(보건관리전문기관만 해당합니다)
3. 해당 기관에 따른 인력기준에 해당하는 사람의 자격과 채용을 증명할 수 있는 자격증(국가기술자격증, 의료면허증 및 전문의자격증은 제외합니다), 경력증명서 및 재직증명서 등의 서류
4. 건물임대차계약서 사본이나 그 밖에 사무실 보유를 증명할 수 있는 서류와 시설·장비명세서
5. 최초 1년간의 사업계획서(건설재해예방 전문지도기관 및 석면조사기관은 제외하며 사업장 부속 측정기관의 경우에는 측정대상 사업장의 명단 및 최종 작업환경측정결과서 사본)
6. 법 제135조제3항에 따라 최근 1년 이내에 건강진단기관의 건강진단·분석능력 평가결과 적합판정을 받았음을 증명하는 서류. 다만, 건강진단·분석능력 평가결과 적합판정을 받은 건강진단기관과 생물학적 노출지표 분석의뢰계약을 체결하고 계약서를 제출하는 경우에는 그 계약서(제211조제1항에 따라 특수건강진단기관 지정을 신청하는 경우만 해당합니다)
7. 「건강검진기본법」에 따른 검진기관지정서, 일반건강검진기관으로서의 지정요건을 갖추었음을 입증할 수 있는 서류 및 고용노동부 장관이 정하는 교육을 이수하였음을 입증할 수 있는 서류(재211조제1항제2호에 따라 특수건강진단기관 지정을 신청하는 경우만 해당합니다)
8. 법 제120조제2항에 따른 최근 1년 이내의 석면조사 능력평가 적합판정서(석면조사기관만 해당합니다)</td><td rowspan="2">수수료
없음</td></tr>
<tr><td>담당
공무원
확인사항</td><td>법인등기사항증명서, 국가기술자격증, 의료면허증 또는 전문의자격증
(해당 기관의 인력기준 확인을 위하여 필요한 경우로서 신청인이 확인에 동의한 경우에만 해당합니다.)</td></tr>
</table>

행정정보 공동이용 동의서

본인은 이 건 업무처리와 관련하여 담당 공무원이 「전자정부법」 제36조에 따른 행정정보의 공동이용을 통하여 위의 담당 공무원 확인 사항을 확인하는 것에 동의합니다.

*동의하지 아니하는 경우에는 신청인이 직접 관련 서류를 제출하여야 합니다.

신청인 (서명 또는 인)

공지사항

본 민원의 처리결과에 대한 만족도 조사 및 관련 제도 개선에 필요한 의견조사를 위해 귀하의 전화번호(휴대전화)로 전화조사를 실시할 수 있습니다.

처리절차

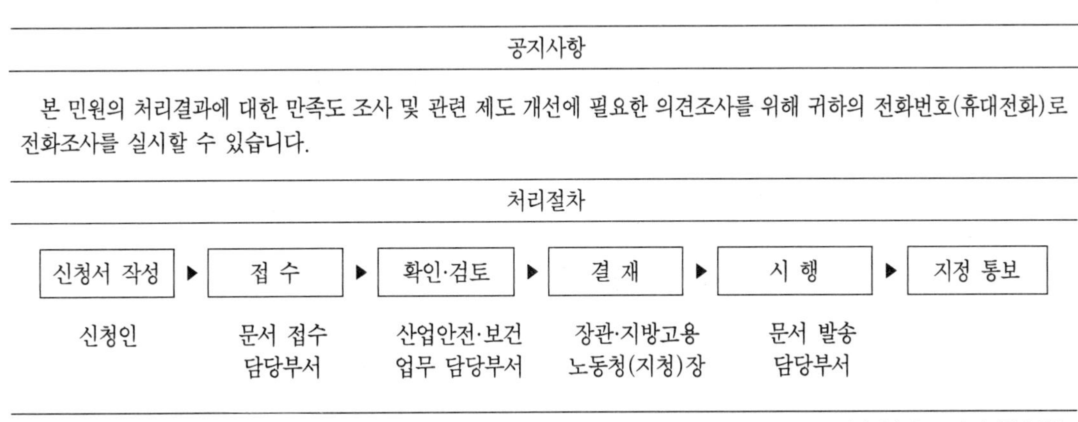

210mm×297mm(일반용지 60g/㎡(재활용품))

【별지 제7호서식】 (개정 2019.12.26)

제　　　호

(　　　　　　　　) 지 정 서

사업체	기관명	
	소재지	
	대표자 성명	
지정사항	총 업무(지정) 한계 사업장 (　　　)개소, 근로자 (　　　)명	
	관할지역 업무(지정)한계 사업장 (　　　)개소, 근로자 (　　　)명	
	업무(지정) 지역	

※ 준수사항

1. (　　) 기관은 고용노동부장관 또는 지방고용노동관서장의 자료 제출 요구 및 점검에 적극 협조해야 한다.
2. (　　)기관으로 지정받은 기관은 「산업안전보건법」 에서 정하는 사항을 준수해야 한다.
3. 그 밖의 사항

※ "지정사항" 및 "준수사항"에는 지정기관의 종류에 따라 필요한 사항을 추가로 적거나 필요 없는 사항은 삭제합니다.

「산업안전보건법」 제　　　조에 따라　　　　　　기관으로 지정합니다.

년　　　월　　　일

고 용 노 동 부 장 관
지방고용노동청(지청)장　　직인

210mm×297mm(보존용지(1종) 120g/㎡)

【별지 제8호서식】 (개정 2019.12.26)

변 경 신 청 서

[ ]안전관리전문기관 **[ ]보건관리전문기관** **[ ]건설재해예방 전문지도기관**
[ ]자율안전검사기관 **[ ]안전인증기관** **[ ]안전검사기관**
[ ]특수건강진단기관 **[ ]작업환경측정기관(위탁/자체)**
[ ]종합진단기관 **[ ]안전진단기관(일반안전·건설안전진단기관)**
[ ]안전보건진단기관 **[ ]석면조사기관**

※ [ ]에는 해당되는 곳에 √ 표시를 합니다.

접수번호	접수일자	처리일자	처리기간 20일
신청인	기관명		전화번호
	소재지		
	대표자 성명		
	업무지역		
변경사항	변경 전	변경 후	
변경 사유 발생일			

「산업안전보건법」, 같은 법 시행령 및 같은 법 시행규칙의 관련 규정에 따라 위와 같이 변경사항을 신청합니다.

년 월 일

신청인(대표자) (서명 또는 인)

고용노동부장관·지방고용노동청(지청)장 귀하

첨부서류	1. 변경을 증명하는 서류 1부 2. 지정서 원본	수수료 없음
담당공무원 확인사항	국가기술자격증 (신청인이 국가기술자격증 확인에 동의한 경우에만 해당합니다.)	

공지사항

본 민원의 처리결과에 대한 만족도 조사 및 관련 제도 개선에 필요한 의견조사를 위해 귀하의 전화번호(휴대전화)로 전화조사를 실시할 수 있습니다.

처리절차

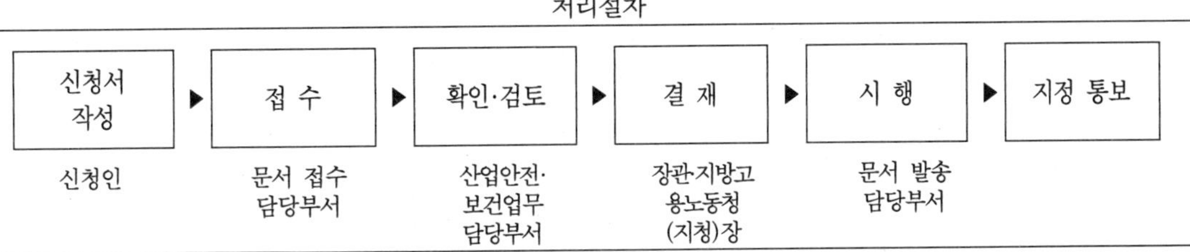

210mm×297mm(일반용지 60g/㎡(재활용품))

【별지 제9호서식】 (개정 2019.12.26)

근로자안전보건교육기관 [ ]등록 [ ]변경등록 신청서

※ [ ]에는 해당하는 곳에 √ 표시를 합니다.

접수번호	접수일자	처리일자	처리기간 20일

신청인	교육기관명(상호)	
	대표자 성명	생년월일
	소재지	전화번호
변경사항 (등록사항 변경 신청 시 작성)	변경 전	
	변경 후	

「산업안전보건법」 제33조제1항, 같은 법 시행규칙 제31조제1항제1호 또는 제5항에 따라 위와 같이 신청합니다.

년 월 일

신청인(대표자) (서명 또는 인)

지방고용노동청장 귀하

첨부서류	등록신청 하는 경우	1. 영 제40조제1항에 따른 법인 또는 산업안전·보건 관련 학과가 있는 「고등교육법」 제2조에 따른 학교에 해당함을 증명하는 서류 2. 영 별표 10에 따른 인력기준을 갖추었음을 증명할 수 있는 자격증(국가기술자격증은 제외), 졸업증명서, 경력증명서 또는 재직증명서 등 서류 3. 영 별표 10에 따른 시설·장비기준을 갖추었음을 증명할 수 있는 서류(건물임대차계약서 사본이나 그 밖에 사무실의 보유를 증명할 수 있는 서류 등)와 시설·장비 명세서 4. 최초 1년간의 교육사업계획서	수수료 없음
	변경등록 신청하는 경우	1. 변경내용을 증명하는 서류 2. 등록증	
담당공무원 확인사항	1. 영 별표 10에 따른 인력기준을 갖추었음을 증명할 수 있는 국가기술자격증 2. 법인등기사항 증명서(법인만 해당합니다) 3. 사업자등록증(개인만 해당합니다)		

행정정보 공동이용 동의서

본인은 이 건 업무처리와 관련하여 담당 공무원이 「전자정부법」 제36조제1항에 따른 행정정보의 공동이용을 통하여 위의 담당 공무원 확인사항을 확인하는 것에 동의합니다.

* 동의하지 않는 경우에는 신청인이 직접 관련 서류를 제출하여야 합니다.

사업자(주민)등록번호: 신청인 (서명 또는 인)

공지사항

민원의 처리결과에 대한 만족도 조사 및 관련 제도 개선에 필요한 의견조사를 위해 귀하의 연락처로 전화조사를 실시할 수 있습니다.

처리절차

신청서 작성	→	접수	→	검토	→	결재	→	등록증 발급
신청인		지방고용노동청		지방고용노동청		지방고용노동청장		

210mm×297mm[백상지(80g/㎡) 또는 중질지(80g/㎡)]

【별지 제10호서식】 (개정 2019.12.26)

직무교육기관 〔 〕등록 〔 〕변경등록 신청서

※ 〔 〕에는 해당되는 곳에 √ 표시를 합니다.

접수번호	접수일자	처리일자	처리기간 30일

신청인		
신청인	교육기관명(상호)	
	대표자 성명	생년월일
	소재지	전화번호

직무교육 종류 (최초 등록하는 경우에 작성)	□ 안전보건관리책임자 (□신규, □보수) □ 안전관리자 (□신규, □보수) 　□ 산업안전일반 □ 제조업 분야 □ 건설업 분야 □ 기타 서비스 분야 □ 건설재해예방전문기관의 종사자 (□신규, □보수) □ 안전관리전문기관의 종사자 (□신규, □보수) □ 보건관리자 (□신규, □보수) 　□ 산업보건일반 □ 산업위생 □ 산업간호 □ 직업환경의학 □ 보건관리전문기관의 종사자 (□신규, □보수) □ 석면조사기관의 종사자 (□신규, □보수) □ 안전보건관리담당자 (□보수) □ 안전검사기관의 종사자 (□신규, □보수) □ 자율안전검사기관의 종사자 (□신규, □보수)

변경사항 (등록사항 변경신청 시 작성)	변경 전	
	변경 후	

「산업안전보건법」 제33조제1항, 같은 법 시행규칙 제31조제1항제2호 또는 제5항에 따라 위와 같이 신청합니다.

년 월 일

신청인(대표자) (서명 또는 인)

지방고용노동청장 귀하

첨부서류	등록신청 하는 경우	1. 영 제40조제3항 각 호의 어느 하나에 해당함을 증명하는 서류 2. 영 별표 12에 따른 인력기준을 갖추었음을 증명할 수 있는 자격증(국가기술자격증은 제외), 졸업증명서, 경력증명서 및 재직증명서 등 서류 3. 영 별표 12에 따른 시설·장비기준을 갖추었음을 증명할 수 있는 서류(건물임대차계약서 사본이나 그 밖에 사무실의 보유를 증명할 수 있는 서류 등)와 시설·장비 명세서 4. 최초 1년간의 교육사업계획서	수수료 없음
	변경등록 신청하는 경우	1. 변경내용을 증명하는 서류 2. 등록증	
담당공무원 확인사항	1. 영 별표12에 따른 인력기준을 갖추었음을 증명할 수 있는 국가기술자격증 2. 법인등기사항 증명서(법인만 해당한다) 3. 사업자등록증(개인만 해당한다)		

행정정보 공동이용 동의서

본인은 이 건 업무처리와 관련하여 담당 공무원이 「전자정부법」 제36조제1항에 따른 행정정보의 공동이용을 통하여 위의 담당 공무원 확인사항을 확인하는 것에 동의합니다. * 동의하지 않는 경우에는 신청인이 직접 관련 서류를 제출하여야 합니다.

신청인 (서명 또는 인)

공지사항

민원의 처리결과에 대한 만족도 조사 및 관련 제도 개선에 필요한 의견조사를 위해 귀하의 연락처로 전화조사를 실시할 수 있습니다.

처리절차

신청서 작성	→	접수	→	검토	→	결재	→	등록증 발급
신청인		지방고용노동청		지방고용노동청		지방고용노동청장		

210mm×297mm〔백상지(80g/㎡) 또는 중질지(80g/㎡)〕

【별지 제11호서식】 (개정 2019.12.26)

제 호

근로자안전보건교육기관 등록증

교육기관명
(상호)

대표자
성명

생년월일

소재지

전화번호

「산업안전보건법」 제33조제1항 및 같은 법 시행규칙 제31조제3항에 따라 안전보건교육기관으로 등록하였음을 증명합니다.

년 월 일

지방고용노동청장 직인

210mm×297mm〔백상지(150g/㎡)〕

【별지 제12호서식】 (개정 2019.12.26)

제 호

직무교육기관 등록증

교육기관명 (상호)		
대표자 성명		생년월일
소 재 지		전화번호
등록 직무교육 종류	□ 안전보건관리책임자 (□신규, □보수) □ 안전관리자 (□신규, □보수) □ 산업안전일반 □ 제조업 분야 □ 건설업 분야 □ 기타 서비스 분야 □ 건설재해예방전문기관의 종사자 (□신규, □보수) □ 안전관리전문기관의 종사자 (□신규, □보수) □ 보건관리자 (□신규, □보수) □ 산업보건일반 □ 산업위생 □ 산업간호 □ 직업환경의학 □ 보건관리전문기관의 종사자 (□신규, □보수) □ 석면조사기관의 종사자 (□신규, □보수) □ 안전보건관리담당자 (□보수) □ 안전검사기관의 종사자 (□신규, □보수) □ 자율안전검사기관의 종사자 (□신규, □보수)	

「산업안전보건법」 제33조제1항 및 같은 법 시행규칙 제31조제3항에 따라 직무교육기관으로 등록하였음을 증명합니다.

년 월 일

지방고용노동청장 직인

210mm×297mm[백상지(150g/㎡)]

【별지 제13호서식】 (개정 2019.12.26)

건설업 기초안전·보건교육기관 [ ]등록 [ ]변경 신청서

접수번호	접수일자	처리일자	처리기간 30일
신청인	기관명		전화번호
	소재지		
	대표자 성명		
변경사항 (등록사항 변경시 작성)	변경 전	변경 후	
	변경 사유 발생일		

「산업안전보건법」 제33조, 같은 법 시행령 제40조제2항 및 같은 법 시행규칙 제33조 제1항 또는 제5항에 따라 위와 같이 신청합니다.

년 월 일

신청인(대표자) (서명 또는 인)

한국산업안전보건공단이사장 귀하

첨부서류			수수료
첨부서류	등록신청 하는 경우	1. 영 제40조제2항 어느 하나에 해당함을 증명하는 서류 2. 영 별표 11에 따른 인력기준을 갖추었음을 증명할 수 있는 자격증(국가기술자격증은 제외한다), 졸업증명서, 경력증명서 및 재직증명서 등 서류 3. 영 별표 11에 따른 시설·장비기준을 갖추었음을 증명할 수 있는 서류와 시설·장비 명세서	수수료 없음
	등록변경 하는 경우	1. 변경을 증명하는 서류 2. 등록증	
공단 확인사항	1. 영 별표 11에 따른 인력기준을 갖추었음을 증명할 수 있는 국가기술자격증 2. 법인등기사항 증명서(법인만 해당한다) 3. 사업자등록증(개인만 해당한다)		

행정정보 공동이용 동의서

본인은 이 건 업무처리와 관련하여 담당 직원이 「전자정부법」 제36조에 따른 행정정보의 공동이용을 통하여 위의 담당 직원 확인 사항 제2호를 확인하는 것에 동의합니다. *동의하지 아니하는 경우에는 신청인이 직접 관련 서류를 제출하여야 합니다.

신청인 (서명 또는 인)

처리절차

신청서작성	→	접 수	→	확인·검토	→	결 재	→	시 행	→	등록 통보
신청인		문서접수 담당부서		업무담당부서		한국산업안전보건공단이사장		문서 발송 담당부서		

210mm×297mm(일반용지 60g/㎡(재활용품))

【별지 제14호서식】 (개정 2019.12.26)

제　　　호

건설업 기초안전·보건교육기관 등록증

1. 기관명:

2. 대표자 성명:

3. 소재지:

「산업안전보건법」 제33조 같은 법 시행령 제40조제2항 및 같은법 시행규칙 제33조제4항에 따라 기초안전·보건교육기관으로 위와 같이 등록하였음을 증명합니다.

년　　　월　　　일

한국산업안전보건공단이사장 직인

210㎜×297㎜[일반용지 60g/㎡(재활용품)]

【별지 제15호서식】 (개정 2019.12.26)

직무교육 수강신청서

※ [ ]에는 해당하는 곳에 √ 표시를 합니다.

<table>
<tr><td rowspan="4">신청기관</td><td colspan="2">사업장명</td><td>사업종류</td></tr>
<tr><td colspan="3">소재지</td></tr>
<tr><td colspan="2">전화번호</td><td>팩스번호</td></tr>
<tr><td>대표자</td><td>근로자 수</td><td>관할 지방고용노동관서명</td></tr>
<tr><td rowspan="4">교육 대상자</td><td colspan="2">성명</td><td>직책</td></tr>
<tr><td colspan="2">휴대전화번호</td><td>전자우편주소</td></tr>
<tr><td colspan="3">지방고용노동관서 선임신고일(관계 전문기관의 종사자의 경우는 채용일)</td></tr>
<tr><td colspan="3">국가기술 자격 종목 및 등급</td></tr>
</table>

「산업안전보건법」 제32조 및 같은 법 시행규칙 제35조제1항에 따라

[ ]관리책임자
[ ]안전관리자
[ ]보건관리자
[ ]안전보건관리담당자
[ ]건설재해예방 전문지도기관 종사자
[ ]안전관리전문기관 종사자
[ ]보건관리전문기관 종사자
[ ]석면조사기관 종사자
[ ]안전검사기관 종사자
[ ]자율안전검사기관의 종사자

[ ]신규
[ ]보수
[ ]전문
[ ]인터넷

교육의 수강을 신청합니다.

년 월 일

귀하 (서명 또는 인)

처리절차

신청서 작성	→	접 수	→	확 인	→	교육일시 및 장소 통보
신청인		직무교육기관		직무교육기관		직무교육기관

210mm×297mm[백상지(80g/㎡) 또는 중질지(80g/㎡)]

【별지 제16호서식】 (개정 2019.12.26)

제조업 등 유해위험방지계획서

접수번호		접수일자	처리일자	처리기간 15일
제출자	사업장 명			업종
	사업주 성명			근로자 수
	전화번호			
	소재지			
계획사항	공사금액			
	작업시작 예정일		공장(또는 설비)시운전 예정일	
	심사대상 공사종류			
	예정 총동원 근로자 수	참여 예정 협력업체 수		참여 예정 협력업체 근로자 수
계획서 작성자	성명			
	작성자 보유자격			
계획서 평가자	성명			
	지도사 등록번호			

「산업안전보건법 시행규칙」 제42조제1항 및 제2항에 따라 제조업 등 유해위험방지계획서를 제출합니다.

년 월 일

제출자(사업주 또는 대표자) (서명 또는 인)

한국산업안전보건공단 이사장 귀하

첨부서류	산업안전보건법 시행규칙 제42조제1항	1. 건축물 각 층의 평면도 2. 기계·설비의 개요를 나타내는 서류 3. 기계·설비의 배치도면 4. 원재료 및 제품의 취급, 제조 등의 작업방법의 개요 5. 그 밖에 고용노동부장관이 정하는 도면 및 서류	수수료 고용노동부 장관이 정하는 수수료 참조
	산업안전보건법 시행규칙 제42조제2항	1. 설치장소의 개요를 나타내는 서류 2. 설비의 도면 3. 그 밖에 고용노동부장관이 정하는 도면 및 서류	

처리절차〔한국산업안전보건공단(지역본부, 지도원)〕

계획서	▶	접 수	▶	확인·검토	▶	결 재	▶	시 행	▶	통 보
신청인		문서 접수 담당부서		유해위험방지 계획서 업무 담당부서		지역본부·지도원장		문서 발송 담당부서		문서발송 담당부서

210㎜×297㎜〔일반용지 60g/㎡(재활용품)〕

【별지 제17호서식】 (개정 2019.12.26)

건설공사 유해위험방지계획서

접수번호	접수일자	처리일자	처리기간 15일

<table>
<tr><td rowspan="8">계획서
내용 등</td><td colspan="3">공사종류</td></tr>
<tr><td colspan="3">대상공사</td></tr>
<tr><td colspan="2">발주처</td><td>공사도급 금액</td></tr>
<tr><td colspan="2">공사착공 예정일</td><td>공사준공 예정일</td></tr>
<tr><td colspan="3">공사개요</td></tr>
<tr><td colspan="3">본사소재지</td></tr>
<tr><td>예정 총동원 근로자수</td><td>참여 예정 협력업체 수</td><td>참여 예정 협력업체 근로자 수</td></tr>
<tr><td colspan="3"></td></tr>
<tr><td rowspan="2">계획서
작성자</td><td colspan="3">성명</td></tr>
<tr><td colspan="3">작성자 주요경력</td></tr>
<tr><td rowspan="2">계획서
검토자</td><td>성명</td><td colspan="2">(서명 또는 인)</td></tr>
<tr><td colspan="3">검토자 주요경력</td></tr>
</table>

「산업안전보건법」 제42조 및 같은 법 시행규칙 제42조제3항에 따라 건설공사 유해위험방지계획서를 제출합니다.

년 월 일

제출자(사업주 또는 대표자) (서명 또는 인)

한국산업안전보건공단 이사장 귀하

첨부서류	「산업안전보건법 시행규칙」 별표 10에 따른 서류	수수료 고용노동부장관이 정하는 수수료 참조

공지사항

본 민원의 처리결과에 대한 만족도 조사 및 관련 제도 개선에 필요한 의견 조사를 위해 귀하의 전화번호(휴대전화)로 전화조사를 실시할 수 있습니다.

처리절차〔한국산업안전보건공단(지역본부, 지도원)〕

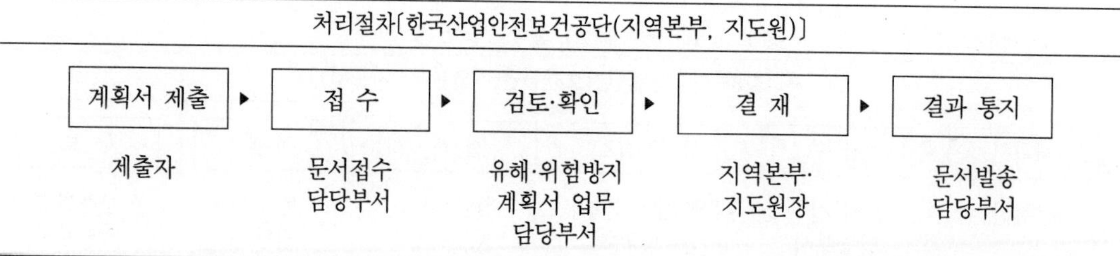

210㎜×297㎜〔일반용지 60g/㎡(재활용품)〕

【별지 제18호서식】 (개정 2019.12.26)

유해위험방지계획서 자체심사서

회사명			
전화번호		팩스번호	
현장명		대상공사	
공사기간	. . . ~ . . .	공사금액	원
소재지		심사일	
심사 총평			

본사는 자체심사 및 확인업체로서 유해위험방지계획서를 자체심사할 때 「산업안전보건법」 등 관계 규정을 근거로 성실히 심사하고, 심사서를 제출합니다.

년 월 일

심사자 (서명 또는 인)

(서명 또는 인)

(서명 또는 인)

현장소장 (서명 또는 인)

○○건설(주) (서명 또는 인)

사업주 또는 대표자 (서명 또는 인)

210㎜×297㎜[일반용지 60g/㎡(재활용품)]

【별지 제19호서식】 (개정 2019.12.26)

유해위험방지계획서 산업안전지도사·산업보건지도사 평가결과서

사업장명			
평가대상설비(공사)		팩스번호	
현장명		전화번호	
공사기간	. . . ~ . . .	공사금액	원
소재지		평가일	
평가 총평			

「산업안전보건법 시행규칙」 제44조제4항에 따라 평가하고, 평가결과서를 제출합니다.

년 월 일

평가자 (서명 또는 인)

사업주 (서명 또는 인)

첨부서류	1. 평가자의 자격을 증명할 수 있는 서류 2. 유해위험방지계획서 3. 세부 평가 내용

210mm×297mm[일반용지 60g/㎡(재활용품)]

【별지 제20호서식】 (개정 2019.12.26)

유해위험방지계획서 심사 결과 통지서

사업장명			
업 종		전화번호	
소재지			
사업주 성명			
심사대상 공사 종류			

「산업안전보건법 시행규칙」 제45조제2항에 따라 유해위험방지계획서에 대한 심사 결과 적정함(붙임과 같이 조건부 적정함)을 통지합니다.

년 월 일

한국산업안전보건공단
○○지역본부(산업안전기술지도원)장 직인

첨부서류	1. 계획서 1부 2. 보완사항 기재서 1부(조건부 적정판정을 한 경우만 해당합니다)

210㎜×297㎜[일반용지 60g/㎡(재활용품)]

【별지 제21호서식】 (개정 2019.12.26)

유해위험방지계획서 심사 결과(부적정) 통지서

사업장명			
업 종		전화번호	
소재지			
사업주 성명			
심사대상 공사 종류			

이유 및 개선사항 :

「산업안전보건법 시행규칙」 제45조제3항에 따라 유해위험방지계획서에 대한 심사 결과 부적정으로 판정되어 아래와 같이 통지합니다.

년 월 일

한국산업안전보건공단
○○지역본부(산업안전기술지도원)장 직인

지방노동청(지청)장 귀하

공지사항

이유 및 개선사항에 적을 내용이 많을 경우 별지를 사용하셔도 됩니다.

210㎜×297㎜[일반용지 60g/㎡(재활용품)]

【별지 제22호서식】 (개정 2019.12.26)

유해위험방지계획서 산업안전지도사·산업보건지도사 확인 결과서

(앞 쪽)

사업장명			
현장명		전화번호	
확인대상설비(공사)			
공사기간	. . . ~ . . .	공사금액	원
소재지		확인일자	
확인자	소속(지도사)	직위	성명
입회자	소속(사업장)	직위	성명
확인결과 요약			

「산업안전보건법 시행규칙」 제46조제3항에 따른 확인 결과를 제출합니다.

년 월 일

확 인 자 (서명 또는 인)

사업주 (서명 또는 인)

첨부서류	확인자의 자격을 증명할 수 있는 서류

210mm×297mm[일반용지 60g/㎡(재활용품)]

(뒤 쪽)

확인결과 지적사항 및 개선사항 기재서

세부 설비·공정·작업	지적사항	개선결과

○ 완료사항:

○ 향후조치사항:

○ 미조치사항:

【별지 제23호서식】 (개정 2019.12.26)

확인결과 통지서

사업장명			
업종		전화번호	
소재지			
사업주 성명			
대상 공사 종류			
확인기간	(일간)		
확인자	소속(공단)	직위	성명
입회자	소속(사업장)	직위	성명
확인결과 요약			

「산업안전보건법」 제43조제1항 및 같은 법 시행규칙 제48조제1항에 따라 확인결과 적정함(붙임과 같이 조건부 적정함)을 통지합니다.

년 월 일

한국산업안전보건공단
○○지역본부(산업안전기술지도원)장 직인

지방노동청(지청)장 귀하

첨부서류	개선사항 기재서 1부(조건부 적정판정을 한 경우만 해당합니다)

210㎜×297㎜[일반용지 60g/㎡(재활용품)]

【별지 제24호서식】 (개정 2019.12.26)

확인결과 조치 요청서

사업장명					
업종				전화번호	
소재지					
사업주 성명					
계획서 접수일		심사 완료일		심사결과	
확인기간	(일간)				
확인자	소속(공단)		직위	성명	
입회자	소속(사업장)		직위	성명	

「산업안전보건법」 제43조제1항 및 같은 법 시행규칙 제48조제1항 또는 제2항에 따른 확인 결과 아래와 같이 요청합니다.

요청사항 :

년 월 일

한국산업안전보건공단
○○**지역본부(산업안전기술지도원)장** 직인

지방노동청(지청)장 귀하

첨부서류	이유서 1부

210㎜×297㎜[일반용지 60g/㎡(재활용품)]

【별지 제25호서식】 (개정 2019.12.26)

[ ]종합[ ]안전[ ]보건 진단명령서

사업장명 :

소 재 지 :

대 표 자 :

「산업안전보건법」에 따라 (종합, 안전, 보건)진단을 명하니 (종합, 안전, 보건) 진단을 실시하고, 그 결과를 년 월 일까지 보고하시기 바랍니다. 사업주는 안전보건진단업무에 적극 협조해야 하고 정당한 사유 없이 이를 거부하거나 방해 또는 기피해서는 아니 되며 이를 위반한 경우에는 같은 법 제175조에 따라 1천500만 원 이하의 과태료가 부과됨을 알려드립니다.

선 정 이 유	
진 단 구 분 (해당란에 ○표)	종합진단, 안전진단(일반, 건설), 보건진단

※ 이 명령에 대하여 불복이 있는 경우에는「행정심판법」이 정하는 내용에 따라 처분이 있음을 안 날부터 90일 이내에 관할 고용노동(지)청에 행정심판을 청구할 수 있으며(처분이 있었던 날부터 180일이 지나면 청구하지 못함),「행정소송법」에 따라 지방행정법원에 행정소송을 제기할 수 있음을 알려드립니다.

년 월 일

지방고용노동청(지청)장 직인

210㎜×297㎜[일반용지 60g/㎡(재활용품)]

【별지 제26호서식】 (개정 2019.12.26)

안전보건개선계획 수립·시행명령서

사업장명 :
소 재 지 :
대 표 자 :

「산업안전보건법」 제49조에 따라 안전보건개선계획을 수립·시행할 것을 명령하니 구체적 개선계획을 작성하여 년 월 일까지 보고하시기 바라며, 재해율이 감소되도록 모든 노력을 다해 주시기 바랍니다.

구 분	개 선 항 목
일 반 사 항	
중점개선사항	
그 밖의 사항	

※ 이 명령에 대하여 불복이 있는 경우에는 「행정심판법」이 정하는 내용에 따라 처분이 있음을 안 날부터 90일 이내에 관할 고용노동(지)청에 행정심판을 청구할 수 있으며(처분이 있었던 날부터 180일이 지나면 청구하지 못함), 「행정소송법」에 따라 지방행정법원에 행정소송을 제기할 수 있음을 알려드립니다.

년 월 일

지방고용노동청(지청)장 직인

210㎜×297㎜[일반용지 60g/㎡(재활용품)]

【별지 제27호서식】 (개정 2019.12.26)

제 호

[ ]사용 중지 [ ]작업 중지 명령서

사업장명 :

소 재 지 :

전화번호 :

「산업안전보건법」 제53조 [□제1항 / □제3항] 에 따라 다음 대상에

[□사용중지 / □작업중지] 를 명하니 안전조치를 완료한 후 지방고용노동관서장의 확인을 받아

사용(또는 작업)을 재개하기 바라며, 만일 이를 위반할 경우에는 같은법 [□제169조 / □제168조]

에 따라 [□3년 이하의 징역 또는 3천만원 이하의 벌금 / □5년 이하의 징역 또는 5천만원 이하의 벌금] 에 처하게 됩니다.

사용중지 또는 작업중지대상	
안전·보건기준 위반내용	

※ 이 명령은 근로자에게 현저한 유해·위험이 있어 긴급히 시행하는 처분으로 「행정절차법」 제21조 제4항에 따라 사전통지를 생략합니다. 이 명령에 대하여 불복이 있는 경우에는 「행정심판법」 이 정하는 내용에 따라 처분이 있음을 안 날부터 90일 이내에 관할 고용노동(지)청에 행정심판을 청구할 수 있으며(처분이 있었던 날부터 180일이 지나면 청구하지 못함), 「행정소송법」 에 따라 지방행정법원에 행정소송을 제기할 수 있음을 알려드립니다.

지방고용노동청(지청)장 직인

210㎜×297㎜[일반용지 60g/㎡(재활용품)]

【별지 제28호서식】 (개정 2019.12.26)

제 호

중대재해 시 작업중지 명령서

사업장명 :

소 재 지 :

전화번호 :

아래 작업은 산업재해 또는 작업 중 질병발생의 급박한 위험이 있으므로 「산업안전보건법」 제55조제1항 및 제2항에 따라 작업중지를 명합니다.

지방고용노동관서장의 해제 결정 없이 작업을 재개할 때에는 같은 법 제168조에 따라 5년 이하의 징역 또는 5천만원 이하의 벌금의 처분을 받게 됩니다.

작업중지 범위	[ ] 전면 [ ]부분(구체적으로 기재)
작업중지 사유	[ ] 「산업안전보건법 시행규칙」 제3조에 따른 중대재해 발생 [ ] 기타(구체적 사유 기재)

※ 이 명령은 근로자에게 현저한 유해위험이 있어 긴급히 시행하는 처분으로 「행정절차법」 제21조제4항에 따라 사전통지를 생략합니다. 이 명령에 대하여 불복이 있는 경우에는 「행정심판법」 이 정하는 내용에 따라 처분이 있음을 안 날부터 90일 인에 관할 고용노동(지)청에 행정심판을 청구할 수 있으며(처분이 있었던 날부터 180일이 지나면 청구하지 못함), 「행정소송법」 에 따라 지방행정법원에 행정소송을 제기할 수 있음을 알려드립니다.

지방고용노동청(지청)장 직인

근로감독관 (인)

※ 표지에 발부번호가 없는 것은 효력이 없으며, 이 표지는 지방고용노동관서장의 허가 없이 제거할 수 없습니다.

210mm×297mm[백상지(80g/㎡)]

【별지 제29호서식】 (개정 2019.12.26)

작업중지명령 [ ] 전부 [ ] 일부 해제신청서

접수번호	접수일시	처리일	처리기간 4일

사 업 장 (건설현장) 개 요	사업장명(건설업체명)		공사명
	전화번호		팩스번호
	소 재 지		
	근로자 수(공사금액)		공사기간
	발주자		
작업중지 해제 요청 범위 및 개선사항	작업중지 해제요청 범위〔별지작성 가능〕		
	안전·보건조치 개선사항 〔별지작성 가능〕		
확인자	소속:	직책:	성명 (전화번호:) (서명 또는 인)
	소속:	직책:	성명 (전화번호:) (서명 또는 인)
	소속:	직책:	성명 (전화번호:) (서명 또는 인)

작업중지명령에 따른 개선조치를 완료하여 작업중지 해제신청서를 제출합니다.

년 월 일

제출자(사업주 또는 대표자) (서명 또는 인)

지방고용노동청(지청)장 귀하

붙임 서류	1. 안전·보건조치 개선내용 증빙서류(사진 등) 2. 작업노동자 의견서	수수료 없음

처리절차

해제신청서 제출	→	현장 확인 및 검토	→	작업중지 해제심의 위원회	→	해제서 작성	→	통보
신청인		산업안전·보건 업무 담당부서		지방고용노동(지)청		산업안전·보건 업무 담당부서		문서 발송 담당부서

210mm×297mm〔백상지(80g/㎡) 또는 중질지(80g/㎡)〕

【별지 제30호서식】 (개정 2019.12.26)

산업재해 조사표

※ 뒤쪽의 작성방법을 읽고 작성해 주시기 바라며, [ ]에는 해당하는 곳에 √ 표시를 합니다. (앞쪽)

구분						
Ⅰ. 사업장 정보	①산재관리번호 (사업개시번호)		사업자등록번호			
	②사업장명		③근로자 수			
	④업종		소재지	(-)		
	⑤재해자가 사내 수급인 소속인 경우(건설업 제외)	원도급인 사업장명	⑥재해자가 파견근로자인 경우	파견사업주 사업장명		
		사업장 산재관리번호 (사업개시번호)		사업장 산재관리번호 (사업개시번호)		
	건설업만 작성	발주자		[ ]민간 [ ]국가·지방자치단체 [ ]공공기관		
		⑦원수급 사업장명		공사현장 명		
		⑧원수급 사업장 산재관리번호 (사업개시번호)				
		⑨공사종류		공정률	%	공사금액 백만원

※ 아래 항목은 재해자별로 각각 작성하되, 같은 재해로 재해자가 여러 명이 발생한 경우에는 별도 서식에 추가로 적습니다.

구분						
Ⅱ. 재해 정보	성명		주민등록번호 (외국인등록번호)		성별	[ ]남 [ ]여
	국적	[ ]내국인 [ ]외국인 [국적: ⑩체류자격:]			⑪직업	
	입사일	년 월 일	⑫같은 종류업무 근속기간	년 월		
	⑬고용형태	[ ]상용 [ ]임시 [ ]일용 [ ]무급가족종사자 [ ]자영업자 [ ]그 밖의 사항 [ ]				
	⑭근무형태	[ ]정상 [ ]2교대 [ ]3교대 [ ]4교대 [ ]시간제 [ ]그 밖의 사항 [ ]				
	⑮상해종류 (질병명)		⑯상해부위 (질병부위)		⑰휴업 예상일수	휴업 [ ]일
					사망 여부	[ ] 사망
Ⅲ. 재해 발생 개요 및 원인	⑱ 재해 발생 개요	발생일시	[ ]년 [ ]월 [ ]일 [ ]요일 [ ]시 [ ]분			
		발생장소				
		재해관련 작업유형				
		재해발생 당시 상황				
	⑲재해발생원인					
Ⅳ. ⑳재발방지계획						

※ 위 재발방지 계획 이행을 위한 안전보건교육 및 기술지도 등을 한국산업안전보건공단에서 무료로 제공하고 있으니 즉시 기술지원 서비스를 받고자 하는 경우 오른쪽에 √ 표시를 하시기 바랍니다.	즉시 기술지원 서비스 요청[ ]

작성자 성명

작성자 전화번호 작성일 년 월 일

사업주 (서명 또는 인)

근로자대표(재해자) (서명 또는 인)

( )지방고용노동청장(지청장) 귀하

재해 분류자 기입란 (사업장에서는 작성하지 않습니다)	발생형태	□□□	기인물	□□□□□
	작업지역·공정	□□□	작업내용	□□□

210mm×297mm[백상지(80g/㎡) 또는 중질지(80g/㎡)]

(뒤쪽)

작 성 방 법

Ⅰ. 사업장 정보

① 산재관리번호(사업개시번호): 근로복지공단에 산업재해보상보험 가입이 되어 있으면 그 가입번호를 적고 사업장등록번호 기입란에는 국세청의 사업자등록번호를 적습니다. 다만, 근로복지공단의 산업재해보상보험에 가입이 되어 있지 않은 경우 사업자등록번호만 적습니다.

※ 산재보험 일괄 적용 사업장은 산재관리번호와 사업개시번호를 모두 적습니다.

② 사업장명 : 재해자가 사업주와 근로계약을 체결하여 실제로 급여를 받는 사업장명을 적습니다. 파견근로자가 재해를 입은 경우에는 실제적으로 지휘·명령을 받는 사용사업주의 사업장명을 적습니다. 〔예: 아파트를 건설하는 종합건설업의 하수급 사업장 소속 근로자가 작업 중 재해를 입은 경우 재해자가 실제로 하수급 사업장의 사업주와 근로계약을 체결하였다면 하수급 사업장명을 적습니다.〕

③ 근로자 수: 사업장의 최근 근로자수를 적습니다(정규직, 일용직·임시직 근로자, 훈련생 등 포함).

④ 업종: 통계청(www.kostat.go.kr)의 통계분류 항목에서 한국표준산업분류를 참조하여 세세분류(5자리)를 적습니다. 다만, 한국표준산업분류 세세분류를 알 수 없는 경우 아래와 같이 한국표준산업명과 주요 생산품을 추가로 적습니다.

〔예: 제철업, 시멘트제조업, 아파트건설업, 공작기계도매업, 일반화물자동차 운송업, 중식음식점업, 건축물 일반청소업 등〕

⑤ 재해자가 사내 수급인 소속인 경우(건설업 제외): 원도급인 사업장명과 산재관리번호(사업개시번호)를 적습니다.

※ 원도급인 사업장이 산재보험 일괄 적용 사업장인 경우에는 원도급인 사업장 산재관리번호와 사업개시번호를 모두 적습니다.

⑥ 재해자가 파견근로자인 경우: 파견사업주의 사업장명과 산재관리번호(사업개시번호)를 적습니다.

※ 파견사업주의 사업장이 산재보험 일괄 적용 사업장인 경우에는 파견사업주의 사업장 산재관리번호와 사업개시번호를 모두 적습니다.

⑦ 원수급 사업장명: 재해자가 소속되거나 관리되고 있는 사업장이 하수급 사업장인 경우에만 적습니다.

⑧ 원수급 사업장 산재관리번호(사업개시번호): 원수급 사업장이 산재보험 일괄 적용 사업장인 경우에는 원수급 사업장 산재관리번호와 사업개시번호를 모두 적습니다.

⑨ 공사 종류, 공정률, 공사금액 : 수급 받은 단위공사에 대한 현황이 아닌 원수급 사업장의 공사 현황을 적습니다.

가. 공사 종류: 재해 당시 진행 중인 공사 종류를 말합니다. 〔예: 아파트, 연립주택, 상가, 도로, 공장, 댐, 플랜트시설, 전기공사 등〕

나. 공정률: 재해 당시 건설 현장의 공사 진척도로 전체 공정률을 적습니다.(단위공정률이 아님)

Ⅱ. 재해자 정보

⑩ 체류자격: 「출입국관리법 시행령」 별표 1에 따른 체류자격(기호)을 적습니다.(예: E-1, E-7, E-9 등)

⑪ 직업: 통계청(www.kostat.go.kr)의 통계분류 항목에서 한국표준직업분류를 참조하여 세세분류(5자리)를 적습니다. 다만, 한국표준직업분류 세세분류를 알 수 없는 경우 알고 있는 직업명을 적고, 재해자가 평소 수행하는 주요 업무내용 및 직위를 추가로 적습니다.

〔예: 토목감리기술자, 전문간호사, 인사 및 노무사무원, 한식조리사, 철근공, 미장공, 프레스조작원, 선반기조작원, 시내버스 운전원, 건물내부청소원 등〕

⑫ 같은 종류 업무 근속기간: 과거 다른 회사의 경력부터 현직 경력(동일·유사 업무 근무경력)까지 합하여 적습니다. (질병의 경우 관련 작업근무기간)

⑬ 고용형태: 근로자가 사업장 또는 타인과 명시적 또는 내재적으로 체결한 고용계약 형태를 적습니다.

가. 상용: 고용계약기간을 정하지 않았거나 고용계약기간이 1년 이상인 사람
나. 임시: 고용계약기간을 정하여 고용된 사람으로서 고용계약기간이 1개월 이상 1년 미만인 사람
다. 일용: 고용계약기간이 1개월 미만인 사람 또는 매일 고용되어 근로의 대가로 일급 또는 일당제 급여를 받고 일하는 사람
라. 자영업자: 혼자 또는 그 동업자로서 근로자를 고용하지 않은 사람
마. 무급가족종사자: 사업주의 가족으로 임금을 받지 않는 사람
바. 그 밖의 사항: 교육·훈련생 등

⑭ 근무형태 : 평소 근로자의 작업 수행시간 등 업무를 수행하는 형태를 적습니다.
가. 정상: 사업장의 정규 업무 개시시각과 종료시각(통상 오전 9시 전후에 출근하여 오후 6시 전후에 퇴근하는 것) 사이에 업무수행하는 것을 말합니다.
나. 2교대, 3교대, 4교대: 격일제근무, 같은 작업에 2개조, 3개조, 4개조로 순환하면서 업무수행하는 것을 말합니다.
다. 시간제 : 가목의 '정상' 근무형태에서 규정하고 있는 주당 근무시간보다 짧은 근로시간 동안 업무수행하는 것을 말합니다.
라. 그 밖의 사항: 고정적인 심야(야간)근무 등을 말합니다.

⑮ 상해종류(질병명): 재해로 발생된 신체적 특성 또는 상해 형태를 적습니다.
〔예: 골절, 절단, 타박상, 찰과상, 중독·질식, 화상, 감전, 뇌진탕, 고혈압, 뇌졸중, 피부염, 진폐, 수근관증후군 등〕

⑯ 상해부위(질병부위): 재해로 피해가 발생된 신체 부위를 적습니다.
〔예: 머리, 눈, 목, 어깨, 팔, 손, 손가락, 등, 척추, 몸통, 다리, 발, 발가락, 전신, 신체내부기관(소화·신경·순환·호흡배설) 등〕

※ 상해종류 및 상해부위가 둘 이상이면 상해 정도가 심한 것부터 적습니다.

⑰ 휴업예상일수: 재해발생일을 제외한 3일 이상의 결근 등으로 회사에 출근하지 못한 일수를 적습니다.(추정 시 의사의 진단 소견을 참조)

Ⅲ. 재해발생정보

⑱ 재해발생 개요: 재해원인의 상세한 분석이 가능하도록 발생일시〔년, 월, 일, 요일, 시(24시 기준), 분〕, 발생 장소(공정 포함), 재해관련 작업유형(누가 어떤 기계·설비를 다루면서 무슨 작업을 하고 있었는지), 재해발생 당시 상황〔재해 발생 당시 기계·설비·구조물이나 작업환경 등의 불안전한 상태(예시: 떨어짐, 무너짐 등)와 재해자나 동료 근로자가 어떠한 불안전한 행동(예시: 넘어짐, 끼임 등)을 했는지〕을 상세히 적습니다.

〔작성예시〕

발생일시	2013년 5월 30일 금요일 14시 30분
발생장소	사출성형부 플라스틱 용기 생산 1팀 사출공정에서
재해관련 작업유형	재해자 000가 사출성형기 2호기에서 플라스틱 용기를 꺼낸 후 금형을 점검하던 중
재해발생 당시 상황	재해자가 점검중임을 모르던 동료 근로자 000가 사출성형기 조작 스위치를 가동하여 금형 사이에 재해자가 끼어 사망하였음

⑲ 재해발생 원인: 재해가 발생한 사업장에서 재해발생 원인을 인적 요인(무의식 행동, 착오, 피로, 연령, 커뮤니케이션 등), 설비적 요인(기계·설비의 설계상 결함, 방호장치의 불량, 작업표준화의 부족, 점검·정비의 부족 등), 작업·환경적 요인(작업정보의 부적절, 작업자세·동작의 결함, 작업방법의 부적절, 작업환경 조건의 불량 등), 관리적 요인(관리조직의 결함, 규정·매뉴얼의 불비·불철저, 안전교육의 부족, 지도감독의 부족 등)을 적습니다.

Ⅳ. 재발방지계획

⑳ "19. 재해발생 원인"을 토대로 재발방지 계획을 적습니다.

【별지 제31호서식】 (개정 2019.12.26)

유해·위험작업 도급승인 신청서

접수번호	접수일자	처리일자	처리기간 10일

신청인	성명	전화번호
	주소	
도급인	사업장 명칭	
	소재지	
	업종	주요생산품
	대표자 성명	근로자 수
수급인	사업장 명칭	업종
	소재지	
	대표자 성명	근로자 수
도급내용	도급 작업공정	
	도급공정 사용 유해물질량(월)	
	도급기간	
비고		

「산업안전보건법」 제58조제3항 제59조제1항 및 같은 법 제75조제1항 및 제78조제1항에 따라 유해하거나 위험한 작업의 도급 승인을 신청합니다.

년 월 일

신청인 (서명 또는 인)

지방고용노동청(지청)장 귀하

첨부서류		수수료
첨부서류	1. 도급대상 작업의 공정관련 서류 일체(기계·설비의 종류 및 운전조건, 유해·위험물질의 종류·사용량, 유해·위험요인의 발생 실태 및 종사 근로자 수 등에 관한 사항을 포함해야 합니다) 2. 도급작업 안전보건관리계획서(안전작업절차, 도급 시의 안전·보건관리 및 도급작업에 대한 안전·보건시설 등에 관한 사항을 포함해야 합니다) 3. 안전 및 보건에 관한 평가 결과	수수료 없음

처리절차

신청서 작성	▶	검 토	▶	결 재	▶	인가증 작성	▶	통 보
신청인		산업안전·보건 업무 담당부서		지방고용노동청(지청)장		산업안전·보건업무 담당부서		문서 발송 담당부서

210mm×297mm(일반용지 60g/㎡(재활용품))

【별지 제32호서식】 (개정 2019.12.26)

유해·위험작업 도급승인 연장신청서

<table>
<tr><td>접수번호</td><td>접수일시</td><td>처리일</td><td colspan="2">처리기간 14일</td></tr>
<tr><td rowspan="2">신청인</td><td colspan="2">성명</td><td colspan="2">전화번호</td></tr>
<tr><td colspan="4">주소</td></tr>
<tr><td rowspan="4">도급인</td><td colspan="4">사업장 명칭</td></tr>
<tr><td colspan="4">소재지</td></tr>
<tr><td colspan="2">업종</td><td colspan="2">주요생산품</td></tr>
<tr><td colspan="2">대표자 성명</td><td colspan="2">근로자 수</td></tr>
<tr><td rowspan="3">수급인</td><td colspan="2">사업장 명칭</td><td colspan="2">업종</td></tr>
<tr><td colspan="4">소재지</td></tr>
<tr><td colspan="2">대표자 성명</td><td colspan="2">근로자 수</td></tr>
<tr><td rowspan="4">도급내용</td><td colspan="2">도급 작업공정</td><td colspan="2">도급공정 근로자 수</td></tr>
<tr><td colspan="4">도급공정 사용 최대 유해화학 물질량(월)</td></tr>
<tr><td colspan="4">도급승인 기간</td></tr>
<tr><td colspan="4">도급승인 연장 기간</td></tr>
<tr><td>도급연장 사유</td><td colspan="4"></td></tr>
</table>

「산업안전보건법」 제58조 제5항 및 같은 법 시행규칙 제75조제1항 및 제78조제1항에 따라 유해하거나 위험한 작업의 도급승인의 연장을 신청합니다.

년 월 일

신청인 (서명 또는 인)

지방고용노동청(지청)장 귀하

붙임 서류	1. 도급대상 작업의 공정관련 서류 일체(기계·설비의 종류 및 운전조건, 유해·위험물질의 종류·사용량, 유해·위험요인의 발생 실태 및 종사 근로자 수 등에 관한 사항을 포함해야 합니다) 2. 도급작업 안전보건관리계획서(안전작업절차, 도급 시의 안전·보건관리 및 도급작업에 대한 안전·보건시설 등에 관한 사항을 포함해야 합니다) 3. 안전 및 보건에 관한 평가 결과	수수료 없음

처리절차

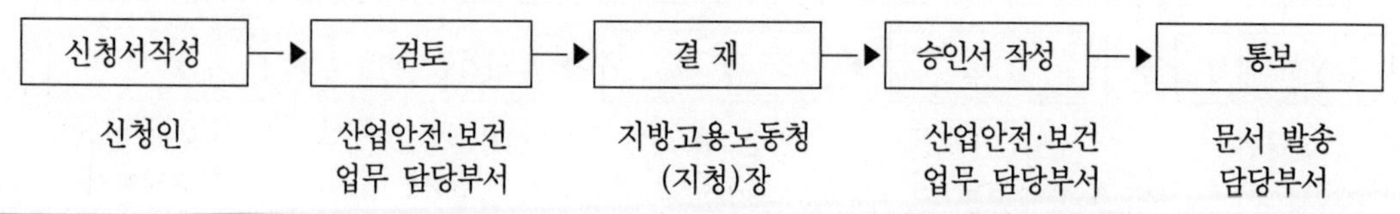

210mm×297mm〔백상지(80g/㎡) 또는 중질지(80g/㎡)〕

【별지 제33호서식】 (개정 2019.12.26)

유해·위험작업 도급승인 변경신청서

접수번호	접수일시	처리일	처리기간 14일

구분	항목		항목
신청인	성명		전화번호
	주소		
도급인	사업장 명칭		
	소재지		
	업종		주요생산품
	대표자 성명		근로자 수
수급인	사업장 명칭		업종
	소재지		
	대표자 성명		근로자 수
도급	도급 작업공정		도급공정 근로자 수
	도급공정 사용 최대 유해화학 물질량(월)		
	도급승인 기간		

변경사항	변경 전	변경 후

「산업안전보건법」 제58조 제6항 및 같은 법 시행규칙 제75조제1항 및 제78조제1항에 따라 유해하거나 위험한 작업의 도급승인의 변경을 신청합니다.

년 월 일

신청인 (서명 또는 인)

지방고용노동청(지청)장 귀하

붙임 서류	1. 도급대상 작업의 공정관련 서류 일체(기계·설비의 종류 및 운전조건, 유해·위험물질의 종류·사용량, 유해·위험요인의 발생 실태 및 종사 근로자 수 등에 관한 사항을 포함해야 합니다) 2. 도급작업 안전보건관리계획서(안전작업절차, 도급 시의 안전·보건관리 및 도급작업에 대한 안전·보건시설 등에 관한 사항을 포함해야 합니다)	수수료 없음

처리절차

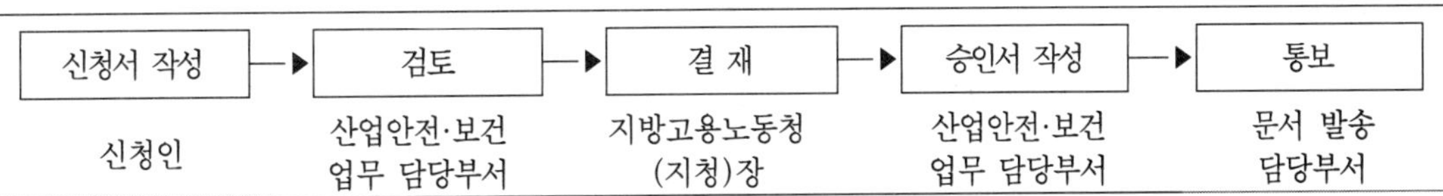

210mm×297mm[백상지(80g/㎡) 또는 중질지(80g/㎡)]

【별지 제34호서식】 (개정 2019.12.26)

유해·위험작업 도급승인서

<table>
<tr><td rowspan="4">도급인</td><td>사업장명칭</td><td colspan="2"></td></tr>
<tr><td>소재지</td><td colspan="2"></td></tr>
<tr><td>업종</td><td></td><td>주요생산품 :</td></tr>
<tr><td>대표자</td><td></td><td>근로자 수 :</td></tr>
<tr><td rowspan="4">수급인</td><td>사업자명칭</td><td colspan="2"></td></tr>
<tr><td>소재지</td><td colspan="2"></td></tr>
<tr><td>업종</td><td></td><td>주요생산품 :</td></tr>
<tr><td>대표자</td><td></td><td>근로자 수 :</td></tr>
<tr><td colspan="3" rowspan="2">도급 공정</td><td>도급계약기간</td></tr>
<tr><td>도급승인기간</td></tr>
<tr><td colspan="4">비고</td></tr>
</table>

「산업안전보건법」 제58조, 제59조에 따라 위와 같이 도급을 승인합니다.

년 월 일

지방고용노동청(지청)장 직인

210mm×297mm(일반용지 60g/㎡(재활용품))

【별지 제35호서식】 (개정 2019.12.26)

공사기간 연장 요청서

<table>
<tr><td rowspan="5">건설현장
개요</td><td>건설업체명</td><td colspan="2">공사명</td></tr>
<tr><td>전화번호</td><td colspan="2">팩스번호</td></tr>
<tr><td colspan="3">소재지</td></tr>
<tr><td>공사금액</td><td colspan="2">공사기간</td></tr>
<tr><td colspan="3">발주자</td></tr>
<tr><td rowspan="2">공사기간
연장
요청사항</td><td>연장 일수</td><td colspan="2"></td></tr>
<tr><td>변경 공사
기간</td><td colspan="2"></td></tr>
<tr><td>공사기간
연장사유</td><td colspan="3"></td></tr>
</table>

「산업안전보건법」 제70조 및 같은 법 시행규칙 제87조제1항 또는 제2항에 따라 공사기간 연장 요청서를 제출합니다.

년 월 일

제출자(사업주 또는 대표자) (서명 또는 인)

귀 하

첨부서류	1. 공사기간 연장 요청 사유 및 공사 지연 사실 증빙 서류 2. 공사기간 연장 요청 기간 산정 근거 및 공사 지연에 따른 공정 관리 변경에 관한 서류	수수료 없음

210mm×297mm[백상지(80g/㎡) 또는 중질지(80g/㎡)]

【별지 제36호서식】 (개정 2019.12.26)

건설공사 설계변경 요청서

건설현장 개 요	건설업체명	공사명
	전화번호	팩스번호
	소 재 지	
	공사금액	공사기간
	발주자	
설계변경 요청사항	대상공사	
	변경내용	
검토자	성명(기관명) (서명 또는 인)	
	자격	
	소속 (전화번호 :)	

「산업안전보건법」 제71조 및 같은 법 시행규칙 제88조제1항부터 제3항까지의 규정에 따라 건설공사 설계변경 요청서를 제출합니다.

년 월 일

제출자(사업주 또는 대표자) (서명 또는 인)

귀 하

첨부서류	1. 「산업안전보건법 시행규칙」 제88조제1항 및 제3항에 따라 설계변경을 요청하는 경우 가. 설계변경 요청 대상 공사의 도면 나. 당초 설계의 문제점 및 변경요청 이유서 다. 가설구조물의 구조계산서 등 당초 설계의 안전성에 관한 전문가의 검토 의견서 및 그 전문가(전문가가 공단인 경우는 제외합니다)의 자격증 사본 라. 그 밖에 재해발생의 위험이 높아 설계변경이 필요함을 증명할 수 있는 서류 2. 「산업안전보건법 시행규칙」 제88조제2항에 따라 설계변경을 요청하는 경우 가. 「산업안전보건법」 제42조제4항에 따른 유해위험방지계획서 심사결과 통지서 나. 「산업안전보건법」 제42조제4항에 따라 지방고용노동관서의 장이 명령한 공사착공중지명령 또는 계획변경명령 등의 내용 다. 「산업안전보건법 시행규칙」 제88조제1항제1호·제2호 및 제4호의 서류	수수료 없 음

210mm×297mm[백상지 80g/㎡(재활용품)]

【별지 제37호서식】 (개정 2019.12.26)

건설공사 설계변경 승인 통지서

<table>
<tr><td rowspan="4">수급인</td><td>건설업체명</td><td>공사명</td></tr>
<tr><td colspan="2">소재지</td></tr>
<tr><td>공사금액</td><td>공사기간</td></tr>
<tr><td colspan="2">대표</td></tr>
<tr><td rowspan="2">설계변경
사항</td><td>변경 전</td><td>변경 후</td></tr>
<tr><td></td><td></td></tr>
</table>

「산업안전보건법」 제71조 및 같은 법 시행규칙 제88조제4항 및 제5항에 따라 건설공사 설계변경 승인을 통지합니다.

년 월 일

도급인 (서명 또는 인)

귀 하

210mm×297mm[백상지 80g/㎡(재활용품)]

【별지 제38호서식】 (개정 2019.12.26)

건설공사 설계변경 불승인 통지서

<table>
<tr><td rowspan="4">수급인</td><td>건설업체명</td><td>공사명</td></tr>
<tr><td colspan="2">소재지</td></tr>
<tr><td>공사금액</td><td>공사기간</td></tr>
<tr><td colspan="2">대표자</td></tr>
<tr><td>설계변경
요청사항</td><td colspan="2"></td></tr>
<tr><td>불승인 사유</td><td colspan="2"></td></tr>
</table>

「산업안전보건법」 제71조 및 같은 법 시행규칙 제88조제5항에 따라 건설공사 설계변경 불승인을 통지합니다.

년 월 일

도급인 (서명 또는 인)

귀 하

첨부서류	설계를 변경할 수 없는 사유를 증명하는 서류	수수료 없 음

210mm×297mm[백상지 80g/㎡(재활용품)]

【별지 제39호서식】 (개정 2019.12.26)

기계등 대여사항 기록부

<table>
<tr><td rowspan="4">사업체</td><td>사업체명</td><td>사업장관리번호</td><td></td></tr>
<tr><td>사업자등록번호</td><td>전화번호</td><td></td></tr>
<tr><td>대표자 성명</td><td>생년월일</td><td></td></tr>
<tr><td colspan="3">소재지</td></tr>
</table>

대여년월일	대여기계명	보유대수	대여횟수	재해건수(사망자수)	비 고

210mm×297mm(일반용지 60g/㎡(재활용품))

【별지 제40호서식】 (개정 2019.12.26)

타워크레인 설치·해체업 [ ] 등록 [ ] 변경 신청서

※ 색상이 어두운 칸은 신청인이 적지 않으며, [ ]에는 해당되는 곳에 √표를 합니다.

접수번호		접수일시	처리기간 20일
신청인	업체명(상호)		
	대표자 성명	전화번호	
	소재지		

등록 또는 변경 내용

「산업안전보건법 시행규칙」 제106조제1항에 따라 위와 같이 [ ]등록 [ ]변경을 신청합니다.

년 월 일

신청인 (서명 또는 인)

지방고용노동청(지청)장 귀하

구분	내용	수수료
신청인 제출서류	1. 「산업안전보건법 시행령」 별표 22에 따른 인력기준에 해당하는 사람의 자격과 채용을 증명할 수 있는 서류 2. 건물임대차계약서 사본이나 그 밖에 사무실의 보유를 증명할 수 있는 서류와 장비명세서 각 1부 ※ 변경의 경우에는 변경을 증명하는 서류	수수료 없 음
담당 공무원 확인사항	1. 법인: 법인등기사항증명서 2. 개인: 사업자등록증(확인에 동의하지 않는 경우 해당 서류를 직접 제출합니다)	

행정정보 공동이용 동의서

본인은 이 건 업무처리와 관련하여 담당 공무원이 「전자정부법」 제36조에 따른 행정정보의 공동이용을 통하여 위의 담당 공무원 확인 사항중 제2호를 확인하는 것에 동의합니다.

*동의하지 않는 경우에는 신청인이 직접 관련 서류를 제출해야 합니다.

신청인 (서명 또는 인)

공지사항

본 민원의 처리결과에 대한 만족도 조사 및 관련 제도 개선에 필요한 의견조사를 위해 귀하의 전화번호(휴대전화)로 전화조사를 실시할 수 있습니다.

처리절차

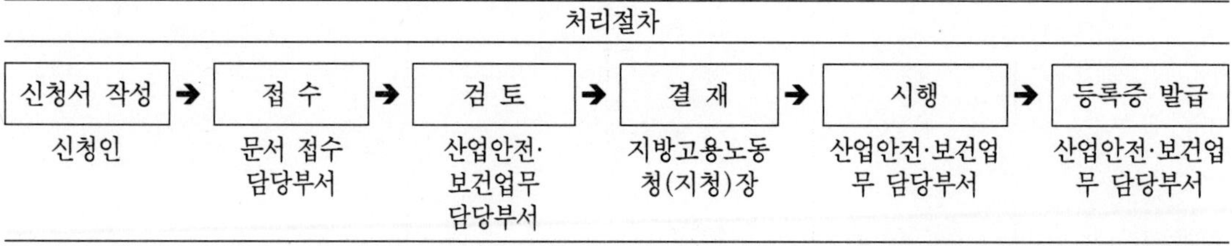

210mm×297mm[백상지(80g/㎡) 또는 중질지(80g/㎡)]

【별지 제41호서식】 (개정 2019.12.26)

제　　　호

타워크레인 설치·해체업 (변경)등록증

1. 업체명(상호):

2. 대표자 성명:

3. 소재지:

4. 최초 등록번호 및 등록일(※ 변경 등록증 발급에 한함):

「산업안전보건법 시행규칙」 제106조제2항에 따라 위와 같이 등록하였음을 증명합니다.

년　　　월　　　일

지방고용노동청(지청)장 직인

210mm×297mm[백상지 150g/㎡]

【별지 제42호서식】 (개정 2019.12.26)

〔 〕 예비심사 〔 〕 서면심사
〔 〕 개별 제품심사 〔 〕 형식별 제품심사 안전인증신청서
〔 〕 기술능력 및 생산체계심사

※ 〔 〕에는 해당되는 곳에 √ 표시를 합니다.

<table>
<tr><td>접수번호</td><td>접수일자</td><td>처리일자</td><td colspan="2">처리기간
예비심사: 7일
서면심사: 15일/30일
기술능력 및 생산체계심사: 30일/45일
개별 제품심사: 15일
형식별 제품심사: 30일/60일</td></tr>
<tr><td rowspan="6">신청인</td><td colspan="2">사업장명</td><td colspan="2">사업장관리번호</td></tr>
<tr><td colspan="2">사업자등록번호</td><td colspan="2">전화번호</td></tr>
<tr><td colspan="4">소재지</td></tr>
<tr><td colspan="4">대표자 성명</td></tr>
<tr><td rowspan="2">담당자</td><td>성명</td><td colspan="2">휴대전화번호</td></tr>
<tr><td colspan="3">전자우편 주소</td></tr>
<tr><td rowspan="2">제품현황</td><td colspan="4">안전인증대상 기계·기구명 (국내품, 수입품)</td></tr>
<tr><td colspan="2">형식(규격)번호</td><td colspan="2">용량(등급)</td></tr>
<tr><td rowspan="5">신청부문</td><td colspan="2">제품심사희망일</td><td colspan="2">설치사업장명</td></tr>
<tr><td colspan="4">설치사업장 소재지</td></tr>
<tr><td rowspan="3">각종압력용기
개별제품심사 희망일</td><td colspan="3">재료심사</td></tr>
<tr><td colspan="3">용접심사</td></tr>
<tr><td colspan="3">내압심사</td></tr>
</table>

「산업안전보건법」 제84조 및 같은 법 시행규칙 제108조제1항에 따라 안전인증을 신청합니다.

년 월 일

신청인 (서명 또는 인)

안전인증기관의 장 귀하

첨부서류	「산업안전보건법 시행규칙」 별표13 참조	수수료 고용노동부장관이 정하는 수수료 참조
담당직원 확인사항	사업자등록증	수수료 없음

행정정보 공동이용 동의서

본인은 이 건 업무처리와 관련하여 담당직원이 「전자정부법」 제36조에 따른 행정정보의 공동이용을 통하여 위의 담당 직원 확인 사항을 확인하는 것에 동의합니다.

*동의하지 아니하는 경우에는 신청인이 직접 관련 서류를 제출하여야 합니다.

신청인 (서명 또는 인)

공지사항

본 민원의 처리결과에 대한 만족도 조사 및 관련 제도 개선에 필요한 의견 조사를 위해 귀하의 전화번호(휴대전화)로 전화조사를 실시할 수 있습니다.

처리절차

신청서 작성	▶	접 수	▶	서류검토	▶	심 사	▶	결과통지
신청인		안전인증기관		안전인증기관		안전인증기관		안전인증기관

210㎜×297㎜〔일반용지 60g/㎡(재활용품)〕

【별지 제43호서식】 (개정 2019.12.26)

안전인증 면제신청서

접수번호	접수일자	처리일자	처리기간 전부면제-15일 일부면제-15/30/45/60일 (제품별심사기간)

신청인	사업장명		사업장관리번호
	사업자등록번호		전화번호
	소재지		
	대표자 성명		
	담당자	성명	휴대전화번호
		전자우편 주소	
제품현황	안전인증대상 기계·기구명 (국내품, 수입품)		
	형식(규격)		용량(등급)
신청부문	면제 항목		
	면제 사유 (관련 법령 등)		인증(시험) 종류
	인증(시험)번호		인증(시험)기관
	인증(시험)취득일		인증(시험)유효기간

「산업안전보건법」 제84조제2항 및 같은 법 시행규칙 제109조제3항에 따라 안전인증의 면제를 신청합니다.

년 월 일

신청인 (서명 또는 인)

안전인증기관의 장 귀하

첨부서류	1. 제품 및 용도설명서 2. 연구·개발을 목적으로 사용되는 것임을 증명하는 서류(「산업안전보건법 시행규칙」 제109조제1항제1호만 해당합니다) 3. 다른 법령에 따른 인증 또는 검사를 받았음을 증명하는 서류 및 시험성적서(「산업안전보건법 시행규칙」 제109조제1항제2호부터 제12호까지 및 제2항제2호부터 제5호까지만 해당합니다)	수수료 없음

처리절차

신청서 작성	▶	접 수	▶	서류검토	▶	심 사	▶	결과통지
신청인		안전인증기관		안전인증기관		안전인증기관		안전인증기관

210㎜×297㎜[일반용지 60g/㎡(재활용품)]

【별지 제44호서식】 (개정 2019.12.26)

안전인증 면제확인서

<table>
<tr><td rowspan="3">신청인</td><td>사업장명</td><td>사업장관리번호</td></tr>
<tr><td>사업자등록번호</td><td>대표자 성명</td></tr>
<tr><td colspan="2">소재지</td></tr>
<tr><td colspan="3">면제 확인 번호</td></tr>
<tr><td colspan="3">인증 번호</td></tr>
<tr><td colspan="3">안전인증대상 기계·기구명</td></tr>
<tr><td colspan="2">형식(규격)</td><td>용량(등급)</td></tr>
<tr><td rowspan="3">면제 내용</td><td colspan="2">면제 항목</td></tr>
<tr><td colspan="2">면제 사유(관련 법령 등)</td></tr>
<tr><td colspan="2">안전인증면제 유효기간</td></tr>
</table>

「산업안전보건법」 제84조 및 같은 법 시행규칙 제109조제4항에 따라 안전인증 면제 확인서를 발급합니다.

년 월 일

안전인증기관의 장 직인

210㎜×297㎜[일반용지 60g/㎡(재활용품)]

【별지 제45호서식】 (개정 2019.12.26)

심사결과통지서

<table>
<tr><td rowspan="3">신청인</td><td>사업장명</td><td>사업장관리번호</td></tr>
<tr><td>사업자등록번호</td><td>대표자 성명</td></tr>
<tr><td colspan="2">소재지</td></tr>
<tr><td colspan="3">안전인증대상 기계·기구명</td></tr>
<tr><td colspan="2">형식(규격)</td><td>용량(등급)</td></tr>
</table>

「산업안전보건법」 제84조 및 같은 법 시행규칙 제110조에 따라 실시한

- □ 예비심사
- □ 서면심사
- □ 기술능력 및 생산체계심사
- □ 개별 제품심사
- □ 형식별 제품심사

결과가 [□ 적합 □ 부적합] 함을 통지합니다.

년 월 일

인증심사원 (서명 또는 인)

안전인증기관의 장 직인

210mm×297mm[일반용지 60g/㎡(재활용품)]

【별지 제46호서식】 (개정 2019.12.26)

(앞 쪽)

제 호

안 전 인 증 서

(사업장명)

(소 재 지)

위 사업장에서 제조하는 아래의 품목이 「산업안전보건법」 제84조 및 같은 법 시행규칙 제110조제1항에 따른 안전인증 심사 결과 안전·보건기준에 적합하므로 안전인증표시의 사용을 인증합니다.

――――― 품 목 ―――――

――――― 형식·모델(용량·등급) / 인증번호 ―――――

――――― 인 증 기 준 ―――――

――――― 인 증 조 건 ―――――

년 월 일

안전인증기관의 장 직인

210㎜×297㎜[일반용지 60g/㎡(재활용품)]

(뒤쪽)

인 증 조 건

1. 제조공장:
   '000시 00구 00'에서 생산하는 제품에 한함

2. 제품개요

   작성 예) 에어리시버 탱크

3. 인증범위: 본 인증서는 아래의 형식번호에 한하여 유효함

   작성 예) HAT - a 0 0 b - c d
   a = 1, 5
   b = 0, 1, 2, 3, 4
   c = W, E
   d = 2, S

4. 안전한 사용을 위한 조건
   - 작성 예) 주위온도 -20~60℃의 범위내에 설치되어야 함.

5. 인증(변경)사항

6. 그 밖의 사항
   - 안전인증품의 품질관리. 확인심사 수검, 변경사항 신고 등 인증 받은 자의 의무 준수

【별지 제47호서식】 (개정 2019.12.26)

KCs

안전인증 확인통지서

신청인	사업장명	사업장관리번호
	사업자등록번호	대표자 성명
	소재지	
안전인증대상 기계·기구명		
형식(규격)		

「산업안전보건법」 제84조 및 같은 법 시행규칙 제111조제3항에 따라 안전인증을 확인한 결과 〔 〕적합 〔 〕부적합 함을 통지합니다.

년 월 일

인증심사원 (서명 또는 인)

안전인증기관의 장 직인

210mm×297mm〔보존용지(1종) 120g/㎡〕

【별지 제48호서식】 (개정 2019.12.26)

자율안전확인 신고서

신청인	사업장명		사업장관리번호	
	사업자등록번호		전화번호	
	소재지			
	대표자 성명			
	담당자	성명	휴대전화번호	
		전자우편 주소		

자율안전확인대상 기계·기구명 (국내품, 수입품)	
형식(규격)	용량(등급)
제조자·소재지	

「산업안전보건법」 제89조 및 같은 법 시행규칙 제120조제1항에 따라 자율안전기준에 적합한 제품임을 신고합니다.

년 월 일

신청인 (서명 또는 인)

자율안전확인기관의 장 귀하

신청인 제출서류	1. 제품의 설명서 2. 자율안전확인대상 기계등의 자율안전기준을 충족함을 증명하는 서류	수수료 없음
담당 직원 확인사항	1. 법인: 법인등기사항증명서 2. 개인: 사업자등록증	

행정정보 공동이용 동의서

본인은 이 건 업무처리와 관련하여 담당직원이 「전자정부법」 제36조에 따른 행정정보의 공동이용을 통하여 위의 담당 직원 확인 사항 제2호를 확인하는 것에 동의합니다.
*동의하지 아니하는 경우에는 신청인이 직접 관련 서류를 제출하여야 합니다.

신청인 (서명 또는 인)

공지사항

본 민원의 처리결과에 대한 만족도 조사 및 관련 제도 개선에 필요한 의견조사를 위해 귀하의 전화번호(휴대전화)로 전화조사를 실시할 수 있습니다.

210mm×297mm[일반용지 60g/㎡(재활용품)]

【별지 제49호서식】 (개정 2019.12.26)

자율안전확인 신고증명서

<table>
<tr><td rowspan="3">신청인</td><td>사업장명</td><td>사업장관리번호</td></tr>
<tr><td>사업자등록번호</td><td>대표자 성명</td></tr>
<tr><td colspan="2">소재지</td></tr>
<tr><td colspan="3">자율안전인증대상 기계·기구명</td></tr>
<tr><td colspan="2">형식(규격)</td><td>용량(등급)</td></tr>
<tr><td colspan="3">자율안전확인번호</td></tr>
<tr><td colspan="3">제조자·소재지</td></tr>
</table>

「산업안전보건법」 제89조제1항 및 같은 법 시행규칙 제120조제3항에 따라 자율안전확인 신고증명서를 발급합니다.

년 월 일

자율안전확인기관의 장 직인

210㎜×297㎜[일반용지 60g/㎡(재활용품)]

【별지 제50호서식】 (개정 2019.12.26)

안전검사 신청서

<table>
<tr><td colspan="2">접수번호</td><td>접수일자</td><td>처리일자</td><td colspan="2">처리기간 30일</td></tr>
<tr><td rowspan="6">신청인</td><td colspan="3">사업장명</td><td colspan="2">사업장관리번호</td></tr>
<tr><td colspan="3">사업자등록번호</td><td colspan="2">전화번호</td></tr>
<tr><td colspan="5">소재지</td></tr>
<tr><td colspan="5">대표자 성명</td></tr>
<tr><td rowspan="2">담당자</td><td colspan="2">성명</td><td colspan="2">휴대전화번호</td></tr>
<tr><td colspan="4">전자우편 주소</td></tr>
<tr><td colspan="3">설치장소</td><td colspan="3">검사 희망일</td></tr>
<tr><td>안전검사대상 기계명</td><td>형식(규격)</td><td>용량</td><td>전 검사일</td><td colspan="2">검사합격번호</td></tr>
<tr><td></td><td></td><td></td><td></td><td colspan="2"></td></tr>
<tr><td></td><td></td><td></td><td></td><td colspan="2"></td></tr>
<tr><td></td><td></td><td></td><td></td><td colspan="2"></td></tr>
<tr><td></td><td></td><td></td><td></td><td colspan="2"></td></tr>
<tr><td></td><td></td><td></td><td></td><td colspan="2"></td></tr>
<tr><td></td><td></td><td></td><td></td><td colspan="2"></td></tr>
</table>

「산업안전보건법」 제93조 및 같은 법 시행규칙 제124조제1항에 따라 안전검사를 신청합니다.

년 월 일

신청인 (서명 또는 인)

안전검사기관의 장 귀하

첨부서류	없음	수수료 고용노동부장관이 정하는 수수료 참조

공지사항

본 민원의 처리결과에 대한 만족도 조사 및 관련 제도 개선에 필요한 의견 조사를 위해 귀하의 전화번호(휴대전화)로 전화조사를 실시할 수 있습니다.

처리절차

신청서 작성	▶	접 수	▶	서류검토	▶	심 사	▶	결과통지
신청인		안전검사기관		안전검사기관		안전검사기관		안전검사기관

210㎜×297㎜[일반용지 60g/㎡(재활용품)]

【별지 제51호서식】 (개정 2019.12.26)

안전검사 불합격 통지서

<table>
<tr><td rowspan="4">신청인</td><td colspan="2">사업장명</td></tr>
<tr><td>사업장관리번호</td><td>사업자등록번호</td></tr>
<tr><td>대표자 성명</td><td>전화번호</td></tr>
<tr><td colspan="2">소재지</td></tr>
<tr><td colspan="3">안전검사대상 기계명</td></tr>
<tr><td colspan="3">형식(규격)</td></tr>
</table>

검사 불합격 내용(별지 사용 가능)			
검사 항목	검사 결과	판정/조치사항	근거 조항

검사원 (서명 또는 인)

「산업안전보건법」 제93조 및 같은 법 시행규칙 제127조에 따라 안전검사 결과를 알려드리오니 기준치에 미치지 못하는 부분을 보완한 후 다시 검사를 받으시기 바랍니다.

년 월 일

안전검사기관의 장 직인

210㎜×297㎜[일반용지 60g/㎡(재활용품)]

【별지 제52호서식】 (개정 2019.12.26)

자율검사프로그램 인정신청서

접수번호	접수일자	처리일자	처리기간 15일

신청인			
신청인	사업장명		사업장관리번호
	사업자등록번호		전화번호
	소재지		
	대표자 성명		
	담당자	성명	휴대전화번호
		전자우편 주소	

「산업안전보건법」 제98조제1항 및 같은 법 시행규칙 제132조제3항에 따라 자율검사프로그램 인정을 신청합니다.

년 월 일

신청인 (서명 또는 인)

한국산업안전보건공단 이사장 귀하

구분	내용	수수료
신청인 제출서류	1. 안전검사대상기계등의 보유현황 2. 검사원 보유 현황과 검사를 할 수 있는 장비 및 장비 관리방법(자율안전검사기관에 위탁한 경우에는 위탁을 증명할 수 있는 서류를 제출한다) 3. 안전검사대상계등의 검사 주기 및 검사기준 4. 향후 2년간 안전검사대상기계등의 검사수행계획 5. 과거 2년간 자율검사프로그램 수행 실적(재신청의 경우만 해당합니다)	수수료 고용노동부장관이 정하는 수수료 참조
담당 직원 확인사항	1. 개인: 사업자등록증 2. 법인: 법인등기사항증명서	

행정정보 공동이용 동의서

본인은 이 건 업무처리와 관련하여 담당 직원이 「전자정부법」 제36조에 따른 행정정보의 공동이용을 통하여 위의 담당 직원 확인 사항 제2호를 확인하는 것에 동의합니다. *동의하지 아니하는 경우에는 신청인이 직접 관련 서류를 제출하여야 합니다.

신청인 (서명 또는 인)

공지사항

본 민원의 처리결과에 대한 만족도 조사 및 관련 제도 개선에 필요한 의견조사를 위해 귀하의 전화번호(휴대전화)로 전화조사를 실시할 수 있습니다.

처리절차

신청서 작성	▶	접 수	▶	서류검토	▶	심 사	▶	결과통지
신청인		공단		공단		공단		공단

210㎜×297㎜[일반용지 60g/㎡(재활용품)]

【별지 제53호서식】 (개정 2019.12.26)

자율검사프로그램 인정서

신청인	사업장명	
	사업장관리번호	사업자등록번호
	대표자 성명	전화번호
	소재지	
인정유효기간	~	

심사원 (서명 또는 인)

「산업안전보건법」 제98조 및 같은 법 시행규칙 제132조제6항에 따라 자율검사프로그램 인정서를 발급합니다.

년 월 일

한국산업안전보건공단 이사장 직인

210㎜×297㎜[일반용지 120g/㎡]

【별지 제54호서식】 (개정 2019.12.26)

자율검사프로그램 부적합 통지서

신청인	사업장명	
	사업장관리번호	사업자등록번호
	대표자 성명	전화번호
	소재지	

부적합 내용(별지 사용가능)

심사 항목	심사 결과	판정/조치사항	근거 조항

심사원 (서명 또는 인)

「산업안전보건법」 제98조 및 같은 법 시행규칙 제132조제7항에 따라 실시한 자율검사프로그램 심사 결과를 알려 드리오니 같은 법 제93조 및 같은 법 시행규칙 제124조제1항에 따라 즉시 안전검사를 신청해 주시기 바랍니다.

년 월 일

한국산업안전보건공단 이사장 직인

210㎜×297㎜[일반용지 60g/㎡(재활용품)]

【별지 제55호서식】 (개정 2019.12.26)

〔 〕안전인증 대상 기계등 제조업체 **〔 〕자율안전확인 대상 기계등 제조업체** **〔 〕산업재해다발 기계·기구 및 설비등 제조업체** **〔 〕국소배기장치 및 전체환기장치 시설업체** **〔 〕소음·진동 방지장치 시설업체**	**〔 〕등록** **〔 〕변경**	**신청서**

※〔 〕에는 해당되는 곳에 √ 표시를 합니다.

접수번호	접수일자	처리일자	처리기간 30일
신청인	업체명(상호)		
	대표자 성명		
	전화번호	사무실 면적(㎡)	
	소재지		
등록 또는 변경 내용			

「산업안전보건법 시행규칙」 제138조제1항 및 제4항에 따라 위와 같이 〔 〕등록 〔 〕변경하고자 신청합니다.

년 월 일

신청인 (서명 또는 인)

등록지원기관의 장 귀하

신청인 제출서류	1. 「산업안전보건법 시행규칙」 별표17에 따른 인력기준에 해당하는 사람의 자격과 채용을 증명할 수 있는 자격증(국가기술자격증은 제외합니다), 졸업증명서, 경력증명서 및 재직증명서 등의 서류 2. 건물임대차계약서 사본이나 그 밖의 사무실의 보유를 증명할 수 있는 서류와 시설·장비 명세서 각 1부 3. 제조 인력, 주요 부품 및 완제품 조립·생산용 시설 및 자체 품질관리시스템 운영에 관한 서류(국소배기장치 및 전체환기장치 시설업체, 소음·진동 방지장치 시설업체의 경우는 제외합니다)	수수료 없음
담당공무원 확인사항	1. 법인: 법인등기사항증명서 2. 개인: 사업자등록증 및 국가기술자격증(신청인이 국가기술자격증 확인에 동의한 경우에만 해당합니다.)	

행정정보 공동이용 동의서

본인은 이 건 업무처리와 관련하여 담당 공무원이 「전자정부법」 제36조에 따른 행정정보의 공동이용을 통하여 위의 담당 공무원 확인 사항 제2호를 확인하는 것에 동의합니다. *동의하지 아니하는 경우에는 신청인이 직접 관련 서류를 제출하여야 합니다.

신청인 (서명 또는 인)

공지사항

본 민원의 처리결과에 대한 만족도 조사 및 관련 제도 개선에 필요한 의견조사를 위해 귀하의 전화번호(휴대전화)로 전화조사를 실시할 수 있습니다.

210mm×297mm(일반용지 60g/㎡(재활용품))

【별지 제56호서식】 (개정 2019.12.26)

제 호

( ) 등 록 증

1. 업체명(상호):

2. 대표자 성명:

3. 소재지:

4. 등록조건:

「산업안전보건법 시행규칙」 제138조제3항에 따라 위와 같이 등록하였음을 증명합니다.

년 월 일

등록지원기관의 장 직인

210㎜×297㎜[일반용지 60g/㎡(재활용품)]

【별지 제57호서식】 (개정 2019.12.26)

신규화학물질의 유해성·위험성 조사보고서

※ 뒤쪽의 작성방법을 읽고 작성해 주시기 바라며, [ ]에는 해당하는 곳에 √ 표시를 합니다. (앞쪽)

<table>
<tr><td rowspan="4">신청인</td><td colspan="3">사업장명(상호)</td><td colspan="3">성명(대표자)</td></tr>
<tr><td colspan="3">①업종</td><td colspan="3">전화번호</td></tr>
<tr><td colspan="3">근로자 수
총 명(남성: , 여성:)</td><td colspan="3">신규화학물질 취급 근로자 수
총 명(남성: , 여성:)</td></tr>
<tr><td colspan="6">②주소</td></tr>
<tr><td rowspan="4">수탁 제조자
(신청인이 신규화학물질 제조를 위탁한 경우만 작성)</td><td colspan="3">사업장명(상호)</td><td colspan="3">성명(대표자)</td></tr>
<tr><td colspan="3">①업종</td><td colspan="3">전화번호</td></tr>
<tr><td colspan="3">근로자 수
총 명(남성: , 여성:)</td><td colspan="3">신규화학물질 취급 근로자 수
총 명(남성: , 여성:)</td></tr>
<tr><td colspan="6">②주소</td></tr>
<tr><td colspan="7">③신규화학물질 명칭</td></tr>
<tr><td colspan="7">④신규화학물질의 구조식 또는 시성식</td></tr>
<tr><td rowspan="2" colspan="2">⑤신규화학물질의 물리적·화학적 성질과 상태</td><td>외 관</td><td>분자량</td><td>녹는점</td><td>끓는점</td><td>그 밖의 사항</td></tr>
<tr><td></td><td></td><td></td><td></td><td></td></tr>
<tr><td colspan="2">⑥제조 또는 수입 예정일</td><td colspan="5">년 월 일</td></tr>
<tr><td colspan="2">⑦연간 제조 또는 수입 예정량
(단위: 킬로그램 또는 톤)</td><td colspan="5">
[ ]100킬로그램 이상 1톤 미만 [ ]1톤 이상 10톤 미만 [ ]10톤 이상 100톤 미만 [ ]100톤 이상 1,000톤 미만 [ ]1,000톤 이상</td></tr>
<tr><td colspan="2">고분자화합물 해당 여부</td><td colspan="5">[ ]해당 [ ]해당 없음</td></tr>
<tr><td colspan="7">⑧신규화학물질의 용도</td></tr>
<tr><td colspan="7">⑨신규화학물질 제조지역 주소(수입 시 수입국명)</td></tr>
<tr><td colspan="7">⑩참고사항</td></tr>
</table>

「산업안전보건법」 제108조제1항 및 같은 법 시행규칙 제147조제1항에 따라 신규화학물질 [ ]제조 [ ]수입 [ ]사용 유해성·위험성 조사보고서를 제출합니다.

년 월 일

사업주 대표 (서명 또는 인)

고용노동부장관 귀하

첨부서류	1. 「산업안전보건법」 제110조에 따른 물질안전보건자료 2. 신규화학물질의 시험성적서(「산업안전보건법 시행규칙」 별표 20에 따른다) 3. 신규화학물질의 제조 또는 사용·취급방법을 기록한 서류 4. 신규화학물질의 제조 또는 사용 공정도 5. 신규화학물질 제조를 위탁한 경우 위탁을 증명하는 서류(신규화학물질 제조를 위탁한 경우만 해당합니다)

210mm×297mm[백상지(80g/㎡) 또는 중질지(80g/㎡)]

(뒤 쪽)

작성방법

1. "①업종"란에는 노동통계 작성 시의 한국표준산업분류에 따른 사업의 종류를 적습니다.
2. "②주소"란에는 제조의 경우에는 제조시설의 소재지를, 수입의 경우에는 수입하여 사용되는 시설의 소재지를 적습니다.
3. "③신규화학물질명칭"란에는 IUPAC(International Union of Pure and Applied Chemistry)명 또는 CA(Chemical Abstracts)명을 적고 괄호 안에 CAS(Chemical Abstracts Service)번호 또는 RTECS(Registry of Toxic Effects of Chemical Substances)번호와 관용명 및 상품명 등을 적어 병기합니다.
4. "④신규화학물질의 구조식 또는 시성식"란에는 분자 내 각 원자의 결합 상태를 원소기호와 결합기호로 도해적으로 표시합니다.
5. "⑤신규화학물질의 물리·화학적 성질과 상태"란 중 "그 밖의 사항"란에는 신규화학물질의 인화점, 승화성, 조해성, 휘발성 등 특징적인 성질과 상태가 있는 경우 그 내용을 적습니다.
6. "⑥제조 또는 수입 예정일"란에는 제조 또는 수입 예정일을 적습니다.
7. "⑦연간 제조 도는 수입 예정란"에는 제조 또는 수입 예정량을 킬로그램(kg) 또는 톤(ton) 단위로 적습니다.
8. "⑧신규화학물질의 용도"란에는 그 용도를 자세히 적고, 또한 신규화학물질이 제조 중간체로 있는 경우에는 그 내용과 최종 제품의 명칭 및 용도를 적습니다.
9. "⑨신규화학물질 제조 지역 주소(수입 시 수입국명)"란에는 해당 화학물질이 선적되는 나라명을 적습니다. 다만, 제조국과 수입국이 다른 경우에는 제조국과 수입국을 구분하여 모두 적습니다.
10. "⑩참고사항"란에는 해당 화학물질에 대한 외국의 규제 및 관리 상황 등을 적습니다.

첨부서류 작성방법

1. 「산업안전보건법」 제110조에 따른 물질안전보건자료
   가. 신규화학물질의 안전·보건에 관한 자료에 포함돼야 할 사항은 다음 각 호와 같습니다.

① 화학제품과 회사에 관한 정보	② 유해성·위험성	③ 구성성분의 명칭 및 함유량
④ 응급조치 요령	⑤ 폭발·화재시 대처방법	⑥ 누출 사고 시의 대처방법
⑦ 취급 및 저장방법	⑧ 노출방지 및 개인보호구	⑨ 물리화학적 특성
⑩ 안전성 및 반응성	⑪ 독성에 관한 정보	⑫ 환경에 미치는 영향
⑬ 폐기 시 주의사항	⑭ 운송에 필요한 정보	⑮ 법적 규제현황
⑯ 그 밖의 참고사항(자료의 출처, 작성일자 등)		

   나. 수입 시 외국의 사업주로부터 신규화학물질의 안전·보건에 관한 자료를 제공받는 경우 그에 관한 내용을 검토·평가하고 그 내용이 위(가목)의 규정을 만족하는 경우에는 자료의 원본을 제출합니다. 다만, 자료가 영어 외의 외국어인 경우에는 한글 번역본을 함께 제출합니다.
2. 신규화학물질의 시험성적서
   가. 급성경구독성 또는 급성흡입독성 시험성적서, 복귀돌연변이 시험성적서 및 시험동물을 이용한 소핵 시험성적서는 우수실험실(Good Laboratory Practice)인증을 받은 시험기관에서 작성한 시험성적서를 제출합니다.
   나. 고분자화합물인 경우 겔투과크로마토그래피(GPC, Gel Permeation Chromatography)법을 이용하여 수평균분자량 및 분자량 분포, 단량체의 함량비율 등을 결정하는 시험과 교반 등을 통해 시험 전후 화학물질의 변화 정도를 분석한 시험성적서를 제출합니다.
   다. 신규화학물질의 시험성적서가 영어 외의 외국어인 경우에는 시험요약서의 한글 번역본을 함께 제출합니다.
3. 신규화학물질의 제조 또는 사용·취급방법을 기록한 서류
   가. 제조의 경우에는 해당 물질의 공정별 생성과정, 취급근로자의 노출 상태 및 최종 생성물의 유통경로 등의 내용을 상세히 적습니다.
   나. 수입의 경우에는 해당 물질의 사용·취급을 위한 운송방법, 공정별 사용과정, 취급 근로자의 노출상태 등 그 내용을 상세히 적습니다.
4. 신규화학물질의 제조 또는 사용 공정도
   가. 제조의 경우에는 원료의 투입지점에서부터 해당 물질이 생산되기까지의 모든 공정의 흐름도와 공정별 흐름도를 작성합니다.
   나. 수입의 경우에는 해당 화학물질을 사용하는 모든 공정의 흐름도와 공정별 흐름도를 작성합니다(사용 및 취급 공정이 여러 가지인 경우에는 대표적인 공정을 둘 이상 적습니다).

【별지 제58호서식】 (개정 2019.12.26)

신규화학물질의 유해성·위험성 조사보고서 검토 자료제출 요청서

사업장명(상호)	대표자 성명	업종	근로자수
주소		전화번호	

신규화학물질 명칭			
조사보고서 제출일			
요청내용	시험성적서	자료제출 요청 사유	제출기한

「산업안전보건법」 제108조제1항 및 같은 법 시행규칙 제147조제3항에 따라 위 신규화학물질의 유해성·위험성 조사보고서 검토에 필요한 자료의 제출을 요청합니다.

년 월 일

고용노동부장관 직인

210mm×297mm[백상지(80g/㎡) 또는 중질지(80g/㎡)]

【별지 제59호서식】 (개정 2019.12.26)

신규화학물질의 유해성·위험성 조치사항 통지서

※ 뒤쪽의 작성방법을 참고하기 바랍니다.

<table>
<tr><td colspan="2">사업장명(상호)</td><td colspan="2">대표자 성명</td><td>업종</td><td>근로자수</td></tr>
<tr><td colspan="2"></td><td colspan="2"></td><td></td><td></td></tr>
<tr><td colspan="4">주소</td><td colspan="2">전화번호</td></tr>
<tr><td>신규화학물질 명칭</td><td colspan="5"></td></tr>
<tr><td rowspan="4">조사결과</td><td colspan="5">근로자 건강장해 예방을 위하여 조치해야 할 사항</td></tr>
<tr><td colspan="5">그 밖의 사항</td></tr>
<tr><td colspan="2">유해성·위험성 분류</td><td colspan="3">그림문자와 신호어</td></tr>
<tr><td colspan="2">유해·위험 문구</td><td colspan="3">예방조치 문구</td></tr>
</table>

「산업안전보건법」 제108조제4항 및 같은 법 시행규칙 제147조제4항에 따라 위 신규화학물질의 유해성·위험성 조사 결과를 통지합니다.

년 월 일

고용노동부장관 직인

210mm×297mm(일반용지 60g/㎡(재활용품))

【별지 제60호서식】 (개정 2019.12.26)

신규화학물질의 유해성·위험성 조사 제외 확인 신청서

※ 아래의 작성방법 및 첨부서류 작성방법을 읽고 작성하여 주시기 바라며 [ ]에는 해당하는 곳에 √ 표시를 합니다.

접수번호	접수일자	처리일자	처리기간 20일
사업장명(상호)		성명(대표자)	
업종		전화번호	
근로자 수 총 명(남: , 녀:)		신규화학물질 취급 근로자 수 총 명(남: , 녀:)	
주소			
신규화학물질 명칭			
신규화학물질의 구조식 또는 시성식			

신규화학물질의 물리적·화학적 성질 및 상태	외 관	분자량	녹는점	끓는점	그 밖의 사항

제외확인을 받으려는 기간(제149조에 해당) ~
신규화학물질의 제조량 또는 수입량
신규화학물질의 용도
신규화학물질 제조지역 주소(수입 시 수입국명)
참고사항

「산업안전보건법 시행규칙」 [ ]제148조 [ ]제149조 [ ]제150조에 따라 신규화학물질의 유해성·위험성의 조사 제외 확인을 신청합니다.

년 월 일

신청인(대표자) (서명 또는 인)

고용노동부장관 귀하

첨부서류	1. 「산업안전보건법 시행규칙」 제148조 및 제150조에 따른 확인신청의 경우: 제148조제1항 각 호 및 제150조제1항 각 호의 어느 하나에 해당하는 사실을 증명하는 서류 2. 「산업안전보건법 시행규칙」 제149조에 따른 확인신청의 경우: 연간 수입량을 증명하는 서류	수수료 없음

작성방법

1. "업종"란에는 노동통계 작성 시의 한국표준산업분류에 따른 사업의 종류를 적습니다.
2. "주소"란에는 제조의 경우에는 제조시설의 소재지를 적고, 수입의 경우에는 수입되어 사용되는 시설의 소재지를 적습니다.
3. "신규화학물질 명칭"란에는 IUPAC(International Union of Pure and Applied Chemistry)명 또는 CA(Chemical Abstracts)명을 적고, 괄호 안에 CAS(Chemical Abstracts Service)번호 또는 RTECS(Registry of Toxic Effects of Chemical Substances)번호와 관용명 또는 상품명 등을 적어 병기합니다.
4. "신규화학물질의 구조식 또는 시성식"란에는 분자 내 각 원자의 결합 상태를 원소기호와 결합기호로 도해적으로 표시합니다.
5. "신규화학물질의 물리·화학적 성질 및 상태"란 중 "그 밖의 사항"란에는 신규화학물질의 인화점·승화성·조해성·휘발성 등 특징적인 성질 및 상태가 있는 경우 그 내용을 적습니다.
6. "제외 확인을 받으려는 기간(「산업안전보건법 시행규칙」 제149조 해당)"란에서 연간 수입량이 100킬로그램 미만인 경우에 대한 제외 확인을 받으려는 경우에는 그 확인 기간이 1년 단위로 유효하므로 신청기간을 1년으로 합니다.
7. "신규화학물질의 용도"란에는 그 용도를 자세히 적고 또한 신규화학물질이 제조 중간체로 있는 경우에는 그 내용과 최종 제품의 명칭 및 용도를 적습니다.
8. "신규화학물질 제조지역 주소(수입 시 수입국명)"란에는 해당 화학물질이 선적되는 나라명을 적습니다. 다만, 제조국과 수입국이 다른 경우에는 제조국과 수입국을 구분하여 모두 적습니다.

210mm×297mm(일반용지 60g/㎡(재활용품))

【별지 제61호서식】 (개정 2019.12.26)

화학물질의 유해성·위험성 조사결과서

※ 뒤쪽의 작성방법을 읽고 작성하여 주시기 바랍니다. (앞쪽)

사업장명(상호)	성명(대표자)
① 업종	전화번호
근로자 수 총 명(남: , 녀:)	화학물질 취급 근로자 수 총 명(남: , 녀:)
② 주소	
③ 화학물질 명칭(상품명)	
④ 화학물질의 구조식 또는 시성식	

⑤ 화학물질의 물리적·화학적 성질 및 상태	외 관	분자량	녹는점	끓는점	그 밖의 사항

⑥ 최근 3년간 화학물질의 제조·수입 또는 사용량	년	년	년

⑦ 화학물질 취급 현황	부서 또는 공정명	제조·수입 또는 사용 여부	국소배기장치 유무	월 취급량	월 작업일수	1일 작업시간

⑧ 화학물질의 용도

⑨ 화학물질 제조 지역의 주소(수입 시 수출국명)

⑩ 참고사항

「산업안전보건법」 제109조제1항 및 같은 법 시행규칙 제155조에 따라 화학물질 제조[ ], 수입[ ], 사용[ ] 유해성·위험성 조사결과서를 제출합니다.

년 월 일

사업주 대표 (서명 또는 인)

고용노동부장관 귀하

첨부서류	1. 해당 화학물질의 안전·보건에 관한 자료 2. 해당 화학물질의 독성시험 성적서 3. 해당 화학물질의 제조 또는 사용·취급방법을 기록한 서류 및 제조 또는 사용 공정도(工程圖) 4. 그 밖에 해당 화학물질의 유해성·유험성과 관련된 서류 및 자료

210mm×297mm(일반용지 60g/㎡(재활용품))

작성방법

1. "①업종"란에는 노동통계 작성 시의 한국표준산업분류에 따른 사업의 종류를 적습니다.
2. "②주소"란에는 제조의 경우에는 제조시설의 주소를, 수입 및 사용의 경우에는 수입하여 사용하는 시설의 주소를 적습니다.
3. "③화학물질명칭(상품명)"란에는 IUPAC(International Union of Pure and Applied Chemistry)명 또는 CA(Chemical Abstracts)명을 적고 괄호 안에 CAS(Chemical Abstracts Service)번호 또는 RTECS(Registry of Toxic Effects of Chemical Substances)번호와 관용명 및 상품명 등을 병기합니다.
4. "④화학물질의 구조식 또는 시성식"란에는 분자 내 각 원자의 결합 상태를 원소기호와 결합기호로 도해적으로 표시합니다.
5. "⑤화학물질의 물리적·화학적 성질 및 상태"란 중 "그 밖의 사항"란에는 화학물질의 인화점, 승화성·조해성·휘발성 등 특징적인 성질과 상태가 있는 경우 그 내용을 적습니다.
6. "⑥최근 3년간 화학물질의 제조·수입 또는 사용량"란에서 제조·수입 또는 사용량의 단위는 kg 또는 ton으로 적습니다.
7. "⑦화학물질 취급현황"란에는 화학물질을 사용하는 부서 또는 공정명을 적고, 또한 화학물질의 취급형태에 따라 제조·수입·사용 여부와 월 작업일수(일) 및 1일 작업시간(시간)을 기재하고, 월 취급량(사용량)의 단위는 kg 또는 ton으로 적습니다.
8. "⑧화학물질의 용도"란에는 그 용도를 자세히 적고, 또한 화학물질이 제조 중간체로 있는 경우에는 그 내용과 최종 제품의 명칭 및 용도를 적습니다.
9. "⑨화학물질 제조 지역 주소(수입 시 수출국명)"란에는 해당 화학물질을 제조하는 시설의 주소를, 수입의 경우에는 해당 화학물질이 선적되는 나라명을 적습니다. 다만, 제조국과 수출국이 다른 경우에는 제조국과 수출국을 구분하여 모두 적습니다.
10. "⑩참고사항"란에는 해당 화학물질에 대한 외국의 규제 및 관리 상황 등을 적습니다.

첨부서류 작성방법

1. 화학물질의 안전·보건에 관한 자료
   가. 화학물질의 안전·보건에 관한 자료에 포함되어야 할 사항은 다음 각 호와 같습니다.
   ① 화학제품과 회사에 관한 정보 ② 유해성·위험성 ③ 구성성분의 명칭 및 함유량
   ④ 응급조치 요령 ⑤ 폭발·화재 시 대처방법 ⑥ 누출 사고 시의 대처방법
   ⑦ 취급 및 저장방법 ⑧ 노출방지 및 개인보호구 ⑨ 물리·화학적 특성
   ⑩ 안전성 및 반응성 ⑪ 독성에 관한 정보 ⑫ 환경에 미치는 영향
   ⑬ 폐기 시 주의사항 ⑭ 운송에 필요한 정보 ⑮ 법적 규제현황
   ⑯ 그 밖의 참고사항(자료의 출처, 작성일자 등)
   나. 수입 시 외국의 사업주로부터 화학물질의 안전·보건에 관한 자료를 제공받는 경우 그에 관한 내용을 검토·평가하고 그 내용이 위(가목)의 규정을 만족하는 경우에는 자료의 원본과 한글 번역본을 함께 제출할 수 있습니다.
2. 화학물질의 독성시험 성적서(제조·수입하는 자에 한하여 제출)
   가. 급성독성 및 유전독성 시험성적서: 급성독성 시험성적서는 우수실험실(Good Laboratory Practice)인증을 받은 시험기관에서 작성된 급성흡입독성 시험성적서를 주로 하되 이를 작성할 수 없는 경우 급성경구독성 시험성적서로 대체할 수 있습니다. 유전독성 시험성적서는 우수실험실(Good Laboratory Practice)인증을 받은 시험기관에서 작성된 미생물을 이용한 복귀돌연변이시험 및 시험 동물(Rat)을 이용한 소핵시험 성적서를 제출합니다.
   나. 수입 시 외국의 사업주로부터 화학물질의 독성시험 성적서를 제공받는 경우에는 자료의 원본과 한글 번역본을 함께 제출합니다.
3. 화학물질의 제조 또는 사용·취급 방법을 기록한 서류
   가. 제조의 경우에는 해당 물질의 공정별 생성과정, 취급근로자의 노출 상태 및 최종 생성물의 유통경로 등 그 내용을 상세히 적습니다.
   나. 수입 및 사용의 경우에는 해당 물질의 사용·취급을 위한 운송방법, 공정별 사용과정, 취급 근로자의 노출상태 등 그 내용을 상세히 적습니다.
4. 제조 또는 사용(취급) 공정도
   가. 제조의 경우에는 원료의 투입지점에서부터 해당 화학물질이 생산되기까지의 모든 공정의 흐름도와 공정별 흐름도를 작성합니다.
   나. 사용의 경우에는 해당 화학물질을 사용하는 모든 공정의 흐름도와 공정별 흐름도를 작성합니다(사용 및 취급 공정이 여러 가지인 경우에는 대표적인 공정을 둘 이상 적습니다).

【별지 제62호서식】 (개정 2019.12.26)

화학물질 확인서류

※ 색상이 어두운 칸은 신청인이 적지 않으며, [ ]에는 해당되는 곳에 √표를 합니다.

접수번호	접수일시	처리일	처리기간 즉시

<table>
<tr><td rowspan="6">수입자</td><td colspan="3">①선임인
[ ]해당 - 신고번호( ) [ ]비해당</td></tr>
<tr><td>사업장명</td><td>대표자</td><td>②업종</td></tr>
<tr><td>사업자등록번호</td><td colspan="2">근로자 수</td></tr>
<tr><td colspan="3">주소
(전자우편주소:)</td></tr>
<tr><td>전화번호</td><td colspan="2">팩스번호</td></tr>
<tr><td colspan="3"></td></tr>
<tr><td>③구분</td><td colspan="3">[ ] 연구개발용 [ ] 비연구개발용</td></tr>
<tr><td>④제품명</td><td colspan="3">※ 물질안전보건자료(MSDS) 상의 제품명과 동일한 제품명을 기재</td></tr>
<tr><td rowspan="2">국외
제조자</td><td>사업장명(명칭)</td><td colspan="2">제조국</td></tr>
<tr><td colspan="3">주소
(전화번호:)</td></tr>
<tr><td>⑤확인
내용</td><td colspan="3">동 화학제품을 구성하는 화학물질(또는 단일 화학물질)에는 물질안전보건자료에 적힌 화학물질 이외에 산업안전보건법 제104조에 따른 분류기준에 해당하는 화학물질이 없음을 확인합니다.</td></tr>
</table>

「산업안전보건법」 제110조제2항제2호 및 같은 법 시행규칙 제157조에 따른 화학물질 확인서류를 제출합니다.

년 월 일

수입자: (서명 또는 인)

한국산업안전보건공단 이사장 귀하

붙임 서류	1. 국외제조자로부터 확인받은 화학물질 관련 확인 서류(Letter of confirmation, LOC)	수수료 없음

작성방법

1. ①란은 신청인이 법 제113조에 따른 선임인에 해당하는 지 여부를 표시합니다.
1. ②란은 한국표준산업분류에 따른 사업의 종류를 적습니다.
2. ③란은 연구개발용 및 비연구개발용 중 하나를 표시합니다.
3. ④란은 화학제품의 명칭을 기재합니다.(물질안전보건자료(MSDS) 상의 제품명과 동일한 제품명을 기재합니다.)
4. 붙임 서류(LOC)에는 ⑤의 확인내용이 반드시 기재되어야 하며, 이를 증빙할 수 있도록 국외제조자의 직인(또는 서명/인)을 받아 제출해야 합니다.

210mm×297mm[백상지(80g/㎡) 또는 중질지(80g/㎡)]

【별지 제63호서식】 (개정 2019.12.26)

물질안전보건자료 비공개 [ ] 승인 [ ] 연장승인 신청서

※ 색상이 어두운 칸은 신청인이 적지 않으며, [ ]에는 해당되는 곳에 √표를 합니다. (앞쪽)

접수번호	접수일시	처리일	처리기간 1개월(2주)

구분	내용		
신청인	①선임인 [ ]해당 - 신고번호( ) [ ]비해당		
	사업장명	대표자	②업종
	사업자등록번호(법인등록번호)	근로자 수	
	소재지 (전자우편주소:)		
	전화번호	팩스번호	
③구분	[ ] 제조 [ ] 수입	[ ] 연구개발용 [ ] 비연구개발용	
④제품명			

⑤제품 내 모든 구성성분의 명칭·함유량 및 신청 여부 등

물질안전 보건자료 대상물질 해당 여부	명칭(CAS No.)	신청 여부	함유량	신청 여부	건강·환경유해성 및 물리적 위험성 정보
[ ]해당 [ ]비해당 - [ ]해당없음 [ ]자료없음	1.	[ ]신청 [ ]비신청		[ ]신청 [ ]비신청	
[ ]해당 [ ]비해당 - [ ]해당없음 [ ]자료없음	2.	[ ]신청 [ ]비신청		[ ]신청 [ ]비신청	
[ ]해당 [ ]비해당 - [ ]해당없음 [ ]자료없음	3.	[ ]신청 [ ]비신청		[ ]신청 [ ]비신청	
[ ]해당 [ ]비해당 - [ ]해당없음 [ ]자료없음	4.	[ ]신청 [ ]비신청		[ ]신청 [ ]비신청	

- 제품 내 모든 구성성분의 수: 종
- 물질안전보건자료대상물질에 해당하는 구성성분의 수: 종
- 신청하는 구성성분의 수: 종

⑥대체자료

대체명칭	대체함유량
1.	
2.	
3.	

※ 비공개를 신청하는 명칭 및 함유량에 대하여만 작성

⑦제품의 건강·환경유해성 및 물리적 위험성 정보	
⑧기승인 정보	※ 최초로 승인받은 물질안전보건자료의 승인번호 및 승인기간 기재(연장승인 신청서인 경우만 기재)

「산업안전보건법」 제112조제1항 및 같은 법 시행규칙 제161조에 따라 물질안전보건자료 비공개 [ ]승인 [ ]연장승인을 신청합니다.

년 월 일

신청인 (서명 또는 인)

한국산업안전보건공단 이사장 귀하

210mm×297mm[백상지(80g/㎡) 또는 중질지(80g/㎡)]

(뒤쪽)

붙임 서류	1. 제품 내 비공개하고자 하는 구성성분의 명칭 및 함유량이 「부정경쟁방지 및 영업비밀 보호에 관한 법률」 제2조제2호에 따른 영업비밀에 해당함을 입증하는 자료(연구개발용인 경우 제외) 2. 제품의 물질안전보건자료 3. 제품 내 비공개하고자 하는 구성성분의 건강·환경유해성 및 물리적 위험성 정보(동 정보가 제품의 물질안전보건자료에 출처와 함께 기재되어 있거나, 구성성분의 물질안전보건자료에 출처와 함께 기재되어 있는 경우 제품 또는 구성성분의 물질안전보건자료로 대신하여 제출할 수 있음)	수수료 고용노동부 장관이 정하는 수수료 참조
담당공무원 확인사항	1. 사업자등록증명(개인의 경우만 해당합니다) 2. 법인등기사항증명서(법인의 경우만 해당합니다)	

행정정보 공동이용 동의서

본인은 이 건 업무처리와 관련하여 담당직원이 「전자정부법」 제36조제1항에 따른 행정정보의 공동이용을 통하여 위의 담당직원 확인사항 중 제1호를 확인하는 것에 동의합니다.

* 동의하지 않는 경우에는 신청인이 직접 관련 서류를 제출해야 합니다.

신청인 (서명 또는 인)

작성방법

1. ①란은 신청인이 법 제113조에 따른 선임인에 해당하는 지 여부를 표시합니다.
1. ②란은 한국표준산업분류에 따른 사업의 종류를 적습니다.
2. ③란은 화학물질의 제조 및 수입 중 하나를, 연구개발용 및 비연구개발용 중 하나를 표시합니다.
3. ④란은 화학제품의 명칭을 기재합니다.
4. ⑤란은 제품 내 모든 구성성분에 대한 명칭(CAS No. 포함) 및 함유량 정보를 기재합니다.
   - 구성성분별로 법 제104조에 따른 분류기준에 해당하는 화학물질인지 여부를 표시한 후 이에 해당하는 구성성분 중 비공개를 신청하고자 하는 명칭 및 함유량을 표시합니다.(명칭과 함유량 모두를 신청하거나 또는 그 중 어느 하나만을 신청할 수 있습니다)
   - 법 제104조에 따른 분류기준에 해당하는 화학물질에 대해서는 구성성분별로 건강·환경 유해성 및 물리적 위험성 정보를 기재합니다.
   - 제품 내 모든 구성성분 및 비공개를 신청하는 구성성분의 수 등을 기재합니다.(하나의 구성성분에 대해 명칭과 함유량 모두를 신청하거나 또는 그 중 어느 하나만을 신청하여도 1건으로 기재)
5. ⑥란은 ⑤란에서 비공개를 신청한 구성성분에 대해 고용노동부장관이 정하는 기재방법을 참고하여 승인받을 대체명칭 및 대체함유량을 기재합니다.
6. ⑦란은 화학제품에 대한 건강·환경 유해성 및 물리적 위험성 정보를 기재합니다.
7. ⑧란은 연장승인 신청서에 한하여 최초로 승인받은 물질안전보건자료의 승인번호 및 승인기간을 기재합니다.

처리절차

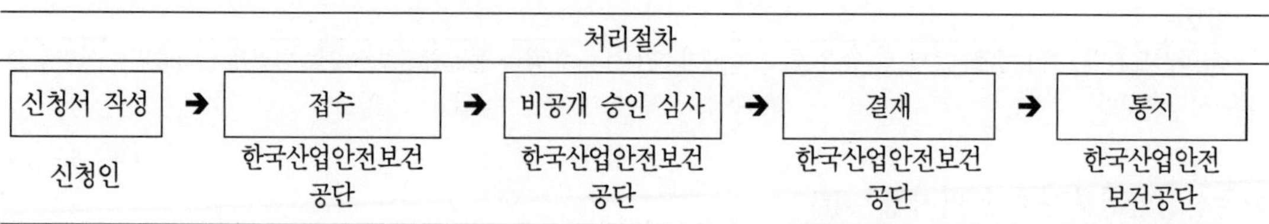

210mm×297mm[백상지(80g/㎡) 또는 중질지(80g/㎡)]

【별지 제64호서식】 (개정 2019.12.26)

물질안전보건자료 비공개 [ ] 승인 [ ] 연장승인 결과 통지서

<table>
<tr><td rowspan="3">신청인</td><td colspan="4">선임인
〔 〕해당 〔 〕비해당</td></tr>
<tr><td colspan="4">사업장명</td></tr>
<tr><td colspan="4">주소</td></tr>
<tr><td>제품명</td><td colspan="2"></td><td colspan="2">〔 〕연구개발용 〔 〕비연구개발용</td></tr>
<tr><td>결 과</td><td colspan="2">〔 〕승인 〔 〕부분승인 〔 〕불승인</td><td>승인번호</td><td>※ 불승인시 승인번호 미부여</td></tr>
<tr><td>세부 승인결과</td><td colspan="4">
<table>
<tr><td colspan="2">신청물질</td><td colspan="2">검토결과</td><td rowspan="2">세부 승인결과</td></tr>
<tr><td>대체명칭</td><td>대체함유량</td><td>대체명칭</td><td>대체함유량</td></tr>
<tr><td>1.</td><td></td><td></td><td></td><td>〔 〕승인 〔 〕불승인</td></tr>
<tr><td>2.</td><td></td><td></td><td></td><td>〔 〕승인 〔 〕불승인</td></tr>
<tr><td>3.</td><td></td><td></td><td></td><td>〔 〕승인 〔 〕불승인</td></tr>
</table>
</td></tr>
<tr><td>물질안전보건 자료의 적정성 등 검토</td><td colspan="4">※ 연구개발용인 경우 제외</td></tr>
</table>

「산업안전보건법」 제112조제2항, 같은 법 시행규칙 제162조에 따라 물질안전보건자료의 비공개 〔 〕승인 〔 〕연장승인 결과를 통지합니다.

※ 승인결과에 대해 이의가 있는 신청인은 같은 법 제112조제6항에 따라 이의신청할 수 있음을 알려드립니다.

년 월 일

한국산업안전보건공단 이사장 직인

210mm×297mm〔백상지(80g/㎡) 또는 중질지(80g/㎡)〕

【별지 제65호서식】 (개정 2019.12.26)

물질안전보건자료 비공개 승인 이의신청서

※ 색상이 어두운 칸은 신청인이 적지 않으며, [ ]에는 해당되는 곳에 √표를 합니다.

접수번호		접수일시	처리일	처리기간 20일
신청인	①선임인 [ ]해당 - 신고번호( ) [ ]비해당			
	사업장명		대표자	②업종
	사업자등록번호(법인등록번호)		근로자 수	
	소재지 (전자우편주소:)			
	전화번호		팩스번호	
③구분	[ ] 최초 신청(승인번호:) [ ] 연장승인 신청(승인번호:)			
④제품명				

⑤ 이의 신청의 취지 및 사유 등

신청물질			검토결과		이의신청의 취지 및 사유
명칭	(CAS No.)	함유량	대체명칭	대체함유량	
1.					
2.					
3.					

※ 이의신청의 취지 및 사유가 개별 물질별로 다른 경우 각각 기재

「산업안전보건법」 제112조제6항 및 같은 법 시행규칙 제163조제1항에 따라 물질안전보건자료 비공개 승인 결과에 대하여 이의를 신청합니다.

년 월 일

신청인 (서명 또는 인)

한국산업안전보건공단 이사장 귀하

붙임 서류	1. 이의신청의 취지 및 사유의 설명에 필요한 경우 그 밖의 자료를 첨부할 수 있음	수수료 없음

작성방법

※ 신청인은 비공개 승인 또는 연장승인 결과에 대해 1회에 한하여 이의신청할 수 있습니다.
1. ①란은 신청인이 법 제113조에 따른 선임인에 해당하는 지 여부를 표시합니다.
2. ②란은 한국표준산업분류에 따른 사업의 종류를 적습니다.
3. ③란은 최초 신청 결과에 대한 이의신청인지 또는 연장승인 신청 결과에 대한 이의신청인지 여부를 승인번호와 함께 기재합니다.
4. ④란은 화학제품의 명칭을 기재합니다.
5. ⑤란은 불승인 된 화학물질의 정보와 이의신청의 취지 및 사유를 함께 작성합니다.

처리절차

이의신청서 작성	➔	접수	➔	비공개 승인 재심사	➔	결재	➔	통지
신청인		한국산업안전보건공단		한국산업안전보건공단		한국산업안전보건공단		한국산업안전보건공단

210mm×297mm[백상지(80g/㎡) 또는 중질지(80g/㎡)]

【별지 제66호서식】 (개정 2019.12.26)

물질안전보건자료 비공개 승인 이의신청 결과 통지서

<table>
<tr><td rowspan="3">신청인</td><td colspan="5">선임인
〔 〕해당 〔 〕비해당</td></tr>
<tr><td colspan="5">사업장명</td></tr>
<tr><td colspan="5">주소</td></tr>
<tr><td>제품명</td><td colspan="2"></td><td colspan="3">〔 〕 연구개발용 〔 〕 비연구개발용</td></tr>
<tr><td>결 과</td><td colspan="2">〔 〕 승인 〔 〕 부분승인 〔 〕 불승인</td><td>승인번호</td><td colspan="2">※ 불승인시 승인번호 미부여</td></tr>
<tr><td rowspan="5">세부 승인 결과</td><td colspan="2">신청물질</td><td colspan="2">검토결과</td><td rowspan="2">세부 승인결과</td></tr>
<tr><td>대체명칭</td><td>대체함유량</td><td>대체명칭</td><td>대체함유량</td></tr>
<tr><td>1.</td><td></td><td></td><td></td><td>〔 〕 승인 〔 〕 불승인</td></tr>
<tr><td>2.</td><td></td><td></td><td></td><td>〔 〕 승인 〔 〕 불승인</td></tr>
<tr><td>3.</td><td></td><td></td><td></td><td>〔 〕 승인 〔 〕 불승인</td></tr>
<tr><td>기 타</td><td colspan="5"></td></tr>
</table>

「산업안전보건법」 제112조제7항, 같은 법 시행규칙 제163조제2항에 따라 물질안전보건자료의 비공개 승인 이의신청 결과를 통지합니다.

년 월 일

한국산업안전보건공단 이사장 직인

210mm×297mm〔백상지(80g/㎡) 또는 중질지(80g/㎡)〕

【별지 제67호서식】 (개정 2019.12.26)

물질안전보건자료 비공개 승인 취소 결정 통지서

<table>
<tr><td rowspan="3">신청인</td><td>선임인
〔 〕해당 〔 〕비해당</td></tr>
<tr><td>사업장명</td></tr>
<tr><td>주소</td></tr>
<tr><td>승인번호</td><td></td></tr>
<tr><td>제품명</td><td></td></tr>
<tr><td>취소결정</td><td>
<table>
<tr><td>명칭(대체명칭)</td><td>(CAS No.)</td><td>함유량
(대체함유량)</td><td>취소 결정</td><td>취소사유</td></tr>
<tr><td>1.</td><td></td><td></td><td>〔 〕해당 〔 〕비해당</td><td></td></tr>
<tr><td>2.</td><td></td><td></td><td>〔 〕해당 〔 〕비해당</td><td></td></tr>
<tr><td>3.</td><td></td><td></td><td>〔 〕해당 〔 〕비해당</td><td></td></tr>
</table>
※ 취소 결정한 구성성분에 대해서는 명칭과 함유량을 기재(그 외 구성성분은 대체자료 기재)</td></tr>
</table>

「산업안전보건법」 제112조제8항, 같은 법 시행규칙 제164조제1항에 따라 물질안전보건자료의 비공개 승인 취소 결정 사실을 통지합니다.

년 월 일

지방고용노동청(지청)장 직인

210mm×297mm〔백상지(80g/㎡) 또는 중질지(80g/㎡)〕

【별지 제68호서식】 (개정 2019.12.26)

국외제조자에 의한 [ ] 선임서 [ ] 해임서

※ 색상이 어두운 칸은 신청인이 적지 않으며, [ ]에는 해당되는 곳에 √표를 합니다.

접수번호	접수일시	처리일	처리기간 7일

구분	항목		
① 국외제조자	사업장명	제조(생산)국	
	담당자 성명 및 연락처 (전자우편 주소:)		
	주소 (전화번호:) (팩스번호:)		
② 선임(해임) 대상자	사업장명	사업자등록번호	
	성명(대표자)	담당자 성명 및 연락처	(이메일주소:)
	주소 (전화번호:) (팩스번호:)		
	③선임(해임) 분야	1. [ ] 물질안전보건자료의 작성·제출(법 제110조제1항 또는 제3항) 2. [ ] 화학물질의 명칭·함유량 또는 확인서류 제출(법 제110조제2항 3. [ ] 대체자료 기재, 유효기간 연장승인 또는 이의신청(법제112조제1항, 제5항, 제6항)	
④ 선임인 경우 선임 기간			
⑤ 해임인 경우 선임번호			

「산업안전보건법」 제113조제1항 및 동법 시행규칙 제166조제2항에 따라 국외제조자는 위와 같이 물질안전보건자료대상물질을 수입하는 자를 갈음하여 업무를 수행할 수 있는 자를 [ ] 선임 [ ] 해임하였음을 신고합니다.

년 월 일

국외제조자 : (서명 또는 인)

선임(해임) 대상자 : (서명 또는 인)

지방고용노동청(지청)장 귀하

붙임 서류	1.「산업안전보건법 시행규칙」 제166조제1항 각 호의 요건 증명서류 1부 2. 선임계약서 사본 등 선임(해임) 여부 증명서류 1부

작성방법

1. ①란은 물질안전보건자료를 제조한 자로서 수입하는 자를 갈음하는 자를 선임하고자 하는 국외제조자의 정보를 기재합니다.
2. ②란은 국외제조자가 수입하는 자를 갈음하여 선임(해임)하고자 하는 선임(해임) 대상자의 정보를 기재합니다.
3. ③란에서 1(물질안전보건자료의 작성·제출)~2(화학물질의 명칭·함유량 또는 확인서류 제출)는 함께 선임해야 하며, 3(대체자료 기재, 유효기간 연장 승인 또는 이의신청)을 선임하는 경우에도 1(물질안전보건자료의 작성·제출)~2(화학물질의 명칭·함유량 또는 확인서류 제출)은 함께 선임해야 합니다.
4. ④란은 선임하는 경우(해임서인 경우는 제외) 선임계약서 등을 통해 확인 가능한 선임기간을 기재합니다.(선임계약서에 별도의 선임기간이 없는 경우 최대 5년을 경과할 수 없음)

처리절차

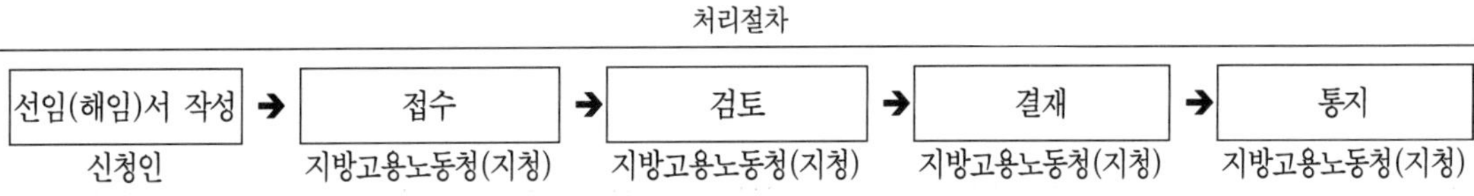

210mm×297mm[백상지(80g/㎡) 또는 중질지(80g/㎡)]

【별지 제69호서식】 (개정 2019.12.26)

제 호

국외제조자에 의한 선임(해임) 사실 신고증

1. 사업장명:
2. 사업자등록번호:
3. 성명(대표자):
4. 소재지:
5. 신고내용: 〔 〕 선임 - 선임번호( ) 〔 〕 해임
6. 국외제조자:
7. 선임기간(선임인 경우):

「산업안전보건법」 제113조제1항 및 동법 시행규칙 제166조제4항에 따라 물질안전보건자료대상물질의 국외제조자는 이를 수입하는 자를 갈음하여 업무를 수행할 수 있는 자를 〔 〕 선임 〔 〕 해임하였음을 확인합니다.

년 월 일

지방고용노동청(지청)장 직인

210mm×297mm〔백상지(150g/㎡)〕

【별지 제70호서식】 (개정 2019.12.26)

제조등 금지물질 [ ]제조 [ ]수입 [ ]사용 승인신청서

※ 공지사항과 작성방법을 확인하고 작성하여 주시기 바라며, [ ]에는 해당되는 곳에 √ 표시를 합니다. (앞 쪽)

<table>
<tr><td colspan="2">접수번호</td><td colspan="2">접수일자</td><td>처리일자</td><td>처리기간 20일</td></tr>
<tr><td rowspan="2">신청인</td><td colspan="5">성명</td></tr>
<tr><td colspan="5">주소</td></tr>
<tr><td rowspan="7">제조금지
물질</td><td colspan="5">물질의 명칭</td></tr>
<tr><td colspan="5">사용목적</td></tr>
<tr><td rowspan="3">제조·사용기간 또는 수입일</td><td colspan="4">제조기간
년 월 ~ 년 월</td></tr>
<tr><td colspan="4">사용기간
년 월 ~ 년 월</td></tr>
<tr><td colspan="4">수입일
년 월</td></tr>
<tr><td colspan="5">사용물질의 양</td></tr>
<tr><td colspan="5">제조 또는 사용 개요</td></tr>
<tr><td>종사
근로자 수</td><td colspan="3">제조(명)</td><td colspan="2">사용(명)</td></tr>
<tr><td rowspan="4">제조설비
등</td><td rowspan="2">건물 개요</td><td colspan="4">바닥면적</td></tr>
<tr><td colspan="4">구조(바닥 포함)</td></tr>
<tr><td colspan="5">제조설비개요</td></tr>
<tr><td colspan="5">사용설비개요</td></tr>
<tr><td rowspan="2">보관</td><td colspan="5">대상 물질을 넣는 용기</td></tr>
<tr><td colspan="5">대상 물질 보관 장소</td></tr>
<tr><td rowspan="3">보호구</td><td>불침투성 보호앞치마</td><td>종류</td><td>재질</td><td colspan="2">개수</td></tr>
<tr><td>불침투성 보호장갑</td><td>종류</td><td>재질</td><td colspan="2">개수</td></tr>
<tr><td>그 밖의 보호구</td><td>종류</td><td>재질</td><td colspan="2">개수</td></tr>
<tr><td rowspan="3">시험연구
기관</td><td colspan="3">명칭</td><td colspan="2">대표자 성명</td></tr>
<tr><td colspan="5">주소</td></tr>
<tr><td colspan="5">참고사항</td></tr>
</table>

「산업안전보건법 시행규칙」 제172조제1항에 따라 [ ]제조 [ ]수입 [ ]사용 승인을 신청합니다.

년 월 일

신청인 (서명 또는 인)

지방고용노동청(지청)장 귀하

(뒤쪽)

첨부서류	1. 시험·연구계획서(제조·수입·사용의 목적·양 등에 관한 사항을 포함해야 합니다) 2. 산업보건 관련 조치를 위한 시설·장비의 명칭·구조·성능 등에 관한 서류 3. 해당 시험·연구실(작업장)의 전체 작업공정도, 각 공정별로 취급하는 물질의 종류·취급량 및 공정별 종사 근로자 수에 관한 서류	수수료 없음

작성방법

1. 서식 제목 중 제조·사용·수입의 해당란에 〔√〕 표시를 합니다.
2. 건물 개요란에는 제조금지물질을 제조·사용하는 작업장을 적습니다.
3. 구조(바닥 포함)란에는 철근콘크리트조, 목조 등의 구분과 바닥의 재질을 적습니다.
4. 제조설비 개요란에는 주요 제조설비를 적고, 주요 제조설비 등의 밀폐 상태 및 배관의 접속부를 나타내는 도면 또는 드래프트 체임버의 구조를 나타내는 도면을 첨부합니다.
5. 제조 등 금지물질을 넣는 용기란에는 용기의 재질과 용량을 적습니다.
6. 불침투성 보호앞치마란과 불침투성 보호장갑란에는 해당 보호구의 재질과 개수를 적습니다.
7. 그 밖의 보호구란에는 방진마스크, 방독마스크 등의 종류와 개수를 적습니다.
8. 참고사항란에는 정기건강진단의 실시 여부와 실시기관명을 적되, 제조금지 물질을 수입하는 경우에는 수입 사무를 대행하는 기관명과 주소를 적습니다.

공지사항

본 민원의 처리결과에 대한 만족도 조사 및 관련 제도 개선에 필요한 의견조사를 위해 귀하의 전화번호(휴대전화)로 전화조사를 실시할 수 있습니다.

처리절차

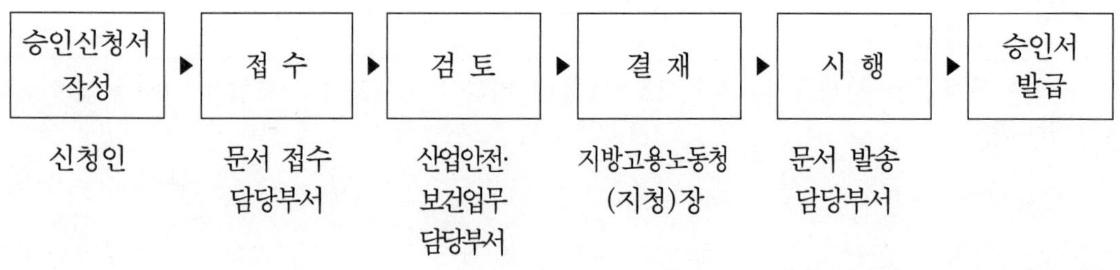

210㎜×297㎜〔일반용지 60g/㎡(재활용품)〕

【별지 제71호서식】 (개정 2019.12.26)

제　　호

제조등 금지물질 [ ]제조[ ]수입[ ]사용 승인서

물질의 명칭			
사업장 명칭			
신청인	성명		
	주소		
신청기관	명칭		
	주소		
승인내용	승인기간	제조기간	년　월 ~ 년　월
		사용기간	년　월 ~ 년　월
		수입일	년　월
	승인량	g/승인기간	

「산업안전보건법」 제117조, 같은 법 시행령 제87조 및 시행규칙 제172조 제2항에 따라 신청한 위 물질의 〔 〕제조 〔 〕수입 〔 〕사용을 승인합니다.

년　　월　　일

지방고용노동청(지청)장 직인

210mm×297mm(일반용지 60g/㎡(재활용품))

【별지 제72호서식】 (개정 2019.12.26)

[ ]제조 [ ]사용 허가신청서

접수번호	접수일자	처리일자	처리기간 20일

신청인	성명	대표자 성명
	사업장 명칭	
	주소	
물질의 명칭		
제조 및 시설	시설종류	공정명
	사용물질	사용량
	비고	

「산업안전보건법 시행규칙」 제173조제1항에 따라 〔 〕제조 〔 〕사용 허가를 신청합니다.

년 월 일

(서명 또는 인)

지방고용노동청(지청)장 귀하

수입인지 첨부란

첨부 서류	1. 사업계획서(제조, 수입, 사용의 목적, 양 등에 관한 사항을 포함해야 합니다) 2. 산업·보건 관련 조치를 위한 시설·장치의 명칭, 구조, 성능 등에 관한 서류 3. 해당 사업장의 전체 작업공정도, 각 공정별로 취급하는 물질의 종류, 취급량 및 공정별 종사 근로자 수에 관한 서류	수수료 고용노동부장관이 정하는 수수료 참조

공지사항

본 민원의 처리결과에 대한 만족도 조사 및 관련 제도 개선에 필요한 의견조사를 위해 귀하의 전화번호(휴대전화)로 전화조사를 실시할 수 있습니다.

처리절차

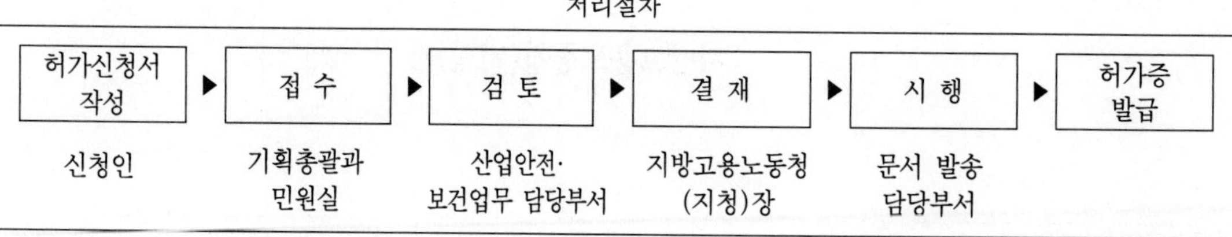

210㎜×297㎜〔일반용지 60g/㎡(재활용품)〕

【별지 제73호서식】 (개정 2019.12.26)

허가대상물질 [ ]제조 [ ]사용 허가증

※ 〔 〕에는 해당되는 곳에 √ 표시를 합니다.

구분	항목		항목	
신청인	성명		대표자 성명	
	사업장 명칭			
	주소			
물질의 명칭				
제조 및 사용시설	시설종류		공정명	
	사용물질		사용량	
	비고			

「산업안전보건법」 제118조에 따라 신청된 상기 물질의 〔 〕제조 〔 〕사용(허가된 공정에서의 〔 〕제조 〔 〕사용에 해당한다)를(을) 허가합니다.

년 월 일

지방고용노동청(지청)장 직인

210mm×297mm(일반용지 60g/㎡(재활용품))

【별지 제74호서식】 (개정 2019.12.26)

석면조사의 생략 등 확인신청서

〔 〕 석면이 함유되어 있지 않음 〔 〕 석면이 1퍼센트 초과하여 함유되어 있음
〔 〕「석면안전관리법」에 따라 석면조사를 함

※ 뒤쪽의 작성방법과 공지사항을 확인하고 작성하여 주시기 바라며, 〔 〕에는 해당되는 곳에 √ 표시를 합니다. (앞 쪽)

접수번호	접수일	처리일	처리기간 20일

소유자	성명		전화번호	
	주소			
대상 건축물 또는 설비 개요	건물명(설비명)		건축(설치)연도	
	위치(소재지)			
	용도			
	구조		연면적	
	건축물 수		세대 수	
해체·제거 대상 〔 〕건축물 〔 〕설비 (작성방법 뒤쪽 참조)	위 치 (설비의 경우는 설비명 포함)	종 류	재 질(또는 자재명)	면적(m^2) 또는 부피(m^3) 또는 길이(m)
		분무재		
		내화피복재		
		천장재		
		지붕재		
		벽재 (벽체의 마감재)		
		바닥재		
		파이프 보온재		
		단열재		
		개스킷		
		기 타 (칸이 부족할 경우 별첨)		

「산업안전보건법」 제119조제2항 및 제3항, 같은 법 시행령 제91조제2항, 같은 법 시행규칙 제175조제1항 및 제2항에 따라 석면조사의 생략 등을 확인 신청합니다.

년 월 일

신청인 (서명 또는 인)

지방고용노동청(지청)장 귀하

210mm×297mm(보존용지(2종) 70g/㎡)

(뒤 쪽)

첨부서류	〈「산업안전보건법 시행규칙」 제175조제1항의 경우(석면이 함유되어 있지 않은 경우)〉: 설계도서(석면 함유 여부를 알 수 있는 경우), 건축자재 목록, 건축물 안팎 및 자재 사진, 자재 성분 분석표(생산회사 발급) 등 증명서류 〈「산업안전보건법 시행규칙」 제175조제1항의 경우(석면이 1퍼센트 초과하여 함유되어 있는 경우)〉: 공사계약서(자체공사인 경우에는 공사계획서) 〈「산업안전보건법 시행규칙」 제175조제2항의 경우(「석면안전관리법」에 따라 석면조사를 실시한 경우)〉: 석면조사 결과서	수수료 없음

작성방법

"해체·제거 대상"란 중

가. 건축물, 설비는 구분하여 해당란에 〔√〕 표시를 합니다.

나. "위치"란에는 건축물의 경우 건물의 호수(실)나 층수를 적되, 동을 달리하는 경우에는 각 위치별(동·층수·호수별)로 구분하여 작성하고, 설비의 경우에도 설비의 위치 및 설비별로 구분하여 작성한 후 별지로 첨부해야 합니다.

※ 위치(설비)별로 종류 및 재질이 같은 경우에는 함께 작성 가능

다. "종류"란에는 해체·제거를 하는 건축물이나 설비의 각 구조부분을 빠짐없이 적어야 합니다.

라. "재질"란에는 해당 재질의 이름이나 상품명 등을 적습니다.

※ 예시) 시멘트, 목재, 석고보드, 슬레이트, ○○텍스 등

마. 각 란에 해당 사항이 없으면 "없음"으로 적습니다.

공지사항

1. 「석면안전관리법 시행규칙」 제26조에 따라 건축물석면조사 결과를 지방자치단체 등 관계 행정기관의 장에게 제출한 경우에는 이 신청서(석면조사의 생략 등 확인신청서)를 제출하지 않아도 됩니다.
2. 이 신청의 처리결과에 대한 만족도 조사 및 관련 제도 개선에 필요한 의견조사를 위해 귀하의 전화번호(휴대전화)로 전화조사를 실시할 수 있습니다.

처리절차

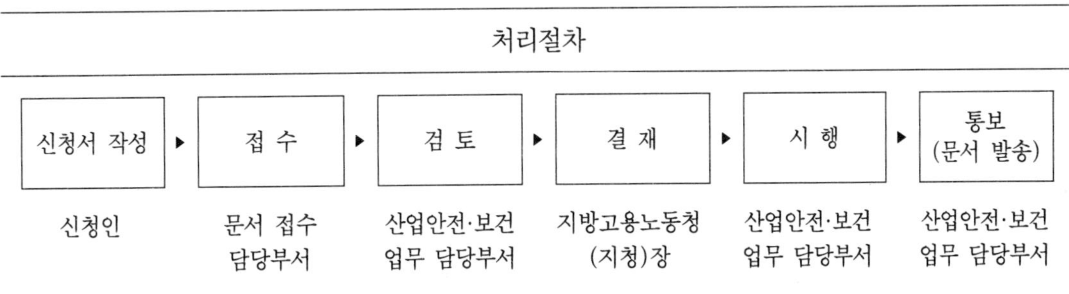

210㎜×297㎜〔일반용지 60g/㎡(재활용품)〕

【별지 제75호서식】 (개정 2019.12.26)

석면해체·제거업 [ ]등록 [ ]변경 신청서

접수번호	접수일자		처리기간 20일
신청인	업자명(상호)		
	대표자 성명		전화번호
	소재지		

등록 또는 변경 내용

「산업안전보건법 시행규칙」 제179조제1항 및 제3항에 따라 위와 같이 〔 〕등록 〔 〕변경을 신청합니다.

년 월 일

신청인 (서명 또는 인)

지방고용노동청(지청)장 귀하

신청인 제출서류	1. 「산업안전보건법 시행령」 별표28에 따른 인력기준에 해당하는 사람의 자격과 채용을 증명할 수 있는 서류 2. 건물임대차계약서 사본이나 그 밖에 사무실의 보유를 증명할 수 있는 서류와 시설·장비명세서 각 1부 ※ 변경의 경우에는 변경을 증명하는 서류	수수료 없 음
담당 공무원 확인사항	1. 법인: 법인 등기사항증명서 2. 개인: 사업자등록증(확인에 동의하지 않는 경우 해당 서류를 직접 제출합니다)	

행정정보 공동이용 동의서

본인은 이 건 업무처리와 관련하여 담당 공무원이 「전자정부법」 제36조에 따른 행정정보의 공동이용을 통하여 위의 담당 공무원 확인 사항을 확인하는 것에 동의합니다.

*동의하지 아니하는 경우에는 신청인이 직접 관련 서류를 제출하여야 합니다.

신청인 (서명 또는 인)

공지사항

본 민원의 처리결과에 대한 만족도 조사 및 관련 제도 개선에 필요한 의견조사를 위해 귀하의 전화번호(휴대전화)로 전화조사를 실시할 수 있습니다.

210㎜x297㎜[일반용지 60g/㎡(재활용품)]

【별지 제76호서식】 (개정 2019.12.26)

제　　　호

석면해체·제거업 (변경)등록증

업 체 명(상호)	
대표자 성명	
소 재 지	
최초 등록번호 및 등록일	※변경 등록증 발급에 한함

「산업안전보건법 시행규칙」 제179조제2항에 따라 위와 같이 등록하였음을 증명합니다.

년　　　월　　　일

지방고용노동청(지청)장 직인

210mm×297mm(일반용지 60g/㎡(재활용품))

【별지 제77호서식】 (개정 2019.12.26)

석면해체·제거작업 신고서

※ 유의사항을 읽고 작성하여 주시기 바라며 [ ]에는 √ 표시를 합니다. (앞 쪽)

신고번호	(지방고용노동관서명) - 호		처리기간 7 일
[ ]건축물 [ ]설비	위치(소재지)	건축물등록번호	
	용도	건물명(설비명)	
[ ]유치원 또는 학교 [ ]정비사업 [ ]기타	건축물수	구조	
	세대수	연면적	
소유자	성명	전화번호	
	주소		
석면해체·제거업자	업체명(상호)	대표자 성명	
	고용노동부 등록번호		
	전화번호	휴대전화번호	
작업장	공사현장명(공사명·작업명)	전화번호	
해체 사유	해체사유		
	해체기간	년 월 일부터 년 월 일까지	

석면함유 자재(물질)의 종류 및 면적	종 류	면적(㎡)·부피(㎥)·길이(m)
	분무재(뿜칠재)	
	내화피복재	
	천장재	
	지붕재	
	벽재(벽체의 마감재)	
	바닥재	
	파이프보온재	
	단열재	
	개스킷	
	기타 (칸이 부족할 경우 별첨)	

현장책임자	성명		전화번호	
작업근로자 인적사항 (칸이 부족할 경우 별첨)	성명	생년월일	주소	전화번호

「산업안전보건법 시행규칙」 제181조제1항에 따라 위와 같이 신고합니다.

년 월 일

신고인 (서명 또는 인)

지방고용노동청(지청)장 귀하

210mm×297mm(보존용지(2종) 70g/㎡)

(뒤 쪽)

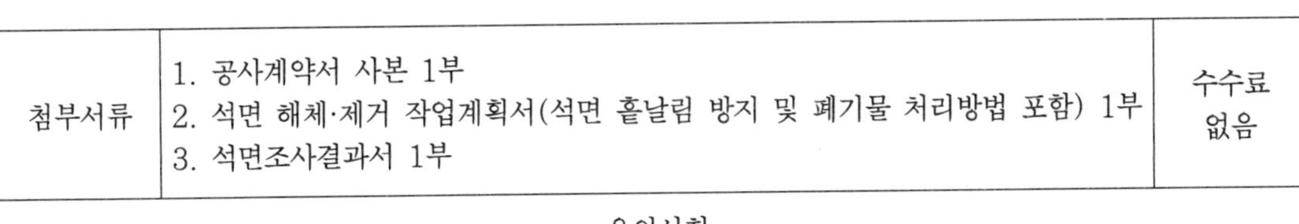

첨부서류	1. 공사계약서 사본 1부 2. 석면 해체·제거 작업계획서(석면 흩날림 방지 및 폐기물 처리방법 포함) 1부 3. 석면조사결과서 1부	수수료 없음

유의사항

1. 「유아교육법」 제2조제2호에 따른 유치원, 「초·중등교육법」 제2조에 따른 학교 또는 「고등교육법」 제2조에 따른 학교 건축물이나 설비에 대하여 해체·제거작업을 수행할 경우에는 유치원 또는 학교에 √ 표시를 합니다.
2. 「도시 및 주거환경정비법」 제2조에 따른 주택재개발사업, 주택재건축사업 등 정비사업으로 인해 건축물이나 설비에 대하여 해체·제거작업을 수행할 경우에는 정비사업에 √ 표시를 합니다.
3. 제1호 및 제2호에 해당하지 않는 건축물이나 설비에 대하여 해체·제거작업을 수행할 경우에는 기타에 √ 표시를 합니다.
4. 현장책임자는 「산업안전보건법 시행규칙」 제186조에 따라 석면해체·제거업자가 등록한 인력 중 실제로 석면해체·제거작업 현장을 총괄·관리하는 사람으로 적습니다.
5. 해체기간, 석면함유자재(물질)의 종류 및 면적, 현장책임자, 작업근로자가 변경된 경우에는 별지 78호서식의 석면해체·제거작업 변경 신고서를 제출해야 합니다.

공지사항

본 민원의 처리결과에 대한 만족도 조사 및 관련 제도 개선에 필요한 의견조사를 위해 귀하의 전화번호(휴대전화)로 전화조사를 실시할 수 있습니다.

처리절차

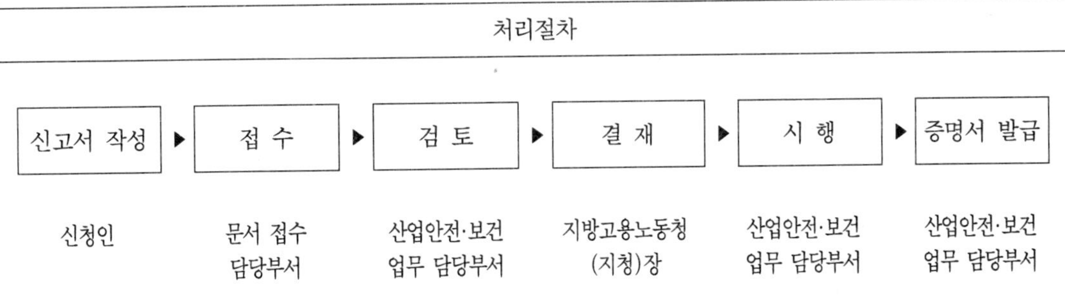

210㎜×297㎜[일반용지 60g/㎡(재활용품)]

【별지 제78호서식】 (개정 2019.12.26)

석면해체·제거작업 변경 신고서

접수번호	접수일자	처리기간 7일 (현장책임자 또는 작업근로자 변경시 즉시)

석면해체·제거작업 신고번호

현장명(공사명·작업명)

소재지

석면해체·제거업자	업체명(상호)	전화번호

변경사유 발생일

변경사항	항목	변경 전	변경 후

「산업안전보건법 시행규칙」 제181조제2항에 따라 위와 같이 변경사항을 신고합니다.

년 월 일

신고인 (서명 또는 인)

지방고용노동청(지청)장 귀하

첨부서류	변경을 증명하는 서류 1부	수수료 없음

공지사항

본 민원의 처리결과에 대한 만족도 조사 및 관련 제도 개선에 필요한 의견조사를 위해 귀하의 전화번호(휴대전화)로 전화조사를 실시할 수 있습니다.

210mm×297mm(일반용지 60g/㎡(재활용품))

【별지 제79호서식】 (개정 2019.12.26)

석면해체·제거작업 [ ]신고[ ]변경 증명서

신고작업	신고번호	현장명(공사명, 작업명)
	소재지	전화번호
	작업기간	
신고인	석면해체·제거업체명(상호)	고용노동부 등록번호
	소재지	
	대표자 성명	전화번호

변경내용(변경신고 증명서 발급인 경우에 한함)

「산업안전보건법 시행규칙」 제181조제3항에 따라 석면해체·제거작업 신고(변경)증명서를 발급합니다.

년 월 일

지방고용노동청(지청)장 직인

210mm×297mm(일반용지 60g/㎡(재활용품))

【별지 제80호서식】 (개정 2019.12.26)

석면농도측정 결과보고서

<table>
<tr><td colspan="2">석면해체·제거작업 신고번호</td><td colspan="2"></td></tr>
<tr><td rowspan="2">신고현장</td><td colspan="2">현장명(공사명·작업명)</td><td>전화번호</td></tr>
<tr><td colspan="3">소재지</td></tr>
<tr><td>신 고 인</td><td colspan="2">석면해체·제거업체명(상호)</td><td>고용노동부 등록번호</td></tr>
</table>

「산업안전보건법 시행규칙」 제183조에 따라 석면농도측정 결과를 붙임과 같이 보고합니다.

년 월 일

신고인(석면해체·제거업자) (서명 또는 인)

지방고용노동청(지청)장 귀하

첨부서류	별지 제81호서식의 석면농도측정 결과표

210mm×297mm(일반용지 60g/㎡(재활용품))

【별지 제81호서식】 (개정 2019.12.26)

석면농도측정 결과표

1. 작업장 개요

측정의뢰자 (석면해체·제거업자)	현장명(공사명·작업명)	
	현장 소재지	
	석면해체·제거작업 신고번호	업자명(상호)
	전화번호	대표자

2. 측정기간 - 년 월 일 ~ 년 월 일 (일간)

3. 측정자(분석자 포함)

성명	자격종목 및 등급	자격등록번호	비고

4. 측정결과

측정위치	측정시간(분)	유량 (ℓ/min)	측정농도 (개/㎤)	초과여부

5. 측정 위치도(측정 장소)

「산업안전보건법 시행규칙」 제183조에 따라 석면농도를 측정하고 그 결과를 위와 같이 제출합니다.

년 월 일

측정기관(측정기관 장) 직인

석면해체·제거업자 귀하

210mm×297mm(일반용지 60g/㎡(재활용품))

【별지 제82호서식】 (개정 2019.12.26)

작업환경측정 결과보고서(연도 [ ]상 [ ]하반기)

※ [ ]에는 해당하는 곳에 √ 표시를 합니다.

1. 사업장 개요

사업장명	대표자
소재지(우편번호)	
전화번호	팩스번호
근로자 수	업종
주요 생산품	

2. 측정기관명:

3. 측정일: 년   월   일 ~   년   월   일(일간)

4. 측정 결과

유해 인자	측정 공정수	측정 최고치	노출기준 초과공정(부서) 수				개선 내용
			계	개선완료	개선 중	미개선	

5. 측정주기(해당 항목 √ 표 및 관련 항목 기재)

최근 1년간 작업장 또는 작업 공정의 신규 가동 또는 변경 여부		[ ]없음, [ ]있음(년 월 일)
최근 2회 모든 공정 측정결과		[ ]2회 연속 초과 [ ]1회 초과, [ ]1회 미만 [ ]2회 연속 미만
화학물질 측정 결과	발암성 물질 노출기준 초과	[ ]없음 [ ]있음
	화학적 인자 노출기준 2배 초과	[ ]없음 [ ]있음
향후 측정주기		[ ]3개월, [ ]6개월, [ ]1년
향후 측정 예상일		년 월 일

「산업안전보건법」 제125조제1항 및 같은 법 시행규칙 제188조제1항에 따라 작업환경측정 결과를 위와 같이 보고합니다.

년   월   일

사업주   (서명 또는 인)

지방고용노동청(지청)장 귀하

첨부서류	1. 별지 제83호서식의 작업환경측정 결과표 2. 노출기준 초과부서는 개선 완료 또는 개선 중인 경우 이를 인정할 수 있는 증명서류를, 미개선인 경우는 개선계획서를 제출

210mm×297mm(일반용지 60g/㎡(재활용품))

【별지 제83호서식】 (개정 2019.12.26)

작업환경측정 결과표(　　　연도 [　]상 [　]하반기)

(표 지)

1. 사업장 개요

사업장명	대표자
소재지(우편번호)	
전화번호	팩스번호
근로자 수	업종
주요 생산품	

2. 작업환경측정 일시

가. 측정기간:　　년　　월　　일 ~　　년　　월　　일 (　　일간)

나. 측정시간:　　　:　　　~　　　:　　　(　　시간)

3. 작업환경측정자(분석자 포함)

성명	자격 종목 및 등급	자격 등록번호	비고

4. 지정 한계 및 측정 실적

측정 기관명	지정 한계	측정 실시 사업장 일련번호(반기 기준) (총누적 / 5명 이상 누적)
		(　　　　/　　　　)

5. 작업환경측정 결과 및 종합의견: 붙임

「산업안전보건법」 제125조제1항 및 같은 법 시행규칙 제188조제1항에 따라 작업환경을 측정하고 그 결과를 통지합니다.

년　　　월　　　일

측정자(측정기관의 장) 직인

사업주·지방고용노동청(지청)장 귀하

210mm×297mm(일반용지 60g/㎡(재활용품))

(제1쪽)

작업환경측정 결과 및 종합의견

1. 예비조사 결과

가. 작업공정별 유해요인 분포실태

※ 작성방법 : 원재료 투입과정부터 최종제품 생산공정까지의 주요공정을 도식하고 해당 공정별 작업내용을 기술함.

나. 작업환경측정대상 공정별 및 유해인자별 측정계획

○ 작업환경측정에 걸리는 기간 :

측정대상 공 정	측정대상 유해인자	유해인자 발생주기	근로 자수	작업시간 (폭로시간)	측정방법 (개인/지역)	예상 시료채취건수 또는 측정건수

다. 공정별 화학물질 사용상태

부서 또는 공정명	화학물질명 (상품명)	제조 또는 사용 여부	사용용도	월 취급량 (m^3·톤)	비 고

※ 회사에 비치된 물질안전보건자료(MSDS)를 이용하여 자세히 적습니다.

(제2쪽)

2. 작업환경측정 개요

가. 단위작업 장소별 유해인자의 측정위치도(측정장소)

※ 측정대상 부서의 평면도와 단위작업 장소별 측정위치를 표시

(제3쪽)

나-1. 단위작업장소별 작업환경측정결과(소음 제외)

ㅇ 작업장기온 : ㅇ 작업장습도 : ㅇ 전회측정일 :

부서 또는 공정	단위 작업 장소	유해 인자	근로자수	근로 형태 및 실제 근로 시간	유해 인자 발생 시간 (주기)	측정 위치 (근로 자명)	측정 시간 (시작 ~ 종료)	측정횟수	측정치	시간가중 평균치 (TWA)		노출기준	측정 농도 평가 결과	측정방법	비고
										전회	금회				

※ 작성방법

1. 유해인자란에는 분진, 유기용제, 특정화학물질 등으로 막연하게 표기하지 말고 석탄 분진, 톨루엔, 암모니아 등 인자의 명칭을 구체적으로 적습니다.
2. 근로자 수란에는 근로자 수를 단위 작업 장소별로 적습니다.
3. 근로 형태 및 실제 근로시간란에는 ㅇ교대, ㅇ시간으로 적습니다.
4. 유해인자 발생시간(주기)란에는 1일 작업시간 동안 유해인자의 실제 발생시간을 적습니다.
5. 측정 위치(근로자명)란에는 개인시료 채취의 경우에는 시료채취기를 부착한 근로자명을 적고, 지역시료 채취의 경우에는 측정지점의 위치를 문자 또는 기호로 표시합니다.
6. 측정시간(시작~종료)란에는 측정위치에서 최초 측정을 시작한 시간과 종료한 시간을 적습니다.
7. 측정치란에는 각 측정 횟수별 측정치를 적습니다.
8. 시간가중평균치(TWA)란에는 측정시간 동안의 유해인자농도의 가중평균치를 8시간 작업 시의 농도로 환산한 수치를 적습니다. 이 경우 전회 측정위치(근로자)와 금회 측정 위치(근로자)가 일치하지 않는 경우에는 가장 유사한 측정 위치(근로자)와 상호 대비시켜 적습니다.
9. 측정농도 평가 결과란에는 8시간 작업 시의 환산치를 고용노동부장관이 정하는 측정농도 평가방법에 따라 평가하여 노출기준 초과 여부를 적습니다.
10. 측정방법란에는 측정기기 및 분석기기를 적습니다.
11. 측정대상 공정이나 횟수 조정 등으로 인하여 측정을 하지 않은 공정은 부서 또는 공정란 또는 유해인자란을 적고, 비고란에 횟수 조정 등 미실시 사유를 적습니다.

(제4쪽)

나-2. 단위작업 장소별 작업환경측정 결과(소음)

단위 : dB(A)

부서 또는 공정	단위작업 장소 (주요발생 원인)	근로자수	작업내용	근로 형태 및 실제 근로 시간	발생형태 및발생시간 (주 기)	측정 위치 (근로자명)	측정 시간 (시작 ~ 종료)	측정 횟수	측정치	시간가중 평균치 (TWA)		노출 기준	노출 기준 초과 여부	측정 방법
										전회	금회			

※ 작성 방법

1. 단위작업 장소(주요 발생원인)란에는 그라인딩, 500톤 프레스 등 구체적으로 적습니다.
2. 발생 형태 및 발생시간(주기)란의 발생 형태는 연속음, 단속음, 불규칙 소음 등 발생시간은 소음의 실제 발생시간을 구체적으로 적습니다.
3. 측정치란에는 실제 측정시간 동안의 측정치를 적습니다.
4. 시간가중평균치(TWA)란에는 고용노동부장관이 정하는 소음 수준의 평가방법에 따라 평가한 수치를 적습니다.

(제5쪽)

3. 측정결과에 따른 종합의견

※ 작성 방법

※ 측정농도의 평가결과 노출기준을 초과한 유해인자를 중심으로 다음과 같이 작성합니다.

1) 측정결과의 평가 : 고용노동부장관이 정하는 측정농도의 평가방법으로 평가하여 노출기준 초과여부를 상세히 적습니다.
2) 작업환경설비 실태 및 문제점
3) 대책 : 공학적·관리적·개인위생적 측면으로 제시하되, 필요시 별지에 작성합니다.

【별지 제84호서식】 (개정 2019.12.26) (제1쪽)

일반건강진단결과표

총근로자 수	계	
	남	
	여	

실시 기간	제1차	-
	제2차	-

사업장관리번호	
사업장등록번호	
업종코드번호	

사업장명:

소 재 지: (전화번호:)

주요생산품:

건 강 진 단 현 황

구 분	대상근로자			건강진단을 받은 근로자			질병건수			질병유소견자							요관찰자			2차건강진단 미수검자		
										계			일반병		직업병							
	계	남	여	계	남	여	계	남	여	계	남	여	남	여	남	여	계	남	여	계	남	여
계																						
사무직																						
기 타																						

질병유소견자 현황 (다른 면 기재 가능)	구분 / 질병코드	계			직업경력별								나이별							
					1년미만		1-4년		5-9년		10년이상		30세미만		30-39세		40-49세		50세이상	
		계	남	여	남	여	남	여	남	여	남	여	남	여	남	여	남	여	남	여
	합 계																			

사후관리현황	구분 / 질병별			계	근로금지 및 제한	작업 전환	근로시간단축	근무중 치 료	추적 검사	보호구 착 용	그 밖의 사항
	질병유소견자	계	계								
			남								
			여								
		일반질병	계								
			남								
			여								
		직업병	계								
			남								
			여								
	요관찰자		계								
			남								
			여								

작성일자: 년 월 일

검진기관명:

사업주: (서명 또는 인)

210mm×297mm ((일반용지 60g/㎡(재활용품)

(제2쪽)

근로자 건강진단 사후관리 소견서[1)]

사업장명 : 실시기간 :

공정(부서)	성명	성별	나이	근속년수	건강구분	검진 소견[2)]	사후관리 소견[2)]	업무수행 적합 여부[2)]

년 월 일

건강진단 기관명: 건강진단 의사명: (서명 또는 인)

작성방법

1) 이 법에 해당하는 건강진단 항목만 기재
2) 검진소견, 사후관리소견, 업무를 수행하는 데 적합 여부는 요관찰자, 유소견자 등 이상 소견이 있는 검진자의 경우만 기재

질 병 소 견 코 드 표

(제3쪽)

구분	세부구분	질병코드	질 병 소 견
일반질병소견		A	특정감염성 질환
		B	바이러스성 및 기생충성 질환
		C	악성신생물
		D	양성신생물 및 혈액질환과 면역장해
		E	내분비, 영양 및 대사질환
		F	정신 및 행동장해
		G	신경계의 질환
		H	눈, 눈부속기와 귀 및 유양돌기의 질환
		I	순환기계의 질환
		J	호흡기계의 질환
		K	소화기계의 질환
		L	피부 및 피하조직의 질환
		M	근골격계 및 결합조직의 질환
		N	비뇨생식기계의 질환
		O	임신, 출산 및 산욕
		P	주산기에 기원한 특정병태
		Q	선천성기형, 변형 및 염색체 이상
		R	그 밖에 증상·징후와 임상검사의 이상소견
		S	손상
		T	다발성 및 그 밖의 손상, 중독 및 그 결과
		V	운수사고
		W	불의의 손상에 대한 그 밖의 요인
		×	고온장해 및 자해
		Y	가해, 치료의 합병증 및 후유증
		Z	건강상태에 영향을 주는 원인
직업성질병소견	물리적 인자에 의한 장해	110	소음성난청
		121	광물성분진
		122	면분진
		123	석면분진
		124	용접분진
		129	그 밖의 분진
		130	진동장해
		141	고기압
		142	저기압
		151	전리방사선
		152	자외선
		153	적외선
		154	마이크로파 또는 라디오파
		190	그 밖의 물리적 인자에 의한 장해
	유기화합물에 의한 중독	201	노말헥산
		202	N,N-디메틸포름아미드
		203	메틸부틸케톤
		204	메틸에틸케톤
		205	메틸이소부틸케톤
		206	벤젠
		207	사염화탄소
		208	아세톤
		209	오르토디클로로벤젠
		210	이소부틸알코올
		211	이소프로필알코올
		212	이황화탄소
		213	크실렌
		214	클로로포름
		215	톨루엔
		216	1,1,1-트리클로로에탄
		217	1,1,2,2-테트라클로로에탄
	금속류에 의한 중독	218	트리클로로에틸렌
		299	그 밖의 유기화합물에 의한 장해
		301	니켈(니켈카르보닐 포함)
		302	망간
		303	베릴륨
		304	삼산비소
		305	수은
		306	연(4알킬연 포함)
		307	오산화바나듐
		308	카드뮴
		309	크롬
		399	그 밖의 금속에 의한 장해
	산·알카리·가스상태 물질류에 의한 장해	401	벤지딘(염산염 포함)
		402	불화수소
		403	시안화물
		404	아황산가스
		405	암모니아
		406	염소화비페닐
		407	염소
		408	염화비닐
		409	염화수소
		410	일산화탄소
		411	질산
		412	콜타르
		413	톨루엔2,4-디이소시아네이트
		414	페놀
		415	포름알데히드
		416	포스겐
		417	황산
		418	황화수소
		499	그 밖의 산·알카리·가스상태류에 의한 장해
	코크스	500	휘발성콜타르피치 (코크스제조·취급에 의한 장애)
	그밖의 사항	600	그 밖의 유해인자에 의한 장해

【별지 제85호서식】 (개정 2019.12.26) (제1쪽)

[ ]특수 [ ] 배치전 [ ]수시 [ ]임시 건강진단 결과표

총근로자수	계	
	남	
	여	

실시기간	-
	-

사업장관리번호	
사업장등록번호	
업종코드번호	

주요생산품 :

	구분		대상 근로자			건강진단을 받은 근로자			질병 유소견자									직업성 요관찰자		
									계			직업병		작업 관련 질병(야간작업)		일반질병				
			계	남	여	계	남	여	계	남	여	남	여	남	여	남	여	계	남	여
건강진단현황	계	건수																		
		실인원																		
	야간작업																			
	소음																			
	이상기압																			
	분진	광물성																		
		석면																		
		그 밖의 분진																		
	유기화합물																			
	금속	연																		
		수은																		
		크롬																		
		카드뮴																		
		그 밖의 금속																		
	산·알카리·가스																			
	진동																			
	유해광선																			
	기타																			

질병유소견자현황	질병코드	계	남	여	질병코드	계	남	여	질병코드	계	남	여	질병코드	계	남	여

	질병별 \ 구분		계	근로금지 및 제한	작업 전환	근로시간 단축	근무중 치료	추적 검사	보호구 착용	직업병 확진의뢰 안내	그 밖의 사항
조치현황	질병유소견자	계									
		남									
		여									
	직업병	남									
		여									
	작업 관련 질병(야간작업)	남									
		여									
	일반질병	남									
		여									
	요관찰자	계									
		남									
		여									
	직업병	남									
		여									
	작업 관련 질병(야간작업)	남									
		여									
	일반질병	남									
		여									

작성일: 년 월 일

송부일: 년 월 일

검진기관명:

사 업 주: (서명 또는 인)

고용노동부
지방고용노동청(지청)장 귀하

210mm×297mm(일반용지 60g/㎡(재활용품))

질 병 유 소 견 자 현 황

(제2쪽)

구 분	질병코드	질병유소견자	계	남	여	직력별								연령별							
						1년 미만		1-4년		5-9년		10년 이상		30세 미만		30-39		40-49		50세 이상	
						남	여	남	여	남	여	남	여	남	여	남	여	남	여	남	여
총 계																					
일반질병유소견자	소계																				
	A	특정감염성 질환																			
	B	바이러스 및 기생충성 질환																			
	C	악성신생물																			
	D	양성신생물 및 혈액질환과 면역장해																			
	E	내분비, 영양 및 대사질환																			
	F	정신 및 행동장해																			
	G	신경계의 질환																			
	H	눈, 눈부속기와 귀 및 유양돌기의 질환																			
	I	순환기계의 질환																			
	J	호흡기계의 질환																			
	K	소화기계의 질환																			
	L	피부 및 피하조직의 질환																			
	M	근골격계 및 결합조직의 질환																			
	N	비뇨생식기계의 질환																			
	O	임신, 출산 및 산욕																			
	P	주산기에 기원한 특정병태																			
	Q	선천성기형, 변형 및 염색체 이상																			
	R	기타증상·징후와 임상검사의 이상소견																			
	S	손상																			
	T	다발성 및 기타 손상, 중독 및 그 결과																			
	V	운수사고																			
	W	불의의 손상의 기타 외인																			
	X	고온장해 및 자해																			
	Y	가해, 치료의 합병증 및 후유증																			
	Z	건강상태에 영향을 주는 원인																			
직업성질병유소견자 소 계																					
물리적인자에의한장해	110	소음성난청																			
	121	광물성분진																			
	122	면분진																			
	123	석면분진																			
	124	용접분진																			
	129	기타분진																			
	130	진동장해																			
	141	고기압																			
	142	저기압																			
	151	전리방사선																			
	152	자외선																			
	153	적외선																			
	154	마이크로파 또는 라디오파																			
	190	기타 물리적 인자에 의한 장해																			
유기화합물에의한중독	201	노말헥산																			
	202	N,N-디메틸포름아미드																			
	203	메틸부틸케톤																			
	204	메틸에틸케톤																			
	205	메틸이소부틸케톤																			
	206	벤젠																			
	207	사염화탄소																			
	208	아세톤																			
	209	오르토디클로로벤젠																			
	210	이소부틸알콜																			
	211	이소프로필알콜																			
	212	이황화탄소																			
	213	크실렌																			
	214	클로로포름																			
	215	톨루엔																			
	216	1,1,1-트리클로로에탄																			
	217	1,1,2,2-테트라클로로에탄																			
	218	트리클로로에틸렌																			
	219	벤지딘과 그 염																			
	220	염소화비페닐																			
	221	콜타르																			
	222	톨루엔2,4-디이소시아네이트																			
	223	페놀																			
	224	포름알데히드																			
	299	기타 유기화합물에 의한 장해																			
금속류	301	니켈																			
	302	망간																			
	305	수은																			
	306	납																			
	305	수은																			
	307	오산화바나듐																			
	308	카드뮴																			
	309	크롬																			
	399	기타 금속에 의한 장해																			
산 알카리· 가스상물질류	402	불화수소																			
	403	시안화합물																			
	404	아황산가스																			
	407	염소																			
	409	염화수소																			
	410	일산화탄소																			
	411	질산																			
	416	포스겐																			
	417	황산																			
	418	황화수소																			
	419	삼산화비소																			
	499	기타 산·알카리·가스상류에 의한 장해																			
허가대상물질	500	휘발성콜타르피치 (코우크스제조·취급에 의한 장해)																			
	501	베릴륨																			
	502	염화비닐																			
	599	기타 허가대상 물질에 의한 장해																			
기타	600	기타 유해인자에 의한 장해																			

(제3쪽)

근로자 건강진단 사후관리 소견서[1)]

※ 사업주는 특수건강진단·수시건강진단·임시건강진단 결과, 근로금지 및 제한, 작업전환, 근로시간 단축, 직업병 확진 의뢰 안내가 필요하다는 건강진단 의사의 소견이 있는 근로자에 대해서는 「산업안전보건법」 제132조제5항에 따라 건강진단결과를 송부 받은 날로부터 30일 이내에 조치 결과 또는 조치 계획을 지방고용노동관서에 제출해야 하며, 제출하지 않은 경우에는 같은 법 제175조제6항제15호에 따라 300만원 이하의 과태료를 부과하게 됩니다.

사업장명 : 실시기간 :

공정	성명	성별	나이	근속 년수	유해 인자	생물학적 노출지표 (참고치)[2)]	건강 구분	검진 소견[3)]	사후관리 소견[3)]	업무수행 적합 여부[3)]

년 월 일

건강진단 기관명: 건강진단 의사명: (서명 또는 인)

작성방법

1) 이 법에 해당하는 건강진단 항목만 기재
2) 생물학적 노출지표(BEI) 검사결과는 해당근로자만 기재
3) 검진소견, 사후관리소견, 업무수행 적합여부는 요관찰자, 유소견자 등 이상 소견이 있는 검진자의 경우만 적음

【별지 제86호서식】 (개정 2019.12.26)

사후관리 조치결과 보고서

<table>
<tr><td rowspan="4">사업체</td><td>사업장명</td><td>대표자</td></tr>
<tr><td colspan="2">소재지</td></tr>
<tr><td>전화번호</td><td>팩스번호</td></tr>
<tr><td>업종</td><td>사업장 관리번호</td></tr>
</table>

<table>
<tr><td rowspan="10">사후관리
조치 소견
현황</td><td colspan="2">유소견자</td><td>합계</td><td>근로금지
및 제한</td><td>작업
전환</td><td>근로시간
단축</td><td>직업병 확진
의뢰 안내</td></tr>
<tr><td rowspan="3"></td><td>직업병</td><td></td><td></td><td></td><td></td><td></td></tr>
<tr><td>직업 관련 질병
(야간작업)</td><td></td><td></td><td></td><td></td><td></td></tr>
<tr><td>일반질병</td><td></td><td></td><td></td><td></td><td></td></tr>
<tr><td colspan="2">요관찰자</td><td></td><td></td><td></td><td></td><td></td></tr>
<tr><td rowspan="3"></td><td>직업병</td><td></td><td></td><td></td><td></td><td></td></tr>
<tr><td>직업 관련 질병
(야간작업)</td><td></td><td></td><td></td><td></td><td></td></tr>
<tr><td>일반질병</td><td></td><td></td><td></td><td></td><td></td></tr>
<tr><td colspan="7">건강진단결과 통보일</td></tr>
</table>

사후관리 조치 결과	성명	성별	나이	유해인자	건강구분	사후관리 소견	건강진단결과를 송부받은 날	사후관리 조치일	조치결과 또는 조치계획

「산업안전보건법 시행규칙」 제210조제4항에 따라 위와 같이 보고서를 제출합니다.

년 월 일

보고인(사업주 또는 대표자) (서명 또는 인)

지방고용노동청(지청)장 귀하

붙임 서류	1. 건강진단결과표 2. 건강진단결과표를 통보받은 날 또는 건강진단결과를 송부받은 날을 확인할 수 있는 서류 3. 사후관리조치 실시를 증명할 수 있는 서류 또는 실시계획

작성방법

1. 사후관리조치 소견 현황은 송부 받은 건강진단결과표와 동일하게 작성
2. 사후관리조치 결과 중 성명, 성별, 나이, 유해인자, 건강구분, 사후관리소견은 송부 받은 건강진단결과표와 동일하게 작성
3. 송부받은 날은 기관으로부터 건강진단결과를 송부 받은 일자 작성

210mm×297mm[백상지(80g/㎡) 또는 중질지(80g/㎡)]

【별지 제87호서식】 (개정 2019.12.26)

근로자 건강관리카드

(앞면)

사진 2.5㎝×3㎝	발급번호 : 성　　명 : 생년월일 : 주　　소 : 물 질 명 :

「산업안전보건법」 제137조에 따라 근로자 건강관리카드를 발급합니다.

년　　월　　일

한국산업안전보건공단 이사장 [직인]

(뒷면)

주 의 사 항

1. 이 카드는 「산업안전보건법」 제137조에 따라 발급한 건강관리카드입니다.
2. 이 카드를 소지하신 분은 매년 1회 정기적으로 무료 건강진단을 받을 수 있습니다.
3. 이 카드는 다른 사람에게 양도하거나 대여할 수 없으며, 카드의 기재내용은 사실과 달리 수정·변경해서는 안 됩니다.
4. 이 카드는 여러분의 건강관리를 위한 귀중한 자료이며 「산업재해보상보험법」에 따른 요양급여 신청 시 증명자료가 될 수 있으므로 소중히 보관해 주시기 바랍니다.
5. 카드를 분실하거나 손상된 경우에는 카드를 발급받은 한국산업안전보건공단에 신고하여 재발급 받으시기 바랍니다.(www.kosha.or.kr)

【별지 제88호서식】 (개정 2019.12.26)

건강관리카드 [ ]발급[ ]재발급[ ]기재내용 변경 신청서

접수번호		접수일자		처리일자		처리기간	30일
신청인	성명				생년월일		
	주소				전화번호		
재발급 또는 기재내용 변경사유					대상 물질		

작업 경력(건강관리카드 발급 대상 업무만 기재)

근무기간	사업장명	사업장 소재지	종사 업무내용
~ (개월)			
~ (개월)			
~ (개월)			
~ (개월)			
~ (개월)			
~ (개월)			
~ (개월)			

「산업안전보건법 시행규칙」〔 〕제217조 〔 〕제218조에 따라 건강관리카드의 〔 〕발급 〔 〕재발급 〔 〕기재내용 변경을 신청합니다.

년 월 일

신청인(사업주 또는 본인) (서명 또는 인)

한국산업안전보건공단 이사장 귀하

첨부서류	1. 산업안전보건법 시행규칙」 별표 25 각 호의 어느 하나에 해당하는 사실(건강관리카드 발급대상 업무 종사 경력)을 증명할 수 있는 서류 2. 사진(2.5㎝×3㎝) 1장	수수료 없음

처리절차 〔한국산업안전보건공단(지역본부, 지도원)〕

신 청	▸	접 수	▸	확인·검토	▸	결 재	▸	시 행	▸	발 급
신청인		문서접수 담당부서		건강관리카드 업무 담당부서		지역본부장 지도원장		문서발송 담당부서		

210mm×297mm(일반용지 60g/㎡(재활용품)

【별지 제89호서식】 (개정 2019.12.26)

제 회 지도사 자격시험 응시원서

(앞쪽)

응시지역		응시번호		
응시자	성명	한자		사 진 3cm × 4cm
	생년월일			
	주소			
	전화번호			
응시 업무영역	〔 〕기계안전 〔 〕전기안전 〔 〕화공안전 〔 〕건설안전 〔 〕직업환경의학 〔 〕산업위생			
시험의 일부 면제 (해당자만 표시)	「산업안전보건법 시행령」 제104조제1항( )호에 해당			* 확인

「산업안전보건법 시행규칙」 제226조제1항에 따라 산업안전지도사·산업보건지도사 시험에 위와 같이 응시합니다.

년 월 일

응시자 (서명 또는 인)

한국산업인력공단 이사장 귀하

······ 자 르 는 선 ······

제 회 산업안전지도사·산업보건지도사 시험 응시표

응시자격		성 명	(한자)
응시번호		생년월일	
응시업무 영역	〔 〕기계안전 〔 〕전기안전 〔 〕화공안전 〔 〕건설안전 〔 〕직업환경의학 〔 〕산업위생		

년 월 일

한국산업인력공단 이사장 직인

210mm × 297mm(보존용지(1종) 120g/㎡)

(뒷쪽)

시험 일부 면제자 첨부서류	1. 해당 자격증 또는 박사학위증의 발급기관이 발급한 증명서(박사학위증의 경우에는 응시분야에 해당하는 박사학위 소지를 확인할 수 있는 증명서) 1부 2. 경력증명서(영 제104조제1항제5호에 해당하는 사람만 첨부하며, 박사학위 또는 자격증 취득일 이후 산업안전·산업보건 업무에 3년 이상 종사한 경력이 분명히 적힌 것이어야 합니다) 1부	수수료 고용노동부 장관이 정하는 바에 따름
담당 직원 확인사항 (경력증명서 제출자만 해당)	국민연금가입자가입증명 건강보험자격득실확인서	

행정정보 공동이용 동의서(경력증명서 제출자만 해당)

본인은 이 건의 업무처리와 관련하여 담당 직원이 「전자정부법」 제36조제1항에 따른 행정정보의 공동이용을 통하여 담당 직원이 위의 확인사항(〔 〕국민연금가입자가입증명, 〔 〕건강보험자격득실확인서)을 확인하는 것에 동의합니다.

* 동의하지 않는 경우에는 제출인이 직접 관련 서류를 제출하여야 합니다.

본인 (서명 또는 인)

작성시 유의사항

1. ※표란은 응시자가 적지 않습니다.
2. 응시자는 응시업무영역 란에 「산업안전보건법 시행령」 제102조의 업무영역별 종류 중 하나를 선정하여 ○표시 하십시오.
3. 시험일부 면제 란은 면제사유를 가진 사람만 해당하며 「산업안전보건법 시행령」 제104조제1항 각 호 중 해당 호를 적으십시오.
4. 첨부서류란 제1호의 발급기관의 증명서에는 박사학위가 기계·전기·화공·건설·위생 분야 중 어느 분야인지 분명히 적혀 있어야 합니다.
5. 첨부서류란 제2호 경력증명서에는 박사학위 취득일 이후 산업안전 분야에 3년 이상 종사한 경력이나 산업보건 분야에 3년 이상 종사한 경력이 분명히 적혀 있어야 합니다.
6. 사진은 응시일부터 6개월 이내에 찍은 탈모 상반신의 증명사진(가로 3cm× 세로 4cm)입니다.

자르는 선

응시자 주의사항

1. 응시표를 받는 즉시 응시번호(부호 및 번호)를 확인해야 합니다.
2. 응시표가 없는 사람은 응시할 수 없으며, 분실하였을 경우에는 재발급 받아야 합니다.
3. 시험 당일은 매 시험 시작 40분 전까지 지정된 좌석에 앉고 책상 위 오른쪽에 응시표 및 주민등록증을 놓아 감독관의 확인을 받아야 하며, 검은색 또는 파란색 필기구를 사용해야 합니다.

【별지 제90호서식】 (개정 2019.12.26)

지도사 자격시험 응시자 명부

접수일	응시지역	응시번호	응시자 성명	생년월일	응시영역	비고(일부면제사유 등)

210mm×297mm(일반용지 60g/㎡(재활용품))

【별지 제91호서식】 (개정 2019.12.26)

지도사의 [ ]등록 [ ]갱신 [ ]변경 신청서

접수번호		접수일자	처리일자	처리기간 30일
신청인	성명		한자	전화번호
	주소			휴대전화번호
	업무영역			
	시험합격	제 회		
사무소(예정)	명칭			법인명
	소재지			전화번호
변경사항	등록번호			변경사유 발생일
	변경내용 및 사유			

「산업안전보건법」 시행규칙 제229조제1항 및 제3항에 따라 위와 같이 지도사 등록·변경을 신청합니다.

년 월 일

신청인 (서명 또는 인)

지방고용노동청(지청)장 귀하

첨부서류	1. 신청일 전 6개월 이내에 촬영한 탈모 상반신의 증명사진(가로 3센티미터 × 세로 4센티미터) 1장 2. 「산업안전보건법 시행규칙」 제232조제4항에 따른 지도사 연수교육 이수증 또는 「산업안전보건법 시행령」 제107조에 따른 경력을 증명할 수 있는 서류(「산업안전보건법」 제145조제1항에 따른 등록의 경우만 해당합니다) 3. 지도실적을 확인할 수 있는 서류 또는 「산업안전보건법 시행규칙」 제231조제4항에 따른 지도사 보수교육 이수증(「산업안전보건법」 제145조제4항에 따른 등록의 경우만 해당합니다)	수수료 없음

공지사항

본 민원의 처리결과에 대한 만족도 조사 및 관련 제도 개선에 필요한 의견조사를 위해 귀하의 전화번호(휴대전화)로 전화조사를 실시할 수 있습니다.

처리절차

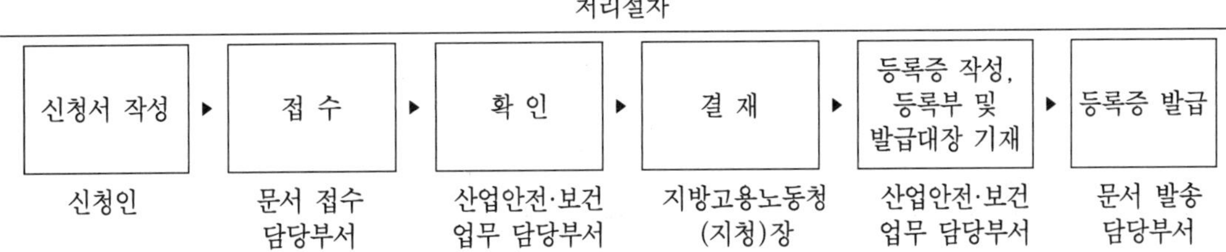

210㎜×297㎜[일반용지 60g/㎡(재활용품)]

【별지 제92호서식】 (개정 2019.12.26)

등록번호: 제 호

지도사 등록증

1. 성명(대표자):

2. 업무영역:

3. 사무소(법인):

4. 사무소 명칭:

5. 소재지:

(사 진) 3.5㎝×4.5㎝

「산업안전보건법」 제145조 및 같은법 시행규칙 제229조제2항에 따라 등록증을 발급합니다.

년 월 일

지 방 고 용 노 동 청 (지청) 장 직인

210㎜×297㎜(보존용지 120g/㎡)

【별지 제93호서식】 (개정 2019.12.26)

지도사 등록증 재발급신청서

접수번호	접수일자	처리일자	처리기간 7일

신청인	성명	한자
	등록번호	업무영역
	사무소	전화번호
	소재지	

재발급 사유

「산업안전보건법 시행규칙」 제229조제4항에 따라 위와 같이 신청합니다.

년 월 일

신청인 (서명 또는 인)

지방고용노동청(지청)장 귀하

첨부서류	등록증(등록증을 잃어버린 경우는 제외합니다)	수수료 없음

처리절차

신청서 작성	▶	접 수	▶	확 인	▶	결 재	▶	등록증 작성, 등록부 및 발급대장 기재	▶	등록증 발급
신청인		문서 접수 담당부서		산업안전·보건 업무 담당부서		지방고용노동청(지청)장		산업안전·보건 업무 담당부서		문서 발송 담당부서

210㎜×297㎜[일반용지 60g/㎡(재활용품)]

【별지 제94호서식】 (개정 2019.12.26)

지도사 등록부

(앞 쪽)

등록번호		변경등록번호		사진 3.5cm×4.5cm
등록 연월일		변경 연월일		
성명(한글)		성명(한자)		
생년월일		전화번호		
주소				
업무영역				
시험합격 연월일		교육이수연월일		
사무소 명칭				
법인명		전화번호		
소재지				

개업 휴업 폐업	구분	날짜	사유

학력			
. . .		. . .	
. . .		. . .	
. . .		. . .	
. . .		. . .	
. . .		. . .	

경력	
. . . ~ . . .	
. . . ~ . . .	
. . . ~ . . .	
. . . ~ . . .	
. . . ~ . . .	
. . . ~ . . .	

210mm×297mm(인쇄용지(특급) 120g/㎡)

(뒤 쪽)

등록사항 변경	날짜	변경내용

징계 (업무정지 등)	날짜	징계사항	징계사유

지도사교육	교육기관	교육과정	교육기간

직무보조원 현황	성명	구분	임면 연월일	최종학력	주요 경력

【별지 제95호서식】 (개정 2019.12.26)

지도사 등록증 발급대장

결 재	신청일	성 명	생 년 월 일	교육이수 연 월 일	주 소 (전화번호)	등 록 번 호	업 무 영 역	등 록 연월일	구 분 (신규 재발급)

297mm×210mm(인쇄용지(2급) 60g/㎡)

【별지 제96호서식】 (개정 2019.12.26)

제　　호

지도사 [ ] 연수교육 / [ ] 보수교육 이수증

성　　명:

생년월일:

위 사람은 「산업안전보건법」 제145조제5항 및 제146조, 같은 법 시행규칙 제231조 및 제232조에 따라 　년 　월 　일부터 　년 　월 　일까지 　　　　에서 실시한

〔 〕 산업안전지도사 〔 〕 연수교육
〔 〕 산업보건지도사 〔 〕 보수교육
과정을 이수하였으므로 이 증서를 수여합니다.

년　　월　　일

한국산업안전보건공단 이사장 직인

210mm×297mm[백상지 120g/㎡]

【별지 제97호서식】 (개정 2019.12.26)

보증보험가입 신고서

신고인	성명	지도사 등록번호
	주소	
사무소	명칭	법인명
	전화번호	
	소재지	
보험 관계 사항	보험회사명	가입 연월일
	가입금액	보증기간

「산업안전보건법」 제148조제2항 및 같은 법 시행규칙 제234조제1항 또는 제2항에 따라 위와 같이 신고합니다.

년 월 일

신고인 (서명 또는 인)

지방고용노동청(지청)장 귀하

첨부서류	보증보험에 가입한 것을 증명할 수 있는 서류 사본 1부

210mm×297mm(일반용지 60g/㎡(재활용품))

【별지 제98호서식】 (개정 2019.12.26)

보증보험금 지급사유 발생확인신청서

접수번호	접수일자	처리일자	처리기간 5일

지급 신청인	성명	
	주소	
개업 지도사	성명(대표자)	
	주소	
	사무소 명칭	등록번호
	사무소 소재지	
보험금 지급 내용	보험회사명	손해배상금액 원
	지급사유	

「산업안전보건법」 제148조제2항 및 같은 법 시행규칙 제234조제3항에 따라 위와 같이 신청합니다.

년 월 일

신청인 (서명 또는 인)

지방고용노동청(지청)장 귀하

첨부서류	손해배상합의서, 화해조서, 법원의 확정판결문 사본, 그 밖에 이에 준하는 효력이 있는 서류 1부	수수료 없음

처리절차

신청서 작성	▶	접 수	▶	검 토	▶	결 재	▶	발생확인서 작성	▶	발생확인서 발급
신청인		문서 접수 담당부서		산업안전·보건 업무 담당부서		지방고용노동청(지청)장		산업안전·보건 업무 담당부서		문서 발송 담당부서

210mm×297mm[일반용지 60g/㎡(재활용품)]

【별지 제99호서식】 (개정 2019.12.26)

보증보험금 지급사유 발생확인서

접수번호	접수일자	처리일자	처리기간 7일

구분	항목	
지급 신청인	성명	
	주소	
개업 지도사	성명(대표자)	
	주소	
	사무소 명칭	등록번호
	사무소 소재지	
보험금 지급 내용	보험회사명	손해배상금액 원
	지급사유	

「산업안전보건법」 제148조제2항 및 같은 법 시행규칙 제234조제3항에 따라 위 신청인에 대한 보증보험금 지급사유 발생 사실을 확인합니다.

년 월 일

지방고용노동청(지청)장 직인

210㎜×297㎜[일반용지 60g/㎡(재활용품)]

【별지 제100호서식】 (개정 2019.12.26)

과징금 [ ]납부기한 연장 [ ]분할 납부 신청서

※ 색상이 어두운 칸은 신청인이 적지 않으며, [ ]에는 해당되는 곳에 √표를 합니다.

접수번호		접수일시	처리기간
신청인	성명		사업자등록번호(법인등록번호)
	주소		전화번호
과징금 부과내용	납부통지서 발행번호		
	과징금 부과금액		
	납부기한		
신청사유			
신청내용			

「산업안전보건법」 제160조 및 같은 법 시행령 제111조제6항에 따라 과징금의 [ ]납부기한 연장 [ ]분할 납부를(을) 신청합니다.

년 월 일

신청인 (서명 또는 인)

지방고용노동청(지청)장 귀하

붙임 서류	납부기한 연장 또는 분할 납부를 신청하는 사유를 증명하는 서류	수수료 없 음

처 리 절 차

신청서 작성 → 접수 → 검토 → 통보

신청인 / 처리기관: 고용노동부

210mm×297mm[백상지(80g/㎡) 또는 중질지(80g/㎡)]

【별지 제101호서식】 (개정 2019.12.26)

공사 개요서

<table>
<tr><td rowspan="3">건설업체</td><td colspan="5">회사명</td><td colspan="3">전화번호</td></tr>
<tr><td colspan="8">대표자</td></tr>
<tr><td colspan="8">본사 소재지</td></tr>
<tr><td rowspan="3">현장</td><td colspan="5">현장명</td><td colspan="3">현장소장</td></tr>
<tr><td colspan="8">현장 소재지</td></tr>
<tr><td colspan="5">공사기간</td><td colspan="3">공사금액</td></tr>
<tr><td>발주자</td><td colspan="5">성명</td><td colspan="3">전화번호</td></tr>
<tr><td>설계자</td><td colspan="5">성명</td><td colspan="3">전화번호</td></tr>
<tr><td>감리자</td><td colspan="5">성명</td><td colspan="3">전화번호</td></tr>
<tr><td rowspan="3">공사개요</td><td rowspan="2">대상구조물</td><td rowspan="2">구조</td><td rowspan="2">개소</td><td colspan="2">층수</td><td rowspan="2">굴착깊이
(m)</td><td rowspan="2">최고높이
(m)</td><td rowspan="2">비고</td></tr>
<tr><td>지하</td><td>지상</td></tr>
<tr><td></td><td></td><td></td><td></td><td></td><td></td><td></td><td></td></tr>
<tr><td colspan="2">그 밖의 특수구조물 개요</td><td></td><td></td><td></td><td></td><td></td><td></td><td></td></tr>
<tr><td colspan="2">주요 공법</td><td></td><td></td><td></td><td></td><td></td><td></td><td></td></tr>
<tr><td colspan="2">폴리우레탄 폼 및
주요 마감재 사용 현황</td><td></td><td></td><td></td><td></td><td></td><td></td><td></td></tr>
</table>

210㎜×297㎜[일반용지 60g/㎡(재활용품)]

【별지 제102호서식】 (개정 2019.12.26)

산업안전보건관리비 사용계획서

(앞 쪽)

1. 일반사항

<table>
<tr><td>발주자</td><td></td><td rowspan="5">공사
금액</td><td>계</td><td></td></tr>
<tr><td rowspan="4">공사종류
(해당란에 √ 표)</td><td rowspan="4">[ ]일반건설(갑)
[ ]일반건설(을)
[ ]중건설
[ ]철도 또는 궤도신설
[ ]특수 및 기타건설</td><td>① 재료비(관급별도)</td><td></td></tr>
<tr><td>② 관급재료비</td><td></td></tr>
<tr><td>③ 직접노무비</td><td></td></tr>
<tr><td>④ 그 밖의 사항</td><td></td></tr>
<tr><td>산업안전보건
관리비</td><td></td><td colspan="2">산업안전보건관리비 계상
대상금액
[공사금액 중 ①+②+③]</td><td></td></tr>
</table>

2. 항목별 실행계획

항목	금액	비율(%)
안전관리자 등의 인건비 및 각종 업무수당 등		%
안전시설비 등		%
개인보호구 및 안전장구 구입비 등		%
안전진단비 등		%
안전·보건교육비 및 행사비 등		%
근로자 건강관리비 등		%
건설재해 예방 기술지도비		%
본사 사용비		%
총계		100%

210㎜×297㎜[일반용지 60g/㎡(재활용품)]

(뒷쪽)

3. 세부사용 계획

항 목	세부항목	단위	수량	금 액	산 출 명 세	사용시기
안전관리자 등의 인건비 및 각종 업무수당등						
안전시설비 등						
개인보호구 및 안전장구 구입비 등						
안전진단비 등						
안전·보건교육비 및 행사비 등						
근로자 건강관리비 등						
건설재해예방 기술지도비						
본사사용비						

【별지 제103호서식】 (개정 2019.12.26)

유해위험방지계획서 자체확인 결과서

(앞쪽)

회사명					
현장명			전화번호		
대상공사					
공사기간	. . . ~ . . .		공사금액	원	
소재지			확인일자		
확인자	소속(공단)	직위		성명	
입회자	소속(사업장)	직위		성명	
확인결과 요약					

「산업안전보건법」 제43조제2항 같은 법 시행규칙 제47조제1항 및 별표11에 따른 자체확인 결과서임.

년 월 일

확 인 자 (서명 또는 인)

현장소장 (서명 또는 인)

210㎜×297㎜[일반용지 60g/㎡(재활용품)]

(뒤쪽)

확인결과 지적사항 및 개선사항 기재서

세부작업	지적사항	개선결과

• 완료사항:

• 향후조치사항:

• 미조치사항

【별지 제104호서식】 (개정 2019.12.26)

기술지도계약서

<table>
<tr><td rowspan="5">기술지도
위탁
사업장</td><td colspan="2">건설업체명</td><td colspan="2">대표자</td></tr>
<tr><td colspan="2">공사명</td><td colspan="2">사업개시번호</td></tr>
<tr><td colspan="2">소재지</td><td colspan="2">공사기간</td></tr>
<tr><td colspan="2">공사금액</td><td colspan="2">계상된 산업안전보건관리비</td></tr>
<tr><td>발주자</td><td colspan="3">성명 또는 기관명
주소</td></tr>
<tr><td rowspan="3">건설재해
예방
전문지도
기관</td><td colspan="2">명칭</td><td colspan="2">대표자</td></tr>
<tr><td colspan="4">소재지</td></tr>
<tr><td colspan="2">담당자</td><td colspan="2">전화번호</td></tr>
<tr><td rowspan="3">기술지도</td><td>기술지도
구분</td><td colspan="3">〔 〕건설공사 〔 〕전기 및 정보통신 공사</td></tr>
<tr><td>기술지도
대가</td><td>원</td><td>기술지도
횟수</td><td>총( )회</td></tr>
<tr><td>계약기간</td><td colspan="3">년 월 일부터 년 월 일까지</td></tr>
</table>

「산업안전보건법 시행령」 제60조 및 별표 18에 따라 기술지도계약을 체결하고 성실하게 계약사항을 준수하기로 한다.

년 월 일

위탁 사업장명

사업주 또는 대표자 (서명 또는 인)

건설재해예방 전문지도기관 명칭

건설재해예방 전문지도기관 대표자 (서명 또는 인)

210㎜×297㎜[일반용지 60g/㎡(재활용품)]

【별지 제105호서식】 (개정 2019.12.26)

기술지도 완료증명서

<table>
<tr><td rowspan="6">기술지도
위탁
사업장</td><td colspan="8">건설업체명</td><td colspan="6">대표자</td></tr>
<tr><td colspan="8">공사명</td><td colspan="6">사업개시번호</td></tr>
<tr><td colspan="8">소재지</td><td colspan="6">공사기간</td></tr>
<tr><td colspan="8">공사금액</td><td colspan="6">계상된 산업안전보건관리비</td></tr>
<tr><td colspan="2" rowspan="2">발주자</td><td colspan="12">성명 또는 기관명</td></tr>
<tr><td colspan="12">주소</td></tr>
<tr><td rowspan="3">건설재해
예방
전문지도
기관</td><td colspan="8">명칭</td><td colspan="6">대표자</td></tr>
<tr><td colspan="14">소재지</td></tr>
<tr><td colspan="8">담당자</td><td colspan="6">전화번호</td></tr>
<tr><td rowspan="5">기술지도</td><td colspan="2">기술지도
구분</td><td colspan="12">〔 〕건설공사 〔 〕전기 및 정보통신 공사</td></tr>
<tr><td colspan="2">기술지도
대가</td><td colspan="6">원</td><td colspan="2">기술지도
횟수</td><td colspan="4">총( )회</td></tr>
<tr><td colspan="2">계약기간</td><td colspan="12">년 월 일부터 년 월 일까지</td></tr>
<tr><td rowspan="2">실시
내용</td><td>회차</td><td>1</td><td>2</td><td>3</td><td>4</td><td>5</td><td>6</td><td>7</td><td>8</td><td>9</td><td>10</td><td>11</td><td>12</td></tr>
<tr><td>실시
일자</td><td>00월
/00일</td><td>00월
/00일</td><td>00월
/00일</td><td>00월
/00일</td><td>00월
/00일</td><td>00월
/00일</td><td>00월
/00일</td><td>00월
/00일</td><td>00월
/00일</td><td>00월
/00일</td><td>00월
/00일</td><td>00월
/00일</td></tr>
</table>

「산업안전보건법 시행령」 제60조 및 별표18에 따라 기술지도를 실시하였음을 증명합니다.

년 월 일

위탁 사업장명

사업주 또는 대표자 (서명 또는 인)

건설재해예방 전문지도기관 명칭

건설재해예방 전문지도기관 대표자 (서명 또는 인)

210mm×297mm〔백상지(80g/㎡) 또는 중질지(80g/㎡)〕

산업안전보건기준에 관한 규칙

제정 1990. 7. 23 노동부령 제 61호
전부개정 2011. 7. 6 고용노동부령 제 30호
일부개정 2012. 3. 5 고용노동부령 제 49호
일부개정 2012. 5.31 고용노동부령 제 54호
일부개정 2013. 3.21 고용노동부령 제 77호
일부개정 2013. 3.23 고용노동부령 제 78호
일부개정 2014. 9.30 고용노동부령 제111호
일부개정 2014.12.31 고용노동부령 제117호
일부개정 2015.12.31 고용노동부령 제144호
일부개정 2016. 4. 7 고용노동부령 제153호
일부개정 2016. 7.11 고용노동부령 제160호
일부개정 2017. 2. 3 고용노동부령 제179호
일부개정 2017. 3. 3 고용노동부령 제181호
일부개정 2017.12.28. 고용노동부령 제206호
일부개정 2018. 3.30. 고용노동부령 제215호
일부개정 2018. 8.14. 고용노동부령 제225호
일부개정 2019. 1.31. 고용노동부령 제242호
일부개정 2019. 4.19. 고용노동부령 제251호
일부개정 2019.10.15 고용노동부령 제263호
일부개정 2019.12.26. 고용노동부령 제273호

제1편 총 칙

제1장 통칙

제1조 【목적】 이 규칙은 「산업안전보건법」 제5조, 제16조, 제37조부터 제40조까지, 제63조부터 제66조까지, 제76조부터 제78조까지, 제80조, 제81조, 제83조, 제84조, 제89조, 제93조, 제117조부터 제119조까지 및 제123조 등에서 위임한 산업안전보건기준에 관한 사항과 그 시행에 필요한 사항을 규정함을 목적으로 한다. 〈개정 2012.3.5., 2019.12.26.〉

제2조 【정의】 이 규칙에서 사용하는 용어의 뜻은 이 규칙에 특별한 규정이 없으면 「산업안전보건법」(이하 "법"이라 한다), 「산업안전보건법 시행령」(이하 "영"이라 한다) 및 「산업안전보건법 시행규칙」에서 정하는 바에 따른다.

제2장 작업장

제3조 【전도의 방지】 ① 사업주는 근로자가 작업장에서 넘어지거나 미끄러지는 등의 위험이 없도록 작업장 바닥 등을 안전하고 청결한 상태로 유지하여야 한다.
② 사업주는 제품, 자재, 부재(部材)등이 넘어지지 않도록 붙들어 지탱하게 하는 등 안전 조치를 하여야 한다. 다만, 근로자가 접근하지 못하도록 조치한 경우에는 그러하지 아니하다.

제4조 【작업장의 청결】 사업주는 근로자가 작업하는 장소를 항상 청결하게 유지·관리하여야 하며, 폐기물은 정해진 장소에만 버려야 한다.

제4조의2 【분진의 흩날림 방지】 사업주는 분진이 심하게 흩날리는 작업장에 대하여 물을 뿌리는 등 분진이 흩날리는 것을 방지하기 위하여 필요한 조치를 하여야 한다.〈개정 2012.3.5〉

제5조 【오염된 바닥의 세척 등】 ① 사업주는 인체에 해로운 물질, 부패하기 쉬운 물질 또는 악취가 나는 물질 등에 의

하여 오염될 우려가 있는 작업장의 바닥이나 벽을 수시로 세척하고 소독하여야 한다.

② 사업주는 제1항에 따른 세척 및 소독을 하는 경우에 물이나 그 밖의 액체를 다량으로 사용함으로써 습기가 찰 우려가 있는 작업장의 바닥이나 벽은 불침투성(不浸透性) 재료로 칠하고 배수(排水)에 편리한 구조로 하여야 한다.

제6조 【오물의 처리 등】 ① 사업주는 해당 작업장에서 배출하거나 폐기하는 오물을 일정한 장소에서 노출되지 않도록 처리하고, 병원체(病原體)로 인하여 오염될 우려가 있는 바닥·벽 및 용기 등을 수시로 소독하여야 한다.

② 사업주는 폐기물을 소각 등의 방법으로 처리하려는 경우 해당 근로자가 다이옥신 등 유해물질에 노출되지 않도록 작업공정 개선, 개인보호구(個人保護具) 지급·착용 등 적절한 조치를 하여야 한다.

③ 근로자는 제2항에 따라 지급된 개인보호구를 사업주의 지시에 따라 착용하여야 한다.

제7조 【채광 및 조명】 사업주는 근로자가 작업하는 장소에 채광 및 조명을 하는 경우 명암의 차이가 심하지 않고 눈이 부시지 않은 방법으로 하여야 한다.

제8조 【조도】 사업주는 근로자가 상시 작업하는 장소의 작업면 조도(照度)를 다음 각 호의 기준에 맞도록 하여야 한다. 다만, 갱내(坑內) 작업장과 감광재료(感光材料)를 취급하는 작업장은 그러하지 아니하다.

1. 초정밀작업: 750럭스(lux) 이상
2. 정밀작업: 300럭스 이상
3. 보통작업: 150럭스 이상
4. 그 밖의 작업: 75럭스 이상

제9조 【작업발판 등】 사업주는 선반·롤러기 등 기계·설비의 작업 또는 조작 부분이 그 작업에 종사하는 근로자의 키 등 신체조건에 비하여 지나치게 높거나 낮은 경우 안전하고 적당한 높이의 작업발판을 설치하거나 그 기계·설비를 적정 작업높이로 조절하여야 한다.

제10조 【작업장의 창문】 ① 작업장의 창문은 열었을 때 근로자가 작업하거나 통행하는 데에 방해가 되지 않도록 하여야 한다.

② 사업주는 근로자가 안전한 방법으로 창문을 여닫거나 청소할 수 있도록 보조도구를 사용하게 하는 등 필요한 조치를 하여야 한다.

제11조 【작업장의 출입구】 사업주는 작업장에 출입구(비상구는 제외한다. 이하 같다)를 설치하는 경우 다음 각 호의 사항을 준수하여야 한다.

1. 출입구의 위치, 수 및 크기가 작업장의 용도와 특성에 맞도록 할 것
2. 출입구에 문을 설치하는 경우에는 근로자가 쉽게 열고 닫을 수 있도록 할 것
3. 주된 목적이 하역운반기계용인 출입구에는 인접하여 보행자용 출입구를 따로 설치할 것
4. 하역운반기계의 통로와 인접하여 있는 출입구에서 접촉에 의하여 근로자에게 위험을 미칠 우려가 있는 경우에는 비상등·비상벨 등 경보장치를 할 것
5. 계단이 출입구와 바로 연결된 경우에는 작업자의 안전한 통행을 위하여 그 사이에 1.2미터 이상 거리를 두거나 안내표지 또는 비상벨 등을 설치할 것.

다만, 출입구에 문을 설치하지 아니한 경우에는 그러하지 아니하다.

제12조【동력으로 작동되는 문의 설치 조건】 사업주는 동력으로 작동되는 문을 설치하는 경우 다음 각 호의 기준에 맞는 구조로 설치하여야 한다.(개정 2014.9.30)

1. 동력으로 작동되는 문에 근로자가 끼일 위험이 있는 2.5미터 높이까지는 위급하거나 위험한 사태가 발생한 경우에 문의 작동을 정지시킬 수 있도록 비상정지장치 설치 등 필요한 조치를 할 것. 다만, 위험구역에 사람이 없어야만 문이 작동되도록 안전장치가 설치되어 있거나 운전자가 특별히 지정되어 상시 조작하는 경우에는 그러하지 아니하다.
2. 동력으로 작동되는 문의 비상정지장치는 근로자가 잘 알아볼 수 있고 쉽게 조작할 수 있을 것
3. 동력으로 작동되는 문의 동력이 끊어진 경우에는 즉시 정지되도록 할 것. 다만, 방화문의 경우에는 그러하지 아니하다.
4. 수동으로 열고 닫을 수 있도록 할 것. 다만, 동력으로 작동되는 문에 수동으로 열고 닫을 수 있는 문을 별도로 설치하여 근로자가 통행할 수 있도록 한 경우에는 그러하지 아니하다.
5. 동력으로 작동되는 문을 수동으로 조작하는 경우에는 제어장치에 의하여 즉시 정지시킬 수 있는 구조일 것

제13조【안전난간의 구조 및 설치요건】 사업주는 근로자의 추락 등의 위험을 방지하기 위하여 안전난간을 설치하는 경우 다음 각 호의 기준에 맞는 구조로 설치하여야 한다.〈개정 2015.12.31.〉

1. 상부 난간대, 중간 난간대, 발끝막이판 및 난간기둥으로 구성할 것. 다만, 중간 난간대, 발끝막이판 및 난간기둥은 이와 비슷한 구조와 성능을 가진 것으로 대체할 수 있다.
2. 상부 난간대는 바닥면·발판 또는 경사로의 표면(이하 "바닥면등"이라 한다)으로부터 90센티미터 이상 지점에 설치하고, 상부 난간대를 120센티미터 이하에 설치하는 경우에는 중간 난간대는 상부 난간대와 바닥면등의 중간에 설치하여야 하며, 120센티미터 이상 지점에 설치하는 경우에는 중간 난간대를 2단 이상으로 균등하게 설치하고 난간의 상하 간격은 60센티미터 이하가 되도록 할 것. 다만, 계단의 개방된 측면에 설치된 난간기둥 간의 간격이 25센티미터 이하인 경우에는 중간 난간대를 설치하지 아니할 수 있다.
3. 발끝막이판은 바닥면등으로부터 10센티미터 이상의 높이를 유지할 것. 다만, 물체가 떨어지거나 날아올 위험이 없거나 그 위험을 방지할 수 있는 망을 설치하는 등 필요한 예방 조치를 한 장소는 제외한다.
4. 난간기둥은 상부 난간대와 중간 난간대를 견고하게 떠받칠 수 있도록 적정한 간격을 유지할 것
5. 상부 난간대와 중간 난간대는 난간 길이 전체에 걸쳐 바닥면등과 평행을 유지할 것
6. 난간대는 지름 2.7센티미터 이상의 금속제 파이프나 그 이상의 강도가 있는 재료일 것
7. 안전난간은 구조적으로 가장 취약한

지점에서 가장 취약한 방향으로 작용하는 100킬로그램 이상의 하중에 견딜 수 있는 튼튼한 구조일 것

제14조【낙하물에 의한 위험의 방지】 ① 사업주는 작업장의 바닥, 도로 및 통로 등에서 낙하물이 근로자에게 위험을 미칠 우려가 있는 경우 보호망을 설치하는 등 필요한 조치를 하여야 한다.

② 사업주는 작업으로 인하여 물체가 떨어지거나 날아올 위험이 있는 경우 낙하물 방지망, 수직보호망 또는 방호선반의 설치, 출입금지구역의 설정, 보호구의 착용 등 위험을 방지하기 위하여 필요한 조치를 하여야 한다. 이 경우 낙하물 방지망 및 수직보호망은 「산업표준화법」에 따른 한국산업표준에서 정하는 성능기준에 적합한 것을 사용하여야 한다. 〈개정 2017.12.28.〉

③ 제2항에 따라 낙하물 방지망 또는 방호선반을 설치하는 경우에는 다음 각 호의 사항을 준수하여야 한다.

1. 높이 10미터 이내마다 설치하고, 내민 길이는 벽면으로부터 2미터 이상으로 할 것
2. 수평면과의 각도는 20도 이상 30도 이하를 유지할 것

〔시행일 : 2018.12.29.〕 제14조제2항

제15조【투하설비 등】 사업주는 높이가 3미터 이상인 장소로부터 물체를 투하하는 경우 적당한 투하설비를 설치하거나 감시인을 배치하는 등 위험을 방지하기 위하여 필요한 조치를 하여야 한다.

제16조【위험물 등의 보관】 사업주는 별표 1에 규정된 위험물질을 작업장 외의 별도의 장소에 보관하여야 하며, 작업장 내부에는 작업에 필요한 양만 두어야 한다.

제17조【비상구의 설치】 ① 사업주는 별표 1에 규정된 위험물질을 제조·취급하는 작업장과 그 작업장이 있는 건축물에 제11조에 따른 출입구 외에 안전한 장소로 대피할 수 있는 비상구 1개 이상을 다음 각 호의 기준을 모두 충족하는 구조로 설치해야 한다. 다만, 작업장 바닥면의 가로 및 세로가 각 3미터 미만인 경우에는 그렇지 않다. 〈개정 2019.12.26.〉

1. 출입구와 같은 방향에 있지 아니하고, 출입구로부터 3미터 이상 떨어져 있을 것
2. 작업장의 각 부분으로부터 하나의 비상구 또는 출입구까지의 수평거리가 50미터 이하가 되도록 할 것
3. 비상구의 너비는 0.75미터 이상으로 하고, 높이는 1.5미터 이상으로 할 것
4. 비상구의 문은 피난 방향으로 열리도록 하고, 실내에서 항상 열 수 있는 구조로 할 것

② 사업주는 제1항에 따른 비상구에 문을 설치하는 경우 항상 사용할 수 있는 상태로 유지하여야 한다.

제18조【비상구 등의 유지】 사업주는 비상구·비상통로 또는 비상용 기구를 쉽게 이용할 수 있도록 유지하여야 한다.

제19조【경보용 설비 등】 사업주는 연면적이 400제곱미터 이상이거나 상시 50명 이상의 근로자가 작업하는 옥내작업장에는 비상시에 근로자에게 신속하게 알리기 위한 경보용 설비 또는 기구를 설치하여야 한다.

제20조【출입의 금지 등】 사업주는 다음 각 호의 작업 또는 장소에 방책(防柵)

을 설치하는 등 관계 근로자가 아닌 사람의 출입을 금지하여야 한다. 다만, 제2호 및 제7호의 장소에서 수리 또는 점검 등을 위하여 그 암(arm) 등의 움직임에 의한 하중을 충분히 견딜 수 있는 안전지주(安全支柱) 또는 안전블록 등을 사용하도록 한 경우에는 그러하지 아니하다.

1. 추락에 의하여 근로자에게 위험을 미칠 우려가 있는 장소
2. 유압(流壓), 체인 또는 로프 등에 의하여 지탱되어 있는 기계·기구의 덤프, 램(ram), 리프트, 포크(fork) 및 암 등이 갑자기 작동함으로써 근로자에게 위험을 미칠 우려가 있는 장소
3. 케이블 크레인을 사용하여 작업을 하는 경우에는 권상용(卷上用) 와이어로프 또는 횡행용(橫行用) 와이어로프가 통하고 있는 도르래 또는 그 부착부의 파손에 의하여 위험을 발생시킬 우려가 있는 그 와이어로프의 내각측(內角側)에 속하는 장소
4. 인양전자석(引揚電磁石) 부착 크레인을 사용하여 작업을 하는 경우에는 달아 올려진 화물의 아래쪽 장소
5. 인양전자석 부착 이동식 크레인을 사용하여 작업을 하는 경우에는 달아 올려진 화물의 아래쪽 장소
6. 리프트를 사용하여 작업을 하는 다음 각 목의 장소
   가. 리프트 운반구가 오르내리다가 근로자에게 위험을 미칠 우려가 있는 장소
   나. 리프트의 권상용 와이어로프 내각측에 그 와이어로프가 통하고 있는 도르래 또는 그 부착부가 떨어져 나감으로써 근로자에게 위험을 미칠 우려가 있는 장소
7. 지게차·구내운반차·화물자동차 등의 차량계 하역운반기계 및 고소(高所)작업대(이하 "차량계 하역운반기계등"이라 한다)의 포크·버킷(bucket)·암 또는 이들에 의하여 지탱되어 있는 화물의 밑에 있는 장소. 다만, 구조상 갑작스러운 하강을 방지하는 장치가 있는 것은 제외한다.
8. 운전 중인 항타기(杭打機) 또는 항발기(杭拔機)의 권상용 와이어로프 등의 부착 부분의 파손에 의하여 와이어로프가 벗겨지거나 드럼(drum), 도르래 뭉치 등이 떨어져 근로자에게 위험을 미칠 우려가 있는 장소
9. 화재 또는 폭발의 위험이 있는 장소
10. 낙반(落磐) 등의 위험이 있는 다음 각 목의 장소
    가. 부석의 낙하에 의하여 근로자에게 위험을 미칠 우려가 있는 장소
    나. 터널 지보공(支保工)의 보강작업 또는 보수작업을 하고 있는 장소로서 낙반 또는 낙석 등에 의하여 근로자에게 위험을 미칠 우려가 있는 장소
11. 토석(土石)이 떨어져 근로자에게 위험을 미칠 우려가 있는 채석작업을 하는 굴착작업장의 아래 장소
12. 암석 채취를 위한 굴착작업, 채석에서 암석을 분할가공하거나 운반하는 작업, 그 밖에 이러한 작업에 수반(隨伴)한 작업(이하 "채석작업"이라 한다)을 하는 경우에는 운전 중인 굴착기계·분할기계·적재기계 또는 운반기계(이하 "굴착기계등"이라 한다)에 접촉함으로써 근로자에게 위험을 미칠

우려가 있는 장소
13. 해체작업을 하는 장소
14. 하역작업을 하는 경우에는 쌓아놓은 화물이 무너지거나 화물이 떨어져 근로자에게 위험을 미칠 우려가 있는 장소
15. 다음 각 목의 항만하역작업 장소
가. 해치커버[(해치보드(hatch board) 및 해치빔(hatch beam)을 포함한다)]의 개폐·설치 또는 해체작업을 하고 있어 해치 보드 또는 해치빔 등이 떨어져 근로자에게 위험을 미칠 우려가 있는 장소
나. 양화장치(揚貨裝置) 붐(boom)이 넘어짐으로써 근로자에게 위험을 미칠 우려가 있는 장소
다. 양화장치, 데릭(derrick), 크레인, 이동식 크레인(이하 "양화장치등"이라 한다)에 매달린 화물이 떨어져 근로자에게 위험을 미칠 우려가 있는 장소
16. 벌목, 목재의 집하 또는 운반 등의 작업을 하는 경우에는 벌목한 목재 등이 아래 방향으로 굴러 떨어지는 등의 위험이 발생할 우려가 있는 장소
17. 양화장치등을 사용하여 화물의 적하[부두 위의 화물에 훅(hook)을 걸어 선(船)내에 적재하기까지의 작업을 말한다] 또는 양하(선 내의 화물을 부두 위에 내려 놓고 훅을 풀기까지의 작업을 말한다)를 하는 경우에는 통행하는 근로자에게 화물이 떨어지거나 충돌할 우려가 있는 장소

제3장 통로

제21조 【통로의 조명】 사업주는 근로자가 안전하게 통행할 수 있도록 통로에 75럭스 이상의 채광 또는 조명시설을 하여야 한다. 다만, 갱도 또는 상시 통행을 하지 아니하는 지하실 등을 통행하는 근로자에게 휴대용 조명기구를 사용하도록 한 경우에는 그러하지 아니하다.

제22조 【통로의 설치】 ① 사업주는 작업장으로 통하는 장소 또는 작업장 내에 근로자가 사용할 안전한 통로를 설치하고 항상 사용할 수 있는 상태로 유지하여야 한다.

② 사업주는 통로의 주요 부분에 통로표시를 하고, 근로자가 안전하게 통행할 수 있도록 하여야 한다. 〈개정 2016.4.7.〉

③ 사업주는 통로면으로부터 높이 2미터 이내에는 장애물이 없도록 하여야 한다. 다만, 부득이하게 통로면으로부터 높이 2미터 이내에 장애물을 설치할 수밖에 없거나 통로면으로부터 높이 2미터 이내의 장애물을 제거하는 것이 곤란하다고 고용노동부장관이 인정하는 경우에는 근로자에게 발생할 수 있는 부상 등의 위험을 방지하기 위한 안전조치를 하여야 한다.〈개정 2016.7.11〉

제23조 【가설통로의 구조】 사업주는 가설통로를 설치하는 경우 다음 각 호의 사항을 준수하여야 한다.
1. 견고한 구조로 할 것
2. 경사는 30도 이하로 할 것. 다만, 계단을 설치하거나 높이 2미터 미만의 가설통로로서 튼튼한 손잡이를 설치한 경우에는 그러하지 아니하다.
3. 경사가 15도를 초과하는 경우에는 미끄러지지 아니하는 구조로 할 것
4. 추락할 위험이 있는 장소에는 안전난간을 설치할 것. 다만, 작업상 부득이

한 경우에는 필요한 부분만 임시로 해체할 수 있다.
5. 수직갱에 가설된 통로의 길이가 15미터 이상인 경우에는 10미터 이내마다 계단참을 설치할 것
6. 건설공사에 사용하는 높이 8미터 이상인 비계다리에는 7미터 이내마다 계단참을 설치할 것

제24조【사다리식 통로 등의 구조】 ① 사업주는 사다리식 통로 등을 설치하는 경우 다음 각 호의 사항을 준수하여야 한다.
1. 견고한 구조로 할 것
2. 심한 손상·부식 등이 없는 재료를 사용할 것
3. 발판의 간격은 일정하게 할 것
4. 발판과 벽과의 사이는 15센티미터 이상의 간격을 유지할 것
5. 폭은 30센티미터 이상으로 할 것
6. 사다리가 넘어지거나 미끄러지는 것을 방지하기 위한 조치를 할 것
7. 사다리의 상단은 걸쳐놓은 지점으로부터 60센티미터 이상 올라가도록 할 것
8. 사다리식 통로의 길이가 10미터 이상인 경우에는 5미터 이내마다 계단참을 설치할 것
9. 사다리식 통로의 기울기는 75도 이하로 할 것. 다만, 고정식 사다리식 통로의 기울기는 90도 이하로 하고, 그 높이가 7미터 이상인 경우에는 바닥으로부터 높이가 2.5미터 되는 지점부터 등받이울을 설치할 것
10. 접이식 사다리 기둥은 사용 시 접혀지거나 펼쳐지지 않도록 철물 등을 사용하여 견고하게 조치할 것

② 잠함(潛函) 내 사다리식 통로와 건조·수리 중인 선박의 구명줄이 설치된 사다리식 통로(건조·수리작업을 위하여 임시로 설치한 사다리식 통로는 제외한다)에 대해서는 제1항제5호부터 제10호까지의 규정을 적용하지 아니한다.

제25조【갱내통로 등의 위험 방지】 사업주는 갱내에 설치한 통로 또는 사다리식 통로에 권상장치(卷上裝置)가 설치된 경우 권상장치와 근로자의 접촉에 의한 위험이 있는 장소에 판자벽이나 그 밖에 위험 방지를 위한 격벽(隔壁)을 설치하여야 한다.

제26조【계단의 강도】 ① 사업주는 계단 및 계단참을 설치하는 경우 매제곱미터당 500킬로그램 이상의 하중에 견딜 수 있는 강도를 가진 구조로 설치하여야 하며, 안전율〔안전의 정도를 표시하는 것으로서 재료의 파괴응력도(破壞應力度)와 허용응력도(許容應力度)의 비율을 말한다)〕은 4 이상으로 하여야 한다.

② 사업주는 계단 및 승강구 바닥을 구멍이 있는 재료로 만드는 경우 렌치나 그 밖의 공구 등이 낙하할 위험이 없는 구조로 하여야 한다.

제27조【계단의 폭】 ① 사업주는 계단을 설치하는 경우 그 폭을 1미터 이상으로 하여야 한다. 다만, 급유용·보수용·비상용 계단 및 나선형 계단이거나 높이 1미터 미만의 이동식 계단인 경우에는 그러하지 아니하다.(개정 2014.9.30)

② 사업주는 계단에 손잡이 외의 다른 물건 등을 설치하거나 쌓아 두어서는 아니 된다.

제28조【계단참의 높이】 사업주는 높이가 3미터를 초과하는 계단에 높이 3미터 이내마다 너비 1.2미터 이상의 계단참을 설치하여야 한다.

제29조【천장의 높이】 사업주는 계단을 설치하는 경우 바닥면으로부터 높이 2미터 이내의 공간에 장애물이 없도록 하여야 한다. 다만, 급유용·보수용·비상용 계단 및 나선형 계단인 경우에는 그러하지 아니하다.

제30조【계단의 난간】 사업주는 높이 1미터 이상인 계단의 개방된 측면에 안전난간을 설치하여야 한다.

제4장 보호구

제31조【보호구의 제한적 사용】 ① 사업주는 보호구를 사용하지 아니하더라도 근로자가 유해·위험작업으로부터 보호를 받을 수 있도록 설비개선 등 필요한 조치를 하여야 한다.

② 사업주는 제1항의 조치를 하기 어려운 경우에만 제한적으로 해당 작업에 맞는 보호구를 사용하도록 하여야 한다.

제32조【보호구의 지급 등】 ① 사업주는 다음 각 호의 어느 하나에 해당하는 작업을 하는 근로자에 대해서는 다음 각 호의 구분에 따라 그 작업조건에 맞는 보호구를 작업하는 근로자 수 이상으로 지급하고 착용하도록 하여야 한다.〈개정 2017.3.3.〉

1. 물체가 떨어지거나 날아올 위험 또는 근로자가 추락할 위험이 있는 작업: 안전모
2. 높이 또는 깊이 2미터 이상의 추락할 위험이 있는 장소에서 하는 작업: 안전대(安全帶)
3. 물체의 낙하·충격, 물체에의 끼임, 감전 또는 정전기의 대전(帶電)에 의한 위험이 있는 작업: 안전화
4. 물체가 흩날릴 위험이 있는 작업: 보안경
5. 용접 시 불꽃이나 물체가 흩날릴 위험이 있는 작업: 보안면
6. 감전의 위험이 있는 작업: 절연용 보호구
7. 고열에 의한 화상 등의 위험이 있는 작업: 방열복
8. 선창 등에서 분진(粉塵)이 심하게 발생하는 하역작업: 방진마스크
9. 섭씨 영하 18도 이하인 급냉동어창에서 하는 하역작업: 방한모·방한복·방한화·방한장갑
10. 물건을 운반하거나 수거·배달하기 위하여 「자동차관리법」 제3조제1항제5호에 따른 이륜자동차(이하 "이륜자동차"라 한다)를 운행하는 작업: 「도로교통법 시행규칙」 제32조제1항 각 호의 기준에 적합한 승차용 안전모

② 사업주로부터 제1항에 따른 보호구를 받거나 착용지시를 받은 근로자는 그 보호구를 착용하여야 한다.

제33조【보호구의 관리】 ① 사업주는 이 규칙에 따라 보호구를 지급하는 경우 상시 점검하여 이상이 있는 것은 수리하거나 다른 것으로 교환해 주는 등 늘 사용할 수 있도록 관리하여야 하며, 청결을 유지하도록 하여야 한다. 다만, 근로자가 청결을 유지하는 안전화, 안전모, 보안경의 경우에는 그러하지 아니하다.

② 사업주는 방진마스크의 필터 등을 언제나 교환할 수 있도록 충분한 양을 갖추어 두어야 한다.

제34조【전용 보호구 등】 사업주는 보호구를 공동사용 하여 근로자에게 질병이

감염될 우려가 있는 경우 개인 전용 보호구를 지급하고 질병 감염을 예방하기 위한 조치를 하여야 한다.

제5장 관리감독자의 직무, 사용의 제한 등

제35조 【관리감독자의 유해·위험 방지 업무 등】 ① 사업주는 법 제16조제1항에 따른 관리감독자(건설업의 경우 직장·조장 및 반장의 지위에서 그 작업을 직접 지휘·감독하는 관리감독자를 말하며, 이하 "관리감독자"라 한다)로 하여금 별표 2에서 정하는 바에 따라 유해·위험을 방지하기 위한 업무를 수행하도록 하여야 한다. 〈개정 2019.12.26.〉

② 사업주는 별표 3에서 정하는 바에 따라 작업을 시작하기 전에 관리감독자로 하여금 필요한 사항을 점검하도록 하여야 한다.

③ 사업주는 제2항에 따른 점검 결과 이상이 발견되면 즉시 수리하거나 그 밖에 필요한 조치를 하여야 한다.

제36조 【사용의 제한】 사업주는 법 제80조·제81조에 따른 방호조치를 하지 아니하거나 법 제83조제1항에 따른 안전인증기준, 법 제89조제1항에 따른 자율안전기준 또는 법 제93조제1항에 따른 안전검사기준에 적합하지 않은 기계·기구·설비 및 방호장치·보호구 등을 사용해서는 아니 된다. 〈개정 2019.12.26.〉

제37조 【악천후 및 강풍 시 작업 중지】 ① 사업주는 비·눈·바람 또는 그 밖의 기상상태의 불안정으로 인하여 근로자가 위험해질 우려가 있는 경우 작업을 중지하여야 한다. 다만, 태풍 등으로 위험이 예상되거나 발생되어 긴급 복구작업을 필요로 하는 경우에는 그러하지 아니하다.

② 사업주는 순간풍속이 초당 10미터를 초과하는 경우 타워크레인의 설치·수리·점검 또는 해체 작업을 중지하여야 하며, 순간풍속이 초당 15미터를 초과하는 경우에는 타워크레인의 운전작업을 중지하여야 한다.

제38조 【사전조사 및 작업계획서의 작성 등】 ① 사업주는 다음 각 호의 작업을 하는 경우 근로자의 위험을 방지하기 위하여 별표 4에 따라 해당 작업, 작업장의 지형·지반 및 지층 상태 등에 대한 사전조사를 하고 그 결과를 기록·보존하여야 하며, 조사결과를 고려하여 별표 4의 구분에 따른 사항을 포함한 작업계획서를 작성하고 그 계획에 따라 작업을 하도록 하여야 한다.

1. 타워크레인을 설치·조립·해체하는 작업
2. 차량계 하역운반기계등을 사용하는 작업(화물자동차를 사용하는 도로상의 주행작업은 제외한다. 이하 같다)
3. 차량계 건설기계를 사용하는 작업
4. 화학설비와 그 부속설비를 사용하는 작업
5. 제318조에 따른 전기작업(해당 전압이 50볼트를 넘거나 전기에너지가 250볼트암페어를 넘는 경우로 한정한다)
6. 굴착면의 높이가 2미터 이상이 되는 지반의 굴착작업(이하 "굴착작업"이라 한다)
7. 터널굴착작업
8. 교량(상부구조가 금속 또는 콘크리트로 구성되는 교량으로서 그 높이가 5

미터 이상이거나 교량의 최대 지간 길이가 30미터 이상인 교량으로 한정한다)의 설치·해체 또는 변경 작업
9. 채석작업
10. 건물 등의 해체작업
11. 중량물의 취급작업
12. 궤도나 그 밖의 관련 설비의 보수·점검작업
13. 열차의 교환·연결 또는 분리 작업(이하 "입환작업"이라 한다)

② 사업주는 제1항에 따라 작성한 작업계획서의 내용을 해당 근로자에게 알려야 한다.

③ 사업주는 항타기나 항발기를 조립·해체·변경 또는 이동하는 작업을 하는 경우 그 작업방법과 절차를 정하여 근로자에게 주지시켜야 한다.

④ 사업주는 제1항제12호의 작업에 모터카(motor car), 멀티플타이탬퍼(multiple tie tamper), 밸러스트 콤팩터(ballast compactor, 철도자갈다짐기), 궤도안정기 등의 작업차량(이하 "궤도작업차량"이라 한다)을 사용하는 경우 미리 그 구간을 운행하는 열차의 운행관계자와 협의하여야 한다. 〈개정 2019.10.15.〉

제39조【작업지휘자의 지정】 ① 사업주는 제38조제1항제2호·제6호·제8호 및 제11호의 작업계획서를 작성한 경우 작업지휘자를 지정하여 작업계획서에 따라 작업을 지휘하도록 하여야 한다. 다만, 제38조제1항제2호의 작업에 대하여 작업장소에 다른 근로자가 접근할 수 없거나 한 대의 차량계 하역운반기계등을 운전하는 작업으로서 주위에 근로자가 없어 충돌 위험이 없는 경우에는 작업지휘자를 지정하지 아니할 수 있다.

② 사업주는 항타기나 항발기를 조립·해체·변경 또는 이동하여 작업을 하는 경우 작업지휘자를 지정하여 지휘·감독하도록 하여야 한다.

제40조【신호】 ① 사업주는 다음 각 호의 작업을 하는 경우 일정한 신호방법을 정하여 신호하도록 하여야 하며, 운전자는 그 신호에 따라야 한다.
1. 양중기(揚重機)를 사용하는 작업
2. 제171조 및 제172조제1항 단서에 따라 유도자를 배치하는 작업
3. 제200조제1항 단서에 따라 유도자를 배치하는 작업
4. 항타기 또는 항발기의 운전작업
5. 중량물을 2명 이상의 근로자가 취급하거나 운반하는 작업
6. 양화장치를 사용하는 작업
7. 제412조에 따라 유도자를 배치하는 작업
8. 입환작업(入換作業)

② 운전자나 근로자는 제1항에 따른 신호방법이 정해진 경우 이를 준수하여야 한다.

제41조【운전위치의 이탈금지】 ① 사업주는 다음 각 호의 기계를 운전하는 경우 운전자가 운전위치를 이탈하게 해서는 아니 된다.
1. 양중기
2. 항타기 또는 항발기(권상장치에 하중을 건 상태)
3. 양화장치(화물을 적재한 상태)

② 제1항에 따른 운전자는 운전 중에 운전위치를 이탈해서는 아니 된다.

제6장 추락 또는 붕괴에 의한 위험 방지

제1절 추락에 의한 위험 방지

제42조 【추락의 방지】 ① 사업주는 근로자가 추락하거나 넘어질 위험이 있는 장소〔작업발판의 끝·개구부(開口部) 등을 제외한다〕또는 기계·설비·선박블록 등에서 작업을 할 때에 근로자가 위험해질 우려가 있는 경우 비계(飛階)를 조립하는 등의 방법으로 작업발판을 설치하여야 한다.

② 사업주는 제1항에 따른 작업발판을 설치하기 곤란한 경우 다음 각 호의 기준에 맞는 추락방호망을 설치하여야 한다. 다만, 추락방호망을 설치하기 곤란한 경우에는 근로자에게 안전대를 착용하도록 하는 등 추락위험을 방지하기 위하여 필요한 조치를 하여야 한다. 〈개정 2017.12.28.〉

1. 추락방호망의 설치위치는 가능하면 작업면으로부터 가까운 지점에 설치하여야 하며, 작업면으로부터 망의 설치지점까지의 수직거리는 10미터를 초과하지 아니할 것
2. 추락방호망은 수평으로 설치하고, 망의 처짐은 짧은 변 길이의 12퍼센트 이상이 되도록 할 것
3. 건축물 등의 바깥쪽으로 설치하는 경우 추락방호망의 내민 길이는 벽면으로부터 3미터 이상 되도록 할 것. 다만, 그물코가 20밀리미터 이하인 추락방호망을 사용한 경우에는 제14조 제3항에 따른 낙하물방지망을 설치한 것으로 본다.

③ 사업주는 추락방호망을 설치하는 경우에는 「산업표준화법」 에 따른 한국산업표준에서 정하는 성능기준에 적합한 추락방호망을 사용하여야 한다. 〈신설 2017.12.28.〉

제43조 【개구부 등의 방호 조치】 ① 사업주는 작업발판 및 통로의 끝이나 개구부로서 근로자가 추락할 위험이 있는 장소에는 안전난간, 울타리, 수직형 추락방망 또는 덮개 등(이하 이 조에서 "난간등"이라 한다)의 방호 조치를 충분한 강도를 가진 구조로 튼튼하게 설치하여야 하며, 덮개를 설치하는 경우에는 뒤집히거나 떨어지지 않도록 설치하여야 한다. 이 경우 어두운 장소에서도 알아볼 수 있도록 개구부임을 표시해야 하며, 수직형 추락방망은 「산업표준화법」 제12조에 따른 한국산업표준에서 정하는 성능기준에 적합한 것을 사용해야 한다. 〈개정 2019.12.26., 시행일 2021.1.16. 후단〉

② 사업주는 난간등을 설치하는 것이 매우 곤란하거나 작업의 필요상 임시로 난간등을 해체하여야 하는 경우 제42조 제2항 각 호의 기준에 맞는 추락방호망을 설치하여야 한다. 다만, 추락방호망을 설치하기 곤란한 경우에는 근로자에게 안전대를 착용하도록 하는 등 추락할 위험을 방지하기 위하여 필요한 조치를 하여야 한다.〈개정 2017.12.28.〉

제44조 【안전대의 부착설비 등】 ① 사업주는 추락할 위험이 있는 높이 2미터 이상의 장소에서 근로자에게 안전대를 착용시킨 경우 안전대를 안전하게 걸어 사용할 수 있는 설비 등을 설치하여야 한다. 이러한 안전대 부착설비로 지지

로프 등을 설치하는 경우에는 처지거나 풀리는 것을 방지하기 위하여 필요한 조치를 하여야 한다.

② 사업주는 제1항에 따른 안전대 및 부속설비의 이상 유무를 작업을 시작하기 전에 점검하여야 한다.

제45조【지붕 위에서의 위험 방지】 사업주는 슬레이트, 선라이트(sunlight) 등 강도가 약한 재료로 덮은 지붕 위에서 작업을 할 때에 발이 빠지는 등 근로자가 위험해질 우려가 있는 경우 폭 30센티미터 이상의 발판을 설치하거나 추락 방호망을 치는 등 위험을 방지하기 위하여 필요한 조치를 하여야 한다.〈개정 2017.12.28.〉

제46조【승강설비의 설치】 사업주는 높이 또는 깊이가 2미터를 초과하는 장소에서 작업하는 경우 해당 작업에 종사하는 근로자가 안전하게 승강하기 위한 건설작업용 리프트 등의 설비를 설치하여야 한다. 다만, 승강설비를 설치하는 것이 작업의 성질상 곤란한 경우에는 그러하지 아니하다.

제47조【구명구 등】 사업주는 수상 또는 선박건조 작업에 종사하는 근로자가 물에 빠지는 등 위험의 우려가 있는 경우 그 작업을 하는 장소에 구명을 위한 배 또는 구명장구(救命裝具)의 비치 등 구명을 위하여 필요한 조치를 하여야 한다.

제48조【울타리의 설치】 사업주는 근로자에게 작업 중 또는 통행 시 굴러 떨어짐으로 인하여 근로자가 화상·질식 등의 위험에 처할 우려가 있는 케틀(kettle, 가열 용기), 호퍼(hopper, 깔때기 모양의 출입구가 있는 큰 통), 피트(pit, 구덩이) 등이 있는 경우에 그 위험을 방지하기 위하여 필요한 장소에 높이 90센티미터 이상의 울타리를 설치하여야 한다. 〈개정 2019.10.15.〉

제49조【조명의 유지】 사업주는 근로자가 높이 2미터 이상에서 작업을 하는 경우 그 작업을 안전하게 하는 데에 필요한 조명을 유지하여야 한다.

제2절 붕괴 등에 의한 위험 방지

제50조【붕괴·낙하에 의한 위험 방지】 사업주는 지반의 붕괴, 구축물의 붕괴 또는 토석의 낙하 등에 의하여 근로자가 위험해질 우려가 있는 경우 그 위험을 방지하기 위하여 다음 각 호의 조치를 하여야 한다.

1. 지반은 안전한 경사로 하고 낙하의 위험이 있는 토석을 제거하거나 옹벽, 흙막이 지보공 등을 설치할 것
2. 지반의 붕괴 또는 토석의 낙하 원인이 되는 빗물이나 지하수 등을 배제할 것
3. 갱내의 낙반·측벽(側壁) 붕괴의 위험이 있는 경우에는 지보공을 설치하고 부석을 제거하는 등 필요한 조치를 할 것

제51조【구축물 또는 이와 유사한 시설물 등의 안전 유지】 사업주는 구축물 또는 이와 유사한 시설물에 대하여 자중(自重), 적재하중, 적설, 풍압(風壓), 지진이나 진동 및 충격 등에 의하여 전도·폭발하거나 무너지는 등의 위험을 예방하기 위하여 다음 각 호의 조치를 하여야 한다.(개정 2019.1.31.)

1. 설계도서에 따라 시공했는지 확인
2. 건설공사 시방서(示方書)에 따라 시공했는지 확인

3. 「건축물의 구조기준 등에 관한 규칙」에 따른 구조기준을 준수했는지 확인

제52조 【구축물 또는 이와 유사한 시설물의 안전성 평가】 사업주는 구축물 또는 이와 유사한 시설물이 다음 각 호의 어느 하나에 해당하는 경우 안전진단 등 안전성 평가를 하여 근로자에게 미칠 위험성을 미리 제거하여야 한다.

1. 구축물 또는 이와 유사한 시설물의 인근에서 굴착·항타작업 등으로 침하·균열 등이 발생하여 붕괴의 위험이 예상될 경우
2. 구축물 또는 이와 유사한 시설물에 지진, 동해(凍害), 부동침하(不同沈下) 등으로 균열·비틀림 등이 발생하였을 경우
3. 구조물, 건축물, 그 밖의 시설물이 그 자체의 무게·적설·풍압 또는 그 밖에 부가되는 하중 등으로 붕괴 등의 위험이 있을 경우
4. 화재 등으로 구축물 또는 이와 유사한 시설물의 내력(耐力)이 심하게 저하되었을 경우
5. 오랜 기간 사용하지 아니하던 구축물 또는 이와 유사한 시설물을 재사용하게 되어 안전성을 검토하여야 하는 경우
6. 그 밖의 잠재위험이 예상될 경우

제53조 【계측장치의 설치 등】 사업주는 터널 등의 건설작업을 할 때에 붕괴 등에 의하여 근로자가 위험해질 우려가 있는 경우 또는 법 제42조제1항제3호에 따른 경우에 작성하는 유해위험방지계획서 심사 시 계측시공을 지시받은 경우에는 그에 필요한 계측장치 등을 설치하여 위험을 방지하기 위한 조치를 하여야 한다. 〈개정 2019.12.26.〉

제7장 비계

제1절 재료 및 구조 등

제54조 【비계의 재료】 ① 사업주는 비계의 재료로 변형·부식 또는 심하게 손상된 것을 사용해서는 아니 된다.

② 사업주는 강관비계(鋼管飛階)의 재료로 「산업표준화법」에 따른 한국산업표준에서 정하는 기준 이상의 것을 사용하여야 한다.

제55조 【작업발판의 최대적재하중】 ① 사업주는 비계의 구조 및 재료에 따라 작업발판의 최대적재하중을 정하고, 이를 초과하여 실어서는 아니 된다.

② 달비계(곤돌라의 달비계는 제외한다)의 최대 적재하중을 정하는 경우 그 안전계수는 다음 각 호와 같다.

1. 달기 와이어로프 및 달기 강선의 안전계수: 10 이상
2. 달기 체인 및 달기 훅의 안전계수: 5 이상
3. 달기 강대와 달비계의 하부 및 상부 지점의 안전계수: 강재(鋼材)의 경우 2.5 이상, 목재의 경우 5 이상

③ 제2항의 안전계수는 와이어로프 등의 절단하중 값을 그 와이어로프 등에 걸리는 하중의 최대값으로 나눈 값을 말한다.

제56조 【작업발판의 구조】 사업주는 비계(달비계, 달대비계 및 말비계는 제외한다)의 높이가 2미터 이상인 작업장소에 다음 각 호의 기준에 맞는 작업발판을 설치하여야 한다.〈개정 2012.5.31., 2017. 12.28.〉

1. 발판재료는 작업할 때의 하중을 견딜

수 있도록 견고한 것으로 할 것
2. 작업발판의 폭은 40센티미터 이상으로 하고, 발판재료 간의 틈은 3센티미터 이하로 할 것. 다만, 외줄비계의 경우에는 고용노동부장관이 별도로 정하는 기준에 따른다.
3. 제2호에도 불구하고 선박 및 보트 건조작업의 경우 선박블록 또는 엔진실 등의 좁은 작업공간에 작업발판을 설치하기 위하여 필요하면 작업발판의 폭을 30센티미터 이상으로 할 수 있고, 걸침비계의 경우 강관기둥 때문에 발판재료 간의 틈을 3센티미터 이하로 유지하기 곤란하면 5센티미터 이하로 할 수 있다. 이 경우 그 틈 사이로 물체 등이 떨어질 우려가 있는 곳에는 출입금지 등의 조치를 하여야 한다.
4. 추락의 위험이 있는 장소에는 안전난간을 설치할 것. 다만, 작업의 성질상 안전난간을 설치하는 것이 곤란한 경우, 작업의 필요상 임시로 안전난간을 해체할 때에 추락방호망을 설치하거나 근로자로 하여금 안전대를 사용하도록 하는 등 추락위험 방지 조치를 한 경우에는 그러하지 아니하다.
5. 작업발판의 지지물은 하중에 의하여 파괴될 우려가 없는 것을 사용할 것
6. 작업발판재료는 뒤집히거나 떨어지지 않도록 둘 이상의 지지물에 연결하거나 고정시킬 것
7. 작업발판을 작업에 따라 이동시킬 경우에는 위험 방지에 필요한 조치를 할 것

제2절 조립·해체 및 점검 등

제57조【비계 등의 조립·해체 및 변경】 ① 사업주는 달비계 또는 높이 5미터 이상의 비계를 조립·해체하거나 변경하는 작업을 하는 경우 다음 각 호의 사항을 준수하여야 한다.
1. 근로자가 관리감독자의 지휘에 따라 작업하도록 할 것
2. 조립·해체 또는 변경의 시기·범위 및 절차를 그 작업에 종사하는 근로자에게 주지시킬 것
3. 조립·해체 또는 변경 작업구역에는 해당 작업에 종사하는 근로자가 아닌 사람의 출입을 금지하고 그 내용을 보기 쉬운 장소에 게시할 것
4. 비, 눈, 그 밖의 기상상태의 불안정으로 날씨가 몹시 나쁜 경우에는 그 작업을 중지시킬 것
5. 비계재료의 연결·해체작업을 하는 경우에는 폭 20센티미터 이상의 발판을 설치하고 근로자로 하여금 안전대를 사용하도록 하는 등 추락을 방지하기 위한 조치를 할 것
6. 재료·기구 또는 공구 등을 올리거나 내리는 경우에는 근로자가 달줄 또는 달포대 등을 사용하게 할 것

② 사업주는 강관비계 또는 통나무비계를 조립하는 경우 쌍줄로 하여야 한다. 다만, 별도의 작업발판을 설치할 수 있는 시설을 갖춘 경우에는 외줄로 할 수 있다.

제58조【비계의 점검 및 보수】 사업주는 비, 눈, 그 밖의 기상상태의 악화로 작업을 중지시킨 후 또는 비계를 조립·해체하거나 변경한 후에 그 비계에서 작업을 하는 경우에는 해당 작업을 시작하기 전에 다음 각 호의 사항을 점검하고, 이상을 발견하면 즉시 보수하여야

한다.
1. 발판 재료의 손상 여부 및 부착 또는 걸림 상태
2. 해당 비계의 연결부 또는 접속부의 풀림 상태
3. 연결 재료 및 연결 철물의 손상 또는 부식 상태
4. 손잡이의 탈락 여부
5. 기둥의 침하, 변형, 변위(變位) 또는 흔들림 상태
6. 로프의 부착 상태 및 매단 장치의 흔들림 상태

제3절 강관비계 및 강관틀비계

제59조【강관비계 조립 시의 준수사항】 사업주는 강관비계를 조립하는 경우에 다음 각 호의 사항을 준수하여야 한다.
1. 비계기둥에는 미끄러지거나 침하하는 것을 방지하기 위하여 밑받침철물을 사용하거나 깔판·깔목 등을 사용하여 밑둥잡이를 설치하는 등의 조치를 할 것
2. 강관의 접속부 또는 교차부(交叉部)는 적합한 부속철물을 사용하여 접속하거나 단단히 묶을 것
3. 교차 가새로 보강할 것
4. 외줄비계·쌍줄비계 또는 돌출비계에 대해서는 다음 각 목에서 정하는 바에 따라 벽이음 및 버팀을 설치할 것. 다만, 창틀의 부착 또는 벽면의 완성 등의 작업을 위하여 벽이음 또는 버팀을 제거하는 경우, 그 밖에 작업의 필요상 부득이한 경우로서 해당 벽이음 또는 버팀 대신 비계기둥 또는 띠장에 사재(斜材)를 설치하는 등 비계가 넘어지는 것을 방지하기 위한 조치를 한 경우에는 그러하지 아니하다.
   가. 강관비계의 조립 간격은 별표 5의 기준에 적합하도록 할 것
   나. 강관·통나무 등의 재료를 사용하여 견고한 것으로 할 것
   다. 인장재(引張材)와 압축재로 구성된 경우에는 인장재와 압축재의 간격을 1미터 이내로 할 것
5. 가공전로(架空電路)에 근접하여 비계를 설치하는 경우에는 가공전로를 이설(移設)하거나 가공전로에 절연용 방호구를 장착하는 등 가공전로와의 접촉을 방지하기 위한 조치를 할 것

제60조【강관비계의 구조】 사업주는 강관을 사용하여 비계를 구성하는 경우 다음 각 호의 사항을 준수하여야 한다. 〈개정 2019.12.26.〉
1. 비계기둥의 간격은 띠장 방향에서는 1.85미터 이하, 장선(長線) 방향에서는 1.5미터 이하로 할 것. 다만, 선박 및 보트 건조작업의 경우 안전성에 대한 구조검토를 실시하고 조립도를 작성하면 띠장 방향 및 장선 방향으로 각각 2.7미터 이하로 할 수 있다.
2. 띠장 간격은 2.0미터 이하로 할 것. 다만, 작업의 성질상 이를 준수하기가 곤란하여 쌍기둥틀 등에 의하여 해당 부분을 보강한 경우에는 그러하지 아니하다.
3. 비계기둥의 제일 윗부분으로부터 31미터되는 지점 밑부분의 비계기둥은 2개의 강관으로 묶어 세울 것. 다만, 브라켓(bracket, 까치발) 등으로 보강하여 2개의 강관으로 묶을 경우 이상의 강도가 유지되는 경우에는 그러하지 아니하다.

4. 비계기둥 간의 적재하중은 400킬로그램을 초과하지 않도록 할 것

제61조【강관의 강도 식별】 사업주는 바깥지름 및 두께가 같거나 유사하면서 강도가 다른 강관을 같은 사업장에서 사용하는 경우 강관에 색 또는 기호를 표시하는 등 강관의 강도를 알아볼 수 있는 조치를 하여야 한다.

제62조【강관틀비계】 사업주는 강관틀 비계를 조립하여 사용하는 경우 다음 각 호의 사항을 준수하여야 한다.

1. 비계기둥의 밑둥에는 밑받침 철물을 사용하여야 하며 밑받침에 고저차(高低差)가 있는 경우에는 조절형 밑받침 철물을 사용하여 각각의 강관틀비계가 항상 수평 및 수직을 유지하도록 할 것
2. 높이가 20미터를 초과하거나 중량물의 적재를 수반하는 작업을 할 경우에는 주틀 간의 간격을 1.8미터 이하로 할 것
3. 주틀 간에 교차 가새를 설치하고 최상층 및 5층 이내마다 수평재를 설치할 것
4. 수직방향으로 6미터, 수평방향으로 8미터 이내마다 벽이음을 할 것
5. 길이가 띠장 방향으로 4미터 이하이고 높이가 10미터를 초과하는 경우에는 10미터 이내마다 띠장 방향으로 버팀기둥을 설치할 것

제4절 달비계, 달대비계 및 걸침비계

제63조【달비계의 구조】 사업주는 달비계를 설치하는 경우에 다음 각 호의 사항을 준수하여야 한다.

1. 다음 각 목의 어느 하나에 해당하는 와이어로프를 달비계에 사용해서는 아니 된다.
   가. 이음매가 있는 것
   나. 와이어로프의 한 꼬임〔(스트랜드(strand)를 말한다. 이하 같다)〕에서 끊어진 소선(素線)〔필러(pillar)선은 제외한다)〕의 수가 10퍼센트 이상(비자전로프의 경우에는 끊어진 소선의 수가 와이어로프 호칭지름의 6배 길이 이내에서 4개 이상이거나 호칭지름 30배 길이 이내에서 8개 이상)인 것
   다. 지름의 감소가 공칭지름의 7퍼센트를 초과하는 것
   라. 꼬인 것
   마. 심하게 변형되거나 부식된 것
   바. 열과 전기충격에 의해 손상된 것
2. 다음 각 목의 어느 하나에 해당하는 달기 체인을 달비계에 사용해서는 아니 된다.
   가. 달기 체인의 길이가 달기 체인이 제조된 때의 길이의 5퍼센트를 초과한 것
   나. 링의 단면지름이 달기 체인이 제조된 때의 해당 링의 지름의 10퍼센트를 초과하여 감소한 것
   다. 균열이 있거나 심하게 변형된 것
3. 다음 각 목의 어느 하나에 해당하는 섬유로프 또는 섬유벨트를 달비계에 사용해서는 아니 된다.
   가. 꼬임이 끊어진 것
   나. 심하게 손상되거나 부식된 것
4. 달기 강선 및 달기 강대는 심하게 손상·변형 또는 부식된 것을 사용하지 않도록 할 것
5. 달기 와이어로프, 달기 체인, 달기 강선, 달기 강대 또는 달기 섬유로프는 한쪽 끝을 비계의 보 등에, 다른 쪽 끝

을 내민 보, 앵커볼트 또는 건축물의 보 등에 각각 풀리지 않도록 설치할 것
6. 작업발판은 폭을 40센티미터 이상으로 하고 틈새가 없도록 할 것
7. 작업발판의 재료는 뒤집히거나 떨어지지 않도록 비계의 보 등에 연결하거나 고정시킬 것
8. 비계가 흔들리거나 뒤집히는 것을 방지하기 위하여 비계의 보·작업발판 등에 버팀을 설치하는 등 필요한 조치를 할 것
9. 선반 비계에서는 보의 접속부 및 교차부를 철선·이음철물 등을 사용하여 확실하게 접속시키거나 단단하게 연결시킬 것
10. 근로자의 추락 위험을 방지하기 위하여 달비계에 안전대 및 구명줄을 설치하고, 안전난간을 설치할 수 있는 구조인 경우에는 안전난간을 설치할 것

제64조 【달비계의 점검 및 보수】 사업주는 달비계에서 근로자에게 작업을 시키는 경우에 작업을 시작하기 전에 그 달비계에 대하여 제58조 각 호의 사항을 점검하고 이상을 발견하면 즉시 보수하여야 한다.

제65조 【달대비계】 사업주는 달대비계를 조립하여 사용하는 경우 하중에 충분히 견딜 수 있도록 조치하여야 한다.

제66조 【높은 디딤판 등의 사용금지】 사업주는 달비계 또는 달대 비계 위에서 높은 디딤판, 사다리 등을 사용하여 근로자에게 작업을 시켜서는 아니 된다.

제66의2조 【걸침비계의 구조】 사업주는 선박 및 보트 건조작업에서 걸침비계를 설치하는 경우에는 다음 각 호의 사항을 준수하여야 한다.(신설 2012.5.31)
1. 지지점이 되는 매달림부재의 고정부는 구조물로부터 이탈되지 않도록 견고히 고정할 것
2. 비계재료 간에는 서로 움직임, 뒤집힘 등이 없어야 하고, 재료가 분리되지 않도록 철물 또는 철선으로 충분히 결속할 것. 다만, 작업발판 밑 부분에 띠장 및 장선으로 사용되는 수평부재 간의 결속은 철선을 사용하지 않을 것
3. 매달림부재의 안전율은 4 이상일 것
4. 작업발판에는 구조검토에 따라 설계한 최대적재하중을 초과하여 적재하여서는 아니 되며, 그 작업에 종사하는 근로자에게 최대적재하중을 충분히 알릴 것

제5절 말비계 및 이동식비계

제67조 【말비계】 사업주는 말비계를 조립하여 사용하는 경우에 다음 각 호의 사항을 준수하여야 한다.
1. 지주부재(支柱部材)의 하단에는 미끄럼 방지장치를 하고, 근로자가 양측 끝부분에 올라서서 작업하지 않도록 할 것
2. 지주부재와 수평면의 기울기를 75도 이하로 하고, 지주부재와 지주부재 사이를 고정시키는 보조부재를 설치할 것
3. 말비계의 높이가 2미터를 초과하는 경우에는 작업발판의 폭을 40센티미터 이상으로 할 것

제68조 【이동식비계】 사업주는 이동식비계를 조립하여 작업을 하는 경우에는 다음 각 호의 사항을 준수하여야 한다.
1. 이동식비계의 바퀴에는 뜻밖의 갑작

스러운 이동 또는 전도를 방지하기 위하여 브레이크·쐐기 등으로 바퀴를 고정시킨 다음 비계의 일부를 견고한 시설물에 고정하거나 아웃트리거(outrigger)를 설치하는 등 필요한 조치를 할 것
2. 승강용사다리는 견고하게 설치할 것
3. 비계의 최상부에서 작업을 하는 경우에는 안전난간을 설치할 것
4. 작업발판은 항상 수평을 유지하고 작업발판 위에서 안전난간을 딛고 작업을 하거나 받침대 또는 사다리를 사용하여 작업하지 않도록 할 것
5. 작업발판의 최대적재하중은 250킬로그램을 초과하지 않도록 할 것

제6절 시스템 비계

제69조 【시스템 비계의 구조】 사업주는 시스템 비계를 사용하여 비계를 구성하는 경우에 다음 각 호의 사항을 준수하여야 한다.
1. 수직재·수평재·가새재를 견고하게 연결하는 구조가 되도록 할 것
2. 비계 밑단의 수직재와 받침철물은 밀착되도록 설치하고, 수직재와 받침철물의 연결부의 겹침길이는 받침철물 전체길이의 3분의 1 이상이 되도록 할 것
3. 수평재는 수직재와 직각으로 설치하여야 하며, 체결 후 흔들림이 없도록 견고하게 설치할 것
4. 수직재와 수직재의 연결철물은 이탈되지 않도록 견고한 구조로 할 것
5. 벽 연결재의 설치간격은 제조사가 정한 기준에 따라 설치할 것

제70조 【시스템비계의 조립 작업 시 준수사항】 사업주는 시스템 비계를 조립 작업하는 경우 다음 각 호의 사항을 준수하여야 한다.
1. 비계 기둥의 밑둥에는 밑받침 철물을 사용하여야 하며, 밑받침에 고저차가 있는 경우에는 조절형 밑받침 철물을 사용하여 시스템 비계가 항상 수평 및 수직을 유지하도록 할 것
2. 경사진 바닥에 설치하는 경우에는 피벗형 받침 철물 또는 쐐기 등을 사용하여 밑받침 철물의 바닥면이 수평을 유지하도록 할 것
3. 가공전로에 근접하여 비계를 설치하는 경우에는 가공전로를 이설하거나 가공전로에 절연용 방호구를 설치하는 등 가공전로와의 접촉을 방지하기 위하여 필요한 조치를 할 것
4. 비계 내에서 근로자가 상하 또는 좌우로 이동하는 경우에는 반드시 지정된 통로를 이용하도록 주지시킬 것
5. 비계 작업 근로자는 같은 수직면상의 위와 아래 동시 작업을 금지할 것
6. 작업발판에는 제조사가 정한 최대적재하중을 초과하여 적재해서는 아니 되며, 최대적재하중이 표기된 표지판을 부착하고 근로자에게 주지시키도록 할 것

제7절 통나무 비계

제71조 【통나무 비계의 구조】 ① 사업주는 통나무 비계를 조립하는 경우에 다음 각 호의 사항을 준수하여야 한다.(개정 2019.1.31.)
1. 비계 기둥의 간격은 2.5미터 이하로 하고 지상으로부터 첫 번째 띠장은 3미터 이하의 위치에 설치할 것. 다만, 작업의 성질상 이를 준수하기 곤란하

여 쌍기둥 등에 의하여 해당 부분을 보강한 경우에는 그러하지 아니하다.
2. 비계 기둥이 미끄러지거나 침하하는 것을 방지하기 위하여 비계기둥의 하단부를 묻고, 밑둥잡이를 설치하거나 깔판을 사용하는 등의 조치를 할 것
3. 비계 기둥의 이음이 겹침 이음인 경우에는 이음 부분에서 1미터 이상을 서로 겹쳐서 두 군데 이상을 묶고, 비계 기둥의 이음이 맞댄이음인 경우에는 비계 기둥을 쌍기둥틀로 하거나 1.8미터 이상의 덧댐목을 사용하여 네 군데 이상을 묶을 것
4. 비계 기둥·띠장·장선 등의 접속부 및 교차부는 철선이나 그 밖의 튼튼한 재료로 견고하게 묶을 것
5. 교차 가새로 보강할 것
6. 외줄비계·쌍줄비계 또는 돌출비계에 대해서는 다음 각 목에 따른 벽이음 및 버팀을 설치할 것. 다만, 창틀의 부착 또는 벽면의 완성 등의 작업을 위하여 벽이음 또는 버팀을 제거하는 경우, 그 밖에 작업의 필요상 부득이한 경우로서 해당 벽이음 또는 버팀 대신 비계기둥 또는 띠장에 사재를 설치하는 등 비계가 무너지는 것을 방지하기 위한 조치를 한 경우에는 그러하지 아니하다.
  가. 간격은 수직 방향에서 5.5미터 이하, 수평 방향에서는 7.5미터 이하로 할 것
  나. 강관·통나무 등의 재료를 사용하여 견고한 것으로 할 것
  다. 인장재와 압축재로 구성되어 있는 경우에는 인장재와 압축재의 간격은 1미터 이내로 할 것

② 통나무 비계는 지상높이 4층 이하 또는 12미터 이하인 건축물·공작물 등의 건조·해체 및 조립 등의 작업에만 사용할 수 있다.

제8장 환기장치

第72조 【후드】 사업주는 인체에 해로운 분진, 흄(fume, 열이나 화학반응에 의하여 형성된 고체증기가 응축되어 생긴 미세입자), 미스트(mist, 공기 중에 떠다니는 작은 액체방울), 증기 또는 가스상태의 물질(이하 "분진등"이라 한다)을 배출하기 위하여 설치하는 국소배기장치의 후드가 다음 각 호의 기준에 맞도록 하여야 한다. 〈개정 2019.10.15.〉
1. 유해물질이 발생하는 곳마다 설치할 것
2. 유해인자의 발생형태와 비중, 작업방법 등을 고려하여 해당 분진등의 발산원(發散源)을 제어할 수 있는 구조로 설치할 것
3. 후드(hood) 형식은 가능하면 포위식 또는 부스식 후드를 설치할 것
4. 외부식 또는 리시버식 후드는 해당 분진등의 발산원에 가장 가까운 위치에 설치할 것

第73조 【덕트】 사업주는 분진등을 배출하기 위하여 설치하는 국소배기장치(이동식은 제외한다)의 덕트(duct)가 다음 각 호의 기준에 맞도록 하여야 한다.
1. 가능하면 길이는 짧게 하고 굴곡부의 수는 적게 할 것
2. 접속부의 안쪽은 돌출된 부분이 없도록 할 것
3. 청소구를 설치하는 등 청소하기 쉬운 구조로 할 것
4. 덕트 내부에 오염물질이 쌓이지 않도

록 이송속도를 유지할 것

5. 연결 부위 등은 외부 공기가 들어오지 않도록 할 것

제74조【배풍기】사업주는 국소배기장치에 공기정화장치를 설치하는 경우 정화 후의 공기가 통하는 위치에 배풍기(排風機)를 설치하여야 한다. 다만, 빨아들여진 물질로 인하여 폭발할 우려가 없고 배풍기의 날개가 부식될 우려가 없는 경우에는 정화 전의 공기가 통하는 위치에 배풍기를 설치할 수 있다.

제75조【배기구】사업주는 분진등을 배출하기 위하여 설치하는 국소배기장치(공기정화장치가 설치된 이동식 국소배기장치는 제외한다)의 배기구를 직접 외부로 향하도록 개방하여 실외에 설치하는 등 배출되는 분진등이 작업장으로 재유입되지 않는 구조로 하여야 한다.

제76조【배기의 처리】사업주는 분진등을 배출하는 장치나 설비에는 그 분진등으로 인하여 근로자의 건강에 장해가 발생하지 않도록 흡수·연소·집진(集塵) 또는 그 밖의 적절한 방식에 의한 공기정화장치를 설치하여야 한다.

제77조【전체환기장치】사업주는 분진등을 배출하기 위하여 설치하는 전체환기장치가 다음 각 호의 기준에 맞도록 하여야 한다.

1. 송풍기 또는 배풍기(덕트를 사용하는 경우에는 그 덕트의 흡입구를 말한다)는 가능하면 해당 분진등의 발산원에 가장 가까운 위치에 설치할 것
2. 송풍기 또는 배풍기는 직접 외부로 향하도록 개방하여 실외에 설치하는 등 배출되는 분진등이 작업장으로 재유입되지 않는 구조로 할 것

제78조【환기장치의 가동】① 사업주는 분진등을 배출하기 위하여 국소배기장치나 전체환기장치를 설치한 경우 그 분진등에 관한 작업을 하는 동안 국소배기장치나 전체환기장치를 가동하여야 한다.

② 사업주는 국소배기장치나 전체환기장치를 설치한 경우 조정판을 설치하여 환기를 방해하는 기류를 없애는 등 그 장치를 충분히 가동하기 위하여 필요한 조치를 하여야 한다.

제9장 휴게시설 등

제79조【휴게시설】① 사업주는 근로자들이 신체적 피로와 정신적 스트레스를 해소할 수 있도록 휴식시간에 이용할 수 있는 휴게시설을 갖추어야 한다.

② 사업주는 제1항에 따른 휴게시설을 인체에 해로운 분진등을 발산하는 장소나 유해물질을 취급하는 장소와 격리된 곳에 설치하여야 한다. 다만, 갱내 등 작업장소의 여건상 격리된 장소에 휴게시설을 갖출 수 없는 경우에는 그러하지 아니하다.

제79조의2【세척시설 등】사업주는 근로자로 하여금 다음 각 호의 어느 하나에 해당하는 업무에 상시적으로 종사하도록 하는 경우 근로자가 접근하기 쉬운 장소에 세면·목욕시설, 탈의 및 세탁시설을 설치하고 필요한 용품과 용구를 갖추어 두어야 한다.

1. 환경미화 업무
2. 음식물쓰레기·분뇨 등 오물의 수거·처리 업무
3. 폐기물·재활용품의 선별·처리 업무

4. 그 밖에 미생물로 인하여 신체 또는 피복이 오염될 우려가 있는 업무

〔본조신설 2012.3.5〕

第80条 【의자의 비치】 사업주는 지속적으로 서서 일하는 근로자가 작업 중 때때로 앉을 수 있는 기회가 있으면 해당 근로자가 이용할 수 있도록 의자를 갖추어 두어야 한다.

第81条 【수면장소 등의 설치】 ① 사업주는 야간에 작업하는 근로자에게 수면을 취하도록 할 필요가 있는 경우에는 적당한 수면을 취할 수 있는 장소를 남녀 각각 구분하여 설치하여야 한다.

② 사업주는 제1항의 장소에 침구(寢具)와 그 밖에 필요한 용품을 갖추어 두고 청소·세탁 및 소독 등을 정기적으로 하여야 한다.

第82条 【구급용구】 ① 사업주는 부상자의 응급처치에 필요한 다음 각 호의 구급용구를 갖추어 두고, 그 장소와 사용방법을 근로자에게 알려야 한다.

1. 붕대재료·탈지면·핀셋 및 반창고
2. 외상(外傷)용 소독약
3. 지혈대·부목 및 들것
4. 화상약(고열물체를 취급하는 작업장이나 그 밖에 화상의 우려가 있는 작업장에만 해당한다)

② 사업주는 제1항에 따른 구급용구를 관리하는 사람을 지정하여 언제든지 사용할 수 있도록 청결하게 유지하여야 한다.

제10장 잔재물 등의 조치기준

第83条 【가스 등의 발산 억제 조치】 사업주는 가스·증기·미스트·흄 또는 분진 등(이하 "가스등"이라 한다)이 발산되는 실내작업장에 대하여 근로자의 건강장해가 발생하지 않도록 해당 가스등의 공기 중 발산을 억제하는 설비나 발산원을 밀폐하는 설비 또는 국소배기장치나 전체 환기장치를 설치하는 등 필요한 조치를 하여야 한다.〈개정 2012. 3.5〉

第84条 【공기의 부피와 환기】 사업주는 근로자가 가스등에 노출되는 작업을 수행하는 실내작업장에 대하여 공기의 부피와 환기를 다음 각 호의 기준에 맞도록 하여야 한다.〈개정 2012.3.5〉

1. 바닥으로부터 4미터 이상 높이의 공간을 제외한 나머지 공간의 공기의 부피는 근로자 1명당 10세제곱미터 이상이 되도록 할 것
2. 직접 외부를 향하여 개방할 수 있는 창을 설치하고 그 면적은 바닥면적의 20분의 1 이상으로 할 것(근로자의 보건을 위하여 충분한 환기를 할 수 있는 설비를 설치한 경우는 제외한다)
3. 기온이 섭씨 10도 이하인 상태에서 환기를 하는 경우에는 근로자가 매초 1미터 이상의 기류에 닿지 않도록 할 것

第85条 【잔재물등의 처리】 ① 사업주는 인체에 해로운 기체, 액체 또는 잔재물 등(이하 "잔재물등"이라 한다)을 근로자의 건강에 장해가 발생하지 않도록 중화·침전·여과 또는 그 밖의 적절한 방법으로 처리하여야 한다.〈개정 2012.3.5〉

② 사업주는 병원체에 의하여 오염된 기체나 잔재물등에 대하여 해당 병원체로 인하여 근로자의 건강에 장해가 발생하지 않도록 소독·살균 또는 그 밖의 적절한 방법으로 처리하여야 한다.

③ 사업주는 제1항 및 제2항에 따른 기체나 잔재물등을 위탁하여 처리하는 경

우에는 그 기체나 잔재물등의 주요 성분, 오염인자의 종류와 그 유해·위험성 등에 대한 정보를 위탁처리자에게 제공하여야 한다.

제2편 안전기준

제1장 기계·기구 및 그 밖의 설비에 의한 위험예방

제1절 기계 등의 일반기준

제86조【탑승의 제한】① 사업주는 크레인을 사용하여 근로자를 운반하거나 근로자를 달아 올린 상태에서 작업에 종사시켜서는 아니 된다. 다만, 크레인에 전용 탑승설비를 설치하고 추락 위험을 방지하기 위하여 다음 각 호의 조치를 한 경우에는 그러하지 아니하다.

1. 탑승설비가 뒤집히거나 떨어지지 않도록 필요한 조치를 할 것
2. 안전대나 구명줄을 설치하고, 안전난간을 설치할 수 있는 구조인 경우에는 안전난간을 설치할 것
3. 탑승설비를 하강시킬 때에는 동력하강방법으로 할 것

② 사업주는 이동식 크레인을 사용하여 근로자를 운반하거나 근로자를 달아 올린 상태에서 작업에 종사시켜서는 아니 된다.

③ 사업주는 내부에 비상정지장치·조작스위치 등 탑승조작장치가 설치되어 있지 아니한 리프트의 운반구에 근로자를 탑승시켜서는 아니 된다. 다만, 리프트의 수리·조정 및 점검 등의 작업을 하는 경우로서 그 작업에 종사하는 근로자가 추락할 위험이 없도록 조치를 한 경우에는 그러하지 아니하다.

④ 사업주는 자동차정비용 리프트에 근로자를 탑승시켜서는 아니 된다. 다만, 자동차정비용 리프트의 수리·조정 및 점검 등의 작업을 할 때에 그 작업에 종사하는 근로자가 위험해질 우려가 없도록 조치한 경우에는 그러하지 아니하다. 〈개정 2019.4.19.〉

⑤ 사업주는 곤돌라의 운반구에 근로자를 탑승시켜서는 아니 된다. 다만, 추락 위험을 방지하기 위하여 다음 각 호의 조치를 한 경우에는 그러하지 아니하다.

1. 운반구가 뒤집히거나 떨어지지 않도록 필요한 조치를 할 것
2. 안전대나 구명줄을 설치하고, 안전난간을 설치할 수 있는 구조인 경우이면 안전난간을 설치할 것

⑥ 사업주는 소형화물용 엘리베이터에 근로자를 탑승시켜서는 아니 된다. 다만, 소형화물용 엘리베이터의 수리·조정 및 점검 등의 작업을 하는 경우에는 그러하지 아니하다. 〈개정 2019.4.19.〉

⑦ 사업주는 차량계 하역운반기계(화물자동차는 제외한다)를 사용하여 작업을 하는 경우 승차석이 아닌 위치에 근로자를 탑승시켜서는 아니 된다. 다만, 추락 등의 위험을 방지하기 위한 조치를 한 경우에는 그러하지 아니하다.

⑧ 사업주는 화물자동차 적재함에 근로자를 탑승시켜서는 아니 된다. 다만, 화물자동차에 울 등을 설치하여 추락을 방지하는 조치를 한 경우에는 그러하지 아니하다.

⑨ 사업주는 운전 중인 컨베이어 등에 근로자를 탑승시켜서는 아니 된다. 다

만, 근로자를 운반할 수 있는 구조를 갖춘 컨베이어 등으로서 추락·접촉 등에 의한 위험을 방지할 수 있는 조치를 한 경우에는 그러하지 아니하다.

⑩ 사업주는 이삿짐운반용 리프트 운반구에 근로자를 탑승시켜서는 아니 된다. 다만, 이삿짐운반용 리프트의 수리·조정 및 점검 등의 작업을 할 때에 그 작업에 종사하는 근로자가 추락할 위험이 없도록 조치한 경우에는 그러하지 아니하다.

⑪ 사업주는 전조등, 제동등, 후미등, 후사경 또는 제동장치가 정상적으로 작동되지 아니하는 이륜자동차에 근로자를 탑승시켜서는 아니 된다. 〈신설 2017.3.3.〉

제87조【원동기·회전축 등의 위험 방지】 ① 사업주는 기계의 원동기·회전축·기어·풀리·플라이휠·벨트 및 체인 등 근로자가 위험에 처할 우려가 있는 부위에 덮개·울·슬리브 및 건널다리 등을 설치하여야 한다.

② 사업주는 회전축·기어·풀리 및 플라이휠 등에 부속되는 키·핀 등의 기계요소는 묻힘형으로 하거나 해당 부위에 덮개를 설치하여야 한다.

③ 사업주는 벨트의 이음 부분에 돌출된 고정구를 사용해서는 아니 된다.

④ 사업주는 제1항의 건널다리에는 안전난간 및 미끄러지지 아니하는 구조의 발판을 설치하여야 한다.

⑤ 사업주는 연삭기(研削機) 또는 평삭기(平削機)의 테이블, 형삭기(形削機) 램 등의 행정끝이 근로자에게 위험을 미칠 우려가 있는 경우에 해당 부위에 덮개 또는 울 등을 설치하여야 한다.

⑥ 사업주는 선반 등으로부터 돌출하여 회전하고 있는 가공물이 근로자에게 위험을 미칠 우려가 있는 경우에 덮개 또는 울 등을 설치하여야 한다.

⑦ 사업주는 원심기(원심력을 이용하여 물질을 분리하거나 추출하는 일련의 작업을 하는 기기를 말한다. 이하 같다)에는 덮개를 설치하여야 한다.

⑧ 사업주는 분쇄기·파쇄기·마쇄기·미분기·혼합기 및 혼화기 등(이하 "분쇄기등"이라 한다)을 가동하거나 원료가 흩날리거나 하여 근로자가 위험해질 우려가 있는 경우 해당 부위에 덮개를 설치하는 등 필요한 조치를 하여야 한다.

⑨ 사업주는 근로자가 분쇄기등의 개구부로부터 가동 부분에 접촉함으로써 위해(危害)를 입을 우려가 있는 경우 덮개 또는 울 등을 설치하여야 한다.

⑩ 사업주는 종이·천·비닐 및 와이어 로프 등의 감김통 등에 의하여 근로자가 위험해질 우려가 있는 부위에 덮개 또는 울 등을 설치하여야 한다.

⑪ 사업주는 압력용기 및 공기압축기 등(이하 "압력용기등"이라 한다)에 부속하는 원동기·축이음·벨트·풀리의 회전 부위 등 근로자가 위험에 처할 우려가 있는 부위에 덮개 또는 울 등을 설치하여야 한다.

제88조【기계의 동력차단장치】 ① 사업주는 동력으로 작동되는 기계에 스위치·클러치(clutch) 및 벨트이동장치 등 동력차단장치를 설치하여야 한다. 다만, 연속하여 하나의 집단을 이루는 기계로서 공통의 동력차단장치가 있거나 공정 도중에 인력(人力)에 의한 원재료의 공급과 인출(引出) 등이 필요 없는 경우에는 그러하지 아니하다.

② 사업주는 제1항에 따라 동력차단장치를 설치할 때에는 제1항에 따른 기계 중 절단·인발(引拔)·압축·꼬임·타발(打拔) 또는 굽힘 등의 가공을 하는 기계에 설치하되, 근로자가 작업위치를 이동하지 아니하고 조작할 수 있는 위치에 설치하여야 한다.

③ 제1항의 동력차단장치는 조작이 쉽고 접촉 또는 진동 등에 의하여 갑자기 기계가 움직일 우려가 없는 것이어야 한다.

④ 사업주는 사용 중인 기계·기구 등의 클러치·브레이크, 그 밖에 제어를 위하여 필요한 부위의 기능을 항상 유효한 상태로 유지하여야 한다.

제89조 【운전 시작 전 조치】 ① 사업주는 기계의 운전을 시작할 때에 근로자가 위험해질 우려가 있으면 근로자 배치 및 교육, 작업방법, 방호장치 등 필요한 사항을 미리 확인한 후 위험 방지를 위하여 필요한 조치를 하여야 한다.

② 사업주는 제1항에 따라 기계의 운전을 시작하는 경우 일정한 신호방법과 해당 근로자에게 신호할 사람을 정하고, 신호방법에 따라 그 근로자에게 신호하도록 하여야 한다.

제90조 【날아오는 가공물 등에 의한 위험의 방지】 사업주는 가공물 등이 절단되거나 절삭편(切削片)이 날아오는 등 근로자가 위험해질 우려가 있는 기계에 덮개 또는 울 등을 설치하여야 한다. 다만, 해당 작업의 성질상 덮개 또는 울 등을 설치하기가 매우 곤란하여 근로자에게 보호구를 사용하도록 한 경우에는 그러하지 아니하다.

제91조 【고장난 기계의 정비 등】 ① 사업주는 기계 또는 방호장치의 결함이 발견된 경우 반드시 정비한 후에 근로자가 사용하도록 하여야 한다.

② 제1항의 정비가 완료될 때까지는 해당 기계 및 방호장치 등의 사용을 금지하여야 한다.

제92조 【정비 등의 작업 시의 운전정지 등】 ① 사업주는 공작기계·수송기계·건설기계 등의 정비·청소·급유·검사·수리·교체 또는 조정 작업 또는 그 밖에 이와 유사한 작업을 할 때에 근로자가 위험해질 우려가 있으면 해당 기계의 운전을 정지하여야 한다. 다만, 덮개가 설치되어 있는 등 기계의 구조상 근로자가 위험해질 우려가 없는 경우에는 그러하지 아니하다.

② 사업주는 제1항에 따라 기계의 운전을 정지한 경우에 다른 사람이 그 기계를 운전하는 것을 방지하기 위하여 기계의 기동장치에 잠금장치를 하고 그 열쇠를 별도 관리하거나 표지판을 설치하는 등 필요한 방호 조치를 하여야 한다.

③ 사업주는 작업하는 과정에서 적절하지 아니한 작업방법으로 인하여 기계가 갑자기 가동될 우려가 있는 경우 작업지휘자를 배치하는 등 필요한 조치를 하여야 한다.

④ 사업주는 기계·기구 및 설비 등의 내부에 압축된 기체 또는 액체 등이 방출되어 근로자가 위험해질 우려가 있는 경우에 제1항부터 제3항까지의 규정 따른 조치 외에도 압축된 기체 또는 액체 등을 미리 방출시키는 등 위험 방지를 위하여 필요한 조치를 하여야 한다.

제93조 【방호장치의 해체 금지】 ① 사업주는 기계·기구 또는 설비에 설치한 방호장치를 해체하거나 사용을 정지해서

는 아니 된다. 다만, 방호장치의 수리·조정 및 교체 등의 작업을 하는 경우에는 그러하지 아니하다.

② 제1항의 방호장치에 대하여 수리·조정 또는 교체 등의 작업을 완료한 후에는 즉시 방호장치가 정상적인 기능을 발휘할 수 있도록 하여야 한다.

제94조 【작업모 등의 착용】 사업주는 동력으로 작동되는 기계에 근로자의 머리카락 또는 의복이 말려 들어갈 우려가 있는 경우에는 해당 근로자에게 작업에 알맞은 작업모 또는 작업복을 착용하도록 하여야 한다.

제95조 【장갑의 사용 금지】 사업주는 근로자가 날·공작물 또는 축이 회전하는 기계를 취급하는 경우 그 근로자의 손에 밀착이 잘되는 가죽 장갑 등과 같이 손이 말려 들어갈 위험이 없는 장갑을 사용하도록 하여야 한다.

제96조 【작업도구 등의 목적 외 사용 금지 등】 ① 사업주는 기계·기구·설비 및 수공구 등을 제조 당시의 목적 외의 용도로 사용하도록 해서는 아니 된다.

② 사업주는 레버풀러(lever puller) 또는 체인블록(chain block)을 사용하는 경우 다음 각 호의 사항을 준수하여야 한다.

1. 정격하중을 초과하여 사용하지 말 것
2. 레버풀러 작업 중 훅이 빠져 튕길 우려가 있을 경우에는 훅을 대상물에 직접 걸지 말고 피벗클램프(pivot clamp)나 러그(lug)를 연결하여 사용할 것
3. 레버풀러의 레버에 파이프 등을 끼워서 사용하지 말 것
4. 체인블록의 상부 훅(top hook)은 인양하중에 충분히 견디는 강도를 갖고, 정확히 지탱될 수 있는 곳에 걸어서 사용할 것
5. 훅의 입구(hook mouth) 간격이 제조자가 제공하는 제품사양서 기준으로 10퍼센트 이상 벌어진 것은 폐기할 것
6. 체인블록은 체인의 꼬임과 헝클어지지 않도록 할 것
7. 체인과 훅은 변형, 파손, 부식, 마모(磨耗)되거나 균열된 것을 사용하지 않도록 조치할 것
8. 제167조 각 호의 사항을 준수할 것

제97조 【볼트·너트의 풀림 방지】 사업주는 기계에 부속된 볼트·너트가 풀릴 위험을 방지하기 위하여 그 볼트·너트가 적정하게 조여져 있는지를 수시로 확인하는 등 필요한 조치를 하여야 한다.

제98조 【제한속도의 지정 등】 ① 사업주는 차량계 하역운반기계, 차량계 건설기계(최대제한속도가 시속 10킬로미터 이하인 것은 제외한다)를 사용하여 작업을 하는 경우 미리 작업장소의 지형 및 지반 상태 등에 적합한 제한속도를 정하고, 운전자로 하여금 준수하도록 하여야 한다.

② 사업주는 궤도작업차량을 사용하는 작업, 입환기로 입환작업을 하는 경우에 작업에 적합한 제한속도를 정하고, 운전자로 하여금 준수하도록 하여야 한다.

③ 운전자는 제1항과 제2항에 따른 제한속도를 초과하여 운전해서는 아니 된다.

제99조 【운전위치 이탈 시의 조치】 ① 사업주는 차량계 하역운반기계등, 차량계 건설기계의 운전자가 운전위치를 이탈하는 경우 해당 운전자에게 다음 각 호의 사항을 준수하도록 하여야 한다.

1. 포크, 버킷, 디퍼 등의 장치를 가장

낮은 위치 또는 지면에 내려 둘 것
2. 원동기를 정지시키고 브레이크를 확실히 거는 등 갑작스러운 주행이나 이탈을 방지하기 위한 조치를 할 것
3. 운전석을 이탈하는 경우에는 시동키를 운전대에서 분리시킬 것. 다만, 운전석에 잠금장치를 하는 등 운전자가 아닌 사람이 운전하지 못하도록 조치한 경우에는 그러하지 아니하다.

② 차량계 하역운반기계등, 차량계 건설기계의 운전자는 운전위치에서 이탈하는 경우 제1항 각 호의 조치를 하여야 한다.

제2절 공작기계

제100조 【띠톱기계의 덮개 등】 사업주는 띠톱기계(목재가공용 띠톱기계는 제외한다)의 절단에 필요한 톱날 부위 외의 위험한 톱날 부위에 덮개 또는 울 등을 설치하여야 한다.

제101조 【원형톱기계의 톱날접촉예방장치】 사업주는 원형톱기계(목재가공용 둥근톱기계는 제외한다)에는 톱날접촉예방장치를 설치하여야 한다.

제102조 【탑승의 금지】 사업주는 운전 중인 평삭기의 테이블 또는 수직선반 등의 테이블에 근로자를 탑승시켜서는 아니 된다. 다만, 테이블에 탑승한 근로자 또는 배치된 근로자가 즉시 기계를 정지할 수 있도록 하는 등 우려되는 위험을 방지하기 위하여 필요한 조치를 한 경우에는 그러하지 아니하다.

제3절 프레스 및 전단기

제103조 【프레스 등의 위험 방지】 ① 사업주는 프레스 또는 전단기(剪斷機)(이하 "프레스등"이라 한다)를 사용하여 작업하는 근로자의 신체 일부가 위험한계에 들어가지 않도록 해당 부위에 덮개를 설치하는 등 필요한 방호 조치를 하여야 한다. 다만, 슬라이드 또는 칼날에 의한 위험을 방지하는 구조로 되어 있는 프레스등에 대해서는 그러하지 아니하다.

② 사업주는 작업의 성질상 제1항에 따른 조치가 곤란한 경우에 프레스등의 종류, 압력능력, 분당 행정의 수, 행정의 길이 및 작업방법에 상응하는 성능(양수조작식 안전장치 및 감응식 안전장치의 경우에는 프레스등의 정지성능에 상응하는 성능)을 갖는 방호장치를 설치하는 등 필요한 조치를 하여야 한다.

③ 사업주는 제1항 및 제2항의 조치를 하기 위하여 행정의 전환스위치, 방호장치의 전환스위치 등을 부착한 프레스등에 대하여 해당 전환스위치 등을 항상 유효한 상태로 유지하여야 한다.

④ 사업주는 제2항의 조치를 한 경우 해당 방호장치의 성능을 유지하여야 하며, 발 스위치를 사용함으로써 방호장치를 사용하지 아니할 우려가 있는 경우에 발 스위치를 제거하는 등 필요한 조치를 하여야 한다. 다만, 제1항의 조치를 한 경우에는 발 스위치를 제거하지 아니할 수 있다.

제104조 【금형조정작업의 위험 방지】 사업주는 프레스등의 금형을 부착·해체 또는 조정하는 작업을 할 때에 해당 작

업에 종사하는 근로자의 신체가 위험한 계 내에 있는 경우 슬라이드가 갑자기 작동함으로써 근로자에게 발생할 우려가 있는 위험을 방지하기 위하여 안전블록을 사용하는 등 필요한 조치를 하여야 한다.

제4절 목재가공용 기계

제105조 【둥근톱기계의 반발예방장치】 사업주는 목재가공용 둥근톱기계[(가로절단용 둥근톱기계 및 반발(反撥)에 의하여 근로자에게 위험을 미칠 우려가 없는 것은 제외한다)]에 분할날 등 반발예방장치를 설치하여야 한다.

제106조 【둥근톱기계의 톱날접촉예방장치】 사업주는 목재가공용 둥근톱기계(휴대용 둥근톱을 포함하되, 원목제재용 둥근톱기계 및 자동이송장치를 부착한 둥근톱기계를 제외한다)에는 톱날접촉예방장치를 설치하여야 한다.

제107조 【띠톱기계의 덮개】 사업주는 목재가공용 띠톱기계의 절단에 필요한 톱날 부위 외의 위험한 톱날 부위에 덮개 또는 울 등을 설치하여야 한다.

제108조 【띠톱기계의 날접촉예방장치 등】 사업주는 목재가공용 띠톱기계에서 스파이크가 붙어 있는 이송롤러 또는 요철형 이송롤러에 날접촉예방장치 또는 덮개를 설치하여야 한다. 다만, 스파이크가 붙어 있는 이송롤러 또는 요철형 이송롤러에 급정지장치가 설치되어 있는 경우에는 그러하지 아니하다.

제109조 【대패기계의 날접촉예방장치】 사업주는 작업대상물이 수동으로 공급되는 동력식 수동대패기계에 날접촉예방장치를 설치하여야 한다.

제110조 【모떼기기계의 날접촉예방장치】 사업주는 모떼기기계(자동이송장치를 부착한 것은 제외한다)에 날접촉예방장치를 설치하여야 한다. 다만, 작업의 성질상 날접촉예방장치를 설치하는 것이 곤란하여 해당 근로자에게 적절한 작업공구 등을 사용하도록 한 경우에는 그러하지 아니하다.

제5절 원심기 및 분쇄기등

제111조 【운전의 정지】 사업주는 원심기 또는 분쇄기등으로부터 내용물을 꺼내거나 원심기 또는 분쇄기등의 정비·청소·검사·수리 또는 그 밖에 이와 유사한 작업을 하는 경우에 그 기계의 운전을 정지하여야 한다. 다만, 내용물을 자동으로 꺼내는 구조이거나 그 기계의 운전 중에 정비·청소·검사·수리 또는 그 밖에 이와 유사한 작업을 하여야 하는 경우로서 안전한 보조기구를 사용하거나 위험한 부위에 필요한 방호 조치를 한 경우에는 그러하지 아니하다.

제112조 【최고사용회전수의 초과 사용 금지】 사업주는 원심기의 최고사용회전수를 초과하여 사용해서는 아니 된다.

제113조 【폭발성 물질 등의 취급 시 조치】 사업주는 분쇄기등으로 별표 1 제1호에서 정하는 폭발성 물질, 유기과산화물을 취급하거나 분진이 발생할 우려가 있는 작업을 하는 경우 폭발 등에 의한 산업재해를 예방하기 위하여 제225조제1호의 행위를 제한하는 등 필요한 조치를 하여야 한다.

제6절 고속회전체

제114조【회전시험 중의 위험 방지】 사업주는 고속회전체〔(터빈로터·원심분리기의 버킷 등의 회전체로서 원주속도(圓周速度)가 초당 25미터를 초과하는 것으로 한정한다. 이하 이 조에서 같다)〕의 회전시험을 하는 경우 고속회전체의 파괴로 인한 위험을 방지하기 위하여 전용의 견고한 시설물의 내부 또는 견고한 장벽 등으로 격리된 장소에서 하여야 한다. 다만, 고속회전체(제115조에 따른 고속회전체는 제외한다)의 회전시험으로서 시험설비에 견고한 덮개를 설치하는 등 그 고속회전체의 파괴에 의한 위험을 방지하기 위하여 필요한 조치를 한 경우에는 그러하지 아니하다.

제115조【비파괴검사의 실시】 사업주는 고속회전체(회전축의 중량이 1톤을 초과하고 원주속도가 초당 120미터 이상인 것으로 한정한다)의 회전시험을 하는 경우 미리 회전축의 재질 및 형상 등에 상응하는 종류의 비파괴검사를 해서 결함 유무(有無)를 확인하여야 한다.

제7절 보일러 등

제116조【압력방출장치】 ① 사업주는 보일러의 안전한 가동을 위하여 보일러 규격에 맞는 압력방출장치를 1개 또는 2개 이상 설치하고 최고사용압력(설계압력 또는 최고허용압력을 말한다. 이하 같다) 이하에서 작동되도록 하여야 한다. 다만, 압력방출장치가 2개 이상 설치된 경우에는 최고사용압력 이하에서 1개가 작동되고, 다른 압력방출장치는 최고사용압력 1.05배 이하에서 작동되도록 부착하여야 한다.

② 제1항의 압력방출장치는 매년 1회 이상 「국가표준기본법」 제14조제3항에 따라 산업통상자원부장관의 지정을 받은 국가교정업무 전담기관(이하 "국가교정기관"이라 한다)에서 교정을 받은 압력계를 이용하여 설정압력에서 압력방출장치가 적정하게 작동하는지를 검사한 후 납으로 봉인하여 사용하여야 한다. 다만, 영 제43조에 따른 공정안전보고서 제출 대상으로서 고용노동부장관이 실시하는 공정안전보고서 이행상태 평가결과가 우수한 사업장은 압력방출장치에 대하여 4년마다 1회 이상 설정압력에서 압력방출장치가 적정하게 작동하는지를 검사할 수 있다. 〈개정 2019.12.26.〉

제117조【압력제한스위치】 사업주는 보일러의 과열을 방지하기 위하여 최고사용압력과 상용압력 사이에서 보일러의 버너 연소를 차단할 수 있도록 압력제한스위치를 부착하여 사용하여야 한다.

제118조【고저수위 조절장치】 사업주는 고저수위(高低水位) 조절장치의 동작 상태를 작업자가 쉽게 감시하도록 하기 위하여 고저수위지점을 알리는 경보등·경보음장치 등을 설치하여야 하며, 자동으로 급수되거나 단수되도록 설치하여야 한다.

제119조【폭발위험의 방지】 사업주는 보일러의 폭발 사고를 예방하기 위하여 압력방출장치, 압력제한스위치, 고저수위 조절장치, 화염 검출기 등의 기능이

정상적으로 작동될 수 있도록 유지·관리하여야 한다.

제120조【최고사용압력의 표시 등】 사업주는 압력용기등을 식별할 수 있도록 하기 위하여 그 압력용기등의 최고사용압력, 제조연월일, 제조회사명 등이 지워지지 않도록 각인(刻印) 표시된 것을 사용하여야 한다.

제8절 사출성형기 등

제121조【사출성형기 등의 방호장치】 ① 사업주는 사출성형기(射出成形機)·주형조형기(鑄型造形機) 및 형단조기(프레스등은 제외한다) 등에 근로자의 신체 일부가 말려들어갈 우려가 있는 경우 게이트가드(gate guard) 또는 양수조작식 등에 의한 방호장치, 그 밖에 필요한 방호 조치를 하여야 한다.

② 제1항의 게이트가드는 닫지 아니하면 기계가 작동되지 아니하는 연동구조(連動構造)여야 한다.

③ 사업주는 제1항에 따른 기계의 히터 등의 가열 부위 또는 감전 우려가 있는 부위에는 방호덮개를 설치하는 등 필요한 안전 조치를 하여야 한다.

제122조【연삭숫돌의 덮개 등】 ① 사업주는 회전 중인 연삭숫돌(지름이 5센티미터 이상인 것으로 한정한다)이 근로자에게 위험을 미칠 우려가 있는 경우에 그 부위에 덮개를 설치하여야 한다.

② 사업주는 연삭숫돌을 사용하는 작업의 경우 작업을 시작하기 전에는 1분 이상, 연삭숫돌을 교체한 후에는 3분 이상 시험운전을 하고 해당 기계에 이상이 있는지를 확인하여야 한다.

③ 제2항에 따른 시험운전에 사용하는 연삭숫돌은 작업시작 전에 결함이 있는지를 확인한 후 사용하여야 한다.

④ 사업주는 연삭숫돌의 최고 사용회전속도를 초과하여 사용하도록 해서는 아니 된다.

⑤ 사업주는 측면을 사용하는 것을 목적으로 하지 않는 연삭숫돌을 사용하는 경우 측면을 사용하도록 해서는 아니 된다.

제123조【롤러기의 울 등 설치】 사업주는 합판·종이·천 및 금속박 등을 통과시키는 롤러기로서 근로자가 위험해질 우려가 있는 부위에는 울 또는 가이드롤러(guide roller) 등을 설치하여야 한다.

제124조【직기의 북이탈방지장치】 사업주는 북(shuttle)이 부착되어 있는 직기(織機)에 북이탈방지장치를 설치하여야 한다.

제125조【신선기의 인발블록의 덮개 등】 사업주는 신선기의 인발블록(drawing block) 또는 꼬는 기계의 케이지(cage)로서 근로자가 위험해질 우려가 있는 경우 해당 부위에 덮개 또는 울 등을 설치하여야 한다. 〈개정 2019.10.15.〉

제126조【버프연마기의 덮개】 사업주는 버프연마기(천 또는 코르크 등을 사용하는 버프연마기는 제외한다)의 연마에 필요한 부위를 제외하고는 덮개를 설치하여야 한다.

제127조【선풍기 등에 의한 위험의 방지】 사업주는 선풍기·송풍기 등의 회전날개에 의하여 근로자가 위험해질 우려가 있는 경우 해당 부위에 망 또는 울 등을 설치하여야 한다.

제128조 【포장기계의 덮개 등】 사업주는 종이상자·마대 등의 포장기 또는 충진기 등의 작동 부분이 근로자를 위험하게 할 우려가 있는 경우 덮개 설치 등 필요한 조치를 하여야 한다.

제129조 【정련기에 의한 위험 방지】 ① 정련기(精練機)를 이용한 작업에 관하여는 제111조를 준용한다. 이 경우 제111조 중 원심기는 정련기로 본다.

② 사업주는 정련기의 배출구 뚜껑 등을 여는 경우에 내통(內筒)의 회전이 정지되었는지와 내부의 압력과 온도가 근로자를 위험하게 할 우려가 없는지를 미리 확인하여야 한다.

제130조 【식품분쇄기의 덮개 등】 사업주는 식품 등을 손으로 직접 넣어 분쇄하는 기계의 작동 부분이 근로자를 위험하게 할 우려가 있는 경우 식품 등을 분쇄기에 넣거나 꺼내는 데에 필요한 부위를 제외하고는 덮개를 설치하고, 분쇄물투입용 보조기구를 사용하도록 하는 등 근로자의 손 등이 말려 들어가지 않도록 필요한 조치를 하여야 한다.

제131조 【농업용기계에 의한 위험 방지】 사업주는 농업용기계를 이용하여 작업을 하는 경우에 「농업기계화촉진법 시행규칙」 제18조의5에 따른 안전장치를 갖춘 기계를 사용하여야 한다.

제9절 양중기

제1관 총칙

제132조 【양중기】 ① 양중기란 다음 각 호의 기계를 말한다. 〈개정 2019.4.19.〉

1. 크레인〔호이스트(hoist)를 포함한다〕
2. 이동식 크레인
3. 리프트(이삿짐운반용 리프트의 경우에는 적재하중이 0.1톤 이상인 것으로 한정한다)
4. 곤돌라
5. 승강기

② 제1항 각 호의 기계의 뜻은 다음 각 호와 같다. 〈개정 2019.4.19.〉

1. "크레인"이란 동력을 사용하여 중량물을 매달아 상하 및 좌우〔수평 또는 선회(旋回)를 말한다〕로 운반하는 것을 목적으로 하는 기계 또는 기계장치를 말하며, "호이스트"란 훅이나 그 밖의 달기구 등을 사용하여 화물을 권상 및 횡행 또는 권상동작만을 하여 양중하는 것을 말한다.
2. "이동식 크레인"이란 원동기를 내장하고 있는 것으로서 불특정 장소에 스스로 이동할 수 있는 크레인으로 동력을 사용하여 중량물을 매달아 상하 및 좌우(수평 또는 선회를 말한다)로 운반하는 설비로서 「건설기계관리법」을 적용 받는 기중기 또는 「자동차관리법」 제3조에 따른 화물·특수자동차의 작업부에 탑재하여 화물운반 등에 사용하는 기계 또는 기계장치를 말한다.
3. "리프트"란 동력을 사용하여 사람이나 화물을 운반하는 것을 목적으로 하는 기계설비로서 다음 각 목의 것을 말한다.
   가. 건설작업용 리프트: 동력을 사용하여 가이드레일을 따라 상하로 움직이는 운반구를 매달아 사람이나 화물을 운반할 수 있는 설비 또는 이와 유사한 구조 및 성능을 가진 것으로 건설현장에서 사용하는 것
   나. 삭제 〈2019.4.19.〉

다. 자동차정비용 리프트: 동력을 사용하여 가이드레일을 따라 움직이는 지지대로 자동차 등을 일정한 높이로 올리거나 내리는 구조의 리프트로서 자동차 정비에 사용하는 것

라. 이삿짐운반용 리프트: 연장 및 축소가 가능하고 끝단을 건축물 등에 지지하는 구조의 사다리형 붐에 따라 동력을 사용하여 움직이는 운반구를 매달아 화물을 운반하는 설비로서 화물자동차 등 차량 위에 탑재하여 이삿짐 운반 등에 사용하는 것

4. "곤돌라"란 달기발판 또는 운반구, 승강장치, 그 밖의 장치 및 이들에 부속된 기계부품에 의하여 구성되고, 와이어로프 또는 달기강선에 의하여 달기발판 또는 운반구가 전용 승강장치에 의하여 오르내리는 설비를 말한다.

5. "승강기"란 건축물이나 고정된 시설물에 설치되어 일정한 경로에 따라 사람이나 화물을 승강장으로 옮기는 데에 사용되는 설비로서 다음 각 목의 것을 말한다.

가. 승객용 엘리베이터: 사람의 운송에 적합하게 제조·설치된 엘리베이터

나. 승객화물용 엘리베이터: 사람의 운송과 화물 운반을 겸용하는데 적합하게 제조·설치된 엘리베이터

다. 화물용 엘리베이터: 화물 운반에 적합하게 제조·설치된 엘리베이터로서 조작자 또는 화물취급자 1명은 탑승할 수 있는 것(적재용량이 300킬로그램 미만인 것은 제외한다)

라. 소형화물용 엘리베이터: 음식물이나 서적 등 소형 화물의 운반에 적합하게 제조·설치된 엘리베이터로서 사람의 탑승이 금지된 것

마. 에스컬레이터: 일정한 경사로 또는 수평로를 따라 위·아래 또는 옆으로 움직이는 디딤판을 통해 사람이나 화물을 승강장으로 운송시키는 설비

제133조【정격하중 등의 표시】 사업주는 양중기(승강기는 제외한다) 및 달기구를 사용하여 작업하는 운전자 또는 작업자가 보기 쉬운 곳에 해당 기계의 정격하중, 운전속도, 경고표시 등을 부착하여야 한다. 다만, 달기구는 정격하중만 표시한다.

제134조【방호장치의 조정】 ① 사업주는 다음 각 호의 양중기에 과부하방지장치, 권과방지장치(捲過防止裝置), 비상정지장치 및 제동장치, 그 밖의 방호장치〔(승강기의 파이널 리미트 스위치(final limit switch), 속도조절기, 출입문 인터록(inter lock) 등을 말한다〕가 정상적으로 작동될 수 있도록 미리 조정해 두어야 한다. 〈개정 2019.4.19.〉

1. 크레인
2. 이동식 크레인
3. 삭제 〈2019.4.19.〉
4. 리프트
5. 곤돌라
6. 승강기

② 제1항제1호 및 제2호의 양중기에 대한 권과방지장치는 훅·버킷 등 달기구의 윗면(그 달기구에 권상용 도르래가 설치된 경우에는 권상용 도르래의 윗면)이 드럼, 상부 도르래, 트롤리프레임 등 권상장치의 아랫면과 접촉할 우려가 있는 경우에 그 간격이 0.25미터 이상〔(직동식(直動式) 권과방지장치는

0.05미터 이상으로 한다)]이 되도록 조정하여야 한다.

③ 제2항의 권과방지장치를 설치하지 않은 크레인에 대해서는 권상용 와이어로프에 위험표시를 하고 경보장치를 설치하는 등 권상용 와이어로프가 지나치게 감겨서 근로자가 위험해질 상황을 방지하기 위한 조치를 하여야 한다.

제135조 【과부하의 제한 등】 사업주는 제132조제1항 각 호의 양중기에 그 적재하중을 초과하는 하중을 걸어서 사용하도록 해서는 아니 된다.

제2관 크레인

제136조 【안전밸브의 조정】 사업주는 유압을 동력으로 사용하는 크레인의 과도한 압력상승을 방지하기 위한 안전밸브에 대하여 정격하중(지브 크레인은 최대의 정격하중으로 한다)을 건 때의 압력 이하로 작동되도록 조정하여야 한다. 다만, 하중시험 또는 안전도시험을 하는 경우 그러하지 아니하다.

제137조 【해지장치의 사용】 사업주는 훅걸이용 와이어로프 등이 훅으로부터 벗겨지는 것을 방지하기 위한 장치(이하 "해지장치"라 한다)를 구비한 크레인을 사용하여야 하며, 그 크레인을 사용하여 짐을 운반하는 경우에는 해지장치를 사용하여야 한다.

제138조 【경사각의 제한】 사업주는 지브 크레인을 사용하여 작업을 하는 경우에 크레인 명세서에 적혀 있는 지브의 경사각(인양하중이 3톤 미만인 지브 크레인의 경우에는 제조한 자가 지정한 지브의 경사각)의 범위에서 사용하도록 하여야 한다.

제139조 【크레인의 수리 등의 작업】 ① 사업주는 같은 주행로에 병렬로 설치되어 있는 주행 크레인의 수리·조정 및 점검 등의 작업을 하는 경우, 주행로상이나 그 밖에 주행 크레인이 근로자와 접촉할 우려가 있는 장소에서 작업을 하는 경우 등에 주행 크레인끼리 충돌하거나 주행 크레인이 근로자와 접촉할 위험을 방지하기 위하여 감시인을 두고 주행로상에 스토퍼(stopper)를 설치하는 등 위험 방지 조치를 하여야 한다.

② 사업주는 갠트리 크레인 등과 같이 작업장 바닥에 고정된 레일을 따라 주행하는 크레인의 새들(saddle) 돌출부와 주변 구조물 사이의 안전공간이 40센티미터 이상 되도록 바닥에 표시를 하는 등 안전공간을 확보하여야 한다.

제140조 【폭풍에 의한 이탈 방지】 사업주는 순간풍속이 초당 30미터를 초과하는 바람이 불어올 우려가 있는 경우 옥외에 설치되어 있는 주행 크레인에 대하여 이탈방지장치를 작동시키는 등 이탈 방지를 위한 조치를 하여야 한다.

제141조 【조립 등의 작업 시 조치사항】 사업주는 크레인의 설치·조립·수리·점검 또는 해체 작업을 하는 경우 다음 각 호의 조치를 하여야 한다.

1. 작업순서를 정하고 그 순서에 따라 작업을 할 것
2. 작업을 할 구역에 관계 근로자가 아닌 사람의 출입을 금지하고 그 취지를 보기 쉬운 곳에 표시할 것
3. 비, 눈, 그 밖에 기상상태의 불안정으로 날씨가 몹시 나쁜 경우에는 그 작업

을 중지시킬 것
4. 작업장소는 안전한 작업이 이루어질 수 있도록 충분한 공간을 확보하고 장애물이 없도록 할 것
5. 들어올리거나 내리는 기자재는 균형을 유지하면서 작업을 하도록 할 것
6. 크레인의 성능, 사용조건 등에 따라 충분한 응력(應力)을 갖는 구조로 기초를 설치하고 침하 등이 일어나지 않도록 할 것
7. 규격품인 조립용 볼트를 사용하고 대칭되는 곳을 차례로 결합하고 분해할 것

제142조【타워크레인의 지지】 ① 사업주는 타워크레인을 자립고(自立高) 이상의 높이로 설치하는 경우 건축물 등의 벽체에 지지하도록 하여야 한다. 다만, 지지할 벽체가 없는 등 부득이한 경우에는 와이어로프에 의하여 지지할 수 있다.(개정 2013.3.21)
② 사업주는 타워크레인을 벽체에 지지하는 경우 다음 각 호의 사항을 준수하여야 한다. 〈개정 2019.12.26.〉
1. 「산업안전보건법 시행규칙」 제110조제1항제2호에 따른 서면심사에 관한 서류(「건설기계관리법」 제18조에 따른 형식승인서류를 포함한다) 또는 제조사의 설치작업설명서 등에 따라 설치할 것
2. 제1호의 서면심사 서류 등이 없거나 명확하지 아니한 경우에는 「국가기술자격법」에 따른 건축구조·건설기계·기계안전·건설안전기술사 또는 건설안전분야 산업안전지도사의 확인을 받아 설치하거나 기종별·모델별 공인된 표준방법으로 설치할 것
3. 콘크리트구조물에 고정시키는 경우에는 매립이나 관통 또는 이와 같은 수준 이상의 방법으로 충분히 지지되도록 할 것
4. 건축 중인 시설물에 지지하는 경우에는 그 시설물의 구조적 안정성에 영향이 없도록 할 것

③ 사업주는 타워크레인을 와이어로프로 지지하는 경우 다음 각 호의 사항을 준수하여야 한다. 〈개정 2019.10.15.〉
1. 제2항제1호 또는 제2호의 조치를 취할 것
2. 와이어로프를 고정하기 위한 전용 지지프레임을 사용할 것
3. 와이어로프 설치각도는 수평면에서 60도 이내로 하되, 지지점은 4개소 이상으로 하고, 같은 각도로 설치할 것
4. 와이어로프와 그 고정부위는 충분한 강도와 장력을 갖도록 설치하고, 와이어로프를 클립·샤클(shackle) 등의 고정기구를 사용하여 견고하게 고정시켜 풀리지 아니하도록 하며, 사용 중에는 충분한 강도와 장력을 유지하도록 할 것
5. 와이어로프가 가공전선(架空電線)에 근접하지 않도록 할 것

제143조【폭풍 등으로 인한 이상 유무 점검】 사업주는 순간풍속이 초당 30미터를 초과하는 바람이 불거나 중진(中震) 이상 진도의 지진이 있은 후에 옥외에 설치되어 있는 양중기를 사용하여 작업을 하는 경우에는 미리 기계 각 부위에 이상이 있는지를 점검하여야 한다.

제144조【건설물 등과의 사이 통로】 ① 사업주는 주행 크레인 또는 선회 크레인과 건설물 또는 설비와의 사이에 통로

를 설치하는 경우 그 폭을 0.6미터 이상으로 하여야 한다. 다만, 그 통로 중 건설물의 기둥에 접촉하는 부분에 대해서는 0.4미터 이상으로 할 수 있다.

② 사업주는 제1항에 따른 통로 또는 주행궤도 상에서 정비·보수·점검 등의 작업을 하는 경우 그 작업에 종사하는 근로자가 주행하는 크레인에 접촉될 우려가 없도록 크레인의 운전을 정지시키는 등 필요한 안전 조치를 하여야 한다.

제145조【건설물 등의 벽체와 통로의 간격 등】 사업주는 다음 각 호의 간격을 0.3미터 이하로 하여야 한다. 다만, 근로자가 추락할 위험이 없는 경우에는 그 간격을 0.3미터 이하로 유지하지 아니할 수 있다.

1. 크레인의 운전실 또는 운전대를 통하는 통로의 끝과 건설물 등의 벽체의 간격
2. 크레인 거더(girder)의 통로 끝과 크레인 거더의 간격
3. 크레인 거더의 통로로 통하는 통로의 끝과 건설물 등의 벽체의 간격

제146조【크레인 작업 시의 조치】 ① 사업주는 크레인을 사용하여 작업을 하는 경우 다음 각 호의 조치를 준수하고, 그 작업에 종사하는 관계 근로자가 그 조치를 준수하도록 하여야 한다.

1. 인양할 하물(荷物)을 바닥에서 끌어당기거나 밀어내는 작업을 하지 아니할 것
2. 유류드럼이나 가스통 등 운반 도중에 떨어져 폭발하거나 누출될 가능성이 있는 위험물 용기는 보관함(또는 보관고)에 담아 안전하게 매달아 운반할 것
3. 고정된 물체를 직접 분리·제거하는 작업을 하지 아니할 것
4. 미리 근로자의 출입을 통제하여 인양 중인 하물이 작업자의 머리 위로 통과하지 않도록 할 것
5. 인양할 하물이 보이지 아니하는 경우에는 어떠한 동작도 하지 아니할 것(신호하는 사람에 의하여 작업을 하는 경우는 제외한다)

② 사업주는 조종석이 설치되지 아니한 크레인에 대하여 다음 각 호의 조치를 하여야 한다.

1. 고용노동부장관이 고시하는 크레인의 제작기준과 안전기준에 맞는 무선원격제어기 또는 펜던트 스위치를 설치·사용할 것
2. 무선원격제어기 또는 펜던트 스위치를 취급하는 근로자에게는 작동요령 등 안전조작에 관한 사항을 충분히 주지시킬 것

③ 사업주는 타워크레인을 사용하여 작업을 하는 경우 타워크레인마다 근로자와 조종 작업을 하는 사람 간에 신호업무를 담당하는 사람을 각각 두어야 한다. 〈신설 2018.3.30.〉

제3관 이동식 크레인

제147조【설계기준 준수】 사업주는 이동식 크레인을 사용하는 경우에 그 이동식 크레인의 구조 부분을 구성하는 강재 등이 변형되거나 부러지는 일 등을 방지하기 위하여 해당 이동식 크레인의 설계기준(제조자가 제공하는 사용설명서)을 준수하여야 한다.

제148조【안전밸브의 조정】 사업주는 유압을 동력으로 사용하는 이동식 크레인의 과도한 압력상승을 방지하기 위한 안전밸브에 대하여 최대의 정격하중을 건 때의 압력 이하로 작동되도록 조정

하여야 한다. 다만, 하중시험 또는 안전도시험을 실시할 때에 시험하중에 맞는 압력으로 작동될 수 있도록 조정한 경우에는 그러하지 아니하다.

제149조【해지장치의 사용】 사업주는 이동식 크레인을 사용하여 하물을 운반하는 경우에는 해지장치를 사용하여야 한다.

제150조【경사각의 제한】 사업주는 이동식 크레인을 사용하여 작업을 하는 경우 이동식 크레인 명세서에 적혀 있는 지브의 경사각(인양하중이 3톤 미만인 이동식 크레인의 경우에는 제조한 자가 지정한 지브의 경사각)의 범위에서 사용하도록 하여야 한다.

제4관 리프트

제151조【권과 방지 등】 사업주는 리프트(자동차정비용 리프트는 제외한다. 이하 이 관에서 같다)의 운반구 이탈 등의 위험을 방지하기 위하여 권과방지장치, 과부하방지장치, 비상정지장치 등을 설치하는 등 필요한 조치를 하여야 한다. 〈개정 2019.4.19.〉

제152조【무인작동의 제한】 ① 사업주는 운반구의 내부에만 탑승조작장치가 설치되어 있는 리프트를 사람이 탑승하지 아니한 상태로 작동하게 해서는 아니 된다.

② 사업주는 리프트 조작반(盤)에 잠금장치를 설치하는 등 관계 근로자가 아닌 사람이 리프트를 임의로 조작함으로써 발생하는 위험을 방지하기 위하여 필요한 조치를 하여야 한다.

제153조【피트 청소 시의 조치】 사업주는 리프트의 피트 등의 바닥을 청소하는 경우 운반구의 낙하에 의한 근로자의 위험을 방지하기 위하여 다음 각 호의 조치를 하여야 한다.

1. 승강로에 각재 또는 원목 등을 걸칠 것
2. 제1호에 따라 걸친 각재(角材) 또는 원목 위에 운반구를 놓고 역회전방지기가 붙은 브레이크를 사용하여 구동모터 또는 윈치(winch)를 확실하게 제동해 둘 것

제154조【붕괴 등의 방지】 ① 사업주는 지반침하, 불량한 자재사용 또는 헐거운 결선(結線) 등으로 리프트가 붕괴되거나 넘어지지 않도록 필요한 조치를 하여야 한다.

② 사업주는 순간풍속이 초당 35미터를 초과하는 바람이 불어올 우려가 있는 경우 건설작업용 리프트(지하에 설치되어 있는 것은 제외한다)에 대하여 받침의 수를 증가시키는 등 그 붕괴 등을 방지하기 위한 조치를 하여야 한다.

제155조【운반구의 정지위치】 사업주는 리프트 운반구를 주행로 위에 달아 올린 상태로 정지시켜 두어서는 아니 된다.

제156조【조립 등의 작업】 ① 사업주는 리프트의 설치·조립·수리·점검 또는 해체 작업을 하는 경우 다음 각 호의 조치를 하여야 한다.

1. 작업을 지휘하는 사람을 선임하여 그 사람의 지휘하에 작업을 실시할 것
2. 작업을 할 구역에 관계 근로자가 아닌 사람의 출입을 금지하고 그 취지를 보기 쉬운 장소에 표시할 것
3. 비, 눈, 그 밖에 기상상태의 불안정으로 날씨가 몹시 나쁜 경우에는 그 작업을 중지시킬 것

② 사업주는 제1항제1호의 작업을 지휘하는 사람에게 다음 각 호의 사항을 이행하도록 하여야 한다.

1. 작업방법과 근로자의 배치를 결정하고 해당 작업을 지휘하는 일
2. 재료의 결함 유무 또는 기구 및 공구의 기능을 점검하고 불량품을 제거하는 일
3. 작업 중 안전대 등 보호구의 착용 상황을 감시하는 일

제157조【이삿짐운반용 리프트 운전방법의 주지】 사업주는 이삿짐운반용 리프트를 사용하는 근로자에게 운전방법 및 고장이 났을 경우의 조치방법을 주지시켜야 한다.

제158조【이삿짐 운반용 리프트 전도의 방지】 사업주는 이삿짐 운반용 리프트를 사용하는 작업을 하는 경우 이삿짐 운반용 리프트의 전도를 방지하기 위하여 다음 각 호를 준수하여야 한다.
1. 아웃트리거가 정해진 작동위치 또는 최대전개위치에 있지 않는 경우(아웃트리거 발이 닿지 않는 경우를 포함한다)에는 사다리 붐 조립체를 펼친 상태에서 화물 운반작업을 하지 않을 것
2. 사다리 붐 조립체를 펼친 상태에서 이삿짐 운반용 리프트를 이동시키지 않을 것
3. 지반의 부동침하 방지 조치를 할 것

제159조【화물의 낙하 방지】 사업주는 이삿짐 운반용 리프트 운반구로부터 화물이 빠지거나 떨어지지 않도록 다음 각 호의 낙하방지 조치를 하여야 한다.
1. 화물을 적재시 하중이 한쪽으로 치우치지 않도록 할 것
2. 적재화물이 떨어질 우려가 있는 경우에는 화물에 로프를 거는 등 낙하 방지 조치를 할 것

제5관 곤돌라

제160조【운전방법 등의 주지】 사업주는 곤돌라의 운전방법 또는 고장이 났을 때의 처치방법을 그 곤돌라를 사용하는 근로자에게 주지시켜야 한다.

제6관 승강기

제161조【폭풍에 의한 무너짐 방지】 사업주는 순간풍속이 초당 35미터를 초과하는 바람이 불어 올 우려가 있는 경우 옥외에 설치되어 있는 승강기에 대하여 받침의 수를 증가시키는 등 승강기가 무너지는 것을 방지하기 위한 조치를 하여야 한다.(개정 2019.1.31.)

제162조【조립 등의 작업】 ① 사업주는 사업장에 승강기의 설치·조립·수리·점검 또는 해체 작업을 하는 경우 다음 각 호의 조치를 하여야 한다.
1. 작업을 지휘하는 사람을 선임하여 그 사람의 지휘하에 작업을 실할 것
2. 작업을 할 구역에 관계 근로자가 아닌 사람의 출입을 금지하고 그 취지를 보기 쉬운 장소에 표시할 것
3. 비, 눈, 그 밖에 기상상태의 불안정으로 날씨가 몹시 나쁜 경우에는 그 작업을 중지시킬 것

② 사업주는 제1항제1호의 작업을 지휘하는 사람에게 다음 각 호의 사항을 이행하도록 하여야 한다.
1. 작업방법과 근로자의 배치를 결정하고 해당 작업을 지휘하는 일
2. 재료의 결함 유무 또는 기구 및 공구의 기능을 점검하고 불량품을 제거하는 일
3. 작업 중 안전대 등 보호구의 착용 상

황을 감시하는 일

제7관 양중기의 와이어로프 등

제163조【와이어로프 등 달기구의 안전계수】 ① 사업주는 양중기의 와이어로프 등 달기구의 안전계수(달기구 절단하중의 값을 그 달기구에 걸리는 하중의 최대값으로 나눈 값을 말한다)가 다음 각 호의 구분에 따른 기준에 맞지 아니한 경우에는 이를 사용해서는 아니 된다.

1. 근로자가 탑승하는 운반구를 지지하는 달기와이어로프 또는 달기체인의 경우: 10 이상
2. 화물의 하중을 직접 지지하는 달기와이어로프 또는 달기체인의 경우: 5 이상
3. 훅, 샤클, 클램프, 리프팅 빔의 경우: 3 이상
4. 그 밖의 경우: 4 이상

② 사업주는 달기구의 경우 최대허용하중 등의 표식이 견고하게 붙어 있는 것을 사용하여야 한다.

제164조【고리걸이 훅 등의 안전계수】 사업주는 양중기의 달기 와이어로프 또는 달기 체인과 일체형인 고리걸이 훅 또는 샤클의 안전계수(훅 또는 샤클의 절단하중 값을 각각 그 훅 또는 샤클에 걸리는 하중의 최대값으로 나눈 값을 말한다)가 사용되는 달기 와이어로프 또는 달기체인의 안전계수와 같은 값 이상의 것을 사용하여야 한다.

제165조【와이어로프의 절단방법 등】 ① 사업주는 와이어로프를 절단하여 양중(揚重)작업용구를 제작하는 경우 반드시 기계적인 방법으로 절단하여야 하며, 가스용단(溶斷) 등 열에 의한 방법으로 절단해서는 아니 된다.

② 사업주는 아크(arc), 화염, 고온부 접촉 등으로 인하여 열영향을 받은 와이어로프를 사용해서는 아니 된다.

제166조【이음매가 있는 와이어로프 등의 사용 금지】 와이어 로프의 사용에 관하여는 제63조제1호를 준용한다. 이 경우 "달비계"는 "양중기"로 본다.

제167조【늘어난 달기체인 등의 사용 금지】 달기 체인 사용에 관하여는 제63조제2호를 준용한다. 이 경우 "달비계"는 "양중기"로 본다.

제168조【변형되어 있는 훅·샤클 등의 사용금지 등】 ① 사업주는 훅·샤클·클램프 및 링 등의 철구로서 변형되어 있는 것 또는 균열이 있는 것을 크레인 또는 이동식 크레인의 고리걸이용구로 사용해서는 아니 된다.

② 사업주는 중량물을 운반하기 위해 제작하는 지그, 훅의 구조를 운반 중 주변 구조물과의 충돌로 슬링이 이탈되지 않도록 하여야 한다.

③ 사업주는 안전성 시험을 거쳐 안전율이 3 이상 확보된 중량물 취급용구를 구매하여 사용하거나 자체 제작한 중량물 취급용구에 대하여 비파괴시험을 하여야 한다.

제169조【꼬임이 끊어진 섬유로프 등의 사용금지】 섬유로프 사용에 관하여는 제63조제3호를 준용한다. 이 경우 "달비계"는 "양중기"로 본다.

제170조【링 등의 구비】 ① 사업주는 엔드리스(endless)가 아닌 와이어로프 또는 달기 체인에 대하여 그 양단에 훅·샤클·링 또는 고리를 구비한 것이 아니면 크레인 또는 이동식 크레인의 고리

걸이용구로 사용해서는 아니 된다.

② 제1항에 따른 고리는 꼬아넣기〔(아이 스플라이스(eye splice)를 말한다. 이하 같다)〕, 압축멈춤 또는 이러한 것과 같은 정도 이상의 힘을 유지하는 방법으로 제작된 것이어야 한다. 이 경우 꼬아넣기는 와이어로프의 모든 꼬임을 3회 이상 끼워 짠 후 각각의 꼬임의 소선 절반을 잘라내고 남은 소선을 다시 2회 이상(모든 꼬임을 4회 이상 끼워 짠 경우에는 1회 이상) 끼워 짜야 한다.

제10절 차량계 하역운반기계등

제1관 총칙

제171조【전도 등의 방지】 사업주는 차량계 하역운반기계등을 사용하는 작업을 할 때에 그 기계가 넘어지거나 굴러 떨어짐으로써 근로자에게 위험을 미칠 우려가 있는 경우에는 그 기계를 유도하는 사람(이하 "유도자"라 한다)을 배치하고 지반의 부동침하와 방지 및 갓길 붕괴를 방지하기 위한 조치를 하여야 한다.

제172조【접촉의 방지】 ① 사업주는 차량계 하역운반기계등을 사용하여 작업을 하는 경우에 하역 또는 운반 중인 화물이나 그 차량계 하역운반기계등에 접촉되어 근로자가 위험해질 우려가 있는 장소에는 근로자를 출입시켜서는 아니 된다. 다만, 제39조에 따른 작업지휘자 또는 유도자를 배치하고 그 차량계 하역운반기계등을 유도하는 경우에는 그러하지 아니하다.

② 차량계 하역운반기계등의 운전자는 제1항 단서의 작업지휘자 또는 유도자가 유도하는 대로 따라야 한다.

제173조【화물적재 시의 조치】 ① 사업주는 차량계 하역운반기계등에 화물을 적재하는 경우에 다음 각 호의 사항을 준수하여야 한다.

1. 하중이 한쪽으로 치우치지 않도록 적재할 것
2. 구내운반차 또는 화물자동차의 경우 화물의 붕괴 또는 낙하에 의한 위험을 방지하기 위하여 화물에 로프를 거는 등 필요한 조치를 할 것
3. 운전자의 시야를 가리지 않도록 화물을 적재할 것

② 제1항의 화물을 적재하는 경우에는 최대적재량을 초과해서는 아니 된다.

제174조【차량계 하역운반기계등의 이송】 사업주는 차량계 하역운반기계등을 이송하기 위하여 자주(自走) 또는 견인에 의하여 화물자동차에 싣거나 내리는 작업을 할 때에 발판·성토 등을 사용하는 경우에는 해당 차량계 하역운반기계등의 전도 또는 굴러 떨어짐에 의한 위험을 방지하기 위하여 다음 각 호의 사항을 준수하여야 한다. 〈개정 2019. 10.15.〉

1. 싣거나 내리는 작업은 평탄하고 견고한 장소에서 할 것
2. 발판을 사용하는 경우에는 충분한 길이·폭 및 강도를 가진 것을 사용하고 적당한 경사를 유지하기 위하여 견고하게 설치할 것
3. 가설대 등을 사용하는 경우에는 충분한 폭 및 강도와 적당한 경사를 확보할 것
4. 지정운전자의 성명·연락처 등을 보기

쉬운 곳에 표시하고 지정운전자 외에는 운전하지 않도록 할 것

제175조【주용도 외의 사용 제한】사업주는 차량계 하역운반기계등을 화물의 적재·하역 등 주된 용도에만 사용하여야 한다. 다만, 근로자가 위험해질 우려가 없는 경우에는 그러하지 아니하다.

제176조【수리 등의 작업 시 조치】사업주는 차량계 하역운반기계등의 수리 또는 부속장치의 장착 및 해체작업을 하는 경우 해당 작업의 지휘자를 지정하여 다음 각 호의 사항을 준수하도록 하여야 한다. 〈개정 2019.10.15.〉

1. 작업순서를 결정하고 작업을 지휘할 것
2. 제20조 각 호 외의 부분 단서의 안전지주 또는 안전블록 등의 사용 상황 등을 점검할 것

제177조【싣거나 내리는 작업】사업주는 차량계 하역운반기계등에 단위화물의 무게가 100킬로그램 이상인 화물을 싣는 작업(로프 걸이 작업 및 덮개 덮기 작업을 포함한다. 이하 같다) 또는 내리는 작업(로프 풀기 작업 또는 덮개 벗기기 작업을 포함한다. 이하 같다)을 하는 경우에 해당 작업의 지휘자에게 다음 각 호의 사항을 준수하도록 하여야 한다.

1. 작업순서 및 그 순서마다의 작업방법을 정하고 작업을 지휘할 것
2. 기구와 공구를 점검하고 불량품을 제거할 것
3. 해당 작업을 하는 장소에 관계 근로자가 아닌 사람이 출입하는 것을 금지할 것
4. 로프 풀기 작업 또는 덮개 벗기기 작업은 적재함의 화물이 떨어질 위험이 없음을 확인한 후에 하도록 할 것

제178조【허용하중 초과 등의 제한】① 사업주는 지게차의 허용하중(지게차의 구조, 재료 및 포크·램 등 화물을 적재하는 장치에 적재하는 화물의 중심위치에 따라 실을 수 있는 최대하중을 말한다)을 초과하여 사용해서는 아니 되며, 안전한 운행을 위한 유지·관리 및 그 밖의 사항에 대하여 해당 지게차를 제조한 자가 제공하는 제품설명서에서 정한 기준을 준수하여야 한다.

② 사업주는 구내운반차, 화물자동차를 사용할 때에는 그 최대적재량을 초과해서는 아니 된다.

제2관 지게차

제179조【전조등 등의 설치】① 사업주는 전조등과 후미등을 갖추지 아니한 지게차를 사용해서는 아니 된다. 다만, 작업을 안전하게 수행하기 위하여 필요한 조명이 확보되어 있는 장소에서 사용하는 경우에는 그러하지 아니하다. 〈개정 2019.12.26., 시행일 2021.1.16〉

② 사업주는 지게차 작업 중 근로자와 충돌할 위험이 있는 경우에는 지게차에 후진경보기와 경광등을 설치하거나 후방감지기를 설치하는 등 후방을 확인할 수 있는 조치를 해야 한다. 〈신설 2019.12.26., 시행일 2021.1.16〉

제180조【헤드가드】사업주는 다음 각 호에 따른 적합한 헤드가드(head guard)를 갖추지 아니한 지게차를 사용해서는 아니 된다. 다만, 화물의 낙하에 의하여 지게차의 운전자에게 위험을 미칠 우려가 없는 경우에는 그러하지 아니하다.(개정 2019.1.31.)

1. 강도는 지게차의 최대하중의 2배 값(4톤을 넘는 값에 대해서는 4톤으로 한다)의 등분포정하중(等分布靜荷重)에 견딜 수 있을 것
2. 상부틀의 각 개구의 폭 또는 길이가 16센티미터 미만일 것
3. 운전자가 앉아서 조작하거나 서서 조작하는 지게차의 헤드가드는 「산업표준화법」 제12조에 따른 한국산업표준에서 정하는 높이 기준 이상일 것
4. 삭제(2019.1.31.)

제181조 【백레스트】 사업주는 백레스트(backrest)를 갖추지 아니한 지게차를 사용해서는 아니 된다. 다만, 마스트의 후방에서 화물이 낙하함으로써 근로자가 위험해질 우려가 없는 경우에는 그러하지 아니하다.

제182조 【팔레트 등】 사업주는 지게차에 의한 하역운반작업에 사용하는 팔레트(pallet) 또는 스키드(skid)는 다음 각 호에 해당하는 것을 사용하여야 한다.

1. 적재하는 화물의 중량에 따른 충분한 강도를 가질 것
2. 심한 손상·변형 또는 부식이 없을 것

제183조 【좌석 안전띠의 착용 등】 ① 사업주는 앉아서 조작하는 방식의 지게차를 운전하는 근로자에게 좌석 안전띠를 착용하도록 하여야 한다.

② 제1항에 따른 지게차를 운전하는 근로자는 좌석 안전띠를 착용하여야 한다.

제3관 구내운반차

제184조 【제동장치 등】 사업주는 구내운반차(작업장내 운반을 주목적으로 하는 차량으로 한정한다)를 사용하는 경우에 다음 각 호의 사항을 준수하여야 한다.

1. 주행을 제동하거나 정지상태를 유지하기 위하여 유효한 제동장치를 갖출 것
2. 경음기를 갖출 것
3. 핸들의 중심에서 차체 바깥 측까지의 거리가 65센티미터 이상일 것
4. 운전석이 차 실내에 있는 것은 좌우에 한개씩 방향지시기를 갖출 것
5. 전조등과 후미등을 갖출 것. 다만, 작업을 안전하게 하기 위하여 필요한 조명이 있는 장소에서 사용하는 구내운반차에 대해서는 그러하지 아니하다.

제185조 【연결장치】 사업주는 구내운반차에 피견인차를 연결하는 경우에는 적합한 연결장치를 사용하여야 한다.

제4관 고소작업대

제186조 【고소작업대 설치 등의 조치】 ① 사업주는 고소작업대를 설치하는 경우에는 다음 각 호에 해당하는 것을 설치하여야 한다.

1. 작업대를 와이어로프 또는 체인으로 올리거나 내릴 경우에는 와이어로프 또는 체인이 끊어져 작업대가 떨어지지 아니하는 구조여야 하며, 와이어로프 또는 체인의 안전율은 5 이상일 것
2. 작업대를 유압에 의해 올리거나 내릴 경우에는 작업대를 일정한 위치에 유지할 수 있는 장치를 갖추고 압력의 이상저하를 방지할 수 있는 구조일 것
3. 권과방지장치를 갖추거나 압력의 이상상승을 방지할 수 있는 구조일 것
4. 붐의 최대 지면경사각을 초과 운전하

여 전도되지 않도록 할 것
5. 작업대에 정격하중(안전율 5 이상)을 표시할 것
6. 작업대에 끼임·충돌 등 재해를 예방하기 위한 가드 또는 과상승방지장치를 설치할 것
7. 조작반의 스위치는 눈으로 확인할 수 있도록 명칭 및 방향표시를 유지할 것

② 사업주는 고소작업대를 설치하는 경우에는 다음 각 호의 사항을 준수하여야 한다.
1. 바닥과 고소작업대는 가능하면 수평을 유지하도록 할 것
2. 갑작스러운 이동을 방지하기 위하여 아웃트리거 또는 브레이크 등을 확실히 사용할 것

③ 사업주는 고소작업대를 이동하는 경우에는 다음 각 호의 사항을 준수하여야 한다.
1. 작업대를 가장 낮게 내릴 것
2. 작업대를 올린 상태에서 작업자를 태우고 이동하지 말 것. 다만, 이동 중 전도 등의 위험예방을 위하여 유도하는 사람을 배치하고 짧은 구간을 이동하는 경우에는 그러하지 아니하다.
3. 이동통로의 요철상태 또는 장애물의 유무 등을 확인할 것

④ 사업주는 고소작업대를 사용하는 경우에는 다음 각 호의 사항을 준수하여야 한다.
1. 작업자가 안전모·안전대 등의 보호구를 착용하도록 할 것
2. 관계자가 아닌 사람이 작업구역에 들어오는 것을 방지하기 위하여 필요한 조치를 할 것
3. 안전한 작업을 위하여 적정수준의 조도를 유지할 것
4. 전로(電路)에 근접하여 작업을 하는 경우에는 작업감시자를 배치하는 등 감전사고를 방지하기 위하여 필요한 조치를 할 것
5. 작업대를 정기적으로 점검하고 붐·작업대 등 각 부위의 이상 유무를 확인할 것
6. 전환스위치는 다른 물체를 이용하여 고정하지 말 것
7. 작업대는 정격하중을 초과하여 물건을 싣거나 탑승하지 말 것
8. 작업대의 붐대를 상승시킨 상태에서 탑승자는 작업대를 벗어나지 말 것. 다만, 작업대에 안전대 부착설비를 설치하고 안전대를 연결하였을 때에는 그러하지 아니하다.

제5관 화물자동차

제187조【승강설비】 사업주는 바닥으로부터 짐 윗면까지의 높이가 2미터 이상인 화물자동차에 짐을 싣는 작업 또는 내리는 작업을 하는 경우에는 근로자의 추가 위험을 방지하기 위하여 해당 작업에 종사하는 근로자가 바닥과 적재함의 짐 윗면 간을 안전하게 오르내리기 위한 설비를 설치하여야 한다.

제188조【꼬임이 끊어진 섬유로프 등의 사용 금지】 사업주는 다음 각 호의 어느 하나에 해당하는 섬유로프 등을 화물자동차의 짐걸이로 사용해서는 아니 된다.
1. 꼬임이 끊어진 것
2. 심하게 손상되거나 부식된 것

제189조【섬유로프 등의 점검 등】 ① 사업주는 섬유로프 등을 화물자동차의 짐

걸이에 사용하는 경우에는 해당 작업을 시작하기 전에 다음 각 호의 조치를 하여야 한다.

1. 작업순서와 순서별 작업방법을 결정하고 작업을 직접 지휘하는 일
2. 기구와 공구를 점검하고 불량품을 제거하는 일
3. 해당 작업을 하는 장소에 관계 근로자가 아닌 사람의 출입을 금지하는 일
4. 로프 풀기 작업 및 덮개 벗기기 작업을 하는 경우에는 적재함의 화물에 낙하 위험이 없음을 확인한 후에 해당 작업의 착수를 지시하는 일

② 사업주는 제1항에 따른 섬유로프 등에 대하여 이상 유무를 점검하고 이상이 발견된 섬유로프 등을 교체하여야 한다.

제190조【화물 중간에서 빼내기 금지】 사업주는 화물자동차에서 화물을 내리는 작업을 하는 경우에는 그 작업을 하는 근로자에게 쌓여있는 화물의 중간에서 화물을 빼내도록 해서는 아니 된다.

제11절 컨베이어

제191조【이탈 등의 방지】 사업주는 컨베이어, 이송용 롤러 등(이하 "컨베이어등"이라 한다)을 사용하는 경우에는 정전·전압강하 등에 따른 화물 또는 운반구의 이탈 및 역주행을 방지하는 장치를 갖추어야 한다. 다만, 무동력상태 또는 수평상태로만 사용하여 근로자가 위험해질 우려가 없는 경우에는 그러하지 아니하다.

제192조【비상정지장치】 사업주는 컨베이어등에 해당 근로자의 신체의 일부가 말려드는 등 근로자가 위험해질 우려가 있는 경우 및 비상시에는 즉시 컨베이어등의 운전을 정지시킬 수 있는 장치를 설치하여야 한다. 다만, 무동력상태로만 사용하여 근로자가 위험해질 우려가 없는 경우에는 그러하지 아니하다.

제193조【낙하물에 의한 위험 방지】 사업주는 컨베이어등으로부터 화물이 떨어져 근로자가 위험해질 우려가 있는 경우에는 해당 컨베이어등에 덮개 또는 울을 설치하는 등 낙하 방지를 위한 조치를 하여야 한다.

제194조【트롤리 컨베이어】 사업주는 트롤리 컨베이어(trolley conveyor)를 사용하는 경우에는 트롤리와 체인·행거(hanger)가 쉽게 벗겨지지 않도록 서로 확실하게 연결하여 사용하도록 하여야 한다.

제195조【통행의 제한 등】 ① 사업주는 운전 중인 컨베이어등의 위로 근로자를 넘어가도록 하는 경우에는 위험을 방지하기 위하여 건널다리를 설치하는 등 필요한 조치를 하여야 한다.

② 사업주는 동일선상에 구간별 설치된 컨베이어에 중량물을 운반하는 경우에는 중량물 충돌에 대비한 스토퍼를 설치하거나 작업자 출입을 금지하여야 한다.

제12절 건설기계 등

제1관 차량계 건설기계 등

제196조【차량계 건설기계의 정의】 "차량계 건설기계"란 동력원을 사용하여 특정되지 아니한 장소로 스스로 이동할 수 있는 건설기계로서 별표 6에서 정한

기계를 말한다

제197조【전조등의 설치】사업주는 차량계 건설기계에 전조등을 갖추어야 한다. 다만, 작업을 안전하게 수행하기 위하여 필요한 조명이 있는 장소에서 사용하는 경우에는 그러하지 아니하다.

제198조【헤드가드】사업주는 암석이 떨어질 우려가 있는 등 위험한 장소에서 차량계 건설기계〔(불도저, 트랙터, 쇼벨(shovel), 로더(loader), 파우더 쇼벨(powder shovel) 및 드래그 쇼벨(drag shovel)로 한정한다)〕를 사용하는 경우에는 해당 차량계 건설기계에 견고한 헤드가드를 갖추어야 한다.

제199조【전도 등의 방지】사업주는 차량계 건설기계를 사용하는 작업할 때에 그 기계가 넘어지거나 굴러떨어짐으로써 근로자가 위험해질 우려가 있는 경우에는 유도하는 사람을 배치하고 지반의 부동침하 방지, 갓길의 붕괴 방지 및 도로 폭의 유지 등 필요한 조치를 하여야 한다.

제200조【접촉 방지】① 사업주는 차량계 건설기계를 사용하여 작업을 하는 경우에는 운전 중인 해당 차량계 건설기계에 접촉되어 근로자가 부딪칠 위험이 있는 장소에 근로자를 출입시켜서는 아니 된다. 다만, 유도자를 배치하고 해당 차량계 건설기계를 유도하는 경우에는 그러하지 아니하다.

② 차량계 건설기계의 운전자는 제1항 단서의 유도자가 유도하는 대로 따라야 한다.

제201조【차량계 건설기계의 이송】사업주는 차량계 건설기계를 이송하기 위하여 자주 또는 견인에 의하여 화물자동차 등에 싣거나 내리는 작업을 할 때에 발판·성토 등을 사용하는 경우에는 해당 차량계 건설기계의 전도 또는 굴러 떨어짐에 의한 위험을 방지하기 위하여 다음 각 호의 사항을 준수하여야 한다. 〈개정 2019.10.15.〉

1. 싣거나 내리는 작업은 평탄하고 견고한 장소에서 할 것
2. 발판을 사용하는 경우에는 충분한 길이·폭 및 강도를 가진 것을 사용하고 적당한 경사를 유지하기 위하여 견고하게 설치할 것
3. 마대·가설대 등을 사용하는 경우에는 충분한 폭 및 강도와 적당한 경사를 확보할 것

제202조【승차석 외의 탑승금지】사업주는 차량계 건설기계를 사용하여 작업을 하는 경우 승차석이 아닌 위치에 근로자를 탑승시켜서는 아니 된다.

제203조【안전도 등의 준수】사업주는 차량계 건설기계를 사용하여 작업을 하는 경우 그 차량계 건설기계가 넘어지거나 붕괴될 위험 또는 붐·암 등 작업장치가 파괴될 위험을 방지하기 위하여 그 기계의 구조 및 사용상 안전도 및 최대사용하중을 준수하여야 한다.

제204조【주용도 외의 사용 제한】사업주는 차량계 건설기계를 그 기계의 주된 용도에만 사용하여야 한다. 다만, 근로자가 위험해질 우려가 없는 경우에는 그러하지 아니하다.

제205조【붐 등의 강하에 의한 위험 방지】사업주는 차량계 건설기계의 붐·암 등을 올리고 그 밑에서 수리·점검작업 등을 하는 경우 붐·암 등이 갑자기 내려옴으로써 발생하는 위험을 방지하기 위하여 해당 작업에 종사하는 근로자에게

안전지주 또는 안전블록 등을 사용하도록 하여야 한다.

제206조【수리 등의 작업 시 조치】 사업주는 차량계 건설기계의 수리나 부속장치의 장착 및 제거작업을 하는 경우 그 작업을 지휘하는 사람을 지정하여 다음 각 호의 사항을 준수하도록 하여야 한다. 〈개정 2019.10.15.〉

1. 작업순서를 결정하고 작업을 지휘할 것
2. 제205조의 안전지주 또는 안전블록 등의 사용상황 등을 점검할 것

제2관 항타기 및 항발기

제207조【조립 시 점검】 ① 사업주는 항타기 또는 항발기를 조립하는 경우 다음 각 호의 사항을 점검하여야 한다.

1. 본체 연결부의 풀림 또는 손상의 유무
2. 권상용 와이어로프·드럼 및 도르래의 부착상태의 이상 유무
3. 권상장치의 브레이크 및 쐐기장치 기능의 이상 유무
4. 권상기의 설치상태의 이상 유무
5. 버팀의 방법 및 고정상태의 이상 유무

제208조【강도 등】 사업주는 동력을 사용하는 항타기 및 항발기(불특정장소에서 사용하는 자주식은 제외한다)의 본체·부속장치 및 부속품은 다음 각 호에 해당하는 것을 사용하여야 한다.

1. 적합한 강도를 가질 것
2. 심한 손상·마모·변형 또는 부식이 없을 것

제209조【무너짐의 방지】 사업주는 동력을 사용하는 항타기 또는 항발기에 대하여 무너짐을 방지하기 위하여 다음 각 호의 사항을 준수하여야 한다.(개정 2019.1.31.)

1. 연약한 지반에 설치하는 경우에는 각부(脚部)나 가대(架臺)의 침하를 방지하기 위하여 깔판·깔목 등을 사용할 것
2. 시설 또는 가설물 등에 설치하는 경우에는 그 내력을 확인하고 내력이 부족하면 그 내력을 보강할 것
3. 각부나 가대가 미끄러질 우려가 있는 경우에는 말뚝 또는 쐐기 등을 사용하여 각부나 가대를 고정시킬 것
4. 궤도 또는 차로 이동하는 항타기 또는 항발기에 대해서는 불시에 이동하는 것을 방지하기 위하여 레일 클램프(rail clamp) 및 쐐기 등으로 고정시킬 것
5. 버팀대만으로 상단부분을 안정시키는 경우에는 버팀대는 3개 이상으로 하고 그 하단 부분은 견고한 버팀·말뚝 또는 철골 등으로 고정시킬 것
6. 버팀줄만으로 상단 부분을 안정시키는 경우에는 버팀줄을 3개 이상으로 하고 같은 간격으로 배치할 것
7. 평형추를 사용하여 안정시키는 경우에는 평형추의 이동을 방지하기 위하여 가대에 견고하게 부착시킬 것

제210조【이음매가 있는 권상용 와이어로프의 사용 금지】 사업주는 항타기 또는 항발기의 권상용 와이어로프로 제166조 각 호의 어느 하나에 해당하는 것을 사용해서는 아니 된다.

제211조【권상용 와이어로프의 안전계수】 사업주는 항타기 또는 항발기의 권상용 와이어로프의 안전계수가 5 이상이 아니면 이를 사용해서는 아니 된다.

제212조【권상용 와이어로프의 길이 등】 사업주는 항타기 또는 항발기에 권상용 와이어로프를 사용하는 경우에 다

음 각 호의 사항을 준수하여야 한다.

1. 권상용 와이어로프는 추 또는 해머가 최저의 위치에 있을 때 또는 널말뚝을 빼내기 시작할 때를 기준으로 권상장치의 드럼에 적어도 2회 감기고 남을 수 있는 충분한 길이일 것
2. 권상용 와이어로프는 권상장치의 드럼에 클램프·클립 등을 사용하여 견고하게 고정할 것
3. 항타기의 권상용 와이어로프에서 추·해머 등과의 연결은 클램프·클립 등을 사용하여 견고하게 할 것

제213조 【널말뚝 등과의 연결】 사업주는 항발기의 권상용 와이어로프·도르래 등은 충분한 강도가 있는 샤클·고정철물 등을 사용하여 말뚝·널말뚝 등과 연결시켜야 한다.

제214조 【브레이크의 부착 등】 사업주는 항타기 또는 항발기에 사용하는 권상기에 쐐기장치 또는 역회전방지용 브레이크를 부착하여야 한다.

제215조 【권상기의 설치】 사업주는 항타기나 항발기의 권상기가 들리거나 미끄러지거나 흔들리지 않도록 설치하여야 한다.

제216조 【도르래의 부착 등】 ① 사업주는 항타기나 항발기에 도르래나 도르래뭉치를 부착하는 경우에는 부착부가 받는 하중에 의하여 파괴될 우려가 없는 브라켓·샤클 및 와이어로프 등으로 견고하게 부착하여야 한다.

② 사업주는 항타기 또는 항발기의 권상장치의 드럼축과 권상장치로부터 첫 번째 도르래의 축 간의 거리를 권상장치 드럼폭의 15배 이상으로 하여야 한다.

③ 제2항의 도르래는 권상장치의 드럼 중심을 지나야 하며 축과 수직면상에 있어야 한다.

④ 항타기나 항발기의 구조상 권상용 와이어로프가 꼬일 우려가 없는 경우에는 제2항과 제3항을 적용하지 아니한다.

제217조 【사용 시의 조치 등】 ① 사업주는 증기나 압축공기를 동력원으로 하는 항타기나 항발기를 사용하는 경우에는 다음 각 호의 사항을 준수하여야 한다.

1. 해머의 운동에 의하여 증기호스 또는 공기호스와 해머의 접속부가 파손되거나 벗겨지는 것을 방지하기 위하여 그 접속부가 아닌 부위를 선정하여 증기호스 또는 공기호스를 해머에 고정시킬 것
2. 증기나 공기를 차단하는 장치를 해머의 운전자가 쉽게 조작할 수 있는 위치에 설치할 것

② 사업주는 항타기나 항발기의 권상장치의 드럼에 권상용 와이어로프가 꼬인 경우에는 와이어로프에 하중을 걸어서는 아니 된다.

③ 사업주는 항타기나 항발기의 권상장치에 하중을 건 상태로 정지하여 두는 경우에는 쐐기장치 또는 역회전방지용 브레이크를 사용하여 제동하는 등 확실하게 정지시켜 두어야 한다.

제218조 【말뚝 등을 끌어올릴 경우의 조치】 ① 사업주는 항타기를 사용하여 말뚝 및 널말뚝 등을 끌어올리는 경우에는 그 훅 부분이 드럼 또는 도르래의 바로 아래에 위치하도록 하여 끌어올려야 한다.

② 항타기에 체인블록 등의 장치를 부착하여 말뚝 또는 널말뚝 등을 끌어 올리는 경우에는 제1항을 준용한다.

제219조 【버팀줄을 늦추는 경우의 조치】 사업주는 항타기나 항발기의 버팀줄(임시 버팀선을 포함한다)을 늦추는 경우 버팀줄을 조정하는 근로자가 지지할 수

있는 한도를 초과하는 하중이 걸리지 않도록 장력조절블록 또는 윈치를 사용하는 등 안전한 방법으로 하여야 한다.

제220조【항타기 등의 이동】사업주는 두 개의 지주 등으로 지지하는 항타기 또는 항발기를 이동시키는 경우에는 이들 각 부위를 당김으로 인하여 항타기 또는 항발기가 넘어지는 것을 방지하기 위하여 반대측에서 윈치로 장력와이어로프를 사용하여 확실히 제동하여야 한다.

제221조【가스배관 등의 손상 방지】사업주는 항타기를 사용하여 작업할 때에 가스배관, 지중전선로 및 그 밖의 지하공작물의 손상으로 근로자가 위험에 처할 우려가 있는 경우에는 미리 작업장소에 가스배관·지중전선로 등이 있는지를 조사하여 이전 설치나 매달기 보호 등의 조치를 하여야 한다.

제13절 산업용 로봇

제222조【교시 등】사업주는 산업용 로봇(이하 "로봇"이라 한다)의 작동범위에서 해당 로봇에 대하여 교시(教示) 등[매니퓰레이터(manipulator)의 작동순서, 위치·속도의 설정·변경 또는 그 결과를 확인하는 것을 말한다. 이하 같다]의 작업을 하는 경우에는 해당 로봇의 예기치 못한 작동 또는 오(誤)조작에 의한 위험을 방지하기 위하여 다음 각 호의 조치를 하여야 한다. 다만, 로봇의 구동원을 차단하고 작업을 하는 경우에는 제2호와 제3호의 조치를 하지 아니할 수 있다. 〈개정 2016.4.7〉

1. 다음 각 목의 사항에 관한 지침을 정하고 그 지침에 따라 작업을 시킬 것
 가. 로봇의 조작방법 및 순서
 나. 작업 중의 매니퓰레이터의 속도
 다. 2명 이상의 근로자에게 작업을 시킬 경우의 신호방법
 라. 이상을 발견한 경우의 조치
 마. 이상을 발견하여 로봇의 운전을 정지시킨 후 이를 재가동시킬 경우의 조치
 바. 그 밖에 로봇의 예기치 못한 작동 또는 오조작에 의한 위험을 방지하기 위하여 필요한 조치
2. 작업에 종사하고 있는 근로자 또는 그 근로자를 감시하는 사람은 이상을 발견하면 즉시 로봇의 운전을 정지시키기 위한 조치를 할 것
3. 작업을 하고 있는 동안 로봇의 기동스위치 등에 작업 중이라는 표시를 하는 등 작업에 종사하고 있는 근로자가 아닌 사람이 그 스위치 등을 조작할 수 없도록 필요한 조치를 할 것

제223조【운전 중 위험 방지】사업주는 로봇의 운전(제222조에 따른 교시 등을 위한 로봇의 운전과 제224조 단서에 따른 로봇의 운전은 제외한다)으로 인하여 근로자에게 발생할 수 있는 부상 등의 위험을 방지하기 위하여 높이 1.8미터 이상의 울타리(로봇의 가동범위 등을 고려하여 높이로 인한 위험성이 없는 경우에는 높이를 그 이하로 조절할 수 있다)를 설치하여야 하며, 컨베이어 시스템의 설치 등으로 울타리를 설치할 수 없는 일부 구간에 대해서는 안전매트 또는 광전자식 방호장치 등 감응형(感應形) 방호장치를 설치하여야 한다. 다만, 고용노동부장관이 해당 로봇의 안전기준이 「산업표준화법」 제12조에 따른 한국산업표준에서 정하고 있는 안전기준 또는 국제적으로 통용되는 안전기준에 부합한다고 인정하는 경우에는 본문에 따른 조치를 하지 아니할 수 있다.

〈개정 2018.8.14.〉

제224조【수리 등 작업 시의 조치 등】 사업주는 로봇의 작동범위에서 해당 로봇의 수리·검사·조정(교시 등에 해당하는 것은 제외한다)·청소·급유 또는 결과에 대한 확인작업을 하는 경우에는 해당 로봇의 운전을 정지함과 동시에 그 작업을 하고 있는 동안 로봇의 기동스위치를 열쇠로 잠근 후 열쇠를 별도 관리하거나 해당 로봇의 기동스위치에 작업 중이란 내용의 표지판을 부착하는 등 해당 작업에 종사하고 있는 근로자가 아닌 사람이 해당 기동스위치를 조작할 수 없도록 필요한 조치를 하여야 한다. 다만, 로봇의 운전 중에 작업을 하지 아니하면 안되는 경우로서 해당 로봇의 예기치 못한 작동 또는 오조작에 의한 위험을 방지하기 위하여 제222조 각 호의 조치를 한 경우에는 그러하지 아니하다.

제2장 폭발·화재 및 위험물누출에 의한 위험방지

제1절 위험물 등의 취급 등

제225조【위험물질 등의 제조 등 작업 시의 조치】 사업주는 별표 1의 위험물질(이하 "위험물"이라 한다)을 제조하거나 취급하는 경우에 폭발·화재 및 누출을 방지하기 위한 적절한 방호조치를 하지 아니하고 다음 각 호의 행위를 해서는 아니 된다.

1. 폭발성 물질, 유기과산화물을 화기나 그 밖에 점화원이 될 우려가 있는 것에 접근시키거나 가열하거나 마찰시키거나 충격을 가하는 행위
2. 물반응성 물질, 인화성 고체를 각각 그 특성에 따라 화기나 그 밖에 점화원이 될 우려가 있는 것에 접근시키거나 발화를 촉진하는 물질 또는 물에 접촉시키거나 가열하거나 마찰시키거나 충격을 가하는 행위
3. 산화성 액체·산화성 고체를 분해가 촉진될 우려가 있는 물질에 접촉시키거나 가열하거나 마찰시키거나 충격을 가하는 행위
4. 인화성 액체를 화기나 그 밖에 점화원이 될 우려가 있는 것에 접근시키거나 주입 또는 가열하거나 증발시키는 행위
5. 인화성 가스를 화기나 그 밖에 점화원이 될 우려가 있는 것에 접근시키거나 압축·가열 또는 주입하는 행위
6. 부식성 물질 또는 급성 독성물질을 누출시키는 등으로 인체에 접촉시키는 행위
7. 위험물을 제조하거나 취급하는 설비가 있는 장소에 인화성 가스 또는 산화성 액체 및 산화성 고체를 방치하는 행위

제226조【물과의 접촉 금지】 사업주는 별표 1 제2호의 물반응성 물질·인화성 고체를 취급하는 경우에는 물과의 접촉을 방지하기 위하여 완전 밀폐된 용기에 저장 또는 취급하거나 빗물 등이 스며들지 아니하는 건축물 내에 보관 또는 취급하여야 한다.

제227조【호스 등을 사용한 인화성 액체 등의 주입】 사업주는 위험물을 액체 상태에서 호스 또는 배관 등을 사용하여 별표 7의 화학설비, 탱크로리, 드럼 등에 주입하는 작업을 하는 경우에는 그 호스 또는 배관 등의 결합부를 확실히

연결하고 누출이 없는지를 확인한 후에 작업을 하여야 한다.

제228조【가솔린이 남아 있는 설비에 등유 등의 주입】 사업주는 별표 7의 화학설비로서 가솔린이 남아 있는 화학설비(위험물을 저장하는 것으로 한정한다. 이하 이 조와 제229조에서 같다), 탱크로리, 드럼 등에 등유나 경유를 주입하는 작업을 하는 경우에는 미리 그 내부를 깨끗하게 씻어내고 가솔린의 증기를 불활성 가스로 바꾸는 등 안전한 상태로 되어 있는지를 확인한 후에 그 작업을 하여야 한다. 다만, 다음 각 호의 조치를 하는 경우에는 그러하지 아니하다.

1. 등유나 경유를 주입하기 전에 탱크·드럼 등과 주입설비 사이에 접속선이나 접지선을 연결하여 전위차를 줄이도록 할 것
2. 등유나 경유를 주입하는 경우에는 그 액표면의 높이가 주입관의 선단의 높이를 넘을 때까지 주입속도를 초당 1미터 이하로 할 것

제229조【산화에틸렌 등의 취급】 ① 사업주는 산화에틸렌, 아세트알데히드 또는 산화프로필렌을 별표 7의 화학설비, 탱크로리, 드럼 등에 주입하는 작업을 하는 경우에는 미리 그 내부의 불활성가스가 아닌 가스나 증기를 불활성가스로 바꾸는 등 안전한 상태로 되어 있는지를 확인한 후에 해당 작업을 하여야 한다.

② 사업주는 산화에틸렌, 아세트알데히드 또는 산화프로필렌을 별표 7의 화학설비, 탱크로리, 드럼 등에 저장하는 경우에는 항상 그 내부의 불활성가스가 아닌 가스나 증기를 불활성가스로 바꾸어 놓는 상태에서 저장하여야 한다.

제230조【폭발위험이 있는 장소의 설정 및 관리】 ① 사업주는 다음 각 호의 장소에 대하여 폭발위험장소의 구분도(區分圖)를 작성하는 경우에는 「산업표준화법」에 따른 한국산업표준으로 정하는 기준에 따라 가스폭발 위험장소 또는 분진폭발 위험장소로 설정하여 관리하여야 한다.

1. 인화성 액체의 증기나 인화성 가스 등을 제조·취급 또는 사용하는 장소
2. 인화성 고체를 제조·사용하는 장소

② 사업주는 제1항에 따른 폭발위험장소의 구분도를 작성·관리하여야 한다.

제231조【인화성 액체 등을 수시로 취급하는 장소】 ① 사업주는 인화성 액체, 인화성 가스 등을 수시로 취급하는 장소에서는 환기가 충분하지 않은 상태에서 전기기계·기구를 작동시켜서는 아니 된다.

② 사업주는 수시로 밀폐된 공간에서 스프레이 건을 사용하여 인화성 액체로 세척·도장 등의 작업을 하는 경우에는 다음 각 호의 조치를 하고 전기기계·기구를 작동시켜야 한다.

1. 인화성 액체, 인화성 가스 등으로 폭발위험 분위기가 조성되지 않도록 해당 물질의 공기 중 농도가 인화하한계값의 25퍼센트를 넘지 않도록 충분히 환기를 유지할 것
2. 조명등은 고무, 실리콘 등의 패킹이나 실링재료를 사용하여 완전히 밀봉할 것
3. 가열성 전기기계·기구를 사용하는 경우에는 세척 또는 도장용 스프레이 건과 동시에 작동되지 않도록 연동장치

등의 조치를 할 것
4. 방폭구조 외의 스위치와 콘센트 등의 전기기기는 밀폐 공간 외부에 설치되어 있을 것

③ 사업주는 제1항과 제2항에도 불구하고 방폭성능을 갖는 전기기계·기구에 대해서는 제1항의 상태 및 제2항 각 호의 조치를 하지 아니한 상태에서도 작동시킬 수 있다.

제232조【폭발 또는 화재 등의 예방】① 사업주는 인화성 액체의 증기, 인화성 가스 또는 인화성 고체가 존재하여 폭발이나 화재가 발생할 우려가 있는 장소에서 해당 증기·가스 또는 분진에 의한 폭발 또는 화재를 예방하기 위하여 통풍·환기 및 분진 제거 등의 조치를 하여야 한다.

② 사업주는 제1항에 따른 증기나 가스에 의한 폭발이나 화재를 미리 감지하기 위하여 가스 검지 및 경보 성능을 갖춘 가스 검지 및 경보 장치를 설치하여야 한다. 다만, 「산업표준화법」의 한국산업표준에 따른 0종 또는 1종 폭발위험장소에 해당하는 경우로서 제311조에 따라 방폭구조 전기기계·기구를 설치한 경우에는 그러하지 아니하다.

제233조【가스용접 등의 작업】사업주는 인화성 가스, 불활성 가스 및 산소(이하 "가스등"이라 한다)를 사용하여 금속의 용접·용단 또는 가열작업을 하는 경우에는 가스등의 누출 또는 방출로 인한 폭발·화재 또는 화상을 예방하기 위하여 다음 각 호의 사항을 준수하여야 한다.
1. 가스등의 호스와 취관(吹管)은 손상·마모 등에 의하여 가스등이 누출할 우려가 없는 것을 사용할 것
2. 가스등의 취관 및 호스의 상호 접촉부분은 호스밴드, 호스클립 등 조임기구를 사용하여 가스등이 누출되지 않도록 할 것
3. 가스등의 호스에 가스등을 공급하는 경우에는 미리 그 호스에서 가스등이 방출되지 않도록 필요한 조치를 할 것
4. 사용 중인 가스등을 공급하는 공급구의 밸브나 콕에는 그 밸브나 콕에 접속된 가스등의 호스를 사용하는 사람의 명찰을 붙이는 등 가스등의 공급에 대한 오조작을 방지하기 위한 표시를 할 것
5. 용단작업을 하는 경우에는 취관으로부터 산소의 과잉방출로 인한 화상을 예방하기 위하여 근로자가 조절밸브를 서서히 조작하도록 주지시킬 것
6. 작업을 중단하거나 마치고 작업장소를 떠날 경우에는 가스등의 공급구의 밸브나 콕을 잠글 것
7. 가스등의 분기관은 전용 접속기구를 사용하여 불량체결을 방지하여야 하며, 서로 이어지지 않는 구조의 접속기구 사용, 서로 다른 색상의 배관·호스의 사용 및 꼬리표 부착 등을 통하여 서로 다른 가스배관과의 불량체결을 방지할 것

제234조【가스등의 용기】사업주는 금속의 용접·용단 또는 가열에 사용되는 가스등의 용기를 취급하는 경우에 다음 각 호의 사항을 준수하여야 한다.
1. 다음 각 목의 어느 하나에 해당하는 장소에서 사용하거나 해당 장소에 설치·저장 또는 방치하지 않도록 할 것
   가. 통풍이나 환기가 불충분한 장소

나. 화기를 사용하는 장소 및 그 부근
다. 위험물 또는 제236조에 따른 인화성 액체를 취급하는 장소 및 그 부근
2. 용기의 온도를 섭씨 40도 이하로 유지할 것
3. 전도의 위험이 없도록 할 것
4. 충격을 가하지 않도록 할 것
5. 운반하는 경우에는 캡을 씌울 것
6. 사용하는 경우에는 용기의 마개에 부착되어 있는 유류 및 먼지를 제거할 것
7. 밸브의 개폐는 서서히 할 것
8. 사용 전 또는 사용 중인 용기와 그 밖의 용기를 명확히 구별하여 보관할 것
9. 용해아세틸렌의 용기는 세워 둘 것
10. 용기의 부식·마모 또는 변형상태를 점검한 후 사용할 것

제235조【서로 다른 물질의 접촉에 의한 발화 등의 방지】사업주는 서로 다른 물질끼리 접촉함으로 인하여 해당 물질이 발화하거나 폭발할 위험이 있는 경우에는 해당 물질을 가까이 저장하거나 동일한 운반기에 적재해서는 아니 된다. 다만, 접촉방지를 위한 조치를 한 경우에는 그러하지 아니하다.

제236조【화재 위험이 있는 작업의 장소 등】① 사업주는 합성섬유·합성수지·면·양모·천조각·톱밥·짚·종이류 또는 인화성이 있는 액체(1기압에서 인화점이 섭씨 250도 미만의 액체를 말한다)를 다량으로 취급하는 작업을 하는 장소·설비 등은 화재예방을 위하여 적절한 배치 구조로 하여야 한다.〈개정 2019. 12.26.〉

② 사업주는 근로자에게 용접·용단 및 금속의 가열 등 화기를 사용하는 작업이나 연삭숫돌에 의한 건식연마작업 등 그 밖에 불꽃이 발생될 우려가 있는 작업(이하 "화재위험작업"이라 한다)을 하도록 하는 경우 제1항에 따른 물질을 화재위험이 없는 장소에 별도로 보관·저장해야 하며, 작업장 내부에는 해당 작업에 필요한 양만 두어야 한다. 〈신설 2019.12.26.〉

제237조【자연발화의 방지】사업주는 질화면, 알킬알루미늄 등 자연발화의 위험이 있는 물질을 쌓아 두는 경우 위험한 온도로 상승하지 못하도록 화재예방을 위한 조치를 하여야 한다.

제238조【유류 등이 묻어 있는 걸레 등의 처리】사업주는 기름 또는 인쇄용 잉크류 등이 묻은 천조각이나 휴지 등은 뚜껑이 있는 불연성 용기에 담아 두는 등 화재예방을 위한 조치를 하여야 한다.

제2절 화기 등의 관리

제239조【위험물 등이 있는 장소에서 화기 등의 사용 금지】사업주는 위험물이 있어 폭발이나 화재가 발생할 우려가 있는 장소 또는 그 상부에서 불꽃이나 아크를 발생하거나 고온으로 될 우려가 있는 화기·기계·기구 및 공구 등을 사용해서는 아니 된다.

제240조【유류 등이 있는 배관이나 용기의 용접 등】사업주는 위험물, 위험물 외의 인화성 유류 또는 인화성 고체가 있을 우려가 있는 배관·탱크 또는 드럼 등의 용기에 대하여 미리 위험물 외의 인화성 유류, 인화성 고체 또는 위험물을 제거하는 등 폭발이나 화재의 예방을 위한 조치를 한 후가 아니면 화재위

험작업을 시켜서는 아니 된다. 〈개정 2019.12.26.〉

제241조 【화재위험작업시의 준수사항】 ① 사업주는 통풍이나 환기가 충분하지 않은 장소에서 화재위험작업을 하는 경우에는 통풍 또는 환기를 위하여 산소를 사용해서는 아니 된다.〈개정2017.3.3.〉

② 사업주는 가연성물질이 있는 장소에서 화재위험작업을 하는 경우에는 화재예방에 필요한 다음 각 호의 사항을 준수하여야 한다. 〈개정 2019.12.26.〉

1. 작업 준비 및 작업 절차 수립
2. 작업장 내 위험물의 사용·보관 현황 파악
3. 화기작업에 따른 인근 가연성물질에 대한 방호조치 및 소화기구 비치
4. 용접불티 비산방지덮개, 용접방화포 등 불꽃, 불티 등 비산방지조치
5. 인화성 액체의 증기 및 인화성 가스가 남아 있지 않도록 환기 등의 조치
6. 작업근로자에 대한 화재예방 및 피난교육 등 비상조치

③ 사업주는 작업시작 전에 제2항 각 호의 사항을 확인하고 불꽃·불티 등의 비산을 방지하기 위한 조치 등 안전조치를 이행한 후 근로자에게 화재위험작업을 하도록 해야 한다. 〈신설 2019.12.26.〉

④ 사업주는 화재위험작업이 시작되는 시점부터 종료 될 때까지 작업내용, 작업일시, 안전점검 및 조치에 관한 사항 등을 해당 작업장소에 서면으로 게시해야 한다. 다만, 같은 장소에서 상시·반복적으로 화재위험작업을 하는 경우에는 생략할 수 있다. 〈신설 2019.12.26.〉

제241조의2 【화재감시자】 ① 사업주는 근로자에게 다음 각 호의 어느 하나에 해당하는 장소에서 용접·용단 작업을 하도록 하는 경우에는 화재의 위험을 감시하고 화재 발생 시 사업장 내 근로자의 대피를 유도하는 업무만을 담당하는 화재감시자를 지정하여 용접·용단 작업 장소에 배치하여야 한다. 다만, 같은 장소에서 상시·반복적으로 용접·용단작업을 할 때 경보용 설비·기구, 소화설비 또는 소화기가 갖추어진 경우에는 화재감시자를 지정·배치하지 않을 수 있다. 〈개정 2019.12.26.〉

1. 작업반경 11미터 이내에 건물구조 자체나 내부(개구부 등으로 개방된 부분을 포함한다)에 가연성물질이 있는 장소
2. 작업반경 11미터 이내의 바닥 하부에 가연성물질이 11미터 이상 떨어져 있지만 불꽃에 의해 쉽게 발화될 우려가 있는 장소
3. 가연성물질이 금속으로 된 칸막이·벽·천장 또는 지붕의 반대쪽 면에 인접해 있어 열전도나 열복사에 의해 발화될 우려가 있는 장소

② 사업주는 제1항에 따라 배치된 화재감시자에게 업무 수행에 필요한 확성기, 휴대용 조명기구 및 방연마스크 등 대피용 방연장비를 지급하여야 한다.

〔본조신설 2017.3.3.〕

제242조 【화기사용 금지】 사업주는 화재 또는 폭발의 위험이 있는 장소에 화기의 사용을 금지하여야 한다.

제243조 【소화설비】 ① 사업주는 건축물, 별표 7의 화학설비 또는 제5절의 위험물 건조설비가 있는 장소, 그 밖에 위험물이 아닌 인화성 유류 등 폭발이나 화재의 원인이 될 우려가 있는 물질

을 취급하는 장소(이하 이 조에서 "건축물등"이라 한다)에는 소화설비를 설치하여야 한다.

② 제1항의 소화설비는 건축물등의 규모·넓이 및 취급하는 물질의 종류 등에 따라 예상되는 폭발이나 화재를 예방하기에 적합하여야 한다.

제244조 【방화조치】 사업주는 화로, 가열로, 가열장치, 소각로, 철제굴뚝, 그 밖에 화재를 일으킬 위험이 있는 설비 및 건축물과 그 밖에 인화성 액체와의 사이에는 방화에 필요한 안전거리를 유지하거나 불연성 물체를 차열(遮熱)재료로 하여 방호하여야 한다.

제245조 【화기사용 장소의 화재 방지】 ① 사업주는 흡연장소 및 난로 등 화기를 사용하는 장소에 화재예방에 필요한 설비를 하여야 한다.

② 화기를 사용한 사람은 불티가 남지 않도록 뒤처리를 확실하게 하여야 한다.

제246조 【소각장】 사업주는 소각장을 설치하는 경우 화재가 번질 위험이 없는 위치에 설치하거나 불연성 재료로 설치하여야 한다.

제3절 용융고열물 등에 의한 위험예방

제247조 【고열물 취급설비의 구조】 사업주는 화로 등 다량의 고열물을 취급하는 설비에 대하여 화재를 예방하기 위한 구조로 하여야 한다.

제248조 【용융고열물 취급 피트의 수증기 폭발방지】 사업주는 용융(鎔融)한 고열의 광물(이하 "용융고열물"이라 한다)을 취급하는 피트(고열의 금속찌꺼기를 물로 처리하는 것은 제외한다)에 대하여 수증기 폭발을 방지하기 위하여 다음 각 호의 조치를 하여야 한다.

1. 지하수가 내부로 새어드는 것을 방지할 수 있는 구조로 할 것. 다만, 내부에 고인 지하수를 배출할 수 있는 설비를 설치한 경우에는 그러하지 아니하다.
2. 작업용수 또는 빗물 등이 내부로 새어드는 것을 방지할 수 있는 격벽 등의 설비를 주위에 설치할 것

제249조 【건축물의 구조】 사업주는 용융고열물을 취급하는 설비를 내부에 설치한 건축물에 대하여 수증기 폭발을 방지하기 위하여 다음 각 호의 조치를 하여야 한다.

1. 바닥은 물이 고이지 아니하는 구조로 할 것
2. 지붕·벽·창 등은 빗물이 새어들지 아니하는 구조로 할 것

제250조 【용융고열물의 취급작업】 사업주는 용융고열물을 취급하는 작업(고열의 금속찌꺼기를 물로 처리하는 작업과 폐기하는 작업은 제외한다)을 하는 경우에는 수증기 폭발을 방지하기 위하여 제248조에 따른 피트, 제249조에 따른 건축물의 바닥, 그 밖에 해당 용융고열물을 취급하는 설비에 물이 고이거나 습윤 상태에 있지 않음을 확인한 후 작업하여야 한다.

제251조 【고열의 금속찌꺼기 물처리 등】 사업주는 고열의 금속찌꺼기를 물로 처리하거나 폐기하는 작업을 하는 경우에는 수증기 폭발을 방지하기 위하여 배수가 잘되는 장소에서 작업을 하여야 한다. 다만, 수쇄(水碎)처리를 하는 경우에는 그러하지 아니하다.

제252조【고열 금속찌꺼기 처리작업】 사업주는 고열의 금속찌꺼기를 물로 처리하거나 폐기하는 작업을 하는 경우에는 수증기 폭발을 방지하기 위하여 제251조 본문의 장소에 물이 고이지 않음을 확인한 후에 작업을 하여야 한다. 다만, 수쇄처리를 하는 경우에는 그러하지 아니하다.

제253조【금속의 용해로에 금속부스러기를 넣는 작업】 사업주는 금속의 용해로에 금속부스러기를 넣는 작업을 하는 경우에는 수증기 등의 폭발을 방지하기 위하여 금속부스러기에 물·위험물 및 밀폐된 용기 등이 들어있지 않음을 확인한 후에 작업을 하여야 한다.

제254조【화상 등의 방지】 ① 사업주는 용광로, 용선로 또는 유리 용해로, 그 밖에 다량의 고열물을 취급하는 작업을 하는 장소에 대하여 해당 고열물의 비산 및 유출 등으로 인한 화상이나 그 밖의 위험을 방지하기 위하여 적절한 조치를 하여야 한다.

② 사업주는 제1항의 장소에서 화상, 그 밖의 위험을 방지하기 위하여 근로자에게 방열복 또는 적합한 보호구를 착용하도록 하여야 한다.

제4절 화학설비·압력용기 등

제255조【화학설비를 설치하는 건축물의 구조】 사업주는 별표 7의 화학설비(이하 "화학설비"라 한다) 및 그 부속설비를 건축물 내부에 설치하는 경우에는 건축물의 바닥·벽·기둥·계단 및 지붕 등에 불연성 재료를 사용하여야 한다.

제256조【부식 방지】 사업주는 화학설비 또는 그 배관(화학설비 또는 그 배관의 밸브나 콕은 제외한다) 중 위험물 또는 인화점이 섭씨 60도 이상인 물질(이하 "위험물질등"이라 한다)이 접촉하는 부분에 대해서는 위험물질등에 의하여 그 부분이 부식되어 폭발·화재 또는 누출되는 것을 방지하기 위하여 위험물질등의 종류·온도·농도 등에 따라 부식이 잘 되지 않는 재료를 사용하거나 도장(塗裝) 등의 조치를 하여야 한다.

제257조【덮개 등의 접합부】 사업주는 화학설비 또는 그 배관의 덮개·플랜지·밸브 및 콕의 접합부에 대해서는 접합부에서 위험물질등이 누출되어 폭발·화재 또는 위험물이 누출되는 것을 방지하기 위하여 적절한 개스킷(gasket)을 사용하고 접합면을 서로 밀착시키는 등 적절한 조치를 하여야 한다.

제258조【밸브 등의 개폐방향의 표시 등】 사업주는 화학설비 또는 그 배관의 밸브·콕 또는 이것들을 조작하기 위한 스위치 및 누름버튼 등에 대하여 오조작으로 인한 폭발·화재 또는 위험물의 누출을 방지하기 위하여 열고 닫는 방향을 색채 등으로 표시하여 구분되도록 하여야 한다.

제259조【밸브 등의 재질】 사업주는 화학설비 또는 그 배관의 밸브나 콕에는 개폐의 빈도, 위험물질등의 종류·온도·농도 등에 따라 내구성이 있는 재료를 사용하여야 한다.

제260조【공급 원재료의 종류 등의 표시】 사업주는 화학설비에 원재료를 공급하는 근로자의 오조작으로 인하여 발생하는 폭발·화재 또는 위험물의 누출을 방지하기 위하여 그 근로자가 보

기 쉬운 위치에 원재료의 종류, 원재료가 공급되는 설비명 등을 표시하여야 한다.

제261조 【안전밸브 등의 설치】 ① 사업주는 다음 각 호의 어느 하나에 해당하는 설비에 대해서는 과압에 따른 폭발을 방지하기 위하여 폭발 방지 성능과 규격을 갖춘 안전밸브 또는 파열판(이하 "안전밸브등"이라 한다)을 설치하여야 한다. 다만, 안전밸브등에 상응하는 방호장치를 설치한 경우에는 그러하지 아니하다.

1. 압력용기(안지름이 150밀리미터 이하인 압력용기는 제외하며, 압력 용기 중 관형 열교환기의 경우에는 관의 파열로 인하여 상승한 압력이 압력용기의 최고사용압력을 초과할 우려가 있는 경우만 해당한다)
2. 정변위 압축기
3. 정변위 펌프(토출축에 차단밸브가 설치된 것만 해당한다)
4. 배관(2개 이상의 밸브에 의하여 차단되어 대기온도에서 액체의 열팽창에 의하여 파열될 우려가 있는 것으로 한정한다)
5. 그 밖의 화학설비 및 그 부속설비로서 해당 설비의 최고사용압력을 초과할 우려가 있는 것

② 제1항에 따라 안전밸브등을 설치하는 경우에는 다단형 압축기 또는 직렬로 접속된 공기압축기에 대해서는 각 단 또는 각 공기압축기별로 안전밸브등을 설치하여야 한다.

③ 제1항에 따라 설치된 안전밸브에 대해서는 다음 각 호의 구분에 따른 검사주기마다 국가교정기관에서 교정을 받은 압력계를 이용하여 설정압력에서 안전밸브가 적정하게 작동하는지를 검사한 후 납으로 봉인하여 사용하여야 한다. 다만, 공기나 질소취급용기 등에 설치된 안전밸브 중 안전밸브 자체에 부착된 레버 또는 고리를 통하여 수시로 안전밸브가 적정하게 작동하는지를 확인할 수 있는 경우에는 검사하지 아니할 수 있고 납으로 봉인하지 아니할 수 있다. 〈개정 2019.12.26.〉

1. 화학공정 유체와 안전밸브의 디스크 또는 시트가 직접 접촉될 수 있도록 설치된 경우: 매년 1회 이상
2. 안전밸브 전단에 파열판이 설치된 경우: 2년마다 1회 이상
3. 영 제43조에 따른 공정안전보고서 제출 대상으로서 고용노동부장관이 실시하는 공정안전보고서 이행상태 평가결과가 우수한 사업장의 안전밸브의 경우: 4년마다 1회 이상

④ 제3항 각 호에 따른 검사주기에도 불구하고 안전밸브가 설치된 압력용기에 대하여 「고압가스 안전관리법」 제17조 제2항에 따라 시장·군수 또는 구청장의 재검사를 받는 경우로서 압력용기의 재검사주기에 대하여 같은 법 시행규칙 별표22 제2호에 따라 산업통상자원부장관이 정하여 고시하는 기법에 따라 산정하여 그 적합성을 인정받은 경우에는 해당 안전밸브의 검사주기는 그 압력용기의 재검사주기에 따른다.(신설 2014.9.30)

⑤ 사업주는 제3항에 따라 납으로 봉인된 안전밸브를 해체하거나 조정할 수 없도록 조치하여야 한다.(개정 2014.9.30)

제262조【파열판의 설치】 사업주는 제261조제1항 각 호의 설비가 다음 각 호의 어느 하나에 해당하는 경우에는 파열판을 설치하여야 한다.
1. 반응 폭주 등 급격한 압력 상승 우려가 있는 경우
2. 급성 독성물질의 누출로 인하여 주위의 작업환경을 오염시킬 우려가 있는 경우
3. 운전 중 안전밸브에 이상 물질이 누적되어 안전밸브가 작동되지 아니할 우려가 있는 경우

제263조【파열판 및 안전밸브의 직렬설치】 사업주는 급성 독성물질이 지속적으로 외부에 유출될 수 있는 화학설비 및 그 부속설비에 파열판과 안전밸브를 직렬로 설치하고 그 사이에는 압력지시계 또는 자동경보장치를 설치하여야 한다.

제264조【안전밸브등의 작동요건】 사업주는 제261조제1항에 따라 설치한 안전밸브등이 안전밸브등을 통하여 보호하려는 설비의 최고사용압력 이하에서 작동되도록 하여야 한다. 다만, 안전밸브등이 2개 이상 설치된 경우에 1개는 최고사용압력의 1.05배(외부화재를 대비한 경우에는 1.1배) 이하에서 작동되도록 설치할 수 있다.

제265조【안전밸브등의 배출용량】 사업주는 안전밸브등에 대하여 배출용량은 그 작동원인에 따라 각각의 소요분출량을 계산하여 가장 큰 수치를 해당 안전밸브등의 배출용량으로 하여야 한다.

제266조【차단밸브의 설치 금지】 사업주는 안전밸브등의 전단·후단에 차단밸브를 설치해서는 아니 된다. 다만, 다음 각 호의 어느 하나에 해당하는 경우에는 자물쇠형 또는 이에 준하는 형식의 차단밸브를 설치할 수 있다.
1. 인접한 화학설비 및 그 부속설비에 안전밸브등이 각각 설치되어 있고, 해당 화학설비 및 그 부속설비의 연결배관에 차단밸브가 없는 경우
2. 안전밸브등의 배출용량의 2분의 1 이상에 해당하는 용량의 자동압력조절밸브(구동용 동력원의 공급을 차단하는 경우 열리는 구조인 것으로 한정한다)와 안전밸브등이 병렬로 연결된 경우
3. 화학설비 및 그 부속설비에 안전밸브등이 복수방식으로 설치되어 있는 경우
4. 예비용 설비를 설치하고 각각의 설비에 안전밸브 등이 설치되어 있는 경우
5. 열팽창에 의하여 상승된 압력을 낮추기 위한 목적으로 안전밸브가 설치된 경우
6. 하나의 플레어 스택(flare stack)에 둘 이상의 단위공정의 플레어 헤더(flare header)를 연결하여 사용하는 경우로서 각각의 단위공정의 플레어헤더에 설치된 차단밸브의 열림·닫힘 상태를 중앙제어실에서 알 수 있도록 조치한 경우

제267조【배출물질의 처리】 사업주는 안전밸브등으로부터 배출되는 위험물은 연소·흡수·세정(洗淨)·포집(捕集) 또는 회수 등의 방법으로 처리하여야 한다. 다만, 다음 각 호의 어느 하나에 해당하는 경우에는 배출되는 위험물을 안전한 장소로 유도하여 외부로 직접 배출할 수 있다.
1. 배출물질을 연소·흡수·세정·포집 또는 회수 등의 방법으로 처리할 때에 파열

판의 기능을 저해할 우려가 있는 경우
2. 배출물질을 연소처리할 때에 유해성 가스를 발생시킬 우려가 있는 경우
3. 고압상태의 위험물이 대량으로 배출되어 연소·흡수·세정·포집 또는 회수 등의 방법으로 완전히 처리할 수 없는 경우
4. 공정설비가 있는 지역과 떨어진 인화성 가스 또는 인화성 액체 저장탱크에 안전밸브등이 설치될 때에 저장탱크에 냉각설비 또는 자동소화설비 등 안전상의 조치를 하였을 경우
5. 그 밖에 배출량이 적거나 배출 시 급격히 분산되어 재해의 우려가 없으며, 냉각설비 또는 자동소화설비를 설치하는 등 안전상의 조치를 하였을 경우

제268조 【통기설비】 ① 사업주는 인화성 액체를 저장·취급하는 대기압탱크에는 통기관 또는 통기밸브(breather valve) 등(이하 "통기설비"라 한다)을 설치하여야 한다.
② 제1항에 따른 통기설비는 정상운전 시에 대기압탱크 내부가 진공 또는 가압되지 않도록 충분한 용량의 것을 사용하여야 하며, 철저하게 유지·보수를 하여야 한다.

제269조 【화염방지기의 설치 등】 ① 사업주는 인화성 액체 및 인화성 가스를 저장 취급하는 화학설비에서 증기나 가스를 대기로 방출하는 경우에는 외부로부터의 화염을 방지하기 위하여 화염방지기를 그 설비 상단에 설치하여야 한다. 다만, 대기로 연결된 통기관에 통기밸브가 설치되어 있거나, 인화점이 섭씨 38도 이상 60도 이하인 인화성 액체를 저장·취급할 때에 화염방지 기능을 가지는 인화방지망을 설치한 경우에는 그러하지 아니하다.
② 사업주는 제1항의 화염방지기를 설치하는 경우에는 「산업표준화법」에 따른 한국산업표준에서 정하는 화염방지장치 기준에 적합한 것을 설치하여야 하며, 항상 철저하게 보수·유지하여야 한다.

제270조 【내화기준】 ① 사업주는 제230조제1항에 따른 가스폭발 위험장소 또는 분진폭발 위험장소에 설치되는 건축물 등에 대해서는 다음 각 호에 해당하는 부분을 내화구조로 하여야 하며, 그 성능이 항상 유지될 수 있도록 점검·보수 등 적절한 조치를 하여야 한다. 다만, 건축물 등의 주변에 화재에 대비하여 물 분무시설 또는 폼 헤드(foam head)설비 등의 자동소화설비를 설치하여 건축물 등이 화재시에 2시간 이상 그 안전성을 유지할 수 있도록 한 경우에는 내화구조로 하지 아니할 수 있다.
1. 건축물의 기둥 및 보: 지상 1층(지상 1층의 높이가 6미터를 초과하는 경우에는 6미터)까지
2. 위험물 저장·취급용기의 지지대(높이가 30센티미터 이하인 것은 제외한다): 지상으로부터 지지대의 끝부분까지
3. 배관·전선관 등의 지지대: 지상으로부터 1단(1단의 높이가 6미터를 초과하는 경우에는 6미터)까지

② 내화재료는 「산업표준화법」에 따른 한국산업표준으로 정하는 기준에 적합하거나 그 이상의 성능을 가지는 것이어야 한다.

제271조 【안전거리】 사업주는 별표1 제1호부터 제5호까지의 위험물을 저장·취

급하는 화학설비 및 그 부속설비를 설치하는 경우에는 폭발이나 화재에 따른 피해를 줄일 수 있도록 별표 8에 따라 설비 및 시설 간에 충분한 안전거리를 유지하여야 한다. 다만, 다른 법령에 따라 안전거리 또는 보유공지를 유지하거나, 법 제44조에 따른 공정안전보고서를 제출하여 피해최소화를 위한 위험성 평가를 통하여 그 안전성을 확인받은 경우에는 그러하지 아니하다.〈개정 2019.12.26.〉

제272조【방유제 설치】사업주는 별표 1 제4호부터 제7호까지의 위험물을 액체 상태로 저장하는 저장탱크를 설치하는 경우에는 위험물질이 누출되어 확산되는 것을 방지하기 위하여 방유제(防油堤)를 설치하여야 한다.

제273조【계측장치 등의 설치】사업주는 별표 9에 따른 위험물을 같은 표에서 정한 기준량 이상으로 제조하거나 취급하는 다음 각 호의 어느 하나에 해당하는 화학설비(이하 "특수화학설비"라 한다)를 설치하는 경우에는 내부의 이상 상태를 조기에 파악하기 위하여 필요한 온도계·유량계·압력계 등의 계측장치를 설치하여야 한다.

1. 발열반응이 일어나는 반응장치
2. 증류·정류·증발·추출 등 분리를 하는 장치
3. 가열시켜 주는 물질의 온도가 가열되는 위험물질의 분해온도 또는 발화점보다 높은 상태에서 운전되는 설비
4. 반응폭주 등 이상 화학반응에 의하여 위험물질이 발생할 우려가 있는 설비
5. 온도가 섭씨 350도 이상이거나 게이지 압력이 980킬로파스칼 이상인 상태에서 운전되는 설비
6. 가열로 또는 가열기

제274조【자동경보장치의 설치 등】사업주는 특수화학설비를 설치하는 경우에는 그 내부의 이상 상태를 조기에 파악하기 위하여 필요한 자동경보장치를 설치하여야 한다. 다만, 자동경보장치를 설치하는 것이 곤란한 경우에는 감시인을 두고 그 특수화학설비의 운전 중 설비를 감시하도록 하는 등의 조치를 하여야 한다.

제275조【긴급차단장치의 설치 등】① 사업주는 특수화학설비를 설치하는 경우에는 이상 상태의 발생에 따른 폭발·화재 또는 위험물의 누출을 방지하기 위하여 원재료 공급의 긴급차단, 제품 등의 방출, 불활성가스의 주입이나 냉각용수 등의 공급을 위하여 필요한 장치 등을 설치하여야 한다.

② 제1항의 장치 등은 안전하고 정확하게 조작할 수 있도록 보수·유지되어야 한다.

제276조【예비동력원 등】사업주는 특수화학설비와 그 부속설비에 사용하는 동력원에 대하여 다음 각 호의 사항을 준수하여야 한다.

1. 동력원의 이상에 의한 폭발이나 화재를 방지하기 위하여 즉시 사용할 수 있는 예비동력원을 갖추어 둘 것
2. 밸브·콕·스위치 등에 대해서는 오조작을 방지하기 위하여 잠금장치를 하고 색채표시 등으로 구분할 것

제277조【사용 전의 점검 등】① 사업주는 다음 각 호의 어느 하나에 해당하는 경우에는 화학설비 및 그 부속설비의 안전검사내용을 점검한 후 해당 설비를

사용하여야 한다.

1. 처음으로 사용하는 경우
2. 분해하거나 개조 또는 수리를 한 경우
3. 계속하여 1개월 이상 사용하지 아니한 후 다시 사용하는 경우

② 사업주는 제1항의 경우 외에 해당 화학설비 또는 그 부속설비의 용도를 변경하는 경우(사용하는 원재료의 종류를 변경하는 경우를 포함한다)에도 해당 설비의 다음 각 호의 사항을 점검한 후 사용하여야 한다.

1. 그 설비 내부에 폭발이나 화재의 우려가 있는 물질이 있는지 여부
2. 안전밸브·긴급차단장치 및 그 밖의 방호장치 기능의 이상 유무
3. 냉각장치·가열장치·교반장치·압축장치·계측장치 및 제어장치 기능의 이상 유무

제278조 【개조·수리 등】 사업주는 화학설비와 그 부속설비의 개조·수리 및 청소 등을 위하여 해당 설비를 분해하거나 해당 설비의 내부에서 작업을 하는 경우에는 다음 각 호의 사항을 준수하여야 한다.

1. 작업책임자를 정하여 해당 작업을 지휘하도록 할 것
2. 작업장소에 위험물 등이 누출되거나 고온의 수증기가 새어나오지 않도록 할 것
3. 작업장 및 그 주변의 인화성 액체의 증기나 인화성 가스의 농도를 수시로 측정할 것

제279조 【대피 등】 ① 사업주는 폭발이나 화재에 의한 산업재해발생의 급박한 위험이 있는 경우에는 즉시 작업을 중지하고 근로자를 안전한 장소로 대피시켜야 한다.

② 사업주는 제1항의 경우에 근로자가 산업재해를 입을 우려가 없음이 확인될 때까지 해당 작업장에 관계자가 아닌 사람의 출입을 금지하고, 그 취지를 보기 쉬운 장소에 표시하여야 한다.

제5절 건조설비

제280조 【위험물 건조설비를 설치하는 건축물의 구조】 사업주는 다음 각 호의 어느 하나에 해당하는 위험물 건조설비(이하 "위험물 건조설비"라 한다) 중 건조실을 설치하는 건축물의 구조는 독립된 단층건물로 하여야 한다. 다만, 해당 건조실을 건축물의 최상층에 설치하거나 건축물이 내화구조인 경우에는 그러하지 아니하다.

1. 위험물 또는 위험물이 발생하는 물질을 가열·건조하는 경우 내용적이 1세제곱미터 이상인 건조설비
2. 위험물이 아닌 물질을 가열·건조하는 경우로서 다음 각 목의 어느 하나의 용량에 해당하는 건조설비
   가. 고체 또는 액체연료의 최대사용량이 시간당 10킬로그램 이상
   나. 기체연료의 최대사용량이 시간당 1세제곱미터 이상
   다. 전기사용 정격용량이 10킬로와트 이상

제281조 【건조설비의 구조 등】 사업주는 건조설비를 설치하는 경우에 다음 각 호와 같은 구조로 설치하여야 한다. 다만, 건조물의 종류, 가열건조의 정도, 열원(熱源)의 종류 등에 따라 폭발이나 화재가 발생할 우려가 없는 경우에는 그러하

지 아니하다.〈개정 2019.10.15.〉

1. 건조설비의 바깥 면은 불연성 재료로 만들 것
2. 건조설비(유기과산화물을 가열 건조하는 것은 제외한다)의 내면과 내부의 선반이나 틀은 불연성 재료로 만들 것
3. 위험물 건조설비의 측벽이나 바닥은 견고한 구조로 할 것
4. 위험물 건조설비는 그 상부를 가벼운 재료로 만들고 주위상황을 고려하여 폭발구를 설치할 것
5. 위험물 건조설비는 건조하는 경우에 발생하는 가스·증기 또는 분진을 안전한 장소로 배출시킬 수 있는 구조로 할 것
6. 액체연료 또는 인화성 가스를 열원의 연료로 사용하는 건조설비는 점화하는 경우에는 폭발이나 화재를 예방하기 위하여 연소실이나 그 밖에 점화하는 부분을 환기시킬 수 있는 구조로 할 것
7. 건조설비의 내부는 청소하기 쉬운 구조로 할 것
8. 건조설비의 감시창·출입구 및 배기구 등과 같은 개구부는 발화 시에 불이 다른 곳으로 번지지 아니하는 위치에 설치하고 필요한 경우에는 즉시 밀폐할 수 있는 구조로 할 것
9. 건조설비는 내부의 온도가 부분적으로 상승하지 아니하는 구조로 설치할 것
10. 위험물 건조설비의 열원으로서 직화를 사용하지 아니할 것
11. 위험물 건조설비가 아닌 건조설비의 열원으로서 직화를 사용하는 경우에는 불꽃 등에 의한 화재를 예방하기 위하여 덮개를 설치하거나 격벽을 설치할 것

제282조【건조설비의 부속전기설비】① 사업주는 건조설비에 부속된 전열기·전동기 및 전등 등에 접속된 배선 및 개폐기를 사용하는 경우에는 그 건조설비 전용의 것을 사용하여야 한다.

② 사업주는 위험물 건조설비의 내부에서 전기불꽃의 발생으로 위험물의 점화원이 될 우려가 있는 전기기계·기구 또는 배선을 설치해서는 아니 된다.

제283조【건조설비의 사용】사업주는 건조설비를 사용하여 작업을 하는 경우에 폭발이나 화재를 예방하기 위하여 다음 각 호의 사항을 준수하여야 한다.

1. 위험물 건조설비를 사용하는 경우에는 미리 내부를 청소하거나 환기할 것
2. 위험물 건조설비를 사용하는 경우에는 건조로 인하여 발생하는 가스·증기 또는 분진에 의하여 폭발·화재의 위험이 있는 물질을 안전한 장소로 배출시킬 것
3. 위험물 건조설비를 사용하여 가열건조하는 건조물은 쉽게 이탈되지 않도록 할 것
4. 고온으로 가열건조한 인화성 액체는 발화의 위험이 없는 온도로 냉각한 후에 격납시킬 것
5. 건조설비(바깥 면이 현저히 고온이 되는 설비만 해당한다)에 가까운 장소에는 인화성 액체를 두지 않도록 할 것

제284조【건조설비의 온도 측정】사업주는 건조설비에 대하여 내부의 온도를 수시로 측정할 수 있는 장치를 설치하거나 내부의 온도가 자동으로 조정되는 장치를 설치하여야 한다.

제6절 아세틸렌 용접장치 및 가스집합 용접장치

제1관 아세틸렌 용접장치

제285조【압력의 제한】 사업주는 아세틸렌 용접장치를 사용하여 금속의 용접·용단 또는 가열작업을 하는 경우에는 게이지 압력이 127킬로파스칼을 초과하는 압력의 아세틸렌을 발생시켜 사용해서는 아니 된다.

제286조【발생기실의 설치장소 등】 ① 사업주는 아세틸렌 용접장치의 아세틸렌 발생기(이하 "발생기"라 한다)를 설치하는 경우에는 전용의 발생기실에 설치하여야 한다.

② 제1항의 발생기실은 건물의 최상층에 위치하여야 하며, 화기를 사용하는 설비로부터 3미터를 초과하는 장소에 설치하여야 한다.

③ 제1항의 발생기실을 옥외에 설치한 경우에는 그 개구부를 다른 건축물로부터 1.5미터 이상 떨어지도록 하여야 한다.

제287조【발생기실의 구조 등】 사업주는 발생기실을 설치하는 경우에 다음 각 호의 사항을 준수하여야 한다.(개정 2019.1.31.)

1. 벽은 불연성 재료로 하고 철근 콘크리트 또는 그 밖에 이와 같은 수준이거나 그 이상의 강도를 가진 구조로 할 것
2. 지붕과 천장에는 얇은 철판이나 가벼운 불연성 재료를 사용할 것
3. 바닥면적의 16분의 1 이상의 단면적을 가진 배기통을 옥상으로 돌출시키고 그 개구부를 창이나 출입구로부터 1.5미터 이상 떨어지도록 할 것
4. 출입구의 문은 불연성 재료로 하고 두께 1.5밀리미터 이상의 철판이나 그 밖에 그 이상의 강도를 가진 구조로 할 것
5. 벽과 발생기 사이에는 발생기의 조정 또는 카바이드 공급 등의 작업을 방해하지 않도록 간격을 확보할 것

제288조【격납실】 사업주는 사용하지 않고 있는 이동식 아세틸렌 용접장치를 보관하는 경우에는 전용의 격납실에 보관하여야 한다. 다만, 기종을 분리하고 발생기를 세척한 후 보관하는 경우에는 임의의 장소에 보관할 수 있다.

제289조【안전기의 설치】 ① 사업주는 아세틸렌 용접장치의 취관마다 안전기를 설치하여야 한다. 다만, 주관 및 취관에 가장 가까운 분기관(分岐管)마다 안전기를 부착한 경우에는 그러하지 아니하다.

② 사업주는 가스용기가 발생기와 분리되어 있는 아세틸렌 용접장치에 대하여 발생기와 가스용기 사이에 안전기를 설치하여야 한다.

제290조【아세틸렌 용접장치의 관리 등】 사업주는 아세틸렌 용접장치를 사용하여 금속의 용접·용단(溶斷) 또는 가열작업을 하는 경우에 다음 각 호의 사항을 준수하여야 한다.

1. 발생기(이동식 아세틸렌 용접장치의 발생기는 제외한다)의 종류, 형식, 제작업체명, 매 시 평균 가스발생량 및 1회 카바이드 공급량을 발생기실 내의 보기 쉬운 장소에 게시할 것
2. 발생기실에는 관계 근로자가 아닌 사람이 출입하는 것을 금지할 것
3. 발생기에서 5미터 이내 또는 발생기실에서 3미터 이내의 장소에서는 흡

연, 화기의 사용 또는 불꽃이 발생할 위험한 행위를 금지시킬 것
4. 도관에는 산소용과 아세틸렌용의 혼동을 방지하기 위한 조치를 할 것
5. 아세틸렌 용접장치의 설치장소에는 적당한 소화설비를 갖출 것
6. 이동식 아세틸렌용접장치의 발생기는 고온의 장소, 통풍이나 환기가 불충분한 장소 또는 진동이 많은 장소 등에 설치하지 않도록 할 것

제2관 가스집합 용접장치

제291조【가스집합장치의 위험 방지】 ① 사업주는 가스집합장치에 대해서는 화기를 사용하는 설비로부터 5미터 이상 떨어진 장소에 설치하여야 한다.
② 사업주는 제1항의 가스집합장치를 설치하는 경우에는 전용의 방(이하 "가스장치실"이라 한다)에 설치하여야 한다. 다만, 이동하면서 사용하는 가스집합장치의 경우에는 그러하지 아니하다.
③ 사업주는 가스장치실에서 가스집합장치의 가스용기를 교환하는 작업을 할 때 가스장치실의 부속설비 또는 다른 가스용기에 충격을 줄 우려가 있는 경우에는 고무판 등을 설치하는 등 충격방지 조치를 하여야 한다.

제292조【가스장치실의 구조 등】 사업주는 가스장치실을 설치하는 경우에 다음 각 호의 구조로 설치하여야 한다.
1. 가스가 누출된 경우에는 그 가스가 정체되지 않도록 할 것
2. 지붕과 천장에는 가벼운 불연성 재료를 사용할 것
3. 벽에는 불연성 재료를 사용할 것

제293조【가스집합 용접장치의 배관】 사업주는 가스집합용접장치(이동식을 포함한다)의 배관을 하는 경우에는 다음 각 호의 사항을 준수하여야 한다.
1. 플랜지·밸브·콕 등의 접합부에는 개스킷을 사용하고 접합면을 상호 밀착시키는 등의 조치를 할 것
2. 주관 및 분기관에는 안전기를 설치할 것. 이 경우 하나의 취관에 2개 이상의 안전기를 설치하여야 한다.

제294조【구리의 사용 제한】 사업주는 용해아세틸렌의 가스집합용접장치의 배관 및 부속기구는 구리나 구리 함유량이 70퍼센트 이상인 합금을 사용해서는 아니 된다.

제295조【가스집합 용접장치의 관리 등】 사업주는 가스집합용접장치를 사용하여 금속의 용접·용단 및 가열작업을 하는 경우에는 다음 각 호의 사항을 준수하여야 한다.
1. 사용하는 가스의 명칭 및 최대가스저장량을 가스장치실의 보기 쉬운 장소에 게시할 것
2. 가스용기를 교환하는 경우에는 관리감독자가 참여한 가운데 할 것
3. 밸브·콕 등의 조작 및 점검요령을 가스장치실의 보기 쉬운 장소에 게시할 것
4. 가스장치실에는 관계근로자가 아닌 사람의 출입을 금지할 것
5. 가스집합장치로부터 5미터 이내의 장소에서는 흡연, 화기의 사용 또는 불꽃을 발생할 우려가 있는 행위를 금지할 것
6. 도관에는 산소용과의 혼동을 방지하기 위한 조치를 할 것
7. 가스집합장치의 설치장소에는 적당한

소화설비를 설치할 것
8. 이동식 가스집합용접장치의 가스집합장치는 고온의 장소, 통풍이나 환기가 불충분한 장소 또는 진동이 많은 장소에 설치하지 않도록 할 것
9. 해당 작업을 행하는 근로자에게 보안경과 안전장갑을 착용시킬 것

제7절 폭발·화재 및 위험물 누출에 의한 위험방지

제296조【지하작업장 등】사업주는 인화성 가스가 발생할 우려가 있는 지하작업장에서 작업하는 경우(제350조에 따른 터널 등의 건설작업의 경우는 제외한다) 또는 가스도관에서 가스가 발산될 위험이 있는 장소에서 굴착작업(해당 작업이 이루어지는 장소 및 그와 근접한 장소에서 이루어지는 지반의 굴삭 또는 이에 수반한 토석의 운반 등의 작업을 말한다)을 하는 경우에는 폭발이나 화재를 방지하기 위하여 다음 각 호의 조치를 하여야 한다.
1. 가스의 농도를 측정하는 사람을 지명하고 다음 각 목의 경우에 그로 하여금 해당 가스의 농도를 측정하도록 할 것
 가. 매일 작업을 시작하기 전
 나. 가스의 누출이 의심되는 경우
 다. 가스가 발생하거나 정체할 위험이 있는 장소가 있는 경우
 라. 장시간 작업을 계속하는 경우(이 경우 4시간마다 가스 농도를 측정하도록 하여야 한다)
2. 가스의 농도가 인화하한계 값의 25퍼센트 이상으로 밝혀진 경우에는 즉시 근로자를 안전한 장소에 대피시키고 화기나 그 밖에 점화원이 될 우려가 있는 기계·기구 등의 사용을 중지하며 통풍·환기 등을 할 것

제297조【부식성 액체의 압송설비】사업주는 별표 1의 부식성 물질을 동력을 사용하여 호스로 압송(壓送)하는 작업을 하는 경우에는 해당 압송에 사용하는 설비에 대하여 다음 각 호의 조치를 하여야 한다.
1. 압송에 사용하는 설비를 운전하는 사람(이하 이 조에서 "운전자"라 한다)이 보기 쉬운 위치에 압력계를 설치하고 운전자가 쉽게 조작할 수 있는 위치에 동력을 차단할 수 있는 조치를 할 것
2. 호스와 그 접속용구는 압송하는 부식성 액체에 대하여 내식성(耐蝕性), 내열성 및 내한성을 가진 것을 사용할 것
3. 호스에 사용정격압력을 표시하고 그 사용정격압력을 초과하여 압송하지 아니할 것
4. 호스 내부에 이상압력이 가하여져 위험할 경우에는 압송에 사용하는 설비에 과압방지장치를 설치할 것
5. 호스와 호스 외의 관 및 호스 간의 접속부분에는 접속용구를 사용하여 누출이 없도록 확실히 접속할 것
6. 운전자를 지정하고 압송에 사용하는 설비의 운전 및 압력계의 감시를 하도록 할 것
7. 호스 및 그 접속용구는 매일 사용하기 전에 점검하고 손상·부식 등의 결함에 의하여 압송하는 부식성 액체가 날아 흩어지거나 새어나갈 위험이 있으면 교환할 것

제298조【공기 외의 가스 사용 제한】사업주는 압축한 가스의 압력을 사용하여

별표 1의 부식성 액체를 압송하는 작업을 하는 경우에는 공기가 아닌 가스를 해당 압축가스로 사용해서는 아니 된다. 다만, 해당 작업을 마친 후 즉시 해당 가스를 배출한 경우 또는 해당 가스가 남아있음을 표시하는 등 근로자가 압송에 사용한 설비의 내부에 출입하여도 질식 위험이 발생할 우려가 없도록 조치한 경우에는 질소나 탄산가스를 사용할 수 있다.

제299조【독성이 있는 물질의 누출 방지】 사업주는 급성 독성물질의 누출로 인한 위험을 방지하기 위하여 다음 각 호의 조치를 하여야 한다.

1. 사업장 내 급성 독성물질의 저장 및 취급량을 최소화할 것
2. 급성 독성물질을 취급 저장하는 설비의 연결 부분은 누출되지 않도록 밀착시키고 매월 1회 이상 연결부분에 이상이 있는지를 점검할 것
3. 급성 독성물질을 폐기·처리하여야 하는 경우에는 냉각·분리·흡수·흡착·소각 등의 처리공정을 통하여 급성 독성물질이 외부로 방출되지 않도록 할 것
4. 급성 독성물질 취급설비의 이상 운전으로 급성 독성물질이 외부로 방출될 경우에는 저장·포집 또는 처리설비를 설치하여 안전하게 회수할 수 있도록 할 것
5. 급성 독성물질을 폐기·처리 또는 방출하는 설비를 설치하는 경우에는 자동으로 작동될 수 있는 구조로 하거나 원격조정할 수 있는 수동조작구조로 설치할 것
6. 급성 독성물질을 취급하는 설비의 작동이 중지된 경우에는 근로자가 쉽게 알 수 있도록 필요한 경보설비를 근로자와 가까운 장소에 설치할 것
7. 급성 독성물질이 외부로 누출된 경우에는 감지·경보할 수 있는 설비를 갖출 것

제300조【기밀시험시의 위험 방지】 ① 사업주는 배관, 용기, 그 밖의 설비에 대하여 질소·탄산가스 등 불활성가스의 압력을 이용하여 기밀(氣密)시험을 하는 경우에는 지나친 압력의 주입 또는 불량한 작업방법 등으로 발생할 수 있는 파열에 의한 위험을 방지하기 위하여 국가교정기관에서 교정을 받은 압력계를 설치하고 내부압력을 수시로 확인하여야 한다.

② 제1항의 압력계는 기밀시험을 하는 배관 등의 내부압력을 항상 확인할 수 있도록 작업자가 보기 쉬운 장소에 설치하여야 한다.

③ 기밀시험을 종료한 후 설비 내부를 점검할 때에는 반드시 환기를 하고 불활성가스가 남아 있는지를 측정하여 안전한 상태를 확인한 후 점검하여야 한다.

④ 사업주는 기밀시험장비가 주입압력에 충분히 견딜 수 있도록 견고하게 설치하여야 하며, 이상압력에 의한 연결파이프 등의 파열방지를 위한 안전조치를 하고 그 상태를 미리 확인하여야 한다.

제3장 전기로 인한 위험 방지

제1절 전기 기계·기구 등으로 인한 위험 방지

제301조【전기 기계·기구 등의 충전부 방호】 ① 사업주는 근로자가 작업이나 통행 등으로 인하여 전기기계, 기구〔전

동기·변압기·접속기·개폐기·분전반(分電盤)·배전반(配電盤) 등 전기를 통하는 기계·기구, 그 밖의 설비 중 배선 및 이동전선 외의 것을 말한다. 이하 같다)〕 또는 전로 등의 충전부분(전열기의 발열체 부분, 저항접속기의 전극 부분 등 전기기계·기구의 사용 목적에 따라 노출이 불가피한 충전부분은 제외한다. 이하 같다)에 접촉(충전부분과 연결된 도전체와의 접촉을 포함한다. 이하 이 장에서 같다)하거나 접근함으로써 감전 위험이 있는 충전부분에 대하여 감전을 방지하기 위하여 다음 각 호의 방법 중 하나 이상의 방법으로 방호하여야 한다.

1. 충전부가 노출되지 않도록 폐쇄형 외함(外函)이 있는 구조로 할 것
2. 충전부에 충분한 절연효과가 있는 방호망이나 절연덮개를 설치할 것
3. 충전부는 내구성이 있는 절연물로 완전히 덮어 감쌀 것
4. 발전소·변전소 및 개폐소 등 구획되어 있는 장소로서 관계 근로자가 아닌 사람의 출입이 금지되는 장소에 충전부를 설치하고, 위험표시 등의 방법으로 방호를 강화할 것
5. 전주 위 및 철탑 위 등 격리되어 있는 장소로서 관계 근로자가 아닌 사람이 접근할 우려가 없는 장소에 충전부를 설치할 것

② 사업주는 근로자가 노출 충전부가 있는 맨홀 또는 지하실 등의 밀폐공간에서 작업하는 경우에는 노출 충전부와의 접촉으로 인한 전기위험을 방지하기 위하여 덮개, 울타리 또는 절연 칸막이 등을 설치하여야 한다. 〈개정 2019.10.15.〉

③ 사업주는 근로자의 감전위험을 방지하기 위하여 개폐되는 문, 경첩이 있는 패널 등(분전반 또는 제어반 문)을 견고하게 고정시켜야 한다.

제302조【전기 기계·기구의 접지】 ① 사업주는 누전에 의한 감전의 위험을 방지하기 위하여 다음 각 호의 부분에 대하여 접지를 하여야 한다.

1. 전기 기계·기구의 금속제 외함, 금속제 외피 및 철대
2. 고정 설치되거나 고정배선에 접속된 전기기계·기구의 노출된 비충전 금속체 중 충전될 우려가 있는 다음 각 목의 어느 하나에 해당하는 비충전 금속체
   가. 지면이나 접지된 금속체로부터 수직거리 2.4미터, 수평거리 1.5미터 이내인 것
   나. 물기 또는 습기가 있는 장소에 설치되어 있는 것
   다. 금속으로 되어 있는 기기접지용 전선의 피복·외장 또는 배선관 등
   라. 사용전압이 대지전압 150볼트를 넘는 것
3. 전기를 사용하지 아니하는 설비 중 다음 각 목의 어느 하나에 해당하는 금속체
   가. 전동식 양중기의 프레임과 궤도
   나. 전선이 붙어 있는 비전동식 양중기의 프레임
   다. 고압(750볼트 초과 7천볼트 이하의 직류전압 또는 600볼트 초과 7천볼트 이하의 교류전압을 말한다. 이하 같다) 이상의 전기를 사용하는 전기 기계·기구 주변의 금속제 칸막이·망 및 이와 유사한 장치
4. 코드와 플러그를 접속하여 사용하는

전기 기계·기구 중 다음 각 목의 어느 하나에 해당하는 노출된 비충전 금속체
가. 사용전압이 대지전압 150볼트를 넘는 것
나. 냉장고·세탁기·컴퓨터 및 주변기기 등과 같은 고정형 전기기계·기구
다. 고정형·이동형 또는 휴대형 전동기계·기구
라. 물 또는 도전성(導電性)이 높은 곳에서 사용하는 전기기계·기구, 비접지형 콘센트
마. 휴대형 손전등
5. 수중펌프를 금속제 물탱크 등의 내부에 설치하여 사용하는 경우 그 탱크(이 경우 탱크를 수중펌프의 접지선과 접속하여야 한다)

② 사업주는 다음 각 호의 어느 하나에 해당하는 경우에는 제1항을 적용하지 아니할 수 있다.(개정 2019.1.31.)
1. 「전기용품안전 관리법」에 따른 이중 절연구조 또는 이와 같은 수준 이상으로 보호되는 전기기계·기구
2. 절연대 위 등과 같이 감전 위험이 없는 장소에서 사용하는 전기기계·기구
3. 비접지방식의 전로(그 전기기계·기구의 전원측의 전로에 설치한 절연변압기의 2차 전압이 300볼트 이하, 정격용량이 3킬로볼트암페어 이하이고 그 절연전압기의 부하측의 전로가 접지되어 있지 아니한 것으로 한정한다)에 접속하여 사용되는 전기기계·기구

③ 사업주는 특별고압(7천볼트를 초과하는 직교류전압을 말한다. 이하 같다)의 전기를 취급하는 변전소·개폐소, 그 밖에 이와 유사한 장소에서 지락(地絡) 사고가 발생하는 경우에는 접지극의 전위상승에 의한 감전위험을 줄이기 위한 조치를 하여야 한다.

④ 사업주는 제1항에 따라 설치된 접지설비에 대하여 항상 적정상태가 유지되는지를 점검하고 이상이 발견되면 즉시 보수하거나 재설치하여야 한다.

제303조【전기 기계·기구의 적정설치 등】 ① 사업주는 전기 기계·기구를 설치하려는 경우에는 다음 각 호의 사항을 고려하여 적절하게 설치하여야 한다.
1. 전기 기계·기구의 충분한 전기적 용량 및 기계적 강도
2. 습기·분진 등 사용장소의 주위 환경
3. 전기적·기계적 방호수단의 적정성

② 사업주는 전기 기계·기구를 사용하는 경우에는 국내외의 공인된 인증기관의 인증을 받은 제품을 사용하되, 제조자의 제품설명서 등에서 정하는 조건에 따라 설치하고 사용하여야 한다.

제304조【누전차단기에 의한 감전방지】 ① 사업주는 다음 각 호의 전기 기계·기구에 대하여 누전에 의한 감전위험을 방지하기 위하여 해당 전로의 정격에 적합하고 감도가 양호하며 확실하게 작동하는 감전방지용 누전차단기를 설치하여야 한다.
1. 대지전압이 150볼트를 초과하는 이동형 또는 휴대형 전기기계·기구
2. 물 등 도전성이 높은 액체가 있는 습윤장소에서 사용하는 저압(750볼트 이하 직류전압이나 600볼트 이하의 교류전압을 말한다)용 전기기계·기구
3. 철판·철골 위 등 도전성이 높은 장소에서 사용하는 이동형 또는 휴대형 전기기계·기구
4. 임시배선의 전로가 설치되는 장소에

서 사용하는 이동형 또는 휴대형 전기기계·기구

② 사업주는 제1항에 따라 감전방지용 누전차단기를 설치하기 어려운 경우에는 작업시작 전에 접지선의 연결 및 접속부 상태 등이 적합한지 확실하게 점검하여야 한다.

③ 다음 각 호의 어느 하나에 해당하는 경우에는 제1항과 제2항을 적용하지 아니한다.〈개정 2019.1.31.〉

1. 「전기용품안전관리법」에 따른 이중절연구조 또는 이와 같은 수준 이상으로 보호되는 전기기계·기구
2. 절연대 위 등과 같이 감전위험이 없는 장소에서 사용하는 전기기계·기구
3. 비접지방식의 전로

④ 사업주는 제1항에 따라 전기기계·기구를 사용하기 전에 해당 누전차단기의 작동상태를 점검하고 이상이 발견되면 즉시 보수하거나 교환하여야 한다.

⑤ 사업주는 제1항에 따라 설치한 누전차단기를 접속하는 경우에 다음 각 호의 사항을 준수하여야 한다.

1. 전기기계·기구에 설치되어 있는 누전차단기는 정격감도전류가 30밀리암페어 이하이고 작동시간은 0.03초 이내일 것. 다만, 정격전부하전류가 50암페어 이상인 전기기계·기구에 접속되는 누전차단기는 오작동을 방지하기 위하여 정격감도전류는 200밀리암페어 이하로, 작동시간은 0.1초 이내로 할 수 있다.
2. 분기회로 또는 전기기계·기구마다 누전차단기를 접속할 것. 다만, 평상시 누설전류가 매우 적은 소용량부하의 전로에는 분기회로에 일괄하여 접속할 수 있다.
3. 누전차단기는 배전반 또는 분전반 내에 접속하거나 꽂음접속기형 누전차단기를 콘센트에 접속하는 등 파손이나 감전사고를 방지할 수 있는 장소에 접속할 것
4. 지락보호전용 기능만 있는 누전차단기는 과전류를 차단하는 퓨즈나 차단기 등과 조합하여 접속할 것

제305조【과전류 차단장치】 사업주는 과전류〔(정격전류를 초과하는 전류로서 단락(短絡)사고전류, 지락사고전류를 포함하는 것을 말한다. 이하 같다)〕로 인한 재해를 방지하기 위하여 다음 각 호의 방법으로 과전류차단장치〔(차단기·퓨즈 또는 보호계전기 등과 이에 수반되는 변성기(變成器)를 말한다. 이하 같다)〕를 설치하여야 한다.

1. 과전류차단장치는 반드시 접지선이 아닌 전로에 직렬로 연결하여 과전류 발생 시 전로를 자동으로 차단하도록 설치할 것
2. 차단기·퓨즈는 계통에서 발생하는 최대 과전류에 대하여 충분하게 차단할 수 있는 성능을 가질 것
3. 과전류차단장치가 전기계통상에서 상호 협조·보완되어 과전류를 효과적으로 차단하도록 할 것

제306조【교류아크용접기 등】 ① 사업주는 아크용접 등(자동용접은 제외한다)의 작업에 사용하는 용접봉의 홀더에 대하여 「산업표준화법」에 따른 한국산업표준에 적합하거나 그 이상의 절연내력 및 내열성을 갖춘 것을 사용하여야 한다.

② 사업주는 다음 각 호의 어느 하나에

해당하는 장소에서 교류아크용접기(자동으로 작동되는 것은 제외한다)를 사용하는 경우에는 교류아크용접기에 자동전격방지기를 설치하여야 한다. 〈신설 2013.3.21., 2019.10.15.〉

1. 선박의 이중 선체 내부, 밸러스트 탱크(ballast tank, 평형수 탱크), 보일러 내부 등 도전체에 둘러싸인 장소
2. 추락할 위험이 있는 높이 2미터 이상의 장소로 철골 등 도전성이 높은 물체에 근로자가 접촉할 우려가 있는 장소
3. 근로자가 물·땀 등으로 인하여 도전성이 높은 습윤 상태에서 작업하는 장소

제307조【단로기 등의 개폐】 사업주는 부하전류를 차단할 수 없는 고압 또는 특별고압의 단로기(斷路機) 또는 선로개폐기(이하 "단로기등"이라 한다)를 개로(開路)·폐로(閉路)하는 경우에는 그 단로기등의 오조작을 방지하기 위하여 근로자에게 해당 전로가 무부하(無負荷)임을 확인한 후에 조작하도록 주의 표지판 등을 설치하여야 한다. 다만, 그 단로기등에 전로가 무부하로 되지 아니하면 개로·폐로할 수 없도록 하는 연동장치를 설치한 경우에는 그러하지 아니하다.

제308조【비상전원】 ① 사업주는 정전에 의한 기계·설비의 갑작스러운 정지로 인하여 화재·폭발 등 재해가 발생할 우려가 있는 경우에는 해당 기계·설비에 비상발전기, 비상전원용 수전(受電)설비, 축전지 설비, 전기저장장치 등 비상전원을 접속하여 정전 시 비상전력이 공급되도록 하여야 한다.〈개정 2017.3.3.〉

② 비상전원의 용량은 연결된 부하를 각각의 필요에 따라 충분히 가동할 수 있어야 한다.

제309조【임시로 사용하는 전등 등의 위험 방지】 ① 사업주는 이동전선에 접속하여 임시로 사용하는 전등이나 가설의 배선 또는 이동전선에 접속하는 가공매달기식 전등 등을 접촉함으로 인한 감전 및 전구의 파손에 의한 위험을 방지하기 위하여 보호망을 부착하여야 한다.

② 제1항의 보호망을 설치하는 경우에는 다음 각 호의 사항을 준수하여야 한다.

1. 전구의 노출된 금속 부분에 근로자가 쉽게 접촉되지 아니하는 구조로 할 것
2. 재료는 쉽게 파손되거나 변형되지 아니하는 것으로 할 것

제310조【전기 기계·기구의 조작 시 등의 안전조치】 ① 사업주는 전기기계·기구의 조작부분을 점검하거나 보수하는 경우에는 근로자가 안전하게 작업할 수 있도록 전기 기계·기구로부터 폭 70센티미터 이상의 작업공간을 확보하여야 한다. 다만, 작업공간을 확보하는 것이 곤란하여 근로자에게 절연용 보호구를 착용하도록 한 경우에는 그러하지 아니하다.

② 사업주는 전기적 불꽃 또는 아크에 의한 화상의 우려가 있는 고압 이상의 충전전로 작업에 근로자를 종사시키는 경우에는 방염처리된 작업복 또는 난연(難燃)성능을 가진 작업복을 착용시켜야 한다.

제311조【폭발위험장소에서 사용하는 전기 기계·기구의 선정 등】 ① 사업주는 제230조제1항에 따른 가스폭발 위험장소 또는 분진폭발 위험장소에서 전기 기계·기구를 사용하는 경우에는 「산업표준화법」에 따른 한국산업표준에서 정하는 기준으로 그 증기, 가스 또는

분진에 대하여 적합한 방폭성능을 가진 방폭구조 전기 기계·기구를 선정하여 사용하여야 한다.

② 사업주는 제1항의 방폭구조 전기 기계·기구에 대하여 그 성능이 항상 정상적으로 작동될 수 있는 상태로 유지·관리되도록 하여야 한다.

제312조 【변전실 등의 위치】 사업주는 제230조제1항에 따른 가스폭발 위험장소 또는 분진폭발 위험장소에는 변전실, 배전반실, 제어실, 그 밖에 이와 유사한 시설(이하 이 조에서 "변전실등"이라 한다)을 설치해서는 아니 된다. 다만, 변전실등의 실내기압이 항상 양압(25파스칼 이상의 압력을 말한다. 이하 같다)을 유지하도록 하고 다음 각 호의 조치를 하거나, 가스폭발 위험장소 또는 분진폭발 위험장소에 적합한 방폭성능을 갖는 전기 기계·기구를 변전실등에 설치·사용한 경우에는 그러하지 아니하다.

1. 양압을 유지하기 위한 환기설비의 고장 등으로 양압이 유지되지 아니한 경우 경보를 할 수 있는 조치
2. 환기설비가 정지된 후 재가동하는 경우 변전실등에 가스 등이 있는지를 확인할 수 있는 가스검지기 등 장비의 비치
3. 환기설비에 의하여 변전실등에 공급되는 공기는 제230조제1항에 따른 가스폭발 위험장소 또는 분진폭발 위험장소가 아닌 곳으로부터 공급되도록 하는 조치

제2절 배선 및 이동전선으로 인한 위험 방지

제313조 【배선 등의 절연피복 등】 ① 사업주는 근로자가 작업 중에나 통행하면서 접촉하거나 접촉할 우려가 있는 배선 또는 이동전선에 대하여 절연피복이 손상되거나 노화됨으로 인한 감전의 위험을 방지하기 위하여 필요한 조치를 하여야 한다.

② 사업주는 전선을 서로 접속하는 경우에는 해당 전선의 절연성능 이상으로 절연될 수 있는 것으로 충분히 피복하거나 적합한 접속기구를 사용하여야 한다.

제314조 【습윤한 장소의 이동전선 등】 사업주는 물 등의 도전성이 높은 액체가 있는 습윤한 장소에서 근로자가 작업 중에나 통행하면서 이동전선 및 이에 부속하는 접속기구(이하 이 조와 제315조에서 "이동전선등"이라 한다)에 접촉할 우려가 있는 경우에는 충분한 절연효과가 있는 것을 사용하여야 한다.

제315조 【통로바닥에서의 전선 등 사용 금지】 사업주는 통로바닥에 전선 또는 이동전선등을 설치하여 사용해서는 아니 된다. 다만, 차량이나 그 밖의 물체의 통과 등으로 인하여 해당 전선의 절연피복이 손상될 우려가 없거나 손상되지 않도록 적절한 조치를 하여 사용하는 경우에는 그러하지 아니하다.

제316조 【꽂음접속기의 설치·사용 시 준수사항】 사업주는 꽂음접속기를 설치하거나 사용하는 경우에는 다음 각 호의 사항을 준수하여야 한다.

1. 서로 다른 전압의 꽂음 접속기는 서로 접속되지 아니한 구조의 것을 사용할 것
2. 습윤한 장소에 사용되는 꽂음 접속기는 방수형 등 그 장소에 적합한 것을 사용할 것

3. 근로자가 해당 꽂음 접속기를 접속시킬 경우에는 땀 등으로 젖은 손으로 취급하지 않도록 할 것
4. 해당 꽂음 접속기에 잠금장치가 있는 경우에는 접속 후 잠그고 사용할 것

제317조【이동 및 휴대장비 등의 사용 전기 작업】① 사업주는 이동중에나 휴대장비 등을 사용하는 작업에서 다음 각 호의 조치를 하여야 한다.
1. 근로자가 착용하거나 취급하고 있는 도전성 공구·장비 등이 노출 충전부에 닿지 않도록 할 것
2. 근로자가 사다리를 노출 충전부가 있는 곳에서 사용하는 경우에는 도전성 재질의 사다리를 사용하지 않도록 할 것
3. 근로자가 젖은 손으로 전기기계·기구의 플러그를 꽂거나 제거하지 않도록 할 것
4. 근로자가 전기회로를 개방, 변환 또는 투입하는 경우에는 전기 차단용으로 특별히 설계된 스위치, 차단기 등을 사용하도록 할 것
5. 차단기 등의 과전류 차단장치에 의하여 자동 차단된 후에는 전기회로 또는 전기기계·기구가 안전하다는 것이 증명되기 전까지는 과전류 차단장치를 재투입하지 않도록 할 것

② 제1항에 따라 사업주가 작업지시를 하면 근로자는 이행하여야 한다.

제3절 전기작업에 대한 위험 방지

제318조【전기작업자의 제한】사업주는 근로자가 감전위험이 있는 전기기계·기구 또는 전로(이하 이 조와 제319조에서 "전기기기등"이라 한다)의 설치·해체·정비·점검(설비의 유효성을 장비, 도구를 이용하여 확인하는 점검으로 한정한다) 등의 작업(이하 "전기작업"이라 한다)을 하는 경우에는 「유해위험작업의 취업제한에 관한 규칙」제3조에 따른 자격·면허·경험 또는 기능을 갖춘 사람(이하 "유자격자"라 한다)이 작업을 수행하도록 하여야 한다.

제319조【정전전로에서의 전기작업】① 사업주는 근로자가 노출된 충전부 또는 그 부근에서 작업함으로써 감전될 우려가 있는 경우에는 작업에 들어가기 전에 해당 전로를 차단하여야 한다. 다만, 다음 각 호의 경우에는 그러하지 아니하다.
1. 생명유지장치, 비상경보설비, 폭발위험장소의 환기설비, 비상조명설비 등의 장치·설비의 가동이 중지되어 사고의 위험이 증가되는 경우
2. 기기의 설계상 또는 작동상 제한으로 전로차단이 불가능한 경우
3. 감전, 아크 등으로 인한 화상, 화재·폭발의 위험이 없는 것으로 확인된 경우

② 제1항의 전로 차단은 다음 각 호의 절차에 따라 시행하여야 한다.
1. 전기기기등에 공급되는 모든 전원을 관련 도면, 배선도 등으로 확인할 것
2. 전원을 차단한 후 각 단로기 등을 개방하고 확인할 것
3. 차단장치나 단로기 등에 잠금장치 및 꼬리표를 부착할 것
4. 개로된 전로에서 유도전압 또는 전기에너지가 축적되어 근로자에게 전기위험을 끼칠 수 있는 전기기기등은 접촉하기 전에 잔류전하를 완전히 방전시킬 것

5. 검전기를 이용하여 작업 대상 기기가 충전되었는지를 확인할 것
6. 전기기기등이 다른 노출 충전부와의 접촉, 유도 또는 예비동력원의 역송전 등으로 전압이 발생할 우려가 있는 경우에는 충분한 용량을 가진 단락 접지기구를 이용하여 접지할 것

③ 사업주는 제1항 각 호 외의 부분 본문에 따른 작업 중 또는 작업을 마친 후 전원을 공급하는 경우에는 작업에 종사하는 근로자 또는 그 인근에서 작업하거나 정전된 전기기기등(고정 설치된 것으로 한정한다)과 접촉할 우려가 있는 근로자에게 감전의 위험이 없도록 다음 각 호의 사항을 준수하여야 한다.

1. 작업기구, 단락 접지기구 등을 제거하고 전기기기등이 안전하게 통전될 수 있는지를 확인할 것
2. 모든 작업자가 작업이 완료된 전기기기등에서 떨어져 있는지를 확인할 것
3. 잠금장치와 꼬리표는 설치한 근로자가 직접 철거할 것
4. 모든 이상 유무를 확인한 후 전기기기등의 전원을 투입할 것

제320조【정전전로 인근에서의 전기작업】 사업주는 근로자가 전기위험에 노출될 수 있는 정전전로 또는 그 인근에서 작업하거나 정전된 전기기기 등(고정 설치된 것으로 한정한다)과 접촉할 우려가 있는 경우에 작업 전에 제319조제2항제3호의 조치를 확인하여야 한다.

제321조【충전전로에서의 전기작업】 ① 사업주는 근로자가 충전전로를 취급하거나 그 인근에서 작업하는 경우에는 다음 각 호의 조치를 하여야 한다.

1. 충전전로를 정전시키는 경우에는 제319조에 따른 조치를 할 것
2. 충전전로를 방호, 차폐하거나 절연 등의 조치를 하는 경우에는 근로자의 신체가 전로와 직접 접촉하거나 도전재료, 공구 또는 기기를 통하여 간접 접촉되지 않도록 할 것
3. 충전전로를 취급하는 근로자에게 그 작업에 적합한 절연용 보호구를 착용시킬 것
4. 충전전로에 근접한 장소에서 전기작업을 하는 경우에는 해당 전압에 적합한 절연용 방호구를 설치할 것. 다만, 저압인 경우에는 해당 전기작업자가 절연용 보호구를 착용하되, 충전전로에 접촉할 우려가 없는 경우에는 절연용 방호구를 설치하지 아니할 수 있다.
5. 고압 및 특별고압의 전로에서 전기작업을 하는 근로자에게 활선작업용 기구 및 장치를 사용하도록 할 것
6. 근로자가 절연용 방호구의 설치·해체작업을 하는 경우에는 절연용 보호구를 착용하거나 활선작업용 기구 및 장치를 사용하도록 할 것
7. 유자격자가 아닌 근로자가 충전전로 인근의 높은 곳에서 작업할 때에 근로자의 몸 또는 긴 도전성 물체가 방호되지 않은 충전전로에서 대지전압이 50킬로볼트 이하인 경우에는 300센티미터 이내로, 대지전압이 50킬로볼트를 넘는 경우에는 10킬로볼트당 10센티미터씩 더한 거리 이내로 각각 접근할 수 없도록 할 것
8. 유자격자가 충전전로 인근에서 작업하는 경우에는 다음 각 목의 경우를 제외하고는 노출 충전부에 다음 표에 제시된 접근한계거리 이내로 접근하거나

절연 손잡이가 없는 도전체에 접근할 수 없도록 할 것
가. 근로자가 노출 충전부로부터 절연된 경우 또는 해당 전압에 적합한 절연장갑을 착용한 경우
나. 노출 충전부가 다른 전위를 갖는 도전체 또는 근로자와 절연된 경우
다. 근로자가 다른 전위를 갖는 모든 도전체로부터 절연된 경우

충전전로의 선간전압 (단위: 킬로볼트)	충전전로에 대한 접근 한계거리 (단위: 센티미터)
0.3 이하	접촉금지
0.3 초과 0.75 이하	30
0.75 초과 2 이하	45
2 초과 15 이하	60
15 초과 37 이하	90
37 초과 88 이하	110
88 초과 121 이하	130
121 초과 145 이하	150
145 초과 169 이하	170
169 초과 242 이하	230
242 초과 362 이하	380
362 초과 550 이하	550
550 초과 800 이하	790

② 사업주는 절연이 되지 않은 충전부나 그 인근에 근로자가 접근하는 것을 막거나 제한할 필요가 있는 경우에는 울타리를 설치하고 근로자가 쉽게 알아볼 수 있도록 하여야 한다. 다만, 전기와 접촉할 위험이 있는 경우에는 도전성이 있는 금속제 울타리를 사용하거나, 제1항의 표에 정한 접근 한계거리 이내에 설치해서는 아니 된다. 〈개정 2019.10.15.〉
③ 사업주는 제2항의 조치가 곤란한 경우에는 근로자를 감전위험에서 보호하기 위하여 사전에 위험을 경고하는 감시인을 배치하여야 한다.

제322조 【충전전로 인근에서의 차량·기계장치 작업】 ① 사업주는 충전전로 인근에서 차량, 기계장치 등(이하 이 조에서 "차량등"이라 한다)의 작업이 있는 경우에는 차량등을 충전전로의 충전부로부터 300센티미터 이상 이격시켜 유지시키되, 대지전압이 50킬로볼트를 넘는 경우 이격시켜 유지하여야 하는 거리(이하 이 조에서 "이격거리"라 한다)는 10킬로볼트 증가할 때마다 10센티미터씩 증가시켜야 한다. 다만, 차량등의 높이를 낮춘 상태에서 이동하는 경우에는 이격거리를 120센티미터 이상(대지전압이 50킬로볼트를 넘는 경우에는 10킬로볼트 증가할 때마다 이격거리를 10센티미터씩 증가)으로 할 수 있다.
② 제1항에도 불구하고 충전전로의 전압에 적합한 절연용 방호구 등을 설치한 경우에는 이격거리를 절연용 방호구 앞면까지로 할 수 있으며, 차량등의 가공 붐대의 버킷이나 끝부분 등이 충전전로의 전압에 적합하게 절연되어 있고 유자격자가 작업을 수행하는 경우에는 붐대의 절연되지 않은 부분과 충전전로 간의 이격거리는 제321조제1항의 표에 따른 접근 한계거리까지로 할 수 있다.
③ 사업주는 다음 각 호의 경우를 제외하고는 근로자가 차량등의 그 어느 부분과도 접촉하지 않도록 울타리를 설치하거나 감시인 배치 등의 조치를 하여야 한다. 〈개정 2019.10.15.〉
1. 근로자가 해당 전압에 적합한 제323

조제1항의 절연용 보호구등을 착용하거나 사용하는 경우
2. 차량등의 절연되지 않은 부분이 제321조제1항의 표에 따른 접근 한계거리 이내로 접근하지 않도록 하는 경우

④ 사업주는 충전전로 인근에서 접지된 차량등이 충전전로와 접촉할 우려가 있을 경우에는 지상의 근로자가 접지점에 접촉하지 않도록 조치하여야 한다.

제323조【절연용 보호구 등의 사용】 ① 사업주는 다음 각 호의 작업에 사용하는 절연용 보호구, 절연용 방호구, 활선작업용 기구, 활선작업용 장치(이하 이 조에서 "절연용 보호구등"이라 한다)에 대하여 각각의 사용목적에 적합한 종별·재질 및 치수의 것을 사용하여야 한다.

1. 제301조제2항에 따른 밀폐공간에서의 전기작업
2. 제317조에 따른 이동 및 휴대장비 등을 사용하는 전기작업
3. 제319조 및 제320조에 따른 정전 전로 또는 그 인근에서의 전기작업
4. 제321조의 충전전로에서의 전기작업
5. 제322조의 충전전로 인근에서의 차량·기계장치 등의 작업

② 사업주는 절연용 보호구등이 안전한 성능을 유지하고 있는지를 정기적으로 확인하여야 한다.

③ 사업주는 근로자가 절연용 보호구등을 사용하기 전에 흠·균열·파손, 그 밖의 손상 유무를 발견하여 정비 또는 교환을 요구하는 경우에는 즉시 조치하여야 한다.

제324조【적용 제외】 제38조제1항제5호, 제301조부터 제310조까지 및 제313조부터 제323조까지의 규정은 대지전압이 30볼트 이하인 전기기계·기구·배선 또는 이동전선에 대해서는 적용하지 아니한다.

제4절 정전기 및 전자파로 인한 재해 예방

제325조【정전기로 인한 화재 폭발 등 방지】 ① 사업주는 다음 각 호의 설비를 사용할 때에 정전기에 의한 화재 또는 폭발 등의 위험이 발생할 우려가 있는 경우에는 해당 설비에 대하여 확실한 방법으로 접지를 하거나, 도전성 재료를 사용하거나 가습 및 점화원이 될 우려가 없는 제전(除電)장치를 사용하는 등 정전기의 발생을 억제하거나 제거하기 위하여 필요한 조치를 하여야 한다.

1. 위험물을 탱크로리·탱크차 및 드럼 등에 주입하는 설비
2. 탱크로리·탱크차 및 드럼 등 위험물저장설비
3. 인화성 액체를 함유하는 도료 및 접착제 등을 제조·저장·취급 또는 도포(塗布)하는 설비
4. 위험물 건조설비 또는 그 부속설비
5. 인화성 고체를 저장하거나 취급하는 설비
6. 드라이클리닝설비, 염색가공설비 또는 모피류 등을 씻는 설비 등 인화성유기용제를 사용하는 설비
7. 유압, 압축공기 또는 고전위정전기 등을 이용하여 인화성 액체나 인화성 고체를 분무하거나 이송하는 설비
8. 고압가스를 이송하거나 저장·취급하는 설비

9. 화약류 제조설비
10. 발파공에 장전된 화약류를 점화시키는 경우에 사용하는 발파기(발파공을 막는 재료로 물을 사용하거나 갱도발파를 하는 경우는 제외한다)

② 사업주는 인체에 대전된 정전기에 의한 화재 또는 폭발 위험이 있는 경우에는 정전기 대전방지용 안전화 착용, 제전복(除電服) 착용, 정전기 제전용구 사용 등의 조치를 하거나 작업장 바닥 등에 도전성을 갖추도록 하는 등 필요한 조치를 하여야 한다.

③ 생산공정상 정전기에 의한 감전 위험이 발생할 우려가 있는 경우의 조치에 관하여는 제1항과 제2항을 준용한다.

제326조 【피뢰설비의 설치】 ① 사업주는 화약류 또는 위험물을 저장하거나 취급하는 시설물에 낙뢰에 의한 산업재해를 예방하기 위하여 피뢰설비를 설치하여야 한다.

② 사업주는 제1항에 따라 피뢰설비를 설치하는 경우에는 「산업표준화법」에 따른 한국산업표준에 적합한 피뢰설비를 사용하여야 한다.

제327조 【전자파에 의한 기계·설비의 오작동 방지】 사업주는 전기 기계·기구 사용에 의하여 발생하는 전자파로 인하여 기계·설비의 오작동을 초래함으로써 산업재해가 발생할 우려가 있는 경우에는 다음 각 호의 조치를 하여야 한다.

1. 전기기계·기구에서 발생하는 전자파의 크기가 다른 기계·설비가 원래 의도된 대로 작동하는 것을 방해하지 않도록 할 것
2. 기계·설비는 원래 의도된 대로 작동할 수 있도록 적절한 수준의 전자파 내성을 가지도록 하거나, 이에 준하는 전자파 차폐조치를 할 것

제4장 건설작업 등에 의한 위험 예방

제1절 거푸집 동바리 및 거푸집

제1관 재료 등

제328조 【재료】 사업주는 거푸집 동바리 및 거푸집(이하 이 장에서 "거푸집동바리등"이라 한다)의 재료로 변형·부식 또는 심하게 손상된 것을 사용해서는 아니 된다.

제329조 【강재의 사용기준】 사업주는 거푸집동바리등에 사용하는 동바리·멍에 등 주요 부분의 강재는 별표 10의 기준에 맞는 것을 사용하여야 한다.

제330조 【거푸집동바리등의 구조】 사업주는 거푸집동바리등을 사용하는 경우에는 거푸집의 형상 및 콘크리트 타설(打設)방법 등에 따른 견고한 구조의 것을 사용하여야 한다.

제2관 조립 등

제331조 【조립도】 ① 사업주는 거푸집동바리등을 조립하는 경우에는 그 구조를 검토한 후 조립도를 작성하고, 그 조립도에 따라 조립하도록 하여야 한다.

② 제1항의 조립도에는 동바리·멍에 등 부재의 재질·단면규격·설치간격 및 이음방법 등을 명시하여야 한다.

제332조 【거푸집동바리등의 안전조치】 사업주는 거푸집동바리등을 조립하는

경우에는 다음 각 호의 사항을 준수하여야 한다. 〈개정 2019.12.26.〉

1. 깔목의 사용, 콘크리트 타설, 말뚝박기 등 동바리의 침하를 방지하기 위한 조치를 할 것
2. 개구부 상부에 동바리를 설치하는 경우에는 상부하중을 견딜 수 있는 견고한 받침대를 설치할 것
3. 동바리의 상하 고정 및 미끄러짐 방지 조치를 하고, 하중의 지지상태를 유지할 것
4. 동바리의 이음은 맞댄이음이나 장부이음으로 하고 같은 품질의 재료를 사용할 것
5. 강재와 강재의 접속부 및 교차부는 볼트·클램프 등 전용철물을 사용하여 단단히 연결할 것
6. 거푸집이 곡면인 경우에는 버팀대의 부착 등 그 거푸집의 부상(浮上)을 방지하기 위한 조치를 할 것
7. 동바리로 사용하는 강관 〔파이프 서포트(pipe support)는 제외한다〕에 대해서는 다음 각 목의 사항을 따를 것
   가. 높이 2미터 이내마다 수평연결재를 2개 방향으로 만들고 수평연결재의 변위를 방지할 것
   나. 멍에 등을 상단에 올릴 경우에는 해당 상단에 강재의 단판을 붙여 멍에 등을 고정시킬 것
8. 동바리로 사용하는 파이프 서포트에 대해서는 다음 각 목의 사항을 따를 것
   가. 파이프 서포트를 3개 이상 이어서 사용하지 않도록 할 것
   나. 파이프 서포트를 이어서 사용하는 경우에는 4개 이상의 볼트 또는 전용철물을 사용하여 이을 것
   다. 높이가 3.5미터를 초과하는 경우에는 제7호 가목의 조치를 할 것
9. 동바리로 사용하는 강관틀에 대해서는 다음 각 목의 사항을 따를 것
   가. 강관틀과 강관틀 사이에 교차가새를 설치할 것
   나. 최상층 및 5층 이내마다 거푸집 동바리의 측면과 틀면의 방향 및 교차가새의 방향에서 5개 이내마다 수평연결재를 설치하고 수평연결재의 변위를 방지할 것
   다. 최상층 및 5층 이내마다 거푸집동바리의 틀면의 방향에서 양단 및 5개틀 이내마다 교차가새의 방향으로 띠장틀을 설치할 것
   라. 제7호나목의 조치를 할 것
10. 동바리로 사용하는 조립강주에 대해서는 다음 각목의 사항을 따를 것
   가. 제7호나목의 조치를 할 것
   나. 높이가 4미터를 초과하는 경우에는 높이 4미터 이내마다 수평연결재를 2개 방향으로 설치하고 수평연결재의 변위를 방지할 것
11. 시스템 동바리(규격화·부품화된 수직재, 수평재 및 가새재 등의 부재를 현장에서 조립하여 거푸집으로 지지하는 동바리 형식을 말한다)는 다음 각 목의 방법에 따라 설치할 것
   가. 수평재는 수직재와 직각으로 설치하여야 하며, 흔들리지 않도록 견고하게 설치할 것
   나. 연결철물을 사용하여 수직재를 견고하게 연결하고, 연결 부위가 탈락 또는 꺾어지지 않도록 할 것
   다. 수직 및 수평하중에 의한 동바리 본체의 변위로부터 구조적 안전성

이 확보되도록 조립도에 따라 수직재 및 수평재에는 가새재를 견고하게 설치하도록 할 것
라. 동바리 최상단과 최하단의 수직재와 받침철물은 서로 밀착되도록 설치하고 수직재와 받침철물의 연결부의 겹침길이는 받침철물 전체길이의 3분의 1 이상 되도록 할 것
12. 동바리로 사용하는 목재에 대해서는 다음 각 목의 사항을 따를 것
가. 제7호가목의 조치를 할 것
나. 목재를 이어서 사용하는 경우에는 2개 이상의 덧댐목을 대고 네 군데 이상 견고하게 묶은 후 상단을 보나 멍에에 고정시킬 것
13. 보로 구성된 것은 다음 각 목의 사항을 따를 것
가. 보의 양끝을 지지물로 고정시켜 보의 미끄러짐 및 탈락을 방지할 것
나. 보와 보 사이에 수평연결재를 설치하여 보가 옆으로 넘어지지 않도록 견고하게 할 것
14. 거푸집을 조립하는 경우에는 거푸집이 콘크리트 하중이나 그 밖의 외력에 견딜 수 있거나, 넘어지지 않도록 견고한 구조의 긴결재, 버팀대 또는 지지대를 설치하는 등 필요한 조치를 할 것

제333조 【계단 형상으로 조립하는 거푸집 동바리】 사업주는 깔판 및 깔목 등을 끼워서 계단 형상으로 조립하는 거푸집 동바리에 대하여 제332조 각 호의 사항 및 다음 각 호의 사항을 준수하여야 한다.
1. 거푸집의 형상에 따른 부득이한 경우를 제외하고는 깔판·깔목 등을 2단 이상 끼우지 않도록 할 것
2. 깔판·깔목 등을 이어서 사용하는 경우에는 그 깔판·깔목 등을 단단히 연결할 것
3. 동바리는 상·하부의 동바리가 동일 수직선상에 위치하도록 하여 깔판·깔목 등에 고정시킬 것

제334조 【콘크리트의 타설작업】 사업주는 콘크리트 타설작업을 하는 경우에는 다음 각 호의 사항을 준수하여야 한다.
1. 당일의 작업을 시작하기 전에 해당 작업에 관한 거푸집동바리등의 변형·변위 및 지반의 침하 유무 등을 점검하고 이상이 있으면 보수할 것
2. 작업 중에는 거푸집동바리등의 변형·변위 및 침하 유무 등을 감시할 수 있는 감시자를 배치하여 이상이 있으면 작업을 중지하고 근로자를 대피시킬 것
3. 콘크리트 타설작업 시 거푸집 붕괴의 위험이 발생할 우려가 있으면 충분한 보강조치를 할 것
4. 설계도서상의 콘크리트 양생기간을 준수하여 거푸집동바리등을 해체할 것
5. 콘크리트를 타설하는 경우에는 편심이 발생하지 않도록 골고루 분산하여 타설할 것

제335조 【콘크리트 펌프 등 사용 시 준수사항】 사업주는 콘크리트 타설작업을 하기 위하여 콘크리트 펌프 또는 콘크리트 펌프카를 사용하는 경우에는 다음 각 호의 사항을 준수하여야 한다.
1. 작업을 시작하기 전에 콘크리트 펌프용 비계를 점검하고 이상을 발견하였으면 즉시 보수할 것
2. 건축물의 난간 등에서 작업하는 근로자가 호스의 요동·선회로 인하여 추락하는 위험을 방지하기 위하여 안전난

간 설치 등 필요한 조치를 할 것
3. 콘크리트 펌프카의 붐을 조정하는 경우에는 주변의 전선 등에 의한 위험을 예방하기 위한 적절한 조치를 할 것
4. 작업 중에 지반의 침하, 아웃트리거의 손상 등에 의하여 콘크리트 펌프카가 넘어질 우려가 있는 경우에는 이를 방지하기 위한 적절한 조치를 할 것

제336조【조립 등 작업 시의 준수사항】 ① 사업주는 기둥·보·벽체·슬라브 등의 거푸집동바리등을 조립하거나 해체하는 작업을 하는 경우에는 다음 각 호의 사항을 준수하여야 한다.
1. 해당 작업을 하는 구역에는 관계 근로자가 아닌 사람의 출입을 금지할 것
2. 비, 눈, 그 밖의 기상상태의 불안정으로 날씨가 몹시 나쁜 경우에는 그 작업을 중지할 것
3. 재료, 기구 또는 공구 등을 올리거나 내리는 경우에는 근로자로 하여금 달줄·달포대 등을 사용하도록 할 것
4. 낙하·충격에 의한 돌발적 재해를 방지하기 위하여 버팀목을 설치하고 거푸집동바리등을 인양장비에 매단 후에 작업을 하도록 하는 등 필요한 조치를 할 것

② 사업주는 철근조립 등의 작업을 하는 경우에는 다음 각 호의 사항을 준수하여야 한다.
1. 양중기로 철근을 운반할 경우에는 두 군데 이상 묶어서 수평으로 운반할 것
2. 작업위치의 높이가 2미터 이상일 경우에는 작업발판을 설치하거나 안전대를 착용하게 하는 등 위험 방지를 위하여 필요한 조치를 할 것

제337조【작업발판 일체형 거푸집의 안전조치】 ① "작업발판 일체형 거푸집"이란 거푸집의 설치·해체, 철근 조립, 콘크리트 타설, 콘크리트 면처리 작업 등을 위하여 거푸집을 작업발판과 일체로 제작하여 사용하는 거푸집으로서 다음 각 호의 거푸집을 말한다.
1. 갱 폼(gang form)
2. 슬립 폼(slip form)
3. 클라이밍 폼(climbing form)
4. 터널 라이닝 폼(tunnel lining form)
5. 그 밖에 거푸집과 작업발판이 일체로 제작된 거푸집 등

② 제1항제1호의 갱 폼의 조립·이동·양중·해체(이하 이 조에서 "조립등"이라 한다) 작업을 하는 경우에는 다음 각 호의 사항을 준수하여야 한다.
1. 조립등의 범위 및 작업절차를 미리 그 작업에 종사하는 근로자에게 주지시킬 것
2. 근로자가 안전하게 구조물 내부에서 갱 폼의 작업발판으로 출입할 수 있는 이동통로를 설치할 것
3. 갱 폼의 지지 또는 고정철물의 이상 유무를 수시점검하고 이상이 발견된 경우에는 교체하도록 할 것
4. 갱 폼을 조립하거나 해체하는 경우에는 갱폼을 인양장비에 매단 후에 작업을 실시하도록 하고, 인양장비에 매달기 전에 지지 또는 고정철물을 미리 해체하지 않도록 할 것
5. 갱 폼 인양 시 작업발판용 케이지에 근로자가 탑승한 상태에서 갱폼의 인양작업을 하지 아니할 것

③ 사업주는 제1항제2호부터 제5호까지의 조립등의 작업을 하는 경우에는 다음 각 호의 사항을 준수하여야 한다.
1. 조립등 작업 시 거푸집 부재의 변형 여부와 연결 및 지지재의 이상 유무를

확인할 것

2. 조립등 작업과 관련한 이동·양중·운반 장비의 고장·오조작 등으로 인해 근로자에게 위험을 미칠 우려가 있는 장소에는 근로자의 출입을 금지하는 등 위험 방지 조치를 할 것
3. 거푸집이 콘크리트면에 지지될 때에 콘크리트의 굳기정도와 거푸집의 무게, 풍압 등의 영향으로 거푸집의 갑작스런 이탈 또는 낙하로 인해 근로자가 위험해질 우려가 있는 경우에는 설계도서에서 정한 콘크리트의 양생기간을 준수하거나 콘크리트면에 견고하게 지지하는 등 필요한 조치를 할 것
4. 연결 또는 지지 형식으로 조립된 부재의 조립등 작업을 하는 경우에는 거푸집을 인양장비에 매단 후에 작업을 하도록 하는 등 낙하·붕괴·전도의 위험 방지를 위하여 필요한 조치를 할 것

제2절 굴착작업 등의 위험 방지

제1관 노천굴착작업

제1속 굴착면의 기울기 등

제338조【지반 등의 굴착 시 위험 방지】 ① 사업주는 지반 등을 굴착하는 경우에는 굴착면의 기울기를 별표 11의 기준에 맞도록 하여야 한다. 다만, 흙막이 등 기울기면의 붕괴 방지를 위하여 적절한 조치를 한 경우에는 그러하지 아니하다.

② 제1항의 경우 굴착면의 경사가 달라서 기울기를 계산하기가 곤란한 경우에는 해당 굴착면에 대하여 별표 11의 기준에 따라 붕괴의 위험이 증가하지 않도록 해당 각 부분의 경사를 유지하여야 한다.

제339조【토석붕괴 위험 방지】 사업주는 굴착작업을 하는 경우 지반의 붕괴 또는 토석의 낙하에 의한 근로자의 위험을 방지하기 위하여 관리감독자에게 작업 시작 전에 작업 장소 및 그 주변의 부석·균열의 유무, 함수(含水)·용수(湧水) 및 동결상태의 변화를 점검하도록 하여야 한다. 〈개정 2019.12.26.〉

제340조【지반의 붕괴 등에 의한 위험방지】 ① 사업주는 굴착작업에 있어서 지반의 붕괴 또는 토석의 낙하에 의하여 근로자에게 위험을 미칠 우려가 있는 경우에는 미리 흙막이 지보공의 설치, 방호망의 설치 및 근로자의 출입 금지 등 그 위험을 방지하기 위하여 필요한 조치를 하여야 한다.

② 사업주는 비가 올 경우를 대비하여 측구(側溝)를 설치하거나 굴착경사면에 비닐을 덮는 등 빗물 등의 침투에 의한 붕괴재해를 예방하기 위하여 필요한 조치를 하여야 한다. 〈개정 2019.10.15.〉

제341조【매설물 등 파손에 의한 위험방지】 ① 사업주는 매설물·조적벽·콘크리트벽 또는 옹벽 등의 건설물에 근접한 장소에서 굴착작업을 할 때에 해당 가설물의 파손 등에 의하여 근로자가 위험해질 우려가 있는 경우에는 해당 건설물을 보강하거나 이설하는 등 해당 위험을 방지하기 위한 조치를 하여야 한다.

② 사업주는 굴착작업에 의하여 노출된 매설물 등이 파손됨으로써 근로자가 위험해질 우려가 있는 경우에는 해당 매설물 등에 대한 방호조치를 하거나 이

설하는 등 필요한 조치를 하여야 한다.
③ 사업주는 제2항의 매설물 등의 방호 작업에 대하여 관리감독자에게 해당 작업을 지휘하도록 하여야 한다. 〈개정 2019.12.26.〉

제342조 【굴착기계 등의 사용금지】 사업주는 굴착기계·적재기계 및 운반기계 등의 사용으로 가스도관, 지중전선로, 그 밖에 지하에 위치한 공작물이 파손되어 그 결과 근로자가 위험해질 우려가 있는 경우에는 그 기계를 사용하여 굴착작업을 해서는 아니 된다.

제343조 【운행경로 등의 주지】 사업주는 굴착작업을 하는 경우 미리 운반기계, 굴착기계 및 적재기계(이하 이 조와 제344조에서 "운반기계등"이라 한다)의 운행경로 및 토석 적재장소 출입방법을 정하여 관계근로자에게 주지시켜야 한다.

제344조 【운반기계등의 유도】 사업주는 굴착작업을 할 때에 운반기계등이 근로자의 작업장소로 후진하여 근로자에게 접근하거나 굴러 떨어질 우려가 있는 경우에는 유도자를 배치하여 운반기계등을 유도하도록 하여야 한다. 〈개정 2019.10.15.〉
② 운반기계등의 운전자는 유도자의 유도에 따라야 한다.

제2속 흙막이 지보공

제345조 【흙막이지보공의 재료】 사업주는 흙막이 지보공의 재료로 변형·부식되거나 심하게 손상된 것을 사용해서는 아니 된다.

제346조 【조립도】 ① 사업주는 흙막이 지보공을 조립하는 경우 미리 조립도를 작성하여 그 조립도에 따라 조립하도록 하여야 한다.
② 제1항의 조립도는 흙막이판·말뚝·버팀대 및 띠장 등 부재의 배치·치수·재질 및 설치방법과 순서가 명시되어야 한다.

제347조 【붕괴 등의 위험 방지】 ① 사업주는 흙막이 지보공을 설치하였을 때에는 정기적으로 다음 각 호의 사항을 점검하고 이상을 발견하면 즉시 보수하여야 한다.
1. 부재의 손상·변형·부식·변위 및 탈락의 유무와 상태
2. 버팀대의 긴압(緊壓)의 정도
3. 부재의 접속부·부착부 및 교차부의 상태
4. 침하의 정도

② 사업주는 제1항의 점검 외에 설계도서에 따른 계측을 하고 계측 분석 결과 토압의 증가 등 이상한 점을 발견한 경우에는 즉시 보강조치를 하여야 한다.

제2관 발파작업의 위험방지

제348조 【발파의 작업기준】 사업주는 발파작업에 종사하는 근로자에게 다음 각 호의 사항을 준수하도록 하여야 한다.
1. 얼어붙은 다이나마이트는 화기에 접근시키거나 그 밖의 고열물에 직접 접촉시키는 등 위험한 방법으로 융해되지 않도록 할 것
2. 화약이나 폭약을 장전하는 경우에는 그 부근에서 화기를 사용하거나 흡연을 하지 않도록 할 것
3. 장전구(裝塡具)는 마찰·충격·정전기 등에 의한 폭발의 위험이 없는 안전한 것을 사용할 것
4. 발파공의 충진재료는 점토·모래 등 발

화성 또는 인화성의 위험이 없는 재료를 사용할 것
5. 점화 후 장전된 화약류가 폭발하지 아니한 경우 또는 장전된 화약류의 폭발 여부를 확인하기 곤란한 경우에는 다음 각 목의 사항을 따를 것
가. 전기뇌관에 의한 경우에는 발파모선을 점화기에서 떼어 그 끝을 단락시켜 놓는 등 재점화되지 않도록 조치하고 그 때부터 5분 이상 경과한 후가 아니면 화약류의 장전장소에 접근시키지 않도록 할 것
나. 전기뇌관 외의 것에 의한 경우에는 점화한 때부터 15분 이상 경과한 후가 아니면 화약류의 장전장소에 접근시키지 않도록 할 것
6. 전기뇌관에 의한 발파의 경우 점화하기 전에 화약류를 장전한 장소로부터 30미터 이상 떨어진 안전한 장소에서 전선에 대하여 저항측정 및 도통(導通)시험을 할 것

제349조【작업중지 및 피난】① 사업주는 벼락이 떨어질 우려가 있는 경우에는 화약 또는 폭약의 장전 작업을 중지하고 근로자들을 안전한 장소로 대피시켜야 한다.
② 사업주는 발파작업 시 근로자가 안전한 거리로 피난할 수 없는 경우에는 앞면과 상부를 견고하게 방호한 피난장소를 설치하여야 한다.〈개정 2019.1.31.〉

제3관 터널작업

제1속 조사 등

제350조【인화성 가스의 농도측정 등】① 사업주는 터널공사 등의 건설작업을 할 때에 인화성 가스가 발생할 위험이 있는 경우에는 폭발이나 화재를 예방하기 위하여 인화성 가스의 농도를 측정할 담당자를 지명하고, 그 작업을 시작하기 전에 가스가 발생할 위험이 있는 장소에 대하여 그 인화성 가스의 농도를 측정하여야 한다.
② 사업주는 제1항에 따라 측정한 결과 인화성 가스가 존재하여 폭발이나 화재가 발생할 위험이 있는 경우에는 인화성 가스 농도의 이상 상승을 조기에 파악하기 위하여 그 장소에 자동경보장치를 설치하여야 한다.
③ 지하철도공사를 시행하는 사업주는 터널굴착〔개착식(開鑿式)을 포함한다)〕 등으로 인하여 도시가스관이 노출된 경우에 접속부 등 필요한 장소에 자동경보장치를 설치하고, 「도시가스사업법」에 따른 해당 도시가스사업자와 합동으로 정기적 순회점검을 하여야 한다.
④ 사업주는 제2항 및 제3항에 따른 자동경보장치에 대하여 당일 작업 시작 전 다음 각 호의 사항을 점검하고 이상을 발견하면 즉시 보수하여야 한다.
1. 계기의 이상 유무
2. 검지부의 이상 유무
3. 경보장치의 작동상태

제2속 낙반 등에 의한 위험의 방지

제351조【낙반 등에 의한 위험의 방지】사업주는 터널 등의 건설작업을 하는 경우에 낙반 등에 의하여 근로자가 위험해질 우려가 있는 경우에 터널 지보공 및 록볼트의 설치, 부석(浮石)의 제

거 등 위험을 방지하기 위하여 필요한 조치를 하여야 한다.

제352조 【출입구 부근 등의 지반 붕괴에 의한 위험의 방지】 사업주는 터널 등의 건설작업을 할 때에 터널 등의 출입구 부근의 지반의 붕괴나 토석의 낙하에 의하여 근로자가 위험해질 우려가 있는 경우에는 흙막이 지보공이나 방호망을 설치하는 등 위험을 방지하기 위하여 필요한 조치를 하여야 한다.

제353조 【시계의 유지】 사업주는 터널 건설작업을 할 때에 터널 내부의 시계(視界)가 배기가스나 분진 등에 의하여 현저하게 제한되는 경우에는 환기를 하거나 물을 뿌리는 등 시계를 유지하기 위하여 필요한 조치를 하여야 한다.

제354조 【굴착기계의 사용 금지 등】 터널건설작업에 관하여는 제342조부터 제344조까지의 규정을 준용한다.

제355조 【가스제거 등의 조치】 사업주는 터널 등의 굴착작업을 할 때에 인화성 가스가 분출할 위험이 있는 경우에는 그 인화성 가스에 의한 폭발이나 화재를 예방하기 위하여 보링(boring)에 의한 가스 제거 및 그 밖에 인화성 가스의 분출을 방지하는 등 필요한 조치를 하여야 한다.

제356조 【용접 등 작업 시의 조치】 사업주는 터널건설작업을 할 때에 그 터널 등의 내부에서 금속의 용접·용단 또는 가열작업을 하는 경우에는 화재를 예방하기 위하여 다음 각 호의 조치를 하여야 한다.

1. 부근에 있는 넝마, 나무부스러기, 종이부스러기, 그 밖의 인화성 액체를 제거하거나, 그 인화성 액체에 불연성 물질의 덮개를 하거나, 그 작업에 수반하는 불티 등이 날아 흩어지는 것을 방지하기 위한 격벽을 설치할 것
2. 해당 작업에 종사하는 근로자에게 소화설비의 설치장소 및 사용방법을 주지시킬 것
3. 해당 작업 종료 후 불티 등에 의하여 화재가 발생할 위험이 있는지를 확인할 것

제357조 【점화물질 휴대 금지】 사업주는 작업의 성질상 부득이한 경우를 제외하고는 터널 내부에서 근로자가 화기, 성냥, 라이터, 그 밖에 발화위험이 있는 물건을 휴대하는 것을 금지하고, 그 내용을 터널의 출입구 부근의 보기 쉬운 장소에 게시하여야 한다.

제358조 【방화담당자의 지정 등】 사업주는 터널건설작업을 하는 경우에는 그 터널 내부의 화기나 아크를 사용하는 장소에 방화담당자를 지정하여 다음 각 호의 업무를 이행하도록 하여야 한다. 다만, 제356조에 따른 조치를 완료한 작업장소에 대해서는 그러하지 아니하다.

1. 화기나 아크 사용 상황을 감시하고 이상을 발견한 경우에는 즉시 필요한 조치를 하는 일
2. 불 찌꺼기가 있는지를 확인하는 일

제359조 【소화설비 등】 사업주는 터널 건설작업을 하는 경우에는 해당 터널 내부의 화기나 아크를 사용하는 장소 또는 배전반, 변압기, 차단기 등을 설치하는 장소에 소화설비를 설치하여야 한다.

제360조 【작업의 중지 등】 ① 사업주는 터널건설작업을 할 때에 낙반·출수(出水) 등에 의하여 산업재해가 발생할 급박한 위험이 있는 경우에는 즉시 작업

을 중지하고 근로자를 안전한 장소로 대피시켜야 한다.

② 사업주는 제1항에 따른 재해발생위험을 관계 근로자에게 신속히 알리기 위한 비상벨 등 통신설비 등을 설치하고, 그 설치장소를 관계 근로자에게 알려 주어야 한다.

제3속 터널 지보공

제361조【터널 지보공의 재료】 사업주는 터널 지보공의 재료로 변형·부식 또는 심하게 손상된 것을 사용해서는 아니 된다.

제362조【터널 지보공의 구조】 사업주는 터널 지보공을 설치하는 장소의 지반과 관계되는 지질·지층·함수·용수·균열 및 부식의 상태와 굴착 방법에 상응하는 견고한 구조의 터널 지보공을 사용하여야 한다.

제363조【조립도】 ① 사업주는 터널 지보공을 조립하는 경우에는 미리 그 구조를 검토한 후 조립도를 작성하고, 그 조립도에 따라 조립하도록 하여야 한다.

② 제1항의 조립도에는 재료의 재질, 단면규격, 설치간격 및 이음방법 등을 명시하여야 한다.

제364조【조립 또는 변경시의 조치】 사업주는 터널 지보공을 조립하거나 변경하는 경우에는 다음 각 호의 사항을 조치하여야 한다.

1. 주재(主材)를 구성하는 1세트의 부재는 동일 평면 내에 배치할 것
2. 목재의 터널 지보공은 그 터널 지보공의 각 부재의 긴압 정도가 균등하게 되도록 할 것
3. 기둥에는 침하를 방지하기 위하여 받침목을 사용하는 등의 조치를 할 것
4. 강(鋼)아치 지보공의 조립은 다음 각 목의 사항을 따를 것
   가. 조립간격은 조립도에 따를 것
   나. 주재가 아치작용을 충분히 할 수 있도록 쐐기를 박는 등 필요한 조치를 할 것
   다. 연결볼트 및 띠장 등을 사용하여 주재 상호간을 튼튼하게 연결할 것
   라. 터널 등의 출입구 부분에는 받침대를 설치할 것
   마. 낙하물이 근로자에게 위험을 미칠 우려가 있는 경우에는 널판 등을 설치할 것
5. 목재 지주식 지보공은 다음 각 목의 사항을 따를 것
   가. 주기둥은 변위를 방지하기 위하여 쐐기 등을 사용하여 지반에 고정시킬 것
   나. 양끝에는 받침대를 설치할 것
   다. 터널 등의 목재 지주식 지보공에 세로방향의 하중이 걸림으로써 넘어지거나 비틀어질 우려가 있는 경우에는 양끝 외의 부분에도 받침대를 설치할 것
   라. 부재의 접속부는 꺾쇠 등으로 고정시킬 것
6. 강아치 지보공 및 목재지주식 지보공 외의 터널 지보공에 대해서는 터널 등의 출입구 부분에 받침대를 설치할 것

제365조【부재의 해체】 사업주는 하중이 걸려 있는 터널 지보공의 부재를 해체하는 경우에는 해당 부재에 걸려있는 하중을 터널 거푸집 동바리가 받도록 조치를 한 후에 그 부재를 해체하여야

한다.

제366조【붕괴 등의 방지】 사업주는 터널 지보공을 설치한 경우에 다음 각 호의 사항을 수시로 점검하여야 하며, 이상을 발견한 경우에는 즉시 보강하거나 보수하여야 한다.

1. 부재의 손상·변형·부식·변위 탈락의 유무 및 상태
2. 부재의 긴압 정도
3. 부재의 접속부 및 교차부의 상태
4. 기둥침하의 유무 및 상태

제4속 터널 거푸집 동바리

제367조【터널 거푸집 동바리의 재료】 사업주는 터널 거푸집 동바리의 재료로 변형·부식되거나 심하게 손상된 것을 사용해서는 아니 된다.

제368조【터널 거푸집 동바리의 구조】 사업주는 터널 거푸집 동바리에 걸리는 하중 또는 거푸집의 형상 등에 상응하는 견고한 구조의 터널 거푸집 동바리를 사용하여야 한다.

제4관 교량작업

제369조【작업 시 준수사항】 사업주는 제38조제1항제8호에 따른 교량의 설치·해체 또는 변경작업을 하는 경우에는 다음 각 호의 사항을 준수하여야 한다.

1. 작업을 하는 구역에는 관계 근로자가 아닌 사람의 출입을 금지할 것
2. 재료, 기구 또는 공구 등을 올리거나 내릴 경우에는 근로자로 하여금 달줄, 달포대 등을 사용하도록 할 것
3. 중량물 부재를 크레인 등으로 인양하는 경우에는 부재에 인양용 고리를 견고하게 설치하고, 인양용 로프는 부재에 두군데 이상 결속하여 인양하여야 하며, 중량물이 안전하게 거치되기 전까지는 걸이로프를 해제시키지 아니할 것
4. 자재나 부재의 낙하·전도 또는 붕괴 등에 의하여 근로자에게 위험을 미칠 우려가 있을 경우에는 출입금지구역의 설정, 자재 또는 가설시설의 좌굴(挫屈) 또는 변형 방지를 위한 보강재 부착 등의 조치를 할 것

제5관 채석작업

제370조【지반붕괴 위험방지】 사업주는 채석작업을 하는 경우 지반의 붕괴 또는 토석의 낙하로 인하여 근로자에게 발생할 우려가 있는 위험을 방지하기 위하여 다음 각 호의 조치를 하여야 한다.

1. 점검자를 지명하고 당일 작업 시작 전에 작업장소 및 그 주변 지반의 부석과 균열의 유무와 상태, 함수·용수 및 동결상태의 변화를 점검할 것
2. 점검자는 발파 후 그 발파 장소와 그 주변의 부석 및 균열의 유무와 상태를 점검할 것

제371조【인접채석장과의 연락】 사업주는 지반의 붕괴, 토석의 비래(飛來) 등으로 인한 근로자의 위험을 방지하기 위하여 인접한 채석장에서의 발파 시기·부석 제거 방법 등 필요한 사항에 관하여 그 채석장과 연락을 유지하여야 한다.

제372조【붕괴 등에 의한 위험 방지】 사업주는 채석작업(갱내에서의 작업은 제

외한다)을 하는 경우에 붕괴 또는 낙하에 의하여 근로자를 위험하게 할 우려가 있는 토석·입목 등을 미리 제거하거나 방호망을 설치하는 등 위험을 방지하기 위하여 필요한 조치를 하여야 한다.

제373조【낙반 등에 의한 위험 방지】 사업주는 갱내에서 채석작업을 하는 경우로서 암석·토사의 낙하 또는 측벽의 붕괴로 인하여 근로자에게 위험이 발생할 우려가 있는 경우에 동바리 또는 버팀대를 설치한 후 천장을 아치형으로 하는 등 그 위험을 방지하기 위한 조치를 하여야 한다.

제374조【운행경로 등의 주지】 ① 사업주는 채석작업을 하는 경우에 미리 굴착기계등의 운행경로 및 토석의 적재장소에 대한 출입방법을 정하여 관계 근로자에게 주지시켜야 한다.

② 사업주는 제1항의 작업을 하는 경우에 운행경로의 보수, 그밖에 경로를 유효하게 유지하기 위하여 감시인을 배치하거나 작업 중임을 표시하여야 한다.

제375조【굴착기계등의 유도】 ① 사업주는 채석작업을 할 때에 굴착기계등이 근로자의 작업장소에 후진하여 접근하거나 굴러 떨어질 우려가 있는 경우에는 유도자를 배치하고 굴착기계등을 유도하여야 한다. 〈개정 2019.10.15.〉

② 굴착기계등의 운전자는 유도자의 유도에 따라야 한다.

제6관 잠함 내 작업 등

제376조【급격한 침하로 인한 위험 방지】 사업주는 잠함 또는 우물통의 내부에서 근로자가 굴착작업을 하는 경우에 잠함 또는 우물통의 급격한 침하에 의한 위험을 방지하기 위하여 다음 각 호의 사항을 준수하여야 한다.

1. 침하관계도에 따라 굴착방법 및 재하량(載荷量) 등을 정할 것
2. 바닥으로부터 천장 또는 보까지의 높이는 1.8미터 이상으로 할 것

제377조【잠함 등 내부에서의 작업】 ① 사업주는 잠함, 우물통, 수직갱, 그 밖에 이와 유사한 건설물 또는 설비(이하 “잠함등”이라 한다)의 내부에서 굴착작업을 하는 경우에 다음 각 호의 사항을 준수하여야 한다.

1. 산소 결핍 우려가 있는 경우에는 산소의 농도를 측정하는 사람을 지명하여 측정하도록 할 것
2. 근로자가 안전하게 오르내리기 위한 설비를 설치할 것
3. 굴착 깊이가 20미터를 초과하는 경우에는 해당 작업장소와 외부와의 연락을 위한 통신설비 등을 설치할 것

② 사업주는 제1항제1호에 따른 측정결과 산소 결핍이 인정되거나 굴착 깊이가 20미터를 초과하는 경우에는 송기(送氣)를 위한 설비를 설치하여 필요한 양의 공기를 공급해야 한다.

제378조【작업의 금지】 사업주는 다음 각 호의 어느 하나에 해당하는 경우에 잠함등의 내부에서 굴착작업을 하도록 해서는 아니 된다.

1. 제377조제1항제2호·제3호 및 같은 조 제2항에 따른 설비에 고장이 있는 경우
2. 잠함등의 내부에 많은 양의 물 등이 스며들 우려가 있는 경우

제7관 가설도로

제379조【가설도로】 사업주는 공사용 가설도로를 설치하는 경우에 다음 각 호의 사항을 준수하여야 한다. 〈개정 2019. 10.15.〉

1. 도로는 장비와 차량이 안전하게 운행할 수 있도록 견고하게 설치할 것
2. 도로와 작업장이 접하여 있을 경우에는 울타리 등을 설치할 것
3. 도로는 배수를 위하여 경사지게 설치하거나 배수시설을 설치할 것
4. 차량의 속도제한 표지를 부착할 것

제3절 철골작업 시의 위험방지

제380조【철골조립 시의 위험 방지】 사업주는 철골을 조립하는 경우에 철골의 접합부가 충분히 지지되도록 볼트를 체결하거나 이와 같은 수준 이상의 견고한 구조가 되기 전에는 들어 올린 철골을 걸이로프 등으로부터 분리해서는 아니 된다.(개정 2019.1.31.)

제381조【승강로의 설치】 사업주는 근로자가 수직방향으로 이동하는 철골부재(鐵骨部材)에는 답단(踏段) 간격이 30센티미터 이내인 고정된 승강로를 설치하여야 하며, 수평방향 철골과 수직방향 철골이 연결되는 부분에는 연결작업을 위하여 작업발판 등을 설치하여야 한다.

제382조【가설통로의 설치】 사업주는 철골작업을 하는 경우에 근로자의 주요 이동통로에 고정된 가설통로를 설치하여야 한다. 다만, 제44조에 따른 안전대의 부착설비 등을 갖춘 경우에는 그러하지 아니하다.

제383조【작업의 제한】 사업주는 다음 각 호의 어느 하나에 해당하는 경우에 철골작업을 중지하여야 한다.

1. 풍속이 초당 10미터 이상인 경우
2. 강우량이 시간당 1밀리미터 이상인 경우
3. 강설량이 시간당 1센티미터 이상인 경우

제4절 해체작업시의 위험방지

제384조【작업중지】 사업주는 비, 눈, 그 밖의 기상상태의 불안정으로 날씨가 몹시 나쁜 경우에는 해체작업을 중지시켜야 한다.

제5장 중량물 취급 시의 위험방지

제385조【중량물 취급】 사업주는 중량물을 운반하거나 취급하는 경우에 하역운반기계·운반용구(이하 “하역운반기계등”이라 한다)를 사용하여야 한다. 다만, 작업의 성질상 하역운반기계등을 사용하기 곤란한 경우에는 그러하지 아니하다.

제386조【경사면에서의 중량물 취급】 사업주는 경사면에서 드럼통 등의 중량물을 취급하는 경우에 다음 각 호의 사항을 준수하여야 한다.

1. 구름멈춤대, 쐐기 등을 이용하여 중량물의 동요나 이동을 조절할 것
2. 중량물이 구르는 방향인 경사면 아래로는 근로자의 출입을 제한할 것

제6장 하역작업 등에 의한 위험방지

제1절 화물취급 작업 등

제387조【꼬임이 끊어진 섬유로프 등의 사용 금지】 사업주는 다음 각 호의 어느 하나에 해당하는 섬유로프 등을 화물운반용 또는 고정용으로 사용해서는 아니 된다.

1. 꼬임이 끊어진 것
2. 심하게 손상되거나 부식된 것

제388조【사용 전 점검 등】 사업주는 섬유로프 등을 사용하여 화물취급작업을 하는 경우에 해당 섬유로프 등을 점검하고 이상을 발견한 섬유로프 등을 즉시 교체하여야 한다.

제389조【화물 중간에서 화물 빼내기 금지】 사업주는 차량 등에서 화물을 내리는 작업을 하는 경우에 해당 작업에 종사하는 근로자에게 쌓여 있는 화물 중간에서 화물을 빼내도록 해서는 아니 된다.

제390조【하역작업장의 조치기준】 사업주는 부두·안벽 등 하역작업을 하는 장소에 다음 각 호의 조치를 하여야 한다.

1. 작업장 및 통로의 위험한 부분에는 안전하게 작업할 수 있는 조명을 유지할 것
2. 부두 또는 안벽의 선을 따라 통로를 설치하는 경우에는 폭을 90센티미터 이상으로 할 것
3. 육상에서의 통로 및 작업장소로서 다리 또는 선거(船渠) 갑문(閘門)을 넘는 보도(步道) 등의 위험한 부분에는 안전난간 또는 울타리 등을 설치할 것

제391조【하적단의 간격】 사업주는 바닥으로부터의 높이가 2미터 이상 되는 하적단(포대·가마니 등으로 포장된 화물이 쌓여 있는 것만 해당한다)과 인접 하적단 사이의 간격을 하적단의 밑부분을 기준하여 10센티미터 이상으로 하여야 한다.

제392조【하적단의 붕괴 등에 의한 위험방지】 ① 사업주는 하적단의 붕괴 또는 화물의 낙하에 의하여 근로자가 위험해질 우려가 있는 경우에는 그 하적단을 로프로 묶거나 망을 치는 등 위험을 방지하기 위하여 필요한 조치를 하여야 한다.

② 하적단을 쌓는 경우에는 기본형을 조성하여 쌓아야 한다.

③ 하적단을 헐어내는 경우에는 위에서부터 순차적으로 층계를 만들면서 헐어내어야 하며, 중간에서 헐어내어서는 아니 된다.

제393조【화물의 적재】 사업주는 화물을 적재하는 경우에 다음 각 호의 사항을 준수하여야 한다.

1. 침하 우려가 없는 튼튼한 기반 위에 적재할 것
2. 건물의 칸막이나 벽 등이 화물의 압력에 견딜 만큼의 강도를 지니지 아니한 경우에는 칸막이나 벽에 기대어 적재하지 않도록 할 것
3. 불안정할 정도로 높이 쌓아 올리지 말 것
4. 하중이 한쪽으로 치우치지 않도록 쌓을 것

제2절 항만하역작업

제394조【통행설비의 설치 등】 사업주

는 갑판의 윗면에서 선창(船倉) 밑바닥까지의 깊이가 1.5미터를 초과하는 선창의 내부에서 화물취급작업을 하는 경우에 그 작업에 종사하는 근로자가 안전하게 통행할 수 있는 설비를 설치하여야 한다. 다만, 안전하게 통행할 수 있는 설비가 선박에 설치되어 있는 경우에는 그러하지 아니하다.

제395조【급성 중독물질 등에 의한 위험 방지】 사업주는 항만하역작업을 시작하기 전에 그 작업을 하는 선창 내부, 갑판 위 또는 안벽 위에 있는 화물 중에 별표 1의 급성 독성물질이 있는지를 조사하여 안전한 취급방법 및 누출 시 처리방법을 정하여야 한다.

제396조【무포장 화물의 취급방법】 ① 사업주는 선창 내부의 밀·콩·옥수수 등 무포장 화물을 내리는 작업을 할 때에는 시프팅보드(shifting board), 피더박스(feeder box) 등 화물 이동 방지를 위한 칸막이벽이 넘어지거나 떨어짐으로써 근로자가 위험해질 우려가 있는 경우에는 그 칸막이벽을 해체한 후 작업을 하도록 하여야 한다.

② 사업주는 진공흡입식 언로더(unloader) 등의 하역기계를 사용하여 무포장 화물을 하역할 때 그 하역기계의 이동 또는 작동에 따른 흔들림 등으로 인하여 근로자가 위험해질 우려가 있는 경우에는 근로자의 접근을 금지하는 등 필요한 조치를 하여야 한다.

제397조【선박승강설비의 설치】 ① 사업주는 300톤급 이상의 선박에서 하역작업을 하는 경우에 근로자들이 안전하게 오르내릴 수 있는 현문(舷門) 사다리를 설치하여야 하며, 이 사다리 밑에 안전망을 설치하여야 한다.

② 제1항에 따른 현문 사다리는 견고한 재료로 제작된 것으로 너비는 55센티미터 이상이어야 하고, 양측에 82센티미터 이상의 높이로 울타리를 설치하여야 하며, 바닥은 미끄러지지 않도록 적합한 재질로 처리되어야 한다. 〈개정 2019.10.15.〉

③ 제1항의 현문 사다리는 근로자의 통행에만 사용하여야 하며, 화물용 발판 또는 화물용 보판으로 사용하도록 해서는 아니 된다.

제398조【통선 등에 의한 근로자 수송 시의 위험 방지】 사업주는 통선(通船) 등에 의하여 근로자를 작업장소로 수송(輸送)하는 경우 그 통선 등이 정하는 탑승정원을 초과하여 근로자를 승선시켜서는 아니 되며, 통선 등에 구명용구를 갖추어 두는 등 근로자의 위험 방지에 필요한 조치를 취하여야 한다.

제399조【수상의 목재·뗏목 등의 작업 시 위험 방지】 사업주는 물 위의 목재·원목·뗏목 등에서 작업을 하는 근로자에게 구명조끼를 착용하도록 하여야 하며, 인근에 인명구조용 선박을 배치하여야 한다.

제400조【베일포장화물의 취급】 사업주는 양화장치를 사용하여 베일포장으로 포장된 화물을 하역하는 경우에 그 포장에 사용된 철사·로프 등에 훅을 걸어서는 아니 된다.

제401조【동시 작업의 금지】 사업주는 같은 선창 내부의 다른 층에서 동시에 작업을 하도록 해서는 아니 된다. 다만, 방망(防網) 및 방포(防布) 등 화물의 낙하를 방지하기 위한 설비를 설치한 경

우에는 그러하지 아니하다.

제402조【양하작업 시의 안전조치】① 사업주는 양화장치등을 사용하여 양하작업을 하는 경우에 선창 내부의 화물을 안전하게 운반할 수 있도록 미리 해치(hatch)의 수직하부에 옮겨 놓아야 한다.

② 제1항에 따라 화물을 옮기는 경우에는 대차(臺車) 또는 스내치 블록(snatch block)을 사용하는 등 안전한 방법을 사용하여야 하며, 화물을 슬링로프(sling rope)로 연결하여 직접 끌어내는 등 안전하지 않은 방법을 사용해서는 아니 된다.

제403조【훅부착슬링의 사용】사업주는 양화장치등을 사용하여 드럼통 등의 화물권상작업을 하는 경우에 그 화물이 벗어지거나 탈락하는 것을 방지하는 구조의 해지장치가 설치된 훅부착슬링을 사용하여야 한다. 다만, 작업의 성질상 보조슬링을 연결하여 사용하는 경우 화물에 직접 연결하는 훅은 그러하지 아니하다.

제404조【로프 탈락 등에 의한 위험방지】사업주는 양화장치등을 사용하여 로프로 화물을 잡아당기는 경우에 로프나 도르래가 떨어져 나감으로써 근로자가 위험해질 우려가 있는 장소에 근로자를 출입시켜서는 아니 된다.

제7장 벌목작업에 의한 위험 방지

제405조【벌목작업 시 등의 위험 방지】① 사업주는 벌목작업 등을 하는 경우에 다음 각 호의 사항을 준수하도록 하여야 한다. 다만, 유압식 벌목기를 사용하는 경우에는 그러하지 아니하다.

1. 벌목하려는 경우에는 미리 대피로 및 대피장소를 정해 둘 것
2. 벌목하려는 나무의 가슴높이지름이 40센티미터 이상인 경우에는 뿌리부분 지름의 4분의 1 이상 깊이의 수구를 만들 것

② 사업주는 유압식 벌목기에는 견고한 헤드 가드(head guard)를 부착하여야 한다.

제406조【벌목의 신호 등】① 사업주는 벌목작업을 하는 경우에는 일정한 신호방법을 정하여 그 작업에 종사하는 근로자에게 주지시켜야 한다.

② 사업주는 벌목작업에 종사하는 근로자가 아닌 사람에게 벌목에 의한 위험이 발생할 우려가 있는 경우에는 벌목작업에 종사하는 근로자에게 미리 제1항의 신호를 하도록 하여 다른 근로자가 대피한 것을 확인한 후에 벌목하도록 하여야 한다.

제8장 궤도 관련 작업 등에 의한 위험 방지

제1절 운행열차 등으로 인한 위험방지

제407조【열차운행감시인의 배치 등】① 사업주는 열차 운행에 의한 충돌사고가 발생할 우려가 있는 궤도를 보수·점검하는 경우에 열차운행감시인을 배치하여야 한다. 다만, 선로순회 등 선로를 이동하면서 하는 단순점검의 경우에는 그러하지 아니하다.

② 사업주는 열차운행감시인을 배치한 경우에 위험을 즉시 알릴 수 있도록 확

성기·경보기·무선통신기 등 그 작업에 적합한 신호장비를 지급하고, 열차운행 감시 중에는 감시 외의 업무에 종사하게 해서는 아니 된다.

제408조【열차통행 중의 작업 제한】 사업주는 열차가 운행하는 궤도(인접궤도를 포함한다)상에서 궤도와 그 밖의 관련 설비의 보수·점검작업 등을 하는 중 위험이 발생할 때에 작업자들이 안전하게 대피할 수 있도록 열차통행의 시간간격을 충분히 하고, 작업자들이 안전하게 대피할 수 있는 공간이 확보된 것을 확인한 후에 작업에 종사하도록 하여야 한다.

제409조【열차의 점검·수리 등】 ① 사업주는 열차 운행 중에 열차를 점검·수리하거나 그 밖에 이와 유사한 작업을 할 때에 열차에 의하여 근로자에게 접촉·충돌·감전 또는 추락 등의 위험이 발생할 우려가 있는 경우에는 다음 각 호의 조치를 하여야 한다.(개정 2019.1.31.)

1. 열차의 운전이 정지된 후 작업을 하도록 하고, 점검 등의 작업 완료 후 열차 운전을 시작하기 전에 반드시 작업자와 신호하여 접촉위험이 없음을 확인하고 운전을 재개하도록 할 것
2. 열차의 유동 방지를 위하여 차바퀴막이 등 필요한 조치를 할 것
3. 노출된 열차충전부에 잔류전하 방전조치를 하거나 근로자에게 절연보호구를 지급하여 착용하도록 할 것
4. 열차의 상판에서 작업을 하는 경우에는 그 주변에 작업발판 또는 안전매트를 설치할 것

② 열차의 정기적인 점검·정비 등의 작업은 지정된 정비차고지 또는 열차에 근로자가 끼이거나 열차와 근로자가 충돌할 위험이 없는 유치선(留置線) 등의 장소에서 하여야 한다.

제2절 궤도 보수·점검작업의 위험 방지

제410조【안전난간 및 방책의 설치 등】 ① 사업주는 궤도작업차량으로부터 작업자가 떨어지는 등의 위험이 있는 경우에 해당 부위에 견고한 구조의 안전난간 또는 이에 준하는 설비를 설치하거나 안전대를 사용하도록 하는 등의 위험 방지 조치를 하여야 한다.

② 사업주는 궤도작업차량에 의한 작업을 하는 경우 그 궤도작업차량의 상판 등 감전발생위험이 있는 장소에 울타리를 설치하거나 그 장소의 충전전로에 절연용 방호구를 설치하는 등 감전재해 예방에 필요한 조치를 하여야 한다. 〈개정 2019.10.15.〉

제411조【자재의 붕괴·낙하 방지】 사업주는 궤도작업차량을 이용하여 받침목·자갈과 그 밖의 궤도 관련 작업 자재를 운반·설치·살포하는 등의 작업을 하는 경우 자재의 붕괴·낙하 등으로 인한 위험을 방지하기 위하여 버팀목이나 보호망을 설치하거나 로프를 거는 등의 위험 방지 조치를 하여야 한다.(개정 2014.9.30)

제412조【접촉의 방지】 사업주는 궤도작업차량을 이용하는 작업을 하는 경우 유도하는 사람을 지정하여 궤도작업차량을 유도하여야 하며, 운전 중인 궤도작업차량 또는 자재에 근로자가 접촉될 위험이 있는 장소에는 관계 근로자가

아닌 사람을 출입시켜서는 아니 된다.

제413조【제동장치의 구비 등】① 사업주는 궤도를 단독으로 운행하는 트롤리에 반드시 제동장치를 구비하여야 하며 사용하기 전에 제동상태를 확인하여야 한다.

② 궤도작업차량에 견인용 트롤리를 연결하는 경우에는 적합한 연결장치를 사용하여야 한다.

제3절 입환작업 시의 위험방지

제414조【유도자의 지정 등】① 입환기 운전자와 유도하는 사람 사이에는 서로 팔이나 기(旗) 또는 등(燈)에 의한 신호를 맨눈으로 확인하여 안전하게 작업하도록 하여야 하고, 맨눈으로 신호를 확인할 수 없는 곳에서의 입환작업은 연계(連繫) 유도자를 두어 작업하도록 하여야 한다. 다만, 정확히 의사를 전달할 수 있는 무전기 등의 통신수단을 지급한 경우에는 연계 유도자를 따로 두지 아니할 수 있다. 〈개정 2019.10.15.〉

② 사업주는 입환기 운행 시 제1항 본문에 따른 유도하는 사람이 근로자의 추락·충돌·끼임 등의 위험요인을 감시하면서 입환기를 유도하도록 하여야 하며, 다른 근로자에게 위험을 알릴 수 있도록 확성기·경보기·무선통신기 등 경보장비를 지급하여야 한다.

제415조【추락·충돌·협착 등의 방지】① 사업주는 입환기(入換機)를 사용하는 작업의 경우에는 다음 각 호의 조치를 하여야 한다. 〈개정 2019.4.19.〉

1. 열차운행 중에 열차에 뛰어오르거나 뛰어내리지 않도록 근로자에게 알릴 것
2. 열차에 오르내리기 위한 수직사다리에는 미끄러짐을 방지할 수 있는 견고한 손잡이를 설치할 것
3. 열차에 오르내리기 위한 수직사다리에 근로자가 매달린 상태에서는 열차를 운행하지 않도록 할 것
4. 근로자가 탑승하는 위치에는 안전난간을 설치할 것. 다만, 열차의 구조적인 문제로 안전난간을 설치할 수 없는 경우에는 발받침과 손잡이 등을 설치하여야 한다.

② 사업주는 입환기 운행선로로 다른 열차가 운행하는 것을 제한하여 운행열차와 근로자가 충돌할 위험을 방지하여야 한다. 다만, 유도하는 사람에 의하여 안전하게 작업을 하도록 하는 경우에는 그러하지 아니하다.

③ 사업주는 열차를 연결하거나 분리하는 작업을 할 때에 그 작업에 종사하는 근로자가 차량 사이에 끼이는 등의 위험이 발생할 우려가 있는 경우에는 입환기를 안전하게 정지시키도록 하여야 한다.

④ 사업주는 입환작업 시 그 작업장소에 관계자가 아닌 사람이 출입하도록 해서는 아니 된다. 다만, 작업장소에 안전한 통로가 설치되어 열차와의 접촉위험이 없는 경우에는 그러하지 아니하다.

〔시행일 : 2020.4.20.〕

제416조【작업장 등의 시설 정비】사업주는 근로자가 안전하게 입환작업을 할 수 있도록 그 작업장소의 시설을 자주 정비하여 정상적으로 이용할 수 있는 안전한 상태로 유지하고 관리하여야 한다.

제4절 터널·지하구간 및 교량 작업 시의 위험방지

제417조 【대피공간】 ① 사업주는 궤도를 설치한 터널·지하구간 및 교량 등에서 근로자가 통행하거나 작업을 하는 경우에 적당한 간격마다 대피소를 설치하여야 한다. 다만, 궤도 옆에 상당한 공간이 있거나 손쉽게 교량을 건널 수 있어 그 궤도를 운행하는 차량에 접촉할 위험이 없는 경우에는 그러하지 아니하다.

② 제1항에 따른 대피소는 작업자가 작업도구 등을 소지하고 대피할 수 있는 충분한 공간을 확보하여야 한다.

제418조 【교량에서의 추락 방지】 사업주는 교량에서 궤도와 그 밖의 관련 설비의 보수·점검 등의 작업을 하는 경우에 추락 위험을 방지할 수 있도록 안전난간 또는 안전망을 설치하거나 안전대를 지급하여 착용하게 하여야 한다.

제419조 【받침목교환작업 등】 사업주는 터널·지하구간 또는 교량에서 받침목교환작업 등을 하는 동안 열차의 운행을 중지시키고, 작업공간을 충분히 확보하여 근로자가 안전하게 작업을 하도록 하여야 한다.(개정 2014.9.30.)

제3편 보건기준

제1장 관리대상 유해물질에 의한 건강장해의 예방

제1절 통칙

제420조 【정의】 이 장에서 사용하는 용어의 뜻은 다음과 같다. 〈개정 2019.12.26.〉

1. "관리대상 유해물질"이란 근로자에게 상당한 건강장해를 일으킬 우려가 있어 법 제39조에 따라 건강장해를 예방하기 위한 보건상의 조치가 필요한 원재료·가스·증기·분진·흄, 미스트로서 별표 12에서 정한 유기화합물, 금속류, 산·알칼리류, 가스상태 물질류를 말한다.
2. "유기화합물"이란 상온·상압(常壓)에서 휘발성이 있는 액체로서 다른 물질을 녹이는 성질이 있는 유기용제(有機溶劑)를 포함한 탄화수소계화합물 중 별표 12 제1호에 따른 물질을 말한다.
3. "금속류"란 고체가 되었을 때 금속광택이 나고 전기·열을 잘 전달하며, 전성(展性)과 연성(延性)을 가진 물질 중 별표 12 제2호에 따른 물질을 말한다.
4. "산·알칼리류"란 수용액(水溶液) 중에서 해리(解離)하여 수소이온을 생성하고 염기와 중화하여 염을 만드는 물질과 산을 중화하는 수산화화합물로서 물에 녹는 물질 중 별표 12 제3호에 따른 물질을 말한다.
5. "가스상태 물질류"란 상온·상압에서 사용하거나 발생하는 가스 상태의 물질로서 별표 12 제4호에 따른 물질을 말한다.
6. "특별관리물질"이란 「산업안전보건법 시행규칙」 별표18 제1호나목에 따른 발암성 물질, 생식세포 변이원성 물질, 생식독성(生殖毒性) 물질 등 근로자에게 중대한 건강장해를 일으킬 우려가 있는 물질로서 별표 12에서 특

별관리물질로 표기된 물질을 말한다.
7. "유기화합물 취급 특별장소"란 유기화합물을 취급하는 다음 각 목의 어느 하나에 해당하는 장소를 말한다.
가. 선박의 내부
나. 차량의 내부
다. 탱크의 내부(반응기 등 화학설비 포함)
라. 터널이나 갱의 내부
마. 맨홀의 내부
바. 피트의 내부
사. 통풍이 충분하지 않은 수로의 내부
아. 덕트의 내부
자. 수관(水管)의 내부
차. 그 밖에 통풍이 충분하지 않은 장소
8. "임시작업"이란 일시적으로 하는 작업 중 월 24시간 미만인 작업을 말한다. 다만, 월 10시간 이상 24시간 미만인 작업이 매월 행하여지는 작업은 제외한다.
9. "단시간작업"이란 관리대상 유해물질을 취급하는 시간이 1일 1시간 미만인 작업을 말한다. 다만, 1일 1시간 미만인 작업이 매일 수행되는 경우는 제외한다.

제421조【적용 제외】① 사업주가 관리대상 유해물질의 취급업무에 근로자를 종사하도록 하는 경우로서 작업시간 1시간당 소비하는 관리대상 유해물질의 양(그램)이 작업장 공기의 부피(세제곱미터)를 15로 나눈 양(이하 "허용소비량"이라 한다) 이하인 경우에는 이 장의 규정을 적용하지 아니한다. 다만, 유기화합물 취급 특별장소, 특별관리물질 취급 장소, 지하실 내부, 그 밖에 환기가 불충분한 실내작업장인 경우에는 그러하지 아니하다.〈개정 2012.3.5〉
② 제1항 본문에 따른 작업장 공기의 부피는 바닥에서 4미터가 넘는 높이에 있는 공간을 제외한 세제곱미터를 단위로 하는 실내작업장의 공간부피를 말한다. 다만, 공기의 부피가 150세제곱미터를 초과하는 경우에는 150세제곱미터를 그 공기의 부피로 한다.

제2절 설비기준 등

제422조【관리대상 유해물질과 관계되는 설비】사업주는 근로자가 실내작업장에서 관리대상 유해물질을 취급하는 업무에 종사하는 경우에 그 작업장에 관리대상 유해물질의 가스·증기 또는 분진의 발산원을 밀폐하는 설비 또는 국소배기장치를 설치하여야 한다. 다만, 분말상태의 관리대상 유해물질을 습기가 있는 상태에서 취급하는 경우에는 그러하지 아니하다.

제423조【임시작업인 경우의 설비 특례】① 사업주는 실내작업장에서 관리대상 유해물질 취급업무를 임시로 하는 경우에 제422조에 따른 밀폐설비나 국소배기장치를 설치하지 아니할 수 있다.
② 사업주는 유기화합물 취급 특별장소에서 근로자가 유기화합물 취급업무를 임시로 하는 경우로서 전체환기장치를 설치한 경우에 제422조에 따른 밀폐설비나 국소배기장치를 설치하지 아니할 수 있다.
③ 제1항 및 제2항에도 불구하고 관리대상 유해물질 중 별표 12에 따른 특별관리물질을 취급하는 작업장에는 제422조에 따른 밀폐설비나 국소배기장치를

설치하여야 한다.〈개정 2012.3.5〉

제424조 【단시간작업인 경우의 설비 특례】 ① 사업주는 근로자가 전체환기장치가 설치되어 있는 실내작업장에서 단시간 동안 관리대상 유해물질을 취급하는 작업에 종사하는 경우에 제422조에 따른 밀폐설비나 국소배기장치를 설치하지 아니할 수 있다.

② 사업주는 유기화합물 취급 특별장소에서 단시간 동안 유기화합물을 취급하는 작업에 종사하는 근로자에게 송기마스크를 지급하고 착용하도록 하는 경우에 제422조에 따른 밀폐설비나 국소배기장치를 설치하지 아니할 수 있다.

③ 제1항 및 제2항에도 불구하고 관리대상 유해물질 중 별표 12에 따른 특별관리물질을 취급하는 작업장에는 제422조에 따른 밀폐설비나 국소배기장치를 설치하여야 한다.〈개정 2012.3.5〉

제425조 【국소배기장치의 설비 특례】 사업주는 다음 각 호의 어느 하나에 해당하는 경우로서 급기(給氣)·배기(排氣) 환기장치를 설치한 경우에 제422조에 따른 밀폐설비나 국소배기장치를 설치하지 아니할 수 있다.

1. 실내작업장의 벽·바닥 또는 천장에 대하여 관리대상 유해물질 취급업무를 수행할 때 관리대상 유해물질의 발산 면적이 넓어 제422조에 따른 설비를 설치하기 곤란한 경우
2. 자동차의 차체, 항공기의 기체, 선체(船體) 블록(block) 등 표면적이 넓은 물체의 표면에 대하여 관리대상 유해물질 취급업무를 수행할 때 관리대상 유해물질의 증기 발산 면적이 넓어 제422조에 따른 설비를 설치하기 곤란한 경우

제426조 【다른 실내 작업장과 격리되어 있는 작업장에 대한 설비 특례】 사업주는 다른 실내작업장과 격리되어 근로자가 상시 출입할 필요가 없는 작업장으로서 관리대상 유해물질 취급업무를 하는 실내작업장에 전체환기장치를 설치한 경우에 제422조에 따른 밀폐설비나 국소배기장치를 설치하지 아니할 수 있다.

제427조 【대체설비의 설치에 따른 특례】 사업주는 발산원 밀폐설비, 국소배기장치 또는 전체환기장치 외의 방법으로 적정 처리를 할 수 있는 설비(이하 이 조에서 "대체설비"라 한다)를 설치하고 고용노동부장관이 해당 대체설비가 적정하다고 인정하는 경우에 제422조에 따른 밀폐설비나 국소배기장치 또는 전체환기장치를 설치하지 아니할 수 있다.

제428조 【유기화합물의 설비 특례】 사업주는 전체환기장치가 설치된 유기화합물 취급작업장으로서 다음 각 호의 요건을 모두 갖춘 경우에 제422조에 따른 밀폐설비나 국소배기장치를 설치하지 아니할 수 있다.

1. 유기화합물의 노출기준이 100피피엠(ppm) 이상인 경우
2. 유기화합물의 발생량이 대체로 균일한 경우
3. 동일한 작업장에 다수의 오염원이 분산되어 있는 경우
4. 오염원이 이동성(移動性)이 있는 경우

제3절 국소배기장치의 성능 등

제429조 【국소배기장치의 성능】 사업주는 국소배기장치를 설치하는 경우에 별

표 13에 따른 제어풍속을 낼 수 있는 성능을 갖춘 것을 설치하여야 한다.

제430조【전체환기장치의 성능 등】① 사업주는 단일 성분의 유기화합물이 발생하는 작업장에 전체환기장치를 설치하려는 경우에 다음 계산식에 따라 계산한 환기량(이하 이 조에서 "필요환기량"이라 한다) 이상으로 설치하여야 한다.

작업시간 1시간당 필요환기량 = 24.1×비중×유해물질의 시간당 사용량 × K/(분자량×유해물질의 노출기준)×10^6
주) 1. 시간당 필요환기량 단위: ㎥/hr 2. 유해물질의 시간당 사용량 단위: L/hr 3. K: 안전계수로서 가. K=1: 작업장 내의 공기 혼합이 원활한 경우 나. K=2: 작업장 내의 공기 혼합이 보통인 경우 다. K=3: 작업장 내의 공기 혼합이 불완전한 경우

② 제1항에도 불구하고 유기화합물의 발생이 혼합물질인 경우에는 각각의 환기량을 모두 합한 값을 필요환기량으로 적용한다. 다만, 상가작용(相加作用)이 없을 경우에는 필요환기량이 가장 큰 물질의 값을 적용한다.

③ 사업주는 전체환기장치를 설치하려는 경우에 전체환기장치의 배풍기(덕트를 사용하는 전체환기장치의 경우에는 해당 덕트의 개구부를 말한다)를 관리대상 유해물질의 발산원에 가장 가까운 위치에 설치하여야 한다.

제431조【작업장의 바닥】사업주는 관리대상 유해물질을 취급하는 실내작업장의 바닥에 불침투성의 재료를 사용하고 청소하기 쉬운 구조로 하여야 한다.

제432조【부식의 방지조치】사업주는 관리대상 유해물질의 접촉설비를 녹슬지 않는 재료로 만드는 등 부식을 방지하기 위하여 필요한 조치를 하여야 한다.

제433조【누출의 방지조치】사업주는 관리대상 유해물질 취급설비의 뚜껑·플랜지(flange)·밸브 및 콕(cock) 등의 접합부에 대하여 관리대상 유해물질이 새지 않도록 개스킷(gasket)을 사용하는 등 누출을 방지하기 위하여 필요한 조치를 하여야 한다.

제434조【경보설비 등】① 사업주는 관리대상 유해물질 중 금속류, 산·알칼리류, 가스상태 물질류를 1일 평균 합계 100리터(기체인 경우에는 해당 기체의 용적 1세제곱미터를 2리터로 환산한다) 이상 취급하는 사업장에서 해당 물질이 샐 우려가 있는 경우에 경보설비를 설치하거나 경보용 기구를 갖추어 두어야 한다.

② 사업주는 제1항에 따른 사업장에 관리대상 유해물질 등이 새는 경우에 대비하여 그 물질을 제거하기 위한 약제·기구 또는 설비를 갖추거나 설치하여야 한다.

제435조【긴급 차단장치의 설치 등】① 사업주는 관리대상 유해물질 취급설비 중 발열반응 등 이상화학반응에 의하여 관리대상 유해물질이 샐 우려가 있는 설비에 대하여 원재료의 공급을 막거나 불활성가스와 냉각용수 등을 공급하기 위한 장치를 설치하는 등 필요한 조치를 하여야 한다.

② 사업주는 제1항에 따른 장치에 설치한 밸브나 콕을 정상적인 기능을 발휘

할 수 있는 상태로 유지하여야 하며, 관계 근로자가 이를 안전하고 정확하게 조작할 수 있도록 색깔로 구분하는 등 필요한 조치를 하여야 한다.

③ 사업주는 관리대상 유해물질을 내보내기 위한 장치는 밀폐식 구조로 하거나 내보내지는 관리대상 유해물질을 안전하게 처리할 수 있는 구조로 하여야 한다.

제4절 작업방법 등

제436조 【작업수칙】 사업주는 관리대상 유해물질 취급설비나 그 부속설비를 사용하는 작업을 하는 경우에 관리대상 유해물질이 새지 않도록 다음 각 호의 사항에 관한 작업수칙을 정하여 이에 따라 작업하도록 하여야 한다.

1. 밸브·콕 등의 조작(관리대상 유해물질을 내보내는 경우에만 해당한다)
2. 냉각장치, 가열장치, 교반장치 및 압축장치의 조작
3. 계측장치와 제어장치의 감시·조정
4. 안전밸브, 긴급 차단장치, 자동경보장치 및 그 밖의 안전장치의 조정
5. 뚜껑·플랜지·밸브 및 콕 등 접합부가 새는지 점검
6. 시료(試料)의 채취
7. 관리대상 유해물질 취급설비의 재가동 시 작업방법
8. 이상사태가 발생한 경우의 응급조치
9. 그 밖에 관리대상 유해물질이 새지 않도록 하는 조치

제437조 【탱크 내 작업】 ① 사업주는 근로자가 관리대상 유해물질이 들어 있던 탱크 등을 개조·수리 또는 청소를 하거나 해당 설비나 탱크 등의 내부에 들어가서 작업하는 경우에 다음 각 호의 조치를 하여야 한다.

1. 관리대상 유해물질에 관하여 필요한 지식을 가진 사람이 해당 작업을 지휘하도록 할 것
2. 관리대상 유해물질이 들어올 우려가 없는 경우에는 작업을 하는 설비의 개구부를 모두 개방할 것
3. 근로자의 신체가 관리대상 유해물질에 의하여 오염된 경우나 작업이 끝난 경우에는 즉시 몸을 씻게 할 것
4. 비상시에 작업설비 내부의 근로자를 즉시 대피시키거나 구조하기 위한 기구와 그 밖의 설비를 갖추어 둘 것
5. 작업을 하는 설비의 내부에 대하여 작업 전에 관리대상 유해물질의 농도를 측정하거나 그 밖의 방법에 따라 근로자가 건강에 장해를 입을 우려가 있는지를 확인할 것
6. 제5호에 따른 설비 내부에 관리대상 유해물질이 있는 경우에는 설비 내부를 환기장치로 충분히 환기시킬 것
7. 유기화합물을 넣었던 탱크에 대하여 제1호부터 제6호까지의 규정에 따른 조치 외에 작업 시작 전에 다음 각 목의 조치를 할 것
   가. 유기화합물이 탱크로부터 배출된 후 탱크 내부에 재유입되지 않도록 할 것
   나. 물이나 수증기 등으로 탱크 내부를 씻은 후 그 씻은 물이나 수증기 등을 탱크로부터 배출시킬 것
   다. 탱크 용적의 3배 이상의 공기를 채웠다가 내보내거나 탱크에 물을 가득 채웠다가 배출시킬 것

② 사업주는 제1항제7호에 따른 조치를

확인할 수 없는 설비에 대하여 근로자가 그 설비의 내부에 머리를 넣고 작업하지 않도록 하고 작업하는 근로자에게 주의하도록 미리 알려야 한다.

제438조【사고 시의 대피 등】① 사업주는 관리대상 유해물질을 취급하는 근로자에게 다음 각 호의 어느 하나에 해당하는 상황이 발생하여 관리대상 유해물질에 의한 중독이 발생할 우려가 있을 경우에 즉시 작업을 중지하고 근로자를 그 장소에서 대피시켜야 한다.

1. 해당 관리대상 유해물질을 취급하는 장소의 환기를 위하여 설치한 환기장치의 고장으로 그 기능이 저하되거나 상실된 경우
2. 해당 관리대상 유해물질을 취급하는 장소의 내부가 관리대상 유해물질에 의하여 오염되거나 관리대상 유해물질이 새는 경우

② 사업주는 제1항 각 호에 따른 상황이 발생하여 작업을 중지한 경우에 관리대상 유해물질에 의하여 오염되거나 새어 나온 것이 제거될 때까지 관계자가 아닌 사람의 출입을 금지하고, 그 내용을 보기 쉬운 장소에 게시하여야 한다. 다만, 안전한 방법에 따라 인명구조 또는 유해방지에 관한 작업을 하도록 하는 경우에는 그러하지 아니하다.

③ 근로자는 제2항에 따라 출입이 금지된 장소에 사업주의 허락 없이 출입해서는 아니 된다.

제439조【특별관리물질의 취급일지 작성】사업주는 별표 12에 따른 특별관리물질을 취급하는 경우에 물질명·사용량 및 작업내용 등이 포함된 특별관리물질 취급일지를 작성하여 갖추어 두어야 한다.〈개정 2012.3.5〉

제440조【특별관리물질의 고지】사업주는 근로자가 별표 12에 따른 특별관리물질을 취급하는 경우에는 그 물질이 특별관리물질이라는 사실과 「산업안전보건법 시행규칙」 별표 18 제1호나목에 따른 발암성 물질, 생식세포 변이원성 물질 또는 생식독성 물질 등 중 어느 것에 해당하는지에 관한 내용을 게시판 등을 통하여 근로자에게 알려야 한다.〈개정 2019.12.26.〉

제5절 관리 등

제441조【사용 전 점검 등】① 사업주는 국소배기장치를 설치한 후 처음으로 사용하는 경우 또는 국소배기장치를 분해하여 개조하거나 수리한 후 처음으로 사용하는 경우에는 다음 각 호에서 정하는 사항을 사용 전에 점검하여야 한다.

1. 덕트와 배풍기의 분진 상태
2. 덕트 접속부가 헐거워졌는지 여부
3. 흡기 및 배기 능력
4. 그 밖에 국소배기장치의 성능을 유지하기 위하여 필요한 사항

② 사업주는 제1항에 따른 점검 결과 이상이 발견되었을 때에는 즉시 청소·보수 또는 그 밖에 필요한 조치를 하여야 한다.

③ 제1항에 따른 점검을 한 후 그 기록의 보존에 관하여는 제555조를 준용한다.

제442조【명칭 등의 게시】① 사업주는 관리대상 유해물질을 취급하는 작업장의 보기 쉬운 장소에 다음 각 호의 사항을 게시하여야 한다. 다만, 법 제114조 제2항에 따른 작업공정별 관리요령을

게시한 경우에는 그러하지 아니하다. 〈개정 2019.12.26.〉

1. 관리대상 유해물질의 명칭
2. 인체에 미치는 영향
3. 취급상 주의사항
4. 착용하여야 할 보호구
5. 응급조치와 긴급 방재 요령

〈시행일 2021.1.16. 단서〉

② 제1항 각 호의 사항을 게시하는 경우에는 「산업안전보건법 시행규칙」 별표 18 제1호나목에 따른 건강 및 환경 유해성 분류기준에 따라 인체에 미치는 영향이 유사한 관리대상 유해물질별로 분류하여 게시할 수 있다.〈개정 2019.12.26.〉

제443조【관리대상 유해물질의 저장】 ① 사업주는 관리대상 유해물질을 운반하거나 저장하는 경우에 그 물질이 새거나 발산될 우려가 없는 뚜껑 또는 마개가 있는 튼튼한 용기를 사용하거나 단단하게 포장을 하여야 하며, 그 저장장소에는 다음 각 호의 조치를 하여야 한다.

1. 관계 근로자가 아닌 사람의 출입을 금지하는 표시를 할 것
2. 관리대상 유해물질의 증기를 실외로 배출시키는 설비를 설치할 것

② 사업주는 관리대상 유해물질을 저장할 경우에 일정한 장소를 지정하여 저장하여야 한다.

제444조【빈 용기 등의 관리】 사업주는 관리대상 유해물질의 운반·저장 등을 위하여 사용한 용기 또는 포장을 밀폐하거나 실외의 일정한 장소를 지정하여 보관하여야 한다.

제445조【청소】 사업주는 관리대상 유해물질을 취급하는 실내작업장, 휴게실 또는 식당 등에 관리대상 유해물질로 인한 오염을 제거하기 위하여 청소 등을 하여야 한다.

제446조【출입의 금지 등】 ① 사업주는 관리대상 유해물질을 취급하는 실내작업장에 관계 근로자가 아닌 사람의 출입을 금지하고, 그 내용을 보기 쉬운 장소에 게시하여야 한다. 다만, 관리대상 유해물질 중 금속류, 산·알칼리류, 가스상태 물질류를 1일 평균 합계 100리터(기체인 경우에는 그 기체의 부피 1세제곱미터를 2리터로 환산한다) 미만을 취급하는 작업장은 그러하지 아니하다.

② 사업주는 관리대상 유해물질이나 이에 따라 오염된 물질은 일정한 장소를 정하여 폐기·저장 등을 하여야 하며, 그 장소에는 관계 근로자가 아닌 사람의 출입을 금지하고, 그 내용을 보기 쉬운 장소에 게시하여야 한다.

③ 근로자는 제1항 또는 제2항에 따라 출입이 금지된 장소에 사업주의 허락 없이 출입해서는 아니 된다.

제447조【흡연 등의 금지】 ① 사업주는 관리대상 유해물질을 취급하는 실내작업장에서 근로자가 담배를 피우거나 음식물을 먹지 않도록 하여야 하며, 그 내용을 보기 쉬운 장소에 게시하여야 한다.

② 근로자는 제1항에 따라 흡연 또는 음식물의 섭취가 금지된 장소에서 흡연 또는 음식물 섭취를 해서는 아니 된다.

제448조【세척시설 등】 ① 사업주는 근로자가 관리대상 유해물질을 취급하는 작업을 하는 경우에 세면·목욕·세탁 및 건조를 위한 시설을 설치하고 필요한 용품과 용구를 갖추어 두어야 한다.

② 사업주는 제1항에 따라 시설을 설치

할 경우에 오염된 작업복과 평상복을 구분하여 보관할 수 있는 구조로 하여야 한다.

제449조 【유해성 등의 주지】 ① 사업주는 관리대상 유해물질을 취급하는 작업에 근로자를 종사하도록 하는 경우에 근로자를 작업에 배치하기 전에 다음 각 호의 사항을 근로자에게 알려야 한다.

1. 관리대상 유해물질의 명칭 및 물리적·화학적 특성
2. 인체에 미치는 영향과 증상
3. 취급상의 주의사항
4. 착용하여야 할 보호구와 착용방법
5. 위급상황 시의 대처방법과 응급조치 요령
6. 그 밖에 근로자의 건강장해 예방에 관한 사항

② 사업주는 근로자가 별표 12 제1호 12)·44)·56)·67)·96)·106)의 물질을 취급하는 경우에 근로자가 작업을 시작하기 전에 해당 물질이 급성 독성을 일으키는 물질임을 근로자에게 알려야 한다. 〈개정 2019.12.26.〉

제6절 보호구 등

제450조 【호흡용 보호구의 지급 등】 ① 사업주는 근로자가 다음 각 호의 어느 하나에 해당하는 업무를 하는 경우에 해당 근로자에게 송기마스크를 지급하여 착용하도록 하여야 한다.

1. 유기화합물을 넣었던 탱크(유기화합물의 증기가 발산할 우려가 없는 탱크는 제외한다) 내부에서의 세척 및 페인트칠 업무
2. 제424조제2항에 따라 유기화합물 취급 특별장소에서 유기화합물을 취급하는 업무

② 사업주는 근로자가 다음 각 호의 어느 하나에 해당하는 업무를 하는 경우에 해당 근로자에게 송기마스크나 방독마스크를 지급하여 착용하도록 하여야 한다.

1. 제423조제1항 및 제2항, 제424조제1항, 제425조, 제426조 및 제428조제1항에 따라 밀폐설비나 국소배기장치가 설치되지 아니한 장소에서의 유기화합물 취급업무
2. 유기화합물 취급 장소에 설치된 환기장치 내의 기류가 확산될 우려가 있는 물체를 다루는 유기화합물 취급업무
3. 유기화합물 취급 장소에서 유기화합물의 증기 발산원을 밀폐하는 설비(청소 등으로 유기화합물이 제거된 설비는 제외한다)를 개방하는 업무

③ 사업주는 제1항과 제2항에 따라 근로자에게 송기마스크를 착용시키려는 경우에 신선한 공기를 공급할 수 있는 성능을 가진 장치가 부착된 송기마스크를 지급하여야 한다.

④ 사업주는 금속류, 산·알칼리류, 가스상태 물질류 등을 취급하는 작업장에서 근로자의 건강장해 예방에 적절한 호흡용 보호구를 근로자에게 지급하여 필요시 착용하도록 하고, 호흡용 보호구를 공동으로 사용하여 근로자에게 질병이 감염될 우려가 있는 경우에는 개인 전용의 것을 지급하여야 한다.

⑤ 근로자는 제1항, 제2항 및 제4항에 따라 지급된 보호구를 사업주의 지시에 따라 착용하여야 한다.

제451조 【보호복 등의 비치 등】 ① 사업주는 근로자가 피부 자극성 또는 부식

성 관리대상 유해물질을 취급하는 경우에 불침투성 보호복·보호장갑·보호장화 및 피부보호용 바르는 약품을 갖추어 두고, 이를 사용하도록 하여야 한다.
② 사업주는 근로자가 관리대상 유해물질이 흩날리는 업무를 하는 경우에 보안경을 지급하고 착용하도록 하여야 한다.
③ 사업주는 관리대상 유해물질이 근로자의 피부나 눈에 직접 닿을 우려가 있는 경우에 즉시 물로 씻어낼 수 있도록 세면·목욕 등에 필요한 세척시설을 설치하여야 한다.
④ 근로자는 제1항 및 제2항에 따라 지급된 보호구를 사업주의 지시에 따라 착용하여야 한다.

제2장 허가대상 유해물질 및 석면에 의한 건강장해의 예방

제1절 통칙

제452조【정의】이 장에서 사용하는 용어의 뜻은 다음과 같다. 〈개정 2019. 12.26.〉
1. "허가대상 유해물질"이란 고용노동부장관의 허가를 받지 않고는 제조·사용이 금지되는 물질로서 영 제88조에 따른 물질을 말한다.
2. "제조"란 화학물질 또는 그 구성요소에 물리적·화학적 작용을 가하여 허가대상 유해물질로 전환하는 과정을 말한다.
3. "사용"이란 새로운 제품 또는 물질을 만들기 위하여 허가대상 유해물질을 원재료로 이용하는 것을 말한다.
4. "석면해체·제거작업"이란 석면함유 설비 또는 건축물의 파쇄(破碎), 개·보수 등으로 인하여 석면분진이 흩날릴 우려가 있고 작은 입자의 석면폐기물이 발생하는 작업을 말한다.
5. "가열응착(加熱凝着)"이란 허가대상 유해물질에 압력을 가하여 성형한 것을 가열하였을 때 가루가 서로 밀착·굳어지는 현상을 말한다.
6. "가열탈착(加熱脫着)"이란 허가대상 유해물질을 고온으로 가열하여 휘발성 성분의 일부 또는 전부를 제거하는 조작을 말한다.

제2절 설비기준 및 성능 등

제453조【설비기준 등】① 사업주는 허가대상 유해물질(베릴륨 및 석면은 제외한다)을 제조하거나 사용하는 경우에 다음 각 호의 사항을 준수하여야 한다.
1. 허가대상 유해물질을 제조하거나 사용하는 장소는 다른 작업장소와 격리시키고 작업장소의 바닥과 벽은 불침투성의 재료로 하되, 물청소로 할 수 있는 구조로 하는 등 해당 물질을 제거하기 쉬운 구조로 할 것
2. 원재료의 공급·이송 또는 운반은 해당 작업에 종사하는 근로자의 신체에 그 물질이 직접 닿지 않는 방법으로 할 것
3. 반응조(batch reactor)는 발열반응 또는 가열을 동반하는 반응에 의하여 교반기(攪拌機) 등의 덮개부분으로부터 가스나 증기가 새지 않도록 개스킷 등으로 접합부를 밀폐시킬 것
4. 가동 중인 선별기 또는 진공여과기의 내부를 점검할 필요가 있는 경우에는 밀폐된 상태에서 내부를 점검할 수 있는 구조로 할 것

5. 분말 상태의 허가대상 유해물질을 근로자가 직접 사용하는 경우에는 그 물질을 습기가 있는 상태로 사용하거나 격리실에서 원격조작하거나 분진이 흩날리지 않는 방법을 사용하도록 할 것

② 사업주는 근로자가 허가대상 유해물질(베릴륨 및 석면은 제외한다)을 제조하거나 사용하는 경우에 허가대상 유해물질의 가스·증기 또는 분진의 발산원을 밀폐하는 설비나 포위식 후드 또는 부스식 후드의 국소배기장치를 설치하여야 한다. 다만, 작업의 성질상 밀폐설비나 포위식 후드 또는 부스식 후드를 설치하기 곤란한 경우에는 외부식 후드의 국소배기장치(상방 흡인형은 제외한다)를 설치할 수 있다.

제454조 【국소배기장치의 설치·성능】 제453조제2항에 따라 설치하는 국소배기장치의 성능은 물질의 상태에 따라 아래 표에서 정하는 제어풍속 이상이 되도록 하여야 한다.

물질의 상태	제어풍속(미터/초)
가스상태	0.5
입자상태	1.0

비 고
1. 이 표에서 제어풍속이란 국소배기장치의 모든 후드를 개방한 경우의 제어 풍속을 말한다.
2. 이 표에서 제어풍속은 후드의 형식에 따라 다음에서 정한 위치에서의 풍속을 말한다.
   가. 포위식 또는 부스식 후드에서는 후드의 개구면에서의 풍속
   나. 외부식 또는 리시버식 후드에서는 유해물질의 가스·증기 또는 분진이 빨려 들어가는 범위에서 해당 개구면으로부터 가장 먼 작업 위치에서의 풍속

제455조 【배출액의 처리】 사업주는 허가대상 유해물질의 제조·사용 설비로부터 오염물이 배출되는 경우에 이로 인한 근로자의 건강장해를 예방할 수 있도록 배출액을 중화·침전·여과 또는 그 밖의 적절한 방식으로 처리하여야 한다.

제3절 작업관리 기준 등

제456조 【사용 전 점검 등】 ① 사업주는 국소배기장치를 설치한 후 처음으로 사용하는 경우 또는 국소배기장치를 분해하여 개조하거나 수리를 한 후 처음으로 사용하는 경우에 다음 각 호의 사항을 사용 전에 점검하여야 한다.
1. 덕트와 배풍기의 분진상태
2. 덕트 접속부가 헐거워졌는지 여부
3. 흡기 및 배기 능력
4. 그 밖에 국소배기장치의 성능을 유지하기 위하여 필요한 사항

② 사업주는 제1항에 따른 점검 결과 이상이 발견되었을 경우에 즉시 청소·보수 또는 그 밖에 필요한 조치를 하여야 한다.

③ 제1항에 따른 점검을 한 후 그 기록의 보존에 관하여는 제555조를 준용한다.

제457조 【출입의 금지】 ① 사업주는 허가대상 유해물질을 제조하거나 사용하는 작업장에 관계 근로자가 아닌 사람의 출입을 금지하고, 「산업안전보건법 시행규칙」 별표 6 중 일람표 번호 501에 따른 표지를 출입구에 붙여야 한다. 다만, 석면을 제조하거나 사용하는 작

업장에는 「산업안전보건법 시행규칙」 별표 6 중 일람표 번호 502에 따른 표지를 붙여야 한다.〈개정 2019.12.26.〉

② 사업주는 허가대상 유해물질이나 이에 의하여 오염된 물질은 일정한 장소를 정하여 저장하거나 폐기하여야 하며, 그 장소에는 관계 근로자가 아닌 사람의 출입을 금지하고, 그 내용을 보기 쉬운 장소에 게시하여야 한다.

③ 근로자는 제1항 또는 제2항에 따라 출입이 금지된 장소에 사업주의 허락 없이 출입해서는 아니 된다.

제458조 【흡연 등의 금지】 ① 사업주는 허가대상 유해물질을 제조하거나 사용하는 작업장에서 근로자가 담배를 피우거나 음식물을 먹지 않도록 하고, 그 내용을 보기 쉬운 장소에 게시하여야 한다.

② 근로자는 제1항에 따라 흡연 또는 음식물의 섭취가 금지된 장소에서 흡연 또는 음식물 섭취를 해서는 아니 된다.

제459조 【명칭 등의 게시】 사업주는 허가대상 유해물질을 제조하거나 사용하는 작업장에 다음 각 호의 사항을 보기 쉬운 장소에 게시하여야 한다.

1. 허가대상 유해물질의 명칭
2. 인체에 미치는 영향
3. 취급상의 주의사항
4. 착용하여야 할 보호구
5. 응급처치와 긴급 방재 요령

제460조 【유해성 등의 주지】 사업주는 근로자가 허가대상 유해물질을 제조하거나 사용하는 경우에 다음 각 호의 사항을 근로자에게 알려야 한다.

1. 물리적·화학적 특성
2. 발암성 등 인체에 미치는 영향과 증상
3. 취급상의 주의사항
4. 착용하여야 할 보호구와 착용방법
5. 위급상황 시의 대처방법과 응급조치 요령
6. 그 밖에 근로자의 건강장해 예방에 관한 사항

제461조 【용기 등】 ① 사업주는 허가대상 유해물질을 운반하거나 저장하는 경우에 그 물질이 샐 우려가 없는 견고한 용기를 사용하거나 단단하게 포장을 하여야 한다.

② 사업주는 제1항에 따른 용기 또는 포장의 보기 쉬운 위치에 해당 물질의 명칭과 취급상의 주의사항을 표시하여야 한다.

③ 사업주는 허가대상 유해물질을 보관할 경우에 일정한 장소를 지정하여 보관하여야 한다.

④ 사업주는 허가대상 유해물질의 운반·저장 등을 위하여 사용한 용기 또는 포장을 밀폐하거나 실외의 일정한 장소를 지정하여 보관하여야 한다.

제462조 【작업수칙】 사업주는 근로자가 허가대상 유해물질(베릴륨 및 석면은 제외한다)을 제조·사용하는 경우에 다음 각 호의 사항에 관한 작업수칙을 정하고, 이를 해당 작업근로자에게 알려야 한다.

1. 밸브·콕 등(허가대상 유해물질을 제조하거나 사용하는 설비에 원재료를 공급하는 경우 또는 그 설비로부터 제품 등을 추출하는 경우에 사용되는 것만 해당한다)의 조작
2. 냉각장치, 가열장치, 교반장치 및 압축장치의 조작
3. 계측장치와 제어장치의 감시·조정
4. 안전밸브, 긴급 차단장치, 자동경보

장치 및 그 밖의 안전장치의 조정
5. 뚜껑·플랜지·밸브 및 콕 등 접합부가 새는지 점검
6. 시료의 채취 및 해당 작업에 사용된 기구 등의 처리
7. 이상 상황이 발생한 경우의 응급조치
8. 보호구의 사용·점검·보관 및 청소
9. 허가대상 유해물질을 용기에 넣거나 꺼내는 작업 또는 반응조 등에 투입하는 작업
10. 그 밖에 허가대상 유해물질이 새지 않도록 하는 조치

제463조 【잠금장치 등】 사업주는 허가대상 유해물질이 보관된 장소에 잠금장치를 설치하는 등 관계근로자가 아닌 사람이 임의로 출입할 수 없도록 적절한 조치를 하여야 한다.

제464조 【목욕설비 등】 ① 사업주는 허가대상 유해물질을 제조·사용하는 경우에 해당 작업장소와 격리된 장소에 평상복 탈의실, 목욕실 및 작업복 탈의실을 설치하고 필요한 용품과 용구를 갖추어 두어야 한다.〈개정 2019.12.26.〉

② 사업주는 제1항에 따라 목욕 및 탈의 시설을 설치하려는 경우에 입구, 평상복 탈의실, 목욕실, 작업복 탈의실 및 출구 등의 순으로 설치하여 근로자가 그 순서대로 작업장에 들어가고 작업이 끝난 후에는 반대의 순서대로 나올 수 있도록 하여야 한다. 〈개정 2019.12.26.〉

③ 사업주는 허가대상 유해물질 취급근로자가 착용하였던 작업복, 보호구 등은 오염을 방지할 수 있는 장소에서 벗도록 하고 오염 제거를 위한 세탁 등 필요한 조치를 하여야 한다. 이 경우 오염된 작업복 등은 세탁을 위하여 정해진 장소 밖으로 내가서는 아니 된다.

제465조 【긴급 세척시설 등】 사업주는 허가대상 유해물질을 제조·사용하는 작업장에 근로자가 쉽게 사용할 수 있도록 긴급 세척시설과 세안설비를 설치하고, 이를 사용하는 경우에는 배관 찌꺼기와 녹물 등이 나오지 않고 맑은 물이 나올 수 있도록 유지하여야 한다.

제466조 【누출 시 조치】 사업주는 허가대상 유해물질을 제조·사용하는 작업장에서 해당 물질이 샐 경우에 즉시 해당 물질이 흩날리지 않는 방법으로 제거하는 등 필요한 조치를 하여야 한다.

제467조 【시료의 채취】 사업주는 허가대상 유해물질(베릴륨은 제외한다)의 제조설비로부터 시료를 채취하는 경우에 다음 각 호의 사항을 따라야 한다.
1. 시료의 채취에 사용하는 용기 등은 시료채취 전용으로 할 것
2. 시료의 채취는 미리 지정된 장소에서 하고 시료가 흩날리거나 새지 않도록 할 것
3. 시료의 채취에 사용한 용기 등은 세척한 후 일정한 장소에 보관할 것

제468조 【기록의 보존】 사업주는 허가대상 유해물질을 제조하거나 사용하는 경우에 허가대상 유해물질의 명칭, 제조량 또는 사용량, 작업내용, 새는 경우의 조치 등에 관한 사항을 기록하고 그 서류를 보존하여야 한다.

제4절 방독마스크 등

제469조 【방독마스크의 지급 등】 ① 사업주는 근로자가 허가대상 유해물질을 제조하거나 사용하는 작업을 하는 경우

에 개인 전용의 방진마스크나 방독마스크 등(이하 "방독마스크등"이라 한다)을 지급하여 착용하도록 하여야 한다.
② 사업주는 제1항에 따라 지급하는 방독마스크등을 보관할 수 있는 보관함을 갖추어야 한다.
③ 근로자는 제1항에 따라 지급된 방독마스크등을 사업주의 지시에 따라 착용하여야 한다.

제470조 【보호복 등의 비치】 ① 사업주는 근로자가 피부장해 등을 유발할 우려가 있는 허가대상 유해물질을 취급하는 경우에 불침투성 보호복·보호장갑·보호장화 및 피부보호용 약품을 갖추어 두고 이를 사용하도록 하여야 한다.
② 근로자는 제1항에 따라 지급된 보호구를 사업주의 지시에 따라 착용하여야 한다.

제5절 베릴륨 제조·사용 작업의 특별 조치

제471조 【설비기준】 사업주는 베릴륨을 제조하거나 사용하는 경우에 다음 각 호의 사항을 지켜야 한다.
1. 베릴륨을 가열응착하거나 가열탈착하는 설비(수산화베릴륨으로부터 고순도 산화베릴륨을 제조하는 설비는 제외한다)는 다른 작업장소와 격리된 실내에 설치하고 국소배기장치를 설치할 것
2. 베릴륨 제조설비(베릴륨을 가열응착 또는 가열탈착하는 설비, 아크로(爐) 등에 의하여 녹은 베릴륨으로 베릴륨합금을 제조하는 설비 및 수산화베릴륨으로 고순도 산화베릴륨을 제조하는 설비는 제외한다)는 밀폐식 구조로 하거나 위쪽·아래쪽 및 옆쪽에 덮개 등을 설치할 것
3. 제2호에 따른 설비로서 가동 중 내부를 점검할 필요가 있는 것은 덮여 있는 상태로 내부를 관찰할 것
4. 베릴륨을 제조하거나 사용하는 작업장소의 바닥과 벽은 불침투성 재료로 할 것
5. 아크로 등에 의하여 녹은 베릴륨으로 베릴륨합금을 제조하는 작업장소에는 국소배기장치를 설치할 것
6. 수산화베릴륨으로 고순도 산화베릴륨을 제조하는 설비는 다음 각 목의 사항을 갖출 것
   가. 열분해로(熱分解爐)는 다른 작업장소와 격리된 실내에 설치할 것
   나. 그 밖의 설비는 밀폐식 구조로 하고 위쪽·아래쪽 및 옆쪽에 덮개를 설치하거나 뚜껑을 설치할 수 있는 형태로 할 것
7. 베릴륨의 공급·이송 또는 운반은 해당 작업에 종사하는 근로자의 신체에 해당 물질이 직접 닿지 않는 방법으로 할 것
8. 분말 상태의 베릴륨을 사용(공급·이송 또는 운반하는 경우는 제외한다)하는 경우에는 격리실에서 원격조작방법으로 할 것
9. 분말 상태의 베릴륨을 계량하는 작업, 용기에 넣거나 꺼내는 작업, 포장하는 작업을 하는 경우로서 제8호에 따른 방법을 지키는 것이 현저히 곤란한 경우에는 해당 작업을 하는 근로자의 신체에 베릴륨이 직접 닿지 않는 방법으로 할 것

제472조 【아크로에 대한 조치】 사업주는 베릴륨과 그 물질을 함유하는 제제

(製劑)로서 함유된 중량의 비율이 1퍼센트를 초과하는 물질을 녹이는 아크로 등은 삽입한 부분의 간격을 작게 하기 위하여 모래차단막을 설치하거나 이에 준하는 조치를 하여야 한다.

제473조【가열응착 제품 등의 추출】사업주는 가열응착 또는 가열탈착을 한 베릴륨을 흡입 방법으로 꺼내도록 하여야 한다.

제474조【가열응착 제품 등의 파쇄】사업주는 가열응착 또는 가열탈착된 베릴륨이 함유된 제품을 파쇄하려면 다른 작업장소로부터 격리된 실내에서 하고, 파쇄를 하는 장소에는 국소배기장치의 설치 및 그 밖에 근로자의 건강장해 예방을 위하여 적절한 조치를 하여야 한다.

제475조【시료의 채취】사업주는 근로자가 베릴륨의 제조설비로부터 시료를 채취하는 경우에 다음 각 호의 사항을 따라야 한다.

1. 시료의 채취에 사용하는 용기 등은 시료채취 전용으로 할 것
2. 시료의 채취는 미리 지정된 장소에서 하고 시료가 날리지 않도록 할 것
3. 시료의 채취에 사용한 용기 등은 세척한 후 일정한 장소에 보관할 것

제476조【작업수칙】사업주는 베릴륨의 제조·사용 작업에 근로자를 종사하도록 하는 경우에 베릴륨 분진의 발산과 근로자의 오염을 방지하기 위하여 다음 각 호의 사항에 관한 작업수칙을 정하고 이를 해당 작업근로자에게 알려야 한다.

1. 용기에 베릴륨을 넣거나 꺼내는 작업
2. 베릴륨을 담은 용기의 운반
3. 베릴륨을 공기로 수송하는 장치의 점검
4. 여과집진방식(濾過集塵方式) 집진장치의 여과재(濾過材) 교환
5. 시료의 채취 및 그 작업에 사용된 용기 등의 처리
6. 이상사태가 발생한 경우의 응급조치
7. 보호구의 사용·점검·보관 및 청소
8. 그 밖에 베릴륨 분진의 발산을 방지하기 위하여 필요한 조치

제6절 석면의 제조·사용 작업, 해체·제거 작업 및 유지·관리등의 조치기준

제477조【격리】사업주는 석면분진이 퍼지지 않도록 석면을 사용하는 장소를 다른 작업장소와 격리하여야 한다.

제478조【바닥】사업주는 석면을 사용하는 작업장소의 바닥재료는 불침투성 재료를 사용하고 청소하기 쉬운 구조로 하여야 한다.

제479조【밀폐 등】① 사업주는 석면을 사용하는 설비 중 근로자가 상시 접근할 필요가 없는 설비는 밀폐된 장소에 설치하여야 한다.

② 제1항에 따라 밀폐된 실내에 설치된 설비를 점검할 필요가 있는 경우에는 투명유리를 설치하는 등 실외에서 점검할 수 있는 구조로 하여야 한다.

제480조【국소배기장치의 설치 등】① 사업주는 석면이 들어있는 포장 등의 개봉작업, 석면의 계량작업, 배합기(配合機) 또는 개면기(開綿機) 등에 석면을 투입하는 작업, 석면제품 등의 포장작업을 하는 장소 등 석면분진이 흩날릴 우려가 있는 작업을 하는 장소에는 국소배기장치를 설치·가동하여야 한다.

② 제1항에 따른 국소배기장치의 성능에 관하여는 제500조에 따른 입자 상태 물질에 대한 국소배기장치의 성능기준을 준용한다.

제481조 【석면분진의 흩날림 방지 등】 ① 사업주는 석면을 뿜어서 칠하는 작업에 근로자를 종사하도록 해서는 아니 된다.

② 사업주는 석면을 사용하거나 석면이 붙어 있는 물질을 이용하는 작업을 하는 경우에 석면이 흩날리지 않도록 습기를 유지하여야 한다. 다만, 작업의 성질상 습기를 유지하기 곤란한 경우에는 다음 각 호의 조치를 한 후 작업하도록 하여야 한다.

1. 석면으로 인한 근로자의 건강장해 예방을 위하여 밀폐설비나 국소배기장치의 설치 등 필요한 보호대책을 마련할 것
2. 석면을 함유하는 폐기물은 새지 않도록 불침투성 자루 등에 밀봉하여 보관할 것

제482조 【작업수칙】 사업주는 석면의 제조·사용 작업에 근로자를 종사하도록 하는 경우에 석면분진의 발산과 근로자의 오염을 방지하기 위하여 다음 각 호의 사항에 관한 작업수칙을 정하고, 이를 작업근로자에게 알려야 한다.

1. 진공청소기 등을 이용한 작업장 바닥의 청소방법
2. 작업자의 왕래와 외부기류 또는 기계진동 등에 의하여 분진이 흩날리는 것을 방지하기 위한 조치
3. 분진이 쌓일 염려가 있는 깔개 등을 작업장 바닥에 방치하는 행위를 방지하기 위한 조치
4. 분진이 확산되거나 작업자가 분진에 노출될 위험이 있는 경우에는 선풍기 사용 금지
5. 용기에 석면을 넣거나 꺼내는 작업
6. 석면을 담은 용기의 운반
7. 여과집진방식 집진장치의 여과재 교환
8. 해당 작업에 사용된 용기 등의 처리
9. 이상사태가 발생한 경우의 응급조치
10. 보호구의 사용·점검·보관 및 청소
11. 그 밖에 석면분진의 발산을 방지하기 위하여 필요한 조치

제483조 【작업복 관리】 ① 사업주는 석면 취급작업을 마친 근로자의 오염된 작업복은 석면 전용의 탈의실에서만 벗도록 하여야 한다.

② 사업주는 석면에 오염된 작업복을 세탁·정비·폐기 등의 목적으로 탈의실 밖으로 이송할 경우에 관계근로자가 아닌 사람이 취급하지 않도록 하여야 한다.

③ 사업주는 석면에 오염된 작업복의 석면분진이 공기 중으로 날리지 않도록 뚜껑이 있는 용기에 넣어서 보관하고 석면으로 오염된 작업복임을 표시하여야 한다.

제484조 【보관용기】 사업주는 분말 상태의 석면을 혼합하거나 용기에 넣거나 꺼내는 작업, 절단·천공 또는 연마하는 작업 등 석면분진이 흩날리는 작업에 근로자를 종사하도록 하는 경우에 석면의 부스러기 등을 넣어두기 위하여 해당 장소에 뚜껑이 있는 용기를 갖추어 두어야 한다.

제485조 【석면오염 장비 등의 처리】 ① 사업주는 석면에 오염된 장비, 보호구 또는 작업복 등을 폐기하는 경우에 밀봉된 불침투성 자루나 용기에 넣어 처리하여야 한다.

② 사업주는 제1항에 따라 오염된 장비

등을 처리하는 경우에 압축공기를 불어서 석면오염을 제거하게 해서는 아니 된다.

제486조【직업성 질병의 주지】 사업주는 석면으로 인한 직업성 질병의 발생 원인, 재발 방지 방법 등을 석면을 취급하는 근로자에게 알려야 한다.

제487조【유지·관리】 사업주는 건축물이나 설비의 천장재, 벽체 재료 및 보온재 등의 손상, 노후화 등으로 석면분진을 발생시켜 근로자가 그 분진에 노출될 우려가 있을 경우에는 해당 자재를 제거하거나 다른 자재로 대체하거나 안정화(安定化)하거나 씌우는 등 필요한 조치를 하여야 한다.

제488조【일반석면조사】 ① 법 제119조 제1항에 따라 건축물·설비를 철거하거나 해체하려는 건축물·설비의 소유주 또는 임차인 등은 그 건축물이나 설비의 석면함유 여부를 맨눈, 설계도서, 자재이력(履歷) 등 적절한 방법을 통하여 조사하여야 한다. 〈개정 2019.12.26.〉

② 제1항에 따른 조사에도 불구하고 해당 건축물이나 설비의 석면 함유 여부가 명확하지 않은 경우에는 석면의 함유 여부를 성분분석하여 조사하여야 한다.

③ 삭제〈2012.3.5〉

제489조【석면해체·제거작업 계획 수립】 ① 사업주는 석면해체·제거작업을 하기 전에 법 제119조에 따른 일반석면조사 또는 기관석면조사 결과를 확인한 후 다음 각 호의 사항이 포함된 석면해체·제거작업 계획을 수립하고, 이에 따라 작업을 수행하여야 한다. 〈개정 2019.12.26.〉

1. 석면해체·제거작업의 절차와 방법
2. 석면 흩날림 방지 및 폐기방법
3. 근로자 보호조치

② 사업주는 제1항에 따른 석면해체·제거작업 계획을 수립한 경우에 이를 해당 근로자에게 알려야 하며, 작업장에 대한 석면조사 방법 및 종료일자, 석면조사 결과의 요지를 해당 근로자가 보기 쉬운 장소에 게시하여야 한다.〈개정 2012.3.5〉

제490조【경고표지의 설치】 사업주는 석면해체·제거작업을 하는 장소에 「산업안전보건법 시행규칙」 별표 6 중 일람표 번호 502에 따른 표지를 출입구에 게시하여야 한다. 다만, 작업이 이루어지는 장소가 실외이거나 출입구가 설치되어 있지 아니한 경우에는 근로자가 보기 쉬운 장소에 게시하여야 한다. 〈개정 2019.12.26.〉

제491조【개인보호구의 지급·착용】 ① 사업주는 석면해체·제거작업에 근로자를 종사하도록 하는 경우에 다음 각 호의 개인보호구를 지급하여 착용하도록 하여야 한다. 다만, 제2호의 보호구는 근로자의 눈 부분이 노출될 경우에만 지급한다. 〈개정 2019.12.26.〉

1. 방진마스크(특등급만 해당한다)나 송기마스크 또는 「산업안전보건법 시행령」 별표 28 제3호마목에 따른 전동식 호흡보호구. 다만, 제495조제1호의 작업에 종사하는 경우에는 송기마스크 또는 전동식 호흡보호구를 지급하여 착용하도록 하여야 한다.
2. 고글(Goggles)형 보호안경
3. 신체를 감싸는 보호복, 보호장갑 및 보호신발

② 근로자는 제1항에 따라 지급된 개인보호구를 사업주의 지시에 따라 착용하

여야 한다.

제492조 【출입의 금지】 ① 사업주는 제489조제1항에 따른 석면해체·제거작업 계획을 숙지하고 제491조제1항 각 호의 개인보호구를 착용한 사람 외에는 석면해체·제거작업을 하는 작업장(이하 "석면해체·제거작업장"이라 한다)에 출입하게 해서는 아니 된다.〈개정 2012.3.5〉

② 근로자는 제1항에 따라 출입이 금지된 장소에 사업주의 허락 없이 출입해서는 아니 된다.

제493조 【흡연 등의 금지】 ① 사업주는 석면해체·제거작업장에서 근로자가 담배를 피우거나 음식물을 먹지 않도록 하고 그 내용을 보기 쉬운 장소에 게시하여야 한다.〈개정 2012.3.5〉

② 근로자는 제1항에 따라 흡연 또는 음식물의 섭취가 금지된 장소에서 흡연 또는 음식물 섭취를 해서는 아니 된다.

제494조 【위생설비의 설치 등】 ① 사업주는 석면해체·제거작업장과 연결되거나 인접한 장소에 평상복 탈의실, 샤워실 및 작업복 탈의실 등의 위생설비를 설치하고 필요한 용품 및 용구를 갖추어 두어야 한다. 〈개정 2019.12.26.〉

② 사업주는 석면해체·제거작업에 종사한 근로자에게 제491조제1항 각 호의 개인보호구를 작업복 탈의실에서 벗어 밀폐용기에 보관하도록 하여야 한다. 〈개정 2019.12.26.〉

③ 사업주는 석면해체·제거작업을 하는 근로자가 작업 도중 일시적으로 작업장 밖으로 나가는 경우에는 고성능 필터가 장착된 진공청소기를 사용하는 방법 등으로 제491조제2항에 따라 착용한 개인보호구에 부착된 석면분진을 제거한 후 나가도록 하여야 한다.〈신설 2012.3.5〉

④ 사업주는 제2항에 따라 보관 중인 개인보호구를 폐기하거나 세척하는 등 석면분진을 제거하기 위하여 필요한 조치를 하여야 한다.〈개정 2012.3.5〉

제495조 【석면해체·제거작업 시의 조치】 사업주는 석면해체·제거작업에 근로자를 종사하도록 하는 경우에 다음 각 호의 구분에 따른 조치를 하여야 한다. 다만, 사업주가 다른 조치를 한 경우로서 지방고용노동관서의 장이 다음 각 호의 조치와 같거나 그 이상의 효과를 가진다고 인정하는 경우에는 다음 각 호의 조치를 한 것으로 본다. 〈개정 2019.12.26.〉

1. 분무(噴霧)된 석면이나 석면이 함유된 보온재 또는 내화피복재(耐火被覆材)의 해체·제거작업
   가. 창문·벽·바닥 등은 비닐 등 불침투성 차단재로 밀폐하고 해당 장소를 음압(陰壓)으로 유지하고 그 결과를 기록·보존할 것(작업장이 실내인 경우에만 해당한다)
   나. 작업 시 석면분진이 흩날리지 않도록 고성능 필터가 장착된 석면분진 포집장치를 가동하는 등 필요한 조치를 할 것(작업장이 실외인 경우에만 해당한다)
   다. 물이나 습윤제(濕潤劑)를 사용하여 습식(濕式)으로 작업할 것
   라. 평상복 탈의실, 샤워실 및 작업복 탈의실 등의 위생설비를 작업장과 연결하여 설치할 것(작업장이 실내인 경우에만 해당한다)
2. 석면이 함유된 벽체, 바닥타일 및 천장재의 해체·제거작업{천공(穿孔)

작업 등 석면이 적게 흩날리는 작업을 하는 경우에는 나목의 조치로 한정한다}

가. 창문·벽·바닥 등은 비닐 등 불침투성 차단재로 밀폐할 것

나. 물이나 습윤제를 사용하여 습식으로 작업할 것

다. 작업장소를 음압으로 유지하고 그 결과를 기록·보존할 것(석면함유 벽체·바닥타일·천장재를 물리적으로 깨거나 기계 등을 이용하여 절단하는 작업인 경우에만 해당한다)

3. 석면이 함유된 지붕재의 해체·제거작업

가. 해체된 지붕재는 직접 땅으로 떨어뜨리거나 던지지 말 것

나. 물이나 습윤제를 사용하여 습식으로 작업할 것(습식작업 시 안전상 위험이 있는 경우는 제외한다)

다. 난방이나 환기를 위한 통풍구가 지붕 근처에 있는 경우에는 이를 밀폐하고 환기설비의 가동을 중단할 것

4. 석면이 함유된 그 밖의 자재의 해체·제거작업

가. 창문·벽·바닥 등은 비닐 등 불침투성 차단재로 밀폐할 것(작업장이 실내인 경우에만 해당한다)

나. 석면분진이 흩날리지 않도록 석면분진 포집장치를 가동하는 등 필요한 조치를 할 것(작업장이 실외인 경우에만 해당한다)

다. 물이나 습윤제를 사용하여 습식으로 작업할 것

제496조【석면함유 잔재물 등의 처리】 ① 사업주는 석면해체제거작업이 완료된 후 그 작업 과정에서 발생한 석면함유 잔재물 등이 해당 작업장에 남지 아니하도록 청소 등 필요한 조치를 하여야 한다.

② 사업주는 석면해체제거작업 및 제1항에 따른 조치 중에 발생한 석면함유 잔재물 등을 비닐이나 그 밖에 이와 유사한 재질의 포대에 담아 밀봉한 후 별지 제3호서식에 따른 표지를 붙여 「폐기물관리법」에 따라 처리하여야 한다.

〔전문개정 2019.1.31.〕

제497조【잔재물의 흩날림 방지】 ① 사업주는 석면해체·제거작업에서 발생된 석면을 함유한 잔재물은 습식으로 청소하거나 고성능필터가 장착된 진공청소기를 사용하여 청소하는 등 석면분진이 흩날리지 않도록 하여야 한다.〈개정 2012.3.5〉

② 사업주는 제1항에 따라 청소하는 경우에 압축공기를 분사하는 방법으로 청소해서는 아니 된다.

제497조의2【석면해체·제거작업 기준의 적용 특례】 석면해체·제거작업 중 석면의 함유율이 1퍼센트 이하인 경우의 작업에 관해서는 제489조부터 제497조까지의 규정에 따른 기준을 적용하지 아니한다.

〔본조신설 2012.3.5.〕

제497조의3【석면함유 폐기물 처리작업 시 조치】 ① 사업주는 석면을 1퍼센트 이상 함유한 폐기물(석면의 제거작업 등에 사용된 비닐시트·방진마스크·작업복 등을 포함한다)을 처리하는 작업으로서 석면분진이 발생할 우려가 있는 작업에 근로자를 종사하도록 하는 경우에는 석면분진 발산원을 밀폐하거나 국소배기장치를 설치하거나 습식방법으로

작업하도록 하는 등 석면분진이 발생하지 않도록 필요한 조치를 하여야 한다. 〈개정 2017.3.3.〉

② 제1항에 따른 사업주에 관하여는 제464조, 제491조제1항, 제492조, 제493조, 제494조제2항부터 제4항까지 및 제500조를 준용하고, 제1항에 따른 근로자에 관하여는 제491조제2항을 준용한다.

〔본조신설 2012.3.5.〕

제3장 금지유해물질에 의한 건강장해의 예방

제1절 통칙

제498조【정의】 이 장에서 사용하는 용어의 뜻은 다음과 같다. 〈개정 2019.12.26.〉

1. "금지유해물질"이란 영 제87조에 따른 유해물질을 말한다.
2. "시험·연구 또는 검사 목적"이란 실험실·연구실 또는 검사실에서 물질분석 등을 위하여 금지유해물질을 시약으로 사용하거나 그 밖의 용도로 조제하는 경우를 말한다.
3. "실험실등"이란 금지유해물질을 시험·연구 또는 검사용으로 제조·사용하는 장소를 말한다.

제2절 시설·설비기준 및 성능 등

제499조【설비기준 등】 ① 법 제117조제2항에 따라 금지유해물질을 시험·연구 또는 검사 목적으로 제조하거나 사용하는 자는 다음 각 호의 조치를 하여야 한다. 〈개정 2019.12.26.〉

1. 제조·사용 설비는 밀폐식 구조로서 금지유해물질의 가스, 증기 또는 분진이 새지 않도록 할 것. 다만, 밀폐식 구조로 하는 것이 작업의 성질상 현저히 곤란하여 부스식 후드의 내부에 그 설비를 설치한 경우는 제외한다.
2. 금지유해물질을 제조·저장·취급하는 설비는 내식성의 튼튼한 구조일 것
3. 금지유해물질을 저장하거나 보관하는 양은 해당 시험·연구에 필요한 최소량으로 할 것
4. 금지유해물질의 특성에 맞는 적절한 소화설비를 갖출 것
5. 제조·사용·취급 조건이 해당 금지유해물질의 인화점 이상인 경우에는 사용하는 전기 기계·기구는 적절한 방폭구조(防爆構造)로 할 것
6. 실험실등에서 가스·액체 또는 잔재물을 배출하는 경우에는 안전하게 처리할 수 있는 설비를 갖출 것

② 사업주는 제1항제1호에 따라 설치한 밀폐식 구조라도 금지유해물질을 넣거나 꺼내는 작업 등을 하는 경우에 해당 작업장소에 국소배기장치를 설치하여야 한다. 다만, 금지유해물질의 가스·증기 또는 분진이 새지 않는 방법으로 작업하는 경우에는 그러하지 아니하다.

제500조【국소배기장치의 성능 등】 사업주는 제499조제1항제1호 단서에 따라 부스식 후드의 내부에 해당 설비를 설치하는 경우에 다음 각 호의 기준에 맞도록 하여야 한다.

1. 부스식 후드의 개구면 외의 곳으로부터 금지유해물질의 가스·증기 또는 분

진 등이 새지 않는 구조로 할 것
2. 부스식 후드의 적절한 위치에 배풍기를 설치할 것
3. 제2호에 따른 배풍기의 성능은 부스식 후드 개구면에서의 제어풍속이 아래 표에서 정한 성능 이상이 되도록 할 것

물질의 상태	제어풍속(미터/초)
가스상태	0.5
입자상태	1.0
비 고: 이 표에서 제어풍속이란 모든 부스식 후드의 개구면을 완전 개방했을 때의 풍속을 말한다.	

제501조 【바닥】 사업주는 금지유해물질의 제조·사용 설비가 설치된 장소의 바닥과 벽은 불침투성 재료로 하되, 물청소를 할 수 있는 구조로 하는 등 해당 물질을 제거하기 쉬운 구조로 하여야 한다.

제3절 관리 등

제502조 【유해성 등의 주지】 사업주는 근로자가 금지유해물질을 제조·사용하는 경우에 다음 각 호의 사항을 근로자에게 알려야 한다.
1. 물리적·화학적 특성
2. 발암성 등 인체에 미치는 영향과 증상
3. 취급상의 주의사항
4. 착용하여야 할 보호구와 착용방법
5. 위급상황 시의 대처방법과 응급처치 요령
6. 그 밖에 근로자의 건강장해 예방에 관한 사항

제503조 【용기】 ① 사업주는 금지유해물질의 보관용기는 해당 물질이 새지 않도록 다음 각 호의 기준에 맞도록 하여야 한다.
1. 뒤집혀 파손되지 않는 재질일 것
2. 뚜껑은 견고하고 뒤집혀 새지 않는 구조일 것

② 제1항에 따른 용기는 전용 용기를 사용하고 사용한 용기는 깨끗이 세척하여 보관하여야 한다.

③ 제1항에 따른 용기에는 법 제115조 제2항에 따라 경고표지를 붙여야 한다. 〈개정 2019.12.26. 시행일 2021.1.16. 제3항〉

제504조 【보관】 ① 사업주는 금지유해물질을 관계 근로자가 아닌 사람이 취급할 수 없도록 일정한 장소에 보관하고, 그 사실을 보기 쉬운 장소에 게시하여야 한다.

② 제1항에 따라 보관하고 게시하는 경우에는 다음 각 호의 기준에 맞도록 하여야 한다.
1. 실험실등의 일정한 장소나 별도의 전용장소에 보관할 것
2. 금지유해물질 보관장소에는 다음 각 목의 사항을 게시할 것
  가. 금지유해물질의 명칭
  나. 인체에 미치는 영향
  다. 위급상황 시의 대처방법과 응급처치 방법
3. 금지유해물질 보관장소에는 잠금장치를 설치하는 등 시험·연구 외의 목적으로 외부로 내가지 않도록 할 것

제505조 【출입의 금지 등】 ① 사업주는 금지유해물질 제조·사용 설비가 설치된 실험실등에는 관계근로자가 아닌 사람의 출입을 금지하고, 「산업안전보건법

시행규칙」 별표 6 중 일람표 번호 503에 따른 표지를 출입구에 붙여야 한다. 〈개정 2019.12.26.〉

② 사업주는 금지유해물질 또는 이에 의하여 오염된 물질은 일정한 장소를 정하여 저장하거나 폐기하여야 하며, 그 장소에는 관계 근로자가 아닌 사람의 출입을 금지하고, 그 내용을 보기 쉬운 장소에 게시하여야 한다.

③ 근로자는 제1항 및 제2항에 따라 출입이 금지된 장소에 사업주의 허락 없이 출입해서는 아니 된다.

제506조 【흡연 등의 금지】 ① 사업주는 금지유해물질을 제조·사용하는 작업장에서 근로자가 담배를 피우거나 음식물을 먹지 않도록 하고, 그 내용을 보기 쉬운 장소에 게시하여야 한다.

② 근로자는 제1항에 따라 흡연 또는 음식물의 섭취가 금지된 장소에서 흡연 또는 음식물 섭취를 해서는 아니 된다.

제507조 【누출 시 조치】 사업주는 금지유해물질이 실험실등에서 새는 경우에 흩날리지 않도록 흡착제를 이용하여 제거하는 등 필요한 조치를 하여야 한다.

제508조 【세안설비 등】 사업주는 응급 시 근로자가 쉽게 사용할 수 있도록 실험실등에 긴급 세척시설과 세안설비를 설치하여야 한다.

제509조 【기록의 보존】 사업주는 금지유해물질을 제조하거나 사용하는 경우에는 물질의 이름, 사용량, 시험·연구내용, 새는 경우의 조치 등에 관한 사항을 기록하고, 그 서류를 보존하여야 한다.

제4절 보호구 등

제510조 【보호복 등】 ① 사업주는 근로자가 금지유해물질을 취급하는 경우에 피부노출을 방지할 수 있는 불침투성 보호복·보호장갑 등을 개인전용의 것으로 지급하고 착용하도록 하여야 한다.

② 사업주는 제1항에 따라 지급하는 보호복과 보호장갑 등을 평상복과 분리하여 보관할 수 있도록 전용 보관함을 갖추고 필요시 오염 제거를 위하여 세탁을 하는 등 필요한 조치를 하여야 한다.

③ 근로자는 제1항에 따라 지급된 보호구를 사업주의 지시에 따라 착용하여야 한다.

제511조 【호흡용 보호구】 ① 사업주는 근로자가 금지유해물질을 취급하는 경우에 근로자에게 별도의 정화통을 갖춘 근로자 전용 호흡용 보호구를 지급하고 착용하도록 하여야 한다.

② 근로자는 제1항에 따라 지급된 보호구를 사업주의 지시에 따라 착용하여야 한다.

제4장 소음 및 진동에 의한 건강장해의 예방

제1절 통칙

제512조 【정의】 이 장에서 사용하는 용어의 뜻은 다음과 같다.

1. "소음작업"이란 1일 8시간 작업을 기준으로 85데시벨 이상의 소음이 발생하는 작업을 말한다.
2. "강렬한 소음작업"이란 다음 각목의 어느 하나에 해당하는 작업을 말한다.
   가. 90데시벨 이상의 소음이 1일 8시

간 이상 발생하는 작업
나. 95데시벨 이상의 소음이 1일 4시간 이상 발생하는 작업
다. 100데시벨 이상의 소음이 1일 2시간 이상 발생하는 작업
라. 105데시벨 이상의 소음이 1일 1시간 이상 발생하는 작업
마. 110데시벨 이상의 소음이 1일 30분 이상 발생하는 작업
바. 115데시벨 이상의 소음이 1일 15분 이상 발생하는 작업
3. "충격소음작업"이란 소음이 1초 이상의 간격으로 발생하는 작업으로서 다음 각 목의 어느 하나에 해당하는 작업을 말한다.
가. 120데시벨을 초과하는 소음이 1일 1만회 이상 발생하는 작업
나. 130데시벨을 초과하는 소음이 1일 1천회 이상 발생하는 작업
다. 140데시벨을 초과하는 소음이 1일 1백회 이상 발생하는 작업
4. "진동작업"이란 다음 각 목의 어느 하나에 해당하는 기계·기구를 사용하는 작업을 말한다.
가. 착암기(鑿巖機)
나. 동력을 이용한 해머
다. 체인톱
라. 엔진 커터(engine cutter)
마. 동력을 이용한 연삭기
바. 임팩트 렌치(impact wrench)
사. 그 밖에 진동으로 인하여 건강장해를 유발할 수 있는 기계·기구
5. "청력보존 프로그램"이란 소음노출 평가, 소음노출 기준 초과에 따른 공학적 대책, 청력보호구의 지급과 착용, 소음의 유해성과 예방에 관한 교육, 정기적 청력검사, 기록·관리 사항 등이 포함된 소음성 난청을 예방·관리하기 위한 종합적인 계획을 말한다.

제2절 강렬한 소음작업 등의 관리기준

제513조【소음 감소 조치】 사업주는 강렬한 소음작업이나 충격소음작업 장소에 대하여 기계·기구 등의 대체, 시설의 밀폐·흡음(吸音) 또는 격리 등 소음 감소를 위한 조치를 하여야 한다. 다만, 작업의 성질상 기술적·경제적으로 소음 감소를 위한 조치가 현저히 곤란하다는 관계 전문가의 의견이 있는 경우에는 그러하지 아니하다.

제514조【소음수준의 주지 등】 사업주는 근로자가 소음작업, 강렬한 소음작업 또는 충격소음작업에 종사하는 경우에 다음 각 호의 사항을 근로자에게 알려야 한다.
1. 해당 작업장소의 소음 수준
2. 인체에 미치는 영향과 증상
3. 보호구의 선정과 착용방법
4. 그 밖에 소음으로 인한 건강장해 방지에 필요한 사항

제515조【난청발생에 따른 조치】 사업주는 소음으로 인하여 근로자에게 소음성 난청 등의 건강장해가 발생하였거나 발생할 우려가 있는 경우에 다음 각 호의 조치를 하여야 한다.
1. 해당 작업장의 소음성 난청 발생 원인 조사
2. 청력손실을 감소시키고 청력손실의 재발을 방지하기 위한 대책 마련
3. 제2호에 따른 대책의 이행 여부 확인
4. 작업전환 등 의사의 소견에 따른 조치

제3절 보호구 등

제516조【청력보호구의 지급 등】① 사업주는 근로자가 소음작업, 강렬한 소음작업 또는 충격소음작업에 종사하는 경우에 근로자에게 청력보호구를 지급하고 착용하도록 하여야 한다.
② 제1항에 따른 청력보호구는 근로자 개인 전용의 것으로 지급하여야 한다.
③ 근로자는 제1항에 따라 지급된 보호구를 사업주의 지시에 따라 착용하여야 한다.

제517조【청력보존 프로그램 시행 등】사업주는 다음 각 호의 어느 하나에 해당하는 경우에 청력보존 프로그램을 수립하여 시행하여야 한다. 〈개정 2019. 12.26.〉
1. 법 제125조에 따른 소음의 작업환경 측정 결과 소음수준이 90데시벨을 초과하는 사업장
2. 소음으로 인하여 근로자에게 건강장해가 발생한 사업장

제4절 진동작업 관리

제518조【진동보호구의 지급 등】① 사업주는 진동작업에 근로자를 종사하도록 하는 경우에 방진장갑 등 진동보호구를 지급하여 착용하도록 하여야 한다.
② 근로자는 제1항에 따라 지급된 진동보호구를 사업주의 지시에 따라 착용하여야 한다.

제519조【유해성 등의 주지】사업주는 근로자가 진동작업에 종사하는 경우에 다음 각 호의 사항을 근로자에게 충분히 알려야 한다.
1. 인체에 미치는 영향과 증상
2. 보호구의 선정과 착용방법
3. 진동 기계·기구 관리방법
4. 진동 장해 예방방법

제520조【진동 기계·기구 사용설명서의 비치 등】사업주는 근로자가 진동작업에 종사하는 경우에 해당 진동 기계·기구의 사용설명서 등을 작업장 내에 갖추어 두어야 한다.

제521조【진동기계·기구의 관리】사업주는 진동 기계·기구가 정상적으로 유지될 수 있도록 상시 점검하여 보수하는 등 관리를 하여야 한다.

제5장 이상기압에 의한 건강장해의 예방

제1절 통칙

제522조【정의】이 장에서 사용하는 용어의 뜻은 다음과 같다.〈개정 2017.12.28.〉
1. 삭제 〈2017.12.28.〉
2. "고압작업"이란 고기압(압력이 제곱센티미터당 1킬로그램 이상인 기압을 말한다. 이하 같다)에서 잠함공법(潛函工法)이나 그 외의 압기공법(壓氣工法)으로 하는 작업을 말한다.
3. "잠수작업"이란 물속에서 하는 다음 각 목의 작업을 말한다.
   가. 표면공급식 잠수작업: 수면 위의 공기압축기 또는 호흡용 기체통에서 압축된 호흡용 기체를 공급받으면서 하는 작업
   나. 스쿠버 잠수작업: 호흡용 기체통을 휴대하고 하는 작업

4. "기압조절실"이란 고압작업을 하는 근로자(이하 "고압작업자"라 한다) 또는 잠수작업을 하는 근로자(이하 "잠수작업자"라 한다)가 가압 또는 감압을 받는 장소를 말한다.
5. "압력"이란 게이지 압력을 말한다.
6. "비상기체통"이란 주된 기체공급 장치가 고장난 경우 잠수작업자가 안전한 지역으로 대피하기 위하여 필요한 충분한 양의 호흡용 기체를 저장하고 있는 압력용기와 부속장치를 말한다.

제2절 설비 등

제523조【작업실 공기의 부피】 사업주는 근로자가 고압작업을 하는 경우에는 작업실의 공기의 부피가 고압작업자 1명당 4세제곱미터 이상이 되도록 하여야 한다. 〈개정 2017.12.28.〉

제524조【기압조절실 공기의 부피와 환기 등】 ① 사업주는 기압조절실의 바닥면적과 공기의 부피를 그 기압조절실에서 가압이나 감압을 받는 근로자 1인당 각각 0.3제곱미터 이상 및 0.6세제곱미터 이상이 되도록 하여야 한다.

② 사업주는 기압조절실 내의 탄산가스로 인한 건강장해를 방지하기 위하여 탄산가스의 분압이 제곱센티미터당 0.005킬로그램을 초과하지 않도록 환기 등 그 밖에 필요한 조치를 하여야 한다.

제525조【공기청정장치】 ① 사업주는 공기압축기에서 작업실, 기압조절실 또는 잠수작업자에게 공기를 보내는 송기관의 중간에 공기를 청정하게 하기 위한 공기청정장치를 설치하여야 한다. 〈개정 2017.12.28.〉

② 제1항에 따른 공기청정장치의 성능은 「산업표준화법」에 따른 단체표준인 스쿠버용 압축공기 기준에 맞아야 한다. 〈개정 2017.12.28.〉

제526조【배기관】 ① 사업주는 작업실이나 기압조절실에 전용 배기관을 각각 설치하여야 한다.

② 고압작업자에게 기압을 낮추기 위한 기압조절실의 배기관은 내경(內徑)을 53밀리미터 이하로 하여야 한다.

제527조【압력계】 ① 사업주는 공기를 작업실로 보내는 밸브나 콕을 외부에 설치하는 경우에 그 장소에 작업실 내의 압력을 표시하는 압력계를 함께 설치하여야 한다.

② 사업주는 제1항에 따른 밸브나 콕을 내부에 설치하는 경우에 이를 조작하는 사람에게 휴대용 압력계를 지니도록 하여야 한다.

③ 사업주는 고압작업자에게 가압이나 감압을 하기 위한 밸브나 콕을 기압조절실 외부에 설치하는 경우에 그 장소에 기압조절실 내의 압력을 표시하는 압력계를 함께 설치하여야 한다.

④ 사업주는 제3항에 따른 밸브나 콕을 기압조절실 내부에 설치하는 경우에 이를 조작하는 사람에게 휴대용 압력계를 지니도록 하여야 한다.

⑤ 제1항부터 제4항까지의 규정에 따른 압력계는 한 눈금이 제곱센티미터당 0.2킬로그램 이하인 것이어야 한다.

⑥ 사업주는 잠수작업자에게 압축기체를 보내는 경우에 압력계를 설치하여야 한다. 〈개정 2017.12.28.〉

제528조【자동경보장치 등】 ① 사업주는 작업실 또는 기압조절실로 불어넣는

공기압축기의 공기나 그 공기압축기에 딸린 냉각장치를 통과한 공기의 온도가 비정상적으로 상승한 경우에 그 공기압축기의 운전자 또는 그 밖의 관계자에게 이를 신속히 알릴 수 있는 자동경보장치를 설치하여야 한다.

② 사업주는 기압조절실 내부를 관찰할 수 있는 창을 설치하는 등 외부에서 기압조절실 내부의 상태를 파악할 수 있는 설비를 갖추어야 한다.

제529조 【피난용구】 사업주는 근로자가 고압작업에 종사하는 경우에 호흡용 보호구, 섬유로프, 그 밖에 비상시 고압작업자를 피난시키거나 구출하기 위하여 필요한 용구를 갖추어 두어야 한다.

제530조 【공기조】 ① 사업주는 잠수작업자에게 공기압축기에서 공기를 보내는 경우에 공기량을 조절하기 위한 공기조와 사고 시에 필요한 공기를 저장하기 위한 공기조(이하 "예비공기조"라 한다)를 설치하여야 한다. 〈개정 2017.12.28.〉

② 사업주는 잠수작업자에게 호흡용 기체통에서 기체를 보내는 경우에 사고 시 필요한 기체를 저장하기 위한 예비 호흡용 기체통을 설치하여야 한다. 〈신설 2017.12.28.〉

③ 제1항에 따른 예비공기조 및 제2항에 따른 예비 호흡용 기체통(이하 "예비공기조등"이라 한다)은 다음 각 호의 기준에 맞는 것이어야 한다. 〈개정 2017.12.28.〉

1. 예비공기조등 안의 기체압력은 항상 최고 잠수심도(潛水深度) 압력의 1.5배 이상일 것
2. 예비공기조등의 내용적(內容積)은 다음의 계산식으로 계산한 값 이상일 것

$$V = 60(0.3D + 4) / P$$

V: 예비공기조등의 내용적(단위: 리터)
D: 최고 잠수심도(단위: 미터)
P: 예비공기조등 내의 기체압력 (단위: 제곱센티미터 당 킬로그램)

제531조 【압력조절기】 사업주는 기체압력이 제곱센티미터당 10킬로그램 이상인 호흡용 기체통의 기체를 잠수작업자에게 보내는 경우에 2단 이상의 감압방식에 의한 압력조절기를 잠수작업자에게 사용하도록 하여야 한다.〈개정 2017.12.28.〉

제3절 작업방법 등

제532조 【가압의 속도】 사업주는 기압조절실에서 고압작업자 또는 잠수작업자에게 가압을 하는 경우 1분에 제곱센티미터당 0.8킬로그램 이하의 속도로 하여야 한다. 〈개정 2017.12.28.〉

제533조 【감압의 속도】 사업주는 기압조절실에서 고압작업자 또는 잠수작업자에게 감압을 하는 경우에 고용노동부장관이 정하여 고시하는 기준에 맞도록 하여야 한다. 〈개정 2017.12.28.〉

제534조 【감압의 특례 등】 ① 사업주는 사고로 인하여 고압작업자를 대피시키거나 건강에 이상이 발생한 고압작업자를 구출할 경우에 필요하면 제533조에 따라 고용노동부장관이 정하는 기준보다 감압속도를 빠르게 하거나 감압정지시간을 단축할 수 있다.

② 사업주는 제1항에 따라 감압속도를 빠르게 하거나 감압정지시간을 단축한 경우에 해당 고압작업자를 빨리 기압조

절실로 대피시키고 그 고압작업자가 작업한 고압실 내의 압력과 같은 압력까지 가압을 하여야 한다. 〈개정 2017.12.28.〉

제535조【감압 시의 조치】 ① 사업주는 기압조절실에서 고압작업자 또는 잠수작업자에게 감압을 하는 경우에 다음 각 호의 조치를 하여야 한다. 〈개정 2017.12.28.〉

1. 기압조절실 바닥면의 조도를 20럭스 이상이 되도록 할 것
2. 기압조절실 내의 온도가 섭씨 10도 이하가 되는 경우에 고압작업자 또는 잠수작업자에게 모포 등 적절한 보온용구를 지급하여 사용하도록 할 것
3. 감압에 필요한 시간이 1시간을 초과하는 경우에 고압작업자 또는 잠수작업자에게 의자 또는 그 밖의 휴식용구를 지급하여 사용하도록 할 것

② 사업주는 기압조절실에서 고압작업자 또는 잠수작업자에게 감압을 하는 경우에 그 감압에 필요한 시간을 해당 고압작업자 또는 잠수작업자에게 미리 알려야 한다. 〈개정 2017.12.28.〉

제536조【감압상황의 기록 등】 ① 사업주는 이상기압에서 근로자에게 고압작업을 하도록 하는 경우 기압조절실에 자동기록 압력계를 갖추어 두어야 한다.

② 사업주는 해당 고압작업자에게 감압을 할 때마다 그 감압의 상황을 기록한 서류, 그 고압작업자의 성명과 감압일시 등을 기록한 서류를 작성하여 3년간 보존하여야 한다.〈개정 2017.12.28.〉

제536조의2【잠수기록의 작성·보존】 사업주는 근로자가 잠수작업을 하는 경우에는 다음 각 호의 사항을 적은 잠수기록표를 작성하여 3년간 보존하여야 한다.

1. 다음 각 목의 사람에 관한 인적 사항
   가. 잠수작업을 지휘·감독하는 사람
   나. 잠수작업자
   다. 감시인
   라. 대기 잠수작업자
   마. 잠수기록표를 작성하는 사람
2. 잠수의 시작·종료 일시 및 장소
3. 시계(視界), 수온, 유속(流速) 등 수중환경
4. 잠수방법, 사용된 호흡용 기체 및 잠수수심
5. 수중체류 시간 및 작업내용
6. 감압과 관련된 다음 각 목의 사항
   가. 감압의 시작 및 종료 일시
   나. 사용된 감압표 및 감압계획
   다. 감압을 위하여 정지한 수심과 그 정지한 수심마다의 도착시간 및 해당 수심에서의 출발시간(물속에서 감압하는 경우만 해당한다)
   라. 감압을 위하여 정지한 압력과 그 정지한 압력을 가한 시작시간 및 종료시간(기압조절실에서 감압하는 경우만 해당한다)
7. 잠수작업자의 건강상태, 응급 처치 및 치료 결과 등

〔본조신설 2017.12.28.〕

제537조【부상의 속도 등】 사업주는 잠수작업자를 수면 위로 올라오게 하는 경우에 그 속도는 고용노동부장관이 정하여 고시하는 기준에 따라야 한다.

제538조【부상의 특례 등】 ① 사업주는 사고로 인하여 잠수작업자를 수면 위로 올라오게 하는 경우에 제537조에도 불구하고 그 속도를 조절할 수 있다.

② 사업주는 사고를 당한 잠수작업자를

수면 위로 올라오게 한 경우에 다음 각 호 구분에 따른 조치를 하여야 한다. 〈개정 2017.12.28.〉

1. 해당 잠수작업자가 의식이 있는 경우
   가. 인근에 사용할 수 있는 기압조절실이 있는 경우: 즉시 해당 잠수작업자를 기압조절실로 대피시키고 그 잠수작업자가 잠수업무를 수행하던 최고수심의 압력과 같은 압력까지 가압하도록 조치를 하여야 한다.
   나. 인근에 사용할 수 있는 기압조절실이 없는 경우: 해당 잠수작업자가 잠수업무를 수행하던 최고수심까지 다시 잠수하도록 조치하여야 한다.
2. 해당 잠수작업자가 의식이 없는 경우: 잠수작업자의 상태에 따라 적절한 응급처치(「응급의료에 관한 법률」 제2조제3호에 따른 응급처치를 말한다) 등을 받을 수 있도록 조치하여야 한다. 다만, 의사의 의학적 판단에 따라 제1호의 조치를 할 수 있다.

제539조 【연락】 ① 사업주는 근로자가 고압작업을 하는 경우 그 작업 중에 고압작업자 및 공기압축기 운전자와의 연락 또는 그 밖에 필요한 조치를 하기 위한 감시인을 기압조절실 부근에 상시 배치하여야 한다.

② 사업주는 고압작업자 및 공기압축기 운전자와 감시인이 서로 통화할 수 있도록 통화장치를 설치하여야 한다.

③ 사업주는 제2항에 따른 통화장치가 고장난 경우에 다른 방법으로 연락할 수 있는 설비를 갖추어야 하며, 그 설비를 고압작업자, 공기압축기 운전자 및 감시인이 보기 쉬운 곳에 갖추어 두어야 한다.

제540조 【배기·침하 시의 조치】 ① 사업주는 물 속에서 작업을 하기 위하여 만들어진 구조물(이하 "잠함(潛函)"이라 한다)을 물 속으로 가라앉히는 경우에 우선 고압작업자를 잠함의 밖으로 대피시키고 내부의 공기를 바깥으로 내보내야 한다.

② 제1항에 따라 잠함을 가라앉히는 경우에는 유해가스의 발생 여부 또는 그 밖의 사항을 점검하고 고압작업자에게 건강장해를 일으킬 우려가 없는지를 확인한 후에 작업하도록 하여야 한다.

제541조 【발파하는 경우의 조치】 사업주는 작업실 내에서 발파(發破)를 하는 경우에 작업실 내의 기압이 발파 전의 상태와 같아질 때까지는 고압실 내에 근로자가 들어가도록 해서는 아니 된다.

제542조 【화상 등의 방지】 ① 사업주는 고압작업을 하는 경우에 대기압을 초과하는 기압에서의 가연성물질의 연소위험성에 대하여 근로자에게 알리고, 고압작업자의 화상이나 그 밖의 위험을 방지하기 위하여 다음 각 호의 조치를 하여야 한다.

1. 전등은 보호망이 부착되어 있거나, 전구가 파손되어 가연성물질에 떨어져 불이 날 우려가 없는 것을 사용할 것
2. 전류가 흐르는 차단기는 불꽃이 발생하지 않는 것을 사용할 것
3. 난방을 할 때는 고온으로 인하여 가연성물질의 점화원이 될 우려가 없는 것을 사용할 것

② 사업주는 고압작업을 하는 경우에는 용접·용단 작업이나 화기 또는 아크를 사용하는 작업(이하 이 조에서 "용접등

의 작업"이라 한다)을 해서는 아니 된다. 다만, 작업실 내의 압력이 제곱센티미터당 1킬로그램 미만인 장소에서는 용접등의 작업을 할 수 있다.

③ 사업주는 고압작업을 하는 경우에 근로자가 화기 등 불이 날 우려가 있는 물건을 지니고 출입하는 것을 금지하고, 그 취지를 기압조절실 외부의 보기 쉬운 장소에 게시하여야 한다. 다만, 작업의 성질상 부득이한 경우로서 작업실 내의 압력이 제곱센티미터당 1킬로그램 미만인 장소에서 용접등의 작업을 하는 경우에는 그러하지 아니하다.

④ 근로자는 고압작업장소에 화기 등 불이 날 우려가 있는 물건을 지니고 출입해서는 아니 된다.

제543조 【잠함작업실 굴착의 제한】 사업주는 잠함의 급격한 침하(沈下)에 따른 고압실 내 고압작업자의 위험을 방지하기 위하여 잠함작업실 아랫부분을 50센티미터 이상 파서는 아니 된다. 〈개정 2017.12.28.〉

제544조 【송기량】 사업주는 표면공급식 잠수작업을 하는 잠수작업자에게 공기를 보내는 경우에 잠수작업자마다 그 수심의 압력 아래에서 분당 송기량을 60리터 이상이 되도록 하여야 한다. 〈개정 2017.12.28.〉

제545조 【스쿠버 잠수작업 시 조치】 ① 사업주는 근로자가 스쿠버 잠수작업을 하는 경우에는 잠수작업자 2명을 1조로 하여 잠수작업을 하도록 하여야 하며, 잠수작업을 하는 곳에 감시인을 두어 잠수작업자의 이상 유무를 감시하게 하여야 한다.

② 사업주는 스쿠버 잠수작업(실내에서 잠수작업을 하는 경우는 제외한다)을 하는 잠수작업자에게 비상기체통을 제공하여야 한다.

③ 사업주는 호흡용 기체통 및 비상기체통의 기능의 이상 유무 및 해당 기체통에 저장된 호흡용 기체량 등을 확인하여 그 내용을 잠수작업자에게 알려야 하며, 이상이 있는 호흡용 기체통이나 비상기체통을 잠수작업자에게 제공해서는 아니 된다.

④ 사업주는 스쿠버 잠수작업을 하는 잠수작업자에게 수중시계, 수중압력계, 예리한 칼 등을 제공하여 잠수작업자가 이를 지니도록 하여야 하며, 잠수작업자에게 부력조절기를 착용하게 하여야 한다.

⑤ 스쿠버 잠수작업을 하는 잠수작업자는 잠수작업을 하는 동안 비상기체통을 휴대하여야 한다. 다만, 해당 잠수작업의 특성상 휴대가 어려운 경우에는 위급상황 시 바로 사용할 수 있도록 잠수작업을 하는 곳 인근 장소에 두어야 한다. 〔전문개정 2017.12.28.〕

제546조 【고농도 산소의 사용 제한】 사업주는 잠수작업자에게 고농도의 산소만을 들이마시도록 해서는 아니 된다. 다만, 급부상(急浮上) 등으로 중대한 신체상의 장해가 발생한 잠수작업자를 치유하거나 감압하기 위하여 다시 잠수하도록 하는 경우에는 고농도의 산소만을 들이마시도록 할 수 있으며, 이 경우에는 고용노동부장관이 정하는 바에 따라야 한다. 〈개정 2017.12.28.〉

제547조 【표면공급식 잠수작업 시 조치】 ① 사업주는 근로자가 표면공급식 잠수작업을 하는 경우에는 잠수작업자

2명당 잠수작업자와의 연락을 담당하는 감시인을 1명씩 배치하고, 해당 감시인에게 다음 각 호에 따른 사항을 준수하도록 하여야 한다.

1. 잠수작업자를 적정하게 잠수시키거나 수면 위로 올라오게 할 것
2. 잠수작업자에 대한 송기조절을 위한 밸브나 콕을 조작하는 사람과 연락하여 잠수작업자에게 필요한 양의 호흡용 기체를 보내도록 할 것
3. 송기설비의 고장이나 그 밖의 사고로 인하여 잠수작업자에게 위험이나 건강장해가 발생할 우려가 있는 경우에는 신속히 잠수작업자에게 연락할 것
4. 잠수작업 전에 잠수작업자가 사용할 잠수장비의 이상 유무를 점검할 것

② 사업주는 다음 각 호의 어느 하나에 해당하는 표면공급식 잠수작업을 하는 잠수작업자에게 제3항 각 호의 잠수장비를 제공하여야 한다.

1. 18미터 이상의 수심에서 하는 잠수작업
2. 수면으로 부상하는 데에 제한이 있는 장소에서의 잠수작업
3. 감압계획에 따를 때 감압정지가 필요한 잠수작업

③ 제2항에 따라 사업주가 잠수작업자에게 제공하여야 하는 잠수장비는 다음 각 호와 같다.

1. 비상기체통
2. 비상기체공급밸브, 역지밸브(non return valve) 등이 달려있는 잠수마스크 또는 잠수헬멧
3. 감시인과 잠수작업자 간에 연락할 수 있는 통화장치

④ 사업주는 표면공급식 잠수작업을 하는 잠수작업자에게 신호밧줄, 수중시계, 수중압력계 및 예리한 칼 등을 제공하여 잠수작업자가 이를 지니도록 하여야 한다. 다만, 통화장치에 따라 잠수작업자가 감시인과 통화할 수 있는 경우에는 신호밧줄, 수중시계 및 수중압력계를 제공하지 아니할 수 있다.

⑤ 제2항 각 호에 해당하는 곳에서 표면공급식 잠수작업을 하는 잠수작업자는 잠수작업을 하는 동안 비상기체통을 휴대하여야 한다. 다만, 해당 잠수작업의 특성상 휴대가 어려운 경우에는 위급상황 시 즉시 사용할 수 있도록 잠수작업을 하는 곳 인근 장소에 두어야 한다.
〔전문개정 2017.12.28.〕

제548조【잠수신호기의 게양】 사업주는 잠수작업(실내에서 하는 경우는 제외한다)을 하는 장소에 「해사안전법」 제85조제5항제2호에 따른 표시를 하여야 한다.
〔전문개정 2017.12.28.〕

제4절 관리 등

제549조【관리감독자의 휴대기구】 사업주는 고압작업의 관리감독자에게 휴대용압력계·손전등, 이산화탄소 등 유해가스농도측정기 및 비상시에 사용할 수 있는 신호용 기구를 지니도록 하여야 한다.〈개정 2012.3.5〉

제550조【출입의 금지】 ① 사업주는 기압조절실을 설치한 장소와 조작하는 장소에 관계근로자가 아닌 사람의 출입을 금지하고, 그 내용을 보기 쉬운 장소에 게시하여야 한다.

② 근로자는 제1항에 따라 출입이 금지

된 장소에 사업주의 허락 없이 출입해서는 아니 된다.

제551조 【고압작업설비의 점검 등】 ① 사업주는 고압작업을 위한 설비나 기구에 대하여 다음 각 호에서 정하는 바에 따라 점검하여야 한다.

1. 다음 각 목의 시설이나 장치에 대하여 매일 1회 이상 점검할 것
   가. 제526조에 따른 배기관과 제539조 제2항에 따른 통화장치
   나. 작업실과 기압조절실의 공기를 조절하기 위한 밸브나 콕
   다. 작업실과 기압조절실의 배기를 조절하기 위한 밸브나 콕
   라. 작업실과 기압조절실에 공기를 보내기 위한 공기압축기에 부속된 냉각장치
2. 다음 각 목의 장치와 기구에 대하여 매주 1회 이상 점검할 것
   가. 제528조에 따른 자동경보장치
   나. 제529조에 따른 용구
   다. 작업실과 기압조절실에 공기를 보내기 위한 공기압축기
3. 다음 각 목의 장치와 기구를 매월 1회 이상 점검할 것
   가. 제527조와 제549조에 따른 압력계
   나. 제525조에 따른 공기청정장치

② 사업주는 제1항에 따른 점검 결과 이상을 발견한 경우에 즉시 보수, 교체, 그 밖에 필요한 조치를 하여야 한다.

제552조 【잠수작업 설비의 점검 등】 ① 사업주는 잠수작업자가 잠수작업을 하기 전에 다음 각 호의 구분에 따라 잠수기구 등을 점검하여야 한다. 〈개정 2017.12.28.〉

1. 스쿠버 잠수작업을 하는 경우: 잠수기, 압력조절기 및 제545조에 따라 잠수작업자가 사용할 잠수기구
2. 표면공급식 잠수작업을 하는 경우: 잠수기, 송기관, 압력조절기 및 제547조에 따라 잠수작업자가 사용할 잠수기구

② 사업주는 표면공급식 잠수작업의 경우 잠수작업자가 사용할 다음 각 호의 설비를 다음 각 호에서 정하는 바에 따라 점검하여야 한다. 〈개정 2017.12.28.〉

1. 공기압축기 또는 수압펌프: 매주 1회 이상(공기압축기에서 공기를 보내는 잠수작업의 경우만 해당한다)
2. 수중압력계: 매월 1회 이상
3. 수중시계: 3개월에 1회 이상
4. 산소발생기: 6개월에 1회 이상(호흡용 기체통에서 기체를 보내는 잠수작업의 경우만 해당한다)

③ 사업주는 제1항과 제2항에 따른 점검 결과 이상을 발견한 경우에 즉시 보수, 교체, 그 밖에 필요한 조치를 하여야 한다.

제553조 【사용 전 점검 등】 ① 사업주는 송기설비를 설치한 후 처음으로 사용하는 경우, 송기설비를 분해하여 개조하거나 수리를 한 후 처음으로 사용하는 경우 또는 1개월 이상 사용하지 아니한 송기설비를 다시 사용하는 경우에 해당 송기설비를 점검한 후 사용하여야 한다.

② 사업주는 제1항에 따른 점검 결과 이상을 발견한 경우에 즉시 보수, 교체, 그 밖에 필요한 조치를 하여야 한다.

제554조 【사고가 발생한 경우의 조치】 ① 사업주는 송기설비의 고장이나 그 밖의 사고로 인하여 고압작업자에게 건강장해가 발생할 우려가 있는 경우에

즉시 고압작업자를 외부로 대피시켜야 한다.

② 제1항에 따른 사고가 발생한 경우에 송기설비의 이상 유무, 잠함 등의 이상 침하 또는 기울어진 상태 등을 점검하여 고압작업자에게 건강장해가 발생할 우려가 없음을 확인한 후에 출입하도록 하여야 한다.

제555조 【점검 결과의 기록】 사업주는 제551조부터 제553조까지의 규정에 따른 점검을 한 경우에 다음 각 호의 사항을 기록하여 3년간 보존하여야 한다. 〈개정 2017.12.28.〉

1. 점검연월일
2. 점검 방법
3. 점검 구분
4. 점검 결과
5. 점검자의 성명
6. 점검 결과에 따른 필요한 조치사항

제556조 【고기압에서의 작업시간】 사업주는 근로자가 고압작업을 하는 경우에 고용노동부장관이 정하여 고시하는 시간에 따라야 한다.

제557조 【잠수시간】 사업주는 근로자가 잠수작업을 하는 경우에 고용노동부장관이 정하여 고시하는 시간에 따라야 한다.

제6장 온도·습도에 의한 건강장해의 예방

제1절 통칙

제558조 【정의】 이 장에서 사용하는 용어의 뜻은 다음과 같다.

1. "고열"이란 열에 의하여 근로자에게 열경련·열탈진 또는 열사병 등의 건강장해를 유발할 수 있는 더운 온도를 말한다.
2. "한랭"이란 냉각원(冷却源)에 의하여 근로자에게 동상 등의 건강장해를 유발할 수 있는 차가운 온도를 말한다.
3. "다습"이란 습기로 인하여 근로자에게 피부질환 등의 건강장해를 유발할 수 있는 습한 상태를 말한다.

제559조 【고열작업 등】 ① "고열작업"이란 다음 각 호의 어느 하나에 해당하는 장소에서의 작업을 말한다.

1. 용광로, 평로(平爐), 전로 또는 전기로에 의하여 광물이나 금속을 제련하거나 정련하는 장소
2. 용선로(鎔船爐) 등으로 광물·금속 또는 유리를 용해하는 장소
3. 가열로(加熱爐) 등으로 광물·금속 또는 유리를 가열하는 장소
4. 도자기나 기와 등을 소성(燒成)하는 장소
5. 광물을 배소(焙燒) 또는 소결(燒結)하는 장소
6. 가열된 금속을 운반·압연 또는 가공하는 장소
7. 녹인 금속을 운반하거나 주입하는 장소
8. 녹인 유리로 유리제품을 성형하는 장소
9. 고무에 황을 넣어 열처리하는 장소
10. 열원을 사용하여 물건 등을 건조시키는 장소
11. 갱내에서 고열이 발생하는 장소
12. 가열된 노(爐)를 수리하는 장소
13. 그 밖에 고용노동부장관이 인정하는 장소

② "한랭작업"이란 다음 각 호의 어느 하나에 해당하는 장소에서의 작업을 말한다.

1. 다량의 액체공기·드라이아이스 등을 취급하는 장소
2. 냉장고·제빙고·저빙고 또는 냉동고 등의 내부
3. 그 밖에 고용노동부장관이 인정하는 장소

③ "다습작업"이란 다음 각 호의 어느 하나에 해당하는 장소에서의 작업을 말한다.

1. 다량의 증기를 사용하여 염색조로 염색하는 장소
2. 다량의 증기를 사용하여 금속·비금속을 세척하거나 도금하는 장소
3. 방적 또는 직포(織布) 공정에서 가습하는 장소
4. 다량의 증기를 사용하여 가죽을 탈지(脫脂)하는 장소
5. 그 밖에 고용노동부장관이 인정하는 장소

제2절 설비기준과 성능 등

제560조 【온도·습도 조절】 ① 사업주는 고열·한랭 또는 다습작업이 실내인 경우에 냉난방 또는 통풍 등을 위하여 적절한 온도·습도 조절장치를 설치하여야 한다. 다만, 작업의 성질상 온도·습도 조절장치를 설치하는 것이 매우 곤란하여 별도의 건강장해 방지 조치를 한 경우에는 그러하지 아니하다.

② 사업주는 제1항에 따른 냉방장치를 설치하는 경우에 외부의 대기온도보다 현저히 낮게 해서는 아니 된다. 다만, 작업의 성질상 냉방장치를 가동하여 일정한 온도를 유지하여야 하는 장소로서 근로자에게 보온을 위하여 필요한 조치를 하는 경우에는 그러하지 아니하다.

제561조 【환기장치의 설치 등】 사업주는 실내에서 고열작업을 하는 경우에 고열을 감소시키기 위하여 환기장치 설치, 열원과의 격리, 복사열 차단 등 필요한 조치를 하여야 한다.

제3절 작업관리 등

제562조 【고열장해 예방 조치】 사업주는 근로자가 고열작업을 하는 경우에 열경련·열탈진 등의 건강장해를 예방하기 위하여 다음 각 호의 조치를 하여야 한다.

1. 근로자를 새로 배치할 경우에는 고열에 순응할 때까지 고열작업시간을 매일 단계적으로 증가시키는 등 필요한 조치를 할 것
2. 근로자가 온도·습도를 쉽게 알 수 있도록 온도계 등의 기기를 작업장소에 상시 갖추어 둘 것

제563조 【한랭장해 예방 조치】 사업주는 근로자가 한랭작업을 하는 경우에 동상 등의 건강장해를 예방하기 위하여 다음 각 호의 조치를 하여야 한다.

1. 혈액순환을 원활히 하기 위한 운동지도를 할 것
2. 적절한 지방과 비타민 섭취를 위한 영양지도를 할 것
3. 체온 유지를 위하여 더운물을 준비할 것
4. 젖은 작업복 등은 즉시 갈아입도록 할 것

제564조 【다습장해 예방 조치】 ① 사업주는 근로자가 다습작업을 하는 경우에 습기 제거를 위하여 환기하는 등 적절한 조치를 하여야 한다. 다만, 작업의 성질상 습기 제거가 어려운 경우에는

그러하지 아니하다.

② 사업주는 제1항 단서에 따라 작업의 성질상 습기 제거가 어려운 경우에 다습으로 인한 건강장해가 발생하지 않도록 개인위생관리를 하도록 하는 등 필요한 조치를 하여야 한다.

③ 사업주는 실내에서 다습작업을 하는 경우에 수시로 소독하거나 청소하는 등 미생물이 번식하지 않도록 필요한 조치를 하여야 한다.

제565조【가습】 사업주는 작업의 성질상 가습을 하여야 하는 경우에 근로자의 건강에 유해하지 않도록 깨끗한 물을 사용하여야 한다.

제566조【휴식 등】 사업주는 근로자가 고열·한랭·다습 작업을 하거나 폭염에 직접 노출되는 옥외장소에서 작업을 하는 경우에 적절하게 휴식하도록 하는 등 근로자 건강장해를 예방하기 위하여 필요한 조치를 하여야 한다. 〈개정 2017.12.28.〉

제567조【휴게시설의 설치】 ① 사업주는 근로자가 고열·한랭·다습 작업을 하는 경우에 근로자들이 휴식시간에 이용할 수 있는 휴게시설을 갖추어야 한다.

② 사업주는 근로자가 폭염에 직접 노출되는 옥외 장소에서 작업을 하는 경우에 휴식시간에 이용할 수 있는 그늘진 장소를 제공하여야 한다. 〈신설 2017.12.28.〉

③ 사업주는 제1항에 따른 휴게시설을 설치하는 경우에 고열·한랭 또는 다습작업과 격리된 장소에 설치하여야 한다. 〈개정 2017.12.28.〉

제568조【갱내의 온도】 제559조제1항제11호에 따른 갱내의 기온은 섭씨 37도 이하로 유지하여야 한다. 다만, 인명구조 작업이나 유해·위험 방지작업을 할 때 고열로 인한 근로자의 건강장해를 방지하기 위하여 필요한 조치를 한 경우에는 그러하지 아니하다.

제569조【출입의 금지】 ① 사업주는 다음 각 호의 어느 하나에 해당하는 장소에 관계 근로자가 아닌 사람의 출입을 금지하고, 그 내용을 보기 쉬운 장소에 게시하여야 한다.

1. 다량의 고열물체를 취급하는 장소나 매우 뜨거운 장소
2. 다량의 저온물체를 취급하는 장소나 매우 차가운 장소

② 근로자는 제1항에 따라 출입이 금지된 장소에 사업주의 허락 없이 출입해서는 아니 된다.

제570조【세척시설 등】 사업주는 작업 중 근로자의 작업복이 심하게 젖게 되는 작업장에 탈의시설, 목욕시설, 세탁시설 및 작업복을 말릴 수 있는 시설을 설치하여야 한다.

제571조【소금과 음료수 등의 비치】 사업주는 근로자가 작업 중 땀을 많이 흘리게 되는 장소에 소금과 깨끗한 음료수 등을 갖추어 두어야 한다.

제4절 보호구 등

제572조【보호구의 지급 등】 ① 사업주는 다음 각 호의 어느 하나에서 정하는 바에 따라 근로자에게 적절한 보호구를 지급하고, 이를 착용하도록 하여야 한다.

1. 다량의 고열물체를 취급하거나 매우 더운 장소에서 작업하는 근로자: 방열장갑과 방열복
2. 다량의 저온물체를 취급하거나 현저

히 추운 장소에서 작업하는 근로자: 방한모, 방한화, 방한장갑 및 방한복

② 제1항에 따라 보호구를 지급하는 경우에는 근로자 개인 전용의 것을 지급하여야 한다.

③ 근로자는 제1항에 따라 지급된 보호구를 사업주의 지시에 따라 착용하여야 한다.

제7장 방사선에 의한 건강장해의 예방

제1절 통칙

제573조【정의】이 장에서 사용하는 용어의 뜻은 다음과 같다.

1. "방사선"이란 전자파나 입자선 중 직접 또는 간접적으로 공기를 전리(電離)하는 능력을 가진 것으로서 알파선, 중양자선, 양자선, 베타선, 그 밖의 중하전입자선, 중성자선, 감마선, 엑스선 및 5만 전자볼트 이상(엑스선 발생장치의 경우에는 5천 전자볼트 이상)의 에너지를 가진 전자선을 말한다.
2. "방사성물질"이란 핵연료물질, 사용 후의 핵연료, 방사성동위원소 및 원자핵분열 생성물을 말한다.
3. "방사선관리구역"이란 방사선에 노출될 우려가 있는 업무를 하는 장소를 말한다.

제2절 방사성물질 관리시설 등

제574조【방사성물질의 밀폐 등】① 사업주는 근로자가 다음 각 호에 해당하는 방사선 업무를 하는 경우에 방사성물질의 밀폐, 차폐물(遮蔽物)의 설치, 국소배기장치의 설치, 경보시설의 설치 등 근로자의 건강장해를 예방하기 위하여 필요한 조치를 하여야 한다.〈개정 2017.3.3.〉

1. 엑스선 장치의 제조·사용 또는 엑스선이 발생하는 장치의 검사업무
2. 선형가속기(線形加速器), 사이크로트론(cyclotron) 및 신크로트론(synchrotron) 등 하전입자(荷電粒子)를 가속하는 장치(이하 "입자가속장치"라 한다)의 제조·사용 또는 방사선이 발생하는 장치의 검사 업무
3. 엑스선관과 케노트론(kenotron)의 가스 제거 또는 엑스선이 발생하는 장비의 검사 업무
4. 방사성물질이 장치되어 있는 기기의 취급 업무
5. 방사성물질 취급과 방사성물질에 오염된 물질의 취급 업무
6. 원자로를 이용한 발전업무
7. 갱내에서의 핵원료물질의 채굴 업무
8. 그 밖에 방사선 노출이 우려되는 기기 등의 취급 업무

② 사업주는「원자력안전법」제2조제23호의 방사선투과검사를 위하여 같은 법 제2조제6호의 방사성동위원소 또는 같은 법 제2조제9호의 방사선발생장치를 이동사용하는 작업에 근로자를 종사하도록 하는 경우에는 근로자에게 다음 각 호에 따른 장비를 지급하고 착용하도록 하여야 한다.〈신설 2017.3.3.〉

1.「원자력안전법 시행규칙」제2조제3호에 따른 개인선량계
2. 방사선 경보기

③ 근로자는 제2항에 따라 지급받은 장비

를 착용하여야 한다.〈신설 2017.3.3.〉

제575조【방사선관리구역의 지정 등】 ① 사업주는 근로자가 방사선업무를 하는 경우에 건강장해를 예방하기 위하여 방사선 관리구역을 지정하고 다음 각 호의 사항을 게시하여야 한다.

1. 방사선량 측정용구의 착용에 관한 주의사항
2. 방사선 업무상 주의사항
3. 방사선 피폭(被曝) 등 사고 발생 시의 응급조치에 관한 사항
4. 그 밖에 방사선 건강장해 방지에 필요한 사항

② 사업주는 방사선업무를 하는 관계근로자가 아닌 사람이 방사선 관리구역에 출입하는 것을 금지하여야 한다.

③ 근로자는 제2항에 따라 출입이 금지된 장소에 사업주의 허락 없이 출입해서는 아니 된다.

제576조【방사선 장치실】 사업주는 다음 각 호의 장치나 기기(이하 "방사선장치"라 한다)를 설치하려는 경우에 전용의 작업실(이하 "방사선장치실"이라 한다)에 설치하여야 한다. 다만, 적절히 차단되거나 밀폐된 구조의 방사선장치를 설치한 경우, 방사선장치를 수시로 이동하여 사용하여야 하는 경우 또는 사용목적이나 작업의 성질상 방사선장치를 방사선장치실 안에 설치하기가 곤란한 경우에는 그러하지 아니하다.

1. 엑스선장치
2. 입자가속장치
3. 엑스선관 또는 케노트론의 가스추출 및 엑스선 이용 검사장치
4. 방사성물질을 내장하고 있는 기기

제577조【방사성물질 취급 작업실】 사업주는 근로자가 밀봉되어 있지 아니한 방사성물질을 취급하는 경우에 방사성물질 취급 작업실에서 작업하도록 하여야 한다. 다만, 다음 각 호의 경우에는 그러하지 아니하다.

1. 누수의 조사
2. 곤충을 이용한 역학적 조사
3. 원료물질 생산 공정에서의 이동상황 조사
4. 핵원료물질을 채굴하는 경우
5. 그 밖에 방사성물질을 널리 분산하여 사용하거나 그 사용이 일시적인 경우

제578조【방사성물질 취급 작업실의 구조】 사업주는 방사성물질 취급 작업실 안의 벽·책상 등 오염 우려가 있는 부분을 다음 각 호의 구조로 하여야 한다.

1. 기체나 액체가 침투하거나 부식되기 어려운 재질로 할 것
2. 표면이 편평하게 다듬어져 있을 것
3. 돌기가 없고 파이지 않거나 틈이 작은 구조로 할 것

제3절 시설 및 작업관리

제579조【게시 등】 사업주는 방사선 발생장치나 기기에 대하여 다음 각 호의 구분에 따른 내용을 근로자가 보기 쉬운 장소에 게시하여야 한다.

1. 입자가속장치
   가. 장치의 종류
   나. 방사선의 종류와 에너지
2. 방사성물질을 내장하고 있는 기기
   가. 기기의 종류
   나. 내장하고 있는 방사성물질에 함유된 방사성 동위원소의 종류와 양(단

위: 베크렐)
다. 해당 방사성물질을 내장한 연월일
라. 소유자의 성명 또는 명칭

제580조【차폐물 설치 등】사업주는 근로자가 방사선장치실, 방사성물질 취급작업실, 방사성물질 저장시설 또는 방사성물질 보관·폐기 시설에 상시 출입하는 경우에 차폐벽(遮蔽壁), 방호물 또는 그 밖의 차폐물을 설치하는 등 필요한 조치를 하여야 한다.

제581조【국소배기장치 등】사업주는 방사성물질이 가스·증기 또는 분진으로 발생할 우려가 있을 경우에 발산원을 밀폐하거나 국소배기장치 등을 설치하여 가동하여야 한다.

제582조【방지설비】사업주는 근로자가 신체 또는 의복, 신발, 보호장구 등에 방사성물질이 부착될 우려가 있는 작업을 하는 경우에 판 또는 막 등의 방지설비를 설치하여야 한다. 다만, 작업의 성질상 방지설비의 설치가 곤란한 경우로서 적절한 보호조치를 한 경우에는 그러하지 아니하다.

제583조【방사성물질 취급용구】① 사업주는 방사성물질 취급에 사용되는 국자, 집게 등의 용구에는 방사성물질 취급에 사용되는 용구임을 표시하고, 다른 용도로 사용해서는 아니 된다.
② 사업주는 제1항의 용구를 사용한 후에 오염을 제거하고 전용의 용구걸이와 설치대 등을 사용하여 보관하여야 한다.

제584조【용기 등】사업주는 방사성물질을 보관·저장 또는 운반하는 경우에 녹슬거나 새지 않는 용기를 사용하고, 겉면에는 방사성물질을 넣은 용기임을 표시하여야 한다.

제585조【오염된 장소에서의 조치】사업주는 분말 또는 액체 상태의 방사성물질에 오염된 장소에 대하여 즉시 그 오염이 퍼지지 않도록 조치한 후 오염된 지역임을 표시하고 그 오염을 제거하여야 한다.

제586조【방사성물질의 폐기물 처리】사업주는 방사성물질의 폐기물은 방사선이 새지 않는 용기에 넣어 밀봉하고 용기 겉면에 그 사실을 표시한 후 적절하게 처리하여야 한다.

제4절 보호구 등

제587조【보호구의 지급 등】① 사업주는 근로자가 분말 또는 액체 상태의 방사성물질에 오염된 지역에서 작업을 하는 경우에 개인전용의 적절한 호흡용 보호구를 지급하고 착용하도록 하여야 한다.
② 사업주는 방사성물질을 취급하는 때에 방사성물질이 흩날림으로써 근로자의 신체가 오염될 우려가 있는 경우에 보호복, 보호장갑, 신발덮개, 보호모 등의 보호구를 지급하고 착용하도록 하여야 한다.
③ 근로자는 제1항에 따라 지급된 보호구를 사업주의 지시에 따라 착용하여야 한다.

제588조【오염된 보호구 등의 폐기】사업주는 방사성물질에 오염된 보호복, 보호장갑, 호흡용 보호구 등을 즉시 적절하게 폐기하여야 한다.

제589조【세척시설 등】사업주는 근로자가 방사성물질 취급작업을 하는 경우

에 세면·목욕·세탁 및 건조를 위한 시설을 설치하고 필요한 용품과 용구를 갖추어 두어야 한다.

제590조【흡연 등의 금지】① 사업주는 방사성물질 취급 작업실 또는 그 밖에 방사성물질을 들이마시거나 섭취할 우려가 있는 작업장에 대하여 근로자가 담배를 피우거나 음식물을 먹지 않도록 하고 그 내용을 보기 쉬운 장소에 게시하여야 한다.

② 근로자는 제1항에 따라 흡연 또는 음식물 섭취가 금지된 장소에서 흡연 또는 음식물 섭취를 해서는 아니 된다.

제591조【유해성 등의 주지】사업주는 근로자가 방사선업무를 하는 경우에 방사선이 인체에 미치는 영향, 안전한 작업방법, 건강관리 요령 등에 관한 내용을 근로자에게 알려야 한다.

제8장 병원체에 의한 건강장해의 예방

제1절 통칙

제592조【정의】이 장에서 사용하는 용어의 뜻은 다음과 같다.

1. "혈액매개 감염병"이란 인간면역결핍증, B형간염 및 C형간염, 매독 등 혈액 및 체액을 매개로 타인에게 전염되어 질병을 유발하는 감염병을 말한다.
2. "공기매개 감염병"이란 결핵·수두·홍역 등 공기 또는 비말핵 등을 매개로 호흡기를 통하여 전염되는 감염병을 말한다.
3. "곤충 및 동물매개 감염병"이란 쯔쯔가무시증, 렙토스피라증, 신증후군출혈열 등 동물의 배설물 등에 의하여 전염되는 감염병과 탄저병, 브루셀라증 등 가축이나 야생동물로부터 사람에게 감염되는 인수공통(人獸共通)감염병을 말한다.
4. "곤충 및 동물매개 감염병 고위험작업"이란 다음 각 목의 작업을 말한다.
   가. 습지 등에서의 실외 작업
   나. 야생 설치류와의 직접 접촉 및 배설물을 통한 간접 접촉이 많은 작업
   다. 가축 사육이나 도살 등의 작업
5. "혈액노출"이란 눈, 구강, 점막, 손상된 피부 또는 주사침 등에 의한 침습적 손상을 통하여 혈액 또는 병원체가 들어 있는 것으로 의심이 되는 혈액 등에 노출되는 것을 말한다.

제593조【적용 범위】이 장의 규정은 근로자가 세균·바이러스·곰팡이 등 법 제39조제1항제1호에 따른 병원체에 노출될 위험이 있는 다음 각 호의 작업을 하는 사업 또는 사업장에 대하여 적용한다. 〈개정 2019.12.26.〉

1. 「의료법」상 의료행위를 하는 작업
2. 혈액의 검사 작업
3. 환자의 가검물(可檢物)을 처리하는 작업
4. 연구 등의 목적으로 병원체를 다루는 작업
5. 보육시설 등 집단수용시설에서의 작업
6. 곤충 및 동물매개 감염 고위험작업

제2절 일반적 관리기준

제594조【감염병 예방 조치 등】사업주는 근로자의 혈액매개 감염병, 공기매

개 감염병, 곤충 및 동물매개 감염병(이하 "감염병"이라 한다)을 예방하기 위하여 다음 각 호의 조치를 하여야 한다.
1. 감염병 예방을 위한 계획의 수립
2. 보호구 지급, 예방접종 등 감염병 예방을 위한 조치
3. 감염병 발생 시 원인 조사와 대책 수립
4. 감염병 발생 근로자에 대한 적절한 처치

제595조【유해성 등의 주지】 사업주는 근로자가 병원체에 노출될 수 있는 위험이 있는 작업을 하는 경우에 다음 각 호의 사항을 근로자에게 알려야 한다.
1. 감염병의 종류와 원인
2. 전파 및 감염 경로
3. 감염병의 증상과 잠복기
4. 감염되기 쉬운 작업의 종류와 예방방법
5. 노출 시 보고 등 노출과 감염 후 조치

제596조【환자의 가검물 등에 의한 오염 방지 조치】 ① 사업주는 근로자가 환자의 가검물을 처리(검사·운반·청소 및 폐기를 말한다)하는 작업을 하는 경우에 보호앞치마, 보호장갑 및 보호마스크 등의 보호구를 지급하고 착용하도록 하는 등 오염 방지를 위하여 필요한 조치를 하여야 한다.
② 근로자는 제1항에 따라 지급된 보호구를 사업주의 지시에 따라 착용하여야 한다.

제3절 혈액매개 감염 노출 위험작업 시 조치기준

제597조【혈액노출 예방 조치】 ① 사업주는 근로자가 혈액노출의 위험이 있는 작업을 하는 경우에 다음 각 호의 조치를 하여야 한다.
1. 혈액노출의 가능성이 있는 장소에서는 음식물을 먹거나 담배를 피우는 행위, 화장 및 콘택트렌즈의 교환 등을 금지할 것
2. 혈액 또는 환자의 혈액으로 오염된 가검물, 주사침, 각종 의료 기구, 솜 등의 혈액오염물(이하 "혈액오염물"이라 한다)이 보관되어 있는 냉장고 등에 음식물 보관을 금지할 것
3. 혈액 등으로 오염된 장소나 혈액오염물은 적절한 방법으로 소독할 것
4. 혈액오염물은 별도로 표기된 용기에 담아서 운반할 것
5. 혈액노출 근로자는 즉시 소독약품이 포함된 세척제로 접촉 부위를 씻도록 할 것

② 사업주는 근로자가 주사 및 채혈 작업을 하는 경우에 다음 각 호의 조치를 하여야 한다.
1. 안정되고 편안한 자세로 주사 및 채혈을 할 수 있는 장소를 제공할 것
2. 채취한 혈액을 검사 용기에 옮기는 경우에는 주사침 사용을 금지하도록 할 것
3. 사용한 주사침은 바늘을 구부리거나, 자르거나, 뚜껑을 다시 씌우는 등의 행위를 금지할 것(부득이하게 뚜껑을 다시 씌워야 하는 경우에는 한 손으로 씌우도록 한다)
4. 사용한 주사침은 안전한 전용 수거 용기에 모아 튼튼한 용기를 사용하여 폐기할 것

③ 근로자는 제1항에 따라 흡연 또는 음식물 등의 섭취 등이 금지된 장소에서 흡연 또는 음식물 섭취 등의 행위를 해서는 아니 된다.

제598조 【혈액노출 조사 등】 ① 사업주는 혈액노출과 관련된 사고가 발생한 경우에 즉시 다음 각 호의 사항을 조사하고 이를 기록하여 보존하여야 한다.

1. 노출자의 인적사항
2. 노출 현황
3. 노출 원인제공자(환자)의 상태
4. 노출자의 처치 내용
5. 노출자의 검사 결과

② 사업주는 제1항에 따른 사고조사 결과에 따라 혈액에 노출된 근로자의 면역상태를 파악하여 별표 14에 따른 조치를 하고, 혈액매개 감염의 우려가 있는 근로자는 별표 15에 따라 조치하여야 한다.

③ 사업주는 제1항과 제2항에 따른 조사 결과와 조치 내용을 즉시 해당 근로자에게 알려야 한다.

④ 사업주는 제1항과 제2항에 따른 조사 결과와 조치 내용을 감염병 예방을 위한 조치 외에 해당 근로자에게 불이익을 주거나 다른 목적으로 이용해서는 아니 된다.

제599조 【세척시설 등】 사업주는 근로자가 혈액매개 감염의 우려가 있는 작업을 하는 경우에 세면·목욕 등에 필요한 세척시설을 설치하여야 한다.

제600조 【개인보호구의 지급 등】 ① 사업주는 근로자가 혈액노출이 우려되는 작업을 하는 경우에 다음 각 호에 따른 보호구를 지급하고 착용하도록 하여야 한다.

1. 혈액이 분출되거나 분무될 가능성이 있는 작업: 보안경과 보호마스크
2. 혈액 또는 혈액오염물을 취급하는 작업: 보호장갑
3. 다량의 혈액이 의복을 적시고 피부에 노출될 우려가 있는 작업: 보호앞치마

② 근로자는 제1항에 따라 지급된 보호구를 사업주의 지시에 따라 착용하여야 한다.

제4절 공기매개 감염 노출 위험작업 시 조치기준

제601조 【예방 조치】 ① 사업주는 근로자가 공기매개 감염병이 있는 환자와 접촉하는 경우에 감염을 방지하기 위하여 다음 각 호의 조치를 하여야 한다.

1. 근로자에게 결핵균 등을 방지할 수 있는 보호마스크를 지급하고 착용하도록 할 것
2. 면역이 저하되는 등 감염의 위험이 높은 근로자는 전염성이 있는 환자와의 접촉을 제한할 것
3. 가래를 배출할 수 있는 결핵환자에게 시술을 하는 경우에는 적절한 환기가 이루어지는 격리실에서 하도록 할 것
4. 임신한 근로자는 풍진·수두 등 선천성 기형을 유발할 수 있는 감염병 환자와의 접촉을 제한할 것

② 사업주는 공기매개 감염병에 노출되는 근로자에 대하여 해당 감염병에 대한 면역상태를 파악하고 의학적으로 필요하다고 판단되는 경우에 예방접종을 하여야 한다.

③ 근로자는 제1항제1호에 따라 지급된 보호구를 사업주의 지시에 따라 착용하여야 한다.

제602조 【노출 후 관리】 사업주는 공기매개 감염병 환자에 노출된 근로자에 대하여 다음 각 호의 조치를 하여야 한다.

1. 공기매개 감염병의 증상 발생 즉시 감염 확인을 위한 검사를 받도록 할 것
2. 감염이 확인되면 적절한 치료를 받도록 조치할 것
3. 풍진, 수두 등에 감염된 근로자가 임신부인 경우에는 태아에 대하여 기형 여부를 검사받도록 할 것
4. 감염된 근로자가 동료 근로자 등에게 전염되지 않도록 적절한 기간 동안 접촉을 제한하도록 할 것

제5절 곤충 및 동물매개 감염 노출 위험작업 시 조치기준

제603조【예방 조치】 사업주는 근로자가 곤충 및 동물매개 감염병 고 위험작업을 하는 경우에 다음 각 호의 조치를 하여야 한다.

1. 긴 소매의 옷과 긴 바지의 작업복을 착용하도록 할 것
2. 곤충 및 동물매개 감염병 발생 우려가 있는 장소에서는 음식물 섭취 등을 제한할 것
3. 작업 장소와 인접한 곳에 오염원과 격리된 식사 및 휴식 장소를 제공할 것
4. 작업 후 목욕을 하도록 지도할 것
5. 곤충이나 동물에 물렸는지를 확인하고 이상증상 발생 시 의사의 진료를 받도록 할 것

제604조【노출 후 관리】 사업주는 곤충 및 동물매개 감염병 고위험작업을 수행한 근로자에게 다음 각 호의 증상이 발생하였을 경우에 즉시 의사의 진료를 받도록 하여야 한다.

1. 고열·오한·두통
2. 피부발진·피부궤양·부스럼 및 딱지 등
3. 출혈성 병변(病變)

제9장 분진에 의한 건강장해의 예방

제1절 통칙

제605조【정의】 이 장에서 사용하는 용어의 뜻은 다음과 같다. 〈개정 2017. 12.28.〉

1. "분진"이란 근로자가 작업하는 장소에서 발생하거나 흩날리는 미세한 분말 상태의 물질〔황사, 미세먼지(PM-10, PM-2.5)를 포함한다〕을 말한다.
2. "분진작업"이란 별표 16에서 정하는 작업을 말한다.
3. "호흡기보호 프로그램"이란 분진노출에 대한 평가, 분진노출기준 초과에 따른 공학적 대책, 호흡용 보호구의 지급 및 착용, 분진의 유해성과 예방에 관한 교육, 정기적 건강진단, 기록·관리 사항 등이 포함된 호흡기질환 예방·관리를 위한 종합적인 계획을 말한다.

제606조【적용 제외】 ① 다음 각 호의 어느 하나에 해당하는 작업으로서 살수(撒水)설비나 주유설비를 갖추고 물을 뿌리거나 주유를 하면서 분진이 흩날리지 않도록 작업하는 경우에는 이 장의 규정을 적용하지 아니한다.

1. 별표 16 제3호에 따른 작업 중 갱내에서 토석·암석·광물 등(이하 "암석등"이라 한다)을 체로 거르는 장소에서의 작업
2. 별표 16 제5호에 따른 작업
3. 별표 16 제6호에 따른 작업 중 연마재 또는 동력을 사용하여 암석·광물

또는 금속을 연마하거나 재단하는 장소에서의 작업
4. 별표 16 제7호에 따른 작업 중 동력을 사용하여 암석등 또는 탄소를 주성분으로 하는 원료를 체로 거르는 장소에서의 작업
5. 별표 16 제7호에 따른 작업 중 동력을 사용하여 실외에서 암석등 또는 탄소를 주성분으로 하는 원료를 파쇄하거나 분쇄하는 장소에서의 작업
6. 별표 16 제7호에 따른 작업 중 암석등·탄소원료 또는 알루미늄박을 물이나 기름 속에서 파쇄·분쇄하거나 체로 거르는 장소에서의 작업

② 작업시간이 월 24시간 미만인 임시 분진작업에 대하여 사업주가 근로자에게 적절한 호흡용 보호구를 지급하여 착용하도록 하는 경우에는 이 장의 규정을 적용하지 아니한다. 다만, 월 10시간 이상 24시간 미만의 임시 분진작업을 매월 하는 경우에는 그러하지 아니하다.

③ 제11장의 규정에 따른 사무실에서 작업하는 경우에는 이 장의 규정을 적용하지 아니한다.

제2절 설비 등의 기준

제607조【국소배기장치의 설치】 사업주는 별표 16 제5호부터 제25호까지의 규정에 따른 분진작업을 하는 실내작업장(갱내를 포함한다)에 대하여 해당 분진작업에 따른 분진을 줄이기 위하여 밀폐설비나 국소배기장치를 설치하여야 한다.

제608조【전체환기장치의 설치】 사업주는 분진작업을 하는 때에 분진 발산 면적이 넓어 제607조에 따른 설비를 설치하기 곤란한 경우에 전체환기장치를 설치할 수 있다.

제609조【국소배기장치의 성능】 제607조 또는 제617조제1항 단서에 따라 설치하는 국소배기장치는 별표 17에서 정하는 제어풍속 이상의 성능을 갖춘 것이어야 한다.

제610조 제4조의2로 이동〈개정 2012. 3.5〉

제611조【설비에 의한 습기 유지】 사업주는 제617조제1항 단서에 따라 분진작업장소에 습기 유지 설비를 설치한 경우에 분진작업을 하고 있는 동안 그 설비를 사용하여 해당 분진작업장소를 습한 상태로 유지하여야 한다.

제3절 관리 등

제612조【사용 전 점검 등】 ① 사업주는 제607조와 제617조제1항 단서에 따라 설치한 국소배기장치를 처음으로 사용하는 경우나 국소배기장치를 분해하여 개조하거나 수리를 한 후 처음으로 사용하는 경우에 다음 각 호에서 정하는 바에 따라 사용 전에 점검하여야 한다.
1. 국소배기장치
  가. 덕트와 배풍기의 분진 상태
  나. 덕트 접속부가 헐거워졌는지 여부
  다. 흡기 및 배기 능력
  라. 그 밖에 국소배기장치의 성능을 유지하기 위하여 필요한 사항
2. 공기정화장치
  가. 공기정화장치 내부의 분진상태
  나. 여과제진장치(濾過除塵裝置)의 여

과재 파손 여부

다. 공기정화장치의 분진 처리능력

라. 그 밖에 공기정화장치의 성능 유지를 위하여 필요한 사항

② 사업주는 제1항에 따른 점검 결과 이상을 발견한 경우에 즉시 청소, 보수, 그 밖에 필요한 조치를 하여야 한다.

제613조 【청소의 실시】 ① 사업주는 분진작업을 하는 실내작업장에 대하여 매일 작업을 시작하기 전에 청소를 하여야 한다.

② 분진작업을 하는 실내작업장의 바닥·벽 및 설비와 휴게시설이 설치되어 있는 장소의 마루 등(실내만 해당한다)에 대해서는 쌓인 분진을 제거하기 위하여 매월 1회 이상 정기적으로 진공청소기나 물을 이용하여 분진이 흩날리지 않는 방법으로 청소하여야 한다. 다만, 분진이 흩날리지 않는 방법으로 청소하는 것이 곤란한 경우로서 그 청소작업에 종사하는 근로자에게 적절한 호흡용 보호구를 지급하여 착용하도록 한 경우에는 그러하지 아니하다.

제614조 【분진의 유해성 등의 주지】 사업주는 근로자가 상시 분진작업에 관련된 업무를 하는 경우에 다음 각 호의 사항을 근로자에게 알려야 한다.

1. 분진의 유해성과 노출경로
2. 분진의 발산 방지와 작업장의 환기 방법
3. 작업장 및 개인위생 관리
4. 호흡용 보호구의 사용 방법
5. 분진에 관련된 질병 예방 방법

제615조 【세척시설 등】 사업주는 근로자가 분진작업(별표 16 제26호에 따른 분진작업은 제외한다)을 하는 경우에 목욕시설 등 필요한 세척시설을 설치하여야 한다. 〈개정 2017.12.28.〉

제616조 【호흡기보호 프로그램 시행 등】 사업주는 다음 각 호의 어느 하나에 해당하는 경우에 호흡기보호 프로그램을 수립하여 시행하여야 한다. 〈개정 2019.12.26.〉

1. 법 제125조에 따른 분진의 작업환경 측정 결과 노출기준을 초과하는 사업장
2. 분진작업으로 인하여 근로자에게 건강장해가 발생한 사업장

제4절 보호구

제617조 【호흡용 보호구의 지급 등】 ① 사업주는 근로자가 분진작업을 하는 경우에 해당 작업에 종사하는 근로자에게 적절한 호흡용 보호구를 지급하여 착용하도록 하여야 한다. 다만, 해당 작업장소에 분진 발생원을 밀폐하는 설비나 국소배기장치를 설치하거나 해당 분진 작업장소를 습기가 있는 상태로 유지하기 위한 설비를 갖추어 가동하는 등 필요한 조치를 한 경우에는 그러하지 아니하다.

② 사업주는 제1항에 따라 보호구를 지급하는 경우에 근로자 개인전용 보호구를 지급하고, 보관함을 설치하는 등 오염 방지를 위하여 필요한 조치를 하여야 한다.

③ 근로자는 제1항에 따라 지급된 보호구를 사업주의 지시에 따라 착용하여야 한다.

제10장 밀폐공간 작업으로 인한

건강장해의 예방

제1절 통칙

제618조【정의】 이 장에서 사용하는 용어의 뜻은 다음과 같다.〈개정 2017.3.3.〉
1. "밀폐공간"이란 산소결핍, 유해가스로 인한 질식·화재·폭발 등의 위험이 있는 장소로서 별표 18에서 정한 장소를 말한다.
2. "유해가스"란 탄산가스·일산화탄소·황화수소 등의 기체로서 인체에 유해한 영향을 미치는 물질을 말한다.
3. "적정공기"란 산소농도의 범위가 18퍼센트 이상 23.5퍼센트 미만, 탄산가스의 농도가 1.5퍼센트 미만, 일산화탄소의 농도가 30피피엠 미만, 황화수소의 농도가 10피피엠 미만인 수준의 공기를 말한다.
4. "산소결핍"이란 공기 중의 산소농도가 18퍼센트 미만인 상태를 말한다.
5. "산소결핍증"이란 산소가 결핍된 공기를 들이마심으로써 생기는 증상을 말한다.

제2절 밀폐공간 내 작업 시의 조치 등

제619조【밀폐공간 작업 프로그램의 수립·시행】 ① 사업주는 밀폐공간에서 근로자에게 작업을 하도록 하는 경우 다음 각 호의 내용이 포함된 밀폐공간 작업 프로그램을 수립하여 시행하여야 한다.
1. 사업장 내 밀폐공간의 위치 파악 및 관리 방안
2. 밀폐공간 내 질식·중독 등을 일으킬 수 있는 유해·위험 요인의 파악 및 관리 방안
3. 제2항에 따라 밀폐공간 작업 시 사전 확인이 필요한 사항에 대한 확인 절차
4. 안전보건교육 및 훈련
5. 그 밖에 밀폐공간 작업 근로자의 건강장해 예방에 관한 사항

② 사업주는 근로자가 밀폐공간에서 작업을 시작하기 전에 다음 각 호의 사항을 확인하여 근로자가 안전한 상태에서 작업하도록 하여야 한다.
1. 작업 일시, 기간, 장소 및 내용 등 작업 정보
2. 관리감독자, 근로자, 감시인 등 작업자 정보
3. 산소 및 유해가스 농도의 측정결과 및 후속조치 사항
4. 작업 중 불활성가스 또는 유해가스의 누출·유입·발생 가능성 검토 및 후속조치 사항
5. 작업 시 착용하여야 할 보호구의 종류
6. 비상연락체계

③ 사업주는 밀폐공간에서의 작업이 종료될 때까지 제2항 각 호의 내용을 해당 작업장 출입구에 게시하여야 한다.
〔전문개정 2017.3.3.〕

제619조의2【산소 및 유해가스 농도의 측정】 ① 사업주는 밀폐공간에서 근로자에게 작업을 하도록 하는 경우 작업을 시작(작업을 일시 중단하였다가 다시 시작하는 경우를 포함한다)하기 전 다음 각 호의 어느 하나에 해당하는 자로 하여금 해당 밀폐공간의 산소 및 유해가스 농도를 측정하여 적정공기가 유지되고 있는지를 평가하도록 하여야 한다. 〈개정 2019.12.26.〉
1. 관리감독자

2. 법 제17조제1항에 따른 안전관리자 또는 법 제18조제1항에 따른 보건관리자
3. 법 제21조에 따른 안전관리전문기관
4. 법 제21조에 따른 보건관리전문기관
5. 법 제125조제3항에 따른 작업환경측정기관

② 사업주는 제1항에 따라 산소 및 유해가스 농도를 측정한 결과 적정공기가 유지되고 있지 아니하다고 평가된 경우에는 작업장을 환기시키거나, 근로자에게 공기호흡기 또는 송기마스크를 지급하여 착용하도록 하는 등 근로자의 건강장해 예방을 위하여 필요한 조치를 하여야 한다.

〔본조신설 2017.3.3.〕

제620조【환기 등】 ① 사업주는 근로자가 밀폐공간에서 작업을 하는 경우에 작업을 시작하기 전과 작업 중에 해당 작업장을 적정공기 상태가 유지되도록 환기하여야 한다. 다만, 폭발이나 산화 등의 위험으로 인하여 환기할 수 없거나 작업의 성질상 환기하기가 매우 곤란한 경우에는 근로자에게 공기호흡기 또는 송기마스크를 지급하여 착용하도록 하고 환기하지 아니할 수 있다.〈개정 2017.3.3.〉

② 근로자는 제1항 단서에 따라 지급된 보호구를 착용하여야 한다.〈신설 2017.3.3.〉

제621조【인원의 점검】 사업주는 근로자가 밀폐공간에서 작업을 하는 경우에 그 장소에 근로자를 입장시킬 때와 퇴장시킬 때마다 인원을 점검하여야 한다.

제622조【출입의 금지】 ① 사업주는 사업장 내 밀폐공간을 사전에 파악하여 밀폐공간에는 관계 근로자가 아닌 사람의 출입을 금지하고, 별지 제4호서식에 따른 출입금지 표지를 밀폐공간 근처의 보기 쉬운 장소에 게시하여야 한다. 〈개정 2012.3.5., 2017.3.3.〉

② 근로자는 제1항에 따라 출입이 금지된 장소에 사업주의 허락 없이 출입해서는 아니 된다.

제623조【감시인의 배치 등) ① 사업주는 근로자가 밀폐공간에서 작업을하는 동안 작업상황을 감시할 수 있는 감시인을 지정하여 밀폐공간 외부에 배치하여야 한다.

② 제1항에 따른 감시인은 밀폐공간에 종사하는 근로자에게 이상이 있을 경우에 구조요청 등 필요한 조치를 한 후 이를 즉시 관리감독자에게 알려야 한다.

③ 사업주는 근로자가 밀폐공간에서 작업을 하는 동안 그 작업장과 외부의 감시인 간에 항상 연락을 취할 수 있는 설비를 설치하여야 한다.

〔전문개정 2017.3.3.〕

제624조【안전대 등】 ① 사업주는 밀폐공간에서 작업하는 근로자가 산소결핍이나 유해가스로 인하여 추락할 우려가 있는 경우에는 해당 근로자에게 안전대나 구명밧줄, 공기호흡기 또는 송기마스크를 지급하여 착용하도록 하여야 한다.

② 사업주는 제1항에 따라 안전대나 구명밧줄을 착용하도록 하는 경우에 이를 안전하게 착용할 수 있는 설비 등을 설치하여야 한다.

③ 근로자는 제1항에 따라 지급된 보호구를 착용하여야 한다.

〔전문개정 2017.3.3.〕

제625조【대피용 기구의 비치】 사업주는 근로자가 밀폐공간에서 작업을 하는 경우에 공기호흡기 또는 송기마스크, 사다리 및 섬유로프 등 비상시에 근로자를 피난시키거나 구출하기 위하여 필요한 기구를 갖추어 두어야 한다.〈개정 2017.3.3.〉

제626조 삭제〈2017.3.3.〉

제3절 유해가스 발생장소 등에 대한 조치기준

제627조【유해가스의 처리 등】 사업주는 근로자가 터널·갱 등을 파는 작업을 하는 경우에 근로자가 유해가스에 노출되지 않도록 미리 그 농도를 조사하고, 유해가스의 처리방법, 터널·갱 등을 파는 시기 등을 정한 후 이에 따라 작업을 하도록 하여야 한다.

제628조【소화설비 등에 대한 조치】 사업주는 지하실, 기관실, 선창(船倉), 그 밖에 통풍이 불충분한 장소에 비치한 소화기나 소화설비에 탄산가스를 사용하는 경우에 다음 각 호의 조치를 하여야 한다.

1. 해당 소화기나 소화설비가 쉽게 뒤집히거나 손잡이가 쉽게 작동되지 않도록 할 것
2. 소화를 위하여 작동하는 경우 외에 소화기나 소화설비를 임의로 작동하는 것을 금지하고, 그 내용을 보기 쉬운 장소에 게시할 것

제629조【용접 등에 관한 조치】 ① 사업주는 근로자가 탱크·보일러 또는 반응탑의 내부 등 통풍이 충분하지 않은 장소에서 용접·용단 작업을 하는 경우에 다음 각 호의 조치를 하여야 한다.〈개정 2017.3.3.〉

1. 작업장소는 가스농도를 측정(아르곤 등 불활성가스를 이용하는 작업장의 경우에는 산소농도 측정을 말한다)하고 환기시키는 등의 방법으로 적정공기 상태를 유지할 것
2. 제1호에 따른 환기 등의 조치로 해당 작업장소의 적정공기 상태를 유지하기 어려운 경우 해당 작업 근로자에게 공기호흡기 또는 송기마스크등을 지급하여 착용하도록 할 것

② 근로자는 제1항제2호에 따라 지급된 보호구를 사업주의 지시에 따라 착용하여야 한다.

제630조【불활성기체의 누출】 사업주는 근로자가 별표 18 제13호에 따른 기체(이하 "불활성기체"라 한다)를 내보내는 배관이 있는 보일러·탱크·반응탑 또는 선창 등의 장소에서 작업을 하는 경우에 다음 각 호의 조치를 하여야 한다.

1. 밸브나 콕을 잠그거나 차단판을 설치할 것
2. 제1호에 따른 밸브나 콕과 차단판에는 잠금장치를 하고, 이를 임의로 개방하는 것을 금지한다는 내용을 보기 쉬운 장소에 게시할 것
3. 불활성기체를 내보내는 배관의 밸브나 콕 또는 이를 조작하기 위한 스위치나 누름단추 등에는 잘못된 조작으로 인하여 불활성기체가 새지 않도록 배관 내의 불활성기체의 명칭과 개폐의 방향 등 조작방법에 관한 표지를 게시할 것

제631조【불활성기체의 유입 방지】 사업주는 근로자가 탱크나 반응탑 등 용

기의 안전판으로부터 불활성기체가 배출될 우려가 있는 작업을 하는 경우에 해당 안전판으로부터 배출되는 불활성기체를 직접 외부로 내보내기 위한 설비를 설치하는 등 해당 불활성기체가 해당 작업장소에 잔류하는 것을 방지하기 위한 조치를 하여야 한다.

제632조【냉장실 등의 작업】① 사업주는 근로자가 냉장실·냉동실 등의 내부에서 작업을 하는 경우에 근로자가 작업하는 동안 해당 설비의 출입문이 임의로 잠기지 않도록 조치하여야 한다. 다만, 해당 설비의 내부에 외부와 연결된 경보장치가 설치되어 있는 경우에는 그러하지 아니하다.

② 사업주는 냉장실·냉동실 등 밀폐하여 사용하는 시설이나 설비의 출입문을 잠그는 경우에 내부에 작업자가 있는지를 반드시 확인하여야 한다.

제633조【출입구의 임의잠김 방지】사업주는 근로자가 탱크·반응탑 또는 그 밖의 밀폐시설에서 작업을 하는 경우에 근로자가 작업하는 동안 해당 설비의 출입뚜껑이나 출입문이 임의로 잠기지 않도록 조치하고 작업하게 하여야 한다.

제634조【가스배관공사 등에 관한 조치】① 사업주는 근로자가 지하실이나 맨홀의 내부 또는 그 밖에 통풍이 불충분한 장소에서 가스를 공급하는 배관을 해체하거나 부착하는 작업을 하는 경우에 다음 각 호의 조치를 하여야 한다. 〈개정 2017.3.3.〉

1. 배관을 해체하거나 부착하는 작업장소에 해당 가스가 들어오지 않도록 차단할 것
2. 해당 작업을 하는 장소는 적정공기 상태가 유지되도록 환기를 하거나 근로자에게 공기호흡기 또는 송기마스크를 지급하여 착용하도록 할 것

② 근로자는 제1항제2호에 따라 지급된 보호구를 사업주의 지시에 따라 착용하여야 한다.

제635조【압기공법에 관한 조치】① 사업주는 근로자가 별표 18 제1호에 따른 지층(地層)이나 그와 인접한 장소에서 압기공법(壓氣工法)으로 작업을 하는 경우에 그 작업에 의하여 유해가스가 샐 우려가 있는지 여부 및 공기 중의 산소농도를 조사하여야 한다.

② 사업주는 제1항에 따른 조사 결과 유해가스가 새고 있거나 공기 중에 산소가 부족한 경우에 즉시 작업을 중지하고 출입을 금지하는 등 필요한 조치를 하여야 한다.

③ 근로자는 제2항에 따라 출입이 금지된 장소에 사업주의 허락 없이 출입해서는 아니 된다.

제636조【지하실 등의 작업】① 사업주는 근로자가 밀폐공간의 내부를 통하는 배관이 설치되어 있는 지하실이나 피트 등의 내부에서 작업을 하는 경우에 그 배관을 통하여 산소가 결핍된 공기나 유해가스가 새지 않도록 조치하여야 한다. 〈개정 2019.10.15.〉

② 사업주는 제1항에 따른 작업장소에서 산소가 결핍된 공기나 유해가스가 새는 경우에 이를 직접 외부로 내보낼 수 있는 설비를 설치하는 등 적정공기 상태를 유지하기 위한 조치를 하여야 한다.〈개정 2017.3.3.〉

제637조【설비 개조 등의 작업】사업주

는 근로자가 분뇨·오수·펄프액 및 부패하기 쉬운 물질에 오염된 펌프·배관 또는 그 밖의 부속설비에 대하여 분해·개조·수리 또는 청소 등을 하는 경우에 다음 각 호의 조치를 하여야 한다.

1. 작업 방법 및 순서를 정하여 이를 미리 해당 작업에 종사하는 근로자에게 알릴 것
2. 황화수소 중독 방지에 필요한 지식을 가진 사람을 해당 작업의 지휘자로 지정하여 작업을 지휘하도록 할 것

제4절 관리 및 사고 시의 조치등

제638조 【사후조치】 사업주는 관리감독자가 별표 2의 제19호 나목부터 라목까지의 규정에 따른 측정 또는 점검 결과 이상을 발견하여 보고하였을 경우에 즉시 환기, 보호구 지급, 설비 보수 등 근로자의 안전을 위하여 필요한 조치를 하여야 한다.〈개정 2017.3.3.〉

제639조 【사고 시의 대피 등】 ① 사업주는 근로자가 밀폐공간에서 작업을 하는 경우에 산소결핍이나 유해가스로 인한 질식·화재·폭발 등의 우려가 있으면 즉시 작업을 중단시키고 해당 근로자를 대피하도록 하여야 한다.

② 사업주는 제1항에 따라 근로자를 대피시킨 경우 적정공기 상태임이 확인될 때까지 그 장소에 관계자가 아닌 사람이 출입하는 것을 금지하고, 그 내용을 해당 장소의 보기 쉬운 곳에 게시하여야 한다.

③ 근로자는 제2항에 따라 출입이 금지된 장소에 사업주의 허락 없이 출입하여서는 아니 된다.

〔전문개정 2017.3.3.〕

제640조 【긴급 구조훈련】 사업주는 긴급상황 발생 시 대응할 수 있도록 밀폐공간에서 작업하는 근로자에 대하여 비상연락체계 운영, 구조용 장비의 사용, 공기호흡기 또는 송기마스크의 착용, 응급처치 등에 관한 훈련을 6개월에 1회 이상 주기적으로 실시하고, 그 결과를 기록하여 보존하여야 한다.〈개정 2017.3.3.〉

제641조 【안전한 작업방법 등의 주지】 사업주는 근로자가 밀폐공간에서 작업을 하는 경우에 작업을 시작할 때마다 사전에 다음 각 호의 사항을 작업근로자(제623조에 따른 감시인을 포함한다)에게 알려야 한다. 〈개정 2019. 12.26.〉

1. 산소 및 유해가스농도 측정에 관한 사항
2. 환기설비의 가동 등 안전한 작업방법에 관한 사항
3. 보호구의 착용과 사용방법에 관한 사항
4. 사고 시의 응급조치 요령
5. 구조요청을 할 수 있는 비상연락처, 구조용 장비의 사용 등 비상시 구출에 관한 사항

제642조 【의사의 진찰】 사업주는 근로자가 산소결핍증이 있거나 유해가스에 중독되었을 경우에 즉시 의사의 진찰이나 처치를 받도록 하여야 한다.

제643조 【구출 시 공기호흡기 또는 송기마스크의 사용】 ① 사업주는 밀폐공간에서 위급한 근로자를 구출하는 작업을 하는 경우 그 구출작업에 종사하는 근로자에게 공기호흡기 또는 송기마스크를 지급하여 착용하도록 하여야 한다.

② 근로자는 제1항에 따라 지급된 보호구를 착용하여야 한다.
〔전문개정 2017.3.3.〕

제644조 【보호구의 지급 등】 사업주는 공기호흡기 또는 송기마스크를 지급하는 때에 근로자에게 질병 감염의 우려가 있는 경우에는 개인전용의 것을 지급하여야 한다.〈개정 2017.3.3.〉

제645조 삭제 〈2017.3.3.〉

제11장 사무실에서의 건강장해 예방

제1절 통칙

제646조 【정의】 이 장에서 사용하는 용어의 뜻은 다음과 같다.〈개정 2019.12.26.〉

1. "사무실"이란 근로자가 사무를 처리하는 실내 공간(휴게실·강당·회의실 등의 공간을 포함한다)을 말한다.
2. "사무실오염물질"이란 법 제39조제1항제1호에 따른 가스·증기·분진 등과 곰팡이·세균·바이러스 등 사무실의 공기 중에 떠다니면서 근로자에게 건강장해를 유발할 수 있는 물질을 말한다.
3. "공기정화설비등"이란 사무실오염물질을 바깥으로 내보내거나 바깥의 신선한 공기를 실내로 끌어들이는 급기·배기 장치, 오염물질을 제거하거나 줄이는 여과제나 온도·습도·기류 등을 조절하여 공급할 수 있는 냉난방장치, 그 밖에 이에 상응하는 장치 등을 말한다.

제2절 설비의 성능 등

제647조 【공기정화설비등의 가동】 ① 사업주는 근로자가 중앙관리 방식의 공기정화설비등을 갖춘 사무실에서 근무하는 경우에 사무실 오염을 방지할 수 있도록 공기정화설비등을 적절히 가동하여야 한다.
② 사업주는 공기정화설비등에 의하여 사무실로 들어오는 공기가 근로자에게 직접 닿지 않도록 하고, 기류속도는 초당 0.5미터 이하가 되도록 하여야 한다.

제648조 【공기정화설비등의 유지관리】 사업주는 제646조에 따른 공기정화설비등을 수시로 점검하여 필요한 경우에 청소하거나 개·보수하는 등 적절한 조치를 하여야 한다.

제3절 사무실공기 관리와 작업기준 등

제649조 【사무실공기 평가】 사업주는 근로자 건강장해 방지를 위하여 필요한 경우에 해당 사무실의 공기를 측정·평가하고, 그 결과에 따라 공기정화설비등을 설치하거나 개·보수하는 등 필요한 조치를 하여야 한다.

제650조 【실외 오염물질의 유입 방지】 사업주는 실외로부터 자동차매연, 그 밖의 오염물질이 실내로 들어올 우려가 있는 경우에 통풍구·창문·출입문 등의 공기유입구를 재배치하는 등 적절한 조치를 하여야 한다.

제651조 【미생물오염 관리】 사업주는 미생물로 인한 사무실공기 오염을 방지하기 위하여 다음 각 호의 조치를 하여야 한다.

1. 누수 등으로 미생물의 생장을 촉진할 수 있는 곳을 주기적으로 검사하고 보수할 것
2. 미생물이 증식된 곳은 즉시 건조·제거 또는 청소할 것
3. 건물 표면 및 공기정화설비등에 오염되어 있는 미생물은 제거할 것

제652조 【건물 개·보수 시 공기오염 관리】 사업주는 건물 개·보수 중 사무실의 공기질이 악화될 우려가 있을 경우에 그 작업내용을 근로자에게 알리고 공사장소를 격리하거나, 사무실오염물질의 억제 및 청소 등 적절한 조치를 하여야 한다.

제653조 【사무실의 청결 관리】 ① 사업주는 사무실을 항상 청결하게 유지·관리하여야 하며, 분진 발생을 최대한 억제할 수 있는 방법을 사용하여 청소하여야 한다.

② 사업주는 미생물로 인한 오염과 해충 발생의 우려가 있는 목욕시설·화장실 등을 소독하는 등 적절한 조치를 하여야 한다.

제4절 공기정화설비등의 개·보수 시 조치

제654조 【보호구의 지급 등】 ① 사업주는 근로자가 공기정화설비등의 청소, 개·보수작업을 하는 경우에 보안경, 방진마스크 등 적절한 보호구를 지급하고 착용하도록 하여야 한다.

② 제1항에 따라 보호구를 지급하는 경우에 근로자 개인 전용의 것을 지급하여야 한다.

③ 근로자는 제1항에 따라 지급된 보호구를 사업주의 지시에 따라 착용하여야 한다.

제655조 【유해성 등의 주지】 사업주는 근로자가 공기정화설비등의 청소, 개·보수 작업을 하는 경우에 다음 각 호의 사항을 근로자에게 알려야 한다.

1. 발생하는 사무실오염물질의 종류 및 유해성
2. 사무실오염물질 발생을 억제할 수 있는 작업방법
3. 착용하여야 할 보호구와 착용방법
4. 응급조치 요령
5. 그 밖에 근로자의 건강장해의 예방에 관한 사항

제12장 근골격계부담작업으로 인한 건강장해의 예방

제1절 통칙

제656조 【정의】 이 장에서 사용하는 용어의 뜻은 다음과 같다.〈개정 2019. 12.26.〉

1. "근골격계부담작업"이란 법 제39조제1항제5호에 따른 작업으로서 작업량·작업속도·작업강도 및 작업장 구조 등에 따라 고용노동부장관이 정하여 고시하는 작업을 말한다.
2. "근골격계질환"이란 반복적인 동작, 부적절한 작업자세, 무리한 힘의 사용, 날카로운 면과의 신체접촉, 진동 및 온도 등의 요인에 의하여 발생하는 건강장해로서 목, 어깨, 허리, 팔·다리의 신경·근육 및 그 주변 신체조직 등에 나타나는 질환을 말한다.
3. "근골격계질환 예방관리 프로그램"이란

유해요인 조사, 작업환경 개선, 의학적 관리, 교육·훈련, 평가에 관한 사항 등이 포함된 근골격계질환을 예방관리하기 위한 종합적인 계획을 말한다.

제2절 유해요인 조사 및 개선 등

제657조【유해요인 조사】 ① 사업주는 근로자가 근골격계부담작업을 하는 경우에 3년마다 다음 각 호의 사항에 대한 유해요인조사를 하여야 한다. 다만, 신설되는 사업장의 경우에는 신설일부터 1년 이내에 최초의 유해요인 조사를 하여야 한다.

1. 설비·작업공정·작업량·작업속도 등 작업장 상황
2. 작업시간·작업자세·작업방법 등 작업조건
3. 작업과 관련된 근골격계질환 징후와 증상 유무 등

② 사업주는 다음 각 호의 어느 하나에 해당하는 사유가 발생하였을 경우에 제1항에도 불구하고 지체 없이 유해요인 조사를 하여야 한다. 다만, 제1호의 경우는 근골격계부담작업이 아닌 작업에서 발생한 경우를 포함한다.〈개정 2017.3.3.〉

1. 법에 따른 임시건강진단 등에서 근골격계질환자가 발생하였거나 근로자가 근골격계질환으로 「산업재해보상보험법 시행령」 별표 3 제2호가목·마목 및 제12호라목에 따라 업무상 질병으로 인정받은 경우
2. 근골격계부담작업에 해당하는 새로운 작업·설비를 도입한 경우
3. 근골격계부담작업에 해당하는 업무의 양과 작업공정 등 작업환경을 변경한 경우

③ 사업주는 유해요인 조사에 근로자 대표 또는 해당 작업 근로자를 참여시켜야 한다.

제658조【유해요인 조사 방법 등】 사업주는 유해요인 조사를 하는 경우에 근로자와의 면담, 증상 설문조사, 인간공학적 측면을 고려한 조사 등 적절한 방법으로 하여야 한다. 이 경우 제657조제2항제1호에 해당하는 경우에는 고용노동부장관이 정하여 고시하는 방법에 따라야 한다. 〈개정 2017.12.28.〉

제659조【작업환경 개선】 사업주는 유해요인 조사 결과 근골격계질환이 발생할 우려가 있는 경우에 인간공학적으로 설계된 인력작업 보조설비 및 편의설비를 설치하는 등 작업환경 개선에 필요한 조치를 하여야 한다.

제660조【통지 및 사후조치】 ① 근로자는 근골격계부담작업으로 인하여 운동범위의 축소, 쥐는 힘의 저하, 기능의 손실 등의 징후가 나타나는 경우 그 사실을 사업주에게 통지할 수 있다.

② 사업주는 근골격계부담작업으로 인하여 제1항에 따른 징후가 나타난 근로자에 대하여 의학적 조치를 하고 필요한 경우에는 제659조에 따른 작업환경 개선 등 적절한 조치를 하여야 한다.

제661조【유해성 등의 주지】 ① 사업주는 근로자가 근골격계부담작업을 하는 경우에 다음 각 호의 사항을 근로자에게 알려야 한다.

1. 근골격계부담작업의 유해요인
2. 근골격계질환의 징후와 증상
3. 근골격계질환 발생 시의 대처요령
4. 올바른 작업자세와 작업도구, 작업시

설의 올바른 사용방법
5. 그 밖에 근골격계질환 예방에 필요한 사항
② 사업주는 제657조제1항과 제2항에 따른 유해요인 조사 및 그 결과, 제658조에 따른 조사방법 등을 해당 근로자에게 알려야 한다.
③ 사업주는 근로자대표의 요구가 있으면 설명회를 개최하여 제657조제2항제1호에 따른 유해요인 조사 결과를 해당 근로자와 같은 방법으로 작업하는 근로자에게 알려야 한다. 〈신설 2017.12.28.〉

제662조 【근골격계질환 예방관리 프로그램 시행】 ① 사업주는 다음 각 호의 어느 하나에 해당하는 경우에 근골격계질환 예방관리 프로그램을 수립하여 시행하여야 한다.〈개정 2017.3.3.〉
1. 근골격계질환으로 「산업재해보상보험법 시행령」 별표 3 제2호가목·마목 및 제12호라목에 따라 업무상 질병으로 인정받은 근로자가 연간 10명 이상 발생한 사업장 또는 5명 이상 발생한 사업장으로서 발생 비율이 그 사업장 근로자 수의 10퍼센트 이상인 경우
2. 근골격계질환 예방과 관련하여 노사간 이견(異見)이 지속되는 사업장으로서 고용노동부장관이 필요하다고 인정하여 근골격계질환 예방관리 프로그램을 수립하여 시행할 것을 명령한 경우

② 사업주는 근골격계질환 예방관리 프로그램을 작성·시행할 경우에 노사협의를 거쳐야 한다.
③ 사업주는 근골격계질환 예방관리 프로그램을 작성·시행할 경우에 인간공학·산업의학·산업위생·산업간호 등 분야별 전문가로부터 필요한 지도·조언을 받을 수 있다.

제3절 중량물을 들어올리는 작업에 관한 특별 조치

제663조 【중량물의 제한】 사업주는 근로자가 인력으로 들어올리는 작업을 하는 경우에 과도한 무게로 인하여 근로자의 목·허리 등 근골격계에 무리한 부담을 주지 않도록 최대한 노력하여야 한다.

제664조 【작업조건】 사업주는 근로자가 취급하는 물품의 중량·취급빈도·운반거리·운반속도 등 인체에 부담을 주는 작업의 조건에 따라 작업시간과 휴식시간 등을 적정하게 배분하여야 한다.

제665조 【중량의 표시 등】 사업주는 근로자가 5킬로그램 이상의 중량물을 들어올리는 작업을 하는 경우에 다음 각 호의 조치를 하여야 한다.
1. 주로 취급하는 물품에 대하여 근로자가 쉽게 알 수 있도록 물품의 중량과 무게중심에 대하여 작업장 주변에 안내표시를 할 것
2. 취급하기 곤란한 물품은 손잡이를 붙이거나 갈고리, 진공빨판 등 적절한 보조도구를 활용할 것

제666조 【작업자세 등】 사업주는 근로자가 중량물을 들어올리는 작업을 하는 경우에 무게중심을 낮추거나 대상물에 몸을 밀착하도록 하는 등 신체의 부담을 줄일 수 있는 자세에 대하여 알려야 한다.

제13장 그 밖의 유해인자에 의한

건강장해의 예방

제667조【컴퓨터 단말기 조작업무에 대한 조치】 사업주는 근로자가 컴퓨터 단말기의 조작업무를 하는 경우에 다음 각 호의 조치를 하여야 한다.

1. 실내는 명암의 차이가 심하지 않도록 하고 직사광선이 들어오지 않는 구조로 할 것
2. 저휘도형(低輝度型)의 조명기구를 사용하고 창·벽면 등은 반사되지 않는 재질을 사용할 것
3. 컴퓨터 단말기와 키보드를 설치하는 책상과 의자는 작업에 종사하는 근로자에 따라 그 높낮이를 조절할 수 있는 구조로 할 것
4. 연속적으로 컴퓨터 단말기 작업에 종사하는 근로자에 대하여 작업시간 중에 적절한 휴식시간을 부여 할 것

제668조【비전리전자기파에 의한 건강장해 예방 조치】 사업주는 사업장에서 발생하는 유해광선·초음파 등 비전리전자기파(컴퓨터 단말기에서 발생하는 전자파는 제외한다)로 인하여 근로자에게 심각한 건강장해가 발생할 우려가 있는 경우에 다음 각 호의 조치를 하여야 한다.

1. 발생원의 격리·차폐·보호구 착용 등 적절한 조치를 할 것
2. 비전리전자기파 발생장소에는 경고 문구를 표시할 것
3. 근로자에게 비전리전자기파가 인체에 미치는 영향, 안전작업 방법 등을 알릴 것

제669조【직무스트레스에 의한 건강장해 예방 조치】 사업주는 근로자가 장시간 근로, 야간작업을 포함한 교대작업, 차량운전〔전업(專業)으로 하는 경우에만 해당한다〕 및 정밀기계 조작작업 등 신체적 피로와 정신적 스트레스 등(이하 "직무스트레스"라 한다)이 높은 작업을 하는 경우에 법 제5조제1항에 따라 직무스트레스로 인한 건강장해 예방을 위하여 다음 각 호의 조치를 하여야 한다.

1. 작업환경·작업내용·근로시간 등 직무스트레스 요인에 대하여 평가하고 근로시간 단축, 장·단기 순환작업 등의 개선대책을 마련하여 시행할 것
2. 작업량·작업일정 등 작업계획 수립 시 해당 근로자의 의견을 반영할 것
3. 작업과 휴식을 적절하게 배분하는 등 근로시간과 관련된 근로조건을 개선할 것
4. 근로시간 외의 근로자 활동에 대한 복지 차원의 지원에 최선을 다할 것
5. 건강진단 결과, 상담자료 등을 참고하여 적절하게 근로자를 배치하고 직무스트레스 요인, 건강문제 발생가능성 및 대비책 등에 대하여 해당 근로자에게 충분히 설명할 것
6. 뇌혈관 및 심장질환 발병위험도를 평가하여 금연, 고혈압 관리 등 건강증진 프로그램을 시행할 것

제670조【농약원재료 방제작업 시의 조치】 ① 사업주는 근로자가 농약원재료를 살포·훈증·주입 등의 업무를 하는 경우에 다음 각 호에 따른 조치를 하여야 한다.

1. 작업을 시작하기 전에 농약의 방제기술과 지켜야 할 안전조치에 대하여 교육을 할 것
2. 방제기구에 농약을 넣는 경우에는 넘

쳐흐르거나 역류하지 않도록 할 것
3. 농약원재료를 혼합하는 경우에는 화학반응 등의 위험성이 있는지를 확인할 것
4. 농약원재료를 취급하는 경우에는 담배를 피우거나 음식물을 먹지 않도록 할 것
5. 방제기구의 막힌 분사구를 뚫기 위하여 입으로 불어내지 않도록 할 것
6. 농약원재료가 들어 있는 용기와 기기는 개방된 상태로 내버려두지 말 것
7. 압축용기에 들어있는 농약원재료를 취급하는 경우에는 폭발 등의 방지조치를 할 것
8. 농약원재료를 훈증하는 경우에는 유해가스가 새지 않도록 할 것

② 사업주는 근로자가 농약원재료를 배합하는 작업을 하는 경우에 측정용기, 깔때기, 섞는 기구 등 배합기구들의 사용방법과 배합비율 등을 근로자에게 알리고, 농약원재료의 분진이나 미스트의 발생을 최소화하여야 한다.

③ 사업주는 농약원재료를 다른 용기에 옮겨 담는 경우에 동일한 농약원재료를 담았던 용기를 사용하거나 안전성이 확인된 용기를 사용하고, 담는 용기에는 적합한 경고표지를 붙여야 한다.

제671조 삭제 〈2019.12.23.〉

제4편 특수형태근로종사자 등에 대한 안전조치 및 보건조치

〈신설 2019.12.26.〉

제672조【특수형태근로종사자에 대한 안전조치 및 보건조치】① 법 제77조제1항에 따른 특수형태근로종사자(이하 "특수형태근로종사자"라 한다) 중 영 제67조제1호·제3호·제7호 및 제8호에 해당하는 사람에 대한 안전조치 및 보건조치는 다음 각 호와 같다.
1. 제79조, 제646조부터 제653조까지 및 제667조에 따른 조치
2. 법 제41조제1항에 따른 고객의 폭언등(이하 이 조에서 "고객의 폭언등"이라 한다)에 대한 대처방법 등이 포함된 대응지침의 제공 및 관련 교육의 실시

② 특수형태근로종사자 중 영 제67조제2호에 해당하는 사람에 대한 안전조치 및 보건조치는 제3조, 제4조, 제4조의2, 제5조부터 제62조까지, 제67조부터 제71조까지, 제86조부터 제99조까지, 제132조부터 제190조까지, 제196조부터 제221조까지, 제328조부터 제393조까지, 제405조부터 제413조까지 및 제417조부터 제419조까지의 규정에 따른 조치를 말한다.

③ 특수형태근로종사자 중 영 제67조제4호에 해당하는 사람에 대한 안전조치 및 보건조치는 다음 각 호와 같다.
1. 제38조, 제79조, 제79조의2, 제80조부터 제82조까지, 제86조제7항, 제89조, 제171조, 제172조 및 제316조에 따른 조치
2. 미끄러짐을 방지하기 위한 신발을 착용했는지 확인 및 지시
3. 고객의 폭언등에 대한 대처방법 등이 포함된 대응지침의 제공
4. 고객의 폭언등에 의한 건강장해가 발생하거나 발생할 현저한 우려가 있는 경우: 영 제41조 각 호의 조치 중 필요한 조치

④ 특수형태근로종사자 중 영 제67조제

5호에 해당하는 사람에 대한 안전조치 및 보건조치는 다음 각 호와 같다.

1. 제3조, 제4조, 제4조의2, 제5조부터 제22조까지, 제26조부터 제30조까지, 제38조제1항제2호, 제86조, 제89조, 제98조, 제99조, 제171조부터 제178조까지, 제191조부터 제195조까지, 제385조, 제387조부터 제393조까지 및 제656조부터 제666조까지의 규정에 따른 조치
2. 업무에 이용하는 자동차의 제동장치가 정상적으로 작동되는지 정기적으로 확인
3. 고객의 폭언등에 대한 대처방법 등이 포함된 대응지침의 제공

⑤ 특수형태근로종사자 중 영 제67조제6호에 해당하는 사람에 대한 안전조치 및 보건조치는 다음 각 호와 같다.

1. 제32조제1항제10호에 따른 승차용 안전모를 착용하도록 지시
2. 제86조제11항에 따른 탑승 제한 지시
3. 업무에 이용하는 이륜자동차의 전조등, 제동등, 후미등, 후사경 또는 제동장치가 정상적으로 작동되는지 정기적으로 확인
4. 고객의 폭언등에 대한 대처방법 등이 포함된 대응지침의 제공

⑥ 특수형태근로종사자 중 영 제67조제9호에 해당하는 사람에 대한 안전조치 및 보건조치는 고객의 폭언등에 대한 대처방법 등이 포함된 대응지침을 제공하는 것을 말한다.

⑦ 제1항부터 제6항까지의 규정에 따른 안전조치 및 보건조치에 관한 규정을 적용하는 경우에는 "사업주"는 "특수형태근로종사자의 노무를 제공받는 자"로, "근로자"는 "특수형태근로종사자"로 본다.
〔본조신설 2019.12.26.〕

제673조【배달종사자에 대한 안전조치 등】 ① 법 제78조에 따라 「이동통신단말장치 유통구조 개선에 관한 법률」 제2조제4호에 따른 이동통신단말장치로 물건의 수거·배달 등을 중개하는 자는 이륜자동차로 물건의 수거·배달 등을 하는 사람의 산업재해 예방을 위하여 다음 각 호의 조치를 해야 한다.

1. 이륜자동차로 물건의 수거·배달 등을 하는 사람이 이동통신단말장치의 소프트웨어에 등록하는 경우 이륜자동차를 운행할 수 있는 면허 및 제32조제1항제10호에 따른 승차용 안전모의 보유 여부 확인
2. 이동통신단말장치의 소프트웨어를 통하여 「도로교통법」 제49조에 따른 운전자의 준수사항 등 안전운행 및 산업재해 예방에 필요한 사항에 대한 정기적 고지

② 제1항에 따른 물건의 수거·배달 등을 중개하는 자는 물건의 수거·배달 등에 소요되는 시간에 대해 산업재해를 유발할 수 있을 정도로 제한해서는 안 된다.
〔본조신설 2019.12.26.〕

부 칙 (2011.7.6.)

제1조【시행일】 이 규칙은 공포한 날부터 시행한다.

제2조【다른법령의 폐지】 「산업보건기준에 관한 규칙」은 폐지한다.

제3조【안전밸브의 검사주기에 관한 적용례】 고용노동부령 제25호 산업안전기준에 관한 규칙 일부개정령 제288조

제4항의 개정규정은 고용노동부령 제25호 산업안전기준에 관한 규칙 일부개정령 시행 후 최초로 검사주기가 도래한 경우부터 적용한다.

제4조【피뢰침 설치에 관한 경과조치】 노동부령 제293호 산업안전기준에 관한 규칙 일부개정령(이하 이 조에서 "같은 규칙"이라 한다) 시행일인 2008년 1월 16일 당시 종전 규칙(같은 규칙 시행 전의 「산업안전기준에 관한 규칙」을 말한다)에 따라 설치된 피뢰침은 같은 규칙 제357조의 개정규정에 따라 설치된 피뢰침으로 본다.

제5조【다른 법령의 개정】 ① 산업안전보건법 시행규칙 일부를 다음과 같이 개정한다.

제2조제3항 중 "「산업안전기준에 관한 규칙」(이하 "안전규칙"이라 한다) 및 「산업보건기준에 관한 규칙」(이하 "보건규칙"이라 한다)"를 "「산업안전보건기준에 관한 규칙」(이하 "안전보건규칙"이라 한다)"로 한다.

제11조 중 "안전규칙 및 보건규칙"을 "안전보건규칙"으로 한다.

제28조제1항제1호 중 "보건규칙 제3조, 제4조, 제6조, 제8조부터 제17조까지, 제19조부터 제21조까지, 제24조, 제31조부터 제37조까지, 제41조, 제45조부터 제47조까지, 제51조 및 제53조부터 제55조까지"를 "안전보건규칙 제5조, 제7조, 제8조, 제33조, 제72조부터 제81조까지, 제83조부터 제85조까지, 제422조, 제429조부터 제435조까지, 제439조, 제442조부터 제444조까지, 제448조, 제450조 및 제451조"로 한다.

제28조제1항제2호 중 "보건규칙 제3조, 제4조, 제6조, 제8조부터 제17조까지, 제19조부터 제21조까지, 제57조부터 제59조까지, 제64조, 제66조, 제68조부터 제70조까지, 제73조부터 제80조까지, 제83조부터 제87조까지, 제89조 및 제90조"를 "안전보건규칙 제5조, 제7조, 제8조, 제33조, 제72조부터 제81조까지, 제83조부터 제85조까지, 제453조부터 제455조까지, 제459조, 제461조, 제463조부터 제465조까지, 제468조부터 제474조까지, 제477조부터 제481조까지, 제483조 및 제484조"로 한다.

제30조제5항제9호 나목 중 "안전규칙 제292조"를 "안전보건규칙 제273조"로 한다.

제30조제5항제9호 다목 중 "안전규칙 제254조제4호"를 "안전보건규칙 제225조제4호"로 한다.

제30조제5항제10호 중 "보건규칙 제229조제1호"를 "안전보건규칙 제618조제1호"로 한다.

제30조제5항제12호 중 "안전규칙 별표 1"을 "안전보건규칙 별표 1"로 한다.

제30조제5항제13호 중 "보건규칙 제22조제7호"를 "안전보건규칙 제420조제7호"로 한다.

제30조제6항 중 "안전규칙, 보건규칙"을 "안전보건규칙"으로 한다.

제78조제2항제2호 중 "보건규칙 제105조부터 제118조까지"를 "안전보건규칙 제33조 및 제499조부터 제511조까지"로 한다.

제79조제2항제2호 중 "보건규칙 제57조부터 제92조까지"를 "안전보건규칙

제33조, 제35조제1항(같은 규칙 별표 2 제16호 및 제17호에 해당하는 경우로 한정한다) 및 같은 규칙 제453조부터 제486조까지"로 한다.
제81조제2항제6호 중 "보건규칙 제22조제1호"를 "안전보건규칙 제420조제1호"로 한다.
제82조 중 "보건규칙 제22조제8호"를 "안전보건규칙 제420조제8호"로 한다.
제93조제1항제1호 중 "보건규칙 제22조제8호"를 "안전보건규칙 제420조제8호"로 한다.
제93조제1항제2호 중 "보건규칙 제22조제1호"를 "안전보건규칙 제420조제1호"로 한다.
제93조제1항제3호 중 "보건규칙 제215조제2호"를 "안전보건규칙 제605조제2호"로 한다.
별표 12의2 제3호 1) 중 "보건규칙 제119조제1호부터 제3호"를 "안전보건규칙 제512조제1호부터 제3호"로 한다.
별표 12의2 제3호 2) 중 "보건규칙 제119조제4호"를 "안전보건규칙 제512조제4호"로 한다.
별표 12의2 제3호 3) 중 "보건규칙 제183조제1호"를 "안전보건규칙 제573조제1호"로 한다.
별표 13 제1호다목 구분란1 중 "보건규칙 제119조제1호부터 제3호"를 "안전보건규칙 제512조제1호부터 제3호까지"로 한다.
별표 13 제1호다목 구분란2 중 "보건규칙 제119조제4호"를 "안전보건규칙 제512조제4호"로 한다.
별표 13 제1호다목 구분란3 중 "보건규칙 제183조제1호"를 "안전보건규칙 제573조제1호"로 한다.
② 산업재해보상보험법 시행규칙 일부를 다음과 같이 개정한다.
제32조 중 "「산업보건기준에 관한 규칙」 제215조제2호"를 "「산업안전보건기준에 관한 규칙」 제605조제2호"로 한다.
③ 유해·위험작업의 취업 제한에 관한 규칙 일부를 다음과 같이 개정한다.
제2조 중 "「산업안전기준에 관한 규칙」(이하 "안전규칙"이라 한다) 및 「산업보건기준에 관한 규칙」"을 "「산업안전보건기준에 관한 규칙」"으로 한다.

제6조【다른 법령과의 관계】 이 규칙 시행 당시 다른 법령에서 종전의 「산업안전기준에 관한 규칙」 또는 그 규정 및 「산업보건기준에 관한 규칙」 또는 그 규정을 인용한 경우에 이 규칙 가운데 그에 해당하는 규정이 있으면 종전의 「산업안전기준에 관한 규칙」 또는 그 규정 및 종전의 「산업보건기준에 관한 규칙」 또는 그 규정을 갈음하여 이 규칙 또는 이 규칙의 해당 규정을 인용한 것으로 본다.

부　　칙 〈제49호, 2012.3.5〉

이 규칙은 공포한 날부터 시행한다. 다만, 제79조의2의 개정규정은 공포 후 6개월이 경과한 날부터 시행한다.

부　　칙 〈제54호, 2012.5.31〉

이 규칙은 공포한 날부터 시행한다.

부　　칙 〈제77호, 2013.3.21〉

제1조(시행일) 이 규칙은 공포한 날부터 시행한다. 다만, 제142조 및 별표 12의 개정규정은 2013년 7월 1일부터 시행

한다.
제2조(타워크레인의 지지에 관한 적용례) 제142조의 개정규정은 이 규칙 시행 이후 설치되는 타워크레인부터 적용한다.

부 칙 〈부령 제78호, 2013.3.23〉
제1조(시행일) 이 영은 공포한 날부터 시행한다.
제2조 생략
제3조(다른 법령의 개정) ① 생략
② 산업안전보건기준에 관한 규칙 일부를 다음과 같이 개정한다.
제116조제2항 중 "지식경제부장관"을 "산업통상자원부장관"으로 한다.
③ 및 ④ 생략

부 칙 〈부령 제111호, 2014.9.30〉
제1조(시행일) 이 규칙은 공포한 날부터 시행한다.
제2조(안전밸브 검사주기에 관한 적용례) 제261조제4항의 개정규정은 이 규칙 시행 후 검사주기가 도래하는 안전밸브부터 적용한다.

부 칙 〈고용노동부령 제117호, 2014.12.31〉
이 규칙은 2015년 1월 1일부터 시행한다.

부 칙 〈고용노동부령 제144호, 2015.12.31〉
이 규칙은 공포한 날부터 시행한다.

부 칙 〈고용노동부령 제153호, 2016.4.7〉
이 규칙은 공포한 날부터 시행한다.

부 칙 〈고용노동부령 제160호, 2016.7.11〉
이 규칙은 공포한 날부터 시행한다.
부 칙 〈고용노동부령 제179호, 2017.2.3.〉
이 규칙은 공포한 날부터 시행한다.

부 칙 〈고용노동부령 제182호, 2017.3.3.〉
제1조(시행일) 이 규칙은 공포한 날부터 시행한다.
제2조(사업주의 보호조치에 관한 경과조치) ① 이 규칙 시행 당시 방사선투과검사를 위하여 방사성동위원소 및 방사선발생장치를 이동사용하는 작업에 근로자를 종사하도록 하고 있는 사업주는 이 규칙 시행일부터 2개월 이내에 제574조제2항의 개정규정에 따른 장비를 근로자에게 지급하고 착용하도록 하여야 한다.
② 이 규칙 시행 당시 별표 12 제1호, 제2호자목 및 처목의 개정규정에 따라 새로 관리대상 유해물질 또는 특별관리물질에 포함되는 물질을 취급하고 있는 사업주는 이 규칙 시행일부터 6개월 이내에 제422조, 제423조제3항, 제424조제3항, 제431조, 제432조, 제434조, 제435조, 제448조 및 제451조제3항에 따른 설비 또는 장비의 설치 및 필요한 조치를 하여야 한다.
③ 이 규칙 시행 당시 밀폐공간에서 근로자에게 작업을 하도록 하고 있는 사업주는 이 규칙 시행일부터 2개월 이내에 제619조 각 호의 내용이 포함된 밀폐공간 작업 프로그램을 수립하여 시행하여야 한다.
부 칙〈고용노동부령 제206호, 2017.12.28.〉
제1조(시행일) 이 규칙은 공포한 날부터 시행한다. 다만, 제536조의2, 제545조부터 제547조까지, 제548조 및 제552조의 개정규정은 공포 후 6개월이 경과한 날부터 시행하고, 제14조제2항 후단 및 제42조제3항의 개정규정은 공포 후

1년이 경과한 날부터 시행한다.

제2조(유해요인 조사방법 및 유해성 등의 주지에 관한 적용례) 제658조 후단 및 제661조제3항의 개정규정은 이 규칙 시행 이후 제658조에 따른 조사를 실시하는 경우부터 적용한다.

부칙 〈고용노동부령 제215호, 2018.3.30.〉

이 규칙은 공포한 날부터 시행한다.

부칙 〈고용노동부령 제225호, 2018.8.14.〉

이 규칙은 공포한 날부터 시행한다.

부칙 〈고용노동부령 제242호, 2019.1.31〉

이 규칙은 공포한 날부터 시행한다.

부칙 〈고용노동부령 제251호, 2019.4.19.〉

제1조(시행일) 이 규칙은 공포한 날부터 시행한다. 다만, 제415조의 개정규정은 공포 후 1년이 경과한 날부터 시행한다.

제2조(리프트에 관한 경과조치) 이 규칙 시행 당시 설치되어 있는 일반작업용 리프트와 간이리프트(자동차정비용 리프트는 제외한다)는 제86조제4항, 제132조제2항제3호, 제134조제1항제3호·제4호, 제151조 및 별표 3 제6호의 개정규정에도 불구하고 종전의 규정에 따른다.

제3조(승강기에 관한 경과조치) 이 규칙 시행 당시 설치되어 있는 승강기는 제132조제1항제5호의 개정규정에도 불구하고 종전의 규정에 따른다.

제4조(사업주의 보호조치에 관한 경과규정) 별표 12 제1호저목 및 제2호너목의 개정규정에도 불구하고 이 규칙 시행 당시 별표 12 제1호저목 또는 제2호너목의 개정규정에 따른 물질을 취급하고 있는 사업주는 이 규칙 시행일부터 6개월 이내에 제422조, 제423조제3항, 제424조제3항, 제431조, 제432조, 제434조, 제435조, 제448조 및 제451조제3항에 따른 설비 또는 장비의 설치 및 필요한 조치를 하여야 한다.

부칙 〈고용노동부령 제263호, 2019.10.15.〉

(어려운 법령용어 정비를 위한 9개 법령의 일부개정에 관한 고용노동부령)

이 규칙은 공포한 날부터 시행한다.

부칙 〈고용노동부령 제270호, 2019.12.23.〉

(규제 재검토기한 설정 해제를 위한 9개 고용노동부령의 일부개정에 관한 고용노동부령)

이 규칙은 공포한 날부터 시행한다.

부칙 〈고용노동부령 제273호, 2019.12.26.〉

제1조(시행일) 이 규칙은 2020년 1월 16일부터 시행한다. 다만, 제43조제1항 후단, 제179조, 제442조제1항 각 호 외의 부분 단서 및 제503조제3항의 개정규정은 2021년 1월 16일부터 시행한다.

제2조(석면해체·제거작업 시의 조치에 관한 적용례) 제495조제1호가목 및 같은 조 제2호다목의 개정규정은 이 규칙 시행 이후 석면해체·제거작업을 하는 경우부터 적용한다.

〔별표 1〕 (개정 2019.12.26)

위험물질의 종류(제16조·제17조 및 제225조 관련)

1. 폭발성 물질 및 유기과산화물
   가. 질산에스테르류
   나. 니트로화합물
   다. 니트로소화합물
   라. 아조화합물
   마. 디아조화합물
   바. 하이드라진 유도체
   사. 유기과산화물
   아. 그 밖에 가목부터 사목까지의 물질과 같은 정도의 폭발 위험이 있는 물질
   자. 가목부터 아목까지의 물질을 함유한 물질

2. 물반응성 물질 및 인화성 고체
   가. 리튬
   나. 칼륨·나트륨
   다. 황
   라. 황린
   마. 황화인·적린
   바. 셀룰로이드류
   사. 알킬알루미늄·알킬리튬
   아. 마그네슘 분말
   자. 금속 분말(마그네슘 분말은 제외한다)
   차. 알칼리금속(리튬·칼륨 및 나트륨은 제외한다)
   카. 유기 금속화합물(알킬알루미늄 및 알킬리튬은 제외한다)
   타. 금속의 수소화물
   파. 금속의 인화물
   하. 칼슘 탄화물, 알루미늄 탄화물
   거. 그 밖에 가목부터 하목까지의 물질과 같은 정도의 발화성 또는 인화성이 있는 물질
   너. 가목부터 거목까지의 물질을 함유한 물질

3. 산화성 액체 및 산화성 고체
   가. 차아염소산 및 그 염류
   나. 아염소산 및 그 염류
   다. 염소산 및 그 염류
   라. 과염소산 및 그 염류
   마. 브롬산 및 그 염류
   바. 요오드산 및 그 염류
   사. 과산화수소 및 무기 과산화물
   아. 질산 및 그 염류
   자. 과망간산 및 그 염류
   차. 중크롬산 및 그 염류
   카. 그 밖에 가목부터 차목까지의 물질과 같은 정도의 산화성이 있는 물질
   타. 가목부터 카목까지의 물질을 함유한 물질

4. 인화성 액체
   가. 에틸에테르, 가솔린, 아세트알데히드, 산화프로필렌, 그 밖에 인화점이 섭씨 23도 미만이고 초기끓는점이 섭씨 35도 이하인 물질
   나. 노르말헥산, 아세톤, 메틸에틸케톤, 메틸알코올, 에틸알코올, 이황화탄소, 그 밖에 인화점이 섭씨 23도 미만이고 초기 끓는점이 섭씨 35도를 초과하는 물질

다. 크실렌, 아세트산아밀, 등유, 경유, 테레핀유, 이소아밀알코올, 아세트산, 하이드라진, 그 밖에 인화점이 섭씨 23도 이상 섭씨 60도 이하인 물질

5. 인화성 가스
   가. 수소
   나. 아세틸렌
   다. 에틸렌
   라. 메탄
   마. 에탄
   바. 프로판
   사. 부탄
   아. 영 별표13에 따른 인화성 가스

6. 부식성 물질
   가. 부식성 산류
      (1) 농도가 20퍼센트 이상인 염산, 황산, 질산, 그 밖에 이와 같은 정도 이상의 부식성을 가지는 물질
      (2) 농도가 60퍼센트 이상인 인산, 아세트산, 불산, 그 밖에 이와 같은 정도 이상의 부식성을 가지는 물질
   나. 부식성 염기류
   농도가 40퍼센트 이상인 수산화나트륨, 수산화칼륨, 그 밖에 이와 같은 정도 이상의 부식성을 가지는 염기류

7. 급성 독성 물질
   가. 쥐에 대한 경구투입실험에 의하여 실험동물의 50퍼센트를 사망시킬 수 있는 물질의 양, 즉 LD50(경구, 쥐)이 킬로그램당 300밀리그램-(체중) 이하인 화학물질
   나. 쥐 또는 토끼에 대한 경피흡수실험에 의하여 실험동물의 50퍼센트를 사망시킬 수 있는 물질의 양, 즉 LD50(경피, 토끼 또는 쥐)이 킬로그램당 1000밀리그램 -(체중) 이하인 화학물질
   다. 쥐에 대한 4시간 동안의 흡입실험에 의하여 실험동물의 50퍼센트를 사망시킬 수 있는 물질의 농도, 즉 가스 LC50(쥐, 4시간 흡입)이 2500ppm 이하인 화학물질, 증기 LC50(쥐, 4시간 흡입)이 10mg/ℓ 이하인 화학물질, 분진 또는 미스트 1mg/ℓ 이하인 화학물질

〔별표 2〕

관리감독자의 유해·위험 방지(제35조제1항 관련)

작업의 종류	직 무 수 행 내 용
1. 프레스등을 사용하는 작업(제2편제1장제3절)	가. 프레스등 및 그 방호장치를 점검하는 일 나. 프레스등 및 그 방호장치에 이상이 발견 되면 즉시 필요한 조치를 하는 일 다. 프레스등 및 그 방호장치에 전환스위치를 설치했을 때 그 전환스위치의 열쇠를 관리하는 일 라. 금형의 부착·해체 또는 조정작업을 직접 지휘하는 일
2. 목재가공용 기계를 취급하는 작업(제2편제1장제4절)	가. 목재가공용 기계를 취급하는 작업을 지휘하는 일 나. 목재가공용 기계 및 그 방호장치를 점검하는 일 다. 목재가공용 기계 및 그 방호장치에 이상이 발견된 즉시 보고 및 필요한 조치를 하는 일 라. 작업 중 지그(jig) 및 공구 등의 사용 상황을 감독하는 일
3. 크레인을 사용하는 작업(제2편제1장제9절제2관·제3관)	가. 작업방법과 근로자 배치를 결정하고 그 작업을 지휘하는 일 나. 재료의 결함 유무 또는 기구 및 공구의 기능을 점검하고 불량품을 제거하는 일 다. 작업 중 안전대 또는 안전모의 착용 상황을 감시하는 일
4. 위험물을 제조하거나 취급하는 작업(제2편제2장제1절)	가. 작업을 지휘하는 일 나. 위험물을 제조하거나 취급하는 설비 및 그 설비의 부속설비가 있는 장소의 온도·습도·차광 및 환기 상태 등을 수시로 점검하고 이상을 발견하면 즉시 필요한 조치를 하는 일 다. 나목에 따라 한 조치를 기록하고 보관하는 일
5. 건조설비를 사용하는 작업(제2편제2장제5절)	가. 건조설비를 처음으로 사용하거나 건조방법 또는 건조물의 종류를 변경했을 때에는 근로자에게 미리 그 작업방법을 교육하고 작업을 직접 지휘하는 일 나. 건조설비가 있는 장소를 항상 정리정돈하고 그 장소에 가연성 물질을 두지 않도록 하는 일
6. 아세틸렌 용접장치를 사용하는 금속의 용접·용단 또는 가열작업(제2편제2장제6절제1관)	가. 작업방법을 결정하고 작업을 지휘하는 일 나. 아세틸렌 용접장치의 취급에 종사하는 근로자로 하여금 다음의 작업요령을 준수하도록 하는 일 (1) 사용 중인 발생기에 불꽃을 발생시킬 우려가 있는 공구를 사용하거나 그 발생기에 충격을 가하지 않도록 할 것 (2) 아세틸렌 용접장치의 가스누출을 점검할 때에는 비눗물을 사용하는 등 안전한 방법으로 할 것

작업의 종류	직 무 수 행 내 용
	(3) 발생기실의 출입구 문을 열어 두지 않도록 할 것 (4) 이동식 아세틸렌 용접장치의 발생기에 카바이드를 교환할 때에는 옥외의 안전한 장소에서 할 것 다. 아세틸렌 용접작업을 시작할 때에는 아세틸렌 용접장치를 점검하고 발생기 내부로부터 공기와 아세틸렌의 혼합가스를 배제하는 일 라. 안전기는 작업 중 그 수위를 쉽게 확인할 수 있는 장소에 놓고 1일 1회 이상 점검하는 일 마. 아세틸렌 용접장치 내의 물이 동결되는 것을 방지하기 위하여 아세틸렌 용접장치를 보온하거나 가열할 때에는 온수나 증기를 사용하는 등 안전한 방법으로 하도록 하는 일 바. 발생기 사용을 중지하였을 때에는 물과 잔류 카바이드가 접촉하지 않은 상태로 유지하는 일 사. 발생기를 수리·가공·운반 또는 보관할 때에는 아세틸렌 및 카바이드에 접촉하지 않은 상태로 유지하는 일 아. 작업에 종사하는 근로자의 보안경 및 안전장갑의 착용 상황을 감시하는 일
7. 가스집합용접장치의 취급작업(제2편제2장제6절제2관)	가. 작업방법을 결정하고 작업을 직접 지휘하는 일 나. 가스집합장치의 취급에 종사하는 근로자로 하여금 다음의 작업요령을 준수하도록 하는 일 (1) 부착할 가스용기의 마개 및 배관 연결부에 붙어 있는 유류·찌꺼기 등을 제거할 것 (2) 가스용기를 교환할 때에는 그 용기의 마개 및 배관 연결부 부분의 가스누출을 점검하고 배관 내의 가스가 공기와 혼합되지 않도록 할 것 (3) 가스누출 점검은 비눗물을 사용하는 등 안전한 방법으로 할 것 (4) 밸브 또는 콕은 서서히 열고 닫을 것 다. 가스용기의 교환작업을 감시하는 일 라. 작업을 시작할 때에는 호스·취관·호스밴드 등의 기구를 점검하고 손상·마모 등으로 인하여 가스나 산소가 누출될 우려가 있다고 인정할 때에는 보수하거나 교환하는 일 마. 안전기는 작업 중 그 기능을 쉽게 확인할 수 있는 장소에 두고 1일 1회 이상 점검하는 일 바. 작업에 종사하는 근로자의 보안경 및 안전장갑의 착용 상황을 감시하는 일

작업의 종류	직 무 수 행 내 용
8. 거푸집 동바리의 고정·조립 또는 해체 작업/지반의 굴착작업/흙막이 지보공의 고정·조립 또는 해체 작업/터널의 굴착작업/건물 등의 해체작업(제2편제4장제1절제2관·제4장제2절제1관·제4장제2절제3관제1속·제4장제4절)	가. 안전한 작업방법을 결정하고 작업을 지휘하는 일 나. 재료·기구의 결함 유무를 점검하고 불량품을 제거하는 일 다. 작업 중 안전대 및 안전모 등 보호구 착용 상황을 감시하는 일
9. 달비계 또는 높이 5미터 이상의 비계(飛階)를 조립·해체하거나 변경하는 작업(해체작업의 경우 가목은 적용 제외)(제1편제7장제2절)	가. 재료의 결함 유무를 점검하고 불량품을 제거하는 일 나. 기구·공구·안전대 및 안전모 등의 기능을 점검하고 불량품을 제거하는 일 다. 작업방법 및 근로자 배치를 결정하고 작업 진행 상태를 감시하는 일 라. 안전대와 안전모 등의 착용 상황을 감시하는 일
10. 발파작업(제2편제4장제2절제2관)	가. 점화 전에 점화작업에 종사하는 근로자가 아닌 사람에게 대피를 지시하는 일 나. 점화작업에 종사하는 근로자에게 대피장소 및 경로를 지시하는 일 다. 점화 전에 위험구역 내에서 근로자가 대피한 것을 확인하는 일 라. 점화순서 및 방법에 대하여 지시하는 일 마. 점화신호를 하는 일 바. 점화작업에 종사하는 근로자에게 대피신호를 하는 일 사. 발파 후 터지지 않은 장약이나 남은 장약의 유무, 용수(湧水)의 유무 및 암석·토사의 낙하 여부 등을 점검하는 일 아. 점화하는 사람을 정하는 일 자. 공기압축기의 안전밸브 작동 유무를 점검하는 일 차. 안전모 등 보호구 착용 상황을 감시하는 일

작업의 종류	직 무 수 행 내 용
11. 채석을 위한 굴착작업(제2편제4장제2절제5관)	가. 대피방법을 미리 교육하는 일 나. 작업을 시작하기 전 또는 폭우가 내린 후에는 암석·토사의 낙하·균열의 유무 또는 함수(含水)·용수(湧水) 및 동결의 상태를 점검하는 일 다. 발파한 후에는 발파장소 및 그 주변의 암석·토사의 낙하·균열의 유무를 점검하는 일
12. 화물취급작업(제2편제6장제1절)	가. 작업방법 및 순서를 결정하고 작업을 지휘하는 일 나. 기구 및 공구를 점검하고 불량품을 제거하는 일 다. 그 작업장소에는 관계 근로자가 아닌 사람의 출입을 금지하는 일 라. 로프 등의 해체작업을 할 때에는 하대(荷臺) 위의 화물의 낙하위험 유무를 확인하고 작업의 착수를 지시하는 일
13. 부두와 선박에서의 하역작업(제2편제6장제2절)	가. 작업방법을 결정하고 작업을 지휘하는 일 나. 통행설비·하역기계·보호구 및 기구·공구를 점검·정비하고 이들의 사용 상황을 감시하는 일 다. 주변 작업자간의 연락을 조정하는 일
14. 전로 등 전기작업 또는 그 지지물의 설치, 점검, 수리 및 도장 등의 작업(제2편제3장)	가. 작업구간 내의 충전전로 등 모든 충전 시설을 점검하는 일 나. 작업방법 및 그 순서를 결정(근로자 교육 포함)하고 작업을 지휘하는 일 다. 작업근로자의 보호구 또는 절연용 보호구 착용 상황을 감시하고 감전재해 요소를 제거하는 일 라. 작업 공구, 절연용 방호구 등의 결함 여부와 기능을 점검하고 불량품을 제거하는 일 마. 작업장소에 관계 근로자 외에는 출입을 금지하고 주변 작업자와의 연락을 조정하며 도로작업 시 차량 및 통행인 등에 대한 교통통제 등 작업전반에 대해 지휘·감시하는 일 바. 활선작업용 기구를 사용하여 작업할 때 안전거리가 유지되는지 감시하는 일 사. 감전재해를 비롯한 각종 산업재해에 따른 신속한 응급처치를 할 수 있도록 근로자들을 교육하는 일
15. 관리대상 유해물질을 취급하는 작업(제3편제1장)	가. 관리대상 유해물질을 취급하는 근로자가 물질에 오염되지 않도록 작업방법을 결정하고 작업을 지휘하는 업무 나. 관리대상 유해물질을 취급하는 장소나 설비를 매월 1회 이상 순회점검하고 국소배기장치 등 환기설비에 대해서는 다음 각 호의 사항을 점검하여 필요한 조치를 하는 업무. 단, 환기설비를 점검하

작업의 종류	직 무 수 행 내 용
	는 경우에는 다음의 사항을 점검 (1) 후드(hood)나 덕트(duct)의 마모·부식, 그 밖의 손상 여부 및 정도 (2) 송풍기와 배풍기의 주유 및 청결 상태 (3) 덕트 접속부가 헐거워졌는지 여부 (4) 전동기와 배풍기를 연결하는 벨트의 작동 상태 (5) 흡기 및 배기 능력 상태 다. 보호구의 착용 상황을 감시하는 업무 라. 근로자가 탱크 내부에서 관리대상 유해물질을 취급하는 경우에 다음의 조치를 했는지 확인하는 업무 (1) 관리대상 유해물질에 관하여 필요한 지식을 가진 사람이 해당 작업을 지휘 (2) 관리대상 유해물질이 들어올 우려가 없는 경우에는 작업을 하는 설비의 개구부를 모두 개방 (3) 근로자의 신체가 관리대상 유해물질에 의하여 오염되었거나 작업이 끝난 경우에는 즉시 몸을 씻는 조치 (4) 비상시에 작업설비 내부의 근로자를 즉시 대피시키거나 구조하기 위한 기구와 그 밖의 설비를 갖추는 조치 (5) 작업을 하는 설비의 내부에 대하여 작업 전에 관리대상 유해물질의 농도를 측정하거나 그 밖의 방법으로 근로자가 건강에 장해를 입을 우려가 있는지를 확인하는 조치 (6) 제(5)에 따른 설비 내부에 관리대상 유해물질이 있는 경우에는 설비 내부를 충분히 환기하는 조치 (7) 유기화합물을 넣었던 탱크에 대하여 제(1)부터 제(6)까지의 조치 외에 다음의 조치 (가) 유기화합물이 탱크로부터 배출된 후 탱크 내부에 재유입되지 않도록 조치 (나) 물이나 수증기 등으로 탱크 내부를 씻은 후 그 씻은 물이나 수증기 등을 탱크로부터 배출 (다) 탱크 용적의 3배 이상의 공기를 채웠다가 내보내거나 탱크에 물을 가득 채웠다가 내보내거나 탱크에 물을 가득 채웠다가 배출 마. 나목에 따른 점검 및 조치 결과를 기록·관리하는 업무

작업의 종류	직 무 수 행 내 용
16. 허가대상 유해물질 취급작업(제3편제2장)	가. 근로자가 허가대상 유해물질을 들이마시거나 허가대상 유해물질에 오염되지 않도록 작업수칙을 정하고 지휘하는 업무 나. 작업장에 설치되어 있는 국소배기장치나 그 밖에 근로자의 건강장해 예방을 위한 장치 등을 매월 1회 이상 점검하는 업무 다. 근로자의 보호구 착용 상황을 점검하는 업무
17. 석면 해체·제거작업(제3편제2장제6절)	가. 근로자가 석면분진을 들이마시거나 석면분진에 오염되지 않도록 작업방법을 정하고 지휘하는 업무 나. 작업장에 설치되어 있는 석면분진 포집장치, 음압기 등의 장비의 이상 유무를 점검하고 필요한 조치를 하는 업무 다. 근로자의 보호구 착용 상황을 점검하는 업무
18. 고압작업(제3편제5장)	가. 작업방법을 결정하여 고압작업자를 직접 지휘하는 업무 나. 유해가스의 농도를 측정하는 기구를 점검하는 업무 다. 고압작업자가 작업실에 입실하거나 퇴실하는 경우에 고압작업자의 수를 점검하는 업무 라. 작업실에서 공기조절을 하기 위한 밸브나 콕을 조작하는 사람과 연락하여 작업실 내부의 압력을 적정한 상태로 유지하도록 하는 업무 마. 공기를 기압조절실로 보내거나 기압조절실에서 내보내기 위한 밸브나 콕을 조작하는 사람과 연락하여 고압작업자에 대하여 가압이나 감압을 다음과 같이 따르도록 조치하는 업무 (1) 가압을 하는 경우 1분에 제곱센티미터당 0.8킬로그램 이하의 속도로 함 (2) 감압을 하는 경우에는 고용노동부장관이 정하여 고시하는 기준에 맞도록 함 바. 작업실 및 기압조절실 내 고압작업자의 건강에 이상이 발생한 경우 필요한 조치를 하는 업무
19. 밀폐공간 작업(제3편제10장)	가. 산소가 결핍된 공기나 유해가스에 노출되지 않도록 작업 시작 전에 해당 근로자의 작업을 지휘하는 업무 나. 작업을 하는 장소의 공기가 적절한지를 작업 시작 전에 측정하는 업무 다. 측정장비·환기장치 또는 공기호흡기 또는 송기마스크를 작업 시작 전에 점검하는 업무 라. 근로자에게 공기호흡기 또는 송기마스크의 착용을 지도하고 착용 상황을 점검하는 업무

〔별표 3〕 (개정 2019.12.26)

작업시작 전 점검사항(제35조제2항 관련)

작업의 종류	점검내용
1. 프레스등을 사용하여 작업을 할 때(제2편제1장제3절)	가. 클러치 및 브레이크의 기능 나. 크랭크축·플라이휠·슬라이드·연결봉 및 연결 나사의 풀림 여부 다. 1행정 1정지기구·급정지장치 및 비상정지장치의 기능 라. 슬라이드 또는 칼날에 의한 위험방지 기구의 기능 마. 프레스의 금형 및 고정볼트 상태 바. 방호장치의 기능 사. 전단기(剪斷機)의 칼날 및 테이블의 상태
2. 로봇의 작동 범위에서 그 로봇에 관하여 교시 등(로봇의 동력원을 차단하고 하는 것은 제외한다)의 작업을 할 때(제2편제1장제13절)	가. 외부 전선의 피복 또는 외장의 손상 유무 나. 매니퓰레이터(manipulator) 작동의 이상 유무 다. 제동장치 및 비상정지장치의 기능
3. 공기압축기를 가동할 때(제2편제1장제7절)	가. 공기저장 압력용기의 외관 상태 나. 드레인밸브(drain valve)의 조작 및 배수 다. 압력방출장치의 기능 라. 언로드밸브(unloading valve)의 기능 마. 윤활유의 상태 바. 회전부의 덮개 또는 울 사. 그 밖의 연결 부위의 이상 유무
4. 크레인을 사용하여 작업을 하는 때(제2편제1장제9절제2관)	가. 권과방지장치·브레이크·클러치 및 운전장치의 기능 나. 주행로의 상측 및 트롤리(trolley)가 횡행하는 레일의 상태 다. 와이어로프가 통하고 있는 곳의 상태
5. 이동식 크레인을 사용하여 작업을 할 때(제2편제1장제9절제3관)	가. 권과방지장치나 그 밖의 경보장치의 기능 나. 브레이크·클러치 및 조정장치의 기능 다. 와이어로프가 통하고 있는 곳 및 작업장소의 지반상태
6. 리프트(자동차정비용리프트를 포함한다)를 사용하여 작업을 할 때(제2편제1장제9절제4관)	가. 방호장치·브레이크 및 클러치의 기능 나. 와이어로프가 통하고 있는 곳의 상태

작업의 종류	점검내용
7. 곤돌라를 사용하여 작업을 할 때(제2편제1장제9절제5관)	가. 방호장치·브레이크의 기능 나. 와이어로프·슬링와이어(sling wire) 등의 상태
8. 양중기의 와이어로프·달기체인·섬유로프·섬유벨트 또는 훅·샤클·링 등의 철구(이하 "와이어로프등"이라 한다)를 사용하여 고리걸이작업을 할 때(제2편제1장제9절제7관)	와이어로프등의 이상 유무
9. 지게차를 사용하여 작업을 하는 때(제2편제1장제10절제2관)	가. 제동장치 및 조종장치 기능의 이상 유무 나. 하역장치 및 유압장치 기능의 이상 유무 다. 바퀴의 이상 유무 라. 전조등·후미등·방향지시기 및 경보장치 기능의 이상 유무
10. 구내운반차를 사용하여 작업을 할 때(제2편제1장제10절제3관)	가. 제동장치 및 조종장치 기능의 이상 유무 나. 하역장치 및 유압장치 기능의 이상 유무 다. 바퀴의 이상 유무 라. 전조등·후미등·방향지시기 및 경음기 기능의 이상 유무 마. 충전장치를 포함한 홀더 등의 결합상태의 이상 유무
11. 고소작업대를 사용하여 작업을 할 때(제2편제1장제10절제4관)	가. 비상정지장치 및 비상하강 방지장치 기능의 이상 유무 나. 과부하 방지장치의 작동 유무(와이어로프 또는 체인구동방식의 경우) 다. 아웃트리거 또는 바퀴의 이상 유무 라. 작업면의 기울기 또는 요철 유무 마. 활선작업용 장치의 경우 홈·균열·파손 등 그 밖의 손상 유무
12. 화물자동차를 사용하는 작업을 하게 할 때(제2편제1장제10절제5관)	가. 제동장치 및 조종장치의 기능 나. 하역장치 및 유압장치의 기능 다. 바퀴의 이상 유무
13. 컨베이어등을 사용하여 작업을 할 때(제2편제1장제11절)	가. 원동기 및 풀리(pulley) 기능의 이상 유무 나. 이탈 등의 방지장치 기능의 이상 유무 다. 비상정지장치 기능의 이상 유무 라. 원동기·회전축·기어 및 풀리 등의 덮개 또는 울 등의 이상 유무

작업의 종류	점검내용
14. 차량계 건설기계를 사용하여 작업을 할 때(제2편제1장제12절제1관)	브레이크 및 클러치 등의 기능
14의2. 용접·용단 작업 등의 화재 위험작업을 할 때 (제2편제2장제2절)	가. 작업 준비 및 작업 절차 수립 여부 나. 화기작업에 따른 인근 가연성물질에 대한 방호조치 및 소화기구 비치 여부 다. 용접불티 비산방지덮개 또는 용접방화포 등 불꽃·불티 등의 비산을 방지하기 위한 조치 여부 라. 인화성 액체의 증기 또는 인화성 가스가 남아 있지 않도록 하는 환기 조치 여부 마. 작업근로자에 대한 화재예방 및 피난교육 등 비상조치 여부
15. 이동식 방폭구조(防爆構造) 전기기계·기구를 사용할 때(제2편제3장제1절)	전선 및 접속부 상태
16. 근로자가 반복하여 계속적으로 중량물을 취급하는 작업을 할 때(제2편제5장)	가. 중량물 취급의 올바른 자세 및 복장 나. 위험물이 날아 흩어짐에 따른 보호구의 착용 다. 카바이드·생석회(산화칼슘) 등과 같이 온도상승이나 습기에 의하여 위험성이 존재하는 중량물의 취급방법 라. 그 밖에 하역운반기계등의 적절한 사용방법
17. 양화장치를 사용하여 화물을 싣고 내리는 작업을 할 때(제2편제6장제2절)	가. 양화장치(揚貨裝置)의 작동상태 나. 양화장치에 제한하중을 초과하는 하중을 실었는지 여부
18. 슬링 등을 사용하여 작업을 할 때(제2편제6장제2절)	가. 훅이 붙어 있는 슬링·와이어슬링 등이 매달린 상태 나. 슬링·와이어슬링 등의 상태(작업시작 전 및 작업 중 수시로 점검)

〔별표 4〕

사전조사 및 작업계획서 내용(제38조제1항 관련)

작업명	사전조사 내용	작업계획서 내용
1. 타워크레인을 설치·조립·해체하는 작업	-	가. 타워크레인의 종류 및 형식 나. 설치·조립 및 해체순서 다. 작업도구·장비·가설설비(假設設備) 및 방호설비 라. 작업인원의 구성 및 작업근로자의 역할 범위 마. 제142조에 따른 지지 방법
2. 차량계 하역운반기계등을 사용하는 작업	-	가. 해당 작업에 따른 추락·낙하·전도·협착 및 붕괴 등의 위험 예방대책 나. 차량계 하역운반기계등의 운행경로 및 작업방법
3. 차량계 건설기계를 사용하는 작업	해당 기계의 전락(轉落), 지반의 붕괴 등으로 인한 근로자의 위험을 방지하기 위한 해당 작업장소의 지형 및 지반상태	가. 사용하는 차량계 건설기계의 종류 및 성능 나. 차량계 건설기계의 운행경로 다. 차량계 건설기계에 의한 작업방법
4. 화학설비와 그 부속설비 사용 작업	-	가. 밸브·콕 등의 조작(해당 화학설비에 원재료를 공급하거나 해당 화학설비에서 제품 등을 꺼내는 경우만 해당한다) 나. 냉각장치·가열장치·교반장치(攪拌裝置) 및 압축장치의 조작 다. 계측장치 및 제어장치의 감시 및 조정 라. 안전밸브, 긴급차단장치, 그 밖의 방호장치 및 자동경보장치의 조정 마. 덮개판·플랜지(flange)·밸브·콕 등의 접합부에서 위험물 등의 누출 여부에 대한 점검 바. 시료의 채취 사. 화학설비에서는 그 운전이 일시적 또는 부분적으로 중단된 경우의 작업방법 또는 운전 재개 시의 작업방법 아. 이상 상태가 발생한 경우의 응급조치 자. 위험물 누출 시의 조치

작업명	사전조사 내용	작업계획서 내용
		차. 그 밖에 폭발·화재를 방지하기 위하여 필요한 조치
5. 제318조에 따른 전기작업	-	가. 전기작업의 목적 및 내용 나. 전기작업 근로자의 자격 및 적정 인원 다. 작업 범위, 작업책임자 임명, 전격·아크 섬광·아크 폭발 등 전기 위험 요인 파악, 접근 한계거리, 활선접근 경보장치 휴대 등 작업 시작 전에 필요한 사항 라. 제328조의 전로차단에 관한 작업계획 및 전원(電源) 재투입 절차 등 작업 상황에 필요한 안전 작업 요령 마. 절연용 보호구 및 방호구, 활선작업용 기구·장치 등의 준비·점검·착용·사용 등에 관한 사항 바. 점검·시운전을 위한 일시 운전, 작업 중단 등에 관한 사항 사. 교대 근무 시 근무 인계(引繼)에 관한 사항 아. 전기작업장소에 대한 관계 근로자가 아닌 사람의 출입금지에 관한 사항 자. 전기안전작업계획서를 해당 근로자에게 교육할 수 있는 방법과 작성된 전기안전작업계획서의 평가·관리계획 차. 전기 도면, 기기 세부 사항 등 작업과 관련되는 자료
6. 굴착작업	가. 형상·지질 및 지층의 상태 나. 균열·함수(含水)·용수 및 동결의 유무 또는 상태 다. 매설물 등의 유무 또는 상태 라. 지반의 지하수위 상태	가. 굴착방법 및 순서, 토사 반출 방법 나. 필요한 인원 및 장비 사용계획 다. 매설물 등에 대한 이설·보호대책 라. 사업장 내 연락방법 및 신호방법 마. 흙막이 지보공 설치방법 및 계측계획 바. 작업지휘자의 배치계획 사. 그 밖에 안전·보건에 관련된 사항
7. 터널굴착작업	보링(boring) 등 적절한 방법으로 낙반·출수(出水) 및 가스폭발	가. 굴착의 방법 나. 터널지보공 및 복공(覆工)의 시공방법과 용수(湧水)의 처리방법

작업명	사전조사 내용	작업계획서 내용
	등으로 인한 근로자의 위험을 방지하기 위하여 미리 지형·지질 및 지층상태를 조사	다. 환기 또는 조명시설을 설치할 때에는 그 방법
8. 교량작업	-	가. 작업 방법 및 순서 나. 부재(部材)의 낙하·전도 또는 붕괴를 방지하기 위한 방법 다. 작업에 종사하는 근로자의 추락 위험을 방지하기 위한 안전조치 방법 라. 공사에 사용되는 가설 철구조물 등의 설치·사용·해체 시 안전성 검토 방법 마. 사용하는 기계 등의 종류 및 성능, 작업방법 바. 작업지휘자 배치계획 사. 그 밖에 안전·보건에 관련된 사항
9. 채석작업	지반의 붕괴·굴착기계의 전락(轉落) 등에 의한 근로자에게 발생할 위험을 방지하기 위한 해당 작업장의 지형·지질 및 지층의 상태	가. 노천굴착과 갱내굴착의 구별 및 채석방법 나. 굴착면의 높이와 기울기 다. 굴착면 소단(小段)의 위치와 넓이 라. 갱내에서의 낙반 및 붕괴방지 방법 마. 발파방법 바. 암석의 분할방법 사. 암석의 가공장소 아. 사용하는 굴착기계·분할기계·적재기계 또는 운반기계(이하 "굴착기계등"이라 한다)의 종류 및 성능 자. 토석 또는 암석의 적재 및 운반방법과 운반경로 차. 표토 또는 용수(湧水)의 처리방법
10. 건물 등의 해체작업	해체건물 등의 구조, 주변 상황 등	가. 해체의 방법 및 해체 순서도면 나. 가설설비·방호설비·환기설비 및 살수·방화설비 등의 방법 다. 사업장 내 연락방법 라. 해체물의 처분계획 마. 해체작업용 기계·기구 등의 작업계획서 바. 해체작업용 화약류 등의 사용계획서 사. 그 밖에 안전·보건에 관련된 사항

작업명	사전조사 내용	작업계획서 내용
11. 중량물의 취급 작업	-	가. 추락위험을 예방할 수 있는 안전대책 나. 낙하위험을 예방할 수 있는 안전대책 다. 전도위험을 예방할 수 있는 안전대책 라. 협착위험을 예방할 수 있는 안전대책 마. 붕괴위험을 예방할 수 있는 안전대책
12. 궤도와 그 밖의 관련설비의 보수·점검작업 13. 입환작업(入換作業)	-	가. 적절한 작업 인원 나. 작업량 다. 작업순서 라. 작업방법 및 위험요인에 대한 안전조치방법 등

〔별표 5〕

강관비계의 조립간격(제59조제4호 관련)

강관비계의 종류	조립간격(단위: m)	
	수직방향	수평방향
단관비계	5	5
틀비계(높이가 5m 미만인 것은 제외한다)	6	8

〔별표 6〕

차량계 건설기계(제196조 관련)

1. 도저형 건설기계(불도저, 스트레이트도저, 틸트도저, 앵글도저, 버킷도저 등)
2. 모터그레이더
3. 로더(포크 등 부착물 종류에 따른 용도 변경 형식을 포함한다)
4. 스크레이퍼
5. 크레인형 굴착기계(크램쉘, 드래그라인 등)
6. 굴착기(브레이커, 크러셔, 드릴 등 부착물 종류에 따른 용도 변경 형식을 포함한다)
7. 항타기 및 항발기
8. 천공용 건설기계(어스드릴, 어스오거, 크롤러드릴, 점보드릴 등)
9. 지반 압밀침하용 건설기계(샌드드레인머신, 페이퍼드레인머신, 팩드레인머신 등)

10. 지반 다짐용 건설기계(타이어롤러, 매커덤롤러, 탠덤롤러 등)
11. 준설용 건설기계(버킷준설선, 그래브준설선, 펌프준설선 등)
12. 콘크리트 펌프카
13. 덤프트럭
14. 콘크리트 믹서 트럭
15. 도로포장용 건설기계(아스팔트 살포기, 콘크리트 살포기, 아스팔트 피니셔, 콘크리트 피니셔 등)
16. 제1호부터 제15호까지와 유사한 구조 또는 기능을 갖는 건설기계로서 건설작업에 사용하는 것

〔별표 7〕

화학설비 및 그 부속설비의 종류
(제227조부터 제229조까지, 제243조 및 제2편제2장제4절 관련)

1. 화학설비
   가. 반응기·혼합조 등 화학물질 반응 또는 혼합장치
   나. 증류탑·흡수탑·추출탑·감압탑 등 화학물질 분리장치
   다. 저장탱크·계량탱크·호퍼·사일로 등 화학물질 저장설비 또는 계량설비
   라. 응축기·냉각기·가열기·증발기 등 열교환기류
   마. 고로 등 점화기를 직접 사용하는 열교환기류
   바. 캘린더(calender)·혼합기·발포기·인쇄기·압출기 등 화학제품 가공설비
   사. 분쇄기·분체분리기·용융기 등 분체화학물질 취급장치
   아. 결정조·유동탑·탈습기·건조기 등 분체화학물질 분리장치
   자. 펌프류·압축기·이젝터(ejector) 등의 화학물질 이송 또는 압축설비
2. 화학설비의 부속설비
   가. 배관·밸브·관·부속류 등 화학물질 이송 관련 설비
   나. 온도·압력·유량 등을 지시·기록 등을 하는 자동제어 관련 설비
   다. 안전밸브·안전판·긴급차단 또는 방출밸브 등 비상조치 관련 설비
   라. 가스누출감지 및 경보 관련 설비
   마. 세정기, 응축기, 벤트스택(bent stack), 플레어스택(flare stack) 등 폐가스처리설비
   바. 사이클론, 백필터(bag filter), 전기집진기 등 분진처리설비
   사. 가목부터 바목까지의 설비를 운전하기 위하여 부속된 전기 관련 설비
   아. 정전기 제거장치, 긴급 샤워설비 등 안전 관련 설비

〔별표 8〕

안전거리(제271조 관련)

구 분	안전거리
1. 단위공정시설 및 설비로부터 다른 단위공정시설 및 설비의 사이	설비의 바깥 면으로부터 10미터 이상
2. 플레어스택으로부터 단위공정시설 및 설비, 위험물질 저장탱크 또는 위험물질 하역설비의 사이	플레어스택으로부터 반경 20미터 이상. 다만, 단위공정시설 등이 불연재로 시공된 지붕 아래에 설치된 경우에는 그러하지 아니하다.
3. 위험물질 저장탱크로부터 단위공정시설 및 설비, 보일러 또는 가열로의 사이	저장탱크의 바깥 면으로부터 20미터 이상. 다만, 저장탱크의 방호벽, 원격조종 화설비 또는 살수설비를 설치한 경우에는 그러하지 아니하다.
4. 사무실·연구실·실험실·정비실 또는 식당으로부터 단위공정시설 및 설비, 위험물질 저장탱크, 위험물질 하역설비, 보일러 또는 가열로의 사이	사무실 등의 바깥 면으로부터 20미터 이상. 다만, 난방용 보일러인 경우 또는 사무실 등의 벽을 방호구조로 설치한 경우에는 그러하지 아니하다.

〔별표 9〕 (개정 2019.12.26)

위험물질의 기준량(제273조 관련)

위험물질	기준량
1. 폭발성 물질 및 유기과산화물	
가. 질산에스테르류	10킬로그램
니트로글리콜·니트로글리세린·니트로셀룰로오스 등	
나. 니트로 화합물	200킬로그램
트리니트로벤젠·트리니트로톨루엔·피크린산 등	
다. 니트로소 화합물	200킬로그램
라. 아조 화합물	200킬로그램
마. 디아조 화합물	200킬로그램
바. 하이드라진 유도체	200킬로그램
사. 유기과산화물	50킬로그램
과초산, 메틸에틸케톤 과산화물, 과산화벤조일 등	

위험물질	기준량
2. 물반응성 물질 및 인화성 고체	
가. 리튬	5킬로그램
나. 칼륨·나트륨	10킬로그램
다. 황	100킬로그램
라. 황린	20킬로그램
마. 황화인·적린	50킬로그램
바. 셀룰로이드류	150킬로그램
사. 알킬알루미늄·알킬리튬	10킬로그램
아. 마그네슘 분말	500킬로그램
자. 금속 분말(마그네슘 분말은 제외한다)	1,000킬로그램
차. 알칼리금속(리튬·칼륨 및 나트륨은 제외한다)	50킬로그램
카. 유기금속화합물(알킬알루미늄 및 알킬리튬은 제외한다)	50킬로그램
타. 금속의 수소화물	300킬로그램
파. 금속의 인화물	300킬로그램
하. 칼슘 탄화물, 알루미늄 탄화물	300킬로그램
3. 산화성 액체 및 산화성 고체	
가. 차아염소산 및 그 염류	
(1) 차아염소산	300킬로그램
(2) 차아염소산칼륨, 그 밖의 차아염소산염류	50킬로그램
나. 아염소산 및 그 염류	
(1) 아염소산	300킬로그램
(2) 아염소산칼륨, 그 밖의 아염소산염류	50킬로그램
다. 염소산 및 그 염류	
(1) 염소산	300킬로그램
(2) 염소산칼륨, 염소산나트륨, 염소산암모늄, 그 밖의 염소산염류	50킬로그램
라. 과염소산 및 그 염류	
(1) 과염소산	300킬로그램
(2) 과염소산칼륨, 과염소산나트륨, 과염소산암모늄, 그 밖의 과염소산염류	50킬로그램
마. 브롬산 및 그 염류	
브롬산염류	100킬로그램
바. 요오드산 및 그 염류	
요오드산염류	300킬로그램
사. 과산화수소 및 무기 과산화물	

위험물질	기준량
(1) 과산화수소	300킬로그램
(2) 과산화칼륨, 과산화나트륨, 과산화바륨, 그 밖의 무기 과산화물	50킬로그램
아. 질산 및 그 염류	
질산칼륨, 질산나트륨, 질산암모늄, 그 밖의 질산염류	1,000킬로그램
자. 과망간산 및 그 염류	1,000킬로그램
차. 중크롬산 및 그 염류	3,000킬로그램
4. 인화성 액체	
가. 에틸에테르·가솔린·아세트알데히드·산화프로필렌, 그 밖에 인화점이 23℃ 미만이고 초기 끓는점이 35℃ 이하인 물질	200리터
나. 노말헥산·아세톤·메틸에틸케톤·메틸알코올·에틸알코올·이황화탄소, 그 밖에 인화점이 23℃ 미만이고 초기 끓는점이 35℃를 초과하는 물질	400리터
다. 크실렌·아세트산아밀·등유·경유·테레핀유·이소아밀알코올·아세트산·하이드라진, 그 밖에 인화점이 23℃ 이상 60℃ 이하인 물질	1,000리터
5. 인화성 가스	
가. 수소	50세제곱미터
나. 아세틸렌	
다. 에틸렌	
라. 메탄	
마. 에탄	
바. 프로판	
사. 부탄	
아. 영 별표13에 따른 인화성 가스	
6. 부식성 물질로서 다음 각 목의 어느 하나에 해당하는 물질	
가. 부식성 산류	300킬로그램
(1) 농도가 20퍼센트 이상인 염산·황산·질산, 그 밖에 이와 동등 이상의 부식성을 가지는 물질	
(2) 농도가 60퍼센트 이상인 인산·아세트산·불산, 그 밖에 이와 동등 이상의 부식성을 가지는 물질	
나. 부식성 염기류	300킬로그램
농도가 40퍼센트 이상인 수산화나트륨·수산화칼륨, 그 밖에 이	

위험물질	기준량
와 동등 이상의 부식성을 가지는 염기류	
7. 급성 독성 물질	
가. 시안화수소·플루오르아세트산 및 소디움염·디옥신 등 LD50(경구, 쥐)이 킬로그램당 5밀리그램 이하인 독성물질	5킬로그램
나. LD50(경피, 토끼 또는 쥐)이 킬로그램당 50밀리그램(체중) 이하인 독성물질	5킬로그램
다. 데카보란·디보란·포스핀·이산화질소·메틸이소시아네이트·디클로로아세틸렌·플루오로아세트아마이드·케텐·1,4-디클로로-2-부텐·메틸비닐케톤·벤조트라이클로라이드·산화카드뮴·규산메틸·디페닐메탄디이소시아네이트·디페닐설페이트 등 가스 LC50(쥐, 4시간 흡입)이 100ppm 이하인 화학물질, 증기 LC50(쥐, 4시간 흡입)이 0.5mg/ℓ 이하인 화학물질, 분진 또는 미스트 0.05mg/ℓ 이하인 독성물질	5킬로그램
라. 산화제2수은·시안화나트륨·시안화칼륨·폴리비닐알코올·2-클로로아세트알데히드·염화제2수은 등 LD50(경구, 쥐)이 킬로그램당 5밀리그램(체중) 이상 50밀리그램(체중) 이하인 독성물질	20킬로그램
마. LD50(경피, 토끼 또는 쥐)이 킬로그램당 50밀리그램(체중) 이상 200밀리그램(체중) 이하인 독성물질	20킬로그램
바. 황화수소·황산·질산·테트라메틸납·디에틸렌트리아민·플루오린화 카보닐·헥사플루오로아세톤·트리플루오르화염소·푸르푸릴알코올·아닐린·불소·카보닐플루오라이드·발연황산·메틸에틸케톤 과산화물·디메틸에테르·페놀·벤질클로라이드·포스포러스펜톡사이드·벤질디메틸아민·피롤리딘 등 가스 LC50(쥐, 4시간 흡입)이 100ppm 이상 500ppm 이하인 화학물질, 증기 LC50(쥐, 4시간 흡입)이 0.5mg/ℓ 이상 2.0mg/ℓ 이하인 화학물질, 분진 또는 미스트 0.05mg/ℓ 이상 0.5mg/ℓ 이하인 독성물질	20킬로그램
사. 이소프로필아민·염화카드뮴·산화제2코발트·사이클로헥실아민·2-아미노피리딘·아조디이소부티로니트릴 등 LD50(경구, 쥐)이 킬로그램당 50밀리그램(체중) 이상 300밀리그램(체중) 이하인 독성물질	100킬로그램
아. 에틸렌디아민 등 LD50(경피, 토끼 또는 쥐)이 킬로그램당 200밀리그램(체중) 이상 1,000밀리그램(체중) 이하인 독성물질	100킬로그램

위험물질	기준량
자. 불화수소·산화에틸렌·트리에틸아민·에틸아크릴산·브롬화수소·무수아세트산·황화불소·메틸프로필케톤·사이클로헥실아민 등 가스 LC50(쥐, 4시간 흡입)이 500ppm 이상 2,500ppm 이하인 독성물질, 증기 LC50(쥐, 4시간 흡입)이 2.0mg/ℓ 이상 10mg/ℓ 이하인 독성물질, 분진 또는 미스트 0.5mg/ℓ 이상 1.0mg/ℓ 이하인 독성물질	100킬로그램

비고

1. 기준량은 제조 또는 취급하는 설비에서 하루 동안 최대로 제조하거나 취급할 수 있는 수량을 말한다.
2. 기준량 항목의 수치는 순도 100퍼센트를 기준으로 산출한다.
3. 2종 이상의 위험물질을 제조하거나 취급하는 경우에는 각 위험물질의 제조 또는 취급량을 구한 후 다음 공식에 따라 산출한 값 R이 1 이상인 경우 기준량을 초과한 것으로 본다.

$$R = \frac{C_1}{T_1} + \frac{C_2}{T_2} + \cdots\cdots + \frac{C_n}{T_n}$$

C_n: 위험물실 각각의 제조 또는 취급량

T_n: 위험물질 각각의 기준량

4. 위험물질이 둘 이상의 위험물질로 분류되어 서로 다른 기준량을 가지게 될 경우에는 가장 작은 값의 기준량을 해당 위험물질의 기준량으로 한다.
5. 인화성 가스의 기준량은 운전온도 및 운전압력 상태에서의 값으로 한다.

〔별표 10〕

강재의 사용기준(제329조 관련)

강재의 종류	인장강도(kg/㎟)	신장률(%)
강관	34 이상 41 미만	25 이상
	41 이상 50 미만	20 이상
	50 이상	10 이상
강판, 형강, 평강, 경량형강	34 이상 41 미만	21 이상
	41 이상 50 미만	16 이상
	50 이상 60 미만	12 이상
	60 이상	8 이상
봉강	34 이상 41 미만	25 이상
	41 이상 50 미만	20 이상
	50 미만	18 이상

〔별표 11〕

굴착면의 기울기 기준(제338조제1항 관련)

구분	지반의 종류	기울기
보통흙	습지	1 : 1~1 : 1.5
	건지	1 : 0.5~1 : 1
암반	풍화암	1 : 0.8
	연암	1 : 0.5
	경암	1 : 0.3

〔별표 12〕 (개정 2019.12.26)

관리대상 유해물질의 종류
(제420조, 제439조 및 제440조 관련)

1. 유기화합물(117종)
 1) 글루타르알데히드(Glutaraldehyde; 111-30-8)
 2) 니트로글리세린(Nitroglycerin; 55-63-0)
 3) 니트로메탄(Nitromethane; 75-52-5)
 4) 니트로벤젠(Nitrobenzene; 98-95-3)
 5) p-니트로아닐린(p-Nitroaniline; 100-01-6)
 6) p-니트로클로로벤젠(p-Nitrochlorobenzene; 100-00-5)
 7) 디(2-에틸헥실)프탈레이트(Di(2-ethylhexyl)phthalate; 117-81-7)
 8) 디니트로톨루엔(Dinitrotoluene; 25321-14-6 등)(특별관리물질)
 9) N,N-디메틸아닐린(N,N-Dimethylaniline; 121-69-7)
 10) 디메틸아민(Dimethylamine; 124-40-3)
 11) N,N-디메틸아세트아미드(N,N-Dimethylacetamide; 127-19-5)(특별관리물질)
 12) 디메틸포름아미드(Dimethylformamide; 68-12-2)(특별관리물질)
 13) 디에탄올아민(Diethanolamine; 111-42-2)
 14) 디에틸 에테르(Diethyl ether; 60-29-7)
 15) 디에틸렌트리아민(Diethylenetriamine; 111-40-0)
 16) 2-디에틸아미노에탄올(2-Diethylaminoethanol; 100-37-8)
 17) 디에틸아민(Diethylamine; 109-89-7)
 18) 1,4-디옥산(1,4-Dioxane; 123-91-1)
 19) 디이소부틸케톤(Diisobutylketone; 108-83-8)
 20) 1,1-디클로로-1-플루오로에탄(1,1-Dichloro-1-fluoroethane; 1717-00-6)

21) 디클로로메탄(Dichloromethane; 75-09-2)
22) o-디클로로벤젠(o-Dichlorobenzene; 95-50-1)
23) 1,2-디클로로에탄(1,2-Dichloroethane; 107-06-2)(특별관리물질)
24) 1,2-디클로로에틸렌(1,2-Dichloroethylene; 540-59-0 등)
25) 1,2-디클로로프로판(1,2-Dichloropropane; 78-87-5)(특별관리물질)
26) 디클로로플루오로메탄(Dichlorofluoromethane; 75-43-4)
27) p-디히드록시벤젠(p-dihydroxybenzene; 123-31-9)
28) 메탄올(Methanol; 67-56-1)
29) 2-메톡시에탄올(2-Methoxyethanol; 109-86-4)(특별관리물질)
30) 2-메톡시에틸 아세테이트(2-Methoxyethyl acetate; 110-49-6)(특별관리물질)
31) 메틸 n-부틸 케톤(Methyl n-butyl ketone; 591-78-6)
32) 메틸 n-아밀 케톤(Methyl n-amyl ketone; 110-43-0)
33) 메틸 아민(Methyl amine; 74-89-5)
34) 메틸 아세테이트(Methyl acetate; 79-20-9)
35) 메틸 에틸 케톤(Methyl ethyl ketone; 78-93-3)
36) 메틸 이소부틸 케톤(Methyl isobutyl ketone; 108-10-1)
37) 메틸 클로라이드(Methyl chloride; 74-87-3)
38) 메틸 클로로포름(Methyl chloroform; 71-55-6)
39) 메틸렌 비스(페닐 이소시아네이트)(Methylene bis(phenyl isocyanate); 101-68-8 등)
40) o-메틸시클로헥사논(o-Methylcyclohexanone; 583-60-8)
41) 메틸시클로헥사놀(Methylcyclohexanol; 25639-42-3 등)
42) 무수 말레산(Maleic anhydride; 108-31-6)
43) 무수 프탈산(Phthalic anhydride; 85-44-9)
44) 벤젠(Benzene; 71-43-2)(특별관리물질)
45) 1,3-부타디엔(1,3-Butadiene; 106-99-0)(특별관리물질)
46) n-부탄올(n-Butanol; 71-36-3)
47) 2-부탄올(2-Butanol; 78-92-2)
48) 2-부톡시에탄올(2-Butoxyethanol; 111-76-2)
49) 2-부톡시에틸 아세테이트(2-Butoxyethyl acetate; 112-07-2)
50) n-부틸 아세테이트(n-Butyl acetate; 123-86-4)
51) 1-브로모프로판(1-Bromopropane; 106-94-5)(특별관리물질)
52) 2-브로모프로판(2-Bromopropane; 75-26-3)(특별관리물질)
53) 브롬화 메틸(Methyl bromide; 74-83-9)
54) 브이엠 및 피 나프타(VM&P Naphtha; 8032-32-4)
55) 비닐 아세테이트(Vinyl acetate; 108-05-4)
56) 사염화탄소(Carbon tetrachloride; 56-23-5)(특별관리물질)

57) 스토다드 솔벤트(Stoddard solvent; 8052-41-3)(벤젠을 0.1% 이상 함유한 경우만 특별관리물질)
58) 스티렌(Styrene; 100-42-5)
59) 시클로헥사논(Cyclohexanone; 108-94-1)
60) 시클로헥사놀(Cyclohexanol; 108-93-0)
61) 시클로헥산(Cyclohexane; 110-82-7)
62) 시클로헥센(Cyclohexene; 110-83-8)
63) 아닐린[62-53-3] 및 그 동족체(Aniline and its homologues)
64) 아세토니트릴(Acetonitrile; 75-05-8)
65) 아세톤(Acetone; 67-64-1)
66) 아세트알데히드(Acetaldehyde; 75-07-0)
67) 아크릴로니트릴(Acrylonitrile; 107-13-1)(특별관리물질)
68) 아크릴아미드(Acrylamide; 79-06-1)(특별관리물질)
69) 알릴 글리시딜 에테르(Allyl glycidyl ether; 106-92-3)
70) 에탄올아민(Ethanolamine; 141-43-5)
71) 2-에톡시에탄올(2-Ethoxyethanol; 110-80-5)(특별관리물질)
72) 2-에톡시에틸 아세테이트(2-Ethoxyethyl acetate; 111-15-9)(특별관리물질)
73) 에틸 벤젠(Ethyl benzene; 100-41-4)
74) 에틸 아세테이트(Ethyl acetate; 141-78-6)
75) 에틸 아크릴레이트(Ethyl acrylate; 140-88-5)
76) 에틸렌 글리콜(Ethylene glycol; 107-21-1)
77) 에틸렌 글리콜 디니트레이트(Ethylene glycol dinitrate; 628-96-6)
78) 에틸렌 클로로히드린(Ethylene chlorohydrin; 107-07-3)
79) 에틸렌이민(Ethyleneimine; 151-56-4)(특별관리물질)
80) 에틸아민(Ethylamine; 75-04-7)
81) 2,3-에폭시-1-프로판올(2,3-Epoxy-1-propanol; 556-52-5 등)(특별관리물질)
82) 1,2-에폭시프로판(1,2-Epoxypropane; 75-56-9 등)(특별관리물질)
83) 에피클로로히드린(Epichlorohydrin; 106-89-8 등)(특별관리물질)
84) 요오드화 메틸(Methyl iodide; 74-88-4)
85) 이소부틸 아세테이트(Isobutyl acetate; 110-19-0)
86) 이소부틸 알코올(Isobutyl alcohol; 78-83-1)
87) 이소아밀 아세테이트(Isoamyl acetate; 123-92-2)
88) 이소아밀 알코올(Isoamyl alcohol; 123-51-3)
89) 이소프로필 아세테이트(Isopropyl acetate; 108-21-4)
90) 이소프로필 알코올(Isopropyl alcohol; 67-63-0)
91) 이황화탄소(Carbon disulfide; 75-15-0)
92) 크레졸(Cresol; 1319-77-3 등)

93) 크실렌(Xylene; 1330-20-7 등)
94) 2-클로로-1,3-부타디엔(2-Chloro-1,3-butadiene; 126-99-8)
95) 클로로벤젠(Chlorobenzene; 108-90-7)
96) 1,1,2,2-테트라클로로에탄(1,1,2,2-Tetrachloroethane; 79-34-5)
97) 테트라히드로푸란(Tetrahydrofuran; 109-99-9)
98) 톨루엔(Toluene; 108-88-3)
99) 톨루엔-2,4-디이소시아네이트(Toluene-2,4-diisocyanate; 584-84-9 등)
100) 톨루엔-2,6-디이소시아네이트(Toluene-2,6-diisocyanate); 91-08-7 등)
101) 트리에틸아민(Triethylamine; 121-44-8)
102) 트리클로로메탄(Trichloromethane; 67-66-3)
103) 1,1,2-트리클로로에탄(1,1,2-Trichloroethane; 79-00-5)
104) 트리클로로에틸렌(Trichloroethylene; 79-01-6)(특별관리물질)
105) 1,2,3-트리클로로프로판(1,2,3-Trichloropropane; 96-18-4)(특별관리물질)
106) 퍼클로로에틸렌(Perchloroethylene; 127-18-4)(특별관리물질)
107) 페놀(Phenol; 108-95-2)(특별관리물질)
108) 페닐 글리시딜 에테르(Phenyl glycidyl ether; 122-60-1 등)
109) 포름알데히드(Formaldehyde; 50-00-0)(특별관리물질)
110) 프로필렌이민(Propyleneimine; 75-55-8)(특별관리물질)
111) n-프로필 아세테이트(n-Propyl acetate; 109-60-4)
112) 피리딘(Pyridine; 110-86-1)
113) 헥사메틸렌 디이소시아네이트(Hexamethylene diisocyanate; 822-06-0)
114) n-헥산(n-Hexane; 110-54-3)
115) n-헵탄(n-Heptane; 142-82-5)
116) 황산 디메틸(Dimethyl sulfate; 77-78-1)(특별관리물질)
117) 히드라진[302-01-2] 및 그 수화물(Hydrazine and its hydrates)(특별관리물질)
118) 1)부터 117)까지의 물질을 중량비율 1%[N,N-디메틸아세트아미드(특별관리물질), 디메틸포름아미드(특별관리물질), 2-메톡시에탄올(특별관리물질), 2-메톡시에틸 아세테이트(특별관리물질), 1-브로모프로판(특별관리물질), 2-브로모프로판(특별관리물질), 2-에톡시에탄올(특별관리물질), 2-에톡시에틸 아세테이트(특별관리물질) 및 페놀(특별관리물질)은 0.3%, 그 밖의 특별관리물질은 0.1%] 이상 함유한 혼합물

2. 금속류(24종)

1) 구리[7440-50-8] 및 그 화합물(Copper and its compounds)
2) 납[7439-92-1] 및 그 무기화합물(Lead and its inorganic compounds)(특별관리물질)
3) 니켈[7440-02-0] 및 그 무기화합물, 니켈 카르보닐(Nickel and its inorganic compounds, Nickel carbonyl)(불용성화합물만 특별관리물질)

4) 망간[7439-96-5] 및 그 무기화합물(Manganese and its inorganic compounds)
5) 바륨[7440-39-3] 및 그 가용성 화합물(Barium and its soluble compounds)
6) 백금[7440-06-4] 및 그 화합물(Platinum and its compounds)
7) 산화마그네슘(Magnesium oxide; 1309-48-4)
8) 셀레늄[7782-49-2] 및 그 화합물(Selenium and its compounds)
9) 수은[7439-97-6] 및 그 화합물(Mercury and its compounds)(특별관리물질. 다만, 아릴화합물 및 알킬화합물은 특별관리물질에서 제외한다)
10) 아연[7440-66-6] 및 그 화합물(Zinc and its compounds)
11) 안티몬[7440-36-0] 및 그 화합물(Antimony and its compounds) (삼산화안티몬만 특별관리물질)
12) 알루미늄[7429-90-5] 및 그 화합물(Aluminum and its compounds)
13) 오산화바나듐(Vanadium pentoxide; 1314-62-1)
14) 요오드[7553-56-2] 및 요오드화물(Iodine and iodides)
15) 은[7440-22-4] 및 그 화합물(Silver and its compounds)
16) 이산화티타늄(Titanium dioxide; 13463-67-7)
17) 인듐[7440-74-6] 및 그 화합물(Indium and its compounds)
18) 주석[7440-31-5] 및 그 화합물(Tin and its compounds)
19) 지르코늄[7440-67-7] 및 그 화합물(Zirconium and its compounds)
20) 철[7439-89-6] 및 그 화합물(Iron and its compounds)
21) 카드뮴[7440-43-9] 및 그 화합물(Cadmium and its compounds)(특별관리물질)
22) 코발트[7440-48-4] 및 그 무기화합물(Cobalt and its inorganic compounds)
23) 크롬[7440-47-3] 및 그 화합물(Chromium and its compounds)(6가크롬 화합물만 특별관리물질)
24) 텅스텐[7440-33-7] 및 그 화합물(Tungsten and its compounds)
25) 1)부터 24)까지의 물질을 중량비율 1%[납 및 그 무기화합물(특별관리물질), 수은 및 그 화합물(특별관리물질. 다만, 아릴화합물 및 알킬화합물은 특별관리물질에서 제외한다)은 0.3%, 그 밖의 특별관리물질은 0.1%] 이상 함유한 혼합물

3. 산·알칼리류(17종)
1) 개미산(Formic acid; 64-18-6)
2) 과산화수소(Hydrogen peroxide; 7722-84-1)
3) 무수 초산(Acetic anhydride; 108-24-7)
4) 불화수소(Hydrogen fluoride; 7664-39-3)
5) 브롬화수소(Hydrogen bromide; 10035-10-6)
6) 수산화 나트륨(Sodium hydroxide; 1310-73-2)
7) 수산화 칼륨(Potassium hydroxide; 1310-58-3)
8) 시안화 나트륨(Sodium cyanide; 143-33-9)

9) 시안화 칼륨(Potassium cyanide; 151-50-8)
10) 시안화 칼슘(Calcium cyanide; 592-01-8)
11) 아크릴산(Acrylic acid; 79-10-7)
12) 염화수소(Hydrogen chloride; 7647-01-0)
13) 인산(Phosphoric acid; 7664-38-2)
14) 질산(Nitric acid; 7697-37-2)
15) 초산(Acetic acid; 64-19-7)
16) 트리클로로아세트산(Trichloroacetic acid; 76-03-9)
17) 황산(Sulfuric acid; 7664-93-9)(pH 2.0 이하인 강산은 특별관리물질)
18) 1)부터 17)까지의 물질을 중량비율 1%(특별관리물질은 0.1%) 이상 함유한 혼합물

4. 가스 상태 물질류(15종)
1) 불소(Fluorine; 7782-41-4)
2) 브롬(Bromine; 7726-95-6)
3) 산화에틸렌(Ethylene oxide; 75-21-8)(특별관리물질)
4) 삼수소화 비소(Arsine; 7784-42-1)
5) 시안화 수소(Hydrogen cyanide; 74-90-8)
6) 암모니아(Ammonia; 7664-41-7 등)
7) 염소(Chlorine; 7782-50-5)
8) 오존(Ozone; 10028-15-6)
9) 이산화질소(nitrogen dioxide; 10102-44-0)
10) 이산화황(Sulfur dioxide; 7446-09-5)
11) 일산화질소(Nitric oxide; 10102-43-9)
12) 일산화탄소(Carbon monoxide; 630-08-0)
13) 포스겐(Phosgene; 75-44-5)
14) 포스핀(Phosphine; 7803-51-2)
15) 황화수소(Hydrogen sulfide; 7783-06-4)
16) 1)부터 15)까지의 물질을 중량비율 1%(특별관리물질은 0.1%) 이상 함유한 혼합물

비고: '등'이란 해당 화학물질에 이성질체 등 동일 속성을 가지는 2개 이상의 화합물이 존재할 수 있는 경우를 말한다.

〔별표 13〕

관리대상 유해물질 관련 국소배기장치 후드의 제어풍속
(제429조 관련)

물질의 상태	후드 형식	제어풍속(m/sec)
가스 상태	포위식 포위형	0.4
	외부식 측방흡인형	0.5
	외부식 하방흡인형	0.5
	외부식 상방흡인형	1.0
입자 상태	포위식 포위형	0.7
	외부식 측방흡인형	1.0
	외부식 하방흡인형	1.0
	외부식 상방흡인형	1.2

비고

1. "가스 상태"란 관리대상 유해물질이 후드로 빨아들여질 때의 상태가 가스 또는 증기인 경우를 말한다.
2. "입자 상태"란 관리대상 유해물질이 후드로 빨아들여질 때의 상태가 흄, 분진 또는 미스트인 경우를 말한다.
3. "제어풍속"이란 국소배기장치의 모든 후드를 개방한 경우의 제어풍속으로서 다음 각 목에 따른 위치에서의 풍속을 말한다.
   가. 포위식 후드에서는 후드 개구면에서의 풍속
   나. 외부식 후드에서는 해당 후드에 의하여 관리대상 유해물질을 빨아들이려는 범위 내에서 해당 후드 개구면으로부터 가장 먼 거리의 작업위치에서의 풍속

〔별표 14〕 (개정 2019.12.26)

혈액노출 근로자에 대한 조치사항

(제598조제2항 관련)

1. B형 간염에 대한 조치사항

<table>
<tr><th colspan="2" rowspan="2">근로자의 상태[1)]</th><th colspan="3">노출된 혈액의 상태에 따른 치료 방침</th></tr>
<tr><th>HBsAg 양성</th><th>HBsAg 음성</th><th>검사를 할 수 없거나 혈액의 상태를 모르는 경우</th></tr>
<tr><td colspan="2">예방접종[2)]하지 않은 경우</td><td>HBIG[3)]1회 투여 및 B형간염 예방접종 실시</td><td>B형간염 예방접종 실시</td><td>B형간염 예방접종 실시</td></tr>
<tr><td rowspan="3">예방접종한 경우</td><td>항체형성 HBsAb(+)</td><td>치료하지 않음</td><td>치료하지 않음</td><td>치료하지 않음</td></tr>
<tr><td>항체미형성 HBsAb(-)</td><td>HBIG 2회 투여[4)] 또는 HBIG 1회 투여 및 B형간염 백신 재접종</td><td>치료하지 않음</td><td>고위험 감염원인 경우 HBsAg 양성의 경우와 같이 치료함</td></tr>
<tr><td>모름</td><td>항체(HBsAb) 검사:
1. 적절[5)]: 치료하지 않음
2. 부적절: HBIG 1회투여 및 B형간염 백신 추가접종</td><td>치료하지 아니함</td><td>항체(HBsAb) 검사:
1. 적절: 치료하지 않음
2. 부적절: B형간염백신 추가접종과 1~2개월후 항체역가검사</td></tr>
</table>

비고

1. 과거 B형간염을 앓았던 사람은 면역이 되므로 예방접종이 필요하지 않다.
2. 예방접종은 B형간염 백신을 3회 접종완료한 것을 의미한다.
3. HBIG(B형간염 면역글로불린)는 가능한 한 24시간 이내에 0.06ml/kg을 근육주사한다.
4. HBIG 2회 투여는 예방접종을 2회 하였지만 항체가 형성되지 않은 사람 또는 예방접종을 2회 하지 않았거나 2회차 접종이 완료되지 않은 사람에게 투여하는 것을 의미한다.
5. 항체가 적절하다는 것은 혈청내 항체(anti HBs)가 10mIU/ml 이상임을 말한다.
6. HBsAg(Hepatitis B Antigen): B형간염 항원

2. 인간면역결핍 바이러스에 대한 조치사항

<table>
<tr><th rowspan="2">노출 형태 / 혈액의 감염상태</th><th colspan="2">침습적 노출</th><th colspan="2">점막 및 피부노출</th></tr>
<tr><th>심한 노출[5)]</th><th>가벼운 노출[6)]</th><th>다량 노출[7)]</th><th>소량 노출[8)]</th></tr>
<tr><td>인간면역결핍 바이러스 양성-1급[1)]</td><td colspan="2">확장 3제 예방요법[9)]</td><td>확장 3제 예방요법</td><td>기본 2제 예방요법</td></tr>
<tr><td>인간면역결핍 바이러스 양성-2급[2)]</td><td>확장 3제 예방요법</td><td>기본 2제 예방요법</td><td colspan="2">기본 2제 예방요법[10)]</td></tr>
<tr><td>혈액의 인간면역결핍 바이러스 감염상태 모름[3)]</td><td colspan="4">예방요법 필요 없음. 그러나 인간면역결핍 바이러스 위험요인이 있으면 기본 2제 예방요법 고려</td></tr>
<tr><td>노출된 혈액을 확인할 수 없음[4)]</td><td colspan="4">예방요법 필요 없음. 그러나 인간면역결핍 바이러스에 감염된 환자의 것으로 추정되면 기본 2제 예방요법 고려</td></tr>
<tr><td>인간면역결핍 바이러스 음성</td><td colspan="4">예방요법 필요 없음</td></tr>
</table>

비고

1. 다량의 바이러스(1,500 RNA copies/ml 이상), 감염의 증상, 후천성면역결핍증 등이 있는 경우이다.
2. 무증상 또는 소량의 바이러스이다.
3. 노출된 혈액이 사망한 사람의 혈액이거나 추적이 불가능한 경우 등 검사할 수 없는 경우이다.
4. 폐기한 혈액 또는 주사침 등에 의한 노출로 혈액원(血液源)을 파악할 수 없는 경우 등이다.
5. 환자의 근육 또는 혈관에 사용한 주사침이나 도구에 혈액이 묻어 있는 것이 육안으로 확인되는 경우 등이다.
6. 피상적 손상이거나 주사침에 혈액이 보이지 않는 경우 등이다.
7. 혈액이 뿌려지거나 흘려진 경우 등이다.
8. 혈액이 몇 방울 정도 묻은 경우 등이다.
9. 해당 전문가의 견해에 따라 결정한다.
10. 해당 전문가의 견해에 따라 결정한다.

〔별표 15〕

혈액노출후 추적관리(제598조제2항 관련)

감염병	추적관리 내용 및 시기
B형간염 바이러스	HBsAg: 노출 후 3개월, 6개월
C형간염 바이러스	anti HCV RNA: 4~6주 anti HCV: 4~6개월
인간면역결핍 바이러스	anti HIV: 6주, 12주, 6개월

비고
1. anti HCV RNA: C형간염바이러스 RNA 검사
2. anti HCV: C형간염항체 검사
3. anti HIV: 인간면역결핍항체 검사

〔별표 16〕 (개정 2017.12.28.)

분진작업의 종류(제605조제2호 관련)

1. 토석·광물·암석(이하 "암석등"이라 하고, 습기가 있는 상태의 것은 제외한다. 이하 이 표에서 같다)을 파내는 장소에서의 작업. 다만, 다음 각 목의 어느 하나에서 정하는 작업은 제외한다.
   가. 갱 밖의 암석등을 습식에 의하여 시추하는 장소에서의 작업
   나. 실외의 암석등을 동력 또는 발파에 의하지 않고 파내는 장소에서의 작업
2. 암석등을 싣거나 내리는 장소에서의 작업
3. 갱내에서 암석등을 운반, 파쇄·분쇄하거나 체로 거르는 장소(수중작업은 제외한다) 또는 이들을 쌓거나 내리는 장소에서의 작업
4. 갱내의 제1호부터 제3호까지의 규정에 따른 장소와 근접하는 장소에서 분진이 붙어 있거나 쌓여 있는 기계설비 또는 전기설비를 이설(移設)·철거·점검 또는 보수하는 작업
5. 암석등을 재단·조각 또는 마무리하는 장소에서의 작업(화염을 이용한 작업은 제외한다)
6. 연마재의 분사에 의하여 연마하는 장소나 연마재 또는 동력을 사용하여 암석·광물 또는 금속을 연마·주물 또는 재단하는 장소에서의 작업(화염을 이용한 작업은 제외한다)
7. 갱내가 아닌 장소에서 암석등·탄소원료 또는 알루미늄박을 파쇄·분쇄하거나 체로 거르는 장소에서의 작업
8. 시멘트·비산재·분말광석·탄소원료 또는 탄소제품을 건조하는 장소, 쌓거나 내리는 장소, 혼합·살포·포장하는 장소에서의 작업
9. 분말 상태의 알루미늄 또는 산화티타늄을 혼합·살포·포장하는 장소에서의 작업

10. 분말 상태의 광석 또는 탄소원료를 원료 또는 재료로 사용하는 물질을 제조·가공하는 공정에서 분말 상태의 광석, 탄소원료 또는 그 물질을 함유하는 물질을 혼합·혼입 또는 살포하는 장소에서의 작업
11. 유리 또는 법랑을 제조하는 공정에서 원료를 혼합하는 작업이나 원료 또는 혼합물을 용해로에 투입하는 작업(수중에서 원료를 혼합하는 장소에서의 작업은 제외한다)
12. 도자기, 내화물(耐火物), 형사토 제품 또는 연마재를 제조하는 공정에서 원료를 혼합 또는 성형하거나, 원료 또는 반제품을 건조하거나, 반제품을 차에 싣거나 쌓은 장소에서의 작업이나 가마 내부에서의 작업. 다만, 다음 각 목의 어느 하나에 정하는 작업은 제외한다.
    가. 도자기를 제조하는 공정에서 원료를 투입하거나 성형하여 반제품을 완성하거나 제품을 내리고 쌓은 장소에서의 작업
    나. 수중에서 원료를 혼합하는 장소에서의 작업
13. 탄소제품을 제조하는 공정에서 탄소원료를 혼합하거나 성형하여 반제품을 노(爐)에 넣거나 반제품 또는 제품을 노에서 꺼내거나 제작하는 장소에서의 작업
14. 주형을 사용하여 주물을 제조하는 공정에서 주형(鑄型)을 해체 또는 탈사(脫砂)하거나 주물모래를 재생하거나 혼련(混鍊)하거나 주조품 등을 절삭하는 장소에서의 작업
15. 암석등을 운반하는 암석전용선의 선창(船艙) 내에서 암석등을 빠뜨리거나 한군데로 모으는 작업
16. 금속 또는 그 밖의 무기물을 제련하거나 녹이는 공정에서 토석 또는 광물을 개방로에 투입·소결(燒結)·탕출(湯出) 또는 주입하는 장소에서의 작업(전기로에서 탕출하는 장소나 금형을 주입하는 장소에서의 작업은 제외한다)
17. 분말 상태의 광물을 연소하는 공정이나 금속 또는 그 밖의 무기물을 제련하거나 녹이는 공정에서 노(爐)·연도(煙道) 또는 연돌 등에 붙어 있거나 쌓여 있는 광물찌꺼기 또는 재를 긁어내거나 한곳에 모으거나 용기에 넣는 장소에서의 작업
18. 내화물을 이용한 가마 또는 노 등을 축조 또는 수리하거나 내화물을 이용한 가마 또는 노 등을 해체하거나 파쇄하는 작업
19. 실내·갱내·탱크·선박·관 또는 차량 등의 내부에서 금속을 용접하거나 용단하는 작업
20. 금속을 녹여 뿌리는 장소에서의 작업
21. 동력을 이용하여 목재를 절단·연마 및 분쇄하는 장소에서의 작업
22. 면(綿)을 섞거나 두드리는 장소에서의 작업
23. 염료 및 안료를 분쇄하거나 분말 상태의 염료 및 안료를 계량·투입·포장하는 장소에서의 작업
24. 곡물을 분쇄하거나 분말 상태의 곡물을 계량·투입·포장하는 장소에서의 작업
25. 유리섬유 또는 암면(巖綿)을 재단·분쇄·연마하는 장소에서의 작업
26. 「기상법 시행령」 제8조제2항제8호에 따른 황사 경보 발령지역 또는 「대기환경보전법 시행령」 제2조제3항제1호 및 제2호에 따른 미세먼지(PM-10, PM-2.5) 경보 발령지역에서의 옥외 작업

〔별표 17〕

분진작업장소에 설치하는 국소배기장치의 제어풍속(제609조 관련)

1. 제607조 및 제617조제1항 단서에 따라 설치하는 국소배기장치(연삭기, 드럼 샌더(drum sander) 등의 회전체를 가지는 기계에 관련되어 분진작업을 하는 장소에 설치하는 것은 제외한다)의 제어풍속

분진 작업 장소	제어풍속(미터/초)			
	포위식 후드의 경우	외부식 후드의 경우		
		측방 흡인형	하방 흡인형	상방 흡인형
암석등 탄소원료 또는 알루미늄박을 체로 거르는 장소	0.7	-	-	-
주물모래를 재생하는 장소	0.7	-	-	-
주형을 부수고 모래를 터는 장소	0.7	1.3	1.3	-
그 밖의 분진작업장소	0.7	1.0	1.0	1.2

비고
1. 제어풍속이란 국소배기장치의 모든 후드를 개방한 경우의 제어풍속으로서 다음 각 목의 위치에서 측정한다.
   가. 포위식 후드에서는 후드 개구면
   나. 외부식 후드에서는 해당 후드에 의하여 분진을 빨아들이려는 범위에서 그 후드 개구면으로부터 가장 먼 거리의 작업위치

2. 제607조 및 제617조제1항 단서의 규정에 따라 설치하는 국소배기장치 중 연삭기, 드럼 샌더 등의 회전체를 가지는 기계에 관련되어 분진작업을 하는 장소에 설치된 국소배기장치의 후드의 설치방법에 따른 제어풍속

후드의 설치방법	제어풍속(미터/초)
회전체를 가지는 기계 전체를 포위하는 방법	0.5
회전체의 회전으로 발생하는 분진의 흩날림방향을 후드의 개구면으로 덮는 방법	5.0
회전체만을 포위하는 방법	5.0

비고
제어풍속이란 국소배기장치의 모든 후드를 개방한 경우의 제어풍속으로서, 회전체를 정지한 상태에서 후드의 개구면에서의 최소풍속을 말한다.

〔별표 18〕 〈개정 2017.3.3〉

밀폐공간(제618조제1호 관련)

1. 다음의 지층에 접하거나 통하는 우물·수직갱·터널·잠함·피트 또는 그밖에 이와 유사한 것의 내부
   가. 상층에 물이 통과하지 않는 지층이 있는 역암층 중 함수 또는 용수가 없거나 적은 부분
   나. 제1철 염류 또는 제1망간 염류를 함유하는 지층
   다. 메탄·에탄 또는 부탄을 함유하는 지층
   라. 탄산수를 용출하고 있거나 용출할 우려가 있는 지층
2. 장기간 사용하지 않은 우물 등의 내부
3. 케이블·가스관 또는 지하에 부설되어 있는 매설물을 수용하기 위하여 지하에 부설한 암거·맨홀 또는 피트의 내부
4. 빗물·하천의 유수 또는 용수가 있거나 있었던 통·암거·맨홀 또는 피트의 내부
5. 바닷물이 있거나 있었던 열교환기·관·암거·맨홀·둑 또는 피트의 내부
6. 장기간 밀폐된 강재(鋼材)의 보일러·탱크·반응탑이나 그 밖에 그 내벽이 산화하기 쉬운 시설(그 내벽이 스테인리스강으로 된 것 또는 그 내벽의 산화를 방지하기 위하여 필요한 조치가 되어 있는 것은 제외한다)의 내부
7. 석탄·아탄·황화광·강재·원목·건성유(乾性油)·어유(魚油) 또는 그 밖의 공기 중의 산소를 흡수하는 물질이 들어 있는 탱크 또는 호퍼(hopper) 등의 저장시설이나 선창의 내부
8. 천장·바닥 또는 벽이 건성유를 함유하는 페인트로 도장되어 그 페인트가 건조되기 전에 밀폐된 지하실·창고 또는 탱크 등 통풍이 불충분한 시설의 내부
9. 곡물 또는 사료의 저장용 창고 또는 피트의 내부, 과일의 숙성용 창고 또는 피트의 내부, 종자의 발아용 창고 또는 피트의 내부, 버섯류의 재배를 위하여 사용하고 있는 사일로(silo), 그 밖에 곡물 또는 사료종자를 적재한 선창의 내부
10. 간장·주류·효모 그 밖에 발효하는 물품이 들어 있거나 들어 있었던 탱크·창고 또는 양조주의 내부
11. 분뇨, 오염된 흙, 썩은 물, 폐수, 오수, 그 밖에 부패하거나 분해되기 쉬운 물질이 들어 있는 정화조·침전조·집수조·탱크·암거·맨홀·관 또는 피트의 내부
12. 드라이아이스를 사용하는 냉장고·냉동고·냉동화물자동차 또는 냉동컨테이너의 내부
13. 헬륨·아르곤·질소·프레온·탄산가스 또는 그 밖의 불활성기체가 들어 있거나 있었던 보일러·탱크 또는 반응탑 등 시설의 내부
14. 산소농도가 18퍼센트 미만 또는 23.5퍼센트 이상, 탄산가스농도가 1.5퍼센트 이상, 일산화탄소농도가 30피피엠 이상 또는 황화수소농도가 10피피엠 이상인 장소의 내부
15. 갈탄·목탄·연탄난로를 사용하는 콘크리트 양생장소(養生場所) 및 가설숙소 내부
16. 화학물질이 들어있던 반응기 및 탱크의 내부
17. 유해가스가 들어있던 배관이나 집진기의 내부
18. 근로자가 상주(常住)하지 않는 공간으로서 출입이 제한되어 있는 장소의 내부

〔별지 제1호서식〕 삭제(2012.3.5)

〔별지 제2호서식〕 삭제(2012.3.5)

〔별지 제3호서식〕

석면함유 잔재물 등의 처리 시 표지(제496조 관련)

1. 양 식

석 면 함 유

신 호 어: 발암성물질

유해·위험성: 폐암, 악성중피종, 석면폐 등

예방조치 문구: 취급 또는 폐기 시 석면분진이 발생하지 않도록 해야 합니다.
취급근로자는 방진마스크 등 개인보호구를 착용해야 합니다.

공급자 정보:

※ "공급자 정보"에는 석면해체·제거 사업주의 성명, 주소, 전화번호를 적습니다.

2. 규 격

규 격
300㎠(가로×세로) 이상 (0.25×세로)≤가로≤(4×세로)

〔별지 제4호서식〕 〈신설 2017.3.3.〉

밀폐공간 출입금지 표지(제622조 관련)

1. 양 식

2. 규격 및 색상

가. 규격: 밀폐공간의 크기에 따라 적당한 규격으로 하되, 최소한 가로 21센티미터, 세로 29.7센티미터 이상으로 한다.

나. 색상: 전체 바탕은 흰색, 글씨는 검정색, 위험 글씨는 노란색, 전체 테두리 및 위험 글자 영역의 바탕은 빨간색으로 한다.

유해·위험작업의 취업제한에 관한 규칙

제정 1992. 3.21 노동부령 제 77호
개정 2010. 7.12 고용노동부령 제 1호
개정 2011. 3.16 고용노동부령 제 21호
개정 2011. 7. 6 고용노동부령 제 30호
개정 2013. 3.29 고용노동부령 제 80호
개정 2018. 3.30 고용노동부령 제216호
개정 2019. 1.31 고용노동부령 제243호
개정 2019. 3.29 고용노동부령 제246호
개정 2019.12.26 고용노동부령 제274호
개정 2020.12.31 고용노동부령 제305호

제1조(목적) 이 규칙은 「산업안전보건법」 제140조에 따라 유해하거나 위험한 작업에 대한 취업 제한에 관한 사항과 그 시행에 필요한 사항을 규정함을 목적으로 한다.〈개정 2019.12.26.〉
〔전문개정 2011.3.16〕

제2조(정의) 이 규칙에서 사용하는 용어의 뜻은 이 규칙에 특별한 규정이 없으면 「산업안전보건법」(이하 "법"이라 한다), 같은 법 시행령, 같은 법 시행규칙, 「산업안전보건기준에 관한 규칙」에서 정하는 바에 따른다.
〈개정 2011.7.6.〉

제3조(자격·면허 등이 필요한 작업의 범위 등) ① 법 제140조제1항에 따른 작업과 그 작업에 필요한 자격·면허·경험 또는 기능은 별표 1과 같다. 〈개정 2019.12.26.〉
② 법 제140조제1항에 따른 작업에 대한 취업 제한은 별표 1에 규정된 해당 법령에서 정하는 경우를 제외하고는 해당 작업을 직접 하는 사람에게만 적용하며, 해당 작업의 보조자에게는 적용하지 아니한다. 〈개정 2019.12.26.〉
〔전문개정 2011.3.16.〕

제4조(자격취득 등을 위한 교육기관) ① 법 제140조제2항에 따른 자격·면허의 취득 또는 근로자의 기능습득을 위한 교육기관은 「한국산업안전보건공단법」에 따른 한국산업안전보건공단(이하 "공단"이라 한다)과 「민법」 또는 특별법에 따라 설립된 법인으로서 별표 1의2에 따른 인력, 별표 2부터 별표 5까지 및 별표 5의2부터 별표 5의4까지에 따른 시설·장비를 갖춘 기관 중 해당 법인의 소재지를 관할하는 지방고용노동청장 또는 지청장(이하 "관할 지방고용노동관서의 장"이라 한다)의 지정을 받은 기관(이하 "지정교육기관"이라 한다)으로 한다. 〈개정 2019.1.31., 2019.12.26.〉
② 관할 지방고용노동관서의 장은 제1항에 따른 지정을 하는 경우에는 인력 수급(需給) 상황을 고려하여야 한다.
〔전문개정 2011.3.16〕

제5조(지정 신청 등) ① 지정교육기관의 지정을 받으려는 자는 별지 제1호서식의 교육기관 지정신청서에 다음 각 호의 서류를 첨부하여 관할 지방고용노동관서의 장에게 제출하여야 한다.
1. 정관
2. 별표 1의2에 따른 인력기준에 해당하는 사람의 자격과 채용을 증명할 수 있는 서류
3. 건물임대차계약서 사본이나 그 밖에 사무실의 보유를 증명할 수 있는 서류(건물등기부 등본을 통하여 사무실을

확인할 수 없는 경우만 해당한다)와 시설·설비 명세서
4. 최초 1년간의 교육계획서
② 제1항에 따른 신청서를 받은 관할 지방고용노동관서의 장은 「전자정부법」 제36조제1항에 따른 행정정보의 공동이용을 통하여 다음 각 호의 서류를 확인하여야 한다.
1. 법인등기사항증명서
2. 건물등기부 등본
③ 관할 지방고용노동관서의 장은 제1항에 따라 교육기관 지정신청서를 접수한 경우에는 지정신청서를 접수한 날부터 30일 이내에 별지 제2호서식의 교육기관 지정서를 발급하거나 신청을 반려하여야 한다.
④ 제3항에 따라 교육기관 지정서를 발급받은 자가 지정서를 잃어버렸거나 헐어서 못 쓰게 된 경우에는 재발급을 신청할 수 있다.
⑤ 지정교육기관은 보유 인력·시설을 변경한 경우에는 변경일부터 20일 이내에 별지 제3호서식의 인력·시설 변경신고서에 그 사실을 증명하는 서류 및 교육기관 지정서를 첨부하여 관할 지방고용노동관서의 장에게 제출하여야 한다. 이 경우 관할 지방고용노동관서의 장은 신고서가 접수된 날부터 30일 이내에 변경된 사항을 반영하여 별지 제2호서식의 교육기관 지정서를 발급하거나, 제출서류에 미비한 점이 있을 경우 보완을 요청하여야 한다.
〔전문개정 2011.3.16〕

제6조(지정서의 반납) 법 제140조제4항에 따라 준용되는 법 제21조제4항에 따라 지정이 취소된 지정교육기관은 지체 없이 제5조제3항에 따른 교육기관 지정서를 관할 지방고용노동관서의 장에게 반납하여야 한다. 〈개정 2019.12.26.〉
〔전문개정 2011.3.16.〕

제6조의2 삭제 〈2011.3.16〉

제7조(교육 내용 및 기간 등) 공단 또는 지정교육기관(이하 "교육기관"이라 한다)에서 법 제140조제1항에 따른 자격을 취득하거나 기능을 습득하려는 사람은 별표 6에 따른 교육 내용 및 기간(시간)을 이수하여야 한다. 〈개정 2019.12.26.〉
〔전문개정 2011.3.16〕

제8조(교육방법 등) ① 교육기관이 법 제140조제1항에 따른 자격의 취득 또는 기능의 습득을 위한 교육을 실시할 때에는 별표 6에 따른 교육내용에 적합한 교과과목을 편성하고, 교과과목에 적합한 강사를 배치하여 교육목적을 효과적으로 달성할 수 있도록 하여야 한다.〈개정 2019.12.26.〉
② 제1항에 따른 교육을 실시할 때 강사 1명당 교육 인원은 이론교육의 경우에는 30명 이내, 실기교육의 경우에는 10명 이내로 하여야 한다.
〔전문개정 2011.3.16〕

제9조(교육계획의 수립) ① 교육기관은 매년도 교육계획을 수립하여 교육을 실시하여야 한다.
② 제1항에 따른 교육계획에는 다음 각 호의 사항이 포함되어야 한다.
1. 교육 일시 및 장소
2. 교육과정별 교육대상 인원
3. 교육수수료
4. 강사(학력 및 경력이 포함되어야 한다)
5. 수료시험에 관한 사항(시험위원회 구성, 출제 및 채점 기준 등이 포함되어야 한다)

〔전문개정 2011.3.16〕

제10조(등록) 법 제140조제1항에 따른 자격의 취득 또는 기능의 습득을 위한 교육을 받으려는 사람은 별지 제4호서식의 교육수강 신청서를 교육기관에 제출하고 등록을 하여야 한다.〈개정 2019.12.26.〉

〔전문개정 2011.3.16〕

제11조(수료증 등의 발급) ① 교육기관은 법 제140조제1항에 따른 자격의 취득에 관하여 정해진 교육을 이수(정해진 교육시간의 10분의 9 이상을 이수한 경우를 말한다)하고 수료시험에 합격한 사람에게 별지 제5호서식의 자격교육 수료증을 발급하여야 한다.〈개정 2019.12.26.〉

② 제1항에 따른 수료시험은 교육 종료 전에 실시하여야 하며, 필기시험과 실기시험으로 구분하여 다음 각 호의 방법으로 실시하여야 한다.

1. 필기시험: 선택형 위주로 실시
2. 실기시험: 실험·실습 위주로 실시

③ 교육기관은 법 제140조제1항에 따른 기능의 습득에 관하여 정해진 교육을 이수한 사람에게 별지 제6호서식의 기능습득 교육이수증을 발급하여야 한다.〈개정 2019.12.26.〉

④ 제1항 및 제3항에 따른 자격교육 수료증 또는 기능습득 교육이수증(이하 "수료증등"이라 한다)을 발급받은 사람은 해당 수료증등을 타인에게 양도하거나 대여해서는 아니 된다.

〔전문개정 2011.3.16〕

제12조(수료증등의 재발급) ① 수료증등을 발급받은 사람이 수료증등을 잃어버렸거나 헐어서 못 쓰게 된 경우에는 즉시 별지 제7호서식의 수료증등 재발급신청서를 해당 수료증등을 발급한 교육기관에 제출하여 수료증등을 재발급받아야 한다.

② 수료증등이 헐어서 못 쓰게 된 사람이 제1항에 따른 신청을 하는 경우에는 해당 신청서에 그 수료증등을 첨부하여야 한다.

③ 수료증등을 재발급받은 후 잃어버린 수료증등을 되찾은 사람은 되찾은 수료증등을 지체 없이 해당 수료증등을 발급한 교육기관에 반납하여야 한다.

〔전문개정 2011.3.16〕

제13조 삭제 〈2011.3.16.〉

부 칙 〈노동부령 제77호, 1992.3.21〉

①**(시행일)** 이 규칙은 1992년 7월 1일부터 시행한다.

②**(자격등에 의한 취업제한에 대한 경과조치)** 이 규칙 시행당시 제3조제1항의 규정에 의한 작업에 취업하고 있는 근로자로서 이 규칙에서 정하는 자격 또는 면허의 취득, 기능습득 또는 경험등 취업요건에 미달하는 자는 1993년 12월 31일까지 당해취업요건을 갖추어야 한다.

부 칙 〈노동부령 제88호, 1994.1.7〉

①**(시행일)** 이 규칙은 공포한 날부터 시행한다.

②**(자격등에 의한 취업제한에 대한 경과조치)** 이 규칙 시행당시 제3조제1항의 규정에 의한 작업에 취업하고 있는 근로자로서 그 자격·면허·기능 또는 경험등의 취업요건이 〔별표 1〕의 제12호란 내지 제14호란의 개정규정에 의한 자격·면허·기능 또는 경험등의 취업요건에 미달하는 자는 1994년 12월 31일까지 그 취업요건을 갖추어야 하고, 동표의 제21호란의 신설규정에 의한 자격·면허·기능 또는 경험등의 취업요건에 미달하는 자

로서 국가기술자격법에 의한 양화장치운전기능사보 자격을 소지한 자는 1998년 12월 31일까지, 그외의 자는 1996년 12월 31일까지 각각 그 취업요건을 갖추어야 한다.〈개정 1995.6.5〉

③(컨테이너크레인조종업무를 행할 수 있는 자격에 대한 경과조치) 컨테이너크레인조종업무에 종사하고 있는 근로자로서 1993년 12월 31일까지 양화장치운전기능사 2급이상의 자격을 취득한 자는 〔별표 1〕 제13호란의 개정규정에 불구하고 컨테이너크레인조종업무를 담당할 수 있다.

부 칙 〈건설부령 제550호, 1994.3.24〉
(건설기계관리법시행규칙)

제1조 (시행일) 이 규칙은 공포한 날부터 시행한다.

제2조 내지 제8조 생략

제9조 (다른 법령의 개정) ① 내지 ⑨생략

⑩유해·위험작업의취업제한에관한규칙중 다음과 같이 개정한다.

〔별표 1〕제4호의 작업명란중 "중기관리법"을 각각 "건설기계관리법"으로, "중기"를 "건설기계"로 한다.

〔별표 1〕제4호의 자격·면허·기능 또는 경험란중 "중기관리법"을 "건설기계관리법"으로 한다.

⑪ 및 ⑫생략

⑬ 제1항 내지 제12항의 규정외에 이 규칙 시행당시에 다른 법령에서 종전의 중기관리법·중기관리법시행령 또는 중기관리법시행규칙을 인용하고 있는 경우에 이 규칙중 그에 해당하는 규정이 있는 경우에는 종전의 규정에 갈음하여 이 규칙의 해당규정을 인용한 것으로 본다.

부 칙 〈노동부령 제99호, 1995.6.5〉

이 규칙은 공포한 날부터 시행한다.

부 칙 〈노동부령 제111호, 1996.11.12〉

이 규칙은 공포한 날부터 시행한다.

부 칙 〈노동부령 제140호, 1999.1.14〉

①(시행일) 이 규칙은 공포한 날부터 시행한다.

②(자격취득등을 위한 교육기관에 관한 경과조치) 이 규칙 시행당시 종전의 규정에 의하여 자격취득등을 위한 교육기관으로 노동부장관의 지정을 받은 기관은 관할지방노동관서의 장의 지정을 받은 것으로 본다.

부 칙 〈노동부령 제248호, 2006.3.2〉
(노동부와 그 소속기관 직제 시행규칙)

제1조 (시행일) 이 규칙은 공포한 날부터 시행한다.

제2조 내지 제5조 생략

제6조 (다른 법령의 개정) ① 「유해위험작업의 취업제한에 관한 규칙」 일부를 다음과 같이 개정한다.

제4조제1항중 "지방노동사무소"를 "지청"으로 한다.

② 내지 ⑤생략

제7조 생략

부 칙 〈노동부령 제255호, 2006.7.19〉
(행정정보의 공동이용 및 문서감축을 위한 「고용보험법 시행칙규칙」 등 일부개정령)

이 규칙은 공포한 날부터 시행한다.

부 칙 〈노동부령 제261호, 2006.10.23〉

제1조 (시행일) 이 규칙은 공포한 날부터 시행한다. 다만, 별표 1의 12.란 및 21.란의 개정규정은 2007년 7월 1일부터 시행한다.

제2조 (직업능력개발훈련 및 지정교육기관 훈련 이수자에 대한 경과조치) 부칙 제1조 단서의 시행당시 종전의 별표 1의 12.란의 2에 따른 직업능력개발훈련 이수자 및 동란의 3에 따른 당해교육기관에서 교육을 이수하고 수료시험에 합격한 자는 별표 1의 12.란의 개정규정에 불구하고 타워크레인 조종작업 자격이 있는 것으로 본다.

제3조 (기중기운전기능사에 대한 경과조치) 부칙 제1조 단서의 시행당시 종전의 별표 1의 12.란에 따른 기중기운전기능사 자격취득자로서 3개월 이상의 타워크레인 운전경험이 있는 자는 2008년 12월 31일까지 한국산업안전공단에서 시행하는 타워크레인 운전전문교육을 이수한 경우에 한하여 타워크레인 조종작업 자격이 있는 것으로 본다.

제4조 (무인타워크레인 조종업무 유경험자에 대한 경과조치) 부칙 제1조 단서의 시행당시 별표 1의 12.란의 개정규정에 따른 조종석이 설치되지 아니한 정격하중 5톤 이상의 무인타워크레인 운전경험이 3년 이상인 자는 2007년 12월 31일까지 한국산업안전공단에서 시행하는 타워크레인 운전전문교육을 이수한 경우에 한하여 조종석이 설치되지 아니한 5톤 이상의 무인타워크레인 조종작업 자격이 있는 것으로 본다.

제5조 (타워크레인 설치·해체작업 유경험자에 대한 경과조치) ①부칙 제1조 단서의 시행당시 별표 1의 21.란의 개정규정에 따른 타워크레인 설치·해체작업을 6개월 이상 수행한 경험이 있고 한국산업안전공단에서 실시하는 신규교육 및 보수교육을 모두 수료한 자는 별표 1의 21.란의 개정규정에 불구하고 타워크레인의 설치·해체작업 자격이 있는 것으로 본다.

② 이 규칙 시행당시 별표 1의 21.란의 타워크레인 설치·해체작업을 6개월 이상 수행한 경험이 있는 자로서 한국산업안전공단 또는 별표 1의2에 따른 타워크레인 설치·해체자격 교육기관에서 2007년 12월 31일까지 별표 6의 8.란의 이론교육을 24시간 이상 받은 자는 별표 1의 21.란의 개정규정에 불구하고 타워크레인의 설치·해체작업 자격이 있는 것으로 본다.

부 칙 〈제80호, 2013.3.29〉

제1조(시행일) 이 규칙은 공포한 날부터 시행한다.

제2조(기중기운전기능사에 대한 경과조치) 이 규칙 시행 당시 기중기운전기능사 자격을 가진 사람으로서 종전의 규정에 따라 컨테이너크레인 조종업무 경험이 있는 사람은 별표 1의 개정규정에도 불구하고 컨테이너크레인 조종업무 자격이 있는 것으로 본다.

부 칙 〈고용노동부령 제216호, 2018.3.30〉

제1조(시행일) 이 규칙은 공포한 날부터 시행한다.

제2조(교육이수자의 재교육에 관한 적용례) 별표 1 비고의 개정규정은 이 규칙 시행 이후 안전조치 의무를 이행하지 아

니하여 벌금 이상의 형이 확정된 경우부터 적용한다.

제3조(타워크레인 설치·해체작업 자격 취득을 위한 교육에 관한 특례) 이 규칙 시행 전에 이 규칙에서 정하는 해당 교육기관에서 교육을 이수하고 수료시험에 합격하여 타워크레인 설치·해체작업에 관한 자격을 취득한 사람은 다음 각 호의 구분에 따른 기간까지 별표 6 제8호의 개정규정에 따른 보수교육을 이수하여야 한다.〈개정 2020.12.31〉

1. 2008년 12월 31일 이전에 타워크레인 설치·해체작업에 관한 자격을 취득한 경우: 2021년 6월 30일까지
2. 2009년 1월 1일부터 2013년 12월 31일까지의 기간 동안에 타워크레인 설치·해체작업에 관한 자격을 취득한 경우: 2021년 12월 31일까지
3. 2014년 1월 1일부터 2016년 12월 31일까지의 기간 동안에 타워크레인 설치·해체작업에 관한 자격을 취득한 경우: 2022년 6월 30일까지
4. 2017년 1월 1일 이후에 타워크레인 설치·해체작업에 관한 자격을 취득한 경우: 2022년 12월 31일까지

부 칙 〈제243호, 2019.1.31〉

제1조(시행일) 이 규칙은 공포한 후 1년이 경과한 날부터 시행한다.

제2조(이동식 크레인·고소작업대 조종작업 유경험자에 대한 특례) 이 규칙 시행 당시 이동식 크레인 또는 고소작업대의 조종작업을 3개월 이상 수행한 경험이 있는 사람으로서 2019년 12월 31일까지 한국산업안전보건공단에서 실시하는 이동식 크레인·고소작업대 조종전문교육을 이수한 사람은 별표 1 제22호의 개정규정에도 불구하고 이동식 크레인·고소작업대 조종자격이 있는 것으로 본다.

부 칙 〈제246호, 2019.3.29〉

이 규칙은 공포한 날부터 시행한다.

부 칙 〈제274호, 2019.12.26.〉

이 규칙은 2020년 1월 16일부터 시행한다. 다만, 별표 1의2 제1호 및 별지 제1호서식의 개정규정은 2020년 1월 1일부터 시행하고, 별표 1 제4호의2의 개정규정은 2021년 7월 16일부터 시행한다. 〈개정 2020.12.31.〉

부 칙 〈제305호, 2020.12.31〉

이 규칙은 2020년 12월 31일부터 시행한다. 다만, 별표 1의 비고란 제2호의 개정규정은 2021년 7월 16일부터 시행한다.

【별표 1】 (개정 2020.12.31.) 〔시행일 2021.7.16. 비고 제2호〕

자격·면허·경험 또는 기능이 필요한 작업 및 해당 자격·면허·경험 또는 기능(제3조제1항 관련)

작업명	작업범위	자격·면허·기능 또는 경험
1. 「고압가스 안전관리법」에 따른 압력용기 등을 취급하는 작업	자격 또는 면허를 가진 사람이 취급해야 하는 업무	「고압가스 안전관리법」에서 규정하는 자격
2. 「전기사업법」에 따른 전기설비 등을 취급하는 작업	자격 또는 면허를 가진 사람이 취급해야 하는 업무	「전기사업법」에서 규정하는 자격
3. 「에너지이용 합리화법」에 따른 보일러를 취급하는 작업	자격 또는 면허를 가진 사람이 취급해야 하는 업무	「에너지이용 합리화법」에서 규정하는 자격
4. 「건설기계관리법」에 따른 건설기계를 사용하는 작업	면허를 가진 사람이 취급해야 하는 업무	「건설기계관리법」에서 규정하는 면허
4의2. 지게차〔전동식으로 솔리드타이어를 부착한 것 중 도로(「도로교통법」 제2조제1호에 따른 도로를 말한다)가 아닌 장소에서만 운행하는 것을 말한다〕를 사용하는 작업	지게차를 취급하는 업무	1) 「국가기술자격법」에 따른 지게차운전기능사의 자격 2) 「건설기계관리법」 제26조제4항 및 같은 법 시행규칙 제73조제2항제3호에 따라 실시하는 소형 건설기계의 조종에 관한 교육과정을 이수한 사람
5. 터널 내에서의 발파 작업	장전·결선(結線)·점화 및 불발 장약(裝藥) 처리와 이와 관련된 점검 및 처리업무	1) 「총포·도검·화약류 등 단속법」에서 규정하는 자격 2) 「근로자직업능력 개발법」에 따른 해당 분야 직업능력개발훈련 이수자 3) 관계 법령에 따라 해당 작업을 할 수 있도록 허용된 사람
6. 인화성 가스 및 산소를 사용하여 금속을 용접·용단 또는 가열하는 작업	가. 폭발분위기가 조성된 장소에서의 업무 나. 「산업안전보건기준에 관한 규칙」(이하 "안전보건규칙"	1) 「국가기술자격법」에 따른 전기용접기능사, 특수용접기능사 및 가스용접기능사보 이상의 자격(가스용접에 한정한다)

작업명	작업범위	자격·면허·기능 또는 경험
	이라 한다) 별표 1에 따른 위험물질을 취급하는 밀폐된 장소에서의 업무	2) 「국가기술자격법」에 따른 금속재료산업기사, 표면처리산업기사, 주조산업기사 및 금속제련산업기사 이상의 자격 3) 「근로자직업능력 개발법」에 따른 해당 분야 직업능력개발훈련 이수자
7. 폭발성·발화성 및 인화성 물질의 제조 또는 취급작업	폭발분위기가 조성된 장소에서의 폭발성·발화성·인화성 물질의 취급업무	1) 「총포·도검·화약류 등 단속법」에서 규정하는 자격 2) 「근로자직업능력 개발법」에 따른 해당 분야 직업능력개발훈련 이수자 3) 관계 법령에 따라 해당 작업을 할 수 있도록 허용된 사람
8. 방사선 취급작업	가. 원자로 운전업무 나. 핵연료물질 취급·폐기업무 다. 방사선 동위원소 취급·폐기업무 라. 방사선 발생장치 검사·촬영업무	「원자력법」에서 규정하는 면허
9. 고압선 정전작업 및 활선작업(活線作業)	안전보건규칙 제302조제1항제3호다목에 따른 고압의 전로(電路)를 취급하는 업무로서 가. 정전작업(전로를 전개하여 그 지지물을 설치·해체·점검·수리 및 도장(塗裝)하는 작업) 나. 활선작업(고압 또는 특별고압의 충전전로 또는 그 지지물을 설치·점검·수리 및 도장작업)	1) 「국가기술자격법」에 따른 전기기능사, 철도신호기능사 및 전기철도기능사 이상의 자격 2) 「초·중등교육법」에 따른 고등학교에서 전기에 관한 학과를 졸업한 사람 또는 이와 같은 수준 이상의 학력 소지자 3) 「근로자직업능력개발법」에 따른 해당 분야 직업능력개발훈련 이수자 4) 관계 법령에 따라 해당 작업을 할 수 있도록 허용된 사람

작업명	작업범위	자격·면허·기능 또는 경험
10. 철골구조물 및 배관 등을 설치하거나 해체하는 작업	철골구조물 설치·해체작업	1) 「국가기술자격법」에 따른 철골구조물기능사보 이상의 자격 2) 3개월 이상 해당 작업에 경험이 있는 사람(높이 66미터 미만인 것에 한정한다)
	안전보건규칙 제256조에 따른 위험물질등이 들어 있는 배관	1) 「국가기술자격법」에 따른 공업배관기능사보 이상 및 건축배관기능사보 이상의 자격 2) 「근로자직업능력 개발법」에 따른 해당 분야 직업능력개발 훈련 이수자
11. 천장크레인 조종작업(조종석이 설치되어 있는 것에 한정한다)	조종석에서의 조종작업	1) 「국가기술자격법」에 따른 천장크레인운전기능사의 자격 2) 「근로자직업능력 개발법」에 따른 해당 분야 직업능력개발 훈련 이수자 3) 이 규칙에서 정하는 해당 교육기관에서 교육을 이수하고 수료시험에 합격한 사람
12. 타워크레인 조종작업(조종석이 설치되지 않은 정격하중 5톤 이상의 무인타워크레인을 포함한다)		「국가기술자격법」에 따른 타워크레인운전기능사의 자격
13. 컨테이너크레인 조종업무(조종석이 설치되어 있는 것에 한정한다)	조종석에서의 조종작업	1) 「국가기술자격법」에 따른 컨테이너크레인운전기능사의 자격 2) 「근로자직업능력개발법」에 따른 해당 분야 직업능력개발 훈련 이수자 3) 이 규칙에서 정하는 해당 교육기관에서 교육을 이수하고 수료시험에 합격한 사람 4) 관계 법령에 따라 해당 작업을 할 수 있도록 허용된 사람
14. 승강기 점검 및 보수작업		1) 「국가기술자격법」에 따른 승강기기능사의 자격

작업명	작업범위	자격·면허·기능 또는 경험
		2) 「근로자직업능력 개발법」에 따른 해당 분야 직업능력개발훈련 이수자 3) 이 규칙에서 정하는 해당 교육기관에서 교육을 이수하고 수료시험에 합격한 사람 4) 관계 법령에 따라 해당 작업을 할 수 있도록 허용된 사람
15. 흙막이 지보공(支保工)의 조립 및 해체작업		1) 「국가기술자격법」에 따른 거푸집기능사보 또는 비계기능사보 이상의 자격 2) 3개월 이상 해당 작업에 경험이 있는 사람(깊이 31미터 미만인 작업에 한정한다) 3) 「근로자직업능력 개발법」에 따른 해당 분야 직업능력개발훈련 이수자 4) 이 규칙에서 정하는 해당 교육기관에서 교육을 이수한 사람
16. 거푸집의 조립 및 해체작업		1) 「국가기술자격법」에 따른 거푸집기능사보 이상의 자격 2) 3개월 이상 해당 작업에 경험이 있는 사람(층높이가 10미터 미만인 작업에 한정한다) 3) 「근로자직업능력 개발법」에 따른 해당 분야 직업능력개발훈련 이수자 4) 이 규칙에서 정하는 해당 교육기관에서 교육을 이수한 사람
17. 비계의 조립 및 해체작업		1) 「국가기술자격법」에 따른 비계기능사보 이상의 자격 2) 3개월 이상 해당 작업에 경험이 있는 사람(층높이가 10미터 미만인 작업에 한정한다) 3) 「근로자직업능력 개발법」에 따른 해당 분야 직업능력개발

작업명	작업범위	자격·면허·기능 또는 경험
		훈련 이수자 4) 이 규칙에서 정하는 해당 교육기관에서 교육을 이수한 사람
18. 표면공급식 잠수장비 또는 스쿠버 잠수장비에 의해 수중에서 행하는 작업		1) 「국가기술자격법」에 따른 잠수기능사보 이상의 자격 2) 「근로자직업능력 개발법」에 따른 해당 분야 직업능력개발 훈련 이수자 3) 3개월 이상 해당 작업에 경험이 있는 사람 4) 이 규칙에서 정하는 해당 교육기관에서 교육을 이수한 사람
19. 롤러기를 사용하여 고무 또는 에보나이트 등 점성물질을 취급하는 작업		3개월 이상 해당 작업에 경험이 있는 사람
20. 양화장치(揚貨裝置) 운전작업(조종석이 설치되어 있는 것에 한정한다)		1) 「국가기술자격법」에 따른 양화장치운전기능사보 이상의 자격 2) 「근로자직업능력 개발법」에 따른 해당 분야 직업능력개발 훈련 이수자 3) 이 규칙에서 정하는 해당 교육기관에서 교육을 이수하고 수료시험에 합격한 사람
21. 타워크레인 설치(타워크레인을 높이는 작업을 포함한다. 이하 같다)·해체작업		1) 「국가기술자격법」에 따른 판금제관기능사 또는 비계기능사의 자격 2) 이 규칙에서 정하는 해당 교육기관에서 교육을 이수하고 수료시험에 합격한 사람으로서 다음의 어느 하나에 해당하는 사람 - 수료시험 합격 후 5년이 경과하지 않은 사람 - 이 규칙에서 정하는 해당 교육기관에서 보수교육을 이

작업명	작업범위	자격·면허·기능 또는 경험
		수한 후 5년이 경과하지 않은 사람
22. 이동식 크레인(카고크레인에 한정한다. 이하 같다)·고소작업대(차량탑재형에 한정한다. 이하 같다) 조종업		1) 「국가기술자격법」에 따른 기중기운전기능사의 자격 2) 이 규칙에서 정하는 해당 교육기관에서 교육을 이수하고 수료시험에 합격한 사람

비고: 1. 제21호에 따른 타워크레인 설치·해체작업 자격을 이 규칙에서 정하는 해당 교육기관에서 교육을 이수하고 수료시험에 합격하여 취득한 근로자가 해당 작업을 하는 과정에서 근로자가 준수해야 할 안전보건의무를 이행하지 아니하여 다른 사람에게 손해를 입혀 벌금 이상의 형을 선고받고 그 형이 확정된 경우에는 같은 별표에 따른 교육(144시간)을 다시 이수하고 수료시험에 합격하기 전까지는 해당 작업에 필요한 자격을 가진 근로자로 보지 아니한다.

2. 2021년 7월 15일 이전에 다음 각 목의 요건을 모두 갖춘 사람으로서 공단이 정하는 지게차 조종 관련 교육을 이수한 경우에는 제4호의2에도 불구하고 지게차를 사용하여 작업할 수 있는 자격이 있는 것으로 본다.

가. 「도로교통법」 제80조에 따른 운전면허(같은 조 제2항제2호다목의 원동기장치자전거면허는 제외한다)를 받은 사람

나. 3개월 이상 지게차를 사용하여 작업한 경험이 있는 사람

〈비고 2. 신설 2020.12.31.〉

【별표 1의2】(개정 2019.12.26)

지정교육기관의 종류 및 인력기준 (제4조제1항 관련)

지정교육 기관의 종류	인력기준
1. 천장크레인·컨테이너 크레인, 이동식 크레인 및 고소작업대 조정자격, 양화장치 운전자격 교육기관	가. 인원: 총괄책임자 1명, 강사 3명 이상 나. 자격요건 1) 총괄책임자: 가)부터 다)까지의 어느 하나에 해당하는 사람 가) 기술사(기계안전, 전기안전, 산업기계 및 건설기계 분야에 한정한다) 또는 산업안전지도사(기계안전, 전기안전 및 건설안전 분야에 한정한다) 자격증을 소지한 사람 나) 산업안전기사 또는 건설안전기사 이상의 자격증을 소지한 사람으로서 7년 이상의 실무경력이 있는 사람 다) 「고등교육법」 제2조 각 호에 따른 학교의 졸업자(법령에서 이와 같은 수준 이상의 학력이 있다고 인정하는 사람을 포함한다. 이하 같다)로서 산업안전 관련 학과를 졸업하고 7년 이상의 실

지정교육 기관의 종류	인력기준
	무경력이 있는 사람 2) 강사: 다음 가)부터 마)까지의 어느 하나에 해당하는 사람. 다만, 마)에 해당하는 사람은 1명을 초과해서는 아니된다. 가) 산업안전지도사(기계안전, 전기안전 및 건설안전 분야에 한정한다) 자격증을 소지한 사람 나) 산업안전산업기사 또는 건설안전산업기사 이상의 자격증을 소지한 사람으로서 3년 이상의 실무경력이 있는 사람 다) 「고등교육법」에 따른 전문대학 또는 이와 같은 수준 이상의 학교에서 산업안전 관련 학과를 졸업하고 3년 이상의 실무경력이 있는 사람 라) 건설기계운전 전문교사 3급 이상의 면허증을 소지한 사람으로서 3년 이상의 실무경력이 있는 사람 마) 해당 크레인의 운전기능사 또는 양화장치운전 기능사 자격증을 소지한 사람으로서 5년 이상의 실무경력이 있는 사람
2. 승강기 점검 및 보수자격 교육기관	가. 인원: 총괄책임자 1명, 강사 3명 이상 나. 자격요건 1) 총괄책임자: 다음 가)부터 다)까지의 어느 하나에 해당하는 사람 가) 기술사(기계안전, 전기안전, 건축기계설비, 건축전기설비, 산업기계 및 건설기계 분야에 한정한다) 또는 산업안전지도사(기계안전 및 전기안전 분야에 한정한다) 자격증을 소지한 사람 나) 승강기기사 또는 산업안전기사 이상의 자격증을 소지한 사람으로서 7년 이상의 실무경력이 있는 사람 다) 「고등교육법」 제2조 각 호에 따른 학교의 졸업자(법령에서 이와 같은 수준 이상의 학력이 있다고 인정하는 사람을 포함한다. 이하 같다)로서 산업안전 관련 학과를 졸업하고 7년 이상의 실무경력이 있는 사람 2) 강사: 다음 가)부터 라)까지의 어느 하나에 해당하는 사람. 다만, 라)에 해당하는 사람은 1명을 초과해서는 아니 된다. 가) 산업안전지도사(기계안전 및 전기안전 분야에 한정한다) 자격증을 소지한 사람 나) 승강기산업기사 또는 산업안전산업기사 이상의 자격증을 소지한 사람으로서 3년 이상의 실무경력이 있는 사람 다) 「고등교육법」에 따른 전문대학 또는 이와 같은 수준 이상의 학교에서 산업안전 관련 학과를 졸업하고 3년 이상의 실무경력이 있는 사람 라) 승강기기능사 자격증을 소지한 사람으로서 5년 이상의 실무경력이 있는 사람

지정교육 기관의 종류	인력기준
3. 흙막이 지보공, 거푸집, 비계의 조립 및 해체작업 기능습득 교육기관	가. 인원: 총괄책임자 1명, 강사 3명 이상 나. 자격요건 1) 총괄책임자: 다음 가)부터 다)까지의 어느 하나에 해당하는 사람 가) 기술사(건축 분야 및 안전관리 분야 중 건설안전, 토목 분야 중 토질 및 기초·토목구조에 한정한다) 또는 산업안전지도사(건설안전 분야에 한정한다) 자격증을 소지한 사람 나) 건설안전기사 이상의 자격증을 소지한 사람으로서 7년 이상의 실무경력이 있는 사람 다) 「고등교육법」 제2조 각 호에 따른 학교의 졸업자(법령에서 이와 같은 수준 이상의 학력이 있다고 인정하는 사람을 포함한다. 이하 같다)로서 건축학과 또는 토목학과를 졸업하고 7년 이상의 실무경력이 있는 사람 2) 강사: 다음 가)부터 라)까지의 어느 하나에 해당하는 사람. 다만, 라)에 해당하는 사람은 1명을 초과해서는 아니 된다. 가) 산업안전지도사(건설안전 분야에 한정한다) 자격증을 소지한 사람 나) 건설안전산업기사 이상의 자격증을 소지한 사람으로서 3년 이상의 실무경력이 있는 사람 다) 토목산업기사 또는 건축산업기사 이상의 자격증을 소지한 사람으로서 3년 이상의 실무경력이 있는 사람 라) 「고등교육법」에 따른 전문대학 또는 이와 같은 수준 이상의 학교에서 토목학과 또는 건축학과를 졸업하고 3년 이상의 실무경력이 있는 사람
4. 잠수작업 기능습득 교육기관	가. 인원: 총괄책임자 1명, 강사 2명 이상 나. 자격요건 1) 총괄책임자: 다음 가)부터 라)까지의 어느 하나에 해당하는 사람 가) 기술사(안전관리 분야에 한정한다), 산업안전지도사 또는 산업위생지도사 자격증을 소지한 사람 나) 산업안전기사 또는 산업위생관리기사 이상의 자격증을 소지한 사람으로서 7년 이상의 실무경력이 있는 사람 다) 「고등교육법」 제2조 각 호에 따른 학교의 졸업자(법령에서 이와 같은 수준 이상의 학력이 있다고 인정하는 사람을 포함한다. 이하 같다)로서 산업안전 또는 산업위생 관련 학과를 졸업하고 7년 이상의 실무경력이 있는 사람 라) 잠수산업기사 자격증을 소지한 사람으로서 10년 이상의 잠수 실무경력이 있는 사람 2) 강사: 다음 가)부터 마)까지의 어느 하나에 해당하는 사람. 다만,

지정교육 기관의 종류	인력기준
	가) 또는 나)에 해당하는 사람 1명을 포함해야 한다. 가) 산업안전지도사(기계안전 및 전기안전 분야에 한정한다) 또는 산업위생지도사 자격증을 소지한 사람 나) 잠수산업기사, 산업안전산업기사 또는 산업위생관리산업기사 이상의 자격증을 소지한 사람으로서 3년 이상의 실무경력이 있는 사람 다) 「고등교육법」에 따른 전문대학 또는 이와 같은 수준 이상의 학교에서 산업안전 또는 산업위생 관련 학과를 졸업하고 3년 이상의 실무경력이 있는 사람 라) 잠수기능사 이상의 자격증을 소지한 사람으로서 5년 이상의 잠수 실무경력이 있는 사람 마) 7년 이상의 잠수 실무경력이 있는 사람으로서 이 규칙에서 정하는 해당 교육기관에서 교육을 이수한 사람
5. 타워크레인 설치·해체자격 교육기관	가. 인원: 총괄책임자 1명, 강사 3명 이상 나. 자격요건 1) 총괄책임자: 다음 가)부터 다)까지의 어느 하나에 해당하는 사람 가) 기술사(건설기계, 산업기계설비, 건축구조, 건축기계설비, 건축시공, 건축품질시험, 건설안전 종목에 한정한다) 또는 산업안전지도사(건설안전 분야에 한정한다) 자격증을 소지한 사람 나) 산업안전기사 또는 건설안전기사의 자격증을 소지한 사람으로서 7년 이상의 실무경력이 있는 사람 다) 「고등교육법」 제2조 각 호에 따른 학교의 졸업자(법령에서 이와 같은 수준 이상의 학력이 있다고 인정하는 사람을 포함한다. 이하 같다)로서 기계, 기계설계 또는 건축 관련 학과를 졸업하고 7년 이상의 실무경력이 있는 사람 2) 강사: 다음 가)부터 라)까지의 어느 하나에 해당하는 사람. 다만, 라)에 해당하는 사람은 1명을 초과해서는 아니 된다. 가) 산업안전지도사(기계안전 및 건설안전 분야에 한정한다) 자격증을 소지한 사람 나) 산업안전산업기사 또는 건설안전산업기사 이상의 자격증을 소지한 사람으로서 3년 이상의 실무경력이 있는 사람 다) 건설기계산업기사 또는 건축산업기사 이상의 자격증을 소지한 사람으로서 3년 이상의 실무경력이 있는 사람 라) 「고등교육법」에 따른 전문대학 또는 이와 같은 수준 이상의 학교에서 기계, 건축 또는 토목 관련 학과를 졸업하고 3년 이상의 실무경력이 있는 사람

【별표 2】 (개정 2011.3.16)

천장크레인·컨테이너크레인 조종자격 교육기관의 시설·장비기준 (제4조제1항 관련)

시 설 및 장 비 명	단 위	훈련인원별 수량		
		30명	60명	90명
1. 시 설				
가. 교 실	㎡	60	60	60
나. 실습장				
(1) 옥내실습장	〃	100	150	200
(2) 옥외실습장	〃	1,000	1,200	1,500
다. 공구 및 재료실	〃	20	30	40
2. 장 비				
가. 크레인(임대가능)				
(1) 천장크레인(해당기관에 한정한다) (2) 컨테이너크레인(해당기관에 한정하며, 현장활용도 가능)	대	1	1	2
(3) 지상훈련장치	〃	1	1	2
나. 워키토키(송수신기)	〃	2	2	4
다. 감속장치	대	1	1	1
라. 전자 브레이크 장치	〃	1	1	1
마. 가스 용접기	〃	1	2	2
바. 와이어 커터	〃	6	12	16
사. 풀리 풀러	개	3	6	9
아. 소켓 렌치	세트	3	6	9
자. 오픈 렌치	〃	3	6	9
차. 볼핀 해머	개	3	6	9
카. 플라스틱 해머	〃	3	6	9
타. 충전기	대	1	1	1
파. 작업대	〃	4	8	10
하. 바이스	〃	4	8	10
거. 양두 연삭기	〃	1	1	1
너. 탁상 드릴링머신	〃	1	1	1
더. 오일 주입기	〃	2	4	6
러. 그리스 주입기	〃	2	4	6
머. 회로 시험기	세트	2	4	6
버. 버니어 캘리퍼스	개	4	8	10
서. 특수공구	세트	1	1	1
어. OVM공구	〃	5	5	7
저. 줄걸리 공구	〃	1	2	3
처. 트롤리	〃	1	2	3
커. 측정용구	〃	2	4	6

【별표 3】 (개정 2011.3.16)

승강기점검 및 보수 자격교육기관의 시설·장비기준(제4조제1항 관련)

시 설 및 장 비 명	단 위	훈련인원별 수량		
		30명	60명	90명
1. 시설				
가. 교 실	㎡	60	60	60
나. 옥내 실습장	〃	110	150	200
다. 공구 및 재료실	〃	20	30	40
2. 장 비				
가. 와이어로우프 테스터	대	1	1	2
나. 라인스피드미터	〃	2	4	4
다. 진동 측정기	세트	1	1	1
라. 초음파두께측정기	세트	1	1	3
마. 금속현미경	대	1	1	3
바. 시험분동	세트	2	4	4
사. 절연저항측정기	〃	7	7	10
아. 만능회로 시험기(기록장치가 부착된 것)	〃	1	1	2
자. 비파괴 시험장치	대	1	1	2
차. 조도계	〃	3	5	7
카. 소음측정기	〃	2	4	4
타. 승강기(현장활용도 가능)	〃	1	1	2

【별표 4】 (개정 2011.3.16)

흙막이 지보공, 거푸집, 비계의 조립 및 해체작업 기능습득 교육기관의 시설·장비기준 (제4조제1항 관련)

시 설 및 장 비 명	단 위	훈련인원별 수량		
		30명	60명	90명
1. 시설기준				
가. 교 실	㎡	60	60	60
나. 실습장				
1) 옥 내	〃	100	150	200
2) 옥 외	〃	300	400	500
다. 공구실	〃	10	20	30
라. 재료실	〃	20	40	60

시 설 및 장 비 명	단 위	훈련인원별 수량		
		30명	60명	90명
2. 장 비				
가. 작업대	개	15	20	30
나. 둥근톱	대	1	1	1
다. 휴대용 전기둥근톱	〃	3	6	9
라. 휴대용 전기대패	대	3	6	9
마. 휴대용 전기드릴	〃	3	6	9
바. 레벨	〃	3	6	9
사. 트렌싯	〃	3	6	9
아. 양두 연삭기	개	1	2	3
자. 직선자(스테인리스 1m용)	〃	10	20	30
차. 줄자(철제, 50m이상)	〃	10	20	30
카. 줄자(철제, 5m)	개	30	60	90
타. 평대패(장, 단)	〃	각30	각60	각90
파. 양날톱(대, 소)	〃	각30	각60	각90

【별표 5】 (개정 2011.3.16)

잠수작업 기능습득 교육기관의 시설·장비기준
(제4조제1항 관련)

시 설 및 장 비 명	단 위	훈련인원별 수량		
		30명	60명	90명
1. 시설				
가. 교 실	㎡	60	60	60
나. 실습장(현장활용도 가능)	〃	100	150	200
다. 공구실	〃	10	20	30
라. 재료실	〃	20	40	60
2. 장 비				
가. 공기압축기	대	2	4	6
나. 압력게이지	세트	3	6	9
다. 감압 및 가압장치(현장활용도 가능)	〃	2	4	6
라. 잠수구	〃	5	10	15

【별표 5의2】 (개정 2011.3.16)

양화장치 운전자격 교육기관의 시설·장비기준
(제4조제1항 관련)

시 설 및 장 비 명	단 위	훈련인원별 수량		
		30명	60명	90명
1. 시설기준				
가. 교 실	㎡	60	60	60
나. 실습장	〃	200	250	300
다. 공구 및 재료실	〃	30	40	50
2. 장 비				
가. 양화기	대	1	2	3
나. 드릴링머신	대	1	1	2
다. 그리스 건	개	3	6	9
라. 튜빙툴커터	세트	1	1	2
마. 와이어커터	대	1	2	3
바. 버니어캘리퍼스	개	3	6	9
사. 복수렌치	세트	3	6	9
아. 바이스	대	1	2	3
자. 샤클	개	5	10	15
차. 도르래	〃	5	10	15
카. 멀티미터	대	2	4	6
타. 일반공구	세트	5	10	15

【별표 5의3】 (개정 2011.3.16)

타워크레인 설치·해체자격 교육기관의 시설·장비기준
(제4조제1항 관련)

시 설 및 장 비 명	단 위	훈련인원별 수량		
		30명	60명	90명
1. 시 설				
가. 교 실	㎡	60	60	60
나. 실습장(현장활용도 가능)	〃	100	150	200
다. 공구 및 재료실	〃	30	60	90
2. 장 비				
가. 타워크레인(T형 12톤 이상, 임대가능)	대	1	1	1
나. 타워크레인 상승작업장치	대	1	1	1
다. 계단식 작업발판(지상에서 상승 작업위치까지)	세트	1	1	1
라. 토크렌치	대	2	4	8
마. 드릴링머신	대	1	1	2
바. 레벨	대	3	6	9
사. 트랜싯	대	3	6	9
아. 양두연삭기	대	1	2	3
자. 체인블록(0.5톤 및 1톤)	세트	2	4	8
차. 레버블록(0.3톤 및 0.5톤)	세트	2	4	8
카. 줄걸이용 로프, 체인	세트	5	10	15
타. 도르래	개	5	10	15
파. 일반공구	세트	5	10	15
하. 샤클, 심블, 클립	세트	5	10	15
거. 직선자(스테인리스, 1m용)	개	5	10	15
너. 철제줄자(5m 이상 및 50m 이상)	세트	10	20	30
더. 송수신기	대	2	2	4
러. 버니어캘리퍼스	대	4	8	10

【별표 5의4】 (신설 2019.1.31)

이동식 크레인·고소작업대 조종자격 교육기관의 시설·장비기준
(제4조제1항 관련)

시 설 및 장 비 명	단 위	훈련인원별 수량		
		30명	60명	90명
1. 시설기준				
가. 교 실	㎡	60	60	60
나. 실습장	〃	1,000	1,200	1,500
다. 공구 및 재료실	〃	20	30	40
2. 장 비				
가. 이동식 크레인(임대가능)	대	1	1	2
나. 고소작업대(임대가능)	대	1	1	2
다. 소켓 렌치	세트	3	6	9
라. 오픈 렌치	세트	3	6	9
마. 플라스틱 해머	개	3	6	9
바. 작업대	대	4	8	10
사. 오일 주입기	대	2	4	6
아. 그리스 주입기	대	2	4	6
자. 버니어캘리퍼스	개	4	8	10
차. 줄걸이 공구	세트	1	2	3
카. 측정용구	세트	2	4	6
타. 토크 렌치	세트	2	4	6

【별표 6】 (개정 2019.1.31)

자격취득·기능습득분야 교육내용 및 기간(시간)
(제7조 관련)

교 육 명		교 육 내 용	기간(시간)
1. 천장크레인·컨테이너크레인 조정자격취득	이론	가. 관계법령 나. 해당 크레인 구조 및 특성에 관한 사항 다. 검사에 관한 기준 라. 해당 크레인 점검 및 정비에 관한 사항 마. 이상시 응급조치에 관한 사항 바. 해당 크레인 신호요령에 관한 사항 사. 운반작업 기초이론에 관한 사항 아. 와이어 로프 강도에 관한 사항 자. 종합평가	3개월
	실기	가. 해당 크레인 신호요령 및 신호방법의 숙지에 관한 사항 나. 해당 크레인 운전조작에 관한 사항 다. 로프걸이 기능에 관한 사항 라. 작업 전후 점검 사항 마. 해당 크레인 작업물체 인양 및 권상(捲上)조작에 관한 사항	
2. 승강기 점검 및 보수자격 취득	이론	가. 관계 법령 나. 기계공학 및 전기공학 기초(개론) 다. 승강기 검사기준 라. 승강기 정비 및 점검에 관한 사항(크레인 포함) 마. 승강기의 구조와 원리에 관한 사항 바. 승강기의 수리 및 조정에 관한 사항 사. 와이어로프 및 달기기구에 관한 사항 아. 종합평가 자. 승강기 관련 규격	3개월
	실기	가. 승강기 수리·조정 및 기능에 관한 사항 나. 승강기 조립·해체 실무에 관한 사항 다. 승강기 운전조작에 관한 사항 라. 체크리스트 작성에 관한 사항	
3. 흙막이지보공 조립 및 해체 기능습득	이론	가. 관계 법령 나. 흙막이 지보공에 필요한 조립도에 관한 사항 다. 부재(部材)의 재료 및 설치방법에 관한 사항 라. 붕괴·침하 위험방지에 관한 사항	8시간

교 육 명		교 육 내 용	기간(시간)
		마. 작업 안전점검에 관한 사항 바. 흙막이 지보공의 구조 및 설치·해체 시의 안전작업에 관한 사항	
	실기	가. 흙막이 지보공 조립도 구축에 관한 사항 나. 흙막이 지보공의 구조 및 설치·해체 작업에 관한 사항 다. 부재의 접속 및 부착방법에 관한 사항 라. 제품 및 원재료·부재료의 취급·해체에 관한 사항	8시간
4. 거푸집의 조립 및 해체작업 기능습득	이론	가. 관계 법령 나. 거푸집 동바리 재료의 종류에 관한 사항 다. 거푸집 형상 및 타설방법에 관한 사항 라. 거푸집 조립도에 관한 사항 마. 거푸집 조립 작업요령 및 방법에 관한 사항 바. 거푸집의 해체 순서 및 방법에 관한 사항	8시간
	실기	가. 거푸집의 침하 방지 요령에 관한 사항 나. 지주 및 받침대 설치방법에 관한 사항 다. 강재의 접속부 및 교차부의 연결조립에 관한 사항 라. 강관의 설치방법에 관한 사항	
5. 비계의 조립 및 해체작업 기능습득	이론	가. 관계 법령 나. 강관 비계 자료의 규격에 관한 사항 다. 추락 재해방지에 관한 사항 라. 비계 등의 점검 및 보수에 관한 사항 마. 비계의 종류 및 구조에 관한 사항	8시간
	실기	가. 비계 등의 조립 및 해체 순서에 관한 사항 나. 발판의 설치에 관한 사항 다. 비계의 접속·연결 및 받침대 사용에 관한 사항 라. 달기로프 사용 및 작업에 관한 사항 마. 비계의 조립도 구축에 관한 사항	
6. 잠수작업기능습득	이론	가. 관계 법령 나. 잠함기·공기압축기의 구조 및 원리에 관한 사항 다. 수중작업의 기술지침에 관한 사항 라. 수중장비·안전보호구의 점검 및 보수에 관한 사항 마. 고기압하의 인체에 미치는 영향에 관한 사항 바. 수중작업방법 안전기준에 관한 사항	8시간
	실기	가. 수중장비 사용 및 점검 요령에 관한 사항 나. 장비측정기구 활용에 관한 사항 다. 작업 순서 및 신호에 관한 사항 라. 비상시 응급처치능력에 관한 사항	

<table>
<tr><th>교 육 명</th><th colspan="2">교 육 내 용</th><th>기간(시간)</th></tr>
<tr><td rowspan="2">7. 양화장치운전 자격 취득</td><td>이론</td><td>가. 관계 법령
나. 공업수학 및 기초물리에 관한 사항
다. 하역장비 일반에 관한 사항
라. 화물 취급에 관한 사항</td><td rowspan="2">3개월</td></tr>
<tr><td>실기</td><td>가. 공구에 관한 사항
나. 하역 보조기구 취급·사용에 관한 사항
다. 장비 취급에 관한 사항
라. 양화기 조작 및 조종에 관한 사항
마. 작업 전후 점검사항</td></tr>
<tr><td rowspan="2">8. 타워크레인 설치·해체 자격 취득</td><td>이론</td><td>가. 관계 법령
나. 타워크레인 구조 및 특성에 관한 사항
다. 타워크레인 점검 및 정비에 관한 사항
라. 타워크레인 사용요령에 관한 사항
마. 타워크레인 설치·해체작업에 관한 사항
바. 추락 재해방지에 관한 사항
사. 이상 시 응급조치에 관한 사항</td><td rowspan="2">144시간
(보수 교육의 경우에는 36시간)</td></tr>
<tr><td>실기</td><td>가. 타워크레인 설치·해체 순서 및 작업방법에 관한 사항
나. 타워크레인 상승작업방법에 관한 사항
다. 타워크레인 지지·고정 방법에 관한 사항
라. 현장 견학 및 실습</td></tr>
<tr><td rowspan="2">9. 이동식 크레인·고소작업대 조종자격 취득</td><td>이론</td><td>가. 관계 법령
나. 이동식 크레인·고소작업대 구조 및 특성에 관한 사항
다. 이동식 크레인·고소작업대 점검 및 정비에 관한 사항
라. 이동식 크레인·고소작업대 조작요령에 관한 사항</td><td rowspan="2">20시간</td></tr>
<tr><td>실기</td><td>가. 이동식 크레인·고소작업대 작업 시작 전 점검에 관한 사항
나. 이동식 크레인·고소작업대 작업방법에 관한 사항
다. 이상 시 응급조치에 관한 사항</td></tr>
</table>

【별지 제1호서식】 (개정 2019.12.26)

교육기관 지정신청서

※ [ ]에는 해당되는 곳에 √ 표시를 합니다.

접수번호	접수일	처리일	처리기간 30일
신청인	대표자 성명		
	기관명		전화번호
	소재지		
지정 교육기관	[ ] 천장크레인·컨테이너크레인 이동식 크레인 및 고소작업대 조종자격, 양화장치 운전자격 [ ] 승강기 점검 및 보수자격 [ ] 흙막이 지보공, 거푸집, 비계의 조립 및 해체작업 기능습득 [ ] 잠수작업 기능습득 [ ] 타워크레인 설치·해체자격		

「유해·위험작업의 취업제한에 관한 규칙」 제5조제1항에 따라 위와 같이 교육기관의 지정을 신청합니다.

년 월 일

신청인 (서명 또는 인)

지방고용노동청(지청)장 귀하

신청인 (대표자) 제출서류	1. 정관 2. 「유해·위험작업의 취업제한에 관한 규칙」 별표 1의2에 따른 인력기준에 해당하는 사람의 자격과 채용을 증명할 수 있는 서류 3. 건물임대차계약서 사본이나 그 밖에 사무실의 보유를 증명할 수 있는 서류(건물등기부 등본을 통하여 사무실을 확인할 수 없는 경우에만 제출합니다)와 시설·설비 명세서 4. 최초 1년간의 사업계획서	수수료 없음
담당직원 확인사항	1. 법인등기사항증명서 2. 건물등기부 등본	

공지사항

위 민원의 처리결과에 대한 만족도 조사 및 관련 제도 개선에 필요한 의견조사를 위해 귀하의 전화번호(휴대전화)로 전화조사를 실시 할 수 있습니다.

210mm×297mm[일반용지 60g/㎡(재활용품)]

【별지 제2호서식】 (개정 2011.3.16)

제 호

( ) 교육기관 지정서

1. 기관명: (전화번호:)

2. 대표자 성명:

3. 소재지:

4. 지정조건:

「유해·위험작업의 취업제한에 관한 규칙」 제5조제3항에 따라 ( )교육기관으로 지정합니다.

년 월 일

지방고용노동청(지청)장 직인

210㎜×297㎜〔보존용지 120g/㎡〕

【별지 제3호서식】 (개정 2011.3.16)

인력·시설 변경신고서

※ [ ]에는 해당되는 곳에 √ 표시를 합니다.

접수번호		접수일	처리일	처리기간 20일
신고인	기관명			전화번호
	소재지			
	대표자 성명			
변경 내역	기존 사항			
	변경사항			
	변경 사유 발생일			

「유해·위험작업의 취업제한에 관한 규칙」 제5조제5항에 따라

[ ]인력
[ ]시설 변경사항을 신고합니다.

년 월 일

신고인(대표자) (서명 또는 인)

지방고용노동청(지청)장 귀하

첨부서류	1. 변경 사실을 증명하는 서류 사본 1부 2. 교육기관 지정서	수수료 없음

공지사항

위 민원의 처리결과에 대한 만족도 조사 및 관련 제도 개선에 필요한 의견조사를 위해 귀하의 전화번호(휴대전화)로 전화조사를 실시할 수 있습니다.

210mm×297mm(일반용지 60g/㎡(재활용품))

【별지 제4호서식】 (개정 2011.3.16)

교육수강 신청서

※ 〔 〕에는 해당되는 곳에 √ 표시를 합니다.

접수번호	접수일	처리일	처리기간

<table>
<tr><td rowspan="3">신청인</td><td colspan="3">성명</td></tr>
<tr><td>생년월일</td><td colspan="2">직책</td></tr>
<tr><td>최종학력</td><td colspan="2">국가기술자격 취득 종목 및 등급</td></tr>
<tr><td>교육과정명</td><td></td><td colspan="2">해당 업무 근속연수</td></tr>
<tr><td rowspan="3">사업장</td><td>명칭</td><td>사업 종류</td><td>근로자 수</td></tr>
<tr><td>대표자 성명</td><td colspan="2">전화번호</td></tr>
<tr><td>소재지</td><td colspan="2">관할 지방고용노동관서</td></tr>
</table>

위 본인은 「유해·위험작업의 취업제한에 관한 규칙」 제10조에 따라

〔 〕 자격취득
〔 〕 기능습득 교육을 받고자 위와 같이 수강 신청을 합니다.

년 월 일

신청인(대표자) (서명 또는 인)

교육실시기관의 장 귀하

210mm×297mm(일반용지 60g/㎡(재활용품))

【별지 제5호서식】 (개정 2011.3.16)

제　　　호

자 격 교 육 수 료 증

1. 소　속 :

2. 직　책 :

3. 성　명 :

4. 생년월일 :

위 사람은 「유해·위험작업의 취업제한에 관한 규칙」 제11조 제1항에 따라 (　　　　　)과정의 교육을 이수하고 정해진 시험에 합격하였으므로 이 증서를 수여합니다.

년　　　월　　　일

교육실시기관의 장 직인

210㎜×297㎜ 보존용지(1종)120g/㎡

【별지 제6호서식】 (개정 2011.3.16)

제 호

기 능 습 득 교 육 이 수 증

1. 소 속 :

2. 직 책 :

3. 성 명 :

4. 생년월일 :

위 사람은 「유해·위험작업의 취업제한에 관한 규칙」 제11조 제3항에 따른 ( )과정의 교육을 이수하고 정해진 시험에 합격하였으므로 이 증서를 수여합니다.

년 월 일

교육실시기관의 장 직인

210㎜×297㎜ 보존용지(1종)120g/㎡

【별지 제7호서식】 (개정 2011.3.16)

수료증등 재발급신청서

※ 〔 〕에는 해당되는 곳에 √ 표시를 합니다.

접수번호	접수일	처리일	처리기간 10일
신청인	성명		생년월일
	주소		
발행기관	명칭		등록번호
	면허 종류		등록 연월일
	재발급 사유		

「유해·위험작업의 취업제한에 관한 규칙」 제12조제1항에 따라

〔 〕 자격교육 수료증
〔 〕 기능습득 교육이수증
의 재발급을 받고자 신청합니다.

년 월 일

신청인(대표자) (서명 또는 인)

교육실시기관의 장 귀하

첨부서류	헐어서 못 쓰게 된 경우에는 헐어서 못 쓰게 된 수료증	수수료 없음

210mm×297mm(일반용지 60g/㎡(재활용품))

중대재해 처벌 등에 관한 법률

제정 2021.1.26. 법률 제17907호

제1장 총칙

제1조(목적) 이 법은 사업 또는 사업장, 공중이용시설 및 공중교통수단을 운영하거나 인체에 해로운 원료나 제조물을 취급하면서 안전·보건 조치의무를 위반하여 인명피해를 발생하게 한 사업주, 경영책임자, 공무원 및 법인의 처벌 등을 규정함으로써 중대재해를 예방하고 시민과 종사자의 생명과 신체를 보호함을 목적으로 한다.

제2조(정의) 이 법에서 사용하는 용어의 뜻은 다음과 같다.

1. "중대재해"란 "중대산업재해"와 "중대시민재해"를 말한다.
2. "중대산업재해"란 「산업안전보건법」 제2조제1호에 따른 산업재해 중 다음 각 목의 어느 하나에 해당하는 결과를 야기한 재해를 말한다.
   가. 사망자가 1명 이상 발생
   나. 동일한 사고로 6개월 이상 치료가 필요한 부상자가 2명 이상 발생
   다. 동일한 유해요인으로 급성중독 등 대통령령으로 정하는 직업성 질병자가 1년 이내에 3명 이상 발생
3. "중대시민재해"란 특정 원료 또는 제조물, 공중이용시설 또는 공중교통수단의 설계, 제조, 설치, 관리상의 결함을 원인으로 하여 발생한 재해로서 다음 각 목의 어느 하나에 해당하는 결과를 야기한 재해를 말한다. 다만, 중대산업재해에 해당하는 재해는 제외한다.
   가. 사망자가 1명 이상 발생
   나. 동일한 사고로 2개월 이상 치료가 필요한 부상자가 10명 이상 발생
   다. 동일한 원인으로 3개월 이상 치료가 필요한 질병자가 10명 이상 발생
4. "공중이용시설"이란 다음 각 목의 시설 중 시설의 규모나 면적 등을 고려하여 대통령령으로 정하는 시설을 말한다. 다만, 「소상공인 보호 및 지원에 관한 법률」 제2조에 따른 소상공인의 사업 또는 사업장 및 이에 준하는 비영리시설과 「교육시설 등의 안전 및 유지관리 등에 관한 법률」 제2조제1호에 따른 교육시설은 제외한다.
   가. 「실내공기질 관리법」 제3조제1항의 시설(「다중이용업소의 안전관리에 관한 특별법」 제2조제1항제1호에 따른 영업장은 제외한다)
   나. 「시설물의 안전 및 유지관리에 관한 특별법」 제2조제1호의 시설물(공동주택은 제외한다)
   다. 「다중이용업소의 안전관리에 관한 특별법」 제2조제1항제1호에 따른 영업장 중 해당 영업에 사용하는 바닥면적(「건축법」 제84조에 따라 산정한 면적을 말한다)의 합계가 1천제곱미터 이상인 것
   라. 그 밖에 가목부터 다목까지에 준하는 시설로서 재해 발생 시 생명·신체상의 피해가 발생할 우려가 높은 장소
5. "공중교통수단"이란 불특정다수인이 이용하는 다음 각 목의 어느 하나에

해당하는 시설을 말한다.
가. 「도시철도법」 제2조제2호에 따른 도시철도의 운행에 사용되는 도시철도차량
나. 「철도산업발전기본법」 제3조제4호에 따른 철도차량 중 동력차·객차(「철도사업법」 제2조제5호에 따른 전용철도에 사용되는 경우는 제외한다)
다. 「여객자동차 운수사업법 시행령」 제3조제1호라목에 따른 노선 여객자동차운송사업에 사용되는 승합자동차
라. 「해운법」 제2조제1호의2의 여객선
마. 「항공사업법」 제2조제7호에 따른 항공운송사업에 사용되는 항공기
6. "제조물"이란 제조되거나 가공된 동산(다른 동산이나 부동산의 일부를 구성하는 경우를 포함한다)을 말한다.
7. "종사자"란 다음 각 목의 어느 하나에 해당하는 자를 말한다.
가. 「근로기준법」 상의 근로자
나. 도급, 용역, 위탁 등 계약의 형식에 관계없이 그 사업의 수행을 위하여 대가를 목적으로 노무를 제공하는 자
다. 사업이 여러 차례의 도급에 따라 행하여지는 경우에는 각 단계의 수급인 및 수급인과 가목 또는 나목의 관계가 있는 자
8. "사업주"란 자신의 사업을 영위하는 자, 타인의 노무를 제공받아 사업을 하는 자를 말한다.
9. "경영책임자등"이란 다음 각 목의 어느 하나에 해당하는 자를 말한다.
가. 사업을 대표하고 사업을 총괄하는 권한과 책임이 있는 사람 또는 이에 준하여 안전보건에 관한 업무를 담당하는 사람
나. 중앙행정기관의 장, 지방자치단체의 장, 「지방공기업법」 에 따른 지방공기업의 장, 「공공기관의 운영에 관한 법률」 제4조부터 제6조까지의 규정에 따라 지정된 공공기관의 장

제2장 중대산업재해

제3조(적용범위) 상시 근로자가 5명 미만인 사업 또는 사업장의 사업주(개인사업주에 한정한다. 이하 같다) 또는 경영책임자등에게는 이 장의 규정을 적용하지 아니한다.

제4조(사업주와 경영책임자등의 안전 및 보건 확보의무) ① 사업주 또는 경영책임자등은 사업주나 법인 또는 기관이 실질적으로 지배·운영·관리하는 사업 또는 사업장에서 종사자의 안전·보건상 유해 또는 위험을 방지하기 위하여 그 사업 또는 사업장의 특성 및 규모 등을 고려하여 다음 각 호에 따른 조치를 하여야 한다.
1. 재해예방에 필요한 인력 및 예산 등 안전보건관리체계의 구축 및 그 이행에 관한 조치
2. 재해 발생 시 재발방지 대책의 수립 및 그 이행에 관한 조치
3. 중앙행정기관·지방자치단체가 관계 법령에 따라 개선, 시정 등을 명한 사항의 이행에 관한 조치
4. 안전·보건 관계 법령에 따른 의무이행에 필요한 관리상의 조치

② 제1항제1호·제4호의 조치에 관한 구체적인 사항은 대통령령으로 정한다.

제5조(도급, 용역, 위탁 등 관계에서의 안

전 및 보건 확보의무) 사업주 또는 경영책임자등은 사업주나 법인 또는 기관이 제3자에게 도급, 용역, 위탁 등을 행한 경우에는 제3자의 종사자에게 중대산업재해가 발생하지 아니하도록 제4조의 조치를 하여야 한다. 다만, 사업주나 법인 또는 기관이 그 시설, 장비, 장소 등에 대하여 실질적으로 지배·운영·관리하는 책임이 있는 경우에 한정한다.

제6조(중대산업재해 사업주와 경영책임자등의 처벌) ① 제4조 또는 제5조를 위반하여 제2조제2호가목의 중대산업재해에 이르게 한 사업주 또는 경영책임자등은 1년 이상의 징역 또는 10억원 이하의 벌금에 처한다. 이 경우 징역과 벌금을 병과할 수 있다.

② 제4조 또는 제5조를 위반하여 제2조제2호나목 또는 다목의 중대산업재해에 이르게 한 사업주 또는 경영책임자등은 7년 이하의 징역 또는 1억원 이하의 벌금에 처한다.

③ 제1항 또는 제2항의 죄로 형을 선고받고 그 형이 확정된 후 5년 이내에 다시 제1항 또는 제2항의 죄를 저지른 자는 각 항에서 정한 형의 2분의 1까지 가중한다.

제7조(중대산업재해의 양벌규정) 법인 또는 기관의 경영책임자등이 그 법인 또는 기관의 업무에 관하여 제6조에 해당하는 위반행위를 하면 그 행위자를 벌하는 외에 그 법인 또는 기관에 다음 각 호의 구분에 따른 벌금형을 과(科)한다. 다만, 법인 또는 기관이 그 위반행위를 방지하기 위하여 해당 업무에 관하여 상당한 주의와 감독을 게을리하지 아니한 경우에는 그러하지 아니하다.

1. 제6조제1항의 경우: 50억원 이하의 벌금
2. 제6조제2항의 경우: 10억원 이하의 벌금

제8조(안전보건교육의 수강) ① 중대산업재해가 발생한 법인 또는 기관의 경영책임자등은 대통령령으로 정하는 바에 따라 안전보건교육을 이수하여야 한다.

② 제1항의 안전보건교육을 정당한 사유 없이 이행하지 아니한 경우에는 5천만원 이하의 과태료를 부과한다.

③ 제2항에 따른 과태료는 대통령령으로 정하는 바에 따라 고용노동부장관이 부과·징수한다.

제3장 중대시민재해

제9조(사업주와 경영책임자등의 안전 및 보건 확보의무) ① 사업주 또는 경영책임자등은 사업주나 법인 또는 기관이 실질적으로 지배·운영·관리하는 사업 또는 사업장에서 생산·제조·판매·유통 중인 원료나 제조물의 설계, 제조, 관리상의 결함으로 인한 그 이용자 또는 그 밖의 사람의 생명, 신체의 안전을 위하여 다음 각 호에 따른 조치를 하여야 한다.

1. 재해예방에 필요한 인력·예산·점검 등 안전보건관리체계의 구축 및 그 이행에 관한 조치
2. 재해 발생 시 재발방지 대책의 수립 및 그 이행에 관한 조치
3. 중앙행정기관·지방자치단체가 관계 법령에 따라 개선, 시정 등을 명한 사항의 이행에 관한 조치
4. 안전·보건 관계 법령에 따른 의무이행에 필요한 관리상의 조치

② 사업주 또는 경영책임자등은 사업주나 법인 또는 기관이 실질적으로 지배·

운영·관리하는 공중이용시설 또는 공중교통수단의 설계, 설치, 관리상의 결함으로 인한 그 이용자 또는 그 밖의 사람의 생명, 신체의 안전을 위하여 다음 각 호에 따른 조치를 하여야 한다.

1. 재해예방에 필요한 인력·예산·점검 등 안전보건관리체계의 구축 및 그 이행에 관한 조치
2. 재해 발생 시 재발방지 대책의 수립 및 그 이행에 관한 조치
3. 중앙행정기관·지방자치단체가 관계 법령에 따라 개선, 시정 등을 명한 사항의 이행에 관한 조치
4. 안전·보건 관계 법령에 따른 의무이행에 필요한 관리상의 조치

③ 사업주 또는 경영책임자등은 사업주나 법인 또는 기관이 공중이용시설 또는 공중교통수단과 관련하여 제3자에게 도급, 용역, 위탁 등을 행한 경우에는 그 이용자 또는 그 밖의 사람의 생명, 신체의 안전을 위하여 제2항의 조치를 하여야 한다. 다만, 사업주나 법인 또는 기관이 그 시설, 장비, 장소 등에 대하여 실질적으로 지배·운영·관리하는 책임이 있는 경우에 한정한다.

④ 제1항제1호·제4호 및 제2항제1호·제4호의 조치에 관한 구체적인 사항은 대통령령으로 정한다.

제10조(중대시민재해 사업주와 경영책임자등의 처벌) ① 제9조를 위반하여 제2조제3호가목의 중대시민재해에 이르게 한 사업주 또는 경영책임자등은 1년 이상의 징역 또는 10억원 이하의 벌금에 처한다. 이 경우 징역과 벌금을 병과할 수 있다.

② 제9조를 위반하여 제2조제3호나목 또는 다목의 중대시민재해에 이르게 한 사업주 또는 경영책임자등은 7년 이하의 징역 또는 1억원 이하의 벌금에 처한다.

제11조(중대시민재해의 양벌규정) 법인 또는 기관의 경영책임자등이 그 법인 또는 기관의 업무에 관하여 제10조에 해당하는 위반행위를 하면 그 행위자를 벌하는 외에 그 법인 또는 기관에게 다음 각 호의 구분에 따른 벌금형을 과(科)한다. 다만, 법인 또는 기관이 그 위반행위를 방지하기 위하여 해당 업무에 관하여 상당한 주의와 감독을 게을리하지 아니한 경우에는 그러하지 아니하다.

1. 제10조제1항의 경우: 50억원 이하의 벌금
2. 제10조제2항의 경우: 10억원 이하의 벌금

제4장 보 칙

제12조(형 확정 사실의 통보) 법무부장관은 제6조, 제7조, 제10조 또는 제11조에 따른 범죄의 형이 확정되면 그 범죄사실을 관계 행정기관의 장에게 통보하여야 한다.

제13조(중대산업재해 발생사실 공표) ① 고용노동부장관은 제4조에 따른 의무를 위반하여 발생한 중대산업재해에 대하여 사업장의 명칭, 발생 일시와 장소, 재해의 내용 및 원인 등 그 발생사실을 공표할 수 있다.

② 제1항에 따른 공표의 방법, 기준 및 절차 등은 대통령령으로 정한다.

제14조(심리절차에 관한 특례) ① 이 법 위반 여부에 관한 형사재판에서 법원은 직권으로 「형사소송법」 제294조의2에 따라 피해자 또는 그 법정대리인(피해자가 사망하거나 진술할 수 없는 경우

에는 그 배우자·직계친족·형제자매를 포함한다)을 증인으로 신문할 수 있다.

② 이 법 위반 여부에 관한 형사재판에서 법원은 검사, 피고인 또는 변호인의 신청이 있는 경우 특별한 사정이 없으면 해당 분야의 전문가를 전문심리위원으로 지정하여 소송절차에 참여하게 하여야 한다.

제15조(손해배상의 책임) ① 사업주 또는 경영책임자등이 고의 또는 중대한 과실로 이 법에서 정한 의무를 위반하여 중대재해를 발생하게 한 경우 해당 사업주, 법인 또는 기관이 중대재해로 손해를 입은 사람에 대하여 그 손해액의 5배를 넘지 아니하는 범위에서 배상책임을 진다. 다만, 법인 또는 기관이 해당 업무에 관하여 상당한 주의와 감독을 게을리하지 아니한 경우에는 그러하지 아니하다.

② 법원은 제1항의 배상액을 정할 때에는 다음 각 호의 사항을 고려하여야 한다.

1. 고의 또는 중대한 과실의 정도
2. 이 법에서 정한 의무위반행위의 종류 및 내용
3. 이 법에서 정한 의무위반행위로 인하여 발생한 피해의 규모
4. 이 법에서 정한 의무위반행위로 인하여 사업주나 법인 또는 기관이 취득한 경제적 이익
5. 이 법에서 정한 의무위반행위의 기간·횟수 등
6. 사업주나 법인 또는 기관의 재산상태
7. 사업주나 법인 또는 기관의 피해구제 및 재발방지 노력의 정도

제16조(정부의 사업주 등에 대한 지원 및 보고) ① 정부는 중대재해를 예방하여 시민과 종사자의 안전과 건강을 확보하기 위하여 다음 각 호의 사항을 이행하여야 한다.

1. 중대재해의 종합적인 예방대책의 수립·시행과 발생원인 분석
2. 사업주, 법인 및 기관의 안전보건관리체계 구축을 위한 지원
3. 사업주, 법인 및 기관의 중대재해 예방을 위한 기술 지원 및 지도
4. 이 법의 목적 달성을 위한 교육 및 홍보의 시행

② 정부는 사업주, 법인 및 기관에 대하여 유해·위험 시설의 개선과 보호 장비의 구매, 종사자 건강진단 및 관리 등 중대재해 예방사업에 소요되는 비용의 전부 또는 일부를 예산의 범위에서 지원할 수 있다.

③ 정부는 제1항 및 제2항에 따른 중대재해 예방을 위한 조치 이행 등 상황 및 중대재해 예방사업 지원 현황을 반기별로 국회 소관 상임위원회에 보고하여야 한다.

〔시행일:2021. 1. 26.〕 제16조

부 칙〈제17907호, 2021. 1. 26.〉

제1조(시행일) ① 이 법은 공포 후 1년이 경과한 날부터 시행한다. 다만, 이 법 시행 당시 개인사업자 또는 상시 근로자가 50명 미만인 사업 또는 사업장(건설업의 경우에는 공사금액 50억원 미만의 공사)에 대해서는 공포 후 3년이 경과한 날부터 시행한다.

② 제1항에도 불구하고 제16조는 공포한 날부터 시행한다.

제2조(다른 법률의 개정) 법원조직법 중 일부를 다음과 같이 개정한다.

제32조제1항제3호에 아목을 다음과 같이 신설한다.

아. 「중대재해 처벌 등에 관한 법률」 제6조제1항·제3항 및 제10조제1항에 해당하는 사건

제2편
참고자료

※ 산업재해보상보험업무처리실무 및 권리구제제도

1. 산업재해

1) 용어의 정의

① **"업무상 재해"**라 함은 업무상의 사유에 따라 근로자의 부상·질병·신체장해 또는 사망을 말한다. 이 경우 업무상의 재해의 인정기준에 관하여는 고용노동부령으로 정한다.(법 제37조 동법시행령 제27조내지 제37조 참조)

② **"근로자"·"임금"·"평균임금"·"통상임금"**이라 함은 각각 근로기준법에 의한 "근로자"·"임금"·"평균임금"·"통상임금"을 말한다. 다만, 근로기준법에 의하여 "임금" 또는 "평균임금"을 결정하기 어렵다고 인정되면 고용노동부장관이 정하여 고시하는 금액을 당해 "임금" 또는 "평균임금"으로 한다.

③ **"유족"**이라 함은 사망한 자의 배우자(사실상 혼인관계에 있는 자를 포함한다)·자녀·부모·손자녀·조부모 또는 형제자매를 말한다.

④ **"총공사"**라 함은 건설공사에 있어서 최종공작물(최종목적물)을 완성하기 위하여 행하여지는 토목공사, 건축공사, 기타 공작물의 건설공사와 건설물의 개조·보수·변경 및 해체등의 공사 또는 각각의 공사를 행하기 위한 준비공사등과 상호 관련하여 행하여지는 작업 일체를 말한다.

⑤ **"총공사금액"**이라 함은 총공사를 행함에 있어 계약상의 도급금액을 말한다. 다만, 발주자로부터 따로 제공받은 재료가 있는 경우에는 도급금액에 그 재료의 시가환산액을 가산한 금액을 말한다.

⑥ **"원수급인"**이라 함은 사업이 수차의 도급에 의하여 행하여지는 경우에 있어서 최초로 사업을 도급받아 행하는 자를 말한다.

⑦ **"하수급인"**이라 함은 원수급인으로부터 그 사업의 전부 또는 일부를 도급받아 행하는 자와 하수급인으로부터 그 사업의 전부 또는 일부를 도급받아 행하는 자를 말한다.

⑧ **"총공사실적"**이라 함은 당해 보험연도 건설공사의 총기성공사금액을 말한다.

⑨ **"재해"**라 함은 사고 또는 유해요인에 의한 근로자의 부상·사망·장해 또는 질병을 말한다.

⑩ **"유해요인"**이라 함은 물리적인자·화학물질·분진·병원체·신체에 과도한 부담을 주는 작업방법등 근로자의 건강장해를 일으킬 수 있는 요인을 말한다.

⑪ "진폐증"이라 함은 분진을 흡입함으로써 폐장내에 병적 변화를 가져오는 질병을 말한다.
⑫ "장해"라 함은 부상 또는 질병이 치유되었으나 신체에 남은 영구적인 정신적 또는 육체적 훼손(이하 "폐질"이라 한다)으로 인하여 노동능력이 손실 또는 감소된 상태를 말한다.
⑬ "치유"라 함은 부상 또는 질병이 완치되거나 부상 또는 질병에 대한 치료의 효과를 더 이상 기대할 수 없게 되고 그 증상이 고정된 상태에 이르게 된 것을 말한다.
※ 여기서 "법"이라 함은 산업재해보상보험법을, "근기법"이라 함은 근로기준법, "보험료징수법"이라 하면 고용보험 및 산업재해보상보험의 보험료징수 등에 관한 법률을 말한다.

2) 적용범위

① 산업재해보상보험법은 근로자를 사용하는 모든 사업에 적용한다. 다만, 사업의 위험율·규모 및 사업장소등을 참작하여 대통령령으로 정하는 사업은 그러하지 아니하다.(법 제6조 및 동법시행령 제2조 참조)
② 보험가입자로서 중·소기업(근로자를 사용하지 아니하는 자를 포함한다) 사업주는 공단의 승인을 얻어 자기 또는 유족을 보험급여를 받을 수 있는 자로 하여 보험에 임의 가입하면 보험혜택을 받는다.(법 제124조, 동법시행령 제122조, 동법시행규칙 제75조~76조 참조)

3) 산재보험료

산업재해보상보험법에서 규정하고 있는 "보험료"라 함은 근로복지공단이 보험사업에 소요되는 비용을 충당하기 위하여 보험가입자로부터 징수하는 금액을 말한다.(법 제4조) 보험료는 산재보험사업에 필요한 비용 즉, 근로자의 업무상재해를 신속·공정하게 보상하고, 이에 필요한 보험시설을 설치·운용하며, 재해예방 기타 근로자의 복지증진을 위한 사업 등 보험사업 수행 및 근로자 보호에 필요한 비용을 보험가입자인 사업주가 부담하는 것이다.(법 제1조 참조)

① 보험의 용도

근로자의 업무상 재해보상, 보험시설(의료시설, 재활시설 등)의 설치·운영, 재해예방, 기타 근로자의 복지증진을 위한 사업등으로 나눠지는데 그 소요비용은 사업주가 납부하는 보험료와 국가의 지원으로 충당되며, 근로자의 비용부담은 없다.

② 보험료의 산정방법

매 보험연도마다 그 1년동안 모든 근로자에게 지급하는 임금총액에 동종사업에 적용되는 보험요율을 곱한 금액으로 한다.

※ 보험료 = 당해 보험연도의 임금총액 × 보험요율(고용노동부고시율)

다만, 임금총액을 추정하기가 곤란할 경우(건설공사) 고용노동부장관이 따로 정하여 고시하는 노무비율에 의하여 산정한 임금액을 임금총액의 추정액으로 하여 보험료를 산정한다.

※ **보험료** = 총공사금액 × 노무비율 × 보험요율(고용노동부고시율)

③ 보험료 산정시기

매년 1월 1일(보험관계성립일)부터 12월 31일(사업폐지·종료일)까지이다.

4) 산재보험요율

"보험요율"은 보험가입자의 보험료 부담과 직결되는 것으로서, 보험료부담의 공평성 확보를 위하여 매년 6월 30일 현재 과거 3년간의 임금총액에 대한 산재보험급여총액의 비율을 기초로 보험급여지급율을 동등하다고 인정되는 사업집단별로 보험요율을 사업종류로 세분화하여(매년 12월 31일 고용노동부고시) 적용한다.

① 적용

하나의 적용사업장에 대하여는 하나의 보험요율을 적용하고, 하나의 사업장안에서 보험요율이 다른 2종 이상의 사업이 행해지는 경우 그 중 주된 사업에 따라 적용한다.

적용순위를 보면 근로자수가 많은 사업, 근로자수가 동일하거나 그 수를 파악할 수 없는 경우는 임금총액이 많은 사업, 위 조건에 의하여 주된 사업을 결정할 수 없는 경우에는 매출액이 많은 제품을 제조하거나 서비스를 제공하는 사업으로 결정된다.

또 최종 공작물의 완성을 위하여 행하는 건설공사를 2이상으로 분할 도급하여 시공하는 경우에는 이를 동일한 사업종류로 보아 하나의 보험요율을 적용하고 동종사업의 일괄적용을 받는 사업주가 일괄적용사업이 아닌 다른 종류로 분류된 건설공사를 행할 경우 그 다른 사업종류의 보험요율을 적용(별도 산재보험가입을 의미)한다.

② 보험요율 결정의 특례(개별실적요율)

이는 당해 보험료액에 비추어 보험급여액의 비율이 85/100를 넘거나 75/100 이하인 사업(재해예방의 노력여부를 반영하기 위함)에 대하여 그 사업에 적용하는 보험요율을 50/100 범위안에서 인상 또는 인하한 율을 당해 사업에 대한 보험요율로 하는 제도이다.(보험료징수법 제15조제2항 같은법시행령 제16조 참조)

적용요건은

- 상시 30인 이상 또는 연인원 7,500명 이상(계절사업)의 근로자를 사용하는 광업, 제조업, 전기·가스 및 상수도사업, 운수·창고 및 통신업, 금융·보험법, 임업, 어업, 농업에 해당하는 사업
- 건설업 중 일괄적용을 받는 사업으로서 매년 당해보험연도의 2년전 보험연도의 총공사실적이 60억원 이상인 사업(보험료징수법시행령 제15조제1호)
- 매년 6월 30일 현재 보험관계가 성립하여 3년이 경과한 사업

단, 기준보험연도의 6월 30일 이전 3년의 기간중에 보험요율 적용사업의 종류가 변경된 경우에는 개별실적요율을 적용하지 아니함(주된 작업실태가 변경되지 않은 경우는 예외)

5) 개산보험료

매보험연도마다 그 1년간(보험연도중에 보험관계가 성립한 경우에는 그 성립일로부터 그 보험연도의 말일까지의 기간)에 사용할 근로자에게 지급할 임금총액의 추정액(대통령령이 정하는 경우에는 전년도에 사용한 근로자에게 지급한 임금총액)에 보험요율을 곱하여 산정한 금액이다.

산업재해보상보험의 보험료는 보험연도 초에 개산보험료를 납부하고 보험연도 말일을 기준으로 하여 계산된 확정보험료에 의하여 개산보험료를 확정·정산한다.(보험료징수법 제17조)

① 산정방법

1년간(또는 공사기간) 지급할 임금총액 추정액에 해당 보험요율을 곱하여 산정하고(개산보험료=임금총액의 추정액×보험요율) 단, 추정액이 전년도 보수총액의 70/100이상 130/100이내인 경우에는 전년도 보수총액으로 개산보험료를 산정한다.(보험료징수법시행령 제21조 참조)

임금총액을 추정하기 곤란한 때에는 고용노동부장관이 따로 정하여 고시하는 노무비율을 총공사금액에 곱한 금액을 임금총액으로 보아 산정한다.

② 신고와 납부

매보험연도 초일부터 70일 이내→**"보험료신고서"**작성 제출하고, **"납부서"**에 의하여 한국은행 또는 국고수납대리점에 자진납부(2회~4회 분할 납부 가능)하고, 건설공사 등 기간의 정함이 있는 사업으로서 보험관계 성립일부터 70일 이내에 종료되는 사업의 경우 그 사업의 종료일 전일까지 작성, 제출하여야 한다. 개산보험료는 선납주의와 자진신고·납부를 원칙으로 한다.

③ 분할납부

개산보험료는 보험연도 초일 또는 보험관계 성립일부터 70일이내에 공단에 신고하고 납부하여야 하나, 보험가입자의 일시납부에 따른 재정적 부담을 경감하여 주기 위하여 일정한 요건에 해당한 경우 보험가입자의 신청에 의하여 분할납부할 수 있도록 한 것이다.

분할납부 요건

• 보험연도의 6월 30일 이전에 보험관계가 성립 • 증가개산보험료의 사유가 발생한 사업 또는 기간의 정함이 있는 사업으로서 그 기간이 6개월 이상일 것이어야 한다. 다만, 개산보험료와 증가개산보험료를 제외한 • 당해보험연도 7월 1일 이후에 보험관계가 성립된 사업 • 건설공사등 기간의 정함이 있는 사업으로서 그 기간이 6월 미만인 사업 • 증가개산보험료의 납부사유가 발생한 날부터 6월이내에 사업기한 또는 당해보험연도가 만료되는 사업은

분할납부할 수 없다. 또 분할납부 기한은 다음 표와 같다.

기 별 구 분	납 기
제1기분(1/4분기) 1.1~3.31	보험년도 초일부터 70일 이내
제2기분(2/4분기) 4.1~6.30	5월 15일
제3기분(3/4분기) 7.1~9.30	8월 15일
제4기분(4/4분기) 10.1~12.31	11월 15일

분할납부의 신청 방법은 **"보험료신고서"** 뒷면의 **"개산보험료 분할납부신청서"**에 기재하여 제출하고 분할납부를 할 수 있는 요건을 갖춘 가입자가 개산보험료 전액을 법정납부기한(70일 이내)에 완납하는 경우 5/100에 상당하는 보험료액을 공제받을 수 있다.(보험료징수법 제17조제4항, 같은법시행령 제22조 참조)

④ 개산보험료 감액조정

보험연도 중에 해당 보험가입자의 사업규모가 축소된 경우 확정보험료 정산이전에 개산보험료를 감액하여 보험가입자의 재정부담을 완화하려는 제도이다.(보험료징수법시행령 제25조 참조)

그 감액요건은 ●개산보험료의 감액사유가 사업규모의 축소에 의할 것 ●감액규모가 100분의 30을 초과할 것 ●보험가입자가 감액조정신청을 하였을 것 등인데, 감액절차로는 감액사유가 발생한 경우 "개산보험료감액조정신청서"를 작성, 공단에 제출 → 감액결정될 경우 개산보험료에 대한 감액금액이 통지〔※ 구비서류 : 없음. 다만, 감액신청사유 또는 감액조정보험료액의 산정을 위하여 별도의 서류(사실증명, 임금대장 등)가 필요할 수 있음〕되고, 개산보험료를 완납한 경우는 충당 또는 반환을 받고, 분할납부의 경우는 차기부터 감액 결정된 금액으로 납부하면 된다.

⑤ 보험요율의 인상·인하

보험연도중에 보험요율을 인상 또는 인하하지 아니하면 안될 불가피한 사정이 있는 경우 고용노동부장관이 결정, 시행하는데 공단의 추가납부 통지 수령일로부터 30일 이내 납부하여야 한다.(보험료징수법 제18조, 동법 시행령제24조 참조)

6) 확정보험료의 신고·납부와 정산

확정보험료라 함은 매보험연도의 말일 또는 보험관계가 소멸한 날까지 지급한 임금총액(지급하기로 결정된 금액을 포함)에 보험료율을 곱하여 산정한 금액을 말한다.(보험료징수법 제19조 참조)

① 산정방법

실제 지난 1년간 지급한(지급하기로 결정된 임금 포함) 임금총액에 보험요율을 곱한 금액으로 한다.〔확정보험료 = 실제 지급한 임금총액(지급하기로 결정된 임금 포함) × 보험요율〕

② 신고 및 정산

신고 및 납부방법으로는 다음 보험연도 초일부터 70일 이내(보험관계가 보험연도중에 소멸한 경우는 소멸한 날부터 30일 이내)

"확정보험료신고서"를 공단에 제출하고, 과납액의 반환은 개산보험료 기타 징수금에 우선 충당하고, 그 잔액을 반환하고, 부족할 경우는 추가납부해야 한다.(※ 산식 : 개산보험료 - 확정보험료)

확정보험료 정산 이전에 개산보험료를 납부하지 아니한 경우 그 확정보험료 전액을 납부해야 하며, 개산보험료 미납상태의 확정보험료에 대한 연체금 산정을 위한 연체일수는 당초 납부하여야 할 개산보험료에 대하여는 법정 납부기간 만료일의 익일부터 실제 납부한 날의 전일까지의 일수이며, 추가 징수하는 보험료에 대하여는 확정보험료의 법정 납부기간 만료일의 익일부터 실제 납부한 날의 전일까지로 한다.

7) 기타 징수금

① 가산금

보험가입자가 확정보험료 신고기한인 다음 보험연도 초일부터 70일 또는 보험연도중 보험관계가 소멸한 사업에 있어서는 소멸한 다음날부터 30일내에 신고를 하지 않거나 위 법정기한내에 신고를 하였다 하더라도 그 신고가 사실과 다른 때에 징수하는 징수금이다.(보험료징수법 제24조 동법시행령 제32조 참조)

징수사유는 확정보험료의 신고를 법정기한내에 하지 않았을 경우와 신고를 하였더라도 사실과 다른 경우이고, 징수의 예외 조치는 가산금액이 3,000원 미만인 경우와 미신고의 사유가 천재·지변 기타 고용노동부령이 정하는 사유에 의한 경우에 한한다.

가산금의 산정에 있어서는 납부해야 할 확정보험료액의 100분의 10에 해당하는 금액으로 한다.

납부절차는 가산금의 납부사유 발생시 관할 지역본부(지사)에서 "납입고지서"가 발부됨 → 수령 후 10~15일 이내에 납부하여야 한다.

② 연체금

납부기한까지 제 보험료를 납부하지 않은 경우 징수하는데, 연체금, 가산금, 보험급여액의 징수금이 체납된 경우

연체금의 산정은 체납된 금액의 1000분의 20에 해당하는 연체금을 징수하고, 납부기한 도과후 매 1일이 경과할 때마다 체납된 금액의 1500분의 1에 해당하는 연체금을 추가로 징

수(보험료징수법 제25조 동법시행령 제33조 참조)

연체금의 산정일수는 개산보험료는 매보험연도 초일(보험관계성립일)부터 70일이 되는 날의 다음날부터 개산보험료를 납부하거나 정산한 날의 전날까지의 일수로 하며, 확정보험료는 매 보험연도 초일부터 70일(연도중 소멸사업장은 소멸한 날의 다음날부터 30일)이 되는 날의 다음날부터 보험료를 완납하거나 정산한 날의 전날까지의 일수로 한다.

또 증가개산보험료는 증가개산보험료 납부기한 만료일(증가월이 속하는 달의 다음달 말)의 다음날부터 증가개산보험료를 완납하거나 정산한 전날까지의 일수로 하며, 확정정산특례부족액 : 납입고지일부터 30일이 되는 날의 다음 날부터 부족액을 완납하거나 정산한 날의 전날까지의 일수로 한다.

납부절차는 연체금의 납부사유 발생시 관할 지역본부(지사)에서 “납입고지서”가 발부됨 →수령후 10~15일 이내에 납부하여야 한다.

③ 보험급여액의 징수

산재보험법상 일정한 기준에 달한 사업체를 강제적용대상으로 하고 있고, 또한 동시에 보험관계가 자동 성립되므로 사업주가 신고 또는 보험료 납부의무를 행하지 아니하였다 하여 이를 이유로 피재 근로자의 보상을 거부할 수 없는 것이며, 동 의무를 행하지 아니한 사업주에 대하여는 제재를 가함으로써 산재보험 운영의 공평성을 도모하기 위한 제도이다.(보험료징수법 제26조 동법시행령 제34조, 제35조 참조)

보험급여액 징수의 요건을 살펴보면, 미가입 재해 또는 사업개시 미신고 재해의 보험급여액 징수의 요건은 ㉮보험관계가 성립되었음에도 가입 또는 사업개시신고서를 공단에 제출하지 아니하였을 것 ㉯가입 또는 사업개시신고를 태만히 한 기간중에 재해가 발생하였을 것 ㉰보험급여(요양급여, 휴업급여, 장해급여, 간병급여, 유족급여, 상병보상연금)를 지급 또는 지급하기로 결정되었을 것

보험료를 납부하지 아니한 기간의 보험급여액 징수의 요건으로 ㉮개산(증가)보험료를 전액 또는 50%이상 미납하였을 것 ㉯보험료의 법정납부기한의 다음날부터 당해 보험료를 납부한 날의 전날까지의 기간중에 재해가 발생하여 급여청구사유가 발생하였을 때 징수요건이 된다.

급여징수액은 미가입재해는 지급결정된 보험급여액의 100분의 50이 징수되며, 급여징수는 요양을 개시한 날부터 1년이 되는 날이 속하는 달의 말일까지의 기간중에 급여청구사유가 발생한 보험급여에 한한다.

보험료를 납부하지 아니한 기간중의 재해는 재해가 발생한 날부터 보험료를 납부한 날의 전날까지의 기간중에 급여청구사유가 발생한 보험급여액의 100분의 10이다. 또 납부하여야 할 보험료에 대한 미납보험료의 비율이 100분의 50 미만인 경우는 제외된다.

보험급여액의 징수는

㉮ 장해보상연금 또는 유족보상연금은 급여청구사유가 발생한 날에 일시금이 지급결정된 것으로 본다.

㉯ 보험급여액 징수시에는 금액과 납부기한(통지를 받은 날부터 50일이내)을 서면으로 통지

㉰ 징수사유 경합시에는 보험급여액의 징수비율이 가장 높은 징수금만을 징수한다.

2. 업무상 재해

업무로 인하여 발생한 근로자의 부상, 질병, 사망 등의 재해를 "산업재해"라 말한다. 근대산업의 발달에 따라서 근로자는 업무의 과정에서 불가피하게 재해위험에 노출되어 있다는 사실의 인식에 근거한 개념이다. 여기서 말하는 업무란 근로자가 근로계약의 취지에 따라 행하는 업무행위를 말하는 것은 물론이지만 그 범위는 재해보상의 귀책범위가 되는 것이므로 넓게 근로자가 현실적으로 사업주와의 지배종속관계에 있는 상태를 말하는 것으로 풀이되고 있다. 따라서 업무행위에 부수되는 행위, 사업장시설의 이용행위 등도 업무의 범위에 포함되지만 업무외의 사유 이를테면 천재지변이나 근로자의 사적행위 등에 기인하는 재해는 특별한 사유가 없는 한 업무상의 재해가 안된다. 업무에 기인하는, 즉 업무기인성이란 업무와 상당한 인과관계가 있을 것, 즉 경험법칙상 업무로부터 발생하는 개연성을 가지고 일어나는 것을 말한다. 근로자가 업무상의 재해를 입었을 때는 사용자는 근로기준법에 의한 재해보상을 해야 한다. 그러나 산재보험적용사업장은 산재보상으로 보험급여가 지급되므로 사용자는 근로기준법에 의한 재해보상책임을 면하게 된다.

※ 업무상 재해 인정기준

• 업무상 사고　• 업무상 질병　• 작업시간중 사고
• 작업시간외 사고　• 휴게시간중 사고　• 출장중 사고
• 출퇴근중 사고　• 특수한 장소에서의 사고　• 행사중 사고
• 기타 사고

(※법 제37조 동법시행령 제27조 내지 제37조 참조)

◎ 중·소기업사업주의 업무상 재해 인정기준 :

※ 법 제124조 동법시행령 제123조 동법시행규칙 제75조 참조

3. 업무상 재해의 유형

• 작업시간중 재해작업시간외 재해 • 휴게시간중 재해 • 출장중 재해
• 출·퇴근중 재해 • 행사중 재해 • 기타 재해
• 업무상 질병 또는 그 원인으로 인한 부상·사망

1) **작업시간중 재해** : 근로자가 사업장내에서 작업시간중에 발생한 사고로 인하여 사상한 경우에는 업무와 재해간에 상당인과관계가 없음이 명백한 경우를 제외하고는 업무상 재해로 본다. 업무상 스트레스로 인하여 정신과 치료를 받은자나, 재해로 인하여 요양중인 자가 정신장해로 인하여 자살행위를 한 경우, 의학적 소견이 있는 경우는 재해로 인정

2) **작업시간외 재해** : 사업장내에서 작업시간외의 시간을 이용하여 ①작업을 하거나, ②용변등 생리적 필요행위를 하거나, ③작업준비·마무리행위 등 작업에 수반되는 필요적 부수행위를 하거나, ④돌발적인 사고에 대한 구조행위 또는 긴급피난행위를 하고 있을 때 발생한 재해는 업무상 재해로 인정한다.

3) **휴게시간중 재해** : 사업주가 근로자에게 휴게시간중에 사업장내에서 사회통념상 휴게시간중에 할 수 있다고 인정되는 행위로 인하여 발생한 사고로 사상한 경우에는 이를 업무상 재해로 본다.

4) **출장중 재해** : 근로자가 사업주의 출장지시를 받아 사업장밖에서 업무를 수행하고 있을 때 발생한 사고로 인하여 사상한 경우에는 업무상 재해이다. 출장중의 재해와 관련해서는 출장목적 수행을 위한 정상적인 순로에 따라 업무수행중 그에 기인하여 발생되었음이 명백하게 입증되어야 하므로, 정상적인 경로를 벗어나 사적인 행위를 하거나 사업주의 구체적인 지시를 위반하여 발생한 재해는 업무상으로 인정받지 못하는 경우가 있다.

5) **출·퇴근중 재해** : 현행법상 통근상의 재해는 업무상 재해로 인정되지 않지만 사업주가 제공한 교통수단을 이용하다 발생한 사고는 예외를 인정하여 업무상 재해로 본다.

6) **행사중 재해** : 근로자가 회사에서 노무관리상 필요에 의하여 실시하는 운동경기·야유회·등산대회 등 각종 행사에 참가중 재해가 발생한 경우와 행사준비 업무룰 수행하다 일어난 사고는 업무상 재해로 본다.

7) **기타 재해** : 타인의 폭력이나 제3자의 행위에 의하여 발생한 사고가 근로자의 업무와 상당인과관계가 있을 때는 업무상 재해에 해당한다.

8) **업무상 질병** : 업무상 질병이란 업무와 관련하여 발생한 질병을 말한다. 업무상 질병은 직업 고유의 환경이나 작업방법의 특수성이 직접 또는 간접으로 장기간에 점진적으로 발생하는 성질을 지니므로 그 업무와의 관련성(상당인과관계)을 정확히 파악하여야 한다.

4. 재해발생시 업무처리 흐름도

1) 재해발생시의 조치

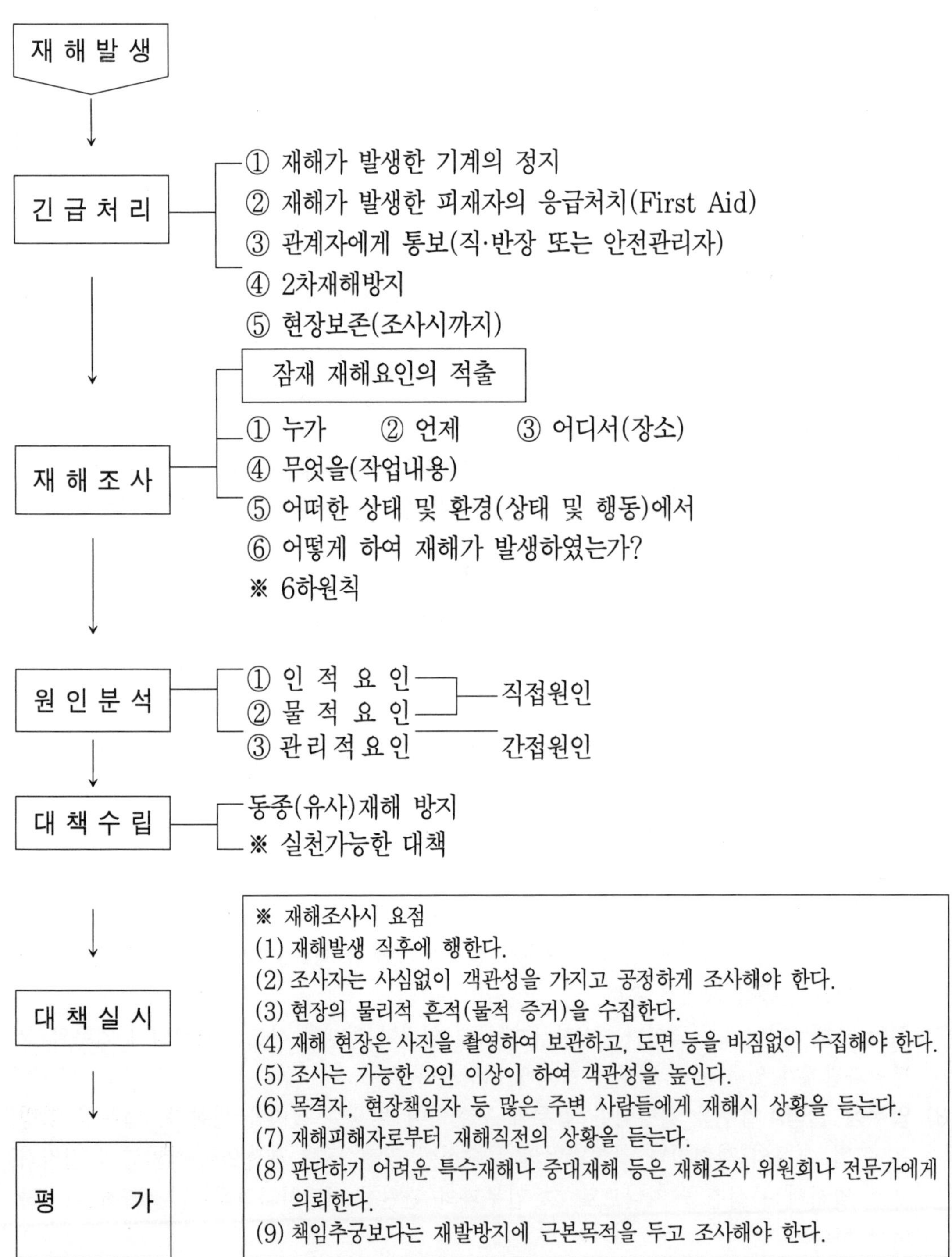

재 해 발 생
긴 급 처 리
① 재해가 발생한 기계의 정지
② 재해가 발생한 피재자의 응급처치(First Aid)
③ 관계자에게 통보(직·반장 또는 안전관리자)
④ 2차재해방지
⑤ 현장보존(조사시까지)
재 해 조 사
잠재 재해요인의 적출
① 누가 ② 언제 ③ 어디서(장소)
④ 무엇을(작업내용)
⑤ 어떠한 상태 및 환경(상태 및 행동)에서
⑥ 어떻게 하여 재해가 발생하였는가?
※ 6하원칙
원 인 분 석
① 인 적 요 인
② 물 적 요 인
③ 관 리 적 요 인
직접원인
간접원인
대 책 수 립
동종(유사)재해 방지
※ 실천가능한 대책
대 책 실 시
평 가
※ 재해조사시 요점
(1) 재해발생 직후에 행한다.
(2) 조사자는 사심없이 객관성을 가지고 공정하게 조사해야 한다.
(3) 현장의 물리적 흔적(물적 증거)을 수집한다.
(4) 재해 현장은 사진을 촬영하여 보관하고, 도면 등을 바짐없이 수집해야 한다.
(5) 조사는 가능한 2인 이상이 하여 객관성을 높인다.
(6) 목격자, 현장책임자 등 많은 주변 사람들에게 재해시 상황을 듣는다.
(7) 재해피해자로부터 재해직전의 상황을 듣는다.
(8) 판단하기 어려운 특수재해나 중대재해 등은 재해조사 위원회나 전문가에게 의뢰한다.
(9) 책임추궁보다는 재발방지에 근본목적을 두고 조사해야 한다.

2) 산재처리

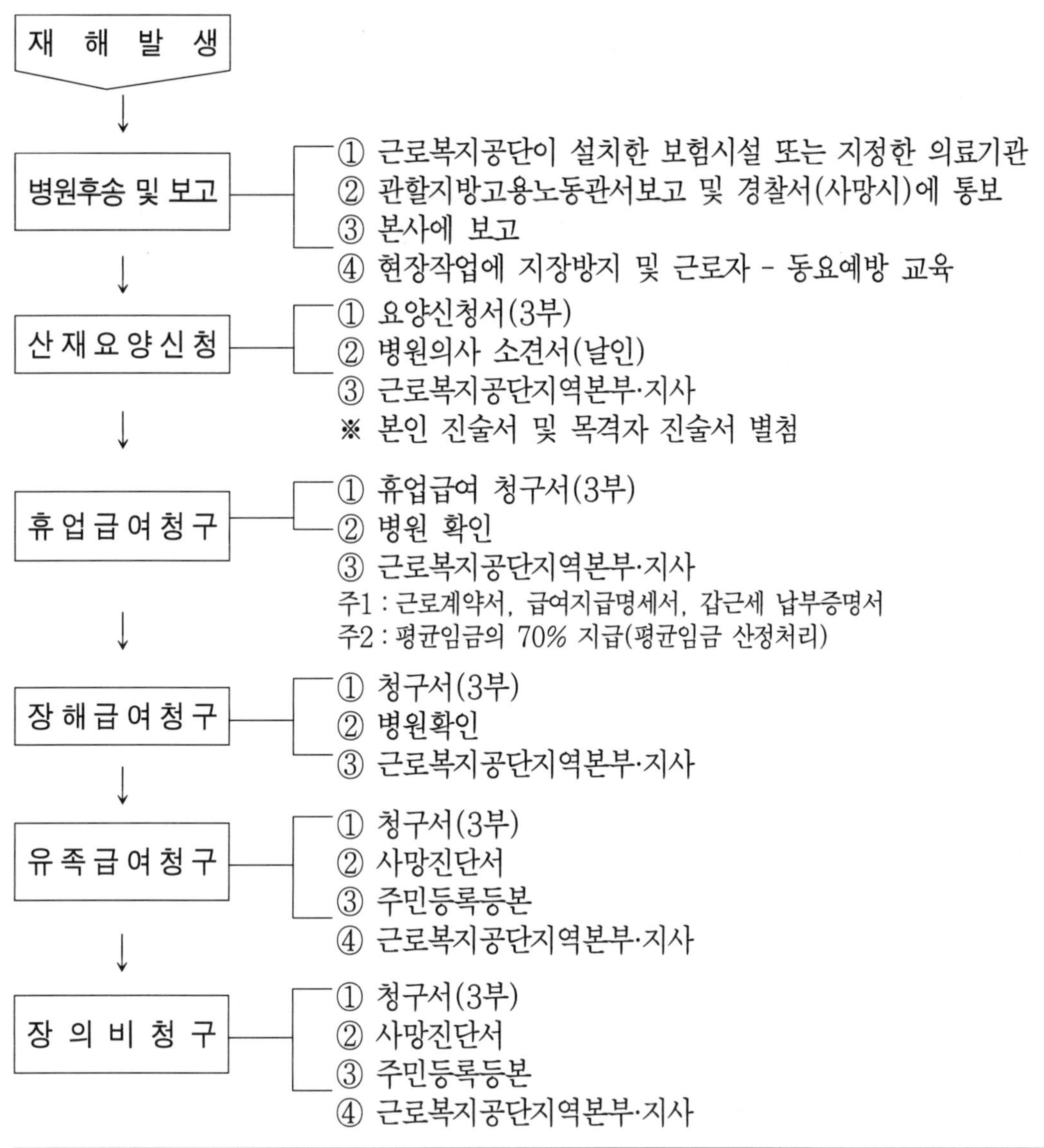

※ 1. 서류 3부 : 근로복지공단, 병원, 사업장 각 1부 보관
2. 근로복지공단 제출서류는 민원실에 제출(단, 산업재해조사표는 고용노동부 관할지방고용노동관서 산업안전과)
3. 재해자 관련보존자료
① 사망 또는 중대재해시 - 현장보존(조사시까지)
② 사고현장 사진 및 약도
③ 피해자, 목격자, 가해자 인적사항 파악 및 진술서
④ 채용 관련 서류(작업일지, 근로계약서, 급여대장, 출근카드, 안전일지)
⑤ 사망시 시체검안서 및 사망진단서 8매 확보
⑥ 주민등록등본, 호적등본(사망시) 확보

3) 사망자재해 처리

(1) 사망자재해 처리 절차도

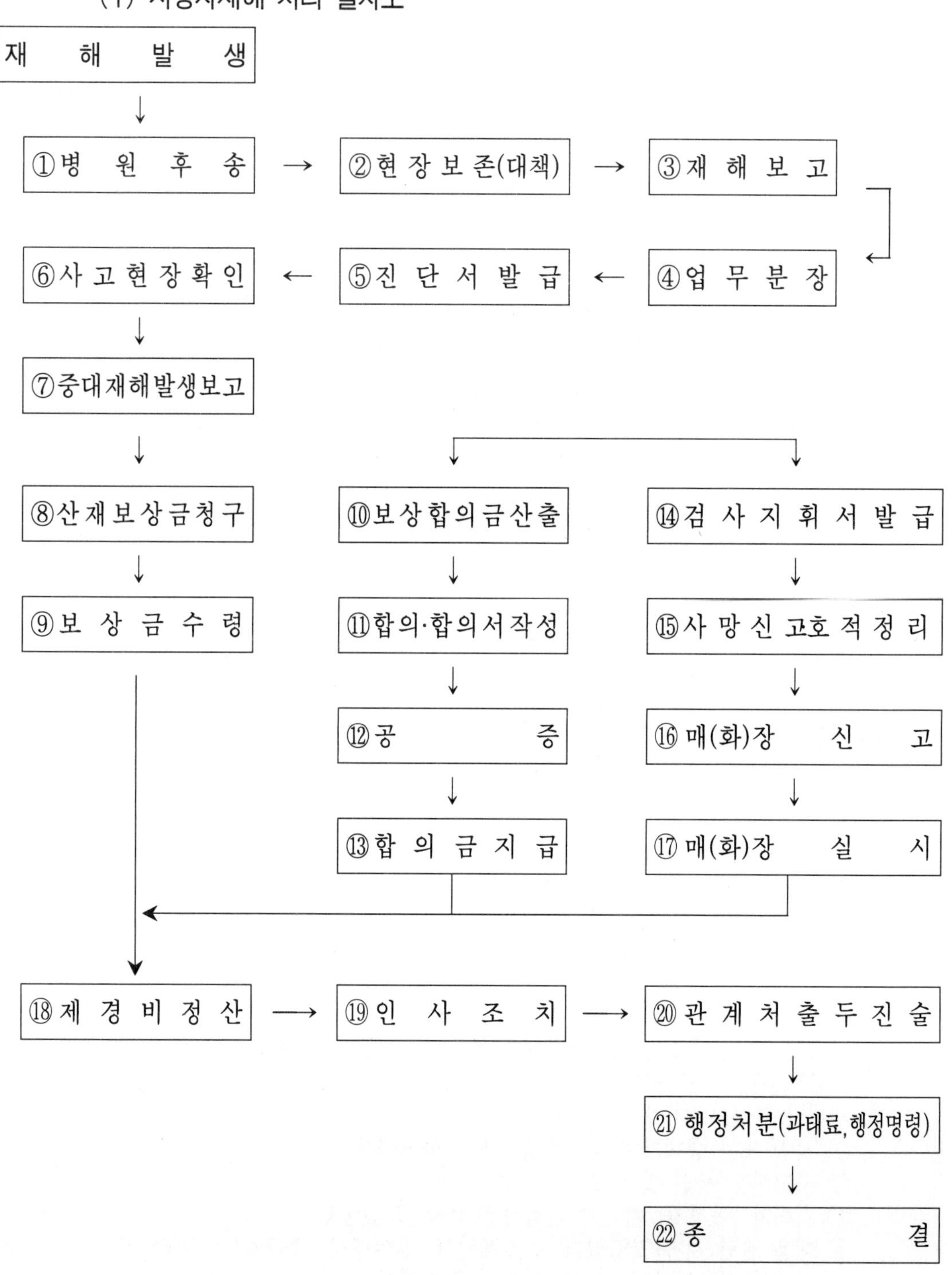

(2) 사망자 업무처리요령

순서	업　　무	업 무 처 리 내 용	관 계 기 관	비고
1	병 원 후 송	• 재해자 병원후송	병원	
2	현 장 보 존	• 현장 목격자 및 관련자 파악 • 재해발생경위, 안전조치 미비사항 여부 파악 • 안전관계 서류 확인(관계기관 현장 확인 전까지) 및 정리		
3	재해발생보고	• 6하원칙에 의거 유선으로 재해발생 보고(일시, 장소, 인적사항, 재해발생 경위, 재해정도)	• 고용노동부(산업안전과) • 근로복지공단 • 경찰서(관할지파출소)	
4	업무처리분담	• 관련 관리·감독자 회의소집 업무 분담 • 업무분담내용 - 영안실 대기조 편성 및 대기조 식음료 지원 - 유족 연락 및 숙식 준비 - 분향소 준비(영안실 제상·사진 확대 및 복사 사장명의 조화) - 사고보고서 작성 - 산재보상 신청 준비(평균임금 산출·가족관계등 신상확인) - 재해보상 합의 - 기타		
5	진 단 서 발 급	• 병원 도착전 사망시 : 사체검안서 8부 • 병원 도착후 사망시 : 사망진단서 8부 • 용도 : 경찰서1부, 고용노동부2부, 매·화장 신고 1부, 사망신고 1부, 합의서 공증 1부, 기타 2부	병원	
6	사고현장확인	• 현장확인(사진 등 증거 확보) • 서류확인(안전·교육일지, 보호구 지급대장, 교육이수자 명단, 건강진단실시 관계 등 필요한 사항)	• 고용노동부(산업안전과) • 근로복지공단 • 경찰서(수사과)	
7	중 대 재 해 발 생 보 고	• 중대재해발생보고서 작성(소정양식)(사업장개요, 재해자 인적사항, 재해발생개요, 사고경위, 사고원인, 재해발생 상황도)	• 고용노동부(산업안전과) • 근로복지공단	

순서	업 무	업 무 처 리 내 용	관 계 기 관	비고
8	보 상 금 청 구	• 보상금 청구 서류구비 제출 - 합의각서 2부 - 유족보상금 일시 청구서 1부 - 장의비 청구서 1부 - 보험급여 수령위임장 1부 - 위임수령 확인각서 1부 - 사망진단서 또는 사체검안서 2부 - 수급권자 호적등본(사망기록된 것) 1부 - 숙급권자 주민등록등본(사망기록된 것) 1부 - 장제실행 확인서 1부 - 보상금 가지급 영수증 1부 - 기준임금 산정내역서 2부 - 임금대장 사본(사망직전 3개월분) 2부 - 근로계약서 사본 2부 - 출근카드 사본 2부 - 현장사진 2부 - 재해약도 2부 - 수급권자 인감증명서 1부 - 안전교육일지 사본 2부	 병원 본적지 주민등록지 유족 유족	
9	보 상 금 수 령	• 유족보상금 및 장의비 수령		
10	보 상 합 의	• 합의서 작성 • 합의보상금산출(별첨내용) • 유족대표와 보상금 합의 (합의 : 예상범위내)		
11	합 의 금 지 급 (가 지 급)	• 회사에서 유족보상금, 장의비, 잔여급여 등 일체를 회사가 가지급하고 근로복지공단에서 수령 입금 • 수급권자에게 합의금 지급전 보상금청구용 서류수령 - 용도별 인감증명서(유족보상금 청구용, 장의비 위임용, 합의각서 공증용, 산재보상금 위임수령용 각 2부) - 인감도장 본인 영수증(인감증명서 수량과 동일 매수)		

순서	업　　무	업 무 처 리 내 용	관 계 기 관	비고
12	공　　증	• 보상금 수급권자와 합의각서 공증서 발급 • 공증시 준비서류 - 회사대표 위임장 1부(공증용) - 대표 인감증명서 및 도장(공증용) - 합의서 3부 - 보상금 지급영수증 1부 - 법인 인감증명 2부 - 위임자 주민등록증, 도장 - 수급권자 인감증명서 및 도장(공증용)	합동법률사무소	
13	검 사 수 사 지휘서 발급	• 지휘서를 병원 제출(사체 유족 인도가능)	경찰서(수사과)	
14	사 망 신 고 및 호 적 정 리	• 주민등록지 사망신고 및 주민등록등본(제적)발급(용도·호적사망신고·사체 매(화)장 승인서 발급, 산재보상청구, 기타) ※ 사망진단서 1부 제출 • 본적지 사망신고 및 제적등본 발급(경찰서, 산재청구, 공증, 기타)	본적지 구청, 읍, 면사무소	
15	매(화)장신고서 발　　급	• 매(화)장 승인서 발급(신고서 제출후)	주민등록지 읍, 면, 동사무소	
16	매(화)장 실시	• 유족과 장례 절차 협의 • 장례 준비 - 영현운구반 편성 - 직원 수송방법(차량비치)결정 • 매(화)장 사무실 승인서 제출후 실시		
17	제 경 비 지 급 및 정　　산	• 사체보관료, 사체처치료, 사체관리료, 관대, 수의대, 삼베, 제물대, 염사수수료 등 사체운구대, 기타 경비 지급 • 유족 식대, 유족 숙박료, 기타 지급 • 화장장 사용료 화부 및 매장인부대 등 지급 • 제경비 정산(회사 비용처리)	병원 식당, 여관 화장장	
18	인사발령조치	• 퇴직발령(당연퇴직) 처리	회사	
19	관 계 처 출 두	• 진술자 : 목격자, 소속관리감독자, 안전관리자, 관리책임자, 유족대표 등 관련자	경찰서, 고용노동부	

5) 장비 재해처리

(1) 당사장비

① 근로자 : 현장보험으로 처리

② 중기운전원(직원) : 중기사업소 급여수령자 현장 보험으로 처리

(2) 임대장비 재해

① 근로자 : 당소 소속 근로자로 산재처리 가능(제3자 가해행위에 대한 구상권)

② 중기운전원(임대회사) : 해당회사로 산재처리(임대장비주인 책임)

※ 장비가 종합보험에 가입되어 있을 경우 종합보험으로 처리(사전 종합보험 가입여부 확인 필요)

6) 협력업체 재해처리

(1) 하도급자가 보험에 가입되어 있지 않은 경우

당사 산재보험으로 처리가능(민사배상 부분 발생에 대한 이행촉구 또는 소송대비자료 확보 필요)

① 각서 및 공증

요양 및 제경비 부담에 대한 이행각서(공증)

② 사고관련서류 확보

가. 근로계약서(대표자 직인) 3부

나. 급여 지급명세(사고 3개월전)

다. 출근카드(회사명의 양식 사용금지) 1부

라. 사고경위 및 작업지시서 1부

마. 갑근세 납부증명

(2) 하도급자가 보험에 가입된 경우 하도급자가 처리(산재보상 및 요양 신청 등)

(3) 직영외주

협력업체와 동일

5. 보험급여

근로자가 업무로 인하여 부상, 질병, 사망 등 재해를 당했을 때에 요양급여, 휴업급여, 장해급여, 유족급여, 상병보상연금, 장의비 등의 급여를 수급권자(피해근로 및 가족)의 청구에 의하여 지급받을 수 있다. 3일 이내의 요양으로 치유될 수 있는 때에는 요양급여 또는 휴업급여는 해당되지 아니하므로, 근로기준법상의 요양보상 또는 휴업보상을 해야 한다.

1) 요양급여(법 제40조)

산업재해보상보험법의 적용을 받는 사업장의 근로자가 업무상의 부상이나 질병에 걸렸을 경우에 지급되는 보험급여, 요양급여는 요양비의 전액으로 하며, 공단이 설치한 보험시설 또는 지정한 의료기관에서 요양을 하게 한다. 그러나 부득이한 경우에는 요양비를 지급받을 수 있다.

지급요건은 ▲산업재해보상보험법이 적용되는 사업장의 근로자일 것 ▲업무상 부상 또는 질병일 것 ▲부상 또는 질병이 4일 이상의 요양을 요할 것을 요건으로 한다.

요양급여의 범위는 ① 진찰 ② 약제 또는 진찰재료의 의지 기타보철의 지급 ③ 처치·수술 기타의 치료 ④ 의료시설에의 수용 ⑤ 개호 ⑥ 이송 ⑦ 기타 고용노동부령이 정하는 사항이다.

2) 휴업급여(법 제52조)

근로자가 업무상의 부상이나 질병으로 노동불능이 되어 임금을 받을 수 없게 된 경우 사용자는 근로자의 요양기간중 그 근로자의 평균임금의 100분의 70(근기법에서는 100분의 60)에 해당하는 금액을 지급하여야 한다. 이것이 휴업급여이다. 휴업급여로 지급되는 금액은 임금수준의 변동에 따라 일정방식으로 증감하도록 되어 있다. 또한 산재보험 적용사업장의 경우는 휴업급여가 지급되므로 사용자는 근기법에 의한 휴업보상의 의무는 면한다.(근기법 제79조 휴업보상)

지급요건은 요양으로 인하여 4일 이상 취업하지 못한 경우와 임금을 받지 못하는 경우이다.

피재근로자가 청구하고, 매월 1회 이상 청구할 수 있으며(※통상적으로 1월 1회 청구가 상례) 급여내용은 미취업기간 1일에 대하여 평균임금의 70/100 상당액에 해당된다. 청구절차는 '휴업급여청구서'를 3부 작성, 의료기관, 회사, 공단에 제출해야 한다.

3) 장해급여(법 제57조)

근로자가 업무상 부상이나 질병에 걸려 완치된 후에도 신체에 장해가 있는 경우에는 사용자는 장해의 정도에 따라서 평균임금에 장해급여표에 정한 일수를 곱하여 얻은 금액을 지급해야 한다.

지급요건은 업무상재해의 치유후 신체에 장해가 잔존하며, 장해등급 제1~14급에 해당하는 경우에 해당한다.(근기법 제80조 장해보상)

피재근로자가 청구할 수 있으며 청구절차는 별표와 같다.

장해보상 청 구 서	제출 →	장해심사 통　보	제출 →	장해심사·등급 결정(자문의)	제출 →	보 상 금 입금조치

(X선 사진 지참)

연금 지급의 경우 장해등급 제1~7급에 대하여 연금 지급(제4~7급의 경우 연금·일시금 선택 가능)하며 수급권자의 선택에 따라 연금의 최초 1~2년분의 선급금 청구가능(제1~3급 장해자의 경우 1~4년분 청구가능)

또한 차액일시금 지급의 경우 수급권자의 사망시 이미 지급한 연금액을 지급당시의 각각의 평균임금으로 나눈 일수의 합계가 해당 장해등급의 일시금의 일수에 미달되는 경우 그 일수에 대하여 사망당시의 평균임금을 곱한 금액을 유족에게 일시금으로 지급한다.

4) 간병급여(법 제61조)

요양급여를 받은 자가 치료후 의학적으로 상시 또는 수시로 간병이 필요하여 실제로 간병을 받는 자에게 지급하는 급여로서 간병급여의 지급은 실제로 행하여진 날에 월단위로 지급하고, 그 지급대상 및 지급기준은 영별표 7의 규정에 의한다.

5) 유족급여(법 제62조)

근로자가 업무상 사망한 경우에 사용자는 그 유족에 대하여 평균임금의 1,300일분(근기법에서는 1000일분)에 해당하는 금액을 지급해야 한다. 유족급여를 받을 수 있는 유족의 범위와 순위는 민법이 정하는 유족상속의 그것과는 달리 산업재해보상보험법시행령 제60조, 제61조에서 상세하게 규정하고 있다. 사용자가 산재보험에 가입한 경우에는 유족급여가 지급되므로 유족보상의 의무를 면하게 된다. 유족급여는 근로자의 사망후 지체없이 지불해야 한다.(근기법 제82조 유족보상)

업무상 사망 또는 사망으로 추정되는 경우에 지급하며 사고가 발생한 날 또는 행방불명된 날에 사망한 것으로 추정한다.

수급권자(유족)가 청구할 수 있다.(※수급권자란 업무상 부상 또는 질병시 당해근로자 본인, 사망시는 그 유족을 말한다)

유족보상연금에서 수급권자는 근로자 사망 당시 그에 의하여 부양되고 있던 자 중 처(사실혼 포함) 및 근로자 사망당시 다음 ①~⑤호에 해당하는 자를 말한다.(단, 처 이외의 자는 일정한 연령 또는 일정한 장해상태에 있을 것을 요건으로 하고 있음)

① 남편(사실혼 포함), 부모, 조부모에 있어서는 60세 이상

② 자녀, 손에 있어서는 18세 미만

③ 형제자매에 있어서는 18세 미만이거나 60세 이상

④ 신체장해등급 제3급 이상인 남편, 자녀, 부모, 손, 조부모, 또는 형제자매

⑤ 근로자 사망 당시 태아인 자는 출생시부터 자격을 취득

수급권의 순위는 배우자(사실혼 포함), 자녀, 부모, 손, 조부모 및 형제자매의 순서로 한다.

수급자격자의 실격 및 이전은 유족보상연금을 받을 권리는 선수위자의 사망 또는 사망근로자의 배우자가 혼인 등의 사유로 수급자격을 잃을 경우에는 같은 순위자가 있는 경우 같은 순위자에게, 같은 순위자가 없는 경우는 다음 순위자에게 이전된다.

유족보상연금 차액일시금 지급은 수급권자가 사망 등 그 수급자격을 잃은 경우 다른 수급자격자가 없고 이미 지급한 연금액을 지급당시의 각각의 평균임금으로 나눈 일수의 합계가 1,300일에 미달되는 경우 그 미달되는 일수에 대하여 수급자격 상실 당시의 평균임금을 곱한 금액을 유족보상연금 수급자격자가 아닌 다른 유족이 일시금으로 수령 가능하다.

또 유족보상일시금의 수급자격자는 배우자(사실혼 포함), 자녀, 부모, 손 및 조부모, 형제자매이며, 수급권자의 순위는 사망 당시 그에 의하여 부양되고 있던 유족에게 우선순위를 인정하는데 그 우선순위를 보면

① 근로자의 사망당시 그에 의하여 부양되고 있던 배우자(사실혼 포함), 자녀, 부모, 손 및 조부모

② 사망당시 부양되고 있지 아니하던 배우자(사실혼 포함), 자녀, 부모, 손 및 조부모 및 부양되고 있던 형제자매

③ 생계유지 관계가 없던 형제자매

④ 부모에 있어서 양부모를 선순위로 실부모를 후순위로 하고, 조부모에 있어서는 양부모의 부모를 선순위로, 실부모의 부모를 후순위로 한다.

또 같은 순위에 있는 유족이 2 이상일 경우에는 그 인수로 등분하여 지급하고, 보험급여를 받기로 확정된 유족이 사망한 경우에는 같은 순위자가 있는 때에는 같은 순위자에게, 동순위자가 없는 때에는 차순위자에게 지급하며, 유언으로 유족 중에서 특정인을 지정한 경우에는 그 유언에 따른다.

6) 상병보상연금(법 제66조)

산업재해보상법상의 보험급여의 일종이다. 업무상의 부상 또는 질병으로 요양을 받는 근로자가 요양을 개시한 후 2년이 경과한 날 이후에도 부상이나 질병이 치유되지 아니한 상태에 있고, 그 폐질의 정도가 대통령령이 정하는 폐질등급기준에 해당하는 경우, 요양급여 외에 지급되는 보험급여이다. 상병보상연금은 폐질등급에 따라 직급되는데 제1급을 평균임금의 329일분, 제2급은 291일분, 제3급은 257일분이 연금으로 지급된다.

지급요건은 당해 부상 또는 질병이 2년이 경과되어도 치유되지 않았을 경우(장해등급 제1~3급 수급자의 재용시에는 요양 개시후 2년이 경과된 것으로 봄)와 부상 또는 질병의 정도가 폐질등급 제1급~3급에 해당해야 한다.

〔법별표 4〕 상병보상연금표(법 제66조제2항 관련)

중증요양상태등급	상병보상연금
제 1 급	평균임금의 329일분
제 2 급	평균임금의 291일분
제 3 급	평균임금의 257일분

피재근로자가 청구하며, 청구시기는 요양이 개시된 후 2년이 경과한 날 이후에 할 수 있으며, 청구에 의하여 12등분하여 매월별로 수령하게 된다.

청구절차는 사유발생일로부터 14일 이내에 "상병보상연금청구서"를 작성하여 공단에 제출해야 한다.

상병보상연금 지급의 효과는 ①휴업급여의 지급이 중단됨(장해연금 지급중지) ②요양개시 후 3년이 경과한 날 이후에도 상병보상연금을 받고 있는 경우에는 일시보상을 한 것으로 본다.

7) 장의비(법 제71조)

장제에 소요되는 비용에 대한 보상이다. 장의비는 근로자의 사망후 지체없이 지급해야 한다. 산재보험 적용사업은 산재보험에서 평균임금의 120일분(근로기준법에서는 90일분)에 상당하는 금액이 장의비로 지급되므로 사용자는 지급의무를 면하게 된다. 장의비는 유족보상을 받을 수 있는 수급권자가 있더라도 실제로 장사를 치른 자에게 지급된다. 장의비는 고용노동부장관이 고시하는 최고금액을 초과하거나 최저금액에 미달하는 경우에는 그 최고금액 또는 최저금액을 각각 장의비로 한다.〔장의비 최고금액은 16,334,840원, 최저금액은 11,729,120원(2021년 1월 1일부터 2021년 12월 31일까지) 고용노동부고시 제2020-148호, 2020.12.29〕. 국민건강보험법과 선원법에서는 장제비라 하고, 근로기준법에서의 장사비는 장의비와 같은 개념이다. 청구절차는 "유족보상, 장의비청구서"를 작성해서 관할 근로복지공단 지사 또는 지역본부에 제출해야 한다.(근기법 제83조 장의비)

8) **특별급여제도**(장해특별급여 법 제78조, 유족특별급여 법 제79조)

근로자가 업무상 사유로 사망하거나 신체장해를 입은 경우 사업주를 상대로 하는 민사상 손해배상의 번거로움을 방지, 신속한 해결을 위하여 산재보험에서 대불해주고 그 지급상당액을 사업주가 직접 납부하는 제도이다.

지급요건은 ①사업주의 고의 또는 과실로 재해가 발생하였을 것 ②사업주가 고의 또는 과실로 재해가 발생하였음을 인정하고, 수급권자가 민법 기타 법령에 의한 손해배상청구에 갈음하여 급여청구를 할 것 ③장해등급 제1~3급에 해당될 것(장해특별급여의 경우)이다. 또 청구절차로는 '장해·유족특별급여청구서'와 사업주와 근로자간의 '권리인낙 및 포기서'를 첨부하여 공단에 제출하고 구비서류는 (갑), (을) 인감증명서 1부이다.

근로자의 수령시 사업주는 공단에 납부계약서와 보증서를 제출해야 한다.

1. 고용노동부지청 및 지방고용노동관서

사무소 명칭		소 재 지	산업보건과 전화번호
고용노동부		세종특별자치시 한누리대로 422 정부세종청사 11동	044)202-7740
서울지방고용노동청		중구 삼일대로363(장교동) 장교빌딩	02)2250-5777
서울	서울강남지청	강남구 도곡로 408(대치동) 디마크빌딩 7~9층	02)3465-8490
	서울동부지청	송파구 중대로 135 벤처타워동관 3~5층	02)2142-8873
	서울서부지청	마포구 독막로 320 3층, 5층 태영데시앙빌딩	02)2077-6175
	서울남부지청	영등포구 선유로 120	02)2639-2269
	서울북부지청	강북구 한천로 949(번동 432-5)	02)950-9810
	서울관악지청	구로구 디지털로 32길 42	02)3282-9051
강원	강원지청	춘천시 후석로 440번길 64(후평동) (춘천지방합동청사 2층)	033)269-3580
	원주지청	원주시 만대로 59	033)769-0820
	태백지청	태백시 번영로 341	033)550-8601
	영월출장소	강원도 영월군 영월읍 단종로 8(영흥5리 976-1)	033)371-6255
	강릉지청	강릉시 경강로 1991남문동(175-3)	033)650-2525
부산지방고용노동청		부산시 연제구 연제로 36(연산2동 1470-1)	051)850-6489
부산	부산동부지청	부산시 금정구 공단서로 12	051)559-6642
	부산북부지청	부산시 사상구 백양대로 804(덕포동)	051)309-1551
경남	창원지청	창원시 의창구 중앙대로 249번길 4	055)239-6585
	통영지청	통영시 광도면 죽림1로 69	055)650-1940
	울산지청	울산시 남구 문수로 392번길 22	052)228-1880
	진주지청	진주시 금산면 금산순환로 11번길 43	055)760-6560
	양산지청	양산시 동면 남양산 1길 58	055)370-0939
대구지방고용노동청		대구시 수성구 동대구로 231(범어동 743번지)	053)667-6361
대구서부지청		대구광역시 달서구 화암로 301	053)605-9151
대구	구미지청	경북 구미시 3공단1로 312-27(임수동 92-31)	054)450-3551

사무소 명칭		소 재 지	산업안전과 전화번호
대구	영 주 지 청	경북 영주시 번영로 88	054)639-1170
	안 동 지 청	경북 안동시 경동로 400	054)851-8018
	포 항 지 청	경북 포항시 남구 새천년대로 430(대잠동)	054)271-6840
중부지방고용노동청		인천 남동구 문화서로 62번길 39(구월동)	032)460-4420
경기	인천북부지청	인천시 계양구 계양문화로 59번길 6	032)540-7908
	경 기 지 청	수원시 장안구 서부로 2166	031)259-0250
	안 양 지 청	안양시 만안구 전파로 44번길 73(안양7동)	031)463-7360
	안 산 지 청	안산시 단원구 적금로 1길 26(고잔동 526-1)	031)412-1976
	부 천 지 청	부천시 원미구 석천로 207(중4동 1032-2)	032)714-8785
	의 정 부 지 청	의정부시 충의로 143	031)850-7630
	고 양 지 청	고양시 덕양구 화중로 104번길 50 고양지방합동청사 6층	031)931-2879
	성 남 지 청	성남시 분당구 성남대로 146(구미동 23-3)	031)788-1570
	평 택 지 청	평택시 경기대로 1194(이충동 608) 장당프라자 3층	031)646-1190
광주지방고용노동청		광주광역시 북구 첨단과기로 208번길 43	062)975-6350
전남	목 포 지 청	목포시 교육로 41번길 8	061)280-0171
	여 수 지 청	여수시 웅천북로 33	061)650-0130
전북	전 주 지 청	전주시 덕진구 건산로 251(인후동1가)	063)240-3390
	익 산 지 청	익산시 하나로 478(어양동 626-1)	063)839-0030
	군 산 지 청	군산시 조촌5길 44(조촌동 852-1)	063)450-0531
대전지방고용노동청		대전시 서구 둔산북로 90번길 34(둔산동 1303)	042)480-6306
충남	보 령 지 청	보령시 옥마로 42	041)930-6140
	천 안 지 청	천안시 서북구 원두정 8길 3	041)560-2867
충북	청 주 지 청	청주시 서원구 1순환로 1047 청주지방합동청사	043)299-1318
	충 주 지 청	충주시 국원대로 3-3(봉방동)	043)840-4031

2. 한국산업안전보건공단·본부·지역본부 및 지사

사 무 소 명 칭	소 재 지	전 화 번 호	FAX
한국산업안전보건공단본부	울산광역시 중구 종가로 400(북정동)	(052)7030-500	1644-4549
산업안전보건연구원	울산광역시 중구 종가로 400(북정동)	(052)7030-500	7030-335
산업안전보건교육원	울산광역시 중구 종가로 400(북정동)	(052)7030-500	7030-341
서 울 지 역 본 부	서울 영등포구 버드나루로 2길 8	(02)6711-2800	6711-2820
서 울 북 부 지 사	중구 칠패길 42(우리빌딩 7~8층)	(02)3783-8300	3783-8309
중 부 지 역 본 부	인천광역시 부평구 무네미로 478-1	(032)5100-500	574-6176
경 기 중 부 지 사	부천시 원미구 송내대로 265번길 대신프라자 3층	(032)680-6500	681-6513
경 기 지 사	수원시 영통구 광교로107 경기중소기업센터 13층	(031)259-7149	259-7120
경 기 동 부 지 사	성남시 분당구 쇳골로17번길3 (금곡동)소곡회관 2층	(031)785-3300	785-3332
경 기 북 부 지 사	의정부시 추동로140 경기북부상공회의소1층	(031)841-4900	878-1541
경 기 서 부 지 사	안산시 단원구 광덕4로230(고잔동)	(031)481-7599	414-3165
강 원 지 사	강원도 춘천시 경춘대로2370 한국교직원공제회관 2층	(033)815-1004	243-8315
강 원 동 부 지 사	강원도 강릉시 하슬라로 182(교동) 정판빌딩 3층	(033)820-2580	820-2591
부 산 지 역 본 부	부산시 금정구 중앙대로1763번길26	(051-520-0510	520-0519
경 남 지 사	경남 창원시 의창구 중앙대로 259(용호동)	(055)269-0510	269-0590
경 남 동 부 지 사	경남 양산시 동면 남양산2길 51(양산노동합동청사 4층)	(055)371-7500	372-6916
대 구 지 역 본 부	대구시 중구 국책보상로648호수빌딩 19,20층	(053)6090-500	421-8622
대 구 서 부 지 사	대구시 달서구 달구벌대로 1834(두류동)	(053)650-6810	650-6820
울 산 지 사	울산시 남구 정동로 83(2, 4층)	(052)226-0510	260-6997
경 북 동 부 지 사	경북 포항시 남구 포스코대로 402(대도동)	(054)271-2013	271-2019
경 북 지 사	구미시 3공단 1로 312-23(임수동)	(054)478-8000	453-0108
광 주 지 역 본 부	광주시 광산구 무진대로282 광주무역회관빌딩 8, 9, 11층	(062)949-8700	943-8278
충 북 지 사	청주시 흥덕구 가경로 161번길 20 가경로 KT 3층	(043)230-7111	236-0371
대 전 지 역 본 부	대전구 유성구 엑스포로339번길60	(042)620-5600	636-5508
충 남 지 사	천안시 서북구 광장로 215 (불당동492-3) 충남경제종합지원센터 3층	(041)570-3400	579-8906
전 북 지 사	전주시 덕진구 건산로 251 (전주지방노동청 4층)	(063)240-8500	240-8519
전 북 서 부 지 사	전북 군산시 자유로 482	(063)460-3600	460-3650

사무소명칭	소재지	전화번호	FAX
전남동부지사	전남 여수시 무선중앙로 35 (선원동 1285)	(061)689-4900	689-4990
전남지사	전남 무안군 삼향읍 후광대로 242 (전남개발공사빌딩 7층)	(061)288-8700	288-8779
제주지사	제주시 연삼로 473 제주특별자치도 경제통상진흥원4층	(064)797-7500	797-7518

3. 대한산업안전협회·지회

사무소명칭	소재지	전화번호	FAX
중앙회	서울특별시 구로구 공원로 70 (구로동) 대한산업안전협회빌딩	02)860-7000	859-4195
(건설안전본부)	서울특별시 구로구 공원로 71 3층	02)860-4700	838-9183
(중앙회교육장)	서울특별시 구로구 공원로6가길 52 정진빌딩 2층	02)830-4979	838-9198
서울지역본부	서울특별시 금천구 디지털로9길 47 (가산동 60-18) 한신IT타워Ⅱ 202호	02)869-7873-5	856-0556
서울동부지회	서울광역시 성동구 서울숲길 54 성수그린빌 301, 302호	02)456-6644	456-0068
부산지역본부	부산광역시 부산진구 전포대로199번길 15 (전포동 690-4) 현대타워 8층	051)804-5454	804-6226
대구지역본부	대구광역시 수성구 화랑로 150 (만촌동 1331-1) 동원빌딩 4층	053)710-3100	710-3114
대구서부지회	대구광역시 달서구 성서공단로11길 32 (호림동 12) 대구기계부품연구원 메카센터 508호	053)359-2131	359-2135
중부지역본부	인천광역시 부평구 부평대로 301 (청천동 440-4) 남광센트렉스 914호	032)263-3350	363-3301
인천지회	인천광역시 부평구 부평대로 301 (청천동 440-4) 남광센트렉스 817호	032)363-3300	363-3301
대전지역본부	대전광역시 유성구 테크노2로 199 (용산동 533) 미건테크노월드 308~309호	042)628-2160-2	628-2166
광주지역본부	광주광역시 광산구 무진대로 218 (우산동 1607-1) 한국농수산식품유통공사3층	062)943-0156-8	943-0159
울산지회	울산광역시 북구 명촌21길 4-9	052)267-1500	276-4595
안산지회	경기도 안산시 단원구 광덕3로 175-13 (고잔동 726-1) 대우타운 401호	031)402-3998	402-4096
수원지회	경기도 수원시 팔달구 효원로 119, 2층	031)241-2206-7	241-0700

사무소명칭		소재지	전화번호	FAX
경기 서부	지회	경기도 군포시 고산로 166(당정동 522) SK벤티움 104동 903호	031)382-9988	387-4836
	부천출장소	경기도 부천시 소사구 경인로 117번길 10, 삼정프라자 2층	032)611-1018	611-1087
경기남부지회		경기도 평택시 송탄로 66(이충동 611-3) 이충프라자 4층	031)665-2416	666-5133
성남	지회	경기도 성남시 중원구 둔촌대로 484 (상대원동 513-14) 시콕스타워 909호	031)777-9170-3	777-9174
	이천출장소	경기도 이천시 남천로 12 2층	031)637-9125-7	637-9128
경기 북부	지회	경기도 의정부시 시민로 29 (의정부동 486) 제일퍼스트빌 4층 406호	031)876-0281-3	876-0288
	고양출장소	경기도 고양시 일산서구 고봉로291 에이스스타디움 205호	031)932-0281	932-8610
충남북부지회		충남 천안시 서북구 오성로 107 (두정동 1370) J파크프라자 7층	041)522-4011	522-4014
충남 서부	지회	충남 서산시 잠곡1로 19	041)669-1480	669-1481
	보령출장소	충남 보령시 수로길1(동대동 489-4) 광장빌딩 2층	041)936-5550	936-5551
강원	지회	강원도 원주시 호저로 47(우산동 405-29) 산업경제진흥원 305호	033)734-6201-2	735-6203
	춘천출장소	강원도 춘천시 경춘로 2357 (온의동 512-3) 새마을금고연합회 1층	033)255-6178	255-6176
	강릉출장소	강원도 강릉시 율곡로 3020(교동 711-4) 근로자종합복지관 1층	033)644-4601	644-4605
충북지회		충북 청주시 흥덕구 풍산로 50 (가경동 1508-1) 중소기업지원센터 2층	043)236-0395-8	236-0399
충북북부지회		충북 충주시 번영대로 200 (연수동 1368) 나동 2층	043)855-5171	855-5174
전북	지회	전북 전주시 덕진구 팔과정로 164 (팔복동1가 337-2) 경제통상진흥원 별관 1층	063)212-4022-5	212-4026
	군산사무소	전북 군산시 자유로 482(오식도동 513) 자유무역지역관리원 별관 2층	063)471-4074,5	471-4076
전남	지회	전남 순천시 장선배기길 34(조례동 1605) KT동순천지점 3층	061)722-2801	722-2803
	목포출장소	전남 영암군 삼호읍 대불주거3로 55 (용앙리 1703-8) 과학기술진흥센터 본관동 404호	061)464-2200	461-1414

사무소명칭		소 재 지	전화번호	FAX
경북 북부	지 회	경북 구미시 송정대로 95(송정동 76) 매일신문사 3층	054)451-1221	455-4513
	안동사무소	경북 안동시 산업단지4길13 KISA빌딩 3층	054)854-1020	857-7281
포항지회		경북 포항시 남구 포스코대로 320 (상도동 18-1) 엠피빌딩 5~6층	054)277-0163-5	281-8650
경주출장소		경북 경주시 외동읍 괘릉리 1083-22	054)775-0096	775-0852
창원지회		경남 창원시 성산구 마디미동로 54 (상남동 36-2) SM빌딩 6층	055)281-3936-7	284-1534
경남 동부	지 회	경남 양산시 삼일로 65 현대타운빌딩 7층	055)387-1343	387-1344
	김해출장소	경남 김해시 함박로 102 한국2차아파트상가 4층	055)323-3560	327-2626
경남 서부	지 회	경남 진주시 동진로 111 디럭스타워 1202호	055)752-4030	758-4030
	통영출장소	경남 통영시 여황로 137 KT통영사옥 2층	055)649-4031	649-4033
제주지회		제주특별자치도 제주시 신대로 64 제주건설회관 2층	064)753-8237-8	753-8229

4. 대한산업보건협회·지부

사무소명칭	소 재 지	전화번호	FAX
본 부	서울시 서초구 효령로 179(서초동)혜산빌딩	02)586-2412	585-1584
서울산업보건센터	서울특별시 금천구 디지털로 9길 56 (코오롱 테크노벨리 2층)	02)866-9507	858-2175
부산산업보건센터	부산시 금정구 중앙대로 2139 동하빌딩 2,3층	051)508-6088~9	508-6092
남부산산업보건센터	부산광역시 강서구 명지오션시티 9로 15(4, 6층)	051)710-6888	271-6862
경북산업보건센터	경북 경산시 진량읍 공단1로 28	053)856-1211	856-1206
대구산업보건센터	대구시 달서구 성서공단로 15길 40	053)592-4901~4	592-4905
광주산업보건센터	광주시 광산구 사암로 414	062)956-9012~5	956-9017
대전산업보건센터	대전시 대덕구 대덕대로 1403	042)933-3200	933-5300
천안산업보건센터	충남 아산시 배방읍 장재리 1802번지 에버그린빌딩	041)563-2241	563-2250
경기산업보건센터	수원시 팔달구 인계로 126 미디어시티빌딩 5층(인계동)	031)267-4400	267-4416
안산산업보건센터	안산시 단원구 신길로1길 86 신우프라자 5층	031)498-1063~6	498-1067
경기북부산업보건센터	의정부시 범골로 142	031)828-3800	877-5581

사무소명칭	소재지	전화번호	FAX
강원산업보건센터	춘천시 우묵길78번길26 궁도빌딩 5층	033)254-4632	242-4632
충북산업보건센터	청주시 흥덕구 직지대로 397	043)263-7137~9	267-7347
전북산업보건센터	전주시 덕진구 기린대로 1030	063)225-1242	225-8104
군산산업보건센터	군산시 산단남북로 169 2층	063)731-1242	468-8104
창원산업보건센터	창원시 마산회원구 자유무역 2길 38	055)295-2461~3	295-2460
울산산업보건센터	울산시 남구 두왕로 64번길 5-14	052)275-6322	275-6323

5. 특수건강진단기관

기관명	주소명	전화번호
(사)대한산업보건협회 부산산업보건센터	부산 금정구 중앙대로 2139(청룡동)	051-508-6088
울산공업학원 울산대학교병원	울산 동구 방어진순환도로 877(전하동)	052-250-8341
(사)대한산업보건협회 광주산업보건센터	광주 광산구 사암로 414(흑석동)	062-956-9012
(사)대한산업보건협회 창원산업보건센터	경상남도 창원시 마산회원구 자유무역2길 38	055-295-2461
근로복지공단 인천병원	인천 부평구 무네미로 446(구산동)	032-500-0100
(주)포스코 부속의원	경북 포항시 남구 동촌동701-45 포스코내	054-220-7031
순천향대학교부속구미병원	경상북도 구미시 1공단로 179(공단동, 순천향병원) 250번지	054-468-9542
(사)대한산업보건협회 울산산업보건센터	울산 남구 두왕로64번길 5-14(선암동)	052-275-6322
근로복지공단 안산병원	경기 안산시 상록구 구룡로 87(일동)	031-500-1114
고신대학교 복음병원	부산광역시 서구 감천로 262 고신대학교복음병원	051-990-6114
(의료법인)대우의료재단	경남 거제시 두모길 16(두모동, 대우병원)	055-680-8441
(사)대한산업보건협회 전북산업보건센터	전북 전주시 덕진구 기린대로 1030(여의동)	063-225-1242
(사)대한산업보건협회 충북산업보건센터	충청북도 청주시 흥덕구 직지대로 397	043-263-7137
근로복지공단 창원병원	경남 창원시 성산구 창원대로 721(중앙동, 창원병원)	055-280-0316
경상북도김천의료원	경북 김천시 모암길 24(모암동, 김천의료원)	054-432-8901
(사)대한산업보건협회 서울산업보건센터	서울 금천구 디지털로9길 562층 210호 (가산동)	02-866-9507
연세대학교원주세브란스기독병원	강원 원주시 일산로 20(일산동, 원주기독병원)	033-741-1063

기 관 명	주 소 명	전화번호
(학교법인) 성균관대학교 삼성창원병원	경상남도 창원시 마산회원구 팔용로 158 성균관의대마산삼성병원	055-290-6272
동아대학교병원	부산광역시 서구 대신공원로 26 동아대학교병원	051-240-2211
(의료법인)동강의료재단	울산 중구 태화로 239(태화동)	052-241-1473
(사)대한산업보건협회 경기북부산업보건센터	경기 의정부시 범골로 142(의정부동)	031-828-3800
한양대학교병원	서울 성동구 왕십리로 222-1(사근동, 한양대학부속병원)	02-2290-8114
(사)대한산업보건협회 경기산업보건센터	경기 수원시 팔달구 인계로 126 미디어시티빌딩 5층 (인계동)	031-267-4400
순천향대학교 부속서울병원	서울특별시 용산구 대사관로 59 순천향대학교병원	02-709-9457
근로복지공단 대전병원	대전 대덕구 계족로 637(법동, 대전중앙병원)	042-670-5446
(의료법인)안동의료재단	경북 안동시 앙실로 11(수상동)	054-840-1450
계명대학교동산의료원	대구 중구 달성로 56(동산동)	053-250-7749
(의료법인)하나로의료재단	서울 종로구 인사동5길 25 하나로빌딩2층(인사동)	02-590-1111
(의료법인)진성연세모두의원	경기 성남시 분당구 장미로 78시그마3 3층 302호(야탑동)	031-781-9229
(학교법인)아주대학교의료원	경기도 수원시 영통구 월드컵로 164 (원천동, 아주대학의료원)	031-219-4232
차의과학대학교부속 구미차병원(직장)	경북 구미시 신시로10길 12(형곡동)	054-450-9922
(재)포항성모병원	경북 포항시 남구 대잠동길 17(대잠동)	054-260-8185
근로복지공단 순천병원	전남 순천시 조례1길 24(조례동)	061-720-7236
건국대학교 충주병원	충북 충주시 국원대로 82(교현동)	043-840-8590
동국대학교의료원(경주)	경북 경주시 동대로 87(석장동)	054-770-8112
(재)안동성소병원유지재단	경북 안동시 서동문로 99(금곡동)	054-850-8212
(사)정해복지부설 한신메디피아의원	서울 서초구 잠원로 88 (잠원동, 한신공영빌딩2층)	02-534-1161
현대자동차(주)울산공장	울산 북구 염포로 700(양정동)	052-215-2157
(재)한국의학연구소 여의도분사무소	서울 영등포구 국제금융로2길 24 SK증권빌딩 15층(여의도동)	02-368-8114
강북삼성병원	서울특별시 종로구 새문안로 29 강북삼성병원	02-2001-2928
(의료법인)중앙의료재단 씨엠아이의원	대전 서구 한밭대로 797 캐피탈타워 아트리움 B1(둔산동)	042-477-9633
진주고려병원	경남 진주시 동진로 2(칠암동)	055-751-2735
구미강동병원	경상북도 구미시 인동20길 46(진평동) 210-2번지	054-453-7575

기 관 명	주 소 명	전화번호
(의료법인)영서의료재단	충남 천안시 서북구 다가말3길 8(쌍용동, 충무병원)	041-570-7646
한국병원	전남 목포시 영산로 483(상동)	061-270-5800
정읍아산병원	전북 정읍시 충정로 606-22(용계동)	063-530-6603
창원파티마병원	경남 창원시 의창구 창이대로 45(명서동)	055-270-1000
(학교법인)동은학원 순천향대학교부속천안병원	충남 천안시 동남구 봉명동23-20번지	041-570-2114
단국대학교의과대학부속병원	충남 천안시 동남구 망향로 201(안서동)	041-550-7114
(의료법인)효산의료재단 안양샘병원	경기 안양시 만안구 삼덕로 9 안양샘병원 인사총무팀 (안양동)	031-463-4372
(의료법인)인산의료재단 메트로병원	경기 안양시 만안구 명학로33번길 8 메트로병원(안양동)	031-467-9824
광명성애병원	경기 광명시 디지털로 36(철산동)	02-2680-7190
(사)대한산업보건협회 경북산업보건센터	경상북도 경산시 진량읍 공단1로 28	053-856-1211
영남대학교의과대학부속병원	대구광역시 남구 현충로 170 영남대학교(병원), 영남이공대학교	053-620-4617
(의료법인)길의료재단	인천 남동구 남동대로774번길 21(구월동)	032-460-2087
인하대학교 의과대학 부속병원	인천 중구 인항로 27(신흥동3가)	032-890-2895
원광대학교병원	전북 익산시 익산대로 501(신용동)	063-859-2053
(재)한국의학연구소	서울특별시 종로구 세종대로23길54 세종빌딩 5층	02-3702-9023
한림대학교성심병원	경기 안양시 동안구 관평로170번길 22 (직업환경의학과) (평촌동)	031-380-1581
(학교법인)을지대학교병원	대전 서구 둔산서로 95(둔산동)	042-611-3785
(재)아주산업의학연구소	경기 시흥시 중심상가로 146한일프라자 3층(정왕동)	031-497-5980
금강의원	경기 이천시 이섭대천로 1272(창전동)	031-634-3600
대한항공 김해부속의원	부산 강서구 대저2동103번지	051-970-5186
성서병원	대구 달서구 달구벌대로 1152(신당동)	053-584-6655
(사)대한산업보건협회 안산산업보건센터	경기 안산시 단원구 신길로1길86(신길동) 신우프라자 2~5층	031-498-1063
(의료법인)목포구암의료재단 목포중앙병원	전라남도 목포시 영산로 623(석현동)	061-280-3000
부천대성병원	경기 부천시 부천로 91(심곡동)	032-610-1150
시화병원	경기 시흥시 옥구천서로 337(정왕동)	031-432-2600

기 관 명	주 소 명	전 화 번 호
(재)한국산업보건 환경연구소 부설 우리의원	경기도 의정부시 가능로 9 수신빌딩	031-871-5671
(재)제일산업의학연구소	경기 시흥시 중심상가로 334 202,301,302,401,501(정왕동)	031-433-9241
굿모닝병원	울산 남구 달동972번지	052-259-9000
정안의료재단 중앙병원	울산 남구 신정동1651-9	052-226-1771
원진재단부설녹색병원	서울 중랑구 사가정로49길53 (면목동)	02-490-2060
나은병원	인천광역시 서구 원적로 23 나은병원	032-585-7940
(의료재단)화성중앙병원	경기 화성시 향남읍 발안로 5	031-352-8114
오산한국병원	경기도 오산시 밀머리로1번길 16 오산한국병원	031-0000-0000
고대안산병원	경기도 안산시 단원구 적금로 123 안산고대병원	031-412-5390
한성의원	경기 군포시 산본로86번길 1-1(당정동)2층	031-458-3646
화순전남대학교병원	전남 화순군 화순읍 일심리160번지	061-379-7404
(의료법인)박애의료재단	경기 평택시 평택2로20번길 3(평택동)	031-650-9317
(의료법인)백송의료재단 굿모닝병원	경기 평택시 중앙로 338(합정동)	031-659-7538
용인서울병원	경기 용인시 고림동787-1	031-337-0114
(사)대한산업보건협회 대구산업보건센타	대구 달서구 성서공단로15길 40(호림동)	053-592-4901
(의료법인)인천사랑의료재단 인천사랑병원	인천 남구 미추홀대로 726(주안동)	032-457-2024
(의료법인)대아의료재단 (한도병원)	경기 안산시 단원구 선부광장로 103(선부동)	031-8040-1114
JS메디칼내과외과정형외과의원	충남 천안시 서북구 직산읍 봉주로 51(JS메디칼)	041-589-7551
아산제일내과의원	충남 아산시 배방읍 배방로 254층	041-548-8777
(의료법인)청천의료재단	경기 안성시 시장길 58(서인동)	031-675-6007
대구가톨릭의원	대구광역시 달서구 성서공단북로 308	053-582-1957
(의료법인)오성의료재단 동군산병원	전북 군산시 조촌로 149(조촌동, 동군산병원)	063-440-0700
(재)한국의학연구소 광주분사무소	광주 서구 상무중앙로78번길 5-6 우석복합빌딩 8,9층(치평동)	062-602-2100
(의료법인)석경의료재단	경기 시흥시 공단1대로 237(정왕동)	031-8041-3854
(의료법인)백제병원	충남 논산시 취암동21-14번지	041-733-2191
명지병원	경기 고양시 덕양구 화수로14번길 55(화정동)	031-810-5114

기 관 명	주 소 명	전화번호
온누리병원	인천 서구 완정로 199(왕길동)	032-567-6200
(재)한국의학연구소부산분사무소	부산광역시 동구 조방로 14 동일타워 5층	051-810-1500
예산명지병원	충남 예산군 예산읍 신례원로 26	041-335-2255
목포기독병원	전남 목포시 백년대로 303(상동)	061-280-7108
(재)한국의학연구소(KMI) 경기의원	경기도 수원시 권선구 권광로139번길 11 동양덱스빌아파트	031-231-0153
광양사랑병원	전남 광양시 공영로 71(중동,사랑병원)	061-797-7813
전남대학교병원	광주 동구 제봉로 42(학동)	062-220-5069
(재)한국의학연구소 강남분사무소	서울 강남구 테헤란로 4115,6,7,8층(삼성동)	02-3496-3300
(의료법인)한마음의료재단 하나병원	충북 청주시 흥덕구 2순환로 1262(가경동)	043-230-6114
충청북도청주의료원	충청북도 청주시 서원구 흥덕로 48 청주알코올상담소	043-279-2357
(의료법인)청언의료재단 순천제일병원	전남 순천시 기적의도서관1길 3(조례동)	061-720-3402
검단탑병원	인천 서구 청마로19번길 5(당하동, 검단탑종합병원)	032-590-0114
양산부산대학교병원	경상남도 양산시 물금읍 금오로 20(양산부산대학교병원)	055-360-1113
터직업환경의학과의원	경남 창원시 성산구 중앙대로39번길 6308호(중앙동, 제일상가)	055-261-0600
(의료법인)한성재단포항 세명기독병원	경북 포항시 남구 포스코대로 351(대도동)	054-289-1782
삼육서울병원	서울 동대문구 망우로 82(휘경동)	02-2210-3187
강북삼성수원의원	경기도 용인시 기흥구 흥덕1로 13 흥덕아이티밸리	031-303-0301
(사)대한산업보건협회 대전산업보건센터	대전 대덕구 대덕대로 1403(문평동)	042-933-3200
인제대학교해운대백병원	부산 해운대구 해운대로 875(좌동)	051-797-0371
근로복지공단 동해병원	강원 동해시 하평로 11(평릉동, 동해병원)	033-530-3215
김해중앙병원	경남 김해시 분성로 94-8(외동)	055-330-6128
거제터의원	경남 거제시 장평로8길 192, 3층(장평동)	055-632-0008
(의료법인)나사렛의료재단 나사렛국제병원	인천광역시 연수구 먼우금로 98(동춘동) 937-3번지	032-899-9999
안중백병원	경기 평택시 안중읍금곡리	031-683-9117
(사)대한산업보건협회 남부산산업보건센터	부산 강서구 명지오션시티9로 21(명지동)	051-710-6888

기 관 명	주 소 명	전화번호
인천광역시의료원	인천 동구 방축로 217(송림동)	032-580-6000
인제대학교부산백병원	부산광역시 부산진구 복지로 75 부산백병원	051-890-6314
(학교법인)순천향대학교	충청남도 아산시 신창면 순천향로 22(신창면)	041-530-1042
(의료법인)서명의료재단	경북 경산시 경안로 208(중방동)	053-819-8356
(재)씨젠의료재단	서울 성동구 천호대로 320(용답동)	02-1566-6500
당진종합병원	충남 당진시 반촌로 5-15(시곡동)	041-357-0100
화인메트로병원	충남 천안시 서북구 원두정3길 37(두정동, 944번지)	041-622-1300
(의료법인)인성의료재단	인천 계양구 장제로 722(작전동)	032-550-9437
(사)대한산업보건협회 군산산업보건센타	전라북도 군산시 산단남북로169(오식도동, 2층)	063-731-1242
경희의료원	서울특별시 동대문구 경희대로 23 경희의료원 구 한방병원경희의료원	02-958-8114
(의료법인)우리의료재단	경기 김포시 감암로 11(걸포동)	031-999-1000
(의료법인)한국의료재단 아이에프씨의원	서울 영등포구 국제금융로 10 투아이에프시 5(여의도동)	02-6906-2302
강북삼성 태평로의원	서울 중구 세종대로67, 삼성전자 (태평로2가, 삼성본관) 지하1층	02-2001-5125
(재)정해산업보건연구소 중앙의원	서울 서초구 강남대로101안길36 (잠원동, 용진빌딩) 2층	02-512-4127
서울특별시서울의료원	서울 중랑구 신내로 156(신내동)	02-2276-7158
(의료법인)은성의료재단 좋은삼선병원	부산 사상구 가야대로 326(주례동)	051-322-0900
(재)한국의학연구소 대구분사무소	대구 중구 국채보상로 611 5층(문화동)	053-430-5000
(의료법인)거붕백병원	경남 거제시 계룡로5길 14(상동동)	055-733-0000
(의료법인)현경의료재단	전남 광양시 진등길 93(마동, 광양우리들병원)	061-798-9822
조선대학교병원	광주 동구 필문대로 365(학동)	062-220-3323
가톨릭대학교서울성모병원	서울 서초구 반포대로 222(반포동)	02-2258-6677
울산터의원	울산 남구 수암로 3252층 (야음동, 삼보계량사)	052-716-2500
이화의대부속 목동병원	서울 양천구 안양천로 1071(목동)	02-2650-5314
여천전남병원	전남 여수시 무선로 95(선원동)	061-690-6185
(의료법인)녹십자의료재단 녹십자아이메드의원	서울특별시 서초구 서초대로 254 오퓨런스	02-2034-0526

기 관 명	주 소 명	전 화 번 호
(의료법인)루가의료재단 지안의원	인천광역시 연수구 센트럴로 263(송도동, IBS빌딩) 6층	032-830-2714
소중한메디케어의원	서울 금천구 디지털로9길 68(가산동, 대륭포스타워5차 3층)	02-6371-8490
(의료법인)동춘의료재단 문경제일병원	경북 문경시 당교3길 25(모전동)	054-550-7700
(의료법인)안은의료재단 부평세림병원	인천 부평구 길주로 510(청천동)	032-524-0592
단원병원	경기 안산시 단원구 원포공원1로 20(초지동)	031-8040-5534
건강메디케어의원	경기 안산시 단원구 풍전로 37-24(원곡동) 317동 514호	031-491-3760
인천기독병원	인천 중구 율목동237번지	032-270-8410
서울중앙의료의원	서울 중구 소공로 70B3층 (충무로1가, 포스트타워)	02-6450-5120
(의료법인)담우의료재단	인천광역시 남구 독배로503(숭의동)	032-888-7575
(주)포스코 광양제철소 부속의원	전라남도 광양시 금호로 396 보건지원센터	061-790-4954
KS병원	광주 광산구 왕버들로 220(수완동)	062-975-9293
(재)서울비전의료재단 서울비전내과의원	서울 마포구 월드컵북로 25(서교동)	02-326-1101
제일병원	경남 진주시 진주대로 885(강남동, 제일병원)	055-750-7138
(의료법인)인화재단한국병원	충청북도 청주시 상당구 단재로 106한국병원	043-221-6666
한양대구리병원	경기도 구리시 경춘로 153 한양대학교구리병원	031-560-2951
전주열린병원	전라북도 전주시 완산구 기린대로 227 서노송동 685-27외2필지(서노송동, 노송병원)	063-710-0114
우리원헬스케어 영상의학과의원	서울특별시 중구 청계천로100 (수표동, 시그니쳐타워스 2층)	02-750-0190
(의료법인)영훈의료재단 유성선병원	대전 유성구 북유성대로 93(지족동, 유성선병원)	042-826-4165
(의료법인)청파의료재단	경기 수원시 권선구 권선로 654(권선동)	031-229-9598
(의료법인)정선의료재단 온종합병원	부산 부산진구 가야대로 721(당감동)	051-607-0158
(의료법인)창덕의료재단분당지점	경기 성남시 분당구 황새울로311번길 10(서현동)	031-789-5800
인천가톨릭학원가톨릭 관동대학교국제성모병원	인천광역시 서구 심곡로100번길 25(심곡동)	032-290-2555
(의료법인)자산의료재단 제천서울병원	충북 제천시 숭문로 57(서부동, 제천서울병원)	043-642-7606

기 관 명	주 소 명	전화번호
인제대학교상계백병원	서울특별시 노원구 동일로 1342 (상계동, 상계백병원(총무부))	02-950-1003
(재)서울의과학연구소 강남하나로의원	서울특별시 강남구 테헤란로326 (역삼동, 태보 역삼 아이타워)	02-590-1111
(의료법인)보원의료재단 웅상중앙병원	경남 양산시 서창로 59(명동)	055-912-6002
충청북도충주의료원	충북 충주시 안림로 239-50(안림동)	043-871-0424
대자인병원	전북 전주시 덕진구 견훤로 390(우아동3가, 대자인병원)	063-240-2022
온사랑의원	인천 남동구 남동대로915번길 43(간석동, 신진빌딩 301호)	032-441-3571
(의료법인)양진의료재단	경기 평택시 평택로 284(세교동, 평택성모병원)	031-1800-8800
녹산의료재단동수원병원	경기 수원시 팔달구 중부대로 165(우만동)	031-210-0161
영도병원	부산 영도구 태종로 85(대교동2가)	051-419-7780
(의료법인)성세의료재단	인천광역시 서구 칠천왕로33번길 17성민병원	032-726-1071
(의료법인)환명의료재단 조은금강병원	경남 김해시 김해대로 1814-37제1호(삼계동)	055-320-6107
비타민병원	광주 서구 시청로 67(치평동) 4층 비타민한방병원	062-350-9000
버팀병원	경기 오산시 경기대로 274(오산동)	031-1661-0032
(재)경기환경복지재단 더메디빌의원	경기 안양시 동안구 경수대로 607 (호계동, 2층, 3층, 4층(402호))	031-458-7777
메디인병원	경기 파주시 시청로 6(금촌동)	031-943-1191
베데스다병원	경남 양산시 신기로 28(신기동)	055-384-9901
충청남도홍성의료원	충남 홍성군 홍성읍 조양로 224	041-630-6261
한마음창원병원	경상남도 창원시 성산구 원이대로682번길 21(인사팀)	055-268-7382
이천파티마병원	경기 이천시 경충대로 2560-2(중리동)	031-635-2624
온누리수의원	대전 서구 동서대로 11475층(가장동)	042-538-1000
(사)공감직업환경의학센터 향남공감의원	경기 화성시 향남읍 행정서로3길 34-6(향남읍)	031-352-0911
효창요양병원	광주광역시 북구 서암대로 187(신안동)	062-510-2000
천안우리병원	충남 천안시 동남구 남부대로 350(청당동)	041-590-9000
충청남도천안의료원	충남 천안시 동남구 충절로 537(삼룡동)	041-570-7277
강미정연합내과의원	대구 수성구 동대구로 311 범어메딕스애플타워 10층(범어동)	053-753-0027
중앙의원	경북 포항시 북구 흥해읍 중성로62번길 5	054-262-4119
통영터의원	경남 통영시 광도면 공단로 8001583번지 6호	055-643-2929

기 관 명	주 소 명	전화번호
(의료법인)정산의료재단 효성병원	충북 청주시 상당구 쇠내로 16(금천동)	043-221-5000
구로성심병원	서울 구로구 경인로 427(고척동)	02-2067-1500
건양대학교병원	대전 서구 관저동로 158(관저동, 건양대학교병원)	042-600-9427
양정분 산부인과	경기 이천시 이섭대천로 1186(중리동)	031-631-9035
(의료법인)성수의료재단 (인천백병원)	인천광역시 동구 샛골로214(송림동)	070-4619-7156
(의료법인)한전의료재단 한일병원	서울특별시 도봉구 우이천로 308(쌍문동)	02-901-3177
애트민영상의학과의원	서울특별시 강남구 선릉로92길 11(삼성동, 임성빌딩 2층)	02-508-0011
서울e연세의원	서울 관악구 은천로 517층(봉천동)	02-534-2500
대구의료원	대구 서구 평리로 1571층(중리동)	053-560-9346
제주대학교병원	제주 제주시 아란13길 15(아라일동)	064-717-1076
학교법인인제학원 인제대학교김해의원	경남 김해시 주촌면 골든루트로 80-16314-3호	055-332-7811
미래한국병원	충남 아산시 번영로230번길 13(모종동)	041-545-6114
강남고려병원	서울 관악구 관악로 242(봉천동, 강남고려병원)	02-8748-001
(의료법인)이원의료재단	인천 연수구 하모니로 2912층(송도동)	032-210-2272
제주한라병원	제주 제주시 도령로 65(연동)	064-740-5000
에스엠씨시의원	서울 마포구 성암로 1791623 팬택빌딩15층	02-1522-7009
강남제일의원	서울특별시 강남구 논현로532(역삼동, 덕일빌딩)	02-501-6886
(의료법인)영문의료재단	경기 용인시 처인구 백옥대로1082번길 18(김량장동)	031-8021-2318
한국건강관리협회 부산광역시지부	부산 동래구 충렬대로 145(온천동)	051-557-3703
하나메디칼의원	충청남도 천안시 서북구 검은들3길 46 (불당동, 미래시티빌딩) 9층	041-578-6666
삼육부산병원	부산 서구 대티로 170(서대신동2가)	051-600-7776
제일병원	전남 여수시 쌍봉로 70(학동)	061-689-8114
(의료법인)갑을재단 갑을녹산병원	부산광역시 강서구 녹산산단321로24-8(송정동)	051-974-8403
(의료법인)인봉의료재단 뉴고려병원	경기 김포시 김포한강3로 283(장기동)	031-998-8129
(의료법인)대산의료재단	전북 익산시 신동142-1번지	063-840-9460
김해복음병원	경남 김해시 활천로 33(삼정동, 김해복음병원)	055-330-9969

기 관 명	주 소 명	전화번호
(의료법인)건명의료재단	충청북도 진천군 진천읍 중앙북로24	043-533-1711
비너스의원	경기 화성시 동탄순환대로 701 (영천동, SR리버스빌) 401,4호	031-372-0765
(의료법인)성념의료재단 맑은샘병원	경남 거제시 연초면 거제대로 4477	055-736-1004
서울특별시보라매병원	서울 동작구 보라매로5길 20(신대방동)	02-870-2734
(의료법인)명지병원	충북 제천시 내토로 991(고암동)	043-640-8481
다온헬스케어의원	서울특별시 송파구 송파대로 111 (문정동, 파크하비오) 205동 4층	02-6941-0101
이샘병원	부산 부산진구 황령대로 12(범천동, KE빌딩 5층)	051-631-2110
조은오산병원	경기 오산시 오산로 307(오산동)	02-1544-5355
은성의료재단좋은선린병원	경북 포항시 북구 대신로 43(대신동)	054-245-5319
에이치플러스양지병원	서울 관악구 남부순환로 1636(신림동, 양지병원)	02-887-6001
한강수병원	서울 영등포구 영등포로 83(양평동1가)	02-2063-8383
연세대학교의료원	서울특별시 서대문구 연세로 50-1(신촌동) 연세의료원	02-2228-6330~1
효산의료재단지샘병원	경기도 군포시 군포로591(당동)	031-389-3743
(의료법인)양평의료재단	경기 양평군 양평읍 중앙로 129(양평길병원)	031-770-5000
용인세브란스병원	경기 용인시 처인구 금학로 225(역북동, 용인세브란스병원)	031-331-8888
영림내과의원	서울특별시 강동구 구천면로 233-0(천호동) 9층	02-476-1615
삼천포제일병원	경남 사천시 중앙로 136(벌리동)	055-830-2962
의료법인신창의료재단 분당에이치병원	경기 성남시 분당구 백현로 97 (수내동, 다운타운빌딩) 1104호	031-1577-5975
밝고고운메디칼의원	경기 화성시 동탄순환대로 715(영천동) 2,3층	031-8077-2575
의료법인양경의료재단 (중앙U병원)	부산 사하구 감천로 59(감천동) (713-5번지)	051-293-7766
의료법인석천재단고창병원	전북 고창군 고창읍 화신1길 9 (고창병원) (663)	063-560-5633
좋은강안병원 (의료법인은성의료재단)	부산 수영구 수영로 493 (남천동) (40-1번지)	051-625-0900
의료법인희경의료재단	경기도 의정부시 평화로622(의정부동)	031-1544-1131

6. 전국재해 예방기관 주소록

사무소명칭	소 재 지	전화번호	FAX
한국기술안전㈜	서울 광진구 아차산로 320(자양동)영서빌딩608호	02)453-9461	453-9480
㈜서울산업안전컨설팅	서울 동작구 알마타길 28(대방동)현성빌딩304호	02)825-6874	817-7392
대한재해예방기술㈜	서울 광진구 자양로 18길 22,C-304호(구의동)	02)458-2013/4	458-2015
㈜산업안전컨설팅	경기 의정부시 경의로 95(의정부동)평화빌딩4층	031)876-8782/3	878-8784
티에스산업안전컨설팅	인천 연수구 새말로 80-1 금강빌딩 203호	032)818-7268/9	819-9512
세이프코리아주식회사	충남 천안시 동남구 대흥로 24, 302(구성동)	041)552-9944	552-9955
㈜세이프티컨설팅	인천 남구 소성로 350번길 2 국일상가 301호	032)427-0305	427-0307
㈜경인산업안전본부	인천 남동구 백범로 275(간석동)	032)438-5511	438-5512
한국산업안전본부㈜	부산 북구 낙동북로 665-1번지	051)866-3655	866-7365
㈜한국산업안전본부	전북 익산시 무왕로 25길 14 706-204 부송동제일아파트상가	063)831-8004	831-8006
한국종합안전㈜	인천 남구 경원대로 911(주안동)	032)439-8787	434-8998
한국 산업안전컨설팅	경기 안산시 단원구 삼일로 310 서울프라자 705호	031)413-4717/8	413-4719
한국산업안전관리원	경기 안산시 단원구 중앙대로 855 한양빌딩 402호	031)414-0723	414-0725
㈜한국산업안전기술	경기 수원시 장안구 경수대로 1031번길 9(파장동)	031)247-6551	247-6625
호남산업안전본부	전북 전주시 완산구 전룡로 41(서신동)	063)252-4243	252-4244
대구경북산업안전본부	대구 달서구 성서공단북로 308(갈산동)	053)586-9300	586-9548
㈜부산경남산업안전본부	부산 동래구 명륜로 259(명륜동)	051)553-6177/8	553-6179
㈜경남산업안전본부	경남 창원시 의창구 중앙대로 225 행정동우회관 302	055)237-4865/6	237-4864
㈜경신산업안전	서울 도봉구 덕릉로 57길30 3층 13호	02)335-3072	337-6078
㈜한국안전경영연구원	경기 안산시 단원구 초지로 124 골드프라자 405호	031)403-3135	403-3267
㈜대한산업안전본부	전북 완주군 이서면 양동길7 101호	063)229-4242	229-4224
㈜대한안전경영연구원	경기 수원시 장안구 경수대로 1077(파장동)	031)241-5259	241-5269
대전충청산업안전본부	충북 청주시 상당구 내수로 19-1(주중동)	043)212-4611	212-4614
㈜제일산업안전연구소	인천 부평구 주부토로 52(부평동)	032)525-8998	513-0700
중부재해예방㈜	인천 남구 문화서로 49번길 61 2층	032)429-7420	429-7422
종합안전기술㈜	경기 평택시 평남로 1050	031)618-5631/4	618-5632
㈜케이아이안전보건기술원	인천 서구 승학로 482, 네오프라자 404호	032)574-4471	574-4472
㈜한국안전환경연구원	경기 수원시 권선구 세권로 177(권선동 2층)	031)236-2116	237-2116
㈜한국산업안전검사	경남 창원시 의창구 차상로 72번길 2	055)276-3722/3	276-3719
㈜한국신산업안전공사	부산 금정구 금강로 758	051)556-9141	556-9144

사무소명칭	소 재 지	전화번호	FAX
㈜ 한국산업안전기술	경기 평택시 지산로 58(지산동)	031)556-6351	668-6550
㈜ 한국건설안전지도원	충북 청주시 청원구 율봉로44번길36(사천동247-9 3층)	043)284-2808	284-2809
산업안전관리 ㈜	울산 울주군 범서읍 굴화길 31-7	052)267-7437	070-4275-5074
㈜한국산업안전연구원	부천시 동래구 여고북로 200	051)504-9142	506-6502
㈜한국안전관리기술원	인천 남동구 남촌로 67 열망빌딩 2층	032)715-4300	715-4301
한국안전기술공사㈜	대구 달서구 야외음악당로 167-1(두류동)	053)629-9972	629-9971
한국안전보건원㈜	강원도 강릉시 경강로2015 3층(명주동)	033)647-9115	647-9116
안전경영컨설팅	광주 북구 첨단벤처로 60번길2	062)525-0071	525-0074
에스이코리아㈜	경기 수원시 영통구 덕영대로 1556번길 16(영통동)	031)303-5320~1	303-5322
한국안전기술연구원	경기 성남시 중원구 둔촌대로 114(하대원동)	031)751-0042	751-0048
㈜ 한국안전연구소	경기 부천시 원미구 오정로 211번길 40 부천우편집중국 2층	032)6789-100~1	6789-110
㈜산업안전기술공사	충남 천안시 동남구 서부대로 556	041)576-8032	576-8035
㈜ 한국안전기술지원단	부산 강서구 대저로 294(한국안전기술지원단빌딩)	1544-2264	343-2153
한국산업안전본부	대전 중구 서문로 21(문화1동)	042)585-6121	586-6122
㈜ 한국산업안전기술원	울산 남구 돋질로 81번길 6(신정동)	052)273-4755	273-4911
한국산업안전컨설팅㈜	경북 포항시 남구 상대로 118(상도동) 3층	054)253-3632	255-3632
한국안전관리㈜	대구 달서구 삼화로 9길27	053)633-7463	633-7465
대구경북산업안전본부(경북 북부지부)	경북 안동시 대안로 57(당북동)	054)859-2996	859-2997
대구경북산업안전본부(경북 북부지사)	경북 구미시 송선로 367(선기동)	054)465-2292	465-2293
㈜ 산업안전공사	경북 포항시 남구 상공로 221번길 38-1	054)283-8766/7	283-9152
㈜동양건설안전기술단	경남 진주시 동부로 169번길 12, 비동 1907호 (충무공동, 윈스타워)	055)757-5594	757-5596
㈜ 백상안전기술원	부산 금정구 범어천로 21번길 16(남산동)	051)517-8782	517-8781
㈜ 글로벌안전공사	울산 북구 진장동 58-2	052)289-9504	289-9505

7. 한국전기공사협회, 재해예방기술원

지 역	사무소명칭	소 재 지	전화번호	FAX
서울, 경기 인천, 강원권	사업지도팀	서울특별시 강서구 공항대로 58가길 8(등촌동)	02)3219-0683~9	3219-0549
경 상 권	제1사업팀	대구광역시 북구 옥산로 65(침산동)	053)353-9078~9	354-5891
충청, 전라 제주권	제2사업팀	광주광역시 서구 대남대로 451(농성동)	062)352-1040~1	352-1042

발 행 도 서

• 노동용어사전	25,000원
• 노동관계법령집	30,000원
• 고용보험제도	6,000원
• 노동판례집(Ⅰ)	15,000원
• 노동판례집(Ⅱ)	25,000원
• 노동조합교범	15,000원
• 노동수첩	8,000원
• 국제노동기준	5,000원
• 산업안전보건용어사전	15,000원
• 산업안전보건법	25,000원
• 산업재해보상보험법	20,000원
• 고용(보험)관계법령집	20,000원
• 시설물의안전관리에관한특별법(수첩)	8,000원
• 산업재해판례집	30,000원
• 새노동법령집	20,000원
• 산업안전보건법강의	12,000원
• 노사협의제도	5,000원
• 와인앤스피릿	15,000원
• 기업활동규제완화에관한특별조치법	10,000원
• 여성보호법	10,000원
• 주요선진국의여성정책과남녀평등법제도	15,000원
• 국민건강보험법	10,000원
• 건설업용어약어해설	30,000원
• 산업재해보상실무	15,000원
• 한자능력검정	20,000원
• 당뇨이야기(만화로 보는)	10,000원
• 눈빛응원(동시집)	10,000원

산업안전보건법 (개정판)

1990년 11월 5일 초판발행
2021년 2월 25일 20판발행

발 행 인: 백 성 대
발 행 처: 도 서 출 판 노 문 사
주 소: 서울 중구 마른내로 72(인현동)
등 록: 2001. 3. 19 제2-3286호
전 화: (02)2264-3311~2
F A X: (02)2264-3313
Email: nomunsa@hanmail.net

※ 파본은 교환해 드립니다. 정가 : 30,000원

ISBN 979-11-86648-36-0